机 械 设 计

MACHINE DESIGN

汪 琪 编著

U0295790

合肥工业大学出版社

前　言

　　机械设计课程综合了理论力学、材料力学、机械原理、金属工艺学、金属学及热处理、公差及技术测量和机械制造等课程知识,有效地解决了通用零件的设计问题,为机械类专业知识奠定了技术基础。

　　本书是按高等工业院校四年制机械类专业试用的《机械零件教学大纲草案》的精神编写的。内容主要是根据编者五十多年来的教学实际经验,本着少而精的原则,从方便教与学的角度精选、编排的。各主要章节均在讲授提纲的基础上作了适当的引申和探讨,并对部分传统内容进行相应的更新。全书着重阐述了机械零件设计的基本理论、基本概念和基本方法,同时反映了一些有关的现代科学技术成就。

　　书中的插图,特别是结构示意图,力求直观、醒目和对比清晰。

　　本书的特点之一,是在各主要章节附有一定数目的例题,以便学者更容易掌握其设计理论。

　　结合当前国内外生产及使用情况,加强了关于窄 V 带传动、螺旋传动、变位齿轮的强度计算和圆弧目标蜗杆传动的介绍。

　　本书所引用的有关国家标准、规范、数据、资料等,仅采用与阐明问题密切有关的部分,详细的数据及资料等可另查阅有关手册,在实际设计时,均应以现行的标准、规范为依据。本书全部采用国际单位制(SI)。

　　本教材所用的符号,在各章自成体系。同一符号在不同章节里代表不同的意义时,均已及时做出相应的说明。

　　本书主要适用于高等工科院校机械专业学生,以及电视大学、职工大学、函授大学等类似专业学生使用,也可供其他专业的师生和工程技术人员参考。

　　编者于 1995 年夏开始着手编写本书,爱妻潘毓英鼎力支持,玉成此事。不幸她于 1996 年年底作古,值此本书付梓问世之时,格外怀念。

　　限于编者水平和时间所限,疏漏之处在所难免,殷切期望读者批评指正。

编　者

目 录

第一章

绪　论

§1-1　本课程的内容、性质和任务

在我国农业、工业、交通、国防和科学技术等各个领域中需要拥有一批新的、大型的和先进的机械工业设备。为实现产品的标准化、系列化和通用化,特别是便于实现高度的机械化、电气化和自动化,需要进行大量的机械设计工作。因此,高等工科院校机械类专业的学生和从事机械设计的工作者,都要掌握机械设计(Machine design)的基本理论和技能。

任何一部机械,其机械系统总是全部或部分由一些机构(Assembly)组成;每个机构又是由许多零件(Elements)组成。所以机器的基本组成单元就是机械零件(Machine elements)。

根据用途,机械零件可分为通用零件(General-purpose elements)和专用零件(Special-purpose elements)两类。凡在各类机器中都用到,且起着相同作用的零件,如螺栓、齿轮、轴、键和弹簧等,均属通用零件;仅在某类机器中才用到,且起着特殊作用,如涡轮机的叶片、飞机的螺旋桨、内燃机曲轴等,则属专门零件。另外,还有把一组协同工作的零件组装成单一的总体,叫作部件,如减速器、联轴器及离合器等。

本课程的研究对象是在普通条件下工作且具有一般尺寸参数的通用零件(但是巨型、微型及在高速、高压、高温、低温条件工作的通用零件除外)。本课程的主要内容是研究通用零件的设计理论和设计方法,以及有关整部机器设计的基本知识。这就是从工作能力出发,考虑结构、工艺和维护等条件,研究如何确定零件的合理形状和尺寸,选择零件的合适材料、精度等级和表面质量,以及绘制工作图和装配图等。

本课程是一门设计性质的技术基础课,在本课程中将综合运用数学、物理、机械制图、金属工艺学、金属学及热处理、理论力学、材料力学、机械原理、公差及技术测量等先修课程的基础知识和制作实践知识来解决通用零件的设计问题。同时,本课程又为后继的专业课程打下专业设计的基础,从而在基础课和专业课之间起着承上启下的桥梁作用。

由于机械设计是许多学科的综合运用,所以读者在初学本课程时,总有一个逐渐适应的过程。为了帮助读者尽快适应本课程的学习规律和掌握机械零件的设计方法,图1-1所示机械零件设计的分析过程,可供学习时参考。本书各章主要内容的安排,大体上也遵循着如图所示的规律:首先分析零件的工作原理及其承受载荷的性质及大小;然后根据工作情况分析零件的应力状态和性质,以及零件的失效形式;从而依据主要失效形式建立保证零件工作能力

的计算准则,并列出相应的工作能力计算公式;进而计算出零件的主要尺寸;最后进行结构设计并完成工作图。应当注意:零件在工作中受到许多实际因素的影响,这些影响因素常用各种系数分别予以考虑。

学习中应根据零件的实际工作条件进行具体分析,并要着重了解设计计算出发点、各系数的物理概念及分析方法。此外,影响零件功能的因素很复杂,有时不能单纯由理论公式计算解决。很多系数和数据是由实验得出来的,有时还要用到经验或半经验公式。因此,对公式和系数应了解它们的使用条件和适用范围。同时,还必须充分重视结构设计在确定零件形状、尺寸方面的重要性。在学习过程中,应多做练习,熟悉各参数的选择及强度计算方法,并经常徒手绘图,掌握结构设计的特点。

所以,本课程的任务是帮助学生树立正确的设计思想,掌握设计通用零件所需的基本理论和基本技能,并对整机设计的原则、方法和步骤有基本的了解。

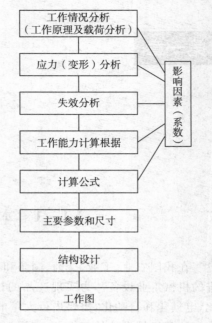

图 1-1　机械零件设计的分析过程

对于机械类专业的学生来说,学完本课程和课程设计后,应该初步具有一般机械设计的技能和分析解决机械设计问题的能力,即具有逻辑思维、运用资料、计算和绘图的能力,同时为学习有关专业课程和进行专业机械设计打下一定的基础。

§1-2　机械设计的基本要求和一般程序

一、机械设计的基本要求

随着科学技术的发展和工业水平的提高,相应地对机器设计提出了更新更高的要求。但是对任何机器来说,设计时所要考虑的问题却是相同的,不外乎以下几项基本要求:

(一)使用功能要求

机械应具有预定的使用功能。这主要靠正确地选择机构的组合及正确地设计机器的零、部件来实现。但合理的配置原动机及必要的辅助系统对实现其预定功能的要求也非常重要。

(二)经济要求

机器及零、部件的经济性是一个综合指标,它表现在设计和制造及使用的整个过程中。在设计、制造上要求结构合理、重量轻、造价低、生产周期短;在使用上要求生产率高、工作效率高、能源消耗少、适用范围大、管理和维修费用低等。

(三)劳动保护要求

劳动保护有两层意义:

1. 方便安全　要使机器操作既方便又安全,设计时应按照人机工程学(Ergonomics)的观点尽可能减少操作手柄的数量,操作手柄和按钮等应放置在便于操作的位置,合理地规定操作时的驱动力,操作方式要符合人的心理和习惯。同时,设置完善的安全防护及保安装置、报警装置、显示装置等。

2. 改善操作环境 所设计的机器应符合劳动保护法规的要求。降低机器运转时的噪声,防止有毒、有害介质的渗漏,对废水、废气和废液进行治理,根据工程美学的原则美化机器的外形及外部色彩等。

(四)可靠性要求

一个经过正确设计的零件,由于材料强度、加工精度和外载荷的大小都存在着离散性,有可能出现早期意外的失效,这种偶然情况,如发生在某些机器设备(如飞机、人造卫星)上,则可能造成很严重的事故。因此,要求把出现这种偶然情况的概率限制在一定程度以内,这就是对零件提出的可靠性要求。

现行设计计算中所采用的安全系数并不能对可靠性给予定量的说明。随着可靠性这门学科的发展,利用可靠性计算方法已能定量地说明可靠性的程度。

在规定的使用条件和规定的时间(工作次数、运行距离等)内,不失效地发挥规定功能的概率称为可靠度(Reliability),以 R 表示,并作为可靠性指标。设有 N_T 个零件,在预定的时间 t 内有 N_S 个零件偶然失效,剩下 N_T-N_S 个零件仍能继续工作,则可靠度 R 可表示为

$$R=\frac{N_T-N_S}{N_T}=1-\frac{N_S}{N_T} \tag{1-1}$$

不可靠度为

$$F=\frac{N_S}{N_T} \tag{1-2}$$

不可靠度与可靠度的关系为 $F+R=1$ 或 $F=1-R$ (1-3)

如果试验时间不断延长,则 N_S 将不断地增加,故可靠度也将改变。这就是说,零件的可靠度本身是一个时间的函数。

如果在时间 t 到 $t+dt$ 的间隔中,又有 dN_S 件零件发生破坏,则在 dt 时间间隔内破坏的比率 $f(t)$ 定义为

$$f(t)=\lambda=-\frac{dN_S/dt}{N_T} \tag{a}$$

式中 $f(t)$ 称为失效率,负号表示 dN_S 的增大将使 N_S 减小。

分离变量并积分

$$-\int_o^t\lambda dt=\int_{N_T}^{N_S}\frac{dN_S/dt}{N_T}=\ln\frac{N_S}{N_T}=\ln R \tag{b}$$

即

$$R=e^{-\int_o^t\lambda dt} \tag{1-4}$$

零件或部件的失效率 $\lambda=f(t)$ 与时间 t 的关系如图1-2所示。这个曲线,常被形象化称为浴盆曲线,一般是用试验的方法求得的。该曲线分为三段:

第Ⅰ段代表早期失效阶段。在这一阶段中,失效率由开始时很高的数值急剧下降到某一稳定的数值。引起这一阶段失效率特别高的原因是零、部件所存在的初始缺陷,例如零件

上未被发现的加工裂纹、安装错误、接触表面未经磨合(跑合)等。

第Ⅱ段代表正常使用阶段。在此阶段内如果发生失效,一般多是由于偶然原因而引起的,故其发生是随机性的,失效率则表现为一常数。

第Ⅲ段代表损坏阶段。由于长时间的使用而使零件发生磨损、疲劳裂纹扩展等,失效率急剧增加。良好的维护和及时更换即将损坏的零件,可以延缓机器进入这一阶段到来的时间。

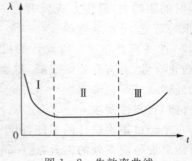

图 1-2　失效率曲线

在工程中,失效率常用的单位为"失效数/$10^6 h^{11}$"。

表征失效率的另一指标是两次失效间的平均工作时间 $MTBF$(mean time between failures),可用符号 m 表示,它和 λ 的关系为

$$m = \frac{1}{\lambda} \tag{1-5}$$

由于 m 易于用统计方法求得,所以常常利用式(1-5)来求 λ 的值。

为保证所设计零件具有所需的可靠度 R,要对零件进行可靠性设计(Design of veliability)[按式(1-4)计算]。

当由许多零件组成一个串联系统时,只要其中之一失效,则该系统即告失效。设各个设备零件的可靠度分别为 $R_1, R_2, \cdots, R_n$,则串联系统的可靠度为它们的乘积,即

$$R = R_1 R_2 \cdots R_n \tag{1-6}$$

由上式可知,串联系统的可靠度低于最低可靠度零件的可靠度。零件越多,系统的可靠度越低。

提高可靠性的措施有:

1)设计上力求结构简单,需要调节的环节少,零件数目少;

2)提高系统中最低可靠度零件的可靠度;

3)尽可能采用有一定可靠度保证的标准件;

4)合理规定维修期;

5)必要时增加重要环节的备用系统。

同机器的生产能力或额定功率一样,机器的可靠性也是机器的一种固有属性。机器出厂时已经存在的可靠性叫作机器的固有可靠性。它在机器的设计、制造阶段就已确定。作为机器的用户,其使用机器的经验、维修能力和技艺都有很大的差别,考虑到用户的这些人为因素,已出厂的机器(即已具有确定的固有可靠性机器)正确地完成预定功能的概率,叫作机器的使用可靠性。作为机器的设计者,当然对机器的可靠性能起到决定性的影响。

(五)其他专用要求

对不同的机器,还有一些为该机器所特有的要求。例如:对机床有长期保持精度的要求;对飞机有质量小、飞行阻力小而运载能力大的要求;对流动使用的机器(如钻探机械)有便于安装和拆卸的要求;对巨型机器有便于运输的要求等。

设计机器时,在满足前述共同基本要求的前提下,还应着重地考虑一些机器的特殊要

求,以提高其使用性能。

显然,机器各项要求的满足,是以组成机器的机械零件的正确设计和制造水平为前提的,亦即,零件设计的好坏,将对机器使用性能的优劣起着决定性的作用。

二、机械(机器)设计的一般程序

一部机器的质量基本上决定于其设计质量。制造过程对机器质量所起的作用,本质上就在于实现设计时所规定的质量。因此,机器的设计阶段是决定机器好坏的关键。

一部完整的机器的设计,是一项复杂的系统工程,要很好地完成设计任务,必定有一套科学的设计程序。根据人们设计机器的长期经验,设计程序基本上如表1-1所示。

表1-1 设计机器的一般程序

设 计 的 阶 段	工 作 步 骤	阶 段 的 目 标
计 划	提出任务 → 分析对机器的需求 → 确定任务要求	设计任务书
方案设计	机器功能分析 → 提出可能的解决办法 → 组合几种可能的方案 → 评价 → 决策——选定方案	提出原理性的设计方案——原理图或机械运动简图
技术设计	明确构形要求 → 结构化 → 选择材料,决定尺寸 → 评价 → 决策——确定结构形状及尺寸 → 零件设计 → 部件设计 → 总体设计 → 编制技术文件	总体设计草图及部件装置草图,并绘制出零件图、部件装配图及总装图
技术文件的编制		编制计算说明书、使用说明书、工艺文件等

以下各阶段分别加以简要说明：

（一）编制设计任务书

设计任务书是机器设计的主要技术依据。设计任务书通常由机器的用户与参加设计者经过调查研究、综合分析后，共同制定的。内容应包括：机器的功能和经济性的预估、制造要求、基本使用要求以及完成设计任务的预计期限等。

（二）方案设计

机器的功能分析，就是要对任务提出的机器功能中必须达到的要求、最低要求及希望达到的要求进行综合分析，看其能否实现及各功能间有无矛盾，相互间能否替代等。最后确定出功能参数，作为技术设计的依据。在这一步骤中，要恰当处理需要与可能、理想与现实、发展目标与当前目标等之间可能产生的矛盾。

确定功能参数后，即可提出可能采用的方案。寻求方案时应从一部机器的组成开始，如图 1-3 所示（双线框表示一部机器的基本组成部分，单线框表示附加组成部分），即按原动机部分、传动部分及执行部分分别进行讨论。通常先从执行部分开始讨论。

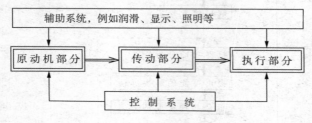

图 1-3 机器的组成

讨论机器的执行部分时，首先是关于工作原理的选择问题。根据不同的工作原理，可以有不同执行机构的具体方案。例如以切削螺纹来说，既可以采用工件只作旋转运动而刀具做直线运动的方案（如在普通车床切削螺纹），也可以使工件不动而刀具作转动和移动（如用板牙加工螺纹）。这就是说，即使对于同一工作原理，也可能有几种不同的结构要求。

原动机部分的方案也有多种选择。由于电力供应的普遍性和电力拖动技术的发展，现在绝大多数的固定机械都已采用电动机作为原动机部分。对于运输机械、工程机械或农业机械，大多选用热力原动机。即使采用电动机作原动机，也还有交流和直流的选择、高转速和低转速的选择等。

传动部分的方案就更为多样了。对于同一传动任务，可以由多种机构的组合来完成。因此，如果用 N_1 表示原动机部分的可能方案数，N_2 和 N_3 分别代表传动部分和执行部分的可能方案数，则机器总体的可能方案数为

$$N = N_1 N_2 N_3$$

以上是仅就组成机器的三个主要部分讨论的。有时，还须考虑到配置辅助系统。

在如此众多的方案中，技术上可行的仅有几个。对这几个可行的方案，要从技术方面和经济方面进行综合评价，如图 1-4 所示。由图可见，总费用最低处对应的机器复杂程度的机器结构方案就应是经济最佳方案。

评价结构方案的设计制造经济性时，还可以用单位功效的成本来表示。例如单位输出

功率的成本、单位产品的成本等。

进行机器评价时，还必须把可靠性作为一项评价的指标，对机器的可靠性进行分析。一般地讲，系统越复杂，则系统的可靠性就越低。为了提高复杂系统的可靠性，就必须增加并联备用系统，而这不可避免地会提高机器的成本。

通过对方案的评价进行最后决策，确定一个据以进行下一步技术设计的原理图或机构运行简图。

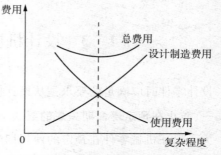

图1-4　机器经济性费用曲线

在方案设计阶段，要正确处理借鉴与创新的关系。既要反对保守和照搬原有设计的倾向，也要反对一味求新而把合理的原有经验弃置不用的错误倾向。

（三）技术设计

根据对机器功能的要求，进行机构、组件、部件及零件的初步设计。设计工作包括：

1. 机器的运动学设计　根据确定的结构方案，先确定原动机的参数（功率、转速、线速度等），然后作运动学计算，从而确定各运动构件的运动参数（转速、速度、加速度等）。

2. 机器的动力学计算　结合各部分的结构及运动参数，计算各主要零件上所受载荷的大小及特性。此时所求得的载荷，由于零件尚未设计出来，因而只是作用于零件上的公称（或名义）载荷。

3. 零件的工作能力设计　已知主要零件所受的公称载荷的大小和特性，即可进行零、部件的基本尺寸计算。

4. 部件装配草图及总装配草图的设计　根据已知的主要零、部件的基本尺寸，设计出部件装配草图及总装配草图。草图上应对所有零件外形及尺寸进行结构化设计。在此步骤中，需很好地协调各零件的结构及尺寸，全面考虑所设计的零、部件的结构工艺性，使全部零件有最合理的构形。

5. 主要零件的校核　在所有零件的结构及尺寸均为已知，相互邻接的零件之关系也已确定时，才可以较为精确地定出作用在零件上的载荷，决定影响零件工作能力的各个细节因素。只有在此条件下，才有可能对主要零件进行精确的校核计算。根据校核的结果，反复地修改零件的结构及尺寸，直到满意为止。

（四）技术文件

技术文件的种类很多，主要有：

1. 设计计算说明书　应包括方案的选择及技术设计的全部结论性的内容。

2. 用户的机器说明书　包括向用户介绍机器的性能参数范围、使用操作方法、日常保养及简单维修方法，以及备用件目录等。

3. 其他技术文件　检验合格单、外购件明细表、验收条件等。

以上仅就机器设计程序作了介绍，但在机器制造和使用过程中，都有可能出现问题，作为设计工作者和机器制造厂应当有强烈的社会责任感，应进行跟踪服务，持续不断地提高机器的质量，更好地满足用户生产及生活的需求。

§1-3　设计机械零件应满足的基本要求

设计零件时应满足的要求是从设计机器的要求中引申出来的。一般有以下基本要求：

一、防止在预定寿命期失效的要求

为了保证机械零件在预定的使用期限内正常工作，设计时应按具体情况对其进行强度、刚度、磨损、振动、发热、可靠性等方面的计算。

1. **强度**　机械零件首先应该满足的基本要求。如果零件的强度不够，就会产生表面失效、整体断裂及塑性变形的情况，使零件丧失工作能力。为了保证零件有足够的强度，计算时应使其在载荷作用下所产生的最大应力不超过零件的许用应力。

2. **刚度**　零件在载荷作用下抵抗弹性变形的能力。某些零件（例如轴）的刚度不够，会破坏机器的正常工作，或影响其工作质量。因此，这些零件的主要尺寸要根据刚度要求来确定。为了保证零件有足够的刚度，计算时应使其在载荷作用下所产生的最大弹性变形不超过零件容许的限度。

3. **寿命**　影响零件寿命的主要因素有：材料的疲劳、材料的腐蚀以及相对运动零件接触表面的磨损等。大部分零件在变应力条件下工作，因而疲劳破坏是引起零件失效的主要原因。影响零件材料疲劳强度的主要因素是：应力集中、零件尺寸大小、零件表面质量及环境状况。零件处于腐蚀介质中工作时，就有可能使材料遭受腐蚀。对于这些零件，应选用耐腐蚀材料或采用各种防腐蚀的表面保护，例如发蓝、表面镀层、喷涂漆膜及表面阳极化处理等。

关于磨损及提高耐磨性等问题见第二章。

二、结构工艺性要求

零件的结构工艺性应从毛坯制造、机械加工过程及装配等生产环节加以综合考虑。零件的结构工艺性设计，在整个机器设计工作中占有很大的比重，必须予以重视。

三、经济性要求

采用轻型的、工艺性良好的小余量或无余量的零件结构可以减少加工工时；采用廉价材料和采用结合结构代替整体结构，可以降低材料成本；尽量采用标准化的零、部件也是降低机器成本的途径。

四、质量小的要求

减小质量的好处有：一可以节约材料；二可以减小运动零件的惯性，改善机器的动力性能。对于运输机械的零件，减小了本身的质量就是增加了运载量，从而提高机器的经济效能。采用轻型薄壁的冲压件或焊接件代替铸、锻零件，以及采用强重比（即强度与单位体积材料所受的重力之比）高的材料等，都是减小零件质量的措施。

五、可靠性要求

零件可靠度的定义和机器可靠度的定义是相同的，不再讨论。

§1-4 机械零件设计中的标准化

零件的标准化,就是通过对零件的尺寸、结构要素、材料性能、检验方法、设计方法、制图要求等,制定出各式各样的共同遵守的标准。标准化带来的优越性表现为:

1. 减轻设计工作量;

2. 便于安排专门工厂,以先进技术大规模地集中生产标准零部件,有利于合理利用原材料,保证产品质量,降低制造成本;

3. 统一材料和零件的性能指标,使其能够进行比较,并提高零件的可靠性;

4. 增大互换性,简化维修工作。

现已发布的与机械零件设计有关的标准,从应用范围来讲,有国家标准(GB)、部颁标准和企业标准三个等级。从使用的强制性来说,可分为必须执行的(如螺纹标准、制图标准等)和推荐使用的(如标准直径等)。出口产品应采用国际标准(ISO)。

对于同一产品,为了符合不同的使用条件,在同一基本结构或基本尺寸条件下,规定出若干个辅助尺寸不同的产品,称为不同的系列,这就是系列化的含义。例如对于同一结构、同一内径的滚动轴承,制出不同的外径及宽度的产品,称为滚动轴承系列。系列大小的规定,一般是以优先数系为基础的。优先数系是按几何级数关系变化的数字系列,而级数项的公比一般取为 10 的某次方根。例如取公比 $q=\sqrt[n]{10}$,通常取根式指数 $n=5,10,20,40$。按它们求出的数字系列(要作适当调整)分别为 5,10,20 和 40 系列(详见 GB321-80)。

通用化是指系列之内或跨系列的产品,尽量采用同一结构和尺寸的零、部件,以减少企业内部的零部件种数,从而简化生产管理,并获得较高的经济效益。

标准化、系列化、通用化,通称"三化"。"三化"程度的高低,常是评定产品质量的指标之一。"三化"是我国现行的很重要的一项技术政策,设计者应尽量使产品系列化、部件通用化、零件标准化,以提高产品质量并降低成本。

§1-5 机械设计方法的新发展

随着新的边缘学科的不断发展,大容量电子计算机的广泛应用,计算技术的日益提高,机械设备也不断向高速、高温、高压、大功率、精密和自动化方向发展,机械设计方法也在不断改进和发展中。常用的现代机械设计方法有下面几种:

一、计算机辅助设计(Computer aided design)

随着电子计算机的飞速发展,作为设计人员助手的电子计算机在机械设计方面的应用愈来愈广泛了。过去不能处理的一些复杂问题,现在可用计算机来求解,运算速度极快,可以在很短时间求解过去用手算难以求解,甚至无法求解的设计方程。

二、优化设计(Optimal design)

设计时,为获得最优设计方案,对于简单问题,可用试算法拟定几个方案进行比较,从中选择最优方案。进行单项目标的优化设计时,可用求单一变量的导数以获得极值(极大或极小)的办法来得到最佳结果,在技术设计的各个步骤中,采用优化设计可使结构参数的选择达到最佳。

三、可靠性设计(Reliability design)

机械可靠性理论用于技术设计阶段,可以按可靠性观点对所设计的零、部件结构及参数做出是否满足可靠性要求的评价,提出改进设计的建议,从而进一步提高机器的设计质量。

四、有限元法(Finite element method)

有限元法是从结构矩阵分析法的基础上迅速发展起来的。它把一个整体结构看成是由有限力学小单元在有限个节点处连接而成的组合体,用有关参数来描述这些小单元的力学特性,而整个结构的力学特性就是这些有限小单元力学特性的总和。在此基础上建立力的平衡关系和变形的协调关系,求出结构中各单元的位移和内力,从而求解强度、刚度和稳定性。将弹性连续体分割的单元越多,越接近实际情况,计算精度也就越高。在机械零件设计方面,对于机架、齿轮、汽轮机叶片、内燃机汽缸、滑动轴承等,可用有限元法进行分析和设计。但对少数非常重要、结构复杂且价格昂贵的零件,在必要时还须按初步设计的图纸制出模型,通过试验,找出结构上的薄弱部位或多余的截面尺寸,据此进行加强或减小来修改原设计,最后达到完善的程度。

五、断裂力学(Mechanics of fracture)

断裂力学从研究材料的断裂机理开始,探讨断裂规律,找出解决问题的方法。因此,断裂力学就是研究带有裂纹物体的固体力学。目前,断裂力学已应用于金属材料、大型转子、高压容器等方面,对于航空发动机的重要零件尤为常用。

顺便指出,现代的机器愈来愈先进,愈来愈复杂,功能愈来愈全面,设计机器时所牵涉的内容也绝非纯粹的机械问题,因此必须用到众多学科的知识。机器的设计,从提出任务开始到制造完成和最后投入生产,需要经过很多的环节,经历较长的周期。为了更有效地安排整个机器的设计程序和各个程序阶段的工作内容,就必须从逻辑上全面系统地研究设计程序的战略部署和各个程序阶段的战术方法,以及各种现代化设计手段的利用等。于是发展出了一门称为"设计方法学"的分支学科。目前有的产品已经根据设计方法学的研究成果进行设计了。

思　考　题

1. 机械设计课程的学习方法是什么?
2. 设计机器及机械零件应满足哪些要求?
3. 机器的设计程序是什么?
4. 什么叫作标准化、系列化、通用化?
5. 简述机械设计的方法及其新发展。
6. 什么叫作可靠度?什么是失效率?

第二章

摩擦、磨损及润滑

§2-1　摩擦学的形成

两个相接触的物体在外力作用下作相对运动时,其接触表面必定发生摩擦(Friction)。摩擦过程带有复杂的物理、化学、机械、冶金与热学等方面的综合特性。摩擦的结果使机器损耗了一部分能量,从而引起温度升高,同时使表面层发生磨损(Wear)和其他形式的损坏。人们在实践中认识到,为了减小摩擦和磨损,从而节约能量和延长机器寿命,可以在对偶表面之间引入润滑剂。由此可见,摩擦是不可避免的自然现象,磨损是摩擦的必然结果,而润滑(Lubrication)是为了减小摩擦、磨损和节约能源及材料的有效措施。

但是,我们也可以利用摩擦来为人类服务。有些机械零部件是依靠摩擦原理来工作的,如带传动、摩擦轮传动、摩擦离合器、螺栓联接等。这些零部件必须选用摩擦系数高的材料来制造。

据估计,目前世界上的能源约有30%～50%消耗在各种形式的摩擦上。在一般机械中,因磨损而失效的零件约占全部报废零件的80%。而采用现代的润滑技术可以大大地节约能源和提高机械零部件的使用寿命。

60年代,英国的乔斯特(H. P. Jost)等,把摩擦、磨损、润滑的学科与技术归并为一个学科,称之为摩擦学(Tribology)。摩擦学是一门边缘学科,研究的范围涉及数学、物理学、化学、材料、冶金学、力学和机械工程等学科。

本章将概略地介绍机械设计中有关摩擦学的一些基本知识。

§2-2　摩　　擦

一、摩擦的类型

在外力作用下,一物体相对于另一物体运动(或有运动趋势)时,在摩擦表面上所产生的切向阻力叫作摩擦力,其现象称为摩擦。阻碍物体接触表面做相对运动的摩擦,叫作外摩擦。外摩擦只是摩擦副接触表面之间的相互作用,而不涉及物体内部的现象。阻碍物体(例如液体和气体)内部相对运动的摩擦,叫作内摩擦。

(一)根据摩擦副表面间的油量及油膜厚度分类

1. 滑动摩擦(Sliding friction)　按摩擦副的运动状态,滑动摩擦又可分为:

（1）静摩擦（Static friction）　两物体作宏观滑动前的微观位移时其接触表面间的摩擦。只有当作用在物体上的外力克服了最大静摩擦力后，物体才开始运动。

（2）动摩擦（Kinetic friction）　两物体做相对运动时其接触表面之间的摩擦。

2.滚动摩擦（Rolling friction）　两个物体（通常为点或线接触）接触表面上某一点切向速度的大小和方向均相同时的摩擦（例如车轮与轨道发生的摩擦）。

（二）按摩擦副表面的润滑情况分类

1.干摩擦（Dry friction）　两摩擦表面直接接触，即没有润滑剂的干表面之间的摩擦，称为干摩擦。一般说来，干摩擦属于外摩擦，其摩擦系数及摩擦阻力最大，磨损最严重，零件使用寿命最短，应力求避免。

2.液体摩擦（Fluid friction）　两个做相对运动物体的接触表面被一层连续的润滑剂完全隔开时的摩擦。这时，液体摩擦发生在润滑剂膜内，摩擦阻力决定于流体的粘滞阻力或流变阻力。由于两个运动的物体表面并未直接接触，因此接触表面无磨损，功耗少，这是一种理想的摩擦状态。

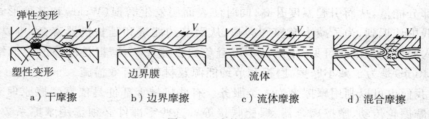

a）干摩擦　　　b）边界摩擦　　　c）流体摩擦　　　d）混合摩擦

图 2-1　摩擦状态

3.边界摩擦（Bounclary friction）　两个做相对运动物体的接触表面间仅隔一层极薄（小于 $0.1\mu m$）的润滑剂时的摩擦。这时，摩擦表面处于干摩擦和流体摩擦的边界状态，其摩擦和磨损决定于表面性能和润滑剂的性能（除粘度外）。

4.混合摩擦　两个做相对运动物体的接触表面间存在一层很薄的介质或这层介质只覆盖一部分表面，从而使表面上一部分微凸体发生接触的摩擦。混合摩擦一般以半干摩擦或半流体摩擦的形式出现。前者是指在摩擦表面上同时存在着干摩擦和边界摩擦的状态，后者是指在摩擦表面上同时存在着流体摩擦和边界摩擦的状态。

二、摩擦机理

解释摩擦本质的主要有机械啮合理论、粘着理论和分子-机械理论等。对于金属材料，粘着理论比较容易为人们所接受。

（一）机械啮合理论

机械啮合理论认为，两个表面接触时凸峰互相啮合，相对运动时所产生的摩擦力就是啮合点切向阻力的总和，因此表面粗糙度越大，摩擦力就越大。这一理论能够解释较粗糙的加工表面的摩擦现象。但对于高精加工的表面，粗糙度越小，接触面积越大，摩擦力也越大，再用这种理论就不能解释了。

（二）粘着理论

粘着理论认为，在法向载荷作用下，只有少量的凸峰相接触，真实的接触面积 A_r 只有表面接触面积的 $0.01\% \sim 1\%$（图 2-2）。所以单位接触面积上的压力很大，很容易达到材料

的屈服极限 σ_S，使凸峰产生塑性变形。对于理想的弹塑性材料，真实接触面积与载荷 N 成正比，即

$$A_r = \frac{N}{\sigma_S}$$

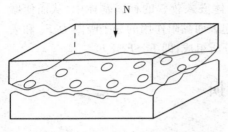

图 2-2　真实接触面积

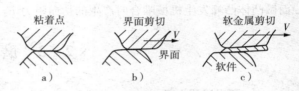

图 2-3　粘着点及剪切面

因为 A_r 很小，压强很大（等于 σ_S），所以接触点处的边界膜破坏，使基体金属直接接触，因"冷焊"[①]而形成牢固的粘着点（图 2-3a）。在发生相对滑动时，若粘着点的剪切强度低于基体金属的剪切强度，则沿粘着点的界面剪开（图 2-3b），此时摩擦力应按界面剪切计算。若粘着点的剪切强度大于较软的基体金属的剪切强度，将沿较软金属凸峰的某个薄弱断面剪开（图 2-3c），并有少量软金属黏附在硬金属的表面上，此时摩擦力应按软金属剪切强度计算。

摩擦力的计算式为

$$F = A_r \tau$$

若剪切发生在粘着点的界面上，则 $\tau = \tau_j$，τ_j 为粘着点界面的剪切强度限；若剪切发生在较软的金属上，则 $\tau = \tau_B$，τ_B 为较软金属的剪切强度限。

摩擦系数为切向阻力（摩擦力）与法向力的比值，所以

$$f = \frac{F}{N} = \frac{A_r \tau}{A_r \sigma_S} = \frac{\tau}{\sigma_S} = \frac{\text{软件和粘着点剪切强度的小值}}{\text{基体材料压缩屈服限的小值}}$$

这就是"粘着理论"，是鲍登（Bowden）与泰伯（Tabor）于 1964 年提出的，这个理论与实际情况比较接近，可以在相当大的范围内解释摩擦现象。例如，基体材料和润滑条件一定时摩擦系数是常数；摩擦力的大小与表观接触面积无关。

如在较硬的基体表面粘覆极薄的软金属（如铟、银等），此时剪切将发生在软金属层，上式中的 τ 应为软金属的剪切强度限；而承载的真实接触面积仍取决于基体金属，即 σ_S 是基体金属的压缩屈服限，所以也能降低摩擦系数。

（三）分子-机械理论

随着表面测试方法的发展，鲍登、泰伯、霍尔姆等人先后发现，两摩擦表面的表观接触面积与表面微凸体接触时所形成的实际接触面积有很大的差别，根据这个观测结果提出了摩擦的分子-机械理论。他们认为，摩擦力具有二重性，即由两接触表面间分子相互作用的黏

---

①　两表面没有经过加热而牢固地黏附在一起，俗称冷焊。

附阻力和表面层形状改变所引起的机械阻力共同决定。具体来说,当两个金属摩擦表面在法向载荷作用下接触时,首先是粗糙表面上微凸体的凸峰发生高压接触,它们相互嵌入和啮合产生了弹性变形,引起实际接触面积增大。当接触点的应力超过金属压缩屈服限 σ_S 后,将产生局部塑性变形,接触点上出现瞬时高温,导致两表面发生黏附而形成了粘着点,并在相互滑动时被剪断,出现"犁沟"现象。这时,较硬的表面微凸体嵌入较软的材料基体中,从而使摩擦表面发生变形。这就是说,总的切向摩擦阻力 F 由引起表面黏附作用的分子吸附力 F_1 和表面微凸体凸峰发生机械啮合时产生的切向阻力 F_2 两部分所组成,即 $F=F_1+F_2$。

§2-3 磨 损

一、磨损过程

两个相接触并作相对运动的物体在摩擦力作用下,其表面上的物质将不断损耗,物体的尺寸和形状将逐渐改变,这个过程称为磨损。以长度、体积、质量等单位表示的磨损过程的结果称为磨损量。一般来说,机械零件正常运行的磨损过程可分为三个阶段:

1. 磨合阶段

磨损并非都是坏事。如磨合(又称跑合)、研磨加工等都是有益的磨损。图 2-4 是摩擦副的磨损过程曲线。Ⅰ 区为磨合磨损阶段。磨合后凸峰高度减小,顶峰半径加大(图 2-5),有利于增大接触面积、降低磨损率(Wear rate)。磨合阶段应该由小至大缓慢加载,保持润滑油清洁,防止磨屑进入摩擦面。磨合结束后,应该换油、清洗或将润滑油过滤后再用。

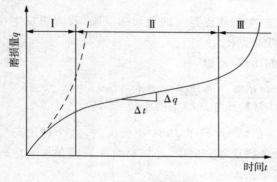

图 2-4　磨损过程曲线

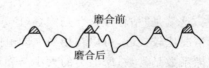

图 2-5　磨合的作用

磨合是一种有益的磨损,利用它来改善工作表面的性能,提高摩擦副的使用寿命。例如,一台齿轮减速器装配后,都要添加合适的润滑油进行磨合。

2. 稳定磨损阶段

Ⅱ 区为稳定磨损阶段。曲线的斜率就是磨损率 $\varepsilon=\dfrac{\Delta q}{\Delta t}$,式中 q——磨损量;t——时间。在稳定磨损阶段(又称正常磨损阶段)内曲线近似于直线,即 ε 等于常数。磨损率越小,零件寿命越长。

3. 剧烈磨损阶段

Ⅲ 区为剧烈磨损阶段。零件使用若干时间后,磨损量增大,使摩擦副间隙加大,精度下降,润滑条件恶化(油易被挤出),逐渐进入Ⅲ区,此时会产生振动、冲击和噪声,磨损加快,温度升高,使零件迅速破坏。因此,在摩擦副进入剧烈磨损阶段,应及时进行检修。

二、磨损种类

发生磨损的机理取决于很多因素,如摩擦表面形貌、材料特性、相对运动形式、工作状况和环境条件等。根据磨损过程的物理特性,磨损可分为下面几个种类:

1. 黏附磨损(Adhesive wear)

由上节所述的黏附现象产生的磨损称为黏附磨损。载荷越大,表面温度越高,黏附现象就越严重。

根据黏附程度的不同,黏附磨损一般有以下几种形式:

1)涂抹 剪切发生在软金属浅层内部,逐渐转移到硬金属表面上;

2)擦伤 发生在软金属表层较深处,硬金属表面可能被划伤;

3)撕脱 剪切发生在摩擦副一方或双方基体金属较深处;

4)咬死 即严重粘着,运动停止。又称为胶合(Scoring)。

2. 磨粒磨损(Abrasive wear)

磨粒磨损,是两个接触表面做相对运动时,由于两表面间的硬质颗粒或较硬表面上的微凸体对表层材料进行切削或刮擦而造成的一种机械磨损。磨粒磨损是最常见的磨损类型,约占磨损总数的一半。磨粒磨损的形成原因可概括如下:

1)磨损是由于磨料在金属表面上进行微量切削所引起;

2)磨料作用在表面层上而产生循环接触应力,从而引起表面疲劳破坏;

3)对于高塑性材料,磨料压入表面而产生压痕,从表面挤出剥落的颗粒。

3. 疲劳磨损(Fatigue wear)

当作滚动或滚—滑运动的高副受到反复作用的接触应力(如滚动轴承运转或齿轮传动)时,如果该应力超过材料相应的接触疲劳强度,就会在零件工作表面或表面下一定深度处形成疲劳裂纹,随着裂纹的扩展与相互联接,就造成许多微粒从零件工作表面上脱落下来,致使表面上出现许多月牙形浅坑,这就叫疲劳磨损,也叫疲劳点蚀,或简称点蚀(Pitting)。

4. 冲蚀磨损(Erosion wear)

当一束含有硬质微粒的流体冲击到固体表面上时就会造成冲蚀磨损。例如,利用高压空气输送型砂或用高压水输送碎矿石的管道所产生的磨损就是冲蚀磨损。近年来,由于燃气涡轮机的叶片、火箭发动机的尾管这样一些部位的破坏,才引起人们对这种磨损形式的特别注意。

根据对多种材料实验结果的分析表明,冲击磨损是由于在有摩擦的情况下,固体表层受到硬质微粒冲击所产生的法向力与切向力的反复作用而造成的表面疲劳破坏。影响冲击磨损的因素主要有:磨粒与固体表面的摩擦系数、磨粒的冲击速度以及磨粒的冲击速度方向同固体表面所夹的冲击角。

5. 腐蚀磨损(Corrosive wear)

在摩擦过程中,与周围介质发生化学反应或电化学反应造成的材料转移称为腐蚀磨损。钢铁材料的锈蚀是常见的腐蚀磨损。

润滑油和润滑脂能保护摩擦表面,但有的油与空气中的氧产生化学反应,生成酸性化合物,对表面有腐蚀作用,也会产生腐蚀磨损。

6. 微动磨损(Fretting wear)

微动磨损发生在名义上相对静止、实际上存在循环的微幅相对滑动的两个紧密接触的表面上(如轴与孔的过盈配合面、滚动轴承套圈的配合面、旋合螺纹的工作面、铆钉工作面等)。这种相对滑移是在循环变应力或振动条件下,由于两接触面上产生的弹性变形的差异而引起的。在这种情况下,相对滑移的幅度非常小,一般仅为微米的量级。这时由于接触面上的正压力大,而相对滑动幅度很小,致使接触面产生的氧化磨损物微粒难以从接触部位排除,故,当名义上相对静止的接触面间有氧化磨损微粒(黑色金属件间为红褐色的 Fe_2O_3 微粒;铝合金件间主要为黑色的 Al_2O_3 微粒)存在时,即为发生微动磨损的标志。

微动作用不仅损坏配合表面的品质,而且要导致疲劳裂纹的萌生,从而急剧地降低零件的疲劳强度。所以微动损伤常包含微动腐蚀、微动磨损和微动疲劳。

三、减少磨损的一般方法

当两个做相对运动的物体在法向载荷 N 的作用下发生摩擦时,减少磨损的一般方法有如下几种:

1. 选择材料(图 2-6a)

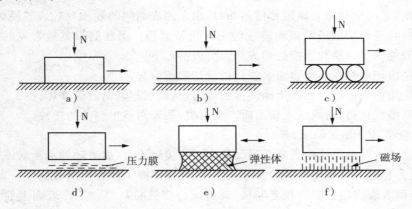

图 2-6　减少磨损的方法

摩擦副的摩擦系数和磨损率随摩擦副材料的不同而各异,因此选择合适的材料组合可以减小摩擦系数和磨损率。但摩擦系数与磨损率之间的关系是复杂的,摩擦系数低不一定意味着磨损率也低,同时各种材料组合的摩擦系数差别不大(对于干摩擦,一般 $f = 0.15 \sim 0.62$),而其磨损率却相差几个数量级。因此,选择摩擦副材料时,必须进行综合考虑。例如,聚四氟乙烯与工具钢配对时,摩擦系数 $f = 0.18$,磨损率为 $2000(cm^3/cm) \times 10^{-12}$,因此这种材料组合常用于无润滑轴承,但它们比较软,只能用于轻载、不耐热和低速场合。

2. 形成表面膜(图 2-6b)

吸附在固体表面上的薄膜能阻碍两固体的直接接触,但由于这种表面膜很薄(约 $1\mu m$),而且很容易破裂,因此不能完全防止两固体表面的接触。形成表面膜的方式有:

1)润滑油中的极压添加剂与金属起化学反应而在金属表面上形成一层氯化膜或硫化膜;

2)采用石墨或二硫化钼类层状固体润滑剂;

3）采用铅类的软金属薄膜。

这些表面膜能承受较大的法向载荷，但其剪切阻力很低，因此用了这些薄膜后能减小摩擦和磨损。

3. 将滑动接触改为滚动接触（图 2-6c）

用这种方式可以显著的降低摩擦和磨损，在工业上得到广泛的应用。

4. 建立压力润滑膜（图 2-6d）

这种方法是用一层较厚（约 $100\mu m$）的压力润滑油将两个固体表面完全隔开，从而将两固体表面间的外摩擦转化成流体膜的内摩擦，而流体膜的剪切阻力较低，因此可以大大减小运动表面的摩擦，甚至可以完全避免磨损。建立压力膜通常有两种方式：一种是用压力泵向表面间送入流体，这就是流体静力润滑的工作原理；另一种是利用摩擦副表面的相对运动，将流体带进摩擦面间，建立压力油膜把摩擦面分开，这就是液体动力润滑的工作原理。

5. 采用弹性体（图 2-6e）

有时，两零件间的滑动行程是很短的，例如车辆上作微幅摆动的悬挂装置。在这种情况下，可以在两个固体表面上黏结一个弹性体（例如合成橡胶），依靠弹性体的变形使两表面能作相对运动。

6. 产生电磁场（图 2-6f）

为了将两个固体表面隔开，同时使其能承受法向载荷并作相对运动，可以设法在二者之间产生磁场或静电场，如磁力轴承。

在某些情况下，往往可以或必须同时使用上述的两种或更多种方法。例如在动静压混合轴承中，在起动和停车期间利用流体静压原理进行工作，而在正常运转中利用流体动压原理工作；又如在滚动轴承中，为了减少磨损，可在润滑油中掺入极压添加剂，从而在滚动体与套圈表面间形成一层薄膜，以免表面损伤。

§2-4　润　滑

一、润滑目的

润滑是向摩擦表面供给润滑剂以减少磨损、表面损伤和摩擦力的一种手段。润滑的目的大致可归纳如下：

1. 降低摩擦　在两个摩擦表面之间引入润滑油，使之形成液体摩擦或半液体摩擦，可以有效地降低摩擦系数和摩擦力。

2. 减少磨损　当两个摩擦表面被一层润滑油膜完全隔开时，可以避免两表面的磨粒磨损和黏附磨损。此外，由于润滑油的保护作用，还可以减少摩擦表面的腐蚀磨损。

3. 降低温升　润滑一方面降低了摩擦，减少了发热；另一方面是润滑油流过摩擦表面时可以带走一部分热量。

4. 防止腐蚀　润滑剂能形成保护膜，保护零部件表面免遭锈蚀。为此，润滑剂本身不得含有较高的酸性和水分，必要时可以掺入防锈添加剂。

5. 缓冲减振　由于润滑油的阻尼作用，可将机械振动能量转化为油液中的摩擦热而散掉。

6. 清洗污垢　润滑油流过摩擦表面时，还能起清洗作用，将摩擦表面间的杂质和污物带走。

7. 形成密封　润滑脂能形成密封,防止润滑剂漏失和阻止外界杂质侵入。

二、润滑状态

按照润滑剂的物理状态,润滑可分为气体润滑(Gas lubrication)、液体润滑(Liquid luprication)和固体润滑(Solid film lubrication)。

按照润滑剂将两个摩擦表面隔开的情况,润滑可分为:

1. 流体动力润滑(Hydrodynamic lubrication)　流体动力润滑是靠摩擦表面的几何形状(二者形成收敛楔形间歇)和相对运动,借助于粘性流体的动力学作用产生压力来平衡外载荷的。

2. 流体静力润滑(Hydrostatic lubrication)　流体静力润滑是靠外部向摩擦表面之间供给一定压力的流体,借助于流体的静压力来平衡外载荷的。

3. 弹性流体动力润滑(Elasto—hydrodynamic lubrication)　对于面接触和线接触的运动副,如齿轮、滚动轴承、凸轮等,也能形成流体动力润滑。此时接触压力很大,必须考虑接触区材料的弹性变形和在高压力下润滑油的粘度变化。这一类流体动力润滑问题称为弹性流体动力润滑。这一领域问题的研究是在测试技术和计算机发展的基础上发展起来的,现已用于高副机构的设计。

4. 边界润滑(Boundary lubrication)　当摩擦和磨损的情况决定于表面材料的机械性质、表面形貌及边界膜的性质,而与油粘性无关时,在摩擦表面上存在着厚度通常小于 $0.1\mu m$ 的薄膜,这层薄膜称为边界膜。

5. 混合润滑(Mixed lubrication)　混合摩擦介于边界摩擦和流体摩擦之间。两个表面之间既可能有凸峰的直接接触,也存在着具有一定压力的厚流体膜,共同传递两个表面间的相互作用力。

三、润滑油及润滑脂

根据工作条件不同,所用润滑剂有液体(如油、水及液态金属)、气体(如空气或其他气态工作介质)、半固体(如石墨、二硫化钼、聚四氟乙烯)等几类。其中的气体及固体润滑剂,多在一些高速、高温、有核辐射或要防止污染产品的特殊场合应用。对于橡胶或塑料制成的轴承,宜用水作润滑剂,而液态金属(如钠、锂、汞等)已经在高温、高真空的核反应堆及宇航条件下获得了成功的应用。一般参数的各种机械或设备(包括各种减速器),通常都用润滑油或润滑脂来润滑。

(一)润滑油及润滑脂的主要质量指标

1. 润滑油的主要质量指标

(1)粘度　流体抵抗变形的能力。它标志着流体的内摩擦阻力的大小,如图 2-7 所示,在两个平行的平板间充满具有一定粘度的润滑油,若平板 A 以速度 v 移动,另一平板 B 静止不动,则由于油分子与平板表面的吸附作用,将使贴近板 A 的油层以同样的速度 v 随板移动;而贴近板 B 的油层则静止不动。于是形成各油层间的相对滑移,在中层的界面上就存在有相应的剪应力。牛顿在 1678 年提出一个粘性液的摩擦定律(简称粘性定律):在流体中任意点处的剪应力均与其剪切径(或速度梯度)成正比。若用数学形式表示这一定律,即

$$\tau = -\eta \frac{\mathrm{d}v}{\mathrm{d}y} \qquad (2-1)$$

式中 τ——流体单位面积上的剪切阻力，即剪

应力；

$\frac{\mathrm{d}v}{\mathrm{d}y}$——流体沿垂直于运动方向（即沿图2-

7中 y 轴方向或流体膜厚度方向）

的速度梯度，式中的"－"表示 v 随

y 的增大而减小；

η——比例常数，即流体的动力粘度。

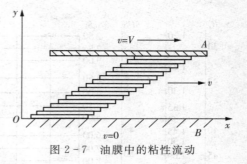

图2-7 油膜中的粘性流动

摩擦学中把凡是服从这个粘性定律的液体都叫作牛顿液体。

粘度的常用单位有：

1)动力粘度（或绝对粘度）η 按我国法定单位或国际单位制（SI），如使相距1m、面积各为1m²的两层平行流体间生1m/s的相对移动速度时，所需施加的力为1N，则这种流体的粘度为1Pa·s(帕·秒)[1]，即1Pa·s＝1N·s/m²。

动力粘度主要用于流体动力学计算中。

2)运动粘度 ν 由于通常测量流体粘度的粘度计，不是直接测得流体的动力粘度，而是测得流体的 η/ρ，其中 ρ 为流体的密度。在工程中把这个比值叫运动粘度，即

$$\nu = \eta/\rho \qquad (2-2)$$

因 ρ 的单位为 kg/m³，即 N·s²/m⁴，故运动粘度单位为 m²/s[2]。

除上述两种粘度外，目前在石油产品中，还使用条件粘度（相对粘度）。我国常用恩氏度°E作为条件粘度单位。这是当200ml待测定的油，在规定的恒温 t（通常用50℃或100℃，这时恩氏度用°E_{50} 或°E_{100} 表示）时流过恩氏粘度计所需的时间与同体积蒸馏水在20℃时流过粘度计的时间之比。对于粘度越大的油，所用的测定恒温也越高。

上述几种粘度单位，可按下列关系进行换算：

当 $1.35 < °E_t \leqslant 3.2$ 时， $\nu_t = 8.0°E_t - \dfrac{8.64}{°E_t}$(cst)

当 °$E_t > 3.2$ 时， $\nu_t = 7.6°E_t - \dfrac{4.0}{°E_t}$(cst) $\qquad (2-3)$

当 °$E_t > 16.2$ 时， $\nu_t = 7.14°E_t$(cst)

$$\eta_t = \rho_t \nu_t \mathrm{cP} = \rho_t \nu_t \times 10^{-3} (\mathrm{Pa \cdot s}) \qquad (2-4)$$

各种流体的粘度，特别是润滑油的粘度随温度而变化的情况十分明显[3]。由于油的成分

---

① 在绝对单位制(C.G.S.)中，把动力粘度单位定为1dyn,s/cm²，叫1P(泊)。对于一般的润滑油来说，这个单位太大，通常用它的1%作粘度单位，叫厘泊。记为cP。因1N＝10⁵dyn，故1Pa·s＝10P＝1000cP。

② 在绝对单位制中，把1cm²/s的运动粘度叫1st(沲)。实用上，常以其1%即cst(厘沲)作单位。

③ GB3141-82规定以40℃时的运动粘度为基础来标定工业润滑油的粘度分类。由于目前尚未发布此标准标定的润滑油产品牌号，故本书以下仍沿用原来的牌号。

及纯净程度之不同,很难用一个解析式来表达各种润滑油的粘-温关系。图 2-8 示出几种常用润滑油的粘-温曲线[17]。

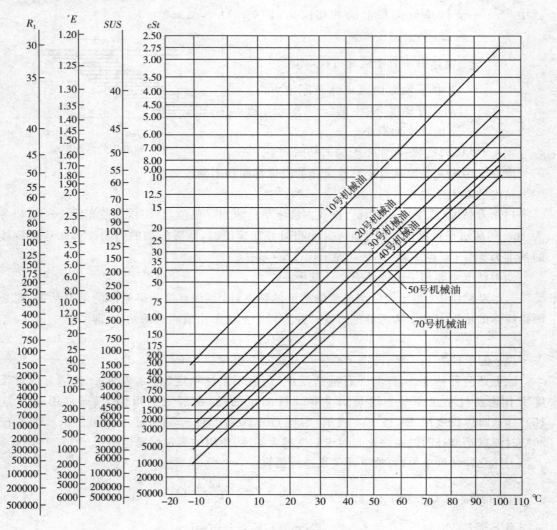

图 2-8　几种常用的粘-温曲线

　　润滑油粘度受温度影响的程度可用粘度指数 V. I.(Viscosity Index)表示。粘度指数值越大,表明粘度随温度的变化越小,即粘-温性能越好。

　　压力对流体的影响有两方面:一是流体的密度随压力增高而加大,不过对于所有的润滑油来说,压力在 100MPa 以下时,每增加 20MPa 的压力,油的密度才增加 1%,因此在实际润滑条件下这个影响可以不予考虑;二是压力对液体粘度的影响,这只有在压力超过 20MPa 时,粘度才随压力的增高而加大,高压时则更为显著。因此在一般的润滑条件下也同样不予考虑。但在弹性流体动压润滑中,这种影响就变得十分重要。例如在齿轮传动中,啮合处的局部压力可能高达 4000MPa,那时矿物油已不再像液体而更像蜡状的固体了。对于一般矿物油的粘-压关系,可用下列经验式表示:

$$\eta_p = \eta_o e^{\alpha p} \tag{2-5}$$

式中　η_p——润滑油压力 p 时的动力粘度，Pa·s；

　　　η_o——润滑油在 10MPa 压力下的动力粘度，Pa·s；

　　　e——自然对数的底，e＝2.718；

　　　α——润滑油的粘-压系数。当压力 p 的单位为 Pa 时，α 的单位即为 m^2/N。对于一般的矿物油，$\alpha \approx (1\sim3) \times 10^{-8}\ m^2/N$。

润滑油粘度的大小不仅直接影响摩擦副的运动阻力，而且对流体润滑油膜的形成及承载能力有决定性的作用。这是流体润滑中一个极为重要的因素。

（2）闪点　当油在标准仪器中加热所蒸发出的油气，一遇火焰即能发出闪光时的最低温度，称为油的闪点。这是衡量油的易燃性的一种尺度。对于高温下工作的机器，这是润滑油的一个十分重要的指标。通常工作温度应比油的闪点低 30℃～40℃。

2. 润滑脂的主要质量指标

（1）针入度（或稠度）　这是指一个重力为 1.5N 的标准锥体于 25℃恒温下由润滑脂表面经 5s 后刺入的深度（以 0.1mm 计）。它标志着润滑脂内阻力的大小和流动性的强弱。针入度越小润滑脂越不易从摩擦面中被挤出，故承载能力强，密封性好；但同时摩擦阻力大，而且不易充填较小的摩擦间隙。

（2）滴点　在规定的加热条件下，润滑脂从标准量杯的孔口滴下第一滴时的温度叫作润滑脂的滴点。它标记着润滑脂耐高温的能力。

（二）润滑油及润滑脂的添加剂

普通润滑油、润滑脂在一些十分恶劣的工作条件下（如高温、低温、重载、真空等）会很快劣化变质，失去润滑能力。为了改善润滑油、润滑脂的性能，固然可用精制的办法来满足某些要求，但因精制工艺复杂，成本高，而且也很难满足不同场合的多样化要求。所以现在采用具有某种独特性能的添加剂，以适应某特定的需要。

1. 分散净化剂

为了防止润滑油中因氧化而生成的胶物沉积下来，加剧磨损，可在润滑油中加入 0.5%～1% 的聚异丁烯、丁二酰亚胺或石油磺酸钙类添加剂，从而将胶状物分散，悬浮在油中，大大减轻磨损并延长润滑油的使用寿命。

2. 抗氧化剂

这类添加剂通常由硫、磷与油溶胺和苯酚的化合物构成，如硫磷化烯烃钙盐、油溶性酚醛、芳香胺等。在油中加入 0.25%～5.0% 的这种添加剂可防止润滑油氧化变质，腐蚀零件。

3. 增粘剂

为了改善普通润滑油的粘-温特性，使其能适应较大的温度范围，可以加入 3%～10% 的聚甲基丙烯酸酯、聚异丁烯等高分子聚合物，使得润滑油在高温时不易变稀，在低温时又不致过稠。

还有其他一些添加剂，如油性添加剂、极压与抗磨添加剂等。

机械中常用润滑油、润滑脂、添加剂的性能及应用范围分别见表 2-1、表 2-2 及表 2-3。

表 2-1　常用润滑油的性能及应用范围

名　称	代　号	主　要　性　能				应用范围
		粘度(cst)	闪　点 (℃)	凝固点 (℃)	其他特点	
机械油	HJ-10，HJ-20 HJ-30，HJ-40 HJ-50，HJ-70 HJ-90	10 号机油 （HJ-10） $(7\sim13)_{50℃}$	165～220	-15～0		滑动轴承用 10～30 号油，机床液压及齿轮变速箱用 20、30 号，重型机械导轨用 40、50 号，矿山机械、冲压、铸工等重型机械用 70、90 号油
高　速 机械油 （锭子油）	HJ-5 HJ-7	7 号机械油 （HJ-7） $(6.0\sim8.0)_{50℃}$	110～125	-10	低粘度；无残炭、杂质；酸值、灰分低	纺锭及高速轻载机械 （$P\leqslant0.5$MPa，$v>5$m/s）
汽轮机油 （透平油）	HU-22， HU-30 HU-46， HU-57	22 号汽轮机油 （HU-22） $(20\sim30)_{50℃}$	180～195	-15～0	无残炭、杂质；酸值、灰分低	HU-22 用于 $n>3000$min^{-1} 汽轮机轴承； HU-30 用于 $n=2000\sim3000$min^{-1} 蒸汽机或水轮机轴承； HU-46、HU-57 用于 $n\leqslant2000$min^{-1} 蒸汽机或水轮机轴承
仪表油	HY-8	$(6.3\sim8.5)_{50℃}$	120	-60	无残炭、杂质；灰分低	用于各种仪表，可用于低温
精密机床 液压——导 轨油	20 号， 30 号， 40 号	20 号 $(17\sim23)_{50℃}$	170～190	-10	无水分、杂质、可溶性酸碱；粘度指数不小于 90。有氧化安定性、抗泡沫性要求	精密机床导轨及液压系统用油
汽油机油 （车用机油）	GQ-6， HQ-10， HQ-15， HQ-6D	15 号汽油机油 （HQ-15） $(14\sim16)_{100℃}$	185～210	-5～ -30	无杂质	用于汽车、拖拉机或其他动力机械的汽油发动机。HQ-6 用于冬季；HQ-10 黄河北用于夏季；黄河南全年通用；HQ-15 用于夏季或用于重载荷大型汽车。6 号低凝汽油机油 HQ-6D 用于气温-25℃的寒区
柴油机油	HC-8，HC-11 HC-14，HC-16 HC-20	8 号柴油机油 （HC-8） $(8\sim9)_{100℃}$	195～220	-15～0	无杂质	用于汽车、拖拉机或其他动力机械的柴油发动机。HC-8 用于冬季，HC-11 用于夏季，HC-14 在内燃机上全年通用，HC-16、HC-20 用于大功率柴油机
气缸油 （斯林达油）	HG-38， HG-52， HG-62	38 号气缸油 （HG-38） $(32\sim44)_{100℃}$	290～315	5～10	高粘度、高闪点、酸值小	用于 5 个以上大气压温度 150～200℃ 的蒸汽机，用于低速重载机械（如减速器）
压缩机油	HS-13 HS-19	13 号压缩机油 （HS-13） $(11\sim14)_{100℃}$	215～240		无残炭	用于鼓风机、7～40 大气压的压缩机，HS-19 用于高压的多级压缩机

（续）

名　称	代　号	主　要　性　能				应用范围
		粘度(cst)	闪　点（℃）	凝固点（℃）	其他特点	
齿轮油	HL-20 HL-30	HL-20 (18.5～23)_{100℃}	170～180	−20～−5	无酸值,控制水分。含胶质沥青等极性物及杂质。粘性高,油性好	汽车传动机构及转向机构变速箱、减速箱中齿轮及其他摩擦部件的润滑,耐压2000～2500MPa,20号冬用,30号夏用。 不适用于一般机械,特别是精密机械的润滑
双曲线齿轮油	HL57-22 HL57-28	HL57-22 (16.1～28.4)_{100℃}		−20～−5	无酸值,硫分≥1.5%以提高极压性能	用于汽车双曲线齿轮($P=3000～4000$MPa,$\nu=7.50$m/s)。22号冬用,28号夏用
工业齿轮油	50、70、90、120、150、200、250、300、350	50号油 (45～55)_{50℃}	170～220	−5～0	油性及极压性好	用于蜗杆蜗轮及其他重载荷齿轮的润滑

表 2-2　常用润滑脂的性能及应用范围

类　别	名　称	组　成	性　能		特　点	应用范围
			滴点	水分%		
皂基脂 / 单一皂基脂	钙基润滑脂	钙皂＋润滑油	75～95℃	1.5～3.5	抗水性大,滴点低	适用于工作温度不高于55～65℃的机械
	钠基润滑脂	钠皂＋润滑油	140～150℃	0.4	耐热性、机械安定性好,但抗水性、胶体安定性差	可用于工作温度高至120～130℃的机械,应避免水及湿气环境。可制成乳化油应用
	锂基润滑脂	锂皂＋润滑油	175℃	无	耐水、耐高低温、胶体安定性及机械安定性好,但锂皂对润滑起氧化催化作用,必须加抗氧化添加剂	用于工作温度145℃以下的各种摩擦副及滚动轴承
	铝基润滑脂	铝皂＋润滑油	75℃	无	抗水性强,耐海水侵蚀但滴点低	抽水机,航运机械润滑
混合皂基脂	钙-钠基润滑脂	钙钠皂＋润滑脂	120～135℃	0.7	耐水、耐热	又称轴承润滑脂,工作温度可达80～100℃,广泛用于各种机械的滚动轴承润滑
复合皂基脂	复合钙基润滑脂	醋酸及脂肪酸的复合钙皂＋润滑油	180～240℃	0.1	耐水、耐高温	又称高温润滑脂,能在150～200℃下使用(耐水性也较高)
	二硫化钼复合钙基润滑脂	3%～10%二硫化钼＋复合钙基脂	180～240℃		摩擦系数低,极压性能良好,耐150～200℃内高温	用于重载荷,高温,潮湿条件下冶金、矿山、化工机械
烃基脂	仪表润滑油	地腊＋仪表油	60℃	无	摩擦系数低,胶体安定性好,耐低温,但滴点低,不宜用于高温	润滑−60～55℃温度内工作的仪器。可作防腐、防水及密封剂
	膨润土润滑油	膨润土＋石蜡润滑油	>250℃		耐高温,耐潮湿,极压性好,价廉	高载荷、高温、潮湿条件下的冶金、矿山、化工机械
	石墨烃基润滑脂	15%石墨＋润滑油	55℃	无	耐极压	又称黑铅脂,用于重载荷摩擦表面

表 2 - 3　常用添加剂的性能及应用

添 加 剂		作 用 机 理 及 功 能	应 用 范 围
油性剂	油酸、硬脂酸,油酸铝、二烃基硫化磷酸锌,氯化石蜡,动物油等	添加剂中的极性物质增加润滑油膜的吸附及嵌入能力,提高边界油膜强度	用于中等载荷精密机床及重要的运动机构,低速摩擦副可防止爬行。使用温度 $t<$ 120~200℃,高温将分解失效
极压剂	含氯、磷、硫的有机化合物氯化石蜡、二硫化烯烃、磷酸三甲酯等	添加剂与金属表面起化学变化,形成氯化物、磷化物、硫化物的薄膜,此膜耐高温高压,剪切强度低,可减小摩擦阻力。同时活性物质吸附力强,增加边界膜强度,重载荷下可防止摩擦面直接接触引起粘着现象	用于重载荷齿轮及重型机械滚动轴承的润滑油,硫磷等对金属(特别是有色金属)起腐蚀作用,一般非极压条件下不用此添加剂
增粘剂	聚异丁烯、聚甲基丙烯酸酯等	添加剂是具有线状结构的高分子化合物,对油有稠化能力。同时高温线状物舒展,阻碍油分子运动,增稠作用大,而低温线状物卷成小球,增稠作用小,这样使润滑油粘度随温度变化小,提高粘度指数,改善粘温性能	配制四季通用,南北通用,工作温度变化大的液压系统油及汽车、机用油。添加量约为 3%~10%
降凝剂	烷基萘、聚甲基丙烯酸酯等	石蜡基润滑油低温时稠化,降低润滑效果。添加剂可吸附在油中石蜡晶体表面,防止其形成网状结构,避免稠化现象,降低凝固温度	用于北方低温地区机械的润滑油。添加量 0.1%~1%
抗氧抗腐剂	二硫代磷酸锌(主要用于发动机)2,6-二叔丁基对酚、4,4-二甲酚等(主要用于透平油或变压器油)	添加剂与金属形成薄膜,钝化金属表面,防止金属对润滑油氧化的催化作用,使润滑油不易变质。同时能分解润滑油中由于受热氧化产生的过氧化物,减少有害物质的生成	机床液压系统油,内燃机用油
清净分散剂	磺酸盐(石油磺酸钙、磺酸钡等)。酚盐(烷基酚钡、烷基酚钙等)	添加剂吸附在沉积物上,阻止积聚并维持悬浮状态,可分散或防止发动机产生的沉积物	内燃发动机油中必须使用
防锈剂	磷酸酯、石油磺酸钠、烯基二酸等	防锈剂在金属表面形成吸附膜或化合膜,防止金属与腐蚀介质接触而起防锈作用	用于透平机、压缩机等机械各种零部件、工具、武器的防锈油脂
抗泡剂	硅油(如硅酮油、甲基硅油等)	润滑油在使用过程中吸收空气形成泡沫,降低润滑效果,甚至影响机器运行。硅油能降低润滑的表面张力,防止形成稳定的泡沫	机床液压系统用油,内燃机用油

(三)润滑剂的选择

　　根据统计,在机械设备事故中润滑问题占极大比重;另外,由于润滑不良造成的机械精度降低也比较严重,其中润油剂选择不当是个重要原因。

　　要正确地选择润滑剂,必须考虑摩擦副的工作条件、润滑部位及润滑方式等因素。

　　1. 工作载荷　摩擦副的负载(压强)大时,首先应保证润滑剂的承载能力。在液体润滑条件下,润滑油粘度愈高,承载能力愈大;而边界润滑状态,应选择油性好或极压性能好的润滑油。在冲击载荷、往复运动、间歇运动情况下受力,不易形成油膜,可选用润滑脂或固体润滑剂。

　　2. 运动速度　对于相对滑动速度较高的运动副,因容易产生动压油膜,宜选用粘度较高的润滑油,以减小油膜间由于内摩擦而引起的功率损耗。

3. **工作温度**　对于低温工作的机械应选择粘度较小、凝点较低的润滑油;对在高温下工作的机械应选粘度较大和闪点较高的润滑油;对在特别低温工作的机械可采用抗凝添加剂的润滑油或固体润滑剂;对于工作温度变化大的机械应选用粘—温性能好、粘度指数高的润滑油。通常,润滑油的工作温度最好不超过60℃。高温条件下,润滑油氧化速度快,应加抗氧化、抗腐蚀添加剂。润滑脂的工作温度应低于滴点15℃～20℃。

4. **特殊环境**　对在多尘环境工作的机械,可选润滑脂,以利于密封。对在水湿环境工作时,宜选用抗水的钙基、锂基、钡基润滑脂;润滑油中则应加入抗锈、抗氧化添加剂。在电火花、炽热金属等有燃烧危险场合,应选用高闪点、高抗燃性油,常用合成油。在具有酸、碱、化学介质的腐蚀环境及真空和辐射条件下,必须选用抗腐蚀性能好、不易分解的润滑油、润滑脂,或采用固体添加剂。

5. **润滑部位**　对于垂直润滑面、升降丝杆、开式齿轮、链条、钢丝绳等零件,由于润滑油易流失,宜选用附着性好、高粘度的润滑油,或采用润滑脂或固体润滑剂。当润滑间歇小时,宜选用低粘度油,才能保证充分供入;间歇大时,应采用高粘度油,以免流失。

一般机械中,润滑油的应用最广,尤其在液体摩擦、速度较高、强制润滑、需要散热、排污等场合,采用润滑油更为有利。润滑脂的应用稍次于润滑油,但因密封装置简单,且无须经常换油、加油,故常用于不易加油、重载、低速等场合。固体润滑剂通常用在高温、高压、极低温、真空、强辐射、不允许污染以及供油等场合,但其减磨、抗磨效果一般不如油、脂。气体润滑剂由于粘度很低(例如空气的粘度只有10号机械油粘度的1/5000),所以摩擦阻力极小,工作温度很低,故特别适用于高速场合。又由于气体的粘度随温度变化很小,所以又能在低温(-200℃)或高温(2000℃)环境中应用。但必须指出,气体润滑剂的气膜厚度和承载能力都较小,例如空气润滑时,气膜厚度只有油膜厚度的1/50～1/200。

(四)润滑方法

1. **间歇式**　手工用油壶或油枪向注油杯内注油,只能做到间歇润滑。图2-9为压缩式注油杯,图2-10为旋套式注油杯。这些只可用于小型、低速或间歇运动的轴承。

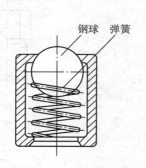

图2-9　压缩式注油杯

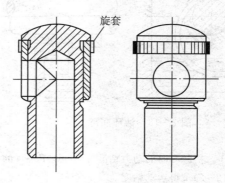

图2-10　旋套式注油杯

2. **连续式**　对于重要的轴承,必须采用连续供油的方法。

图2-11及图2-12所示的针阀油杯和油芯油杯都可做连续滴油润滑。针阀油杯可调节滴油速度来改变供油量,并且停车时可扳倒油杯上端手柄以关闭针阀而停止供油。油芯

油杯在停车时则仍继续滴,引起无用的消耗。

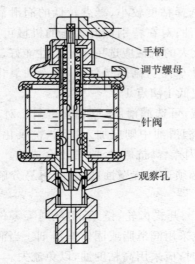

图 2—11　针阀油杯

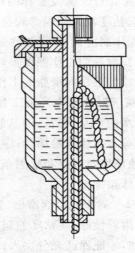

图 2—12　油芯油杯

　　3. 油环润滑　图 2—13 所示为油杯润滑。油环套在轴颈上,下部浸在油中。当轴颈转动时,带动油环转动,将油带到轴颈表面进行润滑。

　　4. 飞溅润滑　利用转动件(例如齿轮)或曲的曲柄等将润滑油溅成油星以润滑轴承。

　　5. 压力循环润滑　以油泵进行压力供油润滑。

　　6. 脂润滑　旋盖式油脂杯(图 2—14)是应用最广泛的脂润滑装置。旋动上盖即可将脂挤入轴承中。

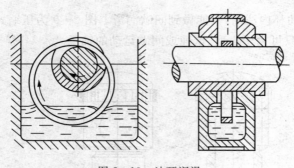

图 2—13　油环润滑

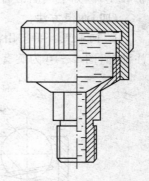

图 2—14　旋盖式油脂杯

　　例题 2—1　求 50℃时的动力粘度 $\eta = 0.045$Pa·s 的机械油代号。

　　解:由式(2—2)求得运动粘度

$$\nu = \frac{\eta}{\rho} = \frac{0.045 \times 10^3}{0.9} = 50(\text{cst})$$

　　由图 2—8,当 $t = 50℃$ 和 $N = 50$cst 时,可选用 50 号机械油。

　　例题 2—2　现有 10 号机械油在 50℃的运动粘度为 10cst,问其动力粘度是多少?

解：由式(2-2)得

$$\eta_{50} = N\rho = 10 \times 10^{-6} \times 900 = 0.009 (\text{N} \cdot \text{S/m}^2) = 0.09(\text{Pa} \cdot \text{s})$$

例题 2-3　20 号机械油在 $t_m = 60℃$ 时的运动粘度和动力粘度各为多少？

解：由图 2-8 查得 20 号机械油在 $t_m = 60℃$ 时的运动粘度 $N = 15$cts。

润滑油的动力粘度 $\eta = N\rho$，取油的 $\rho = 900$kg/m^3，得

$$\eta = N\rho = 15\text{cst} \times 900 = 0.0135(\text{Pa} \cdot \text{s})$$

思 考 题

1. 试论述摩擦对人类的利弊。

2. 简述粘着理论关于摩擦力产生的原因。

3. 按破坏机理说明磨损的基本类型、各类磨损产生的原因，以及减轻、防止磨损的措施。

4. 何谓跑合？它在生产实际中有何意义？

5. 分析获得流体动压润滑的基本条件。

6. 比较各类润滑剂的优缺点及应用场合。

7. 略述润滑剂的选择依据。

8. 粘度的大小对润滑油有何影响？

第三章

机械零件的常用材料及其选择原则

§3-1　机械零件的常用材料

机械零件的常用材料有黑色金属、有色金属,其中以黑色金属用得最多。

一、金属材料(Metal materials)

1. 铸铁(Cast iron)

铸铁和钢是铁碳合金,它们的主要区分是含碳量不同,铸铁含碳量大于 2%,小于 2% 的是钢。铸铁的主要优点是价廉、铸造性好、可铸成复杂的形状,因此应用最广;但它是脆性材料,不能锻造和辗压。铸铁分为灰铸铁(HT)[①]、球墨铸铁(QT)、可锻铸铁(KT)、耐热铸铁(RT)等多种。

(1)灰铸铁具有优良的铸造性能,切削性能好。它的抗压强度约为抗拉强度的 4 倍,抗弯强度约为抗拉强度的 2 倍,因此在结构上应尽量使零件受压缩,少受或不受拉伸或弯曲。灰铸铁塑性差,不宜用作承受冲击的零件。灰铸铁的减振性好,常用来做机座和机架。

(2)球墨铸铁因石墨成球状而得名,强度可比灰铸铁高 1 倍,和普通碳素钢接近。它有较高的延伸率和耐磨性。常用来代替钢。它可作为承受冲击载荷的高强度铸件,用来铸造曲柄等零件。

(3)可锻铸铁的强度和韧性都优于灰铸铁。可锻铸铁只能用作铸造零件,"可锻"二字只是说明它的韧性好。当零件尺寸小、形状复杂,不能用铸钢铸造,而灰铸铁强度和延伸率又满足不了需要时,可用可锻铸铁来铸造。

(4)耐热铸铁根据所含合金元素的不同而有不同的耐热温度。含铬耐热铸铁的耐热温度为 600℃~650℃,含硅耐热铸铁为 850℃。铸造的零件可在温度低于耐热温度的空气或煤气介质中工作。

2. 钢(Steel)

钢比铸铁有更高的强度、韧性和塑性,并能应用热处理的办法来改善机械性能和加工性能。钢质零件的毛坯可由铸造、冲压、锻造或焊接等方法取得,是机械制造中应用最广的材料。按照化学成分,分为碳素钢和合金钢。按照用途,分为结构钢、工具钢和特殊钢。用作

---

① 　HT 为"灰铁"的汉语拼音字母代号,后面的 QT 等也是汉语拼音字母代号,不再另行注明。

制造机械零件的钢,绝大多数是结构钢;有特殊要求时,如要求不锈、耐热、耐酸等,才用特殊钢;制造量具、刃具、模具时用工具钢。

(1)碳素结构钢

碳素结构钢的性质主要取决于含碳量,含碳量越高,强度也越高,但塑性越低。通常含碳量不超过 0.7%。根据含碳量多少有下列各类钢:

1)低碳钢　含碳量低于 0.25% 的称低碳钢,它的强度限和屈服限较低,塑性较高,可焊性好。可用冲压、焊接等方法来制造零件,如螺钉、螺母、杆件等。含碳量小于 0.2% 的低碳钢还用来制造渗碳零件,它的芯部碳份低而有好的韧性,耐冲击;表面碳份高,硬而耐磨,如齿轮、活塞销等。

2)中碳钢　含碳量在 0.3%～0.5% 的称中碳钢,具较高的强度,又有一定的塑性和韧性,综合性能较好,常用来制造受力较大的零件。

3)高碳钢　含碳量在 0.55%～0.7% 的称高碳钢,具有很高的强度和弹性,用来制造弹簧、钢丝绳等。

碳素结构钢又可分为:

1)普通碳素钢(如 A3、A5 等)只保证机械性能。对于受力不大,基本上是静应力的不很重要的零件,可选用普通碳素钢。

2)优质碳素钢(如 15 号、45 号钢等)同时保证机械性能和化学成分。对于受力较大,受变应力或冲击载荷的零件,可选用优质碳素钢,它们在机械加工后,可再进行热处理。

(2)合金结构钢

根据不同的用途,在优质碳素钢中可添加各种金属元素,使钢的性能获得改善。例如锰能提高钢的强度、韧性和耐磨性;钼的作用类似于锰,比锰的作用大些;硅可提高弹性限和耐磨性,但降低了韧性;钒能提高韧性及强度;镍能提高钢的强度而不降低它的韧性;铬能提高硬度及高温强度、耐磨蚀性。合金钢的性能不仅与化学成分有关,而且与热处理的关系更大。

(3)铸钢(ZQ)

主要用于承受重载的大型铸造零件。因它的组织不及轧制件和锻压件紧密均匀,故强度略低于碳素结构钢。与铸铁相比,铸钢的熔点高,液态流动性差,铸造收缩率大,容易形成气孔,因此铸造性能比灰铸铁差。钢铸件的壁厚常须大于 10mm,连接处的圆角和过渡部分尺寸,均应比灰铸铁件大些。

3. 有色金属(Non－ferreous Metals)

有色金属通常是用它的合金来制造零件,而且主要是作为耐磨材料、减摩材料、耐腐蚀材料、装饰材料等应用在机械制造中,仅在重量要求很轻的部门(如航空航天工业),用机械强度较高的铝合金来制造承载零件。在一般机械制造中,主要是用铜合金、轴承合金等。

(1)铜合金　铜合金分为黄铜(H)和青铜(Q)两大类。黄铜是铜和锌的合金,并含有少量的锰、硅、铝等元素,它具有很好的塑性和流动性,故可进行辗压和铸造。青铜有锡青铜和无锡青铜之分,铜和锡的合金称锡青铜,铜和铅、铝、硅、锰、铍等的合金统称为无锡青铜。无锡青铜的机械性能比锡青铜高,但减摩性要差些,两者均用于铸造或辗压。

(2)轴承合金(Ch)　又称巴氏合金,是锡、铝、锑、铜的合金,锑、铜的硬晶体分布在合金的柔软基本之中,由于合金基体的高度塑性和其中硬晶体的存在,使它能承受较高的压力并具有良好的跑合性。这类合金用作浇铸滑动轴承的轴承衬。

（3）铝合金　铝合金的强度与密度之比高于钢，更高于铸铁。因此在同样的强度条件下，它制成的零件质量轻，但价格高，适用于航空航天等运输机械中。铝合金的硬度低，不耐压，表面易受损伤，不能用作承受大的表面载荷的零件。

二、非金属材料（Non-metal materials）

1. 橡胶（Rubber）

橡胶的摩擦系数大，富于弹性，能吸收冲击能量，常用来制造带传动的胶带、运输机械中的传送带、联轴器或减速器中的弹性元件和各种密封元件。硬橡胶可制造用水润滑的轴瓦。

2. 工程塑料（Plasties）

工程塑料的密度小、成本低，容易制成各种形状复杂、尺寸精确的零件。塑料的抗拉强度比钢低，但有些高强度塑料的抗拉强度已能和灰铸铁、低强度铝合金相比。各种不同的塑料具有不同的特点，诸如减摩性、耐腐蚀性、绝热性、绝缘性好、摩擦系数低等优点，因此它的应用日益广泛，是具有发展前途的一种材料。

下面介绍几种常用塑料供了解和选择。

（1）酚醛塑料　刚性大，工作温度高，高温下也不软化变形，可制造无声齿轮、壳体、手柄等零件。

（2）聚氯乙烯　具有较高的机械强度，电绝缘性能好，化学稳定性好，用来制造泵体、容器、管道、罩壳等。

（3）聚酰胺（尼龙）　机械强度和耐磨性良好，工作温度可达100℃，有自润滑性和较好的耐腐蚀性；但易吸水，影响物理机械性能及尺寸的稳定性。大量用于制造机床的传动件、耐磨件，如齿轮、凸轮、叶轮、轴承、密封垫等。粉末可喷涂于导轨等摩擦表面，以提高耐磨损性能和密封性。

（4）聚甲醛　具有优越的物理机械性能、尺寸稳定性及耐磨损的性能，但存在遇火燃烧的缺点。可用来制造齿轮、齿条、凸轮、滚轮、轴承、螺母等。

（5）聚碳酸酯　物理机械性能比上面两种稍高，具有高的冲击强度、优异的尺寸稳定性、良好的耐热性。可用来制造齿轮、齿条、蜗杆、凸轮、蜗轮、滑轮、轴承等。

（6）工业有机玻璃　有透明、半透明等多种。主要制造具有一定透明度和强度的零件，如油标、油环、油管、罩壳、耐酸碱容器等。

（7）氟塑料　比其他塑料具有更优越的化学稳定性、电绝缘性能、宽广的温度工作范围、不吸水、低摩擦系数，用来制造耐腐蚀、高绝缘、高密封性的零件，如密封圈、轴承、活塞环、导轨等。

（8）ABS树脂　具有耐热、表面硬度高、尺寸稳定性及电绝缘性能好的综合性能，而且容易成型和切削加工。用来制造叶轮、轴承、容器、罩壳等零件。

3. 其他非金属材料

如皮革、木材、石棉、棉布、纸柏、丝织品等。

机械零件的常用材料，绝大多数已标准化，可在有关国家标准、部颁标准和机械设计手册中查到这些材料的牌号、机械性能和使用场合等资料。各种具体零件适合材料，将在以后有关的各章中分别介绍。如在设计计算时，遇到手头资料不足，可参考表 3-1 列出的钢材性能间的一些经验关系式作近似计算。

表 3-1　钢材机械性能各数据之间的近似关系

机械性能 ＼ 钢种	碳　钢	合金钢
抗拉强度限	$\sigma_B \approx (0.35 \sim 0.40)\mathrm{HB}$	$\sigma_B \approx (0.40 \sim 0.5)\mathrm{HB}$
抗扭强度限	$\tau_B \approx (0.7 \sim 0.75)\sigma_B$	$\tau_B \approx (0.70 \sim 0.75)\sigma_B$
抗拉屈服限	$\sigma_S \approx (0.50 \sim 0.55)\sigma_B$	$\sigma_S \approx (0.60 \sim 0.80)\sigma_B$
抗弯屈服限	$\sigma_{Sb} \approx 1.2\sigma_S$	$\sigma_{Sb} \approx 1.1\sigma_S$
抗扭屈服限	$\tau_S \approx (0.60 \sim 0.70)\sigma_S$	$\tau \approx (0.55 \sim 0.60)\sigma_S$
疲劳限(对称循环弯曲应力)	$\sigma_{-1} \approx (0.45 \sim 0.50)\sigma_B$	$\sigma_{-1} \approx (0.45 \sim 0.50)\sigma_B$
抗拉疲劳限(对称循环应力)	$\sigma_{-1} \approx 0.28\sigma_B$	$\sigma_{-1} \approx 0.28\sigma_B$
抗压疲劳限(对称循环应力)	$\sigma_{-1l} \approx 0.7\sigma_{-1}$	$\sigma_{-1l} \approx (0.70 \sim 0.75)\sigma_{-1}$
扭转疲劳限(对称应循应力)	$\tau_{-1} \approx 0.6\sigma_{-1}$	$\tau_{-1} \approx 0.6\sigma_{-1}$
疲劳限(脉动循环应力)	$\sigma_o \approx (1.5 \sim 1.5)\sigma_{-1}$	$\sigma_o \approx (1.6 \sim 1.8)\sigma_{-1}$
抗压疲劳限(脉动循环应力)	$\sigma_{ol} \approx (1.5 \sim 1.6)\sigma_{-1l}$	$\sigma_{ol} \approx (1.5 \sim 1.6)\sigma_{-1l}$
扭转疲劳限(脉动循环力)	$\tau_0 \approx (1.8 \sim 2.0)\sigma_{-1}$	$i_0 \approx (1.8 \sim 2.0)i_{-1}$
硬度	HB≈10HRC	

注:HB 为布氏硬度,HRC 为洛氏硬度

　　球墨铸铁:$\sigma_{-1} \approx 0.36\sigma_B$;$\tau_{-1} \approx 0.31\sigma_B$;$\sigma_S \approx (0.70 \sim 0.75)\sigma_B$;$\tau_S \approx 0.6\sigma_S$

　　钢:$\sigma_{-1} \approx 0.27(\sigma_B + \sigma_S)$;$\tau_{-1} \approx 0.156(\sigma_B + \sigma_S)$;$\tau_S \approx (0.55 \sim 0.62)\sigma_S$;$\tau_{-1} \approx 0.1\sigma_B$

§3-2　选择材料的基本原则

　　在机械设计中,选择零件材料是一个关键问题。材料选择得恰当与否,直接影响使用和成本。这就要求设计者对各种材料的性能、所适合的工作情况、相对价格等,都有充分的了解。材料的性能包括以下几个方面:

　　机械性能　如材料的强度(静强度、疲劳强度)、硬度、耐磨性、冲击韧性等。反映的特性有:强度限 σ_B、屈服限 σ_S、疲劳限 σ_{-1} 等。反映硬度的有布氏硬度 HB、洛氏硬度 HRC、维氏硬度 HV 等。反映塑性方面的特性有延伸率 δ、收缩率 ψ 及冲击韧性 α_K 等。

　　物理化学性　如密度、导热性、导电性、导磁性、耐热性、耐酸性、耐腐蚀性等。

　　工艺性质　如易熔性、液态流动性、可塑性、可加工性、可热处理性等。

　　选择材料时,应根据零件的用途、工作条件、受力的大小和性质、大致的外形尺寸以及重要程度,考虑材料的机械、物理化学、工艺等性能,以及对材料提出的具体要求,来决定材料的品种和牌号。

　　对零件材料提出的要求,可从下列三个方面来考虑:

一、使用方面

所选用的材料必须满足零件工作上的需要。不同的零件有不同的用途和工作条件,选择材料时应对具体情况作具体分析。因此,在选择材料时,应考虑到:

1. 零件所受载荷的大小和性质以及应力的大小、性质和分布情况　主要是从强度的观点来考虑,根据不同的载荷,选用不同性能的材料。例如以承受拉伸为主的零件,通常选用钢材,而不宜用抗拉强度很差的铸铁;以受压为主的零件,则可考虑选用铸铁,以发挥铸铁抗压强度高得多的优点;当零件受有变应力时,应选择耐疲劳的材料;当零件受冲击载荷时,应选韧性较好的材料;对于只是表面受较大接触应力的零件,应选择可进行局部强化处理的材料,如渗碳钢等。

2. 零件的工作条件　零件的工作环境、工作温度、摩擦磨损的情况等。例如零件的工作环境温度高时,应选高温机械性能好的材料;零件在有腐蚀性的介质中工作时,应选耐腐蚀的材料;零件有相对滑动和磨损时,应选用减摩、耐磨材料。另外还应考虑工作环境的尘垢、零件工作的繁重等。

3. 对零件尺寸及重量的限制　严格限制零件尺寸和重量的机械,要选用强度与比重之比高的材料。铝合金、钛合金的强重比较高,合金钢次之,碳素钢再次之。如飞机制造业,为了减轻零件的重量,常采用轻合金或具有高强度的合金钢。

4. 零件的重要程度　对于重要零件,为了保证人身和设备的安全,常选用综合机械性能较好的材料。

5. 其他特殊要求　有特殊要求(如绝缘性、抗磁性等)的零件,应选用性能与之适应的材料。

上述各因素,不应孤立地去考虑,而应加以综合考虑。例如受力较大的零件,并不是都要采用高强度的材料,若零件的尺寸和重量没有严格的限制时,就可以采用强度低而来源丰富、价格低廉的材料。

二、工艺方面

所选材料要保证零件制造方便,即材料应该和零件的复杂程度、尺寸大小和毛坯的制造方法相适应。例如外形复杂、尺寸较大的零件,若考虑用铸造毛坯,则应选用铸造性能好的材料;若考虑用焊接毛坯,则应选用焊接性能较好的材料,含碳量超过0.5%的钢就难于焊接;尺寸较小、外形简单、大量生产的零件,适合冲压或模锻,所选的材料塑性应好;需进行热处理的零件,应考虑所选材料的热处理性能(如低碳钢难以淬火)等。

材料的机械加工性能,以及零件热处理后机械加工的复杂性,在选用时也应考虑。

零件材料的选用和零件结构设计是相互影响的,在选用材料时,要考虑到零件的结构,而在进行零件的结构设计时,又应考虑到零件所选用的材料。

三、经济方面

所选材料应保证零件能最经济地制造出来,既要考虑原材料的价格,又要考虑加工制造的费用。在机械成本中,材料费约占30%以上,甚至高达50%,选用廉价材料具有巨大的经济意义。表3-2为一些常用材料的相对价格。例如某机器单位箱体,采用铸铁作材料比钢价廉,但需制木模和砂型等,结果还是以采用钢板焊接成本更低。

表 3-2 常用材料的相对价格对照表

材料种类	每吨重的相对价格	材料种类	每吨重的相对价格	材料种类	每吨重的相对价格
铸铁	1	铬镍钢	12.5～14	铜 管	37～75
普通碳钢	3	轴承钢	13～15	黄铜及紫铜板	34～39
优质碳钢	4.6	薄板钢 (0.6～3.5)mm	3	黄铜及紫铜板	32～37
弹簧钢	7.5～8.7	中钢板 (4～20)mm	3	铜 板	16～18.6
铬 钢	11	角 钢	2.5～3	锌 板	16～17.5
钼 钢	11.5	工字钢	2.6～2.7	铝	16
镍 钢	12	槽 钢	2.4～2.8		
铬钼钢	12				
铬钒钢	12				

选用价廉材料,节约原材料,特别是节约贵重材料,是设计的基本原则之一。下面列举一些节约材料的原则:

1)尽量采用高强度铸铁(如球墨铸铁)来代替钢材;

2)应用热处理、化学处理或表面强化(如喷化、滚压等)等工艺方法,使材料的机械性能得以充分发挥;尽可能用经过处理的碳素钢来代替合金钢;

3)以锰、硅、硼、钼、钒、钛等合金钢代替稀有的铬、镍等合金钢;

4)合理采用表面镀层的方法(如镀铬、镀铜、喷涂减磨层、发黑、发蓝等),防止腐蚀或磨损带来的损失,延长零件的使用寿命,节约不锈钢和有色金属;

5)采用组合的零件结构,以节约贵重金属,如直径较大的蜗轮,采用青铜齿圈和铸铁轮芯的组合;

6)改进工艺方法,提高材料利用率,降低制造成本。例如采用无发削或少切削的工艺,冷镦的凹穴螺栓,它无须像普通螺栓一样,先镦出圆柱头再切边或用六角棒料车削,它可直接镦出六角头,省料、省时,而且金属流线连续,强度较高。

在选用材料时,还应注意本国、本地区和本单位的材料情况,尽量就地取材;同时还应减少材料的品种和规格,这样不但可简化供给和管理工作,而且可使各加工车间和热处理车间能更好地掌握最合理的操作方法,从而保证产品的质量、减少废品和提高劳动生产率。

思 考 题

1. 低碳钢、中碳钢和高碳钢各有哪些特点?

2. 设计零件时,选择材料的基本原则有哪些?

3. 选择材料时必须考虑满足零件哪些要求?

第四章

机械零件的强度

设计、计算机械零件或部件时,首先要解决两个问题:第一分析作用在零件上的载荷,指出可能承载的实际情况,这是设计、计算零件的依据;第二分析危险剖面上的应力,并确定安全系数(Factor of safety)和许用应力(Allowable stress)。

再者,要确定能满足零件所提出的各项要求的几何尺寸和形状,使其在预定的寿命期内不至于被破坏,这是零件设计、计算的基本目的。而在零件设计以前,它们通常都是未知的。

下面将讨论与机械零件设计、计算两大任务有关的基本概念。

§4-1　零件计算中的一般概念

一、零件设计中的载荷

作用在零件上的外力 F、弯矩 M、扭矩 T 以及冲击能量 A_K 等统称为载荷。这些载荷中不随时间变化或随时间变化缓慢的称为静载荷;随时间作周期性变化或非周期性变化的称为变载荷。它们在零件中引起拉、压、弯、剪、扭等各种应力,并产生相应的变形。设计零件时,载荷是已知的,可以由机器动力学计算或由实验测定得到。

根据原动机的额定功率(或阻力矩)而不考虑其他因素影响所求得的作用在零件上的载荷称为名义载荷,以符号 F_n,M_n,T_n 等表示;考虑了冲击、振动和载荷分布等影响,将名义载荷修正后用于零件设计计算的载荷,称为计算载荷,以符号 F_{ca},M_{ca},T_{ca} 等表示。

计算载荷与名义载荷之间的关系为

$$F_{ca} = KF_n$$

式中 K 称为载荷系数,其值一般大于或等于1(在某些特殊情况下,也可能小于1)。此值是根据使用经验确定的(在以后章节中有时也称为工作情况系数,并以 K_A 来表示)。

必须指出,对于同一零件,计算载荷要随计算方法的不同而取不同的数值。此外,它只是初步设计时所依据的一个数值,是一个取定后就不变的量。所以,它与作用在真实零件上随机变化着的实际载荷还有区别。实际载荷与计算载荷之间的差异对强度的影响,则在安全系数中去考虑。

二、零件的几何因素

机械零件的长度 L、宽度 b、高度 h、直径 d、面积 A、剖面的惯性矩以及体积 V 等,以长度或长度的次方为单位的量称为几何因素。正如前面提到设计零件的基本目的,就是确定对零件提出的各项要求的几何因素,但在设计以前它们都是未知的。

三、机械零件的主要破坏形式

机械零件的失效形式有：

1. 整体断裂　零件在受到拉、压、剪、弯、扭等外载荷作用时，由于某一危险剖面上的应力超过零件的强度极限而发生的断裂，或者零件在受变应力作用时，危险剖面上发生的疲劳断裂均属整体断裂。

2. 过大的弹性变形　当作用在零件的应力超过了材料的屈服极限时，零件将产生过大的弹性变形，例如转轴的挠曲变形等。

3. 零件的表面破坏　零件的表面破坏主要是腐蚀、磨损和接触疲劳等。腐蚀是发生在金属表面的一种电化学或化学现象，腐蚀的结果是使金属表面产生锈蚀，从而使零件表面遭到破坏。与此同时，对于承受变应力的零件，还要引起腐蚀疲劳现象。零件表面的疲劳会使受到接触应力长期作用的表面产生裂纹或微粒剥落。

腐蚀、磨损（已在第二章叙述）和接触疲劳都是随工作时间的延续而逐渐发生的失效形式。处于潮湿空气中或与水、汽及其他腐蚀介质相接触的金属零件，发生腐蚀现象是在所难免的；所有做相对运动的零件接触表面都有可能发生磨损；而在接触变应力条件下工作的零件表面都有可能发生接触疲劳。

4. 不正常工作引起的破坏　带传动和摩擦轮传动，只有在传递的有效圆周力小于临界摩擦力时才能正常工作；高速转动的零件，只有其转速与转动零件系统的固有频率避开一个适当的间隔才能正常工作；液体摩擦的滑动轴承，只有在存在完整的润滑油膜时才能正常工作。如果达不到上述的必备条件，则会引起不同类型的破坏。例如，带传动将发生打滑而失效；转轴将会发生共振而引起断裂的失效；滑动轴承将发生过热、胶合、磨损等形式的失效。

零件究竟经常发生哪种形式的失效，这与很多因素有关，并且在不同行业和不同的机器上也不尽相同。根据 R. A. Collacott 对 1378 项失效进行的分类结果来看，由于腐蚀、磨损和各种疲劳破坏所引起的失效占了 73.88%，而由于断裂所引起的失效只占 4.79%。所以，腐蚀、磨损和疲劳是引起零件失效的主要原因。

§4-2　机械零件的计算准则

在设计机械零件时，应认真考虑零件在外载荷的作用下可能发生的断裂、过量变形、过度磨损、剧烈振动、大量发热等失效作用。因此，为了保证零件在预定的使用期限内能正常工作，必须根据下列各计算准则进行可靠性计算。

一、强度准则

强度准则就是零件中的应力不得超过允许的限度。例如，对一次断裂来说，应力不超过材料的强度极限；对疲劳破坏来说，应力不得超过零件的疲劳极限（Fatigue limit）；对残余变形来讲，应力不超过材料的屈服极限（Yielding stress）。这就叫作满足了强度要求，符合了强度计算的准则。其表达式为

$$\sigma \leqslant \sigma_{\text{lim}} \tag{4-1}$$

关于强度计算准则,由于它的重要性和应用广泛性,将在下面各有关节中介绍。

二、刚度准则

零件在载荷作用下产生的弹性变形量 y(广义地代表任何形式的弹性变量)小于或等于机器工作性能所允许的极限值$[y]$(即许用变形量),这就叫作满足了刚度要求,或符合了刚度计算准则。其表达式为

$$y \leqslant [y] \quad (\phi \leqslant [\phi]) \qquad (4-2)$$

弹性变形量 y 可按各种求变形量的理论或实验方法来确定,而许用变形量$[y]$则应随不同的使用场合,根据理论或经验来确定其合理的数值。式中 ϕ 为变形角、扭角等。

三、寿命准则

由于影响寿命的主要因素是三个不同范畴的腐蚀、磨损和疲劳问题,它们各自发展过程的规律也不完全相同。迄今为止,还没有适当可靠的定量计算方法,本书不拟讨论。关于疲劳寿命,通常是以给出的疲劳极限来做计算的依据。

四、振动稳定性

机器中存在着很多的周期性变化的激振源。例如,齿轮的啮合、滚动轴承中的振动、滑动轴承中的油膜振荡、弹性轴的偏心转动等。如果某一零件本身的固有频率与上述激振源的频率重合或成整倍数关系时,这些零件就会发生共振,致使零件破坏或机器工作条件失常等。所谓振动稳定性,就是说在设计时要使机器中受激振作用的各零件的固有频率与激振源的频率错开。例如,令 f 代表零件的固有频率,f_p 代表激振源的频率,则通常应保证如下的条件:

$$0.85f > f_p, \text{ 或 } 1.15f < f_p \qquad (4-3)$$

如果不能满足上述条件,则可用改变零件及系统的刚性,改变支承位置,增加或减少辅助支承等办法来改变 f 值。

把激振源与零件隔离,使激振的周期性改变的能量不传递到零件上去;或者采用阻尼以减小受激振动零件的振幅,都会改善零件的振动稳定性。

五、可靠性准则

已在第一章中讨论。

§4-3 机械零件强度计算的应力

一、工作应力(Working stress)

根据计算载荷,按材料力学的基本公式求出的作用在机械零件剖面上的应力,称为工作应力,以 σ、τ 等符号表示。即零件剖面上的拉伸、压缩、弯曲、剪切等应力。

如零件危险剖面上呈复杂的应力状态时,按照某一强度理论求出的,与单向拉伸时有同等破坏作用的应力,称为计算应力(Calculated stress),以符号 σ_{ca} 表示。如为单向应力状态时,则剖面上的工作应力即等于计算应力。

二、极限应力 (Ultimate stress)

按强度准则设计机械零件时,根据材料性质及应力种类而采用的材料的某个机械性能极限值,叫作极限应力(σ_{lim})。常用的极限应力有强度极限 σ_B(或 τ_B)、屈服极限 σ_S(或 τ_S)、疲劳极限 σ_r(或 τ_r)、蠕变极限(Creep strength)σ_c 或与应力状态有关的材料的断裂韧性 K_{IC} 等。设计时材料已定,零件的受力性质(静、变、冲击等)业已判明,即可查出相应的极限应力值。

三、许用应力 (Allowable stress)

设计零件时,计算应力允许达到的最大值叫许用应力,以[σ]、[τ]等符号表示。设计零件时必须保证:

$$\sigma_{ca} \leqslant [\sigma] \tag{4-4}$$

四、安全系数 (Factor of safety)

极限应力与许用应力的比值叫安全系数,即

$$n = \frac{\sigma_{\text{lim}}}{[\sigma]} \tag{4-5}$$

通常可根据设计经验,对各零件的设计预先选定一安全系数 n 值,据此求得零件的许用应力[σ],即

$$[\sigma] = \frac{\sigma_{\text{lim}}}{n} \tag{4-6}$$

五、计算安全系数 (Calculated factor of safety)

零件材料的极限应力与计算应力的比值称为计算安全系数,用 n_{ca} 表示,即

$$n_{ca} = \frac{\sigma_{\text{lim}}}{\sigma_{ca}} ① \tag{4-7}$$

联系式(4-4)、(4-5)、(4-6)得

$$n_{ca} \geqslant n \tag{4-8}$$

即计算安全系数值必须大于或等于安全系数,才能认为是设计合理。

六、安全系数与许用应力

由式(4-5)和(4-6)看出,安全系数与许用应力是互相联系的两个概念。当选定材料的极限应力后,给定了其中的一个,就可以求出另一个的数值。所以下面只着重讨论安全系数。

在强度计算中引入一个安全系数,是为了考虑设计中一系列不定因素的影响,这些不定因素主要有以下几个方面:

1. 与应力计算有关的因素

(1)应力计算所依据的载荷值不精确性　如计算载荷与实际载荷的差异,载荷性质的不确定性,载荷值求取方法的差异(是用估计的方法还是用计算的方法,或是用实测的方法求得的)等。

(2)应力计算用的力学模型与实际状况的差异　例如,设计计算中的集中载荷实际上常常是在一个小的区段上施加的分布载荷;设计时理想化了的支承情况与实际的支承情况不

---

① 在以下计算中将省略 ca 不写。

尽相同,在计算时所假定应力分析情况与实际情况不尽相同;材料中存在的内应力大小的不确定性等。

2. 与材料的极限应力有关的因素

(1)材料机械性能本身的变化　即使是用同一批材料、同样的工艺方法加工成同样尺寸的试样,在同样的条件下进行试验,所得的材料机械性能的数据也是不同的。不同的设计手册中所给出的同一性能的数据,由于来源不同,也往往有些差异。

根据大量的试验数据的分析,可以认为各种机械性能的最小值 $S_{\min}$ 与机械性能的平均值 S_m 之间的关系为

$$S_{\min} \approx 0.8S_m \qquad\qquad (4-9)$$

设计手册中所给的数据,如无特殊说明时,均可按平均值来看待。

(2)零件尺寸效应的不确定性　材料的机械性能通常是用标准件来测定的。但实际零件的尺寸与标准试件的尺寸是不相同的。因此,零件材料的机械性能与试件材料的机械性能不同。这一点通常在变应力强度计算中予以考虑,并给出一些可供设计时使用的数据。

(3)加工工艺方面的影响　不同的毛坯制取方法及机械加工工艺对材料机械性能影响也是很大的,设计时很难予以考虑。

3. 与零件重要性有关的因素

在安全系数中还要考虑到所设计的零件的重要性。对于零件的重要性,大致可以分为以下几个级别:

(1)零件破坏要引起人身事故。例如,飞机起落架的受力零件;汽车前轮转向器拉杆;起重机的承重零件等。

(2)零件破坏要引起严重的设备事故,需要大量的工时和昂贵的费用才能修复。例如,生产自动线上主要设备零件的破坏要使整个自动线停工;齿轮箱中轮齿的折断有可能使其他轮齿相继折断等。

(3)零件破坏要使机器停车修理,但不致引起事故。例如,车辆轮胎破裂;联轴器销钉折断等。

(4)零件破坏不会使机器立即停止工作。例如,摩托车车轮单根辐条折断等。

七、安全系数的选取

既然要考虑上述各方面的因素,因而在确定安全系数的数值时,就应结合具体要求,参考现有的规范设计,斟酌选取。如无规范可循时,建议按下列方法选取。

塑性材料(Plastic material)的安全系数 n 可按 σ_S/σ_B 的比值所反映材料的塑性程度来选取。此 n 值列于表 4-1。

表 4-1　塑性材料的安全系数 n

σ_S/σ_B	0.45~0.55	0.55~0.70	0.70~0.90	铸铁
n	1.2	1.4~1.8	1.7~2.2	1.6~2.5

若实际载荷或应力的计算准确度较差时(例如零件承受冲击载荷或动载荷),则安全系数 n 值按上表值增大 20%~50%。

脆性材料(Brittle material)及低塑性材料的安全系数 n 应取得高些,这是由于脆性材料

本身的均匀性较差,并可能存在着较大的残余应力,有使零件产生脆性断裂的危险。因此,脆性材料的安全系数 n 值,应根据材料的均匀性、残余应力和材料的脆性程度(通常按冲击值 A_K 来度量)进行选取。脆性材料及低塑性材料的安全系数 n 值列于表 4-2 中。

表 4-2　脆性材料及低塑性材料安全系数

材料性质	$A_K(\mathrm{J/cm^2})$	n
低塑性材料内部组织均匀(例如低温回火的高强度铸造)	20～30	2～3
脆性材料组织不均匀,并有残余应力(如灰铁,优质铸铁)	5～20	≥3～4
材料极脆,极不均匀并存在较大的残应力(如陶瓷金属,多孔脆性材料)	<5	4～6

注:当计算载荷不能准确地确定,特别是在冲击载荷或动载荷作用下,按上表安全系数值增大 50%～100%。

为了保证零件有一定的安全裕度,使零件经久耐用,在运转时更加可靠,建议按下列情况将安全系数(表 4-1 及表 4-2 推荐的)再分别增大 10%～30%。安全系数 n 增大的百分比列于表 4-3。

表 4-3　安全系数 n 增大的百分比

零件在机器中的重要程度	零件的价格	n 增大的百分比
零件损坏,将引起机器停车	低价零件	10%
	高价零件	20%
零件损坏,将引起机器损坏	低价零件	20%
	高价零件	30%

综上所述,安全系数 n 的确定,是一个比较复杂而且非常重要的问题。如果安全系数取低了,则许用应力就高了,可能造成零件安全性差,以致破坏。反之,当安全系数取高了,则许用应力就过小,以致浪费材料,造成机器笨重,经济性也极差。

对于初学者来说,如何正确选取安全系数 n,可能有一定的困难,因为系数多半是在某一范围内变动,这是由于零件的结构、材料、加工工艺、使用条件等各不相同,所以实际上无法用一个固定的数值来表示。要取得比较准确的数值,应当进行零件的实物试验,按试验情况和应力、应变测定等有关统计资料求得。

在设计实验中,有时也会在有关设计规范中直接给出安全系数 n(或许用应力)的数值。不过在使用这些数值时,必须充分注意规范中规定的使用条件,不可随意地套用。

<h2 align="center">§4-4　载荷与应力</h2>

前面讨论过机械零件设计中的载荷,但载荷和应力按其随时间的特性可分为两类:静载荷和静应力;变载荷和变应力。

静载荷和静应力——不随时间变化的载荷和应力。绝对的静载荷和静应力在机器中是很少遇到的,但一般认为在整个使用寿命中,时间变化次数不大于 10^3 时,就可看作是静载荷和静应力。

变载荷和变应力——随时间作周期性变化的载荷和应力。变应力的大小和变化性质由最大应力 σ_{max}、最小应力 σ_{min}、平均应力 σ_m、应力幅 σ_a 和循环特性 $\gamma=\dfrac{\sigma_{min}}{\sigma_{max}}$ 五个参数中的任意两个来确定。平均应力 $\sigma_m=0$ 时,为对称循环变化,此时 $\gamma=-1$;$\sigma_m\neq0$ 时,为不对称循环变化,不对称循环变化的特例是脉动循环变化,此时 $\gamma=0$。图 4-1 表示这些应力变化的类型。

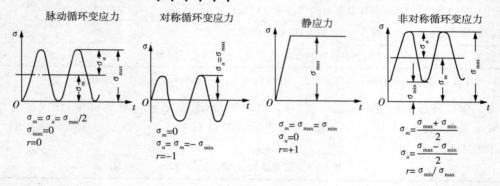

脉动循环变应力　　　　对称循环变应力　　　　　静应力　　　　　非对称循环变应力

$\sigma_m=\sigma_a=\sigma_{max}/2$
$\sigma_{max}=0$
$r=0$

$\sigma_m=0$
$\sigma_a=\sigma_m=-\sigma_{min}$
$r=-1$

$\sigma_m=\sigma_{max}=\sigma_{min}$
$\sigma_a=0$
$r=+1$

$\sigma_m=\dfrac{\sigma_{max}+\sigma_{min}}{2}$
$\sigma_a=\dfrac{\sigma_{max}-\sigma_{min}}{2}$
$r=\sigma_{min}/\sigma_{max}$

图 4-1　应力的类型

如果在每次变化中,周期、应力幅和平均应力都分别相等,则这种应力称为稳定的变应力;如不相等,则称为不稳定的变应力,如图 4-2 所示。

不稳定变应力的产生通常是由于载荷和转速的变化。在一般情况下,这些变化是有规律性的,在变化一定次数以后完成一个循环,周而复始(图 4-2a)。但有时变化无明显的规律而完全取决于偶然的因素,如汽车在行驶过程中作用在行驶部件零件上的载荷的变化,产生的随机应力就属于这种性质(图 4-2b)。

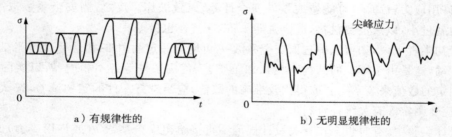

尖峰应力

a)有规律性的　　　　　　　　　　　　b)无明显规律性的

图 4-2　不稳定变应力

应该指出,变应力不一定都是变载荷引起的,静载荷同样可以引起变应力,例如,转轴在不变的弯矩下回转时,其横剖面即受有交变的弯曲应力。

例题 4-1　已知最大应力 $\sigma_{max}=400$MPa,最小应力 $\sigma_{min}=150$MPa,求平均应力 σ_m、应力幅和循环特征 r,画出应力变化图。

解:$\sigma_m=\dfrac{\sigma_{max}+\sigma_{min}}{2}=\dfrac{400+150}{2}=275$(MPa);

$\sigma_a=\dfrac{\sigma_{max}-\sigma_{min}}{2}=\dfrac{400-150}{2}=125$(MPa);

$$r = \frac{\sigma_{\min}}{\sigma_{\max}} = \frac{150}{400} = 0.375。$$

应力变化图见图 4-3。

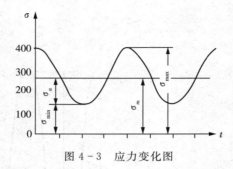

图 4-3　应力变化图

例题 4-2 已知 $\sigma_{\max} = 500\text{MPa}, \sigma_a = 300\text{MPa}$。求 $\sigma_{\min}$、r、σ_m，画出变应力图。

解：$\sigma_m = \sigma_{\max} - \sigma_a = 500 - 300 = 200(\text{MPa})$;

$\sigma_{\min} = \sigma_m - \sigma_a = 200 - 300 = -100(\text{MPa})$;

$r = \dfrac{\sigma_{\min}}{\sigma_{\max}} = \dfrac{-100}{500} = -0.2$;

应力变化图见图 4-4。

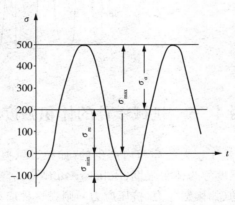

图 4-4　应力变化图

例题 4-3 图 4-5 示一转轴，作用在轴上的力有轴向力 $F_a = 2000\text{N}$ 和径向力 $F_r = 6000\text{N}$，支点距离 $L = 300\text{mm}$，轴的直径（等剖面）$d = 45\text{mm}$。求轴的危险剖面上循环变应力 $\sigma_{\max}, \sigma_{\min}, \sigma_m, \sigma_a$ 及 r 的值。

解：在力 F_r 作用的剖面上产生的弯曲应力 σ_1:

$$\sigma_1 = \frac{M}{W} = \frac{\dfrac{F_r}{2} \cdot \dfrac{L}{2}}{0.1d^3} = \frac{F_r L}{0.4 \times d^3} = \frac{6000 \times 300}{0.4 \times 45^3} = 49.38(\text{MPa})$$

由 F_a 引起的压应力为

$$\sigma_2 = \frac{-F_a}{\dfrac{\pi}{4}d^2} = \frac{-2000}{\dfrac{\pi}{4} \times (45)^2} = -1.26(\text{MPa})$$

因是转轴，对于轴表面上一点来说，应力 σ_1 是对称循环的，故应力幅 $\sigma_a = \sigma_1$。

由 F_a 引起的压应力，在轴的转动的过程中不变动，故 $\sigma_2 = \sigma_m$。因此有

$$\sigma_{\max} = \sigma_m + \sigma_a = -1.26 + 49.38 = 48.12 (MPa)(拉应力)$$

$$\sigma_{\min} = \sigma_m - \sigma_a = -1.26 - 49.38 = -50.64 (MPa)(压应力)$$

按绝对值计算　$r = \dfrac{-48.12}{50.64} = -0.95$。

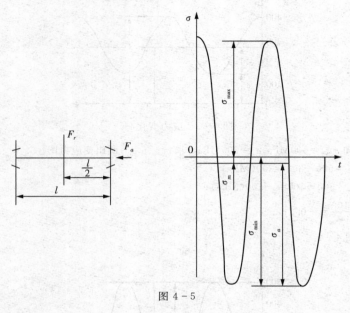

图 4 - 5

§4 - 5　机械零件的体积强度

　　零件受载时,如果应力是在较大的体积内产生的(如拉、压、剪切、扭转和弯曲应力),则在这种应力状态下的零件强度称为体积强度(Bulk strength),其应力称为体积应力;如果应力是在较浅的表层内产生的(如接触应力、挤压应力),则在这种应力状态下的零件强度称为表面强度(Surface strength),其应力称为表面应力。

　　前面已讨论关于强度计算的准则。现在应用这些准则来判断零件强度问题,判断零件强度有两种方法:

　　一种方法是比较剖面的最大工作应力(σ,τ)是否小于许用应力$([\sigma],[\tau])$。这时强度条件可以写成:

$$\sigma \leqslant [\sigma] \qquad [\sigma] = \frac{\sigma_{\lim}}{n_\sigma} \qquad\qquad (4-10)$$

$$\tau \leqslant [\tau] \qquad [\tau] = \frac{\tau_{\lim}}{n_t} \qquad\qquad (4-11)$$

式中　$\sigma_{\lim},\tau_{\lim}$——分别表示极限正应力和切应力;

　　　　n_σ,n_τ——安全系数。

　　另一种方法是判断危险剖面处的实际安全系数(计算安全系数 $n_{\sigma m}$、$n_{\tau ca}$)是否大于安全系数。这时,强度条件可以写为

$$n_{\sigma ca}=\frac{\sigma_{\lim}}{\sigma}\geqslant n_{\sigma} \qquad n_{\tau ca}=\frac{\tau_{\lim}}{\tau}\geqslant n_{\tau} \qquad\qquad (4-12)$$

采用哪一种方法计算,通常由可资利用的数据和计算惯例而定。

一、零件在静应力下的强度

在作静强度计算时,根据材料是塑性的或脆性的,分别采用屈服极限 σ_S 或强度极限 σ_B 作为零件的极限应力。对塑性材料来说,这时危险剖面的实际安全系数(计算安全系数)和材料的许用应力分别为

$$\left.\begin{array}{ll} n_{\sigma ca}=\dfrac{\sigma_S}{\sigma_{ca}} & n_{\tau ca}=\dfrac{\tau_S}{\tau_{ca}} \\[3mm] [\sigma]=\dfrac{\sigma_S}{n_{\sigma}} & [\tau]=\dfrac{\tau_S}{n_{\tau}} \end{array}\right\} \qquad (4-13)$$

计算时不考虑应力集中。

在双向及三向复合应力工作的塑性材料零件,则必须按一定的强度理论来求危险剖面上的最大工作应力。在通用零件的设计实践中,常用第三强度理论或最大剪应力理论和第四强度理论或最大变形能理论来确定其强度条件,对于弯扭合成的应力,其强度条件为

$$\sigma=\sqrt{\sigma^2+4\tau^4}\geqslant[\sigma] \qquad\qquad (4-14)$$

或

$$\sigma=\sqrt{\sigma^2+3\tau^4}\geqslant[\sigma] \qquad\qquad (4-15)$$

由式(4-14)及(4-15)的对比可知,按最大变形能理论求出的工作应力要小些。因此,在同样材料和同样大小的安全系数的条件下,可以得到较为轻小的结构。不过在设计实践中,对于塑性材料制件,往往是根据使用经验,推荐出应用的强度理论,并给出相应的许用应力值。因此,事实上设计人员往往是根据经验所推荐的方法进行设计计算。

根据最大剪应力理论,可知零件在复合应力达到极限应力时,近似取 $\dfrac{\sigma_S}{\tau_S}=2$,可得安全系数为

$$n_{ca}=\frac{\sigma_S}{\sigma}=\frac{\sigma_s}{\sqrt{\sigma^2+4\tau^2}}=\frac{1}{\sqrt{(\frac{\sigma}{\sigma_S})^2+4(\frac{\tau}{\sigma_S})^2}}$$

因为 $\quad \dfrac{\sigma_S}{\tau_S}=2$

则

$$n_{ca}=\frac{1}{\sqrt{(\frac{\sigma}{\sigma_S})^2+(\frac{\tau}{\tau_S})^2}}=\frac{1}{\sqrt{(\frac{1}{n_{\sigma}})^2+(\frac{1}{n_{\tau}})^2}}=\frac{n_{\sigma}n_{\tau}}{\sqrt{n_{\sigma}^2+n_{\tau}^2}}\geqslant n \qquad (14-16)$$

式中 n_{σ}——正向安全系数;

n_{τ}——切向安全系数。

用脆性材料制造的零件,在静应力下,通常取材料的强度极限(σ_B,τ_B)作为极限应力,则危险断面的实际安全系数和许用应力为

$$n_{\sigma}=\frac{\sigma_B}{\sigma} \qquad\qquad n_{\tau}=\frac{\tau_B}{\tau} \qquad\qquad (4-17)$$

$$\sigma = \frac{\sigma_S}{n_\sigma} \qquad\qquad \tau = \frac{\tau_B}{n_\tau} \tag{4-18}$$

对于像灰铸铁材料的不连续组织,在零件内部引起的局部应力(Locial stress)远远大于由于零件形状和机械加工等原因引起的局部应力。所以,后者对零件的强度不起决定性作用,因此计算时不考虑应力集中(Stress concentration)。当材料的组织均匀而塑性较低时,如低温回火的高强度钢等,则应考虑应力集中并根据最大局部应力进行强度计算。

对于脆性材料,推荐由下式计算安全系数:

$$n = \frac{n_\sigma n_\tau}{n_\sigma + n_\tau} \tag{4-19}$$

例题 4-4　如图 4-6 所示,有一直径 $d=10$mm 的截面杆,由铸铁制成,许用拉伸应力 $[\sigma]=800$MPa,许用压缩应力 $[\sigma_i]=160$MPa。该杆左端固定,受力如图 4-6a 所示,试求各段横截面的正压力并校核其强度是否安全。

解:(1)求约束反力　解除左端约束,并假定反力的指向向左,画出杆的受力如图 4-6b 所示。其次,取 x 轴,使其沿着杆的轴线,向右为正。写出静力平衡方程式 $\sum X = 0$,即 $-18+10+20-R=0$

由此即可求得固定端的约束反力

$$R = +12\text{kN}$$

得到的正号说明假定 R 的指向向左是正确的。

(2)求各段横剖面上的力　假设截面上所受的力是拉力,画出受力图如图 4-6c、4-6d、4-6e 所示,于是根据静力方程 $\sum X = 0$,就可求得各段的力。

右段:$-S_1 - 18 = 0$

所以　　$S_1 = -18$kN

中段:$-S_2 - 18 + 10 = 0$

所以　　$-S_2 = -8$kN

左段:$-S_3 - 18 + 10 + 20 = 0$

所以　　$S_3 = +12$kN

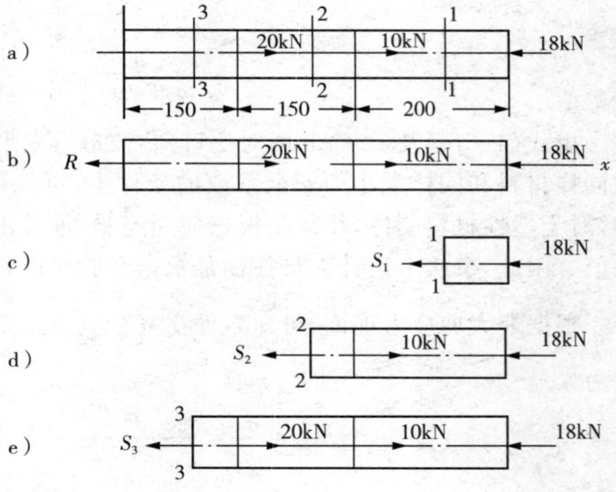

图 4-6

再次指出,由于平衡方程式求出各段内的受力,得正号的,说明假定该段受力的拉力是正确的;得负号的,说明与假设相反,该段的受力实际为压力,本题中右段和中段内的受力就是这种情况。

还应指出,从右到左应用截面法,求各段中的受力时,并未用到左段的约束反力 R。可见,在某些问题中,不一定要先求出杆件的约束反力,不过作为一般规律,首先要知道杆件所受的全部外力。

(3)求各段横截面的工作应力　根据以上各段杆的受力,应用材料力学有关计算公式,求得各段横截面上的正应力

右段:$\sigma_{1-1} = \dfrac{S_1}{A} = \dfrac{-18000}{\frac{\pi}{4}(10)^2} = -229\,(\text{MPa})$

中段:$\sigma_{2-2} = \dfrac{S_2}{A} = \dfrac{-8000}{\frac{\pi}{4}(10)^2} = -101.9\,(\text{MPa})$

左段： $\sigma_{3\text{-}3}=\dfrac{S_3}{A}=\dfrac{-12000}{\dfrac{\pi}{4}(10)^2}=152.8(\text{MPa})$

显然,在右、中两段中的正应力为负号,表示它们都是压应力;而左段中的正应力为正,表示它是拉应力。

(4)强度校核 根据公式(4－10)可知,右段的压应力 $\sigma_{1\text{-}1}>[\sigma_\tau]$,即 $\sigma_{1\text{-}1}=-229\text{MPa}>[\sigma_\tau]=160\text{MPa}$,不能满足强度条件,故不安全。

中段的压应力 $\sigma_{2\text{-}2}=101.9\text{MPa}<[\sigma_\tau]=160\text{MPa}$,满足了强度条件,安全。

左段的拉应力 $\sigma_{3\text{-}3}=152.8\text{MPa}>[\sigma]=80\text{MPa}$,不能满足强度条件,故不安全。

例题 4－5 图 4－7 为一轴系,A、B 为二轴承,轴上有一齿轮和一带轮,受力均在 xy 平面内,假如载荷为集中载荷,当轴的 $[\sigma]=165MPa$,求此空心轴 C、D 处的尺寸,并使其内、外径之比为 3∶4。

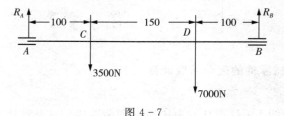

图 4－7

解：$R_A=\dfrac{3500\times250+7000\times100}{350}=4500(\text{N})$

$R_B=3500+7000-4500=6000(\text{N})$

$M_C=4500\times100=450000(\text{N}\cdot\text{mm})$

$M_D=6000\times100=600000(\text{N}\cdot\text{mm})$

$$\dfrac{M}{\dfrac{\pi\left[d_0^4-\left(\dfrac{3}{4}d_0^4\right)\right]}{32d_0}}=\dfrac{M}{0.1\left(1-\dfrac{3}{4}\right)^4d_0^3}=\dfrac{600000}{0.1\times0.6835d_0^3}=[\sigma]=165(\text{MPa})$$

$d_0=\sqrt[3]{\dfrac{600000}{0.1\times0.6835\times165}}=37.6(\text{mm})$

取外径 $d_0=40\text{mm}$,内径 $d_i=\dfrac{3}{4}\times40=30(\text{mm})$

例题 4－6 图 4－8 所示的轴,装有两带轮 A 及 B。两轮有相同的直径 $D=1000\text{mm}$ 及重量 $W=5000\text{N}$。A 轮上胶带是水平方向的,B 轮是铅直方向的。设许用应力 $[\sigma]=800\text{MPa}$,试按第四强度理论求轴所需的直径。

解： 将轮上胶带的拉力向轴线简化,以作用在轴线上的集中力及扭矩来代替,轴所受的外力如图 4－8a 所示。在截面 A 作用着向下的轮子重力 500N 及带的水平拉力 7000N,并有扭矩 $(5000-2000)\times0.5=1500\text{N}\cdot\text{m}$。在截面 B,作用着向下的轮子重量及胶带的拉力 12000N,并有扭矩 1500N・m。

分别作出扭矩图及在水平面与铅直平面的弯矩图 c、d 及 e。从弯矩图中不难看出,在左边支承截面处合成的弯矩为最大(有时需要作出合成后总弯矩图才能看出),它等于：

$$M=\sqrt{2100^2+1500^2}=2580(\text{N}\cdot\text{m})$$

从扭矩图上,得此截面的扭矩为 $T=1500\text{N}\cdot\text{m}$

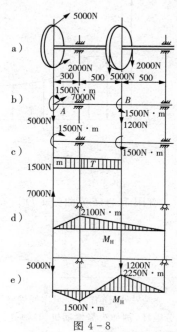

图 4－8

故应按此一截面进行计算。

由于扭矩 T,最大的工作应力为

$$\tau = \frac{T}{W} = 1500000 / \frac{\pi d^3}{16}$$

由于弯矩,最大的正应力为

$$\sigma = \frac{M}{W} = 2580000 / \frac{\pi d^2}{32}$$

将 τ 及 σ 代入式(4-15)得强度条件为

$$\sqrt{\left(\frac{2580000}{\frac{\pi d^3}{32}}\right)^2 + 3\left(\frac{1500000}{\frac{\pi d^3}{16}}\right)^2} \leqslant 800$$

由此求得轴的直径 $d = 72$mm。

二、高周疲劳和机械零件的疲劳强度计算

1. 疲劳曲线

如图4-9所示,曲线上 CD 段代表有限寿命疲劳阶段。在此范围内,试件经过多次的变应力作用后总会发生疲劳破坏。在 D 点以后,如果作用的变应力的最大应力小于 D 点的应力,则无论应力变化多少次,材料都不会破坏。故 D 点以后的水平线代表了试件无限寿命疲劳阶段。这两段曲线所代表的疲劳统称为高周疲劳[①]。大多数通用机械零件及专用零件都是由高周疲劳引起的。CD 上任何一点所代表的材料的疲劳,均称为有限寿命疲劳极限。用符号 σ_{rN} 表示。脚标 r 代表该变应力的循环特性,N 代表达到疲劳破坏时所经历的应力循环次数 N_b,对于各种材料来说,大致在 $25 \times 10^6 \sim 25 \times 10^7$ 之间。

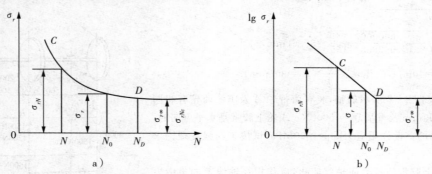

图4-9　疲劳曲线

有限寿命疲劳曲线 CD 段可用式(4-20)来描述:

$$\sigma_r{}^m N = C \qquad (N \leqslant N_D) \tag{4-20}$$

---

① 另外,还有一种叫作低周疲劳。有些机械零件在应力循环次数相对很少(大约在 10^4 左右)就发生疲劳破坏,例如火箭发动机、导弹壳体等,在整个使用寿命期间应力变化次数只有几百到几千次,故其疲劳属于低周疲劳范畴。

无限寿命疲劳曲线 D 点以后,是一条水平线,它的方程为

$$\sigma_r = \sigma_{r\infty} (N > N_D) \tag{4-21}$$

式(4-20)两边取对数,则为

$$m\lg\sigma_r + \lg N = \lg c = C' \tag{4-22}$$

由式(4-22)可以看出,在双对数坐标上有限寿命疲劳曲线 CD 为一条直线(图4-9b)。由于 N_N 有时很大(25×10^7 或更大),所以在做疲劳试验时,常规定一个循环次数 N_o,称为循环基数,将与 N_o 相对应的疲劳极限(Fatigue limit)称为该材料的疲劳极限 σ_{rN_o},简写为 σ_r。当 N_D 不大时,$N_o = N_D$;而当 N_D 很大时,$N_o < N_D$,于是式(4-20)可改写

$$\sigma_{rN}^m N = \sigma_r^m N_o = C \tag{4-20a}$$

由上式便得到了根据 σ_r 及 N_o 来求有限寿命区间内任意循环次数 $N(N_0 < N < N_D)$ 时的疲劳极限 σ_{rN} 的表达式为

$$\sigma_{rN} = \sigma_r \sqrt[m]{\frac{N_o}{N}} = \sigma_r K_N \tag{4-23}$$

式中 K_N 称为寿命系数,$K_N = \sigma_{rN}/\sigma_r$。

以上各式中,m 代表双对数坐标中有限寿命疲劳曲线 CD 段之斜率,该值由试验来决定。对于钢材,在弯曲和拉压疲劳时,$m = 6 \sim 20$,$N_o = (1\sim10)\times10^6$。在初步计算中,钢制零件受弯曲疲劳时,中等尺寸零件取 $m=9$,$N_o = 5\times10^6$;大尺寸零件取 $m=9$,$N_o = 10^7$。

当 N 大于疲劳曲线转折点 D 所对应的循环次数 N_D 时,式(4-23)中的 N 就取为 N_D 而不再增加(亦即 $\sigma_{r\infty} = \sigma_{rN_D}$,见图4-9)。

例题4-7 材料的对称循环疲劳极限在无限寿命寿区 $\sigma_{-1} = 280$MPa。设 $m=9$,$N_o = 10^7$,求应力循环次数 N 分别为 10^6、10^5、10^4 时的对称循环疲劳极限 σ_{-1}。

解:按式(4-23),即

$$\sigma_{rN} = \sigma_r \sqrt[m]{\frac{N_o}{N}}$$

$$\sigma_{-1(10^6)} = \sigma_{-1} \sqrt[9]{\frac{N_o}{N}} = 280 \sqrt[9]{\frac{10^9}{10^6}} = 361.63 (\text{MPa})$$

$$\sigma_{-1(10^5)} = 280 \sqrt[9]{\frac{10^7}{10^5}} = 467.07 (\text{MPa})$$

$$\sigma_{-1(10^4)} = 280 \sqrt[9]{\frac{10^7}{10^4}} = 603.24 (\text{MPa})$$

例题4-8 45号钢经过调质后的性质为 $\sigma_{-1} = 307$MPa,$m=9$,$N_o = 5\times10^6$。现以此材料作试件进行试验,分别以对称循环变应力 $\sigma_1 = 500$MPa,$\sigma_2 = 400$MPa 及 $\sigma_3 = 350$MPa 作用之。试求在各应力作用下相应的循环次数。

解:$N_1 = N_o (\frac{\sigma_{-1}}{\sigma_1})^m = 5\times10^6 (\frac{307}{500})^9 = 0.0625\times10^6$

$N_2 = N_o (\frac{\sigma_{-1}}{\sigma_2})^m = 5\times10^6 (\frac{307}{400})^9 = 0.47\times10^6$

$N_3 = N_o (\frac{\sigma_{-1}}{\sigma_3})^m = 5\times10^6 (\frac{307}{350})^9 = 1.55\times10^6$

2. 极限应力图

　　机械零件的工作应力并不总是对称循环变应力。为此需要构造极限应力线图来求出符合实际工作应力循环特性的疲劳极限(Fatigue Limit),作为计算强度的极限应力。

　　在做材料试验时,通常是求出对称循环及脉动循环时的疲劳极限 σ_{-1} 及 σ_o,把这两个极限应力标在 $\sigma_m - \sigma_a$ 图上(图 4 - 10)。由于对称循环变应力的平均应力 $\sigma_m = 0$,最大应力等于应力幅,所以对称循环疲劳极限在图中以纵坐标轴上 A' 点来表示。由于脉动循环变应力的平均应力及应力幅为 $\sigma_m = \sigma_a = \dfrac{\sigma_o}{2}$,所以脉动循环疲劳极限由原点 O 所作 45° 射线上的 D' 点来表示。连接 A' 和 D' 得直线 $A'D'$。由于这条直线与不同循环特性进行试验时所求得的疲劳极限应力曲线(即曲线 $A'D'$,图 4 - 10 中未示出)非常接近,故用此直线代替曲线是可以的,所以直线 $A'D'$ 上任何一点都代表了一定循环特性的疲劳极限。横轴上任何一点都代表应力幅等于零的应力,即静应力。取 C 点的坐标值等于材料的屈服极限 σ_S,并自 C 点作一直线与直线 CO 成 45° 的夹角,交 $A'D'$ 的延线于 G',则 CG 上任何一点均代表 $\sigma_{max} = \sigma_m + \sigma_a = \sigma_S$ 的应力状况。

　　零件材料(试件)的极限应力曲线即为折线 $A'G'C$。材料中发生的应力如处于 $OA'G'C$ 区域以内,则表示不发生破坏;如在区域以外,则表示一定要发生破坏;正好处于折线上,则表示工作应力状况正好达到极限状态。

　　(1)影响零件强度的因素

　　由于零件几何形状的变化、尺寸大小、加工质量及强化因素等的影响,使疲劳极限要小于材料试件的疲劳极限。如以弯曲疲劳极限的综合影响系数 K_σ 表示材料对称循环疲劳极限 σ_{-1} 与零件对称循环弯曲疲劳极限 σ_{-1e} 的比值,即

$$K_\sigma = \frac{\sigma_{-1}}{\sigma_{-1e}} \tag{4 - 24}$$

因此,当已知 K_σ 及 σ_{-1} 时,就可以不必试验而能估算出零件的对称循环弯曲疲劳极限为

$$\sigma_{-1e} = \frac{\sigma_{-1}}{K_\sigma}$$

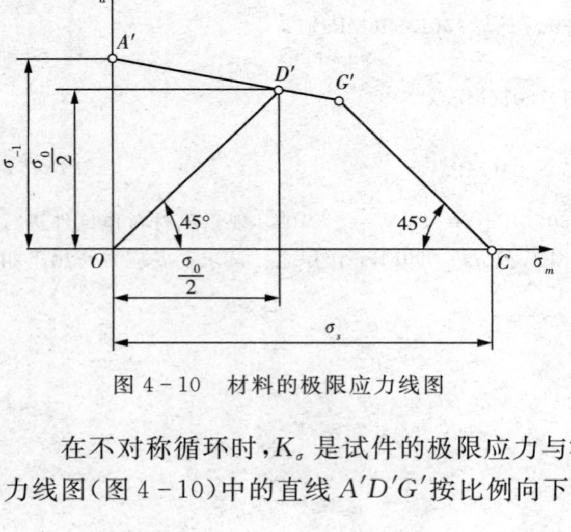

図 4 - 10　材料的极限应力线图　　　　　　図 4 - 11　零件的极限应力线图

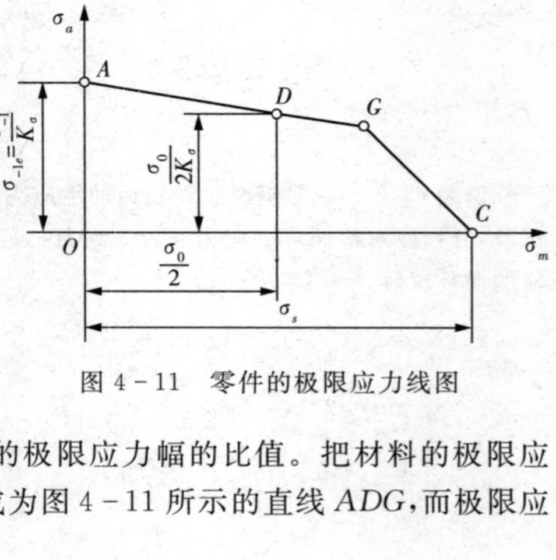

　　在不对称循环时,K_σ 是试件的极限应力与零件的极限应力幅的比值。把材料的极限应力线图(图 4 - 10)中的直线 $A'D'G'$ 按比例向下移,成为图 4 - 11 所示的直线 ADG,而极限应

力曲线的 CG' 部分,由于是按照静应力的要求来考虑的,故不须进行修正。于是,零件的极限应力曲线即由折线 AGC 表示。直线 AG 的方程,由已知两点坐标 $A(O,\sigma_1/K\sigma)$ 及 $D(\sigma_o/2,\sigma_o/2K\sigma)$ 求得

$$\sigma_{-1e} = \frac{\sigma_{-1}}{K_\sigma} = \sigma'_{ae} + \psi_{\sigma e}\sigma'_{me} \tag{4-25}$$

或

$$\sigma_{-1} = K_\sigma\sigma'_{ae} + \psi_\sigma\sigma'_{me} \tag{4-25a}$$

直线 CG 的方程式为

$$\sigma'_{ae} + \sigma'_{me} = \sigma_S \tag{4-26}$$

式中 σ_{-1e}——零件的对称循环弯曲疲劳极限;

     σ'_{ae}——零件受循环弯曲应力时的极限应力幅;

     σ'_{me}——零件受循环弯曲应力时的极限平均应力;

     $\psi_{\sigma e}$——零件受循环弯曲应力时的材料特性;

$$\psi_{\sigma e} = \frac{\psi_\sigma}{K_\sigma} = \frac{1}{K_\sigma} \cdot \frac{2\sigma_{-1} - \sigma_o}{\sigma_o} \tag{4-27}$$

     ψ_σ——试件受循环弯曲应力时的材料特性,其值由试验决定。根据试验,对碳钢,$\psi_\sigma \approx 0.1 \sim 0.2$;对合金钢,$\psi_\sigma \approx 0.2 \sim 0.3$;

     K_σ——弯曲疲劳极限的综合影响系数;

$$K_\sigma = \left(\frac{k_\sigma}{\varepsilon_\sigma} + \frac{1}{\beta_\sigma} - 1\right)\frac{1}{\beta_q} \tag{4-28}$$

式中 k_σ——试件的有效应力集中系数(脚标 σ 表示在正应力条件下,下同);

     ε_σ——零件的尺寸系数;

     β_σ——零件的表面质量系数;

     β_q——零件的强化系数。

以上系数的值可查本章附表。

同样,对于切应力的情况,也可以仿式(4-25)及(4-26),并以 τ 代换 σ,得出极限应力曲线的方程为

$$\tau_{-1e} = \frac{\tau_{-1}}{K_\tau} = \tau'_{ae} + \psi_{\tau e}\tau'_{me} \tag{4-29}$$

$$\tau_{-1} = K_\tau\tau'_{ae} + \psi_\tau\tau'_{me} \tag{4-29a}$$

$$\tau'_{ae} + \tau'_{me} = \tau_S \tag{4-30}$$

式中 $\psi_{\tau e}$——零件受循环切应力的材料特性;

$$\psi_{\tau e} = \frac{\psi_\tau}{K_\tau} = \frac{1}{K_\tau} \cdot \frac{2\tau_{-1} - \tau_o}{\tau_o} \tag{3-27a}$$

     ψ_τ——试件受循环切应力时的材料特征;

$$\psi_\tau \approx 0.5\psi_\sigma$$

K_τ——剪切疲劳极限的综合系数,仿式(4-28)得

$$K_\tau = (\frac{k}{\varepsilon_\tau} + \frac{1}{\beta_\tau} - 1)\frac{1}{\beta_q} \qquad (4-28\text{a})$$

式中　$k_\tau,\varepsilon_\tau,\beta_\tau$ 的含义分别与上述 $k_\sigma,\varepsilon_\sigma,\beta_\sigma$ 相对应,脚标 τ 则表示在切应力条件下。

（2）极限应力图的绘制方法

以某种材料(试件)进行试验,在不同的应力循环状态下,有不同的疲劳极限应力。如图 4-12 所示,以横坐标代表平均应力 σ_m,纵坐标代表应力幅 σ_a,将试验结果绘入图中,可得出极限应力曲线 AC,这个图称为极限应力图。不同的材料有不同的极限应力图（Diagram of ultimate Stress）。

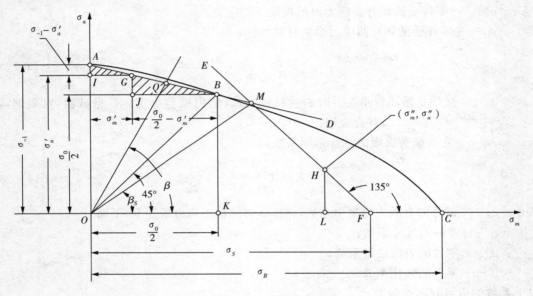

图 4-12　极限应力图

材料的应力如处于图中的 OAC 区域以内,表示不会出现疲劳破坏;如在此区域以外,表示必定出现疲劳破坏;如正好处于 AC 曲线上,表示材料的应力达到疲劳极限状态。

图中 A 点为应力对称循环点,它的 $\sigma_m = 0$,$\sigma_a = \sigma_{-1}$;从 0 点作 45° 斜线,它与 AC 交于 B 点,则 B 为应力脉动循环点,它的横坐标 $\sigma_m = \frac{\sigma_o}{2}$,纵坐标 $\sigma_a = \frac{\sigma_o}{2}$;$C$ 点为静应力临界点,它的 $\sigma_m = \sigma_B,\sigma_a = 0$。这里 σ_{-1},σ_o 和 σ_B 分别为材料的对称循环疲劳极限、脉动循环疲劳极限和抗拉强度极限。

若在横轴上取 F 点,使其横坐标为屈服极限 σ_S（显然 $\sigma_S < \sigma_B$）,并由 F 对横轴画一倾斜 135° 直线 $\overline{FE}$;联 $\overline{AB}$ 直线,并延长至 D,则 $\overline{AD}$ 与 $\overline{FE}$ 交于点 M。

对于塑性材料,可由 $\overline{AM}$ 和 $\overline{MF}$ 近似地代替 AC 曲线,称为简化极限应力图。在此图上,因 M 点已略超越 AC 曲线,故稍欠安全。

在$\overline{AM}$上，取任意点G，其坐标为$(\sigma'_m、\sigma_a)$。因$\triangle AIG$与$\triangle GJB$相似，故

$$\frac{\sigma_{-1}-\sigma'_a}{\sigma'_m}=\frac{\sigma'_a-\dfrac{\sigma_o}{2}}{\dfrac{\sigma_o}{2}-\sigma'_m}$$

整理得
$$\sigma'_a=\sigma_{-1}-\frac{2\sigma_{-1}-\sigma_a}{\sigma_o}\sigma'_m=\sigma_{-1}-\psi_\sigma\sigma'_m$$

其中
$$\psi_\sigma=\frac{2\sigma_{-1}-\sigma_o}{\sigma_o}$$

ψ_σ称为平均应力折合为应力幅的等效系数。ψ_o的大小表示材料对受循环不对称性的影响程度。

在$\overline{MF}$取任意点H，其坐标为(σ''_m,σ''_a)，因$LH=LF$，故

$$\sigma''_m+\sigma''_a=\sigma_S$$

从O点向$\overline{AM}$上任一点Q作一直线，Q点的坐标为(σ_m,σ_a)，$\overline{OQ}$与横轴成β夹角；又连$\overline{OM}$直线，它与横轴夹角为β_S。

因　$\mathrm{tg}\beta=\dfrac{\sigma_a}{\sigma_m}$

应用式　$\sigma_m=\dfrac{\sigma_{\max}+\sigma_{\min}}{2}$，$\sigma_a=\dfrac{\sigma_{\max}-\sigma_{\min}}{2}$，$r=\dfrac{\sigma_{\min}}{\sigma_{\max}}$

$$\mathrm{tg}\beta=\frac{\sigma_{\max}-\sigma_{\min}}{\sigma_{\max}+\sigma_{\min}}=\frac{1-(\sigma_{\min}/\sigma_{\max})}{1+(\sigma_{\min}/\sigma_{\max})}=\frac{1-r}{1+r}$$

若$\beta>\beta_S$，则应力点在$\overline{AM}$段，这时$\sigma'_a+\sigma'=\sigma_r$，其中$\sigma_r$为循环特性数为$r$时的疲劳极限。
若$\beta\leqslant\beta_S$，则应力点在$\overline{MF}$段，这时$\sigma''_a+\sigma''_m=\sigma_S$。

应用极限应力图，可以求得材料在某一循环特性r时的疲劳极限。

对剪应力，同样可以求得等效系数ψ_τ，即

$$\psi_\tau=\frac{2\tau_{-1}-\tau_o}{\tau_o}$$

ψ_σ和ψ_τ数值通常可选取如下：

对碳素钢　$\psi_\sigma=0.1\sim0.2$，$\psi_\tau=0.05\sim0.1$；

对合金钢　$\psi_\sigma=0.2\sim0.3$，$\psi_\tau=0.1\sim0.15$。

对称循环下，钢的疲劳极限为

$$\sigma_{-1}=(0.4\sim0.5)\sigma_B$$

$$\tau_{-1}=0.58\sigma_{-1}$$

例题 4-9　合金钢 18CrMnTi 的屈服极限 $\sigma_S=950\mathrm{MPa}$，疲劳极限 $\sigma_{-1}=550\mathrm{MPa}$。试绘制它的简化极限应力图，并求当循环特性 $r=-0.5$ 时的极限应力。

解：应用式

$$\psi_\sigma = \frac{2\sigma_{-1} - \sigma_o}{\sigma_o} \text{ 和 } \sigma_o = \frac{2\sigma_{-1}}{1 + \psi_\sigma}$$

取 $\psi_\sigma = 0.2$，则

$$\sigma_o = \frac{2 \times 550}{1 + 0.2} = 910.67(\text{MPa})$$

$$\frac{\sigma_o}{2} = \frac{916.67}{2} = 458.34(\text{MPa})$$

如图 4-13 所示，连接 A 点 $(0,550)$ 和 B 点 $(458.34,458.34)$ 作斜线，使其与横轴成 135°夹角，此二直线相交于 M 点，则 $\overline{AM}$ 与 $\overline{MF}$ 即为 18CrMnTi 的简化极限应力图。

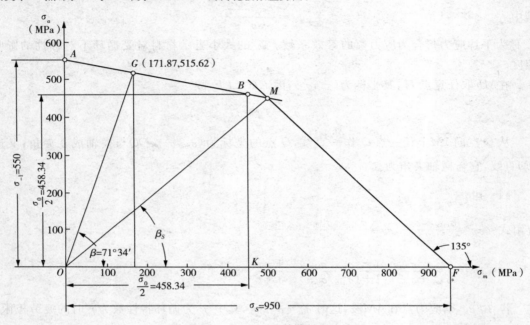

图 4-13　18CrMnTi 简化极限应力图

按式(4-26)

$$\text{tg}\beta = \frac{1-r}{1+r} = \frac{1+0.5}{1-0.5} = 3$$

故　　　　　$\beta = 71°34'$

由图量得 β_S，且可知 $\beta > \beta_S$。

又因　　　$\text{tg}\beta = \frac{\sigma_a}{\sigma_m}$

故　　　　　$\sigma'_a = 3\sigma'_m$

由式(4-24)，即 $\sigma'_a = \sigma_{-1} - \psi_\sigma \sigma'_m$

则　　　　　$\sigma'_a = 550 - 0.2\sigma'_m$

将上两式联立

$$\left.\begin{array}{l} \sigma'_a = 3\sigma_m \\ \delta_a 550 - 0.2\sigma'_m \end{array}\right\}$$

得

$$\sigma'_m = 171.87\text{MPa} \qquad \sigma'_a = 515.62\text{MPa}$$

所以 18CrMnTi 在 $r = -0.5$ 时，其极限应力为

$$\sigma'_m + \sigma'_a = 171.87 + 515.62 = 687.49 \text{MPa}$$

例题 4 - 10　绘制 20Mn 号钢的 $\sigma_m - \sigma_a$ 极限应力图。

解:查有关手册得

$$\sigma_B = 800\text{MPa}, \sigma_S = 600\text{MPa}, \sigma_{-1} = 400\text{MPa}$$

取 $\psi_S = 0.1$,于是由式(4 - 25)得

$$\sigma_o = \frac{2\sigma_{-1}}{1 + \psi_\sigma} = \frac{2 \times 400}{1 + 0.1} = 727.3\text{MPa}$$

$$\frac{\sigma_o}{2} = \frac{727.3}{2} = 363.6\text{MPa}$$

可作图如下:绘制 20Mn 号钢极限应力图时,应该从进行这种钢试验着手,求出对称循环和脉动循环时的疲劳极限 σ_{-1} 及 σ_o(本例题均为给定数据),把这两个极限值标在 $\sigma_m - \sigma_a$ 坐标上得到如图 4 - 14 所示的应力图。由于对称循环变应力的平均应力 $\sigma_m = 0$,最大应力等于应力幅,所以对称循环疲劳极限,就是在纵坐标上度量(用适当比例尺)出 $\sigma_{-1} = 400\text{MPa}$ 得到一点,用 A 表示。脉动循环变应力的平均应力及应力幅均为 $\sigma_m = \sigma_n = \frac{\sigma_o}{2} = 261.9\text{MPa}$,所以脉动循环疲劳极限,以由原点 O 所作 $45°$ 射线上的 B 点表示。连接 A, B 点,得直线 AB。取 C 点作一直线与 OC 成 $45°$ 的夹角,交 AB 直线于 D,则 CD 上任一点均代表 $\sigma_{max} = \sigma_m + \sigma_a = \sigma_S$ 的变应力状态。例如图中 E 点,从图上量得:$\sigma_a = 304.5\text{MPa}$,$\sigma_m = 304.5\text{MPa}$,所以 $\sigma_{max} = 304.5 + 304.5 = 609\text{MPa}$。

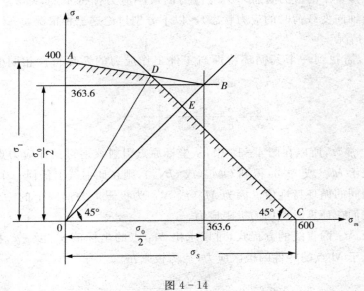

图 4 - 14

于是,得到 20Mn 号钢的极限应力图即为折线 ADC。材料中发生的应力处于 ADC 区域以内,则表示材料不发生破坏,如在区域以外,则表示一定发生破坏;如正好处于折线上,则表示应力状态达到极限状态。

直线 AD 表示材料的疲劳特性,DC 表示材料的屈服特性,即 AOD 区域内任何一点所代表的应力其最大值低于疲劳极限,同理在 DOC 区域内任何一点所代表的应力其最大值低于屈服极限。

3. 单向稳定变应力时机械零件的疲劳强度计算

在作机械零件的疲劳强度计算时,首先要求出机械零件危险剖面上的最大应力 σ_{max} 及最小应力 σ_{min},据此计算出平均应力 σ_m 及应力幅 σ_a,然后,在极限应力线图的坐标上即可标

示出相应于 σ_m 及 σ_a 的一个工作应力点 M（或者点 N），见图 4-15。

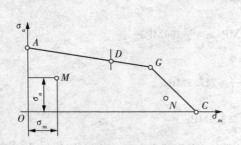

图 4-15　零件的应力在极限应力线图坐标上的位置

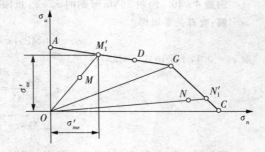

图 4-16　$r=C$ 时的极限应力

　　显然，强度计算时所用的极限应力应是零件的极限应力曲线（AGC）上的某一点所代表的应力。到底用哪一个点来表示极限应力才算合适，这要根据零件中由于结构的约束而使应力可能发生的变化规律来决定。根据零件载荷的变化规律以及零件与相邻零件互相约束情况的不同，可能发生的典型的应力变化规律通常有下述三种：1）变应力的循环特性保持不变，即 $r=C$（例如绝大多数转轴中的应力状态）；2）变应力的平均应力保持不变，即 $\sigma_m=C$（例如振动着的受载弹簧中的应力状态）；3）变应力的最小应力保持不变，即 $\sigma_{min}=C$（例如紧螺栓联接中螺栓受轴向变载荷时的应力状态）。以下分别讨论这三种情况。

　　（1）$r=C$ 的情况

　　当 $r=C$ 时，需找到一个其循环特性与零件工作应力的循环特性相同的极限应力值。因为

$$\frac{\sigma_a}{\sigma_m}=\frac{\sigma_{max}-\sigma_{min}}{\sigma_{max}+\sigma_{min}}=\frac{1-r}{1+r}=C' \tag{4-29}$$

式中 C' 也是一个常数，所以在图 4-16 中，从坐标原点引射线通过工作应力点 M（或 N），与极限应力曲线交于 M'_1（或 N'_1），得到 OM'_1（或 ON'_1），则在此射线上任何一个点所代表的应力循环都具有相同的循环特性值。因为 M'_1（或 N'_1）为极限应力曲线上的一个点，它所代表的应力值就是我们在计算时所用的极限应力。

　　联解 OM 及 AG 两直线的方程式，可以求出 M'_1 点的坐标值 σ'_{me} 及 σ'_{ae}，把它们加起来，就可以求出对应于 M 点的零件的极限应力（疲劳极限）σ_{max}

$$\sigma'_{max}=\sigma'_{ae}+\sigma'_{me}=\frac{\sigma_{-1}(\sigma_m+\sigma_a)}{K_\sigma\sigma_a+\psi_\sigma\sigma_m}=\frac{\sigma_{-1}\sigma_{max}}{K_\sigma\sigma_a+\psi_\sigma\sigma_m} \tag{4-30}$$

于是，安全系数计算值 n_{ca} 及强度条件为

$$n_{ca}=\frac{\sigma_{lim}}{\sigma}=\frac{\sigma'_{max}}{\sigma_{max}}=\frac{\sigma_{-1}}{K_\sigma\sigma_a+\psi_\sigma\sigma_a+\psi_\sigma\sigma_m}\geqslant n \tag{4-31}$$

　　对应于 N 点的极限应力点 N'_1 位于直线 CG 上。此时的极限应力即为屈服极限 σ_s。这就是说，工作应力为 N 点时，首先可能发生的是屈服失效，故只需进行静强度计算。在工作应力为单向应力时，强度计算为

$$n_{ca} = \frac{\sigma_{\lim}}{\sigma} = \frac{\sigma_2}{\sigma_{\max}} = \frac{\sigma_2}{\sigma_a + \sigma_m} \geqslant n \tag{4-32}$$

分析图 4-16 得知，凡是工作应力点位于 OGC 区域内时，在循环特性等于常数的条件下，极限应力统为屈服极限，都只需进行静强度计算。

（2）$\sigma_m = C$ 的情况

当 $\sigma_m = C$ 时，需找到一个其平均应力与零件工作应力的平均应力相同的极限应力。如图 4-17，通过 M（或 N）点作纵轴的平行线 MM'_2（或 NN'_2），则此线上任何一个点所代表的应力循环都具有相同的平均应力值。因 M'_2（或 N'_2）点为极限应力曲线上的点，所以它代表的应力值就是计算时所采用的极限应力。

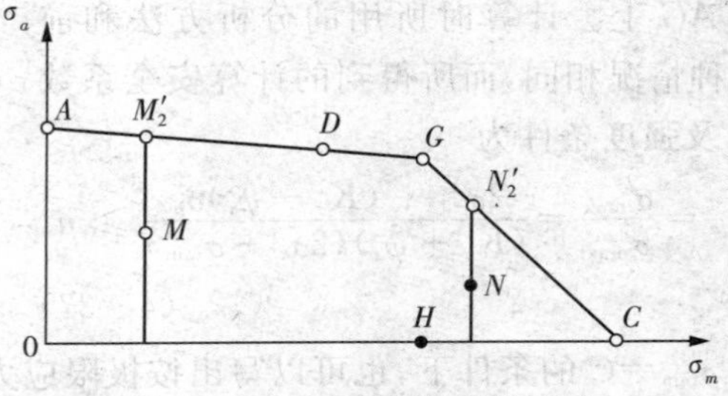

图 4-17　$\sigma_m = C$ 时的极限应力

MM'_2 的方程为 $\sigma'_{me} = \sigma_m$。联解 MM'_2 及 AG 两直线的方程式，求出 M'_2 点的坐标 σ'_{me} 及 σ'_{ae}，把它们加起来，就可以求得对应于 M 点的零件的极限应力（疲劳极限）$\sigma'_{\max}$。同时，也知道了零件的极限应力幅 σ'_{me}，即

$$\sigma'_{\max} = \sigma_{-1e} + \sigma_m \left(1 - \frac{\psi_\sigma}{K_\sigma}\right) = \frac{\sigma_{-1} + (K_\sigma - \psi_\sigma)\sigma_m}{K_\sigma} \tag{4-33}$$

$$\sigma'_{ae} = \frac{\sigma_{-1} - \psi_\sigma \sigma_m}{K_\sigma} \tag{4-34}$$

根据最大应力求得的计算安全系数 n_{ca} 及强度条件为

$$n_{ca} = \frac{\sigma_{\lim}}{\sigma_{\max}} = \frac{\sigma_{-1} + (K_\sigma - \psi_\sigma)\sigma_m}{K_\sigma(\sigma_m + \sigma_a)} \geqslant n \tag{4-35}$$

也有文献建议，在 $\sigma_m = C$ 的情况下，按照应力幅来校核零件的疲劳强度，即按应力幅求得安全系数计算值为

$$n'_a = \frac{\sigma'_{ae}}{\sigma_a} = \frac{\sigma_{-1} - \psi_\sigma \sigma_m}{K_\sigma \sigma_a} \geqslant n \tag{4-36}$$

对应于 N 点的极限应力由 N_2 点表示，位于直线 CG 上，故仍只按式（4-32）进行静强度计算。分析图 4-17 可知，凡是工作应力点位于 CGH 区域内时，在 $\sigma_m = C$ 的条件下，极限应力统称为屈服极限，也是只进行静强度计算。

（3）$\sigma_{\min} = C$ 的情况

当 $\sigma_{\min} = C$ 时，需找到一个其最小应力与零件工作应力的最小应力相同的极限应力。因为

$$\sigma_{\min} = \sigma_m - \sigma_a = C$$

所以在图 4-18 中，通过 M（或 N）点，作与横坐标轴夹角为 $45°$ 的直线，则此直线上任何一个点所代表的应力均具有相同的最小应力。该直线与 AG（或 CG）线的交点 M'_3（或 N'_3）在极限应力曲线上，所以它所代表的应力就是计算所采用的极限应力。

通过 O 点及 G 点作与横坐标轴成 $45°$ 夹角的直线，得 OJ 及 IG，把安全工作区域分成三个部分。当工作应力点位于 AOJ 区域内时，最小应力为负值。这在实际的机械结构中是极

为罕见的,所以无需讨论这一情况。当工
作应力位于 GIC 区域内时,极限应力统
为屈服极限,故只需按式(4-32)进行静
强度计算。只有工作应力点位于 $OJGI$
区域内时,极限应力才在疲劳极限应力曲
线 AG 上。计算时所用的分析方法和前
两种情况相同,而所得到的计算安全系数
n_{ca} 及强度条件为

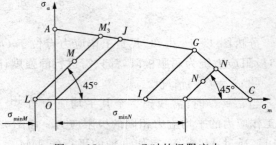

图 4-18　$\sigma_{min} = C$ 时的极限应力

$$n_{ca} = \frac{\sigma'_{max}}{\sigma_{max}} = \frac{2\sigma_{-1} + (K_\sigma - \psi_\sigma)\sigma_m}{(K_\sigma + \psi_\sigma)(2\sigma_a + \sigma_{min})} \geq n$$

$$(4-37)$$

在 $\sigma_{min} = C$ 的条件下,也可以写出按极限应力幅求得的计算安全系数 n'_a 及强度条件

$$n'_a = \frac{\sigma'_{ae}}{\sigma_a} = \frac{\sigma_{-1} - \psi_\sigma \sigma_{min}}{(K_\sigma + \psi_\sigma)\sigma_a} \geq n_a \qquad (4-38)$$

具体设计零件时,如果难以确定应力变化的规律,在实践中往往采用 $r=C$ 时的公式。

进一步分析式(4-31),其分子项为材料的对称循环弯曲疲劳极限,分母项为工作应力
幅乘以应力幅的综合影响系数,即 $K_\sigma \sigma_a$ 再加上 $\psi_\sigma \sigma_m$。从实际效果来看,可以把 $\psi_\sigma \sigma_m$ 项看成
是一个应力幅,而 ψ_σ 是把平均应力折算为等效的应力幅的折算系数。因此,可以把 $K_\sigma \sigma_a +$
$\psi_\sigma \sigma_m$ 看成是一个与原来作用的不对称循环变应力等效的对称循环变应力。由于是对称循
环,所以它是一个应力幅,记为 σ_{ad}。这样的概念叫作应力的等效转化。由此得

$$\sigma_{ad} = K_\sigma \sigma_a + \psi_\sigma \sigma_m \qquad (4-39)$$

于是计算安全系数为

$$n_{ca} = \frac{\sigma_{-1}}{\sigma_{ad}} \qquad (4-40)$$

对于剪切变应力,只需把以上各公式中的正应力符号改为切应力符号 τ 即可。

如果只要求机械零件在不长的使用期限内不发生疲劳破坏,具体地讲,当零件应力循环
次数 N 在 $10^4 < N < N_0$ 的范围以内时,则在作疲劳强度计算时所采用的极限应力 σ_{lim},应当
为所要求寿命时的有限疲劳寿命,即在以前的有关计算公式中,统统按式(4-23)求出的 σ_{rN}
来代替 σ_r(即以 σ_{-1N} 代替 σ_{-1},以 σ_{0N} 代替 σ_0)。显然,这时零件的计算安全系数就会增大。

例题 4-11　试求某一发动机连杆的安全系数。杆危险剖面处的直径 $d=70$mm。当汽缸发火时,连杆受
到压力 500kN,在吸气开始时,则受到拉力 120kN。连杆表面精磨并用优质碳钢制造。连杆材料数据如下:

$\sigma_B = 630$MPa　　　$\sigma_S = 350$MPa　　　$\sigma_{-1t} = 210$MPa　　　$\sigma_o = 430$MPa

解:

1. 确定最小及最大应力

$$\sigma_{min} = \frac{120000}{\pi(35)^2} = 31.2 \text{(MPa)(拉应力)}$$

$$\sigma_{max} = -\frac{500000}{\pi(35)^2} = -129.9 \text{(MPa)(压应力)}$$

$$\begin{cases} 假定\ d=70\mathrm{mm}\ 处无应力集中 \\ \varepsilon_\sigma(\varepsilon_\tau)=0.67(本章附图\ 4-2\ 曲线) \\ \beta=0.86(本章附图\ 4-4,磨削) \\ \beta_q=1(假定\ d=70\mathrm{mm}\ 处无强化) \\ \psi_\sigma=0.1 \\ 综合系数\ K_\sigma=\left(\dfrac{K_\tau}{\varepsilon_\sigma}+\dfrac{1}{\beta_\sigma}-1\right)\dfrac{1}{\beta_q}=\left(\dfrac{1}{0.67}+\dfrac{1}{0.86}-1\right)\times 1=1.63 \end{cases}$$

2. 确定综合影响系数

3. 确定平均应力和应力幅

$$\sigma_m=\frac{\sigma_{\max}+\sigma_{\min}}{2}=\frac{-129.9+31.2}{2}=-49.35(\mathrm{MPa})$$

$$\sigma_a=\frac{\sigma_{\max}-\sigma_{\min}}{2}=\frac{-129.9-31.2}{2}=-80.55(\mathrm{MPa})$$

4. 确定计算安全系数

由式(4-31)得

$$n_{ca}=\frac{\sigma_{-1l}}{K_\sigma\sigma_a+\psi_\sigma\sigma_m}=\frac{210}{1.63(80.55)+0.1\times 49.35}\approx 1.54$$

例题 4-12　一铬镍合金钢制成的零件,在危险剖面上的最大工作应力 $\sigma_{\max}=120\mathrm{MPa}$,最小工作应力 $\sigma_{\min}=-80\mathrm{MPa}$,该剖面处的应力集中系数 $K_\sigma=1.32$,绝对尺寸系数 $\varepsilon_\sigma=0.85$,表面质量系数 $\beta_\sigma=1$。已知该合金钢的机械性能:$\sigma_S=800\mathrm{MPa}$,$\sigma_B=900\mathrm{MPa}$,$\sigma_{-1}=440\mathrm{MPa}$,$\psi_\sigma=0.1$。要求:(1)绘制($\sigma_m-\sigma_a$)极限应力图;(2)求极限应力 σ_a',σ_m' 及 $\sigma_{\min}'$;(3)校核此零件在该危险剖面上的安全系数。

解:

1. 绘制 $\sigma_m-\sigma_a$ 极限应力图

需知 σ_S,σ_{-1} 及 $\dfrac{\sigma_O}{2}$,其中 $\sigma_o=\dfrac{2\sigma_{-1}}{1+\psi_\sigma}=\dfrac{2\times 440}{1+0.1}\approx 800\mathrm{MPa}$,故 $\dfrac{\sigma_o}{2}=400\mathrm{MPa}$。

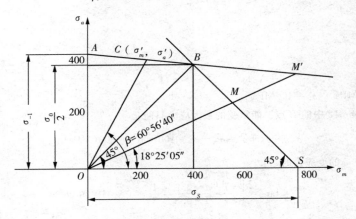

图 4-19　镍铬合金钢极限应力图

2. 求极限应力值

先求该危险剖面上的应力特征 r,然后可以在 $\sigma_m-\sigma_a$ 图中确定该特征 r 的位置。这可以在表示疲劳极限的直线 AB 上得 σ_m' 和 σ_a' 的数值

$$r=\frac{\sigma_{\min}}{\sigma_{\max}}=\frac{-80}{280}=-0.2857$$

在图中直线 AB 上任一点的坐标为 (σ'_m,σ'_a)，故

$$\frac{\sigma'_n}{\sigma'_m}=\frac{\sigma_{max}-\sigma_{min}}{\sigma_{max}+\sigma_{min}}=\frac{1-\dfrac{\sigma_{min}}{\sigma_{max}}}{1+\dfrac{\sigma_{min}}{\sigma_{max}}}=\frac{1-(-0.2857)}{1+(-0.2857)}=1.7999 \tag{1}$$

也即 $\mathrm{tg}\beta=\dfrac{\sigma'_a}{\sigma'_m}=1.7999$，故 $\beta=60°56'40''$ 可确定循环特征 r 在 AB 线上的位置。

同理按公式 $\sigma'_a=\sigma_{-1}-\psi_\sigma\sigma_m=440-0.1\sigma'_m$ \hfill (2)

由(1)与(2)可得： $\sigma'_m=231.58\mathrm{MPa},\sigma'_a=416.82\mathrm{MPa}$

故 $\sigma'_{max}=\sigma_m+\sigma'_\sigma=231.58+416.82=648.4(\mathrm{MPa})$

3. 校核零件在危险剖面上的安全系数

该零件在危险剖面上所产生的实际应力幅 σ_a 和平均应力 σ_m 为

$$\sigma_a=\frac{1}{2}(\sigma_{max}-\sigma_{min})=\frac{1}{2}(280+80)=180(\mathrm{MPa})$$

$$\sigma_m=\frac{1}{2}(\sigma_{max}+\sigma_{min})=\frac{1}{2}(280-80)=100(\mathrm{MPa})$$

按公式(4-31)求计算安全系数

$$n_{ca}=\frac{\sigma_{-1}}{K_\sigma\sigma_a+\psi_\sigma\sigma_m}=\frac{440}{\dfrac{1.32}{1\times0.5}\times180+0.1\times100}=1.52$$

例题 4-13 例题 4-12 所给材料，若在零件危险剖面上承受 $r=0$ 和 $r=0.5$ 的变应力时，问该零件能承受的最大应力是多少？

解：1. 当承受 $r=0$ 的变应力时为脉动循环应力

$$\frac{\sigma'_a}{\sigma'_m}\mathrm{tg}\beta=\frac{1-r}{1+r}=1 \quad \mathrm{tg}\beta=1 \quad \beta=45°$$

故 $\sigma'_a=\sigma'_m$ \hfill (1)

又因：$\sigma'_a=\sigma_{-1}-\psi_\sigma\sigma'_m$

所以 $\sigma_a=440-0.1\sigma'_m$ \hfill (2)

由(1),(2)式得

$$\sigma'_m=400\mathrm{MPa}, \quad \sigma'_a=400\mathrm{MPa}$$

此点坐标就是例题 4-12 中的 B 点。能承受的最大应力只能是

$$\sigma_{max}=\sigma_m+\sigma_a=\sigma'_m+\sigma'_a=400+400=800(\mathrm{MPa})$$

2. 当承受 $r=0.5$ 的变应力时

$$\frac{\sigma'_a}{\sigma'_m}=\tan\beta=\frac{1-r}{1+r}=\frac{1-0.5}{1+0.3}=\frac{1}{3} \quad \beta=10°26'05''$$

例题 4-12 图中由 $\beta-18°26'05''$ 确定允许的极限点为 M，在 BS 上，所以 $r=0.5$ 的变应力时，该危险剖面上能承受的最大应力只能是

$$\sigma_{max}=\sigma_m+\sigma_a=\sigma_r=800\mathrm{MPa}$$

例题 4-14 圆杆直径 $D=60\mathrm{mm}$，其上有一个直径 $d=6\mathrm{mm}$ 的横孔(图4-20)。此杆受到在 $0\sim F_{max}$ 之间变化着的压缩载荷，杆用碳钢制成，强度极限 $\sigma_B=600\mathrm{MPa}$。试求此杆的许用应力，并决定载荷的最大许可值 F_{max}。

解：由于载荷在 O 与 F_{max} 之间变动，所以杆所受的变应力是不对称循

环，循环特征 $r=\dfrac{\sigma_{min}}{\sigma_{max}}=\dfrac{F_{min}}{F_{max}}$，需求的许用应力应是 $[\sigma_r]=[\sigma_o]$。

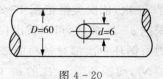

图 4-20

先是 $r=-1$（对称循环）时的许用应力 σ_{-1l} 和拉伸压缩极限 σ_s，由下列
经验公式求得：

$$\sigma_{-1l}=0.28\sigma_B=0.28\times600=168(\text{MPa})$$

$$\sigma_S=0.55\sigma_B=0.55\times600=330(\text{MPa})$$

由于 $\sigma_S/\sigma_B=330/600=0.55$，根据表 4-1，查得 $n=1.2$，忽略冲击动载荷不计。

当比值 $d/D=\dfrac{6}{60}=0.1$，理论应力集中系数 $\alpha_\sigma=2.25$（见本章附表 4-3）

由本章附图 4-1，当 $\sigma_B=600\text{MPa}$，而 $q=0.57$。故有效应力集中系数：

$$K_\sigma=1+q(\alpha_\sigma-1)=1+0.57(2.25-1)=1.855$$

由本章附图 4-2，尺寸系数 $\varepsilon_\sigma=0.79$

杆件精磨加工，取表面质量系数 $\beta=1$

在对称循环 F，杆的许用应力为

$$\sigma_{-1}=\frac{\sigma_{-1l}}{nK_\sigma\beta\varepsilon_\sigma}=\frac{168}{1.2\times1.855\times1\times0.79}=95.56(\text{MPa})$$

求 $r=+1$（静载荷）的许用应力为

$$[\sigma]=\frac{\sigma_s}{n}=\frac{330}{1.2}=275(\text{MPa})$$

求 $r=0$ 时脉动循环的许用应力为

$$[\sigma_o]=\frac{2\sigma-1}{1+\psi_o}=\frac{2\times95.99}{1+0.05}=190(\text{MPa})$$

由　　$\sigma_{max}=\dfrac{F_{max}}{A}\leqslant[\sigma_o]$ 求 F_{max}

所以　$F_{max}=[\sigma_o]A=[\sigma_o](\dfrac{\pi D^2}{4}-Dd)=190(\dfrac{\pi\times60^2}{4}-60\times6)=468.8(\text{kN})$

4. 单向不稳定变应力的疲劳强度计算

不稳定变应力可分为非规律性的和规律性的两大类。

非规律的不稳定变应力，其变应力参数的变化要受到很多偶然因素的影响，是随机变化的。承受非规律的不稳定变应力的典型零件，可以举汽车的钢板弹簧为例。作用在它上面的地荷和应力的大小，要受到载重量大小、行车速度、轮胎充气程度、路面状况及驾驶员的技术水平等一系列因素的影响。对于这一类的问题，应根据大量的试验，求得载荷及应力的统计分布规律，然后用统计疲劳强度的方法来处理。

规律性的不稳定变应力，其变应力参数的变化有一个简单的规律。例如，专用机床的主轴及高炉上料机构的零件就是在近似的规律性不稳定循环变应力下工作的。对于这类零件，可以根据曼耐尔（Miner）理论，即疲劳损伤累积假说（Cumulative Damage in Fatigue）进行计算。下面就来讨论这一问题。

图 4-21 为一规律性的不稳定变应力的示意图。变应力 σ_1（对称循环变应力的最大应力，或不对称循环变应力的等效对称循环变应力的应力幅，以下同此）作用了 n_1 次，σ_2 作用

了 n_2 次，依次类推把图 4 - 21 中所示的应力图放在材料的 $\sigma - N$ 坐标上，如图 4 - 22 所示。根据 $\sigma - N$ 曲线，可以找出仅有 σ_1 作用时使材料发生疲劳破坏的应力循环次数 N_1。假使应力每循环一次都对材料的破坏起相同的作用，则应力 σ_1 每循环一次对材料的损伤率即为 $1/N_1$，而循环了 n_1 次的 σ_1 对材料的损伤率即为 n_1/N_1。如此类推，循环 n_2 交的 σ_2 对材料的损伤率为 n_2/N_2，…

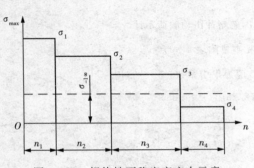

图 4 - 21　规律性不稳定变应力示意

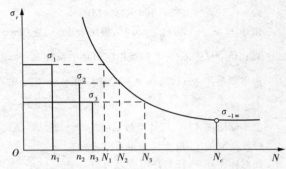

图 4 - 22　不稳定变应力在 $\sigma - N$ 坐标上

按图所示，如 σ_4 小于材料的持久疲劳极限 $\sigma_{-1\infty}$，它当然可以无限多次循环作用而不引起疲劳破坏。这就是说，小于材料持久疲劳极限的工作应力对材料不起疲劳损伤的作用，故在计算时可以不予考虑。

因为当损伤率达到 100% 时，材料即发生疲劳破坏，故对应于极限状况有

$$\frac{n_1}{N_1} + \frac{n_2}{N_2} + \frac{n_3}{N_3} = 1$$

一般地写成

$$\sum_{i=1}^{z} \frac{n_i}{N_i} = 1 \qquad\qquad (4-41)$$

式(4 - 41)是疲劳损伤线性累积假说的数学表达式。自从此假说提出后，曾做了大量的试验研究，以验证此假说的正确性。试验证明：当各个作用的应力幅无巨大的差别以及无短时的强烈过载时，这个规律是正确的；当各级应力先是作用最大的，然后依次降低时，式(4 - 41)中的等号右边将不等于 1 而小于 1；当各级应力先是作用最小的，然后依次升高时，则式中等号右边要大于 1。通过大量的试验，可以有以下的关系：

$$\sum_{i=1}^{z} \frac{n_i}{N_i} = 0.7 \sim 2.2 \qquad\qquad (4-42)$$

当上式右端的值小于 1 时，表示每一循环的变应力的损伤率实际上是大于 $\frac{1}{N_i}$ 的。这一现象可以解释为：使初始疲劳裂纹产生和使裂纹扩展所需的应力水平是不同的。递升的变应力不易产生破坏，是由于前面施加的较小的应力对材料不但没有使初始疲劳裂纹产生，而且对材料起到了强化的作用；递减的变应力却由于开始作用了最大的变应力，引起了初始裂纹，则以后施加的应力虽然较小，但仍能够使裂纹扩展，故对材料有削弱的作用，因此使式(4 - 42)右端的值小于 1。虽然如此，由于疲劳试验的数据具有很大的离散性，平均的意义上

来说,在设计中,应用式(4-41)可以得出一个较为合理的结果。

根据式(4-20a)可得

$$M_1 = N_0 (\frac{\sigma_{-1}}{\sigma_1})^m, N_2 = N_0 (\frac{\sigma_{-1}}{\sigma_2})^m, \cdots, N_i = N_o (\frac{\sigma_{-1}}{\sigma_i})^m$$

把它们代入式(4-41),即得到不稳定变应力时的极限条件为

$$\frac{1}{N_0 {\sigma_{-1}}^m} (n_1 {\sigma_1}^m + n_2 \sigma_2^m + \cdots + n_z \sigma_z^m) = \frac{\sum\limits_{i=1}^{z} n_i {\sigma_i}^m}{N_o {\sigma_{-1}}^m} = 1$$

如果材料在上述应力作用下还未达到破坏,则

$$\frac{\sum\limits_{i=1}^{z} n_i {\sigma_i}^m}{N_o {\sigma_{-1}}^m} < 1$$

或
$$\sum\limits_{i=1}^{z} n_i {\sigma_i}^m < N_o {\sigma_{-1}}^m \tag{4-43}$$

如以 σ_1 作为计算时所采用的应力值,则上式变为

$$\sigma_1 \sqrt[m]{\frac{1}{N_o} \sum\limits_{i=1}^{z} n_i (\frac{\sigma_i}{\sigma_1})^m} < \sigma_{-1} \tag{4-44}$$

上式左边根号部分表示了变应力的变化情况。令

$$k_s = \sqrt[m]{\frac{1}{N_o} \sum\limits_{i=1}^{z} n_i (\frac{\sigma_i}{\sigma_1})^m} \tag{4-45}$$

k_s 称为应力情况系数。引入 k_s 后,安全系数计算值 n_{ca} 及强度条件为

$$n_{ca} = \frac{\sigma_{-1}}{K_\sigma \sigma_1} \geqslant n \tag{4-46}$$

对于不对称循环的不稳定变应力,可按式(4-39)求出各等效的对称循环变应力的对称循环变应力 $\sigma_{ad_1}, \sigma_{ad_2}, \cdots$,然后应用式(4-45)及(4-46)进行计算。

如果把载荷作为参数来进行计算,则对应于应力情况系数,可以定义为载荷情况系数,即

$$k_Q = \sqrt[m']{\frac{1}{N_o} \sum\limits_{i=1}^{z} n_i (\frac{Q_i}{Q_1})^{m'}} \tag{4-47}$$

5. 双向稳定变应力时的疲劳强度

在零件同时作用有同相位的法向及切向对称循环稳定变应力 σ_a 及 τ_a 时,对于钢材经过试验得出的极限应力关系式为

$$(\frac{\tau'_a}{\tau_{-1e}})^2 + (\frac{\sigma'_a}{\sigma_{-1e}})^2 = 1 \tag{4-48}$$

上式在 $(\frac{\sigma_a}{\sigma_{-1e}}) - (\frac{\tau_a}{\tau_{-1e}})$ 坐标系上是一个单位圆,如图4-23所示。式(4-48)中 τ'_a 及 σ'_a 为同时作用的切向及法向应力幅的极限值。由于是对称循变应力,故应力幅即为最大应力。

圆弧 $AM'B$ 上任一点即代表一对极限应力 σ'_a 及 τ'_a。如果作用于零件上的应力幅 σ_a 及 τ_a 在坐标上用 M 表示,则由此工作应力点在极限圆以内,未达到极限条件,因而是安全的。引直线 OM 与 $\overset{\frown}{AB}$ 交于 M' 点,则计算安全系数

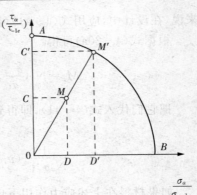

$$n_{ca} = \frac{OM'}{OM} = \frac{OC'}{OC} = \frac{OD'}{OD} \qquad (a)$$

式中各线段的长度为 $OC' = \dfrac{\tau'_a}{\tau_{-1e}}$,$OC = \dfrac{\tau_a}{\tau_{-1e}}$,

$OD' = \dfrac{\sigma'_a}{\sigma_{-1e}}$,$OD = \dfrac{\sigma_a}{\sigma_{-1e}}$,代入式(a)后得

图 4-23　双向应力时的极限应力线图

$$\left. \begin{array}{l} \dfrac{\tau'_a}{\tau_{-1e}} = n_{ca}\dfrac{\tau_a}{\tau_{-1e}},\text{即 } \tau'_a = n_{ca}\tau_a \\[3mm] \dfrac{\sigma'_a}{\sigma_{-1e}} = n_{ca}\dfrac{\sigma_a}{\sigma_{-1e}},\text{即 } \sigma'_a = n_{ca}\sigma_a \end{array} \right\} \qquad (b)$$

将(b)式代入式(4-48)得

$$\left(\frac{n_{ca}\tau_a}{\tau_{-1e}}\right)^2 + \left(\frac{n_{ca}\sigma_a}{\sigma_{-1e}}\right)^2 = 1$$

从强度计算观点来看,$\dfrac{\tau_{-1e}}{\tau_a} = n_\tau$ 是零件上只承受剪应力 τ_a 时的计算安全系数,$\dfrac{\sigma_{-1e}}{\sigma_a} = n_\sigma$ 是零件上只承受法向应力 σ_a 时的计算安全系数,故

$$\left(\frac{n_{ca}}{n_\tau}\right)^2 + \left(\frac{n_{ca}}{n_\sigma}\right)^2 = 1$$

亦即

$$n_{ca} = \frac{n_\sigma n_\tau}{\sqrt{n_\sigma{}^2 + n_\tau{}^2}} \geqslant n \qquad (4-49)$$

当零件上所承受的两个变应力均为不对称循环的变应力时,可先分别按式(4-31)求出

$$n_\sigma = \frac{\sigma_{-1}}{K_\sigma \sigma_a + \psi_\sigma \sigma_m} \text{ 及 } n_\tau = \frac{\tau_{-1}}{K_\tau \tau_a + \psi_\tau \tau_m}$$

然后按式(4-49)求出零件的计算安全系数 n_{ca}。

可以在考虑零件几何形状的变化、尺寸大小、加工质量及强化因素等影响,将复合静应力下的强度准则,推广到复合变应力的强度,得到完全同样的结论。

6. 提高机械零件疲劳强度的措施

(1)减小应力集中　零件断面由大至小的过渡部分、沟槽、小孔、加工刀痕等都是应力集中源。为此,应使零件的过渡部分尽可能平缓一些,例如加大圆角过渡,尽可能提高零件表面粗糙角,或选用对应力集中敏感性低的材料。

(2)强化零件表面　强化零件表面的方法有渗碳、渗氮、氰化、高频淬火、表面滚压、内孔挤压、表面喷丸(Shot peening)等,它们能使表面提高或留存残余应力,这可以不同程度地提高零件的疲劳强度。

（3）尽量减小零件的尺寸　零件的尺寸愈大，则因材料和加工而形成缺陷的可能性愈高，所以疲劳强度将愈低。所以，在满足强度条件下，应尽量减小零件的尺寸。

（4）选用疲劳强度高的材料

例题 4-15　一转轴受规律性非稳定对称循环应力，如图 4-24 所示，转轴工作时间 $t_h = 200$h，转速 $n = 100$r/min，材料为 45 号钢，调质硬度 HB=200，$\sigma_{-1} = 270$MPa，$K_\sigma = 2.5$，$n_\sigma = 1.5$。试求：①寿命系数 K_N；②疲劳极限 σ_{-1e}；③计算安全系数 n_{ca}。

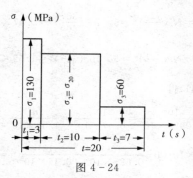

图 4-24

解：　估计 σ_s 在考虑 K_σ 和安全系数后仍小于 σ_{-1}，故忽略不计。

计算项目	计算依据	单位	计算结果
1. 选定等级稳定变应力 σ_v	$\sigma_v = \sigma_2 = \sigma_a$	MPa	80
2. 各变应力的总工作时间	$t_{h_1} = \dfrac{t_1}{t} t_n = \dfrac{3}{20} \times 200$ $t_{h_2} = \dfrac{t_2}{t} t_n = \dfrac{10}{20} \times 200$	h	30 100
3. 各变应力的循环次数 N	$N_1 = 600 n t_{h_1} = 600 \times 100 \times 30$ $N_2 = 600 n t_{h_2} = 60 \times 100 \times 100$		180000 600000
4. 等效循环次数 N_v	$N_v = \sum\limits_{i=1}^{z} \left(\dfrac{\sigma_o}{\sigma_v}\right)^m N_i = \left(\dfrac{100}{80}\right)^9 \times 180000 + \left(\dfrac{80}{80}\right)^9 \times 600000$		0.195×10^7
5. 寿命系数 K_N	$K_N \sqrt[m]{\dfrac{N_o}{N_v}} = \sqrt[9]{\dfrac{10^7}{0.185 \times 10^7}}$		1.199
6. 疲劳极限	$r = 1$ $\sigma_{-1e} = K_N \sigma_{-1} = 1.199 \times 270$	MPa	32
7. 安全系数 n_σ	$n_\sigma = \dfrac{K_N \sigma_{-1}}{K_\sigma \sigma_a} = \dfrac{324}{2.5 \times 80}$		$1.62 > n$

例题 4-16　45 号钢经过调质后的性能为：$\sigma_{-1} = 307$MPa，$m = 9$，$N_o = 5 \times 10^6$。现用此材料作试件进行试验，以对称循环变应力 $\sigma_1 = 500$MPa 作用 10^4 次，$\sigma_2 = 400$MPa 作用 10^5 次，试计算该试件在此条件下的计算安全系数。若以后再以 $\sigma_3 = 350$MPa 作用于试件，还能再循环多少次才会使试件破坏？

解：根据式（4-45）

$$k_s = \sqrt[m]{\dfrac{1}{N_o} \sum_{i=1}^{z} n_i \left(\dfrac{\sigma_i}{\sigma_1}\right)^m} = \sqrt[9]{\dfrac{1}{5 \times 10^6} \times \left[10^4 \left(\dfrac{500}{500}\right)^9 + 10^5 \left(\dfrac{400}{500}\right)^9\right]} \approx 0.54$$

根据式(4-46),试件的计算安全系数为

$$n_{ca}=\frac{\sigma_{-1}}{k_s\sigma_{-1}}=\frac{307}{0.54\times500}=1.14$$

又根据式(4-20a)

$$N_1=N_o(\frac{\sigma_{-1}}{\sigma_1})^m=5\times10^6(\frac{307}{500})^9=0.0625\times10^6$$

$$N_2=N_o(\frac{\sigma_{-1}}{\sigma_2})^m=5\times10^6(\frac{307}{400})^9=0.47\times10^6$$

$$N_3=N_o(\frac{\sigma_{-1}}{\sigma_3})^m=5\times10^6(\frac{307}{350})^9=1.55\times10^6$$

若要使试件破坏,则由式(4-41)得

$$\frac{10^4}{0.0625\times10^6}=\frac{10^5}{0.47\times10^6}+\frac{n_3}{1.55\times10^6}=1$$

故

$$n_3=1.55\times10^6(1-\frac{10^4}{0.625\times10^6}-\frac{10^5}{0.47\times10^6})=0.97\times10^6$$

即试件再在 $\sigma_3=350\text{MPa}$ 的对称循环变应力作用下,估计可再承受 0.97×10^6 次应力循环。

事实上,试件还可以再工作的循环次数并不会准确地等于以上的值。如按 $\sum\frac{n_i}{N_i}=0.7\sim2.2$ 的范围来计算,则 n_3 将分别等于 0.507×10^6 和 2.832×10^6。

§4-6　机械零件的接触强度

机械中各零件之间力的传递,总是通过两零件的接触来实现的。其接触情况对异形曲面来说大致如图4-25所示,有线接触(图4-25a,4-25b)和点接触(图4-25c,4-25d)两种:图4-25a,4-25c所示的接触称外接触;图4-25b,4-25d所示的接触称为内接触。在通用机械零件中,渐开线直齿圆柱齿轮齿面间的接触为线接触,外啮合时为外接触,内啮合时为内接触。球面间的接触则为点接触。

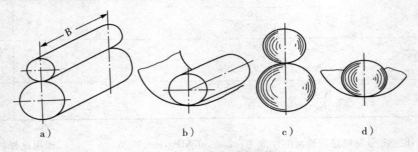

a)　　　　　　　　b)　　　　　　　　c)　　　　　　　　d)

图4-25　几种曲面接触情况

图4-26表示两个轴线平行的圆柱体外接触和内接触受力后的轴向投影图。未受力前,两圆柱体沿与轴线相平行的一条线(在图上投影为一个点)相接触;受力后,由于材料的弹性变形,接触线变成宽度为 $2b$ 的一个矩形面。由图可看出,两零件接触面上沿接触宽度

不同点处材料发生的弹性位移量在连心线方向上是不相同的,因此,接触表面上所承受的压应力也是处处不相同的。此压应力向量的分布呈半椭圆形。初始接触线处的压应力最大,因此最大压应力代表两零件间接触后的应力,称为接触应力(Surface strength),用符号 σ_H 表示。图中,ω_1 及 ω_2 分别为零件 1 和零件 2 初始接触线上沿连心线方向的弹性位移(即最大弹性位移)。在点接触情形下,受力后也会发生类似的变形,不过接触区一般地呈椭圆形,而不是线接触时的矩形。接触应力向量的分布呈半椭球形。当两个球面相接触时,接触区则变成一个圆形。

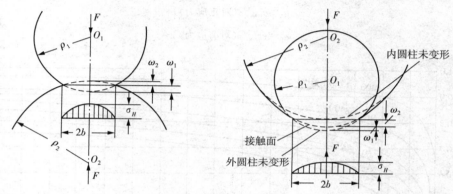

图 4-26 两圆柱体接触受力后的变形与应力

本书中,用到接触应力计算之处仅为线接触的情况。球轴承及圆弧齿轮中虽用到点接触的概念,但未作接触应力计算。接触应力的计算是一个弹性力学问题。对于线接触,弹性力学给出的接触应力计算公式为

$$\sigma_H = \sqrt{\dfrac{\dfrac{F}{B}\left(\dfrac{1}{\rho_1} \pm \dfrac{1}{\rho_2}\right)}{\pi\left[\dfrac{1-\mu_1{}^2}{E_1} + \dfrac{1-\mu_2{}^2}{E_2}\right]}} \qquad (4-50)$$

式中 F——作用于接触面上的总压力;

B——初始接触线长度;

ρ_1,ρ_2——分别为零件 1 和零件 2 初始接触处的曲率半径,通常,令 $\dfrac{1}{p_\Sigma} = \dfrac{1}{\rho_1} \pm \dfrac{1}{\rho_2}$,称为

综合曲率,而 $p_\Sigma = \dfrac{\rho_1\rho_2}{\rho_2 \pm \rho_1}$,称为综合曲率半径,其中"+"用于外接触,"—"用于内接触;

μ_1,μ_2——分别为零件 1 和零件 2 材料的泊松比;

E_1,E_2——分别为零件 1 和零件 2 材料的弹性模量。

在接触点(或线)连续改变位置时,显然对于零件上任一点处的接触应力只能在 0 到 σ_H 之间改变,因此,接触应力是一个脉动循环变应力。在作接触疲劳计算时,极限应力也应是一个脉动循环的极限接触应力。

在有些文献中,接触应力也叫作赫兹应力,以纪念首先解决接触应力计算问题的科学家赫兹(H. Hertz)。

本章附录　零件结构的理论应力集中系数

(一)零件结构的理论应力集中系数

用弹性理论或实验的方法(即把零件材料看作理想的弹性体)求出的零件几何不连续处的应力集中系数 α_σ 和 α_τ 称为理论应力集中系数。引起应力集中的几何不连续因素称为应力集中源。理论应力集中系数的定义为:

$$\left.\begin{array}{l}\alpha_\sigma=\sigma_{\max}/\sigma(\text{对正应力})\\[2mm]\alpha_\tau=\tau_{\max}/\tau(\text{对剪应力})\end{array}\right\} \qquad (\text{附}4-1)$$

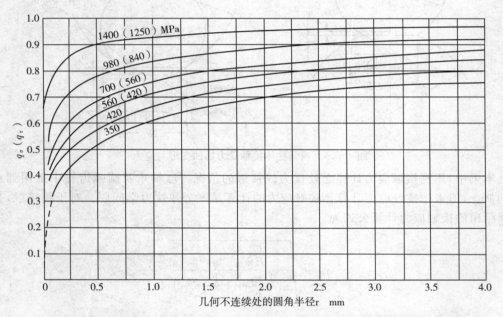

曲线上的数字为材料的强度极限。查 q_σ 时用不带括号的数字,查 q_τ 时用括号内的数字。

附图 4-1　钢材的敏性系数

式中:$\sigma_{\max}(\tau_{\max})$——应力集中源处产生的弹性最大正(剪)应力;

　　$\sigma(\tau)$——应力集中源处按材料力学公式求出的公称正(剪)应力。

对于常见的几种应力集中源情况,$\alpha_\sigma(\alpha_\tau)$ 的数值可从附表 4-1 到附表 4-3 中查到。

(二)疲劳强度降低系数或有效应力集中系数

在有应力集中源的试件上,应力集中对其疲劳强度的影响用疲劳强度降低系数或有效应力集中系数 $k_\sigma(k_\tau)$ 来表示。其定义为:

$$\left.\begin{array}{l}k_\sigma=\sigma_{-1}/\sigma_{-1k}\\[2mm]k_\tau=\tau_{-1}/\tau_{-1k}\end{array}\right\} \qquad (\text{附}4-2)$$

式中:$\sigma_{-1}(\tau)$——无应力集中源的光源试件的对称循环弯曲(扭转剪切)疲劳极限;

附表 4-1　轴上环槽处的理论应力集中系数

简　图	应力	公称应力公式	α_σ（拉伸、弯曲）或 α_τ（扭转剪切）

拉伸　$\sigma = \dfrac{4F}{\pi d^2}$

r/d	\multicolumn{10}{c}{D/d}								
	∞	2.00	1.50	1.30	1.20	1.10	1.05	1.03	1.02	1.01
0.04						2.70	2.37	2.15	1.94	.170
0.10	2.45	2.39	2.33	2.27	2.18	2.01	1.81	1.68	1.58	1.42
0.15	2.08	2.04	1.99	1.95	1.90	1.78	1.64	1.55	1.47	1.33
0.20	1.86	1.83	1.80	1.77	1.73	1.65	1.54	1.46	1.40	1.28
0.25	1.72	1.69	1.67	1.65	1.62	1.55	1.46	1.40	1.34	1.24
0.30	1.61	1.59	1.58	1.55	1.53	1.47	1.40	1.36	1.31	1.22

弯曲　$\sigma_b = \dfrac{32M}{\pi d^3}$

r/d	\multicolumn{10}{c}{D/d}								
	∞	2.00	1.50	1.30	1.20	1.10	1.05	1.03	1.02	1.01
0.04	2.83	2.79	2.74	2.70	2.61	2.45	2.22	2.02	1.88	1.66
0.10	1.99	1.98	1.96	1.92	1.89	1.81	1.70	1.61	1.53	1.41
0.15	1.75	1.74	1.72	1.70	1.69	1.63	1.56	1.49	1.42	1.33
0.20	1.61	1.59	1.58	1.57	1.56	1.51	1.46	1.40	1.34	1.27
0.25	1.49	1.48	1.47	1.46	1.45	1.42	1.38	1.34	1.29	1.23
0.30	1.41	1.41	1.40	1.39	1.38	1.36	1.33	1.29	1.24	1.21

扭转剪切　$\tau_T = \dfrac{16T}{\pi d^3}$

r/d	\multicolumn{8}{c}{D/d}						
	∞	2.00	1.30	1.20	1.10	1.05	1.02	1.01
0.04	1.97	1.93	1.89	1.85	1.74	1.61	1.45	1.33
0.10	1.52	1.51	1.48	1.46	1.41	1.35	1.27	1.20
0.15	1.39	1.38	1.37	1.35	1.32	1.27	1.21	1.16
0.20	1.32	1.31	1.30	1.28	1.26	1.22	1.18	1.14
0.25	1.27	1.26	1.25	1.24	1.22	1.19	1.16	1.13
0.30	1.22	1.22	1.21	1.20	1.19	1.17	1.15	1.12

σ_{-1k}，τ_{-1k}——有应力集中源的试件的对称循环弯曲(扭转剪切)疲劳极限。

　　试验结果证明，k_σ 和 k_τ 总是小于 α_σ 和 α_τ 的。为了工程设计上的需要，根据大量试验总结出了联系理论应力集中系数与有效应力集中系数的关系式为

$$(k-1) = q(\alpha-1) \qquad\qquad (附 4-3)$$

式中　q 为材料的敏性系数，其值见附图 4-1。

根据式(附 4-2)即可求出有效应力集中系数值为：

$$\left.\begin{array}{l} k_\sigma = 1 + q_\sigma(\alpha_\sigma - 1) \\ k_\tau = 1 + q_\tau(\alpha_\tau - 1) \end{array}\right\} \tag{附 4-4}$$

附表 4-2　轴肩圆角处的理论应力集中系数

简　　图	应力	公称应力公式	α_σ(拉伸、弯曲)或 α_τ(扭转剪切)									
	拉伸	$\sigma = \dfrac{4F}{\pi d^2}$	r/d	D/d								
				2.00	1.50	1.30	1.20	1.15	1.10	1.07	1.05	1.02	1.01
			0.04	2.80	2.57	2.39	2.28	2.14	1.99	1.92	1.82	1.56	1.42
			0.10	1.99	1.89	1.79	1.69	1.63	1.56	1.52	1.46	1.33	1.23
			0.15	1.77	1.68	1.59	1.53	1.48	1.44	1.40	1.36	1.26	1.13
			0.20	1.63	1.56	1.49	1.44	1.40	1.37	1.33	1.31	1.22	1.15
			0.25	1.54	1.49	1.43	1.37	1.34	1.31	1.29	1.27	1.20	1.13
			0.30	1.47	1.43	1.39	1.33	1.30	1.28	1.26	1.24	1.19	1.12
	弯曲	$\sigma_b = \dfrac{32M}{\pi d^3}$	r/d	D/d								
				6.0	3.0	2.0	1.50	1.20	1.10	1.05	1.03	1.02	1.01
			0.04	2.59	2.40	2.33	2.21	2.09	2.00	1.88	1.80	1.72	1.61
			1.10	1.88	1.80	1.73	1.68	1.62	1.59	1.53	1.49	1.44	1.36
			0.15	1.64	1.59	1.55	1.52	1.48	1.46	1.42	1.38	1.34	1.26
			0.20	1.49	1.46	1.44	1.42	1.39	1.38	1.34	1.31	1.27	1.20
			0.25	1.39	1.37	1.35	1.34	1.33	1.31	1.29	1.27	1.22	1.17
			0.30	1.32	1.31	1.30	1.29	1.27	1.26	1.25	1.23	1.20	1.14
	扭转剪切	$\tau_T = \dfrac{16T}{\pi d^3}$	r/d	D/d								
				2.0	1.33	1.20	1.09						
			0.04	1.84	1.79	1.66	1.32						
			0.10	1.46	1.41	1.33	1.17						
			0.15	1.34	1.29	1.23	1.13						
			0.20	1.26	1.23	1.17	1.11						
			0.25	1.21	1.18	1.14	1.09						
			0.30	1.18	1.16	1.12	1.09						

　　对于若干典型的零件结构，在有关文献中已直接列出了根据试验求出的有效应力集中系数值。其中最常用的见附表 4-4 到附表 4-6。

附表 4 - 3　轴上横向孔处的理论应力集中系数

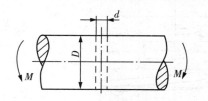 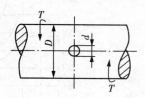

公称弯曲应力 $\sigma_b = \dfrac{M}{\dfrac{\pi D^3}{32} - \dfrac{dD^2}{6}}$　　　　　　公称扭转剪应力 $\tau_T = \dfrac{M}{\dfrac{\pi D^3}{16} - \dfrac{dD^2}{6}}$

d/D	0.0	0.05	0.10	0.15	0.20	0.25	0.30	d/D	0.0	0.05	0.10	0.15	0.20	0.25	0.30
α_σ	3.0	2.46	2.25	2.13	2.03	1.96	1.89	α_τ	2.0	1.78	1.66	1.57	1.50	1.46	1.42

附表 4 - 4　轴上键槽处的有效应力集中系数

轴材料的 σ_B（MPa）	500	600	700	750	800	900	1000
k_σ	1.15	—	—	1.75	—	—	2.0
k_τ	—	1.5	1.6	—	1.7	1.8	1.9

注：公称应力按照扣除键槽的净剖面面积来求。

附表 4 - 5　外花键的有效应力集中系数

轴材料的 σ_B（MPa）		400	500	600	700	800	900	1000	1200
k_σ		1.35	1.45	1.55	1.60	1.65	1.70	1.72	1.75
k_τ	矩 形 齿	2.10	2.25	2.36	2.45	2.55	2.65	2.70	2.80
	渐开线形齿	1.40	1.43	1.46	1.49	1.52	1.55	1.58	1.60

附表 4 - 6　公称直径 12mm 的普通螺纹的拉压有效应力集中系数

材料的 σ_B（MPa）	400	600	800	1000
k_σ	3.0	3.9	4.8	5.2

（三）绝对尺寸及剖面形状影响系数（简称尺寸及剖面形状系数）

零件真实尺寸及剖面形状与标准试件尺寸（$d=10$mm）及形状（圆柱形）不同时对材料疲劳极限的影响，用尺寸剖面形状系数来表示，其定义为：

$$\left.\begin{array}{l} \varepsilon_\sigma = \sigma_{-1d}/\sigma_{-1} \\ \varepsilon_\tau = \tau_{-1d}/\tau_{-1} \end{array}\right\} \qquad\qquad （附 4 - 5）$$

式中 $\sigma_{-1d}(\tau_{-1d})$ 表示尺寸为 d 的无应力集中的各剖面形状试件的弯曲（扭转剪切）疲劳极限。

钢材的尺寸及剖面形状系数的值见附图 4 - 2 和附图 4 - 3。

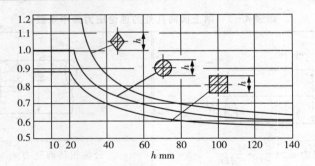

附图 4-2　钢材的尺寸及剖面形状系数 ε_σ

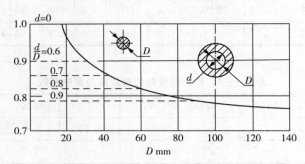

附图 4-3　圆剖面钢材的扭转剪切尺寸系数 ε_τ

　　螺纹联接件的尺寸系数(因剖面为几何形,故只受尺寸影响)见附表 4-7。

附表 4-7　螺纹联接件的尺寸系数 ε_σ

直径 d(mm)	≤16	20	24	28	32	40	48	56	64	72	80
ε_σ	1	0.81	0.76	0.71	0.68	0.63	0.60	0.57	0.54	0.52	0.50

附表 4-8　零件与轴过盈配合处的 $\dfrac{k_\sigma}{\varepsilon_\sigma}\left(\dfrac{k_\tau}{\varepsilon_\tau}\right)$ 值

直径 (mm)	配合	σ_B(MPa)							
		400	500	600	700	800	900	1000	1200
30	H7/r6	2.25	2.50	2.75	3.00	3.25	3.50	3.75	4.25
	H7/k6	1.69	1.88	2.06	2.25	2.44	2.63	2.82	3.19
	H7/h6	1.46	1.63	1.79	1.95	2.11	2.28	2.44	2.76
50	H7/r6	2.75	3.05	3.36	3.66	3.96	4.28	4.60	5.20
	H7/k6	2.06	2.28	2.52	2.76	2.97	3.20	3.45	3.90
	H7/h6	1.80	1.98	2.18	2.38	2.57	2.78	3.00	3.40
>100	H7/r6	2.95	3.28	3.60	3.94	4.25	4.60	4.90	5.60
	H7/k6	2.22	2.46	2.70	2.96	3.20	3.46	3.98	4.20
	H7/h6	1.92	2.13	2.34	2.56	2.76	3.00	3.18	3.64

　　注:①滚动轴承与轴配合处的 $\dfrac{k_\sigma}{\varepsilon_\sigma}\left(\dfrac{k_\tau}{\varepsilon_\tau}\right)$ 值与表内所列 H7/r6 配合的 $\dfrac{k_\sigma}{\varepsilon_\sigma}\left(\dfrac{k_\tau}{\varepsilon_\tau}\right)$ 相同;

　　　　②表中无相应的数值时,可按插入法计算。

　　对于轮毂或滚动轴承以过盈配合相连接时,可按附表 4-8 要求求出其有效应力集中系数与尺寸的比

值 $k_\sigma k_\sigma$。设计时可取 $\dfrac{k_T}{\varepsilon_T}=(0.70\sim0.85)\dfrac{k_\sigma}{\varepsilon_\sigma}$。

（四）表面质量系数

零件表面质量（主要指表面粗糙度）对疲劳强度的影响，用表面质量系数 β 来表示，其定义为：

$$\left.\begin{array}{l}\beta_\sigma=\sigma_{-1\beta}/\sigma_{-1}\\\beta_\tau=\tau_{-1\beta}/\tau_{-1}\end{array}\right\} \qquad\text{（附 4-6）}$$

式中 $\sigma_{-1\beta}(\tau_{-1\beta})$ 为某种表面质量的试件的对称循环弯曲（扭转剪切）疲劳极限。

弯曲疲劳时的钢材表面质量系数值 β_σ 可从附图 4-4 中查取。当无试验资料时，扭转剪切疲劳的表面质量系数 β_T 可取其近似地等于 β_σ。

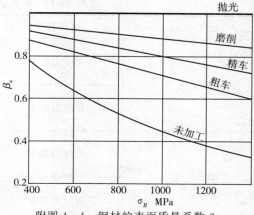

附图 4-4　钢材的表面质量系数 β_σ

（五）强化系数

对零件表面施行不同的强化处理，例如，表面化学热处理、高频表面淬火、表面硬化加工等，均可不同程度地提高零件的疲劳强度。强化处理对疲劳强度的影响用强化系数 β_q 来表示，其定义为：

$$\beta_q=\sigma_{-1q}/\sigma_{-1} \qquad\text{（附 4-7）}$$

式中 σ_{-1q} 为经过强化处理后试件的弯曲疲劳极限。

附表 4-9　表面高频淬火的强化系数 β_q

试 件 种 类	试件直径（mm）	β_q
无 应 力 集 中	7～20	1.3～1.6
	30～40	1.2～1.5
有 应 力 集 中	7～20	1.6～1.8
	30～40	1.5～2.5

注：表中系数值用于旋转弯曲，淬硬层硬度为 0.9～1.5mm。应力集中严重时，强化系数较高。

附表 4-10　化学热处理的强化系数 β_q

化 学 热 处 理 方 法	试 件 种 类	试件直径（mm）	β_q
氮化，氮化层厚度 0.1～0.4mm 表面硬度 HRC64 以上	无应力集中	8～15	1.15～1.25
		30～40	1.10～1.15
	有应力集中	8～15	1.9～3.0
		30～40	1.3～2.0
渗碳，渗碳层厚度 0.2～0.6mm	无应力集中	8～15	1.2～2.1
		30～40	1.1～1.5
	有应力集中	8～15	1.5～2.5
		30～40	1.2～2.0
氰化，氰化层厚度 0.2mm	无应力集中	10	1.8

附表 4-11　表面硬化加工的强化系数 β_q

加工方法	试件种类	度件趱戏（mm）	β_a
滚子滚	无应力集中	7～20	1.2～1.4
		30～40	1.1～1.25
	有应力集中	7～20	1.5～2.2
		30～40	1.3～1.8
喷 丸	无应力集中	7～20	1.1～1.3
		30～40	1.1～1.2
	有应力集中	7～20	1.4～2.5
		30～40	1.1～1.5

　　附表 4-9 至附表 4-11 列出了钢材经不同强化处理后的 β_q 值,在无资料时,表中数值也可用于扭转剪切疲劳强度的场合。

<h1 style="text-align:center">习　　题</h1>

　　1. 一机械零件所承受的主应力状态为:$\sigma_1 = 140\text{MPa}$,$\sigma_2 = -105\text{MPa}$,$\sigma_3 = 0$。若材料的屈服极限 $\sigma_S = 420\text{MPa}$,试按最大主应力理论、最大剪应力理论、最大形变能理论,分别求出零件的计算安全系数 n_{ca}。

　　2. 钢材的屈服极限 $\sigma_S = 280\text{MPa}$,试按第一、第三和第四强度理论,根据以下数据求计算安全系数 n_{ca}。
①$\sigma_x = 70\text{MPa}$,$\sigma_y = -28\text{MPa}$,$\tau_{xy} = 0$;
②$\sigma_x = -14\text{MPa}$,$\sigma_y = -56\text{MPa}$,$\tau_{xy} = 28\text{MPa}$。

　　3. 某材料的对称循环持久弯曲疲劳极限 $\sigma_{-1} = 180\text{MPa}$,取循环基数 $N_o = 5 \times 10^6$,$m = 9$,试求循环次数 N 分别为 7000、25000、620000 次时的有限寿命弯曲疲劳极限。

　　4. 已知材料的机械性能为 $\sigma_S = 260\text{MPa}$,$\sigma_{-1} = 170\text{MPa}$,$\psi_\sigma = 0.2$,试绘制此材料的简化极限应力线图(参看图 4-10 中的 $A'D'G'C'$)。

　　5. 一圆轴的轴肩尺寸为:$D = 72\text{mm}$,$d = 62\text{mm}$,$r = 3\text{mm}$。材料为 40CrNi,其强度极限 $\sigma_B = 900\text{MPa}$,屈服极限 $\sigma_S = 750\text{MPa}$,试计算轴肩的弯曲有效应力集中系数 k_σ。

　　6. 圆轴上环槽结构的尺寸及轴的材料均如题 5。设材料的剪切强度极限 $\tau_B = 600\text{MPa}$,求此环槽的扭转剪切有效应力集中系数 k_τ。

　　7. 圆轴轴肩处的尺寸为:$D = 54\text{mm}$,$d = 45\text{mm}$,$r = 3\text{mm}$。如用题 4 中的材料,设其强度极限 $\sigma_B = 420\text{MPa}$,试绘制此零件的简化极限应力线图。

　　8. 如题 7 中危险剖面上的平均应力 $\sigma_m = 20\text{MPa}$,应力幅 $\sigma_a = 30\text{MPa}$,试分别按 $r = C$ 及 $\sigma_m = C$ 求出该剖面的计算安全系数 n_{ca}。

　　9. 火车车轮对轴的尺寸及受力情况如图所示。已知车轴的材料为碳钢 $\sigma_S = 360\text{MPa}$,$\sigma_{-1} = 200\text{MPa}$,危险截面 Ⅰ—Ⅰ,Ⅱ—Ⅱ 上有效应力集中系数 $k_\sigma = 1.9$,尺寸系数 $\varepsilon_\sigma = 0.7$,表面质量系数 $\beta = 0.95$,试确定轴的安全系数 n。计算可按无限寿命考虑,忽略剪应力作用。

　　10. 题 9 中,已知:轴转速 $n = 16\text{r/min}$,载荷稳定不变。要求使用寿命 10 年,每年工作 300 天,每天累计工作 2 小时。材料疲劳线指数 $m = 9$,应力循环基数 $N_o = 10^7$。试按有限寿命计算轴安全系数。

　　11. 一铬镍合金钢制成的零件,最大工作应力 $\sigma_{max} = 280\text{MPa}$,最小工作应力 $\sigma_{min} = -80\text{MPa}$,应力集中系数 $K_\sigma = 1.2$,尺寸系数 $\varepsilon_\sigma = 0.85$,表面质量系数 $\beta = 1$。材料性质:屈服极限 $\sigma_s = 800\text{MPa}$;抗拉强度极限 $\sigma_B = 900\text{MPa}$;$\sigma_{-1} = 400\text{MPa}$。求:

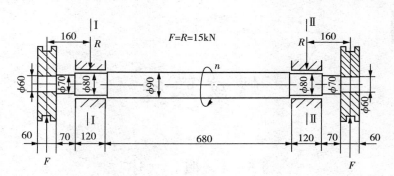

题 9 图

①绘制 $\sigma_m - \sigma_a$ 和 $\sigma_{\min}$ 及 $\sigma_m - \sigma_a$ 两种极限应力图;

②求极限值: σ_a', σ_m' 及 $\sigma_{\max}'$, $\sigma_{\min}'$;

③校核此零件是否安全(安全系数 $n_{\sigma\min} = 1.6$)。

12. 圆形空心轴上的危险截面受有弯矩 $M = 8000\text{N} \cdot \text{m}$。扭矩 $T = 15000\text{N} \cdot \text{m}$。已知:内外径之比 $\alpha = \dfrac{d_1}{d_0} = 0.8$,材料的强度极限 $\sigma_B = 450\text{MPa}$,屈服极限 $\sigma_s = 360\text{MPa}$,$\tau_s = 0.6\sigma_s$;安全系数 n_s(对 σ_s)$= 1.5$,n_B(对 σ_B)$= 2.5$。试用第三、第四两种强度理论分别计算直径。

第五章

螺 纹 联 接

§5-1　概　　述

　　由于结构、工艺、材料、运输、维护和检修等方面的需要,机器总是由许多零件装配而成的。装配就是以一定方式把各零件联接起来。若联接零件的相对位置,在工作时按一定的规律变化着,这种联接称为动联接(Dynamic joint),如主动齿轮和从动齿轮、蜗杆和蜗轮等。若联接零件的相对位置,在工作时不能变化,这种联接称为静联接(Static joint)。机器制造中一般所谓"联接",指的是静联接。而动联接是属于传动问题。

　　联接(Joint)可分为两大类:一是可拆联接(Disconnectable joint),这种联接可进行多次装拆而不会破坏联接中的任何零件,螺纹联接、键联接、销钉联接和型面联接等就属于这类联接;二是不可拆联接(Permanent joint),若要拆开这种联接,必须破坏联接中的某些或全部零件,如铆钉联接、焊接等。紧配合联接介于可拆与不可拆之间。在许多情况下,紧配合联接是作为不可联接来设计的,拆开它时会引起表面损坏和配合变松。但在小过盈时,它可多次装拆而仍能使用,如滚动轴承内圈与轴的配合。对于重要的过盈配合联接,尤其在大直径时,是利用高压油压入相配的区域来进行装拆,装拆后联接表面看不到有什么损伤。

　　螺纹联接是应用最广的一种可拆联接,它是利用具有螺纹的零件来联接的。由于它的构造简单、装拆方便、联接可靠,而且多数螺纹零件已标准化、生产率高、成本低廉,因而得到广泛的应用。它的缺点是螺纹部分有应力集中,变载荷下易损坏。为了提高疲劳强度,需要采用特殊的构造和工艺,使制造复杂。

　　螺纹零件除作联接之用外,还可作传动、阻塞等用。本章主要讨论联接用的螺纹零件。

§5-2　螺　　纹

一、螺纹的类型和应用

　　螺纹(Thread)是螺纹联接的基本要素。螺纹有外螺纹和内螺纹之分,共同组成螺旋副使用。起联接作用的螺纹称为联接螺纹;起传动作用的螺纹称为传动螺纹。螺纹又分米制和英制(螺距以每寸牙数表示)两类。我国除管螺纹外,多采用米制螺纹。

　　常用螺纹的类型主要有普通螺纹,即三角螺纹(Triangular thread)、米制锥螺纹、管螺纹、矩形螺纹(Square thread)、梯形螺纹(Acme thread)、锯齿形螺纹(Buttress tread)。前三种主要用于联接,后三种主要用于传动。根据螺旋线绕行的方向,向右上升的为右旋(顺牙),向左上升的为左旋(倒牙),常用的为右旋。其中除矩形螺纹外,均已标准化。标准螺纹的基本尺寸,可查阅有关标准。常用螺纹的类型、特点和应用,见表 5 - 1。

表 5 - 1　常用螺纹的类型、特点和应用

螺纹类型			牙 型 图	特 点 和 应 用
联接螺纹	普通螺纹	粗牙		牙型为等边三角形,牙型角 $\alpha=60°$,内外螺纹旋合后留有径向间隙。外螺纹牙根允许有较大的圆角,以减小应力集中。同一公称直径按螺距大小,分为粗牙和细牙。细牙螺纹的螺距小,升角小,自锁性较好,强度高,但不耐磨,容易滑扣。一般联接多用粗牙螺纹,细牙螺纹常用于细小零件、薄壁管件,在受冲击、振动和变载荷的联接中,也可作为微调机构的调整螺纹用
		细牙		
	圆柱管螺纹			牙型为等腰三角形,牙型角 $\alpha=55°$,牙顶有较大的圆角,内外螺纹旋合后无径向间隙,以保证配合的紧密性。管螺纹为英制细牙螺纹,公称直径为管子的内径。适用于压力为 1.6MPa 以下的水、煤气、润滑和电缆管路系统
	圆锥管螺纹			牙型为等腰三角形,牙型角 $\alpha=55°$,螺纹分布在锥度为 1:16($\varphi=1°47'24''$)的圆锥管壁上。螺纹旋合后,利用本身的变形就可以保证联接的紧密性,不需要任何填料,密封简单。适用于高温、高压或密封性要求高的管路系统
	圆锥螺纹			牙型与 55°圆锥管螺纹相似,但牙型角 $\alpha=60°$,螺纹牙顶为平顶。多用于汽车、拖拉机、航空机械、机床的燃料、油、水、气输送管路系统
传动螺纹	矩形螺纹			牙型为正方形,牙型角 $\alpha=0°$。其传动效率较其他螺纹高,但牙根强度弱,螺旋副磨损后,间隙难以修复和补偿,传动精度降低。为了便于铣、磨削加工,可制成 $10°$ 的牙型角。 矩形螺纹尚未标准化,推荐尺寸:$d=\frac{5}{4}d_1$,$t=\frac{1}{4}d_1$。目前已逐渐被梯形螺纹所代替
	梯形螺纹			牙型为等腰梯形,牙型角 $\alpha=30°$。内、外螺纹以锥面贴紧不易松动。与矩形螺纹相比,传动效率略低,但工艺性好,牙根强度高,对中性好。如用剖分螺母,还可以调整间隙。梯形螺纹是最常用的传动螺纹
	锯齿形螺纹			牙型为不等腰梯形,工作面的牙型斜角为 3°,非工作面的牙型斜角为 30°。外螺纹牙根有较大的圆角,以减小应力集中。内、外螺纹旋合后,大径处无间隙,便于对中。这种螺纹兼有矩形螺纹传动效率高、梯形螺纹牙根强度高的特点,但只能用于单向受力的螺纹联接或螺旋传动

二、螺纹的主要参数

现以圆柱普通螺纹为例,说明螺纹的主要几何参数(图 5-1 及图 5-2)。

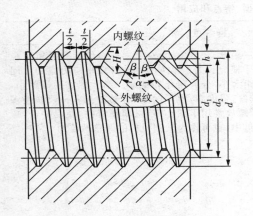

图 5-1　圆柱螺纹的主要参数

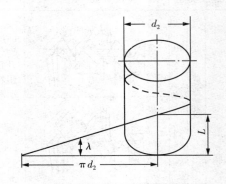

图 5-2　右螺纹的螺旋升角

1)大径 d　螺纹的最大直径,即与外螺纹牙顶或内螺纹牙底相重合的假想圆柱面的直径,在标准中定为公称直径。

2)小径 d_1　螺纹的最小直径,即与外螺纹牙底或内螺纹牙顶相重合的假想圆柱面的直径,在强度计算中常作为螺杆危险剖面的计算直径。

3)中径 d_2　通过螺纹轴向剖面内牙型上的沟槽和凸起宽度相等处的假想圆柱面的直径,近似等于螺纹的平均直径,$d_2 \approx \frac{1}{2}(d+d_1)$。中径是确定螺纹几何参数和配合性质的直径。

4)线数 n　螺纹的螺旋线数目。沿一根螺旋线形成的螺纹称为单线螺纹;沿两根以上的等距螺旋线形成的螺纹称为多线螺纹。常用的联接螺纹要求自锁性,故多用单线螺纹;传动螺纹要求传动效率高,故多用双线或三线螺纹。为了便于制造,一般用线数 $n \leqslant 4$。

5)螺距 t　螺纹相邻两个牙型上对应点间的轴向距离。

6)导程 s　螺纹上任一点沿同一条螺旋线转一周所移动的轴向距离。单线螺纹 $s=t$;多线螺纹 $s=nt$。

7)升角 λ　螺旋线的切线与垂直于螺纹轴线的平面间的夹角。在螺纹的不同直径处,螺旋线的升角各不相同,其展开形式如图 5-2 所示。通常按螺纹中径 d_2 处计算,即

$$\lambda = \text{arctg}\, \frac{s}{\pi d_2} = \text{arctg}\, \frac{nt}{\pi d_2} \tag{5-1}$$

8)牙型角 α　螺纹轴向剖面内,螺纹牙型两侧边的夹角。螺纹牙型的侧边与螺纹轴线的垂直平面的夹角称为牙型斜角,对称牙型的牙型斜角 $\beta = \alpha/2$。

9)工作高度 h　内、外螺纹旋合后的接触面的径向高度。

各种管螺纹的主要几何参数可查阅有关标准,其公称直径都不是螺纹外径,而近似等于管子的内径。

§5-3　螺纹联接的类型和标准联接件

一、螺纹联接的基本类型

1. **螺栓联接**　常见的普通螺栓联接如图 5-3a 所示。这种联接的结构特点是被联接件上的通孔和螺栓杆间留有间隙,故通孔的加工精度低,结构简单,装拆方便,使用时不受被联接件材料的限制,因此应用极广。图 5-3b 是配合螺栓联接。孔和螺栓杆多采用基孔制过渡配合(H7/m6、H7/n6)。这种联接能精确固定被联接件的相对位置,并能承受横向载荷,但孔的加工精度要求较高。

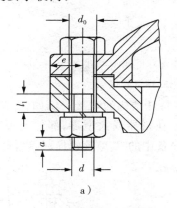
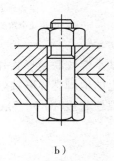

a)　　　　　　　　　　　　　　　　b)

螺纹余留长度 l_1

　　静载荷 $l_1 \geqslant (0.3 \sim 0.5)d$;变载荷 $l_1 \geqslant 0.75d$;

　　冲击载荷或弯曲载荷 $l_1 \geqslant d$;

　　配合螺栓联接 $l_1 \approx d$;

螺纹伸出长度 $a \approx (0.2 \sim 0.3)d$;

螺栓轴线到被联接件边缘的距离 $e = d + (3 \sim 6)$mm;

通孔直径 $d_0 \approx 1.1d$

图 5-3　螺栓联接

2. **双头螺柱联接**　如图 5-4a 所示,这种联接适用于结构上不能采用螺栓联接的场合,例如被联接件之一太厚不宜制成通孔,材料又比较软(如用铝镁合金制造的壳体),且需要经常拆装时,往往采用双头螺柱联接。

3. **螺钉联接**　如图 5-4b 所示,这种联接的特点是螺钉直接拧入被联接件的螺纹孔中,不用螺母,在结构上比双头螺柱联接简单、紧凑。其用途和双头螺柱联接相似,但如经常拆装时,易使螺纹孔磨损,可能导致被联接件报废,故多用于受力不大,或不需要经常拆装的场合。

4. **紧定螺钉联接**　紧定螺钉联接是利用拧入零件螺纹孔中的螺钉末端顶住另一零件的表面(图 5-5a)或顶入相应的凹坑中(图 5-5b),以固定两个零件的相对位置,并可传递不大的力或转矩。

螺钉除作为联接和紧定用外,还可用于调整零件位置,如机器、仪器的调节螺钉等。

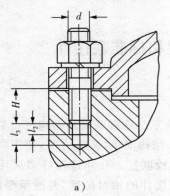
a)

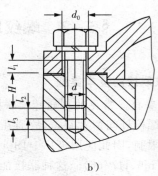
b)

拧入深度 H，当带螺纹孔件材料为：

　　钢或青铜 $H \approx d$；

　　铸铁 $H = (1.25 \sim 1.5)d$；

　　铝合金 $H = (1.5 \sim 2.5)d$；

内螺纹余留长度 l_2 及钻孔余量 l_3 按 GB3-58 取定

图 5-4　双头螺柱、螺钉联接

　　除上述四种基本螺纹联接形式外，还有一些特殊结构的联接。例如，专门用于将机座或机架固定在地基上的地脚螺栓联接（图 5-6）；装在机器或大型零、部件的顶盖或外壳上，便于起吊用的吊环螺栓联接（图 5-7）；用于安装设备中的 T 型槽螺栓联接（图 5-8）等。

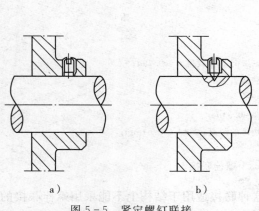
a)　　　　　　　　　　b)

图 5-5　紧定螺钉联接　　　　　　　图 5-6　地脚螺栓联接

二、标准螺纹联接件

　　螺纹联接件的类型很多，在机械制造中常见的螺纹联接件有螺栓、双头螺柱、螺钉、螺母和垫圈等。这类零件的结构形式和尺寸都已标准化，设计时可根据有关标准选用。它们的结构特点和应用示于表 5-2。

　　根据 GB3103.1—82 的规定，螺纹联接件分为三个精度等级，其代号为 A、B、C 级。A级精度的公差小，精度最高，用于要求配合精确、防止振动等重要零件的联接；B 级精度多用于受载较大且经常装拆、调整或承受变载荷的联接；C 级精度多用于一般的螺纹联接。常用的标准螺纹联接件（螺栓、螺钉），都选用 C 级。

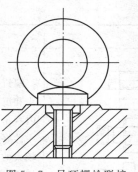

图 5-7 吊环螺栓联接

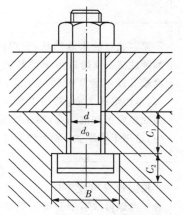

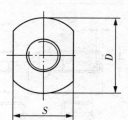

$d_0 = 1.1d$；
$C_1 = (1 \sim 1.5) \, d$；
$C_2 = (0.7 \sim 0.9) \, d$；
$B = (1.75 \sim 2.0) \, d$。

图 5-8 T 型槽螺栓联接

表 5-2 常用标准螺纹联接件

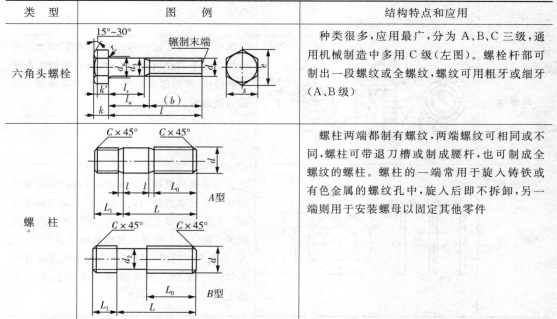

类　型	图　　例	结构特点和应用
六角头螺栓		种类很多，应用最广，分为 A、B、C 三级，通用机械制造中多用 C 级（左图）。螺栓杆部可制出一段螺纹或全螺纹，螺纹可用粗牙或细牙（A、B 级）
螺　柱		螺柱两端都制有螺纹，两端螺纹可相同或不同，螺柱可带退刀槽或制成腰杆，也可制成全螺纹的螺柱。螺柱的一端常用于旋入铸铁或有色金属的螺纹孔中，旋入后即不拆卸，另一端则用于安装螺母以固定其他零件

（续表）

类　型	图　　例	结构特点和应用
螺　钉		螺钉头部形状有圆头、扁圆头、六角头、圆柱头和沉头等。头部起子槽有一字槽、十字槽和内六角孔等形式。十字槽螺钉头部强度高、对中性好，便于自动装配。内六角孔螺钉能承受较大的扳手力矩，联接强度高，可代替六角头螺栓，用于要求结构紧凑的场合
紧定螺钉		紧定螺钉的末端形状，常用的有锥端、平端和圆柱端。锥端适用于被紧定零件的表面硬度较低或不经常拆卸的场合；平端接触面积大，不伤零件表面，常用于紧定硬度较大的平面或经常拆卸的场合；圆柱端压入轴上的凹坑中，适用于紧定空心轴上的零件位置
六角螺母		根据螺母厚度不同，分为标准的和薄的两种。薄螺母常用于受剪力的螺栓上或空间尺寸受限制的场合。螺母的制造精度和螺栓相同，分为 A、B、C 三级，分别与相同级别的螺栓配用
圆螺母		圆螺母常与止退垫圈配用，装配时将垫圈内舌插入轴上的槽内，而将垫圈的外舌嵌入圆螺母的槽内，螺母即被锁紧。常作为滚动轴承的轴向固定用
垫　圈		垫圈是螺纹联接中不可缺少的附件，常放置在螺母和被联接件之间，起保护支承表面等作用。平垫圈按加工精度不同，分为 A 级和 C 级两种。用于同一螺纹直径的垫圈又分为特大、大、普通和小的四种规格。特大垫圈主要在铁木结构上使用。斜垫圈只用于倾斜的支承面上

§5-4 螺纹联接的预紧

在实用中,绝大多数螺纹联接在装配时都必须拧紧,使联接在承受工作载荷之前,预先受到力的作用。这个预加作用力称为预紧力。预紧的目的在于增强联接的可靠性和紧密性,以防止受载后被联接件间出现缝隙或发生相对滑移。经验证明:适当选用较大的预紧力对螺纹联接的可靠性以及联接件的疲劳强度都是有利的(详见§5-6),特别对于气缸盖、管路凸缘、齿轮箱和轴承盖等紧密性要求较高的螺纹联接。但过大的预紧力会导致整个联接的结构的尺寸增大,也会使联接件在装配或偶然过载时被拉断。因此,为了保证联接所需要的预紧力,又不使螺纹联接件过载,对重要的螺纹联接,在装配时要设法控制预紧力。

通常规定,拧紧后螺纹联接件的预紧应力不得超过其材料的屈服极限 σ_S 的80%。对于一般联接用的钢制螺栓联接的预紧力 Q_p,推荐按下列关系确定:

$$
\left.
\begin{aligned}
\text{碳素钢螺栓} \qquad & P_p \leqslant (0.6\sim0.7)\sigma_S A_1 \\
\text{合金钢螺栓} \qquad & P_p \leqslant (0.5\sim0.6)\sigma_S A_1
\end{aligned}
\right\}
\qquad (5-2)
$$

式中 σ_S——螺栓材料的屈服极限;

A_1——螺栓危险剖面的面积,$A_1 \approx \pi d_1^2 / 4$[①]。

预紧力的具体数值根据载荷性质、联接刚度等具体工作条件确定。对于重要的或有特殊要求的螺栓联接,预紧力的数值应在装配图上作为技术条件注明,以便在装配时加以保证。受变载荷的螺栓联接的预紧力应比受静载荷的要大些。

控制预紧力的方法很多,通常是借助测力矩扳手(图5-9)或定力矩扳手(图5-10),利用控制拧紧力矩的方法来控制预紧力的大小。测力矩扳手的工作原理是根据扳手上的弹性元件1,在拧紧力的作用下所产生的弹性变形来指示拧紧力矩的大小。为方便计量,可将指示刻度2直接以力矩值标出。定力矩扳手的

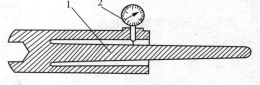

图5-9 测力矩扳手

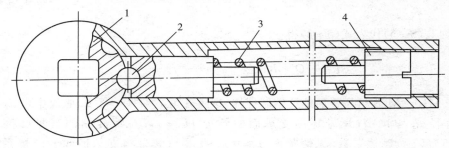

图5-10 定力矩扳手

----

① 若螺栓局部直径小于其螺杆部分的小径 d_1(如有退刀槽等)或局部空心时,应取最小剖面面积计算。

工作原理是当拧紧力矩超过规定值时,弹簧 3 被压缩,扳手卡盘 1 与圆柱销 2 之间打滑,如果继续转动手柄,卡盘即不再转动。拧紧力矩的大小可利用螺钉 4 调整弹簧压紧力来加以控制。

　　如上所述,装配时预紧力的大小是通过拧紧力矩来控制的。因此,应从理论上找出预紧力和拧紧力矩之间的关系。

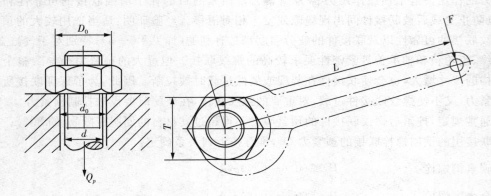

图 5-11　螺旋副的拧紧力矩

　　如图 5-11 所示,由于拧紧力矩 $T(T=FL)$ 的作用,使螺栓和被联接件之间产生预紧力 P_p。由机械原理可知,拧紧力矩 T 等于螺旋副间的摩擦阻力矩 T_1 和螺母环形端面和被联接件(或垫圈)支承面间的摩擦阻力矩 T_2 之和,即

$$T=T_1+T_2 \tag{5-3}$$

螺旋副间的摩擦力矩为

$$T_1=Q_p \frac{d_2}{2} \text{tg}(\lambda+\varphi_v) \tag{5-4}$$

螺母与支承面间的摩擦力矩为

$$T_2=\frac{1}{3} f_c Q_p \frac{D_0^3-d_0^3}{D_0^2-d_0^2} \tag{5-5}$$

将式(5-4)、(5-5)代入式(5-3)得

$$T=\frac{1}{2}Q_p \left[d_2 \text{tg}(\lambda+\varphi_v)+\frac{2}{3} f_c \frac{D_0^3-d_0^3}{D_0^2-d_0^2} \right] \tag{5-6}$$

　　对于 M10～M68 粗牙普通螺纹钢制螺栓,螺纹升角 $\lambda=1°42\sim3°2'$,螺纹中径 $d_2\approx0.9d$;螺栓孔直径 $d_o\approx1.1d$;螺母环形支承面的外径 $D_o\approx1.7d$;螺旋副的当量摩擦角 $\varphi_v\approx \text{arctg}1.155f$($f$ 为摩擦系数,无润滑时 $f\approx0.1\sim0.2$);螺母与支承面间的摩擦系数 $f_v=0.15$。将上述各参数代入式(5-6)整理后可得

$$T\approx0.2Q_p d \tag{5-7}$$

　　对于一定公称直径 d 的螺栓,当所要求的预紧力 Q_p 已知时,即可按式(5-7)确定扳手

的拧紧力矩 T。一般标准扳手的长度 $L \approx 15d$，若拧紧力为 F，则 $T = FL$。由式（5-7）可得：$Q_p \approx 75F$。假定 $F = 200\text{N}$，则 $Q_p \approx 15000\text{N}$。如果用这个预紧力拧紧 M12 以下的钢制螺栓，就很可能过载拧断。因此，对于重要的联接，应尽可能不采用直径过小（例如小于 M12）的螺栓。必须使用时，应严格控制其拧紧力矩。

采用测力矩扳手或定力矩扳手控制预紧力的方法，操作简便，但准确性较差（因拧紧力矩受摩擦系数波动的影响较大），也不适用于大型的螺栓联接。为此，可采用测定螺栓伸长量的方法来控制预紧力（图 5-12）。所需的伸长量可根据预紧力的规定值计算。

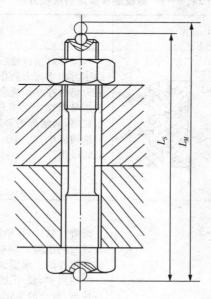

图 5-12　测量螺栓伸长量的方法

§5-5　螺纹联接的防松

螺纹联接件一般采用单线普通螺纹。螺纹升角（$\lambda = 1°42' \sim 3°2'$）小于螺旋副的当量摩擦角（$\varphi_v \approx 6.5° \sim 10.5°$）。因此，螺纹联接都能满足自锁条件（$\lambda < \varphi_v$）。此外，拧紧以后螺母和螺栓头部等支承面上的摩擦力也有防松作用，所以在静载荷和工作温度变化不大时，螺纹联接不会自动松脱。但在冲击、振动或变载的作用下，螺旋副间的摩擦力可能减小或瞬时消失。这种现象多次重复后，就会使联接松脱。在高温或温度变化较大的情况下，由于螺纹联接件和被联接件的材料发生蠕变和应力松弛，也会使联接中的预紧力和摩擦力逐渐减小，最终将导致联接失效。

螺纹联接一旦出现松脱，轻者会影响机器的正常运转，重者会造成严重事故。因此，为了防止联接松脱，保证联接安全可靠，设计时必须采取有效的防松措施。

防松的根本问题在于防止螺旋副相对转动。防松的方法，按其工作原理可分为摩擦防松、机械防松以及铆冲防松等。一般来说，摩擦防松简单、方便，但没有机械防松可靠。对于重要的联接,特别是在机器内部的不易检查的联接,应采用机械防松。常用的防松方法,见表 5－3。

还有一些特殊的防松方法,例如在旋合螺纹间涂以液体胶黏剂或在螺母末端镶嵌尼龙环等。

此外,还可以采用铆冲方法防松。螺母拧紧后把螺栓末端伸出部分铆死,或利用冲头在螺栓末端与螺母的旋合缝处打冲,利用冲点防松。这种防松方法可靠,但拆卸后联接件不能重复使用。

表 5－3　螺纹联接常用的防松方法

防松方法		结构形式	特点和应用
摩擦防松	对顶螺母	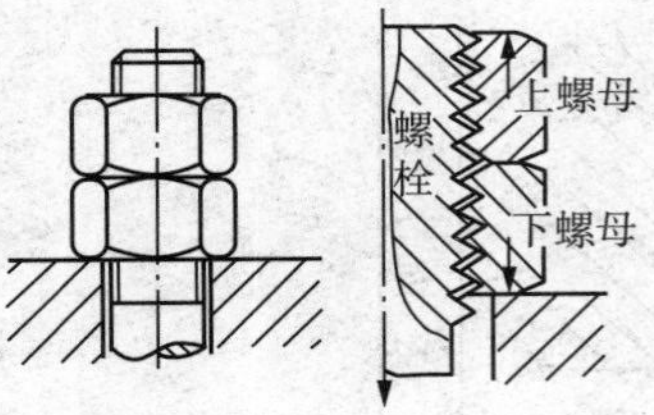	两螺母对顶拧紧后,使旋合螺纹间始终受到附加的压力和摩擦力的作用。工作载荷有变动时,该摩擦力仍然存在。旋合螺纹间的接触情况如图所示,下螺母螺纹牙受力较小,其高度可小些,但为了防止装错,两螺母的高度取成相等为宜。 结构简单,适用于平稳、低速和重载的固定装置上的联接
	弹簧垫圈	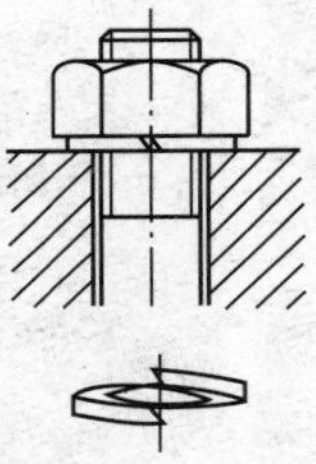	螺母拧紧后,靠垫圈压平而产生的弹性反力使旋合螺纹间压紧。同时垫圈斜口的尖端抵住螺母与被联接件的支承面也有防松作用。 结构简单、使用方便。但由于垫圈的弹力不均,在冲击、振动的工作条件下,其防松效果较差,一般用于不甚重要的联接
	自锁螺母	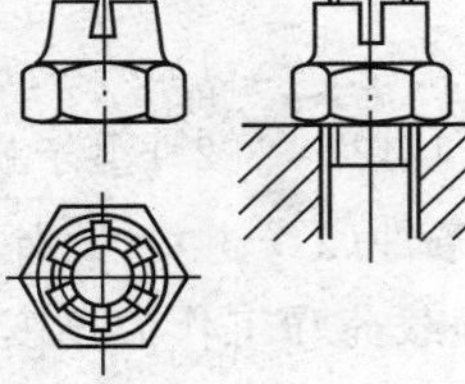	螺母一端制成非圆形收口或开缝后径向收口。当螺母拧紧后,收口胀开,利用收口的弹力使旋合螺纹间压紧。 结构简单,防松可靠,可多次装拆而不降低防松性能
机械防松	开口销与六角开槽螺母	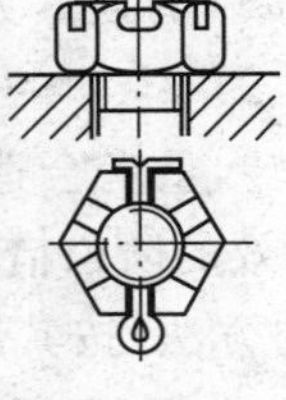	六角开槽螺母拧紧后将开口销穿入螺栓尾部小孔和螺母的槽内。并将开口销尾部掰开与螺母侧面贴紧。也可用普通螺母代替六角开槽螺母,但需拧紧螺母后再配钻销孔。 适用于较大冲击,振动的高速机械中运动部件的联接

§5-6 螺栓联接的强度计算

螺纹联接件的强度计算,是确定螺纹的公称直径 d。螺纹联接件 d 以外的各种尺寸,可根据 d 和结构上的要求,在有关标准中选取。

本文将集中地把常用的螺纹联接中的几种典型螺栓联接件的强度计算进行剖析。但为了便于讨论和阅读方便,首先将螺纹联接的基本概念、力的分析和计算公式简明扼要地介绍一下。

一、螺栓联接的受力分析

设计螺栓组时,首先是规定螺栓数目和布局,再根据联接受力分析找出螺栓组中受力最大的螺栓,按强度条件决定其直径等尺寸。但为了制造装配的方便以及安全起见,其他螺栓一般也采用相同的尺寸。

计算螺栓组时,假定被联接件是刚体,各螺栓的材料、直径、长度和预紧力均相同。

(一)受横向载荷的螺栓组

1. 采用普通螺栓

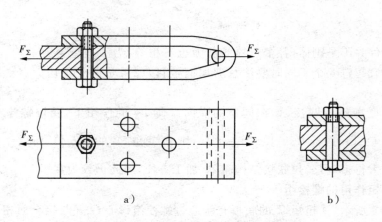

图 5-13 受横向载荷的螺栓组联接

如图 5-13a 所示,横向载荷 F_Σ 是靠拧紧螺母后产生摩擦力来传力的。为了可靠起见,一般取摩擦力大于或等于横向载荷。因此取

$$fF'Zi \geqslant K_s F_\Sigma$$

或

$$F' \geqslant \frac{K_s F_\Sigma}{fZi} \tag{5-8}$$

式中 K_s——可靠性系数,$K_s = 1.1 \sim 1.3$;

Z——螺栓数;

i——接合面数,图 5-13a 中 $i=2$;

f——接合面摩擦系数,见表 5-4。

表 5-4　联接接合面的摩擦系数

被联接件	接合面的表面状态	摩擦系数 f
钢或铸铁零件	干燥的加工表面	0.10～0.16
	有油的加工表面	0.06～0.10
钢结构件	轧制表面,钢刷清理浮锈	0.30～0.35
	涂富锌漆	0.35～0.40
	喷砂处理	0.45～0.55
铸铁对砖料、混凝土、木材	干燥表面	0.40～0.45

由式(5-8)求得的预紧力 F' 即每个螺栓所受的轴向工作拉力,其强度条件跟只受预紧力的螺栓联接相同。

2. 采用铰制孔用螺栓

如图 5-13b 所示,当联接受横向载荷 F_Σ 后,螺栓将受剪切,同时与被联接件的孔壁互相挤压。若各螺栓的所受的工作载荷相等,则各螺栓所受的剪力为

$$F_S = \frac{F_\Sigma}{Z} \qquad\qquad (5-9)$$

由于联接件并不是刚体,各个螺栓的剪力也不相等,为了避免受力不均,沿载荷方向布置的螺栓数不宜超过 6 个。同时要注意剪切面数目,如果是两个剪切面,F_S 就是该两个剪切面剪力之和。

对比受拉受剪螺栓联接,如在同样的横向载荷 F_Σ 的作用下,受拉螺栓在受到的拉力 $F' = \frac{K_S}{f} F_S$(设 $i=1$)时,若 $K_S=1.3$,$f=0.15$,则 F' 就是 F_S 的 8.6 倍,所以受拉螺栓的尺寸要比受剪联接大得多,但受拉联接结构简单,加工方便,因此仍较为常用。

(二)受扭矩作用的螺栓组

如图 5-14 所示,受扭矩 T 的底板有绕通过螺栓组形心 O 并与接合面相垂直的轴线旋转的趋势。为了防止转动,可采用普通螺栓联接,也可用铰制孔用螺栓联接。其传力方向和受横向载荷的螺栓组联接相同。

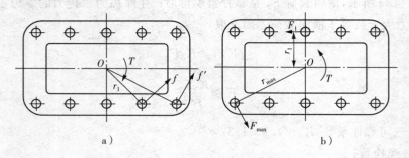

a)　　　　　　　　　　　b)

图 5-14　受扭矩作用的螺栓组联接

1. 用普通螺栓联接

图 5-14a 所示，根据底板静力平衡条件得

$$fF'r_1 + fF'r_2 + \cdots + fF'r_Z = K_S T$$

各螺栓所需的预紧力为

$$F' = \frac{K_S T}{f(r_1 + r_2 + \cdots + r_Z)} = \frac{K_S T}{f\sum\limits_{i=1}^{Z} r_i} \qquad (5-10)$$

式中　r_i——第 i 个螺栓的轴线到螺栓组形心的距离；

　　　　Z——螺栓数；

　　　　f——接合面间的摩擦系数，见表 5-4；

　　　　K_S——可靠性系数。

显然，F' 即为螺栓所受的轴向工作拉力。

2. 用铰制孔用螺栓联接

在扭矩 T 的作用下，各螺栓所受的横向工作剪力 F_s 与其螺栓轴线到螺栓组形心 O 的连线相垂直（图 5-14b），根据底板的静力平衡条件得

$$F_{S_1} + F_{S_2} r_2 + \cdots + F_{S_Z} r_Z = \sum_{i=1}^{z} F_{Si} r_i = T$$

根据螺栓变形协调原理各螺栓所受的工作剪力与其距形心的距离成正比，即

$$\frac{F_{si}}{r_i} = \frac{F_{smax}}{r_{max}} \text{ 或 } F_{si} = \frac{F_{smax}}{r_{max}} r_i$$

代入上式得

$$T = \frac{F_{smax}}{r_{max}} \sum_{i=1}^{z} r_i^2 \text{ 或 } F_{smax} = \frac{T r_{max}}{\sum\limits_{i=1}^{z} r_i^2} \qquad (5-11)$$

式中　F_{si}——第 i 个螺栓所受的横向工作剪力；

　　　　F_{smax}——受力最大（即离螺栓组形心最远）的螺栓所受的横向工作剪力；

　　　　r_i——第 i 个螺栓轴线到螺栓组形心 O 的距离；

　　　　r_{max}——受力最大的螺栓轴线到螺栓组形心 O 的距离。

（三）受轴向工作载荷的螺栓组

图 5-15 为一受轴向总载荷 F_Σ 的汽缸盖螺栓组联接。计算时，假定各螺栓受载相同，则每个螺栓所受的工作拉力为

$$F = \frac{F_\Sigma}{Z} \qquad (5-12)$$

应当指出，各螺栓除承受轴向工作拉力 F 外，还受有预紧力 F' 的作用。因此，螺栓所受的总拉力 F_0 并不等于 F 与 F' 之和。具体求法将在下节中讨论。

（四）受翻转力矩作用的螺栓组联接

图 5-16 为翻转力矩 M 的底板螺栓组联接。由图 5-16a 可得

$$F'_1 L_1 + F'_2 L_2 + \cdots\cdots + F'_z L_z = M$$

或
$$\sum_{i=1}^{z} F'_i L_i = M \tag{5-13}$$

式中　F'_i——第 i 个螺栓作用在底板上的轴向反力；

　　　　L_i——第 i 个螺栓的轴线到螺栓组对称轴线 $O-O$ 的距离。

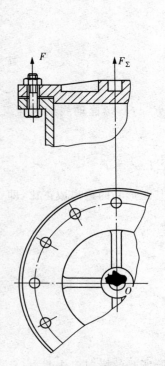

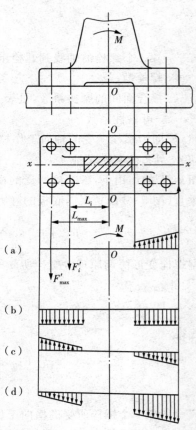

图 5-15　受轴向载荷的螺栓组联接　　　　　图 5-16　受翻转力矩的螺栓组联接

　　根据螺栓的变形协调条件，各螺栓的工作拉力和螺栓到对称轴线 $O-O$ 的距离成正比。若以 F_i，F_{max} 及 L_i，L_{max} 分别表示第 i 个螺栓及受力最大的螺栓所受的工作拉力（与图 5-16a 中受力方向相反）及其到对称轴线的距离，则得

$$\frac{F_{max}}{L_{max}} = \frac{F_i}{L_i} \text{ 或 } F_{max} \frac{L_i}{L_{max}} \tag{5-14}$$

联解式（5-13）及（5-14），即求得受力最大螺栓的工作拉力为

$$F_{max} = \frac{M L_{max}}{\sum\limits_{i=1}^{z} L_i^2} \tag{5-15}$$

对于翻转力矩的螺栓组,除根据预紧力 F'、最大工作拉力 F_{max} 确定螺栓的总拉力进行螺栓强度计算外(见下节),还需要校核底板与基座接合面间的挤压强度及底板有无滑移的危险。

在预紧力 F' 作用下,接合面间的挤压应力 $\delta_{F'}$ 的分布情况如图 5 - 16b 所示。即

$$\delta_{F'} = \frac{ZF'}{A}$$

在翻转力矩 M 作用下,接合面间的挤压应力 σ_M 的分布情况如图 5 - 16c 所示。即

$$\sigma_M = \frac{M}{W}$$

上面两种挤压应力合成后,总挤压应力 σ_p 的分布情况如图 5 - 16d 所示。接合面左端边缘处的挤压应力最小,而右端边缘处的挤压应力最大。

为了防止接合面受压最大处压碎,应满足以下条件,即

$$\sigma_{Pmax} = \frac{ZF'}{A} + \frac{M}{W} \leqslant [\sigma]_P \qquad (5-16)$$

为了防止接合面受压最小处出现间隙,应满足以下条件,即

$$\sigma_{Pmin} = \frac{ZF}{A} - \frac{M}{W} > O \qquad (5-17)$$

式中　F'——每个螺栓所受的预紧力;

　　　Z——螺栓数目;

　　　A——接合面的面积;

　　　W——接合面的抗弯剖面模数;

　　　$[\sigma]_P$——接合面材料的许用挤压应力,见表 5 - 5。

表 5 - 5　联接接合面材料的许用挤压应力 σ_P

材料	钢	铸铁	混凝土	砖(水泥浆缝)	木材
$[\sigma]_P$(MPa)	$0.8\sigma_S$	$(0.4\sim0.5)\sigma_B$	$2.0\sim3.0$	$1.5\sim2.0$	$2.0\sim4.0$

注:①σ_S 为材料屈服极限,MPa;σ_B 为材料强度极限,MPa;

　　②当联接接合面材料不同时,应按强度较弱者选取;

　　③联接承受静载荷时,$[\sigma]_P$ 取大值,变载时则应取较小值。

一般而论,对受拉螺栓可按轴向载荷或(和)翻转力矩确定螺栓的工作拉力;按横向载荷或(和)扭矩确定联接所需要的预紧力。然后求出的总拉力(详见下节)。对受剪螺栓可按横向载荷或(和)扭矩确定螺栓的工作剪力。求得受力最大的螺栓及其受力后,即可进行螺栓的强度计算。

二、单个螺栓联接的强度计算

对于受拉螺栓,其设计准则是保证螺栓的静力拉伸强度;对于受剪螺栓是保证联接的挤压强度和螺栓的剪切强度,其中联接的挤压强度对联接的可靠性起决定作用。

(一)松联接螺栓的强度计算

松联接是指螺栓不受预紧力,只受工作拉力 F 的联接。螺栓螺纹部分的强度条件为

$$\sigma = \frac{F}{A_C} = \frac{4F}{\pi d_L^2} \leqslant [\sigma] \text{ 或 } d_C \geqslant \sqrt{\frac{4F}{\pi[\sigma]}} \text{ (mm)} \tag{5-18}$$

式中　F——作用在螺栓上的轴向力，N；

　　　　A_C——螺纹危险剖面的计算面积，一般取 $A_C \approx \frac{1}{4}\pi d_1^2$；

　　　　d_C——螺纹危险剖面的直径。对三角螺纹 $d_C = \frac{1}{2}(d_1 + d_2 - \frac{H}{6})$，$d_1$ 为内径，d_2 为中

　　　　　　径，H 为螺纹的理论高度，设计时一般取 $d_C \approx d_1$ 计算。如果螺纹切制表面粗

　　　　　　糙，必须用 d_1 计算。如果螺纹局部直径小于 d_1（如退刀槽）或局部空心，应取

　　　　　　最小剖面直径计算；

　　　　σ——螺栓材料的许用拉伸应力，对于钢制螺栓，$\sigma = \frac{\sigma_s}{n}$；

　　　　σ_s——螺栓材料的屈服极限，见表 5-6；

　　　　n——安全系数，见表 5-7。

表 5-6　螺纹联接件常用材料的机械性能（摘自 GB38-76）

材　　料	抗拉强度极限 σ_S（MPa）	屈服极限 σ_S（MPa）	疲劳极限（MPa）	
			σ_{-1}	σ_{-1tc}
10	340～420	210	160～220	120～150
A2	340～420	220	—	—
A3	410～470	240	170～220	120～160
35	540	320	220～300	170～220
45	610	360	250～340	190～250
40Cr	750～1000	650～900	320～440	240～340

表 5-7　安全系数 n

装配情况	公称直径 螺栓材料	载　荷　性　质			
		静　载　荷		变　载　荷	
		M6～M16	M16～M30	M6～M16	M16～M30
紧联接 （不控制预紧力）	碳素钢	4.0～3.0	3.0～2.0	10～6.5	6.5
	合金钢	5.0～4.0	4.0～2.5	7.5～5.0	5.0

　　由表 5-7 可见，螺栓的安全系数随直径减少而增大。这是因为尺寸小的螺栓，在扳紧时容易过载而损坏，为了安全起见，把安全系数定得高些，许用应力取得低些。设计时由于直径 d 和许用应力都是未知数，需用试算法，即先假定一公称直径 d，查出安全系数 n 和求得许用应力 σ 后进行试算，直到算出直径与假定的相符为止。

　　设计计算，应用式（5-18）得

$$A_C \geqslant \frac{F}{\sigma}$$

　　求出螺纹根部的剖面积 A_C 后，即可由表 5-8 选取螺纹外径 d，此 d 即螺纹联接的公称直径。

表 5-8 普通粗牙螺纹的外径、内径和根部剖面面积

螺纹直径(mm)		剖面积 A	螺纹直径(mm)		剖面积 A	螺纹直径(mm)		剖面积 A
外径 d	内径 d_1	(mm^2)	外径 d	内径 d_1	(mm^2)	外径 d	内径 d_1	(mm^2)
6	4.918	17.9	16	13.935	144.1	36	31.670	759.5
7	5.891	36.1	18	15.294	174.4	39	34.670	912.9
8	6.647	32.9	20	17.294	225.5	42	37.129	1045.2
9	7.647	43.7	22	19.294	281.5	45	40.129	1224.0
10	8.376	52.3	24	20.752	324.3	48	42.588	1376.7
11	9.376	65.8	27	23.752	427.1	52	46.588	1652.0
12	10.106	76.3	30	26.201	518.9	56	50.046	1915.2
14	11.835	104.7	33	29.211	633.0	60	54.046	2227.0

(二)紧螺栓联接的强度计算

1. 只承受预紧力的螺栓

螺栓材料是塑性的,受拉伸和扭转复合应力的作用,则其强度条件为

$$\sigma_{ca} = \frac{1.3F'}{A_C} \leqslant \sigma \qquad (5-19)$$

式中 F'——预紧力;其余符号意义同前。

2. 承受预紧力和工作拉力的螺栓

此种受力形式在紧螺栓联接中比较常见,因而也是最重要的一种。例如压力容器、管件接头以及底板的螺栓联接等都属此类。这种紧螺栓联接承受轴向载荷后,由于螺栓和被联接件的弹性变形,螺栓所受的总拉力并不等于预紧力和工作拉力之和。根据理论分析,螺栓的总拉力 F_o 除和预紧力 F'、工作拉力 F 有关外,还受到螺栓刚度 C_1 及被联接件刚度 C_2 等因素的影响。因此,应从分析螺栓联接的受力和变形关系入手,找出螺栓总拉力的大小。

图 5-17 为汽缸盖螺栓组联接中一个螺栓受力变形分析。

图 5-17a 螺母装上未拧紧。此时,螺栓和被联接件都不受力,因而也不产生变形。

图 5-17b 螺母已拧紧,但尚未承受工作载荷。此时,螺栓受预紧力 F' 的拉伸作用,其伸长量为 λ_1。相反,被联接件则在 F' 的压缩作用下其压缩量为 λ_2。

图 5-17c 是承受工作载荷时的情况。此时若螺栓在原变形 λ_1 的基础上再继续伸长 $\Delta\lambda_1$,而被联接件由于螺栓的伸长却得到舒展,其回松量为 $\Delta\lambda_2$,根据变形协调条件,$\Delta\lambda_2 = \Delta\lambda_1$。因此,当工作载荷作用以后,被联接件的变形由原来的 λ_2 减至 $\lambda_2 - \Delta\lambda_2$,与此同时,被联接件的预紧力也由原来的 F' 减至 F'',称为剩余预紧力。

显然,联接受载后,由于预紧力的变化,螺栓的总拉力 F_o 并不等于预紧力 F' 与工作拉力 F 之和,而等于剩余预紧力 F'' 与工作拉力 F 之和,即 $F_o = F'' + F$。

上述的螺栓和被联接件的受力与变形关系,还可以用线图表示。如图 5-18a,b 分别表

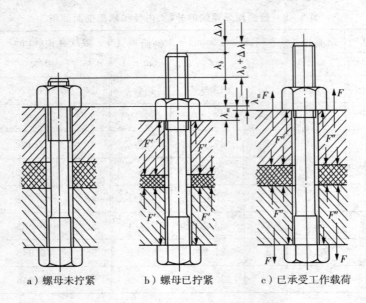

图 5 - 17　单个紧螺栓联接受力变形图

示螺栓和被联接件的受力和变形的关系。由图可见,在联接尚未承受工作拉力 F 时,螺栓的拉力和被联接件的压缩力都等于预紧力 F'。因此,为分析上的方便,可将图 5 - 18a 和 5 - 18b 合并成图 5 - 18c。如图示,当联接承受工作载荷 F 时,螺栓的总拉力为 F_o,相应的总伸长量为 $\lambda_1 + \Delta\lambda$;被联接件的压缩力等于剩余预紧力 F'',相应的总压缩量为 $\lambda'_2 = \lambda_2 - \Delta\lambda$。由图可见,螺栓的总拉力 F_o 等于剩余预紧力 F'' 与工作拉力 F 之和,即

$$F_o = F'' + F \qquad\qquad (5-20)$$

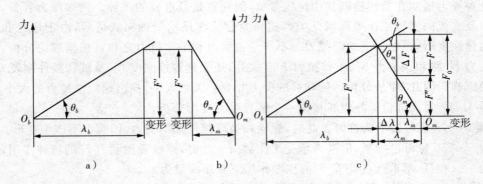

图 5 - 18　单个紧螺栓联接受力变形线图

　　式中的工作拉力 F,可按螺栓联接的受载状态,由式(5-12)或(5-15)确定。

　　为了保证联接的紧固性和紧密性,剩余预紧力应大于零,表 5 - 9 列出了剩余预紧力推荐值。

表 5-9 剩余预紧力 F'' 推荐值

联 接 情 况		
紧 固	工作拉力 F 无变化	$F'' = (0.2 \sim 0.6)F$
	工作拉力 F 有变化	$F'' = (0.6 \sim 1.0)F$
紧 固		$* F'' = (1.5 \sim 1.8)F$
地脚螺栓		$F'' \geqslant F$

* 应保证密封面剩余预紧力压强 p'' 为压力容器工作压力 p 的 $2 \sim 3.5$ 倍。

为了保证联接有足够的剩余预紧力 F''，螺栓所需要的预紧力 F'，由图 5-18 中的几何关系可得

$$\frac{F'}{\lambda_1} = \mathrm{tg}\theta_1 = C_1, \ \frac{F'}{\lambda_2} = \mathrm{tg}\theta_2 = C_2 \tag{5-21}$$

式中 C_1、C_2 分别表示螺栓和被联接件的刚度，均为定值。

由图 5-18 得

$$F' = F'' + (F - \Delta F) \tag{a}$$

按图中的几何关系得

$$\frac{\Delta F}{F - \Delta F} = \frac{\Delta \lambda \mathrm{tg}\theta_1}{\Delta \lambda \mathrm{tg}\theta_2} = \frac{C_1}{C_2}, \Delta F = \frac{C_1}{C_1 + C_2}F \tag{b}$$

将（b）式代入（a）式得螺栓的预紧力为

$$F' = F'' + (1 - \frac{C_1}{C_1 + C_2})F = F'' + \frac{C_2}{C_1 + C_2}F \tag{5-22}$$

螺栓的总拉力为

$$F_o = F' + \Delta F$$

或

$$F_o = F' + \frac{C_1}{C_1 + C_2}F \tag{5-23}$$

式（5-22）是螺栓总拉力的另一表达形式。

对金属联接，被联接件的受压面积 A_2 与螺栓面积 A_1 之比大于 10，或对于巨大混凝土地基（通常 $\frac{A_2}{A_1} > 100 \sim 150$）根据经验可取

$$F_o = (1.1 \sim 1.2)F'$$

上式中 $\frac{C_1}{C_1 + C_2}$ 称为螺栓的相对刚度，其大小与螺栓和被联接件的结构尺寸、材料以及垫片、工作载荷的作用位置等因素有关，其值在 $0 \sim 1$ 之间变动。若被联接件的刚度很大（或采用刚性薄垫片），而螺栓的刚度很小（如细长的或中空螺栓）时，则螺栓的相对刚度趋于零；反

之,其值趋近于 1。为了降低螺栓的受力,提高螺栓联接的承载能力,应使 $\dfrac{C_1}{C_1+C_2}$ 值尽量小些。$\dfrac{C_1}{C_1+C_2}$ 值可通过计算或实验确定。一般设计时,可参考表 5-10 推荐的数据选取。

表 5-10　螺栓的相对刚度 $\dfrac{C_1}{C_1+C_2}$

被联接件间所用垫片类别	相对刚度值
金属垫片(或无垫片)	0.2~0.3
皮革垫片	0.7
铜皮石棉垫片	0.8
橡胶垫片	0.9
连杆螺栓	0.2

在求得总拉力 F_o 后,螺栓联接的强度条件为

$$\sigma=\frac{1.3F_o}{A_C}\leqslant[\sigma]\text{或}A_C\geqslant\frac{1.3F_o}{\pi[\sigma]} \tag{5-24}$$

求得 A_C 后,可由表 5-8 查得螺栓公称直径 d。

对于受轴向变载荷的重要联接(如内燃机缸盖螺栓联接等),应对螺栓的疲劳强度作精确校核。

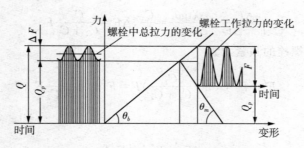

图 5-19　承受轴向变载荷的螺栓联接

如图 5-19 所示,当工作拉力在 0~F 之间变化时,螺栓所受的总拉力在 F'~F_o 之间变化。如果不考虑螺纹摩擦力矩的扭转作用,则螺栓危险剖面的最大拉应力为

$$\sigma_{\max}=F_o/(\frac{\pi}{4}d_c^2)$$

最小拉应力为

$$\sigma_{\min}=F'/(\frac{\pi}{4}d_t^2)$$

应力幅为

$$\sigma_a=\frac{\sigma_{\max}-\sigma_{\min}}{2}=\frac{C_1}{C_1+C_2}\cdot\frac{2F}{nd_c^2}\leqslant[\sigma_a] \tag{5-25}$$

式中　$[\sigma_a]$——许用应力幅,见表 5-11。

（三）承受工作剪力的紧螺栓联接

如图 5-20 所示，这种联接是利用铰制孔用螺栓抵抗工作载荷 F。

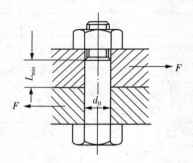

图 5-20　承受工作剪力的紧螺栓联接

假设各螺栓所受的工作载荷相等，则每个螺栓所受的剪力则为 F，螺栓杆与孔壁的挤压强度条件为

$$\sigma_p = \frac{F}{d_o L_{\min}} \leqslant [\sigma]_p \tag{5-26}$$

螺栓的剪切强度条件为

$$\tau = \frac{F}{i\,\frac{\pi}{4}d_o^2} \leqslant [\tau] \tag{5-27}$$

式中　F——螺栓所受的工作剪力，N；

　　　d_o——螺栓受剪面直径（可取为螺栓孔直径），mm；

　　　$[\tau]$——螺纹牙的许用剪应力，MPa。对于钢 $[\tau] = \dfrac{\sigma_S}{[n_t]}$，此处 n_τ 即安全系数见表 5-7；

　　　$L_{\min}$——螺栓杆与孔壁挤压面的最小高度，mm。设计时应使 $L_{\min} \geqslant 1.25d$；

　　　i——螺栓杆受剪力的数目，如图 5-13b，$i=2$；图 5-20，$i=1$；

　　　$[\sigma]_p$——螺栓杆与孔壁材料的许用挤压应力，MPa。对于钢，$[\sigma]_p = \dfrac{\sigma_S}{n_p}$；对于铸铁，

　　　$[\sigma]_p = \dfrac{\sigma_B}{n_p}$。此处 σ_S，σ_B 分别为材料的屈服极限和强度极限，见表 5-6；n_p 为安全系数，见表 5-7。

（四）螺栓联接的材料和许用应力

国家标准规定螺纹联接零件按其机械性能分级。表 5-11 是螺栓、螺母的强度级别和推荐材料。螺母材料的强度级别和硬度较相配螺栓材料的稍低，其级别组合亦见表 5-11。

螺纹联接件的许用应力和载荷性质（静、变载荷）、装配情况（松联接或紧联接）以及螺纹联接件的材料、结构尺寸等因素有关。螺纹联接件的许用拉应力前面已叙述，按公式 $\sigma = \sigma_S/n$ 确定；螺纹联接件的许用剪应力按公式 $[\tau] = \sigma_S/n_\tau$ 确定；许用挤压应力对钢按式 $\sigma_p = \sigma_S/n_p$ 确定，对铸铁按式 $\sigma_p = \sigma_B/n_p$ 确定。上列各式中 σ_S，σ_B 见表 5-6；不控制预紧力时的安全系数 n 见表 5-7；$[n_\tau]$，n_p 以及控制预紧力时的 n 均列于表 5-12。

表 5-11　螺栓、螺母的强度级别和推荐材料(摘自 GB38-76)

		4.6	4.9	5.6	5.9	6.6	6.9	8.8	10.9	12.9
螺栓、双头螺柱、螺钉	强度级别(标记)[①]	4.6	4.9	5.6	5.9	6.6	6.9	8.8	10.9	12.9
	抗拉强度极限 σ_{Bmin}(MPa)	400		500		600		800	1000	1200
	屈服极限 σ_{Smin}(MPa)	240	360	300	450	360	540	640	900	1080
	硬度 HB	110		145~216		175~255		230~305	295~375	355~430
	推荐材料	10 A2	25 35	15 A3	45		35	35 45	40Cr 15MnVB	30CrMnSi 15MnVB
相配的螺母	相配螺母的强度级别[①]	4 或 5		5		6		8 或 9	10	12
	相配的抗拉强度极限 σ_{Bmin}(MPa)	500				600		800	1000	1200
	推荐材料	10 A2				15 A3		35	40Cr MnVB	30CrMnSi 15MnVB

①强度级别为数字表面、小数点前的数字为 $\dfrac{\sigma_{Bmin}}{100}$，小数点后的数为屈强比($\sigma_{Smin}/\sigma_{Bmin}$)。

表 5-12　螺纹联接的许用应力

		静 载 荷		变 载 荷	
受拉螺栓	许用拉应力 $\sigma = \dfrac{\sigma_S}{n}$	1. 无预紧力时 不淬火钢 $n=1.2$，淬火钢 $n=1.6$　2. 不控制预紧力时 n 见表 5-7　3. 控制预紧力时 1)用测力矩或定力矩扳手 $n=1.6\sim2$　2)用测量螺栓伸长 $n=1.3\sim1.5$		σ_{alim} 极限应力幅 $\sigma_{alim}=\dfrac{\sum k+k_m k_\mu}{k_\sigma}\sigma_{+e}$　不控制预紧力时 $s_a=2.5\sim5$　控制预紧力时 $n_a=1.5\sim2.5$	
		许用应力幅 $[\sigma]_a=\dfrac{\sigma_{alim}}{n_a}$			
受剪螺栓	许用剪应力 $\tau=\dfrac{\sigma_S}{n_\tau}$	$n_\tau=2.5$ $n_p=1\sim1.25$ $n_p=2\sim2.5$		许用剪应力 $[\tau]=\dfrac{\sigma_S}{n_\tau}$	$n_\tau=3.5\sim5$
	许用挤压应力 钢 $\sigma_p=\dfrac{\sigma_S}{n_p}$　铸铁 $\sigma_p=\dfrac{\sigma_B}{n_p}$			许用挤压应力 钢 $[\sigma]_p=\dfrac{\sigma_S}{n_p}$　铸铁 $[\sigma]_p=\dfrac{\sigma_B}{n_p}$　混凝土 $[\sigma]_p$	$n_p=1.6\sim2$ $n_p=2\sim3.0$ $n_p=10$

式中　σ_S——材料屈服极限,见表 5-6;

　　　σ_B——材料抗拉强度极限,见表 5-6;

　　　σ_{-1e}——材料在抗压对称循环下的疲劳极限,见表 5-6;

k_t——螺纹制造工艺系数,车制 $k_t=1$;辗制 $k_t=1.25$;

k_μ——螺纹牙受力不均系数,受压螺母 $k_\mu=1$;部分受拉或全部受拉螺母(如胀置螺母)$k_\mu=$ 1.5~1.6;

ε——尺寸系数;

K_σ——螺纹应力集中系数。

d_1(mm)	<12	16	20	24	30	36	42	48	56	64
ε	1	0.87	0.80	0.74	0.65	0.64	0.60	0.57	0.54	0.53

σ_{B1}(MPa)	400		600		800		1000	
K_σ(MPa)	3		3.9		4.8		5.2	

§5-7　提高螺栓联接强度的措施

螺栓联接的强度主要取决于螺栓的强度,因此,研究影响螺栓强度的因素和提高螺栓强度的措施,对提高联接的可靠性有着重要的意义。

影响螺栓强度的因素很多,主要涉及螺纹牙的载荷分配、应力变化幅度、应力集中、附加应力和材料的机械性能等几个方面。下面就来分析各种因素对螺栓强度的影响以及提高强度的相应措施。

一、降低影响螺栓疲劳强度的应力幅

理论与实践表明,受轴向变载荷的紧螺栓联接,在最小应力不变的条件下,应力幅越小,则螺栓越不容易发生疲劳破坏,联接的可靠性越高。当螺栓所受的工作拉力在 $0\sim F$ 之间变化时,则螺栓的总拉力将在 $Q_p\sim Q$ 之间变动。由式(5-23)可知,在保持预紧力 Q_p 不变的条件下,若减小螺栓刚度 C_b 或增大被联接件刚度 C_m,都可以达到减小总拉力 Q 的变动范围(即减小应力幅 σ_a)的目的。但由式(5-22)可知,在 Q_p 给定的条件下,减小螺栓刚度 C_b 或增大被联接件的刚度 C_m,都将引起残余预紧力 Q'_p 不致减小太多或保持不变。这对改善联接的可靠性和紧密性是有利的。但预紧力不宜增加过大,必须控制在所规定的范围内,以免过分削弱螺栓的静强度。

图 5-21a,5-21b,5-21c 分别表示单独降低螺栓刚度、单独增大被联接件刚度和前述两种措施与增大预紧力同时并用时,螺栓联接的载荷变化情况。

为了减小螺栓的刚度,可适当增加螺栓的长度,或采用图 5-22 所示的腰状杆螺栓和空心螺栓。如果在螺母下面安装上弹性元件(图 5-23),其效果和采用腰状杆螺栓或空心螺栓时相似。

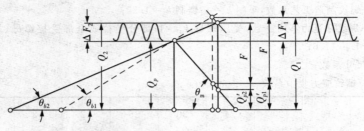

a）降低螺栓的刚度（$C_{b2}<C_{b1}$，即 $\theta_{b2}<\theta_{b1}$）

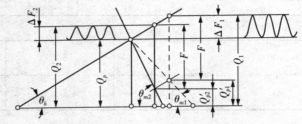

b）增大被联接件的刚度（$C_{m2}>C_{m1}$，即 $\theta_{m2}>\theta_{m1}$）

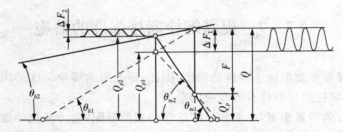

c）同时采用三种措施（$Q_{p2}>Q_{p1}$，$C_{b2}<C_{b1}$，$C_{m2}>C_{m1}$）

图 5 - 21　提高螺栓联接变应力强度的措施

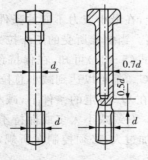

图 5 - 22　腰状杆螺栓与空心螺栓

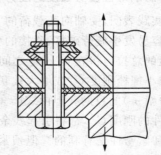

图 5 - 23　弹性元件

　　为了增大被联接件的刚度，可以不用垫片或采用刚度较大的垫片。对于需要保持紧密性的联接，从增大被联接件的刚度的角度来看，采用较软的汽缸垫片（图 5 - 24a）并不合适。此时以采用刚度较大的金属垫或密封环较好（图 5 - 24b）。

二、改善螺纹牙上载荷分布不均的现象

　　不论螺栓联接的具体结构如何，螺栓所受的总拉力 Q 都是通过螺栓和螺母的螺纹牙面

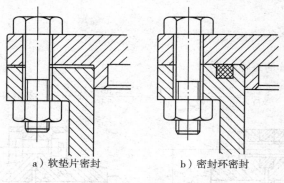

a）软垫片密封　　　　　　　b）密封环密封

图 5-24　汽缸密封元件

相接触来传递的。由于螺栓和螺母的刚度及变形性质不同，即使制造和装配都很精确，各圈螺纹牙上部和被联接年的支承面的加工要求，以及螺纹的精度等级、装配精度等都不可能尽同。因此或采用球面垫圈（图 5-25），或用带有腰环或细长的螺栓（图 5-26）等来保证螺栓联接的装配精度。至于在结构上应注意的问题，可参考有关内容，这里不再赘述。

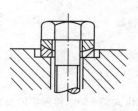

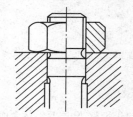

图 5-25　球面垫圈　　　　　　图 5-26　腰环螺栓联接

三、采用合理的制造工艺方法

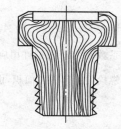

采用冷镦螺栓头部和滚压螺纹的工艺方法，可以显著提高螺栓的疲劳强度。这是因为除可降低应力集中外，冷镦和滚压工艺使材料纤维未被切断，金属流线的走向合理（图 5-27），而且有冷作硬化的效果，并使表层留有残余应力。因而滚压螺纹的疲劳强度较切削螺纹的疲劳强度可提高 $30\% \sim 40\%$。如果热处理后再滚压螺纹，其疲劳强度可提高 $70\% \sim 100\%$。这种冷镦和滚压工艺还具有材料利用率高、生产效率高和制造成本低等优点。

图 5-27　冷镦与滚压加工螺栓中的金属流线

此外，在工艺上采用氮化、氰化、喷丸等处理，都是提高螺纹联接件疲劳强度的有效方法。

§5-8　螺栓组联接的计算举例

现在应用上述理论，对若干常用典型螺栓组联接进行强度计算。

一、凸缘联轴器螺栓组联接

例题 5-1　凸缘联轴器两轴，轴径 $d_z = 60mm$，传递功率 $n = 5kW$，轴的转速 $n = 75rpm$，螺栓中心所在圆直径 $D_o = 155mm$，螺栓数 $Z = 4$。联轴器用①普通螺栓联接（图 5-28a）；②铰制孔用螺栓（图 5-28b）。

试分别确定它的直径。

解:

1. 采用普通螺栓

作用在螺栓中心圆 D_o 的圆周力

$$F_\Sigma = \frac{2T}{D_o} = \frac{2 \times 9.55 \times 10^4 P}{D_o n} = \frac{2 \times 9.55 \times 10^6 \times 5}{155 \times 75} = 8215(\text{N})$$

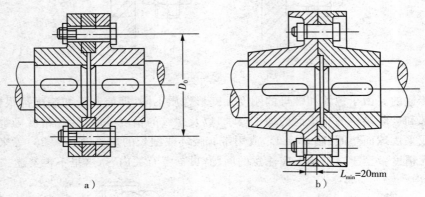

a)
b)

图 5-28　凸缘联轴器

每个螺栓受到横向载荷

$$F = \frac{F_\Sigma}{Z} = \frac{8215}{4} = 2053.76(\text{N})$$

由表 5-6 查取 $f = 0.3$,取 $K_S = 1.2$,接合面对数 $i = 2$。由式(5-8)求得所需的预紧力

$$F' = \frac{1.2F}{fi} = \frac{1.2 \times 2053.76}{0.3 \times 2} = 4017.88(\text{N})$$

由表 5-11 取 4.6 级 A_3 钢,$\sigma_S = 240\text{MPa}$;假设螺栓直径 $d = 12\text{mm}$,不控制预紧力,由表 5-7 查取许用安全系数 $n = 3$。根据许用应力公式 $[\sigma] = \frac{\sigma_S}{n} = \frac{240}{3} = 80(\text{MPa})$。

螺栓的危险剖面面积,由式(5-19)

$$A_C \geqslant \frac{1.3F'}{\sigma} = \frac{1.3 \times 4107.88}{80} = 66.75(\text{mm}^2)$$

由表 5-7,查得 $d = 12\text{mm}$,$A_c = 76.3\text{mm}^2$ 与假设相符,故取 $d = 12\text{mm}$。

2. 采用铰制孔用螺栓

螺栓材料仍采用 A_3 钢,$\sigma_S = 240\text{MPa}$;联轴器材料取铸铁 HT25-47,$\sigma_B = 250\text{MPa}$. 由表 5-12 得

$$[\tau]_c = \frac{\sigma_S}{n_\tau} = \frac{240}{2.5} = 96(\text{MPa})$$

$$[\sigma]_p = \frac{\sigma_B}{n_p} = \frac{250}{2.5} = 100(\text{MPa})$$

根据剪切强度条件,由式(5-27)得

$$d_o = \sqrt{\frac{4F}{i\pi[\tau]_c}} = \sqrt{\frac{42053.76}{i \times \pi \times 96}} = 4.54(\text{mm})$$

由表 5-8 查得的最小直径 M6,螺栓杆直径 $d_o = 6 + 1 = 7(\text{mm})$。

根据式(5-26)验算螺栓挤压强度

由表5-5，$[\sigma]_P=(0.4\sim0.5)\sigma_B=(0.4\sim0.5)\times250=100\sim125(\mathrm{MPa})$

$$\sigma_P=\frac{F}{d_oL_{\min}}=\frac{2053.76}{7\times20}=14.67(\mathrm{MPa})<[\sigma]_P$$

因此，所选螺栓强度足够。

综上计算结果，可见采用普通螺栓其尺寸要大得多，但加工简便，造价低，所以仍经常应用。铰制孔用螺栓尺寸虽小，而加工费时，造价也高得很多。

二、压力容器螺栓联接

例题5-2 确定压力容器(图5-29)的螺栓联接尺寸，密封环密封(图5-29b)。已知：容器内径 $D=300\mathrm{mm}$，气压 $p=0\sim1\mathrm{MPa}$，螺栓数 $Z=10$，容器凸缘厚度 $\delta=20\mathrm{mm}$，容器材料为铸钢。

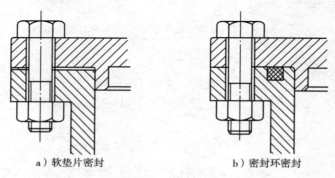

a）软垫片密封　　　　b）密封环密封

图5-29 汽缸密封元件

解：

1. 接静力强度确定螺栓的直径

作用于容器盖的压力

$$F_\Sigma=\frac{\pi D^2}{4}P=\frac{\pi(300)^2}{4}\times1=70685.835(\mathrm{N})$$

作用于每个螺栓外载荷

$$F=\frac{F_\Sigma}{Z}=\frac{70685.835}{10}=7068.5835(\mathrm{N})$$

压力容器有气密性要求，按表5-9取剩余预紧力为

$$F''=1.5F=1.5\times7068.5835=10602.875(\mathrm{N})$$

因此，总压力

$$F_o=F+F''=7068.5835+10602.875=17671.4585(\mathrm{N})$$

螺栓材料采用10.9级40Cr钢，由表5-11，取 $\sigma_S=900(\mathrm{MPa})$。

方案①：不控制预紧力，设 $d=16\mathrm{mm}$，按表5-7，取 $n=4$，得

$$[\sigma]=\frac{\sigma_S}{n}=\frac{900}{4}=225(\mathrm{MPa})$$

螺栓的危险剖面面积

$$A_C\geqslant\frac{1.3F_o}{\sigma}=\frac{1.3\times17671.459}{225}=102.1(\mathrm{mm}^2)$$

由表 5-8,取 M16 螺栓($A_C = 144.1 \text{mm}^2$)。

方案②:控制预紧力,由表 5-12,取 $n = 2$,则

$$[\sigma] = \frac{\sigma_s}{S} = \frac{900}{2} = 450(\text{MPa})$$

$$A_C \geqslant \frac{1.3F_o}{[\sigma]} = \frac{1.3 \times 17671}{450} = 51.05(\text{mm}^2)$$

由表 5-8,取 M12($A_C = 76.3 \text{mm}^2$)。

2. 验算疲劳强度

螺栓最大总拉力　$F_{O\max} = F'' + F = 10602.875 + 7068.5835 = 17671.459(\text{N})$

螺栓最小拉力:钢凸缘选钢皮石棉垫片,由表 5-10 取 $\frac{C_1}{C_1 + C_2} = 0.8$,则预紧力为

$$F' = F_{O\min} = F_o - \frac{C_1}{C_1 + C_2}F = 17671.459 - 0.8 \times 7068.5835 = 12016.4(\text{N})$$

方案①:

螺栓接力变化幅为

$$F_a = \frac{F_{O\max} - F_{O\min}}{2} = \frac{17671.459 - 12016.6}{2} = 2827.43(\text{N})$$

螺栓应力幅为

$$\sigma_a = \frac{F_a}{A} = \frac{2827.43}{144.1} = 19.62(\text{MPa})$$

由表 5-6,取 $\sigma_{-1e} = 250\text{MPa}$;表 5-12,$\varepsilon = 87$,$k_m = 1.25$,$k_u = 1.5$,当 $\sigma_B = 250\text{MPa}$ 时,$K_\sigma = 4.2$,则极限应力幅

$$\sigma_{a\lim} = \frac{\varepsilon k_m k_u}{k_\sigma}\sigma_{-1e} = \frac{0.87 \times 1.25 \times 1.5}{4.2} \times 250 = 97.1(\text{MPa})$$

由表 5-12,取 $n_a = 4$,则许用应力幅:

$$\sigma_a = \frac{\sigma_{a\lim}}{n_a} = \frac{97.1}{4} = 24.275\text{MPa} > 19.62\text{MPa},\text{是安全的}。$$

方案②:

螺栓拉力变化幅为

$$F_a = \frac{F_{O\max} - F_{O\min}}{2} = \frac{17671.459 - 12016.6}{2} = 2827.43(\text{N})$$

螺栓应力幅

$$\sigma_a = \frac{F_a}{A_c} = \frac{2827.43}{76.3} = 37.05674(\text{MPa})$$

由表 5-12,取 $\varepsilon = 1$,$k_m = 1.25$,$k_u = 15$,$k_\sigma = 4.2$(当 $\sigma_B = 650\text{MPa}$),则

$$\sigma_{a\lim} = \frac{\varepsilon k_m k_n}{k_\sigma}\sigma_{-1e} = \frac{1 \times 1.25 \times 1.5}{4.2} \times 250 = 111.60(\text{MPa})$$

许用应力幅,由表 5-12,取 $n_a = 2$,则

$$[\sigma_a] = \frac{\sigma_{a\lim}}{n_a} = \frac{111.60}{2} = 55.9(\text{MPa}) > \sigma_a = 37.05674(\text{MPa}),\text{所以安全足够}。$$

3. 螺栓联接件的规格

方案①：不控制预紧力

螺栓　M16×80 GB901-76，10 件，40Cr 钢；

螺母　M16 GB52-76，10 件，强度级别 10 级（40Cr 钢）。

　　方案②：控制预紧力

螺栓　M12×70　GB901-76，10 件，40Cr 钢；

螺母　M12 GB52-76，10 件，强度级别 10 级（40Cr 钢）。

三、托架螺栓

例题 5-3　设计铸铁托架与钢板底座的螺栓联接。托架上的作用力 $F=5000\text{N}$，方向与钻垂线成 $30°$，托架重量不计，托架底板如图 5-30 所示，螺栓数 $Z=4$。

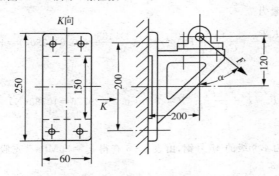

图 5-30　托架底板螺栓组联接

解：本题是横向、轴向载荷和翻转力矩联合作用的螺栓联接，这样的联接一般都采用受拉螺栓联接，其失效形式除螺栓被拉断以外，还可能出现支架沿接合面滑动，以及在翻转力矩作用下，接合面的左边可能离缝（即 $F''<0$），右边可能压溃。计算方法大体有两种：一种是先预选 F''，从而求出 F' 和 F_o，确定螺栓直径，再验算不滑动不压溃等条件；另一种将先由不滑动条件求出 F'（也可根据其他条件求 F'），从而求出 F'' 和 F_o，确定螺栓直径，再验算不离缝不压溃等条件。本题按后一种方法计算。

1. 螺栓组结构设计

采用如图示的结构，螺栓数目 $Z=4$，对称布置。

2. 螺栓受力分析

（1）在工作载荷 F 的作用下，螺栓组联接承受以下各力和翻转力矩的作用：

（轴向力）
$$F_v=F\sin\alpha=5000\sin30°=2500(\text{N})$$

（横向力）
$$F_H=F\cos\alpha=5000\cos30°=4330(\text{N})$$

（翻转力矩）　$M=F_v\times120+F_H\times200=2500\times120+4330\times200=1166000\text{N}\cdot\text{mm}$

（2）在轴向力 F_v 作用下，各螺栓所受工作拉力

$$F_1=\frac{F_v}{Z}=\frac{2500}{4}=625(\text{N})$$

（3）在翻转力矩 M 的作用下，上面两螺栓受到加载作用，而下面两螺栓受到减载作用，故上面螺栓受力较大，而受的载荷可按式（5-15）确定，则

$$F_2=\frac{ML_{\max}}{\sum\limits_{i=1}^{z}L_i^2}=\frac{1166000\times10}{2(10^2+10^2)}=29150(\text{N})$$

根据以上分析,上面的螺栓所受的轴向工作拉力

$$F = F_1 + F_2 = 625 + 29150 = 29775(N)$$

(4)在横向力 F_H 的作用下,底板联接接合面可能产生滑移,根据底板接合面不滑移的条件,并考虑轴向力 F_v 对预紧力的影响,参考式(5-22),则各螺栓所受的预紧力为

$$f(ZF' - \frac{C_2}{C_1 + C_2} F_v) \geqslant K_f F_{1t}$$

或

$$F' \geqslant \frac{1}{Z} (\frac{K_f F_H}{f} + \frac{C_2}{C_1 + C_2} F_v)$$

由表 5-4 查得 $f = 0.3$,由表 5-10 查得 $\frac{C_2}{C_1 + C_2} = 0.2$,则 $1 - \frac{C_1}{C_1 + C_2} = \frac{C_2}{C_1 + C_2} = 0.8$,取可靠性系数 $K_s = 0.2$,则螺栓所需的预紧力

$$F' \geqslant \frac{1}{Z} (\frac{K_f F_H}{f} + \frac{C_2}{C_1 + C_2} F_v) = \frac{1}{4} (\frac{1.2 \times 4330}{0.3} + 0.8 \times 2500) = 4830(N)$$

(5)螺栓所需的总拉力

$$F_o = F' + \frac{C_1}{C_1 + C_2} F = 4830 + 0.2 \times 29775 = 10785(N)$$

3. 求螺栓直径

选螺栓材料强度级别为 4.9 级的 45 号钢,由表 5-6 查得 $\sigma_S = 30MPa$。先假定螺栓直径在 M6～M16 范围内,由表 5-7 查得 $n = 3.5$。

螺栓材料的许用应力

$$[\sigma] = \frac{\sigma_S}{n} = \frac{360}{3.5} = 102.857(MPa)$$

螺栓的危险剖面面积为

$$A_C \geqslant \frac{1.3 F_o}{[\sigma]} = \frac{1.3 \times 107.85}{102.857} = 137.448(mm^2)$$

查表 5-8 采用 M16($A_C = 144.1mm^2$),螺栓 4 只,材料为 45 号钢。

4. 校核螺栓联接的工作能力

(1)联接接合面下端的挤压应力不得超过许用值,以防止接合面下端压碎,即 $\sigma_{Pmin} = [\sigma]_p$,根据式(5-16):

$$\sigma_{pmin} = \frac{ZF'}{A_{板}} + \frac{M}{W_{板}} = \frac{4 \times 4330}{6000} + \frac{116600}{485000} = 7.62(MPa)$$

式中　$A_{板} = 250 \times 60 - 150 \times 60 = 6000(mm^2)$

$$W_{板} = \frac{b}{6} \cdot \frac{h_1^3 - h_2^2}{h_1} = \frac{60}{6} \cdot \frac{250^3 - 150^3}{250} = 485000(mm^3)$$

由表 5-5 查得 $\sigma_p = 0.8 \sigma_S = 0.8 \times 360 = 288MPa \geqslant \sigma_{pmax} = 7.62(MPa)$,联接接合面不会压碎。

(2)联接接合面上端应保持一定的残余预紧力,以防止托架受力接合面产生间隙,即 $\sigma_{pmin} > 0$,根据式(5-17)得

$$\sigma_{pmin} = \frac{ZF'}{A_{板}} - \frac{M}{W_{板}} = \frac{4 \times 4330}{6000} - \frac{116600}{485000} = 0.82(MPa) > 0$$

所以接合面上端受压最小处不产生间隙。

例题 5-4　已知一托架的边板用 6 个螺栓与相邻的托架联接。托架受到一个与边板螺栓组的铅垂对

称线相平行,距离为250mm,大小为60kN的线载作用。现有如图5-31所示的三种螺栓布置形式。①若板用铰制孔用螺栓组联接;②用普通螺栓联接。试问:在三种布置形式下,所用螺栓直径d哪一种最小?应选用哪一种联接?板厚为25mm,材料为A_3钢。

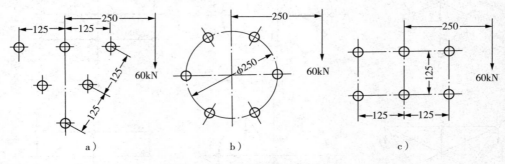

图5-31 三种螺栓布置形式

解:

1. 边板受力分析

将作用力向各螺栓组中心简化,可得一垂直向下的剪力$V=60$kN和一绕螺栓组中心旋转的扭矩$T=60\times30=15000$(kN·mm),如图5-32a、5-32b、5-32c所示。

2. 螺栓组受力分析

确定各种螺栓结构中受力最大的螺栓

(1)垂直剪力V的作用

如图5-32d、5-32e、5-32f所示,设垂直力V的作用,在各螺栓结构中,均由各螺栓平均负担,每个所受的力为

$$F_{SV}=\frac{V}{6}=\frac{60}{6}=10(\text{kN})$$

(2)扭矩T的作用

1)螺栓组为三角形布置时,各螺栓所受剪力如图f所示,这时

$$r_{\max}=r_1=r_3=r_5=\frac{125}{\cos30°}=144(\text{mm})$$

$$r_{\min}=r_2=r_4=r_6=125\text{tg}30°=72.2(\text{mm})$$

根据变形协调条件知,离旋转中心越远,工作剪力越大,显然螺栓1、3、5所受剪力为最大。由式(5-11)得

$$F_{ST\max}=F_{ST1}+F_{ST3}=F_{ST5}=\frac{Tr_{\max}}{r_1^2+r_2^2+r_3^2+r_4^2+r_5^2}$$

$$=\frac{Tr_{\max}}{3r_{\max}^2+3r_{\min}^2}=\frac{15000\times144}{3\times(144)^2+3\times(72.2)^2}=27.7(\text{kN})$$

2)螺栓组为圆形布置,各螺栓所受剪力如图h所示,这时

$$r_{\max}=r_1=r_2=r_3=r_4=r_5=r_6=125(\text{mm})$$

$$F_{ST\max}=\frac{T}{6r_{\max}}=\frac{15000}{6\times125}=20(\text{kN})$$

3)螺栓组作矩形布置,各螺栓所受剪力如图i所示,这时

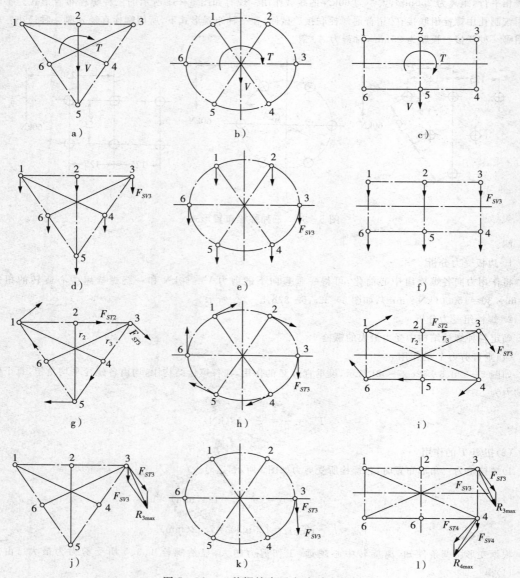

图 5-32　三种螺栓布置方式受力分析

$$r_{\max} = r_1 = r_3 = r_5 = r_6 = \sqrt{125^2 + (\frac{125}{2})^2} = 139.8(\text{mm})$$

$$r_{\min} = r_2 = r_5 = \frac{125}{2} = 62.5(\text{mm})$$

所以螺栓 1,3,4,6 所受剪力最大

$$T_{ST\max} = F_{ST1} = F_{ST3} = F_{ST4} = F_{ST5} = \frac{Tr_{\max}}{4r_{\max}^2 + 2r_{\min}^2} = \frac{15000 \times 139.8}{4 \times (139.80)^2 + 2 \times (62.5)^2)} = 24.2(\text{kN})$$

（3）剪力 V 和扭矩 T 联合作用

1）螺栓组为三角形布置，如图 j 所示。受力最大的为螺栓 3，其所受的力为

$$R_{max} = \sqrt{F_{SV3}^2 + F_{ST3}^2 + 2F_{SV3}F_{ST3}\cos 30°} = \sqrt{10^2 + 27.7^2 + 2 \times 10 \times 27.7\cos 30°} = 36.7(kN)$$

2）螺栓组为圆形布置，受力最大的为螺栓 3，如图 k 所示；

$$R_{max} = F_{SV3} + F_{ST3} = 10 + 20 = 30(kN)$$

3）螺栓组为矩形布置，如图 l 所示，受力最大的为螺栓 3 和 4，其所受的力为：

$$R_{max} = \sqrt{F_{3V3}^2 + F_{ST3}^2 + 2F_{3V3}F_{ST3}\cos\alpha} = \sqrt{10^2 + 24.4^2 + 2 \times 10 \times 24.2\cos\frac{125}{139.8}} = 33.6(kN)$$

由以上分析可见螺栓组作圆形布置时，螺栓受力最小，故选这种结构的螺栓组的螺栓直径最小，而且可以减轻结构重量和简化加工、装配工艺等。

3. 当用铰制孔用螺栓时，螺栓杆受剪作用选用 A3 钢，4.6 级，由表 5-12 取，$\sigma_B = 400MPa$，$\sigma_S = 240MPa$；由表 1-9 取 $n_\tau = 2.5$，$n_p = 1.15$。则

$$[\tau] = \frac{\sigma_S}{n_\tau} = \frac{240}{2.5} = 96(MPa)$$

由式（5-27）求得：

$$d_o = \sqrt{\frac{4R_{max}}{i\pi[\tau]}} = \sqrt{\frac{4 \times 30000}{1 \times \pi \times 96}} = 19.95(mm)$$

查表 5-8，得最小直径 M2O，螺栓 $d_o = 20 + 1 = 21mm$

由式（5-26），验算挤压应力

$$\sigma_P = \frac{R_{max}}{d_o L_{min}} = \frac{30000}{21 \times 25} = 57.143(MPa)（安全）$$

4. 采用普通螺栓

螺栓组在 V 和 T 的作用下，联接依靠接合面间的摩擦传递横向载荷 R_{max}。仍按螺栓组圆形布置计算。

由式（5-8）

$$F' = \frac{K_S R_{max}}{fZi} = \frac{1.2 \times 30000}{0.13 \times 1 \times 1} = 276923(N)$$

式中 $K_S = 1.2$；由表 5-4，取 $f = 0.13$，$i = 1$，$Z = 1$（一组螺栓计算 R_{max} 的一只螺栓直径，其余均用相同直径），当拧紧螺栓时，不控制预紧力，由《设计手册》推荐 M30~M60，安全系数 $n = 2.5~2$，故

$$[\sigma] = \frac{\sigma_S}{n} = \frac{240}{2} = 120(MPa)$$

所需螺栓直径

$$d_C = \sqrt{\frac{4 \times 1.3F'}{\pi[\sigma]}} = \sqrt{\frac{4 \times 1.3 \times 276923}{\pi \times 120}} = 61.80(mm)$$

由 GB193-63，$d = 72mm$，$d_1 = 65.505mm$，故应选用 $d = 72mm$，与螺栓杆受剪直径比较，两者大小相差很大。当然三角形或矩形布置时，所选用的螺栓直径 d 更大。因此本题先应采用哪一种螺栓联接，应全面考虑螺栓所需材料、制造成本、安装费用和是否需要结构紧凑而定。

例题 5-5 图 5-33 为龙门起重机导轨托架的螺栓联接。托架由两块边板和一块承重板焊成，2 块边板各用 4 个螺栓与立柱相联接，支架所受的最大载荷为 20kN，问：

1. 此螺栓采用普通螺栓联接还是铰制孔用螺栓为宜？

2. 如用铰制孔用螺栓联接,并已知螺栓的许用剪应力$[\tau]=28$MPa,标准螺栓的直径应为多大?

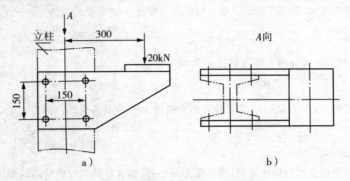

图 5 - 33 龙门起重机导轨托架的螺栓

解:

1. 采用铰制孔用螺栓较为合宜。因为如用普通螺栓联接,为了防止边板下滑,就需在拧紧螺栓时施加相当大的预紧力,以保证接缝面间具有足够大的摩擦阻力,这样就要增大联接的结构尺寸。同时孔与钉杆之间有间隙,为了保证导轨的平直,在装配时需要调整。

2. 确定螺栓直径

1)力的分析,确定螺杆所承受的最大剪力

①由图 5 - 33a 可见,载荷作用于总体结构的对称平面内,因此每一块板所承受的载荷 $P=\dfrac{20}{2}=10$kN。

②应用力的平移定理,将力 P 向接缝面中心简化,由图 5 - 33a,可见螺栓组接缝面受:

向下滑移的载荷 $P=10$kN

绕中心旋转的扭矩 $T=10\times 300=3000$(kN·mm)

③由图 5 - 33a,因滑移载荷 P 的作用,各个螺栓要承受的垂直剪切载荷为

$$V=\frac{P}{4}=\frac{10}{4}=2.5\text{(kN)}$$

因扭矩 T 的作用,各个螺栓所受的剪切载荷为 F。根据式(5 - 11)知

$$F_{\max}=Tr_{\max}/\sum_{i=1}^{z}r_1^2$$

由图可知,$r_1=r_2=r_3=r_4=r_{\max}=\sqrt{75^2+75^2}=106$(mm)

$$F=F_{\max}=\frac{3000\sqrt{75^2+75^2}}{4(\sqrt{75^2+75^2})^2}=7.1\text{(kN)}$$

④根据力的合成原理,由图可知作用于各螺栓的总的剪切载荷为 R_1,R_2,R_3,R_4,其中 $R_2=R_3=R_{\max}$,即螺栓 2,3 为受剪力最大的螺栓。

$$R_{\max}=\sqrt{V^2+F_{\max}^2+2VF_{\max}\times\cos\alpha}$$

$$=\sqrt{2.5^2+7.1^2+2\times 2.5\times 7.1\cos 45°}\approx 9.05\text{(kN)}=9050\text{(N)}$$

2)确定螺杆直径,选定标准螺栓

$$d_o=\sqrt{\frac{4R_{\max}}{\pi[\tau]}}=\sqrt{\frac{4\times 9050}{\pi\times 28}}=20.3\text{(mm)}$$

由手册按 GB27－86 查得螺栓公称直径为 20mm 时,螺栓光杆部分直径 $d_o=21$mm,符合强度要求,故

选 M20 的铰制孔用螺栓。其他结构尺寸则可根据托架的结构，参考标准决定。

检验挤压应力：设支柱为厚 25mm 的 45 号钢型材，则应检验螺栓杆与支柱螺栓孔互压的抗压能力

$$P = \frac{R_{max}}{dh} = \frac{9050}{20.3 \times 25} = 1.98 \approx 2(\text{MPa}) < 360 \times 0.8 = 288(\text{MPa}) , \text{安全。}$$

四、其他螺栓联接

例题 5 - 6　图 5 - 34 所示夹紧螺栓联接。已知：螺栓个数 $Z = 2$，螺纹为 M20，螺栓材料 A3，轴的直径 $d_B = 50$mm，杠杆长度 $L = 400$mm，轴与壳间的摩擦系数 $f = 0.18$。

试求：施加于杠杆端部的作用力 Q 的允许值。

解：螺栓受轴向预紧力 F'，被联接件在 F' 作用下，使轴与夹壳产生正压力 N，把轴与壳夹紧，依靠摩擦力矩来传递扭矩，即 $ZfF''d_B = K_f QL$

由强度条件　$\sigma = \dfrac{1.3F'}{\dfrac{\pi d_c^2}{4}} \leqslant [\sigma]$，　$F' = \dfrac{\pi d_c^2 [\sigma]}{4 \times 1.3}$

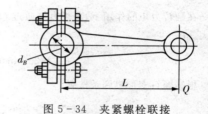

图 5 - 34　夹紧螺栓联接

式中　$d_c \approx d_1$，按 GB196 — 63 M20　$d_1 = 17.294$mm

螺栓材料 A3，由表 5 - 8 取螺栓为 4.6 级；由表 5 - 11 查得 $\sigma_S = 240$MPa；由表 5 - 7 查得，

$n = 4.0 \sim 2.5$，取 $n = 3$，则 $[\sigma] = \dfrac{\sigma_S}{[S]} = \dfrac{240}{3} = 80(\text{MPa})$

故

$$F' = \frac{\pi d_c^2 [\sigma]}{4 \times 1.3} = \frac{\pi \times 17.294^2 \times 80}{4 \times 1.3} = 14455(\text{N})$$

由

$$Q_1 = \frac{ZfF'd_B}{K_f L} = \frac{2 \times 0.18 \times 14455 \times 50}{1.3 \times 400} = 500(\text{N})$$

式中　$Z = 2, f = 0.18, d_B = 50$mm，$L = 400$mm，考虑载荷情况不稳定而引入可靠系数 $K_s = 1.3$，则允许施加于杠杆端部的作用力 $Q = 500$N。

例题 5 - 7　螺钉组联接

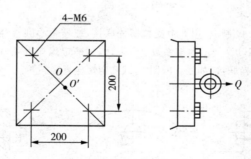

图 5 - 35　螺钉组联接

方形盖板用 4 个螺钉与箱体联接，盖板中心 O 点的吊环拉力 $Q = 10$kN。试求：①螺钉的总拉力，设工作载荷有变化，取剩余预紧力 $F'' = (0.6 \sim 1.0)F$；②如因制造误差，吊环上 O 点移至 O'，$OO' = 5\sqrt{2}$ mm，求受力最大螺钉的拉力。

解：

1. 吊环拉力通过螺钉组形心时，各螺钉的工作拉力相等。

$$F = F_1 = F_2 = F_3 = F_4 = \frac{Q}{4} = \frac{10000}{4} = 2500(\text{N})$$

剩余预紧力 $F'' = (0.6 \sim 1.0)F$,取 $F'' = 0.8F$,则 $F'' = 0.8 \times 2500 = 2000N$,因此每个螺钉的总拉力为

$$F_o = F + F'' = 2500 + 2000 = 4500(\text{N})$$

2. 当有制造误差时:螺钉组形心为 O,而吊环拉力通过 O',把吊环拉力平移至 O,则增加一翻转力矩和一个力,于是有转矩力翻 M:

$$M = Q \cdot OO' = 10000 \times 5\sqrt{2}(\text{N} \cdot \text{mm})$$

$$一个力为 F_{Q1} = F_{Q2} = F_{Q3} = F_{Q4} = \frac{10000}{4} = 2500(\text{N})$$

在翻转力矩的作用下,盖板有绕通过 O 并与 OO' 垂直的轴线翻转的趋势,使螺钉 1 拉力减小,螺钉 3 增大。

$$F_{M1} \times 200\sin 45° + F_{M3} \times 200\sin 45° = 10000 \times 5\sqrt{2} \tag{a}$$

根据螺钉变形协调条件有

$$\frac{F_{M1}}{r_1} = \frac{F_{M3}}{r_3} \quad r_1 = r_3; \quad F_{M1} = F_{M3} \tag{b}$$

联解上面(a)及(b)式得

$F_{M1} = F_{M3} = 250N$,这里 F_{M1} 是螺钉 1 拉力的减量,F_{M3} 是螺钉 3 拉力的增量。

受力最大的是螺钉 3,其工作拉力为

$$F_3 = F_{Q3} + F_{M3} = 2750N$$

取 $F'' = 0.8F_3 = 0.8 \times 2750 = 2200N$

则螺钉 3 的总拉力为

$$F_{O3} = F_3 + F'' = 2750 + 2200 = 4950(\text{N})$$

此题说明,若有制造误差,则螺钉的总拉力将增大。

习　题

1. 凸缘联轴器由 HT20−40 制成,用 8 个受拉螺栓联接,螺栓中心圆直径 $D = 195\text{mm}$,凸缘高度 $h = 30\text{mm}$,联轴器传递扭矩 $T = 1100\text{N} \cdot \text{m}$,摩擦系数 $f = 0.16$,试确定螺栓直径。若联轴器的扭矩是变动的,改用 4 个 A3 钢的铰制孔用螺栓联接,如题 1 的图 b,试确定螺栓直径。

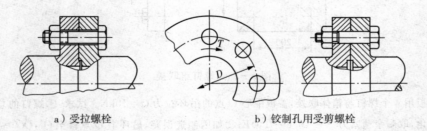

a) 受拉螺栓　　　　　　　　　　b) 铰制孔用受剪螺栓

题 1 图

2. 有一固定在钢制立柱上的托架,已知载荷 $P = 4800\text{N}$,其作用线与垂直线的夹角 $\alpha = 50°$,底板高 $h = 340\text{mm}$,宽 $b = 150\text{mm}$,余见题 2 图所示,试设计此螺栓组联接。

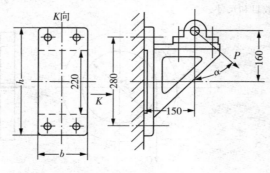

题 2 图

3. 一铸铁吊架(题 3 图)用 2 个螺栓固紧在混凝土架上。吊架所承受载荷 $P = 6000\mathrm{N}$,吊架底面尺寸及其他有关尺寸如图示,试设计此螺栓联接。

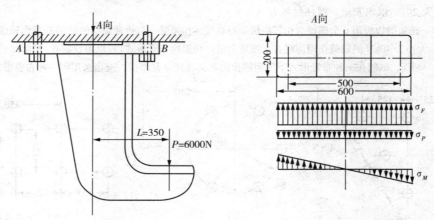

题 3 图

4. 龙门起重机导轨托架的螺栓联接(题 4 图)。托架由两块边板和一块承重板焊成,2 块边板各用 4 个螺栓与立栓相联接,支架所承受的最大载荷为 40kN,试设计:

(1)采用普通螺栓(板钻孔)的螺栓直径 d;

(2)采用板铰孔,用精制螺栓联接并已知螺栓的许用剪应力为 28MPa 的情况下螺栓的直径 d。

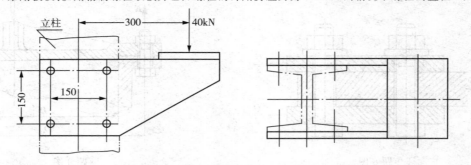

题 4 图　龙门起重机导轨托架的螺栓联接

5. 图示的气缸盖联接中,已知:气缸中的压力在 0 到 1.5MPa 间变化,气缸内径 $D = 250\mathrm{mm}$,螺栓分布圆直径 $D_o = 346\mathrm{mm}$,凸缘与垫片厚度之和为 50mm。为保证气密性要求,螺栓间距不得大于 120mm。试选择螺栓材料,并确定螺栓数目和尺寸。

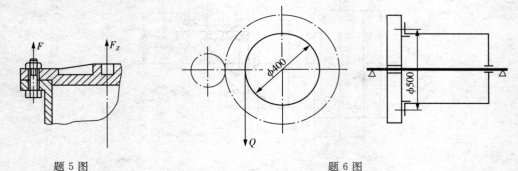

　　　　　题 5 图　　　　　　　　　　　　　　　　　　　题 6 图

6. 计算起重卷筒双头螺柱直径。钢丝绳起重量 $Q=50000N$,利用双关螺柱夹紧产生的摩擦力矩由齿轮传到卷筒上,8 个螺柱均匀分布在直径 $D_1=500mm$ 的圆周上。联接接触面摩擦系数 $f=0.12$,希望摩擦力比计算值大 20%,以求安全。螺柱材料为 A3。

7. 已知一托架的边板用 6 个螺栓与相邻的机架相联接。托架受一与边板螺栓组的铅垂对称轴线相平行,距离为 250mm、大小为 40kN 的载荷作用。现有如图所示的三种螺栓布置形式,若板用铰制孔、精制螺栓联接,其许用剪应力为 35MPa。试问在三种布置形式下所用螺栓的名义直径 d 是多少? 应当选用哪一种布置形式?

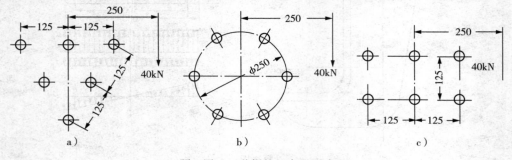

　　　　a)　　　　　　　　　　　b)　　　　　　　　　　　　c)

题 7 图　三种螺栓组布置形式

8. 如图所示的螺栓联接中采用两个 M20 的螺栓,其许用拉应力为$[\sigma]=160MPa$,被联接件接合面间的摩擦系数 $f=0.2$,若考虑摩擦力的可靠系数 $K_S=1.2$,试计算该联接允许传递的载荷 Q。

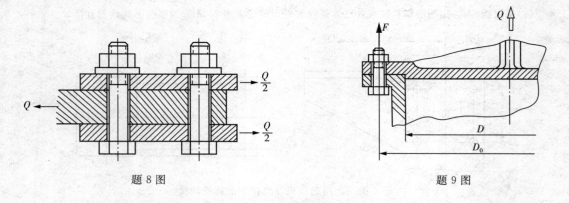

　　　　　题 8 图　　　　　　　　　　　　　　　　　　　题 9 图

9. 有气缸盖螺栓联接(题 9 图),已知缸内最大压强 $p=12MPa$,内腔直径 $D=80mm$,螺栓数 $Z=8$,采用橡胶垫片,试设计螺栓直径。

10. 在题 10 图所示的车间管路支架中,已知支架上受有载荷 $Q=5$kN,载荷作用点至墙壁间的距离 $l=$ 1m,底板高 $h=300$mm,宽度 $b=200$mm,砖墙为水泥浆缝,$[\sigma]_p=2$MPa,试设计此联接。

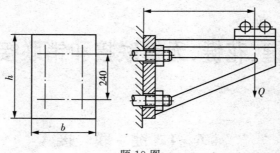

题 10 图

第六章

键、花键、无键联接和销联接

§6-1　键　联　接

一、键联接的分类及其结构形式

键是一种标准零件,通常用来实现轴与轮毂之间的周向固定,并将转矩从轴传递到毂或从毂传递到轴;有些还能实现轴上零件的轴向固定或轴向滑动。

键可分为平键(Key)、半圆键(Woodruff Key)、楔键(Tapered Key)、切向键(Tangential Key)等几类。现将键联接(Key joint)的主要形式及其应用特性简单介绍如下:

(一)平键联接(Straight Key joint)

图6-1a为普通平键联接的结构形式。键的两侧面是工作面,工作时靠键同键槽侧面的挤压来传递转矩。键的上表面和轮毂上键槽底面间留有间隙。平键联接具有结构简单、装拆方便、对中性较好等优点,因而得到了广泛应用。这种键联接不能承受轴向力,因而对轴上的零件不能起到轴向固定的作用。

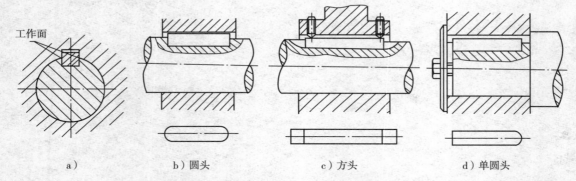

工作面

a)　　　　　b)圆头　　　　　c)方头　　　　　d)单圆头

图6-1　普通平键联接(图b,c,d下方为键及键槽示意图)

根据不同用途,平键分为普通、薄型、导向平键和滑键四种。其中普通平键和薄型平键用于静联接,导向平键和滑键用于动联接。

普通平键按构造分为圆头(A型)、平头(B型)及单圆头(C型)三种。圆头平键(图6-1b)宜放在轴上用键槽铣刀铣出的键槽中,键在铣槽中轴向固定良好。缺点是圆头键的头部侧面与轮毂上的键槽并不接触,因而键的圆头部分不能充分利用,而且轴上键槽端部的应力集中较大。平头平键(图6-1c)是放在用盘铣刀铣出的键槽中,因而避免了上述缺点,但对于尺寸大的键,宜用紧定螺钉固定在轴上的键槽中,以防松动。单圆头平键(图6-1d)

则常用于轴端与毂类零件的联接。

　　薄型平键与普通平键的主要区别是键的高度约为普通平键的60％～70％,也分为圆头、平头和单圆头三种形式,但传递转矩的能力较低,常用于薄壁结构、空心轴及一些径向尺寸受限制的场合。

　　当被联接的毂类零件在工作过程中必须在轴上做轴向移动(如变速箱中的滑移齿轮)时,则须采用导向平键或滑键。导向平键(图6-2a)是一种较长的平键,用螺钉固定在轴上的键槽中,为了便于拆卸,键上制有起键螺孔,以便拧入螺钉使键退出键槽。轴上的传动零件则可沿键作轴向滑移。当零件滑移的距离较大时,因所需导向平键的长度过大,制造困难,故宜采用滑键(图6-2b)。滑键固定在轮毂上,轮毂带动滑键在轴上的键槽中作轴向滑动。这样,只需在轴上铣出较长的键槽,而键可做得较短。

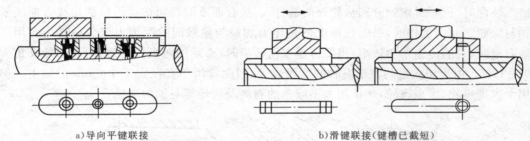

　　a)导向平键联接　　　　　　　　　　　　b)滑键联接(键槽已截短)

图6-2　导向平键联接和滑键联接(下方为键的示意图)

(二)半圆键联接

　　半圆键联接如图6-3所示。轴上键槽用尺寸与半圆键相同的半圆键槽铣刀铣出,因而键在槽中能绕其几何中心摆动以适应轮毂中键槽的斜度。半圆键工作时,靠其侧面来传递转矩。这种键联接的优点是工艺性较好,装配方便,尤其适用于锥形轴与轮毂的联接。缺点是轴上键槽较深,对轴的强度削弱较大,故一般只用于轻载静联接中。

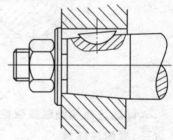

图6-3　半圆键联接

(三)楔键联接

　　楔键联接如图6-4所示。键的上、下两面是工作面,键的上表面和与它相配合的轮毂键槽底面均具有1∶100的斜度。装配后,键即楔紧在轴和轮毂的键槽里。工作时,靠键的楔紧作用来传递转矩,同时还可以承受单向的轴向载荷,对轮毂起到单向的轴向定位作用。楔键的

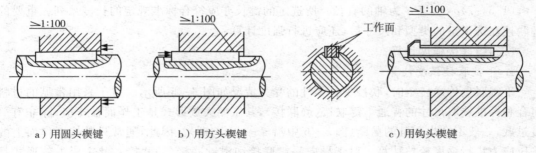

　　a)用圆头楔键　　　　　　b)用方头楔键　　　　　　　　　　c)用钩头楔键

图6-4　楔键联接

侧面与键槽侧面间有很小的间歇,当转矩过载而导致轴与轮毂发生相对转动时,键的侧面能像平键那样参加工作。因此,楔键联接在传递有冲击和振动的较大转矩时,仍能保证联接的可靠性。楔键联接的缺点是键楔紧后,轴和轮毂的配合产生偏心和偏斜。因此,主要用于毂类零件的定心精度要求不高和低转速的场合。

楔键分为普通楔键和钩头楔键两种。普通楔键有圆头、平头和单圆头三种形式:装配时,圆头楔键要先放入轴上键槽中,然后打紧轮毂(图 6 - 4a);平头、单圆头和钩头楔键在轮毂装好后才将键放入键槽并打紧;钩头楔键的钩头供拆卸用,应注意加装防护罩。

(四)切向键联接

切向键联接如图 6 - 5 所示。切向键是由一对斜度为 1∶100 的楔键组成。切向键的工作面是由一对楔键沿斜面拼合后相互平行的两个窄面,被联接的轴和轮毂上都制有相应的键槽。装配时,把一对楔键分别从轮毂两端打入,拼合而成的切向键就沿轴的切线方向楔紧在轴与轮毂之间。工作时,靠工作面上的挤压力和轴与轮毂间的摩擦力来传递转矩。用一个切向键时,只能传递单向转矩;当要传递双向转矩时,必须用两个切向键,两者间的夹角为 $120°\sim130°$。由于切向键的键槽对轴的削弱较大,因此常用于直径大于 100mm 的轴上。例如用于大型带轮、大型飞轮、矿山用大型绞车的卷筒及齿轮等与轴的联接。

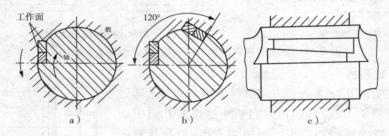

图 6 - 5　切向键联接

二、键的选择和键联接强度计算

(一)键的选择

键的选择包括类型选择和尺寸选择两个方面。键的类型应根据键联接的结构特点、使用要求和工作条件来选择;键的尺寸则按符合标准规格和强度要求来取定。键的截面尺寸 $b\times h$ 按轴的直径 d 由标准中选定。键的长度 L 一般可按轮毂的长度而定,即键长等于或略短于轮毂的长度;而导向平键则按轮毂的长度及其滑移距离而定。一般轮毂的长度可取为 $L'\approx(1.5\sim2)d$,这里 d 为轴的直径。所选定的键长亦应符合标准规定的长度系列。重要的键联接在选出键的类型和尺寸后,还应进行强度计算。

(二)键联接强度计算

1. 平键联接强度计算

平键联接传递转矩时,联接中各零件的受力情况如图 6 - 6 所示。对于采用常见的材料组合和标准选取尺寸的普通平键联接(静联接),其主要失效形式是工作面被压溃,除非有严重过载,一般不会出现键的剪断(图 6 - 6 中沿 a - a 面剪断)。因此,通常只需按工作面上的挤压应力进行强度校核计算。对于导向平键联接和滑键联接(动联接),其主要失效形式是工作面的过度磨损。因此,通常按工作面上的压力进行条件性的强度校核计算。

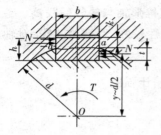

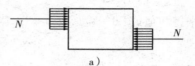
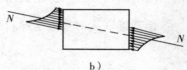

图 6-6 平键联接受力情况   图 6-7 平键受力分析

假定载荷在键的工作面上均匀分布(实际上压力分布如图 6-7a 或 b 所示),普通平键联接的强度条件为

$$\sigma_p = \frac{2T \times 10^3}{kld} \leqslant [\sigma]_p \, (\text{MPa}) \tag{6-1}$$

导向平键联接和滑键联接的强度条件为

$$p = \frac{2T \times 10^3}{kld} \leqslant [p] \, (\text{MPa}) \tag{6-2}$$

式中 T——传递的转矩,N·m;

d——轴的直径,mm;

l——键与毂的接触长度(当用导键或用圆头平键时,l 小于键长),mm;

k——键与毂的接触高度,mm;

$[\sigma]_p$——许用挤压应力(对于动联接,则以许用比压 $[p]$ 代替式中 $[\sigma]_p$),MPa,见表 6-1。

表 6-1 键联接的许用应力、许用压力(MPa)

许用应力、许用压力	联接工作方式	键或毂、轴的材料	载荷性质		
			静载荷	轻微冲击	冲击
$[\sigma]_p$	静联接	钢	120~150	100~120	60~90
		铸铁	70~80	50~60	30~45
$[p]$	动联接	钢	50	40	30
$[\tau]$	静联接	钢	120	90	60

注:①$[\sigma]_p$,$[p]$ 应按联接中材料机械性最弱的零件选取;

②如与键有相对滑动的被联接件表面经过淬火,则动联接的许用压力$[p]$可提高 2~3 倍。

验算结果如不满足强度条件,可在同一轴毂联接处相隔 180°布置两个平键,考虑到载荷分布的不均匀性,双键联接的强度只按 1.5 个键计算,如仍不能满足强度条件,则改用花键联接。

2. 半圆键联接

如图 6-8 所示,键的侧面为半圆形,

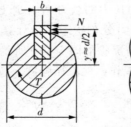
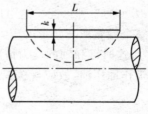

图 6-8 半圆键联接受力情况

键可在槽中摆动以自动适应轮毂底面的倾斜,安装方便,尤其适宜锥形轴与轮毂的联接。键的侧面是工作面,其工作原理与平键同用于静联接。半圆键工艺性较好,但键槽较深,对轴的强度削弱较大,因此,主要用于载荷较轻的联接中。

半圆键联接的受力情况和平键相似(图 6-8)。取 $y \approx \dfrac{d}{2}$,则挤压强度为

$$\left.\begin{aligned}\sigma_p &= \frac{2T}{kld} \leqslant [\sigma]_p \,(\text{MPa}) \\[2mm] \text{或 } T &= \frac{1}{2}kld[\sigma]_p \,(\text{N} \cdot \text{mm})\end{aligned}\right\} \tag{6-3}$$

键的剪切强度条件为

$$\tau = \frac{2T}{dbl} \leqslant [\tau] \tag{6-4}$$

式中　D——键宽,mm,查 GB1099-79;

　　　l——键的长度,取 $l=L$,L 为键的公称长度,mm;

　　　k——同前;

　　　$[\tau]$——键的许用剪切应力,MPa,见表 6-1。

3. 楔键联接简化强度计算

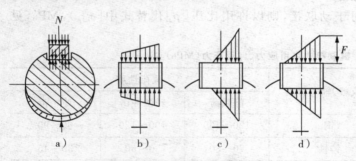

图 6-9　楔键联接的压力分析

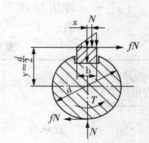

图 6-10　楔键联接的受力情况

如图 6-9a 所示,键打入后尚未传递扭矩时,沿键宽的压力分布是均匀的,其合力 N 通过联接的轴心。当传递扭矩时,轴与毂有相对传动的趋势,使键上受的压力不均匀,其合力有所转移,转移的程度随所传递的扭矩和打紧力的大小而变,可能出现如图 6-9b、6-9c、6-9d 所示的三种情况。这时压力的合力 N 不通过轴心而构成偏压。通常取图 6-9d 所示的沿整个键宽成三角形的压力分布状态作为计算的依据,取键与毂和键与轴间的摩擦系数均为 f,这时键和轴的受力情况将如图 6-10 所示(轮毂已取掉),其主要失效形式是相互楔紧的工作面压溃,故应校核工作面的挤压强度。按力矩平衡的条件可得所传递的力矩

$$T = fN\frac{d}{2} + fNy + Nx$$

设计时假设压力沿键长均匀分布,沿键宽 b 为三角形分布,则整个工作面上的合力的许

用值为 $N=bl[\sigma]_p/2$。取 $f=0.12\sim0.17, x\approx\dfrac{b}{6}, y\approx\dfrac{d}{2}$，则可近似求得允许传递的转矩为

$$T=\frac{1}{12}bl(bfd+b)[\sigma]_p(\text{N}\cdot\text{mm}) \tag{6-5}$$

或

$$\sigma_p=\frac{12T}{bl(b+d+b)}\leqslant[\sigma]_p(\text{MPa}) \tag{6-6}$$

4. 切向键联接的计算

图 6-11 为切向键联接工作时的受力情况。工作时，联接的工作面受有挤压力 N，因为联接工作面很窄，可以认为挤压力 N 在工作面上均匀分布。于是，按力矩平衡条件求得所传递的力矩为

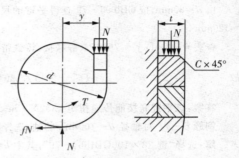

$$T=Ny+fN\frac{d}{2}$$

取 $y\approx\dfrac{1}{2}(d-t), t\approx\dfrac{d}{10}$，则

图 6-11　切向键联接的受力简图

$$T=Nd(0.45+0.5f)$$

$$N=\frac{T}{d(0.45+0.5f)}$$

故挤压强度条件为

$$\sigma_p=\frac{N}{(t-c)t}=\frac{T}{(0.45+0.5f)(t-c)dl}\leqslant[\sigma]_p(\text{MPa}) \tag{6-7}$$

或

$$T=(0.5f+0.45)(t-c)dl[\sigma]_p \tag{6-7}'$$

式中　d——轴的直径，mm；

l——键的长度，mm；

C——切向键倒角宽度，mm；

t——切向键工作长度，mm；

其余符号同上。

例题 6-1　选择并验算蜗轮和轴的键联接。蜗轮轴传递的功率 $P=5.5\text{kW}$，转速 $n=80\text{r/min}$，单向传动，载荷有变化。蜗轮轮毂内径 $D=65\text{mm}$，轮毂长度为 90mm，材料是铸铁。

解:按 GB1095-79 选取"键 18×90"，键高 $h=11\text{mm}, l=l-b=90-18=72(\text{mm})$

传递的扭矩

$$T=9.55\times10^6\frac{P}{n}=9.55\times10^6\times\frac{5.5}{80}=655000(\text{N}\cdot\text{mm})$$

由式(6-1)，挤压应力为

$$\sigma_p=\frac{2T}{kld}=\frac{2T}{h/2ld}=\frac{4T}{hld}=\frac{4\times655000}{11\times72\times65}=51.1(\text{MPa})$$

查表 6-1，查得许用挤压应力 $[\sigma]_p=50\sim60\text{MPa}$，取 $[\sigma]_p=55\text{MPa}>\sigma_p$。

结论:用 1 只"键 18×90GB1095－79"强度已够。

例题 6－2　在轴径 d＝80mm 的钢轴上,装一铸铁胶带轮,如果用平键联接接触长度 l＝1.5d,求该静接触能传递多大扭矩?

解:平键联接所能传递的扭矩

$$T \leqslant \frac{1}{2}kld[\sigma]_p = \frac{1}{2} \cdot \frac{h}{2}ld[\sigma]_p$$

由 d＝80mm,按 GB1096－79 查得平键的尺寸:b＝22mm,h＝14mm,平键的接触长度 l＝1.5d＝1.5×80＝120mm

查表 6－1　$[\sigma]_p$＝70MPa(静联接,铸铁带轮)

故
$$T \leqslant \frac{1}{4} \times 14 \times 120 \times 80 \times 70 \times 10^{-3} = 2352(\text{N} \cdot \text{m})$$

答案:该平键联接能传递扭矩 2352N·m。

例题 6－3　对轴径 d＝100mm 的轴,选择楔键的尺寸,并验算它的挤压强度。

解:选择"键 28×100GB1564－79",其中 h＝16mm;键的工作长度 l＝1.5d＝150mm。

轴所能传递的最大扭矩,可以从扭转计算公式求得,取许用剪应力$[\tau]$＝80MPa。

$$T \leqslant 0.2d^3[\tau] = 0.2 \times 100^3 \times 80 = 1600000(\text{N} \cdot \text{mm})$$

按式(6－6)求挤压应力(取 f＝0.15)

$$\sigma_p = \frac{12T}{bl(bfd+b)} = \frac{12 \times 1600000}{18 \times 180(6 \times 0.15 \times 100+18)} = 66(\text{MPa})$$

验算结果:$\sigma_p < [\sigma]_p$　($[\sigma]_p$＝120～150MPa)。

例题 6－4　试为蜗轮与轴选择键联接的尺寸。已知蜗轮精度为 8 级,装蜗轮处轴径为 70mm,轮毂长度为 130mm,联接传递的载荷为 T＝1010N·m,载荷有轻微冲击。

解题分析:本例属静联接,主要失效形式为工作面挤压损坏,可以根据已知的工作条件和参数,由标准选择键的尺寸,再校核其强度。

解:一般 8 级以上精度的蜗轮有定心要求,宜选择平键联接。从易于安装考虑,选用普通平键联接,根据给定轴径可由"手册"查得键的尺寸为:键宽 b＝20mm,键高 h＝12mm,由轮宽并参考键长系列,取键长 l＝110mm。

联接中以轮毂的材料最弱,所以接铸铁由表 6－1 查得许用挤压应力$[\sigma]_p$＝50～60MPa,取其平均值 $[\sigma]_p$＝55MPa。由于是圆头键,键的工作长度 l＝L－b＝110－20＝90mm。这样,可以校核键联接的强度。由式(6－1)

$$\sigma_p = \frac{2T}{kdl} = \frac{2T}{h/2dl} = \frac{4T}{hdl} = \frac{4 \times 1010 \times 10^3}{12 \times 70 \times 90} = 53.4(\text{MPa})$$

结果:$\sigma_p < [\sigma]_p$＝55MPa,满足要求。所以选定键 20×100 GB1096－76。

§6－2　花 键 联 接

一、花键联接的类型、特点和应用

花键联接(Spline joint)是由轮毂和轴分别加工出若干均匀的凹槽和凸齿(凹槽叫内花

键,凸齿叫外花键)组成。这种联接的优点是:①由于在轴上与毂孔上直接而匀称地制出较多的齿与槽,故联接受力较为均匀;②因槽较浅,齿根处应力集中较小,对轴削弱较轻;③具有良好的定心性和导向性,装拆性能也较好。缺点是加工工艺比较复杂,需用专门刀具和加工设备。

花键联接可用作静联接或动联接。根据齿形不同,花键联接可分为矩形、渐开线和三角形花键三种。

(一)矩形花键(Rectangle spline)

按齿数和齿高的不同,矩形花键的齿形尺寸在标准中规定了四个尺寸系列,即轻系列、中系列、重系列和补充系列。轻系列的承载能力一般较小,多用于静联接或轻载联接;中系列适用于中等载荷的静联接或在空载下移动的动联接;重系列的承载能力大,常用于重载联接。

根据定心方式的不同,矩形花键可以分为外径定心、内径定心和齿侧定心三种。当内花键表面硬度不高(表面硬度<HRC40),可用拉刀保证其精度;外花键可在普通磨床上加工至所需的精度。这种外径定心方法(图6-12a)定心方便,定心精度高。当内花键表面硬度要求在 HRC40 以上,热处理后不便用拉刀校正其外径时,宜用内径定位(图6-12b),这时内花键与外花键在热处理后都要磨削,加工比较复杂,但定心精度高。齿侧定心(按宽度 b 定心,如图6-12c)是利用键齿侧面的精确配合,以保证定心精度。齿侧定心精度不高,但有利于各齿均匀承载,所以适用于载荷较大而定心要求不高的重系列联接,且多用于静联接。

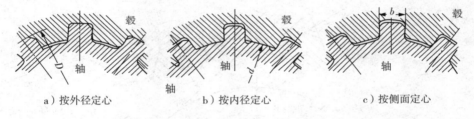

a)按外径定心   b)按内径定心   c)按侧面定心

图6-12 矩形花键联接及其定心方式

(二)渐开线花键(Involute spline)

渐开线花键可以用制造齿轮的方法来加工,工艺性较好,制造精度也较高,花键齿的根部强度高,应力集中小,易于对中,当传递的转矩较大且轴径也大时,宜采用渐开线花键联接。

渐开线花键与直齿轮相比,它有两个显著的特点:①分度圆压力角 $\alpha=30°$;②齿顶高仅为 $0.5m$,此处 m 为模数。由于 α 增大,齿顶高系数减小,花键不发生根切的最少齿数可以到4个齿。航空工业部门中有用到齿数 $z=8$ 的。

渐开线花键定心方式有:

按齿形定心(图6-13a),具有自动定心作用,有利于各齿均匀承载,一般优先采用之。

按外径定心(6-13b),这种方式只在特殊需要时才采用(如用于径向载荷较大,齿形配合又需选用动配合的传动机构)。因为采用此种定心后,限制了花键自动定心的作用,加工花键所用的滚刀或插刀需要特殊制造。

按与分度圆同心的圆柱面定心(图6-13c),这种方式适用于所受径向载荷较小、又要求传动平稳的传动机构。采用此种定心方式时,花键的几何尺寸关系与按齿形定心时相同,定心的圆柱面应与花键分度圆同心。

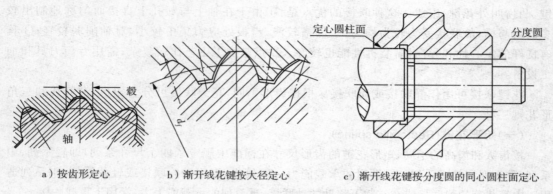

a）按齿形定心　　　　b）渐开线花键按大径定心　　c）渐开线花键按分度圆的同心圆柱面定心

图 6-13　渐开线花键及其定心方式

（三）三角花键（Triangle spline）

三角花键的齿形如图 6-14 所示。内花键齿形为三角形，外花键用的是分度圆压力角等于 $45°$ 的渐开线齿形。由于齿数较多，键齿细小，故对轴的强度削弱较小。三角花键只按齿侧定心，因而在外花键的小径及大径处都留有径向间隙 C。它适用于轻载和直径小的静联接，特别适宜于轴与薄壁零件的联接。

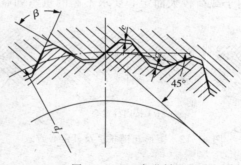

图 6-14　三角花键

二、花键联接强度计算

花键联接的设计计算步骤和前述键联接相似。先选定类型、尺寸及定心方式，然后进行必要的强度校核。花键联接的受力情况和平键联接相似。对于静联接，其主要失效形式为齿面被压溃，个别情况也会出现齿根被剪断或弯曲情况。对于动联接，其主要失效形式是工作面的过度磨损。因此，在强度校核时，一般只需按工作面上的挤压应力（对静联接）或压力（对动联接）进行条件性强度计算。

静联接时，强度条件为

$$\sigma_p = \frac{2T \times 10^3}{\psi Zhld} \leqslant [\sigma]_p \tag{6-8}$$

所能传递的转矩为

$$T = \frac{1}{2 \times 10^3} \psi Zhldm [\sigma]_p (\text{N} \cdot \text{m}) \tag{6-8}'$$

式中　ψ——载荷分布不均系数,视齿数多少而定,一般取

$\psi=0.7\sim0.8$;

Z——花键的齿数;

l——齿的工作长度,mm;

h——花键齿侧面的工作高度,矩形花键,$h=\dfrac{D-d}{2}-$

2C,此处 D 为外花键的大径,d 为内花键的小径,C 为倒角尺寸(图 6-15),单位均为 mm;渐开线花键,$h=m$;三角花键,$h=0.8m$,m 为模数;

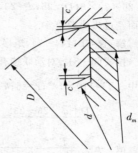

图 6-15　花键联接受力情况

d_m——花键的平均直径,矩形花键,$d_m=\dfrac{D+d}{2}$;渐开线和三角花键,$d_m=d_f$,d_f

为分度圆直径,mm;

$[\sigma]_p$——许用挤压应力(对于动联接以许用压力$[p]$代替式中的$[\sigma]_p$),MPa,见表6-2。

外花键及内花键通常用抗拉强度不低于 600MPa 的钢材制造。在载荷作用下,作频繁移动的花键,齿面要经过热处理,以获得足够的强度。

表 6-2　花键联接的许用应力(MPa)

许用应力,许用压力	联接工作方式	使用和制造情况	齿面未经热处理	齿面经热处理
$[\sigma]_p$	静联接	不良	35~50	40~70
		中等	60~100	100~140
		良好	80~120	120~200
$[p]$	空载下移动的动联接	不良	15~20	20~35
		中等	20~30	30~60
		良好	25~40	40~70
	载荷下移动的动联接	不良	—	3~10
		中等	—	5~15
		良好	—	10~20

注:①使用和制造不良系指受变载,有双向冲击,振动频率高和振幅大,润滑不良(动联接、材料硬度不高或精度低)等。

②同一情况下,$[\sigma]_p$ 或 $[p]$ 的较小值用于工作时间长和较重要的场合。

例题 6-5　试选减速器上用的渐开线花键所能传递的扭矩。已知:齿的工作长度 $l=45$mm,模数 $m=2$,齿数 $Z=28$;静联接,齿轮及轴的材料均为 A5,并经热处理。

解:计算联接尺寸,采用齿形定心。根据标准取 C=0.5mm。当齿数 Z=28,模数 m=2 时,则分度圆直径 $d_f=mZ=2\times28=56$(mm)

由于是静联接,从表 6-2 查得$[\sigma]_p=120\sim200$,取$[\sigma]_p=150$MPa;$\psi=0.75$。

由式(6-8)′,计算所能传递的扭矩

$$T=\psi Zr_m hl[\sigma]_p=0.75\times28\times\dfrac{56}{2}\times2\times45\times150=7938(N\cdot m)$$

例题 6-6　试验一变速箱中滑移齿轮的花键联接强度。传递力矩 $T=110$N·m;矩形花键尺寸:

$6-26\times23\times6(D=26,d=23,b=6,Z=6)$；齿的接触长度 $l=40$mm，花键材料 45 号钢，齿轮材料 40Cr 钢，齿面经过热处理。

解：查 GB1144-74，矩形花键 $6-26\times23\times6$，$C=0.3$mm。取载荷不均匀系数 $\psi=0.7$

按式(6-8)′，对动联接有 $T\leqslant\psi Zr_m hl[p]$

式中　$T=110\times10^3$；$Z=6$；$h=\dfrac{D-d}{2}-2c=\dfrac{26-23}{2}-2\times0.3-0.9$；$l=40$；

$$r_m=\dfrac{D+d}{4}=\dfrac{26+23}{4}=12.5(\text{mm})$$

故　$p=\dfrac{T}{\psi Zhlr_m}=\dfrac{110\times10^3}{0.7\times6\times0.9\times12.5}=59.39(\text{MPa})$

查表 6-2，对于在不受载荷下移动的联接，工作条件良好的情况下，齿面经过热处理时，一般可取$[\sigma]=40\sim70$MPa，故此联接可以适用。

例题 6-7　选择一车床主轴箱内齿轮的花键联接。已知联接件传递的转矩 $T=212$N·m，齿轮轮毂宽度 $B=56$mm。根据强度计算配合处的直径 d 不小于 35mm。

解：　由于载荷不大，选择较易加工的矩形联接，根据轴径 d 不小于 35mm 的要求，可以用中系列 $8-42\times36\times7$ 或补充系列 $6-42\times36\times10$，现采用中系列，即 $Z=8$，外径 $D=42$，内径 $d=36$，键宽 $b=7$。

根据机床工作条件，一般是在空载下移动的动联接，但考虑到有时可能出现意外情况，所以按在载荷作用下移动的动联接选取许用比压，齿面经过热处理（HRC>40），工作条件良好，可取$[p]=10\sim30$MPa（表6-2），取$[p]=15$MPa。

由标准花键查得键的倒角 $c=0.4$mm，可得工作高度

$$h=\dfrac{D-d}{2}-2C=\dfrac{42-36}{2}-2\times0.4=2.2(\text{mm})$$

$$r_m=\dfrac{D+d}{4}=\dfrac{42+36}{4}=19.5(\text{mm})$$

由轮毂宽度 B 可取齿的工作长度 $l=B=56$mm；取 $\psi=0.75$

键齿的工作压强为

$$p=\dfrac{T}{\psi Zhlr_m}=\dfrac{212\times10^3}{0.75\times8\times2.2\times56\times19.5}=14.7(\text{MPa})<[p]，可用。$$

选取花键以后，还应确定定心方式和配合精度。可以参考手册确定这部分内容。

§6-3　无 键 联 接

凡是轴与毂的联接不用键（或花键）时，统称为无键联接（Keyless joint）。例如图 6-16 所示，把安装轮毂的一段轴做成表面光滑的非圆形剖面的柱体（图 6-16a）或非圆形剖面的锥体（图 6-16b），并在轮毂上制成相应的孔。这种轴与毂孔相配合而构成的联接，常叫型面联接（Shaped joint），属于无键联接的一种。

采用型面联接传递转矩时，装拆方便，能保证良好的对中性；联接面上没有键槽及尖角，从而减少了应力集中，故可传递较大的转矩。但加工比较复杂，特别是为了保证配合精度，最后工序多要在专用机床上进行磨削加工，故目前应用还不广泛。

型面联接常用的型面曲线有摆线和等距曲线两种。等距曲线如图 6-17 所示，因与其轮廓曲线相切的两平行线 T 间的距离 D 为一常数，故把此轮廓曲线称为等距曲线。与摆线

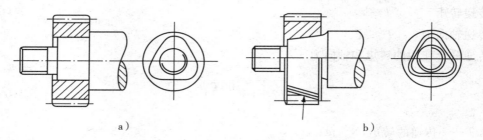

图 6-16 型面联接

相比,其加工与测量均较简单。

此外,型面联接也有采用方形、正六边形及带切口的圆形等剖面形状的。

弹性环联接(Spring-ring friction joint)也是无键联接的一种。如图 6-18 所示,1 为轮毂,4 为轴,毂孔与轴的表面均为光滑圆柱形;2 为外弹性环,其内孔为锥形;3 为内弹性环,其外表面为锥形。当拧紧螺母 5 时,在轴向压紧力作用下,外弹性环 2 的外径增大,内弹性环 3 的内径缩小,故可在与轴、毂孔的接触面上产生径向压紧力,利用此压紧力所引起的摩擦力矩来传递转矩。弹性环联接同样不在轮毂与轴上开键槽,从而减少了应力集中,可以保证良好的对中性,安装方便,可获得紧密的联接,而且有安全保护作用,故在安装船用螺旋桨时常有采用。轴和轮毂的工作面都要求仔细加工。弹性环可用 65 号或 70 号高碳钢或55Cr、60Cr2 等材料制成,其锥角一般取 12.5°～17°,要求内外弹性环锥面配合良好。

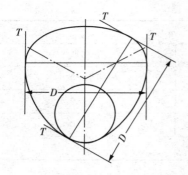

图 6-17 型面联接常用的等距曲线

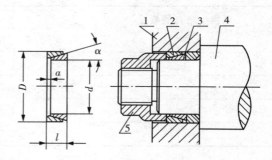

图 6-18 弹性环联接

当采用弹性环组合时(图 6-19),如采用同一轴向压紧力,则轴向力传到第二对弹性环时会有所降低,致使第二对传递的转矩一般比第一对减少 50%,如还有第三对,则减为第一对的25%。因此,联接所用弹性环的对数不宜过多,以不超过 3～4 对为宜。

各种弹性环(胀套)已标准化,选用时只需根据妥为设计的轴和轮毂尺寸以及传递载荷的大小,查阅手册选择合适的型号和尺寸,使传递的载荷在许用范围内,亦即满足下列条件:

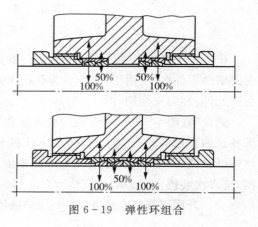

图 6-19 弹性环组合

传递转矩　　　　$T \leqslant T_1$　　　　　　　　　　　　　　　　　　　　(6-9)

传递轴向力　　　$F_a \leqslant F_1$　　　　　　　　　　　　　　　　　　　(6-10)

传递联合作用的转矩和轴向力

$$F = \sqrt{F_a^2 + \left(\frac{2000T}{d}\right)^2} \leqslant F_1 \tag{6-11}$$

式中　T——传递的转矩，N·m；

　　　　T_1——一个胀套(弹性环)的额定转矩，N·m；

　　　　F_a——传递的轴向力，N；

　　　　F_1——一个胀套(弹性环)的额定轴向力，N；

　　　　d——胀套(弹性环)内径，mm。

　　当一个胀套满足不了要求时，可用两个以上的胀套串联使用(这时单个胀套传递载荷的能力将随胀套数目的增加而降低，故套数不宜过多)。其总的额定载荷为(以转矩为例)

$$T_{nt} = m \cdot T_1 \tag{6-12}$$

式中　T_{nt}——n 个胀套的总额定转矩，N·m；

　　　　m——额定载荷系数，见表 6-3。

表 6-3　胀套的额定载荷系数 m 值

联接中胀套的数量 n	m	
	Z1 型胀套	Z2 型胀套
1	1.00	1.00
2	1.56	1.80
3	1.86	2.70
4	2.03	—

§6-4　销　联　接

　　销主要用来固定零件之间的相对位置，称为定位销(图 6-20)，是组合加工和装配时的重要辅助零件；也可用于联接，称为联接销，可传递不大的载荷；还可作为安全装置中的过载剪断元件，称为安全销(图 6-21)。

　　圆柱销(图 6-20a)靠过盈配合固定在销孔中，经多次装拆会降低其定位精度和可靠性。圆柱销的直径偏差有 $n8, m6, h8$ 和 $h11$ 四种，以满足不同的使用要求。

　　圆锥销(图 6-20b)具有 1∶50 的锥度，在受横向力时可以自锁。它安装方便，定位精度高，可多次装拆而不影响定位精度。端部带螺纹的圆锥销(图 6-22)可用于盲孔或拆卸困难的场合。开尾销挤紧在销孔(图 6-23)适用于有冲击、振动的场合。

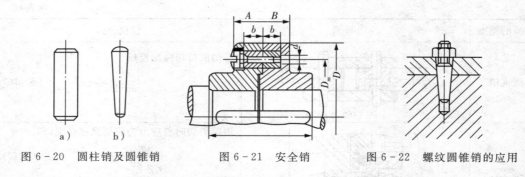

图 6 - 20　圆柱销及圆锥销　　　　图 6 - 21　安全销　　　　图 6 - 22　螺纹圆锥销的应用

槽销上有辗压或模锻出的三条纵向沟槽（图 6 - 24），将槽销打入孔后，由于材料的弹性使销挤在销孔，不易松脱，因而能承受振动和变载荷。安装槽销的孔不需要铰制，加工方便，可多次装拆。

定位销通常不受载荷或只受很小的载荷，可不作强度校核计算。其直径可按结构确定，数目一般不小于 2 个。销装入每一被联接件内的长度，约为直径的 1～2 倍。

联接销的类型可根据工作要求选定，其尺寸可根据联接的结构特点按经验或规范规定，必要时按剪切和挤压强度条件进行校核计算，计算公式见表 6 - 4。

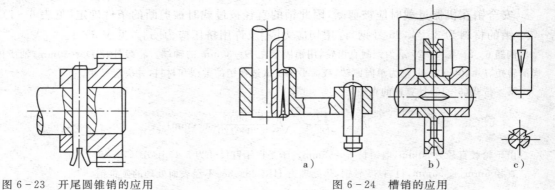

图 6 - 23　开尾圆锥销的应用　　　　图 6 - 24　槽销的应用

表 6 - 4　销联接应用示例及强度校核公式

销的类型	应用举例	校核公式
圆柱销	按销的剪切强度校核	按销的剪切强度校核 $$\tau = \frac{4F}{\pi d^2 Z} \leqslant [\tau] \qquad (6-13)$$
圆柱销	$d = (0.13\sim0.16)D$ $L = (1\sim1.75)D$ L—销长	1. 按销的剪切强度校核 $$\tau = \frac{2T}{DdL} \leqslant [\tau] \qquad (6-14)$$ 2. 按销或被联接件的比压校核 $$p = \frac{4T}{DdL} \leqslant [p] \qquad (6-15)$$

（续表）

销的类型	应用举例	校核公式
圆锥销	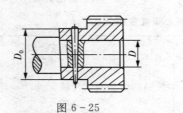 $d=(0.2\sim0.3)D$	按销的剪切强度校核 $$\tau=\frac{4T}{\pi d^2 D}\leqslant[\tau] \qquad (6-16)$$
安全销	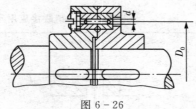	因销剪切时剪应力为剪切强度极限,即 $$\frac{2T}{D_oZ\dfrac{\pi d^2}{4}}\leqslant\tau B \qquad (6-17)$$ 销的直径为 $$d\geqslant1.6\sqrt{\frac{T}{D_oZ\tau B}} \qquad (6-18)$$

注:1. 式中力的单位为 N,力矩的单位为 N·mm,尺寸单位为 mm;Z 为销钉数;d 为销的直径,对圆锥销为平均直径。

2. $[\tau]$ 为许用剪切应力,对 45 号钢,取 $[\tau]=80$ MPa,$[p]$ 为许用比压,按键联接选取(见表 6-1),τB 为剪切强度极限,$\tau B=(0.6\sim0.7)\sigma B$。

　　安全销在机器过载时应被剪断,因此销的直径按过载时被剪断的条件确定(见表 6-1)。销的材料为 35 号,45 号钢,许用切应力 $[\tau]$ 及许用挤压应力 $[\sigma]_p$,见表 6-1。

　　例题 6-8　图 6-25 示为钢制直齿轮,用销固定在 $D=30$ mm 的轴端。轮毂外径 $D_o=50$ mm,轴所传递的转矩 $T=70$ N·mm,轴为单向回转,载荷平稳。试选择销的类型和材料,并决定尺寸。

　　解　按式(6-16)计算销的直径

$$d\geqslant\sqrt{\frac{4T}{\pi D[\tau]}}=\sqrt{\frac{4\times70000}{\pi\times30\times120}}=5(\text{mm})$$

由于轮毂直径为 50 mm,取销长 $L=55$ mm。于是得销钉尺寸为 5×55(GB117—76)。

直径 5 mm,长 55 mm,材料 35 号钢,热处理为 HRC28~38,不经表面处理的圆锥销。

　　　图 6-25　　　　　　　　　　　　图 6-26

　　例题 6-9　图 6-26 所示为剪切销安全离合器,设主轴传递最大转矩 $T_{\max}=580$ N·m,销的直径 $d=6$ mm,材料为 35 号钢,其抗拉强度极限 $\sigma_B=520$ MPa,剪切强度极限 $\tau_B=0.6\sigma_B$,销中心所在圆直径 $D_o=100$ mm。按过载 30% 时检查保护作用,试问此销能否起到过载保护作用?

　　注:此剪切销安全离合器直径为 D_o 的圆上只有一个剪切销。

　　解　由式(6-17)得

$$\tau=\frac{2T}{D_oZ\dfrac{\pi d^2}{4}}=\frac{2\times1.3\times580000}{100\times1\times\dfrac{\pi(6)^2}{4}}=533.62(\text{MPa})$$

但 $\tau_B=0.6\sigma_B=0.6\times520=312$MPa。因此，$\tau>\tau_B$，所以，此销能起到过载保护作用。

习　题

1. 在直径 $d=80$mm 的轴端安装一钢制直齿轮（见图），轮毂宽度 $L'=1.5d$，工作时有轻微冲击。试通过计算和分析对比，说明采用平键联接还是楔键联接较为合理。

2. 图示的刚性凸缘联轴器及圆柱齿轮，分别用键与减速器的低速轴相联接。试选择两种键的类型及尺寸，并校核其联接强度。已知：轴的材料为 45 号钢，传递的扭矩 $T=1000$N·m；齿轮用锻钢制成；联轴器用灰铸铁制成；工作时有轻微冲击。

3. 图示的铸铁三角带轮，安装在直径 $d=45$mm 的轴端，带轮的直径 $D=250$mm，工作时圆周力 $F=2$kN，轮毂宽度 $L'=65$mm，工作时有轻微振动。设采用钩头键联接，试选择该楔键的尺寸，并校核该联接的强度。

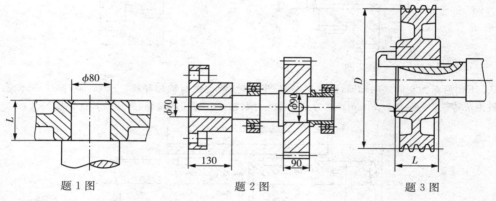

题 1 图　　　　　　　　题 2 图　　　　　　　　题 3 图

4. 图示的牙嵌安全离合器，传递的额定功率 $P=4$kW，转速 $n=250$r/min，工作情况良好。左半离合器与轴用花键联接，轴与毂的花键齿面热处理后的硬度为 HB300～320。要求左半离合器在工作扭矩超过额定值 30% 分离。试选择该处花键联接的类型及尺寸。

5. 图示变速箱的双联滑移齿轮采用矩形花键联接。已知：传递扭矩 $T=140$N·m，齿轮在空载下移动，工作情况良好，轴径 $d=28$mm，齿轮轮毂长 $L'=40$mm，轴及齿轮采用钢制并经热处理，HRC≤40。试选择矩形花键尺寸及定心方法，校核联接强度，并在图上注明联接代号。

6. 图示一铸铁带轮安装在轴上，选用切向键联接，轮毂处轴径 $d=120$mm，轮毂长度 $L'=130$mm。已知轴传递的扭矩 $T=1550$N·m，轴可正反转，工作中有轻微冲击。试选择切向键的尺寸，校核其联接强度，并说明两对切向键安装位置为什么要相隔 120°。

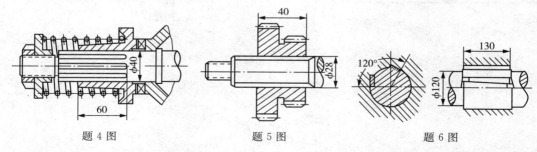

题 4 图　　　　　　　　题 5 图　　　　　　　　题 6 图

7. 校核车床变速箱中双滑移齿轮采用的矩形花键联接。已知：传递扭矩 $T=100$N·m；轴径 $d=26$mm，轴的材料为 45 号钢；齿轮轮毂长 $L'=40$mm，由 40Cr 钢制成的齿轮在不负载时转换；$Z=6$；轮上的槽的工作面在热处理后磨光。

8. 为什么采用两个平键时,一般设在相隔 180°位置;采用两上楔键时,常相隔 120°左右;而采用两个半圆键时,则又设在轴的同一母线上?

9. 图示为变速箱中的双联滑移齿轮,传递的额定功率 $P=4kW$,转速 $n=250r/min$。齿轮在空载下移动,工作情况良好。轴与毂的花键齿面硬度为 HRC30。试选择花键类型、尺寸、定心方法(标明联接代号),并校核联接强度。

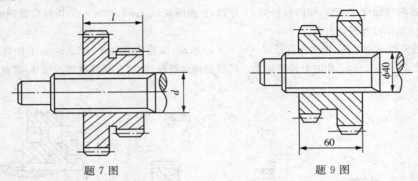

题 7 图　　　　　　　　　　　　　题 9 图

10. 下图所示为套筒式联轴器,分别用平键、半圆键、圆键销与轴相联接。已知:轴径 $d=38mm$;联轴器材料为灰铸铁,外径 $D_1=90mm$。试分别计算三种联接允许传递的转矩,并比较其优缺点。

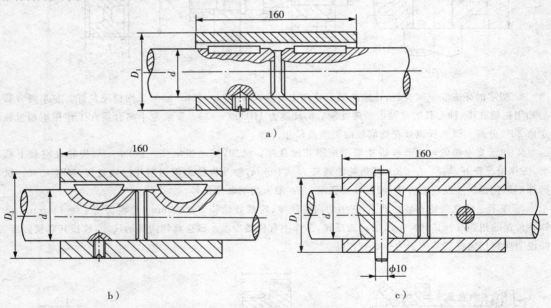

a)

b)　　　　　　　　　　　　c)

题 10 图　键、销联接对比

第七章

过盈联接和胶接

§7-1　概　　述

过盈联接(Shinkage Fitted joint)是利用互相配合的零件的过盈量以达到联接的目的，两被联件中一个为包容件，另一个为被包容件。其配合表面多为圆柱面(图7-1a)，也有圆锥面的(图7-1b)，分别称为圆柱面过盈联接和圆锥面过盈联接。

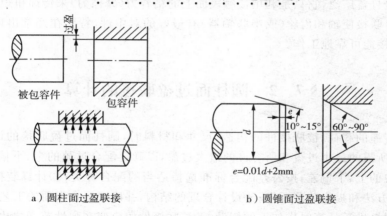

a）圆柱面过盈联接　　　　　　b）圆锥面过盈联接

图7-1　过盈联接

过盈联接能传递载荷的根本原因在于零件材料具有弹性和联接具有装配过盈。在装配之后，由于包容件与被包容件的径向变形，使配合面间产生很大的压力，工作时，靠此压力或与此压力相伴而生的摩擦力来传递载荷。载荷通常为轴向力、扭矩以及二者的组合，也有时是弯矩。

过盈联接的结构简单，定心性好，对轴削弱少，承载能力高和在受变载及冲击时的性能好。但由于其承载能力主要取决于过盈量的大小，故对配合面加工精度要求较高，且装配不便。

图7-2为过盈联接应用的实例：(a)为用于曲轴的联接；(b)用于铁路车辆车轮的轮箍与轮芯的联接；(c)用于蜗轮齿圈与轮芯的联接；(d)用于滚动轴承内圈与轴的联接。

圆柱面过盈联接装配时可采用压入法或温差法

压入法　对零件之一加上轴向力，使其作轴向移动而压入另一零件中。大型零件可用液力压床压入，小零件用人力螺旋压床或杠杆压床压力。

温差法　对联接质量要求高时，采用温差法(加热法或冷却法)进行装配。加热法常用

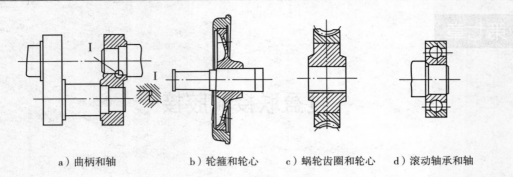

　　　a）曲柄和轴　　　　　　b）轮箍和轮心　　　c）蜗轮齿圈和轮心　　d）滚动轴承和轴

图 7－2　过盈联接实例

于配合直径较大处；冷却法则用于配合直径较小处。

　　加热方法一般是利电热；冷却时则多采用液态空气（沸点为－194℃），或固态二氧化碳（干冰，沸点为－79℃）。

　　在减速器中广泛应用圆柱或圆锥面过盈配合联接，并通常用平键加以辅助。目前，无键的过盈联接也日益广泛，它只是利用接触表面上的粘着力（摩擦力）来传递扭矩。

　　过盈配合联接使轴和齿轮（或半联轴器）有最好的对中性，特别在经常出现动载荷的条件下，这种联接能可靠地工作。

§7－2　圆柱面过盈联接的计算

　　在已知传递的载荷、被联接件的构造、尺寸和材料时，圆柱面过盈联接的设计计算主要包括：①计算所需的最小过盈和所容许的最大过盈，以确定配合过盈的上、下偏差；②根据所需的配合过盈的上、下偏差，按公差配合标准选择适当的配合种类；③计算装拆力或装配温度，决定装配方法和提出装配要求；④设计合理的结构，并确定配合表面的工艺要求等。

　　对过盈联接进行计算时作如下的假设：①被联接件的应变在弹性范围之内；②被联接件是两个等长的厚壁圆筒，其配合面间压力是均匀的。

　　一、传递载荷需要的最小压力 p_{min}

　　（一）载荷为轴向力时（图 7－3a）

　　应保证联接在此载荷作用下，不产生轴向滑动，亦即当径向比压为 p 时，在外载 F 的作用下，配合面上所能产生的轴向摩擦力 F_f 应大于或等于外载荷 F。

　　设配合直径为 d，配合面间摩擦系数为 f，配合长度为 l，则

$$F_f = \pi d l p f$$

因　　　　　　　　　　　　　　　　$$F \leqslant F_f$$

故　　　　　　　　　　　　　　　$$p \geqslant \frac{F}{\pi d l f} \qquad\qquad (7-1)$$

　　（二）载荷为扭矩时（图 7－3b）

当联接传递扭矩时，应保证在此扭矩作用下不产生周向滑移。亦即当径向比压为 p 时，

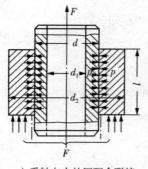
　a）受轴向力的压配合联接

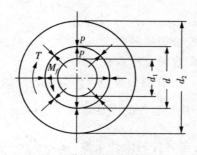
　b）受扭矩的压配合联接

图 7 – 3　图柱面过盈联接的受力简图

在扭矩 T 的作用下,配合面间所能产生摩擦力矩 M_f 应大于或等于外力矩 T。

设配合面间的摩擦系数为 f(近似地取与轴向摩擦系数相等),配合尺寸同前,则

$$M_f = \pi dl p f \cdot \frac{d}{2}$$

因 $T \leqslant M_f$

则

$$p \geqslant \frac{2T}{\pi d^2 l f} \tag{7 – 2}$$

配合面间摩擦系数的大小与配合面的状态、材料及润滑情况等因素有关,应由实验测定。表 7 – 1 给出了几种情况下摩擦系数的平均值,以供计算时参考。

表 7 – 1　摩擦系数平均值

零 件 材 料		联 接 方 法						
		压入法				温差法		
被包容件	包容件	润滑	f_i	f_o	f	润滑	f_o	f
钢 30~50	钢 30~50	机油	0.06~0.22	0.08~0.2	0.09~0.13	干	0.35~0.4	0.14~0.16
钢 30~50	HT250	机油	0.06~0.14	0.09~0.17	0.07~0.12	干	0.13~0.18	0.07~0.09
钢 30~50	镁铝合金	干	0.02~0.08	0.03~0.09	0.02~0.06	干	0.1~0.15	0.05~0.06

注:f_i—压入时的摩擦系数;f_o—压出时的摩擦系数;f—稳定时的摩擦系数。

(三)承受轴向力 F 和扭矩 T 的联合作用时

承受轴向力 F 和扭矩 T 的联合作用时,此时所需的径向比压 p 有下式:

$$\pi dl p f \geqslant \sqrt{F^2 + \left(\frac{2T}{d}\right)^2} \ \text{或} \ p \geqslant \frac{\sqrt{F^2 + \left(\frac{2T}{d}\right)^2}}{\pi dl f} \tag{7 – 3}$$

二、过盈联接的理论过盈

根据材料力学有关厚壁筒的计算理论,在已知径向比压 p 时,过盈联接所需理论过盈量 Δ

$$\Delta = pd\left(\frac{C_1}{E_1} + \frac{C_2}{E_2}\right) \times 10^3 \, \mu m \tag{7-4}$$

式中　　p——配合面的径向比压,由式(7-1)到(7-3)计算,MPa;

　　　　d——配合的公称直径,mm;

　　　　E_1,E_2——分别为被包容件与包容件的拉、压弹性模量,见表7-2;

　　　　C_1——被包容件的刚性系数　　$C_1 = \dfrac{d^2 + d_1^2}{d^2 - d_1^2} - \mu_1$ \hfill(7-4a)

　　　　C_2——包容件的刚性系数　　$C_2 = \dfrac{d_2^2 + d^2}{d_2^2 - d^2} + \mu_2$ \hfill(7-4b)

　　　　d_1,d_2——分别为被包容件的内径和包容件的外径,mm;

　　　　μ_1,μ_2——分别为被包容件和包容件材料的泊松比。对于钢,$\mu = 0.3$;对于铸铁

　　　　　　　　$\mu = 0.25$,见表7-2。

　　由式(7-1)到(7-3)可见,当传递的载荷一定时,配合长度 l 越短,所需的径向压力 p 就越大。再由式(7-4)可见,当 p 增大时,所需的过盈量也随之增大。因此,为了避免在载荷一定时需用较大的过盈量而增加装配时的困难,配合长度不宜过短,一般推荐采用 $l \approx 0.9d$ (由于配合面上压力分布很不均匀,当 $\Delta > 0.8d$,即应考虑两端应力集中的影响,并从结构上采取降低应力集中的措施)。

表7-2　材料的弹性模量 E、泊松比 μ 和线膨胀系数 α

材　　料	E (MPa)	μ	$\alpha(℃^{-1})$	
			加　　热	冷　　却
钢、铸钢	$(2.0 \sim 2.2) \times 10^5$	$0.24 \sim 0.28$	11×10^{-6}	-8.5×10^{-6}
铸　铁	$(0.75 \sim 1.05) \times 10^5$	0.25	11×10^{-6}	-8×10^{-6}
可锻铸铁	$(0.9 \sim 1.5) \times 10^5$	0.25	11×10^{-6}	-8×10^{-6}
青　铜	$(0.85 \sim 1.2) \times 10^5$	$0.32 \sim 0.35$	17×10^{-6}	-15×10^{-6}
黄　铜	0.8×10^5	$0.32 \sim 035$	18×10^{-6}	-16×10^{-6}
铝合金	$(0.65 \sim 0.75) \times 10^5$		23×10^{-6}	-18×10^{-6}
塑　料	$(0.04 \sim 1.6) \times 10^5$		$(46 \sim 70) \times 10^{-6}$	

三、设计过盈量的计算

　　压配合联接在装配过程中,配合表面微观不平度的峰尖总会被擦伤或压平一部分(图7-4)。因此按式(7-4)计算所得的理论过盈 Δ 应予适当增大,以期保证联装能具有足够的紧固性。这一增大了的过盈量称为设计过盈量,以 Δ' 表示。其计算公式为

$$\left.\begin{aligned} \Delta' &= \Delta + 2u \\ 2u &= 1.2(R_{Z1} + R_{Z2}) \end{aligned}\right\} \tag{7-5}$$

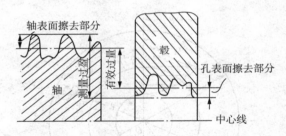

图 7 - 4　装配时配合面不平度擦去部分示意图

式中　$2u$——装配时两配合表面上微观不平度擦去部分的高度之和，μm；

　　　　R_{Z1}，R_{Z2}——分别为被包容件及包容件配合表面上微观不平度的十点高曲，μm，其值随表面粗糙度而异，见表 7 - 3。

表 7 - 3　加工方法、表面粗糙度及表面微观不平度 R_z

加工方法	精车或精镗，中等磨光，刮（每平方厘米内有 1.5～3 个点）		铰，精磨，刮（每平方厘米内有 3～5 个点）		钻石刀头镗，镗磨		研磨，抛光，超精加工		
表面粗糙度等级	3.2	1.6	0.8	0.4	0.2	0.1	0.05	0.025	0.012
$R_z(\mu m)$	10	6.3	3.	1.6	0.8	0.4	0.2	0.1	0.05

　　根据式（7 - 5）求得 Δ'，应按国家标准选定为标准过盈配合，此标准过盈配合的最小过盈量应略大于或等于 Δ'。若使用温差法装配时，由于表面不平度峰尖被擦伤或压平的很小，可以不计其影响。因此可直接取 Δ 作为选定标准过盈配合。

　　还应指出的是：实践证明，不平度较小的两表面相配合时贴合的情况较好，从而可提高联接的紧固性。

四、压配合联接的强度计算

　　压配合联接的强度包括两个方面，即联接的强度及联接零件本身的强度。由于按照上述方法选出的标准过盈配合已能产生所需的径向压力，即已能保证联接的强度，所以下面只讨论联接本身的强度问题。

　　压配合零件本身的强度，可按材料力学中阐明的厚壁圆筒强度计算方法进行校核。当压力 p 一定时，联接零件中的应力大小及分布情况见图 7 - 5。

　　首先按所选的标准过盈配合种类查算出最大过盈量 $\Delta_{\max}$（采用压入法装配时应减掉被擦去的部分 2μm），再按式（7 - 4）求出最大压力 $p_{\max}$，即

$$p_{\max} = \frac{\Delta_{\max}}{d\left(\dfrac{C_1}{E_1} + \dfrac{C_1}{E_1}\right) \times 10^3}\ \text{MPa} \tag{7 - 6}$$

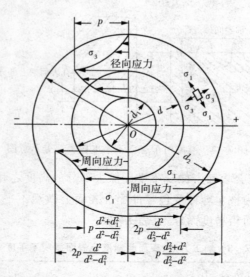

图 7-5　压配合联接中的应力大小及分布情况

　　然后根据 p_{max} 来校核联接零件本身的强度。当包容件或被包容件为脆性材料时,可按图 7-5 所示的最大周向拉力用第一强度理论进行校核。由图可见,其主要破坏形式是包容件内表层断裂。当零件材料为塑性材料时,则应按第三强度理论 $(\sigma_1 - \sigma_3 \leqslant \sigma_S)$ 检验其承受最大应力的表层处于弹性变形范围还是塑性变形范围。设 σ_{S1},σ_{S2} 分别为被包容件及包容件材料的屈服极限,则由图 7-5 可知,开始出现塑性变形时,临界应力 σ_{cr}(或临界比压 p_S)为

　　　　对被包容件内表层 $\sigma_{cr_1} = \sigma_1 - \sigma_3 = -2p_{s1}\dfrac{d^2}{d^2 - d_1^2} - o = \sigma_{S1}$

或　　　　　　　　　　　　$$p_{S1} = \sigma_{S1}\dfrac{d_1^2 - d^2}{2d^2} \tag{7-7}$$

　　　　对包容件内表层 $\sigma_{cr2} = \sigma_1 - \sigma_3 = p_{S2}\dfrac{d_2^2 + d^2}{d_2^2 - d^2} - (-p_{S2}) = 2p_{S2}\dfrac{d_2^2}{d_2^2 - d^2} = \sigma_{S2}$

或　　　　　　　　　　　　$$p_{S2} = \sigma_{S2}\dfrac{d_2^2 - d^2}{2d_2^2} \tag{7-8}$$

　　将 p_{max} 与 p_{S1}、p_{S2} 中的较小值进行对比,即可达到上述检验的目的。对于需要拆卸的压配合联接,实用中常限制 $p_{max} \leqslant 0.8p_S$(取 p_{s1} 和 p_{s2} 中较小值代入计算)。

　　显然,当 p_{max} 大于 p_{S1} 或 p_{S2} 时,联接即处于塑性变形范围,此时前述建立在弹性范围内的厚壁圆筒应力计算公式就不能适用。不过实践证明,在有此情况下,显然 p_{max} 超过 p_{S1} 或 p_{S2},但由于塑性变形层扩展得不厚,联接仍能正常地工作。因为对于这种情况进行理论计算很复杂(既要计入转速的影响,又要按弹-塑性变形条件来设计过盈联接),所以通常只根据经验对联接零件中的最大应力 $\sigma_{l max}$ 作如下的限制:

　　当联接中未装键时　　　　　　　$\sigma_{l max} < 0.5\sigma_B$

　　当联接中装有键时　　　　　　　$\sigma_{l max} < 0.35\sigma_B$　　　　　$\left.\begin{array}{c} \\ \\ \end{array}\right\}$ (7-9)

式中　σ_B 为联接零件材料的拉伸强度极限。

最大周向应力的计算公式（见图 7-5）为

对被包容件　　　　　　　　　　$\sigma_{l\max 1} = 2p_{\max} \times \dfrac{d^2}{d^2 - d_1^2}$

对包容件　　　　　　　　　　$\sigma_{l\max 2} = p_{\max} \times \dfrac{d_2^2 + d^2}{d_2^2 - d^2}$

$$\left.\begin{array}{l} \end{array}\right\} \qquad (7-10)$$

五、压配合联接最大压入力、压出力及温差法中装配温度的计算

当过盈配合联接采用压入法装配并准备拆开时，为了选择所需压力机的容量，应将其最大压入力、压出力按下列公式算出：

最大压入力　　　　　　　　　$F_i = f_i \pi d l\, p_{\max}$

最大压出力　　　　　　　　　$F_o = f_o \pi d l\, p_{\max}$

$$\left.\begin{array}{l} \end{array}\right\} \qquad (7-11)$$

式中　摩擦系数 f_i 和 f_o 见表 7-1。

如采用温差法装配时，包容件的加热温度 t_2 或被包容件的冷却温度 t_1（单位均为℃）可按下式计算：

$$t_2 = \frac{\Delta_{\max} + \Delta_o}{\alpha d \times 10^3} + t_o$$

$$t_1 = -\frac{\Delta_{\max} + \Delta_o}{\alpha d \times 10^3} + t_o$$

$$\left.\begin{array}{l} \end{array}\right\} \qquad (7-12)$$

式中　$\Delta_{\max}$——所选得的标准配合在装配前的最大测量过盈量，μm；

$\quad\quad\Delta_o$——装配时为了避免配合面互相擦伤所需的最小间隙，通常采用同样公称直径的间隙配合 H7/g6 的最小间隙，μm；

$\quad\quad\alpha$——零件材料的线膨胀系数，见表 7-2；

$\quad\quad t_o$——装配环境的温度，℃。

六、直径变化

在过盈联接中，当被包容后，包容件的的外径 d_2 要增大，包容件的内径 d_1（指空心的）要缩小。倘若直径 d_1 和 d_2 还须保证具有一定的公差（如需和其他零件配合时），则上述的直径变化量应进行计算。

由图 7-5 应力分析可知：

包容件外表层的周向应力为　　　　　$\sigma_1 = 2p\, \dfrac{d^2}{d_2^2 - d^2}$

被包容件内表层的周向应力为　　　　$\sigma_1 = -2p\, \dfrac{d^2}{d^2 - d_1^2}$

式中　p——联接装配后，配合面上的压强。

设 Δ 是这对零件装配前的测量过盈，当用压入法装配时

$$p = \frac{\Delta - 1.2(R_{Z1} + R_{Z2})}{d\left(\dfrac{C_1}{E_1} + \dfrac{C_2}{E_2}\right)} \tag{7-13}$$

则包容件外径的增大量为

$$\Delta d_2 = \frac{2pd_2}{E_2\left[\left(\dfrac{d_2}{d}\right)^2 - 1\right]} \tag{7-14}$$

被包容件内径的缩小量为

$$\Delta d_1 = \frac{2pd_1}{E_1\left[1 - \left(\dfrac{d_1}{d}\right)^2\right]} \tag{7-15}$$

若 d_1 和 d_2 未规定公差，Δd_1 和 Δd_2 就不必计算。此外，当用温差法装配时，式 7-13 中不需计入 $1.2(R_{Z1} + R_{Z2})$ 项。

上述各项计算是就一般工作条件而言的。当出现下列工作条件时，在计算中应予以考虑：

1）当联接的转速很高时，以致离心力会使配合过盈减小；

2）当包容件与被包容件材料不同，而实际的工作温度与计算工作温度相差过大时，在联接中可能会引起附加应力，或者会减少过盈量。

这些都会降低联接的可靠性，甚至发生松动，因此在设计计算中需作必要的补偿。

§7-3　圆锥面过盈联接的计算

圆锥面过盈联接的计算方法与圆柱面的相同，但应注意下列各点：

1）配合面直径应以圆锥面的平均直径 d_m 代入

$$d_m = \frac{d_{\min} + d_{\max}}{2}$$

式中　$d_{\min}, d_{\max}$——分别为圆锥配合部分的小端和大端直径。

2）过盈量 Δ 由轴向压入量 S 保证，S 值为

无中间套时　　　　$S = \dfrac{\Delta + 4R_Z}{k}$

有中间套时　　　　$S = \dfrac{\Delta + \delta + 8R_Z}{k}$ $\left. \vphantom{\begin{array}{c} a \\ a \\ a \\ a \end{array}} \right\} \tag{7-16}$

式中　k——配合面的锥度，通常可取为 $1:50 \sim 1:30$，当采用较长的中间套时，为了限制其大端厚度，可取 $1:80$ 或更小的锥度；

　　　δ——中间套圆柱配合的装配间隙；

R_Z——各配合面不平度平均高度的平均值。

3）装配油压常较配合面的实际压强高 20％～30％，因此按式（7-4），即

$$\Delta_{max}=p_{max}d(\frac{C_1}{E_1}+\frac{C_2}{E_2})\ 或\ \Delta_{max}=\Delta'_{min}\frac{p_{max}}{p_{min}}$$

求容许的最大过盈 Δ_{max} 时，式中的 p_{max} 应较按式（7-7）和式（7-8）的值降低 20％～30％。

4）装拆力

$$F=\pi dl p_N(f\pm\frac{k}{2}) \tag{7-17}$$

式中　P_N——装拆时的油压；

　　　f——配合面间的摩擦系数，因存在油膜，一般取 $f=0.02$。

式中"—"号用于拆卸。由于 f 较小，$f<\frac{k}{2}$，所以拆卸时不需要轴向力。当高压油注入配合面后，联接即可自动分离，操作时应注意安全，防止零件弹出。

§7-4　过盈配合联接中过盈配合极限偏差

为了使用方便，现将常用基孔制过盈配合极限偏差（摘自 GB1801-79）录列于下，以供设计工作者查阅。

表 7-4　过盈量联接常见基孔制过盈配合极限表

摘自 GB1801-79

公称直径（mm）	孔（D） H7	轴			孔（D3） H8	轴	
		jd u6	je s6	jf r6		(jc3) s7	(jb3) u7
				极限偏差（μm）			
≤3	+10 0	+24 +18	+20 +14	+16 +10	+14 0	+24 +14	+28 +18
>3～6	+12 0	+31 23	+27 +19	+23 +15	+18 0	+31 +19	+35 +23
>6～10	+15 0	+37 +28	+32 +23	+28 +19	+22 0	+38 +23	+43 +28
>10～18	+18 0	+44 +33	+39 +28	+34 +23	+27 0	+46 +28	+51 +33

（续表）

公称直径（mm）	孔（D）H7	轴			孔（D3）H8	轴	
		jd u6	je s6	jf r6		(jc3) s7	(jb3) u7
极限偏差（μm）							
>18~24	+21	+54 +41	+48	+41	+33	+56	+62 +41
>30~40	0	+62 +48	+35	+28	0	+35	+69 +48
>30~40	+25	+76 +60	+59	+50	+39	+68	+85 +60
>40~50	0	+86 +70	+43	+34	0	+43	+95 +70
>50~65	+30	+106 +87	+72 +53	+80 +41	+46	+83 +53	
>65~80	0	+121 +102	+78 +59	+62 +43	0	+89 +59	
>80~100	+35 0	+146 124	+93 +71	+73 +51	+54 0	+106 +71	+159 +124
>100~120	+35 0	+166 +144	+101 +79	+76 +54	+54 0	+114 +79	+179 +144
>120~140	+40	+195 +170	+117 +92	+88 +63	+63	+132 +92	+210 +170
>140~160		+215 +190	+125 +100	+90 +65		+140 +100	+230 +190
>160~180	0	+235 +210	+133 +108	+93 +68	0	+148 +108	+250 210
>180~200	+46	+265 +236	+151 +122	+106 +77	+72	+168 +122	+282 +236
>200~225		+287 +258	+159 +130	+109 +80		+176 +130	+304 +258
>225~250	0	+313 +284	+169 +140	+133 +84	0	+186 +140	+330 +284

（续表）

公称直径 （mm）	孔 (D) H7	轴			孔 (D3) H8	轴	
		jd u6	je s6	jf r6		(jc3) s7	(jb3) u7
			极限偏差（μm）				
>250~280	+52 0	+347 +315	+190 +159	+126 +94	+81 0	+210 +158	+367 +315
>280~315	0	+382 +350	+202 +170	+130 +98	0	+222 +170	+402 +350
>315~355	+57 0	+426 +390	+226 +190	+144 +108	+89 0	+247 +190	+447 +390
>355~400	0	+472 +435	+244 +208	+150 +114	0	+265 +208	+492 +435
>400~450	+63 0	+530 +490	+272 +232	+166 +126	+97 0	+295 +232	+559 +490
>450~500	0	+580 +540	+292 +252	+172 +132	0	+315 +252	+603 +540

例题 7-1　图 7-6 所示为过盈联接的组合齿轮，齿圈材料为 45 号钢，轮芯材料为 HT25-47，已知其传递扭矩 $T=7\times10^6$ N·m。结构如图示，装配后不再拆开，装配时配合面用机油润滑。试决定其标准过盈量和压入力。

解：1. 确定比压 p

在 $T=7\times10^6$ N·m 作用下，联接应具有的径向比压 p 由式（7-2），并由表 7-1 取 $f=0.09$，得

$$p \geqslant \frac{2T}{f\pi d^2 l} = \frac{2\times7\times10^6}{0.09\pi\times480^2\times110} = 1.95(\text{MPa})$$

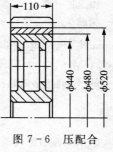

图 7-6　压配合
联接组合齿轮

2. 确定过盈量，选择配合种类

（1）求理论过盈量

理论过盈量可按式（7-4）求得：先计算式中的刚性系数 C_1 和 C_2，已知 $\mu_1=0.25$，$\mu_2=0.3$；$E_1=1.3\times10^5$ MPa，$E_2=2.1\times10^5$ MPa，得

$$C_1 = \frac{d^2+d_1^2}{d^2-d_1^2} - \mu_1 = \frac{480^2+440^2}{480^2-440^2} - 0.25 = 11.27$$

$$C_2 = \frac{d_2^2+d^2}{d_2^2-d^2} + \mu_2 = \frac{520^2+480^2}{520^2-480^2} + 0.3 = 12.82$$

将以上诸值代入式（7-4），得

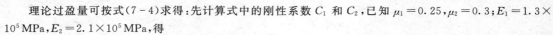

$$\Delta = pd\left(\frac{C_1}{E_1}+\frac{C_2}{E_2}\right)\times10^3 = 1.95\times480\times\left(\frac{11.27}{1.3\times10^5}+\frac{12.82}{2.1\times10^5}\right)\times10^3 \approx 140(\mu\text{m})$$

（2）选择标准配合,确定标准过盈量

根据式(7-5)确定设计过盈量。设配合孔的表面粗糙度 $\overset{3.2}{\diagdown}$,轴为 $\overset{1.6}{\diagdown}$,由表 7-3 选取 $R_{Z1}=10\mu m$; $R_{Z2}=6.3\mu m$,则

$$\Delta'=\Delta+1.2(R_{Z1}+R_{Z2})=140+1.2(6.3+10)=159.6(\mu m)$$

现在再考虑齿轮所传递的转矩较大,由公差配合表选 H7/S6 配合,其孔尺寸及公差为 $\Phi480^{+0.063}_{0}$;轴公差为 $\Phi480^{+0.292}_{+0.252}$ 。此标准公差可能产生的最大过盈量为 $292-0=292\mu m$;最小过盈量为 $252-63=189\mu m>\Delta'=159.6\mu m$,合用。

3. 计算压配合联接的强度

因所选标准配合可以产生足够的径向压力,故联接强度已可保证。现只需校核联接零件本身的强度。已知所选配合的最大过盈量为 $292\mu m$,但因采用压入法装配,考虑配合表面微观峰尖被摩擦去 $2\mu=1.2(R_{Z1}+R_{Z2})$,故装配后可能产生的最大径向压力 p_{max} 按式(7-13)求得

$$p_{max}=\frac{292-1.2(R_{Z1}+R_{Z1})}{d(\dfrac{C_1}{E_1}+\dfrac{C_2}{E_2})\times10^3}=\frac{292-1.2(6.3+10)}{480\times(\dfrac{11.27}{1.3\times10^5}+\dfrac{12.82}{2.1\times10^5})\times10^3}=3.79(MPa)$$

再由手册查取包容件齿圈材料 45 号钢的屈服极限 $\sigma_{S2}=280MPa$,则由式(7-8)求得

$$p_{S2}=\sigma_{S2}\frac{d_2^2-d^2}{2d_2^2}=280\times\frac{520^2-480^2}{2\times520^2}=280\times0.074=20.71(MPa)$$

因 $p_{max}\ll p_{S2}$,即齿圈强度足够,而齿芯材料为 HT250,具有很高的抗压强度,不需要进行校核。故联接零件本身强度已足够。

4. 计算所需压入力

由表 8-3 取 $f_i=0.14$,根按式(7-11)求得压入力为

$$F_i=f_i\pi dl p_{max}=0.14\times3.14\times480\times110\times3.79\approx87969(N)\approx0.09(MN)$$

由上述计算可知,装配此组合齿轮需选用容量至少为 0.1MN 的压力机。

例题 7-2 设计一过盈联接。已知参数为:传递扭矩 $T=800N\cdot m$,联接尺寸: $d_2=120mm$, $d=60mm$, $d_1=30mm$, $l=80mm$ 。加工方法:轴-磨制 $\overset{1.6}{\diagdown}$,孔-精钻加铰 $\overset{1.6}{\diagdown}$ 。轴和轴套材料为 40 号钢, $\sigma_S=340MPa$, $E=2.1\times10^5MPa$, $\mu=0.3$ 。

解:1. 确定必需的径向比压 p 由式(7-3),并取 $f=0.08$

$$p=\frac{2T}{\pi d^2 l f}=\frac{2\times800000}{\pi\times(60)^2\times80\times0.08}=22.1(MPa)$$

2. 计算配合的过盈量 Δ ,按式(7-4)

$$\Delta=pd(\frac{C_1}{E_1}+\frac{C_2}{E_2})\times10^3$$

$$C_1=\frac{1+(\dfrac{d_1}{d})^2}{1-(\dfrac{d_1}{d})^2}-\mu_1=\frac{1+(0.5)^2}{1-(0.5)^2}-0.3\approx1.37$$

$$C_2=\frac{1+(\dfrac{d}{d_2})^2}{1-(\dfrac{d}{d_2})^2}+\mu_2=\frac{1+(0.5)^2}{1-(0.5)^2}+0.3\approx1.97$$

所以
$$\Delta=22.1\times60\frac{1.37+1.97}{2.1\times10^3}\times10^3=21(\mu m)$$

取
$$R_{Z1} = R_{Z2} = 6.3\mu m（表7-3）$$

实际过盈量
$$\Delta' = \Delta + 2\mu = \Delta + 1.2(R_{Z1} + R_{Z2}) = 21 + 1.2(6.3 + 6.3) = 36.12(\mu m)$$

选定配合：按表7-4选取 $\dfrac{H7}{u6}$ 配合（孔的公差为 $^{+30}_{0}$，轴的公差为 $^{+106}_{+87}$），最大过盈为 $\Delta_{max} = 106\mu m$，最小过盈 $\Delta_{min} = 57\mu m$，现在 $\Delta_{min}(57\mu m) > \Delta'(\Delta' = 36.12\mu m)$，合用。

3. 检验零件是否发生塑性变形

选择配合后是否发生塑性变形

选择配合后的最大过盈为 $\Delta_{max} = 106 - 0 = 106(\mu m)$

相应的最大比压为 $p_{max} = 22.1 \dfrac{106}{21} = 105 MPa$

包容件：　$2p_{max} \times \dfrac{d_2^2}{d_2^2 - d^2} = 2 \times 105 \dfrac{12^2}{12^2 - 6^2} = 280 MPa < \sigma_S = 340 MPa$

被包容件：$2p_{max} \times \dfrac{d^2}{d^2 - d_1^2} = 2 \times 105 \dfrac{6^2}{6^2 - 3^2} = 280 MPa < \sigma_S = 340 MPa$

故采用选择的配合，零件不会发生塑性变形，同时也能传递所需的扭矩。

例题7-3　计算一蜗轮与轴的过盈配合，并用平键联接作辅助。联接传递扭矩 $T = 1 kN \cdot m$，轴向力 $F_a = 2.5 kN$。蜗轮轮芯材料为 ZG45（$\sigma_S = 320 MPa$），轴的材料为45号钢（$\sigma_S = 280 MPa$）。配合可用2级或3级精度。轴和孔的表面粗糙度为 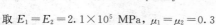，用压入法装配。试计算此过盈联接应采用何种静配合并验算零件强度（图7-7）。

解：1. 假定全部载荷由过盈联接传递（因为载荷在过盈联接与平键联接如何分配难以确定）。考虑有键联接作为辅助，故取较高的摩擦系数 $f = 0.1$。

按式（7-3），联接所需的径向比压为

$$p \geqslant \sqrt{\dfrac{F^2 + (\dfrac{2T}{d})^2}{\pi d l f}} = \dfrac{\sqrt{2500^2 + (\dfrac{2 \times 10^6}{60})^2}}{\pi \times 60 \times 90 \times 0.1} \approx 20(MPa)$$

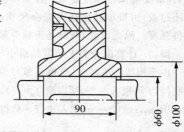

图7-7　蜗轮与轴过盈联接

2. 根据式（7-4），所需的最小过盈量

$$\Delta = pd(\dfrac{C_1}{E_1} + \dfrac{C_2}{E_2}) \times 10^3$$

取 $E_1 = E_2 = 2.1 \times 10^5$ MPa，$\mu_1 = \mu_2 = 0.3$

$$C_1 + C_2 = (1 - \mu) + \left[\dfrac{1 + (\dfrac{d}{d_2})^2}{1 - (\dfrac{d}{d_2})^2} + \mu \right] = 1 + \dfrac{d_2^2 + d^2}{d_2^2 - d^2}$$

故
$$\Delta = \dfrac{pd}{E}(1 + \dfrac{d_2^2 + d^2}{d_2^2 - d^2}) = \dfrac{20 \times 60}{2.1 \times 10^5}(1 + \dfrac{100^2 + 60^2}{100^2 - 60^2}) = 0.0176(mm)$$

3. 考虑压入装配时，表面不平处要被擦平一些，故所需的测量过盈比计算所需的最小过盈稍大一些，由于孔和轴的表面粗糙度均为 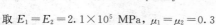，按表7-3选取 $R_{Z1} = R_{Z2} = 3.2\mu m$，则

$$\Delta' = \Delta + 1.2(R_{Z1} + R_{Z2}) = 17.8 + 1.2(3.2 + 3.2) = 25.48(\mu m)$$

4. 根据 GB164-59，可查得2级精度基孔制第四种配合（jd），当直径为60mm时，孔的偏差为0和 $+30\mu m$，轴的偏差为 $+87$ 和 $+106\mu m$（表7-4），由此可得：可能的最小过盈量为 $\Delta_{min} = 87 - 30 = 57(\mu m)$，此值大于所需的测量过盈量（25.48$\mu m$），故联接强度是足够的。

5. 校核联接零件本身的强度

$$\Delta_{\max} = (106 - 0) - 1.2(3.2 + 3.2) = 98.32(\mu m)$$

因为过盈与压强成正比,所以最大径向比压

$$p_{\max} = p\,\frac{\Delta_{\max}}{\Delta} = 20\,\frac{98.32}{17.8} = 110.47(\text{MPa})$$

轮毂和轴上的最大应力分别为

$$\frac{2p_{\max}}{1 - (\frac{d}{d_2})^2} = \frac{2 \times 101}{1 - (\frac{60}{100})^2} = 318(\text{MPa}) < 320(\text{MPa})$$

$$\frac{2p_{\max}}{1 - (\frac{d}{d_1})^2} = \frac{2 \times 101}{1 - (\frac{60}{60})_2} = 202(\text{MPa}) < 280(\text{MPa})$$

由以上计算,可见零件的强度是足够的。

例题 7 - 4　计算蜗轮轮毂与轴过盈配合联接。已知联接传递的转矩 $T = 3000\text{N·m}$,轴向力 $F_a = 4000\text{N}$,轮毂尺寸如图 7 - 8 所示。蜗轮轮毂材料为 ZG45,屈服极限 $\sigma_{S2} = 320\text{MPa}$,轴的材料为 45 号钢,$\sigma_{S1} = 360\text{MPa}$。轴孔配合表面的粗糙度分别为 $\frac{0.8}{\diagdown}$ 和 $\frac{1.6}{\diagdown}$,用压入法装配。计算时假定全部载荷由过盈配合联接传递,而平键联接只作为辅助联接。

解题分析:

本题计算要求是选出适当的配合尺寸,使之传递外加的转矩和轴向力,同时又能满足强度要求。计算步骤主要有三步:由外加载荷求出所需的最小过盈;由最小过盈选择配合尺寸;根据有可能出现的最大过盈校核联接件强度。除此以外,有时还需计算最大压入和压出力等。

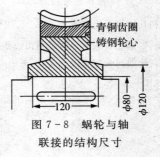

图 7 - 8　蜗轮与轴
联接的结构尺寸

解:1. 计算配合面上所需的最小压强 $p_{\min}$

由于用压入法装配,摩擦系数可取 $f = 0.08$,但考虑有平键联接作为辅助联接,f 可取大一些,所以取 $f = 0.1$。这样,将 $F_a = 400\text{N}$,$T = 3000\text{N·m}$,$d = 80\text{mm}$,$l = 120\text{mm}$ 代入式(7 - 3)得到所需最小压强为

$$p_{\min} = \frac{\sqrt{F_a^2 + (\frac{2T}{d})^2}}{\pi d l f} = \frac{\frac{\sqrt{4000^2 + (2 \times 3000 \times 10^3)^2}}{80}}{\pi \times 80 \times 120 \times 0.1} = 24.90(\text{MPa})$$

2. 计算产生 $p_{\min}$ 所需的名义最小过盈 $\Delta_{\min}$

根据手册查得:对 45 号钢,$\mu = 0.3$,$E_1 = 206000\text{MPa}$;对铸钢,$\mu = 0.3$,$E_2 = 202000\text{MPa}$,代入式(7 - 4a)和式(7 - 4)可求得 C_1 和 C_2。注意:这里 $d_1 = 0$,$d = 80\text{mm}$,$d_2 = 120\text{mm}$

$$C_1 = \frac{d^2 + d_1}{d^2 - d_1^2} - \mu_1 = \frac{80^2 + 0}{80^2 - 0} - 0.3 = 1 - 0.3 = 0.7$$

$$C_2 = \frac{d_2^2 + d^2}{d_2^2 - d^2} + \mu_2 = \frac{120^2 + 80^2}{120^2 - 80^2} + 0.3 = 2.9$$

再利用式(7 - 4)可得 $\Delta_{\min}$

$$\Delta_{\min} = p_{\min} d(\frac{C_1}{E_1} + \frac{C_2}{E_2}) = 24.90 \times 80(\frac{0.7}{206000} + \frac{2.9}{202000}) = 0.035(\text{mm})$$

3. 选择标准配合

由于用压入法装配,要考虑配合表面不平波峰被擦平,所以实际所需最小过盈 $\Delta'_{\min}$ 由式(7 - 5)给出。即

$$\Delta'_{min} = \Delta_{min} + 1.2(R_{Z1} + R_{Z2})$$

根据轴、毂配合表面粗糙度分别为 $\dfrac{0.8}{\bigvee}$ 和 $\dfrac{1.6}{\bigvee}$，由表 7-3，查得 $R_{Z1} = 0.0032mm$，$R_{Z2} = 0.0063mm$ 得

$$\Delta'_{min} = 0.035 + 1.2(0.0032 + 0.0063) = 0.0464(mm)$$

选取标准配合主要使最小装配过盈 $\Delta_{min} \geqslant \Delta'_{min}$。由表 7-4 查得为 1801-79，选择基孔制过盈配合 $\Phi \times \dfrac{H7}{u6}$，即孔 $\Phi 80^{+0.30}_{0}$；轴 $\Phi 80^{+0.121}_{0.102}$

可以计算出可得到的最大和最小装配过盈为

$$\Delta_{max} = 0.121 - 0 = 0.121(mm)$$

$\Delta_{min} = 0.102 - 0.030 = 0.072 > \Delta'_{min} = 0.0464mm$ 结论是满足要求。

在特殊情况下，也可以采用非标准配合，但一般情况下应尽量选用标准配合制度。

4. 校核联接强度

由标准配合尺寸计算结果得到 $\Delta_{max} = 0.121mm$，考虑不平波峰可能被擦平一部分，所以最大装配过盈按 $\Delta_{max} - 1.2(R_{Z1} + R_{Z2}) = 0.121 - 1.2(0.0032 + 0.0063) = 0.1096mm$ 计算。由式（7-4）可知，在弹性范围内，配合面的压强与过盈量成正比，即

$$p_{max} = p_{min}\frac{\Delta_{min} - 1.2(R_{Z1} + R_Z)}{\Delta_{min}} = 24.90 \times \frac{0.1096}{0.035} = 31.31(MPa)$$

在这个 p_{max} 作用下，轮毂的危险应力由式（7-7）计算

$$\frac{2p_{max}d_2^2}{d_2^2 - d^2} = \frac{2 \times 31.31 \times 120^2}{120^2 - 80^2} = 112.716$$

此值小于轮毂材料的屈服极限 $\sigma_{S1} = 320MPa$。

轴的危险应力由式（7-8）计算

$$\frac{2p_{max}d^2}{d^2 - d_1^2} = 2 \times 31.31 = 62.62(MPa)$$

此值小于轴材料的屈服极限 $\sigma_{S2} = 360MPa$。结论是安全。

5. 计算最大压力 F_i

如果取压入摩擦系数 $f_i = f = 0.1$，最大压强仍取 $p_{max} = 31.31MPa$，则

$$F_i = \pi dl p_{max} f_i = \pi \times 80 \times 120 \times 31.31 \times 0.1 = 94.43(kN)$$

§7-5 胶　接

一、胶接及其应用

胶接是利用胶粘剂在一定条件下把预制的元件（如图 7-14a 中的轮圈和轮芯）联接在一起，并具有一定的联接强度，是早就使用的一种不可拆联接。如木工利用聚酯聚乙烯乳液（乳胶）黏合木质构件就是一例；但在机械制造中采用胶接的金属构件，还是近三十年来发展出的新兴工艺。

胶接的机理涉及很多化学与物理的因素，目前虽有多种理论，但都不能做出圆满的解释，故尚在积极研究中。随着高分子化学，特别是石油化学工业的迅速发展，胶接理论将日臻完善。

目前,胶接在机床、汽车、拖拉机、造船、化工、仪表、航空、航天等工业部门中的应用日渐广泛,其应用实例见图 7 - 9。

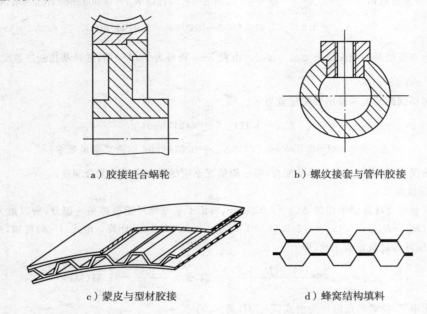

a）胶接组合蜗轮　　　　　　　　　　　　b）螺纹接套与管件胶接

c）蒙皮与型材胶接　　　　　　　　　　d）蜂窝结构填料

图 7 - 9　胶接应用实例

二、常用胶粘剂及其主要性能与选择原则

胶粘剂品种繁多,从不同的角度划分为很多类别,按使用目的分为三类:

1. 结构胶粘剂　这类胶粘剂在常温下的抗剪强度一般不低于 8MPa,经受一般高、低温或化学的作用不降低其性能,胶接件能承受较大的载荷。例如酚醛-缩醛-有机硅胶粘剂、环氧-酚醛胶粘剂和环氧-有机硅胶粘剂等。

2. 非结构胶粘剂　在正常使用时有一定的胶接强度,但在受到高温或重载时,性能迅速下降。例如聚氨酯胶粘剂和酚醛-氯丁橡胶胶粘剂等。

3. 其他胶粘剂　具有特殊用途(如防锈、绝缘、导电、透明、超高温、超低温、耐酸、耐碱等)的胶粘剂。例如环氧导电胶粘剂和环氧超低温胶粘剂等。

在机械制造中,目前较为常用的是结构胶粘剂中的酚醛-缩醛-有机硅胶粘剂及环氧-酚醛胶粘剂等。

胶粘剂的主要性能是胶接强度(耐热性、耐介质性、耐老化性)、固化条件(温度、压力、保持时间)、工艺性能(涂布性、流动性、有效贮存期)以及其他特殊性能(如防锈等)。

胶粘剂的机械性能随着胶接件材料、环境温度、固化条件、胶层厚度、工作时间、工艺水平等的不同而异。例如,可用于胶接各种碳钢、合金钢、铝、镁、钛等合金,以及各种玻璃钢的酚醛-缩醛-有机硅耐高温胶粘剂(牌号为 204 胶)胶接 30CrMnSiA 钢时,在常温下剪切强度 $\tau_B \geqslant 22.8$MPa;200℃时,$\tau_B \geqslant 15.8$MPa;300℃时,$\tau_B \geqslant 8.6$MPa;350℃时,$\tau_B \geqslant 4$MPa。各种胶粘剂的性能数据可查阅有关手册。

胶粘剂的选择原则,主要是针对胶接件的使用要求及环境条件,从胶接强度、工作温度、固化条件等方面选取胶粘剂的品种,并兼顾产品的特殊要求(如防锈等)及工艺上的方便。此外,如对受有一般冲击、振动的产品,宜选用弹性模量小的胶粘剂;在变应力条件下工作的胶接件,应选膨胀系数与零件材料的膨胀系数相近的胶粘剂等。

三、胶接的基本工艺过程

1. 胶接件胶接表面的制备　胶接表面一般需经过除油处理、机械处理及化学处理,以便清除表面油污及氧化层,改造表面粗糙度,使其达到最佳胶接表面状态。表面粗糙度一般应为 $\overset{3.2}{\diagdown}$ ～ $\overset{1.6}{\diagdown}$,过高或过低都会降低胶接的强度。

2. 胶粘剂配制　因大多数胶粘剂是"多组分"的,在使用前应按规定的程序及正确的配方比例妥善配制。

3. 涂胶　采取适当的方法涂布胶粘剂(如喷涂、刷涂、滚涂、浸渍、贴膜等),以保证厚薄合适、均匀无缺、无气泡等。

4. 清理　在涂胶装配后,清除胶接件上多余的胶粘剂(若产品允许在固化后进行机械加工或喷丸时,这一步可在固化后进行)。

5. 固化　根据胶接件的使用要求、接头形式、接头面积等,恰当定选固化条件(温度、压力及保持时间),使胶接域固化。

6. 质量检验　对胶接产品主要是进行 X 光、超声波探伤、放射性同位素或激光全息摄影等无损检验,以防止胶接接头存在严重缺陷。

四、胶接接头的结构形式、受力状况及设计要点

胶接接头的典型结构见图 7－10。

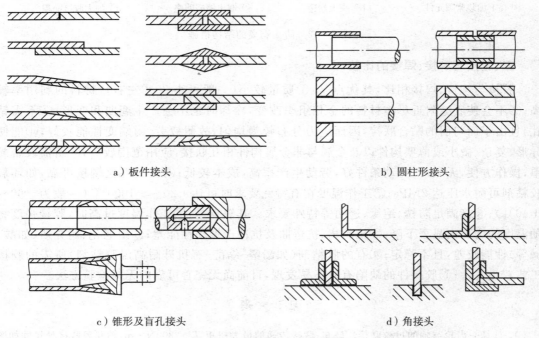

a）板件接头　　　　　　　　　　　　　b）圆柱形接头

c）锥形及盲孔接头　　　　　　　　　　d）角接头

图 7－10　胶接接头典型结构

　　胶接接头的受力状况有拉伸、剪切、剥离与扯离等（图7-11）。实践证明，胶缝的抗剪切及抗拉伸能力强，而抗扯离及抗剥离能力弱。

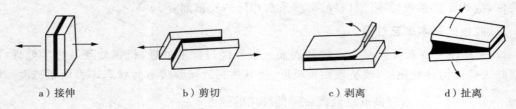

| a）接伸 | b）剪切 | c）剥离 | d）扯离 |

图 7-11　胶接接头的受力状况

　　胶接接头的设计要点是：

　　①针对胶接件的工作要求正确选择胶粘剂；②合理选定接头形式；③恰当选取工艺参数；④充分利用胶缝的承载特性，尽可能使胶缝承受剪切或拉伸载荷，而避免承受扯离，特别是剥离载荷，不宜采用胶接接头；⑤从结构上应适当采取防止剥离的措施，如图7-12所示，以防止从边缘或拐角处脱缝；⑥尽量减小胶缝处的应力集中，如将胶缝处的板材端部切成斜角，或把胶粘剂和胶接件材料的膨胀系数选得很接近等；⑦当有较大的冲击、振动时，应在胶接面间增加玻璃布层等缓冲减振材料。

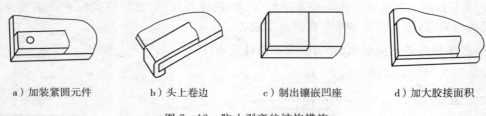

| a）加装紧圆元件 | b）头上卷边 | c）制出镶嵌凹座 | d）加大胶接面积 |

图 7-12　防止剥离的结构措施

五、胶接与铆接、焊接的比较

　　胶接与铆接、焊接相比，其优点是：①质量较小（一般可小20％左右），材料的利用率较高；②不会使胶缝附近母体材料的金相组织改变，冷却时也不会产生翘曲和变形；③不需钻孔，且由于面与面的贴合联接，因而应力分布较为均匀，故耐疲劳、耐蠕变性能较好；④能使异形、复杂、微小或薄壁构件以及金属与非金属构件相互联接，应用范围较广；⑤所需设备简单，操作方便，无噪声，劳动条件好，劳动生产率高，成本较低；⑥密封性比铆接可靠，如环氧胶粘剂可耐水压达2MPa；⑦工作温度在有特殊要求时可达$-20 \sim +1000$ ℃（一般为$-60 \sim +40$℃）；⑧能满足防锈、绝缘、透明等特殊要求。其缺点是：①工作温度过高时，胶接强度将随温度的增高而显著下降；②抗剥离、抗弯曲及抗冲击振动性能差；③耐老化、耐介质（如酸、碱等）性能较差，且不稳定；④有的胶粘剂（如酚醛-缩醛-有机硅耐高温胶粘剂）所需的胶接工艺较为复杂；⑤胶接件的缺陷有时不易发现，目前尚无完善可靠的无损检验方法。

习　　题

　　1. 计算一齿轮与轴的过盈联接。已知：联接传递的最大扭矩 $T = 2800$N·m，轴和毂联接处尺寸如图示，并用平键作为辅助联接。齿轮材料为 ZG45，其屈服极限 $\sigma_{S2} = 320$MPa；轴的材料为45号钢，其屈服极

限 $\sigma_{S1}=360$MPa。轴和孔表面粗糙度为 $\overset{0.8}{\diagdown}$ ，拟用压入法装配，取 $f=0.1$。

2. 试设计轴与套筒的过盈配合。已知：轴径 $d=80$mm，套筒外径 $D=120$mm，配合长度 $l=80$mm。轴与套筒材料均为 45 号钢，屈服极限 $\sigma_{S1}=\sigma_{S2}=360$MPa，接合面间摩擦系数 $f=0.1$，轴与孔接合面粗糙度为 $\overset{0.8}{\diagdown}$ ，传递扭矩 $T=1600$N・mm。

3. 图示一铸铁轮与轴用过盈联接。传递最大扭矩 $T=1500$N・m，配合表面粗糙度轴为 $\overset{0.8}{\diagdown}$ ，孔为 $\overset{1.6}{\diagdown}$ 。试选择轴与毂的标准配合。

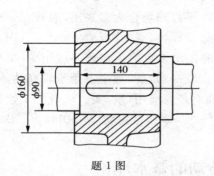
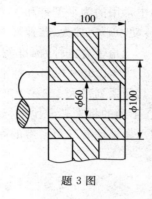

题 1 图　　　　　　　　　　　　题 3 图

4. 蜗轮磷青铜轮缘与铸钢轮芯采用过盈联接，配合尺寸如图所示，配合代号为 H6/u7，配合表面粗糙度 $\overset{0.8}{\diagdown}$ ，试求允许传递的最大扭矩。

5. 有一轮毂过盈配合联接，轴孔配合处直径为 $\Phi125\dfrac{H7}{r6}$，配合部分长度 $l=160$mm，轮毂外径 d_2 按 200mm 计算，材料为 45 号钢，轴孔配合表面粗糙度分别为 $\overset{0.8}{\diagdown}$ 和 $\overset{1.6}{\diagdown}$ ，问能否用 100 吨油压孔装入和压出（取 $f=0.08$）？

6. 设计一轴毂过盈配合联接。已知轴孔名义直径 $d=45$mm，轮毂外径 d_2 按 80mm 计算，配合部分长度 $l=70$mm，材料均为 45 号钢，轴孔配合表面粗糙度均为 $\overset{1.6}{\diagdown}$ ，传递转矩 $T=700$N・m。

7. 如图所示的磷青铜蜗轮轮圈与铸铁轮芯采用过盈配合（H8/t7）联接，配合表面粗糙度均为 $\overset{3.2}{\diagdown}$ ，设联接本身的强度足够，试求此联接允许传递的最大转矩。

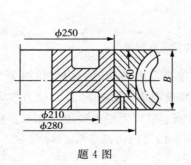
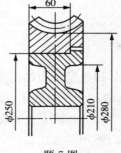

题 4 图　　　　　　　　　　　　题 7 图

第八章

带 传 动

在带传动中常用的为平型带和 V 型带传动,还有同步齿形带传动。平型带传动结构最简单,在要求传动中心距较大、转速较高和传动平稳的场合大多采用,而且在带轮上所受弯曲应力也最小。三角带有三种:标准系列($b_0/h \approx 1.4$),宽系列($b_0/h \approx 2 \sim 4$,用在无级变速器)和窄系列($b_0/h \approx 1.05 \sim 1.1$)。标准系列的传动带目前尚在普遍应用中;窄型系列带能传递的功率比其他系列带大 $1.5 \sim 2$ 倍,可以在较高的弯曲频率下用于较高的速度,由于这些原因,预料在不远的将来必会代替标准系列而普遍应用(欧、美、日、俄等工业发达国家都已在普遍采用);另外还有三角形带的一种变种——多楔带传动(Multiple V—Belt drive)。

§8-1　带传动的基本理论

一、带传动的受力分析

(一)有效拉力和所能传递的功率

在带传动中,传动带以一定初拉力 F_0 紧套在两个带轮上,由于 F_0 的作用,带和带轮接触面上就产生了正压力,带传动未工作时,传动带两边的拉力相等,都等于 F_0(图 8-1a)。

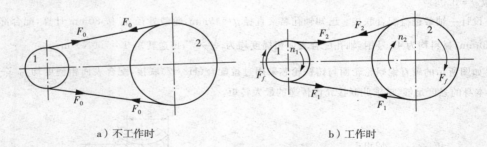

a)不工作时　　　　　　　　　　b)工作时

图 8-1　带传动的工作原理

传动带工作时,由于摩擦力的作用,使传动带绕入主动轮的一边被拉得更紧,拉力由 F_0 增大到 F_1;而另一边则相应被放松,拉力由 F_0 减少至 F_2(图 8-1b)。拉力增大的一边称为紧边,F_1 为紧边拉力;拉力减少的一边称为松边,F_2 被称为松边拉力。如果近似地认为带工作时的总长度不变,则带的紧边拉力的增量应等于松边拉力减少量,即

$$\left.\begin{array}{l} F_1 - F_0 = F_0 - F_2 \\ F_1 + F_2 = 2F_0 \end{array}\right\} \qquad (8-1)$$

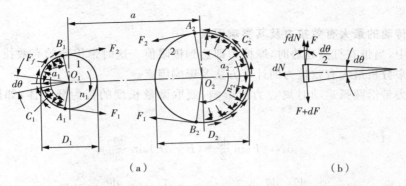

图 8-2 带与带轮的受力分析

图 8-2a 为带与带轮受力图（径向箭头表示带轮作用于带上的正压力），当取主动轮一端的带为分离体时，则总摩擦力 F_f 和两边拉力对轴心的力矩的代数和 $\sum T = 0$，即

$$F_f \frac{D_1}{2} - F_1 \frac{D_1}{2} + F_2 \frac{D_1}{2} = 0$$

由上式可得

$$F_f = F_1 - F_2$$

在带传动中，有效拉力 F_e 并不是作用某固定点的集中力，而是带和带轮接触面上各点摩擦力的总和，故整个接触面上的总摩擦力 F_f 即等于带传动所传递的有效拉力 F_e，则由上式关系可知

$$F_e = F_f = F_1 - F_2 \tag{8-2}$$

带传动所能传递的功率为

$$P = \frac{F_e v}{1000} (\text{kW}) \tag{8-3}$$

式中　F_e——有效拉力，N；

　　　v——带的速度，m/s。

将式（8-2）代入式（8-1）可得

$$\left. \begin{array}{l} F_1 = F_0 + \dfrac{F_e}{2} \\[2mm] F_2 = F_0 - \dfrac{F_e}{2} \end{array} \right\} \tag{8-4}$$

由式（8-4）可知，带的两边拉力 F_1 和 F_2 的大小，取决于初拉力 F_0 和带传动的有效拉力 F_e。而由式（8-3）可知，在带传动的传动能力范围内，F_e 的大小又和传动功率 P 及带的速度有关。当传动的功率增大时，带的两边拉力的差值 $F_e = F_1 - F_2$ 也要相应地增大。带的两边拉力的这种变化，实际上反映了带和带轮接触面上摩擦力的变化。显然，当其他条件不变且初拉力 F_0 一定时，这个摩擦力有一极限值（临界值）。这个极限值就限制着带传动的传

动能力。

(二)带传动的最大有效拉力及其影响因素

带传动中,当带有打滑趋势时,摩擦力即达到极限值。这时带传动的有效拉力亦达到最大值。下面来分析最大有效拉力的计算方法及影响因素。

如果略去带沿圆弧运动时离心力的影响,截取微量长度的带为分离体,如图 8 - 2b 所示,则

$$dN = F\sin\frac{d\theta}{2} + (F+dF)\sin\frac{d\theta}{2}$$

上式中,因 $d\theta$ 很少,可取 $\sin\dfrac{d\theta}{2} \approx \dfrac{d\theta}{2}$,并略去二次微量 $dF\sin\dfrac{d\theta}{2}$,于是得

$$dN = Fd\theta$$

又　　　　　　　　　　$$fdN + F\cos\frac{d\theta}{2} = (F+dF)\cos\frac{d\theta}{2}$$

取　　　　　　　　　　　　　　$$\cos\frac{d\theta}{2} \approx 1$$

故　　　　　　　　　　　　　　$$fdN = dF$$

于是可得　　　　　　　　　　$$dN = Fd\theta = \frac{dF}{f}$$

或　　　　　　　　　　　　　　$$\frac{dF}{F} = fd\theta$$

两边积分　　　　　　　　$$\int_{F_2}^{F_1}\frac{dF}{F} = \int_0^\alpha fd\theta$$

$$\ln\frac{F_1}{F_2} = f\alpha$$

即　　　　　　　　　　　　　$$F_1 = F_2 e^{f\alpha} \tag{8-5}$$

式中　　e——自然对数的底($e = 2.718\cdots$);

　　　　f——摩擦系数(对 V 带,用当量摩擦系数 f_v 代替 f);

　　　　α——带在带轮上的包角,rad。

式(8-5)即为柔韧体摩擦的欧拉公式(Euler's formula)。将式(8-4)代入式(8-5)整理后,可得出带所能传递的最大有效拉力(即有效拉力的临界值)为

$$F_{ec} = 2F_0\,\frac{e^{f\alpha}-1}{e^{f\alpha}+1} = 2F_0\,\frac{1-1/e^{f\alpha}}{1+1/e^{f\alpha}} \tag{8-6}$$

由式(8-6)可知,最大有效拉力 F_{ec} 与下列几个因素有关:

1)初拉力 F_0　　最大有效拉力 F_{ec} 与 F_0 成正比。这是因为 F_0 越大,带与带轮的正压力越大,则传动时的摩擦力就越大,最大有效拉力 F_{ec} 也就越大。但 F_0 过大时,将使带的磨损加剧,以致松弛过快,缩短带的工作寿命。如 F_0 过小,则带传动的能力得不到充分发挥,运

转时容易发生颤动和打滑。

2）包角 最大有效拉力 F_{ec} 随包角 α 的增大而增大（所以对水平或接近水平装置的带传动，通常应将松边放在上边以增大包角）。这是因为 α 越大，带和带轮间的接触面积上所产生的总摩擦力就越大，传动能力也就越高。

3）摩擦系数 f 最大有效拉力 F_{ec} 随 f 的增大而增大。这是因为摩擦系数越大，则摩擦力就越大，传动能力也就越高。而摩擦系数 f 与带及带轮的材料和表面状况、工作环境条件有关。

平型带的工作面是内表面，而三角带的工作面则是两个侧面。如图 8-3a 所示，若平型带以 Q 力压向带轮时，则平型带工作面上产生正压力 N，根据平衡条件知：

$$N = Q$$

因此平型带上的摩擦力为

$$F_f = Nf = Qf$$

式中 f——摩擦系数。

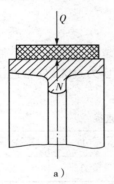
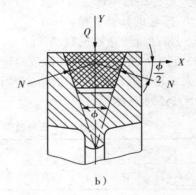

图 8-3 平型带和三角带摩擦力的比较

由图 8-3b 可以看出，当三角带也以同样大小的 Q 力压向带轮，则三角带的工作面上产生正压力 N，由平衡条件 $\sum Y = 0$，可得

$$Q - 2N \sin \frac{\psi}{2} = 0$$

故

$$N = \frac{Q}{2 \sin \frac{\psi}{2}}$$

由此得三角带的摩擦力 $F_f = 2Nf = \dfrac{Q}{\sin \frac{\psi}{2}} f = Q f_v$ $\qquad f_v = \dfrac{f}{\sin \frac{\psi}{2}} > f$

如 $\psi = 34°$，则 $F_f = \dfrac{Q}{\sin 17°} f = 3.42 Q f$

可见,在相同条件下,三角带传动的能力是平型带的 3 倍多。这就是 V 带传动的优点。

二、传动带工作时的应力分析

(一)传动带工作时的三种应力

1. 紧边拉力和松边拉力所产生的应力

紧边 $\qquad \sigma_1 = \dfrac{F_1}{A}$ (MPa)

松边 $\qquad \sigma_2 = \dfrac{F_2}{A}$ (MPa) $\qquad\qquad\qquad\qquad\qquad$ (8-7)

式中拉力 F_1,F_2 的单位为 N;A 为带的横剖面面积,mm²。

2. 弯曲应力

带绕在带轮上时要引起弯曲应力,带的弯曲应力为

$$\sigma_b \approx E\,\frac{h}{D} \text{(MPa)} \qquad\qquad (8-8)$$

式中 $\quad h$——带外层到中性线的厚度,mm;

$\qquad\quad D$——带轮的计算直径,mm;

$\qquad\quad E$——带的抗弯弹性模数,MPa。

由式(8-8)可知,h 越大,D 越小时,带的弯曲应力 σ_b 越大,故带绕在小带轮上时弯曲应力 σ_{b1} 大于绕在大带轮上时的弯曲应力 σ_{b2}。为了避免弯曲应力过大,带轮直径不能过小。三角带带轮的最小直径列于表 8-1。

表 8-1　三角胶带带轮的最小直径　　　　　　　　　D_{min}(mm)

型　　号	O	A	B	C	D	E	F
D_{min}	71(63)	100(90)	140(125)	200	315	500	800

注:括号内的数在一般情况下不推荐使用。

3. 离心应力

当带以切线速度 v 沿带轮轮缘作圆周运动时,带本身的质量将引起离心力。由于离心力的作用,带的所有剖面上都要产生离心应力 σ_c。这个离心应力可由下式计算

$$\sigma_c = \frac{qv^2}{Ag} \text{(MPa)} \qquad\qquad (8-9)$$

式中 $\quad q$——传动带单位长度的重量,N/m,见表 8-2;

表 8-2　传动带单位长度的重力

型　　号	O	A	B	C	D	E	F
q(N/m)	0.6	1.0	1.7	3.0	6.2	9.0	15.2

$\qquad\quad g$——重力加速度,$g = 9.8 \text{m/s}^2$;

$\qquad\quad A$——带的横剖面积,mm²;

v——带的线速度，m/s。

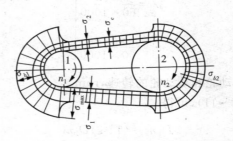

图 8-4　带工作时的应力分布情况

（二）传动带的疲劳强度

图 8-4 表示带在工作时的应力分布情况。带中的最大应力发生在带的紧边开始绕上小带轮处。此最大应力为

$$\sigma_{max} = \sigma_1 + \sigma_{b1} + \sigma_c \qquad (8-10)$$

由图 8-4 可知，带是处于变应力状态下工作的，即带每绕两轮循环一周时，应力变化 4 次。当应力循环次数达到一定值后，将使带产生疲劳破坏。

三、带传动的弹性滑动

（一）弹性滑动

由于传动带为弹性体，在拉力作用下产生弹性伸长，其伸长量随拉力大小而改变，因此，当传动带绕过主动轮时，由于拉力减少而使伸长量减少。如图 8-5 所示，带上 B' 点相对带轮上的 B 点往回收缩了一点，带与带轮间出现微量局部滑动。这种由弹性变形量改变而产生的滑动现象称为弹性滑动（Elastic creep）；带速 v 将小于主动轮的圆周速度 v_1。当传动带绕过从动轮时，这时从动轮的圆周速度 v_2 将小于带速 v。可见由于弹性滑动的存在，使 $v_2 < v < v_1$，即从动轮的圆周速度低于主动轮的圆周速度。带传动工作时必然是紧边和松边拉力不相等的，因此弹性滑动是无法避免的一种自然现象。紧边拉力与松边拉力相差愈大，即有效

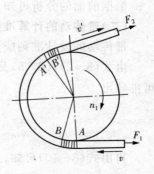

图 8-5　弹性滑动

拉力 F_e 愈大时，弹性滑动也就愈严重。当有效拉力 F_e 达到最大（临界）值 F_{ec} 时，如果工作载荷再进一步增大，则带与带轮就将发生剧烈的相对滑动，即产生打滑（Slipping），这将引起带的磨损加剧和传动效率显著的降低，开始导致传动失效，这种情况应当避免。

（二）滑动率及传动比

由于弹性滑动的影响，将使从动轮的圆周速度 v_2 低于主动轮的圆周速度 v_1，其降低量可以滑动率（Rate of creep）来表示

$$\varepsilon = \frac{v_1 - v_2}{v_1} \times 100\%$$

或

$$v_2 = (1 - \varepsilon)v_1 \qquad (8-11)$$

其中

$$v_1 = \frac{\pi D_1 n_1}{60 \times 1000} \atop v_2 = \frac{\pi D_2 n_2}{60 \times 1000} \Bigg\} \qquad (8-12)$$

式中　　n_1, n_2——分别为主动轮和从动轮的转速,rpm。

将式(8-12)代入式(8-11),可得

$$D_2 n_2 = (1-\varepsilon) D_1 n_1$$

因而带传动的实际平均传动比为

$$i = \frac{n_1}{n_2} = \frac{D_2}{(1-\varepsilon)D_1} \qquad (8-13)$$

在一般传动中,因滑动率不大($\varepsilon = 1\% \sim 2\%$),可以不计,因而传动比为

$$i = \frac{n_1}{n_2} = \frac{D_2}{D_1} \qquad (8-14)$$

四、带传动的失效形式和计算准则

(一)带传动的失效形式

根据前面的分析可知,带传动的主要失效形式即为打滑和疲劳破坏。

(二)带传动的计算准则

带传动的设计准则应为:在保证带传动不打滑的条件下,具有一定的疲劳强度和寿命。

由式(8-2),(8-5)及(8-8),并对三角带用当量摩擦系数 f_v 代替平面摩擦系数 f,则可推导出

$$F_{ec} = F_1 \left(1 - \frac{1}{e^{f_v \alpha}}\right) = \sigma_1 A \left(1 - \frac{1}{e^{f_v \alpha}}\right) \qquad (8-15)$$

再由式(8-10)可知,三角胶带的疲劳条件为

$$\sigma_{max} = \sigma_1 + \sigma_{b1} + \sigma_c \leqslant [\sigma]$$

$$\sigma_1 \leqslant [\sigma] - \sigma_{b1} - \sigma_c \qquad (8-16)$$

式中$[\sigma]$为在一定条件下,由带的疲劳强度所决定的许用应力。

将式(8-16)代入式(8-15),则得

$$F_{ec} = ([\sigma] - \sigma_{b1} - \sigma_c) A \left(1 - \frac{1}{e^{f_v \alpha}}\right) \qquad (8-17)$$

将式(8-17)代入式(8-3),则可得出单根三角胶带所允许传递的功率为

$$P_0 = \frac{([\sigma] - \sigma_{b1} - \sigma_c)(1 - \frac{1}{e^{f_v \alpha}})Av}{1000} (kW) \qquad (8-18)$$

实际应用的带传动,其计算功率 P_{ca} 若小于或等于 P_0,则可以满足其正常工作而不会产生失效。

(三)传动带允许传递的功率

由实验求得在 $10^8 \sim 10^9$ 次循环应力下,三角胶带的许用应力为

$$[\sigma] = \sqrt[11.1]{\frac{CL}{3600jL_h v}} \quad (\text{MPa}) \tag{8-19}$$

式中　L——带长,m;

　　　　j——带上某一点绕行一周时所绕过的带轮数;

　　　　L_h——胶带寿命,h;

　　　　C——由带的材料和结构决定的实验常数。

将 $[\sigma]$ 及式(8-8)和式(8-9)代入式(8-18),得出包角 $\alpha = 180°$、特定长度、平稳工作条件下,单根三角胶带的许用功率的计算公式为

$$P_0 = 10^{-3} \left(\sqrt[11.1]{\frac{CL}{7200L_h'}} v^{-0.09} - \frac{Eh}{D_1} - \frac{qv^2}{Ag} \right) \left(1 - \frac{1}{e^{f_v \alpha}} \right) Av \, (\text{kW}) \tag{8-20}$$

由式(8-20)计算的各种型号的单根三角胶带的许用功率,见表8-3。

表8-3　在包角 $\alpha = 180°$、特定长度、工作平稳情况下,
单根普通 V 带的许用功率值 P_0(kW)

型　　号	O	A	B	C	D	E
小带轮基准直径 D_1(mm)	63	90	125	200	315	500
	71	100	140	224	355	560
	80	112	160	250	400	630
	≥90	≥125	≥180	≥280	≥450	≥710
V型带速度(m/s) 1	0.13	0.23	0.38			
	0.14	0.25	0.43			
	0.15	0.27	0.47			
	0.16	0.29	0.51			
2	0.23	0.41	0.68	1.34	2.70	
	0.25	0.45	0.77	1.50	3.07	
	0.25	0.49	0.86	1.63	3.39	
	0.30	0.53	0.93	1.75	3.67	
3	0.31	0.56	0.94	1.86	3.73	
	0.35	0.62	1.07	2.09	4.27	
	0.39	0.69	1.21	2.29	4.74	
	0.42	0.75	1.31	2.48	5.18	
4	0.39	0.71	1.18	2.34	4.66	
	0.44	0.80	1.35	2.65	5.40	
	0.49	0.88	1.53	2.91	6.03	
	0.53	0.95	1.67	3.16	6.11	

（续表）

型　　号	O	A	B	C	D	E
小带轮基准直径 D_1（mm）	63 71 80 ≥90	90 100 112 ≥125	125 140 160 ≥180	200 224 250 ≥280	315 355 400 ≥450	500 560 630 ≥710
5	0.47 0.53 0.59 0.64	0.84 0.95 1.06 1.15	1.36 1.58 1.80 1.98	2.78 3.17 3.50 3.80	5.53 6.44 7.24 7.95	10.18 11.20 12.14 12.99
6	0.54 0.62 0.69 0.75	0.97 1.10 1.22 1.33	1.60 1.86 2.13 2.34	3.20 3.66 4.06 4.43	6.34 7.43 8.39 9.24	11.78 13.01 14.13 15.15
7	0.60 0.69 0.78 0.85	1.08 1.23 1.38 1.51	1.79 2.09 2.41 2.65	3.59 4.13 4.59 5.02	7.08 8.36 9.49 10.48	13.31 14.73 16.03 17.25
8	0.67 0.77 0.87 0.95	1.19 1.37 1.53 1.68	1.96 2.31 2.67 2.95	3.95 4.57 5.10 5.60	7.79 9.25 10.52 11.72	14.76 16.39 17.89 19.24
9	0.72 0.84 0.95 1.04	1.30 1.49 1.68 1.85	2.13 2.52 2.93 3.24	4.30 5.00 5.60 6.15	8.46 10.10 11.55 12.81	16.17 17.98 19.69 21.23
10	0.78 0.91 1.03 1.13	1.39 1.61 1.82 2.00	2.26 2.71 3.16 3.52	4.62 5.39 6.05 6.67	9.06 10.68 12.49 13.89	17.44 19.49 21.40 23.05
11	0.82 0.97 1.10 1.21	1.48 1.72 1.95 2.15	2.42 2.89 3.39 3.78	4.91 5.76 6.49 7.16	9.61 11.61 13.39 14.91	18.69 20.92 23.00 24.86
12	0.85 1.10 1.15 1.27	1.56 1.82 2.07 2.29	2.54 2.06 3.60 4.03	5.19 6.11 6.90 7.65	10.12 12.31 12.24 15.92	19.84 22.28 24.57 26.60

V型带速度（m/s）

（续表）

型　号	O	A	B	C	D	E
小带轮基 准直径 D_1（mm）	63 71 80 ≥90	90 100 112 ≥125	125 140 160 ≥180	200 224 250 ≥280	315 355 400 ≥450	500 560 630 ≥710
V型带速度（m/s） 13	0.90 1.06 1.22 1.35	1.63 1.91 2.18 2.42	2.65 3.21 3.80 4.26	5.43 6.43 7.29 8.09	10.57 12.93 15.02 16.87	20.92 23.58 26.02 28.22
14	0.93 1.12 1.28 1.42	1.69 1.99 2.29 2.54	2.74 3.35 3.98 4.47	5.65 6.72 7.65 8.51	10.97 13.51 15.76 17.73	21.92 24.77 27.41 29.78
15	0.96 1.16 1.34 1.49	1.74 2.07 2.39 2.66	2.82 3.43 4.15 4.68	5.84 6.99 7.98 8.90	11.30 14.03 16.45 18.57	22.82 23.88 28.73 31.24
16	0.99 1.20 1.39 1.55	1.79 2.14 2.48 2.76	2.88 3.58 4.30 4.86	6.00 7.24 8.30 9.27	11.60 14.50 17.06 19.32	23.66 26.94 29.97 32.63
17	1.01 1.23 1.43 1.60	1.83 2.20 2.56 2.86	2.94 3.67 4.44 5.04	6.14 7.45 8.58 9.61	11.82 14.91 17.65 20.04	24.42 27.85 31.10 33.97
18	1.02 1.26 1.47 1.65	1.86 2.25 2.63 2.95	2.98 3.75 4.56 5.20	6.26 7.64 8.83 9.94	12.00 15.28 18.19 20.72	25.11 28.76 32.17 35.24
19	1.02 1.27 1.49 1.63	1.87 2.28 2.68 3.03	2.99 3.81 4.67 5.33	6.33 7.79 9.05 10.22	12.10 15.55 18.60 21.28	25.62 29.51 33.12 36.37
20	1.03 1.29 1.53 1.73	1.88 2.32 2.74 3.10	2.99 3.86 4.76 5.46	6.39 7.93 9.25 10.48	12.19 15.80 19.02 21.83	26.18 30.23 34.02 37.42

（续表）

型　号	O	A	B	C	D	E
小带轮基准直径 D_1(mm)	63 71 80 ≥90	90 100 112 ≥125	125 140 160 ≥180	200 224 250 ≥280	315 355 400 ≥450	500 560 630 ≥710
V型带速度(m/s) 21	1.04 1.31 1.56 1.77	1.87 2.33 2.77 3.16	2.96 3.88 4.83 5.56	6.38 8.01 9.40 10.68	12.11 15.92 19.28 22.25	26.48 30.78 34.74 38.32
22	1.02 1.30 1.57 1.79	1.86 2.34 2.80 3.20	2.93 3.88 4.88 5.65	6.36 8.07 9.52 10.87	12.02 16.03 19.55 22.66	26.78 31.28 35.42 39.18
23	1.00 1.30 1.57 1.80	1.84 2.34 2.82 3.23	2.87 3.87 4.91 5.71	6.31 8.09 9.61 11.01	11.87 16.06 19.73 22.97	26.98 31.64 36.00 39.90
24	0.96 1.27 1.56 1.80	1.80 2.32 2.83 3.26	2.79 3.83 4.92 5.76	6.22 8.06 9.66 11.11	11.61 15.95 19.83 23.20	27.02 31.90 36.44 40.05
25	0.94 1.25 1.56 1.81	1.75 2.29 2.82 3.27	2.70 3.78 4.91 5.79	6.09 8.02 9.68 11.20	11.32 15.85 19.88 23.40	26.98 32.06 36.80 41.08
26		1.69 2.25 2.80 3.28	2.58 3.70 4.87 5.79	5.94 7.94 9.66 11.27	10.93 15.67 19.82 23.48	26.82 32.17 34.03 41.50
27		1.62 2.20 2.77 3.26	2.43 3.61 4.82 5.77	5.73 7.81 9.60 11.27	10.47 15.36 19.70 23.52	26.53 32.04 37.16 41.75
28		1.53 2.14 2.72 3.23	2.27 3.49 4.75 5.74	5.48 7.64 9.49 11.20	9.90 14.99 19.49 23.40	26.10 31.82 37.13 41.85

（续表）

型　　号	O	A	B	C	D	E
小带轮基准直径 D_1(mm)	63 71 80 ≥90	90 100 112 ≥125	125 140 160 ≥180	200 224 250 ≥280	315 355 400 ≥450	500 560 630 ≥710
V型带速度(m/s)　29		1.42 2.05 2.66 3.18	2.06 3.32 4.63 5.65	5.16 7.40 9.31 11.10	9.19 14.47 19.13 23.19	25.50 31.41 36.86 41.85
V型带速度(m/s)　30		1.30 1.96 2.58 3.13	1.86 3.16 4.52 5.57	4.84 7.15 9.13 10.98	8.32 13.79 18.62 22.82	24.83 30.98 36.62 41.70

§8-2　普通三角胶带传动设计计算

一、普通 V 胶带的规格

普通 V 胶带的规格、尺寸、各型号截面尺寸见表 8-4。普通 V 胶带长度以内周长度 L_i 作为公称长度，计算时则用通过截面中性层的周长为基准长度 L_d。三角胶带的长度系列见表8-5。

表 8-4　三角胶带剖面尺寸

带型	Y	Z(0)	A	B	C	D	E	F
顶宽 b(mm)	6	10	13	17	22	32	38	50
节宽 b_p(mm)	5.3	8.5	11	14	19	27	32	42
高度 h(mm)	4	6	8	10.5	13.5	19.0	23.5	30.0
剖面面积 A(mm²)		47	81	138	230	476	692	1170
楔角 φ				40°				

表 8-5　三角胶带的长度

内周长度 L_i(mm)	基准长度 L_d(mm)							配组公差
	O	A	B	C	D	E	F	
450	475							
500	525							
560	585	593						2
630	655	663	670					

（续表）

内周长度 L_i(mm)	基准长度 L_d(mm)							配组公差
	O	A	B	C	D	E	F	
710	735	743	750					
800	825	833	840					
900	925	933	940					2
1000	1025	1033	1040					
1120	1145	1153	1160					
1250	1275	1283	1290	1309				
1400	1425	1433	1440	1459				
1600	1625	1633	1640	1659				
1800	1825	1833	1840	1859				4
2000	2025	2033	2040	2059				
2240		2273	2280	2299				
2500		2533	2540	2559				
2800		2833	2840	2859				
3150		3183	3190	3209	3226			8
3550		3583	3590	3609	3626			
4000		4033	4040	4059	4076			
4500			4540	4559	4576	4596		12
5000			5040	5059	5076	5096		
5600			5640	5659	5076	5696		
6300				6359	6376	6396	6419	20
7100				7159	7176	7169	7219	
8000				8059	8076	8096	8119	
9000				9059	9076	9096	9119	
10000					10076	10096	10119	32
11200					11276	11296	11319	
12500						12596	12619	
14000						14096	14119	48
16000						16096	16119	

二、普通三角胶带传动的几何计算

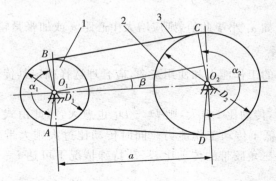

图 8-6 带传动几何计算图

(一)传动带基准长度

由图 8-6 可得到

$$L_d = \overset{\frown}{AB} + \overset{\frown}{CD} + \overline{AD} + \overline{BC}$$

$$= \frac{\alpha_1 D_1}{2} + \frac{\alpha_2 D_2}{2} + 2\,\overline{BC}$$

$$= (\pi - 2\beta)\frac{D_1}{2} + (\pi + 2\beta)\frac{D_2}{2} + 2a\cos\beta$$

$$= \frac{\pi}{2}(D_1 + D_2) + \beta(D_2 - D_1) + 2a\sqrt{1 - \sin^2\beta}$$

取 $\beta \approx \sin\beta = \dfrac{D_2 - D_1}{2a}$，代入上式得

$$L_d \approx 2a + \frac{\pi}{2}(D_1 + D_2) + \frac{(D_2 - D_1)^2}{4a}\,(\text{mm}) \tag{8-21}$$

由表 8-5 选取与 L_d 相近的标准普通 V 带的基准长度 L_d 和与 L_d 对应的公称长度（内周长）L_i。

(二)中心距 a

由式(8-21)得

$$a \approx \frac{2L_d - \pi(D_1 + D_2) + \sqrt{[2L_d - \pi(D_1 + D_2)]^2 - 8(D_2 - D_1)^2}}{8} \tag{8-22}$$

(三)包角 α

传动带与带轮接触弧长所对中心角为包角。由图 8-6 可得小带轮上的包角

$$\alpha_1 = \pi - 2\beta$$

β 角很小，故取 $\beta \approx \dfrac{D_2 - D_1}{2a}$，则

$$\alpha_1 \approx \pi - \frac{D_2 - D_1}{a}\,\text{rad} \approx 180° - \frac{60°(D_2 - D_1)}{a} \tag{8-23}$$

一般要求 $\alpha \geqslant 120°$，如 α_1 小于此值，则应增大中心距 a 或加张紧轮。

三、传动参数的选择

为使带传动有较高的工作能力和使用寿命，应合理选择确定其传动参数，主要有三种：

(一)传动比 i

在中心距 a 一定时，传动比 i 愈大，则 $D_2 - D_1$ 也愈大，因此由式(8-23)可知小带轮上包角 α_1 将减小，从而降低了传动工作能力。同时传动比过大则大带轮直径过大，使传动装置外廓尺寸增大。一般三角胶带的传动比 $i \leqslant 7$，特殊情况下可达 $i = 10$，推荐的传动比范围为 $i = 2 \sim 5$。

(二)带轮直径

三角胶带带轮以通过轮槽水平宽度为 d_p 处的基准直径为公称直径，简称三角带轮直径。为了减小弯曲应力，延长传动带的寿命，应选取较大的小带轮直径 D_1。带轮直径增大时，圆周力也减小，胶带根数也较少，但整个传动结构尺寸将增大。一般应选取比 $D_{\min}$ 略大些的直径 D_1，$D_{\min}$ 见表 8-1。

带轮的标准直径见表 8-6。

表 8-6　带轮的标准直径　(mm)

50	56	63	67	71	75	80	90	95	100	106	112	118	125	132	140	150	160
170	180	209	212	224	236	250	265	280	300	315	355	375	400	425	450	475	500
530	560	600	670	670	710	750	800	900	1000	1060	1120	1250	1400	1500	1600	1800	1900
2000	2240	2500															

(三)胶带速度 v

$$v = \frac{\pi D_1 n_1}{60 \times 1000}\,(\text{m/s}) \tag{8-24}$$

式中　n_1——小带轮转速，m/s。

由于功率 $P = \dfrac{F_e v}{1000}(\text{kW})$，因此传递一定功率时，带速越高，则有效拉力可以减小，带传动所受的拉力较小，可以使胶带根数较少。但带速过大时，单位时间内，长度一定的传动带绕过带轮的次数较多，应力循环变化次数较多，而使带的工作寿命(小时数)减少。此外，带速的增加也使传动带绕过带轮的离心力增大，而降低了带和带轮间的正压力，减少了摩擦力，使传动工作能力降低。因此一般带速在 $5 \sim 25\text{m/s}$ 以内为宜；最有利的带速为 $v = 20 \sim 25\text{m/s}$。如果采用 O，A，B，C 型的，带速 $v > 25\text{m/s}$ 或 D，E，F 型时，$v > 30\text{m/s}$，则应重选小带轮直径 D_1，使带速降低到适宜的范围内。

四、三角胶带的根数计算

$$Z = \frac{P_{ca}}{(P_o K_a K_L + \Delta P_0)K} \leqslant 10 \tag{8-25}$$

式中 P_{ca}——计算功率(kW);

$P_{ca}=K_A P$,P 为需要传递的名义功率;

K_A——工况系数,见表 8-7;

K_α——考虑包角不同时的影响系数,简称包角系数,表 8-8;

K_L——考虑带的长度不同时的影响系数,表 8-9;

表 8-7 工作情况系数 K_A

载荷性质	工 作 机	原 动 机					
		交流电动机(普通转矩鼠笼式、同步电动机),直流电动机(并激);n>600r/min 的内燃机			交流电动机(大转矩、大滑差率、单相、滑环),直流电动机(复激、串激);单缸发动机;$n \leqslant 600$r/min 的内燃机		
		一天运转时间(h)					
		<10	10~16	>16	<10	10~16	>16
载荷平稳	液体搅拌机,离心式水泵,鼓风机和通风机(<7.5kW)、离心式压缩机,轻型运输机	1.0	1.1	1.2	1.1	1.2	1.3
载荷变动小	带式输送机(运送砂、石、谷物)、通风机(>7.5kW)、发电机、旋转式水泵、机床、剪床、压力机、印刷机、振动筛	1.1	1.2	1.3	1.2	1.3	1.4
载荷变动较大	螺转式输送机、斗式提升机、往复式水泵和压缩机、锻锤、粉碎机、锯木机和杠机械、纺织机	1.2	1.3	1.4	1.5	1.6	
载荷变动很大	破碎机(旋转式、颚式)、球磨机、棒磨机、起重机、挖掘机、橡胶辊压机	1.3	1.4	1.5	1.5	1.6	1.8

注:在反复起动、正反转频繁、工作条件恶劣等场合,K_A 值应乘以 1.1;增速传动 K_A 值应乘以 1.2;当在松边外侧加张紧轮时,K_A 应乘以 1.1。

表 8-8 包角系数

包角,α	180°	170°	160°	150°	140°	130°	120°	110°	100°	90°
K_α	1.0	0.98	0.95	0.92	0.89	0.86	0.82	0.78	0.73	0.68

表 8-9 长度系数 K_L

内周长度 L_i(mm)	K_L				内周长度 L_i(mm)	K_L					
	O	A	B	C		A	B	C	D	E	F
450	0.89				2800	1.11	1.05	0.95			
500	0.91				3150	1.13	1.07	0.91	0.86		
560	0.94	0.80			3550	1.17	1.10	0.98	0.89		
630	0.96	0.81	0.78		4000	1.19	1.13	1.02	0.91		
710	0.99	0.82	0.79		4500		1.15	1.04	0.93	0.90	

（续表）

内周长度	K_L				内周长度	K_L					
L_i(mm)	O	A	B	C	L_i(mm)	A	B	C	D	E	F
800	1.00	0.85	0.80		5000		1.18	1.07	0.96	0.92	
900	1.03	0.87	0.81		5600		1.20	1.09	0.98	0.95	
1000	1.06	0.89	0.84		6300			1.12	1.00	0.97	0.91
1120	1.08	0.91	0.86		7100			1.15	1.03	1.00	0.94
1250	1.11	0.93	0.88	0.80	8000			1.18	1.06	1.02	0.97
1400	1.14	0.96	0.90	0.81	9000			1.22	1.08	1.05	1.00
1600	1.16	0.99	0.93	0.84	10000				1.11	1.07	1.03
1800	1.18	1.01	0.95	0.85	11200				1.14	1.10	1.06
2000	1.20	1.03	0.98	0.88	11500					1.12	1.09
2240		1.06	1.00	0.91	14000					1.15	1.13
2500		1.09	1.03	0.93	16000					1.18	1.16

K——考虑带的材质情况系数，简称材质系数，对于棉帘布和棉线绳结构的胶带，取 $K=1$[①]；对于化学纤维线绳结构的胶带取 $K=1.33$[②]；

P_0——意义同前，见表 8-3；

ΔP_0——计入传动比的影响，单根带所能传递的功率的增量（因 P_0 是在 $\alpha=180°$，即 $D_1=D_2$ 的条件下计算的；而当传动比增大时，从动轮直径就越比主动轮大，带绕上从动轮的弯曲应力就越比绕上主动轮时的小，故其传动能力有所提高），其计算公式为

$$\Delta P_0 = 0.0001\Delta T n_1 (\text{kW}) \tag{8-26}$$

式中　ΔT——单根胶带所能传递的扭矩的修正值，N·m，表 8-10；

　　　n_1——主动轮的转速，r/min。

表 8-10　单根胶带所能传递时扭矩的修正值 ΔT(N·m)

胶带型号	传　动　比　i							
	1.03～1.07	1.08～1.13	1.14～1.2	1.21～1.3	1.31～1.4	1.41～1.6	1.61～2.39	＞2.4
O	0.08	0.15	0.23	0.30	0.32	0.38	0.4	0.5
A	0.2	0.4	0.6	0.8	0.9	1.0	1.1	1.2
B	0.5	1.1	1.6	2.1	2.3	2.6	2.9	3.1
C	1.5	2.9	4.4	5.8	6.6	7.3	8.0	9.0
D	5.2	10.3	15.5	21.0	23.0	26.0	28.4	31.0
E	10	20	29	3.9	44	49	53.4	58

---

① 有些文献上取 $K=0.75$。

② 有些文献上取 $K=1$。

在确定三角胶带的根数 Z 时,为了使各根胶带受力比较均匀,根数不宜太多(通常 $Z \leqslant$ 10);否则应改选带的型号,重新计算。

五、确定初拉力 F_0 和对轴压力 Q 计算

(一)初拉力 F_0

适当的初拉力是保证胶带传动正常工作的主要参数之一。初拉力过小,摩擦力小,就不能传递所需的功率,会出现打滑现象。初拉力过大会使胶带寿命降低,轴及轴承的压力也增大,还会使胶带容易松弛。所以,为了保证传动传递所需的功率,不打滑,又能保证带具有一定的寿命,适当的单根胶带的初拉力是必需的。

单根胶带的初拉力 F_0 的计算也是以欧拉公式为依据的。考虑离心力时,欧拉公式为

$$\frac{F_1 - \dfrac{qv^2}{g}}{F_2 - \dfrac{qv^2}{g}} = e^{f_v \alpha_1}$$

代入

$$F_1 = F_0 + \frac{F_e}{2} \text{ 和 } F_2 = F_0 - \frac{F_e}{2}$$

$$\frac{F_0 + \dfrac{F_e}{2} - \dfrac{qv^2}{g}}{F_0 - \dfrac{F_e}{2} + \dfrac{qv^2}{g}} = e^{f_v \alpha_1}$$

移项整理后得

$$F_0 = \frac{F_e}{2}\left(\frac{2e^{f_v \alpha_1}}{e^{f_v \alpha_1} - 1}\right) + \frac{qv_2}{g} \tag{8-27}$$

根据式(8-3),可得单根三角带的有效应力为

$$F_{ec} = \frac{1000 P_c}{zv}$$

代入式(8-27),得

$$F_0 = \frac{500 P_c}{zv}\left(\frac{2e^{f_v \alpha_1}}{e^{f_v \alpha_1} - 1} - 1\right) + \frac{qv^2}{g}$$

当 $\alpha_1 = \pi, e^{f_v \alpha_1} = 5$ 时

$$F_0 = \frac{500 P_C}{zv}\left(\frac{2 \times 5}{4} - 1\right) + \frac{qv^2}{g}$$

当 $\alpha_1 \neq \pi, e^{f_v \alpha_1} \neq 5$ 时,上式应改为

$$F_0 = \frac{500 P_C}{zv}\left\{\frac{2 \times 5}{4\left[\dfrac{(e^{f_v \alpha_1} - 1)/e^{f_v \alpha_1}}{4/5}\right]} - 1\right\} + \frac{qv^2}{g}$$

令 $K_a = \dfrac{(e^{f_v \alpha_1} - 1)/e^{f_v \alpha_1}}{4/5}$,则上式可写成:

$$F_0 = \frac{500P_C}{Zv}\left(\frac{2.5}{K_\alpha} - 1\right) + \frac{qv_2}{g} \text{ (N)} \tag{8-28}$$

式中各符号意义同前。

由于新带容易松弛,所以对非自动张紧的带传动,安装新带时的初拉力应为上述初拉力 F_0 的 1.5 倍。

安装三角带时,应保证初拉力 F_0 为由式(8-28)计算出的数值。为了测量初拉力,在带与带轮切点间的跨距 l 的中点,垂直于带长加载荷 G(图 8-7)。

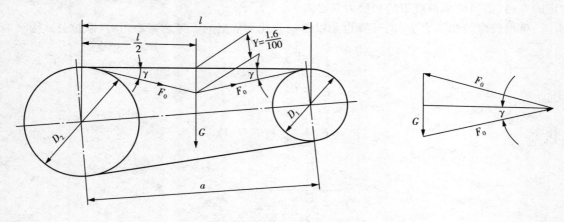

图 8-7　初拉力 F_0 的测量

若忽略加上 G 之后初拉力的改变,则由图 8-7 可知 $\sin\gamma = \dfrac{G}{2F_0}$

取　$\sin\gamma \approx tg\gamma = \dfrac{2y}{l}$,可得挠度为

$$y \approx \frac{Gl}{4F_0} \text{ (mm)} \tag{8-29}$$

式中　G——载荷,N,其值可参照表 8-11 选取。

表 8-11　载荷 G 值

胶带型号	O	A	B	C	D	E	F
G(N)	5～6	9～11	15～19	25～32	52～69	77～97	142～164

注:①主动轮直径小时取低值,直径大时取高值,中、高速时可适当减小;

②新三角胶带 G 值可增加 1.5 倍;

③棉帘布或棉线绳结构三角带取较小值,化学纤维结构取较高值。

l——跨距,mm,按下式计算:

$$l = \sqrt{a^2 - \frac{D_2 - D_1}{4}}$$

式中 a——中心距,mm;

F_0——单根三角带的初拉力,应代入由式(8-28)计算的数值,N。

当 G 值选定后,根据 l 值用式(8-29)可求出 y 值,然后对三角带的挠度进行测量。测量时,调整中心距 a 以满足 l 和 y 的对应关系。每次调整,l 值和 y 值均有改变;若考虑到 G 对 F_0 的影响,y 值则较用式(8-29)求出的值小。

(二)压轴力 Q

为了设计安装带轮的轴和轴承,必须确定带传动作用在轴上的压力 Q。如果不考虑带的两边的拉力差,则作用在轴上的压力,可以近似地按带两边的初拉力 F_0 的合力来计算(图8-8),即

$$Q=2ZF_0\cos\frac{\beta}{2}=2ZF_0\cos(\frac{\pi}{2}-\frac{\alpha_1}{2})=2ZF_0\sin\frac{\alpha_1}{2} \qquad (8-30)$$

式中符号及意义同前。

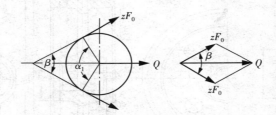

图8-8 带传动作用在轴上的力

六、三角带传动的带轮设计

(一)带轮设计的主要要求

质量轻,结构工艺性好(易于制造);无过大的铸造内应力,质量分布均匀,转速高时要经过动平衡试验,轮槽工作面要精加工(表面粗糙度一般为 $\frac{3.2}{}$),以减少带的磨损,各槽的尺寸和角度应保持一定的精度以使载荷分布较为均匀等。

(二)带轮的材料

一般采用铸铁,常用的材料为 HT150 或 HT200,转速较高时采用铸钢(或用钢板冲压后焊接而成);小功率时可用铸铝或塑料。

(三)结构尺寸

铸铁制 V 带轮的典型结构有以下几种形式:①实心式(图8-9a);②腹板式(图8-9b);③孔板式(图8-9c);④椭圆剖面的轮辐式(图8-9d)。

带轮基准直径 $D\leqslant(2.5\sim3)d$(d 为轴的直径),可采用实心式;$D\leqslant300mm$ 时,可采用腹板式(当 $D_1-d_1\geqslant100$ 时,可采用孔板式);$D\geqslant300mm$ 时,可采用轮辐式。

带轮的结构设计,主要是根据:带轮的基准直径选择形式;带的型号确定轮槽尺寸(表8-12);带轮的其他尺寸可参考图8-9所列经验计算公式(见表8-13)。确定了带轮的各部分尺寸后,即可绘制出零件图,并按工艺要求注出技术条件等。

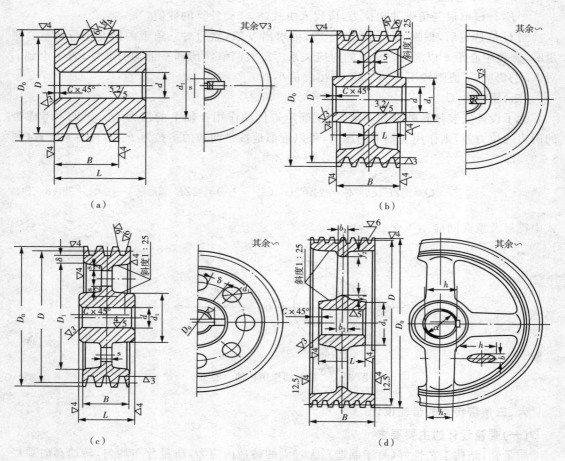

图 8 - 9　铸铁制 V 带轮的典型结构

结构尺寸	计算用经验公式	结构尺寸	计算用经验公式
d_1	$d_1=(1.8\sim 2)d$，d——轴的直径	h_2	$h_2=0.8h_1$
D_0	$D_0=0.5(D_1+d_1)$	b_1	$b_1=0.4h_1$
d_0	$d_0=(0.2\sim 0.3)(D_1-d_1)$	b_2	$b_2=0.8b_1$
S_0	$S_0=d_0$	f_1	$f_1=0.2h_1$
L	$L=(1.5\sim 2)d$，当 $B<1.5d$ 时，$L=B$	f_2	$f_2=0.2h_2$
h_1	$h_1=\sqrt[3]{\dfrac{F_eD}{0.8Z_a}}$　式中 D——基准直径，mm 　　　　　　F_e——有效拉力，N 　　　　　　Z_a——轮辐数	S	$S=\left(\dfrac{1}{7}\sim \dfrac{1}{4}\right)B$，其最小值 $S_{\min}$ 见表 8 - 13

$S_{\min}$ 值							
型　号	O	A	B	C	D	E	F
$S_{\min}$	8	10	14	18	22	28	34

表 8－12　普通 V 带轮的轮槽尺寸（mm）

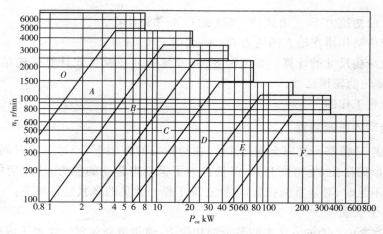

槽型剖面尺寸		O	A	B	C	D	E	F
m		10	12.5	16	21	28.5	34	43
f		2.5	3.5	5	6	8.5	10	12.5
t		12	16	20	26	37.5	44.5	58
s		8	10	14	18	24	29	38
bp		8.5	11	14	19	27	32	42
o		5.5	6	7.5	10	12	15	18
B		$B=(Z-1)t+2S$　Z 为带的根数						
ψ	36° D	50~75	75~100	120~190				
	36° b'	10	13.1	17.1				
	38° D				200~280	315~475	500~600	
	38° b'				22.9	32.5	38.5	
	40° D	80~200	125~800	200~1120	300~1600	500~2240	600~2500	710~2500
	40° b'	10.2	13.4	17.4	23.1	32.9	38.9	50.6

七、三角带传动的设计步骤

（一）原始数据和设计内容

① 原始数据　设计 V 带传动时给定的原始数据为：传递的功率 P、转数 n_1 和 n_2（或传动比）、传动位置要求及工作条件。

② 设计内容　确定带的型号、带的长度和根数、传动中心距及带轮直径和结构尺寸等。

（二）设计步骤和方法

① 选择 V 带型号　根据计算功率 P_{ca} 和转速 n_1，由图 8－10 选择 V 带型号。

图 8－10　三角带选择图

② 选取带轮基准直径 D_1

初选主动轮的基准直径 D_1

根据普通 V 带型号,由表 8-1 及表 8-3 选取 $D_1 \geqslant D_{min}$。

验算带的速度　根据 $v = \dfrac{\pi D_1 n_1}{60 \times 1000}$(m/s)计算带速,并应使 $v < v_{max}$。

③ 确定从动轮基准直径 $D_2 = i D_1$,并加以圆整取标准直径(参照表 8-6)。

④ 确定中心距和带的基准长度 L_d　如果中心距未给出,可根据传动结构的需要初定中心距 a_0,取

$$0.7(D_1 + D_2) < a_0 < 2(D_1 + D_2)$$

a_0 取定后,由式(8-21)计算 L'_d。由表 8-5 选取和 L'_d 相近的基准长度 L_d 和与 L_d 相对应的公称长度(内周长度)L_i。再根据式(8-22)计算中心距 a。对于 V 带传动的中心距一般是可以调整的,故可采用下式作近似计算,即

$$a \approx a_0 + \frac{L_d - L'_d}{2} \tag{8-31}$$

考虑安装调整和补偿初拉力(如带伸长而松弛后的张紧)的需要,中心距的变动范围为:

$$\left.\begin{array}{l} a_{min} = a - 0.015 L_d \\ a_{max} = a + 0.03 L_d \end{array}\right\} \tag{8-31a}$$

⑤ 验算主动轮上的包角 α_1　根据式(8-23)及对包角的要求,应保证

$$\alpha_1 \approx 180° - \frac{D_2 - D_1}{a} \times 60° \geqslant 120°(至少 90°)$$

⑥ 确定带的根数

$$Z = \frac{P_{ca}}{(P_0 K_a K_L + \Delta P_0)K} < 10$$

⑦ 确定带的初拉力 F_0　由式(8-27)或式(8-28)计算。

⑧ 计算带传动作用在轴上的压力 Q　由式(8-30)计算。

⑨ V 带轮结构尺寸的计算　参考图 8-9 及其所列经验公式计算带轮结构尺寸,按表 8-12 确定 V 带轮的轮槽尺寸。

⑩ 绘制带轮工作图

八、V 带传动的张紧装置

各种材质的 V 带都不是完全的弹性体,在初拉力的作用下,经过一定时间的运转后,就会由于塑性变形而松弛,使初拉力 F_0 降低。为了保证带传动的能力,应定期检查初拉力的数值。如发现不足时,必须重新张紧,才能正常工作。常见的张紧装置如下:

1. 定期张紧装置

采用定期改变中心距的方法来调节带的初拉力,使带重新张紧。在水平或倾斜不大的传动中,可用图 8-11a 的方法,将电动机装在滑轨上,以调整螺钉推动电动机而改变带传动的中

心距,实现控制初拉力的要求。如图 8-11b,将装有带轮的电动机安装在可调的摆架上。

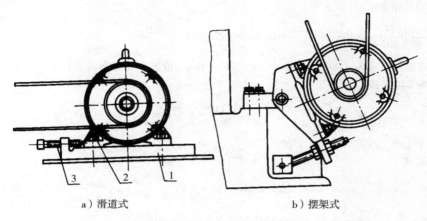

　　　a）滑道式　　　　　　　　　　　　　　b）摆架式

图 8-11　带的定期张紧图

2. 自动张紧装置

图 8-12 所示,将电动机安装在浮动的摇摆架上,利用电动机的自重,自动保持传动带张紧。

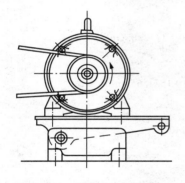　　　　　　　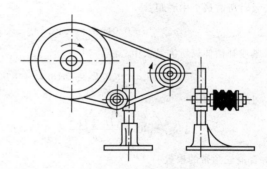

图 8-12　带的自动张紧装置　　　　　　图 8-13　张紧轮装置

3. 采用张紧轮的装置

当中心距不能调节时,可采用张紧轮将带张紧(如图 8-13)。张紧轮一般应放在松边的内侧,使带只受单向弯曲。同时张紧轮还应尽量靠近大轮,以免过多影响在小带轮上的包角。张紧轮的轮槽尺寸与带轮的相同,且直径小于带轮的直径。

例题 8-1　设计电动机驱动离心式水泵的普通 V 带传动。电动机为 J02-52-4,额定功率 $P=10$kW,转速 $n_1=1450$r/min,小泵轴速 $n_2=400$r/min,中心距 a 约 1500mm,每天工作 24h。

解:

1. 计算功率 P_{ca}　由表 8-7 查得工况系数 $K_A=1.3$,则

$$P_{ca}=K_A P=1.3\times10=13(\text{kW})$$

2. 选定带型　根据 $P_{ca}=13$kW 和 $n_1=1450$r/min,由图 8-12 确定为 B 型

3. 传动比

$$i=\frac{n_1}{n_2}=\frac{1450}{400}=3.625$$

4. 小带轮基准直径　由表 8-1 和表 8-3，取 $D_{1min}=D_1=140mm$

5. 验算带的速度

$$v=\frac{\pi D_1 n_1}{60\times1000}=\frac{\pi\times140\times1450}{60\times1000}=10.63(m/s)，适用。$$

确定大带轮直径　$D_2=iD_1=3.625\times140=507.5(mm)$，由表 8-6 取标准直径 $D_2=500mm$
水泵轴的实际转速

$$n_2=\frac{1450\times140}{500}=406(rpm)$$

6. 初定中心距　按要求取 $a_0=1500mm$

7. 基准长度

$$L'_d=2a_0+\frac{\pi}{2}(D_1+D_2)+\frac{(D_2-D_1)^2}{4a_0}=2\times1500+\frac{\pi}{2}(140+500)+\frac{(500-140)^2}{4\times1500}=4026.9(mm)$$

由表 8-5，查 $L_d=4040$ mm 与 L_d 相对应的内周长度 $L_i=4000mm$

实际中心距

$$a\approx a_0+\frac{4040-4026.9}{2}=1500+13.45=1513.45(mm)$$

安装时所需最小中心距

$$a_{min}=a-0.015L_d=1513.45-0.015\times4040=1452.85(mm)$$

张紧或补偿伸长所需最大中心距

$$a_{max}=a+0.03L_d=1513.45+0.03\times4040=1634.65(mm)$$

8. 小带轮包角

$$\alpha_1=180°-\frac{(D_2-D_1)}{a}\times60°=180°-\frac{500-140}{1513.45}\times60°=165.8°$$

9. 普通三角带的根数

1) 单根 V 带的基本功率　根据 $D_{min}=140mm$ 和 $v=10.63m/s$，由表 8-3 查得 B 型带 $P_0=2.7766$
(kW)

2) 考虑传动比的影响　由表 8-10 查得 $\Delta T=3.1N\cdot m$，则功率的增量

$$\Delta P_0=0.0001\Delta Tn_1=0.0001\times3.1\times1450=0.4495(kW)$$

3) 由表 8-8，查得 $K_a=0.965$；表 8-9 查得 $K_L=1.13$；对化学纤维绳胶带取 $K=1.33$

4) V 带的根数

$$Z=\frac{P_{ca}}{(P_0K_aK_L+\Delta P_0)K}=\frac{13}{(2.7766\times0.965\times1.13+0.4495)\times1.33}=2.8$$

取整数，$Z=3$（根）

10. 单根 V 带的初拉力

$$F_0=500(\frac{2.5}{K_a}-1)\frac{P_c}{Zv}+\frac{qv^2}{g}$$

由表 8-2 查得 $q=1.7N/m$，则

$$F_0=500(\frac{2.5}{0.965}-1)\frac{1.7}{3\times10.63}+\frac{13}{9.8}\times(10.63)^2=343.8(N)$$

11. 计算轴上的压力

$$Q=2ZF_0\sin\frac{\alpha_1}{2}=2\times3\times343.8\times\sin\frac{165.8°}{2}=2047(\text{N})$$

12. 带轮的结构和尺寸

由 J02-52-4 电动机可知，其伸长直径 $d_0=38\text{mm}$，长度 $L=80\text{mm}$。故小带轮轴孔直径 $d=38\text{mm}$，毂长应小于 80mm。参照有关手册，确定小带轮结构为实心轮。

轮槽尺寸及轮宽按表 8-12 计算，参考图 8-9 典型结构，画出小带轮工作图（图 8-14）。

大带轮工作图（略）

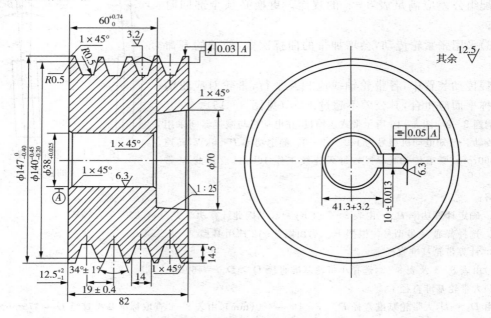

技术要求：1. 轮槽工作面不应有砂眼、气孔；

2. 各轮槽间距的累积误差不得超过±0.8mm，材料 HT200。

图 8-14 普通 V 带轮工作图

带轮的技术要求：

1)带轮轮槽工作面的表面粗糙度 $Ra=3.2\mu\text{m}$，轮缘和轴孔端面的 $Ra=12.5\mu\text{m}$。轮槽的棱边要倒圆或倒角。

2)带轮的圆跳动公差应小于表 8-13。

表 8-13 带轮的圆跳动公差 （mm）

基准直径	径向圆跳动	端面圆跳动	基准直径	径向圆跳动	端面圆跳动
>30~50	0.20	0.20	>500~800	0.50	0.50
>50~120	0.25	0.25	~800~1250	0.60	0.60
>120~250	0.30	0.30	>1250~2000	0.80	0.80
>250~500	0.40	0.40	>2000~3150	1.00	1.00

3)轮槽对称面与带轮轴线垂直度为±30′。

4)带轮的平衡按国标 GB11357-84 有关规定。

V 带传动设计中应注意的问题:

1)V 带通常都是无端环带,为便于安装,调整中心距和初拉力 F_0,要求轴承的位置能够移动。中心距的调整范围见式(8-31a)。

2)多根 V 带传动时,为避免各根 V 带的载荷分布不均,带的配组公差应满足表 8-5 的规定。更换必须全部同时更换。

3)采用张紧轮传动,会增加带的曲挠次数,使带的寿命缩短。

4)传动装置中,各带轮轴线应相互平行,带轮对应轮槽的对称平面应重合,其公差不超过±20′(见图 8-15)。

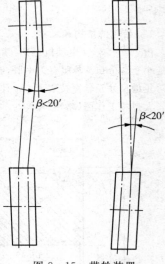

图 8-15　带轮装置
安装的公差

例题 8-2　图 8-16 所示带式运输机,在电动机与减速器间采用 V 带传动。已知电动机型号为 J02-52-6。额定功率 $P=6$kW,转速 $n_1=960$rpm,要求传动比 $i=3$,每天连续工作 16h,试设计此 V 带传动。

解:

1. 确定计算功率 P_{ca}　由表 8-7 取 $K_A=1.2$,因此计算功率 $P_{ca}=1.2\times6=7.2$kW

2. 选择普通 V 带型号　根据 P_{ca},n,由图 8-12 选用 B 型

3. 计算带轮基准直径

1)由表 8-1 及表 8-3,选择小带轮基准直径 $D_1\geqslant D_{min}=160$mm。

2)大带轮基准直径 D_2。

由 $D_2=iD$,大带轮基准直径 $D_2=3\times160=480$(mm),由表 8-6 查取标准基准直径 $D_2=475$mm。

实际传动比 $i'=\dfrac{D_2}{D_1(1-\varepsilon)}=\dfrac{475}{160(1-0.02)}=3.03$,与题目要求 $i=3$ 的误差为 $\dfrac{8-3.03}{3}=-0.01=-1\%$,

符合一般工程设计要求误差在±5%范围内。

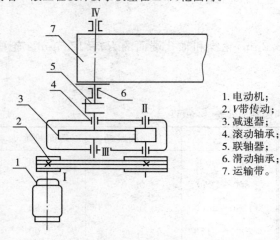

　　　　　　　　　1.电动机;
　　　　　　　　　2.V带传动;
　　　　　　　　　3.减速器;
　　　　　　　　　4.滚动轴承;
　　　　　　　　　5.联轴器;
　　　　　　　　　6.滑动轴承;
　　　　　　　　　7.运输带。

图 8-16　带式运输机

3)验算带的速度

$$v=\frac{\pi D_1 n_1}{60\times1000}=\frac{\pi\times160\times960}{60\times1000}$$

$$=8.04(m/s)<25(m/s),带的速度合适。$$

4. 确定 V 带的基准长度和传动中心距

1)根据 $0.7(D_1+D_2)<a_0<2(D_1+D_2)$,

初选

$$a_0=0.7(D_1+D_2)\sim2(D_1+D_2)$$

$$=0.7(160+475)\sim2(160+475)$$

$$=444.5\sim1270(mm)$$

取 $a_0=600$mm

2)计算带长

由式(8-21)得

$$L'_d = 2a_0 + \frac{\pi}{2}(D_1 + D_2) + \frac{(D_2 - D_1)^2}{4a_0} = 2 \times 600 + \frac{\pi}{2}(160 + 475) + \frac{(475 - 160)^2}{4 \times 600} = 2238.8(\text{mm})$$

由表 8-5,选带的基准长度 $L_d = 2280\text{mm}$,公称长度 $L_i = 2240\text{mm}$

3)实际中心距 a

由 $a \approx a_0 + \dfrac{L_d - L'_d}{2} = 600 + \dfrac{2280 - 2238.8}{2} = 620.6(\text{mm})$

考虑安装、调整需要,中心距变化范围为

$$a_{\min} = a - 0.015L_d = 620.6 - 0.015 \times 2280 = 586.4(\text{mm})$$

$$a_{\max} = a + 0.03L_d = 620.6 + 0.03 \times 2280 = 689(\text{mm})$$

5. 验算主动轮上的包角

$$\alpha_1 = 180° - \frac{D_2 - D_1}{a} \times 60° = 180° - \frac{475 - 160}{620.6} \times 60° = 149.5° > 120°,主动轮上的包角合适。$$

6. 计算 V 带的根数

由式(8-25)得

$$Z = \frac{P_{ca}}{(P_0 K_a K_L + \Delta P_0)K}$$

1)单根 V 带的基本功率 P_0　　由于 $v = 8.04\text{m/s}, D_1 = 160\text{mm}$,查表 8-3 得基本功率 $P_0 = 2.67\text{kW}$

2)考虑传动比的影响,查表 8-10 得 $\Delta T = 3.1\text{N·m}$,功率的增量为

$$\Delta P_0 = 0.0001\Delta T n_1 = 0.0001 \times 3.1 \times 960 = 0.2976(\text{kW})$$

3)由表 8-8 查得 $K_a = 0.92$;表 8-9 查得 $K_L = 1.00$;取 $K = 1$。

4)带的根数

$$Z = \frac{P_{ca}}{(P_0 K_a K_L + \Delta P_0)K} = \frac{7.2}{(2.67 \times 0.92 \times 1.00 + 2976) \times 1} = 2.6(\text{根})$$

取 V 带根数 $Z = 3$ 根

7. 单根 V 带的初拉力

$$F_0 = 500 \times \frac{P_{ca}}{VZ}\left(\frac{2.5}{K_a} - 1\right) + qv^2 = 500 \times \frac{7.2}{8.04 \times 3}\left(\frac{2.5}{0.92} - 1\right) + 0.17 \times 8.04^2$$

$$= 267.32(\text{N})$$

采用定期张紧,用改变电动机位置的方法来调整中心距大小,以保持初拉力 F_0(图 8-13a)。

8. 计算轴上的压力

$$Q = 2ZF_0 \sin\frac{\alpha_1}{2} = 2 \times 3 \times 267.32 \times \sin\frac{149.5°}{2}$$

$$= 1547.5(\text{N})$$

9. V 带轮结构设计

1)小带轮　由电动机 J02-52-6 查得电动机轴的直径为 $d_0 = 38\text{mm}$,外伸长度 $L =$

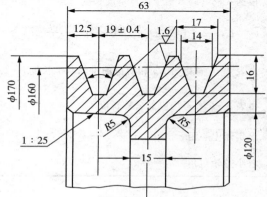

图 8-17　小带轮轮槽尺寸

80mm。故小带轮轴孔直径 $d=38$mm，毂长应小于 80mm。小带轮基准直径 $D_1=160$mm$>(2.5\sim3)d$，宜采用腹板式(图 8-9b)，其轮槽和轮缘按表 8-12 求得，如图 8-17 所示。其他结构尺寸，按图 8-9 中经验公式求得，带轮材料为 HT200。

2)大带轮　大带轮基准直径 $D_2=475$mm，应采用轮辐式结构(图 8-9d)，其轮槽部分尺寸与小带轮同，槽角为 38°，槽口宽度为 17.4mm，其他结构尺寸参照图 8-9b，按图中经验公式计算。

3)绘制零件工作图(略)

例题 8-3　设计鼓风机用普通 V 带传动，用鼠笼式电动机驱动。带传动传递功率 $P=7.3$kW，小带轮转速 $n_1=1450$rpm，大带轮转速 $n_2=725$rpm，每日工作 16h，要求中心距 $a=600\sim800$mm。

解：

计　算　及　说　明	结　果	
	方案 1	方案 2
一、V 带型号 求计算功率由表 8-7 查得 $K_A=1.1$，于是 　　　$P_{ca}=K_A P=1.1\times7.3=8.03$kW 根据 P_{ca} 和 n_1 的坐标交点靠近斜线，故初步选取两种型号	A	B
二、带轮基准直径 由表 8-1 及表 8-3 选取 D_1 $D_2=\dfrac{n_1}{n_2}D_1=\dfrac{1450}{725}\times100$ 或 $D_2=\dfrac{n_1}{n_2}D_1=\dfrac{1450}{725}\times140=280$	100 200	140 280
三、带轮速 　　　$v=\dfrac{\pi D_1 n_1}{60\times1000}$	7.6m/s	10.6m/s
四、中心距、带长、包角 根据题意要求，初步选定中心距 a	700mm	700mm
根据式(8-21)，初步计算基准长度 　　　$L'_d=2a_0+\dfrac{\pi}{2}(D_1+D_2)+\dfrac{(D_2+D_1)^2}{4a_0}$	1875mm	2067mm
由表 8-5 查得与 L'_d 相对应的带的基准长度 L_d	1833mm	2040mm
由表 8-9 查得相应的公称长度 L_i	1800mm	2000mm
求实际中心距　$a\approx a_0+\dfrac{L_d-L'_d}{2}$	679mm	686.6mm
求小带轮包角　$\alpha_1=180°-\dfrac{D_2-D_1}{a}\times60°$	$\alpha_1=171°$	$\alpha_1=168°$

（续表）

计 算 及 说 明	结　果	
	方案 1	方案 2
五、V 带根数		
由表 8-8 查得 K_α	≈ 0.98	≈ 0.98
由表 8-9 查得 K_L	1.01	0.98
采用棉帘布结构 V 带取 K 为	1	1
由表 8-3 查得 P_0	1.31kW	2.81kW
求传动比 $i=\dfrac{n_1}{n_2}=\dfrac{1450}{725}=2$	2	2
由表 8-10 查得 ΔT	1.1N·m	2.9N·m
$\Delta P_0=0.0001\Delta Tn_1=0.0001\times 0.1\times 1450$	0.1595kW	0.42kN
$\qquad=0.0001\Delta Tx_1=0.0001\times 2.9\times 1450$		
将以上各值代入式(8-25)得		
$Z=\dfrac{P_{ca}}{(P_0K_aK_L+\Delta P_0)K}$	6	5
六、初拉力 F_0 及轴上压力 Q		
1. 初拉力 F_0		
由表 8-2 查得 q,	0.1kg/m	0.17kg/m
则　$F_0=\dfrac{500P_{ca}}{ZV}\left(\dfrac{2.5}{K_a}-1\right)+qv^2$	138N	132.9N
采用改变电动机位置来调整中心距大小,以保持初拉力 F_0(图 8-13a)		
2. 轴上压力 Q		
$Q=2F_0\sin\dfrac{\alpha_1}{2}$	1651N	1322N

由以上计算结果,A 型带轮基准直径较小,而带的根数和轴上压力虽大点,但也和 B 型带差不多,因此采用 A 型较为合适。

九、带轮结构尺寸设计计算(略)

§8-3　窄 V 带传动的设计计算

窄 V 带和普通 V 带比较,具有结构紧凑、寿命长、承载能力高、节能等优点,并能适用于高速传动($V=35\sim45\mathrm{m/s}$),近年来发展较快。

目前各个国家的窄 V 带的代号、标准不一样。美、日、英的代号为 3V,5V,8V 三种。俄罗斯有 Y_0,YA,YB,YC 四种,德国的标准则为 SPZ,SPA,SPB,SPC,S19 五种。1965年国际标准化组织第 41 技术委员会(ISO/TC41)颁布了四种窄 V 带的标准是 SPZ,SPA,SPB,SPC。本文将讨论 ISO 颁布的四种代号标准和美、日国家采用的 3V,5V,8V 三种代号标准的窄 V 带传动。

V 带和带轮有两种尺寸制,即基准宽度制和有效宽度制。

基准宽度制是以基准线的位置和基准宽度来定义带轮的槽型、基准直径和 V 带在轮槽中的位置。带轮的基准宽度定义为 V 带的节面在轮槽内相应位置的槽宽,用以表示轮槽截面的特征值,不受公差的影响,是带轮与带标准化的基本尺寸。在轮槽基准宽度处的直径是带轮的基准直径。

有效宽度制表示带轮轮槽截面的特征值是有效宽度,定义为轮槽直边侧面最外端的槽宽,不受公差的影响。在轮槽有效宽度处的直径是有效直径。

由于尺寸制的不同,带的长度分别以基准长度和有效长度表示。

普通 V 带是用基准宽度制,窄 V 带则由于尺寸制的不同,有两种尺寸系列。在设计计算时,基本原理是一样的,尺寸计算则有差别。

一、基准宽度制窄 V 带传动设计计算

(一)窄 V 带基准宽度尺寸规格

1. 窄 V 带(基准宽度制)的截面尺寸(见表 8-14)

表 8-14　窄 V 带的截面尺寸　　　　　　　　　　　　　　　　(mm)

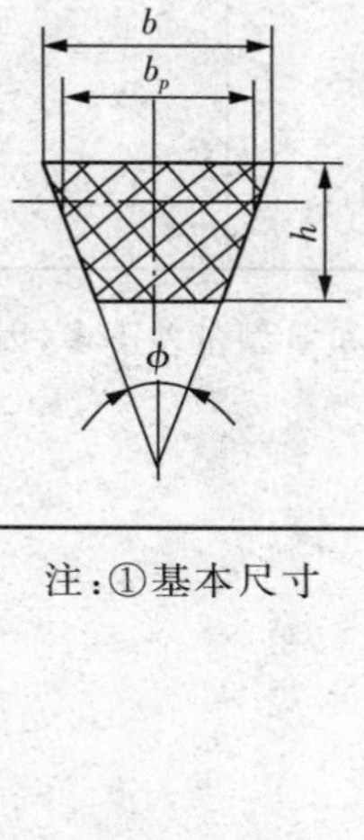

	窄 V 带	节宽 b_p (mm)	顶宽[①] b (mm)	高度[①] h (mm)	楔角[①] φ (mm)
	SPZ	8.5	10	8	
	SPA	11.0	13	10	
	SPB	14.0	17	14	40°
	SPC	19.0	22	18	

注:①基本尺寸

2. 窄 V 带的基准长度系列(见表 8-15)

表 8-15　窄 V 带的基准长度系列　　　　　　　　　　　　　　　(mm)

基准长度 L_D		带　　型				配组公差
基本尺寸	极限偏差	SPZ	SPA	SPB	SPC	
630	±6					
710						
800	±8					
900						
1000	±10					
1120						2
1250	±13					
1400		SPZ				
1600	±16					
1800			SPA			
2000	±20					
2240						
2500	±25					4
2800						
3150	±32			SPB		
3550						
4000	±40					6
4500						
5000	±50				SPC	
5600						
6300	±63					10
7100						
8000	±80					
9000						
10000	±100					16
1120						
1250						

(二)窄 V 带(基准宽度制)传动的设计计算

　　窄 V 带(基准宽度制)传动的设计计算原理与普通 V 带相同,其方法、步骤也基本一样,列于表 8-16。

表 8-16　窄 V 带传动的设计计算

(基准宽度制)

序号	计算项目	符号	单位	计算公式和参数选择	说　　明
1	计算功率	P_{ca}	kW	$P_{ca}=K_A P$	P——传递功率,kW K_A——工况系数,见表 8-7

序号	计算项目	符号	单位	计算公式和参数选择				说　　明
2	选定带型			根据 P_{ca} 和 n_1 由图 8-18 选取				n_1——小带轮转速,r/m
3	传动比	i		$i=\dfrac{n_1}{n_2}=\dfrac{D_{d2}}{D_{d1}}$ 若计入滑动率 $i=\dfrac{n_1}{n_2}=\dfrac{D_{d2}}{(1-\varepsilon)D_{d1}}$ 通常 $\varepsilon=0.01\sim0.02$				n_2——大带轮转速,r/m D_{d1}——小带轮基准直径,表 8-6,但 $D_{d1}>D_{d\min}$ D_{d2}——大带轮基准直径 ε——弹性滑动率
4	小带轮的基准直径	D_{d1}	mm	槽型	SPZ	SPA	SPB	SPC	为提高 V 带的寿命,宜选较大的直径
				$D_{d\min}$	63	90	140	224	
5	大带轮的基准直径	D_{d2}	mm	$D_{d2}=iD_{d1}(1-\varepsilon)$				D_{d2} 应按表 8-6 取标准值
6	带速	v	m/s	$v=\dfrac{\pi D_{d1}n_1}{60\times1000}\leqslant v_{\max}=35\sim$ $40\mathrm{m/s}$				一般 v 不得低于 5m/s 为发挥 V 带的传动能力,应使 $v\approx$ 20m/s
7	初定中心距	a_0	mm	$0.7(D_{d1}+D_{d1})\leqslant a_0<2(D_{d1}+D_{d2})$				或根据结构要求定
8	所需基准长度	L'_d	mm	$L'_d=2a_0+\dfrac{\pi}{2}(D_{d1}+D_{d2})+$ $\dfrac{(D_{d2}-D_{d1})^2}{4a_0}$				由表 8-15 选取相近 L_d
9	实际中心距	a	mm	$a\approx a_0+\dfrac{L_d-L'_d}{2}$				安装时所需最小中心距 $a_{\min}=a-0.015L_d$ 张紧或补偿伸长所需最大中心距 $a_{\max}=a+0.03L_d$
10	小带轮包角	α_1	°	$\alpha_1=180°-\dfrac{D_{d2}-D_{d1}}{a}\times57.3$				如 α_1 较小,增大 a 或用张紧轮
11	单根 V 带传递的额定功率	P_0	kW	根据带型 D_{d1} 和 n_1 查表 8-17 至表 8-20				P_0 是 $\alpha=180°$ 载荷平稳时,特定基准长度单根 V 带的基本额定功率
12	传动比 $i\neq1$ 的额定增量	ΔP_0	kW	根据带型,n_1 和 i 查表 8-17 至表 8-20				

（续表）

序号	计算项目	符号	单位	计算公式和参数选择	说 明
13	V带的根数	Z		$Z = \dfrac{P_{ca}}{(P_0 + \Delta P_0)K_a K_L}$	K_a——小带轮包角修正系数，查表 8-8 K_L——带长修正系数，查表 8-21
14	单根V带的初拉力	F_0	N	$F_0 = 500\dfrac{P_{ca}}{Zv}\left(\dfrac{2.5}{K_a}-1\right)+qv^2$	q——V带每米长的质量 SPZ——0.07kg/m SPA——0.12kg/m SPB——0.20kg/m SPC——0.37kg/m
15	作用在轴上的力	Q	N	$Q = 2ZF_0\sin\dfrac{\alpha}{2}$	
16	带轮的结构和尺寸			窄V带带轮结构尺寸与普通V带带轮结构相同，见图8-9及经验公式；窄V带轮轮缘尺寸见表8-22	

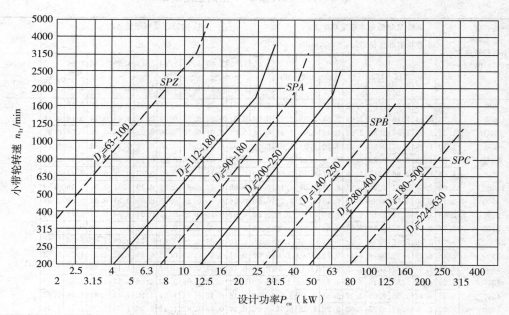

图 8-18 窄 V 带（基准宽度制）选型图

表 8 - 17　SPZ 型窄 V 带的额定功率　　　　　　　　　　（kW）

小带轮转速 n_1 (r/min)	单根 V 带的基本额定功率 P_0								$i\neq1$ 时额定功率增量 ΔP_0										带速 v (m/s) ≈
	小带轮基准直径 D_{d1}　（mm）								传 动 比 i										
	63	71	75	80	90	100	112	125	1.00~1.01	1.02~1.05	1.06~1.11	1.12~1.18	1.19~1.26	1.27~1.38	1.39~1.57	1.58~1.94	1.95~3.38	≥3.39	
200	0.20	0.25	0.28	0.31	0.37	0.43	0.51	0.59	0.00	0.00	0.00	0.01	0.01	0.02	0.02	0.02	0.03	0.03	
400	0.35	0.44	0.49	0.55	0.67	0.79	0.93	1.09	0.00	0.00	0.01	0.01	0.03	0.03	0.04	0.05	0.06	0.06	
730①	0.56	0.72	0.79	0.88	1.12	1.33	1.57	1.84	0.00	0.01	0.03	0.05	0.06	0.08	0.09	0.10	0.11	0.12	5
800	0.60	0.78	0.87	0.99	1.21	1.44	1.70	1.99	0.00	0.01	0.03	0.05	0.07	0.08	0.10	0.11	0.12	0.13	
980①	0.70	0.92	1.02	1.15	1.44	1.70	2.02	2.36	0.00	0.01	0.04	0.06	0.08	0.10	0.12	0.13	0.15	0.15	
1200	0.81	1.03	1.21	1.38	1.70	2.02	2.40	2.80	0.00	0.02	0.04	0.08	0.10	0.13	0.15	0.17	0.18	0.19	
1460①	0.93	1.25	1.41	1.60	1.98	2.36	2.80	3.28	0.00	0.02	0.05	0.08	0.13	0.15	0.18	0.20	0.22	0.23	10
1600	1.00	1.35	1.52	1.73	2.14	2.55	3.04	3.55	0.00	0.02	0.06	0.10	0.14	0.17	0.20	0.22	0.24	0.26	
2000	1.17	1.59	1.79	2.05	2.55	3.05	3.62	4.24	0.00	0.03	0.07	0.13	0.17	0.23	0.25	0.28	0.30	0.32	15
2400	1.32	1.81	2.04	2.34	2.93	3.49	4.16	4.85	0.00	0.03	0.09	0.15	0.21	0.25	0.30	0.33	0.36	0.39	
2800①	1.45	2.00	2.27	2.61	3.26	3.90	4.64	5.40	0.00	0.04	0.10	0.18	0.24	0.30	0.35	0.39	0.43	0.45	20
3200	1.56	2.18	2.48	2.85	3.57	4.26	5.06	5.88	0.00	0.04	0.12	0.21	0.28	0.34	0.40	0.45	0.49	0.51	
3600	1.66	2.33	2.65	3.06	3.84	4.58	5.42	6.27	0.00	0.05	0.13	0.23	0.31	0.38	0.45	0.50	0.55	0.58	25
4000	1.74	2.46	2.81	3.24	4.07	4.85	5.72	6.58	0.00	0.06	0.15	0.26	0.35	0.42	0.50	0.56	0.61	0.64	
4500	1.81	2.59	2.96	3.42	4.30	5.10	5.99	6.83	0.00	0.06	0.17	0.29	0.40	0.48	0.56	0.63	0.68	0.72	
5000	1.85	2.68	3.07	3.56	4.46	5.27	6.14	6.92	0.00	0.07	0.18	0.32	0.44	0.53	0.62	0.70	0.76	0.80	

① 为常用转速。

表 8 - 18　SPA 型窄 V 带的额定功率　　　　　　　　　　（kW）

小带轮转速 n_1 (r/min)	单根 V 带的基本额定功率 P_0								$i\neq1$ 时额定功率增量 ΔP_0										带速 v (m/s) ≈
	小带轮基准直径 D_{d1}　（mm）								传 动 比 i										
	90	100	112	125	140	160	180	200	1.00~1.01	1.02~1.05	1.06~1.11	1.12~1.18	1.19~1.26	1.27~1.38	1.39~1.57	1.58~1.94	1.95~3.38	≥3.39	
200	0.43	0.53	0.64	0.77	0.92	1.11	1.30	1.49	0.00	0.01	0.02	0.03	0.04	0.05	0.06	0.07	0.08	0.08	
400	0.75	0.94	1.16	1.40	1.68	2.04	2.39	2.75	0.00	0.01	0.04	0.07	0.09	0.11	0.13	0.14	0.16	0.16	
730①	1.21	1.54	1.91	2.33	2.81	3.42	4.03	4.63	0.00	0.02	0.07	0.12	0.16	0.20	0.23	0.26	0.28	0.30	5
800	1.30	1.65	2.07	2.52	3.03	3.70	4.36	5.01	0.00	0.03	0.08	0.13	0.18	0.22	0.25	0.29	0.31	0.33	
980①	1.52	1.93	2.44	2.98	3.58	4.38	5.17	5.94	0.00	0.03	0.09	0.16	0.21	0.26	0.30	0.34	0.37	0.40	
1200	1.76	2.27	2.86	3.50	4.23	5.17	6.10	7.00	0.00	0.04	0.11	0.20	0.27	0.33	0.38	0.43	0.47	0.49	10
1460①	2.02	2.61	3.31	4.06	4.91	6.01	7.07	8.07	0.00	0.05	0.14	0.24	0.32	0.39	0.46	0.51	0.56	0.59	15
1600	2.16	2.80	3.57	4.38	5.29	6.47	7.62	8.72	0.00	0.06	0.16	0.26	0.36	0.43	0.51	0.57	0.62	0.66	
2000	2.49	3.27	4.18	5.15	6.22	7.60	8.90	10.13	0.00	0.07	0.19	0.34	0.45	0.54	0.64	0.71	0.78	0.82	20
2400	2.77	3.67	4.71	5.80	7.01	8.53	9.93	11.22	0.00	0.08	0.23	0.39	0.54	0.65	0.76	0.86	0.93	0.99	25
2800①	3.00	3.99	5.15	6.34	7.64	9.24	10.67	11.92	0.00	0.10	0.26	0.46	0.63	0.76	0.89	1.00	1.09	1.15	
3200	3.16	4.25	5.49	6.76	8.11	9.72	11.09	12.19	0.00	0.11	0.30	0.53	0.72	0.87	1.02	1.14	1.25	1.32	30
3600	3.26	4.42	5.72	7.03	8.39	9.94	11.15	11.98	0.00	0.12	0.34	0.59	0.81	0.98	1.14	1.29	1.40	1.48	35
4000	3.29	4.50	5.85	7.16	8.48	9.87	10.81	11.25	0.00	0.14	0.38	0.66	0.89	1.08	1.27	1.43	1.56	1.65	40
4500	3.24	4.48	5.83	7.09	8.27	9.34	9.78	9.50	0.00	0.16	0.42	0.74	1.01	1.22	1.43	1.61	1.75	1.85	
5000	3.07	4.31	5.61	6.75	7.69	9.28	7.99	6.75	0.00	0.17	0.47	0.82	1.12	1.36	1.59	1.79	1.95	2.06	

表 8-19　SPB 型窄 V 带的额定功率　　(kW)

小带轮转速 n_1 (r/min)	单根 V 带的基本额定功率 P_0 小带轮基准直径 D_{d1} (mm)								$i\neq1$ 时额定功率增量 ΔP_0　传动比 i										带速 v (m/s) ≈
	140	160	180	200	224	250	280	315	1.00~1.01	1.02~1.05	1.06~1.11	1.12~1.18	1.19~1.26	1.27~1.38	1.39~1.57	1.58~1.94	1.95~3.38	≥3.39	
200	1.08	1.37	1.65	1.94	2.28	2.64	3.05	3.53	0.00	0.01	0.04	0.07	0.09	0.11	0.13	0.15	0.16	0.17	5
400	1.92	2.47	3.01	3.54	4.18	4.86	5.63	6.53	0.00	0.03	0.08	0.14	0.19	0.22	0.26	0.30	0.32	0.34	10
730	3.13	4.06	4.99	5.88	6.97	8.11	9.41	10.91	0.00	0.05	0.14	0.25	0.33	0.40	0.47	0.53	0.58	0.62	
800	3.35	4.37	5.37	6.35	7.52	8.75	10.14	11.71	0.00	0.06	0.16	0.27	0.37	0.45	0.53	0.59	0.65	0.68	15
980	3.92	5.13	6.31	7.47	8.33	10.27	11.89	13.70	0.00	0.07	0.19	0.33	0.45	0.54	0.63	0.71	0.78	0.82	
1200	4.55	5.98	7.38	8.74	10.33	11.99	13.82	15.84	0.00	0.09	0.23	0.41	0.56	0.67	0.79	0.89	0.97	1.03	20
1460	5.21	6.89	8.50	10.07	11.86	13.72	15.71	17.84	0.00	0.10	0.28	0.49	0.67	0.81	0.95	1.07	1.16	1.23	25
1600	5.54	7.33	9.05	10.74	12.59	14.51	16.56	18.70	0.00	0.11	0.31	0.55	0.74	0.90	1.05	1.19	1.29	1.37	
1800	5.95	7.89	9.74	11.50	13.47	15.47	17.52	19.55	0.00	0.13	0.35	0.61	0.84	1.01	1.18	1.33	1.45	1.54	30
2000	6.31	8.38	10.34	12.18	14.21	16.19	18.17	20.00	0.00	0.14	0.39	0.68	0.93	1.12	1.32	1.48	1.62	1.71	35
2200	6.62	8.80	10.83	12.72	14.76	16.68	18.19	19.97	0.00	0.16	0.43	0.75	1.02	1.24	1.45	1.63	1.78	1.88	
2400	6.86	9.13	11.21	13.11	15.10	16.82	18.43	19.44	0.00	0.17	0.47	0.82	1.11	1.35	1.58	1.78	1.94	2.05	40
2800	7.15	9.52	11.62	13.41	15.14	16.44	17.13	16.37	0.00	0.20	0.55	0.96	1.30	1.57	1.85	2.08	2.26	2.40	
3200	7.17	9.53	11.43	13.01	14.22				0.00	0.23	0.63	1.09	1.49	1.80	2.11	2.37	2.58	2.74	
3600	6.89	9.10	10.77	11.83					0.00	0.25	0.69	1.21	1.68	2.02	2.38	2.66	2.91	3.07	

表 8-20　SPZ 型窄 V 带的额定功率　　(kW)

小带轮转速 n_1 (r/min)	单根 V 带的基本额定功率 P_0 小带轮基准直径 D_{d1} (mm)								$i\neq1$ 时额定功率增量 P_0　传动比 i										带速 v (m/s) ≈
	224	250	280	315	355	400	450	500	1.00~1.01	1.02~1.05	1.06~1.11	1.12~1.18	1.19~1.26	1.27~1.38	1.39~1.57	1.58~1.94	1.95~3.38	≥3.39	
200	2.90	3.50	4.18	4.97	5.89	6.86	7.96	9.04	0.00	0.04	0.12	0.21	0.28	0.34	0.40	0.45	0.49	0.51	10
400	5.19	6.31	7.59	9.07	10.72	12.56	14.56	16.52	0.00	0.09	0.24	0.41	0.56	0.68	0.79	0.89	0.97	1.03	15
600	7.21	8.81	10.26	12.70	15.02	17.56	20.29	22.92	0.00	0.13	0.35	0.62	0.84	1.01	1.19	1.34	1.46	1.54	
730①	8.82	10.27	12.40	14.82	17.50	20.41	23.49	26.40	0.00	0.16	0.42	0.74	1.00	1.22	1.43	1.60	1.75	1.85	20
800	10.43	11.02	13.31	15.90	18.76	21.84	25.07	28.09	0.00	0.17	0.47	0.82	1.12	1.35	1.58	1.78	1.94	2.06	
980①	10.39	12.76	15.40	18.37	21.55	25.15	28.83	31.38	0.00	0.21	0.56	0.98	1.34	1.62	1.90	2.14	2.33	2.47	25
1200	11.89	14.61	17.60	20.88	24.34	27.33	31.15	33.85	0.00	0.26	0.71	1.23	1.67	2.03	2.38	2.67	2.91	3.09	30
1460①	13.26	16.26	19.49	22.92	26.32	29.40	32.01	33.15	0.00	0.31	0.85	1.48	2.01	2.43	2.85	3.21	3.50	3.70	35
1600	13.81	16.92	20.20	23.58	26.80	29.53	31.33	31.70	0.00	0.36	0.94	1.64	2.23	2.71	3.17	3.57	3.89	4.11	
1800	14.35	17.52	20.70	23.91	26.62	28.42	28.69	26.91	0.00	0.39	1.06	1.85	2.51	3.04	3.57	4.01	4.37	4.63	40
2000	14.58	17.70	20.75	23.47	25.37	25.81	23.95	19.35	0.00	0.43	1.18	2.05	2.79	3.38	3.96	4.46	4.86	5.14	
2200	14.47	17.44	20.43	22.18	22.94				0.00	0.47	1.29	2.26	3.07	3.72	4.36	4.90	5.34	5.66	
2400	14.01	16.69	18.86	19.98	19.22				0.00	0.52	1.41	2.46	3.35	4.06	4.75	5.35	5.83	6.17	
2600	12.95	15.14	16.49	16.26					0.00	0.56	1.53	2.66	3.63	4.40	5.14	5.79	6.31	6.69	

①为常用转速。

表 8 - 21　窄 V 带带长修正系数 K_L

基准带长	K_L			
L_d　（mm）	SPZ	SPA	SPB	SPC
630	0.82			
710	0.84			
800	0.86	0.81		
900	0.88	0.83		
1000	0.90	0.85		
1120	0.93	0.87		
1250	0.94	0.89	0.82	
1400	0.96	0.91	0.84	
1600	1.00	0.93	0.86	
1800	1.01	0.95	0.88	
2000	1.02	0.96	0.90	0.81
2240	1.05	0.98	0.92	0.83
2500	1.07	1.00	0.94	0.86
2800	1.09	1.02	0.96	0.88
3150	1.11	1.04	0.98	0.90
3550	1.13	1.06	1.00	0.92
4000		1.08	1.02	0.94
4500		1.09	1.04	0.96
5000			1.06	0.98
5600			1.08	1.00
6300			1.10	1.02
7100			1.12	1.04
8000			1.14	1.06
9000				1.08
10000				1.10
11200				1.12
12500				1.14

表 8 - 22　窄 V 带带轮轮缘尺寸

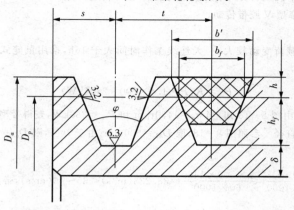

（mm）

项　目		符号	槽　　型			
			SPZ	SPA	SPB	SPC
基准宽度		b_p	8.5	11.0	14.0	19.0
基准线上槽深		h_{amin}	2.0	2.75	3.5	4.8
基准线下槽深		h_{fmin}	9.0	11.0	14.0	19.0
槽间距		t	12±0.3	15±0.3	19±0.3	25.5±0.5
第一槽对称面至端面的距离		s	8±1	10^{+2}_{-1}	12.5^{+2}_{-1}	17^{+2}_{-1}
最小轮缘厚		σ_{min}	5.5	6	7.5	10
带轮宽		B	$B=(Z-1)t+2S$　　Z——轮槽数			
外　径		D_a	$D_a=D_a+2h_a$			
轮槽角 φ	32°	相应的基准直径 D_d	—	—	—	—
	34°		≤80	≤118	≤190	≤315
	36°		—	—	—	—
	38°		>80	≥180	>190	>315
极限偏差			±1°			±30′

例题 8-4　某石油钻机上联动机组并车传动胶带,已知传递功率 P＝200kW,转速 n_1＝1460 rpm,传动比 i＝1。设计所选用的窄型 V 胶带传动。

解:

1. 求计算功率　按载荷变动较大,一天连续工作时间大于 16h,采用鼠笼式交流异步电动机。由表 8-7查得 K_A＝1.4。

$$P_{ca}＝K_A P＝1.4×200＝280(kW)$$

2. 选择 V 带带型　由图 8-18 知,当 n_1＝1460rpm 和 P_{ca}＝280kW,查得带型 SPC。

3. 选择小带轮基准直径　参照图 8-18,取 D_{d1}＝500mm;由于 i＝1,则 D_{d2}＝500mm。

4. 带速

$$v＝\frac{\pi D_{d1} n_1}{60×1000}＝\frac{\pi×500×1460}{60×1000}＝38.223(m/s)<35～40(m/s),带速合适。$$

5. 初定中心距 a

由 $0.7(D_{d1}+D_{d2})≤a_0<2(D_{d1}+D_{d2})$,

$0.7(500+500)≤a_0<2(500+500)$,$700≤a_0<2000$,取 a_0＝1500mm。

计算必需的基准长度

$$L'_d＝2a_0+1.57(D_{d1}+D_{d2})＝2×1500+1.57×(500+500)＝4570(mm)$$

由表 8-15,查得与 L'_d 相邻近的基准长度 L_d 为 4500mm。

6. 实际中心距 a

$$a≈a_0+\frac{L_d-L'_d}{2}＝1500+\frac{4500-4570}{2}＝1500-35＝1465(mm)$$

安装时所需的最小中心距

$$a_{min}＝a-0.015L_d＝1465-0.015×4500＝1397.5(mm)$$

张紧或补充伸长的最大中心距

$$a_{max}＝a+0.03L_d＝1500+0.03×4500＝1635(mm)$$

7. 确定 V 带根数

由表 8-20 查得 P_0＝33.15kW,ΔP_0＝0;由表 8-8 查得 K_a＝1;由表 8-21 查得 K_L＝0.96,则

$$Z＝\frac{P_{ca}}{(P_0+\Delta P_0)K_a K_L}＝\frac{280}{33.15×1×0.96}＝8.7(根)$$

取整数 Z＝9 根。

8. 单根 V 带的初拉力 F_0 及轴上的总压力 Q

1)初始拉力

$$F_0＝500\frac{P_{ca}}{Zv}(\frac{2.5}{K_a}-1)+qv^2＝500×\frac{280}{9×33.223}(\frac{2.5}{1}-1)+0.37×33.223^2＝1151.07(N)$$

2)轴上总压力

$$Q＝2ZF_0\sin\frac{\alpha_1}{2}＝2×9×1151.07×\sin\frac{180°}{2}＝20719.26(N)$$

9. V 带带轮设计计算　参考图 8-9d 和表 8-22 设计计算带轮结构尺寸,并画零件工作图。

例题 8-5　设计某一颗粒饲料粉碎机采用的窄 V 带传动。已知电动机功率为 30kW,转速 n_1＝1460rpm,传动比 i＝1.15,中心距 a＝900mm。

解：

1. 求计算功率 P_{ca}

由于载荷变动较大，采用鼠笼式异步交流的电动机，每日工作时间不超过 10h，因此查表 8-7 可得 K_A =1.2，则

$$P_{ca}=K_A P=1.2\times30=36(\text{kW})$$

2. 选择窄 V 带型号

根据 $n_1=1460\text{r/min}$，$P_{ca}=36\text{kW}$，由图 8-18 选取窄 V 带型号为 SPA。

3. 选择带轮基准直径

$D_{d1}=200\text{mm}$，则 $iD_{d_1}=1.15\times200=230\text{mm}$，由表 8-6 取标准直径 $D_{d2}=236\text{mm}$。

传动比 $i=\dfrac{D_{d2}}{D_{d1}}=\dfrac{236}{200}=1.18$，$\dfrac{1.18-1.15}{1.18}=0.025=2.5\%$，在 $\pm5\%$ 之内是允许的。

$$n_2=\frac{n_1}{i}=\frac{1460}{1.18}=1237.3(\text{rpm})$$

4. 带速 v

$$v=\frac{\pi D_{d1}n_1}{60\times1000}=\frac{\pi\times200\times1460}{60\times1000}=15.3(\text{m/s})$$

5. 确定所需基准长度 L'_d

$$L'_d=2a_0+\frac{\pi}{2}(D_{d1}+D_{d2})+\frac{(D_{d2}-D_{d1})^2}{4a_0}=2\times900+\frac{\pi}{2}(200+236)+\frac{(200-236)^2}{4\times900}=2014(\text{mm})$$

由表 8-15，取基准长度 $L_d=2000\text{mm}$。

实际中心距

$$a=a_0+\frac{L_d-L'_d}{2}=900+\frac{2000-2014}{2}=893(\text{mm})$$

与题给 $a_0=900\text{mm}$ 的误差为 $\dfrac{900-893}{900}=0.0077=0.77\%$，误差很小。

安装时所需最小中心距

$$a_{\min}=a-0.015L_d=898-0.015\times2000=863(\text{mm})$$

张紧或补偿伸长所需最大中心距

$$a_{\max}=a+0.03L_d=893+0.03\times2000=953(\text{mm})$$

6. 小带轮包角

$$\alpha_1=180°-\frac{D_{d2}-D_{d1}}{a}\times57.3=180°-\frac{236-200}{893}\times57.3=177°$$

7. 窄 V 带根数

由表 8-18 查得 $P_0=8.10\text{kW}$，$\Delta P_0=0.24\text{kW}$；查表 8-8 得 $K_a\approx1$；查表 8-21 得 $K_L=0.96$

$$Z=\frac{P_{ca}}{(P_0+\Delta P_0)K_aK_L}=\frac{36}{(8.1+0.24)\times1\times0.96}=4.5(\text{根})$$

取 $Z=5$ 根。

8. 单根窄 V 带初拉力 F_0

$$F_0 = \frac{500P_{ca}}{Zv}\left(\frac{2.5}{K_\alpha}-1\right)+qv^2 = \frac{500\times36}{5\times15.3}\left(\frac{2.5}{1}-1\right)+0.12\times15.3^2 = 381.1\text{N}$$

9. 轴上压力 Q

$$Q = 2ZF_0\sin\frac{\alpha_1}{2} = 2\times5\times381.1\times\sin\frac{177°}{2} = 3810(\text{N})$$

10. 窄 V 带带轮结构尺寸设计计算

参考图 8-9d 及表 8-22 设计计算并绘制带轮零件工作图。

二、有效宽度制窄 V 带、联组窄 V 带传动设计计算

(一)窄 V 带(有效宽度制)尺寸规格

1. 窄 V 带(有效宽度制)的截面尺寸

表 8-23　有效宽度制窄 V 带的截面尺寸　　　　　　　　　　(mm)

带　型	顶宽 b	高度 h	楔角 ϕ
9N(3V)	9.5	8.0	
15N(5V)	15.5	13.5	40°
25N(8V)	25.5	23.0	

注:括号内是美、日等国采用的带型号代号。

表 8-24　联组窄 V 带的截面尺寸　　　　　　　　　　(mm)

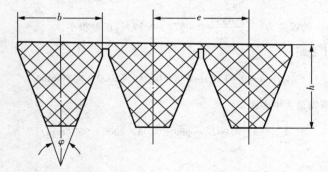

带　　型	b	h	e	φ	最多联组根数
9J	9.5	10	10.3		
15J	15.5	16	17.5	40°	5
25J	25.5	26.5	28.6		

2. 单根窄 V 带和联组窄 V 带的有效长度系列

表 8 - 25 窄 V 带和联组 V 带的有效长度系列 （mm）

有效长度 L_e		带 型			配组公差
基本尺寸	极限偏差	9N/9J	15N/15J	25N/25J	
630					
670					
710					
760					
800					
850	±8				
900					
950					2.5
1000					
1080					
1145		9N/9J			
1205					
1270					
1345					
1420					
1525					
1600	±10				
1700					
1800					
1900					
2030					
2160					5
2290	±13				
2410					
2540					
2690					
2840					
3000					
3180			15N/15J		
3350					
3550	±15				7.5
3810					
4060					
4320					
4570					
4830					
5080					
5380					
5690					
6000	±20				10
6350					
6730					
7100					
7620					
8000					
8500	±25				
9000					12.5
9500					
10160					
10180					
11430					
12060	±30				15
12700					

(二)窄 V 带、联组窄 V 带(有效宽度制)传动的设计计算

窄 V 带、联组窄 V 带(有效宽度制)的设计计算方法,可参照表 8 - 16 进行。但应注意下列各点:

1)选择带型时,是根据计算功率 P_{ca} 和小带轮转速 n_1 由图 8 - 19 选取。

2)大、小带轮直径应根据表 8 - 26 选定有效直径 D_e,但不得小于表 8 - 27 的最小有效直径。

3)计算传动比 i、带速 v 时,必须用带轮的节圆直径 D_p,在计算带长 L_e、中心距 a 和包角 α 时,则用带轮的有效直径 D_e。

$$D_p = D_e - 2\Delta_e$$

Δ_e 值查表 8 - 28。节圆直径 D_p 和有效直径 D_e 的对应关系可由表 8 - 26 直接查得。

4)根据有效直径计算所需的带长,应按表 8 - 25 选取带的有效长度 L_e。

5)计算带的根数时,基本额定功率 $i \neq 1$ 时额定功率的增量查表 8 - 29 至表 8 - 31,包角修正系数 K_α 查表 8 - 8,带长修正系数 K_L 值表 8 - 32。

6)联组窄 V 带的设计计算和窄 V 带完全一样,按所需根数选取联组带和组合形式。产品有 2、3、4、5 联组四种,可参考表 8 - 33。

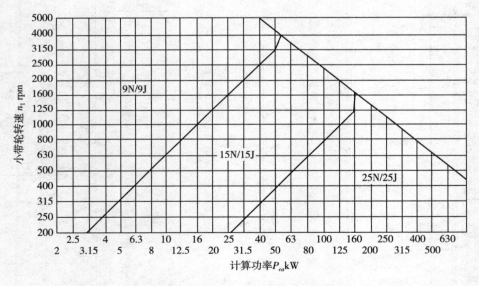

图 8 - 19　窄 V 带(有效宽度制)选型图

7)有效宽度制窄 V 带轮的设计计算,其有效直径系列见表 8 - 26,最小有效直径见表 8 - 27。带轮轮缘尺寸按表 8 - 28,其余均可参考图 8 - 9 进行。

表 8-26 窄 V 带轮的有效直径序列及其节径 （mm）

有效直径 d_e	带 型			有效直径 de	带 型		
	9N/9J	15N/15J	25N/25J		9N/9J	15N/15J	25N/25J
	节 径 D_p				节 径 D_p		
67	65.8			335		332.4	330
71	69.8			355	353.8	352.4	350
75	73.8			375		372.4	370
80	78.8			400	398.8	397.4	395
85	83.8			425			420
90	88.8			450			445
95	93.8			475	473.8	472.4	470
100	98.8			500	498.8	497.4	495
106	104.8			530		527.4	525
112	110.8			560			555
118	116.8			600		597.4	595
125	123.8			630	628.8	627.4	625
132	130.8			670			
140	138.8			710		707.4	
150	148.8			750			745
160	158.8			800	798.8	797.4	795
170	168.8			850	848.8		
180		177.4		900		947.4	895
190		187.4		950		947.4	
200	198.8	197.4		1000		997.4	995
212		209.4		1120		117.4	1115
224		221.4		1250		1247.4	1245
236		233.4		1350			1345
250	248.8	247.4		1600		1597.4	1595
265	263.8	262.4		1800		1797.4	1795
280		277.4		2000			1995
300		297.4		2240			2235
315	313.8	312.4	310	2500			2495

注:1. 直径的极限偏差:有效直径按 C11,外径按 h12。

　　2. 没有节径尺寸的有效直径不推荐采用。

表 8-27　窄 V 带轮的最小有效直径　　　　　　　　　（mm）

带　　型	9N/9J	15N/15J	25N/25J
$d_{e\min}$	67	180	315

表 8-28　窄 V 带轮轮缘尺寸

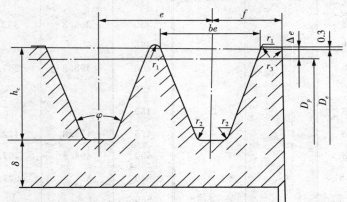

项　　目		符号	槽　　型		
			9N/9J	15N/15J	25N/25J
有效宽度		b_e	8.9±0.13	15.2±0.13	25.4N/25J
有效线差		Δ_e	0.6	1.3	2.5
轮槽深		h_c	$9.5^{+0.5}$	$15.5^{+0.5}$	$25.5^{+0.5}$
槽间距		e	10.3±0.25	17.5±0.25	28.6±0.4
第一槽对称面到端面的距离		$f_{\min}$	9	13	19
最小轮缘厚		$\delta_{\min}$	5.5	7.5	12
倒圆半径		r_1	0.2～0.5	0.2～0.5	0.2～0.5
		r_2	0.5～1.0	0.5～1.0	0.5～1.0
		r_3	1～2	2～3	3～5
轮 槽 角	36°	相应的有效直径 D_e	≤90	≤255	≤405
	38°		>90～150		
	40°		>150～305	>255～405	>405～570
	42°		>305	>405	>570
	极限偏差		±0.5°		
窄 V 带每米长重量[1]		q	0.10kg/m	0.26kg/m	0.57kg/m

①摘自石油部钻井设备研究所沈阳橡胶机械厂《产品与使用》。

表 8-29　9N/9J 型窄 V 带的额定功率

(kW)

单根 V 带的基本额定功率 P_0（小带轮基准直径 D_{e1}，mm）；$i\neq1$ 时额定功率增量 ΔP_0（传动比 i）

小带轮转速 n_1 (r/min)	67	75	88	90	100	112	125	160	200	250	1.00~1.01	1.02~1.05	1.06~1.11	1.12~1.18	1.19~1.26	1.27~1.38	1.39~1.57	1.58~1.94	1.95~3.38	≥3.39	带速 v (m/s)≈
200	0.21	0.27	0.31	0.38	0.46	0.54	0.64	0.88	1.16	1.50	0.00	0.00	0.01	0.01	0.02	0.02	0.03	0.03	0.03	0.03	5
400	0.38	0.50	0.57	0.71	0.85	1.01	1.19	1.66	2.18	2.83	0.00	0.01	0.02	0.03	0.04	0.05	0.05	0.06	0.07	0.07	
600	0.54	0.70	0.80	1.01	1.21	1.45	1.71	2.39	3.15	4.08	0.00	0.02	0.02	0.04	0.06	0.07	0.08	0.09	0.10	0.10	
730①	0.63	0.82	0.95	1.19	1.43	1.71	2.02	2.83	3.73	4.83	0.00	0.02	0.03	0.05	0.07	0.08	0.10	0.11	0.12	0.13	10
980	0.80	1.06	1.22	1.54	1.85	2.23	2.63	3.69	4.86	6.28	0.00	0.02	0.04	0.07	0.09	0.11	0.13	0.14	0.16	0.17	
1200	0.94	1.25	1.44	1.83	2.21	2.66	3.14	4.40	5.79	7.45	0.00	0.02	0.05	0.08	0.11	0.14	0.16	0.18	0.20	0.21	15
1460①	1.10	1.47	1.69	2.16	2.61	3.14	3.71	5.21	6.94	8.75	0.00	0.02	0.05	0.10	0.13	0.16	0.19	0.21	0.23	0.25	25
1600	1.17	1.58	1.83	2.32	2.81	3.39	4.01	5.62	7.36	9.39	0.00	0.02	0.06	0.11	0.15	0.18	0.21	0.24	0.26	0.28	
1800	1.28	1.73	2.01	2.56	3.10	3.74	4.42	6.19	8.09		0.00	0.02	0.07	0.12	0.17	0.21	0.24	0.27	0.30	0.31	
2000	1.39	1.88	2.19	2.79	3.38	4.09	4.82	6.74	8.71	11.03	0.00	0.03	0.08	0.14	0.19	0.23	0.27	0.30	0.33	0.35	30
2400	1.58	2.16	2.52	3.20	3.91	4.72	5.58	7.75	9.98	12.33	0.00	0.03	0.10	0.17	0.24	0.27	0.32	0.36	0.39	0.42	35
2800①	1.76	2.42	2.83	3.63	4.41	5.32	6.27	8.64	10.98	13.24	0.00	0.04	0.11	0.19	0.26	0.32	0.37	0.42	0.46	0.49	
3200	1.92	2.66	3.11	4.00	4.86	5.86	6.89	9.41	11.75	—	0.00	0.05	0.13	0.22	0.30	0.37	0.43	0.48	0.52	0.56	
3600	2.07	2.88	3.37	4.34	5.27	6.34	7.44	10.04	12.25	—	0.00	0.05	0.14	0.25	0.34	0.41	0.48	0.54	0.59	0.63	
4000	2.19	3.07	3.61	4.65	5.64	6.77	7.91	10.51	—	—	0.00	0.06	0.16	0.28	0.38	0.45	0.54	0.60	0.66	0.69	
4500	2.33	3.29	3.87	4.98	6.04	7.22	8.39	10.86	—	—	0.00	0.07	0.18	0.31	0.42	0.51	0.60	0.68	0.74	0.75	
5000	2.44	3.46	4.08	5.26	6.36	7.56	8.71	—	—	—	0.00	0.07	0.20	0.35	0.47	0.57	0.67	0.75	0.82	0.87	

①为常用转速。

表 8-30　15N/15J 型窄 V 带的额定功率

(kW)

单根 V 带的基本额定功率 P_0（小带轮基准直径 D_{d1}，mm）；$i\neq1$ 时额定功率增量 ΔP_0（传动比 i）

小带轮转速 n_1 (r/min)	180	200	224	250	280	315	355	400	1.00~1.01	1.02~1.05	1.06~1.11	1.12~1.18	1.19~1.26	1.27~1.38	1.39~1.57	1.58~1.94	1.95~3.38	≥3.39	带速 v (m/s)≈
200	2.13	2.54	3.02	3.54	4.14	4.83	5.61	6.47	0.00	0.02	0.04	0.08	0.11	0.13	0.15	0.17	0.19	0.20	5
300	3.05	3.64	4.34	5.10	6.07	6.97	8.10	9.35	0.00	0.04	0.07	0.12	0.16	0.19	0.23	0.26	0.28	0.30	
400	3.92	4.69	5.61	6.59	7.72	9.02	10.48	12.11	0.00	0.03	0.09	0.16	0.21	0.26	0.30	0.34	0.37	0.39	10
500	4.75	5.70	6.83	8.03	9.41	10.99	12.77	14.75	0.00	0.04	0.11	0.20	0.27	0.32	0.38	0.43	0.46	0.49	
600	5.56	6.68	8.00	9.42	11.04	12.90	14.98	17.27	0.00	0.05	0.13	0.24	0.32	0.39	0.45	0.51	0.56	0.59	
730①	6.57	7.90	9.48	11.17	13.08	15.26	17.71	20.39	0.00	0.06	0.16	0.28	0.39	0.47	0.55	0.62	0.67	0.71	15
800	7.10	8.54	10.25	12.07	14.14	16.50	19.12	21.98	0.00	0.07	0.18	0.31	0.42	0.52	0.61	0.68	0.74	0.79	
980①	8.40	10.12	12.16	14.31	16.14	19.50	22.53	25.79	0.00	0.08	0.21	0.38	0.52	0.63	0.75	0.84	0.91	0.96	20
1200	9.90	11.94	14.33	16.85	19.67	22.83	26.25	29.84	0.00	0.10	0.27	0.47	0.64	0.78	0.91	1.02	1.11	1.18	25
1460①	11.52	13.90	16.67	19.55	22.73	26.22	29.90	33.58	0.00	0.12	0.33	0.57	0.78	0.95	1.11	1.24	1.36	1.44	30
1600	12.38	14.88	17.82	20.87	24.02	27.80	31.52	35.14	0.00	0.13	0.36	0.63	0.85	1.03	1.21	1.36	1.49	1.57	35
1800	13.41	16.17	19.33	22.56	26.04	29.70	33.33	36.63	0.00	0.15	0.40	0.71	0.96	1.16	1.36	1.53	1.67	1.77	
2000	14.39	17.33	20.66	24.02	27.55	31.15	34.52	—	0.00	0.17	0.45	0.78	1.07	1.29	1.51	1.70	1.86	1.97	
2400	16.03	19.22	22.74	26.15	29.51	32.56	—	—	0.00	0.20	0.54	0.94	1.28	1.55	1.82	2.05	2.23	2.36	
2800	17.19	20.49	23.97	27.12	—	—	—	—	0.00	0.23	0.63	1.10	1.49	1.81	2.12	2.39	2.60	2.75	
3200	17.84	21.06	24.24	—	—	—	—	—	0.00	0.26	0.72	1.25	1.71	2.07	2.42	2.73	2.97	3.15	
3600	17.90	20.84	—	—	—	—	—	—	0.00	0.30	0.81	1.41	1.92	2.33	2.73	3.07	3.34	3.54	

①为常用转速。

表 8-31　25N/25J 型窄 V 带的额定功率

(kW)

小带轮转速 n_1 (r/min)	单根 V 带的基本额定功率 P_0								$i \ne 1$ 时额定功率增量 ΔP_0									带速 v (m/s) $\approx$
	小带轮基准直径 D_{e1}　　(mm)								传　动　比　i									
	315	335	355	400	450	500	560	600	1.00 ~ 1.01	1.02 ~ 1.05	1.06 ~ 1.11	1.12 ~ 1.18	1.19 ~ 1.26	1.27 ~ 1.38	1.39 ~ 1.57	1.58 ~ 1.94	1.95 ~ 3.38	$\geqslant$ 3.39
100	4.90	5.46	6.02	7.28	8.66	10.04	11.67	12.76	0.00	0.04	0.11	0.20	0.27	0.33	0.39	0.43	0.47	0.50	5
200	9.02	10.09	11.16	13.55	16.18	18.79	21.89	23.94	0.00	0.08	0.23	0.40	0.54	0.66	0.77	0.87	0.94	1.00	
300	12.82	14.38	15.93	19.40	23.20	26.96	31.42	34.35	0.00	0.13	0.34	0.60	0.80	0.99	1.16	1.30	1.42	1.50	10
400	16.38	18.41	20..42	24.91	29.82	34.65	40.35	44.09	0.00	0.17	0.46	0.80	1.09	1.32	1.54	1.73	1.89	2.00	
500	19.75	22.22	24.67	30.12	36.06	41.88	48.70	53.15	0.00	0.21	0.57	1.00	1.36	1.64	1.93	2.17	2.36	2.50	15
600	22.93	25.82	28.69	35.03	41.92	48.62	56.42	61.64	0.00	0.25	0.69	1.20	1.63	1.97	2.31	2.60	2.83	3.00	
730[①]	26.79	30.19	33.56	40.96	48.93	56.61	65.42	71.04	0.00	0.30	0.84	1.45	1.98	2.40	2.81	3.16	3.44	3.65	20
800	28.75	32.41	36.02	43.95	52.43	60.55	69.78	75.60	0.00	0.34	0.91	1.59	2.17	2.63	3.08	3.47	3.78	4.00	25
960[①]	32.84	37.03	41.13	50.08	59.50	68.32	78.07	84.02	0.00	0.40	1.10	1.91	2.61	3.17	3.70	4.16	4.51	4.78	30
1100	36.05	40.04	45.12	54.76	64.74	73.87	83.61	89.31	0.00	0.46	1.26	2.19	2.98	3.62	4.24	4.77	5.19	5.50	
1200	38.07	42.90	47.59	57.60	67.78	76.90	86.28	91.52	0.00	0.50	1.37	2.39	3.26	3.95	4.62	5.20	5.67	6.00	35
1300	39.87	44.89	49.75	60.01	70.24	79.13	97.84	—	0.00	0.55	1.49	2.59	3.59	4.27	5.01	5.63	6.14	6.50	
1400[①]	42.22	47.47	52.48	62.85	72.76	80.79	—	—	0.00	0.61	1.37	2.91	3.96	4.80	5.62	6.33	6.89	7.30	
1600	43.80	49.16	54.22	64.42	73.66	—	—	—	0.00	0.67	1.83	3.19	4.34	5.26	6.16	6.93	7.55	8.00	
1800	45.08	50.42	55.33	64.74	—	—	—	—	0.00	0.76	2.06	3.59	4.88	5.92	6.93	7.80	8.50	9.00	
2000	45.18	50.26	54.77	—	—	—			0.00	0.84	2.29	3.99	5.43	6.58	7.70	8.67	9.44	10.00	

表 8-32　带长修正系数 K_L

有效长度 L_e	带　型			有效长度 L_e	带　型		
	9N/9J	15N/15J	25N/25J		9N/9J	15N/15J	25N/25J
630	0.83			3000	1.12	999	0.89
670	0.84			3180	1.13	1.00	0.90
710	0.85			3350	1.14	1.01	0.91
760	0.86			3550	1.15	1.02	0.92
800	0.87			3810		1.03	0.93
850	0.88			4060		1.04	0.94
900	0.89			4320		1.05	0.94
950	0.90			4570		1.06	0.95
1015	0.92			4830		1.07	0.96
1080	0.93			5080		1.08	0.97
1145	0.94			5380		1.09	0.98
1205	0.95			5690		1.09	0.98
1270	0.96	0.85		6000		1.10	0.99
1345	0.97	0.86		6350		1.11	1.00
1420	0.98	0.87		6730		1.12	1.01
1525	0.99	0.88		7100		1.13	1.02

（续表）

有效长度 L_e	带　型			有效长度 L_e	带　型		
	9N/9J	15N/15J	25N/25J		9N/9J	15N/15J	25N/25J
1600	1.00	0.89		7620		1.14	1.03
1700	1.01	0.90		8000		1.15	1.03
1800	1.02	0.91		8500		1.16	1.04
1900	1.03	0.92		9000		1.17	1.05
2030	1.04	0.93		9500			1.06
2160	1.06	0.94		10160			1.07
2290	1.07	0.95		10800			1.08
2410	1.08	0.96		11430			1.09
2540	1.09	0.96	0.87	12060			1.09
2690	1.10	0.97	0.88	12700			1.10
2480	1.11	0.98	0.88				

表 8-33　联组窄 V 带的组合

所需窄 V 带根数	组合形式	所需窄 V 带根数	组合形式
6	3,3[①]	11	4,3,4
7	3,4	12	4,4,4
8	4,4	13	4,5,4
9	5,4	14	5,4,5
10	5,5	15	5,5,5
		16	4,4,4,4

①数字表示一根联组窄 V 带的联组根数。

　　例题 8-6　大庆 I-130 石油钻机上联动机组并车传动胶带,已知传动轴输入功率为 565kW,转速为 912r/min,传动比 $i=1$。设计此窄 V 带传动。

　　解:

　　1. 求计算功率

　　按载荷变动较大连续工作(一天工作时间大于 16h)采用鼠笼式交型异步电动机,由表 8-7 得 $K_A=1.4$,则

$$P_{ca}=1.4\times565=790(\text{kW})$$

　　2. 选择 V 带带型

　　根据 P_{ca}, n_1 和图 8-19,应选 25N/25J 型 V 带

　　3. 确定小带轮直径

　　取带轮最小有效直径 $D_{e1}=630$mm,则 $D_{e2}=630$mm。为了与原设计 E 型普通 V 带带轮直径 630mm 对比,故取 $D_{e1}=630$mm。

4. 带速

由 $D_{p1}=D_{e1}-2\Delta_e$，由表 8-28 查 $\Delta_e=2.5$mm，则 $D_{p1}=630-5=625$(mm)。

$$v=\frac{\pi D_{p1}n_1}{60\times1000}=\frac{\pi\times625\times912}{60\times1000}=30(\text{m/s})<40(\text{m/s})，合适。$$

5. 确定胶带有效长度和中心距

由于实际结构需要初定中心距 $a_0=2400$mm，则

$$L'e=2\times2400+1.57(630+630)=6778.2(\text{mm})$$

由表 8-25 取 $L_e=7100$mm

实际中心距 a 为

$$a=a_0+\frac{L_e-L_e'}{2}=2400+\frac{7100-6778.2}{2}=2560.8(\text{mm})$$

安装时所需最小中心距为

$$a_{\min}=a-0.015L_e=2560.8-0.015\times7100=2454.3(\text{mm})$$

张紧或补偿伸长所需的最大中心距为

$$a_{\max}=a+0.03L_e=2560.8+0.03\times7100=2773.8(\text{mm})$$

$$\alpha_1=180°(i=1)$$

6. 带的根数

由表 8-31，由插入法得 $P_0=82$kW。因 $i=1$，$\Delta P_0=0$；表 8-32，$K_L=1.02$

得 $Z=\dfrac{P_{ca}}{(P_0+\Delta P_0-)K_LK_a}=\dfrac{790}{82\times1\times1.02}=9.445$ 根，取 $Z=10$ 根

7. 确定初拉力 F_0

查表 8-28 得 $q=0.57$kg/m，$K_a=1$，则

$$F_0=\frac{500P_{ca}}{ZV}\left(\frac{2.5}{K_a}-1\right)+qv^2$$

$$=\frac{500\times790}{10\times30}(2.5-1)+0.57\times30^2=1830(\text{N})$$

8. 轴上压力 Q

$$Q=2ZF_0\sin\frac{\alpha_1}{2}=2\times10\times1830\times1=36600(\text{N})$$

9. 带轮结构尺寸设计计算

按图 8-9 及表 8-28 进行结构尺寸设计。

10. 窄 V 带的制造和工艺特点

1)要保证胶带断面形状和尺寸的正确性；

2)要保证每根带芯具备应有的抗拉强度；

3)要保证带芯与带体胶料的粘着性能；

4)要保证带芯排列位置的一致性和均匀性；

5)要保证带芯在成型过程中强力的均匀性和带芯的热定伸稳定性；

6)要保证各层带体的胶料必须符合胶带各层位的性能要求。

为了满足上述要求，必须对现有胶料配方、带芯材料、成型方法、硫化工艺及热定伸设备进行必要的技术设计。对每一步中间工序必须进行系统的试验研究，以得到最佳效果。

例题 8-7　上海毛纺厂采用日本机械株式会社 WL－59 型（80″）四锡林梳毛机。电动机功率为 $P=22\mathrm{kW}$，$n_1=970\mathrm{r/min}$，$i=2$，每日工作时间为 16h。设计此窄 V 带传动。

解：

1. 求计算功率

由表 8-7，查得 $K_A=1.4$，则

$$P_{ca}=K_AP=1.4\times22=30.8(\mathrm{kW})$$

2. 选择带型

根据 $n_1=970\mathrm{r/min}$，计算功率 $P_{ca}=30.8\mathrm{kW}$，由图 8-19，选定代号为 15N/15J 带型。

3. 确定带轮有效直径

按表 8-27，15N/15J 的最小直径 $D_{e1}=200\mathrm{mm}$，其节径 $D_{p1}=197.4\mathrm{mm}$；大带轮有效直径 $D_{e2}=D_{e1}i=200\times2=400\mathrm{mm}$，其节径 $D_{p2}=397.4\mathrm{mm}$。因此

$$i=\frac{397.4}{197.4}=2.013$$

4. 带速

$$v=\frac{\pi D_{p1}n_1}{60\times1000}=\frac{\pi\times19.7\times970}{60\times1000}=10.027(\mathrm{m/s})，合适$$

5. 中心距、带长

1）初定中心距 a_0

$$0.7(D_{e1}+D_{e2})\leqslant a_0\leqslant2(D_{e1}+D_{e2})，确定中心距 a_0=600\mathrm{mm}$$

2）计算所需有效长度

$$L'_e=2a_0+\frac{\pi}{2}(D_{e1}+D_{e2})+\frac{(D_{e2}-D_{e1})^2}{4a_0}=2\times600+\frac{\pi}{2}(200+400)+\frac{(400-200)^2}{4\times600}$$

$$=1200+942.5+33.33=2175.83(\mathrm{mm})$$

由表 8-25，查得相邻近的 $L_e=2160\mathrm{mm}$。

3）实际中心距 a

$$a=a_0+\frac{L_e-L'_e}{2}=600+\frac{2160-2175.83}{2}=600-7.9=592(\mathrm{mm})$$

安装时所需最小和最大中心距：

$$a_{\min}=a-0.015L_e=592-0.015\times2160=559.6(\mathrm{mm})$$

$$a_{\max}=a+0.03L_e=592+0.03\times2160=656.8(\mathrm{mm})$$

6. $\alpha=180°-\dfrac{D_{e2}-D_{e1}}{a}\times57.3°=180°-\dfrac{400-200}{592}\times57.3°=160.64°$

7. V 带根数

查表 8-30 得 $P_0=10.10\mathrm{kW}$，$\Delta P_0=0.9\mathrm{kW}$；查表 8-8 得 $K_a=0.95$；查表 8-32 得 $K_L=0.94$。

则

$$Z=\frac{P_{ca}}{(P_0+\Delta P_0)K_aK_L}=\frac{30.8}{(10.10+0.9)\times0.95\times0.94}=3.135(根)$$

取 $Z=3$ 根。

8. 计算初拉力 F_0

查表 8-28 得 $q=0.26\mathrm{kg/m}$，则

$$F_0=\frac{500P_{ca}}{zv}\left(\frac{2.5}{K_a}-1\right)+qv^2=\frac{500\times30.8}{3\times10}\left(\frac{2.5}{0.95}-1\right)+0.26\times10^2=862.73(\mathrm{N})$$

9. 作用在轴上总压力

$$Q = 2ZF_0 \sin \frac{\alpha_1}{2} = 2 \times 3 \times 862.73 \times \sin \frac{161.15°}{2} = 5110(\text{N})$$

10. 窄 V 带轮结构尺寸设计计算,根据图 8-9 及表 8-28 设计计算。

§8-4　平带传动的设计计算

一、传动胶带

(一)单位截面积传递功率的计算

传动胶带是平型带中用得较多的一种,俗称帆布胶带,我国主要生产包层式胶带,由胶帆布包卷黏合硫化而成。它可根据需要截取带长后用接头连成环形,接头形式可参照有关机械设计手册。

单位截面积传动胶带所能传递功率的计算公式,仍由式(8-17)导出,即

$$P_0 = ([\sigma] - \sigma_{b1} - \sigma_c)A(1 - \frac{1}{e^{f\alpha_1}})v \times 10^{-3}(\text{kW})$$

所需传动胶带的截面积尺寸为

$$b\delta = \frac{P_{ca}}{P_0 K_a K_\beta}(\text{kW/cm}^2) \tag{8-31}$$

式中:P_0——$\alpha_1 = \alpha_2 = 180°$,水平布置、平稳工作情况下单位截面积传动胶带所能传递的功率(见表 8-34)。

表 8-34　胶帆布平带单位截面积传递的基本额定功率 P_0

($\alpha = 180°$、载荷平稳、初拉应力 $\sigma_0 = 1.8\text{MPa}$)　　　　　　　(kW/cm^2)

$\dfrac{D_1}{\delta}$	带		速		v(m/s)						
	5	6	7	8	9	10	11	12	13	14	15
30	1.1	1.3	1.5	1.7	1.9	2.1	2.3	2.5	2.7	2.9	3.0
35	1.1	1.3	1.5	1.7	2.0	2.2	2.4	2.5	2.7	2.9	3.1
40	1.1	1.3	1.6	1.8	2.0	2.2	2.4	2.6	2.8	2.9	3.1
50	1.2	1.4	1.6	1.8	2.1	2.3	2.5	2.6	2.8	3.0	3.2
75	1.2	1.4	1.7	1.9	2.1	2.3	2.5	2.7	2.9	3.1	3.3
100	1.2	1.4	1.7	1.9	2.1	2.4	2.5	2.8	2.9	3.2	3.4

$\dfrac{D_1}{\delta}$	带		速		v(m/s)					
	16	17	18	19	20	22	24	26	28	30
30	3.2	3.3	3.5	3.6	3.7	4.0	4.1	4.3	4.3	4.3
35	3.2	3.4	3.4	3.7	4.0	4.0	4.1	4.3	4.4	4.4
40	3.3	3.4	3.6	3.7	3.9	4.1	4.3	4.4	4.4	4.5
50	3.4	3.5	3.7	3.8	4.0	4.2	4.4	4.5	4.5	4.6
75	3.5	3.6	3.8	3.8	4.1	4.3	4.6	4.6	4.7	4.7
100	3.6	3.7	3.9	4.0	4.1	4.4	4.6	4.7	4.7	4.8

注:本表只适用于 $b > 300\text{mm}$ 的帆胶布平带。

(二)规格

胶帆布平带规格见表8-35。

其标记示例：帆布平带宽 50mm、胶帆布层 3 层、带长为 2240mm：写成胶帆布平带50×3×2240。

表 8-35　胶帆布平带规格　　　　　　　　　（mm）

胶帆布层数 Z	带 厚[①] δ	宽度范围 b	最小带轮直径	
			推荐	许用
3	3.6	16～20	160	112
4	4.8	20～315	224	160
5	6	63～315	280	200
6	7.2	63～500	315	224
7	8.4		355	280
8	9.6	200～500	400	315
9	10.8		450	355
10	12		500	400
11	13.2	355～500	560	450
12	14.4		630	500

宽度系列：16　20　25　32　40　50　63　71　80　90　100　112　125　140　160　180　200　224
　　　　　250　280　315　355　400　450　500

① 带厚为参考尺寸。

(三)设计计算

表 8-36　胶帆布平带传动的设计计算

序号	计算项目	符号	单位	计算公式和参数选定	说　明
1	小带轮直径	D_1	mm	$D_1=(1100\sim1350)\sqrt[3]{\dfrac{P}{n_1}}$ 或　$D_1=\dfrac{60000v}{\pi n_1}$	P——传递功率，kW n_1——小带轮转速，r/min v——带速 m/s，最有利的转速 $v=10\sim20$m/s D_1 按表 8-6 取标准直径
2	带速	v	m/s	$v=\dfrac{\pi D_1 n_1}{60\times1000}\leqslant v_{max}$ 胶帆布平带 $v_{max}=30$m/s	应使带速在最有利的范围内，否则应改 D_1 值
3	大带轮直径	D_2	mm	$D_2=iD_1(1-\varepsilon)=\dfrac{n_1}{n_2}D_1(1-\varepsilon)$ $\varepsilon=0.01\sim0.02$	n_2——大带轮转速，r/min ε——弹性滑动率 D_2 按表 8-6 取标准值
4	中心距	a	mm	$a=(1.5\sim2)(D_1+D_2)$ 且 $1.5(D_1+D_2)\leqslant a\leqslant5(D_1+D_2)$	或根据结构要求定

序号	计算项目	符号	单位	计算公式和参数选定	说　明
5	所需长度	L	mm	开口传动 $L = 2a + \dfrac{\pi}{2}(D_1 + D_2) + \dfrac{(D_2 - D_1)^2}{4a}$ 交叉传动 $L = 2a + \dfrac{\pi}{2}(D_1 + D_2) + \dfrac{(D_2 + D_1)^2}{4a}$ 半交叉传动 $L = 2a + \dfrac{\pi}{2}(D_1 + D_2) + \dfrac{D_1{}^2 + D_2{}^2}{4a}$	未考虑接头长度
6	小带轮包角	α_1	°	开口传动 $\alpha_1 = 180° - \dfrac{D_2 - D_1}{a} \times 57.3° \geqslant 150°$ 交叉传动 $\alpha_1 \approx 180° + \dfrac{D_2 - D_1}{a} \times 57.3°$ 半交叉传动 $\alpha_1 \approx 180° + \dfrac{D_1}{a} \times 57.3°$	
7	曲挠次数	Y	1/s	$Y = \dfrac{1000uv}{L} \leqslant Y_{max}$ $Y_{max} = 6 \sim 10$	u——带轮数
8	带厚	δ	mm	$\delta \leqslant \left(\dfrac{1}{40} \sim \dfrac{1}{30}\right) D_1$	按表 8-35 选取标准值
9	带的截面积	A	mm²	$A = \dfrac{100 K_A P}{P_0 K_\alpha K_\beta}$	K_A——工况系数,表 8-7 P_0——胶带单位截面积传递的功 　　率,kW/cm², 表 8-34 K_α——包角修正系数,表 8-7 K_β——传动布置系数,表 8-38
10	带宽	b	mm	$b = \dfrac{A}{\delta}$	按表 8-35 选取标准值
11	作用在轴上的力	Q	N	$Q = 2\sigma_0 A \sin \dfrac{\alpha_1}{2}$	σ_0——带的预紧力,一般取 　　$\sigma_0 = 1.8$MPa
12	带轮结构和尺寸				（见本节）

表 8-37　平带传动的包角修正系数 K_α

$\alpha°$	220	210	200	190	180	170	160	150	140	130	120
K_α	1.2	1.15	1.10	1.05	1.00	0.97	0.94	0.91	0.88	0.85	0.82

表 8-38 传动布置系数 K_β

传动形式 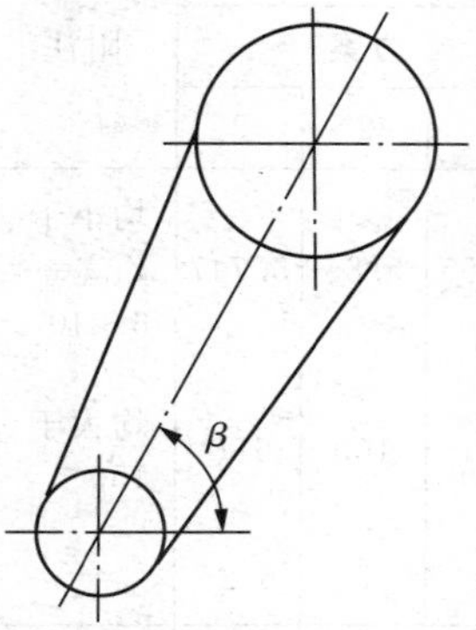	两轮轴连心线与水平线交角 β		
	$0°\sim60°$	$60°\sim80°$	$80°\sim90°$
	K_β		
自动张紧传动	1.0	1.0	1.0
简单开口传动(定期张紧或改缝)	1.0	0.9	0.8
交 叉 传 动	0.9	0.8	0.7
半交叉传动、有导轮的角度传动	0.8	0.7	0.6

例题 8-8 设计一带式运输机与减速机之间的平带传动。电动机为鼠笼型交流异步电动机,功率 $P=7kW$,$n_1=960r/min$,传动比 $i=3$,单班工作,传动水平布置。

解:选用布胶带,用图 8-13a 所示的方法张紧。计算可以选择胶帆布层数 3,4,5 三种方法进行计算。

计算项目		计算依据	计算结果				附注
			单位	方案			
				1	2	3	
帆布层数	Z			3	4	5	
由标准选取小带轮直径	D_1	表 8-6 及表 8-35	mm	160	200	250	
初步计算大带轮直径	D_2	$D_2=i(1-\varepsilon)D_1$	mm	475	584	742	取 $\varepsilon=0.01$
按标准选取大带轮直径	D_2	表 8-6	mm	450	500	710	
实际传动比 i		$i=\dfrac{D_2}{D_1(1-\varepsilon)}$		2.84	2.83	2.87	
带 速	v	$v=\dfrac{\pi D_1 n_1}{60\times1000}$	m/s	8	10	12.5	
中心距	a	由表 8-36,取 $a=1.5(D_1+D_2)$	mm	900	1100	1400	
带 长	L	$L=2a+\dfrac{\pi}{2}(D_1+D_2)+\dfrac{(D_2-D_1)^2}{4a}$	mm	2780	3420	4350	

（续表）

计算项目		计算依据	计算结果				附注
			单位	方案			
				1	2	3	
曲挠次数	Y	$Y=\dfrac{1000uv}{L}$	1/s	5.755	5.85	5.747	均小于 $Y_{max}=$ $6\sim10$
包　角	α	$\alpha_1=180°-\dfrac{D_2-D_1}{a}\times60°$	(°)	161	160	160	均大于 $150°$
带　厚	σ	$\sigma=(\dfrac{1}{40}-\dfrac{1}{30})$，$\sigma$ 取标准值	mm	4	5	6.25	
工况系数	K_A	表 8-7		1.0	1.0	1.0	
胶带单位截面积传递的功率	P_0	表 8-34，$(\dfrac{D_1}{\delta}=40)$	kW	1.8	2.2	2.7	
包角系数	K_α	表 8-37		0.94	0.94	0.94	
布置系数	K_β	表 8-38		1.0	1.0	1.0	
带的截面积	A	$A=\dfrac{100K_AP}{P_0K_\alpha K_\beta}$	mm²	372.34	304.44	248.223	
带　宽	b	$b=\dfrac{A}{\delta}$，由表 8-35 取标准值	mm	100	63	40	
作用在轴上的力	Q	$Q=2\sigma_0A\sin\dfrac{\alpha_1}{2}$	N	1320	1080	880	取 $\sigma_0=$ 1.8MPa

注：带轮结构尺寸见本节第三条。

例题 8-9　设计铸造车间一运砂机的平带传动。已知：$P=7$kW，$n_1=2290$r/min，$i=2.5$；工作两班制；中心距 a 限定在 1.5m 以内。

解：

（1）计算功率　　$P_{ca}=K_AP$，由表 8-7，查得 $K_A=1.2$，所以，$P_{ca}=K_AP=1.2\times7=8.4$（kW）

（2）小带轮直径　应用表 8-36 公式计算 D_1 不适用，可参考汪琪编的《机械零件设计问题解析》（中国政工出版社第 2 版，P156，1997）一书表 6-14 确定 $D_1=125$mm

（3）大带轮直径 $D_2=iD_1=2.5\times125=312.5$，圆整 $D_2=315$mm

（4）带速

$$v=\dfrac{\pi D_1n_1}{60\times1000}=\dfrac{\pi\times125\times2290}{60\times1000}=15（\text{m/s}）$$

对开口传动，帆布包层带 $v_{max}=20$m/s，而计算得出 $v=15$m/s，合适。

（5）带长　取 $a=1200$mm，开口传动的平型带带长

$$L=2a+\dfrac{\pi}{2}(D_2-D_1)+\dfrac{(D_2-D_1)^2}{4a}$$

$$=2\times1200+\dfrac{\pi}{2}(125+315)+\dfrac{(315-125)^2}{4\times1200}=3098.3（\text{mm}）$$

(6)小带轮包角

$$\alpha=180°-\frac{D_2-D_1}{a}\times60°=180°-\frac{315-125}{1200}\times60°=170.625°$$

(7)曲挠次数

$$Y=\frac{1000uv}{L}=\frac{1000\times2\times15}{3098.3}=9.685\propto(9\sim10)\mathrm{s}^{-1}$$

(8)带厚

$$\delta\leqslant(\frac{1}{40}\sim\frac{1}{30})D_1=(\frac{1}{40}\sim\frac{1}{30})\times125=3.125\sim4.2(\mathrm{mm}),由表8-35,取\delta=3.6\mathrm{mm},Z=3$$

(9)带的截面积 A

1)由表 8-34，$\dfrac{D_1}{\delta}=\dfrac{125}{3.6}=35$；　$v=15\mathrm{m/s}$ 时，$P_0=3.1\mathrm{kW/cm^2}$

2)由表 8-37，$K_a=0.97$

3)定期张紧两轮中心线与水平线的夹角为 $0°\sim60°$ 时，取 $K_\beta=1$，于是

$$A=\frac{100K_AP}{P_0K_aK_\beta}=\frac{100\times1.2\times7}{3.1\times0.97\times1}=280(\mathrm{mm^2})$$

(10)带宽

$$b=\frac{A}{\delta}=\frac{280}{3.6}=77.78(\mathrm{mm}),由表8-35取标准值b=80\mathrm{mm}$$

(11)作用在轴上的压力

$$Q=2\sigma_0A\sin\frac{\alpha_1}{2}=2\times1.8\times280\times\sin\frac{170.625°}{2}=1010(\mathrm{N})$$

考虑新带的初拉力为正常拉紧力的 1.5 倍时，作用在轴上的最大压力为

$$Q_{max}=2\times1.5\sigma_0A\sin\frac{\alpha_1}{2}=2\times1.5\times1.8\times280\sin\frac{170.625°}{2}=1512(\mathrm{N})$$

(12)带轮结构尺寸设计（略）

二、高速带传动

带速 $v>30\mathrm{m/s}$ 和高速轴转速 $n_1=10000\sim50000\ \mathrm{r/min}$ 都属于高速带传动；带速 $v\geqslant100\ \mathrm{m/s}$ 称为超高速带传动。

高速带传动一般是开口的增速传动，定期张紧时，i 可达到 4；自动张紧时，i 可达到 6；采用张紧轮传动时，i 可达到 8。小带轮直径 $D=20\sim40\mathrm{mm}$。

由于要求传动可靠，运转平稳，并有一定寿命，所以都采用重量轻、厚度薄而均匀、曲挠性好的环形平带。

高速带传动的缺点是带的寿命短，个别结构甚至只有几小时，传动效率也较低。

(一)规格

标记示例：

聚氨酯高速带 $1\times25\times1120$，指的是带厚 1mm，宽 25mm，内周长 1120mm。

(二)设计计算

高速带传动的设计计算，可参照表 8-36 进行。但计算时应考虑下列各点：

1)小带轮直径 可取 $D_1 \geqslant d_0 + 2\delta_{min}$（$d_0$——轴直径，$\delta_{min}$——最小轮缘厚度，通常取 3～5mm）。若带速和安装尺寸允许，D_1 应尽可能选较大值。

2)带速 v 应小于表 8-39 的最大带速 v_{max}。

3)带的曲挠次数 Y 应小于表 8-39 的最大次数 Y_{max}。

4)带厚 δ 可根据 D_1 和表 8-39 的 $\dfrac{\delta}{d_{min}}$ 由表 8-40 选定。

5)带宽 b 由下式计算，并选取标准值：

$$b = \frac{K_A P}{K_f K_a K_\beta K_i ([\sigma] - \sigma_c)\delta v} \text{(mm)} \qquad (8-31)$$

式中 P——传递功率，kW；

$\quad K_A$——工况系数，表 8-7；

$\quad K_f$——拉力计算系数，当 $i=1$，带轮为金属材料时 K_f 值为：

$\qquad$ 纤维编织带 0.47；橡胶带 0.67；聚氨酯带 0.79；皮革带 0.72；

$\quad K_\alpha$——包角修正系数，查表 8-41；

$\quad K_\beta$——传动布置系数，表 8-38；

$\quad K_i$——传动比系数，表 8-42；

$\quad m$——带的质量，表 8-43；

$\quad [\sigma]$——带的许用拉应力，表 8-44；

$\quad \sigma_c$——带的离心拉应力（MPa），$\sigma_c = mv^2$。

表 8-39　高速带传动的 $\dfrac{\delta}{D_{min}}$，v_{max} 和 Y_{max}

高速带种类		棉织带	麻、丝、锦纶、织带	橡胶高速带	聚氨酯高速带	薄型锦纶片复合平带
$\dfrac{\delta}{D_{min}}$ $\leqslant$	推荐	$\dfrac{1}{50}$	$\dfrac{1}{30}$	$\dfrac{1}{40}$	$\dfrac{1}{30}$	$\dfrac{1}{100}$
	许用	$\dfrac{1}{40}$	$\dfrac{1}{25}$	$\dfrac{1}{30}$	$\dfrac{1}{20}$	$\dfrac{1}{50}$
v_{max}　m/s		40	50	40	50	80
Y_{max}　1/s		60	60	100	100	50

表 8-40　高速带规格　　　　　　　　　　　　　（mm）

带宽 b	内周长度 L_i 范围	内周长度系列					
20	450～1000	450	480	500	530	560	600
25	450～1500	630	670	710	750	800	850
32	600～2000	900	950	1000	1060	1120	1180
40	710～3000	1250	1320	1400	1500	1600	1700
50	710～3000	1800	1900	2000	2120	2240	2350
60	1000～3000	2500	2650	2800	3000		
带厚 δ		0.8　1.0　1.2　1.5　2.0　2.5　(3)					

注：①编织带带厚无 0.8 和 1.2；　②括号内的尺寸尽可能不用。

表8-41 高速带传动的包角修正系数 K_a

α°	220	210	200	190	180	170	160	150
K_a	1.20	1.15	1.10	1.05	1.0	0.95	0.90	0.85

表8-42 传动比系数 K_i

主动轮转数 从动轮转数	$\geqslant \frac{1}{1.25}$	$< \frac{1}{1.25} \sim \frac{1}{1.7}$	$< \frac{1}{1.7} \sim \frac{1}{2.5}$	$< \frac{1}{2.5} \sim \frac{1}{3.5}$	$< \frac{1}{3.5}$
K_i	1	0.95	0.90	0.85	0.80

表8-43 高速带的质量 m （kg/cm³）

高速带种类	无覆胶 纺织带	覆胶 编织带	橡胶 高速带	聚氨酯 高速带	薄型皮革 高速带	薄型锦纶片 复合平带
质量 m	0.9×10^{-3}	1.1×10^{-3}	1.2×10^{-3}	1.34×10^{-3}	1×10^{-3}	1.13×10^{-3}

表8-44 高速带的许用拉应力 $[\sigma]$ （MPa）

高速带种类	棉、丝、麻 纺织带	锦纶编织带	橡胶高速带		聚氨酯 高速带	薄型锦纶片 复合平带
			涤纶绳芯	棉绳芯		
$[\delta]$	3.0	5.0	6.5	4.5	6.5	20

三、带轮

平带轮的设计要求、材料、轮毂尺寸、静平衡等都与V带相同。平带轮的直径、结构形式和辐板厚度见表8-45,轮缘尺寸见表8-46。为了防止掉带,通常在大带轮轮缘表面制成中凸度。

高速带传动必须使带轮的重量轻,质量均匀对称,运转时空气阻力小。常用铝或钢合金制造。各个面都应加工,轮缘工作表面的粗糙度 $R_a = 3.2\mu m$。为防止掉带,主、从动轮轮缘表面都应制成中凸度。也可将轮缘表面的两边做成2°的锥度(薄型锦纶片复合平带的轮缘除外),如图8-20a。为了防止运转时带与轮缘表面间形成气垫,轮缘表面应开环形槽,环形槽间距为5mm～10mm,如图8-20b(大轮可不开)。带轮必须按下述的要求进行动平衡。

带轮的结构形式参考图8-9。带轮尺寸较大或因装拆需要(如装在两轴承间)可制成剖分式,剖分面应在轮辐处。

平带轮的直径、结构形式和轮辐板厚度 S 见表8-45,轮缘尺寸见表8-46。

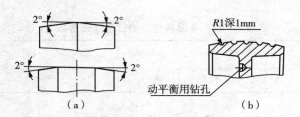

图 8-20　高速带轮缘

表 8-45　平带轮的直径、结构形式和辐板厚度

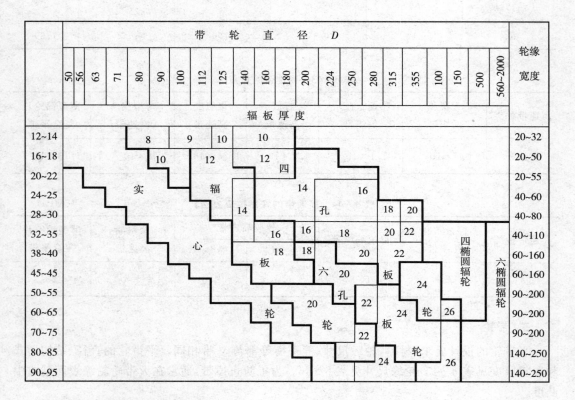

对带轮动平衡要求如下：

带轮类型	允许重心偏移量 e（μm）	精度等级
一般机械带轮（$n \leqslant 1000$r/min）	50	G6.3
机床小带轮（$n = 1500$r/min）	15	G2.5
主轴和一般磨头带轮（$n = 6000 \sim 10000$r/min）	$3 \sim 5$	G2.5
高速磨头带轮（$n = 15000 \sim 30000$r/min）	$0.4 \sim 1.2$	G1.0
精密磨床主轴带轮（$n = 15000 \sim 50000$r/min）	$0.08 \sim 0.25$	G0.4

表 8-46 平带轮轮缘尺寸 （mm）

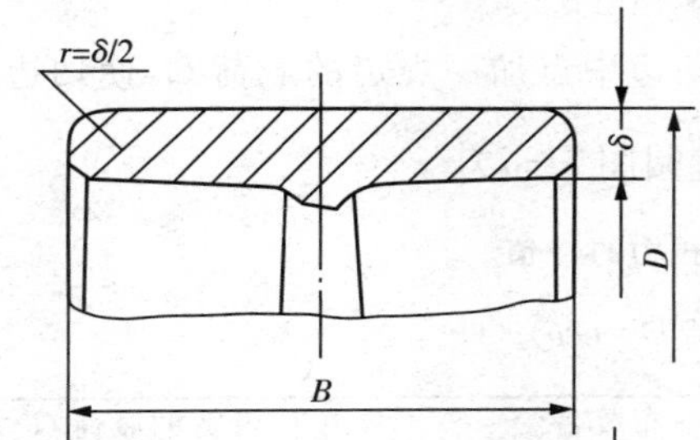

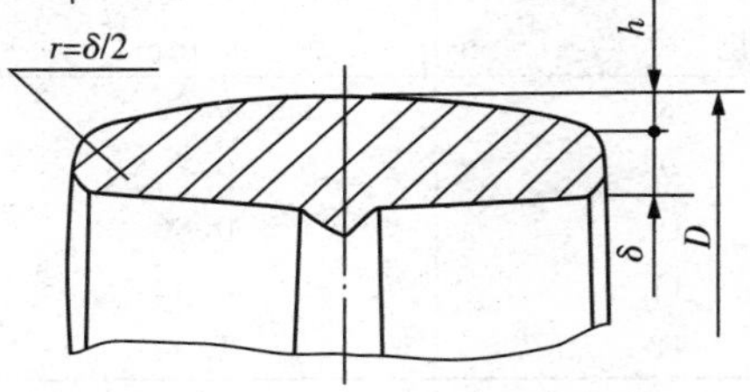

带宽 b		轮缘宽 B	
基本尺寸	偏差	基本尺寸	偏差
16		20	
20		25	
25		32	
32	±2	40	±1
40		50	
50		63	
63		71	
71		80	
80		90	
90	±3	100	±1.5
100		112	
112		125	
125		140	
140		160	
160		180	
180	±4	200	±2
200		224	
224		250	
250		280	
280		315	
315		355	
355	±5	400	±3
400		450	
450		500	
500		560	

表 8-47 平带轮轮缘的中凸度 （mm）

带轮直径	中凸度 h_{min}	带轮直径	中凸度 h_{min}
40～112	0.3	125～140	0.4
160～180	0.5	200～224	0.6
250～280	0.8	315～355	1.0
400～500	1.2	560～710	1.5
800～1000	1.5～2.0[1]	1120～1400	1.8～2.5[1]
1600～2000	2.0～3.5[1]		

①轮宽 $B \geqslant 280m$ 时，取大值。

四、平带的初拉力

平带的初拉力通常是给定的初拉应力 σ_0。也可以由下式计算平带单位宽度的初拉力：

$$F'_0 = \frac{500P_c}{bv}\left(\frac{3.2}{K_a}-1\right)+mv^2 \text{(N/mm)}$$

式中　P_c——计算功率，kW；

$\quad\quad\ b$——带厚，mm；

$\quad\quad\ v$——带速，m/s；

$\quad\quad K_a$——包角修正系数，见表 8-37；

$\quad\quad m$——单位长度、单位宽度平带的质量，kg/(m·mm)。

为了测定所需的初拉力 F_0($F_0=F'_0 b$)，是在带的切边中点加一规定的载荷 G，使切边长每 100mm 产生 1.00mm 的挠度，即 $f=\dfrac{l}{100}$ 来保证(参阅图 8-7)。

表 8-48　测定胶帆布平带初拉力的 G 值

(产生挠度 $f=\dfrac{l}{100}$ mm 的载荷 $G=G'b$)

帆布胶带 层　　数	单位带宽的载荷 G' （N/mm）	帆布胶带 层　　数	单位带宽的载荷 G' （N/mm）
3	0.26	8	0.69
4	0.35	9	0.78
5	0.43	10	0.86
6	0.52	11	0.95
7	0.61	12	1.04

注：①按本表控制带的 $\sigma_0=1.8$MPa；

②中心距小，倾斜角 β 大于 60°时，G 值可减少 10%；

③自动张紧传动 G 值应大于 10%；

④新传动带 G 值应增大 30%～50%。

例题 8-10　设计某一电站高速带传动。已知：$P=3$kW，$n_1=15000$r/min，$n_2=30000$r/min，运转平稳，工作一般一班(8h 制)，采用橡胶高速带。

　　解：

1. 确定主动带轮直径　$D_1=40$mm

2. 从动带轮直径　　　$D_2=iD_1=\dfrac{15000}{30000}\times40=20$(mm)

3. 带速

$$v=\frac{\pi D_1 n_1}{60\times1000}=\frac{\pi\times40\times15000}{60\times1000}=31.416\text{(m/s)}<40\text{(m/s)}$$

4. 中心距 a

　　$1.5(D_1+D_2)\leqslant a\leqslant5(D_1+D_2)$，$90\leqslant a\leqslant300$，由于结构要求取 $a=300$mm

5. 带长

$$L=2a+\frac{\pi}{2}(D_1+D_2)+\frac{(D_2-D_1)^2}{4a}=2\times300+\frac{\pi}{2}(20+40)+\frac{(20-40)^2}{4\times300}=575\text{(mm)}\text{，不包括接头长度}$$

6. 小带轮包角

$$\alpha=180°-\frac{D_2-D_1}{a}\times57.3=180°-\frac{20-40}{300}\times57.3=176°>150°$$

7. 曲挠次数

$$Y=\frac{1000uv}{L}=\frac{1000\times2\times31.416}{57.5}=90.4s^{-1}<100s^{-1}$$

8. 带厚

$$\delta\leqslant(\frac{1}{40}\sim\frac{1}{30})D_1=(\frac{1}{40}\sim\frac{1}{30})\times40=1\sim1.33,由表8-40 取 \delta=1.2mm$$

9. 带宽

$$b=\frac{1020K_AP}{K_fK_\alpha K_\beta K_i([\sigma]-\sigma_c)\delta v}$$

式中　K_A——由表8-7 取 $K_A=1$；

K_f——0.67；

K_α——由表8-41,取 $K_\alpha=0.98$；

K_β——由表8-38,当 $\beta=0\sim60°$时,取 $K_\beta=1$；

K_i——当 $\frac{主动轮转数}{从动轮转数}=\frac{15000}{30000}=\frac{1}{2}$,由表8-42,取 $K_i=0.9$；

橡胶高速带,由表8-43,查得 $m=1.2\times10^{-3}kg/cm^3$；

$[\sigma]$——橡胶高速带涤纶绳芯,由表8-44 查得 $[\sigma]=6.5MPa$。

$$\sigma_c=mv^2=1.2\times10^{-3}\times31.416^2=1.18436MPa$$

以上各数值代入公式得

$$b=\frac{1\times3\times1020}{0.67\times0.98\times1\times0.9(6.5-1.18436)\times1.2\times31.416}=25.84(mm)$$

由表8-40,查取标准值 $b=25mm$

10. 带的截面积

$$A=b\delta=25\times1.2=30(mm^2)$$

11. 作用在轴上的压力

$$Q=2\sigma_0A\sin\frac{\alpha_1}{2}=2\times1.8\times30\times1=108(N)$$

12. 带轮结构尺寸的设计计算

参考表8-45、表8-46 和图8-9 确定带轮结构尺寸。

例题8-11　M1420 型万能磨床上的内圆磨具,采用聚氨酯高速带传动。已知:中心距 $a\approx300mm$,中心线接近水平,载荷平稳,电动机额定功率 $P=1.1kW$,小带轮转速 $n_1=21000$ r/min,大带轮转数 $n_2=2810r/min$。试设计计算此高速带传动。

解:　1. 确定带轮直径

(1)小带轮直径:选用 $D_1=25mm$

(2)验算带速

$$v=\frac{\pi D_1 n_1}{60\times1000}=\frac{\pi\times25\times21000}{60\times1000}=27.5(m/s),合格。$$

(3)大带轮直径

$$D_2 = \frac{n_1}{n_2} D_1 = \frac{21000}{2810} \times 25 = 185 \text{(mm)}$$

2. 确定带长与中心距

(1)带长

$$L' = 2a' + \frac{\pi}{2}(D_1 + D_2) + \frac{(D_2 - D_1)^2}{4a'} = 2 \times 300 + \frac{\pi}{2}(25 + 185) + \frac{(185 - 25)^2}{4 \times 300} = 955 \text{(mm)}$$

圆整取带长 $L = 950$mm,不包括接头长度。

(2)中心距

$$a = a' + \frac{L - L'}{2} = 300 + \frac{950 - 955}{2} = 297.5 \text{(mm)}$$

因而尚需留有$(0.005 \sim 0.015)a'$的调整位置,故实际中心距 $a = 300$mm。

(3)验算小带轮包角 α_1

$$\alpha_1 = 180° - \frac{D_2 - D_1}{a} \times 60° = 180° - \frac{185 - 25}{300} \times 60° = 148°,尚允许。$$

(4)验算曲挠次数

$$Y = \frac{1000uv}{L} = \frac{1000 \times 2 \times 27.5}{950} = 38\text{s}^{-1},合格。$$

3. 确定高速带规格

(1)带厚

$$\delta \leqslant (\frac{1}{20} \sim \frac{1}{30})D_1 = (\frac{1}{20} \sim \frac{1}{30}) \times 25 = 1.25 \sim 0.83 \text{(mm)}$$

由表 8-40,取 $\delta = 1.2$mm

(2)带宽　　$b = \frac{1020 K_A P}{K_f K_\alpha K_i ([\sigma] - \sigma_c) \delta v}$

式中　　K_A——由表 8-7,取 $K_A = 1$;

K_f——聚氨酯带取 $K_f = 0.79$;

K_α——表 8-41,取 $K_\alpha = 0.85$;

K_β——由表 8-38,当 $\beta \approx 0$ 时,取 $K_\beta = 1$;

K_i——由表 8-42,当 $\dfrac{\text{主动轮转数}}{\text{从动轮转数}} = \dfrac{21000}{2810} = 7.5$,取 $K_i = 0.8$;

m——由表 8-43,查得 $m = 1.34 \times 10^{-3} \text{kg/cm}^3$;

$[\sigma]$——由表 8-44,查得 $[\sigma] = 6.5$MPa。

$$\sigma_c = mv^2 = 1.34 \times 10^{-3} \times 27.5^2 = 1.013375 \text{MPa}$$

将以上各数值代入公式得

$$b = \frac{1020 K_A P}{K_f K_\alpha K_i ([\sigma] - \sigma_c) \delta v} = \frac{1020 \times 1 \times 1.1}{0.79 \times 0.85 \times 0.8(6.5 - 1.013375) \times 1.2 \times 27.5} = 1.1525 \text{(mm)}$$

由表 8-40 查取标准值 $b = 1.2$mm

(3)高速带规格　$\delta \times b \times L$　　$1.2 \times 1.2 \times 950$

(4)带的截面积　$A = \delta \times b = 1.2 \times 1.2 = 1.44 \text{(mm}^2)$

4. 作用在轴上的压力 Q

$$Q = 2\sigma_0 A \sin\frac{\alpha_1}{2} = 2 \times 1.8 \times 1.44 \times \sin\frac{148°}{2} = 5 \text{(N)}$$

5. 带轮结构尺寸的设计计算

带轮结构尺寸,参照图8-9、表8-45、表8-46并根据磨具而定。图8-21表示大小带轮的零件图。

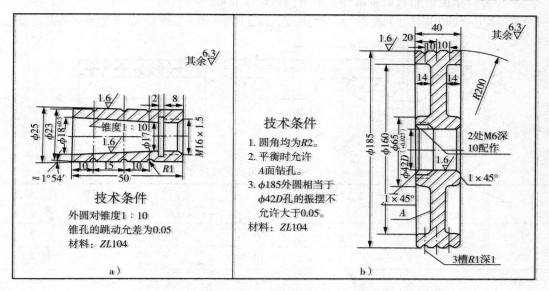

图8-21 M1420型万能磨床内圆磨具高速带带轮

§8-5 同步带传动的设计计算

同步带传动最基本的参数是节距 p_b,它是在规定的初拉力作用下,同步带纵截面上相邻两齿对称中心线的直线距离(图8-22)。由于强力层在工作时长度不变,所以就以其中心线位置定为带的节线,并以节线周长 L_p 作为其公称长度。国产同步带采用模数制。

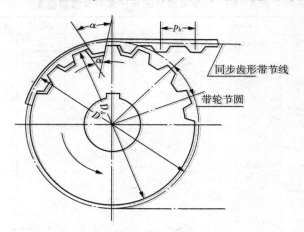

图8-22 同步齿形带传动

有关同步带传动的术语、定义参阅 GB6931.8—86。

一、规格

同步带有单面带和双面带两种。本节只讨论单面带。

标准同步带的齿形尺寸见表 8-49,节线长度系列及其极限偏差见表 8-50,带宽系列见表 8-51。

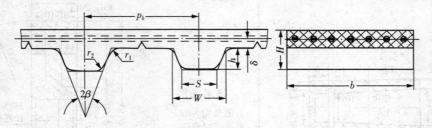

表 8-49　标准同步带的齿形尺寸　　　　　　　　　　　（mm）

带 型[①]	节 距 p_b	齿形角 $2\beta(°)$	齿根厚 W	齿 高 h	带高[②] H	齿根圆角 半径 r_1	齿顶圆角 半径 r_2
MXL	2.032	40	1.14	0.51	1.14	0.13	0.13
XXL	3.175	50	1.73	0.76	1.52	0.20	0.30
XL	5.080	50	2.57	1.27	2.3	0.38	0.38
L	9.525	40	4.65	1.91	3.6	0.51	0.51
H	12.700	40	6.12	2.29	4.3	1.02	1.02
XH	22.225	40	12.57	6.35	11.2	1.57	1.19
XXH	31.750	40	19.05	9.53	15.7	2.29	1.52

① 带型即节距代号:MXL——最轻型;XXL——超轻型;XL——特轻型;L——轻型;H——重型;
　　XH——特重型;XXH——超重型。

② 系单面带的带高。

表 8-50　同步带的节线长度系列及极限偏差

带长代号	节线长 L_p　（mm）		节线长上的齿数						
	基本尺寸	极限偏差	MXL	XXL	XL	L	H	XXH	XXH
36	91.44		45						
40	101.60		50						
44	111.76		55	—					
48	121.92		60						
50	127.00		—	40					
56	142.24	±0.41	70						
60	152.40		75	48	30				
64	162.56		80	—					
70	177.80		—	56	35				
72	182.88		90						

（续表）

带长代号	节线长 L_p （mm）		节线长上的齿数						
	基本尺寸	极限偏差	MXL	XXL	XL	L	H	XXH	XXH
80	203.20		100	64	40				
88	223.52		110	—	—				
90	228.60		—	72	45				
100	254.00		125	80	50				
110	279.40		—	88	55				
112	284.48		140	—	—				
120	304.80		—	96	60	—			
124	314.33	±0.46	—	—	—	33			
124	314.96		155	—	—				
130	330.20		—	104	65	—			
140	355.60		175	112	70	—			
150	381.00		—	120	75	40			
160	406.40		200	128	80	—			
170	431.80		—	—	85	—			
180	457.20	±0.51	225	144	90	—			
187	476.25		—	—	—	50			
190	482.60		—	—	95	—			
200	508.00		250	160	100	—			
210	583.40		—	—	105	56			
220	558.80		—	176	110	—			
225	571.50		—	—	—	60			
230	584.20				115	—	—		
240	609.60				120	64	48		
250	635.00				125	—	—		
255	647.70	±0.61			—	68	—		
260	660.40				130	—	—		
270	685.80					72	54		
285	723.90					76	—		
300	762.00					80	60		
322	819.15					86	—		
330	838.20					—	66		
345	876.30	±0.66				92	—		
360	914.40					—	72		
367	933.45					98	—		
390	990.60					104	78		

（续表）

带长代号	节线长 L_p （mm）		节线长上的齿数						
	基本尺寸	极限偏差	MXL	XXL	XL	L	H	XXH	XXH
420	1066.80					112	84		
450	1143.00	±0.76				120	90	—	
480	1219.20					128	96	—	
507	1289.05					—	—	58	
510	1295.40					136	102	—	
540	1371.60	±0.81				144	108	—	
560	1422.40					—	—	64	
570	1447.80					—	114	—	
600	1524.00					160	120	—	
630	1600.20					—	126	72	
660	1676.40	±0.86				—	132	—	
700	1778.00						140	80	56
750	1905.00						150	—	—
770	1955.80	±0.91					—	88	—
800	2032.00						160	—	64
840	2133.00						—	96	—
850	2159.00	±0.97					170	—	—
900	2286.00						180	—	72
980	2489.20	±1.02					—	112	—
1000	2540.00						200	—	80
1100	2794.00	±1.07					220	—	
1120	2844.80	±1.12					—	128	—
1200	3048.00						—	—	96
1250	3175.00	±1.17					250	—	—
1260	3200.40						—	144	—
1400	3556.00	±1.22					280	160	112
1540	3911.60	±1.32					—	176	—
1600	4064.00						—	—	128
1700	4318.00	±1.37					340	—	—
1750	4445.00	±1.42						200	—
1800	4572.00							—	144

表8-51　同步带宽度 b 系列　　　　　　　　　　　　(mm)

带宽		极限偏差			带型						
代号	尺寸系列	$L_p<838.20$	$838.20<L_p<1676.40$	$L_p>1676.40$	MXL	XXL	XL	L	H	XH	XXH
012	3.0										
019	4.8	+0.5	—	—							
025	6.4	−0.8									
031	7.9										
037	9.5										
050	12.7										
075	19.1	±0.8	+0.8	+0.8							
100	25.4		−1.3	−1.3							
150	38.1										
200	50.8	+0.8 (H)① −1.9	±1.3(H)	+1.3 (H) −1.5							
300	76.2	+1.3 (H) −1.5	±1.5(H)	+1.5 (H) −2.0	±0.48 ±48						
400	101.6	—	—								
500	127.0										

① 极限偏差只适用于括号内的带型。

标记示例(单面带)：带长代号　带型　带宽代号

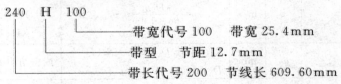

　　　　　240　　H　　100

　　　　　　　　　　　　　　带宽代号100　带宽25.4mm
　　　　　　　　　　　　带型　　节距12.7mm
　　　　　　　　带长代号200　节线长609.60mm

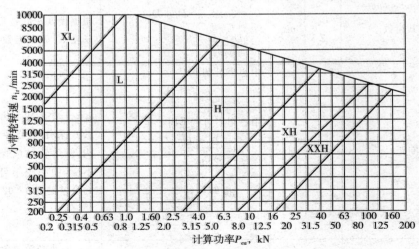

图8-23　同步带选型图

二、同步带传动的设计计算

同步带传动的主要失效形式是同步带疲劳断裂、带齿的剪断和压馈以及同步带两侧边及带齿的磨损。同步带传动主要是限制单位齿宽的拉力，必要时才校核工作齿面的压力。

同步带传动的设计计算见表 8-52。

表 8-52　同步带传动的设计计算

序号	计算项目	符号	单位	计算公式和参数选定	说　明
1	计算功率	P_{ca}	kW	$P_{ca}=K_A P$	P——传递的功率，kW； K_A——工况系数，表 8-53
2	选定带型、节距	p_b	mm	根据 P_{ca} 和 n_1，由图 8-23 选取	n_1——小带轮转速，r/min
3	小带轮齿数	Z_1		$Z_1 \geqslant Z_{min}$　Z_{min} 见表 8-54	带速 v 和安装尺寸允许时，Z 应选较大值
4	小带轮节圆直径	D_1	mm	$D_1=\dfrac{Z_1 p_b}{\pi}$	
5	大带轮节圆齿数	Z_2		$Z_2=iZ_1=\dfrac{n_1}{n_2}Z_1$	i——传动比； n_2——大带轮转速，r/min
6	大带轮节圆直径	D_2	mm	$D_2=\dfrac{Z_2 P_b}{\pi}$	
7	带速	v	m/s	$v=\dfrac{\pi D_1 n_1}{60 \times 1000} \leqslant v_{max}$	通常 XL、L——$v_{max}=50$； 　　　　H——$v_{max}=40$； 　XH、XXH——$v_{max}=30$
8	初定中心距	a_0	mm	$0.7(D_1+D_2) \leqslant a_0 \leqslant 2(D_1+D_2)$	或由结构要求定
9	带长及其齿数	L_0 Z	mm	$L_0=2a_0+\dfrac{\pi}{2}(D_1+D_2)$ $+\dfrac{(D_2-D_1)^2}{4a_0}$	根据表 8-50 选取标准节线长度 L_p 及其齿数 Z
10	实际轴间距	a	mm	中心距可调整时 $a=a_0+\dfrac{L_p-L_0}{2}$ 中心距不可调整时 $a=\dfrac{D_2-D_1}{2\cos\dfrac{\alpha_1}{2}}$ $\mathrm{inv}\dfrac{\alpha_1}{2}=\mathrm{tg}\dfrac{\alpha_1}{2}-\dfrac{\alpha_1}{2}$ $=\dfrac{L_p-\pi D_2}{D_2-D_1}$	α_1——小带轮包角，rad 最好采用中心距可调整结构，但运转时应保证中心距不变，中心距不可调整时，a 的公差见表 8-62
11	小带轮啮合齿数	Z_m		$Z_m=\dfrac{Z_1\alpha_1}{360°} \geqslant 6$	α_1——小带轮包角 $\alpha_1=360°-\dfrac{D_2-D_3}{a} \times 57.3$

（续表）

序号	计算项目	符号	单位	计算公式和参数选定	说 明
12	基本额定功率	P_0	kW	$P_0 = \dfrac{(F_a - mv^2)v}{1000}$	基本额定功率是各带型基准宽度 b_{so} 的额定功率，b_{so} 见表 8-55； F_a——宽度为 b_{so} 的带的许用工作拉力，表 8-56； m——宽度为 b_{so} 的带单位长度的质量，表 8-56
13	带宽	b	mm	$b = b_{so}\sqrt[1.14]{\dfrac{P_{ca}}{K_z P_0}}$ <table><tr><td>$Z_m \geqslant$</td><td>6</td><td>5</td><td>4</td></tr><tr><td>K_z</td><td>1</td><td>0.8</td><td>0.6</td></tr></table>	K_z——啮合齿系数； b 按表 8-51 选取标准值； b_{so}——同步带基准宽度，见表 8-55
14	作用在轴上的力	F_r	N	$F_r = \dfrac{1000 P_{ca}}{v}$	
15	带轮的结构和尺寸				轮缘齿形尺寸查表 8-57 或表 8-57a，结构形式参看图 8-9

表 8-53　同步带传动的工况系数 K_A

变化情况	载荷性质		每天工作小时数（h）	
	瞬时峰值载荷 额定工作载荷	$\leqslant 10$	$10\sim16$	>16
平稳		1.20	1.40	1.50
小	$\sim150\%$	1.40	1.60	1.70
较大	$\geqslant150\%\sim250\%$	1.60	1.70	1.85
很大	$\geqslant250\%\sim400\%$	1.70	1.85	2.00
大而频繁	$\geqslant250$	1.85	2.00	2.05

①经常正反转或使用张紧轮时，K_A 应乘 1.1；间断性工作，K_A 应乘以 0.9。

②增速传动时，K_A 应乘以下列系数：

增速比	$1.25\sim1.74$	$1.75\sim2.49$	$2.50\sim3.49$	$\geqslant3.50$
系　数	1.05	1.10	1.18	1.25

表 8-54　小带轮的最小齿数 $Z_{\min}$

小带轮转速 n_1　r/min	带　型						
	MXL	XXL	XL	L	H	XH	XXH
<900	10	10	10	12	14	18	18
$900\sim1200$	12	12	10	12	16	24	24
$1200\sim1800$	14	14	12	14	18	26	26
$1800\sim3600$	16	16	12	16	20	30	—
$\geqslant3600$	18	18	15	18	22	—	—

表 8−55　同步带的基准宽度 b_{so} (mm)

带型	MXL XXL	XL	L	H	XH	XXH
b_{so}	6.4	9.5	25.4	76.2	101.6	127.0

表 8−56　基准宽度同步带的许用工作拉力 F_a 和单位长度的质量

带型	MXL	XXL	XL	L	H	XL	XXH
F_a(N)	27	31	50	245	2100	4050	6400
m (kg/m)	0.007	0.01	0.022	0.096	0.448	1.484	2.473

三、同步带带轮

同步带带轮的齿形一般推荐采用渐开线齿形，并由渐开线齿形带轮刀具用范成法加工而成，因此齿形尺寸取决于其加工刀具的尺寸。

标准同步带轮的直径见表 8−57，带轮宽度见表 8−58，带轮的挡圈尺寸见表 8−59。

表 8−57　标准同步带轮的直径 (mm)

带轮齿数 $Z_{1,2}$	标　轮　直　径 MXL		XXL		XL		L		H		XH		XXH	
	D	D_a	D	D_a	D	D_a	D	D_a	D	D_a	D	D_a	D	D_a
10	6.47	5.96	10.11	9.60	16.17	15.66								
11	7.11	6.61	11.12	10.61	17.9	17.28								
12	7.76	7.25	12.13	11.62	19.40	18.90	36.38	35.62						
13	8.41	7.90	13.14	12.63	21.02	20.51	39.41	38.65						
14	9.06	8.55	14.15	13.64	22.64	22.13	42.45	41.69	56.60	55.23				
15	9.70	9.19	15.16	14.65	24.26	23.75	45.48	44.72	60.64	59.27				
16	10.35	9.84	16.17	15.66	25.87	25.36	48.51	47.75	64.68	63.31				
17	11.00	10.49	17.18	16.67	27.49	26.98	51.54	50.78	68.72	67.35				
18	11.64	11.13	18.19	17.68	29.11	28.60	54.57	53.57	72.77	71.39	127.34	124.55	181.91	178.86
19	12.29	11.78	19.20	18.69	30.72	30.22	57.61	56.84	76.81	75.44	134.41	131.62	192.02	188.97
20	12.94	12.43	20.21	19.70	32.34	31.83	60.64	59.88	80.85	79.48	141.49	138.69	202.13	199.08
(21)	13.58	13.07	21.22	20.72	33.96	33.45	63.67	62.91	84.89	83.52	148.56	145.77	212.23	209.18
22	14.23	13.72	22.23	21.73	35.57	35.07	66.70	65.94	88.94	87.56	155.64	152.84	222.34	219.20
(23)	14.88	14.37	23.24	22.74	37.19	36.68	69.73	68.07	92.98	91.61	162.71	159.92	232.45	229.40
(24)	15.52	15.02	24.26	23.75	38.81	38.30	72.77	72.00	97.02	95.65	169.79	166.99	242.55	239.50
25	16.17	15.66	25.27	24.76	40.43	39.92	75.80	75.04	101.06	99.69	176.86	174.07	252.66	249.61
(26)	16.82	16.31	26.28	25.77	42.04	41.53	78.83	78.07	105.11	103.73	183.94	191.14	262.76	259.72
(27)	17.46	16.96	27.29	26.78	43.66	43.15	81.86	81.10	109.15	107.78	191.01	188.22	272.87	269.82
(28)	18.11	17.60	28.30	27.79	45.28	44.77	84.89	84.13	113.19	111.82	198.08	195.29	282.98	279.93
(30)	19.40	14.90	30.32	29.81	48.51	48.00	90.96	90.20	121.28	119.90	212.23	209.44	303.19	300.14
32	20.70	20.19	32.34	31.83	51.74	51.24	97.02	96.26	129.36	127.99	226.38	223.59	323.40	320.35
36	23.29	22.78	36.38	35.87	58.21	57.70	109.15	108.39	145.53	144.16	254.68	251.89	363.83	360.78
40	25.37	25.36	40.43	39.92	64.68	64.17	121.28	120.51	161.70	160.33	282.98	280.18	404.25	401.21
48	31.05	30.54	48.51	48.00	77.62	77.11	145.53	144.77	194.04	192.67	339.57	336.78	485.10	482.06
60	38.81	38.30	60.64	60.13	97.02	96.51	181.91	181.15	242.55	241.18	424.47	421.67	606.35	603.33
72	46.57	46.06	72.77	72.26	116.43	115.92	218.30	217.53	219.06	289.69	509.36	506.57	727.66	724.31
84							254.68	253.92	339.57	388.20	594.25	591.46	848.93	845.88
93							291.06	290.30	388.08	386.71	679.15	676.35	970.21	967.16
120							363.83	363.07	485.10	483.73	845.93	846.14	1212.76	1209.71
156							630.64	629.26						

注：括号中的齿数为非优先直径尺寸。

表 8-58 同步带轮的宽度

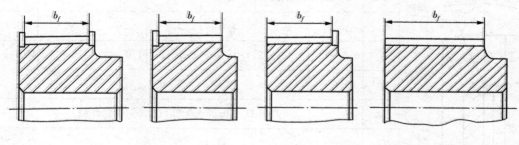

(mm)

槽 型	轮 宽		带轮的最小宽度 b_f		
	代号	基本尺寸	双边挡圈	单边挡圈	无挡圈
MXL XXL	012	3.0	3.8	4.7	5.6
	019	4.8	5.8	6.2	7.1
	025	6.4	7.1	8.0	8.9
XL	025	6.4	7.1	8.0	8.9
	031	7.9	8.6	9.5	10.4
	037	9.5	10.4	11.1	12.2
L	050	12.7	14.0	15.5	17.0
	075	19.1	20.3	21.8	23.3
	100	25.4	26.7	28.2	29.7
H	075	19.1	20.8	22.6	24.8
	100	25.4	26.7	29.0	31.2
	150	38.1	39.4	41.7	43.9
	200	50.8	52.8	55.1	57.3
	300	76.2	79.0	81.3	83.5
XH	200	50.8	56.6	59.6	62.6
	300	76.2	83.8	86.9	89.8
	400	101.6	110.7	113.7	116.7
XXH	200	50.8	56.6	60.4	84.1
	300	76.2	83.8	87.3	91.3
	400	101.6	110.7	114.3	118.2
	500	127.0	137.7	141.3	145.2

表 8-59　同步带轮的挡圈尺寸　　　　　　　　　　　　（mm）

带型	MXL	XXL	XL	L	H	XH	XXH
k_{min}	0.5	0.8	1.0	1.5	260	4.8	6.1
t	0.5～1.0	0.5～1.5	1.0～1.5	1.0～2.0	1.5～2.5	4.0～5.0	5.0～6.5
r				0.5～1			
D_i			$D_i=D_a+0.38\pm0.25$（D_a——带轮外径）				
D_e				$D_e=D_a+2K$			

①一般小带轮均装双边挡圈，或大、小轮的不同侧各装单边挡圈；

②中心距 a＞8D_1（D_1——小带轮直径），两轮均装双边挡圈；

③轮轴垂直水平面时，两边均装双边挡圈；或至少主动轮装双边挡圈，从动轮下侧装单边挡圈。

四、同步带的初拉力

为了测定所需的初拉力 F_0，通常是在带的切边中点加一规定的载荷 G，使切边长每 100mm 产生 1.6mm 的挠度，即 $f=\dfrac{1.6l}{100}$ 来保证（参考图 8-7）。

载荷 G 由下式计算：

$$G=\frac{F_0+\dfrac{l}{L_p}+Y}{16}$$

式中　　F_0——初拉力，N，见表 8-60；

　　　　l——切边长，mm；

　　　　L_p——同步带的节线长，mm；

　　　　Y——修正系数，见表 8-60。

表 8-60　同步带的初拉力值　　　　　　　　　　　　（N）

带型		带宽(mm)	6.4	7.9	9.5	12.7	19.1	25.4	38.1	50.8	76.2	101.6	127.0
							F_0,Y						
XL	F_0	最大值	29.40	37.30	44.70								
		推荐值	13.70	19.60	25.50								
	Y			0.40	0.55	0.77							
L	F_0	最大值					76.5	125	175				
		推荐值					52	87	123				
	Y						4.5	7.7	11				
H	F_0	最大值					293	421	646	890	1392		
		推荐值					222	312	486	668	1047		
	Y						14.5	21	32	43	69		

（续表）

带型	带宽(mm)		6.4	7.9	9.5	12.7	19.1	25.4	38.1	50.8	76.2	101.6	127.0
			F_0,Y										
XH	F_0	最大值							1009	1583	2242		
		推荐值							909	1427	2921		
	Y								86	139	200		
XXH	F_0	最大值							2471.5	3884		5507	7100
		推荐值							1114	1750		2479	3203
	Y								141	227		322	418

例题 8-12 设计精密车床的同步带传动。电动机为 Y112M-4,其额定功率 P=4kW,额定转速 n_1= 1440r/min,传动比 i=2.4(减速),中心距约为 450mm,每天两班制工作(按 16h 计)。

解:

(1)求计算功率 P_{ca} 由表 8-53,其载荷变化不大时查得 K_A=1.6,则 P_{ca}=4×1.6=6.4kW

(2)选定带型和节距 根据 P_{ca}=6.4kW 和 n_1=1440r/min,由图 8-23 确定为 H 型;节距 p_b 根据带型由表 8-49 取为 p_b=12.7mm

(3)小带轮齿数 Z_1 根据带型和小带轮转速,由表 8-54 查得小带轮的最小齿数 Z_{min}=18,此处取 Z_1=20

(4)小带轮节圆直径

$$D_1 = \frac{Z_1 p_b}{\pi} = \frac{20 \times 12.7}{\pi} = 80.85(mm)$$

由表 8-57 查得其外径 D_{a1}=79.48mm

(5)大带轮齿数

$$Z_2 = iZ_1 = 2.4 \times 20 = 48$$

(6)大带轮节圆直径

$$D_2 = \frac{Z_2 p_b}{\pi} = \frac{48 \times 12.7}{\pi} = 194.04(mm)$$

由表 8-57 查得其外径 D_{a2}=192.67mm

(7)带速

$$v = \frac{\pi D_1 n_1}{60 \times 1000} = \frac{\pi \times 80.85 \times 1440}{60 \times 1000} = 6.1(m/s)$$

(8)初定中心距 取 a_0=450mm

(9)带长及其齿数

$$L_0 = 2a + \frac{\pi}{2}(D_1 + D_2) + \frac{(D_2 - D_1)^2}{4a_0}$$

$$= 2 \times 450 + \frac{\pi}{2}(80.85 + 194.04) + \frac{(194.04 - 80.85)^2}{4 \times 450}$$

$$= 1338.91(mm)$$

由表 8-50 查得应选用带长代号为 510 的 H 型同步带,其节线 L_p=1295.4mm,节线长上的齿数 Z=102。

(10)实际中心距　此结构中心距可调整

$$a \approx a_0 + \frac{L_p - L_0}{2} = 450 + \frac{1295.4 - 1338.91}{2} = 428.25 \text{(mm)}$$

(11)小带轮啮合数

$$Z_m = \frac{Z_1 \alpha_1}{360°}$$

式中

$$\alpha_1 = 180° - \frac{D_2 - D_1}{a} \times 57.3° = \frac{194.04 - 80.85}{428.25} \times 57.3° = 164.775°$$

$$Z_m = \frac{20 \times 164.775°}{360°} = 9 \geqslant 6, \text{合适}。$$

(12)基本额定功率

$$P_0 = \frac{(F_a - mv^2)v}{1000}$$

由表 8-56 查得 $F_a = 2100\text{N}, m = 0.448\text{kg/m}$

$$P_0 = \frac{(2100 - 0.448 \times 6.1^2) \times 6.1}{1000} = 12.71 \text{(kW)}$$

(13)所需带宽

$$b_s = b_{s0} \sqrt[1.14]{\frac{P_{ca}}{K_Z P_0}}$$

由表 8-55 查得 $b_{s0} = 76.2\text{mm}; Z_m = 9, K_Z = 1$

$$b_s = 76.2 \sqrt[1.14]{\frac{6.4}{1 \times 12.71}} = 41.74 \text{(mm)}$$

由表 8-51 查得,应选带宽代号为 200 的 H 型带,其 $b_s = 50.8\text{mm}$。

(14)带轮结构和尺寸　传动选用的同步带为 510H200

小带轮:$Z_1 = 20, D_1 = 80.85\text{mm}, D_{a1} = 79.48\text{mm}$

大带轮:$Z_2 = 48, D_2 = 194.04\text{mm}, D_{a2} = 192.67\text{mm}$

可根据上列参数决定带轮的结构和全部尺寸(本题略)。

例题 8-13　设计一镗床的同步带传动。已知主动轴转速 $n_1 = 1440\text{r/min}, P = 5.5\text{kW}$,传动比 $i = 2.73$ (减速),中心距为 400mm,每天工作 5h。

解:

(1)求计算功率　由表 8-53,工作平稳查得 $K_A = 1.2$,则 $P_{ca} = K_A P = 1.2 \times 5.5 = 6.6 \text{(kW)}$

(2)选取带型和节距

带型:根据 $P_{ca} = 6.6\text{kW}$ 和 $n_1 = 1440\text{r/min}$,由图 8-23 确定为 H 型。

根据带型由表 8-49 确定 $p_b = 12.7\text{mm}$

(3)小带轮齿数 Z_1　根据带型和小带轮转速,由表 8-54 查得 $Z_{\min} = 18$,此处定为 $Z_1 = 22$

(4)小带轮节圆直径

$$D = \frac{Z_1 p_b}{\pi} = \frac{22 \times 12.7}{\pi} = 88.94 \text{(mm)}$$

由表 8-57 查得其外径　$D_{a1} = 87.56\text{mm}$

(5)大带轮齿数

$$Z_2 = iZ_1 = 2.73 \times 22 = 60 \text{(mm)}$$

由表 8-57 查得其外径 $D_{a2} = 241.18 \text{mm}$

(6) 大带轮节圆直径

$$D_2 = \frac{Z_2 P_b}{\pi} = \frac{60 \times 12.7}{\pi} = 242.55 \text{(mm)}$$

(7) 带速

$$v = \frac{\pi D_1 n_1}{60 \times 1000} = \frac{\pi \times 88.94 \times 1440}{60 \times 1000} = 6.7 \text{(m/s)} \leqslant 35 \sim 40 \text{(m/s)}$$

(8) 初定中心距 取 $a_0 = 400 \text{mm}$

(9) 带长及其齿数

$$L_0 = 2a_0 + \frac{\pi}{2}(D_1 + D_2) + \frac{(D_2 - D_1)^2}{4a_0}$$

$$= 2 \times 400 + \frac{\pi}{2}(88.94 + 242.55) + \frac{(242.55 - 88.94)^2}{4 \times 400}$$

$$= 1349.94 \text{(mm)}$$

根据表 8-50 查得应该选用带长代号为 540 的 H 型同步带,其节线 $L_p = 1371.60 \text{mm}$;节线长上的齿数 $Z = 108$。

(10) 实际中心距

$$a = a_0 + \frac{L_p - L_0}{2} = 400 + \frac{1371.6 - 1349.94}{2} = 410.83 \text{(mm)}$$

(11) 小带轮的啮合数

$$Z_m = \frac{Z_1 \alpha_1}{360°}$$

式中 $\alpha_1 = 180° - \dfrac{D_2 - D_1}{a} \times 57.3° = 180° - \dfrac{242.55 - 88.94}{410.83} \times 57.3° = 158.58°$

$$Z_m = \frac{22 \times 158.58°}{360°} = 9.691, 取 Z_m = 10$$

(12) 基本额定功率 P_0

由表 8-56 查得 $F_a = 2100 \text{N}$;$m = 0.448 \text{kg/m}$

$$P_0 = \frac{(2100 - 0.448 \times 6.7^2) \times 6.7}{1000} = 13.935 \text{(kW)}$$

(13) 所需带宽

$$b_s = b_{s0} \sqrt[1.14]{\frac{6.6}{K_Z P_0}}, 查表 8-55, H 型带 b_{s0} = 76.2 \text{mm}; Z_m = 10 > 6, K_Z = 1, 则$$

$$b_s = 76.2 \sqrt[1.14]{\frac{6.6}{1 \times 13.935}} = 32.5 \text{(mm)}$$

由表 8-51,应选带宽代号为 150 的 H 型带,其 $b_s = 38.1 \text{mm}$。

(14) 带轮结构和尺寸

小带轮结构和尺寸,见图 8-24。

①带轮几何尺寸计算如下表。

②采用双边挡圈,其尺寸参阅表 8-59。

③大带轮结构尺寸的计算和零件工作图,此处略。

④带轮零件工作图。

计算项目		公式及数据	计算结果
切削带轮齿形的刀具		直边齿形专用	
齿 形 角	$2\psi(°)$		$40°\pm3°$
齿槽底宽	b_w(mm)		4.19 ± 0.13
齿 高	h_g(mm)		$3.05_{-0.13}^{0}$
齿根圆角半径	r_1(mm)		1.60
齿顶圆角半径	r_2(mm)		$1.60_{0}^{+0.13}$
节 顶 距	2δ(mm)		1.732
外圆直径	D_a(mm)	$D_a=D-2\delta$	87.208
外圆节距	P_a(mm)	$P_a=\dfrac{\pi D_a}{Z}$(Z——带轮齿数)	12.45
根圆直径	D_f(mm)	$D_f=D_a-2hg$	81.1
带轮宽度	B(mm)	$B=38.1+(3\sim10)$	45

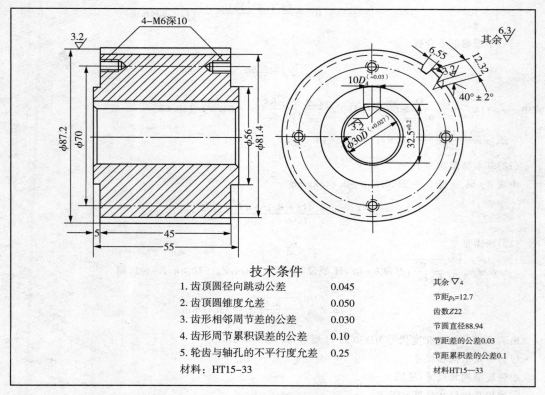

技术条件

1. 齿顶圆径向跳动公差　　　0.045
2. 齿顶圆锥度允差　　　　　0.050
3. 齿形相邻周节差的公差　　0.030
4. 齿形周节累积误差的公差　0.10
5. 轮齿与轴孔的不平行度允差 0.25

材料：HT15-33

其余 ▽4
节距p_b=12.7
齿数Z22
节圆直径88.94
节距差的公差0.03
节距累积差的公差0.1
材料HT15—33

图 8－24　同步齿形带带轮零件图

§8-6 多楔带传动的设计计算

多楔带在轮槽中的支承面数较多,所以摩擦力和横向刚度均较大,常用于要求结构紧凑而传递功率较大的场合。

一、规格

多楔带截面尺寸和长度系列见表8-61。

表8-61 多楔带的截面尺寸及长度系列

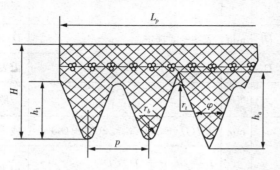

(mm)

| 带型 | 截面尺寸 | | | | | | 楔数 | 节线长度[2] |
	p	ψ	h_0	h_1	r_t (最大)	r_b (最小)	H	Z	L_p
H[1]	1.6 ± 0.02		2.2	$1.34_0^{+0.1}$	0.15	0.3	3	2~8	200~1000
J	2.34 ± 0.02	$40°\pm1°$	3.21	$2.35_0^{+0.1}$	0.2	0.4	4	2~36	400~2000
L	4.7 ± 0.02		6.46	$4.89_0^{+0.05}$	0.4	0.4	10	4~50	1250~4500
M	9.4 ± 0.02		12.9	$10.35_0^{+0.2}$	0.75	0.75	17	4~50	2000~5000

①带型 H 只用在传递运动;

②节线长承载层中心线周长,其长度系列和普通 V 带的基准长度系列(表8-5)相同。

标记示例: L 型 10 楔节线长度 500 多楔带:500L10

二、设计计算

多楔带传动的设计计算和普通 V 带传动基本一样,可参照表8-62进行。

表 8-62　多楔带传动的设计计算

序号	计算项目	符号	单位	计算公式和参数选择	说　明
1	求计算功率	P_{ca}	kW	$P_{ca}=K_A P$	P——传递功率,kW K_A——工况系数,表 8-7
2	选定带型			根据 P_{ca} 和 n_1 由图 8-27 选定	n_1——小带轮转速,r/min
3	传动比	i		$i=\dfrac{n_1}{n_2}=\dfrac{D_2}{D_1}$ 若计入滑动率 $i=\dfrac{n_1}{n_2}=\dfrac{D_2}{(1-\varepsilon)D_1}$	n_2——大带轮转速,r/min D_1——小带轮节圆直径 D_2——大带轮节圆直径 ε——滑退率,$\varepsilon=0.01\sim0.02$ 一般带轮的节圆直径可作为基准直径
4	小带轮基准直径	D_1	mm	表 8-63 选定	D_1 不得小于表 8-63 的 D_{min}
5	大带轮基准直径	D_2	mm	$D_2=iD_1(1-\varepsilon)$	由表 8-6 取标准值
6	带速	v	m/s	$v=\dfrac{\pi D_1 n_1}{60\times1000}$	一般 v 不得低于 5m/s
7	初定中心距	a_0	mm	$0.7(D_1+D_2)\leqslant a_0\leqslant2(D_1+D_2)$	或由结构要求确定
8	带长	L_p	mm	$L_d=2a_0+\dfrac{\pi}{2}(D_1+D_2)$ $+\dfrac{(D_2-D_1)^2}{4a_0}$	由表 8-5 选取与 L_d 相邻的 L_p
9	实际中心距	a	mm	$a\approx a_0+\dfrac{L_p-L_d}{2}$ 安装时所需最小中心距 $a_{min}=a-0.015L_p$ 张紧或伸长所需最大中心距 $a_{max}=a+0.03L_p$	
10	小带轮包角	α_1	(°)	$\alpha_1=180°-\dfrac{D_2-D_1}{a}\times57.3°$	如 α_1 过小,应增大 a 或安装张紧轮
11	单楔带的基本额定功率	P_1	kW	由带型 D_1 和 n_1 查表 8-64 选取	P_1 是 $\alpha_1=180°$,载荷平稳时,特定基准带长的单楔带的基本额定功率
12	$i\neq1$ 的额定功率增量	ΔP_1	kW	$\Delta P_1=K_b n_1\left(1-\dfrac{1}{K_i}\right)$	K_b——弯曲影响系数: J:0.565×10^{-3} L:461×10^{-3} M:35.5×10^{-3} K_i——传动比系数,表 8-65

（续表）

序号	计算项目	符号	单位	计算公式和参数选择	说 明
13	楔数	Z		$Z \geqslant \dfrac{K_A P_{ca}}{(P_1 + \Delta P_1) K_a K_L}$ K_L——长度系数，表 8-66 K_a——包角修正系数，表 8-8	圆整取整数
14	单楔带的预紧力	F_0	N	$F_0 = \dfrac{500 P_{ca}}{Zv}\left(\dfrac{2.5}{K_a} - 1\right) + mv^2$	多楔带每楔每米的质量 m： $J:0.01 kg/m \cdot Z$ $L:0.05 kg/m \cdot Z$ $M:0.16 kg/m \cdot Z$
15	作用在轴上的力	Q	N	$Q = 2 F_0 Z \sin \dfrac{\alpha_1}{2}$	
16	楔带带轮的结构和尺寸			多楔带带轮轮槽尺寸，表 8-63 多楔带带轮结构，见表 8-9	

表 8-63　多楔带轮轮槽尺寸

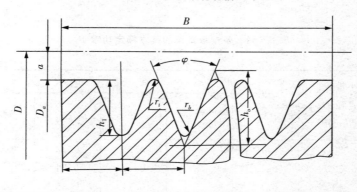

（mm）

槽型	最小带轮直径 D_{min}	槽 形 尺 寸							$2a$
		p	h_0	h_1	g_{min}	ψ	$r_{i min}$	r_b	
H	13	1.6 ± 0.03	2.20	1.34	2.0		0.15	0.15~0.30	1.6
J	20	2.34 ± 0.03	3.21	2.35	3.5	$40° \pm 0.5°$	0.20	0.25~0.40	2.40
L	75	4.7 ± 0.05	6.40	4.89	5.5		0.40	0.25~0.60	6.00
M	180	9.4 ± 0.08	12.90	10.35	10.0		0.75	0.5~0.75	8.00

轮缘宽 $B = (Z-1)p + 2g$ 　　轮缘外径 $D_a = D - 2a$ 　　D——带轮的节圆直径

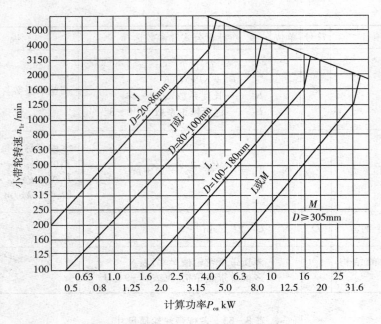

图 8-25　多楔带选型图

表 8-64　多楔带每楔的基本额定功率 P_1

（kW）

带型	小带轮 直径 D_1 （mm）	带　速　v（m/s）					
		5	10	15	20	25	30
J	20	0.10	0.19	0.26	0.32	0.37	0.41
	32	0.10		0.28	0.34	0.40	0.43
	40	0.12	0.20	0.31	0.38	0.44	0.48
	50	0.15	0.29	0.40	0.49	0.57	0.62
	63	0.17	0.33	0.47	0.57	0.66	0.72
L	75	0.31	0.55	0.73	0.84	0.95	0.99
	80	0.34	0.61	0.81	0.93	1.06	1.10
	90	0.44	0.79	1.05	1.21	1.38	1.43
	100	0.49	0.89	0.17	1.35	1.54	1.60
	112	0.54	0.98	1.30	1.49	1.70	1.76
M	100	1.24	2.15	2.88	3.30	3.97	2.60
	200	1.65	2.87	3.84	4.40	4.49	3.47
	224	1.89	3.28	4.38	5.02	5.14	3.97
	250	2.07	3.59	4.80	5.50	5.62	4.34
	280	2.18	3.79	5.07	5.81	5.94	4.56

表 8−65　传动比系数 K_i

传 动 比 i	系 数 K_i
1.02～1.05	1.02
1.06～1.10	1.04
1.11～1.15	1.05
1.16～1.20	1.07
1.21～1.30	1.09
1.31～1.50	1.11
1.51～2.0	1.12
≥2.1	1.14

表 8−66　长度系数 K_L

带的节线长度 L_p　（mm）	带　　型		
	J	L	M
400～560	0.90	—	—
600～900	1.00	—	—
950～1250	1.05	—	—
1320～1800	1.15	—	1.00
1900～2500	1.20	1.00	1.05
2650～3150	—	1.05	1.10
3350～4000	—	1.10	1.15

三、初拉力的测定

测定多楔带的初拉力也和 V 带相同。在切边中点所加的载荷 G（参看图 8−7）：

对于新安装的多楔带

$$G=\frac{1.5F_0+\Delta F_0}{16}$$

运转后的多楔带

$$G=\frac{1.3F_0+\Delta F_0}{16}$$

最小极限值

$$G_{min}=\frac{F_0+\Delta F_0}{16}$$

式中　　F_0——所需的初拉力（预紧力），N，计算公式见表 8−62；

　　　　ΔF_0——初拉力修正值：J 型为 42N，L 型为 122N，M 型为 302N。

例题 8-14　设计一鼓风机用的多楔带传动,用鼠笼式电动机驱动。传递功率 $P=12\text{kW}$,小带轮转速 $n_1=1450\text{r/min}$,大带轮转速 $n_2=725\text{r/min}$,每日工作 $10\sim16\text{h}$,要求中心距 $a=600\sim800\text{mm}$。

解:

1. 求计算功率 P_{ca}　由表 8-7 查得 $K_A=1.2$,于是

$$P_{ca}=K_AP=1.2\times12=14.4(\text{kW})$$

2. 选定带型　根据 $P_{ca}=14.4\text{kW}$ 和 $n_1=1450\text{r/min}$,由图 8-25 选定 L 带型

3. 传动比 i

$$i=\frac{n_1}{n_2}=\frac{1450}{725}=2$$

4. 带轮基准直径

(1)小带轮基准直径　由表 8-64 选取:$D_1=100\text{mm}$,大于表 8-63 所列 L 型带的 $D_{\min}=75\text{mm}$

(2)大带轮基准直径

$$D_2=iD_1=2\times100=200\text{mm},\text{符合表 8-6 所列的标准值}$$

5. 带速

$$v=\frac{\pi D_1 n_1}{60\times1000}=\frac{\pi\times100\times1450}{60\times1000}=7.6(\text{m/s})$$

6. 初定中心距 a_0 和带长 L_p

取 $a_0=700\text{mm}$

$$L_d=2a_0+\frac{\pi}{2}(D_1+D_2)+\frac{(D_2-D_1)^2}{4a_0}=2\times700+\frac{\pi}{2}(100+200)+\frac{(200-100)^2}{4\times700}=1874.57(\text{mm})$$

由表 8-5(参看表 8-66)取 $L_p=1900\text{mm}$

7. 实际中心距

$$a\approx a_0+\frac{L_p-L_d}{2}=700+\frac{1900-1874.57}{2}=712.76(\text{mm})$$

$$a_{\min}=a-0.015L_p=712.76-0.015\times1900=684.26(\text{mm})$$

$$a_{\max}=a+0.03L_p=712.76+0.03\times1900=769.75(\text{mm})$$

8. 小带轮包角

$$\alpha_1=180°-\frac{D_2-D_1}{a}\times57.3°=180°-\frac{200-100}{700}\times57.3°=171.8°$$

9. 每楔的基本额定功率

根据 $D_1=100\text{mm}$ 和 $v=7.6\text{m/s}$,由表 8-64 用插入法求得 $P_1=0.664\text{kW}$

10. 当 $i\neq1$ 时,额定功率的增量

由表 8-62 查得 $K_b=4.61\times10^{-3}$(对 L 型)

由表 8-65 查得 $K_i=1.12$,于是

$$\Delta P_1=K_b n_1\left(1-\frac{1}{K_i}\right)=\frac{4.61\times1450}{1000}\left(1-\frac{1}{1.12}\right)=0.80(\text{kW})$$

11. 楔数

$$Z\geqslant\frac{K_AP}{(P_1+\Delta P_1)K_\alpha K_L}=\frac{14.4}{(0.664+0.8)\times0.98\times1}=10$$

12. 计算初拉力

$$F_0 = \frac{500 P_{ca}}{ZV}\left(\frac{2.5}{K_\alpha}-1\right) + mv^2$$

由表 8-62 查得 L 型带每楔每米的质量 $m = 0.05\mathrm{kg/(m \cdot Z)}$

$$F_0 = \frac{500 \times 14.4}{10 \times 7.6}\left(\frac{2.5}{0.98}-1\right) + 0.05 \times (7.6)^2 = 149.728(\mathrm{N})$$

13. 求作用在轴上的压力 Q

$$Q = 2F_0 Z \sin\frac{\alpha_1}{2} = 149.728 \times 10 \times \sin\frac{171.8}{2} = 2920(\mathrm{N})$$

14. 多楔带带轮的结构和尺寸

(1) 多楔带轮轮槽尺寸见表 8-63；

(2) 带轮结构设计和尺寸计算参阅图 8-9。

§8-7　塔轮传动的设计计算

塔轮传动是一种有级变速的带传动(图 8-26)，变速级数一般为 3～5 级。由于它传动平稳、结构简单、制造容易、对轴的安装精度要求不高，所以在中小功率的变速传动(如磨床的头架、台式车床、台式钻床等)中仍有应用，但其体积较大，调速不便。

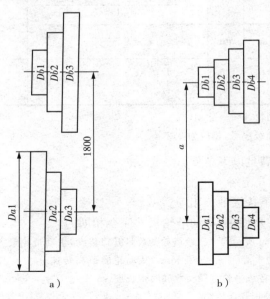

图 8-26　塔轮传动

塔轮传动从动轴和转速通常按几何级数变化，设其转速分别为 $n_{b1}, n_{b2}, \cdots, n_{bm}$，公比为 φ，则有

$$\frac{n_{b2}}{n_{b1}}=\frac{n_{b3}}{n_{b2}}=\cdots=\frac{n_{bn}}{n_{b(n-1)}}=\varPhi,\psi=\sqrt[n-1]{\frac{n_{tm}}{n_{b1}}}$$

塔轮传动按从动轴最低转速时传递的功率进行设计,计算方法除塔轮直径外,其余和一般带传动相同。各级带轮直径的计算见下表:

序号	计　算　项　目	符号	单位	计　算　公　式	说　　明
1	第一级主、从动轮直径	D_{a1} D_{b1}	mm	根据结构要求参考表 8-1、表 8-3、表 8-6 及表 8-44 选定 D_{a1},则 $$D_{b1}=iD_{a1}$$	此级传动比最大,主动轮直径最小。也可按传动比最小的级传动计算,此时主动轮直径最大
2	选定中心距计算带长	a L	mm	根据结构需要选定 a $$L=2a+\frac{\pi}{2}(D_{a1}+D_{b1})+\frac{(D_{b1}-D_{a1})^2}{4a}$$	采用 V 带传动时,要初定 a_0,计算 L_0 选取标准带长后,再计算实际中心距
3	初定第 x 级带轮直径	D'_{ax} D'_{bx}	mm	$$D'_{ax}=D_{a1}\frac{i_1+1}{i_x+1}$$ $$D'_{bx}=i_xD'_{ax}$$	
4	带长差	ΔL_x	mm	$$\Delta L_x=\frac{(D_{b1}-D_{a1})^2-(D'_{bx}-D'_{ax})^2}{4a}$$	计算值精确到 0.1
5	主动轮直径补偿值	ε_x	mm	$$\varepsilon_x=\frac{2\Delta L_x}{\pi(i_x+1)}$$	
6	第 x 级实际带轮直径	D_{ax} D_{bx}	mm	$$D_{ax}=D'_{ax}+\varepsilon_x$$ $$D_{bx}=D'_{bx}+i\varepsilon_x$$	

注:①下脚标 a——主动轮,b——从动轮。

②下脚标 x——变速级序号,相应为 2,3,4…

确定带轮直径时应满足以下条件:

1)保证传动比要求:i_1、i_2…

2)保证同一中心距下各级带长相等。

为了便于制造,通常是使主、从动塔轮尺寸完全相同。

例题 8-15　如图 8-26a 所示为一三级塔轮的胶带开口传动,主动带轮最大直径 $D_{a1}=300$mm;主动轴转速 $n_1=220$r/min,传动中心距 $a=1800$mm,从动轮的最高转速 $n_{2max}=370$r/min,最低转速 $n_{2min}=130$r/min。试设计此传动的各级带轮直径尺寸和胶带长度。

解:　该塔轮传动为一胶带开口传动

$$\varphi=\sqrt[n-1]{\frac{n_{2max}}{n_{2min}}}=\sqrt[3-1]{\frac{370}{130}}=\sqrt{2.846}=1.687$$

从动轮各轮转速:

$$n_{2_1}=n_{2max}=370\text{r/min}$$

$$n_{2_2}=\frac{n_{2_1}}{\varphi}=\frac{370}{1.687}=219.324(\text{r/min})$$

$$n_{2_3}=\frac{n_{2_2}}{\varphi}=\frac{219.324}{1.687}=130(\text{r/min})=n_{2\min}$$

各级传动比：

$$i_x=i_1=\frac{n_1}{n_{2_1}}=\frac{220}{370}=0.5946$$

$$i_x=i_2=\frac{n_1}{n_{2_2}}=\frac{220}{214.324}=1.003$$

$$i_x=i_3=\frac{n_1}{n_{2_3}}=\frac{220}{130}=1.6923$$

各带轮直径：

$$D_{a_1}=300\text{mm}$$

$$D_{b_1}=iD_{a_1}=0.5946\times300=178.38(\text{mm})$$

$$D'_{a2}=D_{a1}\frac{i+1}{i_2+1}=300\times\frac{0.5943+1}{1.003+1}=239.1(\text{mm})$$

$$D'_{b2}=i_2D'_{a2}=1.003\times239.1=238.81(\text{mm})$$

$$D'_{a_3}=D_{a1}\frac{i+1}{i_3+1}=300\times\frac{0.5946+1}{1.6923+1}=177.6845(\text{mm})$$

$$D'_{b_3}=i_3D'_{a_3}=1.6923\times177.6845=300.695(\text{mm})$$

带长

$$L=2a+\frac{\pi}{2}(D_{a1}+D_{b1})+\frac{(D_{b1}-D_{a1})^2}{4a}$$

$$=2\times1800+\frac{\pi}{2}(300+178.38)+\frac{(178.38-300)^2}{4a}=4353.11(\text{mm})$$

带长差：

$$\Delta L_{x2}=\frac{(D_{b1}-D_{a1})^2-(D_{b2}-D_{a2})^2}{4a}$$

$$=\frac{(178.38-300)^2-(238.81-239.1)^2}{4\times1800}$$

$$=2.05435$$

$$\Delta L_{x3}=\frac{(D_{b1}-D_{a1})^2-(D'_{b3}-D'_{a3})^2}{4a}$$

$$=\frac{(178.38-300)^2-(300.695-177.6845)^2}{4\times1800}$$

$$=-0.0472(\text{mm})$$

主动轮直径补偿值：

$$\varepsilon_{x2}=\frac{2\Delta L_2}{\pi(i_{x2}+1)}=\frac{2\times2.05435}{\pi(1.003+1)}=0.653$$

$$\varepsilon_{x3}=\frac{2\Delta L_3}{\pi(i_{x3}+1)}=\frac{2(-0.0472)}{\pi(1.6923+1)}=\frac{-0.0944}{8.4581}=-0.0111$$

第二级实际带轮直径：

$$D_{a2}=D'_{a2}+\varepsilon_{x2}=239.1+0.653=239.753(\text{mm})$$

$$D_{b2}=D'_{b2}+i_2\varepsilon_{x2}=238.81+1.003\times0.635=239.465(\text{mm})$$

第三级实际带轮直径：

$$D_{a3}=D'_{a3}+\varepsilon_{x3}=177.6845-0.0111=177.6734(\text{mm})$$

$$D_{b3}=D'_{b3}+i_3\varepsilon_{x3}=300.695+1.6923\times(-0.0111)=300.676(\text{mm})$$

例题 8 - 16 有一台式车床采用如图 8 - 26b 所示的四级塔轮传动,传动中心距 $a=2\text{m}$,主动轴转速 $n_1=250\text{r/min}$,从动轴最高转速 $n_{2\max}=500\text{r/min}$,从动轴最低转速 $n_{2\min}=100\text{r/min}$。开口传动,主动带轮最大带轮直径 $D_1=300\text{mm}$。试求：

1. 各级带轮直径；

2. 胶带的计算长度；

3. 改为半交叉传动,上述两项中的参数如何?

解：

1. 求公比

$$\varphi=\sqrt[n-1]{\frac{n_{2\max}}{n_{2\min}}}=\sqrt[4-1]{\frac{500}{100}}=\sqrt[3]{5}=1.70997594\approx1.71$$

2. 从动轴各级塔轮的转速

$$n_{21}=n_{2\max}=500\text{r/min}$$

$$n_{22}=\frac{n_{21}}{\varphi}=\frac{500}{1.71}=292.4(\text{r/min})$$

$$n_{23}=\frac{n_{21}}{\varphi^2}=\frac{500}{1.71^2}=\frac{500}{2.9241}=171(\text{r/min})$$

$$n_{24}=\frac{n_{21}}{\varphi^3}=\frac{500}{1.73^3}=\frac{500}{5}=100(\text{r/min})$$

3. 各级塔轮传动比

$$i_x=i_1=\frac{n_1}{n_{21}}=\frac{250}{500}=0.5$$

$$i_x=i_2=\frac{n_1}{n_{22}}=\frac{250}{292.4}=0.855$$

$$i_x=i_3=\frac{n_1}{n_{23}}=\frac{250}{171}=1.462$$

$$i_x=i_4=\frac{n_1}{n_{24}}=\frac{250}{100}=2.5$$

4. 各级塔轮直径

$$D_{a1}=300\text{mm}$$

$$D_{b1}=i_1D_{a1}=0.5\times300=150(\text{mm})$$

$$D_{a2} = D_{a1} \frac{i+1}{i_2+1} = 300 \times \frac{0.5+1}{0.855+1} = 242.5876(\text{mm})$$

$$D'_{b2} = i_2 D'_{a2} = 0.855 \times 242.5876 = 207.4(\text{mm})$$

$$D'_{a3} = D_{a1} \frac{i+1}{i_3+1} = 300 \times \frac{0.5+1}{1.462+1} = 182.77823(\text{mm})$$

$$D'_{b3} = D'_{a3} i_3 = 1.462 \times 182.77823 = 267.22(\text{mm})$$

$$D'_{a4} = D_{a1} \frac{i+1}{i_4+1} = 300 \times \frac{0.5+1}{2.5+1} = 128.57(\text{mm})$$

$$D'_{b4} = i_4 D'_{a4} = 2.5 \times 128.57 = 321.43(\text{mm})$$

5. 带长

$$L = 2a + \frac{\pi}{2}(D_{a1} + D_{b1}) + \frac{(D_{b1} - D_{a1})^2}{4a} = 2 \times 2000 + \frac{\pi}{2}(300 + 150) + \frac{(150-300)^2}{4 \times 2000} = 4709.3125(\text{mm})$$

6. 带长差

$$\Delta L_2 = \frac{(D_{b1}-D_{a1})^2 - (D'_{b2}-D'_{a2})^2}{4a} = \frac{(150-300)^2 - (207.4-242.5876)^2}{4 \times 2000} = 2.65773(\text{mm})$$

$$\Delta L_3 = \frac{(D_{b1}-D_{a1})^2 - (D'_{b3}-D'_{a3})^2}{4a} = \frac{(150-300)^2 - (267.22-182.7823)^2}{4 \times 2000} = 1.9275(\text{mm})$$

$$\Delta L_4 = \frac{(D_{b1}-D_{a1})^2 - (D'_{b4}-D'_{a4})^2}{4a} = \frac{(150-300)^2 - (321.48-128.57)^2}{4 \times 2000} = -1.837(\text{mm})$$

7. 主动轮直径补偿值 ε_4

$$\varepsilon_{x2} = \frac{2\Delta L_2}{\pi(i_2+1)} = \frac{2 \times 2.65773}{\pi(0.855+1)} = 0.912$$

$$\varepsilon_{x3} = \frac{2\Delta L_3}{\pi(i_3+1)} = \frac{2 \times 1.9275}{\pi(1.462+1)} = 0.4984$$

$$\varepsilon_{x4} = \frac{2\Delta L_4}{\pi(i_4+1)} = \frac{2 \times (-1.84)}{\pi(2.5+1)} = -0.3345$$

8. 带轮实际直径

第二级　$D_{a2} = D'_{a2} + \varepsilon_{x2} = 242.5876 + 0.912 = 243.5(\text{mm})$

$D_{b2} = D'_{b2} + i\varepsilon_{x2} = 207.4 + 0.912 \times 0.855 = 208.18(\text{mm})$

$D_{a3} = D'_{a3} + \varepsilon_{x3} = 182.77823 + 0.4984 = 183.28(\text{mm})$

第三级　$D_{b3} = D'_{b3} + i\varepsilon_{x3} = 267.22 + 1.462 \times 0.4984 = 267.95(\text{mm})$

$D_{a4} = D'_{a4} + \varepsilon_{x4} = 128.57 + (-0.3345) = 128.23(\text{mm})$

第四级　$D_{a4} = D'_{a4} + i\varepsilon_{x4} = 321.43 + 2.5(-0.3345) = 320.59(\text{mm})$

9. 半交叉传动

半交叉传动,它只能用于小传动比($i \leqslant 2.5$)且中心距 $a_{\min} = 5(D_2 - B)$。D_2 为大带轮直径;B 为带轮宽。采用平带时,带轮不做中凸度,带宽 B 应增大,通常 $B = 1.4b + 10\text{mm}$(b 为带宽),但小于 $2b$。采用 V 带时,带轮应采用深槽(参阅有关手册)。半交叉传动不许逆转。

本例题若改为半交叉传动,其塔轮除了不做中凸度而应加大轮宽外,并且其尺寸与开口传动相同。而带长则应按下列公式计算：

$$L = 2a + \frac{\pi}{2}(D_{a1} + D_{b1}) + \frac{D_{a1}^2 + D_{b1}^2}{4a} = 2 \times 2000 + \frac{\pi}{2}(300 + 150) + \frac{300^2 + 150^2}{4 \times 2000} = 4765.5625 \text{(mm)}$$

§8-8　多从动轮带传动的设计计算

多从动轮带传动仅适用于速度低的中小功率多根从动轴同时传动的场合。通常采用平带或单根 V 带，若有的从动轴和主动轴转向不同时，应采用正反面都能工作的双面 V 带、平带或圆形带。

图 8-27 为一多从动轮带轮传动，R 为主动轮，A，B，C 为从动轮、Z 为张紧轮。传动轮中各带轮的位置除应满足结构上的需要外，应使主动轮和传递功率较大的从动轮有较大的包角（应大于 120°），其余从动轮的包角应大于 70°。

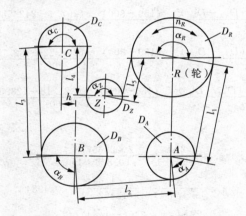

图 8-27　多从动轮带轮传动图

多从动轮传动的设计计算，需要已知各轮的位置、转向、各从动轮的转速及其传递的功率。

其计算步骤如下（参看图 8-27）：

1. 带轮和张紧轮直径的计算　根据结构要求，$d_{\min}$、传动比 i 等条件确定各带轮 D_R，D_A，D_B，D_C，D_Z 直径，按表 8-6 选取标准值，张紧轮直径约等于（0.8~1）小带轮直径。

2. 计算包角　各带轮包角 α_R，α_A，α_B，α_C，α_Z 按比例绘制传动简图，由图中量出。

3. 包角修正系数　$K_{\alpha R}$，$K_{\alpha A}$，$K_{\alpha B}$，$K_{\alpha C}$，$K_{\alpha Z}$ 考虑作图误差，分别按 $\alpha = 15°$ 查表 8-8。

4. 工况系数
K_{AA}，K_{AB}，K_{AC} 查表 8-9。

5. 求计算功率

$$P_{caA} = \frac{K_{AA} P_A}{K_{\alpha A}}, \quad P_{caB} = \frac{K_{AB} P_B}{K_{\alpha B}}$$

$$P_{caC} = \frac{K_{AC}P_C}{K_{aC}}, P_{caR} = P_{caA} + P_{caB} + P_{caC}$$

式中 P_A, P_B, P_C——从动轮 A, B, C 传递的功率,kW。

6. 选择带型 按 P_{caR} 和 n_R 由图 $8-12$ 选取。

式中 n_R——主动轮 R 的转速,r/min。

7. 带速

$$v = \frac{\pi D_R n_R}{60 \times 1000} \quad (m/s)$$

8. 初算带长

$$L_{d0} = L_1 + L_2 + L_3 + L_4 + L_5 + \frac{\alpha_A D_A}{2} + \frac{\alpha_B D_B}{2} + \frac{\alpha_C D_C}{2} + \frac{\alpha_Z D_Z}{2}$$

按表 $8-5$ 选取标准值 L_d, L_d 与 L_{d0} 间的差可调整张紧轮与带轮位置补偿。

9. 主动轮紧边与松边的最小拉力

紧边 $\quad F_{1Rmin} = 1.25 \times \dfrac{1000 P_{caR}}{v}(N)$

松边 $\quad F_{2Rmin} = (1 - 0.5 K_{aR}) F_{1Rmin}(N)$

当 $\alpha = 180°$ 时,紧边与松边的拉力比取为:V 带与双面 V 带取 $\dfrac{F_1}{F_2} \approx 5$;平带取 $\dfrac{F_1}{F_2} \approx 3$。

10. 验算 A 轮传动能力

实际松边拉力 $\qquad\qquad F_{2A} = F_{2Rmin}(N)$

实际紧边拉力 $\qquad\qquad F_{1A} = F_{2A} + \dfrac{1000 P_{caA} K_{aA}}{v}(N)$

紧边所需最小拉力 $\qquad F_{1Amin} = 1.25 \times \dfrac{1000 P_{caA}}{v}(N)$

应使 $F_{1A} > F_{1Amin}$,否则将打滑,这时应增大 D_A 或初拉力。

11. 验算 B 轮 C 轮传动能力

B 轮:$F_{2B}, F_{1B}, F_{1Bmin}$

C 轮:$F_{2C}, F_{1C}, F_{1Cmin}$

方法与第 10 步骤相同。也应该使 $F_{1B} > F_{1Bmin}$,$F_{1C} > F_{1Cmin}$。

关于双面 V 带的截面尺寸和有效长度、深槽带轮轮缘尺寸可参照手册选取。

习 题

1. 三角带传动中,已知:主动轮 $D_1 = 180mm$,从动轮 $D_2 = 180mm$,带轮中心距 $a = 630mm$,主动轮转速 $n_1 = 1450r/min$,能传递的最大功率 $P = 10kW$,B 型带。试求①计算胶带中各应力,并画出各应力分布图;②计算胶带中最大应力 σ_{max} 中各应力成分占的百分比。胶带的弹性模量 $E = 130MPa \sim 200MPa$。

2. 计算离心水泵用的三角胶带传动,原动机是滑环式异步电动机,功率 $P = 18.5kW$,转速 $n_1 = 1450r/min$,水泵转速 $n_2 = 400r/min$,每天工作 16h,要求中心距 a 不大于 $0.9m$。

3. 设计一破碎机装置用三角胶带传动。已知：电动机为 $JO_2 - 42 - 4$，电动机额定功率 $P = 10\text{kW}$，转速 $n_1 = 1440\text{r/min}$，传动比 $i = 2$，两班制工作，希望中心距不超过 600mm。

4. 一带式运输机传动装置中三角胶带传动如图所示。已知：$D_1 = 140\text{mm}$，$D_2 = 450\text{mm}$，$n_1 = 960\text{r/min}$，中心距 $a = 656\text{mm}$，B 型带 5 根，电动机为 JO_2 型，单班制（一班 8h），载荷变动较大，卷筒圆周速度 $v = 1.4\text{m/s}$。

三角胶带效率 $\eta_1 = 0.95$，减速器效率 $\eta_2 = 0.95$，运输机卷筒轴承效率 $\eta_3 = 0.98$。

试求：从保证胶带传动的工作能力出发，卷筒上的圆周力 F 可以是多大？

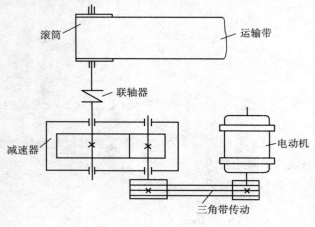

题 4 图

5. 某石油钻机上联动机组并车传动胶带，已知：传动轴输入功率为 564.7kW，转速 $n_1 = 912\text{r/min}$，$i = 1$。试用基准宽度制和有效宽度制两种制度设计该窄 V 带传动。

6. 某空冷器采用一台轴流风机，风量 $27 \times 10^4 \text{m}^3/\text{h}$，全风压 16mm 水柱，风机效率 $\eta_1 = 0.8$，传动系统效率 $\eta_2 = 0.95$，电动机转速 $n_1 = 730\text{r/min}$，风机转速 $n_2 = 239\text{r/min}$，两胶带轮的初定中心距 $a = 710\text{mm}$。试设计该风机的胶带传动。

7. 上棉二十二厂 1293N 型细纱机的窄 V 胶带传动。已知 $P = 17\text{kW}$，$n_1 = 1465\text{r/min}$，$n_2 = 260\text{r/min}$，三班制工作。设计此种窄 V 胶带传动。

8. 某机械厂一车床选用窄 V 带传动，电动机为三相马达（星——三角开关），功率 $P = 22\text{kW}$，$n_1 = 2910\text{r/min}$，车床转速 $n_2 = 735\text{r/min}$，每日工作时间超过 16h，带轮直径和中心距可任意选定。试设计此窄 V 带传动。

9. 已知：$P = 10\text{kW}$，$n_1 = 960\text{r/min}$，$n_2 = 300\text{r/min}$，两班制工作，中心距控制在 2m 内。设计这种平型带传动。

10. 带式运输机的帆布胶带传动，已知在服务期限：$n_1 = 1450\text{r/min}$，$D_1 = 320\text{mm}$，$D_2 = 1250\text{mm}$，胶带为 4 层，带厚为 5mm，两班制工作，计算的循环次数 $N = 10^6$。试求服务期限为多少年？

11. 已知：$D_1 = 280\text{mm}$，$D_2 = 250\text{mm}$，$n_1 = 960\text{r/min}$，$a \approx 1.5\text{m}$，布置与水平成 $60°$，轮宽 $B = 150\text{mm}$，问用帆布胶带能传递多大功率？

12. 设计某机械厂一磨床上高速带传动，已知：$P = 2\text{kW}$，$n_1 = 20000 \text{ r/min}$，$n_2 = 40000 \text{ r/min}$，运转平稳，连续工作时间不超过 5h，采用橡胶高速带。

13. 设计某一粉碎机高速带传动。已知：$P = 4\text{kW}$，$n_1 = 25000\text{r/min}$，$n_2 = 50000\text{r/min}$，运转有轻微冲击振动，一日工作时间为 8h。采用橡胶高速带传动。

14. 计算离心式泵采用的同步齿形带传动，已知：$P = 55\text{kW}$，$n_1 = 1450\text{r/min}$，$i = 2.5$（减速），中心距 $a \approx 800\text{mm}$，每日工作时间不超过 16h。

15. 计算大港油田引进美制 GD 三柱塞高压水泵采用的 5V—2000 型窄 V 带。已知：$P=132\text{kW}$，$n_1=1470\text{r/min}$，$n_2=370\text{r/min}$，中心距 $a\approx2385\text{mm}$，24h 连续工作，运转平稳。

16. 计算 717C 型侧壁气垫船试验艇采用同步齿形带。已知：两台主机自由端各驱动一台离心风机，主机转速为 1500r/min，每台风机功率为 22kW，转速 2700r/min，负荷起动和运转中工况变化频繁，中心距尽可能小些，风机效率 $\eta=0.96$，工作时间每天不超过 8h。

17. 设计运输机用的多楔带传动，已知传递功率 $P=18.5\text{kW}$，$n_1=1450\text{r/min}$，$n_2=400\text{ r/min}$，每天工作 8h，中心距 $a\approx1.2\text{m}$。

18. 计算一饲料粉碎机采用的多楔带传动，已知 $P=30\text{kW}$，$n_1=1470\text{r/min}$，$i=1.15$，中心距 $a\approx900\text{mm}$，每天工作时间 16h。

19. 计算用于带动空气压缩机的多楔带传动，已知 $P=7.5\text{kW}$，$n_1=1100\text{r/min}$，$D_1=250\text{mm}$，$n_2=220\text{r/min}$，$a=1.2\text{m}$。

20. 设计一台式钻床用的如图 8-26b 所示的四级塔轮传动。已知：传递功率 $P=3\text{kW}$，主动轴转速 $n_1=300\text{r/min}$，从动轴 $n_{2\max}=1000\text{r/min}$，从动轴 $n_{2\min}=100\text{r/min}$，中心距 $a\approx1.2\text{m}$，主动轮最小直径 $D_{1\min}=125\text{mm}$。

21. 对抽油机进行带传动设计，根据抽油机悬点载荷，曲柄扭矩，冲程和冲次的要求计算出驱动电机的最大合理功率值为 55kW，转速为 750r/min，并已知主减速器传动比为 31.73，游梁冲次分别为 6，9，12 次/分，设备理想中心距为 2450mm，长期野外连续运转，设计带传动。

说明：根据抽油机的载荷特性，当悬点载荷不变的时候，曲柄扭矩是不随冲次和冲程而改变的常数。

第九章

链 传 动

§9-1　链传动的特点和应用

链传动(Chain drive)属于中间挠性件的啮合传动,它兼有齿轮传动和带传动的一些特点。与齿轮传动相比,链传动的制造与安装较易,链轮齿受力情况较好,承载能力较大;有一定的缓冲和减震性能;在远距离传动(中心距多达十多米)时,其结构要比齿轮传动轻便得多。与带传动相比,键传动无弹性滑动和打滑现象,因而能保持准确的平均传动比,传动效率稍高;又因链条不需要像带那样张得很紧,所以作用在轴上的径向压力较小;在同样使用条件下,链传动的结构较为紧凑。同时链传动能在高温及速度较低的情况下工作。

链传动的主要缺点:不能保持瞬时传动比恒定,工作时有噪声,磨损后易发生跳齿,不宜在载荷变化很大和急速反向的传动中应用。

链传动广泛用在机械制造业中,如农业、矿山、起重运输、冶金、建筑、石油、化工、交通等部门。特别在不宜采用齿轮传动的场合,用链传动不但方便可靠,而且结构大为简化。例如在摩托车中应用了链传动,建筑机械中也应用了链传动,虽受到土块、泥浆及瞬时过载等影响,但仍能很好地工作。

目前,链传动传递功率可达数千千瓦;链速可达 $30\sim40$m/s;润滑良好的链传动,传动效率为 $97\%\sim98\%$。

按用途不同,链可分为:传动链(Driving chain)、起重链(Crane chain)和曳引链(Tractive chain)。起重链和曳引链主要用在起重和运动机械中,而在一般机械传动中常用的是传动链。

传动链传递的功率一般在 100kW 以下,链速一般不超过 15m/s,推荐使用的最大传动比 $i_{max}=8$。传动链有套筒滚子链(简称滚子链,Bush-roller Chain)、齿形链等类型。其中滚子链使用最广。

§9-2　传动链的结构和特点

一、滚子链

滚子链的结构如图 9-1 所示,由滚子1、套筒2、销轴3、内链板4和外链板5组成。内链板与套筒、外链板与销轴分别以过盈配合固联。滚子与套筒之间,套筒和销轴之间均为间隙配合。当内、外链板相对挠曲时,套筒可挠销轴自由转动。滚子是活套在套筒上的,工作时,滚子沿链轮齿廓滚动,可以减轻齿廓的磨损。销轴与套筒以及套筒和滚子之间,则在较大的承压面积下相对滑动,因而是链的磨损主要发生处。因此,内、外链板间应留少许间隙,以便润滑油渗入销轴和套筒以及滚子与套筒的摩擦面间。

　　链板一般制成"8"字形,以便它的各个横剖面具有接近相等的抗拉强度,同时也减小了链的质量和运动时的惯性力。

　　当传递大功率时,可采用双排链(图9-2)或多排链。多排链的承载能力随排数按一定比例增长。但由于精度的影响,各排的载荷不易均匀,故一般多用双排,而四排以上的用得很少。

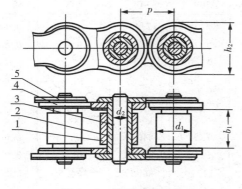

图9-1　滚子链的结构

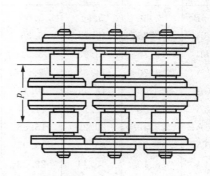

图9-2　双排链

　　滚子链的接头如图9-3所示。链节数为偶数时,接头处可用开口销(9-3a)或弹簧夹(图9-3b)来固定,一般前者用于大节距,后者用于小节距;链节数为奇数时;需采用图4-15c所示的过渡链节。由于过渡链节的链板要受附加弯矩的作用,所以在一般情况下最好不用奇数链节。

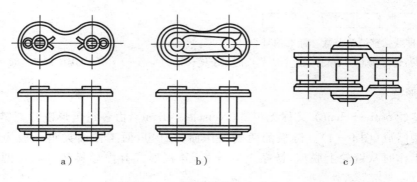

a)　　　　　　　　　b)　　　　　　　　　c)

图9-3　滚子链的接头形式

　　如图9-1所示,滚子链和链轮啮合的基本参数是节距 p,滚子外径 d_1 和内链节内宽 b_1(对于多排链还有排距 p_1,见图9-2)。其中节距是滚子链的主要参数,节距增大时,链条中各零件的尺寸也要相应地增大,可传递的功率也随着增大。

　　链的使用寿命在很大程度上取决于链的材料及热处理方法。因此,组成链的所有元件均需经过热处理,以提高其强度、耐磨性和耐冲击性。

　　表 9-1 列出了 GB1243.1—83 规定的几种规格滚子链的主要尺寸和极限拉伸载荷。表中链号和相应的国际标准链号一致,链号数乘以 25.4/16 即为节距值。后缀 A 或 B 分别表示 A 或 B 系列。本章仅介绍最常用的 A 系列滚子链传动的设计。GB1243.1—83 标准中规定的节距是由英制折算成国际米制单位的。

表 9-1　滚子链规格和主要参数

链号	节距 p	排距 p_1	滚子外径 d_1	内链节内宽 b_1	销轴直径 d_2	内链板高度 h_2	极限拉伸载荷(单排)$Q^{①}$	每米质量(单排)
	(mm)	(mm)	(mm)	(mm)	(mm)	(mm)	(kN)	(kg/m)
0.5B	8.00	5.64	5.00	3.00	2.31	7.11	4.4	0.18
06B	9.525	10.24	6.35	5.72	3.28	8.26	8.9	0.40
08B	12.70	13.92	8.51	7.75	4.45	11.81	17.8	0.70
08A	12.70	14.38	7.95	7.85	3.96	12.07	13.8	0.60
10A	15.875	18.11	10.16	9.40	5.08	15.09	21.8	1.00
12A	19.05	22.78	11.91	12.57	5.94	18.08	31.1	1.50
16A	25.40	29.29	15.88	15.75	7.92	24.13	58.6	2.60
20A	31.75	35.76	19.05	18.90	9.53	30.18	86.7	3.80
24A	38.10	45.44	22.23	25.22	11.10	36.20	124.6	5.60
28A	44.45	48.87	25.40	25.22	12.70	42.24	169.0	7.50
32A	50.80	58.55	29.58	31.55	14.27	48.26	222.4	10.10
40A	63.50	71.55	39.68	37.65	19.84	60.33	347.0	16.10
48A	76.20	87.83	47.35	47.55	23.80	72.39	500.4	22.60

① 过渡链节取 Q 值80%;

② 滚子链标记为

　　　□ — □ × □　　　□

　　链号　排数　整链链节数　标准编号

　　标记示例:链号为 08A、单排、87 个链节长的滚子链标记为 08A-1×87　GB1243.1—83。

二、齿形链

　　齿形链(Toothed chain)又称无声链(Noiseless chain),由各组齿形链片交错排列,用铰链互相联接组成(图 9-4)。链板的两侧工作面为直边,两工作面夹角一般为 60°。为防止齿形链工作时从链轮上脱离,链条上有导板,导板形式有内导板和外导板两种,一般用内导板。

　　齿形链有多种不同的结构形式,目前应用较多的是衬瓦铰链式齿形链(图 9-5)。这种齿形链,在链板销孔两侧有长、短扇形槽各一条,并且在同一轴线上。相邻链板是左右相间排列,因而长、短扇形槽也是相间排列。在销孔中装入销轴后,就在销轴左右的短槽中嵌入衬瓦,这就使相邻链节作相对转动时,左右衬瓦将各在其长槽中摆动,同时衬瓦内表面则沿销轴表面滑动。相邻链节的最大转角为 60°。这种齿形链由于其衬瓦长度与销轴长度一样,因此工作时铰链上的比压较小,磨损也较小。

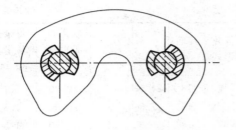

图 9-4 齿形链

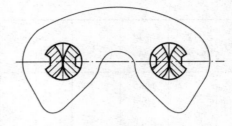

图 9-5 衬瓦铰链式齿形链

和滚子链相比,齿形链工作时,链节进入链轮是逐渐啮入的,因此具有工作比较平稳,噪音较小,允许链速较高(可达 40m/s),承受冲击能较强和链轮齿受力较均匀。由于链条是多链片组成,不会因为一两个链片损坏而导致传动失效,铰链磨损也比较小,工作可靠,寿命较长。但齿形键结构比滚子链复杂,价格较贵,较笨重,对维护和安装要求也较高,因而应用较少。

齿形链的基本参数和尺寸见表 9-2。

表 9-2 齿形链的基本参数和尺寸(摘自 JB1839—76)

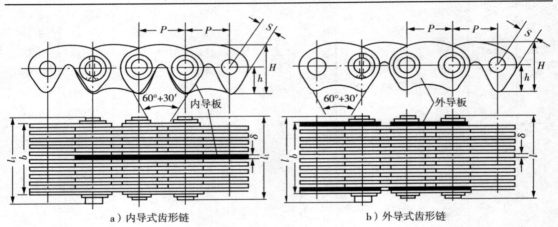

a) 内导式齿形链   b) 外导式齿形链

mm

链号	节距 p	链宽 b	S	H	h	δ	导片形式	片数 n	l_{max}	l_{1max}	极限拉伸载荷 Q_{min}(N)	每米链质量 Q (kg/mm)
		13.5					W	9	18.5	20	9800	0.60
		16.5					N,W	11	21.5	23	12300	0.73
		19.5					W	13	24.5	26	14700	0.85
		22.5					N,W	15	27.5	29	17200	1.00
C095	9.525	28.5	3.57	10.00	5.24	1.5	N	19	33.5	35	22100	1.26
		34.5					N	23	39.5	41	27000	1.53
		40.5					N	27	45.5	47	31900	1.79
		46.5					N	31	51.5	53	36800	2.06
		52.5					N	35	57.5	59	41700	2.33

（续表）

链号	节距 p	链宽 b	S	H	h	δ	导片形式	片数 n	l_{max}	l_{1max}	极限拉伸载荷 Q_{min}（N）	每米链质量 Q（kg/mm）
C127	12.70	19.5	4.76	13.34	6.99	1.5	W	13	24.5	26	22900	1.15
		22.5					N,W	15	27.5	29	26900	1.33
		25.5					W	17	30.5	32	30700	1.50
		28.5					N	19	33.5	35	34500	1.68
		34.5					N	23	39.5	41	42100	2.04
		40.5					N	27	45.5	47	49800	2.39
		46.5					N	31	51.5	53	57400	2.74
		52.5					N	35	57.5	59	65100	3.10
		58.5					N	39	63.5	65	72800	3.45
		64.5					N	43	69.5	71	80500	3.81
		70.5					N	47	75.5	77	88100	4.16
C158	15.875	30	5.95	16.67	8.73	2.0	N	15	37	38.5	44700	2.21
		38						19	45	46.5	57400	2.80
		46						23	53	54.5	70300	3.39
		54						27	61	62.5	83000	3.99
		62						31	69	70.5	95700	4.58
		70						35	77	78.5	109000	5.17
		78						39	85	86.5	122000	5.76
C190	19.05	38	4.17	20.00	10.48	2.0	N	19	45	46.5	69000	3.37
		46						23	53	54.5	84300	4.08
		54						27	61	62.5	100000	4.78
		62						31	69	70.5	115000	5.50
		70						35	77	78.5	130000	6.20
		78						39	85	85.5	146000	6.91
		86						43	93	94.5	101000	7.62
		94						47	101	102.5	176000	8.33
C254	25.40	46	9.53	26.67	13.97	2.0	N	23	54	56	113000	5.43
		54						27	62	64	133000	6.38
		62						31	70	72	153000	7.32
		70						35	78	80	173000	8.27
		78						39	86	88	191333	9.21
		86						43	94	96	215000	10.16
		94						47	102	104	235000	11.10
		102						51	110	112	256000	12.05

（续表）

链号	节距 p	链宽 b	S	H	h	δ	导片形式	片数 n	l_{max}	l_{1max}	极限拉伸载荷 Q_{min}（N）	每米链质量 Q（kg/mm）
C317	31.75	57	11.91	33.34	17.46	3.0	N	19	67	69	162000	8.42
		69						23	79	81	197000	10.19
		81						27	91	93	232000	11.96
		93						31	103	105	268000	13.73
		105						35	115	117	304000	15.50
		117						39	127	129	339000	17.27
C381	38.10	69	14.29	40.01	20.96	3.0	N	23	81	83	236000	12.22
		81						27	93	95	279000	14.35
		93						31	105	107	321000	16.48
		105						35	117	119	364000	18.61
		117						39	129	131	407000	20.73
		129						43	141	143	449000	22.86
		141						47	153	155	492000	24.99

注：① 导片形式：N——内导式，W——外导式。

② 齿形链铰链形式有：X——圆销式、Z——轴瓦式和 G——滚销式。

③ 齿形链标记示例：节距 p 为 12.7mm、链宽 b 为 28.5mm、节数为 48 节的内导、轴瓦式标准齿形链标记为

C127—28.5 NZ48 JB1839—76

三、链轮的结构和材料

链轮是链传动的主要零件，链轮齿形已经标准化。链轮设计主要是确定其结构及尺寸，选择材料和热处理方法。

（一）滚子链链轮

滚子链链轮（Sprocket）的基本参数是配用链条的节距 p，套筒的最大外径 d_1，排距 p_1 以及齿数 Z。链轮的主要尺寸及计算公式见表 9-3。

表 9-3 滚子链链轮主要尺寸（mm）

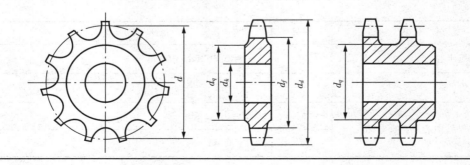

（续表）

名　　　称	代号	计 算 公 式	备　　　注
分度圆直径	d	$d = p/\sin\dfrac{180°}{z}$	
齿顶圆直径	d_a	$d_{amax} = d + 1.2p - d_1$ $d_{amin} = d + \left(1 - \dfrac{1.6}{z}\right)p - d_1$	可在 d_{amin} 至 d_{amax} 范围内任意选取，但选用 d_{amax} 时，应考虑采用展成法加工，有发生顶切的可能性
分度圆弦齿高	h_a	$h_{amax} = \left(0.625 + \dfrac{0.8}{z}\right)p - 0.5d_1$ $h_{amin} = 0.5(p - d_1)$	h_a 是为简化放大齿形图的绘制而引入的辅助尺寸（见图） h_{amax} 相应于 h_{amax} d_{amin} 相应于 d_{amin}
齿根圆直径	d_f	$d_f = d - d_1$	
齿侧凸缘（或排间槽）直径	d_g	$d_g \leqslant p\,\mathrm{tg}\dfrac{180°}{z} - 1.04h_z - 0.76$	h_z——内链板高度（表 9-1）

注：d_a，d_g 值取整数，其他尺寸精确到 0.01mm。

　　GB1244—85 规定滚子链链轮的齿形由标准齿槽形状定出，齿槽各部分尺寸的计算公式见表 9-4。

表 9-4　三圆弧—直线齿槽形状（摘自 GB1244-85）

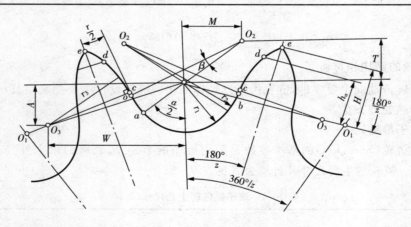

（mm）

名　　　称	符号	计 算 公 式
齿沟圆弧半径	r_1	$r_1 = 0.5025d_r + 0.05$
齿沟半角（°）	$\dfrac{a}{2}$	$\dfrac{a}{2} = 55° - \dfrac{60°}{z}$
工作段圆弧中心 O_2 的坐标	M	$M = 0.8d_r\sin\dfrac{a}{2}$
	T	$T = 0.8d_r\cos\dfrac{a}{2}$

（续表）

名　称	符号	计 算 公 式
工作段圆弧半径	r_2	$r_2 = 1.3025d_r + 0.05$
工作段圆弧中心角（°）	β	$\beta = 18° - \dfrac{56°}{z}$
齿顶圆弧中心 O_3 的坐标	W	$W = 1.3d_r \cos\dfrac{180°}{z}$
	V	$V = 1.3d_r \sin\dfrac{180°}{z}$
齿形半角	$\dfrac{r}{2}$	$\dfrac{r}{2} = 17° - \dfrac{64°}{z}$
齿顶圆弧半径	r_3	$r_3 = d_r\left(1.3\cos\dfrac{r}{2} + 0.8\cos\beta - 1.3025\right) - 0.05$
工作段直线部分长度	bc	$bc = d_r\left(1.3\sin\dfrac{r}{2} - 0.8\sin\beta\right)$
e 点至齿沟圆弧中心连线的距离	H	$H = \sqrt{r_3^2 - \left(1.3d_r - \dfrac{p_o}{2}\right)^2}$, $p_o = p\left(1 + \dfrac{2r_1 - d_r}{d}\right)$

注：齿沟圆弧半径 r_1 允许比表中公式计算的大 $0.0015d_r + 0.06$mm。

这种齿形的链轮在轮齿工作时，啮合处的接触应力较小，因而具有较高的承载能力。链轮齿廓可用标准刀具加工。因此，按标准齿形设计的齿轮，其端面齿形无须在工作图上画出，只需注明链轮的基本参数和主要尺寸，并注明"齿形按 GB1244—85 制造"即可。

至于单件生产、修配或无标准刀具和加工设备时，可采用其他齿槽形状。

链轮毂孔最大许用直径 $d_{k\max}$ 见表 9-5。

表 9-5　链轮毂孔最大许用直径 $d_{K\max}$（mm）

p ＼ Z	11	13	15	17	19	21	23	25
8.00	10	13	16	20	25	28	31	34
9.525	11	15	20	24	29	33	37	42
12.70	18	22	28	34	41	47	51	57
15.875	22	30	37	45	51	59	65	73
19.05	27	36	46	53	62	72	80	88
25.40	38	51	61	74	84	95	109	120
31.75	50	64	80	93	108	122	137	152
38.10	60	79	95	112	129	148	165	184
44.45	71	91	111	132	153	175	196	217
50.80	80	105	129	152	177	200	224	249
63.50	103	132	163	193	224	254	278	310
76.20	127	163	201	239	276	311	343	372

链轮轴向齿廓及尺寸,应符 GB144-85 的规定,见图 9-6 及表 9-6。

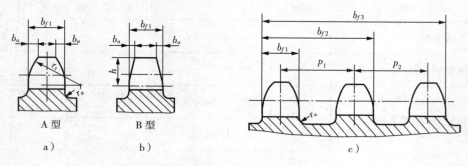

A 型   B 型
a)   b)   c)

图 9-6 轴向齿廓

表 9-6 滚子链链轮轴向齿廓尺寸(mm)

名 称		代 号	计算公式		备 注
			$p \leqslant 12.7$	$p > 12.7$	
齿宽	单排	b_{f1}	$0.93b_1$	$0.95b_1$	$p > 12.7$ 时,经制造厂同意,亦可使用 $p \leqslant 12.7$ 时的齿宽。
	双排、三排		$0.91b_1$	$0.93b_1$	
	两排以上		$0.88b_1$	$0.93b_1$	b_1——内链节内宽见表 9-1
倒角宽		b_a	$b_a = (0.1 \sim 0.15)p$		
倒角半径		r_x	$r_x \geqslant p$		
倒角深		h	$h = 0.5p$		仅适用于 B 型
齿侧凸缘(或排间槽)圆角半径		r_a	$r_a \approx 0.04p$		
链轮齿总宽		b_{fn}	$b_{fn} = (n-1)p_t + b_{f1}$		n——排数

链轮的结构 小直径的链轮可制成整体式(图 9-7a);中等尺寸的链轮可制成孔板式(图 9-7b);大直径的链轮,常采用可更换的齿圈(图 9-7c)或用螺栓联接(9-7d)在链轮上。

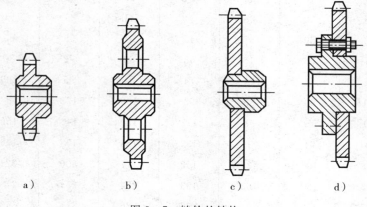

a)   b)   c)   d)

图 9-7 链轮的结构

链轮的材料 链轮的材料应能保证轮齿具有足够的耐磨性和强度。由于小链轮轮齿的啮合次数比大链轮轮齿的啮合次数多,所受冲击也较严重,故小链轮应采用较好的材料制造。

链轮常用的材料和应用范围见表9-7。

表9-7 链轮常用的材料及齿面硬度

材 料	热处理	热处理后硬度	应用范围
15,20	渗碳、淬火、回火	HRC50~60	$Z\leqslant25$,有冲击载荷的主、从动链轮
35	正火	160~200HB	在正常工作条件下,齿数较多($Z>25$)的链轮
40,50ZG310—570	淬火、回火	HRC40~50	无剧烈振动及冲击的链轮
15Cr,20Cr	渗碳、淬火、回火	HRC50~60	有动载荷及传递大功率的重要链轮($Z<25$)
35SiMn,40Cr,35CrMo	淬火、回火	HRC40~50	使用优质链条,重要的链轮
A3,A5	焊接后退火	140HB	中等速度,传递中等功率的较大链轮
普通灰铸铁(不低于 HI150)	淬火、回火	260~280HB	$Z_2>50$ 的从动链轮
夹布胶木			功率小于 6kW,速度较高,要求传动平稳和噪声小的链轮

(二)齿形链链轮

齿形链链轮的结构设计和材料的选择,基本上与滚子链链轮相同,其链轮齿形与基本参数,可参考表9-8进行计算。

表9-8 齿形链链轮齿形与基本参数(JB1840—76)

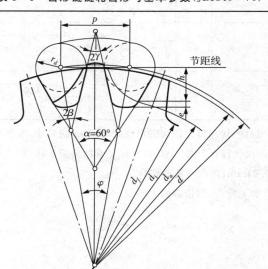

	名　称	符号	计　算　公　式	说　明
基本参数	链轮齿数	z		查本部附表1
	齿楔角	α	$\alpha = 60^{o}{}_{-30}$	
	配用链条节距	p		查表 9-2
链轮齿形与主要尺寸	分度圆直径	d	$d = \dfrac{p}{\sin\dfrac{180°}{z}}$	
	齿顶圆直径	d_a	$d_a = \dfrac{p}{\text{tg}\dfrac{180°}{z}}$	
	齿槽定位圆半径	r_d	$r_d = 0.375p$	
	分度角	φ	$\varphi = \dfrac{360°}{z}$	
	齿槽角	β	$\beta = 30° - \dfrac{180°}{z}$	
	齿形角	γ	$\gamma = 30° - \dfrac{360°}{z}$	
	齿面工作段最低点至节距线的距离	h	$h = 0.55p$	
	齿根圆直径	d_f	$d_f = p\sqrt{1.296328 + \left(\text{cog}\dfrac{180°}{z} - 1.26\right)^2}$	
	接触终止圆直径	d_j	$d_j p\sqrt{1.515213 + \left(\text{cog}\dfrac{180°}{z} - 1.1\right)^2}$	

注：① 加工轮齿时，控制刀具的切深以保证齿槽定位圆增径 r_d 的尺寸，齿根圆直径 d_f 仅作为参考尺寸。

　② 接触终止圆直径 d_j 仅供设计刀具时用，以保证足够的齿面工作段。

　③ 线性尺寸精确到 0.01mm；角度值精确到分。

　④ 若用鞍状成形铣刀加工轮齿，则齿根圆直径 d_f 为

$$d_f = d - \frac{2(h+e)}{\cos\dfrac{180°}{z}}$$

齿根圆角半径为 $0.08p$。

表 9 - 9　齿形链链轮轴向齿廓尺寸（摘自 JB1840—76）　　　　（mm）

参数		节　距　p						
		9.525	12.70	15.875	19.05	25.40	31.75	38.10
B	外导	$b-3\delta$　b——链条宽度；δ——链片或导片厚度						
	内导	$b+2\delta(b,\delta$ 同上$)$						
$a^{+1.0}_{\ 0}$		3		4		0		
$f^{+0.5}_{\ 0}$		1		1.5		2		
R		3		4		5		
r		0.5		0.8		1.0		
$h_1{}^{+1.0}_{\ 0}$		7	9	11	13	16	20	24

§9 - 3　链传动的运动特性

一、链传动的运动不均匀性

由于链是由刚性链节通过销轴铰接而成，当链绕在链轮上时，其链节与相应的轮啮合后，这段链条将曲折成正多边形的一部分（图9-8）。该正多边形的边长等于链条的节距 p，边数等于链轮齿数 Z。链轮每转一转，随之转过的链长为 Zp，所以链的速度为

$$v=\frac{Z_1 n_1 p}{60\times1000}=\frac{Z_2 n_2 p}{60\times1000}\quad(\text{m/s}) \tag{9-1}$$

式中　n_1,n_2——分别为主、从动链轮的转速，r/min；

　　　Z_1,Z_2——分别为主、从动链轮的齿数；

　　　p——链的节距，mm。

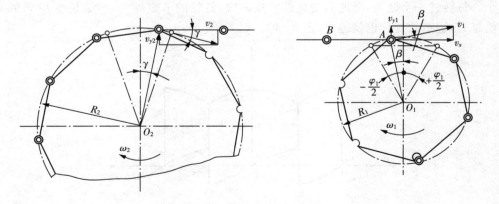

图 9 - 8　链传动的速度分析

链传动的传动比为

$$i_{12} = \frac{n_1}{n_2} = \frac{Z_2}{Z_1} \tag{9-2}$$

通过应用式(9-1)和(9-2)来求链速和传动比,其实它们反映的仅是平均值。事实上,即使主动链轮的角速度 $\omega_1 =$ 常数,其瞬时链速和瞬时传动比都是变化的,而且是按每一链节的啮合过程做周期性的变化。

如图9-8所示,链轮转动时,绕在链轮上的链条,只有铰链的销轴 A 的轴心是沿着链轮分度圆运动的,而链节其余部分的运动轨迹均不在分度圆上。若主动链轮以等角速度 ω_1 转动时,该链节的铰链销轴 A 的轴心作等速圆周运动,其圆周速度 $v_1 = R_1 \omega_1$。

为了便于分析,设链传动在工作时,主动边始终处于水平位置。这样 v_1 可分解为沿着链条前进方向的水平分速度 v_x 和作上下运动的垂直分速度 v_{y1},其值分别为

$$v_x = v_1 \cos\beta = R_1 \omega_1 \cos\beta \tag{9-3}$$

$$v_{y1} = v_1 \sin\beta = R_1 \omega_1 \sin\beta \tag{9-4}$$

式中 β 是主动轮上最后进入啮合的链节铰链的销轴 A 的圆周速度 v_1 与水平线的夹角,也是啮入过程中链节铰链在主动轮上的相位角。从销轴 A 进入铰链啮合位置到销轴 B 也进入铰链啮合位置为止,β 角是从 $-\dfrac{\phi_1}{2}$ 到 $+\dfrac{\phi_1}{2}$ 之间变化的($\phi_1 = 360°/Z_1$)。

当 $\beta = \pm\dfrac{\phi_1}{2}$ 时

$$v_x = v_{x\min} = R_1 \omega_1 \cos\frac{180°}{Z_1}, v_{y1} = v_{y1\max} = R_1 \omega_1 \sin\frac{180°}{Z_1}$$

当 $\beta = 0$ 时

$$v_x = v_{x\min} = R_1 \omega_1, v_{y1} = v_{y1\max} = 0$$

由此可见,主动链轮虽作等角速度回转,而链条前进的瞬时却周期性地由小变大,又由大变小。每转过一个链节,链速的变化就重复一次,链轮的节距越大,齿数越少,β 角的变化范围就越大,链速的变化也就越大(图9-9)。

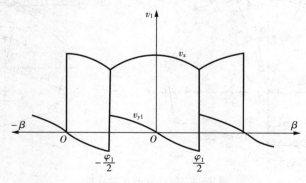

图9-9　瞬时链速变化的规律

与此同时,铰链销轴作上下运动的垂直分速度 v_{y1} 也在周期性变化,导致链沿垂直方向产生有规律的振动。同前理,每一链节在与从动链轮轮齿啮合的过程中,链节铰链在从动轮上的相位角 γ,并不断地在 $\pm180°/Z_1$ 的范围内变化(图 9-8),所以从动链轮的角速度为

$$\omega_2=\frac{v_x}{R_2\cos\gamma}=\frac{R_1\omega_1\cos\beta}{R_2\cos\gamma} \tag{9-5}$$

链传动的瞬时传动比

$$v_s=\omega_1/\omega_2=\frac{R_2\cos\gamma}{R_1\cos\beta} \tag{9-6}$$

链传动的瞬时传动比

$$i_s=\omega_1/\omega_2=\frac{R_2\cos\gamma}{R_1\cos\beta} \tag{9-7}$$

由上式可知,随着 β 和 γ 角的不断变化,链传动的瞬时传动比也是不断变化的。当主动链轮以等角速度回转时,从动链轮的角速度也是在周期性地变动。只有在 $Z_1=Z_2$(即 $R_1=R_2$),且传动的中心距恰为节距 p 的整数倍时(这时 β 和 γ 角的变化才会时时相等),传动比才能在全部啮合过程中保持不变,即恒等于 1。

上述链传动运动不均匀性的特征,是由于围绕在链轮上的链条形成了正多边形这一特点所造成的,故称为链传动的多边形效应。

二、链传动的动载荷

链传动过程中,链条和从动链轮都是做周期性的变速运动,因而造成和从动链轮相连的零件也产生周期性变化,从而引起动载荷。动载荷的大小与回转零件的质量和加速度的大小有关。

链条前进的加速度引起的动载荷为

$$F_{d1}=ma_c \quad \text{(N)} \tag{9-8}$$

式中　m——紧边链条的质量,kg;

　　　a_c——链条加速度,m/s²,

$$a_c=\frac{\mathrm{d}v_x}{\mathrm{d}t}=\frac{\mathrm{d}}{\mathrm{d}t}R_1\omega_1\cos\beta=-R_1\omega^2\sin\beta$$

当 $\beta=180°/Z_1$ 时

$$a_{c\max}=\mp R_1\omega_1^2\sin\frac{180°}{Z_1}=\mp\frac{\omega_1^2 p}{2}$$

式中　p 为链节距,$p=2R_1\sin\dfrac{180°}{Z_1}$

从动链轮的角加速率引起的动载荷为

$$F_{d2}=\frac{J}{R_2}\cdot\frac{\mathrm{d}\omega_2}{\mathrm{d}t} \quad \text{(N)} \tag{9-9}$$

式中　J——从动系统转化到从动链轮轴上的转动惯量,kg·m²;

　　　ω_2——从动链轮的角速度,rad/s;

R_2——从动链轮的分度圆半径，m。

由此可见，链轮转速越高，节距越大（即齿数越少）时，加速度愈大，因而动载荷越大。同时，由于链条沿垂直方向的分速度 v_y 也在做周期性的变化，将使链条发生横向振动，导致链条的张力变化，产生动载荷，并且也是链传动产生共振的主要原因。

此外，链节和链轮啮合瞬间的相对速度，也将引起冲击和动载荷。如图 9－10 所示，当链节啮上链轮轮齿的瞬间，做直线运动的链节铰链和以角速度 ω 做圆周运动的链轮轮齿，将以一定的相对速度相互啮合，从而使链条和链轮受到冲击，并产生附加动载荷。显然，链节距 p 越大，链轮的转速越高，则冲击越强烈，将使传动产生振动和噪声，并将加速链条的损坏和轮齿的磨损，同时也增加了能量的消耗。

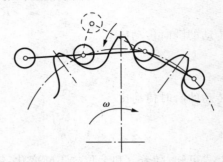

图 9－10　链条和链轮啮合瞬间的冲击

此外，链条松弛，在启动、制动、反转、突然超载或卸载时的惯性冲击，也将对链条产生动载荷。

为了获得平稳的链传动，在设计时，必须合理地选择链传动的各个参数。例如选用较小链节距，较多的链轮齿数，并采用适当的转速和自动张紧装置等。

§9－4　链传动的受力分析

链在工作过程中，紧边和松边的拉力是不相等的。若不计传动中的动载荷，则链的紧边受到的拉力 F_1 是由链传递的有效圆周力 F、链的离心力所引起的拉力 F_c 以及由链条松边垂度引起的悬垂拉力 F_f 三部分组成的，即

$$F_1 = F + F_c + F_f \tag{9－10}$$

链的松边所受的拉力由 F_c 及 F_f 两部分组成

$$F_2 = F_c + F_f \tag{9－11}$$

有效圆周力

$$F = 1000 \frac{p}{v} \tag{9－12}$$

式中　p——传递功率，kW；

　　　v——链速，m/s。

离心力引起的拉力

$$F_c = qv^2 \tag{9－13}$$

式中　q——单位长度链条的质量，kg/m，参考表 9－1。

悬垂拉力 F_f 的大小与链条的松边垂度及传动布置方式有关。如图 9－11 所示，该拉力可按悬索张力的方法求得

$$F_f = K_f qga \quad (N) \tag{9－14}$$

式中　a——链传动的中心距，m；

　　　g——重力加速度，$g=9.81$，m/s^2；

　　　K_f——垂度系数，即下垂度 $f=0.02a$ 时的拉力系数，当 $\alpha=0°$ 时，$K_f=7$；$\alpha=30°$ 时，

　　　　　$K_f=6$；$\alpha=60°$ 时，$K_f=4$；$\alpha=75°$ 时；$K_f=25$；$\alpha=90°$ 时，$K_f=1$。

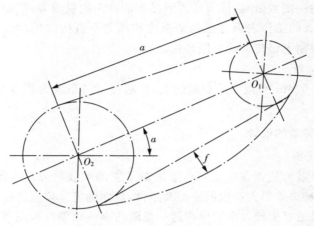

图 9 - 11　链的下垂度

链作用在轴上的压轴力可近似取为

$$Q=F_1+F_2=K_Q F \qquad (9-16)$$

式中　K_Q——压轴力系数，对于水平传动 $K_Q\approx1.15$；对于垂直传动 $K_Q=1.05$。

§9 - 5　链传动的设计计算

一、链传动的失效形式

1. 链的疲劳破坏

在变应力作用下，经过一定循环次数后，链板将会出现疲劳断裂，或者套筒、滚子、衬瓦表面将会出现疲劳点蚀及疲劳裂纹。因此，链条的疲劳强度成为决定链传动承载能力的主要因素。

2. 链条铰链的磨损

链条铰链在进入链轮与轮齿啮合和离开链轮脱离啮合时，相邻链节将产生相对转动，致使轴销与套筒（衬瓦）和套筒与滚子间存在相对滑动。在润滑不充分或载荷过大时，将使铰链磨损得很快。磨损将造成链节的实际节距变大，达到一定程度（在标准试验条件下，允许整根链条的平均伸长率为 3%），就会使链条与链轮的啮合点向顶圆移动，破坏正常啮合，甚至造成脱链而使传动失效。磨损还会使链条的实际节距的不均匀性增大，引起传动更不平稳。磨损是开式链传动的主要失效形式。

3. 多次冲击破断

对于因张紧不好而有较大松边垂度的链传动，在反复启动、制动或反转时所产生的巨大

惯性冲击,将会使销轴、套筒、滚子或衬瓦等元件不到疲劳时就产生冲击破断,故称为多冲破断。造成多种破断的载荷,是一种超过允许载荷数倍、甚至十几倍,但又小于一次冲击就使元件破断的冲击载荷。它的应力总循环次数一般在 10^4 以内。

4. 链条铰链的胶合

当链轮转速高达一定数值时,链节啮入时受到的冲击能量增大,销轴和套筒(衬瓦)间润滑油膜被破坏,使两者的工作表面在很高的温度和压力下直接接触,从而导致胶合。因此,胶合在一定程度上限制了链传动的极限转速。

5. 链条的过载拉断

在转速极低($v<0.6\text{m/s}$)或尖峰载荷过大,并超过了链条静力强度的情况下,链条就会被拉断。

二、套筒滚子链传动的设计

1. 极限功率曲线图

链传动的各种失效形式都在一定条件下限制了它的承载能力。因此,在选择链条型号时,必须全面考虑各种失效形式产生的原因及条件,从而确定其传递的极限功率 $P_{\lim}$。

图 9-12 所示是通过实验做出的单排链的极限功率曲线图。由图可见:在润滑良好、中等速度的链传动中,链传动的承载能力主要取决于链板的疲劳强度;随着转速增高,链传动的多边形效应增大,传动能力主要取决于滚子和套筒的冲击疲劳强度,转速越高,传动能力就越低,并会出现铰链胶合现象,使链条迅速失效。

当链传动处于润滑条件不好或工作环境恶劣的情况下,链条磨损加剧,所能传递的功率较润滑良好状态下低得多,如图 9-12 中虚线 6 所示,因而不能充分发挥链条的工作能力,应尽量避免发生这种情况。

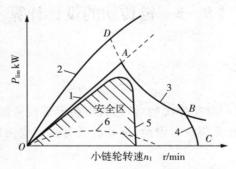

图 9-12　滚子链的极限功率曲线图

1—链板疲劳强度限定的极限功率曲线;2—良好润滑时磨损限定的极限功率曲线;
3—套筒、滚子冲击疲劳强度限定的极限功率曲线;4—销轴和套筒胶合限定的极限功率曲线;
5—额定功率曲线;6—润滑恶劣时磨损限定的极限功率曲线

2. 额定功率曲线

图 9-13 为 A 系列滚子链的额定功率曲线,是在标准实验条件下得出的,即①单排链传动;②两链轮轴在水平位置布置;③小链轮齿数 $z_1=19$;④载荷平稳,工作环境正常,按推荐的润滑方式润滑(见后面图 9-16);⑤工作寿命定为 15000h,在此期限内平均节距 p 伸长量不超过 3%。根据小链轮转速,在此图上可查出各种链条在链速 $v>0.6\text{m/s}$ 情况下允许传

递的额定功率 P_o。

若所设计的链传动与上述实验条件不符时,由图 9-16 查得的 P_o 值应乘以一系列修正系数,如小链轮齿数系数 K_z、链长系数 K_L,多排链条数 K_p 和工作情况系数 K_A 等。

当不能保证图 9-13 润滑方式时,则线图中所规定的功率 P_o 应降到下列数值;

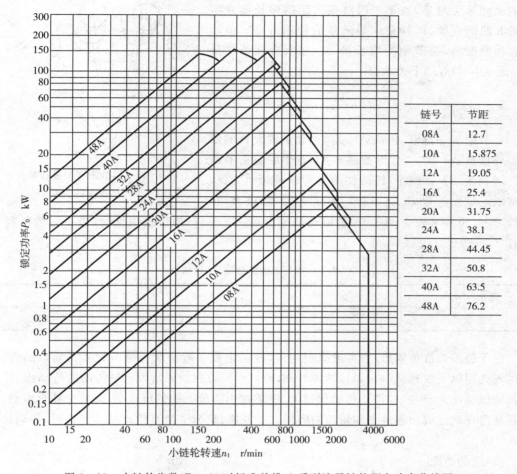

链号	节距
08A	12.7
10A	15.875
12A	19.05
16A	25.4
20A	31.75
24A	38.1
28A	44.45
32A	50.8
40A	63.5
48A	76.2

图 9-13 小链轮齿数 $Z_1 = 19$ 时标准单排 A 系列滚子链的额定功率曲线图

当 $v \leqslant 1.5\mathrm{m/s}$,润滑不良时,降至 $(0.3 \sim 0.6)P_o$;无润滑时,降至 $0.15P_o$(寿命不能保证 15000h);

当 $1.5\mathrm{m/s} < v < 7\mathrm{m/s}$,润滑不良时,降至 $(0.15 \sim 0.3)P_o$;

当 $v > 7\mathrm{m/s}$,润滑不良时,则传动不可靠,不宜采用。

当要求的实际工作寿命低于 15000h 时,可按有限寿命进行设计。这时允许传递的功率可高些。

3. 链传动的主要参数的选择和设计计算步骤

(1)链轮齿数 Z_1、Z_2 和传动比

小链轮齿数 Z_1 对链传动的平稳性和使用寿命有较大的影响。齿数少可减小外廓尺寸,但齿数过少,将会导致:1)传动的不均匀性和动载荷增大;2)链条进入和退出啮合时,链节间

的相对转角增大,使铰链的磨损加剧;3)链传递的圆周力增大,从而加速了链条和链轮的损坏。

由此可见,增加小链轮齿数对传动是有利的。但如 Z_1 选得太大时,大链轮齿数 Z_2 将更大,除增大了传动的尺寸和质量外,也易于因链条节距的伸长而发生跳齿和脱链现象,同样会缩短链条的使用寿命。销轴和套筒磨损后,链节距的增长量 Δp 和啮合圆外移量 Δd(图 9 – 14)有如下关系:

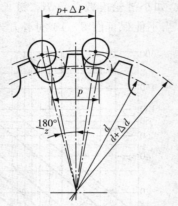

$$\Delta p = \Delta d \sin \frac{180}{Z}$$

当节距 p 一定时,齿高就一定,也就是说允许的啮合圆外移量 Δd 就一定,齿数越多,不发生脱链的节距允许增长量 Δp 就越小,链的使用寿命就越短。为此,通常限定最大齿数 $Z_{max} \leqslant 120$。为使 Z_2 不致过大,在

图 9 – 14　链节距增大量和啮合圆外移量间的关系

选择 Z_1 时可参考表 9 – 10。一般链轮最少齿数 $Z_{min} = 17$,当链速很低时,最少齿数可到 9。推荐 $Z_1 \approx 29 - 2i$。

表 9 – 10　小链轮数 Z_1 的选择

链速 v(m/s)	0.6～3	3～8	>8
齿数 Z_1	≥15～17	≥19～21	≥23～25

由于链节数常是偶数,为考虑磨损均匀,链轮齿数一般应取与链节数互为质数的奇数,并优先选用以下数列:17,19,21,23,25,38,57,76,95,114。通常限制链传动的传动比 $i \leqslant 6$,推荐的传动比为 $i = 2 \sim 3.5$。传动比过大,链条在小链轮上的包角过小,将减少啮合齿数,因而容易出现跳齿或加速链条和轮齿的磨损。在低速、载荷平稳及传动尺寸允许时,传动比可达 $8 \sim 10$。

(2)链的节距

链的节距 p 的大小,反映了链条和链轮齿各部分尺寸的大小。在一定条件下,链的节距越大,承载能力就越高,但传动的多边形效应也要增大,于是振动、冲击、噪声也越严重。所以设计时,为使传动结构紧凑,寿命长,应尽量选取较小节距的单排链。速度高、功率大时,则选用小节距的多排链。从经济上考虑,中心距小、传动比大时,选小节距多排链;中心距大、传动比小时,选大节距单排链。

允许采用的链条节距中,根据功率 P_o 和小链轮转速 n_1 由图 9 – 13 并结合表 9 – 1 选取。由于链传动的实际工作条件与实验条件不完全一致,因此,必须对 P_o 进行修正。

$$P_o \geqslant \frac{P_{ca}}{K_z K_L K_p} \tag{9 – 16}$$

$$P_{ca} = P K_A$$

式中 P_o——在特定条件下,单排链所能传递的功率(图 9-13);

$\quad\quad P_{ca}$——链传动的计算功率;

$\quad\quad K_A$——工作情况系数(表 9-11);

$\quad\quad K_z$——小链轮齿数系数(表 9-12),当工作在图 9-12 所示曲线凸峰的左侧时(链板疲劳),查表中 K_z,右侧时(滚子、套筒冲击疲劳),查表中的 K_z';

$\quad\quad K_p$——多排链系数(图 9-13);

$\quad\quad K_L$——链长系数(图 9-15)。

表 9-11 链传动工作情况系数 K_A

载荷种类	输入动力种类		
	内燃机、液力传动	电动机、汽轮机	内燃机、机械传动
平 稳	1.0	1.0	1.2
中等冲击	1.2	1.3	1.4
较大冲击	1.4	1.6	1.7

表 9-12 小链轮齿数系数 K_z 及 K_z'

Z_1	9	10	11	12	13	14	15	16	17
K_z	0.446	0.500	0.554	0.609	0.664	0.719	0.775	0.831	0.887
K_z	0.326	0.382	0.441	0.502	0.566	0.633	0.701	0.773	0.846
Z_1	19	21	23	25	27	29	31	33	35
K_z	1.00	1.11	1.23	1.34	1.46	1.58	1.70	1.82	1.93
K_z'	1.00	1.16	1.33	1.51	1.69	1.89	2.08	2.29	2.50

表 9-13 多排链系数 K_p

排数	1	2	3	4	5	6
K_p	1	1.7	2.5	3.3	4.0	4.6

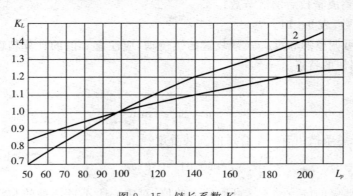

图 9-15 链长系数 K_1

1—链板疲劳;2—滚子、套筒冲击疲劳

据式(9-15)求出链条所能传递的功率,再由图9-13结合表9-1查出合适的链节距和排数。

(3)链传动的中心距链节数

中心距过小,链速不变时,单位时间内链条绕转次数增多,链条曲伸次数和应力循环次数增多,因而加剧了链的磨损和疲劳。同时,中心距过小,链条在小链轮上的包角变小,在包角范围内,每个轮齿所受载荷增大,且易出现跳齿和脱链现象。

中心距太大,会引起从动边垂度过大,传动时造成松边颤动。

因此在设计时,若中心距不受其他条件限制,一般可初定中心距 $a_o(30\sim50)p$,最大取 $a_{omax}=80p$;脉动载荷,无张紧装置时 $a_o<25p$;对中心距不能调整的传动,$a_{omax}\approx30p$。最小中心距 a_{amin} 可由下列计算式计算,可保持小链轮上的包角不小于 $120°$,且大、小链轮不会相碰。

i	$\leqslant4$	$\geqslant4$
a_{amin}	$0.2Z_1(i+1)p$	$0.33Z_1(i-1)p$

链条长度以链节数 L_p(节距 p 的倍数)来表示:

$$L_p=2a_{op}+\frac{Z_1+Z_2}{2}+\frac{C}{a_{op}} \tag{9-17}$$

$$a_{op}=\frac{a_o}{p}, C=(\frac{Z_2-Z_2}{2\pi})^2$$

计算出的 L_p 应圆整为整数,最好取偶数。

理论中心距 a:

当 $Z_1\neq Z_2$ 时,$a=p(2L_p-Z_1-Z_2)K_a$

当 $Z_1=Z_2=Z$ 时,$a=\frac{p}{2}(L_p-z)$

式中　L_p——圆整成整数后的链节数;

　　　K_a——系数,表9-14。

对中心距不可调整的和没有张紧装置的链传动,应注意 a 值的计算精确性。上列 a 的计算具有精确、简便的特点。

实际中心距

$$a'=a-\Delta a \quad (mm)$$

Δa 值应保证链条松边有一个合适的安装垂度

$$f=(0.01\sim0.02)a$$

对中心距可调整的链传动,Δa 可取较大的值;对中心距不可调整的和没有张紧装置的链传动,则应取较小的值。

表 9 - 14 系数 K_a

$\dfrac{L_p - Z_1}{Z_2 - Z_1}$	K_a	$\dfrac{L_p - Z_1}{Z_2 - Z_1}$	K_a	$\dfrac{L_p - Z_1}{Z_2 - Z_1}$	K_a
1.05	0.19245	1.118	0.20888	1.186	0.2184
1.052	0.19312	1.12	0.20923	1.188	0.21862
1.054	0.19378	1.122	0.20957	1.19	0.21884
1.056	0.19441	1.124	0.20991	1.192	0.21906
1.058	0.19504	1.126	0.21024	1.194	0.21927
1.06	0.19564	1.128	0.21057	1.196	0.21948
1.062	0.19624	1.13	0.2109	1.198	0.21969
1.064	0.19682	1.132	0.21122	1.2	0.2199
1.066	0.19739	1.134	0.21153	1.202	0.22011
1.068	0.19794	1.136	0.21184	1.204	0.22031
1.07	0.19848	1.138	0.21215	1.206	0.22051
1.072	0.19902	1.14	0.21245	1.208	0.22071
1.074	0.19954	1.142	0.21275	1.21	0.2209
1.076	0.20005	1.144	0.21304	1.212	0.2211
1.078	0.20055	1.146	0.21333	1.214	0.22129
1.08	0.20104	1.148	0.21361	1.216	0.22148
1.082	0.20152	1.15	0.2139	1.218	0.22167
1.084	0.20199	1.152	0.21417	1.22	0.22185
1.086	0.20246	1.154	0.21445	1.222	0.22204
1.088	0.20291	1.156	0.21472	1.224	0.22222
1.09	0.20336	1.158	0.21499	1.226	0.2224
1.092	0.2038	1.16	0.21525	1.228	0.22257
1.094	0.20423	1.162	0.21551	1.23	0.22275
1.096	0.20465	1.164	0.21577	1.232	0.22293
1.098	0.20507	1.166	0.21602	1.234	0.2231
1.1	0.20548	1.168	0.21627	1.236	0.22327
1.102	0.20588	1.17	0.21652	1.238	0.22344
1.104	0.20628	1.172	0.21677	1.24	0.2236
1.106	0.20667	1.174	0.21701	1.242	0.22377
1.108	0.20705	1.176	0.21725	1.244	0.22393
1.11	0.20743	1.178	0.21748	1.246	0.2241
1.112	0.2078	1.18	0.21772	1.248	0.22426
1.114	0.20817	1.182	0.21795	1.25	0.22442
1.116	0.20852	1.184	0.21817	1.252	0.22457

$\dfrac{L_p - Z_1}{Z_2 - Z_1}$	K_a	$\dfrac{L_p - Z_1}{Z_2 - Z_1}$	K_a	$\dfrac{L_p - Z_1}{Z_2 - Z_1}$	K_a
1.254	0.22473	1.45	0.2349	2.4	0.24643
1.256	1.22488	1.46	0.23524	2.45	0.24662
1.258	0.22504	1.47	0.23556	2.5	0.24679
1.26	0.22519	1.48	0.23588	2.55	0.24694
1.262	0.22534	1.49	0.23618	2.6	0.24709
1.264	0.22548	1.5	0.23648	2.65	0.24722
1.266	0.22563	1.51	0.23677	2.7	0.24735
1.268	0.22578	1.52	0.23704	2.75	0.24747
1.27	0.22592	1.53	0.23731	2.8	0.24758
1.272	0.22606	1.54	0.23757	2.85	0.24768
1.274	0.22621	1.55	0.23782	2.9	0.24778
1.276	0.22635	1.56	0.23906	2.95	0.24787
1.278	0.22648	1.57	0.2383	3	0.24795
1.28	0.22662	1.58	0.23853	3.1	0.24811
1.282	0.22676	1.59	0.23875	3.2	0.24825
1.284	0.22689	1.6	0.23896	3.3	0.24837
1.286	0.22703	1.61	0.23917	3.4	0.24848
1.288	0.22716	1.62	0.23938	3.5	0.24858
1.29	0.22729	1.63	0.23957	3.6	0.24867
1.292	0.22742	1.64	0.23976	3.7	0.24876
1.294	0.22755	1.65	0.23995	3.8	0.24883
1.296	0.22768	1.66	0.24013	3.9	0.2489
1.298	0.2278	1.67	0.24031	4	0.24896
1.3	0.22793	1.68	0.24048	4.1	0.24902
1.305	0.22824	1.69	0.24065	4.2	0.24907
1.31	0.22854	1.7	0.24081	4.3	0.24912
1.315	0.22883	1.72	0.24112	4.4	0.24916
1.32	0.22912	1.74	0.24142	4.5	0.24921
1.325	0.22941	1.76	0.2417	4.6	0.24924
1.33	0.22968	1.78	0.24197	4.7	0.24928
1.335	0.22995	1.8	0.24222	4.8	0.24931
1.34	0.23022	1.82	0.24247	4.9	0.24934
1.345	0.23048	1.84	0.2427	5	0.24937
1.35	0.23073	1.86	0.24292	5.5	0.24949

（续表）

$\dfrac{L_p-Z_1}{Z_2-Z_1}$	K_a	$\dfrac{L_p-Z_1}{Z_2-Z_1}$	K_a	$\dfrac{L_p-Z_1}{Z_2-Z_1}$	K_a
1.355	0.23098	1.88	0.24313	6	0.24958
1.36	0.23123	1.9	0.24333	7	0.2497
1.365	0.23146	1.92	0.24352	8	0.24977
1.37	0.2317	1.94	0.24371	9	0.24983
1.375	0.23193	1.96	0.24388	10	0.24986
1.38	0.23215	1.98	0.24405	11	0.24988
1.385	0.23238	2	0.24421	12	0.2499
1.39	0.23259	2.05	0.24459	13	0.24992
1.395	0.23281	2.1	0.24493	14	0.24993
1.4	0.23301	2.15	0.24524	15	0.24994
1.41	0.23342	2.2	0.24552	20	0.24997
1.42	0.23381	2.25	0.24578	25	0.24998
1.43	0.23419	2.3	0.24602	30	0.24999
1.44	0.23455	2.35	0.24623	>30	0.25

注：$a=\dfrac{1}{2\pi\cos\theta\left(2K1\dfrac{L_p-Z_1}{Z_2-Z_1}-1\right)}$；　$\mathrm{inv}\theta=\pi\left(\dfrac{L_p-Z_1}{Z_2-Z_1}-1\right)$

（4）小链轮毂孔最大直径

当确定链与链轮的节距和小链轮齿数后，则链轮的结构和各部分尺寸基本已可定出（表9-3），毂孔的最大直径 $d_{k\max}$ 也就给出（表9-5）。而 $d_{k\max}\geqslant d_k$（轴径）。若不能满足要求时，可采用特殊结构链轮（如链轮轴）或重新选择链传动参数（增大 Z_1 或 p）。

（5）链速

$$v=\frac{Z_1n_1p}{60\times1000}=\frac{Z_2n_2p}{60\times1000}\quad(\mathrm{m/s})$$

$v\leqslant0.6\mathrm{m/s}$　低速传动

$v>0.6\mathrm{m/s}$　中速传动

$v>8\mathrm{m/s}$　高速传动

（6）有效圆周力

$$F=\frac{1000P}{v}\quad(\mathrm{N})$$

（7）作用在轴上的拉力

对于水平传动和倾斜传动　$Q_F\approx(1.15\sim1.20)K_AF$

对于接近垂直传动　$Q_F\approx1.05K_AF$

（8）润滑方式

润滑方式与节距 p 和链速 v 有关，见图 9-16。

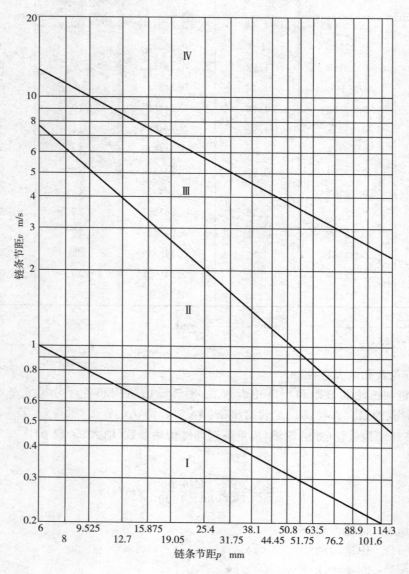

图 9-16　润滑方式的选用

Ⅰ—用油刷或油壶人工定期润滑；Ⅱ—滴油润滑；Ⅲ—油浴或飞溅润滑；Ⅳ—油泵压力喷油润滑

4. 低速链传动的静力强度计算

对于链速 $v<0.6\text{m/s}$ 的低速传动，因抗拉静力强度不够而破坏的概率很大，故常按下式进行抗拉静力强度计算：

$$S_{ca}=\frac{Qn}{K_aF_1}\geqslant 4\sim 8$$

式中　S_{ca}——链的抗拉静力强度的计算安全系数；

　　　　Q——单排链的极限拉伸载荷，kN，查表 9-1；

　　　　K_A——工况系数，查表 9-11；

　　　　F_1——链的紧边工作拉力，kN。

如按最大夹峰载荷 $F_{\max}$ 来代替 $K_a F_1$（或 $K_a F$，F 为有效圆周力）进行计算，则 $n=3\sim6$；对于速度较低、从动系统惯性较小、不太重要的传动或作用力的确定比较准确时，n 可取较小值。

例题 9-1　设计一带式输送机驱动装置低速级用的滚子链传动。已知小链轮轴功率 $P=4.3$kW，小链轮转速 $n_1=265$r/min，传动比 $i=2.5$，工作载荷平稳，小链轮悬壁装于轴上，轴直径为 50mm，链传动中心距可调，两轮中心连线与水平面夹角近于 30°，传动简图见图 9-17。

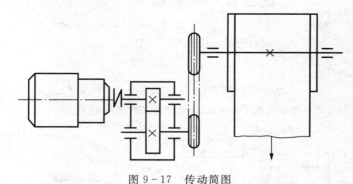

图 9-17　传动简图

解：

1. 链轮齿数

小链轮齿数　$Z_1=29-2i=29-2\times2.5=24$，取 $Z_1=25$

大链轮齿数　$Z_2=iZ_1=2.5\times25=62.5$，取 $Z_2=62$

2. 实际传动比　$i=\dfrac{Z_2}{Z_1}=\dfrac{62}{25}=2.48$

3. 链轮转速

小链轮转速　$n_1=265$（r/min）

大链轮转速　$n_2=\dfrac{n_1}{i}=\dfrac{265}{2.48}=107$（r/min）

4. 初定中心距　因结构没有任何限定，暂取 $a_o=35p$

5. 链长节数

$$L_p=2a_{op}+\frac{Z_1+Z_2}{2}+\frac{C}{a_{op}}=2\times35+\frac{25+62}{2}+\frac{34.68}{3}=114.49，取 114 节$$

式中　$C=\left(\dfrac{62-25}{2\pi}\right)=34.68$

6. 计算载荷　由表 9-11，$K_A=1$；由表 9-12，$K_z=1.34$；由表 9-13，$K_p=1$；由图 9-15，$K_L\approx1$。于是

$$P_{ca}=\frac{kp}{k_z K_P K_l}=\frac{1\times4.3}{1.34\times1\times1}=3.2\text{（kW）}$$

7. 链条节距 p　由计算功率 $p_{ca}=3.2$kW 和小链轮转速 $n_1=265$r/min 在图 9-13 上选得节距为 12A，即 $P=19.05$mm。

8. 检验小链轮孔径　由表 9-5，$d_{k\max}=88>50$，合适。

9. 链条长度

$$L=\frac{L_p p}{1000}=\frac{114\times 19.05}{1000}\approx 2.17(\text{m})$$

10. 理论中心距

$$a=p(2L_p-Z_2-Z_1)K_a=19.05(2\times 114-62-25)\times 0.24645=661.98(\text{mm})$$

式中 $K_a=0.24645$，表 9-14 插值法。

11. 实际中心距　$a'=a-\Delta a=661.98-0.004\times 661.98=659.3(\text{mm})$

12. 链速

$$v=\frac{Z_1 n_1 p}{60\times 1000}=\frac{25\times 265\times 19.05}{60\times 1000}=2.1(\text{m/s})$$

13. 有效圆周力

$$F=\frac{1000p}{v}=\frac{1000\times 4.3}{2.1}=2047.6(\text{N})$$

14. 作用于轴上的拉力

$$Q_F=1.20K_A F=1.2\times 2147.6=2457(\text{N})$$

15. 计算链轮几何尺寸并绘制链轮工作图，其中小链轮工作图如图 9-18。

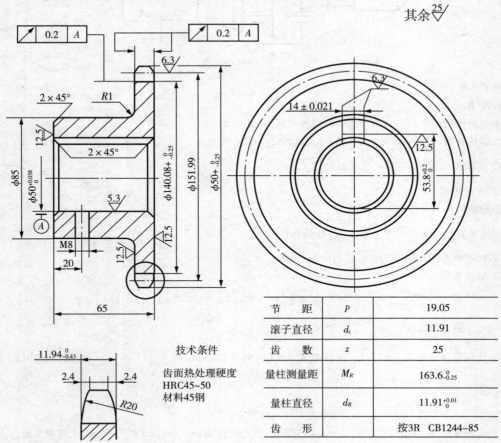

节　　距	p	19.05
滚子直径	d_t	11.91
齿　　数	z	25
量柱测量距	M_R	$163.6_{-0.25}^{0}$
量柱直径	d_R	$11.91_{0}^{+0.01}$
齿　　形		按3R　CB1244-85

技术条件

齿面热处理硬度
HRC45~50
材料45钢

图 9-18　小链轮工作图示例

16. 润滑方式的选定 根据滚子链节距 $p = 19.05$mm 和链条速度 $v = 2.1$m/s,由图 9 - 16 选用润滑方式 Ⅱ(即滴油润滑),如选用润滑方式 Ⅲ 则更好。

17. 根据设计计算结果,采用单排 12A 滚子链,节距为 19.05mm,节数为 114 节,其标记为:

$$12A—1×114 \quad GB1243.1—83$$

三、齿形链传动的设计

齿形链传动一般采用外侧啮合传动,链片的外侧直边与轮齿啮合,链片的内侧不与轮齿接触;其啮合的齿楔角有 60° 和 70° 两种,前者用于节距 $p \geqslant 9.525$mm,后者用于 $p < 9.525$mm。齿楔角为 60° 的外侧啮合齿形链传动,因其制造较易,应用较广而定有部标准 JB1839—76 和 JB1840—76。

齿形链的基本参数和尺寸已列于表 9 - 8,齿形链链轮齿形与基本参数见表 9 - 8,齿形链链轮轴向齿廓尺寸见表 9 - 9。

若已知设计条件是:传递功率、小链轮和大链的转速(或传动比 i)、原动机种类、载荷性质及传动用途,则齿形链传动一般设计计算方法如下:

1. 小链轮齿数

齿形链传动一般用于速度较高的场合,若当传动空间尺寸许可,Z_1 一般可取大一些。

$$Z_1 \geqslant Z_{min}, Z_{min} = 15(理论值为 12)$$

推荐:

$$Z_1 \approx 38 - 3i \text{ 通常 } Z_1 \geqslant 21,并取奇数值$$

2. 传动比

$$i = \frac{n_1}{n_2} = \frac{Z_2}{Z_1} \text{通常 } i \leqslant 7,推荐 i = 2 \sim 3.5, i_{max} = 10$$

3. 大链轮齿数

$$Z_2 = i \cdot Z_1,通常 Z_2 \leqslant 100, Z_{max} = 150$$

4. 链条节距选用

齿形链节距的选用应综合考虑传动功率的大小、小链轮转速的高低、传动空间尺寸的限制等因素。现根据小链轮转速 n_1 选定 p 值。见表 9 - 15。

表 9 - 15 齿形链链条节距 p　　　　　　　　　　　　　　　　　mm

小链轮转速 n(r/min)	2000~5000	1500~3000	1200~2500	1000~2000	800~1500	600~1200	500~900
p(mm)	9.525	12.7	15.875	19.05	25.4	31.75	38.1

5. 计算功率 p_{ca}

$$p_{ca} = \frac{K_A P}{K_z}$$

式中　K_A——工况系数,表 9 – 11;

　　　K_z——小链轮齿数系数,查表 9 – 16。

表 9 – 16　齿形链传动的齿数系数 K_z

Z_1	17	19	21	23	25	27	29	31	33	35	37
K_z	0.77	0.89	1.0	1.11	1.22	1.34	1.45	1.56	1.66	1.77	1.88

6. 链宽每 1mm 所能传递的额定功率 P_o(kW//mm)

根据链条节距 p 和小链轮转速 n,由图 9 – 19 查得 P_o。图 9 – 19 是建立在铰链许用比压的基础上的。推荐的润滑方式见图 9 – 16。

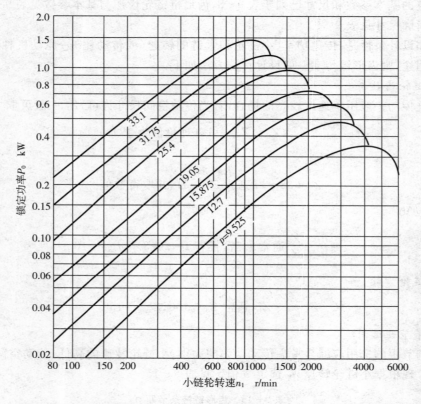

图 9 – 19　小链轮齿数 $Z_1 = 21$,齿形链宽度 $b = 1$mm 时的额定功率曲线图

7. 链宽

$$b \geqslant \frac{P_{ca}}{P_o} = \frac{K_A P}{K_Z P_o}$$

链宽 b 应按表 9 – 2 选取标准值。如不合格,可重新选用 p 和 Z_1。

齿形链传动的其他计算,如中心距 a、链长节数、链条长度 L、链速 v 及作用于轴上的拉力等均和滚子链传动的计算一样;齿形链轮几何尺寸计算可根据表 9 – 2、表 9 – 8 和表 9 – 9 进行,其结构设计可参考滚子链链轮和齿轮。

§9−6　链传动的布置、张紧和润滑

一、链传动的布置

链传动的布置是否合理,对传动的工作能力及使用寿命都有较大的影响。表9−17列出了在不同条件下链传动的布置简图。

表9−17　链传动的布置

传动参数	正确布置	不正确布置	说　明
$i=2\sim3$ $a=(30\sim50)p$ （i 与 a 较佳场合）			两轮轴线在同一水平面,紧边在上在下都可以,但在上好些
$i>2$ $a<30p$ （i 大 a 小场合）			两轮轴线不在同一水平面,松边应在下面,否则松边下垂量增大后,链条易与链轮卡死
$i<1.5$ $a>60p$ （i 小 a 大场合）			两轮轴线在同一水平面,松边应在下面,否则下垂量增大后,松边会与紧边相碰,需经常调整中心距
i,a 为任意值 （垂直传动场合）			两轮轴线在同一铅垂面内,下垂量增大,会减少下链轮的有效啮合齿数,降低传动能力。为此应采用: (a)中心距可调; (b)设张紧装置; (c)上、下两轮偏置,使两轮的轴线不在同一铅垂面内

二、链传动的张紧

链传动张紧的目的,主要是为了避免在链条的垂度过大时产生啮合不良和链条的振动现象；同时也为了增加链条与链轮的啮合包角。当两轮轴心连线倾斜角大于 60°时，通常设有张紧装置。

张紧的方法很多。当链传动的中心距可调整时，可通过调节中心距来控制张紧程度；当中心距不能调整时，可设置张紧轮（图 9 - 20），或在链条磨损变长后从中取掉一两个链节，以恢复原来的长度。张紧轮一般是紧压在松边靠近小链轮处。张紧轮可以是链轮，也可以是无齿的滚轮。张紧轮的直径应与小链轮的直径相近。张紧轮有自动张紧（图 9 - 20a，图 9 - 20b）及定期调整（图 9 - 20c，图 9 - 20d）两种，前者多用弹簧、吊重等自动张紧装置，后者可用螺旋、偏心等调整装置，另外还可用压板和托板张紧（图 9 - 20e）。

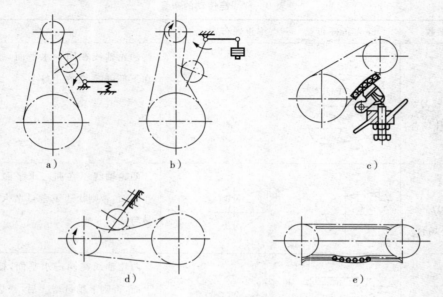

图 9 - 20　链传动的张紧装置

三、链传动的润滑

链传动的润滑十分重要，对高速、重载的链传动更为重要。良好的润滑可缓和冲击、减轻磨损，延长链条使用寿命。图 9 - 16 中所推荐的润滑方法和要求列于表 9 - 18 中。

表 9 - 18　滚子链的润滑方法和供油量

方　式	润　滑　方　法	供　油　量
人工润滑	用刷子或油壶定期在链条松边内、外链板间隙中注油	每班注油一次
滴油润滑	装有简单外壳，用油杯滴油	单排链，每分钟供油 5～20 滴，速度高时取大值
油浴供油	采用不漏油的外壳，使链条从油槽中通过	链条浸入油下过深，搅油损失大，油易发热变质。一般浸油深度为 6～12mm

（续表）

方 式	润 滑 方 法	供 油 量
飞溅润滑	采用不漏油的外壳,在链轮侧边安装甩油盘,飞溅润滑。甩油盘圆周速度 $v>3\mathrm{m/s}$。当链条宽度大于 125mm 时,链轮两侧各装一个甩油盘	用油盘浸油深度为 12～35mm
压力供油	采用不漏油的外壳,油泵强迫供油,喷油管口设在链条啮入处,循环油可起冷却作用	每个喷油口供油量可根据链节距及链速大小查阅有关手册

注:开式传动和不易润滑的链传动,可定期拆下用煤油清洗,干燥后,浸入 70℃～80℃润滑油中,待铰链间隙中充满油后安装使用。

润滑油推荐采用 HG20,HJ30 和 HJ40 等机械油,温度低时取前者。对于开式及重载低速传动,可在润滑油中加入 MOS_2,WS_2 等添加剂。对用润滑油不便的场合,允许涂抹润滑脂,但应定期清洗与涂抹。

例题 9-2 设计一齿形链传动,原动机为内燃机,功率 $P=16\mathrm{kW}$,转速 $n_1=1500\mathrm{r/min}$,传动比 $i=2$,工作平稳,要求结构较紧凑。

解:

1. 确定链轮齿数 根据 $i=2$,由 $Z_1=38-3i$,可得

$$Z_1=38-3\times i=32(如取奇数值更为合理) \quad Z_2=iZ_1=2\times32=64$$

2. 链条节距及链条型号 根据表 9-15,可选 $p=12.7\mathrm{mm}$;由图 9-19 查得齿形链的型号为 C127

3. 计算功率

由表 9-11,取 $K_A=1.2$,解 $P_{ca}=\dfrac{K_A P}{K_z}$

由表 9-16 用插入法得 $K_z=1.61$,得计算功率 $P_{ca}=\dfrac{K_A P}{K_z}=\dfrac{1.2\times16}{1.61}=12(\mathrm{kW})$

4. 额定功率 由 $n=1500\mathrm{r/min}$,$p=12.7\mathrm{mm}$,由图 9-19 查得 $P_o=0.36\mathrm{kW}$

5. 链宽

$$b\geqslant\frac{K_A P}{K_a P_o}=\frac{1.2\times16}{1.61\times0.36}=33.126(\mathrm{mm})$$

由表 9-2,取标准值 $b=34.5\mathrm{mm}$

6. 初定中心距

当 $i\leqslant4$ 时,由 $a_{omin}=0.2Z_1(i+1)p=0.2\times32(2+1)\times12.7=243.84(\mathrm{mm})$,取 $a_o=250\mathrm{mm}$

7. 以节距计算的链条长度

$$L_p=2a_{op}+\frac{Z_1+Z_2}{2}+\frac{C}{a_{op}}=2a_{op}+\frac{Z_1+Z_2}{2}+\frac{\left(\frac{Z_2-Z_1}{2\pi}\right)^2}{a_{op}}=2\times250+\frac{32+64}{2}+\frac{\left(\frac{64-32}{2\pi}\right)^2}{2\times250}=87.45 \text{ 节}$$

取 $L_p=88$ 节

8. 链条长度

$$L=\frac{L_p p}{1000}=\frac{88\times12.7}{1000}=1.1176(\mathrm{m})$$

9. 计算中心距

当 $Z_1 \neq Z_2$ 时，$a = p(2L_p - Z_1 - Z_2)K_a$

$$K_a = \frac{L_p - Z_1}{Z_2 - Z_1} = \frac{250 - 32}{64 - 32} = 1.750$$

由表 9-14 查得 $K_a = 0.24156$，于是

$$a = p(2L_p - Z_1 - Z_2)K_a = 12.7(2 \times 88 - 32 - 64) \times 0.24156 = 245.5 \text{(mm)}$$

10. 实际中心距

$$a' = a_o - \Delta a$$

取 $\Delta a = 0.003a_o = 0.003 \times 245.5 = 0.7 \text{(mm)}$

$a' = a_o - \Delta a = 245.5 - 0.7 = 244.8 \text{(mm)}$

11. 链速

$$v = \frac{Z_1 n_1 p}{60 \times 1000} = \frac{32 \times 1500 \times 12.7}{60 \times 1000} = 10.16 \text{(m/s)}$$

$v > 8$m/s 为高速链传动。

12. 有效圆周力

$$F = \frac{1000 P_{ca}}{10.16} = \frac{1000 \times 19.2}{10.16} = 1890 \text{(N)}$$

13. 作用在轴上的力　设传动水平传动，取 $K_Q = 1.15$，则

$$Q = K_a \frac{1000 P_{ca}}{v} = 1.15 \times 1890 = 2173 \text{(N)}$$

14. 链轮设计　为使链轮加工方便，采用外导式齿形链，其结构尺寸可参见图机械设计手册。

习　题

1. 如图所示链传动的布置形式，小链轮为主动轮中心距 $a = (30 \sim 50)p$。它在图 a, b 所示布置中应按哪个方向回转才算合理？两轮轴线布置在同一铅垂面内（图 c）有什么缺点？应采取什么措施？

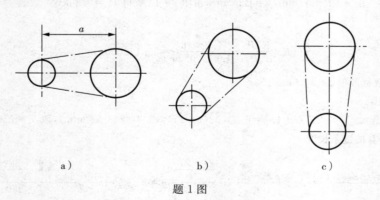

a)　　　　　　　　b)　　　　　　　　c)

题 1 图

2. 设计一压气机用的链传动。已知 $P = 22$kW，$n_1 = 730$r/min，压气机转速 $n_2 = 250$r/min，$a \leqslant 600$mm，载荷平稳，两班制工作，水平传动。

3. 已知一套筒滚子链传动，其 $p = 19.05$，$Z_1 = 19$，链条 $v = 6$m/s。试求该链能传递多大功率。

4. 某搅拌机用电动机驱动，低速级采用链传动，输入功率 $P = 5$kW，转速 $n_1 = 50$r/min，如采用双排链

20A链条，$Z_1=19$，$Z_2=57$，$a=1200$mm，试验算其工作能力。

5. 设计一齿形链传动，电动机驱动，功率$P=20$kW，转速$n_1=1500$r/min，传动比$i=2$，工作平稳，要求结构较紧凑。

6. 试设计一滚子链传动。已知传递功率$P=22$kW，主动链转速$n_1=730$r/min，从动链转速$n_2=250$r/min，中心距不得超过510mm，由电动机驱动，载荷平稳。

附表1 齿形链传动的设计计算

项 目	符号	单位	公式和参数选定								说 明
小链轮齿数	Z_1		$Z_1 \geqslant Z_{\min}$，$Z_{\min}=15$（理论值为12） 推荐： $Z_1 \approx 38-3$ 通常 $Z_1 \geqslant 21$，并取奇数齿								齿形链传动一般用于速度高场合，所以如传动空间尺寸允许，Z_1宜取较大值
传动比	i		$i=\dfrac{n_1}{n_2}=\dfrac{Z_2}{Z_1}$ 通常 $i \geqslant 7$，推荐 $i=2 \sim 3.5$，$i_{\max}=10$								n_1、n_2——小、大链轮转速 r/min
大链轮齿数	Z_2		$Z_2=iZ_1$ 通常 $Z_2 \leqslant 100$，$Z_{\max}=150$								
链条节距选用	p	mm	可参照小链轮转速 n_1 选定：								齿形链节距的应用应综合考虑传动功率的大小、小链轮传速的高低、传动空间尺寸的限制等因素
			n_1 r/min	2000 ～ 5000	1500 ～ 3000	1200 ～ 2500	1000 ～ 2000	800 ～ 1500	600 ～ 1200	500 ～ 900	
			p	9.525	12.7	15.875	19.05	25.4	31.75	38.1	
设计功率	P_d	kW	$P_d=\dfrac{K_A P}{K_Z}$								K_A——工况系统，查表9-11 K_Z——小链轮齿数系数，查表9-16
链宽每1mm所能传递的确定功率	P_0	kW/mm	根据链条节距 p 和小链轮速度 n_1 由图9-19查得 P_0								图9-19是建立在铰链许用比压的基础上的，推荐的润滑方式见图9-16
链宽	b	mm	$b \geqslant \dfrac{P_d}{P_0}=\dfrac{K_A P}{K_Z P_0}$								链宽b应按表9-2选取标准值，如不合适，可重新选用p和Z

第十章

齿　轮　传　动

在现代机械设备中,广泛应用着齿轮传动。目前齿轮技术可达到的指标:圆周速度 $v=300\text{m/s}$;转速 $n=10^5\text{r/min}$;传递的功率 $P=10^5\text{kW}$,模数 $m=0.004\sim100\text{mm}$;圆周力 F_t 从 1g 到几千吨;直径 d 从 1mm 到 152.3m,效率 $\eta=0.98\sim0.995$(每对齿轮);寿命可达十几年以至数百年(正确设计制造及使用)。

齿轮传动就装置形式来说,有开式、半开式及闭式之分;就使用情况来说,有低速、高速及轻载、重载之别;就齿轮材料的性能及热处理工艺的不同,齿轮有较脆(如整体淬火,齿面硬度很高的钢齿轮或铸铁齿轮)或较韧(如经调质、常化的优质碳钢及合金钢齿轮),齿面有较硬(轮齿工作面的硬度大于 350HBS,亦称为硬齿面齿轮)或较软(齿面硬度小于或等于 350HBS,亦称为软齿面齿轮)的差别等。由于上述条件的不同,齿轮传动的失效形式也不同。通常齿轮传动的失效主要是轮齿的破坏,一般有轮齿折断和齿面磨损、点蚀、胶合及塑性变形等。因此,针对齿轮传动的各种工作情况及失效形式,到目前为止,一般使用的齿轮传动通常只按保证齿根弯曲强度和齿面接触强度两个准则来进行计算。

对于高速大功率的齿轮传动(如航空发动机、燃气轮机的主传动齿轮),还应按保证齿面抗胶合能力的准则进行计算。至于抵抗其他失效的能力,目前虽然一般不进行计算,但也应采取相应的措施,以增强轮齿抵抗这些失效的能力。

§10-1　齿轮材料和轮齿的硬化方法

齿轮传动的承载能力主要取决于齿轮的材料和尺寸,因此,选择适宜的材料及热处理方法,是设计齿轮的重要环节之一。选择得恰当与否,不仅直接关系到齿轮承载能力的可靠性,而且对产品的质量和成本等方面,也将产生重要的影响。

使用实践和专门研究表明,根据轮齿接触强度而定的许用载荷主要取决于材料的硬度,当齿轮用钢制造并经热处理时,可获得最高的硬度,因而可使传动的外廓尺寸达到最小。

合金钢或碳钢是制造动力传动齿轮用的主要材料。根据工作齿轮在热处理后的硬度,齿轮可大约分为两类:硬度低于 HG350(即经过正火或调质的齿轮)和硬度高于 HB350(HRC45,即经过淬火、渗碳、加氮渗碳、氮化)的齿轮。

经过调质或正火处理的齿轮,一般是在热处理后切齿的,所以硬度不能太高(HB≤350),常称为软齿面齿轮。正火处理是为了清除毛坯内部的残余应力,增强齿轮的韧性,改善材料的切削性能。正火处理的材料一般为 A5,A6,有时也有优质低碳钢 40,45 和 50 的。

调质齿轮的机械性能比正火齿轮高,一般调质后齿轮的硬度为 HB200~285,对于尺寸小的齿轮（$d \leqslant 150$），硬度可再高些。对于大直径齿轮，为了能切完整个齿轮以保证精度而不中途刃磨刀具，应选硬度小些的，例如 HB200～240。调质或正火齿轮用钢，一般可选含碳量为 0.3％～0.5％的优质碳素钢或合金结构钢，如 40，45，50，40Cr，40CrNi，38SMnMo 等。

调质或正火齿轮适用于一般用途的、对外廓尺寸没有限制的传动中。其优点为：制造工艺简单，价格便宜，应用较广，特别适用于没有表面硬化设施的场合。缺点为硬度不高，承载能力也较低，精度也不高（一般为 8 级，精切可达 7 级）。

如上所述，齿轮的硬度愈高，一般说来，其承载能力也愈大，传动结构尺寸和重量也愈小。因此，提高齿轮硬度是具有意义的。但是齿体硬度也不能过高（对于碳钢，硬度 $\not> $ 45HRC；对于合金钢 $\not> $50HRC），否则材料硬脆，冲击韧性将急剧下降，齿轮抗折断能力随之降低。为解决这一矛盾，常采用各种表面硬化处理的办法，以使齿面硬而齿芯韧，从而兼收既有高的齿面硬度，又有足够的齿根强度之效。经过处理后的齿面硬度，一般 HB＞350。齿面硬化处理一般是指表面热处理和化学处理，如表面淬火、表面渗碳淬火、氮化、氰化等。

渗碳淬火齿轮的材料，多采用低碳合金钢，如 15Cr、20Cr、20CrMnTi、20CrMnMo 等。齿面硬度可达 HRC58～63。这种齿轮要进行磨齿或珩齿，以消除热处理后所产生的翘曲和变形。因此工艺复杂一些。

表面淬火齿轮的材料，常采用中碳优质钢或碳合金钢（见表 10-1）。对于中小尺寸齿轮，最好采用高频淬火；对于大尺寸齿轮，不宜再用高频淬火，因为这样耗电太大，故一般采用乙炔火焰淬火。由于高频表面淬火只加热齿表薄层，故淬火后变形和翘曲不大，若精度要求在 7 级以下，可以不磨齿。火焰表面淬火虽然也在齿表进行，但由于温度不易均匀，变形往往较大。表面淬火后，齿面硬度可达 HRC50～55。为了使轮齿芯部有更好的强度和韧性，淬火前，齿轮的毛坯可先进行正火或调质处理。表面淬火齿轮由于有较高的齿面硬度，又有较强韧的芯部，故承载能力较强，且能承受冲击载荷。

氮化是一种化学热处理方法，能使齿面得到很高的硬度。由于氮化温度比渗碳温度低很多（一般为 400℃～580℃），且氮化后无须速冷过程，故轮齿翘曲较小，不需磨齿，因而特别适用于内齿轮或其他难以进行磨削的齿轮。但氮化层很薄（0.1mm～0.3mm），且有剥落危险，因而承载能力不及渗碳齿轮，所以不宜用于有冲击载荷或有强烈磨损的场合。和表面淬火齿轮一样，在氮化之前，毛坯先调质，以增加芯部的强度和韧性。氮化齿轮的材料常用 20Cr，20CrMnTi，38CrMoAlA，30CrMoSiA 等。

氰化也是一种化学热处理方法，适用于中碳钢，硬化也很薄，故不允许磨齿。氰化比氮化价廉，但硬化层较脆，且氰有剧毒，操作时须有安全措施。

齿轮除了用热处理和化学热处理方法硬化外，还可采用机械方法和电抛光法。

滚压齿沟和齿根过渡部分、精压和喷丸处理、去除一层薄的表面缺陷层和冷作硬化，都能使轮齿的抗弯强度大大提高（高达 40％）。

电抛光能除去一层薄的缺陷层（例如在淬火后），降低表面粗糙度，形成不大的中凸度，从而避免很不利的边缘接触。

铸铁齿轮常用含碳量为 0.35％～0.55％的碳钢或合金钢，其强度较低，但易制成形状复杂或尺寸较大而不能锻造的齿轮。铸钢齿轮一般都要经过处理以清除内部残余应力和硬度不均，从而提高质量，改善切削性能。

　　铸铁主要用于制造大直径低速齿轮。铸铁齿轮有良好的切削性能,成本低廉,吸振性好,且有较好的抗胶合、抗点蚀、抗磨损能力。但抗弯曲能力和抗冲击性性能低,故一般多用于低速、轻载和传动平稳的齿轮传动中。近年来球墨铸铁齿轮的研究和应用,取得了很大的进展,试验证明这种铸铁具有耐磨性强、抗点蚀能力高等优点,是很有前途的一种齿轮材料。

　　在正确设计的齿轮副中,小齿轮和大齿轮的工作齿面硬度的比值不得任意选择。如果大齿轮的工作齿面硬度低于 HB350,则为了使小齿轮和大齿轮的轮齿寿命一致,加快其磨合和提高其抗胶合性,要规定小齿轮的齿面硬度高于大齿轮的齿面硬度。对于直齿轮,小齿轮和大齿轮的平均硬度之差不得小于 HB20～30,对于斜齿轮,这个差应更大。小齿轮工作齿面的硬度越高,则根据接触疲劳强度准则而定的传动承载能力越大。如果小齿轮和大齿轮工作齿面的硬度都高于 HB350(不低于 HRC45),就无须保证小齿轮和大齿轮轮齿的硬度差。

　　在表 10-1 和表 10-2 中列出了根据热处理或化学热处理方式、齿轮外廓尺寸和硬度组合选择钢号的推荐数据。从表 10-1 可知,对于同一种钢号,根据不同的热处理可获得不同的机械性能。因此,对于传动的大、小齿轮,可采用同一种牌号的钢。

　　由于不同牌号的钢的淬透性是不同的(例如,碳素结构钢在截面很大时一般不能淬到很高的硬度),因此在确定齿轮材料的钢号时,不仅要知道其硬度,还要知道其尺寸。

　　对轮齿进行表面热处理时,例如进行渗碳时,轮齿芯部的机械性能取决于以前进行的热处理,即调质。表面经过高频淬火而 $m<5\mathrm{mm}$ 的轮齿是例外。因此,$m\geq5\mathrm{mm}$ 时,才可用这种热处理。

　　另外还有一种非金属材料齿轮。这种材料制成的齿轮,噪声低,振动小,轮齿弹性也好。但弯曲强度较低,故只能适用于轻载高速及需降低噪声处。

表 10-1　齿轮常用材料及其机械性能

材　　料		热处理	毛坯直径 D(mm)	毛坯厚度 S(mm)	机械性能 (MPa)		轮齿硬度	
名称	钢　号				σ_B	σ_S	HB	表面淬火 HRC
优质碳素钢	45	正　火	≤100	≤50	600	300	169～217	40～50
			101～300	51～150	580	290	162～217	
			301～500	151～250	560	280	162～217	
		调　质	≤100	≤50	660	380	229～286	
			101～300	51～150	640	350	217～255	
			301～500	151～250	620	320	197～255	

（续表）

材料		热处理	毛坯直径 D(mm)	毛坯厚度 S(mm)	机械性能（MPa）		轮齿硬度	
名称	钢号				σ_B	σ_S	HB	表面淬火 HRC
合金结构钢	35SiMn	调质	≤100	≤50	800	520	229～286	45～55
			101～300	51～150	750	450	217～269	
			301～400	151～200	700	400	217～255	
			401～500	201～250	650	380	196～255	
	42SiMn	调质	≤100	≤50	800	520	229～286	45～55
			101～200	51～100	750	470	217～269	
			201～300	101～150	700	450	217～255	
			301～500	151～250	650	380	196～255	
	40MnB	调质	≤200	≤100	750	500	241～286	45～55
			201～300	101～150	700	450	241～286	
	38SiMnMo	调质	≤100	≤50	750	600	229～286	45～55
			101～300	51～150	700	550	217～269	
			301～500	151～250	650	500	196～241	
	37SiMn2MoV	调质	≤200	≤100	880	700	269～302	50～55
			201～400	101～200	830	650	241～286	
			401～600	301～300	780	600	241～269	
	40Cr	调质	≤100	≤50	750	550	241～286	48～55
			101～300	51～150	700	500	241～286	
			300～500	151～250	650	450	229～269	
渗碳钢渗氮钢	20Cr	渗碳、淬火、回火	≤60		650	400		56～62
	20CrMnTi	渗碳、淬火、回火	15		1140	850		57～63
	38CrMoAlA	调质、渗氮	30		1000	850	229	HV＞850
	30CrMoSiA	调质、渗氮	100		1079	883	210～280	47～51
铸钢	ZG45	正火			580	320	163～197	
	ZG55	正火			650	350	179～207	
	ZG35SiMn	正火、回火、调质			580	350	163～217	45～53
					650	420	197～248	
灰铸铁球墨铸铁	HT30—54				300		169～255	
	HT35—61				350		197～269	
	HT40—68				400		207～269	
	QT50—5				490	350	147～241	
	QT60—2				590	420	229～302	
夹布胶木					100		23～35	

表 10-2　齿轮硬度组合应用举例

齿面硬度	齿轮种类	热处理		齿轮工作齿面硬度差	工作齿面硬度举例	
		小齿轮	大齿轮		小齿轮	大齿轮
软齿面 (HB≤350)	直齿	调质	正火 调质	$(20\sim25)\geqslant(HB_1)_{min}$ $-(HB_2)_{min}>0$	HB260～290 HB270～300	HB180～210 HB200～230
	斜齿及 人字齿	调质	正火 正火 调质	$(HB_1)_{min}-(HB_2)_{min}$ $\geqslant(40\sim50)$	HB240～270 HB260～290 HB270～HB300	HB160～190 HB180～210 HB200～230
软、硬齿面 组合(HB_1 >350, HB_2 <350)	斜齿及 人字齿	表面淬火 氮化、渗 碳淬火	调质 调质	齿面硬度差较大	HRC45～50 HRC56～62	HB270～300 HB200～230 HB270～300 HB200～230
硬齿面 (HB>350)	直齿、斜齿 及人字齿	表面淬火 氮化、渗 碳淬火	表面淬火 渗碳淬火	齿面硬度大致相同	HRC45～50	
					HRC56～62	

注：①对于用滚刀和插齿刀切制即成品的齿轮、齿面硬度一般不超过 HB300（个别情况下允许对尺寸小
　　的齿轮，将其硬度提高到 HB320～350）；

②重要齿轮的表面淬火，应采用高频感应淬火，模数较大时，应沿齿沟加热和淬火；

③渗碳淬火后的齿轮要进行磨齿；

④为了提高抗胶合性能，建议小齿轮和大齿轮采用不同牌号的钢制造。

⑤当小齿轮与大齿轮的齿面具有较大的硬度差（如小齿轮齿面为淬火并磨制，大齿轮齿面为常化或调
　　质），且速度又较高时，在运转过程中较硬的小齿轮齿面对较软的大齿轮齿面，会起较显著的冷作硬
　　化效应，从而提高了大齿轮的接触疲劳许用应力约 20%，但应注意硬度高的齿面，粗糙度值也要相
　　应地减小。

§10-2　齿轮传动的失效形式及计算准则

设计齿轮传动时，必须从分析齿轮的破坏形式入手，进行齿轮的强度计算。合理地选择齿轮的材料和参数，使齿轮在承受一定载荷的条件下，既有足够的强度和寿命，又要经济。这就是齿轮强度计算的原则。

齿轮的破坏主要是指轮齿的破坏。至于其他部分，如轮毂、轮辐和轮缘等，根据现用的经验数据设计，一般很少破坏。

轮齿部分的破坏形式大致可分为两大类：一类是轮齿的折断，一类是齿面的失效。现分述如下：

一、轮齿的折断

轮齿折断一般发生在轮齿根部，有过载折断和疲劳折断。

1. 过载折断

因短时过载或受到冲击载荷后，易在轮齿根部发生断裂（图 10-1a）。齿宽较小的直齿

轮往往沿齿宽方向产生整齿折断;而齿宽较大的直齿轮,则容易因制造或安装的不精确,使载荷集中于齿的一端,从而产生轮齿的局部折断。对于斜齿和人字齿轮,由于接触线倾斜,轮齿通常是局部折断。

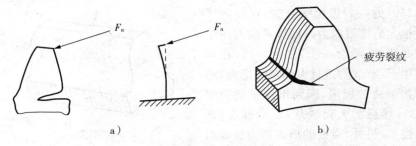

图 10-1 轮齿整体断裂和疲劳裂纹

为了防止轮齿突然折断,应注意避免过载冲击,并应进行短期过载轮齿弯曲静强度计算,其强度条件为

$$\sigma_{Fmax} \leqslant [\sigma]_{Fmax}$$

式中 σ_{Fmax} ——承受短期过载或冲击时,轮齿根部所产生的弯曲应力;

　　　$[\sigma]_{Fmax}$——承受短期过载或冲击时的许用齿根弯曲应力。

2. 疲劳折断

轮齿受力时,如悬臂梁一样,齿根圆角小及有切削刀痕等引起的应力集中,在变应力的作用下,使轮齿根部产生疲劳裂纹(图 10-1b),裂纹沿齿根部不断扩展以至轮齿断裂。实践证明,疲劳裂纹多发生在齿根受拉的一侧。

为了防止轮齿疲劳折断,则应进行齿轮弯曲疲劳强度计算。其强度条件为计算齿根弯曲应力应小于其许用值,即

$$\sigma_F \leqslant [\sigma]_F$$

式中 σ_F ——齿轮的计算齿根弯曲应力;

　　　$[\sigma]_F$——对应于一定条件(材料、热处理、受载情况、齿根几何尺寸、表面情况等)下许
　　　　　用齿根弯曲应力。

防止轮齿折断,除应进行轮齿弯曲静强度和齿根弯曲应力计算外,增大齿根圆角和消除该处的加工刀痕,以减小其应力集中作用,增大轴及支承的刚度,以减小齿面上局部受载的程度,使齿芯材料具有韧性;在齿根处施加适当的强化措施(如喷丸、辗压等),以及采用变位齿轮或适当加大压力角使根部齿厚增大等,都可提高轮齿的抗折断能力。

二、齿面失效

1. 磨损

在齿轮传动中,当轮齿工作面间落入磨料性物质(如砂粒、铁屑等)时,齿面即逐渐磨损。磨损结果将逐渐破坏渐开线齿形(图 10-2),从而降低了工作平稳性,同时由于齿厚减薄而易导致轮齿折断。

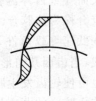

图 10-2 齿面磨损

齿面磨损是开式齿轮传动的主要破坏形式之一。

2. 点蚀

润滑良好的闭式齿轮传动,如果齿面硬度较软(HB≤350)的一对齿轮啮合时,在接触区内往往产生很大的接触应力。而这种应力在啮合过程中是变化的,啮合一次,变化一次,在多次重复的作用下,节线附近过大的接触应力,超过了材料的接触疲劳极限,因而出现了疲劳裂纹(图 10-3),然后扩大而脱落,形成麻点(即所谓齿面点蚀)。另外,点蚀的形成和润滑油的存在有关,润滑油渗入和挤进裂纹(图 10-3),将加速裂纹的发展和剥落。因此,点蚀常发生在有润滑油的闭式齿轮传动中,在开式齿轮传

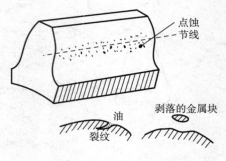

图 10-3　齿面点蚀

动中则看不到点蚀现象,这是因为这种传动齿面磨损很快,其表面还来不及发生点蚀就被磨掉了。

对齿面硬度很大(HB＞350)的齿轮虽然接触强度较高,不易发生点蚀;但一经点蚀,由于齿面硬而不易跑合,其点蚀则随工作时间的增长而不断地迅速扩展,终将破坏渐开线齿形而导致轮齿成块剥落而失效。

为了防止齿面点蚀,应进行齿面接触疲劳强度的计算,其强度条件为

$$G_H \leqslant [\sigma]_H$$

式中　　G_H——齿轮的计算齿面接触应力;

　　　　$[\sigma]_H$——对应于一定条件(材料、热处理、硬度、寿命及可靠性)下的许用接触应力。

此外,采用变位齿轮、增大中心距、啮合角以及减小齿面粗糙度与加工精度、增大润滑油粘度和减小动载荷,都可以提高轮齿的抗点蚀能力。

3. 齿面胶合

胶合是齿面在重载作用下,温度很高时,发生局部金属焊接继而又因相对滑动而撕破所导致轮齿损坏的一种失效形式。此时金属从表面被撕落,在齿面上出现条状粗糙的沟痕(图 10-4)。

在高速重载条件下工作的轮齿,由于相对滑动速度大而导致齿体温升提升过高使得油膜破裂而产生的胶合称为热胶合。

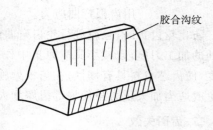

图 10-4　齿面胶合

在低速重载条件下,齿面间压力很大,油膜不易形成,当齿面几何形状不规则,使载荷集中作用于局部接触面上时,接触处所产生的局部高温也可使轮齿发生胶合,称为冷胶合。

防止胶合的办法是:采用抗胶合能力强的润滑油(如硫化油等),选择不同材料使两轮不易胶合,提高齿面的硬度和降低齿面粗糙度等。必要时得进行齿面胶合强度计算。

4. 轮齿塑性变形

塑性变形是由于过载而使齿面材料发生屈服以至轮齿损坏的一种失效形式。一般多发生在软齿面的轮齿上，使齿面上产生局部的金属流动现象——塑性变形（图 10-5）。

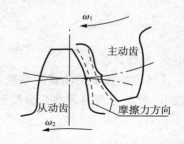

由于摩擦力的作用，齿轮的塑性变形系沿摩擦力的方向进行（图 10-5），在从动轮 2 的齿面的节线附近产生凸棱，而在主动轮 1 的齿面相应出现凹沟。这种失效常在低速和起动频繁的过载传动中遇到。防止塑性变形的主要方法是选用齿面硬度较高的材料和粘度较高的润滑油。必要时可进行轮齿接触静强度的计算。

三、设计准则

图 10-5 齿面的塑性变形

设计一般用途的齿轮减速器中的齿轮传动，通常按保证齿根弯曲疲劳强度和齿面接疲劳强度两准则进行计算。对于高速大功率的齿轮传动（如汽轮发电机组传动、航空发动机主传动等），还要按保证齿面抗胶合能力的准则进行计算。至于抵抗其他失效的能力，目前虽然一般不能进行计算，但应采用相应的措施，以增强轮齿抵抗这些失效的能力。

在闭式齿轮传动中，以保证齿面接触疲劳强度为主。但对于齿面硬度很高，齿芯强度又低的齿轮（如 20,20Cr 钢经渗碳后淬火的齿轮）或材质较脆的齿轮，则以保证齿根弯曲疲劳强度为主。

功率较大的传动（例如输入功率超过 75kW 的闭式齿轮传动），发热量大，易于导致润滑不良及轮齿胶合损伤等，为了控制升温，还应作散热能力计算。

开式（半开式），按理应根据保证齿面抗磨损及齿根折断能力两准则进行计算。但对齿面抗磨损能力的计算，目前尚无行之有效的方法，故对开式（半开式）齿轮传动，仅以保证齿根弯曲疲劳强度作为计算准则。为了延长开式（半开式）齿轮传动的寿命，可将所求得的模数适当增大。

齿轮的齿圈、轮辐、轮毂等部位的尺寸，通常仅作结构设计，不进行强度计算。

§10-3 齿轮传动的计算载荷

一、计算载荷

为了便于分析计算，通常取沿齿面接触线单位长度上所受的载荷进行计算。沿齿面接触线单位长度上的平均载荷

$$p = \frac{F_n}{L} \quad (\text{N/mm})$$

式中 F_n——作用于齿面接触线上的法向公称载荷，N；

L——沿齿面的接触线长，mm。

法向载荷 F_n 为公称载荷，在实际传动中，由于原动机及工作机性能的影响，以及齿轮的

制造误差,特别是基节误差及齿形误差的影响,会使法向载荷增大。此外,在同啮合的齿对间,载荷的分配并不是均匀的,即使在一对齿上,载荷也不可能沿接触线均匀分布。因此在计算齿轮传动的强度时,应按接触线单位长度上的最大载荷,即计算载荷 p_{ca} 进行计算,即

$$p_{ca} = Kp = \frac{KF_n}{L} \qquad (10-1)$$

式中 K 为载荷系数。

计算齿轮强度用的载荷系数 K,包括工作情况系数 K_A、动载荷系数 K_v、载荷分布不均系数 K_β 及啮合齿对间载荷分配系数 K_α,即

$$K = K_A K_v K_\alpha \cdot K_\beta \qquad (10-2)$$

二、载荷系数

1. 工作情况系数 K_A

工作情况系数,是考虑原动机和工作机的转矩变动、冲击或过载对齿轮产生的外荷附加动载荷对计算载荷的影响系数。它主要与机器的工作特性有关,包括起动、制动和运转不平稳的情况以及偶然的冲击载荷等。

另外,机器传动系的惯性也将影响附加动载荷的大小,所以 K_A 还与传动系统各环节的质量比、齿轮装置在传动链中所处的位置和联轴器的缓冲性能等有关。

如果通过实际测定或分析计算,确定了机器的载荷变化情况和过载大小,并按疲劳损伤积累假说处理进行疲劳强度计算时,可取 $K_A = 1$。如果缺乏资料,可按其原动机及工作机的工作特性参考表 $10-3$ 选取。

表 10-3　工作情况系数 K_A

原动机工作特性	工作机工作特性		
	平稳	中等冲击	较大冲击
平稳(电动机、汽轮机)	1.00	1.25	1.75
轻度冲击(多缸内燃机)	1.25	1.50	2.00 或更大
中度冲击(单缸内燃机)	1.50	1.75	2.25 或更大
应用举例	发电机、带式或板式运输机、螺旋运输机、轻型卷扬机、电葫芦、机床进给机构、通风机、透平鼓风机、透平压缩机、匀质材料搅拌机等	机床主传动、重型卷扬机、起重机转向齿轮、矿用鼓风机、非匀质材料搅拌机、多缸活塞泵、多缸往复式活塞机、给水泵、球磨机等	冲床、钻机、轧机、挖掘机、捣泥机、重型离心分离机、破碎机、单缸往复式压缩机、重型给水泵、压碎机等

注:①本表适用于非共振区的减速传动;对增速传动,K_A 值应增大 1.1 倍;

　　②有挠性联接时,K_A 应适当减小,但不能小于1。

2. 动载荷系数 K_v

动载荷系数是考虑由于齿轮制造误差(主要为法节偏差和齿形误差)和受载变形,使齿

轮在传动过程中不能正确啮合而产生冲击和振动所引起的内部附加动载荷。为了区别于前述外部因素所引起的载荷变化，故特把这种在啮合过程中的内部附加动载荷对计算载荷的影响，用动载荷系数 K_v 来表示。

齿轮的制造精度及圆周速度对齿轮啮合过程中产生动载荷的大小影响很大。提高制造精度，减小齿轮直径以降低圆周速度，均可减小动载荷。

为了减小动载荷，可将轮齿进行修缘，即把齿顶的一小部分齿廓曲线（分度圆压力角 $\alpha = 20°$ 的渐开线）修整成 $\alpha > 20°$ 的渐开线。如图 10-7 所示，因 $p_{b1} > p_{b1}$，则后一对齿轮在未进入啮合区时就开始接触，从而产生动载荷。为此将从动轮 2 进行齿顶修缘，图中从动轮 2 的虚线齿廓即为修缘后的齿廓，实线齿廓则为未经修缘的齿廓。由图明显地看出，修缘后的轮齿齿顶处的法节 $P'_{b2} < p_{b2}$，因此当 $P_{b2} > p_{b1}$ 时，对修缘了的轮齿，在开始啮合阶段（图 10-6），相啮合的轮齿的法节差就小一些，啮合时产生的动载荷也就小一些。

如图 10-7 所示，若 $P_{b1} > p_{b2}$，则在后一对齿已进入啮合区时，其主动齿齿根与从动齿齿顶还未啮合。要待前一对齿离开正确啮合区一段距离以后，后一对齿才能开始啮合，在此期间，仍不免要产生动载荷。若将主动轮也进行齿顶修缘（如图 10-7 中虚线齿廓所示），即可减小这种动载荷。

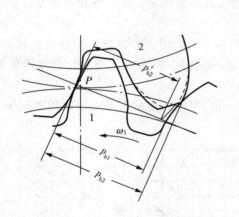

图 10-6　从动轮齿修缘

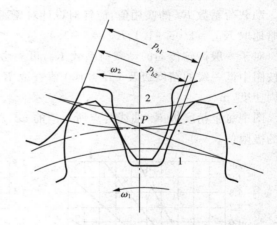

图 10-7　主动轮齿修缘

高速齿轮传动或齿面经硬化的齿轮，轮缘应进行修缘。对于外啮圆柱齿轮，当圆周速度大于表 10-4 的数值而需要修缘时，推荐参考表 10-5 所列数据（JB110—60）。

表 10-4　外啮合圆柱齿轮的许用圆周速度

齿轮类型	Ⅱ组精度		
	6 级	7 级	8 级
	圆周速度（m/s）		
直齿圆柱齿轮	10	6	4
斜齿圆柱齿轮	16	10	6

表 10 - 5 齿顶修缘高度和深度

图形	Ⅱ组精度					
	6 级		7 级		8 级	
	m	e	m	e	m	e
	2~2.75	0.01	2~2.5	0.015	2~2.75	0.02
	3~4.5	0.008	2.75~3.5	0.012	3~3.5	0.0175
	5~10	0.006	3.75~5	0.010	3.75~5	0.015
	11~16	0.005	5.5~7	0.009	5.5~8	0.012
			8~11	0.008	9~16	0.010
			12~20	0.007	18~25	0.009
			22~30	0.006	28~50	0.008

注:内啮合系数传动也可以应用本表数值。

以下情况下不进行齿顶修缘:

(1)因修缘结果,在直齿轮传动中使重合度 $\varepsilon < 1.089$,在斜齿轮传动中使端面重合度 $\varepsilon_a < 1$;

(2)当斜齿轮的螺旋角 $\beta > 17°45'$。

动载荷系数 K_v 的实用值,应针对设计对象通过实践经验确定。在一般减速器设计中可粗略地取 $K_{Hv} = 1.05 \sim 1.1, K_{Fv} = 1 \sim 1.4$。

对于一般齿轮传动的动载荷系数 K_v,可参考图 10 - 8 选用。若为直齿圆锥齿轮传动,应按图中低一级的精度级及 $v_m Z_1 / 100$ 值查取 K_v 值,此处 v_m 为圆锥齿轮平均分度圆处的圆周速度,m/s。

图中每个精度级 K_v 曲线终点所对应的 $vZ_1 / 100$ 值,可视为该精度等级所限用 $vZ_1 / 100$ 值的极限值。

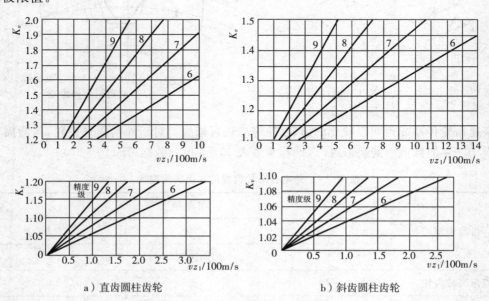

a)直齿圆柱齿轮   b)斜齿圆柱齿轮

图 10 - 8 动载系数 K_v 值

3. 啮合齿对间载荷分配系数 K_a

啮合齿对间载荷分配系数是考虑同时啮合的各对轮齿间载荷分配不均匀对齿轮计算载荷的影响系数,以 K_a 表示。

K_a 值一般不需作精确计算的齿轮传动可用以下方法确定:

1)对直齿轮和窄斜齿轮(即纵向重合度 $\varepsilon_\beta \leqslant 1$ 的齿轮传动),为了考虑安全,均假定啮合区中只有一对齿啮合,故其 $K_a = 1$;

2)对宽斜齿轮(即纵向重合度 $\varepsilon_\beta > 1$ 的齿轮传动),在进行齿面接触强度计算时取 $K_a = K_{Ha}$,其值可按图10-9选取(当圆周速度 v 为未知时,可暂设一个圆周速度值,等初步设计完成后再进行校核)。当作齿根弯曲疲劳强度计算时,$K_{d1} = K_{F\alpha}$,其值可按下式计算:

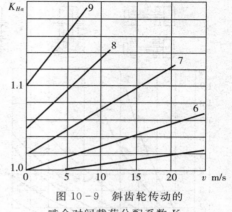

图10-9 斜齿轮传动的
啮合对间载荷分配系数 K_{Ha}

$$K_{F\alpha} = 1 + \frac{(n-5)(\varepsilon_a - 1)}{4} \quad (10-3)$$

式中 n——精度等级(GB179—83中第Ⅲ公差组控制齿轮接触精度的精度等级)。例如齿轮传动的精度为 7-6-6-FL,则 $n = 6$;用式(10-3)进行计算时,若精度等级 n 高于5级时,取 $n = 5$;低于9级时,取 $n = 9$。

ε_a——齿轮传动的端面重合度。

4. 载荷分布不均系数 K_β

齿轮受载时,由于齿轮、轴、轴承和箱体的变形,使轮齿接触偏于一端,如图10-10所示;又由于齿轮是弹性体,这样就会引起载荷沿齿向分布不均匀,即产生载荷集中的情况,而最大载荷 $p_{\max}$ 与平均载荷 p_m 的比,即为齿向载荷分布系数 K_β。当然,在制造安装方面,由于齿向误差和轴心线的不平行等原因,同样也会引起载荷沿齿向分布不均。

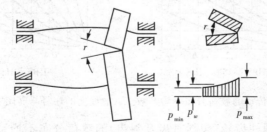

图10-10 轮齿受载分布不均

影响载荷分布情况的因素很多,除上述轴受载后变形因素外,还有:①齿轮相对于轴承的布置;②轮齿的制造精度(主要是指第Ⅲ公差组精度);③齿宽系数 ϕ_d(为齿宽 b 和小齿轮的分度圆直径 d_1 之比,即 $\phi_d = b/d_1$);④轮齿的跑合性能,它和齿面硬度有关,两轮均为硬齿面时不易跑合;⑤箱体镗孔偏差引起的安装误差,大、小齿轮轴的平行度;⑥由几何尺寸和结构形式确定的轴、轮齿、轮缘、箱体以及机座的刚度;⑦轴承的间隙和变形等。

载荷分布不均系数 K_β 的实用值,应针对设计对象通过实践确定。图 10 - 11 及图 10 - 12(两图中的 HBS_1,HBS_2 分别代表小、大齿轮的齿面硬度)所列的载荷分布不均系数 $K_{H\beta}$ 及 $K_{F\beta}$ 可供参考使用。其中 $K_{H\beta}$ 为按齿面接触疲劳强度计算时所用的系数,而 $K_{F\beta}$ 为齿根弯曲疲劳强度计算时所用的系数。

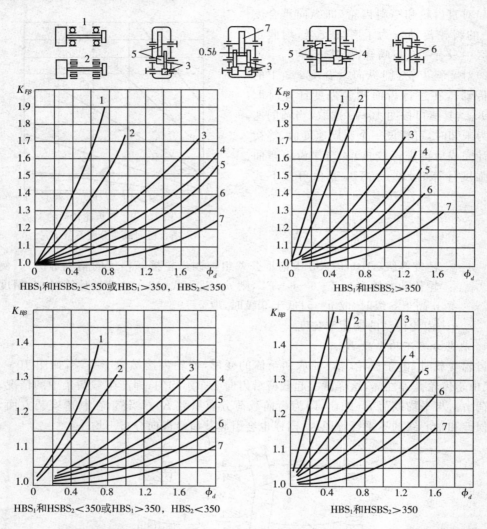

图 10 - 11　圆柱齿轮传动的载荷分布不均系数 K_β(曲线上的序号与简图中所示的标号相对应)

图 10 - 10 是用于圆柱齿轮(包括直齿及斜齿)的载荷分布不均系数,线图上方所示各传动支承结构的序号对应于线图上各条曲线的序号。1 和 2 虽均属悬臂装置,但由于 1 用球轴承支承,2 用滚子轴承支承,因此 1 的支承刚性低于 2 的支承刚性,轴的挠曲变形大;3 和 5 虽均属偏置跨装支承结构,但 3 位于高速级,轴上扭矩小,因此,轴的直径相对于 5 的结构要细得多,挠曲变形量也大得多,因此 1 中齿轮的 K_β 的值较 5 的大。

此外,两轮均为硬齿面时,齿面不易磨损,跑合性能差,加工误差得不到跑合的补偿。如果其中一个齿轮为软齿面时,可通过跑合使误差减小,因此 K_β 值也会有差别。

图 10-12 是用于圆锥齿轮传动的 K_β 值,分析的方法同上。

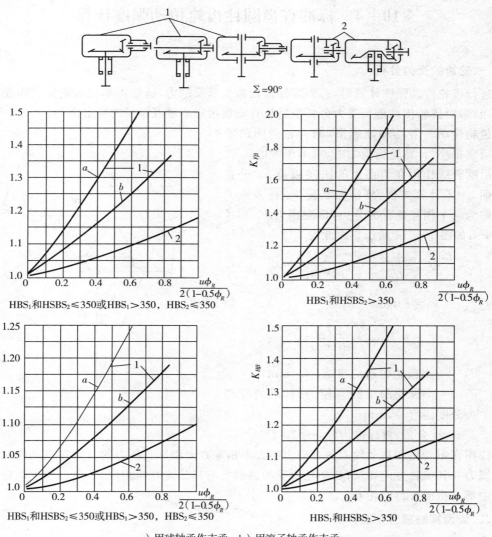

a)用球轴承作支承;b)用滚子轴承作支承

图 10-12 圆锥齿轮传动的载荷分布不均系数 K_β

减小载荷分布不均的措施为:①提高传动的制造精度,经过仔细跑合;②提高轴系的刚性;③齿轮在轴承间尽可能对称布置,避免悬臂;④适当减小齿宽;⑤必要时做成鼓形齿(图 10-13),这样可以改善齿面载荷分布不均的情况;⑥对圆柱斜齿轮及人字齿轮传动可沿齿宽对小齿轮作轮齿修形,可改变轮齿沿齿宽的正常啮合位置,这种方法称为轮齿的螺旋角修形。

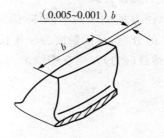

图 10-13 鼓形齿

§10–4　标准直齿圆柱齿轮传动强度计算

一、轮齿的受力分析

进行齿轮传动强度计算时,首先要知道轮齿上所受的力,这就需要对齿轮传动作受力分析。当然,对齿轮传动进行受力分析也是计算安装齿轮的轴及轴承时所必需的。

齿轮传动一般均加油润滑,啮合轮齿间的摩擦力通常很小,计算轮齿受力时,可不予考虑。

沿啮合线作用在齿面上的法向载荷 F_n 垂直于齿面,为了计算方便,将法向载荷 F_n 在节点 P 处分解为两个相互垂直的分力,即圆周力 F_t 和径向力 F_r,如图 10–14 所示。由此得

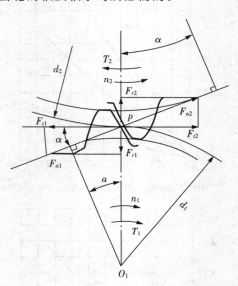

$$\left.\begin{array}{l} F_t = \dfrac{2T_1}{d_1} \\[2mm] F_r = F_t \mathrm{tg}\alpha \\[2mm] F_n = F_t / \cos\alpha = \dfrac{2T_1}{d_1\cos\alpha} \end{array}\right\} \qquad (10\text{–}4)$$

式中　T_1——小齿轮传递的扭矩,N·mm;

$\quad\quad\ \ d_1$——小齿轮的节圆直径,对标准齿轮即

$\quad\quad\quad\quad$为分度圆直径,mm;

$\quad\quad\ \ \alpha$——啮合角,对标准齿轮,$\alpha = 20°$。

图 10–14　直齿圆柱齿轮轮齿受力分析

作用在主动轮和从动轮上各对应力的大小相等方向相反。各力的方向在主动轮上所受的圆周力与其旋转方向相反;从动轮所受的圆周力与其旋转方向相同,径向力在主动轮和从动轮中都是指向各自的轮心。

二、齿面接触疲劳强度计算

物体表面接触应力的计算,通常是以赫兹公式(Hertz Formula)为基础的,故这里先介绍赫兹公式。

(一)赫兹公式

半径为 R_1,R_2 的两圆体,如图 10–15 所示,当承受正压力 F_n 的作用互相挤压时,按弹性力学的分析,其接触面为一狭长的矩形,接触面上的应力并非均匀分布,最大接触应力 σ_H(又称赫兹应力)发生在中线上,其值可用赫兹公式计算,即

$$\sigma_H = \sqrt{\dfrac{F_n\left(\dfrac{1}{R_1}+\dfrac{1}{R_2}\right)}{\pi L\left(\dfrac{1-u_1^2}{E_1}+\dfrac{1-u_2^2}{E_2}\right)}} \qquad (10\text{–}5)$$

式中： μ_1,μ_2 和 E_1,E_2 分别为两圆柱体所用材料的泊松
比和弹性模量；

L——两圆柱体的接触线长度。

如果将赫兹公式应用于齿轮,则式中 R_1,R_2 应对应
于两轮齿啮合点处齿廓的曲率半径 ρ_1 和 ρ_2,如果令

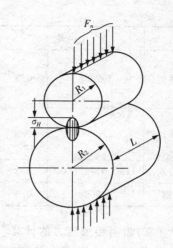

$$\frac{1}{\rho_\Sigma}=\frac{1}{\rho_1}\pm\frac{1}{\rho_2}=\frac{1}{R_1}\pm\frac{1}{R_2} \qquad (10-6)$$

$$Z_E=\sqrt{\frac{1}{\pi(\frac{1-\mu_1^2}{E_1}+\frac{1-\mu_2^2}{E_2})}} \qquad (10-7)$$

式中 ρ_Σ——综合曲率半径；E——材料弹性系数。

为了计算方便,取接触线单位长度上的计算载荷

$$\rho_{ca}=\frac{F_{ca}}{L}$$

图 10-15 接触应力 σ_H

于是赫兹公式简化为

$$\sigma_H=\sqrt{\rho_{ca}/P_\Sigma}\cdot Z_E \qquad (10-8)$$

由式中可知两轮齿接触应力（两轮相同）的大小,除了与单位接触线长度的载荷 F_{ca}/L
有关外,还与 Z_E 和 p 有关。其中材料弹性系数 Z_E 简称弹性系数。因此,表面接触应力一
般表达式如式 $(10-8)$。Z_E 值可以根据齿轮选用材料查表 $(10-6)$。注意 Z_E 为一有单位的
量,其单位随 E 的单位而变,当 E 用 N/mm^2 时,Z_E 的单位为 $\sqrt{N/mm^2}$。

对于一般钢,铸钢和铸铁,其泊松比 $u=0.3$,

又如果令 $E=\frac{2E_1E_2}{E_1+E_2}$,$E$ 为综合性模量,单位为 N/mm^2。则材料系数 $Z_E=\sqrt{0.175E}=$

$0.418\sqrt{E}$,代入式 $(10-8)$ 可得另一形式的赫兹公式

$$\sigma_H=0.418\sqrt{\rho_{ca}\frac{E}{\rho_\Sigma}} \qquad (10-9)$$

表 10-6 材料弹性系数 $Z_E(\sqrt{N/mm^2})$

材料	小齿轮		大齿轮			弹性系数
材料	$E(N/mm^2)$	μ	材　料	$E(N/mm^2)$	μ	$Z_E(\sqrt{N/mm^2})$
钢	206000	0.3	钢	206000	0.3	189.8
			铸钢	202000	0.3	188.9
			球墨铸铁	173000	0.3	181.4
			铸铁	118000～126000	0.3	162.0～165.4
			铸造锡青铜	103000	0.3	155.0

（续表）

	小齿轮		大齿轮			弹性系数
铸钢	202000	0.3	铸钢	202000	0.3	188.0
			球墨铸铁	173000	0.3	180.5
			铸铁	118000	0.3	161.4
球墨铸铁	173000	0.3	球墨铸铁	173000	0.3	173.9
			铸铁	118000	0.3	156.6
铸铁	118000～126000	0.3	铸铁	118000	0.3	143.7～146.0
钢	200000	0.3	织物层压塑料	平均 7850	平均 0.5	56.4

（二）齿面接触应力的计算

　　由于渐开线齿廓上各点的曲率是变化的，所以在应用式（10－8）及（10－9）计算齿面接触应力时，应先确定一合理的计算点。如前所述，齿面点蚀多发生在节点附近，这是由于在节点附近一般只有一对齿啮合，而且相对滑动速度低（在节点啮合为纯滚动），油膜不易形成，润滑条件差，摩擦力较大的缘故。因此，齿面接触应力的计算就确定以节点作为计算点。虽然节点啮合时接触应力不是最大，如图 10－16 所示，以小齿轮单齿对啮合的最低点（图中 C 点）产生的接触应力为最大，故应按此点的接触应力来计算齿面的接触强度。但按单齿对啮合的最低点计算接触应力比较麻烦，并且当小齿轮齿数 $Z_1 \geqslant$ 20 时，按单齿对啮合的最低点所计得的接触应力与按节点啮合计算得的接触应力极为相近。为了计算方便，通常仍以节点啮合为代表进行齿面的接触强度计算。

　　节点啮合的综合曲率为

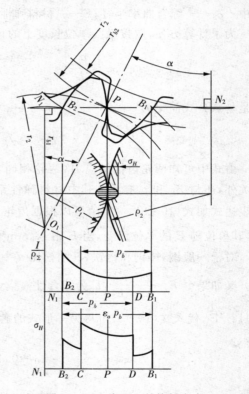

图 10－16　齿面上的接触应力

$$\frac{1}{\rho_\Sigma} = \frac{1}{\rho_1} \pm \frac{1}{\rho_2} = \frac{\rho_2 \pm \rho_1}{\rho_{21}} = \frac{\dfrac{\rho_2}{\rho_1} \pm 1}{\rho_1 \left(\dfrac{\rho_2}{\rho_1} \right)}$$

　　轮齿在节点啮合时，两齿轮廓曲率半径之比与两轮的直径或齿数成正比，即 $\rho_2/\rho_1 = d_2/d_1 = Z_2/Z_1 = \mu$（如果小齿轮主动则 $\mu = i$；大齿轮主动则 $\mu = \dfrac{1}{i}$，其中 i 为传动比），故得

$$\frac{1}{\rho_{\Sigma}} = \frac{1}{\rho} \frac{\pi \pm 1}{\mu}$$

如图 10 - 16 所示,小齿轮轮齿节点 ρ 处的曲率半径 $\rho_1 = \overline{N_1 P}$。对于标准齿轮,节点就是分度圆,故得

$$\rho_1 = \frac{d_1 \sin\alpha}{2}$$

代入式(10 - 10)得

$$\frac{1}{\rho_{\Sigma}} = \frac{2}{d_1 \sin\alpha} \cdot \frac{\mu \pm 1}{\mu}$$

将 $\frac{1}{\rho_{\Sigma}}$、式(10 - 1)、式(10 - 4)及 $l = b$(b 为齿轮的设计工作宽度,最后取定的齿宽 B 可能因结构、安装上的需要而略大于 b,下同)代入式(10 - 8)得:

$$\sigma_H = \sqrt{\frac{KF_t}{b\cos\alpha} \cdot \frac{2}{d_1 \sin\alpha} \cdot \frac{\mu \pm 1}{\mu}} \cdot Z_E = \sqrt{\frac{KF_t}{bd_1} \cdot \frac{\mu \pm 1}{\mu}} \sqrt{\frac{2}{\sin\alpha\cos\alpha}} \cdot Z_E \leqslant [\sigma]_H$$

令 $z_H = \sqrt{\frac{2}{\sin\alpha\cos\alpha}}$,$Z_H$ 称为区域系数。标准直齿轮 $\alpha = 20°$ 时,$Z_H = 25$,得

$$\sigma_H = \sqrt{\frac{KF_t}{bd_1} \cdot \frac{\mu \pm 1}{\mu}} \cdot Z_H Z_E \leqslant [\sigma]_H \qquad (10 - 11)$$

将 $F_t = \frac{2T_1}{d_1}$,$\phi_d = n/d_1$ 代入上式得

$$\sqrt{\frac{2K\pi}{\phi_d d_1^3} \cdot \frac{\mu \pm 1}{\mu}} Z_H Z_E \leqslant [\sigma]_H$$

于是得

$$d_1 \geqslant \sqrt[3]{\frac{2KT_1}{\phi_d} \cdot \frac{\mu \pm 1}{\mu} \left(\frac{Z_H Z_E}{[\sigma]_H}\right)^2} \qquad (10 - 12)$$

若将 $z_H = 2.5$ 代入式(10 - 11)及(10 - 12),得

$$\sigma_H = 2.5 Z_E \sqrt{\frac{KF_t}{bd_1} \cdot \frac{\mu \pm 1}{\mu}} \leqslant [\sigma]_H \quad \text{(MPa)} \qquad (10 - 11a)$$

$$d_1 \geqslant 2.32 \sqrt[3]{\frac{KT_1}{\phi_d} \cdot \frac{\mu \pm 1}{\mu} \left(\frac{Z_E}{[\sigma]_H}\right)^2} \quad \text{(mm)} \qquad (10 - 12a)$$

式(10 - 11),(10 - 11a)为校核计算公式;式(10 - 12),(10 - 12a)为设计计算公式。

(三)齿根弯曲疲劳强度计算

直齿圆柱齿轮齿根弯曲应力的计算公式是假设全部载荷作用于一个齿轮的齿顶,并考虑其他影响因素而导出的。如图 10 - 17 所示为齿顶受载时,轮齿齿根部的应力图。

在齿根危险剖面 AB 处的压应力 σ_c 仅为弯曲应力 σ_F 的百分之几,故可忽略,仅按水平分力 $p_{ca}\cos\alpha_n$ 所产生的弯矩进行弯曲强度计算。

如图 10 - 17 所示,齿根危险剖面的弯曲强度条件按单位齿宽计算为

$$\sigma_{Fo}=\frac{M}{W}=\frac{p_{ca}\cos\alpha_n\cdot h}{\dfrac{1\cdot S^2}{6}}=\frac{6p_{ca}\cos\alpha_n\cdot h}{S^2}\leqslant[\sigma]_F$$

取 $h=K_h m,S=K_s m$，并将式（10－1）及式（10－4）代入。对直齿圆柱齿轮，齿面上的接触线长 L 即为齿宽 $b$mm，得

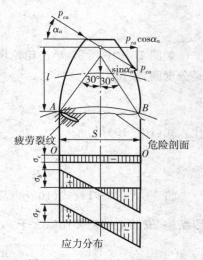

$$\sigma_{Fo}=\frac{6KF_t\cos\alpha_n K_n m}{b\cos\alpha(K_s m)^2}$$

$$=\frac{KF_t}{bm}\cdot\frac{6K_n\cos\alpha_n}{K_s^2\cos\alpha}\leqslant[\sigma]_F$$

令　　　　　　　　　$$Y_{Fa}=\frac{6K_n\cos\alpha_n}{K_s^2\cos\alpha}$$

Y_{Fa} 为载荷作用于齿顶的齿形系数（数值列于表 10－7）。

图 10－17　齿根危险剖面的应力分布

$$\sigma_{Fo}=\frac{KF_t Y_{Fa}}{bm}\leqslant[\sigma]_F$$

表 10－7　齿形系数 Y_{Fα} 及消应校力正系数 Y_{sα}

$Z(Z_v)$	17	18	19	20	21	22	23	24	25	26	27	28	29
Y_{Fa}	2.97	2.91	2.85	2.80	2.76	2.72	2.69	2.65	2.62	2.60	2.57	2.55	2.53
Y_{sa}	1.52	1.53	1.54	1.55	1.56	1.57	1.575	1.58	1.59	1.595	1.60	1.61	1.62
$Z(Z_v)$	30	35	40	45	50	60	70	80	90	100	150	200	∞
Y_{Fa}	2.52	2.45	2.40	2.35	2.32	2.28	2.24	2.22	2.20	2.18	2.14	2.12	2.06
Y_{sa}	1.625	1.65	1.67	1.68	1.70	1.73	1.75	1.77	1.78	1.79	1.83	1.865	1.97

注：①基准齿形的参数为 $\alpha=20°,h_a^*=1,c^*=0.25,\rho_f=0.38m$（式中 m 为齿轮模数）；

②内齿轮的齿形系数及应力校正系数可近似地取为 $Z=\infty$ 时的齿形系数及应力校正系数。

上式中的 σ_{Fo} 仅为齿根危险剖面处的理论弯曲应力，实际计算时，还应计入齿根危险剖面处的过渡圆角所引起的应力集中作用，因而得

$$\sigma_F=\sigma_{Fo}Y_{Sa}=\frac{KF_t Y_{Fa}Y_{Sa}}{bm}\leqslant[\sigma]_F\text{（MPa）}\qquad(10-13)$$

式中 Y_{Sa} 为载荷作用于齿顶时，计及齿根过渡圆角处应力集中作用的应力校正系数，数值列于表 10－7。

令　　　　　　　　　　　$$\phi_d=b/d_1$$

ϕ_d 称为齿宽系数，数值推荐于表 10－9，并将 $F_t=\dfrac{2T_1}{d_1}$ 及 $m=\dfrac{d_1}{Z_1}$ 代入式（10－13），得

$$\sigma_F=\frac{2KT_1 Y_{Fa}Y_{Sa}}{\phi_d m^3 Z_1^2}\leqslant[\sigma]_F\qquad(10-14)$$

$$m\geqslant\sqrt[3]{\frac{2KT_1}{\phi_d Z_1^2}\left(\frac{Y_{Fa}Y_{Sa}}{[\sigma]_F}\right)}\qquad(10-14a)$$

式(2-14a)为设计公式,式(2-13)及式(2-14)为校核公式。

对于一般中、低速的齿轮传动,如已知中心矩 a,可取 $m=(0.01\sim0.02)a$,软齿面、载荷平稳时取较小值;硬齿面、冲击载荷时取较大值。传递动力时其模数一般不得小于 1.5mm。

(四)直齿圆柱齿轮强度计算概要和主要参数的选择

在闭式齿轮传动疲劳强度计算中,既要保证必要的接触强度,又要保证有足够的弯曲强度。对于校核计算,由于齿轮传动的尺寸和参数均为已知,则只要按照相应的公式进行计算就行了。但在设计计算中,还没有齿轮的尺寸,因而也就难以确定某些参数值,这对初学者来说,如何更好地保证上述两方面的强度,是有一定困难的。而且齿轮传动的某些主要参数,不单是通过强度来确定的,还要考虑其他许多实际条件的制约。因此,参数选择得恰当与否,将直接影响到传动的质量和制造成本。

1. 强度设计概要

通常设计的已知条件主要是:传递的功率或转矩,主、从动轮的转速(或传动比),使用期限(寿命),原动机和工作机的工作特性等。此外,对材料的价格和供应情况,冷热加工和热处理条件、空间尺寸的限制情况和环境条件等方面,也应在设计时有所了解。

根据已知条件,究竟按哪种强度进行设计计算,这要取决于实际工作中齿轮最有可能出现哪种失效形式。

一般疲劳点蚀是软齿面闭式齿轮传动的主要失效形式。因此,在设计时,通常先按接触疲劳强度条件,由式(10-12)或(10-12a)确定小齿轮的直径 d_1(或将 $d_1=\dfrac{2a}{\pi\pm1}$ 代入公式计算 a)和齿宽 b,选择齿数和模数后,再按式(10-14)校核弯曲疲劳强度。如果弯曲强度不够,一般不要轻易地增大传动尺寸或改用好材料,因为这样做,往往使接触强度过于富裕,形成浪费。较好的办法是保持 d_1(或 a)和 b 不变,减少齿数,增大模数。这样既可使齿根的厚度增加,弯曲强度提高,又可使接触强度不变。

硬齿面的闭式齿轮传动,一般主要失效形式是断齿。应先按弯曲疲劳强度条件,由式(10-14a)确定模数,选定齿数 Z_1 和齿宽 b,再按式(10-11)式(10-11a)校核接触疲劳强度。如果接触疲劳强度不够,则只好增加传动尺寸或增大齿面硬度。

对于开式齿轮传动,因其失效原因主要是断齿,故只按弯曲强度条件设计计算,求得的模数再增大 10%～15%,以补偿磨损提高弯曲强度的削弱。

2. 主要参数的选择

(1)模数 m 和齿数 Z 的选择

在载荷一定的情况下,模数越大,齿根的厚度也越大,因而弯曲应力减小,弯曲强度提高。但是,在保证弯曲强度条件下,应力求采用较小的模数。这是因为:①当齿轮分度圆直径不变时,模数小,齿数可以增多,因此重合度增加,这就可以提高传动的平稳性和改善载荷分配情况;②模数小,材料不均匀性的影响,亦即尺寸因素的影响可以减小,对弯曲强度也有一定的好处;③模数小,还可以减小齿面相对滑动速度,有利于抗合;小模数的齿高也较小,这不仅使齿顶圆的直径减小,从而节约了材料,同时还使切齿时的切削量减少,因而提高了生产率。

通常,在软齿面的闭式传动中,弯曲强度较富裕,而接触强度仅与 $d_1=mZ_1$ 有关,故在保持 d_1 不变的情况下,选取弯曲强度允许的最小模数,以得到尽可能多的齿数,这样既保证了接触强度的要求,而又有可能使传动更加平稳。而在硬齿面的闭式传动中,弯曲强度有可能成为薄弱环节,因此,可取较少的齿数和较大的模数。这样既可提高齿的弯曲强度,又可使齿轮的直径较小。当然齿数也不能太少,如果 $Z < Z_{\min}$,则将发生根切,使齿的弯曲强度被严重削弱。对于标准齿轮传动,当用齿条型刀具加工时,$Z_{\min} = 17$。开式齿轮的齿数不宜过多,以免尺寸过大。

一般用途的闭式齿轮传动可取 $Z_1 + Z_2 = 100 \sim 200$,高速传动、软齿面、载荷平稳时取大值;中低速传动、硬齿面、冲击载荷大时取小值,一般习惯上取 $Z_1 = 20 \sim 30$。传递动力用的齿轮,模数通常不宜小于 $1.5 \sim 2\mathrm{mm}$。因轮齿过小,磨损后易过载折断。

(2)齿数比和传动比 i 的选择

μ 为大齿轮的系数与小齿轮的齿数之比,其值一般大于1(特殊的等于1);而传动比则为主动轮的转速与从动轮的转速之比,其值可小于1或大于1(特殊的等于1)。对于减速传动,$\mu = i$;而对于增速传动,$u = l/i$。选择和决定传动比时,主要考虑机器的工作情况、传动尺寸和润滑等问题。一般的减速传动,单级传动比 $i \leqslant 5 \sim 7$,开式齿轮或手动齿轮传动,有时 i 可以更大些。单级传动比过大,将使传动装置外廓尺寸增大。当传动比太大时,可采用多级传动,例如在渐开线圆柱减速器中,$i = 8 \sim 50$ 时,用二级传动;$i > 50$,则用三级或多级传动。在多级传动中,为了保证各级齿轮传动都能在油池中得到浸入润滑,而搅油损失又不致太大,各级传动比的关系应保持适当的比例(参看第13章)。

对于稳定的载荷,为了轮齿便于跑合,齿数比 μ 取为简单的整数较好。若载荷周期性变化,在选择 μ 时,应使 Z_1 和 Z_2 互质,以免最大载荷总是轮番作用在某几对齿上,而形成早期失效。

(3)齿宽系数 ϕ_d 和 ϕ_a 的选择

齿宽系数有两种表示方法,即 $\phi_d = b/d_1$ 和 $\phi_a = b/a$。两者之间的关系为

$$\phi_d = \frac{\mu + 1}{2} \phi_a$$

由式(2-12a)和式(2-14a)可见,ϕ_d 增大时(即齿宽加宽),齿轮的直径将减小。这不仅可以减小传动的外廓尺寸(径向),还可以降低齿轮的圆周速度,对传动质量和制造精度都有好处。但 ϕ_d 过大,小齿轮变得细长,易于引起较大的变形和齿向误差,致使载荷分布不均的现象变得严重,反而降低了承载能力。因此在设计时,必须结合传动的结构形式,选择适当的齿宽系数,表10-8可供参考。如按 ϕ_a 选用时,通常取 $\phi_a = 1.1 \sim 1.2$。闭式齿轮传动常取 $\phi_a = 0.2 \sim 0.6$;通用减速器常取 $\phi_a = 0.4$;变速箱换挡齿轮常取 $\phi_a = 0.12 \sim 0.15$;开式齿轮传动常取 $\phi_a = 0.1 \sim 0.3$。在设计标准减速器时,ϕ_a 应取标准值,其值为 $0.20, 0.25, 0.30, 0.40, 0.50, 0.60, 0.80, 1.20$。

表 10-8　圆柱齿轮的齿宽系数 ϕ_d

装置状况	两支承相对小齿轮作对称布置	两支承相对小齿轮作不对称布置	小齿轮作悬臂布置
ϕ_d	0.9~1.4(1.2~1.9)	0.7~1.15(1.1~1.65)	0.4~0.6

注:①大、小齿轮皆为硬齿面时,ϕ_d 取表中偏下限的数值;若皆为软齿面或仅大齿轮为软齿面时,ϕ_d 可取表中偏上限的数值;②括号内的数值用于人字齿轮,此时 b 为人字齿轮的总宽度;③金属切削机床的齿轮传动,若传递功率不大时,ϕ_a 可小到 0.2;④非金属齿轮可取 $\phi_d = 0.5 \sim 1.2$;⑤如齿宽系数的表示为 $\phi_m = b/m$,则它们之间的关系为:$\phi_m = \phi_d Z_1 = (u+1)\phi_a Z_1/2$。

在实际工作中,为了便于安装,小齿轮的齿宽应比大齿轮宽 5～10mm,但在强度计算中,仍按大齿轮的齿宽计算。

(五)齿轮传动的许用应力

齿轮的疲劳极限是在具有特定参数:$m=3～5mm,\alpha=20°,b=10～50mm,v=10m/s$,齿根圆角 $p_s=\dfrac{S}{2p_f}=2.5$(式中 S 为齿根危险截面的宽度,p_f 为齿根圆角半径)、齿面粗糙度为 $\underset{0.8}{\diagup}$ 的齿轮试件,按失效概率为 1% ,经持久疲劳试验确定的。对一般齿轮传动,因绝对尺寸、齿面粗糙度、圆周速度及润滑等对实际所用齿轮的疲劳极限的影响不大,通常都不予考虑,故只要考虑应力循环次数对疲劳极限的影响即可。

齿轮的许用应力 $[\sigma]$ 按下式计算:

$$[\sigma]=\frac{K_N\sigma_{\lim}}{S} \tag{10-15}$$

式中　S——疲劳强度安全系数,对接触疲劳强度计算,由于点蚀破坏发生后只引起噪声、振动增大,并不立即导致不能继续工作的后果,故可取 $S=S_H=1$。但是,如果一旦发生断齿,就会引起严重事故,因此在进行齿根弯曲疲劳强度计算时取 $S=S_F=1.25～1.5$。

K_N——考虑应力循环次数影响的系数,称为寿命系数。接触疲劳寿命系数 K_{HN} 查图 10-18;弯曲疲劳寿命系数 K_{FN} 查图 10-19。

$\sigma_{\lim}$——齿轮的疲劳极限。弯曲疲劳强度极限 $\sigma_{H\lim}$ 查图 10-20,弯曲疲劳强度极限 $\sigma_{F\lim}$ 值查图 10-21,图中的 $\sigma_{F\lim}$ 已计入试验齿轮应力集中的影响。n 为齿轮的转速,r/min;j 为齿轮每转一圈时,同一齿面啮合的次数;L_h 为齿轮的工作寿命(h),则齿轮的工作应力循环次数 N 按下式计算:

$$N=60njL_n \tag{10-16}$$

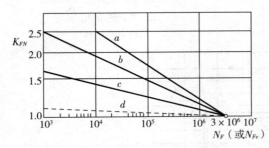

图 10-18　接触疲劳寿命系数 K_{HN}

a—调质钢、表面硬化钢、球墨铸铁(允许一定的点蚀);

b—调质钢、表面硬化钢、球墨铸铁;

c—调质钢或氮化钢气体氮化,灰铸铁;

d—调质钢液体氮化

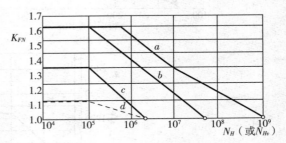

图 10-19　弯曲疲劳寿命系数 K_{FN}

a—碳钢经常化、调质、球墨铸铁;

b—碳钢经表面淬火、渗碳;

c—氮化钢气体氮化,灰铸铁;

d—碳钢调质后液体氮化

图 10-20 和图 10-21 所示的极限应力值,对一般设计建议取框内中偏下的值;仅当材料的化学成分及机械性能符合国家标准的规定,并经材料实验验证,热处理后经过金相及硬度检验合格,齿轮的结构也合理时,才可选取中偏上的数值。使用图 10-20c 及图 10-21c

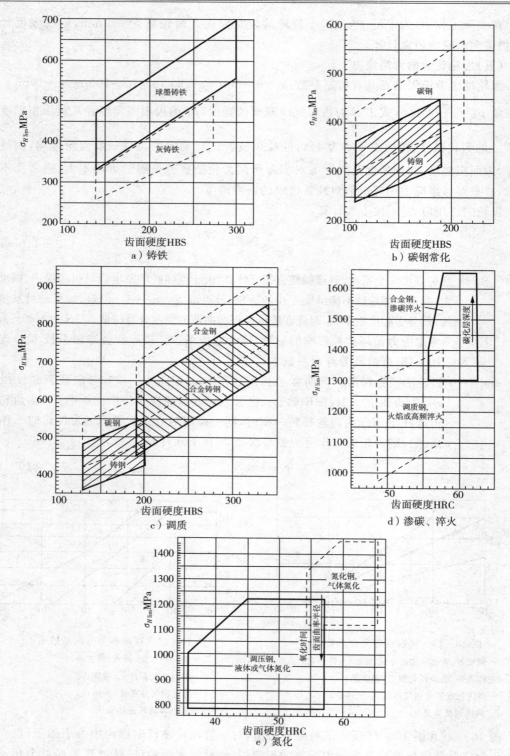

图 10-20　齿轮的接触疲劳强度极限 $\sigma_{H\lim}$

时,若齿面硬度超过图中荐用的范围,可大体按外插法查取相应的 σ_{lim} 值。图 10-21 所示为脉动循环应力时的极限应力。对称循环应力的极限应力仅为脉动循环应力的 70%。

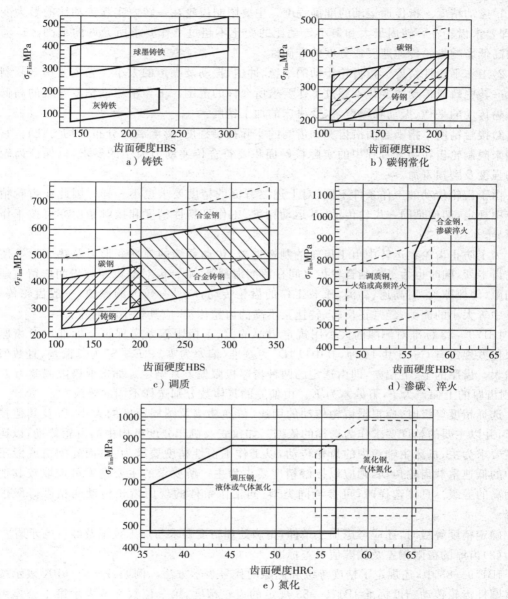

图 10-21 齿轮的弯曲疲劳强度极限 σ_{Flim}

(六)齿轮传动的精度、强度计算说明及公式表

1. 齿轮传动的精度及其选择

渐开线圆柱齿轮精度按我国现行部颁标准 JB179—83 规定,精度等级分为 12 级,从 1 级至 12 级,精度顺次降低。齿轮副中两个齿轮的表度等级一般取成相同,也允许取成不同。

齿轮的制造精度及传动精度由规定的精度等级及齿侧间隙(简称侧隙)决定。

(1)精度等级

齿轮传动的精度由下列三种精度组成[①]：

1)运动精度　指传递运动的准确程度。主要限制齿轮在一转内实际传动比的最大变动量，即要求齿轮在一转内最大和最小传动比的变化不超过工作要求所允许的范围。运动精度的高低影响齿轮传递速度或分度的准确性。

2)工作平稳性精度　指齿轮传动的平稳、冲击、振动及噪声的大小。它主要用来限制齿轮在一转中瞬时传动的变化不超过工作要求所允许的范围。工作平稳性精度等级的高低影响齿轮传动的平稳、振动和噪声，以及机床的加工精度。

3)接触精度　指啮合面沿齿宽和齿高的实际接触程度（影响载荷分布的均匀性）。它主要用来限制轮齿在啮合过程中的实际接触面积要符合传递动力大小的要求，以保证齿轮传动的强度及磨损寿命。

由于齿轮传动的工作条件不同，对上述三方面的精度要求也不一样。因此在齿轮精度标准中规定，即使是同一齿轮传动，其运动精度、工作平稳性精度和接触精度亦可按工作要求而异。

为了防止齿轮在运转中由于齿轮的制造误差、传动系统的弹性变形以及热变形等使啮合轮齿卡死，同时也为了在啮合轮齿之间存留润滑剂等，啮合齿对的齿厚与齿间应留有适当的间隙（即侧隙）。对高速、高温、重载工作的齿轮传动，应具有较大的侧隙；一般齿轮传动，可具中等大小的侧隙；经常正反转、转速又不高的齿轮传动，应具较小的侧隙。

JB179—83 标准对侧隙的大小用规定齿厚的上、下极限偏差来保证。标准中对齿厚的极限偏差规定有 $C\sim S$ 共 14 种，其中以"D"为基准（偏差为零），"$E\sim S$"为负偏差，且数值顺次增大。齿厚的上、下偏差，即由选定的两种齿厚极限偏差来确定。如选取极限偏差为 F 及 K，则齿厚的上偏差为 F，下偏差为 K。由偏差的具体数分别选择不同的等级。

选择精度等级时，应根据齿轮传动的用途、传递功率及圆周速度的大小，以及其他技术要求，并以主要的精度要求作为选择的依据。如仪表及机床分度机构中的齿轮传动，以运动精度要求为主；机床主轴箱中的齿轮传动，以工作平稳性精度要求为主；而轧钢机或锻压机械中的低速重载齿轮传动，则应以接触精度要求为主。所要求的主要精度可选取较其他精度为高的等级。具体选择时，可参考同类型、同工作条件的现用齿轮传动的精度等级进行选择。

确定精度等级时，还应考虑加工条件，正确处理精度要求与加工技术及经济的矛盾。

(2)齿厚的极限偏差及侧隙值可查标准

JB179—83 中，还规定了精度等级和侧隙的代号表示方法。例如：7－6－6FK 表示按渐开线圆柱齿轮传动精度标准 JB179—83 规定的齿轮精度，第一位数字 7 表示第 Ⅰ 公差组的精度等级为 7 级，第二位数字 6 表示第 Ⅱ 公差组的精度等级为 6 级，第三位数字 6 表示第 Ⅲ 公差组的精度等级为 6 级，代号 FK 分别表示齿厚的上偏差及下偏差。若三个精度都为同一精度等级时，如同为 7 级，则可表示为 7－FK JB179—83。

---

①　JB179—83 齿轮传动的精度等级由第 Ⅰ，Ⅱ，Ⅲ公差组的精度组成。它们分别相当于 JB180—60 中的运动精度、工作平稳性精度及接触精度。

圆锥齿轮传动精度等级的表示方法与圆柱齿轮传动一样,侧隙则用侧隙结合形式的代号表示,如 7-6-6D_c JB180—60 或 7-D_c JB180—60。结合形式的种类、名称、代号及应用举例见表 10-9。

齿轮传动的精度等级和齿厚的极限偏差(或侧隙的结合形式)是分别按齿轮传动的要求单独选定的,二者无必然联系。

表 10-9 圆锥齿轮传动的侧隙结合形式的种类、名称、代号及应用举例

| 侧隙的结合形式 | | 应 用 举 例 |
名　　称	代号	
零保证侧隙	D	仪器中较小读数机构
较小保证侧隙	D_b	常正反转,但转速不高的齿轮传动
标准保证侧隙	Dc	一般齿轮传动
较大保证侧隙	De	速度或温度较高的齿轮传动;重型机器中的开式齿轮传动

各类机器所用齿轮传动的精度等级范围列于表 10-10 中,按载荷及速度推荐的齿轮传动精度等级如图 10-22 所示。

表 10-10 各类机器所用齿轮传动的精度等级范围

机 器 名 称	精度等级	机 器 名 称	精度等级
汽轮机	3～6	拖拉机	6～8
金属切削机床	3～8	通用减速器	6～8
航空发动机	4～8	锻压机床	6～9
轻型汽车	5～8	起重机	7～10
载重汽车	7～9	农业机器	8～11

注:主传动齿轮或重要的齿轮传动,精度等级偏上限选择;辅助传动的齿轮或一般齿轮传动,精度等级居中或偏下限选择。

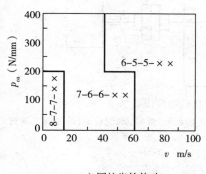

a）圆柱齿轮传动

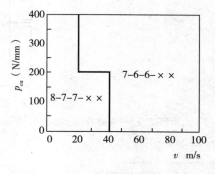

b）圆锥齿轮传动

图 10-22 齿轮传动的精度选择

2. 齿轮传动的强度计算说明

1）因配对齿轮的接触应力皆一样，即 $\sigma_{H1}=\sigma_{H2}$。若按齿面接触疲劳强度设计齿轮传动时，应将$[\sigma]_{H1}$或$[\sigma]_{H2}$中较小的数值代入设计公式进行计算。

2）由公式（10-13）可得 $\sigma_F/Y_{Fa}Y_{Sa}=K_{Ft}/bm\leqslant[\sigma]_F/Y_{Fa}Y_{Sa}$，即配对齿轮的 $\sigma_F/Y_{Fa}Y_{Sa}$ 值皆一样，而$[\sigma]_F/Y_{Fa}Y_{FS}$的值却可能有所不同。因此按齿根弯曲疲劳强度设计齿轮传动时，应将$[\sigma]_{F_1}/Y_{Fa_1}Y_{Sa_1}$或$\sigma_{F_2}/Y_{Fa_2}Y_{Sa_2}$中较小的值代入设计公式进行计算。

3）当配对两齿轮的齿面均属硬齿面时[①]，两轮的材料、热处理方法及硬度均可取成一样的。设计这种齿轮传动时，可分别按齿面接触疲劳强度及齿根弯曲疲劳强度的设计公式分别进行计算，并取其中较大者为设计结果（见例题 10-2）。

4）当设计公式初步计算齿轮的分度圆直径 d_1（或模数 m_n）时，动载荷系数 K_v 及啮合齿对间载荷分配系数 K_α 不能预先确定，此时可试选一载荷系数 Kt[②]（如取 $Kt=1.2\sim1.4$），则算出来的分度圆直径（或模数）也是一个试算值 d_{1t}（或 m_{nt}），然后按 d_{1t} 计算齿轮的圆周速度，查取动载荷系数 K_v 及啮合对间载荷分配系数 K_α，计算载荷系数 K。若得到的 K 值与试选的 K_t 值相差不多，就不必再进行修改原计算；若二者相差较大时，应按下式校正试算所得分度圆直径 d_{1t}（或 m_{nt}）：

$$d_1=d_{1t}\sqrt[3]{K/K_t} \tag{10-17a}$$

$$或\ m_n=m_{nt}\sqrt[3]{K/K_t} \tag{10-17b}$$

例题 10-1　如图 10-23 所示，试设计带式运输机减速器的高速级齿轮传动。已知：功率 $P_1=5\text{kW}$，小齿轮转速 $n_1=960\text{r/min}$，齿轮比 $u=4.8$，该机器每日工作两班制，每班 8h，工作寿命为 15 年（每年 300 个工作日，带式运输机工作平稳，转向不变）。

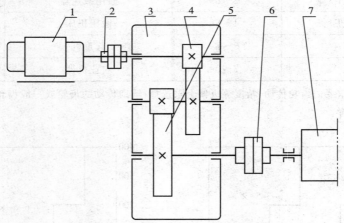

图 10-23　带式运输机传动简图

1—电动机；2 及 6—联轴器；3—减速器；4—高速级齿轮传动；5—低速级齿轮传动；7—运输机滚筒

----

① 由于硬齿面齿轮传动的尺寸较软齿面齿轮传动的尺寸显著减小，故在生产技术条件等不受限制时应广为采用，目前已被逐渐推广。

② 下标 t 表示试选或试算值，下同。

解[①]：

1. 选定齿轮类型、精度等级、材料及齿数；

1）按图 10-23 所示的传动方案，选用直齿圆柱齿轮传动；

2）运输机为一般工作机器，速度不高，故齿轮用 8 级精度；

3）齿轮选用便于制造且价格便宜的材料。由表 10-1 选取小齿轮材料为 45 钢（调质），$HBS_1 = 240$；大齿轮材料为 45 钢（常化），$HBS_2 = 200$；

4）选取小齿轮齿数 $Z_1 = 24$；大齿轮齿数 $Z_2 = 4.8 \times 24 = 115$。

因系齿面硬度小于 350（HBS）的闭式齿轮传动，所以按齿面接触疲劳强度设计，然后校核传动的齿根弯曲疲劳强度。

2. 按齿面接触疲劳强度设计

由式（10-12a）查得设计公式为

$$d_{1t} \geqslant 2.32 \sqrt[3]{\frac{K_t T_1}{\phi_d} \cdot \frac{\mu+1}{\mu} \left(\frac{Z_E}{[\sigma]_H}\right)^2} \quad (\text{mm})$$

（1）确定公式内的各计算数值

1）试选载荷系数 $K_t = 1.3$；

2）计算小齿轮传递的转矩

$$T_1 = 95.5 \times 10^5 P_1 / n_1 = 95.5 \times 10^5 \times 5/960 = 49800 (\text{N} \cdot \text{mm})$$

3）由表 10-8 选取齿宽系数 $\phi_d = 0.8$；

4）由表 10-6 查得弹性影响系数 $Z_E = 189.8 \sqrt{\text{MPa}}$；

5）由图 10-20c 查得接触疲劳强度极限 $\sigma_{H\lim_1} = 590\text{MPa}$；由图 10-20b 查得接触疲劳强度极限 $\sigma_{H\lim_2} = 470\text{MPa}$；

6）由式（10-16）计算应力循环次数

$$N_1 = 60 n_1 j L_h = 60 \times 960 \times 1 \times (2 \times 8 \times 300 \times 15) = 41.4 \times 10^8$$

$$N_2 = \frac{N_1}{\mu} = \frac{41.4 \times 10^8}{4.8} = 8.62 \times 10^8$$

7）由图 10-18 查得寿命系数 $K_{HN_1} = 1$；$K_{HN_2} = 1$

（2）计算

1）试算小齿轮分度圆直径

$$d_{1t} \geqslant 2.32 \sqrt[3]{\frac{K_t T_1}{\phi_d} \cdot \frac{\mu+1}{\mu} \cdot \left(\frac{Z_E}{[\sigma]_H}\right)^2} = 2.32 \times \sqrt[3]{\frac{1.3 \times 49800}{0.8} \times \frac{5.8}{4.8} \times \left(\frac{189.8}{470}\right)^2} = 58.4 (\text{mm})$$

2）计算圆周速度

$$v = \frac{\pi d_1 n_1}{60 \times 1000} = \frac{\pi \times 58.4 \times 960}{60 \times 1000} = 2.94 (\text{m/s})$$

3）计算载荷系数

根据 $v \cdot Z_1 / 100 = 2.94 \times 24/100 = 0.706\text{m/s}$，由图 10-8a 查得 $K_v = 1.08$，因是直齿，圆柱齿轮可取 $K_\alpha = 1$；同时由表 10-3 查得 $K_A = 1$；由图 10-11 查得 $K_{H\beta} = 1.12$，故载荷系数

$$K = K_A K_v K_\alpha K_{H\beta} = 1 \times 1.08 \times 1 \times 1.12 = 1.21$$

---

① 这里只介绍手算解法，如用计算机进行计算各有关数表和曲线公式见本章附录。

4)按实际的载荷系数校正所计得的分度圆直径,由式(10-17a)得

$$d_1 = d_{1t} \sqrt[3]{\frac{K}{K_t}} = 58.4 \times \sqrt[3]{\frac{1.21}{1.3}} = 57 \text{(mm)}$$

5)计算模数

$$m = \frac{d_1}{Z_1} = \frac{57}{24} = 2.375 \text{(mm)}$$

取模数为标准值,$m = 2.5 \text{mm}$

6)计算分度圆直径

$$d_1 = Z_1 m = 24 \times 2.5 = 60 \text{(mm)}$$

$$d_2 = Z_2 m = 115 \times 2.5 = 287.5 \text{(mm)}$$

7)计算中心距

$$a = (d_1 + d_2)/2 = (60 + 287.5)/2 = 173.75 \text{(mm)}$$

8)计算齿轮宽度

$$b = \phi_d d_1 = 0.8 \times 60 = 48 \text{(mm)}$$

圆整,取 $B_2 = 50 \text{mm}$,$B_1 = 50 \text{mm}$

3. 校核齿根弯曲疲劳强度

由式(10-13),其校核公式为

$$\sigma_F = \frac{K F_t Y_{Fa} Y_{Sa}}{bm} \leqslant [\sigma]_F \quad \text{(MPa)}$$

(1)确定公式内的计算数值

1)计算圆周力

$$Ft = 2T_1/d_1 = \frac{2 \times 49800}{60} = 1660 \text{(N)}$$

2)查取应力校正系数,由表10-7查得

$$Y_{F_{a1}} = 2.65 ; Y_{S_{a1}} = 1.58 ; Y_{F_{a2}} = 2.17 ; Y_{S_{a2}} = 1.8$$

3)计算载荷系数,由图10-10查得 $K_{F\beta} = 1.25$

$$K = K_A K_v K_a K_{F\beta} = 1 \times 1.08 \times 1 \times 1.25 = 1.35$$

4)查取弯曲疲劳强度极限及寿命系数。由图10-19c查得 $\sigma_{Flim1} = 450 \text{MPa}$;由图10-19b查得 $\sigma_{Flim_2} = 390 \text{MPa}$;由图10-18查得 $K_{FN_1} = K_{FN_2} = 1$

5)计算弯曲疲劳许用应力,取弯曲疲劳安全系数 $S = S_F = 1.4$,由式(10-15)得

$$[\sigma]_{F_1} = \frac{K_{FN_1} \sigma_{Flim_1}}{S} = \frac{1 \times 450}{1.4} = 321.43 \text{(MPa)}$$

$$[\sigma]_{F_2} = \frac{K_{FN_2} \sigma_{Flim_2}}{S} = \frac{1 \times 390}{1.4} = 278.57 \text{(MPa)}$$

(2)校核计算

$$\sigma_{F_1} = \frac{1.35 \times 1660}{50 \times 2.5} \times 2.65 \times 1.58 = 75.06 \text{(MPa)} \ll [\sigma]_{F_1}$$

$$\sigma_{F_2} = \sigma_{F_1} \frac{Y_{Fa_2} Y_{Sa_2}}{Y_{Fa_1} Y_{Sa_1}} = 75.06 \times \frac{2.17 \times 1.8}{2.65 \times 1.58} = 70.03(\text{MPa}) \ll [\sigma\sigma]_{F_2}$$

4.结构设计（从略）

例题 10-2　设计某一机器上的一级直齿圆柱齿轮减速器。已知其高速轴与电动机相连,传递功率 $P = 50\text{kW}$,转速 $n_1 = 1450\text{r/min}$,传动比 $i = 4$,每天工作 10h,一年 300 天,使用 10 年,有中等冲击。

解：

按齿面接触疲劳强度和齿根弯曲疲劳强度分别设计计算,取其较大的数值作为设计答案。

1.选择材料、精度及参数

(1)选择齿轮的材料、热处理方法及齿面硬度　考虑到此减速器的功率较大,故大、小齿轮均选用硬齿面。由表 10-1 选大、小齿轮材料约为 40Cr,并经调质和表面淬火,齿面硬度为 HRC48～55。

(2)选取精度等级　由于采用表面淬火,轮齿的变化较小,不需磨削,故初选 8 级精度(JB179—83)。

(3)选小齿轮齿数 $Z_1 = 25$,大齿轮齿数 $Z_2 = \mu Z_1 = 4 \times 25 = 100$。

2.按齿面接触疲劳强度设计

按式(10-12a)得

$$d_{1t} \geq 2.32 \sqrt[3]{\frac{K_t T_1}{\phi_d} \cdot \frac{\mu \pm 1}{\mu} \left(\frac{Z_E}{[\sigma]_H}\right)^2} \quad (\text{mm})$$

(1)确定公式内的计算数值

1)试选载荷系数 $K_t = 1.3$

2)计算小齿轮传递的扭矩

$$T_1 = 95.5 \times 10^5 \frac{P_1}{n_1} = 95.5 \times 10^5 \frac{50}{1450} = 329310.345(\text{N} \cdot \text{mm})$$

3)由表 10-8 选取 $\phi_d = 0.8$

4)由表 10-6 查得 $Z_E = 189.8 \sqrt{\text{MPa}}$

5)图 10-20c 查得 $\sigma_{H\lim_1} = \sigma_{H\lim_2} = 1200\text{MPa}$

6)由式(10-16)计算应力循环次数

$$N_1 = 60 n_1 j L_h = 60 \times 1450 \times 1 \times (10 \times 300 \times 15) = 39.15 \times 10^8$$

$$N_2 = N_1/u = \frac{39.15 \times 10^8}{4} = 9.7875 \times 10^8$$

7)由图 10-18 查得寿命系数 $K_{HN_1} = K_{HN_2} = 1$

8)计算接触疲劳许用应力　取失效概率为 1%,安全系数 $S = 1$,由式(10-15)得

$$[\sigma]_{H_1} = [\sigma]_{H_2} = K_{HN_1} \sigma_{H\lim_1} = K_{HN_2} \sigma_{H\lim_2} = 1200(\text{MPa})$$

(2)计算

1)试算小齿轮分度圆直径

$$d_{1t} \geq 2.32 \sqrt[3]{\frac{K T_1}{\phi_d} \cdot \frac{\mu + 1}{\mu} \left(\frac{Z_E}{[\sigma]_H}\right)^2}$$

$$= 2.32 \sqrt[3]{\frac{1.3 \times 329310.345}{0.8} \cdot \frac{4+1}{4} \left(\frac{189.8}{1200}\right)^2} = 58.526(\text{mm})$$

2)计算圆周速度

$$v = \frac{\pi d_{1t} n_1}{60 \times 1000} = \frac{\pi \times 58.526 \times 1450}{60 \times 1000} = 4.4434(\text{m/s})$$

3)计算载荷系数 $K = K_A K_a K_v K_{H\beta}$

由表 10 - 3 查得 $K_A = 1.25$；根据 $v Z_1/100 = 4.4434 \times 25 = 1.111 \text{m/s}$，由图 10 - 8a 查得 $K_v = 1.13$；因是直齿轮，取 $K_a = 1$；由图 10 - 11 查得 $K_{H\beta} = 1.15$。所以，$K = K_A K_a K_v K_{H\beta} = 1.25 \times 1 \times 1.13 \times 1 \times 1.15 = 1.63$

4)按实际的载荷系数校正所得的分度圆直径，由式(10 - 17a)得

$$d_1 = d_{1t} \sqrt[3]{\frac{K}{K_t}} = 58.526 \sqrt[3]{\frac{1.63}{1.3}} = 48.546 (\text{mm})$$

5)计算模数

$$m = \frac{d_1}{Z_1} = \frac{48.546}{25} = 1.94 (\text{mm})$$

3. 按齿根弯曲疲劳强度设计 由式(10 - 14a)得

$$m \geqslant \sqrt[3]{\frac{2 K T_1}{\phi_d Z_1^2} \cdot \frac{Y_{Fa} Y_{Sa}}{[\sigma]_F}}$$

(1)确定公式中各计算参数

1)计算载荷系数

$$K = K_A K_a K_v K_{F\beta}$$

$$K = 1.25 \times 1.13 \times 1 \times 1.15 = 1.63$$

2)查取齿形系数及应力校正系数 由表 10 - 7 查得：

$$Y_{Fa_1} = 2.65 \quad Y_{FS_1} = 1.58$$

$$Y_{Fa_2} = 2.18 \quad Y_{FS_2} = 1.79$$

3)查取弯曲疲劳极限及寿命系数

查图 10 - 21d，查得大、小齿轮弯曲疲劳强度极限 $\sigma_{F\lim_1} = \sigma_{F\lim_2} = 680 \text{MPa}$

按 $N_1 = 39.15 \times 10^8$，$N_2 = 9.7875 \times 10^8$，由图 10 - 19 查得寿命系数 $K_{FN_1} = K_{FN_2} = 1$

4)计算弯曲疲劳许用应力 取弯曲疲劳安全系数 $S = 1.4$，由式(10 - 15)得：

$$[\sigma]_{F_1} = [\sigma]_{F_2} = \frac{K_{FN} \sigma_{F\lim}}{S} = \frac{680}{1.4} = 485.7 (\text{MPa})$$

5)计算大、小齿轮的

$$\frac{Y_{Fa_1} F_{Sa_1}}{[\sigma]_{F_1}} = \frac{2.65 \times 1.58}{485.7} = 0.00862, \frac{Y_{Fa_2} \cdot Y_{Sa_2}}{[\sigma]_{F_2}} = \frac{2.18 \times 1.79}{485.7} = 0.008034$$

计算结果，小齿轮的数值大

(2)设计计算

$$m = \sqrt[3]{\frac{2 K T_1 Y_{Fa} Y_{FSa}}{2 \phi_d Z_1^2}} = \sqrt[3]{\frac{2 \times 1.63 \times 329310.345}{0.8 \times 25^2} \times 0.00862} = 2.645 (\text{mm})$$

对比计算结果，由齿根弯曲疲劳强度计算得出的模数比齿面接触疲劳强度计算的大，故取 $m = 2.645 \text{mm}$

4. 几何计算

(1)取标准模数 $m = 3 \text{mm}$

(2)计算齿轮分度圆直径

$$d_1 = m Z_1 = 3 \times 25 = 75 (\text{mm}), \quad d_2 = m Z_2 = 3 \times 100 = 300 (\text{mm})$$

（3）中心距 a

$$a=\frac{d_1+d_2}{2}=\frac{75+300}{2}=187.5(\mathrm{mm})$$

（4）计算齿轮宽度

$$b=\phi_d d_1=0.8\times75=60(\mathrm{mm})$$

取 $B_1=65\mathrm{mm}$，$B_2=60\mathrm{mm}$。

5. 结构设计（从略）

例题 10-3　现有一旧的双级开式直齿圆柱齿轮传动，传动布置如图 10-24 所示。机架、轴承和高速级均完好可用，但低速级齿轮已遗失，量得高速和低速级中心距分别为 $a_f=150\mathrm{mm}$，$a_s=210\mathrm{mm}$，高速和低速级齿轮宽度分别为 $b_f=60\mathrm{mm}$，$b_s=80\mathrm{mm}$，高速级齿轮齿数为 $Z_1=23$，$Z_2=97$，模数 $m=2.5$，小齿轮为 45 号钢调质 $\mathrm{HBS_1}=240$，大齿轮为 45 号钢 $\mathrm{HBS_2}=200$。由电动机驱动，$n_1=1450\mathrm{r/min}$，载荷平稳，轴的刚性较大。试按无限寿命求此对齿轮允许传递的功率。要求双级减速比 $i_\Sigma=14$。现在要按高速级齿轮传动的工作要求，配对低速级齿轮传动。

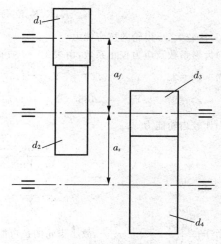

图 10-24　开式两级直截圆柱齿轮传动

解：

既是配对齿轮，就要使传动装置的高速级和低速级能传递同样的功率。开式齿轮传动，主要失效形式是轮齿磨薄后导致折断，只要计算弯曲疲劳强度，再将模数加大（10%～15%）以补偿其磨损量。因此在计算其允许传递功率时，要用计算的模数为

$$m'=\frac{m}{1.10\sim1.15}=\frac{2.5}{1.1\sim1.15}=2.27\sim2.17$$

原计算模数 $m'=2.2\mathrm{mm}$

1. 高速级齿轮允许传递的功率

（1）许用弯曲应力

1）弯曲疲劳极限　由图 10-21c 查得：$\sigma_{F\lim_1}=560\mathrm{MPa}$，$\sigma_{F\lim_2}=500\mathrm{MPa}$

2）寿命系数　无限寿命 $K_{FN_1}=K_{FN_2}=1$

3）疲劳强度安全系数　计算齿根弯曲疲劳强度时，取 $S=S_F=1.25\sim1.5$，这里取 $S_F=1.4$

4）许用弯曲应力

$$[\sigma]_{F_1}=\frac{K_{FN_1}\sigma_{F\lim_1}}{S_F}=\frac{1\times560}{1.4}=400(\mathrm{MPa})$$

$$[\sigma]_{F_2}=\frac{K_{FN_2}\sigma_{F\lim_2}}{S_F}=\frac{1\times500}{1.4}=371.43(\mathrm{MPa})$$

（2）载荷系数　$K=K_AK_vK_aK_{F\beta}$

1）工况系数，取 $K_A=1$

2）动载荷系数

圆周速度　$v = \dfrac{\pi d_3 n_3}{60 \times 1000} = \dfrac{\pi \times 23 \times 2.5 \times 1450}{60 \times 1000} = 4.36 (\text{m/s})$

$$\frac{vZ}{100} = \frac{4.36 \times 23}{100} = 1.0028$$

当精度等级定为 9 级，则由图 10-8a 的 9 线查得 $K_v = 1.15$

3）啮合齿对间载荷分配系数　对直齿轮，取 $K_a = 1$

4）载荷分布不均系数 K_β

当齿宽系数 $\phi_d = \dfrac{b}{d} = \dfrac{60}{23 \times 2.2} = 1.04$ 时，由图 10-12 的 5 线查得 $K_{F\beta} = 1.08$，于是

$$K = K_A K_a K_v K_{F\beta} = 1 \times 1.15 \times 1 \times 1.08 = 1.24$$

（3）比较大、小齿轮的抗弯能力

1）齿形系数及应力校正系数，由表 10-7 查得

当　$Z_1 = 23$　　$Y_{F\alpha_1} = 2.69$　　$Y_{\alpha S1} = 1.575$

　　$Z_2 = 97$　　$Y_{F\alpha_2} = 2.186$　　$Y_{\alpha S_2} = 1.781$

2）比较齿轮能力

$$\frac{[\sigma]_{F_1}}{Y_{Fa1} Y_{FS1}} = \frac{400}{2.69 \times 1.575} = 94.4$$

$$\frac{[\sigma]_{F_2}}{Y_{Fa2} Y_{FS2}} = \frac{371.43}{2.186 \times 1.787} = 95.1$$

由于 $\dfrac{[\sigma]_{F_1}}{Y_{F_{a1}} Y_{F_{S1}}} < \dfrac{[\sigma]_{F_2}}{Y_{F_{a2}} Y_{F_{S2}}}$，故小齿轮的抗弯能力较弱，故应以 $\dfrac{[\sigma]_{F_1}}{Y_{F_{a1}} Y_{F_{S1}}}$ 值代入计算式。

（4）计算扭矩　由式（10-14）得

$$T_1 = \frac{\phi_d Z_1^2 m^3}{2K} \cdot \frac{[\sigma]_{F_1}}{Y_{F_{a1}} Y_{F_{S1}}} = \frac{1.04 \times 23^2 \times 2.2^3}{2 \times 1.24} \times 94.4 = 222985.8 (\text{N} \cdot \text{mm})$$

（5）许用功率

$$P_1 = \frac{T_1 n_1}{9.55 \times 10^6} = \frac{222985.8 \times 1450}{9.55 \times 10^6} = 33.85 (\text{kW})$$

2. 低速级齿轮传动的配置

既是配对齿轮，要求传动的功率应与高速级相适应。由于中心距 a_s 和齿宽 b 已知，可以根据需要的弯曲强度选定材料和热处理方法。

（1）齿数比

减速传动比　　$\mu = i = \dfrac{i_\varepsilon}{i_f} = \dfrac{14}{97/23} = 2.32$

（2）运动参数

小齿轮转速　　$n_3 = n_2 = n_1 \dfrac{Z_1}{Z_2} = 1450 \dfrac{23}{97} = 344 (\text{r/min})$

小齿轮传递的功率 P_3　设高速级齿轮传动的效率 $\eta = 0.97$，即有

$$P_3 = P_1 \eta = 33.85 \times 0.97 = 33.85 (\text{kW})$$

$$T_3 = 9.55 \times 10^6 \frac{P_3}{n_3} = 9.55 \times 10^6 \frac{233.85}{344} = 939731.1 (\text{N} \cdot \text{mm})$$

(3)几何计算

1)模数 m　在已知中心距 a 的条件下,可由下式计算:

$$m=(0.01\sim0.02)a_s=(0.01\sim0.02)210=2.1\sim4.2(\text{mm})$$

取标准模数 $m=4\text{mm}$。考虑磨损,低速级计算模数 $m'=\dfrac{m}{1.1\sim1.15}=\dfrac{4}{1.1\sim1.5}=3.6\sim3.4$,取 $m'=3.5\text{mm}$

2)齿数

$$Z_3+Z_4=\frac{2a_s}{m}=\frac{2\times210}{4}=105$$

$$Z_3=\frac{Z_3+Z_4}{u+1}=\frac{105}{3.32+1}=24.3,\text{取}\ Z_3=25$$

$$Z_4=105-25=80$$

实际传动比　$i=\dfrac{80}{25}=3.2$

3)小齿轮直径

$$d_3=mZ_1=4\times25=100(\text{mm})$$

(4)载荷系数

1)工况系数 K_A,表 10-3,查得 $K_A=1$

2)动载荷系数 K_v

圆周速度　　　　　　　　　　　$v=\dfrac{\pi d_3 n_3}{60\times1000}=\dfrac{\pi\times100\times344}{60\times1000}=1.8(\text{m/s})$

由图 10-8,当 $\dfrac{vZ_3}{100}=\dfrac{1.8\times25}{100}=0.45$,9 级精度查得 $K_v=1.04$

3)载荷分配系数,因系直齿圆柱齿轮,按完全跑合,取 $K_a=1$

4)载荷分布系数

$\phi_d=\dfrac{b}{d_3}=\dfrac{80}{100}=0.8$,由图 10-12,5 线,查得 $K_{FS}=1.06$,于是

$$K=K_A K_a K_v K_{F\beta}=1\times1.04\times1\times1.06=1.1232$$

(5)弯曲疲劳强度极限,由表 10-7 查得:

1)齿形系数及应力校正系数

当　　　$Z_3=25$　　$Y_{Fa_3}=2.62$　　$Y_{Sa_3}=1.59$

　　　　$Z_4=80$　　$Y_{Fa_4}=2.22$　　$Y_{Sa_4}=1.77$

比较:$Y_{Fa_3}Y_{Sa_3}=2.62\times1.59=4.1658$

　　　$Y_{Fa_4}Y_{Sa_4}=2.22\times1.77=3.9294$

2)齿根弯曲疲劳强度安全系数　取 $S=S_F=1.4$

3)弯曲疲劳强度

$$\sigma_F=\frac{2KT_3 S_F}{bd_3 m'}\cdot Y_{Fa_3}Y_{Sa_4}=\frac{2\times1.1232\times939731.1\times1.4}{80\times100\times3.5}\times4.1658=439.7(\text{N})$$

(6)选定材料和热处理方法

若选用 45 号钢,小齿轮调质 HBS 280,大齿轮调质 HBS 240。由图 10-20c 查得

$$\sigma_{Flim_3}=560\text{MPa},\quad \sigma_{Flim_4}=520\text{MPa}$$

由此,$\sigma_F<\sigma_{Flim}=520\text{MPa}$,弯曲强度满足。所以上述配置的低速级齿轮确定选用材料和热处理方法合适。

例题 10-4　计算一闭式直齿圆柱齿轮传动。已知 $P=40\text{kW}, n_1=970\text{r/min}, i=\mu=2$，中等冲击，单向工作。工作情况是：满足功率 P 占 $0.15t_h$（t_h 是工作总时间），$0.3P$ 占 $0.45t_h$；$0.1P$ 占 $0.4t_h$。机器每天使用 8h，每年 300 天，使用年限 10 年。在全部使用期限内，工作时间占 20%。齿轮装在刚性较大的轴上，但不对称于轴承。

解：

1. 选定齿轮类型、精度等级、材料

(1)选用直齿圆柱齿轮传动；

(2)一般工作机器，无特殊要求，可选用 8 级精度；

(3)由表 10-1，根据中等冲击，大小齿轮选用 40Cr 钢。大齿轮调质处理硬度 HBS300，小齿轮表面淬火 HRC48～55，取 HRC50。

因系齿面硬度 $\text{HBS}_1>350, \text{HBS}_2<350$ 的闭式齿轮传动，现采用按齿面接触疲劳强度设计，然后校核齿根弯曲疲劳强度。

2. 齿面接触疲劳强度设计计算

(1)计算许用接触应力

1)总工作时间

$$t_h=10\times300\times0.2\times8=4800(\text{h})$$

2)应力循环次数

$$N_1=60\sum_i n_i t_{ni}\left(\frac{T_i}{T_{\max}}\right)^3=60n_1t_h\sum_i\left(\frac{T_i}{T_{\max}}\right)\frac{t_{hi}}{t_h}$$

$$=60\times970\times4800(1^3\times0.15+0.5^3\times0.45+0.1^3\times0.4)=5.8\times10^7$$

$$N_2=\frac{N}{i}=\frac{5.8\times10^7}{2}=2.9\times10^7$$

3)寿命系数　由图 10-18 查得 $K_{HN_1}=1.17, K_{HN_2}=1.22$

4)许用接触应力　取失效概率为 1%，安全系数 $S=1$

① 由图 10-20e 查得：

$$\sigma_{Hlim_1}=1150(\text{MPa})$$

$$[\sigma]_{H_1}=\frac{K_{HN_1}\sigma_{Hlim_1}}{S}=\frac{1.17\times1150}{1}=1345.5(\text{MPa})$$

② 由图 10-19c 查得：

$$\sigma_{Hlim_2}=780(\text{MPa})$$

$$[\sigma]_{H_2}=\frac{1.22\times780}{1}=950(\text{MPa})$$

(2)计算小齿轮直径 d_{1t}

1)弹性影响系数

由表 10-6 查得 $Z_E=189.8\sqrt{\text{MPa}}$

2)试选载荷系数 $K_t=1.3$

3)计算小齿轮传递的扭矩

$$T_1=9.55\times10^6\frac{P_1}{n_1}=9.55\times10^6\frac{40}{970}=394000(\text{N}\cdot\text{mm})$$

4)由表 10-9，选取齿宽系数 $\phi_d=0.8$

5)小齿轮分度圆直径

$$d_{1t} = 2.32 \sqrt[3]{\frac{K_t T_1}{\phi_d} \cdot \frac{\mu+1}{\mu} \left(\frac{Z_E}{[\sigma]_H}\right)^2}$$

$$= 2.32 \sqrt[3]{\frac{1.3 \times 394000}{0.8} \cdot \frac{2+1}{2} \left(\frac{189.8}{950}\right)^2} = 78 (\text{mm})$$

6)计算实际载荷系数

① 计算圆周速度

$$v = \frac{\pi d_{1t} n_1}{60 \times 1000} = \frac{\pi \times 75 \times 970}{60 \times 1000} = 3.96 (\text{m/s})$$

采用 8 级精度,根据 $\frac{vZ_1}{100} = \frac{3.8 \times 24}{100} = 0.95$,由图 10 - 8a 查得 $K_v = 1.11$

② 因系直齿圆柱齿轮,取 $K_\alpha = 1$

③ 由表 10 - 3,中等冲击取 $K_A = 1.25$

④ $K_{H\beta}$ 由图 10 - 11 的 3 线查得 $K_{HB} = 1.15$

$$K = K_A K_\alpha K_v K_{H\beta} = 1.25 \times 1.11 \times 1 \times 1.15 = 1.6$$

7)按实际的载荷系数校正的小齿轮直径

$$d_1 = d_{1t} \sqrt[3]{\frac{K}{K_t}} = 75 \sqrt[3]{\frac{1.6}{1.3}} = 83.2 (\text{mm}),取 \ d_1 = 85\text{mm}$$

(3)传动尺寸

1)中心距

$$a = \frac{d_1(i+1)}{2} = \frac{85(2+1)}{2} = 127.5 (\text{mm})$$

2)齿轮分度圆直径

$$d_1 = \frac{2a}{i+1} = \frac{127.5 \times 2}{2+1} = 85 (\text{mm})$$

$$d_2 = id_1 = 2 \times 85 = 170 (\text{mm})$$

3)模数

$$m = (0.01 \sim 0.02)a = (0.01 \sim 0.02) \times 127.5 = 1.275 \sim 2.55,取标准模数 \ m = 2.5\text{mm}$$

4)齿数

$$Z_1 = \frac{d_1}{m} = \frac{85}{2.5} = 34$$

$$Z_2 = iZ_1 = 2 \times 34 = 68$$

5)齿宽

$$b = \phi_d d_1 = 0.8 \times 85 = 68 (\text{mm}),取 \ B_2 = 70\text{mm},B_1 = 75\text{mm}$$

3. 验算弯曲强度

(1)许用弯曲应力

1)应力循环次数

$$N_1 = 60 \sum_i n_i t_{hi} \left(\frac{T_i}{T}\right)^9 = 60nt_h \sum_i \left(\frac{T_i}{T}\right)^9 \frac{t_{hi}}{t_h}$$

$$= 60 \times 970 \times 4800(1^9 \times 0.15 + 0.5^9 \times 0.45 + 0.1^9 \times 0.4) = 4.38 \times 10^7$$

$$N_2 = \frac{N_1}{i} = \frac{4.38 \times 10^7}{2} = 2.19 \times 10^7$$

2)寿命系数　由图 10-19,查得 $K_{FN_1} = K_{FN_2} = 1$

3)弯曲疲劳极限　由图 10-20d,查得 $\sigma_{Flim_1} = 650MPa$;由图 10-20c,查得 $\sigma_{Flim_2} = 590MPa$

4)许用弯曲应力

$$[\sigma]_{F_1} = \frac{K_{FN_1}\sigma_{Flim_1}}{S} = \frac{1 \times 650}{1.4} = 464.3(MPa)$$

$$[\sigma]_{F_2} = \frac{K_{FN_2}\sigma_{Flim_2}}{S} = \frac{1 \times 590}{1.4} = 421.5(MPa)$$

(2)计算圆周力 F_t

$$F_t = \frac{2T_1}{d_1} = \frac{2 \times 394000}{85} = 9270.6(N)$$

(3)校核计算

1)应力校正系数及齿形系数　由表 10-7 查得:

当　$Z_1 = 34$　　$Y_{Fa_1} = 2.45$　　$Y_{Sa_1} = 1.65$

　　$Z_2 = 68$　　$Y_{Fa_2} = 2.24$　　$Y_{Sa_2} = 1.75$

2)载荷系数　由图 10-11 的 3 线查得 $K_{F\beta} = 1.25$,于是得

$$K = K_A K_v K_a K_{F\beta} = 1.25 \times 1.11 \times 1 \times 1.25 = 1.734$$

3)校核计算

$$\sigma_{F_1} = \frac{KF_t}{bm}Y_{Fa_1}Y_{Sa_1} = \frac{1.734 \times 9270.6}{68 \times 2.5} \times 2.45 \times 1.65 = 382.26(MPa)$$

$$\sigma_{F_2} = \sigma_{F_1}\frac{Y_{Fa_2}Y_{Sa_2}}{Y_{Fa_1}Y_{Sa_1}} = 382.26\frac{2.24 \times 1.75}{2.45 \times 1.65} = 370.6(MPa)$$

计算结果:$\sigma_F < [\sigma]_{F_1}$,$\sigma_{F_2} < [\sigma]_{F_2}$,合适

4. 结构设计(略)

注:本题齿轮传动受的载荷是属于不稳定的载荷,在计算应力循环次数时应考虑:

① 接触强度计算,当其他条件相同时,轮齿上的接触应力与传递扭矩(T)平方根成正比;

② 弯曲强度计算,当其他条件相同时,轮齿上的弯曲应力与传递扭矩(T)成正比。详情可参考许镇宇等编著的《机械零件》1965 年 1 月版。

§10-5　斜齿圆柱齿轮传动的设计计算

一、比较直齿圆柱齿轮传动与斜齿圆柱齿轮传动

1. 直齿圆柱齿轮传动

(1)平稳性差　直齿圆柱齿轮在传动时,齿面上的接触线是一条与轴线平行的直线(图 10-25a)。这就使轮齿的啮合是沿整个齿宽同时接触或同时离开。所以直齿圆柱齿轮传动对制造误差反应敏感,容易引起冲击、振动和噪声,以致平稳性差(特别是在高速传动)。

(2)Z_{min} 多 $\left(= \frac{2h_a^*}{\sin^2\alpha}\right)$,因而紧凑性差。

(3)ε 小,也就是同时啮合的齿对数少,以致齿轮承载能力小,平稳性也差些。

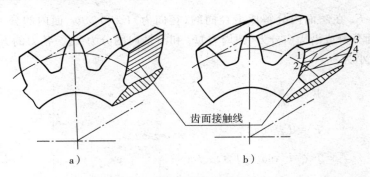

图 10-25 直齿轮与斜齿轮

2. 斜齿圆柱齿轮传动

（1）平稳性较好　斜齿圆柱齿轮传动时，轮齿从开始啮合到终了时，其接触线情况如图 10-25b 所示为 1,2,3…，即由齿顶开始进入啮合，齿面上的接触线由短变长，然后又由长变短，直到脱开啮合为止。因此，每一轮齿上所受的载荷也是由小到大，又由大到小的，这样分散了对制造误差的不良影响，因而冲击和噪声小，平稳性较好。

（2）$Z_{\min}$ 少 $\left(=\dfrac{2h_a^* \cos\beta}{\sin^2\alpha}\right)$，因而紧凑性较好。

（3）ε 大 $\left(=\varepsilon_\alpha+\varepsilon_\beta=\varepsilon_\alpha+\dfrac{B\sin\beta}{\pi m_n}\right)$，齿轮同时啮合轮齿对数多，所以斜齿轮承载能力大，平稳性高，因而适用于高速重载的传动。

斜齿轮传动的主要缺点：在传动时产生了轴向分力；斜齿轮也不便于拨换变速。

二、轮齿的受力分析

在斜齿轮传动中，作用在齿面上的法向载荷 F_n 仍垂直于齿面。如图 10-26 所示，F_n 位于法面 $pabc$ 内，与节圆柱的切面 $pa'ae$ 倾斜-法向啮合角 α_n。力 F_n 可沿齿轮的周向、径向及轴向分解成三个相互垂直的分力。

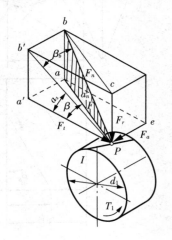

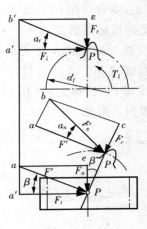

图 10-26 斜齿轮的轮齿受力分析

首先,将力 F_n 在法面内分解成沿径向的(径向力)F_r 和 $pabc$ 面内的分力 F',然后再将力 F' 在 $pa'ae$ 面分解成沿周向分力(圆周力)F_t 和沿轴向的分力 F_a。各力的方向如图 10-26 所示,各力的大小为:

$$
\left.
\begin{aligned}
F_t &= \frac{2T_1}{d_1} \\[4pt]
F' &= F_t/\cos\beta \\[4pt]
F_r &= F'\mathrm{tg}\alpha_n = F_t\mathrm{tg}\alpha_n/\cos\beta \\[4pt]
F_a &= F_t\mathrm{tg}\beta \\[4pt]
F_n &= F'/\cos\alpha_n = F_t/\cos\alpha_n\cos\beta = F_t/\cos\alpha_t\cos\beta_b
\end{aligned}
\right\}
\tag{10-18}
$$

式中　　β——节圆螺旋角,对标准斜齿轮即分度圆螺旋角;

　　　　β_b——啮合平面的螺旋角,亦即基圆螺旋角;

　　　　α_n——法面压力角,对标准斜齿轮,$\alpha_n=20°$;

　　　　α_t——端面压力角。

由式(10-18)可知,轴向力 F_a 与 $\mathrm{tg}\beta$ 成正比。为了不使轴承承受过大的轴向力,斜齿圆柱齿轮传动的螺旋角 β 不宜选得过大,常在 8°~20° 之间选择。

根据力学分析,人字齿轮轴向分力可以相互抵消,因而其螺旋角可取得大一些(约为 15°~40°),传动的功率也较大。人字齿轮受力分析及强度计算都可沿用斜齿轮传动的公式。

三、计算载荷

由式(10-1)可知,轮齿上的计算载荷与啮合轮齿齿面接触线上的长度有关。对于斜齿轮,如图 10-27 所示,啮合区中的实线为实际接触线,每一条全齿宽的接触线长度为 $b/\cos\beta_b$,接触线总长为所有啮合线上接触线长度之和,即为接触区的几条实线长度之和。在啮合过程中,啮合线总长度一般是变动的,据研究,可用 $b\varepsilon_a/\cos\beta_b$ 作为总长度的代表值。因此,

$$
\begin{aligned}
p_{ca} &= \frac{KF_n}{L} \\[8pt]
&= \frac{KF_t}{\dfrac{b\varepsilon_a}{\cos\beta_b}\cos\alpha_t\cos\beta_b} \\[8pt]
&= \frac{KF_t}{b\varepsilon_a\cos\alpha_t}
\end{aligned}
\tag{10-19}
$$

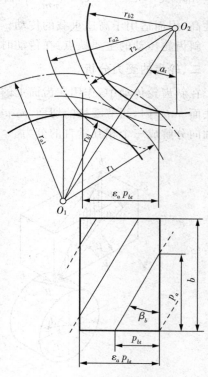

图 10-27　斜齿圆柱齿轮传动的啮合区

式中 ε_a 为斜齿轮传动的端面重合度,可由图 10-28 查取,或由《机械原理》中的公式计算。

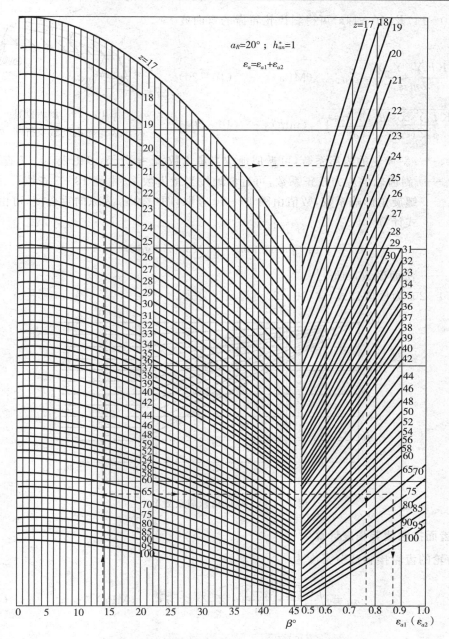

图 10-28 标准圆柱齿轮传动的端面重叠系数 ε_a

四、齿根弯曲疲劳强度计算

图 10-29 所示,斜齿轮齿面上的接触线为一斜线,受载时,轮齿的失效形式为局部折断。斜齿轮的弯曲强度,如按轮齿局部折断分析则较繁。现对比直齿轮的弯曲强度计算,仅就其计算特点作必要的说明。

首先,由式(10-19)可知,斜齿轮的计算载荷要比直齿轮的多计入一个参数 ε_α,其次还应计入反映螺旋角 β 对轮齿弯曲强度影响的因素,即计入螺旋角影响系数 Y_β。由上述特点,

参照式(10-14)及(10-14a)可得斜齿轮轮齿的弯曲疲劳强度

$$\sigma_F = \frac{KF_tY_{F_a}Y_{Sa}Y_\beta}{bm_n\varepsilon_a} \leqslant [\sigma]_F \quad (MPa) \qquad (10-20)$$

$$m_n \geqslant \sqrt[3]{\frac{2KT_1Y_\beta\cos^2\beta}{\phi_dZ_1^2\varepsilon_a}\left(\frac{Y_{F_a}Y_{Sa}}{[\sigma]_F}\right)} \quad (mm) \qquad (10-20a)$$

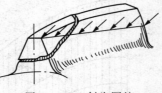

图 10-29　斜齿圆柱
齿轮轮齿受载及折断

式中　Y_{F_x}——斜齿轮的齿形系数,可近似地按当量齿数 $Z_v \approx Z/\cos^3\beta$ 由表 10-7 查取;

　　　Y_{Sa}——斜齿轮的应力校正系数,可近似地按当量齿数 Z_v 由表 10-7 查取;

　　　Y_β——螺旋角影响系数,数值由图 10-30 查取,图中的 ε_β 为纵向重合度,可由下述公式计算

$$\varepsilon_\beta = b\sin\beta/\pi m_n = 0.318\phi_dZ_1\mathrm{tg}\beta$$

　　　m_n——法面模数,mm。

式(10-20)为校核公式,式(10-20a)为设计公式。

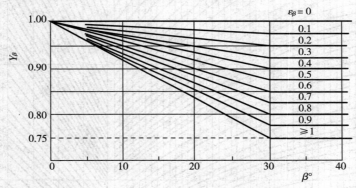

图 10-30　螺旋角影响系数 Y_β

四、齿面接触疲劳强度计算

斜齿轮的齿轮接触疲劳强度为

$$\sigma_H = \sqrt{\frac{KF_t}{bd_1\varepsilon_a} \cdot \frac{\mu\pm1}{\mu}} \cdot Z_HZ_E \leqslant [\sigma]_H \quad (MPa) \qquad (10-21)$$

$$d_1 \geqslant \sqrt[3]{\frac{2KT_1}{\phi_d\varepsilon_a} \cdot \frac{\mu\pm1}{\mu}\left(\frac{Z_HZ_E}{[\sigma]_H}\right)^2} \quad (mm) \qquad (10-22)$$

式中 Z_H 称为区域系数。图 10-31 为法面压力角 $\alpha_n=20°$ 的标准齿轮的 Z_H 值,式(10-21)为计算公式,式(10-22)为设计计算公式。

应该注意,对于斜齿圆柱齿轮传动,因齿面上的接触线是倾斜的(图 10-32),即在同一齿面上就会有齿顶面(其上接触线段为 e_1p)与齿根面(其上接触线段为 e_2p)同时参与啮合的情况(直齿轮传动,齿面上接触线与轴线平行,就没有这种现象)。由实践得知,同一齿面

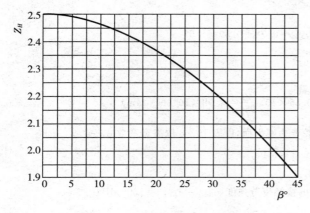

图 10-31　区域系数 $Z_H(\alpha_n = 20°)$

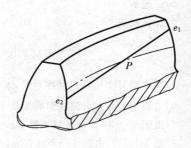

图 10-32　斜齿轮齿面上的接触线

上,往往齿根面上先发生点蚀,然后才扩展到齿顶面上。也就是说,齿顶面比齿根面具有较高的接触疲劳强度。设小齿轮的齿面接触疲劳强度比大齿轮的高(即小齿轮的材料较好,齿面硬度较高),那么,当大齿轮的齿根面产生点蚀,$e_2 p$ 一段接触线已不能再承受原来所分担的载荷,而要部分地由齿顶面上的 $e_1 p$ 一段接触线来承担时,因同一齿面上,齿顶面的接触疲劳强度较高,所以即使承担的载荷有所增加,只要还未超过其承载能力时,大齿轮的齿顶面仍然不会出现点蚀;同时,因小齿轮齿面的接触疲劳强度较高,与大齿轮齿顶面相啮合的小齿轮的齿根面,也未因载荷增大而出现点蚀。这就是说,在斜齿轮传动中,当大齿轮齿根面产生点蚀,仅实际承载区由大齿轮的齿根面向齿顶面有所转移而已,并不导致斜齿轮传动的失效(直齿轮传动齿面上的接触线为一平行于轴线的直线,大齿轮齿根面点蚀时,纵然小齿轮不坏,这对齿轮也不能再继续工作了)。因此,斜齿齿轮传动齿面的接触疲劳强度应同时取决于大、小齿轮。实用中斜齿轮传动的许用接触应力约可取为 $[\sigma]_H = ([\sigma]_{H_1} + [\sigma]_{H_2})/2$,当 $[\sigma]_H > 1.23[\sigma]_{H_2}$ 时,应取 $[\sigma]_H = 1.23[\sigma]_{H_2}$。$[\sigma]_{H_2}$ 为较软齿面的许用接触应力。

　　人字齿轮可以视作由两个螺旋角相反的斜齿轮组成,所以其强度计算可近似地按斜齿圆柱齿轮的有关公式进行,但载荷应取人字齿轮的一半代入计算。

　　例题 10-5　设计一两级同轴式斜齿圆柱齿轮减速器的高速级齿轮传动。已知:输入功率 $P_1 = 40\text{kW}$,$n_1 = 960\text{r/min}$,齿轮比 $i = 3.2$,由电动机驱动,工作寿命 15 年(每年 300 个工作日),两班制,工作时有轻微冲击。

　　解:

　　1. 选择材料、精度、齿数及螺旋角

　　(1)选择齿轮的材料、热处理方法及齿面硬度,由表 10-1 选得大、小齿轮材料为 40Cr,并经调质及表面淬火,齿面硬度为 HRC48～55。

　　(2)精度等级　因表面淬火,轮齿的变形不大,不需磨削,故初选 8 级精度(JB179—83)。

　　(3)选择齿数　小齿轮 $Z_1 = 25$,大齿轮 $Z_2 = uZ_1 = 3.2 \times 25 = 80$。

　　(4)选取螺旋角　初选螺旋角 $\beta = 14°$。

　　2. 按齿面接触强度设计

　　按式(10-22)得

$$d_{1t} \geq \sqrt[3]{\frac{2K_t T_1}{\phi_d \varepsilon_a} \cdot \frac{\mu \pm 1}{\mu} \left(\frac{Z_H Z_E}{[\sigma]_H}\right)^2} \quad (\text{mm})$$

（1）确定计算参数

1）由图 10 - 28 查得，$\varepsilon_{a_1} = 0.78$，$\varepsilon_{a_2} = 0.89$，$\varepsilon_a = 0.78 + 0.89 = 1.67$

2）试选 $K_t = 1.3$

3）计算扭矩

$$T = 9.55 \times 10^6 \frac{P_1}{n_1} = 9.55 \times 10^6 \frac{40}{960} = 3.98 \times 10^5 (\text{N} \cdot \text{mm})$$

4）两支承对小齿轮作对称布置，大、小齿轮皆为硬齿面，由表 10 - 8 取齿宽系数 $\phi_d = 0.9$

5）由表 10 - 6 查取弹性影响系数 $Z_E = 189.8 \sqrt{\text{MPa}}$

6）由图 10 - 31 查得区域系数 $Z_H = 2.433$

7）取 HRC52，由图 10 - 20d 查大、小齿轮的接触疲劳强度 $\sigma_{H\lim_1} = \sigma_{H\lim_2} = 1200\text{MPa}$

8）计算应力循环次数

$$N_1 = 60 n_1 j t_n = 60 \times 960 \times 1 \times (300 \times 8 \times 2 \times 15) = 4.147 \times 10^9$$

$$N_2 = \frac{N_1}{\mu} = 4.147 \times \frac{10^9}{3.2} = 1.296 \times 10^9$$

由图 10 - 18 可得，寿命系数 $K_{HN_1} = K_{HN_2} = 1$

9）接触疲劳许用应力　取失效概率为 1%，安全系数 $S = 1$，则

$$[\sigma]_{H_1} = [\sigma]_{H_2} = \frac{K_{HN} \sigma_{\lim}}{S} = \frac{1 \times 1200}{1} = 1200 (\text{MPa})$$

$$[\sigma]_H = \frac{[\sigma]_{H_1} + [\sigma]_{H_2}}{2} = \frac{1200 + 1200}{2} = 1200 (\text{MPa})$$

（2）计算

1）试算小齿轮分度圆直径 d_{1t}，由下列计算公式得

$$d_{1t} \geqslant \sqrt[3]{\frac{2 \times 1.3 \times 3.98 \times 10^5}{0.9 \times 1.67} \left(\frac{2.433 \times 189.8}{1200}\right)^2 \times \frac{3.2 + 1}{3.2}} = 51.35 (\text{mm})$$

2）计算圆周速度

$$v = \frac{\pi d_{1t} n_1}{60 \times 1000} = \frac{\pi \times 51.35 \times 960}{60 \times 1000} = 2.58 (\text{m/s})$$

3）计算载荷系数　由表 10 - 3 查得工作情况系数 $K_A = 1$；按 $\frac{vZ_1}{100} = 2.58 \times \frac{25}{100} = 0.64$，由图 10 - 8b 查得动载荷系数 $K_v = 1.05$；由图 10 - 9 查得啮合齿对间载荷分配系数 $K_{Ha} = 1.07$；由图 10 - 11，当 $\phi_d = 0.9$ 查得 $K_{H\beta} = 1.17$。于是 $K = K_A K_v K_{Ha} K_{H\beta} = 1 \times 1.05 \times 1.07 \times 1.17 = 1.3$。

4）按实际的载荷系数校正，计得分度圆直径

$$d_1 = d_{1t} \sqrt[3]{\frac{K}{K_t}} = 51.35 \sqrt[3]{\frac{1.3}{1.3}} = 51.35 (\text{mm})$$

5）计算模数

$$m_n = \frac{d_1 \cos\beta}{Z_1} = \frac{51.35 \cos 14°}{25} \approx 2 (\text{mm})$$

3. 按齿根弯曲疲劳强度设计

由式(10-20a)得

$$m_n \geqslant \sqrt[3]{\frac{2KT_1Y_\beta\cos^2\beta}{\phi_d Z_1^2 \varepsilon_a}\left(\frac{Y_{F_a}Y_{S_a}}{[\sigma]_F}\right)}$$

(1)确定计算参数

1)由式(10-3)计算

$$K_{F_a}=1+\frac{(n-5)(\varepsilon_a-1)}{4}=1+\frac{(8-5)(1.67-1)}{4}=1.5$$

故 $K=K_A K_v K_{F_a} K_{F_\beta}=1\times1.05\times1.5\times1.3=2.05$

2)计算纵向重合度 ε_β，查取螺旋角影响系数 Y_β

$$\varepsilon_\beta=0.318\phi_d Z_1 \text{tg}\beta=0.318\times0.9\times25\times\text{tg}14°=1.784$$

由图10-30查得 $Y_\beta=0.881$

3)计算当量齿数

$$Z_{v_1}=\frac{Z_1}{\cos^3\beta}=\frac{25}{\cos^3 14°}=27.27$$

$$Z_{v_2}=\frac{Z_2}{\cos^3\beta}=\frac{80}{\cos^3 14°}=87.57$$

4)查取齿形系数　由表10-7查得 $Y_{F_{a_1}}=2.563$；$Y_{F_{a_2}}=2.205$

5)查取应力校正系数　由表10-7查取 $Y_{S_{a_1}}=1.604$；$Y_{S_{a_2}}=1.778$

6)查取弯曲疲劳强度极限及寿命系数，由图10-21d查得大、小齿轮弯曲疲劳极限 $\sigma_{Flim_1}=\sigma_{Flim_2}=680$MPa；按 $N_1=2.147\times10^9$，$N_2=1.296\times10^9$，由图10-19分别查得寿命系数 $K_{FN_1}=K_{FN_2}=1$。

7)计算弯曲疲劳许用应力　取弯曲疲劳安全系数 $S=1.4$，由式(10-15)得

$$[\sigma]_{F_1}=[\sigma]_{F_2}=\frac{K_{NF}\sigma_{Flim}}{S}=\frac{680}{1.4}=485.7(\text{MPa})$$

8)计算大、小齿轮 $\frac{Y_{FX}Y_{SX}}{[\sigma]_F}$ 并加以比较

$$\frac{Y_{F_{a_1}}Y_{S_{a_1}}}{[\sigma]_{F_1}}=\frac{2.563\times1.604}{485.7}=0.008464$$

$$\frac{Y_{F_{a_2}}Y_{S_{a_2}}}{[\sigma]_{F_2}}=\frac{2.205\times1.778}{485.7}=0.00807$$

小齿轮的数值大。

(2)设计计算

$$m_n\geqslant\sqrt[3]{\frac{2\times2.05\times3.98\times10^5\times0.88\times(\cos14°)^2}{0.9\times25^2\times1.67}0.008464}=2.3(\text{mm})$$

对比计算结果，由齿根弯曲疲劳强度计算的法面模数 m_n 大于由齿面接触疲劳强度计算的法面模数，因此取 $m_n=2.3$mm。

4. 几何计算

(1)将法面模数圆整，取标准值　标准值 $m_n=2.5$mm

(2)中心距

$$a=\frac{(Z_1+Z_2)m_n}{2\cos\beta}=\frac{(25+80)\times2.5}{2\cos14°}=135.268(\text{mm})$$

因所取模数已大于按强度计算的模数值,故可向下圆整,取 $a = 135\text{mm}$。

(3)按圆整后的中心距修正螺旋角

$$\beta = \arccos\frac{(Z_1 + Z_2)m_n}{2a} = \arccos\frac{(25+80)2.5}{2 \times 135} = 13°32'10''$$

因 β 值改变不多,故参数 ε_a,K_a,Z_H 不必修正。

(4)计算大、小齿轮的分度圆直径

$$d_1 = \frac{Z_1 m_n}{\cos\beta} = \frac{25 \times 2.5}{\cos 13°32'10''} = 64.286(\text{mm})$$

$$d_2 = \frac{Z_2 m_n}{\cos\beta} = \frac{80 \times 2.5}{\cos 13°32'10''} = 205.714(\text{mm})$$

(5)计算齿轮宽度 $b = \phi_d d_1 = 0.9 \times 64.286 = 57.857\text{mm}$

圆整化取 $B_2 = 58\text{mm}$;$B_1 = 62\text{mm}$

5. 结构设计

以大齿轮为例。$d_{a2} < 500\text{mm}$,以选腹板式结构为宜。其他有关尺寸按图 10-40 荐用的结构尺寸设计(尺寸计算参考图 10-40 所列经验公式),并绘制大齿轮的工作图(图 10-33)。

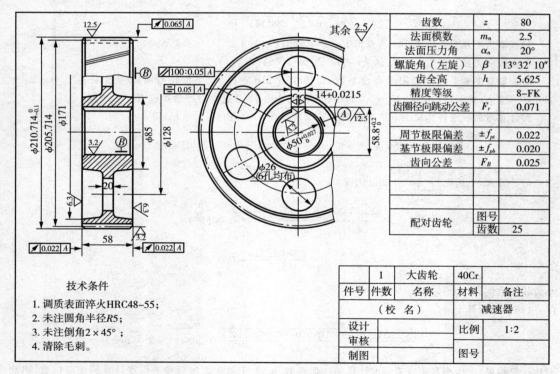

图 10-33 大齿轮零件图

例题 10-6 某机械中的斜齿圆柱齿轮增速装置。已知传递功率 $P = 30\text{kW}$,主动轮转速为 1470r/min,主动轮齿数为 73,从动轮齿数为 23,使用寿命 $t_h = 1000\text{h}$,小齿轮作悬臂布置,载荷有中等冲击。试设计该齿轮传动。

解:

增速传动,要求精度较高,选用 20CrMnTi 合金钢渗碳淬火 HRC60。采用磨齿加工,6 级精度。硬齿面闭式传动,由于齿面硬度较高,主要失效形式为疲劳折断,故按齿根弯曲疲劳强度计算,决定模数,后作接触疲劳强度校核。

1. 齿根弯曲疲劳强度计算

由式(10-20a)得

$$m_{n_t} \geqslant \sqrt[3]{\frac{2KT_1 Y_\beta \cos^2\beta}{\phi_d Z_1^2 \varepsilon_a}\left(\frac{Y_{Fa}F_{Sa}}{[\sigma]_F}\right)}$$

(1)确定计算参数

1)初选螺旋角 $\beta = 15°$

2)确定端面重合度 ε_a

由图 10-27 查得:$Z_1 = 23, \varepsilon_{a_1} = 0.738, Z_2 = 73, \varepsilon_{a_2} = 0.9, \varepsilon_a = \varepsilon_{a_1} + \varepsilon_{a_2} = 0.738 + 0.9 = 1.638$

3)取 $\phi_d = 0.25$

4)螺旋角影响系数

$$\varepsilon_\beta = 0.318\phi_d Z_1 \mathrm{tg}\beta = 0.318 \times 0.25 \times 23 \times \mathrm{tg}15° = 0.49$$

由图 10-30 查得 $Y_\beta = 0.943$

5)计算当量齿数

$$Z_{v_1} = \frac{Z_1}{\cos^3\beta} = \frac{23}{\cos^3 15°} = 25.5$$

$$Z_{v_2} = \frac{Z_2}{\cos^3\beta} = \frac{73}{\cos^3 15°} = 81.1$$

6)查取齿形系数及应力校正系数　由表 10-7 查得:

$$Z_{v_1} = 25.5 \qquad Y_{Fa_1} = 2.61 \qquad Y_{Sa_1} = 1.592$$

$$Z_{v_2} = 80.1 \qquad Y_{Fa_2} = 2.22 \qquad Y_{Sa_2} = 1.77$$

7)查取弯曲疲劳极限及寿命系数　由图 10-21c 查得大、小齿轮弯曲疲劳极限:

$$\sigma_{\mathrm{Flim}_1} = \sigma_{\mathrm{Flim}_2} = 870\mathrm{MPa}$$

按　　　　　　　　　$N_2 = 60n_2 jt_h = 60 \times 1470 \times 1000 = 8.82 \times 10^7$

$$N_1 = N_2 \cdot \frac{Z_2}{Z_1} = 8.82 \times 10^7 \times \frac{73}{23} = 28 \times 10^7$$

由图 10-18 查得 $K_{FN_1} = K_{FN_2} = 1$

8)计算弯曲疲劳许用应力　取弯曲疲劳安全系数 $S = 1.4$,由式(10-15)得:

$$[\sigma]_{F_1} = [\sigma]_{F_2} = \frac{K_{NF}\sigma_{\mathrm{Flim}}}{S} = \frac{1 \times 870}{1.4} = 621.43(\mathrm{MPa})$$

9)计算大、小齿轮 $\dfrac{Y_{Fa}Y_{Sa}}{[\sigma]_F}$ 并加以比较:

$$\frac{Y_{Fa_1}Y_{Fa_1}}{[\sigma]_{F_1}} = \frac{2.61 \times 1.592}{621.43} = 0.006686$$

$$\frac{Y_{Fa_2}Y_{Sa_2}}{[\sigma]_{F_2}} = \frac{2.22 \times 1.77}{621.43} = 0.006323$$

比较结果,小齿轮值大。

10)试选 $K_t = 1.5$

11)小齿轮转矩

$$T_1 = 9.55 \times 10^6 \frac{P}{n_2} \cdot \frac{Z_1}{Z_2} = 9.55 \times 10^6 \frac{30}{1470} \times \frac{23}{73} = 61406(\text{N} \cdot \text{mm})$$

(2)计算模数

$$m_{n_t} \geqslant \sqrt[3]{\frac{2 \times 1.5 \times 61406 \cos^2 15° \times 0.943}{0.25 \times 23^2 \times 1.638} \times 0.006686} = 1.71(\text{mm})$$

1)计算圆周速度

$$v = \frac{\pi n_2 d_2}{60 \times 1000} = \frac{\pi n_2 m_n Z_2}{600 \times 1000 \cos\beta} = \frac{\pi \times 1470 \times 1.71 \times 73}{60 \times 1000 \times \cos 15°} = 10(\text{m/s})$$

2)计算载荷系数

查取 K_v 值: $vZ/100 = 2.3\text{m/s}$,由图 10-8b 查得

$$K_v = 1.07;$$

$$K_{F_\alpha} = 1 + \frac{(n-5)(\varepsilon_d - 1)}{4} = 1 + \frac{(6-1)(1.638-1)}{4} = 1.16$$

当 $\phi_d = 0.25$ 时,由图 10-12 查得 $K_{F\beta} = 1.45$

由表 10-3,查得 $K_A = 1.25$。于是

$$K = K_A K_v K_{F_\alpha} K_{F_\beta} = 1.25 \times 1.07 \times 1.16 \times 1.45 = 2.25$$

3)按实际载荷系数修正所计得的模数 m_n

$$m_n = m_{n_t} \sqrt[3]{\frac{K}{K_t}} = 1.71 \sqrt[3]{\frac{2.25}{1.5}} = 2.1(\text{mm}),\text{取标准值 } m_n = 2\text{mm}$$

(3)几何计算

1)中心距

$$a = \frac{m_n(Z_1 + Z_2)}{2\cos\beta} = \frac{2(23+73)}{2\cos 15°} = 98.6(\text{mm}),\text{圆整取 } a = 100\text{mm}$$

2)螺旋角

$$\beta = \cos^{-1} \frac{m_n(Z_1 + Z_2)}{2a} = \cos^{-1} \frac{2 \times (23+73)}{2 \times 100} = 16°15'37''$$

3)分度圆直径 d

$$d_1 = \frac{m_n Z_1}{\cos\beta} = \frac{2 \times 23}{\cos 16°15'37''} = 47.917(\text{mm})$$

$$d_2 = \frac{m_n Z_2}{\cos\beta} = \frac{2 \times 73}{\cos 16°15'37''} = 152.083(\text{mm})$$

4)齿宽

$$b = \phi_d d_1 = 0.25 \times 47.917 = 11.98(\text{mm})$$

圆整取 $b = 12\text{mm}$。取 $b_2 = 12, b_1 = 15\text{mm}$。

2. 齿面接触疲劳强度校核

由式(10-20)得校核公式

$$\sigma_H = \sqrt{\frac{KF_t}{bd_1\varepsilon_a} \cdot \frac{\mu+1}{\mu}} \cdot Z_H Z_E \leqslant [\sigma]_H$$

(1)确定计算参数

1)确定载荷系数

由表 10-3 查得 $K_A = 1.25$;

按 $v = 10\text{m/s}$,$\dfrac{vz}{100} = \dfrac{10 \times 23}{100} = 2.3$,由图 10-8 查得 $kv = 1.07$;由图 10-11,1 线查得 $K_{H\beta} = 1.27$,于是

$$K = K_A K_v K_{Fa} K_{H\beta} = 1.25 \times 1.07 \times 1.16 \times 1.27 = 1.97$$

2)确定接触强度许用应力

$N_1 = 28 \times 10^7$,$N_2 = 8.82 \times 10^7$,由图 10-18 查得 $K_{HN_1} = 1.08$,$K_{HN_2} = 1.14$;大、小齿轮接触疲劳极限,由图 10-20d 查得 $\sigma_{H\lim_1} = \sigma_{H\lim_2} = 1460\text{MPa}$;取失效概率为 1%,安全系数 $S=1$,则

$$[\sigma]_{H_1} = \frac{K_{HN_1}\sigma_{H\lim_1}}{S} = \frac{1.08 \times 1460}{1} = 1576.8\text{(MPa)}$$

$$[\sigma]_{H_2} = \frac{K_{HN_2}\sigma_{H\lim_2}}{S} = \frac{1.14 \times 1460}{1} = 1664.4\text{(MPa)}$$

3)齿数比

$$u = \frac{Z_2}{Z_1} = \frac{73}{23} = 3.17$$

4)区域系数由图 10-31 查得 $Z_H = 2.45$

5)弹性影响系数　由表 10-6 查得 $Z_E = 189.8 \sqrt{\text{N/mm}}$

6)计算圆周力

$$F_t = \frac{2T_1}{d_1} = \frac{2 \times 61406}{47.917} = 2563\text{(N)}$$

(2)接触强度校核

$$\sigma_H = \sqrt{\frac{1.97 \times 2563}{12 \times 47.97 \times 1.618} \times \frac{3.17+1}{3.17}} \times 2.45 \times 189.8 = 1250\text{(MPa)}$$

计算结果 $\sigma_H < [\sigma]_{H_1} = 1576.8$,$\sigma_H < [\sigma]_{H_2} = 1664.4\text{MPa}$,合适。

3. 结构设计(略)

例题 10-7 设计一单级斜齿圆柱齿轮减速器。已知小齿轮传递的功率 $P_1 = 10\text{kW}$,小齿轮转速 $n_1 = 1450\text{r/min}$,传动比 $i=3$,单向转动有轻微冲击。满足工作时间 $t_h = 35000\text{h}$。

解:

1. 选择材料、精度及参数

(1)选择材料

小齿轮:38SiMnMo 调质 HBS_1　　$320 \sim 340$

大齿轮:38SiMnMo 调质 HBS_2　　$280 \sim 300$

(2)选取 8 级精度(JB170—83)

(3)选定齿数 $Z_1 = 20$,$Z_2 = iZ_1 = 3 \times 20 = 60$

(4)初选螺旋角 $\beta = 15°$

2. 按齿面接触强度设计

由式(10-22)计算

$$d_3 \geqslant \sqrt[3]{\frac{2KT_1}{\phi_d \varepsilon_a} \cdot \frac{u \pm 1}{u} \left(\frac{Z_H Z_E}{[\sigma]_H}\right)^2}$$

(1)确定计算参数

1)初选 $K_t = 1.5$

2)由图 10-28 查得　$\varepsilon_{a_1} = 0.8, \varepsilon_{a_2} = 0.9, \varepsilon_a = \varepsilon_{a_1} + \varepsilon_{a_2} = 0.8 + 0.9 = 1.7$

3)由表 10-6 查得　$Z_E = 189.8 \sqrt{\text{MPa}}$

4)由图 10-31 查得　$Z_H = 2.42$

5)由表 10-8 选取　$\phi_d = 1.00$

6)计算转矩

$$T_1 = 9.55 \times 10^6 \frac{P_1}{n_1} = 9.55 \times 10^6 \frac{10}{1450} = 65862 (\text{N} \cdot \text{mm})$$

7)由图 10-20c 查得 $\sigma_{H\lim_1} = 800\text{MPa}, \sigma_{H\lim_2} = 720\text{MPa}$

8)应力循环次数

$$N_1 = 60 n_1 j t_h = 60 \times 1450 \times 1 \times 35000 = 30.45 \times 10^8$$

$$N_2 = \frac{N_1}{i} = \frac{30.45 \times 10^8}{3} = 10.15 \times 10^8$$

9)寿命系数　由图 10-18 查得　$K_{HN_1} = K_{HN_2} = 1$

10)安全系数　当失效概率为 1‰, 取 $S = 1$

11)接触强度许用应力

$$[\sigma]_{H_1} = \frac{K_{HN_1} \sigma_{H\lim_1}}{S} = \frac{1 \times 800}{1} = 800 (\text{MPa})$$

$$[\sigma]_{H_2} = \frac{K_{HN_2} \sigma_{H\lim_2}}{S} = \frac{1 \times 720}{1} = 720 (\text{MPa})$$

(2)计算

1)计算小齿轮分度圆直径

$$d_{1t} \geqslant \sqrt[3]{\frac{2KT_1}{\phi_d \varepsilon_a} \cdot \frac{\mu + 1}{\mu} \left(\frac{Z_H Z_E}{[\sigma]_H}\right)^2} = \sqrt[3]{\frac{2 \times 1.5 \times 65862}{1 \times 1.7} \times \frac{(3+1)}{3} \left(\frac{189.8 \times 2.42}{720}\right)^2} = 39 (\text{mm})$$

2)计算圆周速度

$$v = \frac{\pi d_{1t} n_1}{60 \times 1000} = \frac{\pi \times 39 \times 1450}{60 \times 1000} = 3.9 (\text{m/s})$$

3)计算载荷系数

① 工况系数　查表 10-3, 取 $K_A = 1$

② 动载荷系数　按 $\frac{v Z_1}{100}$, 由图 10-8b 查取 $K_v = 1.075$

③ 载荷分配系数　由图 10-9 查取 $K_{H\alpha} = 1.078$

④ 载荷分布系数　对称布置, 由图 10-11, 6 线查得 $K_{H\beta} = 1.045$

⑤ 载荷系数

$$K = K_A K_v K_{H\alpha} K_{H\beta} = 1 \times 1.075 \times 1.078 \times 1.045 = 1.21$$

4)修正小齿轮分度圆直径

$$d = d_{1t}\sqrt[3]{\frac{K}{K_t}} = 39\sqrt[3]{\frac{1.21}{1.5}} = 36.3 \text{(mm)}$$

5)计算法面模数

$$m_n = \frac{d_1 \cos\beta}{Z_1} = \frac{36.3\cos15°}{20} = 1.75 \text{(mm)},取标准值 \; m_n = 2\text{mm}$$

3. 按齿根弯曲疲劳强度校核

由公式(10－13)计算

$$\sigma_F = \frac{KF_t Y_{F_a} Y_{S_a} Y_\beta}{bm_n\varepsilon_a} \leqslant [\sigma]_F$$

(1)确定计算参数

载荷分配系数　由式(10－3)得

$$K_{F_a} = 1 + \frac{(n-5)(\varepsilon_a - 1)}{4} = 1 + \frac{(8-5)(1.7-1)}{4} = 1.275$$

其余各载荷系数同上,则

$$K = K_A K_v K_{F_a} K_{F\beta} = 1 \times 1.075 \times 1.275 \times 1.045 = 1.432$$

(2)计算纵向重合度 ε_β,查取螺旋角影响系数

$$\varepsilon_\beta = 0.318\phi_d Z_1 \text{tg}\beta = 0.318 \times 1 \times 20\text{tg}15° = 1.5246,由图 10－30 查得 Y_\beta = 1$$

(3)当量齿数

$$Z_{v_1} = \frac{Z_1}{\cos^3\beta} = \frac{20}{\cos^3 15°} = 22.2$$

$$Z_{v_2} = \frac{Z_2}{\cos^3\beta} = \frac{60}{\cos^3 15°} = 66.6$$

(4)查取齿形系数和应力校正系数　由表10－7查取:

当　$Z_{1v} = 22.2, Y_{Fa_1} = 2.72$　　$Y_{Sa_1} = 1.57$

$Z_{2v} = 66.6, Y_{Fa_2} = 2.26$　　$Y_{Sa_2} = 1.74$

(5)弯曲强度极限　由图 10－20c 查取 $\sigma_{Flim_1} = 660\text{MPa}, \sigma_{Flim_2} = 600\text{MPa}$

(6)寿命系数　$K_{FN_1} = K_{FN_2} = 1$

(7)安全系数　取 $S = 1.4$

(8)弯曲强度许用应力

$$[\sigma]_{F_1} = \frac{K_{FN_1}\sigma_{Flim_1}}{S} = \frac{1 \times 660}{4} = 471.43 \text{(MPa)}$$

$$[\sigma]_{F_2} = \frac{K_{FN_2}\sigma_{Flim_2}}{S} = \frac{1 \times 600}{1.4} = 428.7 \text{(MPa)}$$

(9)齿宽　$b = \phi_d d_1 = 1 \times 40 = 40 \text{(mm)}$

(10)计算圆周力

$$F_t = \frac{2T_1}{d_1} = \frac{2 \times 65862}{40} = 3293 \text{(N)}$$

(11)校核

$$\sigma_{F_1} = \frac{1.432 \times 3293}{40 \times 2 \times 1.7} \times 1 \times 2.72 \times 1.57 = 148.1(\text{MPa})$$

$$\sigma_{F_2} = \frac{1.432 \times 3293}{40 \times 2 \times 1.7} \times 1 \times 2.26 \times 1.74 = 136.35(\text{MPa})$$

计算结果：满足要求。

4. 几何计算

(1)法向模数　$m_n = 2\text{mm}$

(2)中心距

$$a = \frac{(Z_1 + Z_2)m_n}{2\cos\beta} = \frac{(20 + 60) \times 2}{2\cos15°} = 82.824(\text{mm})，取 a = 82\text{mm}$$

(3)螺旋角的修正

$$\beta = \cos^{-1}\frac{(Z_1 + Z_2)m_n}{2a} = \cos^{-1}\frac{(20 + 60) \times 2}{2 \times 82} = \cos^{-1}0.97560 = 15.0719°$$

$$= 15°4'19''$$

因 β 值改变不多，故参数 ε_a，K_a，Z_H 不必修正。

(4)计算大、小齿轮的分度圆直径

$$d_1 = \frac{Z_1 m_n}{\cos\beta} = \frac{20 \times 2}{\cos15°4'19''} = 41(\text{mm})$$

$$d_2 = \frac{Z_2 m_n}{\cos\beta} = \frac{60 \times 2}{\cos15°4'19''} = 123(\text{mm})$$

(5)$b = \phi_d d_1 = 41\text{mm}$；圆整取 $B_2 = 41\text{mm}$，$B_1 = 45\text{mm}$

5. 结构设计（略）

§10–6　标准圆锥齿轮传动的强度计算

由于工作要求的不同，圆锥齿轮传动可设计成不同的形式。本节只介绍最常用的、轴交角为$\sum = 90°$的标准直齿圆锥齿轮传动的强度计算。

一、设计参数

直齿圆锥齿轮传动是以大端参数为标准值的。在强度计算时，则以齿宽中点处的当量齿轮作为计算的依据。对轴夹角 $\sum = 90°$ 的直齿圆锥齿轮传动，其齿数比 u，锥距 R（图 10–34），分度圆直径 d_1，d_2，平均分度圆直径 d_{m1}，d_{m2} 之间的关系分别为：

$$u = \frac{Z_2}{Z_1} = \frac{d_2}{d_1} = \text{ctg}\delta_1 = \text{tg}\delta_2 \tag{a}$$

$$R = \sqrt{\left(\frac{d_1}{2}\right)^2 + \left(\frac{d_2}{2}\right)^2} = d_1\sqrt{\frac{(d_2/d_1)^2 + 1}{2}} = d_1\sqrt{\frac{u^2 + 1}{2}} \tag{b}$$

$$\frac{d_{m1}}{d_1} = \frac{d_{m2}}{d_2} = \frac{R - 0.5}{R} = 1 - 0.5\frac{1}{R} \tag{c}$$

令 $\phi_R = \frac{1}{R}$，称为圆锥齿轮传动的齿宽系数。通常取 $\phi_R = 0.25 \sim 0.35$，最常用的值为 $\phi_R = \frac{1}{3}$。于是

$$\left.\begin{array}{l} d_{m1}=d_1(1-0.5\phi_R) \\ d_{m2}=d_2(1-0.5\phi_R) \end{array}\right\} \tag{d}$$

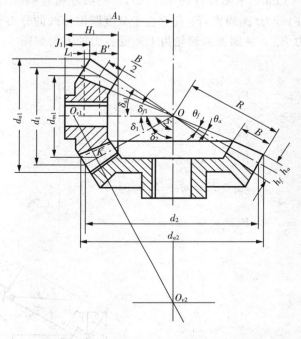

图 10-34 直齿圆锥齿轮传动的几何参数

由图 10-34 可知,当量直齿圆柱齿轮的分度圆半径 $r_{v_1}=\overline{O_{v\,1}K}$,$r_{v_2}=\overline{O_{v\,2}K}$,它们与平均分度圆直径 d_{m1},d_{m2} 的关系分别为

$$r_{v_1}=\frac{d_{m1}}{2\cos\delta_1} \qquad r_{v_2}=\frac{d_{m2}}{2\cos\delta_2} \tag{e}$$

现以 m_m 表示当量圆柱齿轮的模数,亦即圆锥齿轮平均分度圆上轮齿的模数(简称平均模数),则当量齿数为

$$\left.\begin{array}{l} Z_{v1}=\dfrac{d_{v1}}{m_m}=\dfrac{2r_{v1}}{m_m}=\dfrac{Z_1}{\cos\delta_1} \\[2mm] Z_{v2}=\dfrac{d_{v2}}{m_m}=\dfrac{2r_{v2}}{m_m}=\dfrac{Z_2}{\cos\delta_2} \end{array}\right\} \tag{f}$$

$$u_v=\frac{Z_{v2}}{Z_{v1}}=\frac{Z_2}{Z_1}\cdot\frac{\cos\delta_1}{\cos\delta_2}=u^2 \tag{g}$$

显然,为使圆锥齿轮不致发生根切,应使当量齿数不小于直齿圆柱齿轮的根切齿数。

另外,由式(d)极易得出平均模数 m_m 和大端模数 m 的关系为

$$m_m=m(1-0.5\phi_R) \tag{h}$$

二、轮齿的受力分析

直齿圆锥齿轮齿面所受的法向载荷 F_n 通常都视为集中作用在平均分度圆上,即在齿宽中点的法向剖面 $N-N$($Pabc$ 平面)内(图 10-35)。与圆柱齿轮一样,将法向载荷 F_n 分解为切于分度圆锥的周向分力(圆周力)F_t 及垂直于分度圆锥母线的分力 F',再将力 F' 分解为径向力 F_{r1} 及轴向分力 F_{a1}。从圆锥齿轮轮齿上所受各力的方向如图 10-35 所示,各力的大小分别为:

$$
\left.
\begin{aligned}
F_t &= \frac{2T_1}{d_{m1}} \\
F' &= F_t \mathrm{tg}\alpha \\
F_{r1} &= F'\cos\delta_1 = F_t\mathrm{tg}\alpha\cos\delta_1 = F_{a2} \\
F_{a1} &= F'\sin\delta_1 = F_t\mathrm{tg}\alpha\sin\delta_1 = F_{r2} \\
F_n &= \frac{F_t}{\cos\alpha}
\end{aligned}
\right\}
\qquad (10-23)
$$

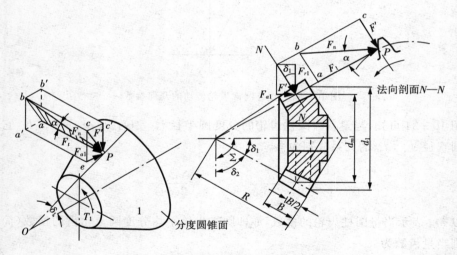

图 10-35　直齿圆锥齿轮的轮齿受力分析

圆周力 F_t 的方向在主动轮与其回转方向相反,在从动轮上与其回转方向相同;径向力的方向分别指向各自的轮心;轴向力分别指向各自的大端,且有下列关系:

$$
F_{r1} = -F_{a2} \qquad F_{a1} = -F_{r2}
$$

三、齿根弯曲疲劳强度计算

直齿圆锥齿轮的弯曲疲劳强度可近似地按平均分度圆处的当量圆柱齿轮进行计算。因而可直接沿用式(10-13)得

$$
\sigma_F = \frac{KF_t Y_{Fa} Y_{Sa}}{b m_m} \leqslant [\sigma]_F \quad (\text{MPa})
$$

式中 $Y_{F\alpha}$, $Y_{S\alpha}$——分别为齿形系数及应力修正系数,按当量齿数 z_v 查表 $10-7$。

引入式(h),得

$$\sigma_F = \frac{KF_t Y_{F\alpha} Y_{S\alpha}}{bm(1-0.5\phi_R)} \leqslant [\sigma]_F \quad (\text{MPa}) \tag{10-24}$$

引入式(b),得

$$b = R\phi_R = d_1\phi_R \frac{\sqrt{u^2+1}}{2} = mZ_1\phi_R \frac{\sqrt{u^2+1}}{2}$$

并将

$$F_t = \frac{2T_1}{d_{m1}} = \frac{2T_1}{m_m Z_1} = \frac{2T_1}{m(1-0.5\phi_R)Z_1}$$

代入式($10-24$),可得

$$m \geqslant \sqrt[3]{\frac{4KT_1}{\phi_R(1-0.5\phi_R)^2 Z_1^2 \sqrt{u^2+1}} \left(\frac{Y_{F\alpha} Y_{S\alpha}}{[\sigma]_F}\right)} \quad (\text{mm}) \tag{10-25}$$

式($10-25$)为设计公式;式($10-24$)为校核公式。

四、齿面接触疲劳强度计算

直齿圆锥齿轮的齿面接触疲劳强度,也按平均分度圆处的当量圆柱齿轮计算,工作齿宽即为圆锥齿轮的齿宽 b。

对 $\alpha=20°$ 的直齿圆锥齿轮,可得:

校核公式

$$\sigma_H = 5Z_E \sqrt{\frac{KT_1}{\phi_R(1-0.5\phi_R)^2 d_1^3 u}} \leqslant [\sigma]_H \quad (\text{MPa}) \tag{10-26}$$

设计公式

$$d_1 \geqslant 2.92 \sqrt[3]{\frac{KT_1}{\phi_R(1-0.5\phi_R)^2 u} \left(\frac{Z_E}{[\sigma]_H}\right)^2} \quad (\text{mm}) \tag{10-27}$$

以上对渐开线标准直齿、斜齿圆柱齿轮及直齿圆锥齿轮的基本设计理论和计算方法作了扼要介绍。考虑齿轮强度计算公式及参数较多,为了便于查用,现汇总列于表 $10-11$。

表 $10-11$ 齿轮强度计算公式表

		齿根弯曲疲劳强度		齿面接触疲劳强度	
直齿圆柱齿轮	设计公式	$m \geqslant \sqrt[3]{\frac{2KT_1}{\phi d z_1^2}\left(\frac{Y_{F\alpha} Y_{S\alpha}}{[\sigma]_F}\right)}$ (mm)	(10-14a)	$d_1 \geqslant \sqrt[3]{\frac{2KT_1}{\phi d} \cdot \frac{u\pm1}{u}\left(\frac{Z_H Z_E}{[\sigma]_H}\right)^2}$ (mm)	(10-12)
				$d_1 \geqslant 2.32\sqrt[3]{\frac{KT_1}{\phi d}\cdot\frac{u\pm1}{u}\left(\frac{Z_E}{[\sigma]_H}\right)^2}$[①] (mm)	(10-12a)
	校核公式	$\sigma_F = \frac{KF_t Y_{F\alpha} Y_{S\alpha}}{bm} \leqslant [\sigma]_F$ (MPa)	(10-13)	$\sigma_H = \sqrt{\frac{KF_t}{bd_t}\cdot\frac{u\pm1}{u}}\cdot Z_H Z_E \leqslant [\sigma]_H$ (MPa)	(10-11)
		$\sigma_F = \frac{2KT_1 Y_{F\alpha} Y_{S\alpha}}{\varphi d m Z_1^2} \leqslant [\sigma]_F$ (MPa)	(10-14)	$\sigma_H = 2.5 Z_E \sqrt{\frac{KF_t}{bd_1}\cdot\frac{u\pm1}{u}} \leqslant [\sigma]_H$[①] (MPa)	(10-11a)

（续表）

		齿根弯曲疲劳强度		齿面接触疲劳强度	
斜齿圆柱齿轮	设计公式	$m_n \geqslant \sqrt[3]{\dfrac{2KT_1 Y_\beta \cos^2\beta}{\phi_d Z_1^2 \varepsilon_\alpha}\left(\dfrac{Y_{Fa}Y_{Sa}}{[\sigma]_F}\right)}$ （mm）	(10-20a)	$d_1 \geqslant \sqrt[3]{\dfrac{2KT_1}{\phi_d \varepsilon_\alpha} \cdot \dfrac{u\pm1}{u}\left(\dfrac{Z_H Z_E}{[\sigma]_H}\right)^2}$ （mm）	(10-22)
	校核公式	$\sigma_F = \dfrac{KF_t Y_{Fa} Y_{Sa} Y_\beta}{bm_n \varepsilon_\alpha} \leqslant [\sigma]_F$ （MPa）	(10-20)	$\sigma_H = \sqrt{\dfrac{KF_t}{bd_1 \varepsilon_\alpha} \cdot \dfrac{u\pm1}{u}} \cdot Z_H Z_E \leqslant [\sigma]_H$ （MPa）	(10-21)
直齿圆锥齿轮	设计公式	$m \geqslant \sqrt[3]{\dfrac{4KT_1}{\phi_R(1-0.5\phi_R)^2 Z_1^2 \sqrt{u^2+1}}\left(\dfrac{Y_{Fa}Y_{Sa}}{[\sigma]_F}\right)}$ （mm）	(10-25)	$d_1 \geqslant 2.92\sqrt[3]{\left(\dfrac{Z_E}{[\sigma]_H}\right)^2 \dfrac{KT_1}{\phi_R(1-0.5\phi_R)^2 u}}^①$ （mm）	(10-27)
	校核公式	$\sigma_F = \dfrac{KF_{ty} Y_{Fa} Y_{Sa}}{bm(1-0.5\phi_R)} \leqslant [\sigma]_F$ （MPa）	(10-24)	$\sigma_H = 5Z_E\sqrt{\dfrac{KT_1}{\phi_R(1-0.5\phi_R)^2 d_1^2 u}}^① \leqslant [\sigma]_H$ （MPa）	(10-26)
许用应力		$[\sigma]_F = K_{FN}\sigma_{Flim}/S_F$ （MPa）	(10-15)	$[\sigma]_H = K_{HN}\sigma_{Hlim}/S_H$ ，MPa	(10-15)

Y_{Fa}	Y_{Sa}	Y_β	K_{FN}	σ_{Flim}	Z_H	Z_E	K_{HN}	G_{Hlim}
表 10-7	表 10-7	图 10-30	图 10-18	图 10-21	图 10-31	表 10-6	图 10-18	图 10-20

载荷系数			$K=K_A K_v K_\beta$				
K_A	K_v	$K_{H\beta}K_{F\beta}$		$K_{H\alpha}$	$K_{F\alpha}$	ε_α	ϕ_d
表 10-3	图 10-8	图 10-11　10-12		图 10-9		按《机械原理》公式计算，或查图 10-28	表 10-8

① 该式仅适用于 $\alpha_n = 20°$ 时。

例题 10-8　设计电动机驱动的一闭式直齿圆锥齿轮传动。已知传动功率 $P=9$kW，小齿轮转速 $n_1=970$r/min，减速比 $i=3$。工作平稳，长期使用，小齿轮悬臂布置。

解：没有特殊要求，且功率小。大、小齿轮均选用 45 号钢，小齿轮调质，$HBS_1=240\sim260$，大齿轮正火，$HBS_2=190\sim210$。8 级精度，取 $Z_1=27$，$Z_2=iZ_1=3\times27=81$。

I. 按齿面接触设计

由式（10-27）得

$$d_1 \geqslant 2.92\sqrt[3]{\left(\dfrac{Z_E}{[\sigma]_H}\right)^2 \cdot \dfrac{KT_1}{\phi_R(1-0.5\phi_R)^2 u}}$$

1. 确定式中的各计算数值

1）试选载荷系数 $K_t=1.5$

2）计算小齿轮传递的扭矩

$$T_1 = 9.55\times10^6 \dfrac{P_1}{n_1} = 9.55\times10^6 \dfrac{9}{970} = 88608.24 \text{（N · mm）}$$

3）取齿宽系数 $\phi_R = \dfrac{1}{R} = 0.3$

4）Z_E：由表 10-6 查 $Z_E=189.8\sqrt{\text{MPa}}$

5）σ_{Hlim}：由图 10-20c 查得小齿轮 $\sigma_{Hlim_1}=700$MPa，大齿轮 $\sigma_{Hlim}=550$MPa

6）寿命系数：长期使用，因而 $K_{FN}=K_{HN}=1$

7）接触强度许用应力　取失效概率 1%，安全系数 $S=1$，由式（10-15）得

$$[\sigma]_{H_1} = \dfrac{K_{HN_1}\sigma_{Hlim_1}}{S} = \dfrac{1\times700}{1} = 700 \text{（MPa）}$$

$$[\sigma]_{H_2} = \dfrac{K_{HN_2}\sigma_{Hlim_2}}{S} = \dfrac{1\times550}{1} = 550 \text{（MPa）}$$

2.计算

1)计算小锥齿轮分度圆直径

$$d_{1t} \geqslant 2.92 \sqrt[3]{\frac{KT_1}{\phi_R(1-0.5\phi_R)^2 u} \times \left(\frac{Z_E}{[\sigma]_H}\right)^2}$$

$$= 2.92 \sqrt[3]{\frac{1.5 \times 88608.24}{0.3(1-0.5 \times 0.3)^2 \times 3} \times \left(\frac{189.8}{550}\right)^2} = 84.6(\text{mm})$$

2)计算圆周速度

平均直径

$$d_{m1} = (1-0.5\phi_R)d_{1t} = (1-0.5 \times 0.3) \times 84.6 = 72(\text{mm})$$

则

$$v = \frac{\pi d_{m1} n_1}{60 \times 1000} = \frac{\pi \times 72 \times 970}{60 \times 1000} = 3.657(\text{m/s})$$

① 工况系数 由表 10-3 查得 $K_A = 1$

② 动载荷系数 当 $\frac{vZ_1}{100} = \frac{27 \times 3.657}{100} = 1$，由图 10-8 的 9 精度线(直齿圆锥齿轮传动,应按图中低一级精度)查得 $K_v = 1.15$

③ 载荷分配系数 K_a 按直齿圆柱齿轮传动处理取 $K_{Ha} = 1$

④ 载荷分布不均系数 $K_{H\beta}$

当 $\phi_{dm} = \frac{\phi_R \sqrt{u^2+1}}{2-\phi_R} = \frac{0.3 \sqrt{u^2+1}}{2-0.3} = 0.588$ 时,由图 10-11 查得 $K_{H\beta} = 1.28$(1 线悬臂布置)。由图 10-12,1 线查得 $K_{F\beta} = 1.6$

① 模数

$$m_t = \frac{d_{1t}}{Z_1} = \frac{84.6}{27} = 3.133(\text{mm})$$

② 分度圆直径

$$d_{1t} = mZ_1 = 3.13 \times 27 = 84.5(\text{mm})$$

$$d_{2t} = mZ_2 = 3.133 \times 81 = 253.8(\text{mm})$$

③ 节锥顶距

$$R_t = \frac{1}{2}\sqrt{d_{1t}^2 + d_{2t}^2} = \frac{1}{2}\sqrt{84.6^2 + 253.8^2} = 133.76(\text{mm})$$

④ 齿宽

$$b_t = \phi_R R_t = 0.3 \times 133.65 = 40.1(\text{mm})$$

$$K = K_A K_v K_a K_{H\beta} = 1 \times 1.15 \times 1 \times 1.28 = 1.47$$

3)按实际的载荷系数校正所得

$$d_1 = d_{1t} \sqrt[3]{\frac{K}{K_t}} = 84.6 \sqrt[3]{\frac{1.47}{1.5}} = 84(\text{mm})$$

3. 几何计算
1) 计算模数

$$m = \frac{d_1}{Z_1} = \frac{84}{27} = 3.1(\text{mm}), \text{取标准值 } m = 3\text{mm}$$

2) 分度圆直径

$$d_1 = mZ_1 = 3 \times 27 = 81(\text{mm})$$

$$d_2 = mZ_2 = 3 \times 81 = 243(\text{mm})$$

3) 节锥角

$$\delta_1 = \text{tg}^{-1}\frac{1}{u} = \text{tg}^{-1}\frac{1}{3} = 18°26'06''$$

$$\delta_2 = \text{tg}^{-1}u = \text{tg}^{-1}3 = 71°33'54''$$

4) 节锥顶距

$$R = \frac{1}{2}\sqrt{d_1^2 + d_2^2} = \frac{1}{2}\sqrt{(81)^2 + (243)^2} = 128(\text{mm})$$

5) 齿宽 $b = 0.3 \times 128 = 38.43\text{mm}$，根据齿宽 b_t 与 b 查得的值相差甚微，故不再重新查图复算。

6) 平均分度圆直径

$$d_{m1} = d_1(1 - 0.5\phi_R) = 81(1 - 0.5 \times 0.3) = 68.85(\text{mm})$$

$$d_{m2} = d_2(1 - 0.5\phi_R) = 243(1 - 0.5 \times 0.3) = 206.55(\text{mm})$$

7) 圆锥齿轮平均分度圆上轮齿的模数（简称平均模数）

$$m_m = m(1 - 0.5\phi_R) = 3(1 - 0.5 \times 0.3) = 2.55(\text{mm})$$

8) 当量齿数

$$Z_{v1} = \frac{Z_1}{\cos\delta_1} = \frac{27}{\cos18°26'06''} = 28.5$$

$$Z_{v2} = \frac{Z_2}{\cos\delta_2} = \frac{81}{\cos71°33'54''} = 256$$

Ⅱ. 齿根弯曲疲劳强度校核

由式（10-24）得

$$\sigma_F = \frac{KF_tY_{F_a}Y_{S_a}}{bm(1 - 0.5\phi_R)} \leqslant [\sigma]_F$$

1. 计算圆周力 F_t

$$F_t = \frac{2T}{d_1} = \frac{2 \times 88608.24}{108} = 1641(\text{N})$$

2. 计算载荷系数

$$K = K_AK_vK_\alpha K_{F\beta} = 1 \times 1.15 \times 1 \times 1.6 = 1.84$$

---

① 对弯曲疲劳强度 $K_{F\alpha} = 1 + \frac{(n-5)(\varepsilon_{v\alpha} - 1)}{4}$，其中 $\varepsilon_{v\alpha} = \frac{1}{2\pi}[Z_{v_1}(tg\alpha_{v1} - tg\alpha) + z_{v2}(tg\alpha_{v2} - tg\alpha)]$

3.齿形系数及应力校正系数 由表 10-7 查得

$$Z_{v_1}=28.5 \text{ 时}, \quad Y_{F_{\alpha_1}}=2.54 \quad Y_{S_{\alpha_1}}=1.605$$

$$Z_{v_2}=256 \text{ 时}, \quad Y_{F_{\alpha_2}}=2.06 \quad Y_{S_{\alpha_2}}=1.97$$

4.计算弯曲疲劳许用应力 由式(10-15)得,取弯曲疲劳安全系数 $S_F=1.4$
弯曲疲劳强度极限由图 10-21 查得

$$\sigma_{\text{Flim}_1}=560\text{MPa}, \sigma_{\text{Flim}_2}=400\text{MPa}$$

由式(10-15)得

$$[\sigma]_{F_1}=\frac{K_{FN_1}\sigma_{\text{Flim}_1}}{S}=\frac{1\times560}{1.4}=400(\text{MPa})$$

由式(10-15)得

$$[\sigma]_{F_2}=\frac{K_{FN_2}\sigma_{\text{Flim}_2}}{S}=\frac{1\times400}{1.4}=285.7(\text{MPa})$$

由式(10-24)得

$$\sigma_{F_1}=\frac{KF_tY_{F_{\alpha_1}}Y_{S_{\alpha_1}}}{bm(1-0.5\phi_R)}=\frac{1.84\times1641\times2.54\times1.605}{38.4\times3\times(1-0.5\times0.3)}=125.7(\text{MPa})<[\sigma]_{F_1}=400(\text{MPa})$$

$$\sigma_{F_2}=\frac{KF_tY_{F_{\alpha_2}}Y_{S_{\alpha_2}}}{bm(1-0.5\phi_R)}=\frac{1.84\times1641\times2.06\times1.97}{38.4\times3\times(1-0.5\times0.3)}=125.14(\text{MPa})<[\sigma]_{F_2}=285.7(\text{MPa})$$

弯曲强度满足要求。

5.齿轮结构设计(略)

例题 10-9 设计某机床主传动用的 6 级精度的直齿圆锥齿轮传动。已知小锥齿轮传递的额定转矩 $T_1=114\text{N}\cdot\text{m}$,转速 $n_1=1000\text{r/min}$;大锥齿轮转速 $n_2=322\text{r/min}$。两齿轮轴线交角为 90°,小齿轮悬臂支承,大齿轮对称支承,长期使用;大、小齿轮均采用 20Cr 经渗碳、淬火,HRC58~62。

解:采用接触强度和弯曲强度分开设计,取其较大者。

Ⅰ.按齿面接触强度设计

按式(10-27)得

$$d_1\geqslant2.92\sqrt[3]{\frac{KT_1}{\phi_R(1-0.5\phi_R)^2u}\left(\frac{Z_E}{[\sigma]_H}\right)^2} \quad (\text{mm})$$

1. 确定计算参数

(1)初选载荷参数 $K_t=1.5$

(2)转距 $T_1=114\text{N}\cdot\text{m}$

(3)确定 $\phi_R=\frac{1}{4}\sim\frac{1}{3}$,常用 $\phi_R=0.3$

(4)齿数比 $\mu=i=\frac{n_1}{n_2}=\frac{1000}{322}=3.1$

(5)Z_E:由表 10-6 查得 $Z_E=189.8\sqrt{\text{MPa}}$

(6)接触强度许用应力

1)由图 10-21d 查得 $\sigma_{\text{Flim}_1}=\sigma_{\text{Flim}_2}=1470\text{MPa}$

2)寿命系数 因长期使用 $K_{FN_1}=K_{FN_2}=1$

3)安全系数 取 $S_H=1$

4)接触强度许用应力

$$[\sigma]_{H_1}=[\sigma]_{H_2}=\frac{K_{HN}\sigma_{Hlim}}{S}=\frac{1\times1470}{1}=1470(\text{MPa})$$

2. 计算

(1)试算小锥齿轮分度圆直径

$$d_{1t}=2.92\sqrt[3]{\frac{KT_1}{\phi_R(1-0.5\phi_R)^2\mu}\left(\frac{Z_E}{[\sigma]_H}\right)^2}=2.92\sqrt[3]{\frac{1.5\times114000}{0.3(1-0.5\times0.3)^2 3.1}\left(\frac{189.8}{1470}\right)^2}=47.271(\text{mm})$$

(2)计算圆周速度

分度圆平均直径

$$d_{m1}=d_{1t}(1-0.5\phi_R)=47.271(1-0.5\times0.3)=40.18(\text{mm})$$

$$v=\frac{\pi d_{mt}n_1}{60\times1000}=\frac{\pi\times40.18\times1000}{60\times1000}=2.1035(\text{m/s})$$

(3)计算载荷系数　$K=K_AK_vK_{Ha}K_{H\beta}$

1)工况系数 K_A　因为是机床主传动,由表 10 - 3 查得 $K_A=1.25$

2)动载荷系数 K_v

选定齿数

$$Z_1=25\quad Z_2=iZ_1=3.1\times25=78$$

按 $\dfrac{vZ_1}{100}=\dfrac{2.2253\times25}{100}=0.526$,由图 10 - 8 查得 $K_v=1.04$

3)载荷分配系数 K_{Ha}　取 $K_{Ha}=1$

4)载荷分布系数　$K_{H\beta}$

$$\phi_d=\frac{b}{d_{m1}}=\frac{\phi_R\sqrt{\mu^2+1}}{2-\phi_R}=\frac{0.3\sqrt{3.1^2+1}}{2-0.3}=0.5748$$

当 $\phi_d=0.5748$ 时,由图 10 - 11 查得 $K_{H\beta}=1.06$;$K_{F\beta}=1.13$

① 求模数　$m_t=\dfrac{d_{1t}}{Z_1}=\dfrac{47.271}{25}=1.89(\text{mm})$

② $d_{1t}=m_tZ_1=1.89\times25=47.271(\text{mm})$

③ $d_{2t}=m_tZ_2=1.89\times78=147.49(\text{mm})$

④ 节锥顶距　$R_t=\dfrac{1}{2}\sqrt{d_{1t}^2+d_{2t}^2}=\dfrac{1}{2}\sqrt{47.271^2+147.49^2}=77.4(\text{mm})$

⑤ 齿宽　$b_t=\phi_RR=0.3\times77.4=23.22(\text{mm})$

于是 $K=K_AK_vK_{Ha}K_{H\beta}=1.25\times1.04\times1\times1.06=1.378$

(4)按实际载荷系数校正小锥齿轮分度圆直径

$$d_1=d_t\sqrt[3]{\frac{K_t}{K}}=47.271\sqrt[3]{\frac{1.378}{1.5}}=46(\text{mm})$$

(5)计算模数

$$m=\frac{d_1}{Z_1}=\frac{46}{25}=1.84(\text{mm})$$

Ⅱ. 按齿根弯曲强度设计

1. 计算节锥角

$$\delta_1 = \text{tg}^{-1}\frac{1}{u} = \text{tg}^{-1}\frac{1}{3.1} = 17°53'$$

$$\delta_2 = \text{tg}^{-1}u = \text{tg}^{-1}3.1 = 72°07'$$

2. 当量齿数

$$Z_{v1} = \frac{Z_1}{\cos\delta_1} = \frac{25}{\cos17°53''} = \frac{25}{0.95168} = 26.27$$

$$Z_{v2} = \frac{Z_2}{\cos\delta_2} = \frac{156}{\cos72°07'} = \frac{156}{0.30708} = 508$$

3. 计算端面重合度 ε_{u}

$$\alpha_{u_1} = \cos^{-1}\frac{Z_{v1}\cos\alpha}{Z_{v1}+2h_a^*} = \cos^{-1}\frac{26.27\cos20°}{26.27+2\times1} = \cos^{-1}0.87321 = 29°10'$$

$$\alpha_{u_2} = \cos^{-1}\frac{Z_{v2}\cos\alpha}{Z_{v2}+2h_a^*} = \cos^{-1}\frac{508\times\cos20°}{508+2\times1} = \cos^{-1}\frac{26.27\times0.93969}{508+2} = 26°36''$$

$$\varepsilon_{u} = \frac{1}{2\pi}\left[Z_{v1}(\text{tg}\alpha_{u_1}-\text{tg}\alpha) + Z_{u_2}(\text{tg}\alpha_{u_2}-\text{tg}\alpha)\right]$$

$$= \frac{1}{2\pi}\left[26.27(\text{tg}29°10'-\text{tg}20°)+508(\text{tg}20°36''+\text{tg}20°)\right]$$

$$= \frac{1}{2\pi}\left[26.27(0.55812-0.36397)+508(0.37587-0.36397)\right] = 1.7741$$

4. 载荷分布系数

$$K_{F\alpha} = 1+\frac{(n-5)(\varepsilon_{u}-1)}{4} = 1+\frac{(6-5)(1.7741-1)}{4} = 1.1935$$

5. 载荷系数

$$K = K_A K_v K_{F\alpha} K_{F\beta} = 1.25\times1.04\times1.1935\times1.13 = 1.753$$

6. 齿形系数及应力校正系数 由表 10-7 查得：

$$Z_{v_1} = 26.27 \qquad Y_{Fa_1} = 2.60 \qquad Y_{Sa_1} = 1.595$$

$$Z_{v_2} = 508 \qquad Y_{Fa_2} = 2.06 \qquad Y_{Sa_2} = 1.97$$

7. 齿根弯曲强度极限 由图 10-21d 查得 $\sigma_{Flim_1} = \sigma_{Flim_2} = 870\text{MPa}$

8. 计算弯曲强度许用应力 取弯曲疲劳安全系数 $S_F = 1.4$

$$[\sigma]_{F_1} = [\sigma]_{F_2} = \frac{K_{FN}\sigma_{Flim}}{S} = \frac{870}{1.4} = 621.43(\text{MPa})$$

9. 计算大、小锥齿轮的 $\dfrac{Y_{Fa_1}Y_{Sa_1}}{[\sigma]_F}$ 并加以比较

$$\frac{Y_{Fa_1}Y_{Sa_1}}{[\sigma]_{F_1}} = \frac{2.6\times1.595}{621.43} = 0.006673$$

$$\frac{Y_{Fa_2}Y_{Sa_2}}{[\sigma]_{F_2}} = \frac{2.06\times1.97}{621.43} = 0.00653$$

小锥轮的数值大。

10. 设计计算

$$m \geqslant \sqrt[3]{\frac{4KT}{\phi_R(1-0.5\phi_R)^2 Z_1^2 \sqrt{u^2+1}}\left(\frac{Y_{F\alpha}Y_{FS}}{[\sigma]_F}\right)}$$

$$= \sqrt[3]{\frac{4\times1.553\times114000}{0.3(1-0.5\times0.3)^2\times25^2\sqrt{3.1^2+1}}(0.006673)} = 2.3(\text{mm})$$

对比结果,齿面接触疲劳强度计算的模数 m 小于齿根弯曲疲劳强度计算的模数,因此取 $m=2.3\text{mm}$。

Ⅲ. 几何计算

1. 将模数圆整取标准值 $m=2\text{mm}$

2. 计算分度圆直径

$$d_1 = mZ_1 = 2\times25 = 50(\text{mm})$$

$$d_2 = mZ_2 = 2\times78 = 156(\text{mm})$$

3. 节锥距

$$R = \frac{1}{2}\sqrt{d_1^2+d_2^2} = \frac{1}{2}\sqrt{50^2+156^2} = 81.9(\text{mm})$$

4. 齿宽

$$b = \phi_R R = 0.3\times81.9 = 24.57(\text{mm})$$

5. 分度圆平均直径

$$d_{m1} = d_1(1-0.3\phi_R) = 50(1-0.3\times0.5) = 42.5(\text{mm})$$

$$d_{m2} = d_2(1-0.5\phi_R) = 156(1-0.3\times0.5) = 132.6(\text{mm})$$

6. 平均模数

$$m_m = m(1-0.5\phi_R) = 2(1-0.3\times0.5) = 1.7(\text{mm})$$

例题 10-10 校验一对直齿圆锥齿轮传动($\Sigma=90°$)所能传递的最大功率 P_1。已知:$Z_1=18$,$Z_2=36$,$m=2\text{mm}$,$b=13\text{mm}$,$n_1=930\text{r/min}$,由电动机驱动,单向传动,工作平稳,工作寿命为 24000h,齿轮精度为 8—D_c,小齿轮悬臂布置。

解:

1. 传动参数及几何计算

(1)齿数比

$$u = i = \frac{Z_2}{Z_1} = \frac{36}{18} = 2$$

(2)锥顶角

$$\delta_1 = \text{tg}^{-1}\frac{1}{u} = \text{tg}^{-1}\frac{1}{2} = 26°33'54''$$

$$\delta_2 = 90°-\delta_1 = 90°-26°33'54'' = 63°26'6''$$

(3)锥齿轮大端直 d_1 及 d_2

$$d_1 = mZ_1 = 2\times18 = 36(\text{mm})$$

$$d_2 = mZ_2 = 2\times36 = 72(\text{mm})$$

(4)分度圆锥顶距

$$R=\frac{1}{2}\sqrt{d_1^2+d_2^2}=\frac{1}{2}\sqrt{36^2+72^2}=40.25(\text{mm})$$

(5)齿宽系数 ϕ_R

$$\phi_R=\frac{b}{R}=\frac{13}{40.25}=0.323$$

(6)平均直径

$$d_{m1}=(1-0.5\phi_R)d_1=(1-0.5\times0.323)\times36=30.186(\text{mm})$$

$$d_{m2}=(1-0.5\phi_R)d_2=(1-0.5\times0.323)\times72=60.372(\text{mm})$$

(7)全齿高

$$h=m+1.2m=2+1.2\times2=4.4(\text{mm})$$

(8)当量齿数

$$Z_{v_1}=\frac{Z_1}{\cos\delta_1}=\frac{18}{\cos26°33'54''}=20.13$$

$$Z_{v_2}=\frac{Z_2}{\cos\delta_2}=\frac{36}{\cos63°26'6''}=80.5$$

2.接触疲劳强度能传递的最大功率 P_{H_1}

由式(10-27)得:

$$T_1=\frac{d_1^3\phi_R(1-0.5\phi_R)^2u}{2.92^3K}\left(\frac{[\sigma]_H}{Z_E}\right)^2 \text{ 及 } P_1=\frac{T_1n_1}{9.55\times10^6}$$

(1)确定载荷系数

1)工况系数　因载荷平稳,取 $K_A=1$

2)动载荷系数

圆周速度

$$v_m=\frac{\pi d_{m1}n_1}{60\times1000}=\frac{\pi\times30.186\times930}{60\times1000}=1.47\text{m/s},按\frac{vZ_1}{100}=\frac{1.47\times18}{100}=0.3675$$

由图 10-8 动载荷系数查得 $K_v=1.05$

3)载荷分配系数　取 $K_{H\alpha}=1$

4)载荷分布系数　$K_\beta=K_{\beta S}+K_{\beta M}$

因 $\phi_{dm}=\frac{b}{d_{m1}}=\frac{13}{30.186}=0.43$,且小齿轮悬臂布置,由图 10-11 的 1 线查得 $K_{H\beta}=1.2$;$K_{H\beta}=1.4$,则有

$$K=K_AK_vK_\alpha K_{H\beta}=1\times1.05\times1\times1.2=1.26$$

(2)弹性影响系数　由表 10-6 查得

$$Z_E=189.8\sqrt{\text{MPa}}$$

(3)计算许用接触应力

1)计算接触疲劳极限　材料为 45 号钢,小齿轮调质 HBS_1260,大齿轮正火 HBS_2210,查图 10-20c 得

$$\sigma_{H\lim_1}=710\text{MPa}\quad\sigma_{H\lim_2}=640\text{MPa}$$

2)确定安全系数 S　$S_H = 1$

3)计算应力循环次数

$$N_1 = 60n_1 j t_h = 60 \times 930 \times 1 \times 24000 = 133.9 \times 10^7$$

$$N_2 = \frac{N_1}{u} = \frac{133.9 \times 10^7}{2} = 66.96 \times 10^7$$

4)寿命系数　由图 10 - 17 查得 $K_{HN_1} = 1, K_{HN_2} = 1.01$

5)许用接触应力

$$[\sigma]_{H_1} = \frac{K_{HN_1} \times \sigma_{Hlim_1}}{S} = \frac{1 \times 710}{1} = 710 (\text{MPa})$$

$$[\sigma]_{H_2} = \frac{K_{HN_2} \times \sigma_{Hlim_2}}{S} = \frac{1.01 \times 640}{1} = 646.4 (\text{MPa})$$

(4)计算能传递的最大扭矩 T_{H1} 及功率 P_{H1}

$$T_{H_1} = \frac{d_1^3 \phi_R (1 - 0.5\phi_R)^2 u}{2.92^3 K} \left(\frac{[\sigma]_{H_2}}{Z_E} \right)^2 = \frac{36^3 \times 0.323 (1 - 0.5 \times 0.32)^2 \times 2}{2.92^3 \times 1.26} \left(\frac{646.4}{189.8} \right)^2 = 7790 (\text{N} \cdot \text{mm})$$

$$P_{H_1} = \frac{T_{H1} n_1}{9.55 \times 10^6} = \frac{7790 \times 930}{9.55 \times 10^6} = 7586 (\text{kW})$$

3. 按弯曲疲劳强度能传递的扭矩 T_{F_1} 和最大功率 P_{F_1}

由式(10 - 24)得:

$$T_{F_1} = \frac{m^3 \phi_R (1 - 0.5\phi_R)^2 Z_1^2 \sqrt{u^2 + 1}}{4K} \left(\frac{[\sigma]_F}{Y_{Fa} Y_{Sa}} \right) (\text{N} \cdot \text{mm})$$

$$P_{F_1} = \frac{T_{F_1} n_1}{9.55 \times 10^6} (\text{kW})$$

(1)确定载荷系数

$$K = K_A K_v K_{Fa} K_{F\beta}$$

式中　K_{Fa} 由式(10 - 3)求得: $K_{Fa} = 1 + \frac{(n - 5)(\varepsilon_a - 1)}{4}$

1)端面重合度 ε_a

$$\alpha_{va_1} = \cos^{-1} \frac{Z_{v1} \cos\alpha}{Z_{v1} + 2h_a^*} = \cos^{-1} \frac{20.13 \times \cos 20°}{20.13 + 2} = \cos^{-1} 0.85222 = 31°33'$$

$$\alpha_{va_2} = \cos^{-1} \frac{Z_{v2} \cos\alpha}{Z_{v2} + 2h_a^*} = \cos^{-1} \frac{80.5 \times \cos 20°}{80.5 + 2} = \cos^{-1} 0.91419 = 23°55'$$

$$\varepsilon_{va} = \frac{1}{2\pi} [Z_{v1} (\text{tg}\alpha_{v1} - \text{tg}\alpha) + Z_{v2} (\text{tg}\alpha_{v2} - \text{tg}\alpha)]$$

$$= \frac{1}{2\pi} [20.13 (\text{tg} 31°33' - \text{tg} 20°) + 80.5 (\text{tg} 23°55' - \text{tg} 20°)]$$

$$= \frac{1}{2\pi} [20.13 (0.61400 - 0.36397) + 80.5 (0.44349 - 0.36397)] = 1.82$$

2)$K_{Fa} = 1 + \frac{(n - 5)(\varepsilon_{va} - 1)}{4} = 1 + \frac{(8 - 5)(1.82 - 1)}{4} = 1.615$

3)$K = K_A K_v K_{Fa} K_{F\beta} = 1 \times 1.05 \times 1.615 \times 1.4 = 2.374$

（2）弯曲强度许用应力

1）弯曲疲劳强度极限　由图 10-21c 查得 $\sigma_{Flim_1}=580\text{MPa}$；由图 10-21b 查得 $\sigma_{Flim_2}=400\text{MPa}$

2）寿命系数　（查图 10-19）$K_{FN_1}=K_{FN_2}=1$

3）安全系数　取 $S=1.3$

4）弯曲强度许用应力

$$[\sigma]_{F_1}=\frac{K_{NF_1}\sigma_{Flim_1}}{S}=\frac{1\times580}{1.3}=446.154\,(\text{MPa})$$

$$[\sigma]_{F_2}=\frac{K_{NF_2}\sigma_{Flim_2}}{S}=\frac{1\times400}{1.3}=307.7\,(\text{MPa})$$

（3）齿形系数及应力校正系数　由表 10-7 得：

$$Z_{v1}=20.13 \qquad Y_{Fa_1}=2.80 \qquad Y_{Sa_1}=1.55$$

$$Z_{v2}=80.5 \qquad Y_{Fa_2}=2.22 \qquad Y_{Sa_2}=1.77$$

比较 $\dfrac{[\sigma]_{F_1}}{Y_{Fa_1}Y_{Sa_1}}$ 与 $\dfrac{[\sigma]_{F_2}}{Y_{Fa_2}Y_{Sa_2}}$ 的大小

$$\frac{[\sigma]_{F_1}}{Y_{Fa_1}Y_{Sa_1}}=\frac{446.154}{2.80\times1.55}=102.8,\ \frac{[\sigma]_{F_2}}{Y_{Fa_2}Y_{Sa_2}}=\frac{307.7}{2.22\times1.77}=178.31$$

（4）计算

$$T_{F_1}=\frac{m^3\phi_R(1-0.5\phi_R)^2Z_1^2\sqrt{u^2+1}}{4K}\left(\frac{[\sigma]_{F_2}}{Y_{Fa_2}Y_{Sa_2}}\right)$$

$$=\frac{2^3\times0.323(1-0.5\times0.323)^2\times18^2\sqrt{2^2+1}}{4\times2.374}\times\frac{307.7}{2.22\times1.77}$$

$$=10854.384\text{N}\cdot\text{mm}$$

$$P_{F_1}=\frac{T_{F_1}n_1}{9.55\times10^6}=\frac{10854.3844\times930}{9.55\times10^6}=1.0570\,(\text{kW})$$

该直齿圆锥齿轮传动能传递的最大功率为 0.7856kW。

§10-7　变位齿轮传动的强度计算

一、概述

变位齿轮传动的受力分析及计算的原理与标准齿轮传动一样。

经变位修正后的轮齿齿形有变化，故轮齿弯曲强度计算式中的齿形系数 Y_{Fa} 及应力校正系数 Y_{Sa} 也随之改变，但进行弯曲强度计算时，仍沿用标准齿轮传动的公式（表 10-11）。

变位齿轮的齿形系数 Y_{Fa} 及应力校正系数 Y_{Sa} 的具体数值可查阅（表 10-7）。

在一定的齿数范围内（如 80 齿以内），正变位齿轮的齿厚增加（即 Y_{Fa} 减小），尽管齿根圆角半径有所减小（即 Y_{Sa} 有所增大），但 $Y_{Fa}Y_{Sa}$ 的乘积仍然减小。因而对轮齿采取正变位修正，可以提高轮齿的弯曲强度。

在变位齿轮传动中，分别以 x_2 和 x_1 代表大、小齿轮的变位系数，x_Σ 代表配对齿轮的变位系数和,即 $x_\Sigma = x_1 + x_2$。对于 $x_\Sigma = 0$ 的高度变位齿轮传动,轮齿的接触强度未变,故高度变位齿轮传动的接触强度计算仍沿用标准齿轮传动的公式(表 10-11);对于 $x_\Sigma \neq 0$ 的角度变位齿轮传动,其轮齿接触强度的变化由区域系数 Z_E 来实现。

角度变位的直齿圆柱齿轮传动的区域系数为

$$Z_E = \sqrt{\frac{2}{\cos^2\alpha \, \mathrm{tg}\alpha'}}$$

角度变位的斜齿圆柱齿轮传动的区域系数为

$$Z_E = \sqrt{\frac{2\cos\beta_b}{\cos^2\alpha_t \, \mathrm{tg}\alpha_t'}}$$

式中 α_t 和 α_t' 分别为变位斜齿圆柱齿轮传动端面压力角及端面啮合角。

角度变位齿轮传动的区域系数 Z_E 的具体数值可自行查阅。

$x_\Sigma > 0$ 的角度齿轮传动的接触强度,节点的啮合角 $\alpha' > \alpha$(或 $\alpha_t' > \alpha_t$),可使区域系数 Z_E 减小,因而提高了轮齿的接触强度。即欲提高齿轮的接触强度,应对齿轮传动采取 $x_\Sigma > 0$ 的角度变位修正。

渐开线齿轮传动可借适当的变位修正获得所需要的特性,满足一定的使用要求。为了提高外啮合齿轮传动的弯曲强度和接触强度,增强耐磨性及抗胶合能力,推荐采用的变位系数列于表 10-12 中。按表中所列变位系数设计制造的齿轮传动皆能确保轮齿不产生根切与干涉。端面重合度 $\varepsilon_\alpha \geqslant 1.2$ 及齿顶厚 $S_a \geqslant 0.25\mathrm{mm}$。对于斜齿圆柱齿轮或直齿圆锥齿轮,按当量齿数 Z_v 查表,所得变位系数对斜齿圆柱齿轮为法向数值(x_{n1} 和 x_{n2})。

圆锥齿轮传动通常不作角度变位。但为使大、小齿轮的弯曲强度相近,可对圆锥齿轮传动进行切向变位修正。

表 10-12　提高外啮合齿轮传动强度的变位系数荐用值

Z_1 (Z_{v1})	$x(x_n)$ / 适用性*	$Z_2(Z_{v2})$ 22		28		34		42		50		65		80		100	
		x_1	x_2	x_1	x_2	x_1	x_2	x_1	x_2	x_1	x_2	x_1	x_2	x_1	x_2	x_1	x_2
15	I	0.28	0.75	0.26	1.04	0.23	1.32	0.20	1.53	0.25	1.65	0.26	1.87	0.30	2.14	0.36	2.32
	II	0.73	0.32	0.79	0.35	0.83	0.34	0.92	0.32	0.97	0.31	0.80	0.04	0.73	−0.15	0.71	−0.22
	III	0.55	0.54	0.60	0.63	0.63	0.72	0.68	0.88	0.66	1.02	0.67	1.22	0.67	1.36	0.66	1.70
18	I	0.58	0.64	0.40	1.02	0.30	1.30	0.29	1.48	0.30	1.63	0.41	1.89	0.48	2.08	0.52	2.31
	II	0.81	0.38	0.89	0.38	0.93	0.37	1.02	0.36	1.05	0.36	1.10	0.40	1.14	0.40	1.00	0.28
	III	0.60	0.63	0.63	0.72	0.67	0.82	0.68	0.94	0.70	1.11	0.71	1.35	0.71	1.61	0.71	1.90
22	I	0.68	0.68	0.59	0.94	0.48	1.20	0.40	1.48	0.43	1.80	0.53	1.80	0.61	1.99	0.65	2.19
	II	0.95	0.39	1.04	0.40	1.08	0.38	1.18	0.38	1.20	0.42	1.10	0.36	1.15	0.26	1.12	0.22
	III	0.67	0.67	0.71	0.81	0.74	0.90	0.76	1.03	0.76	1.17	0.76	1.44	0.76	1.73	0.76	1.98

（续表）

Z_1 (Z_{v1})	$x(x_n)$ 适用性*	$Z_2(Z_{v2})$														
		22		28		34		42		50		65		80		100	
		x_1	x_2	x_1	x_2	x_1	x_2	x_1	x_2	x_1	x_2	x_1	x_2	x_1	x_2	x_1	x_2
38	I			0.86	0.86	0.80	1.08	0.72	1.33	0.64	1.60	0.70	1.82	0.75	2.04	0.80	6.22
	II	—		1.26	0.42	1.30	0.36	1.24	0.31	1.20	0.25	1.17	0.18	1.16	0.12	1.12	0.08
	III			0.85	0.85	0.86	1.00	0.88	1.12	0.91	1.26	0.88	1.56	0.87	1.85	0.86	2.12
34	I					1.00	1.00	0.88	1.30	0.80	1.58	0.83	1.79	0.89	1.97	0.94	2.18
	II	—				1.34	0.34	1.26	0.26	1.25	0.20	1.20	0.15	1.16	0.07	1.13	0.00
	III					1.00	1.00	1.00	1.16	1.00	1.31	0.99	1.55	0.98	1.80	1.00	2.15

注：* I—适用于提高接触强度；II—适用于提高弯曲强度；III—适用于提高耐磨性及抗胶合能力。

二、变位直齿圆柱齿轮传动的计算

1. 变位直齿轮的齿面接触疲劳强度

在变位齿轮传动中，分别以 x_2 和 x_1 代表在大、小齿轮的变位系数，x_Σ 代表配对齿轮的变位系数和，即 $x_\Sigma = x_1 + x_2$。对于 $x_\Sigma = 0$ 的高度变位齿轮传动，因 $\alpha' = \alpha, d_1' = d_1$，故轮齿的接触强度不变，所以高度变位齿轮传动的接触强度仍沿用标准齿轮的公式（表 10-11）计算，即

$$d_1 \geqslant 2.32 \sqrt[3]{\frac{KT_1}{\phi_d} \cdot \frac{u+1}{u} \cdot \left(\frac{Z_E}{[\sigma]_H}\right)^2} \quad (\text{mm})$$

$$\sigma_H = \sqrt{\frac{KF_t}{bd_1} \cdot \frac{u+1}{u}} \cdot Z_H Z_E \leqslant [\sigma]_H \quad (\text{MPa})$$

2. 角度变位齿轮传动

对于 $\alpha' \neq \alpha, d_1' \neq d_1, x_\Sigma \neq 0$ 的角度变位齿轮传动，其轮齿接触强度的变化由区域系数 Z_E 来体现。角度变位直齿圆柱齿轮传动的区域系数为

$$Z_E = \sqrt{\frac{2}{\cos^2 \alpha \, \text{tg} \alpha'}}$$

$x_\Sigma > 0$ 的角度变位齿轮传动，节点的啮合角 $\alpha' > \alpha$，可使区域系数 Z_E 减小，因而轮齿的接触强度提高了。

3. 变位直齿的齿根弯曲疲劳强度

变位直齿轮齿根弯曲疲劳强度，仍用标准齿轮传动的公式（表 10-11）计算，即：

$$\sigma_F = \frac{KF_t}{bm} Y_{F_a} Y_{S_a} \leqslant [\sigma]_F \quad (\text{MPa})$$

$$m \geqslant \sqrt[3]{\frac{2KF_t}{\phi_d Z_1^2} \left(\frac{Y_{F_a} Y_{S_a}}{[\sigma]_F}\right)} \quad (\text{mm})$$

计算式中的齿形系数 F_{Fa} 及应力校正系数 Y_{Sa} 也随之改变。在一定的齿数范围内(如 80 齿以内),正变位齿轮的齿厚增加(即 Y_{Fa} 减小),尽管齿根圆角半径减小(即 Y_{Sa} 有所增加),但 Y_{Sa} 的乘积仍然减小,因而对齿轮采用正变位修正,可以提高轮齿的弯曲强度。

三、变位斜齿圆柱齿轮传动的计算

1. 角度变位斜齿轮齿面接触强度

(1)角度变位斜齿轮齿面的接触疲劳强度仍沿用表 10 - 11 中的公式进行计算

(2)角度变位斜齿轮齿面接触强度

对于斜齿圆柱齿轮传动采用角度变位设计的很少,因为 $x_\Sigma > 0$ 使啮合角增大的收益,往往被重合度的损失抵消$\left(\text{因为 } \varepsilon_a = \frac{1}{2\pi}\left[Z_1(\text{tg}\alpha_{a1} - \text{tg}\alpha') + Z_2(\text{tg}\alpha_{a2} - \text{tg}\alpha')\right] + \frac{B\sin\beta}{\pi m_n}\right)$。

如果必须计算,其轮齿接触强度的变化也由区域系数 Z_E 来体现。角度变位斜齿轮传动的区域系数为

$$Z_E = \sqrt{\frac{2\cos\beta_b}{\cos^2\alpha_t \text{tg}\alpha_t'}}$$

式中 α_t 和 α_t' 分别为变位斜齿轮的端面压力角及端面啮合角。

四、直齿圆锥齿轮的变位修正

1. 标准圆锥齿轮不产生根切的最少齿数

标准圆锥齿轮不产生根切的最少齿数 $Z_{\min}$,根据当量齿轮不产生根切的最少齿数 $z_{v\min}$ 进行换算,即

$$Z_{\min} = z_{v\min}\cos\delta$$

当 $h_a^* = 1,\alpha = 20°$ 时,$Z_{\min} = 17$。对于具有不同分度圆锥角 δ 的圆锥齿轮,其最少齿数可由上式计算。

2. 直齿圆锥齿轮的变位修正

圆锥齿轮传动多采用高度变位修正(即等移距变位)。变位方式有两种,除了径向变位外,还有切向变位。切向变位是在加工时将两把刨刀沿轮坯分度圆的切线方向移动一距离 $x_t m$(x_t 为切向变位系数,m 为模数),当使齿厚增加时;x_t 为正,反之,x_t 为负。

经过变位后,圆锥齿轮分度圆的齿厚发生了变化,其齿厚的计算公式为:

$$S_1 = \left(\frac{\pi}{2} + 2x_1\text{tg}\alpha + x_{t_1}\right)m$$

$$S_2 = \left(\frac{\pi}{2} + 2x_2\text{tg}\alpha + x_{t_2}\right)m$$

式中 x_1,x_2 分别为两轮的径向变位系数(有正、负值);x_{t_1},x_{t_2} 分别为两轮的切向变位系数(有正、负值)。

高度变位直齿圆锥齿轮齿面接触疲劳强度及齿根弯曲疲劳强度均仍沿用表 10 - 11 中公式计算。

又两圆锥齿轮的齿厚,一般是根据大小两轮具有相同的弯曲强度的条件来决定的。依据这个条件,圆锥齿轮的齿厚,除了用径向变位来调整外,还可以用切向变位来调整。

表 10 - 13 外啮合直齿圆柱齿轮传动几何尺寸的计算公式

名　称	符号	计　算　公　式	
		小　轮	大　轮
已知条件		$m,\alpha,Z_1,h_a^*,x_1,x_2$ 或 $m,\alpha,Z_1,Z_2,h_a^*,a'$	
啮合角	α'	$\mathrm{inv}\alpha' = \dfrac{2(x_1+x_2)}{Z_1+Z_2}\mathrm{tg}\alpha + \mathrm{inv}\alpha$ 或 $\cos\alpha' = \dfrac{a}{a'}\cos\alpha$	
中心距变动系数	y	$y = \dfrac{a'-a}{m} = \dfrac{Z_1+Z_2}{2}\left(\dfrac{\cos\alpha}{\cos\alpha'}-1\right)$	
齿顶高变动系数	σ	$\sigma = x_1 + x_2 - y$	
标准中心距	a	$a = r_1 + r_2 = \dfrac{m}{2}(Z_1+Z_2)$	
分度圆直径	d	$d_1 = mZ_1$	$d_2 = mZ_2$
基圆直径	d_b	$d_{b1} = d_1\cos\alpha = mZ_1\cos\alpha$	$d_{b2} = d_2\cos\alpha = mZ_2\cos\alpha$
齿距（周节）	p	$p = \pi m$	
齿顶高	h_a	$h_{a1} = m(h_a^* + x_1 - \sigma)$	$h_{a2} = m(h_a^* + x_2 - \sigma)$
齿根高	h_f	$h_{f1} = m(h_a^* + c^* - x_1)$	$h_{f2} = m(h_a^* + c^* - x_2)$
齿全高	h	$h = m(2h_a^* + c^* - \sigma)$	
齿顶圆直径	d_a	$d_{a1} = m(Z_1 + 2h_a^* + 2x - 2\sigma)$	$d_{a2} = m(Z_2 + 2h_a^* + 2c^* - 2\sigma)$
齿根圆直径	d_f	$d_{f1} = m(Z_1 - 2h_a^* - 2c^* + 2x_1)$	$d_{f2} = m(Z_2 - 2h_a^* - 2c^* + 2x_2)$
分度圆齿厚	s	$s_1 = \dfrac{\pi m}{2} + 2x_1 m\mathrm{tg}\alpha$	$s_2 = \dfrac{\pi m}{2} + 2x_2 m\mathrm{tg}\alpha$
节圆直径	d'	$d_1' = d_1\dfrac{\cos\alpha}{\cos\alpha'} = mZ_1\dfrac{\cos\alpha}{\cos\alpha'}$	$d_2' = d_2\dfrac{\cos\alpha}{\cos\alpha'} = mZ_2\dfrac{\cos\alpha}{\cos\alpha'}$
最少齿数	$Z_{\min}$	$Z_{\min} = \dfrac{2h_a^*}{\sin^2\alpha}$	
变位系数	x	$x = h_a^*\dfrac{Z_{\min}-Z}{Z_{\min}}$	
齿顶圆齿厚	s_a	$s_a = s\dfrac{d_a}{d} - d_a(\mathrm{inv}\alpha_a - \mathrm{inv}\alpha)$	
齿顶圆压力角	α_a	$\alpha_a = \arccos\dfrac{d_b}{d_a}$	
公法线长度跨齿数	n	当压力角为20°时，$n = 0.111Z + 0.5$	
		当压力角为15°时，$n = 0.083Z + 0.5$	
公法线长度	w	当压力角为20°时，$m[2.952(n-0.5) + 0.014Z]$	
		当压力角为15°时，$m[3.045(n-0.5) + 0.00594Z]$	

注：表中公式对标准齿轮传动：$x_1 = x_2 = 0$，$\alpha' = \alpha$，$a' = a$，$y = 0$，$\sigma = 0$；对高度传动：$x_1 = -x_2$，$\alpha' = \alpha$，$y = 0$，$\sigma = 0$。

表 10 – 14　外啮合斜齿圆柱齿轮传动的几何尺寸计算公式

序 号	名　　称	符 号	公　　式
1	已知参数		m_n，α_n，Z_1，Z_2，h_{an}^*，x_{n1}，x_{n2}，β 或 m_n，α_n，Z_1，Z_2，h_{an}^*，α'，β
2	端面模数	m_t	$m_t = m_n / \cos\beta$
3	端面压力角	α_t	$\mathrm{tg}\alpha_t = \mathrm{tg}\alpha_n / \cos\beta$
4	端面齿顶高系数	h_{at}^*	$h_{at}^* = h_{an}^* \cos\beta$
5	端面变位系数	x_t	$x_t = x_n \cos\beta$
6	当量齿数	Z_v	$Z_v = Z / \cos^3\beta$
7	啮合角	α_t'	$\mathrm{inv}\alpha_t' = \mathrm{inv}\alpha_t + \dfrac{2(x_{t_1} + x_{t_2})}{Z_1 + Z_2} \mathrm{tg}\alpha_t$ 或 $\cos\alpha_t' = \dfrac{a}{a}\cos\alpha_t$
8	中心距变动系数	y_t	$y_t = \dfrac{a'-a}{m_t} = \dfrac{Z_1 + Z_2}{2}\left(\dfrac{\cos\alpha_t}{\cos\alpha_t'} - 1\right)$
9	中心距	a'	$a' = a\dfrac{\cos\alpha_t}{\cos\alpha_t'}$　或 $a' = a + y_t m_t$
10	齿顶高变动系数	σ_t	$\sigma_t = x_{t_1} + x_{t_2} - y_t$
11	标准中心距	a	$a = r_1 + r_2 = \dfrac{m_t}{2}(Z_1 + Z_2)$
12	分度圆直径	d	$d = m_t Z$
13	基圆直径	d_b	$d_b = m_t Z \cos\alpha_t$
14	端面齿距	p_t	$p_t = \pi m_t$
15	齿顶高	h_a	$h_a = (h_{an}^* + x_n) m_n - \sigma_t m_t$
16	齿根高	h_f	$h_f = (h_{an}^* + c_n^* - x_n) m_n$
17	齿全高	h	$h = (2h_{an}^* + c_n^*) m_n - \sigma_t m_t$
18	顶圆直径	d_a	$d_a = d + 2(2h_{an}^* + x_n^*) m_n - 2\sigma_t m_t$
19	根圆直径	d_f	$d_f = d - 2(h_{an}^* + c^* - x_n) m_n$
20	节圆直径	d'	$d' = d\dfrac{\cos\alpha_t}{\cos\alpha_t'}$

注：对标准传动，因 $x_{n1} = x_{n2} = 0$，故公式中 $\alpha_t' = \alpha_t$，$a' = a$，$\sigma_t = 0$，$d' = d$。

五、变位齿轮传动的设计计算

设计变位齿轮传动时，给定的原始数据不同，设计步骤也就不同，现在分别不同情况讨论如下：

1. 当给定的原始数据为 Z_1、Z_2、m、α 及 h_a^* 时

设计步骤如下：

(1)选定传动类型　若 $Z_1 + Z_2 < 2Z_{min}$，则必须采用正变位；否则应考虑选其他类型传动。

(2)选定两轮的变位系数

(3)检验重叠系数

对直齿轮　$\varepsilon_d = \dfrac{1}{2\pi}\left[Z_1(\mathrm{tg}\alpha_{a1} - \mathrm{tg}\alpha') + Z_2(\mathrm{tg}\alpha_{a2} - \mathrm{tg}\alpha')\right] > |\varepsilon_a|$；

对斜齿轮　$\varepsilon = \varepsilon_a + \varepsilon_\beta = \varepsilon_a + B\sin\beta / \pi m_n > |\varepsilon_a|$；$|\varepsilon_a|$ 值见表 10 – 15。

表 10-15 推荐的重叠系数许用值

使用场合	一般机械制造	气车拖拉机	金属切削扒床
$|\varepsilon_\alpha|$	1.4	1.1～1.2	1.3

(4)轮齿强度的检验仍按前述由表 10-22 所列有关公式进行计算

(5)根据表 10-23 所列的公式计算两轮的几何尺寸

2. 当给定的原始数据为 z_1, Z_2, m, α, a' 及 h_a^* 时

其设计计算步骤为:

(1)计算啮合角 α'

节圆直径

$$d_1' = d_1 \frac{\cos\alpha}{\cos\alpha'} = m Z_1 \frac{\cos\alpha}{\cos\alpha'}$$

$$a' = \frac{d_1' + d_2'}{2} = \frac{(Z_1 + Z_2)m}{2} \cdot \frac{\cos\alpha}{\cos\alpha'} = a \frac{\cos\alpha}{\cos\alpha'}$$

故

$$\cos\alpha' = \frac{a}{a'}\cos\alpha$$

(2)确定两轮的变位系数

$$x_\Sigma = (x_1 + x_2) = \frac{(Z_1 + Z_2)(\mathrm{inv}\alpha' - \mathrm{inv}\alpha)}{2\mathrm{tg}\alpha};$$

$$x_1 \geqslant h_a^* \frac{Z_{\min} - Z_1}{Z_{\min}}; \quad x_2 = h_a^* \frac{Z_{\min} - Z_2}{Z_{\min}}$$

(3)根据表 10-13 所列公式计算两轮的几何尺寸

(4)检验轮齿的强度

3. 当给定原始数据为 i, m, a' 及 h_a^* 时

其设计计算的步骤如下:

(1)确定两轮的齿数

由于

$$a' = \frac{m}{2}(Z_1 + Z_2)\frac{\cos\alpha}{\cos\alpha'} = \frac{mZ_1}{2}(i+1)\frac{\cos\alpha}{\cos\alpha'}$$

故

$$Z_1 = \frac{2a'}{(i+1)m}; Z_2 = iZ_1$$

(2)计算啮合角 α'

(3)确定两轮的变位系数

(4)由表 10-13 中的公式计算两轮的几何尺寸

(5)检验轮齿的强度

例题 10-11　校核板材矫直机用九轴齿轮箱的齿轮强度。采用直齿圆柱齿轮,对称布置,齿轮箱传动示意图如图 10-36,已知:$T=6.9\times10^6$(N·mm),主动齿轮 1 与齿轮 2(或齿轮 3)传递的扭矩 $T_1=\dfrac{6.9\times10^6}{2}=3.45\times10^6$(N·mm),齿轮传动 $n_1=n_2=\cdots=n_9=22.6$r/min,$u=1$,齿轮使用期限 5 年,每天二班制(一年 300 天,每班 8 小时),设备利用率为 0.8。齿轮的参数为:$m=6$mm,$Z_1=Z_2=29$、$d_1=d_2=174$、变位系数 $x_1=x_2=0.56$、$a=180$mm、$b=250$mm、$\varepsilon_a=1.36$。齿轮精度为 8 级,大、小齿轮材料为 40MnB 调质处理 HBS=250~280。

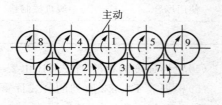

图 10-36　齿轮箱传动示意图

解:

Ⅰ. 校核接触疲劳强度

$$\sigma_H=2.15Z_E\sqrt{\frac{KF_t}{bd_1}\cdot\frac{\mu+1}{\mu}}\leqslant[\sigma]_H$$

1. 计算公式中的计算数值

(1)确定载荷系数

① 工况系数　由表 10-3,取 $K_A=1$

② 动载荷系数

计算圆周速度

$$v=\frac{\pi d_1 n_1}{60\times1000}=\frac{\pi\times174\times22.6}{60\times1000}=0.206(\text{m/s})$$

$$\frac{vZ_1}{100}=\frac{0.206\times29}{100}=0.06$$

由图 10-8a,取 $K_v=1$

③ 因是直齿圆柱齿轮,$K_a=1$

④ $K_{H\beta}=K_{F\beta}$,$\phi_d=\dfrac{b}{d_1}=\dfrac{250}{175}=1.44$,由图 10-11 查得 $K_{H\beta}=1.06$(当 HBS_1 和 $HBS_2<350$,6 线);所以

$$K=K_A K_V K_a K_{H\beta}=1\times1\times1\times1.06=1.06$$

(2)计算圆周力 F_t

$$F_t=\frac{2T_1}{d_1}=\frac{2\times3450000}{174}=39655.2(\text{N})$$

(3)由表 10-6 查得 $Z_E=189.8\sqrt{\text{MPa}}$

(4)计算应力循环次数

$$N_1=60n_1 jL_h=60\times22.6\times2\times(5\times300\times8\times2\times0.8)=5.2\times10^7$$

对齿轮 2 有:$j=1$

$$N_2=\frac{N_1}{2}=\frac{5.2\times10^7}{2}=2.6\times10^7$$

(5)寿命系数　由图 10-19,查得 $K_{HN_1}=1.2$,$K_{HN_2}=1.22$

(6)极限应力　由图 10-21 查得 $\sigma_{Hlim_1}=\sigma_{Hlim_2}=530$MPa

(7)接触许用应力

$$[\sigma]_{H_1}=K_{HN_1}\sigma_{Hlim_1}=1.2\times710=850(\text{MPa})$$

$$[\sigma]_{H_2}=K_{HN_2}\sigma_{Hlim_2}=1.22\times710=865(\text{MPa})$$

2. 计算

$$\sigma_H = 2.15 \times 189.8 \sqrt{\frac{1.06 \times 39655.2}{250 \times 174} \times \frac{1+1}{1}} = 401.14 \text{(MPa)},合格。$$

Ⅱ. 校核弯曲疲劳强度

式为

$$\sigma_F = \frac{KF_t Y_{Fa} Y_{Sa}}{bm} \leqslant [\sigma]_F$$

1. 确定公式中的计算值

(1)载荷系数 K

① 工况系数　取 $K_A = 1$

② 动载荷系数　取 $K_V = 1$

③ 分配系数　取 $K_a = 1$

④ 载荷分配系数　$K_{Fa} = 1.2$

所以

$$K = K_A K_V K_a K_{Fa} = 1 \times 1 \times 1 \times 1.2 = 1.2$$

(2)应力循环次数　$N_1 = 5.2 \times 10^7$, $N_2 = 2.6 \times 10^7$

(3)寿命系数　由图 10-19 查得 $K_{FN_1} = K_{FN_2} = 1$

(4)极限应力　由图 10-21c 查得 $\sigma_{Flim_1} = \sigma_{Flim_2} = 530 \text{MPa}$

(5)弯曲许用应力

$$[\sigma]_{F_1} = [\sigma]_{F_2} = 1 \times 530 = 530 \text{(MPa)}$$

(6)圆周力　$F_t = 39655.2 \text{MPa}$

(7)齿形系数　当 $Z_1 = Z_2 = 29$ 时,由表 10-7 查得:$Y_{Fa} = 2.53$, $Y_{Sa} = 1.62$。

2. 计算

$$\sigma_F = \frac{1.2 \times 39655.2}{250 \times 6} \times 2.53 \times 1.62 = 130 \text{(MPa)},合格。$$

由此可见,高度变位齿轮传动,其强度计算与标准齿轮传动一样,但有些几何尺寸就不相同了。

例题 10-12　设计计算水泥磨用二级齿轮减速器(只计算高速级,低速级计算方法相同)。已知齿轮传递功率 $P = 90 \text{kW}$,高速级转速 $n_1 = 750 \text{r/min}$, $i_\Sigma = 36$,传动比分配为 $i_\Sigma = i_1 i_2 = 6.3 \times 5.6 = 35.28$,使用期限 10 年,一年 300 天,一天 8h,一班制,设备利用率 0.90,中心距 $a = 1000 \text{mm}$。

解:

Ⅰ. 确定齿轮类型和减速器结构形式

为提高齿轮承载能力和使传动平稳,采用高度变位斜齿轮,减速器结构形式如图 10-37 所示,8 级精度。

Ⅱ. 选择材料及热处理

小齿轮　50MnB,调质,$\text{HBS}_1 = 280$

大齿轮　42SiMn,调质,$\text{HBS}_2 = 220$

---

① $Z_H = \sqrt{\dfrac{2}{\cos^2 \alpha \operatorname{tg} a'}} = \sqrt{\dfrac{2}{\cos^2 20° \operatorname{tg} 24°44'}} = 2.15$

$\operatorname{inv} \alpha' = \dfrac{2 \operatorname{tg} 20°(x_1 + x_2)}{Z_1 + Z_2} + \operatorname{inv} 20° = \dfrac{2 \operatorname{tg} 20°(0.56 + 0.56)}{29 + 29} + \operatorname{inv} 20° = 0.014056$　$\alpha' = 24°44'$

Ⅲ. 初步确定主要参数

1. 确定接触强度许用应力

（1）应力循环次数

$$N_1 = 60n_1 jL_h = 60 \times 750 \times 10 \times 300 \times 8 \times 0.90$$

$$= 9.72 \times 10^8$$

$$N_2 = \frac{N_1}{i} = \frac{9.72 \times 10^8}{6.3} = 1.543 \times 10^8$$

（2）寿命系数　由图 10 - 17 查 $K_{HN_1} = 1$；

$K_{HN_2} = 1.02$

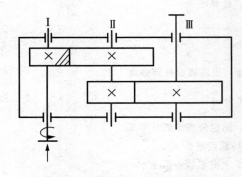

图 10 - 37　减速器结构示意图

（3）极限应力　由图 10 - 20 查得：

$$\sigma_{Hlim_1} = 750 \text{MPa}; \sigma_{Hlim_2} = 670 \text{MPa}$$

（4）接触强度许用应力

$$[\sigma]_{H_1} = K_{HN_1} \sigma_{Hlim_1} = 1 \times 750 = 750 (\text{MPa})$$

$$[\sigma]_{H_2} = K_{HN_2} \sigma_{Hlim_2} = 670 \times 1.02 = 683 (\text{MPa})$$

（5）计算小齿轮传递扭矩

$$T_1 = 95.5 \times 10^5 \frac{P_1}{n_1} = 95.5 \times 10^5 \times \frac{590}{750} = 75.126666 \times 10^5 (\text{N} \cdot \text{mm})$$

2. 初步确定几何尺寸

（1）齿宽系数　由表 10 - 8 查得 $\phi_d = 1.1$，由两种齿宽系数关系式 $\phi_d = \frac{\mu + 1}{2} \phi_a$ 得

$$\phi_a = \frac{\phi_d}{0.5(u+1)} = \frac{1.1}{0.5(6.3+1)} = 0.3$$

（2）模数

$$m_n = (0.007 \sim 0.02)a，取 \; m_n = 0.01 \times 1000 = 10 (\text{mm})$$

（3）确定齿数 Z、螺旋角 β、分度圆直径齿宽 b

① 齿数 Z

$$a = \frac{m_n Z_1}{2\cos\beta}(1+u)$$

$$\frac{Z_1}{\cos\beta} = \frac{2a}{m_n(1+u)} = \frac{2 \times 1000}{10(1+6.3)} = 27.5$$

取 $Z_1 = 27$ 则 $Z_2 = uZ_1 = 6.3 \times 27 = 170.1$，取 $Z_2 = 170$。

Z_2 经圆整后，齿数比发生了变化，实际齿数比为 $\mu_1 = \frac{Z_2}{Z_1} = \frac{170}{27} = 6.296$

② 螺旋角 β

取定齿数 $Z_1 = 27$ 后，则 $\beta = \cos^{-1}\frac{27}{27.5} = \cos^{-1} 0.9854 = 9°56'11''$

③ 分度圆直径

$$d_1 = \frac{m_n Z_1}{\cos\beta} = \frac{10 \times 27}{\cos 9°56'11''} = 274.112 (\text{mm})$$

④ 齿宽

$$b=\phi_d a=0.3\times 1000=300\text{mm}$$

3. 初定变位系数 x

斜齿轮的当量齿数：

$$Z_{v1}=\frac{Z_1}{\cos^3\beta}=\frac{27}{\cos^3 9°56'11''}=\frac{27}{0.9854}=28$$

$$Z_{v2}=\frac{Z_2}{\cos^3\beta}=\frac{170}{\cos^3 9°56'11''}=173$$

由 $\frac{Z_{v1}+Z_{v2}}{2}$ 和 $\sum x=0$，从《机械设计手册》图 23-2-8 查得：$x_{n_1}=0.28$，$x_{n_2}=-0.28$

4. 斜齿轮重叠系数

当 $Z_{v1}=28$，$Z_{v2}=173$，由图 10-28 查得：

$$\varepsilon_{a1}=0.81,\varepsilon_{a2}=1,\varepsilon_a=0.81+1=1.81$$

5. 螺旋角影响系数 Y_β

当 $\beta=9°56'11''$ 时，$\varepsilon_\beta=b\sin\beta/\pi m_n=0.318\phi_d Z_1\text{tg}\beta=0.318\times 1.1\times 27\text{tg}9°56'11''=1.6545$

因为 $\varepsilon_\beta>1$，所以 $Y_\beta=0.75$。

6. 载荷系数

(1)工况系数 由表 10-3，取 $K_A=1.25$（因为水泥磨有中等冲击）。

(2)动载荷系数

$$v=\frac{\pi d_1 n_1}{60\times 1000}=\frac{\pi\times 274.112\times 750}{60\times 1000}=10.76(\text{m/s})$$

$$\frac{vZ_1}{100}=\frac{10.76\times 27}{100}=\frac{387.5}{100}=2.9$$

由图 10-8 查得 $K_v=1.2$

(3)分配系数 K_{Ha} 由图 10-9 查得 $K_{Ha}=1.121$

(4)分布系数 K 由图 10-11 查得 $K_{H\beta}=1$

$$K=K_A K_v K_{Ha} K_{H\beta}=1.25\times 1.2\times 1.121\times 1=1.6815$$

7. 区域系数 Z_H 当 $\beta=9°56'11''$ 时，由图 10-31 查得 $Z_H=2.46$

8. 材料系数 由表 10-6，查得 $Z_E=189.8\sqrt{\text{MPa}}$

9. 计算圆周力

$$F_t=\frac{2T_1}{d_1}=\frac{2\times 75.126666\times 10^5}{274.112}=54814.6(\text{N})$$

Ⅳ. 校核齿面接触疲劳强度

$$\sigma_H=\sqrt{\frac{KF_t}{bd_1\varepsilon_a}\cdot\frac{u\pm 1}{u}}\cdot Z_H Z_E\leqslant[\sigma]_H$$

$$=\sqrt{\frac{1.6815\times 54814.6}{300\times 274.112\times 1.81}\times\frac{6.296+1}{6.296}}\times 2.46\times 189.8=395.525(\text{MPa})，合格。$$

Ⅴ. 校核齿根弯曲疲劳强度

1. 齿形系数　当 $Z_{v_1}=28,Z_{v_2}=173$，由表 10-7 查得 $Y_{F\alpha_1}=2.55,Y_{F\alpha_2}=2.13$

2. 齿根应力校正系数　当 $Z_{v_1}=28,Z_{v_2}=173$ 时，由表 10-7 查得 $Y_{S\alpha_1}=1.61,Y_{S\alpha_2}=1.8475$

3. 载荷系数 K

同前取 $K_A=1.25,K_v=1.2$，查表 10-12 得 $K_{F\beta}=1.105$，由式 10-3 得

$$K_{F\alpha}=1+\frac{(n-5)(\varepsilon_a-1)}{4}=1+\frac{(8-5)(1.81-1)}{4}=1+\frac{3\times0.81}{4}=1.6$$

所以

$$K=K_AK_vK_{F\alpha}K_{F\beta}=1.25\times1.2\times1.6\times1.105=2.652$$

4. 应力循环次数及寿命系数

(1)应力循环次数　$N_1=9.72\times10^8,N_2=1.543\times10^8$

(2)寿命系数　$K_{FN_1}=K_{FN_2}=1$

5. 弯曲极限应力　由图 10-20 查得 $\sigma_{Flim_1}=580MPa,\sigma_{Flim_2}=520MPa$

6. 许用弯曲应力

$$[\sigma]_{F_1}=\frac{K_{NF_1}\sigma_{lim1}}{S}=\frac{1\times580}{1.3}=446(MPa)$$

$$[\sigma]_{F_2}=\frac{K_{NF_2}\sigma_{lim2}}{S}=\frac{1\times520}{1.3}=400(MPa)$$

7. 弯曲应力

$$\sigma_F=\frac{KF_t}{bm_n\varepsilon_a}Y_{Fa}Y_{FS}Y_\beta\leqslant[\sigma]_F$$

$$\sigma_{F_1}=\frac{2.652\times54814.6}{300\times10\times1.81}\times2.55\times1.61\times0.75=82.4(MPa)$$

$$\sigma_{F_2}=\frac{2.652\times54814.6}{300\times10\times1.81}\times2.13\times1.8475\times0.75=79.01(MPa)$$

所以，弯曲强度校核通过。

Ⅵ. 计算变位齿轮的几何尺寸

1. 齿顶高

$$h_{a1}=m_n(h_a^*+x_{n1})=10(1+0.28)=12.8(mm)$$

$$h_{a2}=m_n(h_a^*+x_{n2})=10(1-0.28)=7.2(mm)$$

2. 齿根高

$$h_{f1}=m_n(h_a^*+c^*-x_{n1})=10(1+0.25-0.28)=9.7(mm)$$

$$h_{f2}=m_n(h_a^*+c^*-x_{n2})=10(1+0.25+0.28)=15.3(mm)$$

3. 齿全高

$$h=m_n(2h_a^*+c^*)=10(2\times1+0.25)=22.5(mm)$$

4. 齿顶圆

$$d_{a1} = d_1 + 2(h_a^* + x_{n1})m_n = m_t Z_1 + 2(h_a^* + x_{n1})m_n$$

$$= \frac{m_n}{\cos\beta}z_1 + (h_a^* + x_{n1})m_n = \frac{10}{\cos 9°56'11''} \times 27 + 2(1+0.28) \times 10 = 301.6(mm)$$

$$d_{a2} = d_2 + 2(h_a^* + x_{n2})m_n = m_t Z_2 + 2(h_a^* + x_{n2})m_n$$

$$= \frac{m_n}{\cos\beta}Z_2 + 2(h_a^* + x n_2)m_n = \frac{10}{\cos 9°'56''11} \times 170 + 28(1-0.28) \times 10 = 1752(mm)$$

5. 齿根圆

$$d_{f1} = d_1 + 2(h_a^* + c^* - x_{n1})m_n = m_t Z_1 - 2(h_a^* + c^* - x_{n1})m_n$$

$$= \frac{m_n Z_1}{\cos\beta} - 2(h_a^* + c^* - x_{n1})m_n = \frac{10 \times 27}{\cos 9°56'11''} - 2(1+0.25-0.28) \times 10$$

$$= 256.6(mm)$$

$$d_{f2} = d_2 - 2(h_a^* + c^* - x_{n2})m_n = m_t Z_2 - 2(h_a^* + c^* - x_{n2})m_n$$

$$= m_t Z_2 - 2(h_a^* + c^* - x_{n2})m_n = \frac{m_n Z_2}{\cos\beta} - 2(h_a^* + c^* - x_{n2})m_n$$

$$= \frac{10 \times 27}{\cos 9°56'11''} - 2(1+0.25+0.28) \times 10 = 1707(mm)$$

例题 10-13　有一单级斜齿圆柱齿轮减速器。已知几何参数：$a = 400mm$，$Z_1 = 24$，$Z_2 = 108$，变位系数 $x_{n1} = 0.152$，$x_{n2} = -0.374$，$\beta = 9°22'$，$m_n = 6mm$，$b = 160mm$，8 级精度，小齿轮用 38SiMnMo 调质处理，$HBS_1 = 250$，大齿轮用 ZG35SiMn，正火处理 $HBS_2 = 200$，寿命 20 年，每天两班工作，载荷平稳，当小齿轮转速为 $n_1 = 750r/min$ 时，试求该对齿轮能传递功率多少？

解：

Ⅰ. 几何尺寸

1. 小齿轮直径　$d_1 = \frac{m_n Z_1}{\cos\beta} = \frac{6 \times 24}{\cos 9°22'} = 145.946(mm)$

2. 齿宽系数　$\phi_d = \frac{b}{d_1} = \frac{160}{145.946} = 1.1$

3. 齿数比　$u = \frac{Z_2}{Z_1} = \frac{108}{24} = 4.5$

Ⅱ. 许用接触应力

1. 计算应力循环次数

$$N_1 = 60 n_1 j L_h = 60 \times 750 \times 1 \times 20 \times 300 \times 8 \times 2 = 4.32 \times 10^9$$

$$N_2 = \frac{N_1}{i} = \frac{4.32 \times 10^9}{4.5} = 9.6 \times 10^8$$

2. 寿命系数　由图 10-17 查得 $K_{HN_1} = 1$，$K_{HN_2} \approx 1$

3. 接触疲劳强度极限　由图 10-19c 得 $\sigma_{Hlim_1} = 780MPa$　$\sigma_{Hlim_2} = 690MPa$

4. 许用接触应力　取安全系数 $S = 1$，则

$$[\sigma]_{H_1} = \frac{K_{HN_1} \sigma_{Hlim_1}}{S} = \frac{1 \times 780}{1} = 780(MPa)$$

$$[\sigma]_{H_2} = \frac{K_{HN_2}\sigma_{Hlim_2}}{S} = \frac{1 \times 690}{1} = 690 \text{(MPa)}$$

Ⅲ. 载荷系数　$K = K_A K_v K_\alpha K_{H\beta}$

1. 工况系数 K_A　由表 10 - 3, 取 $K_A = 1$

2. 动载荷系数 K_v

计算圆周速度　　　　　$v = \dfrac{\pi d_1 n_1}{60 \times 1000} = \dfrac{\pi \times 145.946 \times 750}{60 \times 1000} = 5.73 \text{(m/s)}$

$$\frac{vZ_1}{100} = \frac{5.73 \times 24}{100} = 1.375, \text{由图 10 - 8 查得 } K_v = 1.1$$

3. 齿对间载荷分配系数　由图 10 - 9 查得 $K_{Ha} = 1.12$

4. 载荷分布不均系数　当 $\phi_d = 1.1$ 时由图 10 - 11 查得 $K_{H\beta} = 1.06$ (看 6 线)

5. 载荷系数　$K = K_A K_v K_{Ha} K_{H\beta} = 1 \times 1.1 \times 1.12 \times 1.06 = 1.306$

Ⅳ. 按接触强度求许用功率

1. 材料系数　由表 10 - 6 查得 $Z_E = 189.8 \sqrt{\text{MPa}}$

2. 节点区域系数 Z_H

(1) 节圆端面啮合角 α'_t

$$\text{inv}\alpha'_t = \frac{2(x_{t_1} + x_{t_2})}{Z_1 + Z_2}\text{tg}\alpha + \text{inv}\alpha$$

式中　$x_{t_1} = x_{n1}\cos\beta = 0.152 \times \cos 9°22' = 0.15$　$x_{t_2} = x_{n2}\cos\beta = -0.374\cos 9°22' = -0.369$

$$\text{inv}\alpha'_t = \frac{2(0.152 - 0.369)}{24 + 108}\text{tg}20° + \text{inv}20°　\alpha'_t = 20°33'$$

(2) 分度圆端面压力角 α_b

$$\text{tg}\alpha_t = \frac{\text{tg}\alpha_n}{\cos\beta} = \frac{\text{tg}20°}{\cos 9°12'} = \frac{0.36397}{0.98667} = 0.36889,　\alpha_t = 20°15'$$

(3) 基圆螺旋角 β_b

$$\cos\beta_b = \frac{\cos\beta\cos\alpha_n}{\cos\alpha_t} = \frac{\cos 9°22'\cos 20°}{\cos 20°15'} = \frac{0.98667 \times 0.93969}{0.93819} = 0.98824$$

$$\beta_b = 8°48'$$

(4) 区域系数

$$Z_H = \sqrt{\frac{2\cos\beta_b}{\cos^2\alpha_t \text{tg}\alpha'_t}} = \sqrt{\frac{2\cos 8°48'}{\cos^2 20°15'\text{tg}20°33'}} = \sqrt{\frac{2 \times 0.98824}{0.93819^2 \times 0.37488}} = 2.447$$

3. 重合度 ε_a

(1) 计算当量齿数

$$Z_{v1} = \frac{Z_1}{\cos^3\beta} = \frac{24}{\cos^3 9°22'} = \frac{24}{0.98667^3} = 25$$

$$Z_{v2} = \frac{Z_2}{\cos^3\beta} = \frac{108}{\cos^3 9°22'} = 112.5$$

(2) 端面重合度　由图 10 - 28 查得 $\varepsilon_{a1} = 0.765$; $\varepsilon_{a2} = 0.98$; $\varepsilon_a = 0.765 + 0.98 = 1.745$

4. 螺旋角影响系数

(1) 纵向重合度

$$\varepsilon_\beta = 0.318 \times \phi_d Z_1 \text{tg}\beta = 0.318 \times 1.1 \times 24\text{tg}9°22' = 1.3848$$

(2)螺旋角影响系数 由图 10-30 查得 $Y_\beta = 0.75$

(3)计算扭矩 由式(10-22)可写出

$$T_1 = \frac{d_1^3 \phi_d \varepsilon_a u [\sigma]_H^2}{2K(u+1)(Z_H Z_E)^2} = \frac{145.946^3 \times 1.1 \times 1.745 \times 4.5 \times 690^2 \times 4.5}{2 \times 1.306 \times (4.5+1)(2.447 \times 189.8)^2} = 4125524.6(\text{N} \cdot \text{mm})$$

(4)许用功率

$$P = \frac{T_1 n_1}{9.55 \times 10^6} = \frac{4125524.6 \times 750}{9.55 \times 10^6} = 324(\text{kW})$$

Ⅴ.按弯曲强度求许用功率

由式(10-20a)变形可得

$$T_1 = \frac{m_n^3 \phi_d Z_1^2 \varepsilon_a [\sigma]_F}{2K Y_\beta \cos^2 \beta Y_{Fa} Y_{Sa}}$$

1. 计算法面模数

$$m_n = \frac{d_1 \cos\beta}{Z_1} = \frac{145.946\cos 9°22'}{24} = 6(\text{mm})$$

2. 求弯曲强度许用应力

(1)寿命系数 当 $N_1 = 4.32 \times 10^9$ 及 $N_2 = 9.6 \times 10^8$ 时,由图 10-19 查得 $K_{FN_1} = K_{FN_2} = 1$

(2)安全系数 取 $S_F = 1.3$

(3)弯曲疲劳极值 由图 10-20c 查得 $\sigma_{Flim_1} = 530\text{MPa}, \sigma_{Flim_2} = 510\text{MPa}$

(4)弯曲许用应力

$$[\sigma]_{F_1} = \frac{K_{FN_1} \sigma_{Flim_1}}{S} = \frac{1 \times 530}{1.3} = 407.7(\text{MPa})$$

$$[\sigma]_{F_2} = \frac{K_{FN_1} \sigma_{Flim_2}}{S} = \frac{1 \times 510}{1.3} = 392.3(\text{MPa})$$

3. 求齿形系数及应力校正系数

(1)齿形系数 当 $Z_{v1} = 25, Y_{Fa_1} = 2.62; Z_{v2} = 112.5, Y_{Fa_2} = 2.17$

(2)应力校正系数 当 $Z_{v1} = 25, Y_{Sa_1} = 1.59;$ 当 $Z_{v2} = 112.5, Y_{Sa_2} = 1.80$

(3)比较 $\dfrac{[\sigma]_{F_1}}{Y_{Fa_1} F_{Sa_2}}$ 及 $\dfrac{[\sigma]_{F_2}}{Y_{Fa_2} F_{Sa_2}}$: $\dfrac{407.7}{2.62 \times 1.59} = 97.9, \dfrac{392.3}{2.17 \times 1.80} = 100.4$,代入较小值计算。

4. 载荷系数: 工况系数及动载荷系数同前,取 $K_A = 1, K_v = 1.1$

分配系数 $K_{F\alpha} = 1 + \dfrac{(n-5)(\varepsilon_a - 1)}{4} = 1 + \dfrac{(8-5)(1.745-1)}{4} = 1.559$

分布系数 $K_{F\beta} = 1.12$(查图 10-12)

载荷系数 $K = K_A K_v K_{F\alpha} K_{F\beta} = 1 \times 1.1 \times 1.559 \times 1.12 = 1.92$

5. 计算扭矩

$$T_1 = \frac{m_n^3 \phi_d Z_1^2 \varepsilon_a [\sigma]_F}{2K Y_\beta \cos^2 \beta Y_{Fa} Y_{Sa}} = \frac{6^3 \times 1.1 \times 24^2 \times 1.745}{2 \times 1.92 \times 0.75 \times \cos^2 9°22'} \times 97.9 = 8227471.85(\text{N} \cdot \text{mm})$$

6. 按弯曲强度求得的功率

$$P = \frac{T_1 n_1}{9.55 \times 10^6} = \frac{8118103 \times 750}{9.55 \times 10^6} = 646.14(\text{kW})$$

结论:该单级斜齿圆柱齿轮变速器可传递功率为 324kW。

例题 10 - 14　设计某一工作机侧边齿轮传动箱(如图 10 - 38)。已知：$T_{出}=870000$N·mm，$n_{出}=200$r/min，$u=1.47$，$\eta_{球}=0.99$，$\eta_{柱}=0.98$，$\eta_{齿}=0.98$，$\eta_{锥齿}=0.96$，使用时间 $L_h=2000$h，单向工作，有中等冲击震动，要求机构越紧凑越好。

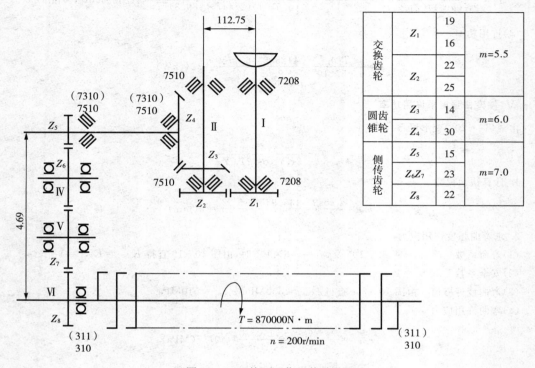

		19	
交换齿轮	Z_1	16	$m=5.5$
	Z_2	22	
		25	
圆齿锥轮	Z_3	14	$m=6.0$
	Z_4	30	
侧传齿轮	Z_5	15	$m=7.0$
	$Z_6 Z_7$	23	
	Z_8	22	

图 10 - 38　某一工作机传动简图

解：

已知：$Z_8=22$，$Z_7=Z_6=23$，$Z_5=15$，$a_{实}=469$mm，$T_{出}=87000$N·mm，$n_{出}=200$r/min，侧边齿轮箱 $i_\Sigma=1.47$。

1. 运动学和动力学的计算

(1)各轴转速的计算

Ⅴ轴　　$n_V=200\times\dfrac{22}{23}=191(r/min)\approx190$(r/min)

Ⅳ轴　　因为 $Z_6=Z_7=23$，所以 $n_Ⅳ=n_V=190$r/min

Ⅲ轴　　$n_Ⅲ=u\eta_Ⅳ=1.47\times200=294$(r/min)

(2)各轴扭矩的计算

$$T_V=\frac{T_Ⅵ}{u\eta}=\frac{870000}{\dfrac{22}{23}\times0.99^2\times0.98}=947000(\text{N·mm})$$

$$T_Ⅳ=\frac{T_V}{u\eta}=\frac{947000}{1\times0.98\times0.99}=976100(\text{N·mm})$$

$$T_Ⅲ=\frac{T_Ⅳ}{u\eta}=\frac{976100}{\dfrac{23}{15}\times0.98\times0.98}=663000(\text{N·mm})$$

（3）各轴功率的计算

$$P_{VI} = \frac{T_{VI} n_{IV}}{95.5 \times 10^5} = \frac{870000 \times 200}{95.5 \times 10^5} = 18.22 (\text{kW})$$

$$P_V = \frac{T_V n_V}{95.5 \times 10^5} = \frac{947000 \times 190}{95.5 \times 10^5} = 18.84 (\text{kW})$$

$$P_{IV} = \frac{T_{IV} n_{IV}}{95.5 \times 10^5} = \frac{976100 \times 190}{95.5 \times 10^5} = 19.42 (\text{kW})$$

$$P_{III} = \frac{T_{III} n_{III}}{95.5 \times 10^5} = \frac{66300 \times 294}{95.5 \times 10^5} = 20.42 (\text{kW})$$

2. 侧边齿轮箱的计算

（1）变位部分的计算

项　目	代号	计　算　依　据	单位	计　算　结　果			
				$Z_5 = 15$	$Z_6 = 23$	$Z_7 = 23$	$Z_8 = 22$
实际中心距	$a'_{实}$	已知	mm	469			
模数	m	$a = \frac{1}{2} m (Z_5 + 2Z_6 + 2Z_7 + z_8)$	mm	7			
标准中心距	a_1	$a_1 = \frac{1}{2} m (z_5 + z_6) = 133\text{mm}$	mm	133	161	157.5	
	a_2	$a_2 = \frac{1}{2} m (Z_6 + Z_7) = 161\text{mm}$					
	a_3	$a_3 = \frac{1}{2} m (Z_7 + Z_8) = 157.5\text{mm}$					
	$a_{标总}$	$a_{标总} = a_1 + a_2 + a_3$	mm	451.5			
中心距分离量	my	$my = a' - a = 469 - 451.5 = 17.5$	mm	17.5			
实际中心距	a'	$17.5 \div 3 = 5.5$，余 1 给齿数和为 $Z_6 + Z_7$	mm	138.5	187.5	163	
中心距的计算系数	y_0	由式(10-2)，$y_0 = \frac{a'}{a} - 1$		0.041353	0.040372	0.03492	
啮合角	α'	附表 10-1	(°)	25°32′	25°25′	24°26.5′	
变位系数和的计算系数	x_0	附表 10-1		0.04710	0.04584	0.03910	
变位系数和	x_Σ	$x_\Sigma = x_1 + x_2 = \frac{Z_5 + Z_6}{2} x_0$		0.8949	1.0543	0.87975	
变位系数	x			0.378	0.527	0.358	
分度圆分离系数	y	$y = \frac{Z_1 + Z_2}{2} \left(\frac{a'}{a} - 1 \right) = \frac{Z_1 + Z_2}{2} y_0$		0.785	0.9285	0.785	
齿顶高变动系数	σ	$\sigma = x_1 + x_2 - y$		0.120	0.123	0.100	

（2）几何尺寸的计算

分度圆直径	d	$d=\dfrac{1}{2}mZ$	mm	105	161	154
节圆直径	d'	$d'=d\dfrac{\cos\alpha}{\cos\alpha'}$ （$\alpha=20°$）	mm	109	167.5	158.5
齿顶高	h_a	$h_a=(h_a^*+x-\sigma)m, h_a^*=1$	mm	8.806	9.828	8.806
齿根高	h_f	$h_f=(h_a^*+c^*-x)m, c^*=0.25$	mm	6.10	5.06	6.244
齿顶圆直径	d_a	$d_a=d+2ha$	mm	124.6	187	171.6
齿根圆直径	d_f	$d_f=d-2h_f$	mm	92.8	150.88	141.5
中心距	a'	$a'=(d_1'+d_2')/2$	mm	138.5	167.5	163

（3）强度的校核

转 速	n		r/min	294	190	200	
寿 命	L_h	根据机器工作性质而确定	h	2000			
应力循环次数	N	$N=60nL_h$ 及 $N=60njL_h$	次	3.53×10^7	4.56×10^7	2.39×10^7	
弯曲疲劳寿命系数	K_{FN}	HRC=60，图 10-19		1			
弯曲疲劳极限	σ_{Flim}	图 10-21d	MPa	860			
安全系数	S_F			1.3			
许用弯曲应力	$[\sigma]_F$	$[\sigma]_F=\dfrac{K_{FN}\sigma_{Flim}}{S}$，式 10-15	MPa	661.54			
接触疲劳寿命系数	K_{HN}	图 10-18		1			
接触疲劳极限	σ_{Hlim}	图 10-20d	MPa	1480			
许用接触应力	$[\sigma]_H$	$[\sigma]_H=\dfrac{K_{HN}\sigma_{Hlim}}{S}$（$S=1$）	MPa	1480			
齿数比	u	$u=u_1u_2u_3=\dfrac{33}{15}\cdot\dfrac{23}{23}\cdot\dfrac{22}{23}=1.47$		1.52	1	0.956	
齿宽	b	在满足强度要求下取较小值	mm	40			
扭矩	T		N·mm	670000	980000	950000	870000
计算圆周力	F_t	$F_t=\dfrac{2T}{d'}$	N	12200	11700	11300	11000

载 荷 系 数	工况系数	K_A	表 10-3，得 $K_A=1.25$	
	动载荷系数	K_v	由 $v=\dfrac{\pi d'n}{60\times1000}=\dfrac{\pi\times109.6\times294}{60\times1000}$ $=1.7\text{m/s}$ $\dfrac{vz}{100}=0.374$，由图 10-8，得 $K_v=1$	
	载荷分配系数	K_a	$K_a=1$	
	载荷分布系数	$K_{H\beta}$ $K_{F\beta}$	$K_{F\beta}=K_{H\beta}$ $=1.26$（安全性足够）	
		K	$K=K_AK_vK_aK_{F\beta}$ $=1.25\times1.2\times1\times1.26$	1.89

（续表）

齿形系数	Y_{F_a}	表 10 - 7		2.41	2.69	2.69	2.72
应力校正系数	Y_{FS}			1.76	1.575	1.575	1.57
校核齿根弯曲应力	σ_F	$\sigma_F = \dfrac{KF_t}{bm} Y_{F_a} Y_{FS}$	MPa	343.75	330	318	312
角变位直齿圆柱齿轮传动的区域系数	Z_H	$Z_H = \sqrt{\dfrac{2}{\cos^2 \alpha \operatorname{tg} \alpha'}}$		2.17	2.182	2.236	
齿数比	u	$u = u_1 u_2 u_3 = \dfrac{23}{15} \cdot \dfrac{23}{23} \cdot \dfrac{22}{23}$		1.47			
弹性影响系数	Z_E	表 10 - 6	$\sqrt{\text{MPa}}$	189.8			
校核齿面接触应力	σ_H	$\sigma_H = \sqrt{\dfrac{KF_t}{bd'} \cdot \dfrac{u+1}{u}} Z_E Z_H$	MPa	1218.55	967.5	951	986.5

综合以上设计计算结果：$\sigma_F < [\sigma]_F$，$\sigma_H < [\sigma]_H$，故安全可用。

例题 10 - 15 已知一对斜齿圆柱齿轮 $Z_1 = 14$，$Z_2 = 56$，$m_n = 3$mm，$\alpha = 20°$，齿宽 $b = 20$mm，中心距 $a = 103$mm，分度圆柱螺旋角 $\beta = 13°30'$，由于这对斜齿轮同时还与其他斜齿轮啮合，故螺旋角不便调整。试设计这对斜齿轮传动。

解：参考表 10 - 13 和表 10 - 14，计算如下：

1. 端面模数

$$m_t = \frac{m_n}{\cos\beta} = \frac{3}{\cos 13°30'} = 3.083(\text{mm})$$

2. 分度圆直径

$$d_1 = m_t Z_1 = 3.083 \times 14 = 43.162(\text{mm})$$

$$d_2 = m_t Z_2 = 3.083 \times 56 = 172.648(\text{mm})$$

3. 标准中心距

$$a = \frac{d_1 + d_2}{2} = \frac{43.162 + 172.648}{2} = 107.905(\text{mm})$$

已知中心距 $a' = 105$mm，由于螺旋角不便调整，故必须采用角度变位齿轮传动。

4. 端面分度圆压力角

$$\operatorname{tg}\alpha_t = \frac{\operatorname{tg}\alpha_n}{\cos\beta} = \frac{\operatorname{tg} 20°}{\cos 13°30'} = 0.37431, \quad \alpha_t = 20°31'17''$$

5. 端面啮合角

$$\cos\alpha_t' = \frac{a}{a'}\cos\alpha_t = \frac{107.905}{105}\cos 20°31'17'' = 0.96286, \quad \alpha_t' = 15°40'$$

6. 两轮端面变位系数和及变位系数分配

$$x_{t_1} + x_{t_2} = \frac{Z_1 + Z_2}{2} \cdot \frac{\operatorname{inv}\alpha_t' - \operatorname{inv}\alpha_t}{\operatorname{tg}\alpha_t} = \frac{14 + 56}{2} \cdot \frac{\operatorname{inv} 15°40' - \operatorname{inv} 20°31'17''}{\operatorname{tg} 20°31'17''} = -0.85$$

现在应将 $x_{t_1} + x_{t_2} = -0.85$ 分配给两齿轮。考虑到齿轮1的齿数 $Z_1 = 14$ 已经较少,若以负变位,很可能发生根切现象。为此可先计算标准斜齿轮不产生根切的最少齿数。

端面齿顶高系数　　$h_{a_t}^* = h_a^* \cos\beta = 1 \times \cos 13°30' = 0.9724$

由表 10-13 中最小齿数公式　　$Z_{min} = \dfrac{2h_{a_f}^*}{\sin^2 \alpha_t} = \dfrac{2 \times 0.9724}{(\sin 20°13'17'')^2} = 16$

因为 $Z_1 < Z_{min}$,表示轮1不但不能负变位,而且应给以适当的正变位,才能避免根切。

$$x_{1tmin} = h_{a_t}^* \frac{Z_{min} - Z_1}{Z_{min}} = 0.9742 \times \frac{16-14}{16} = 0.122$$

因此取　　$x_{1t} = 0.15, x_{2t} = -1$

检验一下齿轮2是否根切:

$$x_{2tmin} = h_{a_t}^* \frac{Z_{min} - z}{Z_{min}} = 0.9742 \times \frac{16-56}{16} = -2.43$$

因为 $x_{2t} > x_{2tmin}$,所以齿轮2不会根切。

7. 变位斜齿轮的主要尺寸

(1)法面变位系数

$$x_{n1} = \frac{x_{t_1}}{\cos\beta} = \frac{0.15}{\cos 13°30'} = 0.154, \quad x_{n2} = \frac{x_{t_2}}{\cos\beta} = \frac{-1}{\cos 13°30'} = -1.028$$

(2)分离系数

$$y_n = \frac{a' - a}{m_n} = \frac{105 - 107.965}{3} = -0.968$$

(3)齿顶降低系数

$$\sigma_n = x_{1n} + x_{2n} - y_n = 0.1510 - 1.028 + 0.968 = 0.094$$

(4)齿顶圆直径

$$d_{a1} = d_1 + 2(h_a^* + x_{n1} - \sigma_n)m_n = 43.162 + 2(1 + 0.1510 - 0.094) \times 3 = 49.52 (mm)$$

$$d_{a2} = d_2 + 2(h_a^* + x_{n2} - \sigma_n)m_n = 172 + 2(1 - 1.028 - 0.094) \times 3 = 171.27 (mm)$$

(5)全齿高

$$h = (2h_a^* + c_n^* - \sigma_n)m_n = (2 \times 1 + 0.25 - 0.094) \times 3 = 6.468 (mm)$$

例题 10-16　参考图 10-38,校核验算某一工作机变速箱中一对直齿圆锥齿轮传动。已知:大小齿轮材料均系 18CrMnTi,渗碳处理,齿面硬度 HRC58～62,芯部硬度 HRC33～35;总工作时间 2000h,$T_1 = 352000$N·mm,$Z_1 = 14, Z_2 = 30, n_1 = 625$r/min,$n_2 = 292$r/min,$m = 6$mm。

解:

1. 确定许用应力

(1)计算应力循环次数

$$N_1 = 60n_1 jL_h = 60 \times 625 \times 1 \times 2000 = 7.5 \times 10^7$$

$$N_2 = 60n_2 jL_h = 60 \times 292 \times 2000 = 3.5 \times 10^7$$

(2)寿命系数:

由图 10-19 查得　　$K_{FN_1} = 1, K_{FN_2} = 1$

由图 10-18 查得　　$K_{HN_1} = 1, K_{HN_2} = 1.02$

（3）强度极限

① 弯曲疲劳极限　由图 10-21d 查得　$\sigma_{Flim}=870MPa$

② 接触疲劳极限　由图 10-20d 查得　$\sigma_{Hlim}=1490MPa$

（4）安全系数

取接触疲劳安全系数 $S_H=1$，取弯曲疲劳安全系数 $S_F=1.3$

（5）许用应力

$$[\sigma]_{F_1}=[\sigma]_{F_2}=\frac{K_{FN}\sigma_{Flim}}{S_F}=\frac{1\times870}{1.3}=630(MPa)$$

$$[\sigma]_{H_1}=\frac{K_{HN_1}\sigma_{Hlim}}{S_H}=\frac{1\times1490}{1}=1490(MPa)$$

$$[\sigma]_{H_2}=\frac{K_{HN_2}\sigma_{Hlim}}{S_H}=\frac{1.02\times1490}{1}=1520(MPa)$$

2. 计算变位系数

（1）齿数比

$$u=\frac{Z_2}{Z_1}=\cot\delta=\tan\delta_2\quad u=\frac{Z_2}{Z_1}=\frac{30}{14}=2.14285=\cot\delta_1\quad\delta_1=25°1'\quad\delta_2=64°59'$$

（2）确定变位系数

由于 $Z_1<Z_{min}$，防止根切，应进行高度修正。根据《机械设计手册》标准和高度变位直齿锥齿轮传动的几何尺寸计算介绍：

当 $Z_1\geq13$ 时，

$$x_1=0.46\left(1-\frac{\cos\delta_2}{u\cos\delta_1}\right)=0.46\left(1-\frac{\cos64°59'}{2.14285\cos25°1'}\right)=0.46\left(1-\frac{0.42288}{2.14285\times0.90618}\right)=0.35972$$

取 $x_1=-x_2=0.3597$

3. 校核弯曲应力

（1）当量齿数

$$Z_{v1}=\frac{Z_1}{\cos\delta_1}=\frac{14}{\cos25°1'}=\frac{14}{0.90618}=15.46\approx15$$

$$Z_{v2}=\frac{Z_2}{\cos\delta_2}=\frac{30}{\cos64°59'}\approx60$$

（2）齿形系数及应力折算系数

由表 10-7，查得：

因为 $Z_{v1}=15<Z_{min}$，在教材中难以查到其 Y_{Fa_2} 和 Y_{Sa_2}。在《机械设计手册》中查得其复合齿形系数（包括应力折算系数及变位系数）$Y_{FS}=4.06$（最大值）。

$Z_{v2}=60$ 时由表 10-7 查得：$Y_{Fa_2}=2.28$，$Y_{Sa_2}=1.73$　$Y_{Fa_2}\cdot Y_{Sa_2}=2.28\times1.73=3.9444$

（3）载荷系数

① 工况系数　由表 10-3，取 $K_A=1.25$

② 动载荷系数

$$d_{m1}=d_1(1-0.5\phi_R)=6\times14(1-0.5\times\frac{1}{3})=70(mm)$$

$$v_m=\frac{\pi d_{m1}n_1}{60\times1000}=\frac{\pi\times70\times625}{60\times1000}=2.29$$

$$\frac{v_m Z_1}{100} = \frac{2.29 \times 14}{100} = 0.32, 由图 10-8a, 8 级精度查得 K_v = 1.04, K_{H\beta} = 1.02$$

③ $K_a = 1$

④ 分布系数 由图 $10-11$, 当 $\phi_R = \frac{1}{3}$ 时, 看 6 线查得

$$K_{F\beta} = 1.04, K_{H\beta} = 1.02$$

$$K = K_A K_v K_a K_{F\beta} = 1.25 \times 1.05 \times 1 \times 1.04 = 1.365$$

(4) 计算圆周力

$$F_t = \frac{2T_1}{dm_1} = \frac{2T_1}{m(1-0.5\phi_R)Z_1} = \frac{2 \times 352000}{6 \times 14(1-0.5 \times \frac{1}{3})} = 10057.143 (\text{N} \cdot \text{mm})$$

(5) 校核齿根弯曲应力

$$\sigma_F = \frac{KF_t Y_{Fa} Y_{Sa}}{bm(1-0.5\phi_R)} = \frac{1.365 \times 10057.143 \times 4.06}{80 \times 6(1-0.5 \times \frac{1}{3})} = 139.9 (\text{N})$$

4. 校核齿面接触应力

$$\sigma_H = 5Z_E \sqrt{\frac{KT_1}{\phi_R(1-0.5\phi_R)^2 d_1^3 u}} = 5 \times 189.8 \sqrt{\frac{1.365 \times 352000}{\frac{1}{3}(1-0.5 \times \frac{1}{3})^2 \times 84^3 \times 2.14285}} = 1213.2 (\text{MPa})$$

结论: 经校核齿根弯曲应力和齿面接触应力, 均安全可用。

例题 10-17 一对标准齿轮 $Z_1 = 18, Z_2 = 72, m = 8\text{mm}$, 因长期使用, 小齿轮已磨损不能使用, 大齿轮磨损较轻, 粗略地量其分度圆齿厚约为 $S_2' = 9.2\text{mm}$。拟另配小齿轮而修复大齿轮。试进行变位计算。

解: 大齿轮原来的分度圆齿厚为

$$S_2 = \frac{\pi m}{2} = \frac{\pi \times 8}{2} = 12.56 (\text{mm})$$

今大齿轮已磨损, 故应采用负变位重新切齿, 使它的分度圆齿厚小于 9.2mm, 由下式可得

$$S_2' = S_2 + 2mx_2 \text{tg}\alpha < 9.2$$

故

$$x_2 < \frac{S_2' - S_2}{2mtg\alpha} = \frac{9.2 - 12.56}{2 \times 8tg20°} = -0.577$$

今取 $x_1 = 0.65, x_2 = -65$, 查阅有关资料可知不会发生齿顶变尖和根切现象。

两齿轮的尺寸可按所取变位系数计算。

例题 10-18 63 吨冲床的传动齿轮, $Z_1 = 16, Z_2 = 80, m = 13\text{mm}$, 原设计为高度变位齿轮传动, $x_1 = 0.3, x_2 = -0.3$。经长期使用后, 小齿轮已不能使用, 大齿轮分度圆齿厚的磨损量经测量约为 6.6mm。现拟另配小齿轮修复大齿轮。试进行变位计算。

解: 若仍用高度变位, 则

$$x_2' = \frac{-6.6}{2mtg\alpha} = \frac{-6.6}{2 \times 13tg20°} = -0.683$$

若取 $x_1 = 0.7, x_2 = -0.7$。因齿轮 1 和 2 原已变位的, 故两齿轮的实际变位系数为:

$$x_1 = 0.3 + 0.7 = 1 \qquad x_2 = -0.3 - 0.7 = -1$$

但由有关资料证明,齿轮 1 的齿顶变尖,因此不能采用高度变位来修复这对齿轮传动。若将小齿轮的齿数增加 1 个,即取 $Z'_1 = 17$,这样对齿轮的传动比并没有影响。也就是说可重新设计一对 $Z'_1 = 17, Z_2 = 80$ 的齿轮去配凑原来 $Z_1 = 16, Z_2 = 80$ 时的已知中心距,其中大齿轮是修复的。

已知中心距为

$$a' = \frac{m}{2}(Z_1 + Z_2) = \frac{13}{2}(16 + 80) = 624 \text{(mm)}$$

$Z'_1 = 17, Z_2 = 80$ 时的标准中心距为

$$a = \frac{m}{2}(Z_1 + Z_2) = \frac{13}{2}(17 + 80) = 630.5 \text{(mm)}$$

因 $a' < a$,故这对齿轮应为负传动。负传动虽缺点很多,但配凑中心距是其一大优点。现就利用这一优点。由附表 10 - 1 公式 1,则

$$y_0 = \frac{a'}{a} - 1 = \frac{624}{630.5} - 1 = -0.001031$$

查附表 10 - 1 得

$$\alpha' = 18°17' \qquad x_0 = -0.00993 \qquad \sigma_0 = 0.00042$$

故

$$x_1 + x_2 = \frac{Z'_1 + Z_2}{2} x_0 = \frac{17 + 80000}{2} \times (-0.00993) = -0.48$$

$$\sigma = \frac{Z'_1 + Z_2}{2} \sigma_0 = \frac{17 + 80}{2} \times 0.00042 = 0.045$$

$$y = \frac{Z_1 + Z_2}{2} y_0 = \frac{17 + 18}{2} \times (-0.001031) = -0.05$$

由前面计算结果,要修复大齿轮,其负变位系数必须是 $x_2 = -1$,所以

$$x_1 = (x_1 + x_2) - x_2 = -0.48 - (-1) = 0.52$$

查阅有关资料,检查小齿轮齿顶不再变尖,按 $x_1 = 0.52, x_2 = -1$ 计算这对齿轮尺寸。

齿顶高　$h_{a1} = m(h_a^* + x_1 - \sigma) = 13(1 + 0.52 - 0.045) = 19.175 \text{(mm)}$

　　　　$h_{a2} = m(h_a^* + x_2 - \sigma) = 13(1 - 1 - 0.045) = -0.585 \text{(mm)}$

齿根高　$h_{f1} = m(h_a^* + c^* - x_1) = 13(1 + 0.25 - 0.52) = 9.49 \text{(mm)}$

　　　　$h_{f2} = m(h_a^* + c^* - x_2) = 13(1 + 0.25 + 1) = 29.25 \text{(mm)}$

齿全高　$h = m(2h_a^* + c^* - \sigma) = 13(2 \times 1 + 0.25 - 0.045) = 28.665 \text{(mm)}$

齿顶圆　$d_{a1} = d_1 + 2h_{a1} = mZ_1 + 2ha_1 = 13 \times 17 + 2 \times 19.175 = 259.35 \text{(mm)}$

　　　　$d_{a2} = d_2 + 2h_{a2} = 13 \times 80 + 2(-0.585) = 1038.63 \text{(mm)}$

齿根圆　$d_{f1} = d_1 - 2h_{f1} = mZ_1 - 2h_{f1} = 13 \times 17 - 2 \times 9.49 = 202.02 \text{(mm)}$

　　　　$d_{f2} = d_2 - 2h_{f2} = mZ_2 - 2h_{f2} = 13 \times 80 - 2 \times 29.25 = 981.5 \text{(mm)}$

§10-8　圆弧齿轮传动

随着机器日益向高速、重载和结构紧凑等方向发展,渐开线齿轮传动由于本身所固有的缺点已不能满足这些更高的要求,故出现圆弧齿轮传动。圆弧齿轮传动在冶金、矿山和起重运输机械中得到了广泛的应用。近年来,又由单圆弧齿轮发展为双圆弧齿轮。

一、圆弧齿轮传动的类型和特点

1. 圆弧齿轮传动的类型

圆弧齿轮端面上轮齿的齿廓为圆弧(或近似于圆弧)。常用的类型有:

(1)单圆弧齿轮　通常小齿轮为凸圆弧齿廓,大齿轮为凹圆弧齿廓(图 10-39a、b)。

(2)双圆弧齿轮　其轮齿齿廓由凹、凸两段圆弧组成(图 10-39c)。

以上两种类型的圆弧齿轮都是凹、凸齿廓相啮合。

由于凹齿的齿廓半径略大于凸齿的齿廓半径,因此理论上两齿廓是点接触,故圆弧齿轮亦称圆弧点啮合齿轮。

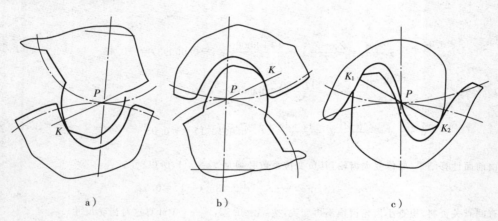

图 10-39　圆弧齿轮传动的类型

单圆弧齿廓的齿轮传动只有一条啮合线。而双圆弧齿廓的齿轮传动,因轮齿的凹、凸圆弧齿廓分别同时进行啮合,故有两条啮合线,因此,同时参与啮合的齿廓就较单圆弧齿廓为多,重合度比单圆弧齿轮传动大得多,因而具有较高的承载能力和较小的振动和噪声;并且配对齿轮的基准齿形相同,可用同一把刀具切制。而配对的单圆弧齿轮,齿形相异,必须用两把不同的刀具分别切制。因而双圆弧齿轮较单圆弧齿轮具有更大的优越性。

圆弧齿轮的轮齿为斜齿,其啮合条件亦应是轮齿的法面模数和压力角分别相同,螺旋角大小相等,方向相反(外啮合)。

2. 圆弧齿轮传动的特点

与渐开线齿轮相比,圆弧齿轮具有以下主要优点:

(1)由于圆弧齿轮传动是凹齿面与凸齿面相接触,而且两者的曲率半径相差很小,故齿面接触强度高。对于齿面硬度 HB≤350 的圆弧齿轮,按齿面接触强度计算的承载能力要比渐开线齿轮高 1.5～2.5 倍。

(2)圆弧齿轮没有根切现象,小齿轮的齿数可以少 6～8,故结构紧凑,传动比大。

(3)在圆弧齿轮传动中,啮合点以相当高的速度沿啮合线移动,有利于油膜的形成,润滑条件好,磨损少,效率高($\eta = 0.99～0.995$),寿命长。

(4)圆弧齿轮在理论上是点接触,齿轮对轴线不平行和支承变形的敏感性比渐开线齿轮小得多,故对有关零件的刚度和精度要求比渐开线齿轮低。

(5)轮齿具有良好的跑合性能,经充分跑合的轮齿齿面相互吻合,可沿整个工作齿高接触。

圆弧齿轮也有下列一些缺点:

(1)圆弧齿轮的中心距、切齿深度和螺旋角的制造误差对齿面接触区的位置影响很大,必须严格控制,否则承载能力将显著下降。

(2)切制单圆弧齿轮的凸齿和凹齿各需要一把刀,加工成本高。

(3)重合度小于 2 的单圆弧齿轮轮齿的抗弯强度比渐开线齿轮低。

二、圆弧齿轮传动的参数及几何尺寸计算

1. 主要参数及其选择

圆弧齿轮的主要参数 m_n,ε_β,β,ϕ_a($\phi_a = \dfrac{b}{a}$)等与齿轮传动质量密切相关。

(1)法面模数 m_n　圆弧齿轮传动中,增加模数不但能提高弯曲强度,而且接触强度也会增加。但在保证满足弯曲强度的条件下,一般应尽量选择较小的法面模数,以求增大重合度 ε($\varepsilon = \dfrac{b\sin\beta}{\pi m_n}$)和减小相对滑动速度。例如,轧钢机等有尖峰载荷的场合,应取 $m_n = (0.025～0.04)a$;而在通用减速器中,则常采用 $m_n = (0.0133～0.016)a$,以及在高速传动中,为了传动平稳,也应选用较小的法面模数和较大的重合度。

目前推荐的圆弧齿轮法面模数系列有:第一系数 2,2.5,3,4,5,6,8,10,12,16,20,25,32;第二系数 3.5,4.5,7,9,14,18,22,28,(30)。

(2)轴向重合度 ε_β　由于圆弧齿轮沿端面是瞬时点啮合,故端面重合度 $\varepsilon_a = 0$。为了实现多对齿同时啮合,以改善圆弧齿轮的载荷分布及传动平稳性,应选用较大的轴向重合度 ε_β,但增加重合度必须相应提高其制造装配精度。

(3)螺旋角 β　对传动承载能力有很大影响的参数。一般 β 值不宜过大,也不宜过小。过大的值会使齿轮的接触强度降低;过小则使传动不稳。通常在保证适当的 ε_β 的条件下选用较小的螺旋角,这样可以得到较高的接触强度,并有利于延长轴承的寿命。对于单斜角,应取 $\beta = 10°～20°$;对于人字齿,可取 $\beta = 20°～30°$。

(4)法面压力角 α_n　值愈大则承载能力愈高,根据试验,$\alpha_n = 30°$ 时,传动的承载能力较 $\alpha_n = 20°$ 时提高约 40%。但 α_n 值增大,载荷径向分力将增加而使轴承受到较大的作用力;此外,α_n 过大则齿顶要变尖。一般采用 $\alpha_n = 20°～35°$。

(5)齿宽系数 $\phi_a = \dfrac{b}{a}$　可参照渐开线齿轮选取。通常,单斜齿轮取 $\phi_a = 0.4$;人字齿轮取 $\phi_a = 0.5～1.0$。载荷稳定的传动,允许采用较大的齿宽系数,以减小中心距。

2. 主要尺寸计算

圆弧齿轮传动的主要几何尺寸计算公式列于表 10-16，其中单圆弧齿轮计算公式适用于 JB929—67 规定的齿形。

表 10-16　圆弧齿轮几何尺寸计算公式

名称	符号	单圆弧齿轮		双圆弧齿轮	
		小齿轮（凸轮）	大齿轮（凹轮）	小齿轮	大齿轮
中心距	a	$a=\frac{1}{2}(d_1+d_2)=\frac{m_n}{2\cos\beta}(Z_1+Z_2)$		$a=\frac{1}{2}(d_1+d_2)=\frac{m_n}{2\cos\beta}(Z_1+Z_2)$	
法面模数	m_n	由强度计算或结构设计确定，并取为标准值			
螺旋角	β	$\beta=\cos^{-1}\frac{m_n(Z_1+Z_2)}{2a}$		$\beta=\cos^{-1}\frac{m_n(Z_1+Z_2)}{2a}$	
传动比	i	$i=\frac{n_1}{n_2}=\frac{Z_1}{Z_2}$		$i=\frac{n_1}{n_2}=\frac{Z_2}{Z_1}$	
分度圆直径	d	$d_1=\frac{m_nZ_1}{\cos\beta}$	$d_2=\frac{m_nZ_2}{\cos\beta}$	$d_1=\frac{m_nZ_1}{\cos\beta}$	$d_2=\frac{m_nZ_2}{\cos\beta}$
齿顶圆直径	D_a	$D_{a1}=d_1+2.4m_n$	$S_{a2}=d_2$	$D_{a1}=d_1+2h_a^①m_n$	$D_{a2}=d_2+2h_a^①m_n$
齿根圆直径	D_f	$D_{f1}=d_1-0.6m_n$	$D_{f2}=d_2-2.72m_n$	$D_{f1}=d_1-2(h_a^①+c^②)m_n$ $D_{f2}=d_2-2(h_a^①+c^②)m_n$	
齿宽	b	按强度选取或 $b=\phi_a a$		按强度选取或 $b=\phi_a a$	
轴向齿距	p_x	$p_x=\frac{\pi m_n}{\sin\beta}$		$p_x=\frac{\pi m_n}{\sin\beta}$	
重合度	ε_β	$\varepsilon_\beta=\frac{b}{p_x}=\frac{b\sin\beta}{\pi m_n}$		$\varepsilon_\beta=\frac{b\sin\beta}{\pi m_n}$	
全齿高	h	$h_1=1.5m_n$	$h_2=1.36m_n$		

注：双圆弧齿轮的齿顶高 $h_a^①$ 和顶隙 $c^②$ 根据不同齿形参数确定。

三、圆弧齿轮传动的强度计算

1. 失效形式

圆弧齿轮的失效形式有轮齿断齿、齿端崩角、点蚀、磨损与胶合、塑性变形等，由于圆弧齿轮是点接触，齿受集中载荷作用，故断齿危险较大。断齿部分通常呈月牙形状，靠近齿端。当重合度大于 2 时，则可减小断齿危险。

当齿宽较大时，由于齿轮及轴的扭曲变形，使轮齿啮合过程中的冲击增大，从而使齿端易产生崩角。应采用较大尺寸倒角，并应对齿入端的一段工作齿面（单向工作运转）或两段齿面（双向工作运转）进行修形（图10-40）。修形量 Δp 一般根据情况确定为宜，大体上可取 $\Delta p=(0.01\sim0.02)m_n$；$l_\varphi$ 值应按轴向重合度 ε_β 来决定。

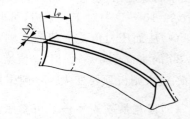

图 10-40　圆弧齿轮修形

如果圆弧齿轮制造和装配质量较差,或齿距误差过大,使齿面实际接触应力大大超过设计计算值,将可能产生点蚀现象。若润滑油选择不当或齿轮实际硬度较低,也会发生点蚀。严重的蚀点,会引起振动噪声加大,甚至断齿。

此外,由于严重的冲击或不利于形成油膜等因素,齿面常发生擦伤和胶合。当齿面接触应力超过材料抗剪屈服限或设计中对冲击性共峰载荷考虑不足,工作中齿面金属材料沿相对滑动方向发生"流动",即发生塑性变形现象。严重的塑性变形,会使金属充满齿顶隙,引起剧烈振动,以致发生断齿。

圆弧齿轮设计和渐开线齿轮一样,目前仅对齿的抗弯曲强度和接触强度进行计算。其效果则仅从工艺、安装、润滑和设计中给予考虑,一般不作验算。

2. 齿轮弯曲强度校核计算

圆弧齿轮上所受的计算载荷为

$$F_{ct} = F_t K_A K_v K_\beta \tag{10-28}$$

式中　F_t——分度圆上的圆周力,$F_t = \dfrac{2T_1}{d_1}$;

　　　　K_A——工况系数,表 10-3;

　　　　K_v——动载荷系数,图 10-41;

　　　　K_β——载荷集中系数,图 10-42;

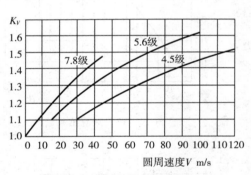

图 10-41　动载荷系数

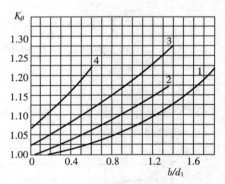

图 10-42　载荷集中系数

1—对称布置;2—非对称布置(轴刚性大);

3—非对称布置(轴刚性小)

圆弧齿根弯曲应力为

$$\sigma_F = \frac{F_{ct}}{\mu_\varepsilon m_n^2} \cdot Y_F Y_\beta \quad \text{(MPa)} \tag{10-29}$$

式中　μ_ε——重合度的整数部分。当 $1.2 < \varepsilon < 1.4$ 时,$\mu_\varepsilon = 1$;当 $2.15 < \varepsilon < 2.4$ 时,$\mu_\varepsilon = 2$;

　　　　当 $3.15 < \varepsilon < 3.4$ 时,$\mu_\varepsilon = 3$;当 $4.15 < \varepsilon < 4.4$ 时,$\mu_\varepsilon = 4$;

　　　　Y_F——齿形系数,按当量齿数确定,对于符合 JB929—67 齿形的系数可根据图 10-43

　　　　　　及图 10-44 选取;双圆弧齿轮齿形系数可参考《机械设计手册》有关资料选取;

　　　　Y_β——螺旋角系数,图 10-45。

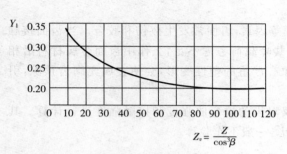

图 10-43　Y_{F_1} 齿形系数

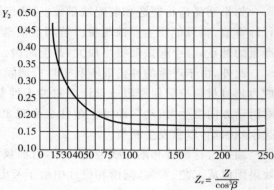

图 10-44　Y_{F_2} 齿形系数

根据式(10-29)，圆弧齿轮的齿根危险截面弯曲强度条件式可写成：

$$\sigma_F = \frac{F_{ct}}{\mu_c m_m^2} Y_F \cdot Y_\beta \leqslant [\sigma]_p \qquad (10-30)$$

式中　$[\sigma]_F$——轮齿许用弯曲应力，其数值为

$$[\sigma]_F = [\sigma]_{Flim} K_{FN} Y_x; \qquad (10-31)$$

式中　$[\sigma]_{Flim}$——试验齿轮弯曲疲劳极限应力，
　　　　　　见图 10-21；

　　　　K_{FN}——寿命系数，图 10-9；

　　　　Y_x——尺寸系数，对于 JB929—67 齿形，
　　　　　　Y_x 数值见图 10-46。

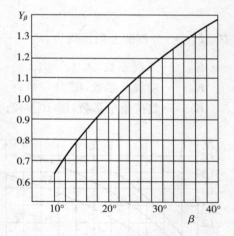

图 10-45　螺旋角系数

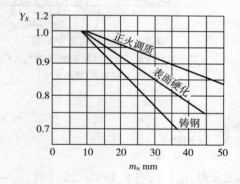

图 10-46　尺寸系数

弯曲强度安全系数为

$$S_F = \frac{\sigma_{Flim}}{\sigma_F} \geqslant [S]_F \qquad (10-32)$$

式中 $[S]_F$——许用安全系数,对于工作要求可靠性高的传动,取$[S]_F=1.50$;对于工作可靠度99%(即失效率1%),应取$[S]_F=1.00$。

3. 齿面接触强度校核计算

类似渐开线齿轮传动,可导出圆弧截面接触应力计算公式为:

$$\sigma_H = Z_E Z_\Omega Z_\beta \sqrt{\frac{F_{ct}}{\mu_\varepsilon m_n d_1} \cdot \frac{i+1}{i}} \qquad (10-33)$$

式中 Z_E——是考虑对齿轮材料 E 和泊松比 μ 影响接触应力的系数,Z_E 可由表 10-6 查出;

$$Z_E = 0.564 \sqrt{\frac{1}{\left(\dfrac{1-\mu_1^2}{E_1} + \dfrac{1-\mu_2^2}{E_2}\right)}} \qquad (\sqrt{N/mm^2}) \qquad (10-34)$$

Z_Ω——考虑接触迹线位置偏差和跑合后沿齿高接触率对接触应力的影响系数,对于 5 级精度齿轮,可取 $Z_\Omega=1.11$;6 级,可取 $Z_\Omega=1.16$;7 级,可取 $Z_\Omega=1.29$;8 级,可取 $Z_\Omega=1.34$。

Z_β——考虑螺旋角对接触应力的影响系数,可由下式算出:

$$Z_\beta = \sqrt{2\sin\beta \, tg\beta} \qquad (10-35)$$

根据式(10-33),圆弧齿轮齿面接触强度条件式可写成:

$$\sigma_H = Z_E Z_\Omega Z_\beta \sqrt{\frac{F_{ct}}{\mu_\varepsilon \cdot m_n \cdot d_1} \cdot \frac{i+1}{i}} \leqslant [\sigma]_H \qquad (10-36)$$

式中 $[\sigma]_H$——齿面许用接触应力,可按下式计算:

$$[\sigma]_H = \sigma_{Hlim} K_{HN} Z_W Z_L \qquad (MPa)$$

其中 σ_{Hlim}——试验齿轮的极限疲劳限,图 10-47;

K_{HN}——接触强度寿命系数,图 10-18;

Z_ω——工作硬化系数。对于齿面硬化小齿轮与调质大齿轮配对的齿轮副,Z_ω 数值可查图 10-47;对于大、小齿轮均作调质处理时,$Z_\omega=2$;

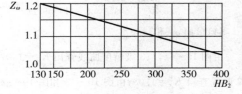

图 10-47 工作硬化系数

Z_L——润滑剂系数。润滑剂的选择对圆弧齿轮齿面接触强度有较大的影响,当齿面粗糙度良好,供油充分时,可取 $Z_L=1$;如采用循环喷油润滑,且润滑油粘度不低于减速器规定选用润滑油时,可取 $Z_L=1.1\sim1.2$。

齿面接触强度的安全系数为:

$$S_{HN} = \frac{[\sigma]_H}{\sigma_H} \geqslant [S]_H$$

式中 $[S]_H$——许用安全系数。对于工作要求可靠度高的传动,$[S]_H=1.25$;对可靠度 99%(失效率1%)的传动,$[S]_H=1.00$。

例题 10 - 19 设计球磨机用单级圆柱齿轮减速器中的圆弧齿轮传动。已知传递功率 110kW,转速 $n_1 = 960 \text{r/min}$,齿轮传动比 $i = 3.18$,单向运转,每天三班连续工作,每年工作 300 天,使用期限为 20 年。

解:

1. 确定材料 小齿轮采用 38SiMnMo 调质 HBS = 270～290,根据图 10 - 21 和图 10 - 20,取 $\sigma_{Flim_1} = 500\text{MPa}$ 和 $\sigma_{Hlim_1} = 650\text{MPa}$;大齿轮采用 35SiMn,调质,HBS = 230～250,$\sigma_{Flim_2} = 420\text{MPa}$,$\sigma_{Flim_2} = 600\text{MPa}$

2. 初步确定主要尺寸 用类比法确定主要参数。根据圆弧圆柱齿轮减速器系列,当 $\dfrac{P}{n_1} = 0.1146\text{kW}$ 时,中心距 $a = 250\text{mm}$,根据 JB1586—75 圆弧圆柱齿轮减速器,当 $a = 250\text{mm}$,$i = 3.18$ 时,$m_n = 3.5$,$i = \dfrac{Z_2}{Z_1} = \dfrac{105}{33} = 3.182$,$\beta = 14°59'11''$。取齿宽 $b = 0.4a = 0.4 \times 250 = 100(\text{mm})$。此时,重合度 $\varepsilon_\beta = \dfrac{b\sin\beta}{\pi mn} = \dfrac{100\sin14°59'1''}{\pi \times 3.5} = 2.352$。端面模数 $m_3 = \dfrac{m_n}{\cos\beta} = \dfrac{3.5}{\cos14°59'11''} = 3.623231(\text{mm})$,$d_1 = Z_1 m_S = 33 \times 3.623231 = 119.567(\text{mm})$;$d_2 = Z_2 m_S = 105 \times 3.623231 = 380.439(\text{mm})$。齿顶圆直径 $D_{a1} = d_1 + 2.4m_n = 119.567 + 2.4 \times 3.5 = 127.967(\text{mm})$;$D_{a2} = d_2 = 380.439(\text{mm})$。齿根圆直径 $D_{f1} = d_1 - 0.6m_n = 119.567 - 0.6 \times 3.5 = 118.127(\text{mm})$,$D_{f2} = d_2 - 2.72m_n = 380.439 - 2.72 \times 3.5 = 370.919(\text{mm})$。

3. 校核强度

(1)传递扭矩

$$T_1 = 9550\frac{P_1}{n_1} = 9550\frac{110}{960} = 1094.3(\text{N} \cdot \text{m})$$

$$F_t = \frac{2T_1}{d_1} = \frac{2 \times 1094.3}{119.567} = 18304.4(\text{N})$$

$$\mu_\varepsilon = 2$$

(2)圆周速度

$$v = \frac{\pi d_1 n_1}{60 \times 1000} = \frac{\pi \times 119.567 \times 960}{60 \times 1000} = 6(\text{m/s})$$

(3)当量齿数

$$Z_{v1} = \frac{Z_1}{\cos^3\beta} = \frac{33}{\cos^3 14°59'11} = 36.6 \qquad Z_{v2} = \frac{Z_2}{\cos^3\beta} = \frac{115}{\cos^3 14°59'11} = 116.5$$

(4)求出 σ_F 和 $[\sigma]_F$

由图 10 - 41,7、8 级精度曲线查出 $K_v = 1.07$,由表 10 - 3 查得 $K_A = 1.25$;由于 $\dfrac{b}{d_1} = 0.8364$,故由图 10 - 42 曲线查得 $K_\beta = 1.03$;由图 10 - 43 和图 10 - 44 查得 $Y_1 = 0.246$ 及 $Y_2 = 0.18$;由图 10 - 45 得 $Y_\beta = 0.79$。于是由式(10 - 28)

$$F_{ct} = F_t K_A K_\beta K_v = 18304.4 \times 1.25 \times 1.03 \times 1.07 = 25216.6$$

因此由式(10 - 29)

$$\sigma_{F1} = \frac{F_{ct}}{\mu_\varepsilon m_n^2} Y_1 Y_\beta = \frac{25216.6}{2 \times (3.5)^2} \times 0.246 \times 0.79 = 200(\text{MPa})$$

$$\sigma_{F2} = \frac{F_{ct}}{\mu_\varepsilon m_n^2} Y_2 Y_\beta = \frac{25216.6}{2 \times (3.5)^2} \times 0.18 \times 0.79 = 146.4(\text{MPa})$$

又取 $K_{FN} = 1$ 和由图 10 - 46 取 $Y_x = 1$。于是

$$[\sigma]_{F1} = \sigma_{Flim_1} K_{FN_1} Y_x = 500\text{MPa} \qquad [\sigma]_{F2} = \sigma_{Flim_2} K_{FN_2} Y_x = 420\text{MPa}$$

(5)安全系数 由式(10-32)

$$S_{F1} = \frac{\sigma_{Flim_1}}{\sigma_{F1}} = \frac{500}{200} = 2.5 \qquad S_{F2} = \frac{\sigma_{Flim_2}}{\sigma_{F2}} = \frac{420}{146.4} = 2.869$$

4. 校核接触强度 查表10-6得 $Z_E = 189.8\sqrt{\text{MPa}}$；因齿轮精度为7级，故取 $Z_\Omega = 1.29$。由式(10-35)计算

$$Z_\beta = \sqrt{2\sin\beta \text{tg}\beta} = \sqrt{2\sin \cdot \text{tg}14°59'1''} = 0.37$$

于是由式(10-36)求出

$$\sigma_H = Z_E Z_\Omega Z_\beta \sqrt{\frac{F_a}{\mu_\varepsilon m_n d_1} \cdot \frac{i+1}{i}} = 189.8 \times 1.29 \times 0.37 \sqrt{\frac{25216.6}{2 \times 3.5 \times 119.567} \times \frac{3.18257+1}{3.182}}$$

$$= 570.1(\text{MPa})$$

又由图10-18，查得 $K_{HN}=1$；取 $Z_w=1$；取 $Z_L=1.1$（喷油润滑），于是

$$[\sigma]_H = \sigma_{Hlim} \cdot K_{HN} \cdot Z_w \cdot Z_L = 600 \times 1 \times 1 \times 1.1 = 660(\text{MPa})；而 \sigma_H < [\sigma]_H。$$

校核结果，初步确定的尺寸是合适的。

例题 10-20 设计球磨机用单级圆弧齿轮减速器的双圆弧齿轮传动。已知小齿轮传递的额定功率 $P=95\text{kW}$，小齿轮转速 $n_1=730\text{r/min}$，传动比 $i=3.18$。单向运转，满载工作 35000h。齿轮精度等级按 8-8-7JB4027—85 规定。

解：

1. 确定齿轮材料

小齿轮材料 35SiMnMo，调质 $\text{HBS}_1 = 320\sim340$

大齿轮材料 35SiMn，调质 $\text{HBS}_2 = 280\sim300$

查图10-21及图10-20得：

$$\sigma_{Flim_1} = 580\text{MPa} \qquad \sigma_{Hlim_1} = 880\text{MPa}$$

$$\sigma_{Flim} = 560\text{MPa} \qquad \sigma_{Hlim_2} = 820\text{MPa}$$

2. 初步确定主要尺寸

用类比法确定主要参数。根据圆弧圆柱齿轮减速器系列，当 $P/n_1 = 95/730 = 0.130137$ 时，中心距 $a=250\text{mm}$，根据 JB1586—75 圆弧圆柱齿轮减速器，当 $a=250\text{mm}$，$i=3.18$ 时，$m_n=3.5\text{mm}$。当取 $Z_1=29$，则 $Z_2 = \mu Z_1 = 3.18 \times 29 = 92.22$，取 $Z_2 = 92$，则齿数比 $\mu = Z_2/Z_1 = 92/29 = 3.127$。取 $\beta = 15°$，取 $\phi_a = 0.4$，于是 $\varepsilon_\beta = \phi_a(Z_1+Z_2)\text{tg}\beta/2\pi = 0.4(29+92)\text{tg}15°/2\pi = 2.06$。

$\Delta\varepsilon$ 取得太小时，齿端应力太大，易崩角，而且传动也不平稳，故取 $\varepsilon_\beta = 2.3$，$\mu_\varepsilon = 2$。齿宽 $b = \frac{\varepsilon_\beta \pi m_n}{\sin\beta} = \frac{2.3 \times 3.1416 \times 3.5}{\sin15°} = 95(\text{mm})$。端面模数 $m_S = \frac{m_n}{\cos\beta} = \frac{3.5}{\cos15°} = 3.6232(\text{mm})$；$d_1 = Z_1 m_S = 29 \times 3.6232 = 119.56(\text{mm})$；$d_2 = Z_2 m_S = 92 \times 3.6232 = 380.43(\text{mm})$。齿顶圆直径 $D_a = d_1 + 2.4m_n = 119.56 + 2.4 \times 3.5 = 127.96(\text{mm})$；$D_{2a} = d_2 = 380.43(\text{mm})$；齿根圆直径 $D_{i1} = d_1 - 0.6m_n = 119.56 - 0.6 \times 3.5 = 117.127(\text{mm})$；$D_{i2} = d_2 - 2.72m_n = 370.92(\text{mm})$。

校核弯曲强度：

(1)传递扭矩

(2)小齿轮转矩

$$T_1 = 9550\frac{P}{n_1} = 9550\frac{95}{730} = 1243(\text{N} \cdot \text{m})$$

$$F_t = \frac{2T_1}{d_1} = \frac{2 \times 1243 \times 10^3}{119.56} = 20792.9(\text{N})$$

(3)圆周速度

$$v = \frac{\pi d_1 n_1}{1000} = \frac{\pi \times 119.56 \times 730}{60 \times 1000} = 4.57(\text{m/s})$$

(4)当量齿数及齿形系数

$$\left.\begin{aligned} Z_{v1} &= \frac{Z_1}{\cos^3 \beta} = \frac{29}{\cos^3 15°} = 32.8, Y_{F1} = 0.25 \\ Z_{v2} &= \frac{Z_1}{\cos^3 \beta} = \frac{92}{\cos^3 \beta} = 102.08, Y_{F2} = 0.185 \end{aligned}\right\} \text{仍由图 } 10-43 \text{ 及图 } 10-44 \text{ 查得}$$

(5)求出 σ_F 及 $[\sigma]_F$

由图 10-41,查得 $K_v = 1.05$(8 级精度线)

由表 10-3,查得 $K_A = 1.25$

由于 $\frac{b}{d_1} = \frac{95}{119.56} = 0.8$,由图 10-42,按对称布置查得 $K_\beta = 1.03$

由图 10-45,查得 $Y_\beta = 0.8$

于是由式(10-28)得

$$F_\alpha = F_t K_A K_v K_\beta = 20792.9 \times 1.25 \times 1.05 \times 1.03 = 28109.4(\text{N})$$

由式(10-29)

$$\sigma_{F1} = \frac{F_\alpha}{\mu_\varepsilon m_n^2} Y_{1\beta} = \frac{28109.4}{2 \times 3.5^2} \times 0.25 \times 0.8 = 230(\text{N})$$

$$\sigma_{F2} = \frac{F_\alpha}{\mu_\varepsilon m_n^2} Y_{2\beta} = \frac{28109.4}{2 \times 3.5^2} \times 0.185 \times 0.8 = 169.8(\text{N})$$

小齿轮应力循环次数

$$N_1 = 60 n j l_h = 60 \times 1 \times 730 \times 35000 = 1.53 \times 10^9$$

大齿轮应力循环次数

$$N_2 = N_1/u = 1.53 \times 10^9 / 3.172 = 4.82 \times 10^6$$

由图 10-19,查得 $K_{FN1} = K_{FN2} = 1$

由图 10-46,取 $Y_x = 1$。于是

$$[\sigma]_{F1} = \sigma_{\text{Flim}_1} K_{FN1} Y_x = 580\text{MPa}$$

$$[\sigma]_{F2} = \sigma_{\text{Flim}_2} K_{FN2} Y_x = 560\text{MPa}$$

(6)安全系数由式(10-32)

$$S_{F1} = \frac{\sigma_{\text{Flim}_1}}{\sigma_{F1}} = \frac{580}{230} = 2.52$$

$$S_{F2} = \frac{\sigma_{\text{Flim}_1}}{\sigma_{F1}} = \frac{560}{169.8} = 3.298$$

3. 校核接触强度

查表 10-6 得 $Z_E = 189.8\sqrt{\text{MPa}}$,因齿轮精度为 8 级可取 $Z_\Omega = 1.34$

$$Z_\beta = \sqrt{2\sin\beta \cdot \text{tg}\beta} = \sqrt{2\sin 15° \cdot \text{tg} 15°} = 0.37$$

于是由式(10-36)求出

$$\sigma_H = Z_E \cdot Z_\Omega \cdot Z_\beta \sqrt{\frac{F_\alpha}{\mu_\varepsilon m_n d_1} \cdot \frac{i+1}{i}} = 189.8 \times 0.37 \sqrt{\frac{28109.4}{2 \times 3.5 \times 119.56} \times \frac{3.172+1}{3.172}} = 625.45(\text{MPa})$$

又由图 10-18，查得 $K_{HN1}=1$，取 $Z_W=1$，取 $Z_L=1.1$（喷油润滑），于是

$$[\sigma]_{H1}=\sigma_{H\lim}\cdot K_{HN1}\cdot Z_\Omega\cdot Z_L=820\times1\times1\times1.1=902(\text{MPa})，因而 \sigma_H<[\sigma]_H$$

校核结果，初步确定的尺寸可用。

§10-9　齿轮的结构设计

　　通过齿轮传动的强度计算，只能确定齿轮的主要尺寸，如齿数、模数、齿宽、螺旋角、分度圆直径等，而齿圈、轮辐、轮毂等的结构形式和轮体其他各部分尺寸，通常由结构设计确定。

　　齿轮的结构设计与齿轮的几何尺寸、毛坯、材料、加工方法、使用要求及经济性等因素有关。进行齿轮结构设计时，必须综合考虑上述各方面的因素。通常是按齿轮的直径大小，选定合适的结构形式，然后再根据推荐用的经验数据，进行结构设计。

　　直径较小的钢制齿轮（图 10-48），对圆柱齿轮，齿根圆到键槽底部距离 $e<2m_t$（m_t 为端面模数）；对圆锥齿轮，当齿轮小端尺寸计算而得的 $e<1.6m$ 时，均应将齿轮和轴做成一体，叫作齿轮轴（图 10-49）。若 e 值超过上述尺寸时，齿轮与轴以分开制造合理。

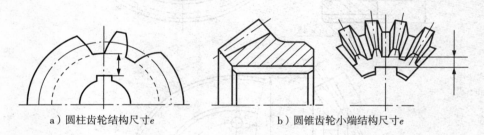

a）圆柱齿轮结构尺寸e　　　　　　b）圆锥齿轮小端结构尺寸e

图 10-48　齿轮结构尺寸 e

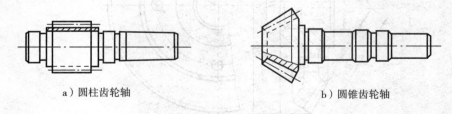

a）圆柱齿轮轴　　　　　　　　b）圆锥齿轮轴

图 10-49　齿轮轴

　　当齿顶圆直径 $d_a\leqslant160$mm 时，可做成实心结构的齿轮（图 10-49 及图 10-50）。但航空产品中的齿轮，虽 $d_a\leqslant160$mm，也有做成腹板式的（图 10-51）。当齿顶圆直径 $d_a<500$mm 时，可做成腹板式的结构（图 10-51），腹板上开孔是为了便于加工时装夹和起重。孔径较大的还可以减轻重量，开孔的数目按结构尺寸大小及需要而定。

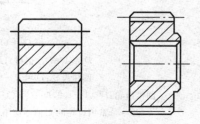

图 10-50　实心结构的齿轮

齿顶圆直径 d_a＞300mm 的铸造圆锥齿轮,可做成带有加强肋的腹板式结构(图 10-52),加强肋的厚度 $S≈0.80$mm。

当齿顶直径 400mm＜d_a＜1000mm 时,可做成轮辐式结构(图 10-53)。轮辐数目要视齿轮结构的大小而定。轮辐剖面形状有多种,常用如图 10-54 所示的几种。

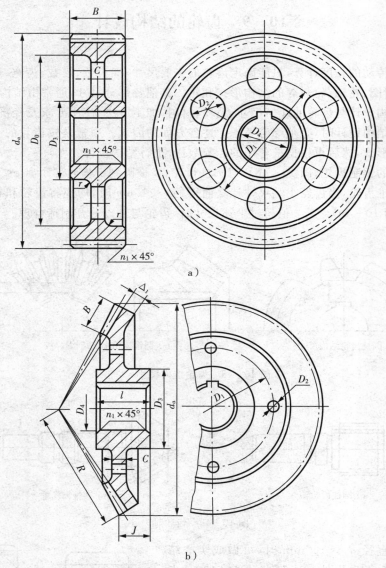

a)

b)

d_a＜500mm;$D_1≈(D_0+D_3)/2$;$D_2≈(0.25～0.35)(D_0-D_3)$;

$D_3≈1.6D_4$(钢材);$D_3≈1.7D_4$(铸铁);$n_1≈0.5$mm;$r≈5$mm;

圆柱齿轮:$D_0≈d_a-(10～14)$mm;$C≈(0.2～0.3)B$;

圆锥齿轮:$l≈(1～1.2)D_4$;$C≈(3～4)$mm;尺寸 J 由结构设计而定;$\Delta_1=(0.1～0.2)B$

常用齿轮的 C 值不应小于 10mm,航空用齿轮可取 $C≈3～6$mm

图 10-51　腹板式结构的齿轮(d_a＜500mm)

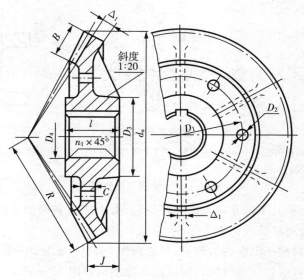

$d_1 = 1.6d_S$(铸钢)，$d_1 = 1.8d_S$(铸铁)；$d_s = $轴径，$l = (1 \sim 1.2)d_S$，

$\delta_0 = (3 \sim 4)m$，但 δ_0 值不小于 10(mm)；$C = (0.1 \sim 0.17)R$，但不

小于 10(mm)；$S = 0.8C$，但不小于 10(mm)；D_0、d_0 按结构确定

图 10-52 铸造圆锥齿轮（$d_a > 300$mm）

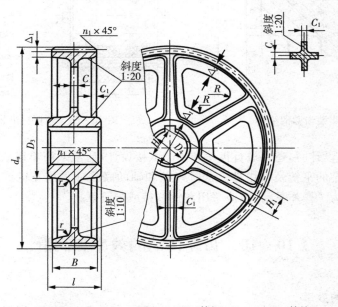

$d_a < 1000$mm；$B < 240$mm；$D_2 \approx 1.6D_4$(铸钢)；$D_3 \approx 1.7D_4$(铸铁)；

$\Delta_1 \approx (3 \sim 4)m_n$，但不应小于 8mm；$\Delta_2 \approx (1 \sim 1.2)\Delta_1$；$H \approx 0.8D_4$

（铸钢）；$H \approx 0.9D_4$（铸铁）；$H_1 \approx 0.8H$；$C \approx H/5$；$C_1 \approx H/6$；$R \approx$

$0.5H$；$1.5D_4 > l \geqslant B$；轮辐数常取为 6

图 10-53 轮辐式齿轮

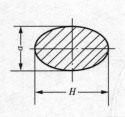

a)椭圆形的,用于轻载荷齿轮
$a=(0.4\sim0.5)H$

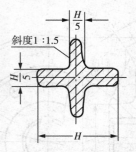

b)十字形的,用于中等载荷齿轮

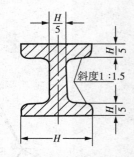

c)工字形的,用于重载荷齿轮

图 10-54 轮辐剖面形状

为了节约贵重金属,对于尺寸较大的圆柱齿轮,可做成组装齿圈式的结构(图 10-55)。齿圈用钢制,而轮芯则用铸铁或铸钢。

用尼龙等工程塑料模压出来的齿轮,也可参照图 10-48 或图 10-49 所示的结构及尺寸进行结构设计。用夹布塑胶等金属板材制造的齿轮结构如图 10-56。

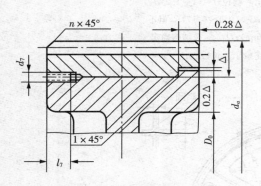

图 10-55 组装齿圈的结构

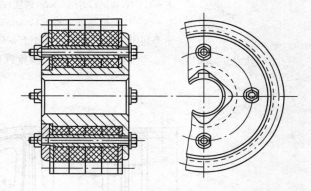

图 10-56 用板材组装的齿轮

进行齿轮结构设计时,还要进行齿轮和轴的联接设计,通常采用单键联接。当齿轮转速较高时,要考虑轮芯的平衡及对中性。这时齿轮和轴的联接应采用花键或双键联接。对于沿轴滑移的齿轮,为了操作灵活,也应采用花键联接或导键联接。

§10-10 齿轮传动的效率和润滑

一、齿轮传动的效率

齿轮传动中的损失主要来自三方面:①啮合中的摩擦损失;②润滑油被搅动的油阻损失;③轴承中的摩擦损失。因此,闭式齿轮传动的效率可由下式计算:

$$\eta=\eta_1\eta_2\eta_3 \tag{10-37}$$

式中 η_1 ——考虑齿轮啮合损失时的效率;

η_2——考虑油阻损失的效率；

η_3——轴承的效率。

对于直齿和斜齿圆柱齿轮传动,考虑啮合损失时的效率可近似地按下式计算:

$$\eta_1 = 1 - 2.3 f \left(\frac{1}{Z_1} \pm \frac{1}{Z_2} \right) K_\varphi \qquad (10-38)$$

式中 f——轮齿间的滑动摩擦损失,一般取 $f = 0.06 \sim 0.1$；

K_φ——随齿轮高变位系数而定的系数。当 $x=0$ 时,$K_\varphi=1$；$x=0.5$ 时,$K_\varphi=0.8$；$x=0.8$ 时,$K_\varphi=1.40$；$x=1$ 时,$K_\varphi=1.75$；

"+"号用于外啮合；"—"号用于内啮合。

啮合损失是由齿间摩擦力引起的,因此,采取措施减小摩擦系数,将能提高啮合效率。实验证明,随着齿面光洁度的降低,润滑油的粘度减小和轮齿相对滑动速度的减小,啮合损失都增加。因为这些都对油膜的形成产生不利的影响。此外,适当增加齿数,对减小啮合损失是有利的。

润滑油的搅动和飞溅损失是随着齿轮宽度 B、圆周速度 v、润滑油粘度 ν、浸油深度的增加而增大的。

当轮齿浸油深度为 $(2 \sim 3)m$(m 为模数)时,考虑油阻损失的效率可近似地由下式确定

$$\eta_2 = 1 - 2.8 \times 10^{-5} \frac{\nu B}{P} \sqrt{\frac{200}{Z_1}} \qquad (10-39)$$

式中 v——齿轮的圆周速度,m/s；

ν——润滑油在工作温度时的运动粘度,cst；

B——浸入润滑油中的轮齿宽度,mm；

P——传动功率,kW。

齿轮传动的效率是随着传递功率的减小而下降的,因为这时的空车损失(如润滑油的搅动,克服由齿轮和轴的自重所引起的轴承摩擦力,密封阻力等的能量消耗)是不变的。当满载时,齿轮传动(采用滚动轴承)计入三种损失后的平均效率列于表 10-17。

表 10-17 齿轮传动的平均效率

传动形式	工 作 条 件		
	6 级或 7 级精度闭式齿轮	8 级精度闭式齿轮	稠油润滑开式齿轮
圆柱齿轮	0.98	0.97	0.96
圆锥齿轮	0.97	0.96	0.94

二、齿轮传动的润滑

为了减缓齿轮传动轮齿的磨损,减少摩擦损失、散发热量以及减轻轮齿点蚀和胶合的可能性,正确选择润滑油种类、粘度和润滑方法是很重要的。在齿轮传动中,往往由于润滑不当而导致早期失效。

开式及半开式齿轮,或速度较低的闭式齿轮,通常用人工作周期性加油润滑,所用润滑剂为润滑油或润滑脂。它们的牌号按表 10-18 选取,粘度按表 10-19 选取。

表 10－18　齿轮传动常用的润滑剂①

名　　称	牌　号	粘度°E_{50}(°E_{100})	主要性能及用途
机械油	HJ—30 HJ—40 HJ—50	3.81～4.59 5.11～5.89 6.4～7.2	各种高速、轻载或中小载荷,循环式或油箱式集中润滑系统,中小型齿轮,蜗杆传动的润滑
工业齿轮油	50 70 90 120 150	6.14～7.44 8.8～10.07 10.07～13.4 14.85～17.54 18.9～21.6	这类油加有少量的极压剂,抗氧化剂等添加剂,有较高的承压能力,较好的氧化安定性及防锈、防腐蚀性。适用于较重载的齿轮传动,如冶金、矿山用机器的重型齿轮传动
极压工业齿轮油	120 150 200 250 300 350	14.85～17.54 18.9～21.6 24.3～29.7 31～36.4 37.8～43.2 45.5～50	这类油加有极压剂,油性剂等改善油性的添加剂,性能比工业齿轮油好。适用于工作条件极差(重载荷,冲击过载较大,以及处于高温、有水的环境)的齿轮传动蜗杆传动,如轧钢机的齿轮传动等
汽车齿轮油	HL—20(冬用) HL—30(夏用)②	(2.7)～(3.2) (4.0)～(4.5)	汽车变速齿轮、重型机器的闭式齿轮传动及蜗杆传动、各种载荷齿轮,蜗杆减速器
开式齿轮油	1 2 3	(6.8)～(8.1) (11.48)～(15.5) (27)～(33.7)	这类油加有抗磨、防锈等添加剂。适用于开式齿轮传动。使用时可用溶剂稀释
钙钠基润滑脂	ZGN—2 ZGN—3		适用于 80℃～100℃,有水分或潮湿的环境中工作的齿轮传动,但不适用于低温工作情况
石墨钙基润滑剂	ZG—S		适用于起重机底盘的齿轮传动,开式齿轮传动,需潮湿处

注:① 表中所列仅为齿轮油的一部分,必要时可参阅有关资料;
　　② 我国长江以南地区可全年使用。

表 10－19　齿轮传动润滑油粘度荐用值

齿轮材料	强度极限 σ_B (MPa)	圆周速度　(m/s)						
		<0.5	0.5～1	1～2.5	2.5～5	5～12.5	12.5～25	>25
		粘　度　°E_{50}(°E_{100})						
塑料、铸铁、青铜	—	24(3)	16(2)	11	8	6	4.5	—
钢	470～1000	36(4.5)	24(3)	16(2)	11	8	6	4.5
	1000～1250	36(4.5)	36(4.5)	24(3)	16(2)	11		6
渗碳或表面淬火的钢	1250～1580	60(7)	36(4.5)	36(4.5)	24(3)	16(2)	11	8

注:① 多级齿轮传动,采用各级传动圆周速度的平均值选取润滑油粘度;
　　② 对于 σ_B>800MPa 的镍铬钢制轮(不渗碳)的润滑油粘度应取高一档的数值。

通用的闭式齿轮传动,其润滑方法根据齿轮的圆周速度大小而定。当圆周速度 $v < 12m/s$ 时,常将大齿轮的轮齿浸入油池中进行浸油润滑(图 10-57)。这样,齿轮在传动时,就把润滑油带到啮合的齿面上,同时也将油带到箱壁上,借以散热。齿轮浸入油中的深度可视齿轮的圆周速度大小而定,对圆柱齿轮通常不宜超过一个齿高,但一般亦不应小于 10mm;对圆锥齿轮应浸入全齿宽,至少应浸入齿宽的一半。在多级齿轮传动中,可借油轮将油带到未浸入油池内的齿轮的齿面上(图 10-58)。

油池中的油量多少,取决于齿轮传递功率的大小。对单级传动,每传递 1kW 的功率,需油量为 $(0.35 \sim 0.7)\dfrac{1}{1000}m^3$。对于多级传动,需油量按级数成倍地增加。

当齿轮的圆周速度 $v > 12m/s$ 时,应采用喷油润滑(图 10-59),即由油泵或中心供油站以一定的压力供油,借喷嘴将润滑油喷到齿轮的啮合面上。当 $v \leqslant 25m/s$ 时,喷嘴位于轮齿啮入边或啮出边均可;当 $v > 25m/s$,喷嘴应位于轮齿啮出的一边,以借润滑油及时冷却刚啮合过的轮齿,同时亦对齿轮进行润滑。

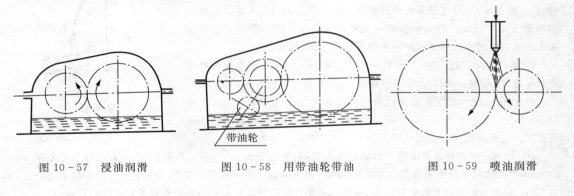

图 10-57　浸油润滑　　　　图 10-58　用带油轮带油　　　　图 10-59　喷油润滑

习　　题

1. 如题 1 图所示的带式运输机传动装置,已知输入轴传递功率 $P = 10kW$,转速 $n_1 = 960r/min$,减速器高速级采用斜齿圆柱齿轮传动 $i_f = 4.8$,低速级采用直齿圆柱齿轮传动 $i_s = 3.8$,使用寿命为 10 年,单班制(按每年工作 250 天计),单向传动,要求设计:(1)低速级直齿圆柱齿轮传动;(2)高速级斜齿圆柱齿轮传动。

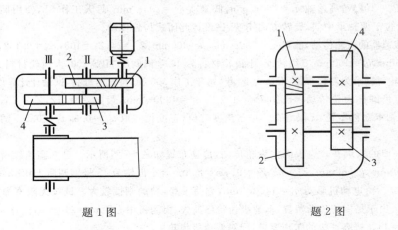

题 1 图　　　　　　　　　　　　　　　题 2 图

2. 如题 2 图所示为同轴式二级圆柱齿轮减速器。已知,低速轴上齿轮 4 传递扭矩 $T_4 = 226\text{N·mm}$,转速 $n_4 = 120\text{r/min}$,传动比 $i_s = 4$。减速器由电动机驱动,单向回转,载荷平稳,预期寿命 2000h。试设计低速级直齿圆柱齿轮传动。

3. 标准圆柱齿轮减速器一齿轮传动,已知 $n_1 = 750\text{r/min}$,$a = 400\text{mm}$,$Z_1 = 24$,$Z_2 = 108$,$\beta = 9°22'$,$m_n = 6\text{mm}$,$b = 160\text{mm}$,8 级精度,小齿轮材料为 38SiMnMo(调质),大齿轮材料为 ZG35SiMo(常化),寿命 20 年(每年 250 工作日),每日两班制,小齿轮为对称布置,试计算该齿轮传动所能传递的功率。

4. 已知开式直齿圆柱齿轮传动 $i = 3.5$,传递功率 $P = 3\text{kW}$,$n_1 = 50\text{r/min}$,用电动机驱动,单向转动,载荷均匀,$Z_1 = 19$,小齿轮为 45 号钢调质 $\text{HBS}_1 250$,大齿轮为 45 号钢正火 $\text{HBS}_2 200$。试设计计算此单级齿轮传动。

5. 一对变位直齿圆柱齿轮传动,已知 $m = 10\text{mm}$,$\alpha = 20°$,$h_a^* = 1$,$Z_1 = 19$,$Z_2 = 25$。要求传动时啮合角 $\alpha' = 20°30'$,求中心距。

6. 一对变位直齿圆柱齿轮传动,已知 $Z_1 = 12$,$Z_2 = 12$,$\alpha = 20°$,$m = 10\text{mm}$,$h_a^* = 1$,$a' = 130$,试决定这对变位齿轮的变位系数和主要尺寸。

7. 有一对开式标准直齿圆柱齿轮传动,已知 $Z_1 = 17$,$Z_2 = 68$,$m = 5\text{mm}$,$\alpha = 20°$,$h_a^* = 1$,单向传动,工作三年后,齿廓发生较大磨损。现测得(如题 7 图所示)小齿轮基圆处的磨损量 $\Delta S_{b1} = 1.5\text{mm}$,大齿轮基圆处的磨损量 $\Delta S_{b2} = 1\text{mm}$。问这对齿轮有几种修复方法?哪一种最好?并按这个方法决定齿轮尺寸和检验齿轮的齿顶高、根切和重合度。

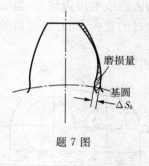

磨损量

基圆

ΔS_b

题 7 图

8. 某技术项目,需要一个装有一对 $m = 2.5\text{mm}$,$i = 4$ 的直齿圆柱齿轮减速器,现利用 $a' = 120\text{mm}$ 的旧箱体,问怎样决定这对齿轮的尺寸。

9. 计算一对内啮合直齿圆柱齿轮的几何尺寸。已知 $Z_1 = 22$,$Z_2 = 58$,$m = 5\text{mm}$,$x_1 = 0.15$,$x_2 = 0.65$。外齿轮用滚齿刀加工,内齿轮用插齿刀加工。刀具参数 $Z_{o2} = 20$、$h_{ao}^* = 1.3$、$x_{o2} = 0.105$。

10. 已知一闭式减速器中的一对标准齿轮传动,其参数为 $m = 4\text{mm}$,$Z_1 = 25$,$Z_2 = 100$;标准中心距 $a = 250\text{mm}$,因大齿轮磨损而采用变位法修复,新做一个小齿轮。试采用什么变位,并确定其变位系数 x_1 和 x_2。

11. 某齿轮传动的大齿轮已丢失,只存小齿轮。现只知这对齿轮为外啮合标准直齿圆柱齿轮,$h_a^* = 1$,$a = 112.5\text{mm}$,$Z_1 = 38$ 和 $d_{a1} = 100\text{mm}$,求丢失的大齿轮的齿数、模数和主要尺寸。

12. 设计运输机传动装置用的单级圆柱齿轮减速器中的齿轮传动。已知电动机功率 $P = 10\text{kW}$,转速 $n_1 = 970\text{r/min}$,由电动机直接拖动减速器输入轴。减速器传动比 $i = 4.8$,单向转动,载荷有中等冲击,要求使用寿命为 10 年,按每年工作 250 天计,单班工作制,要求有较高的可靠性,防止断齿后造成严重事故。

13. 已知 $P_1 = 10\text{kW}$,高速轴 $n_1 = 730\text{r/min}$,低速轴 $n_2 = 205\text{r/min}$,每天工作 8h,使用期限 10 年,载荷不大平稳,齿轮位于两轴承中间,旋转方向不变,试设计此闭式齿轮传动。

14. 标准减速器的齿轮传动,已知 $n_1 = 750\text{r/min}$,$a = 400\text{mm}$,$Z_1 = 24$,$Z_2 = 108$,$x_{n1} = 0.152$,$x_{n2} = -0.374$,$\beta = 9°22'$,$m_n = 6\text{mm}$,$b_1 = 160\text{mm}$,8 级精度,小齿轮材料为 45 号钢调质 $\text{HBS}_1 250$,大齿轮材料为 45 号钢正火 $\text{HBS}_2 195$,小齿轮对轴承为对称布置,寿命为 20 年,每年工作 300 天,每日两班制,试设计计算该齿轮传动。

15. 一对直齿圆柱齿轮传动。已知 $P_1 = 10\text{kW}$,$n_1 = 1000\text{r/min}$,齿数 $Z_1 = 12$,$Z_2 = 15$,$m = 3\text{mm}$,$\alpha = 20°$,工作平稳,轴承对称布置,无限寿命。进行角度变位(正变位),取 $x_1 = 0.3$,$x_2 = 0.5$。试设计计算该对齿轮传动。

16. 现有一旧的双级开式直齿圆柱齿轮传动,传动布置如题 16 图所示。已知高速级齿轮传动的几何尺寸为:$a_f = 150\text{mm}$,$b = 60\text{mm}$,$Z_1 = 23$,$Z_2 = 97$,$m = 2.5\text{mm}$,小齿轮为 45 号钢调质 $\text{HBS}_1 240$,大齿轮为 45 号正火 $\text{HBS}_2 200$。由电动机驱动 $n_1 = 1450\text{r/min}$,载荷平稳,轴的刚性较大。试按无限寿命求此对齿轮允许传动的功率。由于是旧的传动装置,低速级齿轮已遗失,但测得中心距 $a_s = 210\text{mm}$,齿宽 $b = 80\text{mm}$,要求双级减速比 $i_\Sigma = 14$。按高速级的工作要求,配对低速级齿轮。

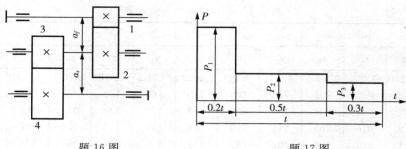

题 16 图　　　　　　　　　　　　　题 17 图

17. 试根据下列条件设计减速器中的圆柱齿轮传动,已知功率 $P_1 = 14\mathrm{kW}$, $P_2 = 0.75P_1$, $P_3 = 0.2P_1$, 转速 $n_1 = n_2 = n_3 = 970\mathrm{r/min}$, 传动比 $i = 3.5$, 减速器由电动机直接带动, 要求使用寿命 25000h。

18. 设计小型航空发动机中的一斜齿圆柱齿轮传动, 已知 $P_1 = 130\mathrm{kW}$, $n_1 = 11640\mathrm{r/min}$, $Z_1 = 23$, $Z_2 = 73$, 寿命 100h, 小齿轮作悬臂布置, 工作情况系数 $K_A = 1.25$。

19. 设计一拉丝机的开式圆锥齿轮传动, 已知 $\Sigma = 90°$, $u = 3$, $T_2 = 2000\mathrm{N \cdot m}$, $n_2 = 35\mathrm{r/min}$, 一班制工作、寿命 10 年 (每年 300 工作日), 大齿轮作悬臂布置 (支承用滚子轴承)。

20. 设计用于机床的一直齿圆锥齿轮传动, 已确定 $\Sigma = 90°$, $P_1 = 0.72\mathrm{kW}$, $n_1 = 320\mathrm{r/min}$, $Z_1 = 20$, $Z_2 = 25$, 工作寿命为 12000h, 小齿轮作悬臂布置 (支承采用球轴承)。

21. 试分析图示的齿轮传动, 各齿轮所受的力 [用受力图 (题 21 图) 表示各力的作用位置及方向]。

22. 设计由电动机驱动一闭式直齿圆锥齿轮传动。已知传递功率 $P = 9\mathrm{kW}$, 小齿轮转速 $n = 970\mathrm{r/min}$, 减速比 $i = 3$, 作工平稳, 长期使用, 小齿轮悬臂装置。

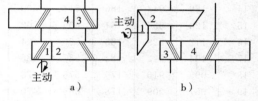

题 21 图

23. 设计一对由电动机驱动的闭式直齿圆锥齿轮传动 ($\Sigma = 90°$)。已知: $P_1 = 4\mathrm{kW}$, $n_1 = 960\mathrm{r/min}$, $i = 2.7$, 齿轮按级 JB179—83 制造, 载荷有不大的冲击, 单向传动, 两班制工作, 使用寿命 6 年, 设备可靠度要求一般。

24. 试设计用于航空发动机的一直齿圆锥齿轮传动, 已知 $\Sigma = 90°$, $P_1 = 15\mathrm{kW}$, $n_1 = 15300\mathrm{r/min}$, $Z_1 = 17$, $Z_2 = 65$, 使用寿命为 200h, 大齿轮作悬臂布置, 工作情况系数 $K_A = 1.25$。

25. 在如题 25 图所示二级斜齿圆柱齿轮减速器中, 已知: 高速级齿轮 $Z_1 = 21$, $Z_2 = 52$, $m_{n\mathrm{I}} = 3\mathrm{mm}$, $\beta_1 = 12°7'43''$; 低速级齿轮 $Z_3 = 27$, $Z_4 = 54$, $m_{n\mathrm{II}} = 5\mathrm{mm}$; 输入功率 $P_1 = 10\mathrm{kW}$, $n_1 = 1450\mathrm{r/min}$。齿轮啮入效率 $\eta_1 = 0.98$, 滚动轴承效率 $\eta_2 = 0.99$。试求

① 低速级小齿轮的齿旋方向, 以使中间轴上的轴承所受的轴向力较小; ②低速级斜齿轮分度圆螺旋角 β_1 为多少度时, 中间轴上的轴承所受的轴向力完全抵消? ③各轴转向及所受扭矩; ④齿轮各啮合点作用力的方向和大小 (各用三个分力表示)。

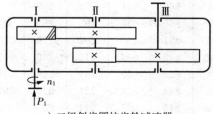

a) 二级斜齿圆柱齿轮减速器

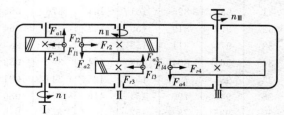

b) 受力分析

题 25 图

附表 10-1 $\alpha - y_0 - x_0 - \sigma_0$ 表

分	16°			17°			18°			19°		
	y_0	x_0	σ_0	y_0	x_0	σ_0	y_0	x_0	σ_0	y_0	x_0	σ_0
0	−0.02244	−0.02036	0.00208	−0.01737	−0.01615	0.00122	−0.01195	−0.01139	0.00056	−0.00616	−0.00601	0.00015
1	236	030	206	728	608	120	186	130	055	606	592	014
2	227	023	204	720	600	119	176	122	054	596	582	014
3	219	016	203	711	593	118	167	113	054	586	573	013
4	211	010	201	702	585	117	157	104	053	576	563	013
5	203	003	200	693	578	116	148	096	052	566	554	012
6	195	−0.01997	198	685	570	115	139	087	052	556	544	012
7	186	990	196	676	563	113	129	079	051	546	535	011
8	178	983	195	667	555	112	120	070	050	536	525	011
9	170	977	193	658	547	111	110	062	049	526	515	011
10	−0.02162	−0.01970	0.00192	−0.01649	−0.01540	0.00109	−0.01101	−0.01053	0.00048	−0.00516	−0.00506	0.00010
11	154	963	191	640	532	108	092	045	047	506	496	010
12	145	956	189	632	525	107	082	036	046	496	486	010
13	137	950	187	623	517	106	073	027	045	486	477	009
14	129	943	186	614	509	105	063	019	044	476	467	009
15	120	936	184	605	502	103	054	010	044	466	457	009
16	112	929	183	596	494	102	044	001	043	456	448	008
17	104	922	182	587	486	101	035	−0.00993	042	445	438	007
18	095	916	179	578	478	100	025	984	041	435	428	007
19	087	909	178	569	470	099	016	975	041	425	418	007
20	−0.02079	−0.01902	0.00177	−0.01560	−0.01463	0.00097	−0.01006	−0.00966	0.00040	−0.00415	−0.00408	0.00007
21	070	895	175	551	455	096	−0.00997	958	039	405	398	007
22	062	888	174	542	447	095	987	949	038	395	389	006
23	054	881	173	533	439	094	977	940	037	384	379	005
24	045	874	171	525	431	093	968	931	037	374	369	005
25	037	867	170	516	424	092	958	922	036	364	359	005
26	029	860	169	507	416	091	949	913	036	354	349	005
27	020	853	167	498	408	090	939	904	035	344	339	005
28	012	847	165	489	400	089	929	896	034	333	329	004
29	003	839	164	479	392	087	920	887	033	323	319	004
30	−0.01995	−0.01833	0.00162	−0.01471	−0.01384	0.00086	−0.00910	−0.00878	0.00032	−0.00313	−0.00309	0.00004
31	986	825	161	461	376	085	900	869	031	303	299	004
32	978	819	159	452	368	084	891	860	031	292	289	004
33	970	811	158	443	360	083	881	851	030	282	279	003
34	961	804	157	434	352	082	872	842	030	272	269	003
35	953	797	156	425	344	081	862	833	029	261	259	002
36	944	790	154	416	336	080	852	824	028	251	249	002
37	935	783	152	407	328	079	842	815	027	241	238	002
38	927	776	151	398	320	078	833	806	027	230	228	002

（续表）

分	16°			17°			18°			19°		
	y_0	x_0	σ_0	y_0	x_0	σ_0	y_0	x_0	σ_0	y_0	x_0	σ_0
39	918	769	149	389	312	077	823	797	026	220	218	002
40	−0.01910	−0.01762	0.00148	−0.01380	−0.01304	0.00076	−0.00813	−0.00787	0.00025	−0.00210	−0.00208	0.00002
41	901	755	146	370	296	074	803	778	025	199	198	001
42	893	747	145	361	288	073	794	769	025	189	187	001
43	884	740	144	352	280	072	784	760	024	178	177	001
44	876	733	143	343	271	072	774	751	023	168	167	001
45	867	726	141	334	263	071	764	742	022	158	157	001
46	858	718	140	325	255	070	755	732	022	147	146	001
47	850	711	139	315	247	068	745	723	022	137	136	001
48	841	704	137	306	239	067	735	714	021	126	126	000
49	833	697	136	297	230	067	725	704	021	116	115	000
50	−0.01824	−0.01689	0.00135	−0.01288	−0.01222	0.00066	−0.00715	−0.00695	0.00020	−0.00105	−0.00105	0.00000
51	815	682	133	278	214	065	705	686	020	095	095	000
52	807	675	132	269	205	064	696	677	019	084	084	000
53	798	667	131	260	197	063	686	667	019	074	074	000
54	789	660	129	251	189	062	676	658	018	063	063	000
55	781	653	128	241	180	061	666	649	017	053	052	000
56	772	645	127	232	172	060	656	639	017	042	042	000
57	763	638	125	223	164	059	646	630	016	032	032	000
58	755	630	124	214	155	058	636	620	016	021	021	000
59	746	623	123	204	147	057	626	611	015	011	010	000
60	−0.01737	−0.01615	0.00122	−0.01195	−0.01139	0.00056	−0.00616	−0.00601	0.00015	−0.00000	−0.00000	0.00000

分	20°			21°			22°			23°		
	y_0	x_0	σ_0	y_0	x_0	σ_0	y_0	x_0	σ_0	y_0	x_0	σ_0
0	0.00000	0.00000	0.00000	0.00655	0.00671	0.00016	0.01349	0.01415	0.00066	0.02085	0.02238	0.00153
1	011	011	000	666	683	017	361	428	067	097	252	155
2	021	021	000	677	694	017	373	441	068	110	367	157
3	032	032	000	689	706	017	385	454	069	122	281	159
4	042	043	000	700	718	018	397	467	070	135	296	161
5	053	053	000	711	730	019	409	480	071	148	310	162
6	064	064	000	722	742	020	421	494	073	160	325	165
7	075	075	000	734	754	020	433	507	074	173	339	166
8	085	086	000	745	766	021	445	520	075	186	354	168
9	096	096	000	756	778	022	457	533	076	198	368	170
10	0.00106	0.00107	0.00001	0.00768	0.00789	0.00022	0.01469	0.01547	0.00078	0.02211	0.02383	0.00172

（续表）

分	20°			21°			22°			23°		
	y_0	x_0	σ_0	y_0	x_0	σ_0	y_0	x_0	σ_0	y_0	x_0	σ_0
11	117	118	001	779	801	023	481	560	079	224	398	174
12	128	129	001	790	814	023	493	573	080	237	412	175
13	139	139	001	802	825	024	505	586	081	249	427	178
14	149	150	001	813	837	024	517	600	083	262	442	180
15	160	161	001	825	850	025	529	613	084	275	457	182
16	171	172	001	836	862	026	541	627	086	288	471	183
17	182	183	001	847	874	027	553	640	087	301	486	185
18	192	194	002	859	886	027	565	653	088	313	501	188
19	203	205	002	870	898	028	578	667	089	326	516	190
20	0.00214	0.00216	0.00002	0.00882	0.00910	0.00029	0.01590	0.01680	0.00090	0.02339	0.02530	0.00191
21	225	227	002	893	923	030	602	694	092	352	546	194
22	236	238	002	905	935	030	614	707	093	365	560	195
23	246	249	003	916	947	031	626	721	095	378	575	197
24	257	260	003	928	959	032	638	735	097	390	590	200
25	268	271	003	939	972	033	651	748	098	403	605	202
26	279	282	003	951	984	033	663	762	099	416	620	204
27	290	293	003	962	996	034	675	775	100	429	635	206
28	301	304	003	974	0.01009	035	687	789	102	442	650	208
29	312	315	003	985	021	036	699	803	104	455	665	210
30	0.00323	0.00326	0.00003	0.00997	0.01033	0.00036	0.01712	0.01816	0.00105	0.02468	0.02681	0.00213
31	334	338	004	0.01009	046	037	724	830	106	481	696	215
32	344	349	005	020	058	038	736	844	108	494	711	217
33	355	360	005	032	070	039	749	858	109	507	726	219
34	366	371	005	043	083	040	761	871	110	520	740	221
35	377	383	006	055	095	040	773	885	112	533	756	223
36	388	394	006	067	108	041	785	899	114	546	772	226
37	399	405	006	078	121	042	798	913	115	559	787	228
38	410	417	007	090	133	043	810	927	117	572	802	230
39	421	428	007	102	046	044	822	941	119	585	818	233
40	0.00432	0.00439	0.00007	0.01113	0.01158	0.00045	0.01835	0.01955	0.00120	0.02598	0.02833	0.00235
41	443	451	008	125	171	046	847	968	121	611	848	237
42	454	462	008	137	184	047	860	982	122	624	863	239
43	465	473	008	148	196	048	872	996	124	638	879	241
44	476	485	009	160	209	049	884	0.02010	126	651	895	244
45	487	496	009	172	222	050	897	024	127	664	910	246
46	499	508	009	184	235	051	909	039	130	677	925	248
47	510	519	009	195	247	052	922	053	131	690	941	251

（续表）

分	20°			21°			22°			23°		
	y_0	x_0	σ_0	y_0	x_0	σ_0	y_0	x_0	σ_0	y_0	x_0	σ_0
48	521	531	010	207	260	053	934	.067	133	703	956	253
49	532	542	010	219	273	054	947	081	134	716	972	256
50	0.00543	0.00554	0.00011	0.01231	0.01286	0.00055	0.01959	0.02095	0.00136	0.02730	0.02988	0.00258
51	553	565	011	243	299	056	972	109	138	743	0.03003	260
52	565	577	012	254	311	057	984	124	140	756	019	263
53	576	589	013	266	324	058	997	138	141	769	034	265
54	588	600	013	278	337	059	0.02009	152	143	783	050	267
55	599	612	013	290	350	060	022	166	144	796	066	270
56	610	624	014	302	363	061	034	180	146	809	082	273
57	621	636	015	314	376	062	047	195	148	822	097	275
58	632	647	015	325	389	064	059	209	150	836	113	277
59	644	659	015	337	402	065	072	224	152	849	129	280
60	0.00655	0.00671	0.00016	0.01349	0.01415	0.00066	0.02085	0.02238	0.00153	0.02862	0.03145	0.00283

分	24°			25°			26°			27°		
	y_0	x_0	σ_0	y_0	x_0	σ_0	y_0	x_0	σ_0	y_0	x_0	σ_0
0	0.02862	0.03145	0.00283	0.03684	0.04141	0.00457	0.04550	0.5232	0.00682	0.05464	0.06424	0.00960
1	876	160	285	698	158	460	565	251	686	480	445	965
2	889	176	287	712	176	464	580	270	690	496	466	970
3	902	192	290	726	193	467	595	289	694	511	487	976
4	916	208	292	740	211	471	610	308	698	527	508	981
5	929	224	295	754	228	474	625	327	702	543	529	987
6	942	240	298	768	246	478	640	347	707	558	549	991
7	956	256	300	782	263	481	655	366	711	574	570	996
8	969	272	303	797	281	484	670	385	715	590	591	0.01001
9	983	288	305	811	298	487	685	404	719	605	612	007
10	0.02996	0.03304	0.00308	0.03825	0.04316	0.00491	0.04699	0.05424	0.00725	0.05621	0.06633	0.01012
11	0.03010	320	310	839	334	495	714	443	729	637	654	017
12	023	337	314	853	351	498	729	462	733	653	676	023
13	036	353	317	868	369	501	744	482	738	669	697	028
14	050	369	319	882	387	505	759	501	742	684	718	034
15	063	385	321	896	405	509	774	521	747	700	739	039
16	077	401	324	910	422	512	789	540	751	716	760	044
17	090	418	328	925	440	515	805	559	754	732	781	049
18	104	434	330	939	458	519	820	579	759	748	803	055
19	118	450	332	953	476	523	835	598	763	764	824	060
20	0.03131	0.03467	0.00336	0.03967	0.04494	0.00527	0.04850	0.05618	0.00768	0.05780	0.06845	0.01065

（续表）

分	24° y_0	x_0	σ_0	25° y_0	x_0	σ_0	26° y_0	x_0	σ_0	27° y_0	x_0	σ_0
21	145	483	338	982	512	530	865	638	773	795	867	072
22	158	499	341	996	530	534	880	657	777	811	888	077
23	172	516	344	0.04011	548	537	895	677	782	827	909	082
24	185	532	347	025	566	541	910	696	786	843	931	088
25	199	549	350	039	584	545	925	716	791	859	953	094
26	213	565	352	054	602	548	941	736	795	875	974	099
27	226	582	356	068	620	552	956	756	800	891	996	105
28	240	598	358	082	638	556	971	776	805	907	0.07017	110
29	254	615	361	097	656	559	986	795	809	923	039	116
30	0.03267	0.03631	0.00364	0.04111	0.04674	0.00563	0.05001	0.05815	0.00814	0.05939	0.07061	0.01122
31	281	648	367	126	692	566	017	835	818	955	082	127
32	295	665	370	140	711	571	032	855	823	971	104	133
33	309	681	372	155	729	574	047	875	828	987	126	139
34	322	698	376	169	747	578	062	895	833	0.06004	147	143
35	336	715	379	184	766	582	078	915	837	020	169	149
36	350	731	381	198	784	586	093	935	842	036	191	155
37	364	748	384	213	802	589	108	955	847	052	213	161
38	377	765	388	227	820	593	124	975	851	068	235	167
39	391	782	391	242	839	597	139	995	856	084	257	173
40	0.03405	0.03798	0.00393	0.04256	0.04857	0.00601	0.05154	0.06015	0.00861	0.06100	0.07278	0.01178
41	419	815	396	271	876	605	170	035	865	117	300	183
42	433	832	399	286	894	608	185	056	871	133	323	190
43	446	849	403	300	913	613	200	076	876	149	345	196
44	460	866	406	315	931	616	216	096	880	165	367	202
45	474	883	409	329	950	621	231	117	886	181	389	208
46	488	900	412	344	969	625	247	137	890	198	411	213
47	502	917	415	359	987	628	262	157	895	214	433	219
48	516	934	418	373	0.05006	633	278	177	899	230	455	225
49	530	951	421	388	025	637	293	198	905	247	478	231
50	0.03544	0.03969	0.00425	0.04403	0.05043	0.00640	0.05309	0.06218	0.00909	0.06263	0.07500	0.01237
51	558	986	428	417	062	645	324	239	915	279	522	243
52	572	0.04003	431	432	081	649	340	259	919	296	544	248
53	586	020	434	447	100	653	355	280	925	312	567	255

（续表）

分	24°			25°			26°			27°		
	y_0	x_0	σ_0	y_0	x_0	σ_0	y_0	x_0	σ_0	y_0	x_0	σ_0
54	600	037	437	462	119	657	371	300	929	328	589	261
55	613	054	441	476	137	661	386	321	935	345	611	266
56	628	072	444	491	156	665	402	342	940	361	634	273
57	642	089	447	506	175	669	417	362	945	378	656	278
58	656	106	450	521	194	673	433	383	950	394	679	285
59	670	123	453	536	213	677	449	404	955	410	702	292
60	0.03684	0.04141	0.00457	0.04550	0.05232	0.00682	0.05464	0.06424	0.00960	0.06427	0.07724	0.01297

分	28°			29°			30°		
	y_0	x_0	σ_0	y_0	x_0	σ_0	y_0	x_0	σ_0
0	0.06427	0.07724	0.01297	0.07440	0.09138	0.01698	0.08507	0.10673	0.02166
1	443	747	304	458	163	705	525	700	175
2	460	769	309	475	187	712	543	727	184
3	476	792	316	492	212	720	561	753	192
4	493	815	322	510	237	727	579	780	201
5	509	838	329	527	261	734	598	807	209
6	526	860	334	544	286	742	616	834	218
7	542	883	341	562	311	749	634	861	227
8	559	906	347	579	336	757	653	888	235
9	576	929	353	597	360	763	671	914	243
10	0.06592	0.07952	0.01360	0.07614	0.09385	0.01771	0.08689	0.10942	0.02253
11	609	975	366	632	410	778	708	969	261
12	625	997	372	649	435	786	726	995	369
13	642	0.08020	378	667	460	793	745	0.11023	278
14	659	044	385	684	485	801	763	050	287
15	675	067	392	702	510	808	781	077	296
16	692	090	398	719	535	816	800	104	304
17	709	113	404	737	560	823	818	131	313
18	725	136	411	754	585	831	837	159	322
19	742	159	417	772	611	839	855	186	331
20	0.06759	0.08182	0.01423	0.01790	0.09636	0.01846	0.08874	0.11213	0.02339
21	776	206	430	807	661	854	893	241	348
22	792	229	437	825	687	862	911	268	357
23	809	252	443	843	712	869	930	296	366
24	826	275	449	860	737	877	948	323	375
25	843	299	456	878	763	885	967	351	384

（续表）

分	28°			29°			30°		
	y_0	x_0	σ_0	y_0	x_0	σ_0	y_0	x_0	σ_0
26	860	322	462	896	788	893	985	378	393
27	876	346	470	913	814	901	0.09004	406	402
28	893	369	476	931	839	908	023	433	410
29	910	393	483	949	865	916	041	461	420
30	0.06927	0.08416	0.01489	0.07967	0.09890	0.01923	0.09060	0.11489	0.02429
31	944	440	496	984	916	932	079	517	438
32	961	464	503	0.08002	941	939	097	544	447
33	978	487	509	020	967	947	116	572	456
34	995	511	516	038	993	955	135	600	465
35	0.07012	535	523	056	0.10018	962	154	628	474
36	029	558	529	073	044	971	172	656	484
37	046	582	536	091	070	979	191	684	493
38	063	606	543	109	096	987	210	712	502
39	080	630	550	127	122	995	229	740	511
40	0.07097	0.08654	0.01557	0.08145	0.10148	0.02003	0.09248	0.11768	0.02520
41	114	677	563	163	174	011	267	796	529
42	131	702	571	181	200	019	285	824	539
43	148	726	578	199	226	027	304	852	548
44	165	749	584	217	252	035	323	881	558
45	182	774	592	235	278	043	342	909	567
46	199	979	598	253	304	051	361	937	576
47	216	822	606	271	330	059	380	966	586
48	233	846	613	289	356	067	399	994	595
49	251	870	619	307	382	075	418	0.12023	605
50	0.07268	0.08894	0.01626	0.08325	0.10409	0.02084	0.09437	0.12051	0.02614
51	285	918	633	343	435	092	456	079	623
52	302	943	641	361	461	100	475	108	633
53	319	967	648	379	488	109	494	136	642
54	337	991	654	397	514	117	513	165	652
55	354	0.09016	662	415	540	125	532	194	662
56	371	040	669	434	567	133	551	222	671
57	388	065	677	452	594	142	570	251	681
58	406	089	683	470	620	150	589	280	691
59	423	113	690	488	647	159	609	309	700
60	0.7440	0.09138	0.01698	0.08507	0.10673	0002166	0.09638	0.12338	0.02710

附表 10-2 渐开线函数 $inv\alpha_K = tg\alpha_K - \alpha_K$

α_K	0′	5′	10′	15′	20′	25′	30′	35′	40′	45′	50′	55′
10	17941	18397	18860	19332	19812	20299	20795	21299	21810	22330	22859	23396
11	23941	24495	25057	25628	26208	26797	27394	28001	28616	29241	29875	30518
12	31171	40534	32504	33185	33875	34575	35285	36005	36735	37474	38224	38984
13	39754	40534	41325	42126	42938	43760	44593	45437	46291	47157	48033	48921
14	49819	50729	51650	52582	53526	54482	55448	56427	57417	58420	59434	60460
15	61498	62548	63611	64686	65773	66873	67985	69110	70248	71398	72561	73738
16	07493	07613	07735	07857	07982	08107	08234	08362	08492	08623	08756	08889
17	09025	09161	09299	09439	09580	09722	09866	10012	10158	10307	10456	10608
18	10760	10915	11071	11228	11387	11547	11709	11873	12038	12205	12373	12543
19	12715	12888	13063	13240	13418	13598	13779	13963	14148	14334	14523	14713
20	14904	15908	15293	15490	15689	15890	16092	16296	16502	16710	16920	17132
21	17345	17560	17777	17996	18217	18440	18665	18891	19120	19350	19583	19817
22	20054	20292	20533	20775	21019	21266	21514	21765	22018	22272	22529	22788
23	23049	23312	23577	23845	24114	24386	24660	24936	25214	25495	25778	26062
24	26350	26639	26931	27225	27521	27820	28121	28424	28729	29037	29348	29660
25	29975	30293	30613	30953	31260	31587	31917	32249	32583	32920	33260	33602
26	33947	34294	34644	34997	35352	35709	36069	36432	36798	37166	37537	37910
27	38287	38666	39047	39432	39819	40209	40602	40997	41395	41797	42201	42607
28	43017	43430	43845	44264	44685	45110	45537	45967	46400	46837	47276	47718
29	48164	48612	49064	49518	49976	50437	50901	51368	51838	52312	52788	53268
30	53751	54238	54728	55221	55717	56217	56720	57226	57736	58249	58765	59285
31	59809	60336	60866	61400	61937	62478	63022	63570	64122	64677	65236	65799
32	66364	66934	67507	68084	68665	69250	69838	70430	71026	71626	72230	72838
33	73449	74064	74684	75307	75934	76565	77200	77839	78483	79130	79781	80437
34	81097	81760	82428	83100	83777	84457	85142	85832	88525	87223	87925	88631
35	89342	90058	90777	91502	92230	92963	93701	94443	95190	95942	96698	97549
36	09822	09899	09977	10055	10133	10212	10292	10371	10452	10533	10614	10696
37	10778	10861	10944	11028	11113	11197	11283	11369	11455	11542	11630	11718
38	11806	11895	11985	12075	12165	12257	12348	12441	12534	12627	12721	12815
39	12911	13006	13102	13199	13297	13395	13493	13592	13692	13792	13893	13994
40	14097	14200	14303	14407	14511	14616	14722	14829	14936	15043	15152	15261
41	15370	15480	15591	15703	15815	15928	16041	16156	16270	16386	16502	16619
42	16737	16855	16974	17093	17214	17336	17457	17579	17702	17826	17951	18076
43	18202	18329	18457	18585	18714	18844	18975	19106	19238	19371	19505	19639
44	19774	19910	20047	20185	20323	20463	20603	20743	20885	21028	21171	21315
45	21460	21606	21753	21900	22049	22918	22348	22499	22651	22804	22958	23112
46	23268	23424	23582	23740	23899	24059	24220	24382	24545	24709	24874	25040
47	25206	25374	25543	25713	25883	26055	26228	26401	26576	26752	26929	27107
48	27285	27465	27646	27828	28012	28196	28381	28567	28755	28943	29133	29324
49	29516	29707	29903	30098	30295	30492	30691	30891	31092	31295	31498	31703
50	31909	32116	32324	32534	32745	32957	33171	33385	33601	33818	34037	34257
51	34478	34700	34924	35149	35376	35604	35833	36063	36295	36529	36763	36999
52	37237	37476	37716	37958	38202	38446	38693	38941	39190	39441	39693	39947
53	40202	40459	40717	40977	41239	41502	41767	42034	42302	42571	42843	43116
54	43390	43667	43945	44225	44506	44789	45074	45361	45650	45940	46232	46526
55	46822	47119	47419	47720	48023	48328	48635	48944	49255	49568	49882	50199
56	50518	50838	51161	51486	51813	52141	52472	52805	53141	53478	53817	54159
57	54503	54849	55197	55547	55900	56255	56612	56972	57333	57698	58064	58433
58	58804	59178	59554	59933	60314	60697	61083	61472	61863	62257	62653	63052
59	63454	63858	64265	64674	65086	65501	65919	66340	66763	67189	67618	68050

第十一章

蜗 杆 传 动

§11−1 概　　述

蜗杆传动（Worm drive）由蜗杆（Worm）和蜗轮（Worm gear）组成（图 11−1），用来传递空间两交错轴之间的运动和动力，两轴的交错角通常为 90°。蜗杆传动在机床、矿山机械、冶金、起重机、船舶和仪表等工业中得到了广泛的应用。

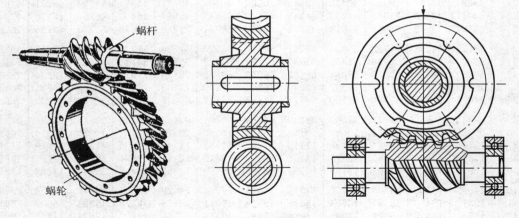

蜗杆

蜗轮

图 11−1　蜗杆传动

根据齿轮啮合原理知道，蜗杆传动是由螺旋齿轮传动演变得到，但又有别于螺旋齿轮传动，因为蜗杆相对于蜗轮运动时蜗轮齿面是蜗杆工作齿面的包络面，所以蜗轮传动是线接触而不像螺旋齿轮传动为点接触。此外，为了改善情况，将蜗轮沿齿宽方向做成内凹的圆弧形部分包围住蜗杆。这样，就保证了蜗杆传动具有较高的承载能力。

在蜗杆传动中，蜗杆通常是主动件，但在离心机和内燃机增压器（Supercharger）的传动装置中，则以蜗轮为主动件。

蜗杆传动又可看作是一种特殊的螺杆—螺母传动。其中，蜗杆是螺杆，而蜗轮则是一个特殊的开式螺母。

蜗杆传动有下列主要优点：

（1）能得到大的单级传动比，对动力蜗杆传动，传动比的一般范围为 7～80；在分度机构或手动机构的传动，传动比可达 300；若只传递运动时，传动比可达 1000。由于传动比大，零件数目又少，因而结构很紧凑。

(2)在蜗杆传动中,由于蜗杆齿是连续不断的螺旋齿,蜗轮齿先是逐渐进入啮合而后又逐渐退出啮合的,同时啮合的齿对又较多,故冲击载荷小,传动平稳,噪声小。

(3)当蜗杆的螺旋线升角小于啮合面的当量摩擦角时,蜗杆传动便具有自锁性,这对某些起重设备具有重要的意义。

蜗杆传动的主要缺点:

(1)啮合齿面之间的相对滑动很大。当滑动速度很大,工作条件不够良好时,就会产生较严重的摩擦与磨损,从而引起过分发热,使润滑情况恶化。因此摩擦损失较大,效率低。当传动具有自锁性时,效率仅有40%左右。

(2)传动功率不宜很大,通常小于60kW,且不宜长期连续工作。因为效率低,传递功率越大,时间越长,则损失也就越大。

§11-2 蜗杆传动的类型

根据蜗杆形状的不同,蜗杆传动可以分为圆柱蜗杆传动(Cylindrical worm drive)(图11-2a)、圆弧面蜗杆传动(Globoid worm drive)(图11-2b)和锥蜗杆传动(Spiroid drive)(图11-2c)。

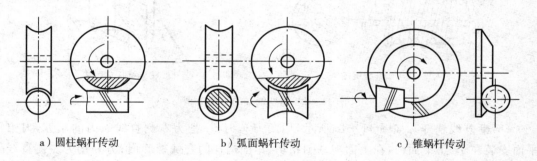

a)圆柱蜗杆传动　　　　　b)弧面蜗杆传动　　　　　c)锥蜗杆传动

图11-2　蜗杆传动的类型

圆柱蜗杆传动包括普通蜗杆传动(Ordinary cylindrical worm drive)和圆弧齿蜗杆传动(Arc-contact worm drive)两类。前者蜗杆的工作齿面为凸廓,后者蜗杆的工作齿面为凹廓(图11-3)。

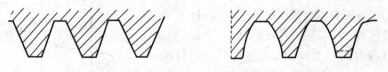

a)普通圆柱蜗杆齿形　　　　　b)圆弧齿圆柱蜗杆齿形

图11-3　蜗杆传动的齿形

圆柱蜗杆一般在车床上用成形车刀切制,刀刃为直线。随着刀刃平面相对于工件安装位置的不同,切出的蜗杆在垂直于轴线的横截面上有不同的齿廓曲线,因而圆柱蜗杆有以下几种类型:

　　(1)阿基米德蜗杆　在切制时,刀刃顶平面通过蜗杆轴线(图 11 - 4a)。这样切制的蜗杆在轴截面 A - A 上具有齿条形的直线齿廓,而在垂直于蜗杆轴线的横截面上为阿基米德螺线,故称阿基米德蜗杆(Archimedean worm drive)。这种蜗杆的加工及测量较方便,应用最广。

　　(2)延长渐开线蜗杆　当蜗杆头数较多、螺旋升角较大时,为使刀具有合理的前角及后角,将车刀的刀刃平面安装在螺旋线的法面 N - N 内(图 11 - 4b),这样切出的蜗杆在法面 N - N 上的齿形是直线齿廓,轴截面 A - A 上的齿廓是曲线,而在横截面上为延长渐开线,故称为延长渐开线蜗杆(Convolute worm drive)。

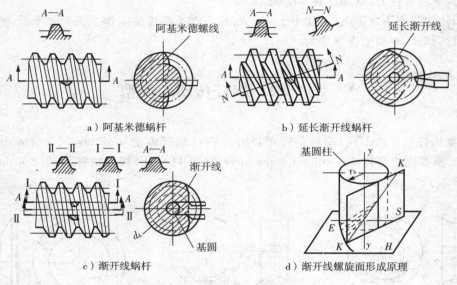

a)阿基米德蜗杆　　　　　　　　b)延长渐开线蜗杆

c)渐开线蜗杆　　　　　　　　　d)渐开线螺旋面形成原理

图 11 - 4　圆柱蜗杆的主要类型

　　(3)渐开线蜗杆　如图 11 - 4c 所示,用两刀车刀,一把为右侧直线刀刃的车刀,刀刃顶平面安装在 Ⅰ-Ⅰ 平面内,在上面与基圆相切,车削蜗杆的左侧螺旋面;另一把为左侧直线刀刃的车刀,刀刃顶平面安装在 Ⅱ-Ⅱ 平面内,在下面与基圆相切,车削右侧螺旋面。这样切出的蜗杆,在切于基圆柱的截面上齿廓一侧是直线。横截面上是渐开线,故称为渐开线蜗杆(Involute worm drive)。图 11 - 4d 所示为这种蜗杆螺旋面的形成原理。切于基圆柱的平面 S 绕基圆柱作纯滚动时,平面 S 上的斜上线 KK 的轨迹是渐开线螺旋面。它和平面 H(垂直于轴线 yy)的交线 EK 为渐开线。因此,渐开线蜗杆的齿面可用平面砂轮在 KK 线上进行磨削(图 11 - 5),从而可以获得较高的加工精度,这是渐开线蜗杆的一个优点。它对提高蜗杆传动抗胶合能力有重要意义。

　　与蜗杆啮合的蜗轮,通常在滚齿机上用滚刀或飞刀加工。为了保证蜗轮与蜗杆正确啮合,切制蜗轮用的滚刀的齿形理论上要与相应的蜗杆完全相

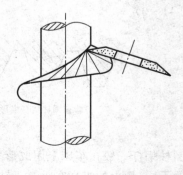

图 11 - 5　用平面砂轮磨削渐开线蜗杆

同。滚铣蜗轮时的中心距,理论上也应与蜗杆传动的中心距相同。因此,蜗轮滚刀齿形的精度,将直接影响传动质量。

目前,普通圆柱蜗杆(阿基米德蜗杆)传动应用最多。所以下面介绍它的主要参数、几何尺寸及承载能力的计算。

§11-3　蜗杆传动的主要参数、几何尺寸

一、蜗杆传动的主要参数

普通圆柱蜗杆的啮合情况如图 11-6 所示。通过蜗杆轴线并垂直于蜗轮轴线的平面,称为主平面。在主平面上,蜗杆的齿廓与齿条相同,两侧边为直线,夹角 $2\alpha = 40°$;而蜗轮的齿廓为渐开线,即在主平面内,蜗杆与蜗轮的啮合,如同齿条与齿轮的啮合情况一样。因此,蜗杆传动的主要参数和几何尺寸计算,大致与齿轮传动相同,并且在设计、制造中,皆以主平面上的参数和尺寸为基准。

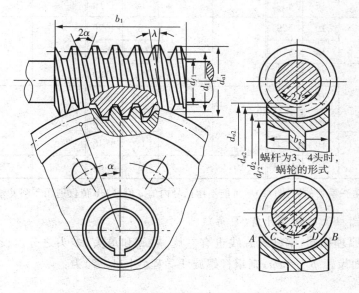

图 11-6　圆柱蜗杆传动的几何关系

1.模数 m 与压力角 α

由于在主平面上,蜗杆与蜗轮的关系可看做齿条与齿轮的啮合(图 11-6),所以,蜗杆传动的正确啮合条件也和齿条齿轮传动相同,即蜗杆轴面模数 m_{a_1} 和轴面压力角 α_{a_1} 应分别等于蜗轮端面模数 m_{t_2} 和端面压力角 α_{t_2},即

$$m_{a_1} = m_{t_2}, \alpha_{a_1} = \alpha_{t_2}$$

为了制造方便,还规定主平面上的这些模数和压力角为标准值,即

$$m_{a_1} = m_{t_2} = m, \alpha_{a_1} = \alpha_{t_2} = \alpha = 20°$$

标准模数 m 见表 11-1。

表 11-1　m，q 和 m^3q 值

m(mm) 第一系列	第二系列	q	m^3q	m(mm) 第一系列	第二系列	q	m^3q	m(mm) 第一系列	第二系列	q	m^3q
		10	80			9	1125			10	10000
2		12	96	5		10	1250	10		12	12000
		16	128			12	1500			(8)	10648
		10	156			9	1944			10	13310
	2.5	12	188	6		10	2160		(11)	12	15972
		16	250			12	2592			8	13824
		10	270			9	3087			9	15552
3		12	324		7	10	3430	12		(10)	17280
		16	432			12	4116			(12)	20736
	3.5	10	429			8	4096			8	21952
		12	515	8		(9)	4608		14	(9)	24696
		10	640			10	5120			10	27440
4		12	768		9	(8)	5832			8	32768
		16	1024			10	7290	16		9	36864
	4.5	10	911			12	8748			(10)	40960
		12	1094	10		8	8000		18	8	46656

注：(1)优先选用第一系列的模数；(2)尽可能不用括号内的 q 值；(3)q 值仅适用于阿基米德蜗杆。

2. 蜗杆分度圆柱上的螺旋升角（导角）λ

与螺旋形成原理相同，蜗杆螺旋线也有左旋、右旋和单头、多头之分。设蜗杆螺旋线头数为 Z_1，螺杆轴面齿距 $p_{a1} = \pi m$，则蜗杆螺旋线导程（图 11-7）为：

$$L = Z_1 p_{a1} \tag{11-1}$$

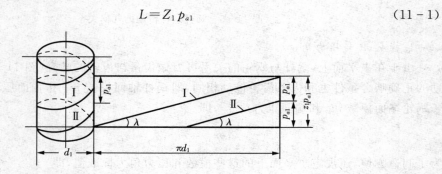

图 11-7　双头蜗杆的分度圆柱面展开示意图

蜗杆分度圆柱上螺旋线升角为

$$\mathrm{tg}\lambda = \frac{L}{\pi d_1} = \frac{Z_1 p_{a1}}{\pi d_1} = \frac{Z_1 m}{d_1} \qquad (11-2)$$

式中　d_1——蜗杆分度圆直径。

　　通常,蜗杆螺旋线升角 $\lambda = 3.5° \sim 27°$。升角小时,效率低,但可自锁($\lambda = 3.5° \sim 4.5°$)。升角大时,效率高,但蜗杆车削困难。

　　升角 λ 大于 $30°$,效率提高并不显著,且蜗杆螺牙将变尖和发生根切。这时可适当降低蜗杆齿高予以弥补(例如当 $\lambda = 15°$ 时,可改用法面模数 m_n 计算齿高 $h_{a1} = m_n$,$h_{f1} = 1.2 m_n$)。

　　顺便指出,当两轴之间的交角为 $90°$ 时,则升角 λ 应等于蜗轮分度圆上轮齿的倾斜角 β(螺旋角),并且旋向相同。这是此类蜗杆传动正确啮合的另一个条件。

　　3.蜗杆分度圆直径 d_1 和蜗杆直径系数 q

　　前面谈到,蜗轮滚刀的直径和齿形参数必须与相应的蜗杆相同。但从式(11-2)可知,蜗杆分度圆直径 d_1 不仅和模数 m 有关,而且还随 $Z_1/\mathrm{tg}\lambda$ 的数值而变。即使模数相同,也会有很多直径不同的蜗杆,亦即要求配备很多相应直径的滚刀,这是很不经济的。为了使刀具标准化,并减少滚刀型号,对每个模数 m 的 $Z_1/\mathrm{tg}\lambda$ 值作了限制,规定了一些标准值,且一般不超过 $2 \sim 3$ 个数值。设

$$q = Z_1/\mathrm{tg}\lambda \qquad (11-3)$$

可得蜗杆分度圆直径

$$d_1 = 8m \qquad (11-4)$$

式中　q——蜗杆直径系数(或称蜗杆特性系数)。

　　当模数 m 一定时,q 值越大,蜗杆分度圆直径增大,蜗杆刚度也相应提高。因此,对于小模数蜗杆,规定了较大的 q 值,以保证蜗杆有足够刚度。与模数相对应的标准 q 值见表 11-1。由式(11-3)得

$$\mathrm{tg}\lambda = \frac{Z_1}{q} \qquad (11-5)$$

　　对于阿基米德蜗杆,当 q 用表 11-1 推荐值时,λ 与 Z_1 及 q 值的对应值,可以从表 11-2 中直接查得。

表 11-2　蜗杆升角 λ 的荐用值

Z_1	q					
	16	14	12	10	9	8
1	3°34′35″	4°05′08″	4°45′49″	5°42′38″	6°20′25″	7°07′30″
2	7°07′30″	8°07′48″	9°27′44″	11°18′36″	12°31′44″	14°02′10″
3	10°37′15″	12°05′40″	4°02′10″	16°41′57″	18°26′06″	20°33′22″
4	14°02′10″	15°56′43″	8°26′06″	21°48′05″	23°57′45″	26°33′54″

应当指出,大的 q 值会使 λ 值变小,从而降低传动的效率。设计传动时,q 值可按如下推荐值选取:

$$q \geqslant 0.25Z_2$$

式中 Z_2——蜗轮的齿数。

表 11-3 所列 q 的推荐值亦可供设计时参考。

表 11-3 q 的推荐值

传递功率 P_1 kW	q
<5	12(或 13)
5～10	10(或 11)
>10	8,9,10(或 11)

近来,设计制造普通圆柱蜗杆传动时采用一种多种参数匹配方法,而不再采用规定 q 值的办法。为了便于配合国家统编教材,本章仍编入教材的内容;同时也将普通圆柱蜗杆的参数匹配的资料引进列于表 11-4 和表 11-5。

表 11-4 普通圆柱蜗杆传动的 m 与 d_1 搭配值

(摘自 GB10085—88)

m(mm)	1	1.25	1.6	2	2.5	3.15
d_1 (mm)	18	20 22.4	20 28	(18) 22.4 (28) 35.5	(22.4) 28 (35.5) 45	(28) 35.5 (45)
$m^2 d_1$ (mm³)	18	31.25 35	51.2 71.68	72 89.6 112 142	140 175 221.9 281	277.8 352.2 446.5

m(mm)	3.15	4	5	6.3	8
d_1 (mm)	56	(31.5) 40 (50) 71	(40) 50 (63) 90	(50) 63 (80) 112	(63) 80 (100)
$m^2 d_1$ (mm³)	556	504 640 800 1136	1000 1250 1575 2250	1985 2500 3175 4445	4032 5376 6400

m(mm)	8	10	12.5	16	20
d_1 (mm)	140	(71) 90 (112) 160	(90) 112 (140) 200	(112) 140 (180) 250	(140) 160 (224)
$m^2 d_1$ (mm³)	8960	7100 9000 11200 16000	14062 17500 21875 31250	28672 35840 46080 64000	56000 64000 896000

m(mm)	20	25	31.5	40	
d_1 (mm)	315	(180) 200 (280) 400	—	—	
$m^2 d_1$ (mm³)	126000	112500 125000 175000 250000	—	—	

表 11-5 普通圆柱蜗杆传动的参数匹配（摘自 GB10085—88）

公称传动比	参数	中心距 a mm																
		40	50	63	80	100	125	160	180	200	225	250	280	315	355	400	450	500
5	Z_2/Z_1	29/6	29/6	29/6	31/6	31/6	31/6	31/6	—	31/6	—	—	—	—	—	—	—	—
	m	2	2.5	3.15	4	5	6.3	8	—	10	—	—	—	—	—	—	—	—
	d_1	22.4	28	35.5	40	50	63	80	—	90	—	—	—	—	—	—	—	—
	x_2	-0.1	-0.1	-0.1349	-0.5	-0.5	-0.6587	-0.5	—	0	—	—	—	—	—	—	—	—
7.5	Z_2/Z_1	29/4	29/4	29/4	31/4	31/4	31/4	31/4	29/4	31/4	29/4	31/4	29/4	31/4	29/4	31/4	29/4	31/4
	m	2	2.5	3.15	4	5	6.3	3	10	10	12.5	12.5	16	16	20	20	25	25
	d_1	22.4	28	35.5	40	50	63	80	71	90	90	112	112	140	140	160	180	200
	x_2	-0.1	-0.1	-0.1349	-0.5	-0.5	-0.6587	-0.5	-0.5	0	-0.1	+0.2	-0.5	-0.1875	-0.25	+0.5	-0.1	+0.5
10	Z_2/Z_1	38/4	39/4	39/4	39/4	41/4	41/4	41/4	38/4	41/4	38/4	41/4	38/4	41/4	38/4	41/4	39/4	41/4
	m	1.6	2	2.5	3.15	4	5	6.3	8	10	10	10	12.5	12.5	16	16	20	20
	d_1	20	22.4	28	35.5	40	50	63	63	80	80	90	90	112	112	140	140	160
	x_2	-0.25	-0.1	-0.1349	+0.2619	-0.5	-0.5	-0.1032	-0.4375	-0.5	-0.375	0	-0.2	+0.22	-0.3125	+0.5	-0.5	+0.5
12.5	Z_2/Z_1	—	51/4	51/4	53/4	53/4	51/4	53/4	48/4	53/4	47/4	52/4	48/4	53/4	49/4	54/4	49/4	53/4
	m	—	1.6	2	2.5	3.15	4	5	6.3	6.3	8	8	10	10	12.5	12.5	16	16
	d_1	—	20	22.4	28	35.5	40	50	63	63	80	80	90	90	112	112	112	140
	x_2	—	-0.5	+0.4	-0.1	-0.3889	+0.75	+0.5	-0.4236	+0.246	-0.375	+0.25	-0.5	+0.5	-0.58	+0.52	+0.125	+0.375
15	Z_2/Z_1	29/2	29/2	29/2	31/2	31/2	31/2	31/2	61/4	31/2	61/4	31/2	61/4	31/2	61/4	31/2	63/4	31/2
	m	2	2.5	3.15	4	5	6.3	8	5	10	6.3	12.5	8	16	10	20	12.5	25
	d_1	22.4	28	35.5	40	50	63	80	50	90	63	112	80	140	90	160	112	200
	x_2	-0.1	-0.1	-0.1349	-0.5	-0.5	-0.6587	-0.5	+0.5	-0.5	+0.2143	+0.02	-0.5	-0.1875	+0.5	+0.5	+0.02	+0.5
20	Z_2/Z_1	38/2	39/2	39/2	39/2	41/2	41/2	41/2	38/2	41/2	38/2	41/2	38/2	41/2	38/2	41/2	39/2	41/2
	m	1.6	2	2.5	3.15	4	5	6.3	8	8	10	10	12.5	12.5	16	16	20	20
	d_1	20	22.4	28	35.5	40	50	63	63	80	71	90	90	112	112	140	140	160
	x_2	-0.1	-0.1	+0.1	+0.2619	-0.5	-0.5	-0.1032	-0.4375	-0.5	-0.05	0	-0.2	+0.22	-0.3125	+0.125	-0.5	+0.5
25	Z_2/Z_1	—	51/2	51/2	53/2	53/2	51/2	53/2	48/2	53/2	47/2	52/2	48/2	53/2	49/2	54/2	49/2	53/2
	m	—	1.6	2	2.5	3.15	4	5	6.3	6.3	8	8	10	10	12.5	12.5	16	16
	d_1	—	20	22.4	28	35.5	40	50	63	63	80	80	90	90	112	112	112	140
	x_2	—	-0.5	+0.4	-0.1	-0.3889	+0.75	+0.5	-0.4286	+0.246	-0.375	+0.25	-0.5	+0.5	-0.58	+0.52	+0.125	+0.375

（续表）

公称传动比	参数	40	50	63	80	100	125	160	180	200	225	250	280	315	355	400	450	500
30	Z_2/Z_1	29/1	29/1	29/1	31/1	31/1	31/1	31/1	61/2	31/1	61/2	31/1	61/2	31/1	61/2	31/1	63/2	31/1
	m	2	2.5	3.15	4	5	6.3	8	5	10	6.3	12.5	8	16	10	20	12.5	25
	d_i	22.4	28	35.5	40	50	63	80	50	90	63	112	80	140	90	160	112	200
	x_2	-0.1	-0.1	-0.1349	-0.5	-0.5	-0.6587	-0.5	+0.5	0	+0.2143	+0.02	-0.5	-0.1875	+0.5	+0.05	+0.02	+0.5
40	Z_2/Z_1	38/1	39/1	39/1	39/1	41/1	41/1	41/1	38/1	41/1	38/1	41/1	38/1	41/1	38/1	41/1	39/1	41/1
	m	1.6	2	2.5	3.15	4	5	6.3	8	8	10	10	12.5	12.5	16	16	20	20
	d_i	20	22.4	28	35.5	40	50	63	63	80	71	90	90	112	112	140	140	160
	x_2	-0.25	-0.1	+0.1	+0.2619	-0.5	-0.5	-0.1032	-0.4375	-0.5	-0.05	0	-0.2	+0.22	-0.3125	+0.125	-0.5	+0.5
50	Z_2/Z_1	42/1	51/1	51/1	53/1	53/1	51/1	53/1	48/1	53/1	47/1	52/1	48/1	53/1	49/1	54/1	49/1	53/1
	m	1.25	1.6	2	2.5	3.15	4	5	6.3	6.3	8	8	10	10	12.5	12.5	16	16
	d_i	20	20	22.4	28	35.5	40	50	63	63	80	80	90	90	112	112	112	140
	x_2	-0.5	-0.5	+0.4	-0.1	-0.3889	+0.75	+0.5	-0.4286	+0.246	-0.375	+0.25	-0.5	+0.5	-0.58	+0.52	+0.125	+0.375
60	Z_2/Z_1	62/1	52/1	61/1	62/1	62/1	62/1	62/1	61/1	62/1	61/1	61/1	61/1	61/1	61/1	63/1	63/1	63/1
	m	1	1.25	1.6	2	2.5	3.15	4	5	5	6.3	6.3	8	8	10	10	12.5	12.5
	d_i	18	22.4	28	35.5	45	56	71	50	90	63	112	80	140	90	160	112	200
	x_2	0	+0.04	+0.125	+0.125	0	-0.2063	+0.125	+0.5	0	+0.2143	+0.2937	-0.5	+0.125	+0.5	+0.5	+0.02	+0.5
70	Z_2/Z_1	—	—	67/1	69/1	70/1	69/1	70/1	71/1	70/1	71/1	70/1	71/1	69/1	71/1	71/1	73/1	71/1
	m	—	—	1.6	2	2.5	3.15	4	4	5	5	6.3	6.3	8	8	10	10	12.5
	d_i	—	—	20	22.4	28	35.5	40	71	50	90	63	112	90	140	90	160	112
	x_2	—	—	-0.375	-0.1	-0.6	-0.4524	0	+0.625	0	+0.5	-0.3175	+0.556	-0.125	+0.125	0	+0.5	+0.02
80	Z_2/Z_1	—	82/1	82/1	82/1	82/1	82/1	83/1	80/1	82/1	80/1	81/1	80/1	2/1	79/2	82/1	81/1	83/1
	m	—	1	1.25	1.6	2	2.5	3.15	4	4	5	5	6.3	6.3	8	8	10	10
	d_i	—	18	22.4	28	35.5	45	56	40	71	50	90	63	112	80	140	90	160
	x_2	—	0	+0.44	+0.25	+0.125	0	+0.4048	0	0	0	+0.5	-0.5556	-0.191	-0.125	+0.25	0	+0.5

中心距 a mm

4. 传动比 i 和齿数 Z_1, Z_2

蜗杆传动的传动比 i 与转速 n、齿数 z 的关系为：

$$i = \frac{n_1}{n_2} = \frac{1}{Z_1/Z_2} = \frac{Z_2}{Z_1}$$

应当注意,蜗杆传动的传动比 i 仅与蜗杆头数 Z_1 和蜗轮齿数 Z_2 有关,而不等于蜗轮与蜗杆分度圆直径之比,即

$$i = Z_1/Z_2 = d_2/d_1 \, \mathrm{tg}\lambda \neq d_2/d_1$$

蜗杆头数 Z_1 常取为 $1,2,4,6$。Z_1 过多时,制造较高精度的蜗杆和蜗轮滚刀有困难。传动比大及要求自锁的传动时,取 $Z_1 = 1$。

蜗轮的齿数一般取 $Z_2 = 27 \sim 80$。齿数过少 $(Z_2 < 27)$,蜗轮齿将产生根切,影响传动的平稳性;过大 $(Z_2 > 80)$ 时,会导致模数过小而削弱轮齿的弯曲强度或蜗轮直径增大,相应地蜗杆愈长,蜗杆轴刚度降低,影响啮合精度。Z_1 和 Z_2 的荐用值列于表 $11 - 6$。

表 $11 - 6$　各种传动比推荐的 Z_1, Z_2

i	$5\sim6$	$7\sim8$	$9\sim13$	$14\sim24$	$25\sim27$	$28\sim40$	>80
Z_1	6	4	$3\sim4$	$2\sim3$	$2\sim3$	$1\sim2$	1
Z_2	$29\sim36$	$28\sim32$	$27\sim52$	$28\sim72$	$50\sim81$	$28\sim80$	>40

5. 中心距 a 和传动比

普通圆柱蜗杆传动的减速器的中心距 a 应按下列数值选取：

$40,50,63,100,125,160,(180),200,(225),250,(280),315,(355),400,(450),500$

括号中的数字尽可能不采用。

大于 $500\mathrm{mm}$ 的中心距可按优先数系 R20 优先数选用。

普通圆柱蜗杆减速器的传动比的公称值,按下列数值选取：

$5,7.5,10,12.5,15,20,25,30,40,50,60,70,80$

其中,$10,20,40$ 和 80 为基本传动比,应优先选用。

6. 蜗杆传动的变位

普通圆柱蜗杆传动变位的主要目的是:配凑中心距和改变传动比,此外,还可以提高传动的承载能力和效率,消除蜗轮根切现象。

蜗杆传动的变位方法与齿轮传动的变位相同,是利用改变切齿时刀具与轮坯的径向位置来实现的。图 $11 - 8$ 是几种变位示意图。变位后,蜗杆和蜗轮相啮合时,蜗杆的节圆柱不再与其分度圆柱重合,而蜗轮的节圆柱与分度圆柱重合(图 $11 - 8$,a,b,c,d,e)。这是因为滚刀切制蜗轮时的滚铣节线乃是蜗杆工作时的啮合节线,由于滚刀进行了移位,滚铣节线不再是滚刀齿高的中线(即分度圆柱上的母线),所以蜗杆的分度圆柱不与工作时的啮合节圆柱重合。至于蜗轮,因为滚铣节圆柱(分度圆柱)就是将来与蜗杆工作时的啮合圆柱,所以蜗轮的分度圆柱始终与节圆柱重合。

(1)当用变位配凑中心距 a' 时

这时传动比 i 不变,即 Z_1 和 Z_2 不变,由图 $11 - 8$a,c 可见

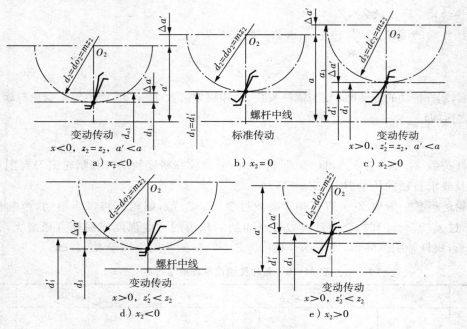

图 11-8　普通圆柱蜗杆传动的径向变位方式

$$a' = a + \Delta a = a + x_2 m = 0.5(q + Z_2 + 2x_2) \tag{11-6}$$

变位系数为

$$x_2 = \frac{a' - a}{m} = \frac{a'}{m} - 0.5(q + Z_2) \tag{11-7}$$

可见,在一定的 m 和 q 值下,取定变位系数 x_2 即能改变中心距 a。

　　(2)当用变位改变传动比时

　　这时,传动的中心距 a 不变,而传动比改变为 i',即蜗轮齿数 Z_2 改变为 z_2',如图 11-8d,e 所示。变位后的中心距

$$a = 0.5m(q + z_2' + 2x_2)$$

　　由于变位前的中心距

$$a = 0.5m(q + Z_2)$$

故得

$$q + Z_2 = q + Z_2 + 2x_2$$

则:

$$x_2 = \frac{Z_2 - z_2'}{2} \quad 或 \quad z_2' = Z_2 - 2x_2 \tag{11-8}$$

　　显然,当正变位即 $x_2 > 0$ 时,$z_2' < Z_2$;而负变位即 $x_2 < 0$ 时,则 $z_2' > Z_1$。换言之,正变位时蜗轮齿数减少,负变位时蜗轮齿数增多。为使蜗轮轮齿不致变尖或根切,以及考虑到接触状况和曲率半径等。变位系数 x_2 一般取 $-1 \sim +1$,常用 $x_2 = -0.7 \sim +0.7$。

二、几何尺寸计算

　　表 11-7 列出普通圆柱蜗杆传动的几何尺寸计算公式。

表 11-7 普通圆柱蜗杆传动几何尺寸计算

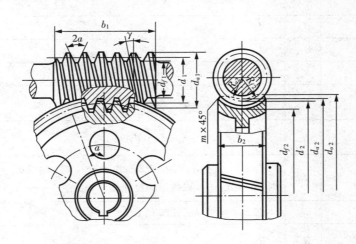

名　　称	代号	公　式　及　说　明	
中心距	a	$a=(d_1+d_2+2x_2m)/2$，要满足强度要求，可按表 11-5 选取	
蜗杆头数	Z_1	常用 $Z_1=1,2,4,6$	按表 11-6 选取
蜗轮齿数	Z_2	$Z_2=iZ_1, i=\dfrac{n_1}{n_2}$（传动比）	
齿形角	a	ZA 型 $a_x=20°$，其余 $a_n=20°$，$\mathrm{tg}a_n=\mathrm{tg}a_x\cos\gamma$	
模　数	m	$m=m_x=m_n/\cos\gamma$　按表 11-4 选取	
蜗轮变位系数	x_2	$x_2=\dfrac{a}{m}-\dfrac{d_1+d_2}{2m}$	
蜗杆轴向齿距	p_x	$p_x=\pi m$	
蜗杆分度圆直径	d_1	$d_1=mZ_1/\mathrm{tg}\gamma$　按表 11-4 选取，与 m 搭配	
蜗杆齿顶圆直径	d_{a1}	$d_{a1}=d_1+2h_{a1}=d_1+2h_a^*+c^*$	
蜗杆齿根圆直径	d_{f1}	$d_{f1}=d_1-2h_{f1}=d_1-2m(h_a^*+c^*)$	
蜗杆齿顶高	h_{a1}	$h_{a1}=h^*am$，齿顶高系数一般 $h_a^*=1$，短齿 $h_a^*=0.8$	
顶　隙	c	$c=c^*m$，一般顶隙系数 $c^*=0.2$	
蜗杆齿根高	h_{f1}	$h_{f1}=(h_a^*+c^*)m=\dfrac{1}{2}(d_1-d_{f1})$	
蜗杆齿高	h_1	$h_1=h_{a1}+h_{f1}=\dfrac{1}{2}(d_{a1}-d_{f1})$	
渐开线蜗杆基圆直径	d_{b1}	$d_{b1}=d_1\mathrm{tg}\gamma/\mathrm{tg}\gamma_b=Z_1m/\mathrm{tg}\gamma_b$	
渐开线蜗杆基圆导程角	γ_b	$\cos\gamma_b=\cos\gamma\cdot\cos a_h$	
蜗杆齿宽	L	见表 11-8	
蜗轮分度圆直径	d_2	$d_2=mZ_2=2a-d_1-2x_2m$	

名　　称	代号	公　式　及　说　明
蜗轮齿顶圆直径	d_{a2}	$d_{a2} = d_1 + 2h_{a2}$
蜗轮齿根圆直径	d_{f2}	$d_{f2} = d_2 - 2h_{f2}$
蜗轮齿顶高	h_{a2}	$h_{a2} = (d_{a2} - d_2)/2 = m(h_a^* + x_2)$
蜗轮齿根高	h_{f2}	$h_{f2} = \dfrac{1}{2}(d_2 - d_{f2}) = m(h_a^* - x_2 + c^*)$
蜗轮齿高	h_2	$h_2 = h_{a2} + h_{f2} = \dfrac{1}{2}(d_{a2} - d_{f2})$
蜗轮外圆直径	d_{e2}	当 $Z_1 = 1$ 时，$d_{e2} \leqslant d_{a2} + 2m$；$Z_1 = 2 \sim 3$ 时，$d_{e2} \leqslant d_{a2} + 1.5m$；$Z_1 = 4 \sim 6$ 时，$d_{e2} = d_{a2} + m$ 或按结构设计
蜗轮齿宽	b_2	当 $Z_1 \leqslant 3$ 时，$b \leqslant 0.75 d_{a1}$；$Z_1 = 4 \sim 6$ 时，$b \leqslant 0.67 d_{a1}$
蜗轮齿顶圆弧半径	R_{a2}	$R_{a2} = \dfrac{d_1}{2} - m$
蜗轮齿根圆弧半径	R_{f2}	$R_{f2} = \dfrac{d_{a1}}{2} + c^* m$
蜗杆轴向齿厚	s_{x1}	$s_{x1} = \dfrac{1}{2} p_x$
蜗杆法向齿厚	s_{n1}	$s_{n1} = s_{x1} \cos\gamma$
蜗轮分度圆齿厚	s_2	$s_2 = (0.5\pi + 2x_2 \operatorname{tg} a_x)m$
蜗杆齿厚测量高度	h_{a1}	$h_{a1} = m$；短齿 $h_{a1} = 0.8m$
蜗杆节圆直径	d_1'	$d_1' = d_1 + 2x_2 m$
蜗轮节圆直径	d_2'	$d_2' = d_2$

表 11-8　普通圆柱蜗杆传动的蜗杆齿宽 L

x_2	Z_1		
	$1 \sim 2$	$3 \sim 4$	$5 \sim 6$
-1	$L \geqslant (10.5 + Z_1)m$	$L \geqslant (10.5 + Z_1)m$	按结构设计
-0.5	$L \geqslant (8 + 0.06 Z_2)m$	$L \geqslant (9.5 + 0.09 Z_2)m$	
0	$L \geqslant (11 + 0.06 Z_2)m$	$L \geqslant (12.5 + 0.09 Z_2)m$	
0.5	$L \geqslant (11 + 0.1 Z_2)m$	$L \geqslant (12.5 + 0.1 Z_2)m$	
1	$L \geqslant (12 + 0.1 Z_1)m$	$L \geqslant (13 + 0.1 Z_2)m$	

注：(1)当变位系数 x_2 为中间值时，L 按相邻两值中的较大者确定；

　　(2)对磨削的蜗杆，应将求得的 L 值增大：$m < 10\text{mm}$ 时，L 增大 $10 \sim 25\text{mm}$；$m = 10 \sim 14\text{mm}$ 时，L 增大 35mm；$m \geqslant 16\text{mm}$ 时，L 增大 50mm。

§11-4　普通圆柱蜗杆传动承载能力的计算

一、蜗杆传动的失效形式、设计准则及常用材料

在蜗杆传动中，由于材料和结构上的原因，蜗杆螺旋部分的强度总是高于蜗轮轮齿的强度，所以失效常发生在蜗轮轮齿上，因此，一般只对蜗轮轮齿进行承载能力计算。

由于蜗杆传动的相对滑动速度较大、效率低、发热量大，所以，其主要失效形式是蜗轮齿面产生胶合、点蚀及磨擦。但目前对胶合与磨损还缺乏适当的方法与数据，因此通常只是依照齿轮进行齿面接触疲劳强度和齿根弯曲疲劳强度的条件性计算，并在选取许用应力时，适当考虑胶合和磨损失效因素的影响。

实践证明，在一般情况下，蜗轮轮齿因弯曲强度不足而失效的情况很少，只在蜗轮齿数很多（如 $Z_2 > 80$）或开式蜗杆传动中才需要，以保证齿根弯曲疲劳强度作为主要设计准则。因此，对于闭式蜗杆传动，通常是按齿面接触疲劳强度进行设计，而按齿根弯曲疲劳强度进行校核；对于开式蜗杆传动，则通常只需按齿根弯曲疲劳强度进行设计。

此外，闭式蜗杆传动，由于散热困难，还应作热平衡核算。

由于上述蜗杆传动的失效形式可知，蜗杆、蜗轮的材料不仅要求有足够的强度，更重要的是要有良好的跑合和耐磨性能。

蜗杆一般是用碳钢或合金钢制成。高速重载蜗杆常用 15Cr 或 20Cr，并经渗碳淬火；也可用 40 或 45 号钢或 40Cr 并经淬火。这样可以提高齿面硬度，增加耐磨性。通常要求蜗杆淬火后的硬度为 HRC40～55，经氮化处理后的硬度为 HRC55～62。一般不太重要的低速中载的蜗杆，可采用 40 或 45 号钢，并经调质处理，其硬度为 200～300HBS。蜗杆的材料列于表 11-9。

表 11-9　蜗杆常用的材料

材料牌号	热处理	硬　　　度	齿面粗糙度 R_a　μm
45,42SiMn,37SiMn2Mov, 38SiMnMo,42CrMn,40CrNi	表面淬火	HRC45～55	1.6～0.8
15CrMn,20CrMn,20Cr, 20CrNi,20CrMnTi	渗碳淬火	HRC58～63	1.6～0.8
45（用于不重要的传动）	调质	<270HB	6.3

常用的蜗轮材料为铸造锡青铜（ZQSn 10-1,ZQSn 6-6-3）、铸造铝铁青铜（ZQAl 9-4）及灰铸铁（HT150,HT200）等。锡青铜耐磨性最好，但价格较高，用于滑动速度 $v_s =$ 3m/s 的重要传动；铝铁青铜的耐磨性较锡青铜差一些，但价格便宜，一般用于滑动速度 $v_s \leqslant$ 4m/s 的传动；如果滑动速度不高（$v < 2$m/s），对效率也不高时，可采用灰铸铁。为了防止变形，常对蜗轮进行时效处理。

二、蜗杆传动的受力分析和计算载荷

1. 蜗杆传动的受力分析

蜗杆传动的受力分析和斜齿圆柱齿轮传动相似。在进行蜗杆传动的受力分析时，通常不考虑摩擦力的影响。

图 11-9 所示是以右旋蜗杆为主动件，并沿图示的方向旋转时，蜗杆螺旋面上的受力情况。设 F_n 为集中作用于节点 p 处的法向力，它作用于法向剖面 $pabc$（图 11-9a）。F_n 可分解为三个互相垂直的分力，即圆周力 F_t、径向力 F_r 和轴向力 F_a。显然，由于蜗杆、蜗轮轴线在空间成 90°交错关系，作用在蜗杆、蜗轮上的各力的相应关系：

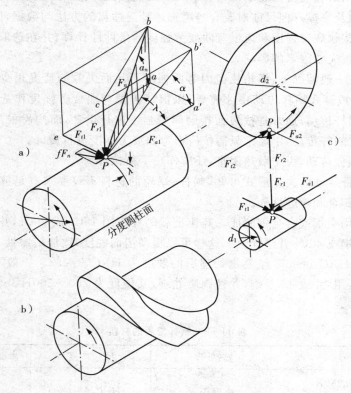

图 11-9　蜗杆传动的受力分析

蜗杆圆周力等于蜗轮轴向力，$F_{t1}=F_{a2}$；
蜗杆径向力等于蜗轮径向力，$F_{r1}=F_{r2}$；
蜗杆轴向力等于蜗轮圆周力，$F_{a1}=F_{t2}$；
这些相互对应的力，它们的大小相等，方向则相反（图 11-9），即

$$\left.\begin{array}{l} F_{t2}=\dfrac{2T_2}{d_2}=-F_{a1} \\[2mm] F_{a2}=F_{t2}\,\mathrm{tg}\lambda=-F_{t1}\left(=\dfrac{2T_1}{d_1}\right) \\[2mm] F_{r2}=F_{t2}\,\mathrm{tg}\alpha=-F_{r1} \end{array}\right\} \qquad (11-9)$$

式中 T_1,T_2——分别为蜗杆、蜗轮传递的名义转矩($N \cdot mm$),$T_2 = T_1 \eta$,η 为蜗杆传动效率;

　　　λ——蜗杆螺旋升角;

　　　α——蜗轮端面压力角,通常 $\alpha = 20°$。

　　假如 $\cos\alpha_n \approx \cos\alpha$,则由图 11-9 可知法向力

$$F_n = \frac{F_{t2}}{\cos\lambda\cos\alpha_n} \approx \frac{F_{t2}}{\cos\lambda\cos\alpha} = \frac{2T_2}{d_2\cos\lambda\cos\alpha} \qquad (11-10)$$

式中 α_n——蜗杆法面内的啮合角;

　　　d_1,d_2——分别为蜗杆及蜗轮的分度圆直径。

　　在确定各力的方向时,应记住:(1)因蜗杆为主动(通常如此),所以蜗杆圆周力 F_{t1} 的方向与其啮合点的圆周速度方向相反;(2)因蜗轮为从动件,所以蜗轮圆周力 F_{t2} 的方向与其啮合点的圆周速度方向相同;(3)蜗杆、蜗轮 F_r 的方向,都是指向各自的轴心。

　　右(左)旋蜗杆所受轴向力的方向也可用右(左)手法则规定。所谓右(左)手法则,是指用右(左)手握拳时,以四指所示的方向表蜗杆的回转方向,则拇指伸直时所指的方向就表示蜗杆所受轴向力 F_{a1} 的方向。

　　2. 蜗杆传动的计算载荷

　　蜗杆传动的计算载荷和齿轮传动一样,也是公称载荷与载荷系数 K 的乘积。为便于分析,通常取蜗轮齿面接触线长度上的载荷进行计算,则计算载荷为

$$p_{ca} = \frac{KF_n}{L_0} \qquad (11-11)$$

式中 L_0 为蜗轮齿面接触线长度。

　　由于蜗轮轮齿是沿齿宽做成弧形包在蜗杆上的(图 11-10),且轮齿接触线的长度是变化的;同时还要考虑重合度的影响。综合这些因素,取 L_0 的近似计算公式为:

$$L_0 \approx \xi_{min}\varepsilon_\alpha \frac{\pi d_1 2r}{360°\cos\lambda}$$

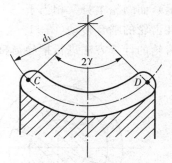

图 11-10 接触线长度

式中 ξ_{min}——接触线长度变化系数,取 $\xi_{min} = 0.75$;

　　　ε_α——端面重合度 $\varepsilon_\alpha = 2$;

　　　$2r$——蜗轮包角(图 11-10),取 $2r = 100°$,则

$$L_0 \approx \frac{1.31d_1}{\cos\lambda} \qquad (11-12)$$

将式(11-7),(11-12)代入式(11-11),并取 $\cos\alpha_n = \cos$,则

$$p_{ca} \approx \frac{1.53KT_2}{d_1d_2\cos\alpha} \qquad (11-13)$$

式中 K——载荷系数 $K = K_A K_\beta K_v$;

　　　K_A——工作情况系数,按表 11-10 选取;

K_β——载荷分布系数。当蜗杆传动在平稳载荷下工作时,载荷分布不均匀现象由于蜗轮材料较软能很快完成跑合而得到改善,从而使载荷集中现象得到消除,这时可以取 $K_\beta = 1$;对于变化载荷或有冲击、振动时,由于蜗杆的变形不固定,就不可能用跑合方法使载荷分布均匀,这时应取 $K_\beta = 1.1 \sim 1.3$。刚度大的蜗杆取小值;反之取大值;

K_v——动载荷系数。由于蜗杆传动比较平稳,所以动载荷要比齿轮传动小得多。当蜗轮圆周速度 $v_2 \leqslant 3\text{m/s}$ 时,取 $K_v = 1.0 \sim 1.1$;当 $v_2 > 3\text{m/s}$ 时,取 $K_v = 1.1 \sim 1.2$。

表 11-10　工作情况系数 K_A

原 动 机	工	作	机
	均　　匀	中等冲击	严重冲击
电动机、汽轮机	0.8～1.25	0.9～1.5	1.0～1.75
多缸内燃机	0.9～1.5	1.0～1.75	1.25～2.0
单缸内燃机	1.0～1.75	1.25～2.0	1.5～2.25

注:小值用于每日偶尔工作,大值用于长期连续工作。

三、蜗杆传动的强度计算

由前述失效形式可知,在进行蜗杆传动的强度计算时,只需作蜗轮轮齿的强度计算。至于蜗杆的强度可按轴的强度计算方法进行计算(参考第十六章)。

1.蜗轮齿面接触疲劳强度计算

由于阿基米德蜗杆传动在中间平面上,相当于直齿齿条与齿轮的啮合传动(表 11-7 中图示),而蜗轮本身又相当于一个斜齿圆柱齿轮,所以蜗杆传动可以近似地看作齿条与斜齿圆柱齿轮的啮合传动(图 11-11)。因此,蜗轮齿面接触疲劳强度计算公式,可以依照斜齿圆柱齿轮的计算方法进行推导与整理。

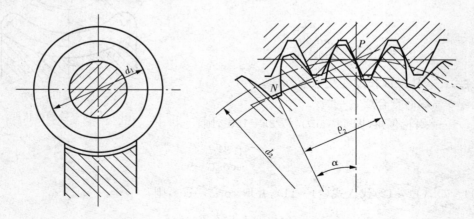

图 11-11　蜗杆在中间平面上的齿形

蜗杆传动时,作用在齿面上的接触应力可按式(10-8)计算,即

$$\sigma_H = \sqrt{p_{ca}/p_\varepsilon} \cdot z_E \quad (\text{MPa})$$

由于蜗杆齿在中间平面上为直线齿形,故 $p_1 = \infty$。而 $p_2 = \dfrac{d_2 \sin\alpha}{2\cos\beta_{b2}}$,$\mathrm{tg}\beta_{b2} = \mathrm{tg}\beta_2 \cos\alpha$,当 $\alpha = 20°$时,$\cos\alpha = 0.9397$,因此可近似取 $\beta_{b2} \approx \beta_2 = \lambda$(蜗杆螺旋线升角),则 $p_2 = \dfrac{d_2 \sin\alpha}{2\cos\lambda}$。故综合曲率为

$$\frac{1}{p_\varepsilon} = \frac{1}{p_1} + \frac{1}{p_2} = \frac{1}{p_2} = \frac{2\cos\lambda}{d_2 \sin\alpha}$$

将计算载荷 p_{ca} 及综合曲率 $\dfrac{1}{p_\varepsilon}$ 代入式(10 – 8)得

$$\sigma_H = \sqrt{\frac{1.5 S K T_2}{d_1 d_2 \cos\alpha} \cdot \frac{2\cos\lambda}{d_2 \sin\alpha}} \cdot z_E \leqslant [\sigma]_H$$

式中 $\alpha = 20°$;一般取 $\lambda = 5° \sim 25°$,$\cos\lambda = 0.9063 \sim 0.9962$,常取 $\cos\lambda = 0.95$。z_E 为弹性影响系数(见表 11 – 11),对于青铜或铸铁蜗轮与钢蜗杆配对时,取 $z_E = 160\sqrt{\mathrm{MPa}}$。将各值代入上式经整理则得

$$\sigma_H = 480\sqrt{\frac{K T_2}{d_1 d^2}} \leqslant [\sigma]_H \quad (\mathrm{MPa}) \tag{11 – 14}$$

当用 $d_1 = mq$,$d_2 = mZ_2$ 代入,则得

$$\sigma_H = 480\sqrt{\frac{K T_2}{q m^3 z_2^2}} \leqslant [\sigma] \tag{11 – 15}$$

于是得

$$q m^3 \geqslant K T_2 \left(\frac{480}{Z_2 [\sigma]_H}\right)^2 \quad (\mathrm{mm}^3) \tag{11 – 16}$$

式中　$[\sigma]_H$——蜗轮的许用接触应力,$[\sigma]_H = [\sigma]_H' K_{HN} = [\sigma]_H' \cdot \sqrt[8]{\dfrac{10^7}{N}}$;但灰铸及铸铝铁青铜,不考虑应力循环次数的影响,取$[\sigma]_H = [\sigma]_H'$;

　　　　$[\sigma]_H'$——蜗轮的基本许用接触应力,表 11 – 13;

　　　　K_{HN}——寿命系数,$K_{HN} = \sqrt[8]{\dfrac{10^7}{N}}$;

　　　　N——应力循环次数,计算方法与齿轮相似。

　　　　载荷稳定时,$N = 60 a n t$

　　　　载荷不稳定时,$N = 60 a \sum\limits_{i=1}^{n} n_i t_i \left(\dfrac{T_i}{T_{\max}}\right)^4$

　　　　当 N(或 N')$> 25 \times 10^7$ 时,应取 N(或 N')$= 25 \times 10^7$。

　　式(11 – 16)为设计计算公式;式(11 – 14),(11 – 15)为校核计算公式。当按式(11 – 16)算出 $q m^3$ 值后,就可由表 11 – 1 查出适当的 m 及 q 的值。

表 11－11　弹性影响系数 z_E

配对材料			蜗　　杆		
			钢	143.7	
蜗 轮	铸锡青铜	155.0	弹性模量 E		$\times 10^{-3}$（MPa）
	铸铝铁青铜	156.0	钢 206		铸锡青铜 103
	铸　　铁	162.0	铸铁 118		铸铝铁青铜 105
	球 墨 铸 铁		球墨铸铁 173		

注：取泊松比 $\mu = 0.3$。

表 11－12　蜗轮材料为 $N = 10^7$ 时的许用接触应力 $[\sigma]'_H$
　　　　　蜗轮材料为 $N = 10^7$ 时的许用弯曲应力 $[\sigma]'_F$　　（MPa）

蜗轮材料	制造方法	适用的滑动速度 v_s（m/s）	机构性能		$[\sigma]'_H$		$[\sigma]'_F$	
					蜗杆齿面硬度		一侧受载	两侧受载
			$\sigma_{0.2}$	σ_B	≤350HB	HRC>45		
ZCuSn 10P1 （ZQSn 10－1）	砂　模	≤12	130	220	180	200	51	32
	金属模	≤25	170	310	200	220	70	40
ZCuSn5P65Zn5	砂　模	≤10	90	200	110	125	33	24
	金属模	≤12	100	250	135	150	40	29
ZCuAl10Fe3	砂　模	≤10	180	490			82	64
	金属模		200	540			90	80
ZCuAl10Fe3Mn2	砂　模	≤10	—	490			—	—
	金属模			540	见表 11－3		100	90
ZCuZn38Mn2Pb	砂　模	≤10		245			62	56
	金属模			345			—	—
HT150	砂　模	≤2	—	150			40	25
HT200	砂　模	≤2～5	—	200			48	30
HT250	砂　模	≤2～5		250			56	35

表 11－13　无锡青铜、黄铜及铸铁的许用接触应力 $[\sigma]_H$（MPa）

蜗 轮 材 料	蜗杆材料	滑动速度 v_s　（m/s）							
		0.25	0.5	1	2	3	4	6	8
ZCuAl9Fe3，ZuAl10Fe3Mn2	钢经淬火[1]	—	250	230	210	180	160	120	90
ZCuZn38Mn2Pb2	钢经淬火	—	215	200	180	150	135	95	75
HT200 HT150（120～150HB）	渗碳钢	160	130	115	90	—	—	—	—
HT150（120～150HB）	调质或淬火钢	140	110	90	75	—	—	—	—

注：[1]蜗杆如未经淬火，表中 $[\sigma]_H$ 值应降低 20%。

2. 蜗轮齿根弯曲疲劳强度计算

由于蜗轮轮齿的齿形比较复杂，要精确计算齿根弯曲应力是比较困难的，所以常用的齿根弯曲疲劳强度计算就带有很大的条件性。通常是把蜗轮近似地当作斜齿圆柱齿轮来考虑，仿式(10-13)得蜗轮齿根的弯曲应力为

$$\sigma_F = \frac{KF_{t2}}{bm_n}Y_{Fa_2}Y_{Sa_2}Y_\varepsilon Y_\beta = \frac{2KT_2}{bd_2m_n}Y_{Fa_2}Y_{Sa_2}Y_\varepsilon Y_\beta \leqslant [\sigma]F$$

式中　　b——蜗轮轮齿弧长，取 $b = \dfrac{\pi d_1 2r}{360°}, 2r = 100°, m_n = m\cos\lambda$；

　　　　Y_{Sa_2}——齿根应力校正系数，转在 $[\sigma]_F$ 中一并考虑；

　　　　Y_ε——弯曲疲劳强度的重合度系数，$Y_\varepsilon = \dfrac{1}{\xi_{\min}\varepsilon_\alpha}$，取 $\xi_{\min} = 0.75, \varepsilon_\alpha = 2$，则 $Y_\varepsilon = 0.667$；

　　　　Y_β——螺旋角影响系数，$Y_\beta = \cos^2\lambda$。

将上列值和参数代入得

$$\sigma_F = \frac{1.53KT_2\cos\lambda}{d_1 d_2 m} \cdot Y_{Fa_2} \leqslant [\sigma]_F \quad (\text{MPa}) \qquad (11-17)$$

再引入 $d_1 = mq, d_2 = mZ_2$，经整理后得

$$qm^3 = \frac{1.53KT_2\cos\lambda}{Z_2[\sigma]_F} \cdot Y_{Fa_2} \qquad (11-18)$$

式中　　Y_{Fa_2}——蜗轮的齿形系数，按蜗轮的当量齿数 $z_{v2} = Z_2/\cos^3\lambda$（查表 11-14）；

　　　　$[\sigma]_F$——蜗轮的许用弯曲应力，MPa。$[\sigma]_F = [\sigma]'_F K_{FN}$，其中 $[\sigma]'_F$ 为计入齿根应力校正系数后蜗轮的基本许用应力，由表 11-12 中选取；

　　　　K_{FN}——寿命系数，$K_{FN} = \sqrt[9]{\dfrac{10^6}{N}}$，其中，应力循环次数 $N = 60jn_2L_n$，此处 n_2 为蜗轮转速，r/min；

　　　　L_h——工作寿命，h；

　　　　j——蜗轮每转一转，每个轮齿啮合的次数。

表 11-14　蜗轮的齿形系数 Y_{Fa_2} $(\alpha = 20°, h_a^* = 1)$

λ　z_v	20	24	26	28	30	32	35	37	40	45	56	60	80	100	150	300
4°	2.79	2.65	2.60	2.55	2.52	2.49	2.45	2.42	2.39	2.35	2.32	2.27	2.22	2.18	2.14	2.09
7°	2.75	2.61	2.56	2.51	2.48	2.44	2.40	2.38	2.35	2.31	2.28	2.23	2.17	2.14	2.09	2.05
11°	2.66	2.52	2.47	2.42	2.39	2.35	2.31	2.29	2.26	2.22	2.19	2.14	2.08	2.05	2.00	1.96
16°	2.49	2.35	2.30	2.26	2.22	2.19	2.15	2.13	2.10	2.06	2.02	1.98	1.92	1.88	1.84	1.79
20°	2.33	2.19	2.14	2.09	2.06	2.02	1.98	1.96	1.93	1.89	1.86	1.81	1.75	1.72	1.67	1.63
23°	2.18	2.05	1.99	1.95	1.91	1.88	1.84	1.82	1.79	1.75	1.72	1.67	1.61	1.58	1.53	1.49
26°	2.03	1.89	1.84	1.80	1.76	1.73	1.69	1.67	1.64	1.60	1.57	1.52	1.46	1.43	1.38	1.34
27°	1.98	1.84	1.79	1.75	1.71	1.68	1.64	1.62	1.59	1.55	1.52	1.47	1.41	1.38	1.33	1.29

式(11-18)为设计计算公式,式(11-17)为校核公式。当按式(11-18)算出 qm^3 值后,就可由表 11-1 查到适当的 m 及 q 的值。

四、蜗杆的刚度计算

蜗杆受力后如产生过大的变形,就会造成轮齿上的载荷集中,影响蜗杆与蜗轮的正确啮合,所以蜗杆还须进行刚度校核。校核蜗杆的刚度时,通常是把蜗杆螺旋部分看作以蜗杆齿根圆直径为直径的轴段,主要是校核蜗杆的弯曲刚度,其最大挠度 y 可按下式作近似计算,并得其刚度条件为

$$y = \frac{\sqrt{F_{t1}^2 + F_{r1}^2}}{48EI} L'^3 \leqslant [y] \tag{11-19}$$

式中　F_{t1}——蜗杆所受的圆周力,N;

　　　F_{r1}——蜗杆所受的径向力,N;

　　　E——蜗杆材料的弹性模量,MPa;

　　　I——蜗杆危险剖面的惯性矩,$I = \frac{\pi d_{f1}^4}{64}$,$mm^4$;其中 d_{f1} 为蜗杆齿根圆直径,mm;

　　　L'——蜗杆两端支承间的跨距,mm,视具体结构要求而定,初步计算时可取 $L' \approx$
　　　　　$0.9d_2$,其中 d_2 为蜗轮分度圆直径;

　　　$[y]$——许用最大挠度,$[y] = \frac{d_1}{1000}$;此处 d_1 为杆分度圆直径,mm。

五、普通圆柱蜗杆参数匹配法

应用参数匹配法设计计算圆柱蜗杆传动时,其计算公式如下:

1. 接触疲劳强度

设计公式　　　　　$m^2 d_1 \geqslant (\frac{15000}{[\sigma]_H Z_2})^2 K T_2$　（mm^3）　　　　　(11-20)

查表 11-4 确定 m 和 d_1 的值;

校核公式　　　　　$\sigma_H = z_E = \sqrt{\frac{9400 T_2}{d_1 d_2} K_A K v K_\beta} \leqslant [\sigma]_H$　（MPa）　　　　(11-21)

2. 弯曲疲劳强度

设计公式　　　　　$m^2 d_1 \geqslant \frac{600 K T_2 Y_{Fa}}{Z_2 [\sigma]_F}$　（mm^3）　　　　　(11-22)

查表 11-4 确定 m 和 d_1 的值;

校核公式　　　　　$\sigma_F = \frac{666 T_2 K_A K_v K_\beta}{d_1 d_2 m} Y_{Fa} Y_\beta \leqslant [\sigma]_F$　（MPa）　　　(11-23)

蜗杆刚度验算公式同前,即式(11-19)。

以上各式中:

　　T_2——作用于蜗轮上的转矩,N·m;

K——载荷系数，一般取 $K=1\sim4$。当蜗轮速度 $v_2\leqslant3\text{m/s}$ 和 7 级精度以上时，取较小值，否则取大值；

$[\sigma]_H$——许用接触应力，MPa，与蜗轮轮缘的材料有关：对无锡青铜、黄铜和铸铁的轮缘，$[\sigma]_H$ 值列于表 11-13；对锡青铜的轮缘 $[\sigma]_H=[\sigma]'_H Z_{vs} Z_N$；$[\sigma]'_H$——$N=10^7$ 时，蜗轮材料的许用接触应力，其值见表 11-12；Z_{vs} 指滑速度影响系数，查图 11-12；Z_N 指接触强度计算的寿命系数，按图 11-13；

$[\sigma]_F$——许用弯曲应力，$[\sigma]_F=[\sigma]'_F Y_N$，MPa；$[\sigma]'_F$——$N=10^6$ 时蜗轮材料的许用弯曲应力，其值见表 11-12；

Y_N——弯曲强度的寿命系数，查图 11-13；

Y_{Fa}——蜗轮的齿形系数，按蜗轮当量齿数 z_{v2} 查表 11-14；

z_E——弹性系数查表 11-11；

K_A——使用系数，表 11-10；

K_v——动载荷系数，如前述；

K_β——载荷分布系数，如前述；

Y_β——导角的系数，$Y_\beta=1-\dfrac{\lambda}{120°}$

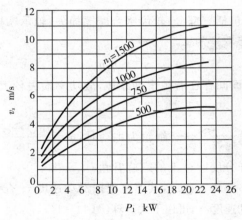

图 11-12　滑动速度 v_s 的概略值

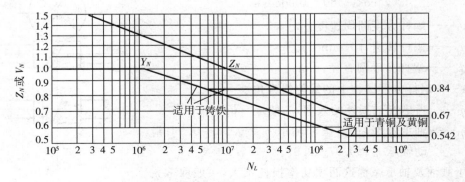

图 11-13　寿命系数 Z_N 及 Y_N

六、普通圆柱蜗杆传动的精度等级

圆柱蜗杆、蜗轮精度是根据 GB10089—88 编写的,适用于轴交角 $\Sigma = 90°$,模数 $m \geqslant$ 1mm,蜗杆分度圆直径 $d_1 \leqslant 400$mm,蜗轮分度圆直径 $d_2 \leqslant 4000$mm。

国际上对蜗杆、蜗轮和蜗杆传动规定 12 个精度等级。第一个精度最高,依次降低。一般以 6～9 级的应用最多。6 级精度的传动可用于中等精度机床的精度机构、发动机调节系统的传动以及武器读数装置的精度传动,它允许的蜗轮圆周速度 $v_2 > 5$m/s;7 级精度常用于运输和一般工业中的中等速度 ($v_2 < 7.5$m/s) 的动力传动;8 级精度常用于每昼夜只有短时工作的次要的低速 ($v_2 \leqslant 3$m/s) 传动。

GB10089—88 中规定蜗杆传动的侧隙共分 8 种:a,b,c,d,e,f,g 和 h。最小法向侧隙值以 a 为最大,依次减小,h 为零。

蜗杆传动精度等级的标注方法与齿轮传动相同。

§11-5　蜗杆传动的效率、润滑及热平衡计算

一、蜗杆传动的效率

蜗杆传动的功率损失包括三部分:轮齿啮合摩擦损失、轴承摩擦损失及蜗杆蜗轮的搅油损失。所以,蜗杆传动的总效率为

$$\eta = \eta_1 \eta_2 \eta_3 \tag{11-24}$$

由于蜗杆传动啮合齿面间存在着纯滑动摩擦,故功率损失较大。当蜗杆主动时,啮合效率 η_1 为

$$\eta_1 = \frac{\text{tg}\lambda}{\text{tg}(\lambda + \varphi_v)} \left[\text{蜗轮为主动时}, \eta_1 = \frac{\text{tg}(\lambda - \varphi_v)}{\text{tg}\lambda} \right] \tag{11-25}$$

式中　λ——普通圆柱蜗杆分度圆柱上的螺旋升角;

　　　φ_v——当量摩擦角,$\varphi_v = \text{arctg}f$,其值可根据滑动速度 v_s 查得。

蜗杆传动齿面间的滑动速度 v_s,可用下式计算(图 11-14)

$$v_s = \frac{v_1}{\cos\lambda} = \frac{\pi d_1 n_1}{60 \times 1000 \cos\lambda} \tag{11-26}$$

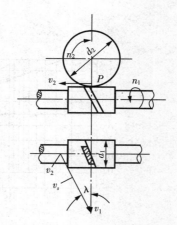

式中　v_1——蜗杆分度圆周速度,m·s^{-1};

　　　n_1——蜗杆转速,r·min^{-1};

　　　d_1——蜗杆分度圆直径,mm;

　　　λ——蜗杆分度圆柱上的螺旋线升角。

　　　η_2——考虑搅油损耗的效率,一般 $\eta_2 = 0.94 \sim 0.99$。

　　　η_3——轴承效率,每对滚动轴承 $\eta_3 = 0.98 \sim 0.99$;滑动轴承 $\eta_3 = 0.97 \sim 0.99$。

由于溅油及轴承摩擦这两项功率损耗不大,一般取 $\eta_2 \eta_3 = 0.95 \sim 0.96$,则总效率为

图 11-14　滑动速度 v_s

$$\eta = \eta_1 \eta_2 \eta_3 = (0.95 \sim 0.96) \frac{\mathrm{tg}\lambda}{\mathrm{tg}(\lambda + \eta_v)} \qquad (11-27)$$

在设计之初,为了近似地求出蜗轮轴的转矩 T_2,η 值可如下表估取:

蜗杆头数 Z_1	1	2	3~3
总效率 η[①]	0.7~0.8	0.83~0.87	0.89~0.92

注:①对圆弧圆拉蜗杆传动,η 应提高 3%~9%。

表 11-15 普通圆柱蜗杆传动的 v_s,f_v,φ_v 值

蜗轮齿圈材料	锡 青 铜				无锡青铜		灰 铸 铁			
蜗杆齿面硬度	≥HRC45		其 他		≥HRC45		≥HRC45		其 他	
滑动速度 v_s[①] (m/s)	f_v[②]	φ_v[②]	f_v	φ_v	f_v[②]	φ_v[②]	f_v[②]	φ_v[②]	f_v	φ_v
0.01	0.110	6°17′	0.120	6°51′	0.180	10°12′	0.180	10°12′	0.190	10°45′
0.05	0.090	5°09′	0.100	5°43′	0.140	7°58′	0.140	7°58′	0.160	9°05′
0.10	0.080	4°34′	0.090	5°09′	0.130	7°24′	0.130	7°24′	0.140	7°58′
0.25	0.065	3°43′	0.075	4°17′	0.100	5°43′	0.100	5°43′	0.120	6°51′
0.50	0.055	3°09′	0.065	3°43′	0.090	5°09′	0.090	5°09′	0.100	5°43′
1.0	0.045	2°35′	0.055	3°09′	0.070	4°00′	0.070	4°00′	0.090	5°09′
1.5	0.040	2°17′	0.050	2°52′	0.065	3°43′	0.065	3°43′	0.080	4°34′
2.0	0.035	2°00′	0.045	2°35′	0.055	3°09′	0.055	3°09′	0.070	4°00′
2.5	0.030	1°43′	0.040	2°17′	0.050	2°52′				
3.0	0.028	1°36′	0.035	2°00′	0.045	2°35′				
4	0.024	1°22′	0.031	1°47′	0.040	2°17′				
5	0.022	1°16′	0.029	1°40′	0.035	2°00′				
8	0.018	1°02′	0.026	1°29′	0.030	1°43′				
10	0.016	0°55′	0.024	1°22′						
15	0.014	0°48′	0.020	1°09′						
24	0.013	0°45′								

注:①如滑动速度与表中数值不一致时,可用插入法求得 f_v 和 φ_v 的值;
②蜗杆齿面经磨削或抛光并仔细跑合,正确安装,并采用粘度合适的润滑油进行充分润滑时。

蜗杆传动的总效率取决于啮合效率 η_1。由式(11-25)可知,η_1 除与摩擦角 φ_v(即摩擦系数 f)有关外,升角 λ 起主要影响,η_1 随 λ 的增大而提高,但到一定值后随即下降。将式(11-25)中的 η_1 对 λ 微分,令其导数等于零,可解出:$\lambda = 45° - \frac{\varphi'}{2}$,即 $\lambda \approx 40°$ 时,η_1 值最大(图11-15)。从图还可以看出,升角 $\lambda > 28°$ 时,效率 η_1 的增长率就比较缓慢。因大升角的蜗杆在制造上比较困难,故采用上 λ 角一般都取小于 27°。应当注意,升角 λ 愈小,啮合效率 η_1 愈低,当 $\lambda < \varphi_v$ 时,蜗杆传动具有自锁性,其效率 $\eta_1 < 50\%$。

表 11 - 16　圆弧齿圆柱蜗杆传动的 v_s,f_v,φ_v 值

蜗轮齿圈材料	锡　青　铜				无锡青铜		灰　铸　铁			
蜗杆齿面硬度	≥HRC45		其　他		≥HRC45		≥HRC45		其　他	
$v_s^{①}$(m/s)	$f_v^{②}$	$\varphi_v^{②}$	f_v	φ_v	$f_v^{②}$	$\varphi_v^{②}$	$f_v^{②}$	$\varphi_v^{②}$	f_v	φ_v
0.01	0.093	5°19′	0.10	5°47′	0.156	8°53′	0.156	8°53′	0.165	9°22′
0.05	0.075	4°17′	0.083	4°45′	0.12	6°51′	0.12	6°51′	0.138	7°12′
0.10	0.065	3°43′	0.075	4°17′	0.111	6°20′	0.111	6°20′	0.119	6°47′
0.25	0.052	2°59′	0.060	3°26′	0.083	4°45′	0.083	4°45′	0.107	5°50′
0.50	0.042	2°25′	0.052	2°59′	0.075	4°17′	0.075	4°17′	0.083	4°45′
1.00	0.033	1°54′	0.042	2°25′	0.056	3°12′	0.056	3°12′	0.075	4°17′
1.50	0.029	1°40′	0.038	2°11′	0.052	2°59′	0.052	2°59′	0.065	3°43′
2.00	0.023	1°21′	0.033	1°54′	0.042	2°25′	0.042	2°25′	0.056	3°12′
2.5	0.022	1°16′	0.031	1°47′	0.041	2°21′	0.041	2°21′		
3	0.019	1°05′	0.027	1°33′	0.037	2°07′	0.037	2°07′		
4	0.018	1°02′	0.024	1°23′	0.033	1°54′	0.033	1°54′		
5	0.017	0°59′	0.023	1°20′	0.029	1°40′	0.029	1°40′		
8	0.014	0°48′	0.022	1°16′	0.025	1°26′	0.025	1°26′		
10	0.012	0°41′	0.020	1°09′						
15	0.011	0°38′	0.017	0°59′						
20	0.010	0°35′								
25	0.009	0°31′								

注:①如滑动速度与表中不一致时,可用插入法求得 f_v 和 φ_v 的值;
　　②蜗杆齿面经磨削或抛光并仔细跑合,正确安装,采用粘度合适的润滑油进行充分的润滑时。

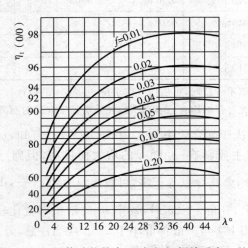

图 11 - 15　蜗杆传动的效率 η_1 与蜗杆螺旋升角 λ 的关系

二、蜗杆传动的润滑

润滑对蜗杆传动来说,具有特别重要的意义。因为润滑不良时,传动效率将显著降低,并且会带来剧烈的磨损和产生胶合破坏的危险,所以往往采用粘度大的矿物油进行良好的润滑,在润滑油中还常加入添加剂,使其提高抗胶合能力。

蜗杆传动所采用的润滑油、润滑方法及润滑装置与齿轮传动基本相同。

1. 润滑油和添加剂

润滑油和添加剂种类很多,需根据蜗杆、蜗轮配对材料和运转条件合理选用。对于钢蜗杆配青铜蜗轮时,常用的润滑油及添加剂见表 11-17。

表 11-17 润滑油及添加剂

	代 号	作 用	化 学 名 称	油的名称		
				70 号齿轮油	90 号齿轮油	150 号齿轮油
				油的成分(%)		
添 加 剂	721	抗氧化剂	2,6 二叔丁基对甲酚	0.3	0.3	0.3
	6411	抗磨剂	丁戊醇硫磷钾盐	0.1	0.1	0.8
	7411	油性极压添加剂	硫化鲸鱼油	0.2	0.2	2
	746	防锈剂	烯基丁二酸	0.02	0.02	0.03
	PPM	防泡剂	甲基硅油	0.00001	0.00001	0.00001
基 础 油				10 号机油和 15 号机油配比为 6:4	15 号机油	脱沥青重油
粘 度(°E_{50})				9.0~10	11.0~13.5	17.5~23.0
凝 固 点(℃)				≤10	<-5	<-5
闪 点(℃)				>190	>190	>210

2. 润滑油粘度及给油方法

润滑油粘度及给油方法,一般根据相对速度及载荷类型进行选择。对于闭式传动,常用的润滑油粘度及给油方法见表 11-18;对于开式传动,则采用粘度较高的齿轮油或润滑脂。

如果采用喷油润滑,喷油嘴要对准蜗杆啮入端;蜗杆正、反转时,两边都要装有喷油嘴,而且要控制一定的油压。

表 11-18 蜗杆传动的润滑油粘度荐用值及给油方法

蜗杆传动的滑动速度 v_s(m/s)	0~1	0~2.5	0~5	>5~10	>10~15	>15~25	>25
工作条件	重	重	中	—	—	—	—
粘度°E_{50}(100)	60(7)	36(4.5)	24(3)	16(2)	11	8	6
给油方法	油池润滑			喷油润滑或油池润滑	喷油润滑时的喷油压力 MPa		
					0.7	0.2	0.3

对闭式蜗杆传动采用油池润滑时,在搅油损失不致过大的情况下,应有适当的油量。这样不仅有利于动膜的形成,而且有助于散热。对于下蜗杆式或侧蜗杆式的传动,浸油深度应为蜗杆的一个齿高;当为上蜗杆式时,浸油深度约为蜗轮外径的1/3。

三、蜗轮传动的热平衡核算

蜗杆传动由于效率低,所以工作时发热量大。在闭式传动中,如果产生的热量不能及时散发,将因油温不断升高而使润滑油稀释,从而增大摩擦损失,甚至发生胶合。所以,必须根据单位时间内发生热量 H_1 等于同时间内的散热量 H_2 的条件进行热平衡核算,以保证油温稳定地处于规定的范围内。

由于摩擦损耗的功率 $P_f = P(1-\eta)$,则产生的热流量为

$$H_1 = 1000P(1-\eta)$$

式中 P 为蜗杆传递的功率,kW。

以自然冷却方式,从箱体外壁散发到周围空气中去的热流量为

$$H_2 = K_d S(t_0 - t_a)$$

式中　K_d——箱体的散热系数,可取 $K_d = (8.15 \sim 17.45) \text{W}/(\text{m}^2 \cdot \text{℃})$,当周围空气流通良好时,取偏大值;

S——内表面能被润滑油所飞溅到而外表面为周围空气所冷却到的箱体表面面积,m^2;

t_0——油的工作温度,一般限制在 60℃～70℃,最高不应超过 80℃;

t_a——周围空气的温度,常温情况可取为 20℃;

按平衡条件 $H_1 = H_2$,可求得在既定工作条件下的油温

$$t_0 = t_a + \frac{1000(1-\eta)}{K_d S} \tag{11-28}$$

或在既定条件下,保持正常工作温度所需要的散热面积

$$S = \frac{1000(1-\eta)}{K_d(t_0 - t_a)} \tag{11-29}$$

若 $t_0 > 80$℃或有效散热面积不足时,则必须采取措施提高散热能力。通常采取:

(1)加散热片以增大散热面积,见图 11-16。

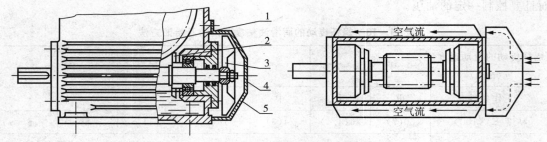

图 11-16　加散热片和风扇的蜗杆传动
1—散热片;2—溅油轮;3—风扇;4—过滤网;5—集气罩

（2）在蜗杆轴端加装风扇（图 11-16）以加快空气的流通。

由于在蜗杆轴端加装风扇，这就增加了功率损耗。总的功率损耗

$$P_f=(P-\Delta P_F)(1-\eta)$$

式中　ΔP_F——风扇消耗的功率，可由下式计算：

$$\Delta P_F\approx\frac{1.5v_F^3}{10^5}$$

式中　v_F——风扇叶轮的圆周速度，$v_F=\dfrac{\pi D_F n_F}{60\times1000}$，m/s；

　　　D_F——风扇叶轮外径，mm；

　　　n_F——风扇叶轮转速，r/min。

由摩擦消耗的功率所产生的热流量　$H_1=1000(P-\Delta P_F)(1-\eta)$

散发到空气中的热流量为　　　　　$H_2=(K'S_1+K_dS_2)(t_0-t_a)$

式中　S_1，S_2——分别为风冷面积及自然冷却面积，m²；

　　　K'_d——风冷时的散热系数，按表 11-19 取值。

表 11-19　风冷时的散热系数 K'_d

蜗杆转速（r/min）	750	1000	1250	1550
K'_d[W/(m²・℃)]	27	31	35	38

（3）在传动箱内装循环冷却管路，见图 11-17，装置循环冷却管路强迫冷却时，传动装置散出的热量为

$$H=K_dS(t_0-t_a)+K''S_g\big[t_0-0.5(t_{0s}-t_{as})\big]$$

式中　K''——蛇形管冷却的导热系数，紫铜管或黄铜管的 K'' 值如下表：　　（W/m²・℃）

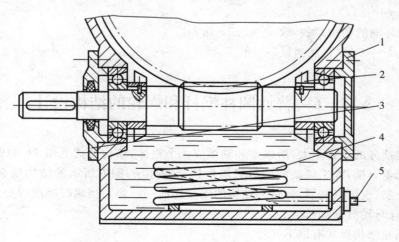

图 11-17　装有循环冷却管路的蜗杆传动
1—闷盖；2—溅油轮；3—透盖；4—蛇形管；5—冷却水出、入接口

齿轮或蜗杆	冷却水的流速(m/s)		
的周速(m/s)	0.1	0.2	≥0.4
≤4	146	157	165
4～6	153	163	174
6～8	162	174	186
8～10	168	180	195
12	174	186	203

对壁厚 1mm～3mm 的钢管,表中的值应降低 5％～15％;

S_g——蛇形管冷却的外表面积,m^2;

t_{0s}——蛇形管出水温度,℃;

t_{as}——蛇形管进水温度,℃;

$t_{0s} \approx t_{as} + (5～10)$,℃;

K_d、S、t_0、t_a 见"自然通风"。

(4)循环润滑

对于大功率蜗杆减速器,可采用压力喷油循环润滑(图 11-18)。循环润滑时传动装置的散热量的计算

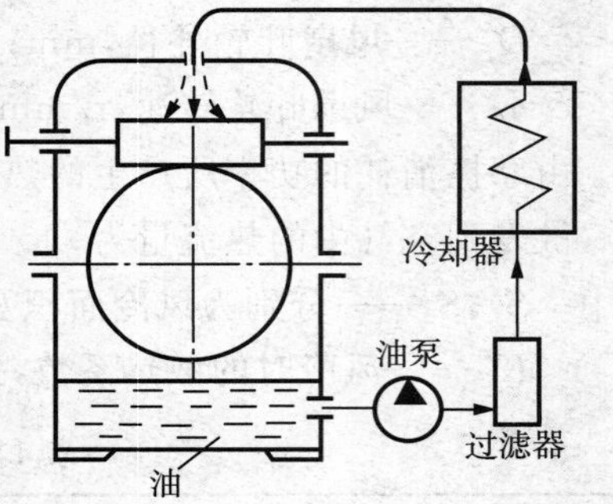

图 11-18   压力喷油循环润滑

$$H = K_d S(t_0 - t_a) + Q_y \rho_y C_y (t_{0y} - t_{ay}) \eta_y$$

Q_y——循环润滑油,m^3/s;

C_y——润滑油比热容,$C_y = 1.67 \times 10^3 J/(kg \cdot ℃)$;

ρ_y——润滑油的密度,$\rho_y \approx 980 kg/m^3$;

t_{0y}——循环油排出的温度,℃;

t_{ay}——循环油进入的温度,℃;

$t_{0y} = t_{0y} + (5～8)$,℃;

η_y——循环油的利用系数,取 $\eta_y = 0.5～0.8$;

K_d,t_0,t_a——见"自然通风"一项。

§11-6   普通圆柱蜗杆和蜗轮的结构设计

蜗杆螺旋部分的直径不大,所以常和轴做成一个整体,结构形式见图 11-19。其中图 a 所示的结构无退刀槽,加工螺旋部分时只能用铣制的办法;图 b 所示的结构则有退刀槽,螺旋部分可以车制,也可以铣制,但这种结构的刚度比前一种差。当蜗杆螺旋部分的直径较大时,可以将蜗杆与轴分开制作。

常用的蜗轮结构形式有以下几种:

(1)齿圈式(图 11-20a)   这种结构由青铜齿圈及铸铁轮芯所组成。齿圈与轮芯多用 $H7/r6$ 配合,并加装 4～6 个紧定螺钉,以增强联接的可靠性。螺钉直径取作 $(1.2～1.5)m$,

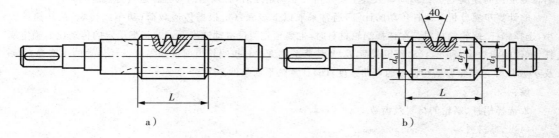

图 11-19 蜗杆的结构形式

m 为蜗轮的模数。螺钉拧入深度为 $(0.3 \sim 0.4)B$，B 为蜗轮宽度。为了便于钻孔，应将螺孔中心线由配合缝向材料较硬的轮芯部分偏移 $2 \sim 3$mm。这种结构多用于尺寸不太大或工作温度变化较小的地方，以免热胀冷缩影响配合的质量。

(2)螺栓联接式(图 11-20b)　可用 B 或 C 级精度普通螺栓联接，或用配合螺栓联接，螺栓的尺寸和数目可参考蜗轮的结构尺寸取定，然后作适当的校核。这种结构装拆比较方便，多用于尺寸较大或容易磨损的蜗轮。

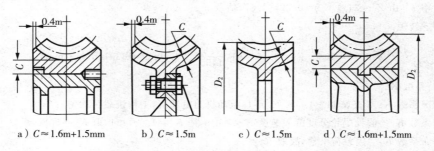

a) $C \approx 1.6m+1.5$mm　　b) $C \approx 1.5m$　　c) $C \approx 1.5m$　　d) $C \approx 1.6m+1.5$mm

图 11-20　蜗轮的结构形式(m 为蜗轮模数，m 和 C 的单位均为 mm)

(3)整体浇铸式(图 11-20c)　主要用于铸铁蜗轮或尺寸很小的青铜蜗轮。

(4)拼铸式(11-20d)　这是在铸铁轮芯上加铸青铜齿圈，然后切齿。只用于成批制造的蜗轮。蜗轮的几何尺寸可按表 11-7、表 11-8 中的计算公式及图 11-20 所示的结构尺寸来确定。

例题 11-1　试设计一搅拌机使用的闭式蜗杆减速器中的普通蜗杆传动。已知：输入功率 $P=7.5$kW，蜗杆转速 $n_1=1450$r/min，传动比 $i_{12}=20$。传动不反向，工作载荷较稳定，但有不大的冲击。要求寿命 $L_h=12000$h。

解题分析

1.设计准则分析　根据给定工作条件为闭式蜗杆传动，其承载能力主要取决于蜗轮齿面的接触疲劳强度，故应按蜗轮齿面接触强度设计，然后校核齿根弯曲强度。此外，还应作热平衡计算。

2.计算载荷分析　给定载荷为蜗杆输入功率 P_1，但在强度计算公式中，载荷参数为蜗轮传递的转矩 T_2，可采用下式计算：

$$T_2 = T_1 i \eta = 9.55 \times 10^6 \frac{P_1}{n_1} i \eta$$

为求 T_2，必须预先估计蜗杆传动效率 η。同时，在确定载荷系数 K 中的动载荷系数 K_v 时，也必须预先假定

蜗轮分度圆周速度 v_2。当传动参数及主要几何尺寸确定之后,必须返回去验算这些先假定的条件。

3.计算步骤分析　　蜗杆传动的计算,通常采取以下步骤:(1)根据传递载荷(功率或转矩)及转速的大小,选择蜗杆、蜗轮的材料。在选择蜗轮材料时,也要预先假设滑动速度 v_s;(2)根据给定的传动比 i,确定蜗杆、蜗轮的齿数 Z_1 和 Z_2;(3)确定载荷 T_2 及载荷系数 K;(4)按蜗轮齿面接触强度设计传动的主要参数(m 及 q)及尺寸;(5)验算蜗轮齿根的弯曲强度;(6)计算热平衡条件。

解:

1.选择蜗杆、蜗轮的材料及齿数

(1)选择材料

蜗杆　由于传递功率不大(7.5kW),蜗杆材料采用 45 号钢,齿面淬火 HRC>45,以提高耐磨性。

蜗轮　因蜗杆转速较高(1450r/min),假设齿面相对滑动速度 v_s>5r/min,蜗轮材料采用抗胶合能力强的铸锡青铜 ZQSn10-1,砂模铸造。

(2)选择齿数

蜗杆头数 Z_1　根据传动比 $i=20$,查表 11-6,得 $Z_1=2\sim3$,取 $Z_1=2$。

蜗轮齿数 Z_2　$Z_2=iZ_1=20\times2=40>28$,不根切。

2.齿面接触疲劳强度计算

(1)确定蜗轮传递的转矩

估计效率 η　由 $Z_1=2$,效率 $\eta=0.82\sim0.87$,估取 $\eta=0.85$。

蜗轮传递转矩

$$T_2=9.55\times10^6\frac{P_1}{n_1}i\eta=9.55\times10^6\frac{7.5}{1450}\times20\times0.85=839740(\text{N}\cdot\text{mm})$$

(2)载荷系数 K

工作情况系数 K_A　查表 11-11,取 $K_A=1$(原动机为电动机,工作机载荷均匀);

动载荷系数 K_v　假设蜗轮分度圆周速度 v_2<3m/s,则 $K_v=1.0\sim1.1$,取 $K_v=1.1$;

载荷分布系数 K_β　因载荷平稳,故取 $K_\beta=1$。

载荷系数　$K=K_AK_\beta K_v=1.0\times1.0\times1.1=1.1$

(3)确定许用接触应力

应力循环次数

$$N=60n_2t_h=60\frac{n_1}{i}t_n=60\times\frac{1450}{20}\times12000=5.2\times10^7$$

$[\sigma]_H'$　根据蜗轮材料 ZQSn10-1(砂模)及蜗杆齿面硬度 HRC>45,查表 11-12 得 $[\sigma]_H'=200$MPa

$[\sigma]_H$:由公式 $[\sigma]_H=[\sigma]_H'\sqrt[8]{\dfrac{10^7}{N}}=200\times\sqrt[8]{\dfrac{10^7}{5.2\times10^7}}=163(\text{MPa})$

(4)确定模数 m 及蜗杆直径系数 q

由设计公式(11-16)可计算出

$$m^3q\geqslant KT_2(\frac{480}{Z_2[\sigma]_H})^2=1.1\times839740(\frac{480}{40\times163})^2=5006.53$$

根据 $m^3q=5006.53$ 查表 11-1,选取 $m=8,q=10$

3.计算传动的主要尺寸及参数

(1)中心距

$$a=\frac{m(q+Z_2)}{2}=\frac{8(10+40)}{2}=200(\text{mm})$$

(2)蜗杆分度圆直径

$$d_1 = qm = 10 \times 8 = 80 (\text{mm})$$

(3)蜗轮分度圆直径

$$d_2 = Z_2 m = 40 \times 8 = 320 (\text{mm})$$

(4)蜗杆螺旋线升角

$$\lambda = \text{tg}^{-1} \frac{Z_1}{q}, 根据 Z_1 = 2, q = 10, 查表 11-2 得 \lambda = 11°18'36''$$

(5)验算蜗轮圆周速度

$$v_2 = \frac{\pi d_2 n_2}{60 \times 1000} = \frac{\pi d_2 n_1}{60 \times 1000} = \frac{\pi \times 320 \times 1450}{60 \times 1000} = 1.21 (\text{m/s})$$

$v_2 < 3\text{m/s}$,与原假设符合。

4.验算齿根弯曲疲劳强度

(1)确定弯曲许用应力

$[\sigma]'_F$　查表 11-12,当蜗轮材料 ZQSn10-1(砂模);蜗杆齿面硬度 HRC>45,一侧受载,查得$[\sigma]'_F$ =51MPa。

许用弯曲应力$[\sigma]_F$:由公式$[\sigma]_F = [\sigma]'_F \sqrt[9]{\frac{10^6}{N}}$,得$[\sigma]_F = 51 \sqrt[9]{\frac{10^6}{5.2 \times 10^7}} = 32.878 (\text{MPa})$

(2)计算齿根弯曲应力 σ_F

蜗轮当量齿数

$$z_{v2} = \frac{Z_2}{\cos^3 \lambda} = \frac{40}{\cos 11°18'36''} = 42.4$$

齿形系数　由 $z_{v2} = 42.4$,查表 11-14 得 $Y_{F\alpha_2} \approx 2.1$

齿根弯曲应力 σ_F:

$$\sigma_F = \frac{1.53 K T_2 \cos\lambda}{d_1 d_2 m} = \frac{1.53 \times 1.1 \times 839740 \cos 11°18'36''}{80 \times 320 \times 8} = 6.5 (\text{MPa})$$

校验结果,$\sigma_F < [\sigma]_F$,弯曲强度足够

5.热平衡计算

(1)滑动速度　由公式(11-26)得

$$v_s = \frac{v_1}{\cos\lambda} = \frac{\pi d_1 m_1}{60 \times 1000 \cos\lambda} = \frac{\pi \times 80 \times 1450}{60 \times 1000 \times \cos 11°18'36''} = 6.2 (\text{m/s})$$

$v_s > 5\text{m/s}$,与原假设相符合。

(2)当量摩擦角　由 $v_s = 6.2\text{m/s}$,查表 11-15,查得 $\varphi_v = 1°20'$

(3)啮合效率　由式(11-25)得

$$\eta_1 = \frac{\text{tg}\lambda}{\text{tg}(\lambda + \varphi_v)} = \frac{\text{tg} 11°18'36''}{\text{tg}(11°18'36'' + 1°20')} = 0.89$$

(4)轴承效率　蜗杆传动采用滚动效率,取 $\eta_2 = 0.99$

(5)搅拌效率　近似取 $\eta_3 = 0.98$

(6)蜗杆传动总效率　$\eta = \eta_1 \eta_2 \eta_3 = 0.89 \times 0.99 \times 0.98 = 0.86$,$\eta$ 与原设计 0.85 接近。

(7)计算箱体所需散热面积 S

箱体周围环境温度　取 $t_a = 20℃$

润滑油的工作温度　取 $t_0 = 70℃$

散热系数　取 $K_d = 14W/(m^2 \cdot ℃)$

所需散热面积

$$S = \frac{1000(1-\eta)P_1}{K_d(t_0 - t_a)} = \frac{1000(1-0.86) \times 7.5}{14(70-20)} = 1.5(m^2)$$

例题 11-2　设计一用于带式输送机的普通蜗杆传动。已知:输入功率 $P = 7.3kW$,蜗杆转速 $n_1 = 1450r/min$,传动比 $i_{12} = 23$。传动不反向,但有轻微冲击,要求工作寿命 $L_h = 12000h$。

解:

1. 根据题目分析,欲设计的蜗杆传动属于一般工作用途,载荷性质平稳,载荷大小属中等载荷,无特殊工作条件要求。

2. 决定采用减速器形式的闭式蜗杆传动。考虑无自锁要求,为适当提高传动效率,取 $Z_1 = 2$,并按前述,初定传动效率 $\eta = 0.80$。

3. 选择材料　根据库存材料的情况,并考虑到蜗杆传动传递的功率不大,速度只是中等,故蜗杆用 45 号钢;因希望效率高些,耐磨性好些,故蜗杆螺旋面要求淬火,硬度为 HRC45~55。蜗轮用铸锡青铜 ZQSn10-1,金属模铸造。为了节约贵重的有色金属,仅齿圈用青铜制造,而轮芯用灰铸铁。

4. 确定主要参数　选择蜗杆头数 Z_1 及蜗轮齿数 Z_2。

由表 11-6,按 $i_{12} = 23$,取 $Z_1 = 2$,则 $Z_2 = iZ_1 = 23 \times 2 = 46$

5. 按齿面接触疲劳强度计算蜗轮的模数 m 及蜗杆特性系数

(1)确定作用在蜗轮上的转矩

$$T_2 = 9550000 \frac{P_2}{\eta} = 9550000 \frac{7.3 \times 0.8}{1450/23} = 884659.3(N \cdot mm)$$

(2)确定载荷系数

因工作载荷稳定,故取载荷分布不均系数 $K_\beta = 1$;由表 11-10 选取工作情况系数 $K_A = 1.15$;由于转速不高,冲击不大,可取动载荷系数 $K_v = 1.05$,则

$$K = K_A K_\beta K_v = 1.15 \times 1 \times 1.05 \approx 1.21$$

(3)确定许用接触应力

由表 11-12 查得 $[\sigma]'_H = 220MPa$

应力循环次数

$$N = 60jn_2 L_h = 60 \times 1 \times \frac{1450}{23} \times 12000 = 4.54 \times 10^7$$

寿命系数

$$K_{HN} = \sqrt[8]{\frac{10^7}{4.54 \times 10^7}} = \sqrt[8]{\frac{1}{4.54}} \approx 0.83$$

故

$$[\sigma]_H = [\sigma]'_H K_{HN} = 220 \times 0.83 = 182.6(MPa)$$

(4)确定模数 m 及蜗杆直径系数 q,由式(11-16)得

$$qm^3 \geqslant KT_2 \left(\frac{480}{Z_2[\sigma]_H}\right)^2 = 1.21 \times 884659.3 \times \left(\frac{480}{46 \times 182.6}\right)^2 = 3507(mm^3)$$

由表 11-1,按 $qm^3 \geqslant 3507$ 选取蜗轮的模数 $m=8$,蜗杆直径系数 $q=8$。

6.验算蜗轮的圆周速度

$$v_2 = \frac{\pi Z_2 m n_2}{60 \times 1000} = \frac{\pi \times 46 \times 8 \times 1450/23}{60 \times 1000} = 1.21 (\text{m/s})$$

按前述的情况,推荐 $K_v = 1.05$ 是可以的。

7.求中心距

$$a = \frac{m}{2}(q + Z_2) = \frac{8}{2} \times (8 + 46) = 216 (\text{mm})$$

8.校核齿根弯曲疲劳强度

蜗杆分度圆直径 $d_1 = mq = 8 \times 8 = 64 (\text{mm})$

蜗轮分度圆直径 $d_2 = m Z_2 = 8 \times 46 = 368 (\text{mm})$

由表 11-2,按 $Z_1 = 2$,$q = 8$,查到螺杆螺旋线升角 $\lambda = 14°2'10''$;齿形系数 Y_{Fa_2} 按

$$Z_{v2} = \frac{Z_2}{\cos^3 \lambda} = \frac{46}{\cos^3 14°2'10''} = 50.5$$

由表 11-14 查得 $Y_{Fa_2} = 2.10$;由表 11-13 查得 $[\sigma]'_F = 70 \text{MPa}$,寿命系数

$$K_{FN} = \sqrt[9]{\frac{10^6}{4.54 \times 10^7}} = 0.65446$$

$$\sigma_F = [\sigma]'_F K_{FN} = 70 \times 0.65446 = 45.8 (\text{MPa})$$

由式(11-17)得

$$\sigma_F = \frac{1.53 \times K T_2 \cos\lambda}{d_1 d_2 m} \cdot Y_{Fa_2} = \frac{1.53 \times 1.21 \times 884659.3 \times \cos 14°2'10''}{64 \times 368 \times 8} \times 2.1 = 17.7 (\text{MPa}) < 45.8 (\text{MPa})$$

故齿根弯曲疲劳强度是足够的。

9.蜗杆、蜗轮各部分尺寸的计算(按表 11-7)

(1)蜗杆

齿顶高 $h_{a_1} = m = 8\text{mm}$

齿全高 $h_1 = 2.2m = 2.2 \times 8 = 17.6 (\text{mm})$

齿顶圆直径 $d_{a1} = d_1 + 2h_a^* m = 64 + 2 \times 1 \times 8 = 80 (\text{mm})$

齿根圆直径 $d_{f1} = d_1 - 2m(h_a^* + c^*) = 64 - 2 \times 8(1 + 0.2) = 44.8 (\text{mm})$

蜗杆螺旋部分长度(按表 11-8)

$$L_1 \geqslant (11 + 0.06 Z_2)m = (11 + 0.06 \times 46) \times 8 = 110.08 (\text{mm})$$

取 $L = 120\text{mm}$

蜗杆轴向周节 $p_{a1} = \pi m = \pi \times 8 = 25.133 (\text{mm})$

蜗杆的螺旋线导程 $l = Z_1 p_{a1} = 2 \times 25.133 = 50.266 (\text{mm})$

(2)蜗轮

齿顶圆直径 $d_{a2} = d_2 + 2h_a^* m = 368 + 2 \times 1 \times 8 = 384 (\text{mm})$

齿根圆直径 $d_{f2} = d_2 - 2m(h_a^* + c^*) = 368 - 2 \times 8(1 + 0.2) = 348.8 (\text{mm})$

蜗轮外圆直径 d_{e2}:当 $Z_2 = 2 \sim 3$ 时,$d_{e2} = d_{a2} + 1.5m$,所以 $d_{e2} = 384 + 1.5 \times 8 = 396 (\text{mm})$

蜗轮齿宽 b_2 当 $Z_1 \leqslant 3$ 时,$b \leqslant 0.75 d_{a1}$,故 $b_2 = 0.75 \times 80 = 60 (\text{mm})$

蜗轮包角 $2r = 2 \times \sin^{-1} \frac{b_2}{d_{a1} - 0.5m} = 2 \times \sin^{-1} \frac{60}{80 - 0.5 \times 8}$

$$= 2 \times \sin^{-1} 0.7895 = 2 \times 52°8' = 104°16'$$

取 $2r = 104°$

蜗轮齿根圆弧半径　$R_{f2} = \dfrac{d_{a1}}{2} + c^* m = \dfrac{80}{2} + 0.2 \times 8 = 41.6 \text{(mm)}$

蜗轮齿顶圆弧半径　$R_{a2} = \dfrac{d_1}{2} - m = \dfrac{64}{2} - 8 = 24 \text{(mm)}$

10.精度选择和公差、表面粗糙度的确定

由于所设计的蜗杆传动是用于动力传动，希望寿命长些。另外，它属于通用机械的减速器，可以选择 8 级精度和标准保证侧隙 Dc，即按标准为"级 8 - Dc JB162—60"。

至于公差项目及表面粗糙度，可参考 JB162—60 及《机械设计手册》选取。

11.热平衡核算

(1)传动效率　按式(11 - 27)得

$$\eta = \eta_1 \eta_2 \eta_3 = (0.95 \sim 0.96) \frac{\text{tg}\lambda}{\text{tg}(\lambda + \varphi_v)}$$

由式(11 - 26)，滑动速度

$$v_s = \frac{\pi d_1 n_1}{60 \times 1000 \cos} = \frac{\pi \times 641450}{60 \times 1000 \cos 14°2'10''} = 5 \text{(m/s)}$$

按表 11 - 15，查得 $\varphi_v = 1°16'$，则

$$\eta = 0.96 \times \frac{\text{tg}14°2'10''}{\text{tg}(14°2'10'' + 1°16')} = 0.96 \times \frac{\text{tg}14°2'10''}{\text{tg}15°18'10''} = 0.86$$

(2)根据减速器的装配草图估算箱体散热面积 $S = 1.5\text{m}^2$

(3)工作温度　按式(11 - 18)得

$$t_0 = t_a + \frac{1000(1 - \eta)P}{k_d S}$$

取环境温度 $t_a = 20℃$，平均散热系数按通风良好考虑，取 $k_d = 14\text{W}/(\text{m}^2 \cdot ℃)$代入上式后求得

$$t_0 = 20 + \frac{1000 \times 7.3(1 - 0.86)}{14 \times 1.5} = 68.7(℃) < 70(℃) \sim 80(℃)，合适。$$

12.绘制工作图

此处省略，可参考 GB4459.2—84。

例题 11 - 3　设计驱动链式运输机的蜗杆传动。已知：蜗杆输入功率 $P_1 = 10\text{kW}$，转速 $n_1 = 1460\text{r/min}$，蜗轮转速 $n_2 = 73\text{r/min}$；要求使用寿命 5 年，每年工作 300 天，每天工作 8h，每小时载荷持续率为 40%。批量生产。

解：

1. 选择传动的类型、精度等级和材料

考虑到传递的功率不大，速度也不高，故选用阿基米德蜗杆传动，精度 8c GB10089—88。

蜗杆用 40Cr，表面淬火，HRC=45～50，表面粗糙度 $R_a = 1.6\mu\text{m}$。蜗轮轮缘选用 ZCuSn10P1，金属模造。

2. 初选几何参数

传动比　$i = \dfrac{n_1}{n_2} = \dfrac{1460}{73} = 20$，参考表 11 - 6，取 $Z_1 = 2$，

$Z_2 = Z_1 i = 2 \times 20 = 40$

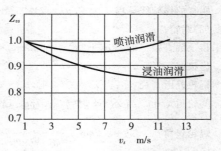

图 11 - 21　滑动速度影响系数 Z_{vs}

3. 确定许用接触应力

因为 $[\sigma]_H = [\sigma]'_H Z_{vs} Z_N$

由表 11-12 查得 $[\sigma]'_H = 220\text{MPa}$

由图 11-12 查得 $v_s = 8.35\text{m/s}$

传动采用浸油润滑,由图 11-21 查得

$$Z_{vs} = 0.87$$

蜗轮应力循环次数

$$N = 60 n_2 j L_h = 60 \times 73 \times 1 \times 300 \times 5 \times 8 \times 0.4 = 2.1 \times 10^7$$

查图 11-13 得 $Z_N = 0.9$,则

$$[\sigma]_H = 220 \times 0.87 \times 0.9 = 172.3(\text{MPa})$$

4. 接触强度设计

按式(11-20)得:

$$m^2 d_1 \geqslant \left(\frac{15000}{[\sigma]_H Z_2}\right) K T_2$$

载荷系数 $K = 1.2$

蜗轮轴的转矩

$$T_2 = 9549 \frac{P_1 \eta}{n_2} = 9549 \frac{10 \times 0.82}{73} = 1073(\text{N} \cdot \text{m})$$

式中 暂取 $\eta = 0.82$

$$m^2 d_1 \geqslant \left(\frac{15000}{172.3 \times 40}\right)^2 \times 1.2 \times 1073 = 6099(\text{mm}^3)$$

查表 11-4,可选用 $m = 8\text{mm}$,$d_1 = 10\text{mm}$

5. 主要几何尺寸计算

按表 11-7 中的公式得:

蜗轮分度圆直径

$$d_2 = m Z_2 = 8 \times 40 = 320(\text{mm})$$

传动的中心距

$$a = \frac{1}{2}(d_1 + d_2) = \frac{1}{2}(100 + 320) = 210(\text{mm})$$

升角

$$\lambda = \text{tg}^{-1} \frac{Z_1 m}{d_1} = \text{tg}^{-1} \frac{2 \times 8}{100} = 9.09(°)$$

6. 求蜗轮的圆周速度并校对传动的效率

蜗轮的圆周速度

$$v_2 = \frac{\pi d_2 n_2}{60 \times 1000} = \frac{\pi \times 320 \times 73}{60 \times 1000} = 1.22(\text{m/s})$$

齿面间滑动速度

$$v_s = \frac{\pi d_1 n_1}{60 \times 1000 \cos\lambda} = \frac{\pi \times 100 \times 1460}{60 \times 1000 \cos 9.09°} = 7.74(\text{m/s})$$

按式(11-24)

$$\eta = \eta_1 \eta_2 \eta_3$$

按式(11-25)

$$\eta_1 = \frac{\text{tg}\lambda}{\text{tg}(\lambda + \varphi_v)} = \frac{\text{tg}9.09°}{\text{tg}(9.09° + 1°)} = 0.899$$

由表 11-17 查得 $\varphi_v \approx 1°$

搅油损耗的效率,取 $\eta_2 = 0.96$

滚动轴承效率,取 $\eta_3 = 0.99$

$$\eta = \eta_1 \eta_2 \eta_3 = 0.899 \times 0.96 \times 0.99 = 0.854$$

与假定值相近。

7. 校核接触强度

由式(11-21)

$$\sigma_H = z_E \sqrt{\frac{9400 T_2}{d_1 d_2^2} \cdot K_A K_v K_\beta} \leqslant [\sigma]_H$$

弹性系数　由表 11-11 查得　$z_E = 155 \sqrt{\text{MPa}}$

使用系数　由表 11-10 查得　$K_A = 1$

动载系数　$K_v = 1.1$

齿向载荷分布系数　$K_\beta = 1.1$

蜗轮轴上的转矩

$$T_2 = 9549 \frac{10 \times 0.854}{73} = 1117(\text{N} \cdot \text{m})$$

按图 11-12 查得滑动速度影响系数 $Z_{vs} = 0.86$,于是

$$\sigma_H = 155 \sqrt{\frac{9400 \times 1117}{100 \times 320^2} \times 1.1 \times 1.1} = 172.6 \approx [\sigma]_H = 172.3(\text{MPa})$$

恰好合适。

8. 轮齿弯曲强度校核

按式(11-23)

$$\sigma_F = \frac{666 T_2 K_A K_v K_\beta}{d_1 d_2 m} Y_{Fa} \cdot Y_\beta \leqslant [\sigma]_F$$

齿形系数 Y_{Fa},按 $z_{v2} = \dfrac{Z_2}{\cos^3 \lambda} = \dfrac{40}{\cos^3 9.09°} = 41.5$,查图 11-22 得 $Y_{Fa} = 4.02$

螺旋角系数

$$Y_\beta = 1 - \frac{\lambda}{120°} = 1 - \frac{9.09°}{120°} = 0.924$$

蜗轮的许用弯曲应力

$$[\sigma]_F = [\sigma]_F' Y_N$$

寿命系数 Y_N　当 $N = 2.1 \times 10^7$ 时,查图 11-13 得 $Y^N = 0.72$

蜗轮材料 $N = 10^6$ 时,$[\sigma]_F' = 70\text{MPa}$,查表 11-12 得

$$[\sigma]_F = 70 \times 0.72 = 50.4(\text{MPa})$$

则

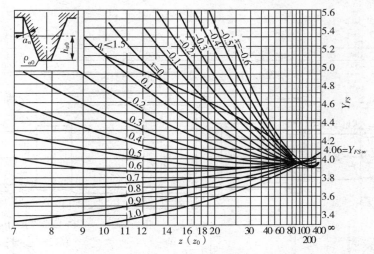

图 11-22 外齿轮的复合齿形系数 Y_{FS}

$a_n=20°;h_a/m_n=1;h_{a0}/m_n=1.25;\rho_{a0}/m_n=0.38$

对 $\rho f=\rho_{a02}/2$，齿高 $h=h_{a0}+h_a$ 的内齿轮，$Y_{FS}=5.10$，当 $\rho_f=\rho_{a0}$ 时，$Y_{FS}=Y_{FS\infty}$

$$\sigma_F=\frac{666\times1117\times1.1\times1.1}{100\times320\times8}\times4.02\times0.924=13(\text{MPa})<[\sigma]_F=50.4(\text{MPa})$$

结果通过。

9. 其他几何尺寸计算（表 11-7）

$\alpha=20°$

$c^*=0.2m=0.2\times8=1.6(\text{mm})$

$d_{a1}=d_1+2h_a^* m=100+2\times8=116(\text{mm})$

$d_{f1}=d_1-2(h_a^*+c^*)m=100-2\times8(1+0.2)=80.8(\text{mm})$

$h_{a2}=m(h_a^*+x_2)=8(1+0)=8(\text{mm})$

$d_{a2}=d_2+2h_{a2}=320+2\times8=336(\text{mm})$

$h_{f2}=m(h_a^*+c^*-x_2)=8(1+0.2-0)=9.6(\text{mm})$

$d_{f2}=d_2-2h_{f2}=320-2\times9.6=300.8(\text{mm})$

$d_{e2}=d_{a2}+1.5m=336+1.5\times8=348(\text{mm})$，取 $d_{e2}=345\text{mm}$

$b_2\leqslant0.75d_{a1}=0.75\times116=87$，取 $b_2=85\text{mm}$

$L\geqslant(11+0.06Z_2)m=(11+0.06\times40)\times8=107.2(\text{mm})$

考虑磨削蜗杆的增加量，取 $L=125\text{mm}$

$$R_{a2}=\frac{d_1}{2}-m=50-8=42(\text{mm})$$

$$R_{f2}=\frac{d_{a1}}{2}+c^* m=58+0.2\times8=59.6(\text{mm})$$

$$p_x=\pi m=3.14\times8=25.13(\text{mm})$$

$$S_{x1}=0.5p_x=0.5\times25.13=12.566(\text{mm})$$

$$S_{n1}=S_{x1}\cos\lambda=12.566\cos9.09°=12.40(\text{mm})$$

$$S_2=(0.5\pi+2x_2\text{tg}\alpha_m)m=(0.5\pi+0)8=12.566(\text{mm})$$

10. 蜗杆、蜗轮的工作图

蜗杆的工作图见图 11-23；蜗轮工作图见图 11-24。

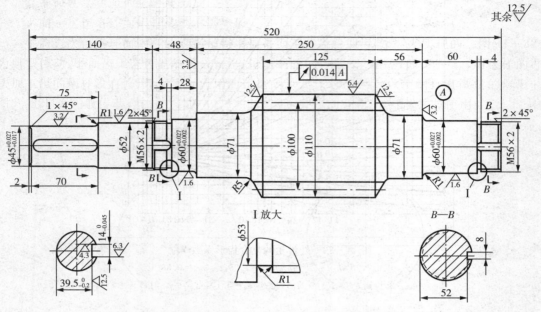

技术要求：
表面淬火 HRC45～50

传动类型		ZA 型蜗轮副
蜗杆头数	Z_1	2
轴面模数	m_x	8
蜗杆螺旋线导程角	γ	9°15′07″
蜗杆螺旋线方向		右旋
轴向剖面内齿形角	a_x	20°
精度等级		蜗杆 8c GB10089
中心距	a	210
配对蜗轮图号		
轴向齿距累积公差	f_{pxL}	0.045
轴向齿距极限偏差	f_{px}	0.025
蜗杆齿形公差	f_{f1}	0.04
	s_{x1}	$12.57^{-0.222}_{-0.312}$
	s_{n1}	$12.41^{-0.222}_{-0.312}$
轴向（法向）螺旋剖面	$\overline{h}_{a1}$	8

图 11-23　普通圆柱蜗杆工作图

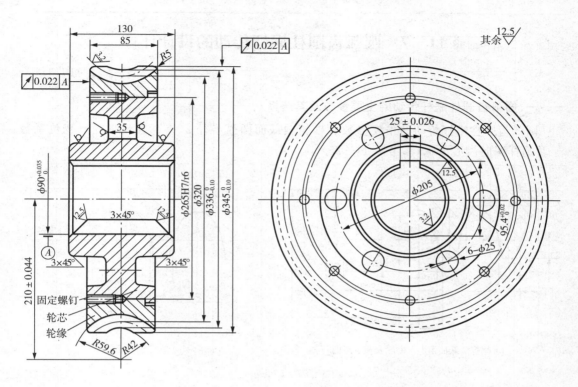

技术要求：
轮缘和轮芯装配好后再精车和切制轮齿

传动类型		ZA 型蜗轮副
蜗轮端面模数	m_t	10
蜗杆头数	Z_1	2
螺旋线升角	γ	14°02′10″
蜗旋线方向		右旋
蜗杆轴向剖面内的齿形角	α	20°
蜗轮齿数	Z_2	40
变位系数	x	0
精度等级		蜗轮 8c GB10089
中心距	a	240
配对蜗轮图号		
轴向齿距累积公差	f_p	0.125
齿距极限偏差	$\pm f_{pt}$	± 0.036
蜗轮齿厚	s_2	$12.57^{0}_{-0.18}$

图 11-24 蜗轮工作图

§11－7　圆弧齿圆柱蜗杆传动的设计计算

一、圆弧齿圆柱蜗杆传动的主要参数及其选择

圆弧齿圆柱蜗杆传动的主要参数有砂轮轴截面圆弧半径 ρ（齿廓圆弧半径）、变位系数 x_2 及蜗杆法向齿形角 α_n（参考图 11－25）。

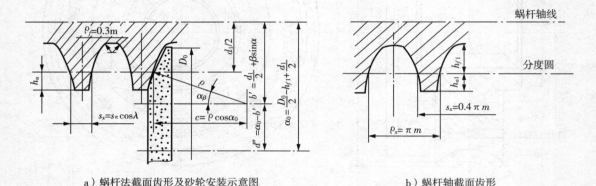

a）蜗杆法截面齿形及砂轮安装示意图　　　　　　　b）蜗杆轴截面齿形

图 11－25　蜗杆齿形

（1）蜗轮法向齿形角　一般推荐齿形角 $\alpha=20°\sim24°$，但考虑到齿形角对蜗杆、蜗轮的加工工艺性、啮合时接触线的形状及承载能力等的影响，常取 $\alpha=23°$，与砂轮轴截面产形角 α_0 相等。

（2）砂轮轴截面圆弧半径 ρ（齿廓圆弧半径）　这个参数对承载能力的影响很大。较小的 ρ 值，对啮合时的接触面积和接触线的形状均较有利，可以提高承载能力；但 ρ 值又不能太小，否则会产生干涉现象。同时，为了尽量减少蜗轮滚刀的规格，对不同的中心距 a 和传动比 i，当 m 和 d_1 相同时，应使 ρ 值也相同。因而在实际应用中，推荐 ρ 值：当 $m\leqslant10$mm 时，$\rho=(5.5\sim6)m$；$m>10$mm 时，$\rho=(5\sim5.5)m$。当 $Z_1=1\sim2$ 时，取 $\rho=5m$；$Z_1=3$ 时，取 $\rho=5.3m$；$Z_1=4$ 时，取 $\rho=5.5m$。m 为模数。

（3）变位系数 x_2　为了有利于润滑油膜形成和啮合传动时有足够的接触面积，并避免产生根切，应取 $x_{2min}\geqslant0.5$；同时为避免齿顶变尖和减小啮合区，又应取 $x_{2max}<1.5$。实用中当 $Z_1>2$ 时，取 $x_2=0.7\sim1.2$；$Z_1\leqslant2$ 时，取 $x_2=1\sim1.5$。通常 x_2 应尽量在 $0.7\sim1.2$ 的范围内选取。

（4）侧隙 c　为了使啮合齿面间易于形成油膜，以保证良好的润滑条件，并考虑蜗轮滚刀的刃磨方便等因素，齿侧间隙 c 值应按普通圆柱蜗杆传动取得稍大一些。

（5）齿顶高系数 $h_a^*=1$；当 $Z_1>3$ 时，$h_a^*=(0.85\sim0.95)m$。系数 h_a^* 的取值，应保证蜗杆齿顶圆直径 d_{a1} 为整数。

齿顶间隙系数　$c^*\approx0.16$

（6）蜗轮的端面模数 m 和蜗杆分度圆直径 d_1　表 11-20 列出了蜗轮的端面模数 m 和蜗杆分度圆直径 d_1 的搭配。

表 11-20　蜗轮的端面模数 m 和蜗杆分度圆直径 d_1

m	2	2.25	2.5		2.75	3		3.2	3.5	3.6	3.8	4	4.4	4.5	4.8	5	5.2
d_1	26	26.5	26	30	32.5	30.4	32	36.6	39	35.4	38.4	44	47.2	43.6	46.4	55	54.6

m	5.6	5.8	6.2	6.5	7.1	7.3	7.8	7.9	8.2	9	9.1	9.2	9.5	10	10.5	11.5	11.8
d_1	58.8	49.4	57.6	67	70.8	61.8	69.4	82.2	78.6	84	91.8	80.6	73	82	99	107	93.5

m	12.5	13	14.5	15	16	18	19	20		22	24
d_1	105	119	127	111	124	136	141	148	165	160	172

（7）圆弧圆柱蜗杆传动中心距和传动比　圆弧圆柱蜗杆传动中心距 a 和传动比 i 之间标准系列值见表 11-21。

表 11-21　圆弧圆柱蜗杆减速器参数匹配

中心距 a(mm)	参数	公称传动比											
		5	6.3	8	10	12.5	16	20	25	31.5	40	50	60
62	Z_2/Z_1	24/5	25/4	31/4	31/3	38/3	31/2	39/2	49/2	31/1	39/1	49/1	—
	m	3.6	3.6	3	3	2.5	3	2.5	2	3	2.5	2	—
	d_1	35.4	35.4	30.4	32	30	32	26	26	32	26	26	—
	x_2	0.583	0.083	0.433	0.167	0.2	0.167	0.5	0.5	0.167	0.5	0.5	—
80	Z_2/Z_1	24/5	25/4	33/4	31/3	37/3	31/2	41/2	51/2	31/1	41/1	51/1	59/1
	m	4.5	4.5	3.6	3.8	3.2	3.8	3	2.5	3.8	3	2.5	2.25
	d_1	43.6	43.6	35.4	38.4	36.6	38.4	32	30	38.4	32	30	26.5
	x_2	0.933	0.433	0.806	0.5	0.781	0.5	0.833	0.5	0.5	0.833	0.5	0.16
100	Z_2/Z_1	24/5	25/4	33/4	31/3	37/3	31/2	41/2	49/2	31/1	41/1	50/1	60/1
	m	5.8	5.8	4.5	4.8	4	4.8	3.8	3.2	4.8	3.8	3.2	2.75
	d_1	49.4	49.4	43.6	46.4	44	46.4	38.4	36.6	46.4	38.4	36.6	32.5
	x_2	0.983	0.483	0.878	0.5	1	0.5	0.763	1.031	0.5	0.763	0.531	0.435
125	Z_2/Z_1	24/5	25/4	33/4	31/3	37/3	31/2	41/2	51/2	30/1	41/1	50/1	59/1
	m	7.3	7.3	5.8	6.2	5.2	6.2	4.8	4	6.2	4.8	4	3.5
	d_1	61.8	61.8	49.4	57.6	54.6	57.6	46.4	44	57.6	46.4	44	39
	x_2	0.890	0.390	0.793	0.016	0.288	0.016	0.708	0.250	0.516	0.708	0.750	0.643

（续表）

中心距 a(mm)	参　数	公　称　传　动　比											
		5	6.3	8	10	12.5	16	20	25	31.5	40	50	60
140	Z_2/Z_1	—	29/5	29/4	31/3	35/3	31/2	39/2	51/2	31/1	39/1	51/1	58/1
	m	—	7.3	7.3	6.5	6.2	6.5	5.6	4.4	6.5	5.6	4.4	4
	d_1	—	61.8	61.8	67	57.6	67	58.8	47.2	67	58.8	47.2	46
	x_2	—	0.445	0.445	0.885	0.435	0.885	0.250	0.955	0.885	0.250	0.955	0.5
160	Z_2/Z_1	24/5	25/4	34/4	31/3	37/3	31/2	41/2	49/2	31/1	41/1	50/1	60/1
	m	9.5	9.5	7.3	7.8	6.5	7.8	6.2	5.2	7.8	6.2	5.2	4.4
	d_1	73	73	61.8	69.4	67	69.4	57.6	54.6	69.4	57.6	54.6	47.2
	x_2	1	0.5	0.685	0.564	0.	0.564	0.661	1.019	0.564	0.661	0.519	0.3
180	Z_2/Z_1	—	29/5	29/4	29/3	36/3	33/2	39/2	52/2	33/1	40/1	52/1	60/1
	m	—	9.5	9.5	9.2	7.8	8.2	7.1	5.6	8.2	7.1	5.6	5
	d_1	—	73	73	80.6	69.4	78.6	70.8	58.8	78.6	70.8	58.8	55
	x_2	—	0.605	0.605	0.685	0.628	0.659	0.866	0.893	0.659	0.366	0.893	0.5
200	Z_2/Z_1	24/5	25/4	33/4	31/3	38/3	31/2	41/2	51/2	31/1	41/1	50/1	60/1
	m	11.8	11.8	9.5	10	8.2	10	7.8	6.5	10	7.8	5.5	5.6
	d_1	93.5	93.5	73	82	78.6	82	69.4	67	82	69.4	67	58.8
	x_2	0.987	0.487	0.711	0.4	0.598	0.4	0.692	0.115	0.4	0.692	0.615	0.464
225	Z_2/Z_1	—	29/5	29/4	32/3	36/3	32/2	39/2	52/2	32/1	40/1	52/1	58/1
	m	—	11.8	11.8	10.5	10	10.5	9	7.1	10.5	9	7.1	6.5
	d_1	—	93.5	93.5	99	82	99	84	70.8	99	84	70.8	67
	x_2	—	0.606	0.606	0.714	0.4	0.714	0.833	0.704	0.714	0.333	0.704	0.463
250	Z_2/Z_1	24/5	25/4	33/4	31/3	37/3	31/2	41/2	51/2	31/1	41/1	50/1	52/1
	m	15	15	11.8	12.5	10.5	12.5	10	8.2	12.5	10	8.2	7.1
	d_1	111	111	93.5	105	99	105	82	78.6	105	82	78.6	70.6
	x_2	0.967	0.467	0.724	0.3	0.595	0.3	0.4	0.195	0.3	0.4	0.695	0.725
280	Z_2/Z_1	—	29/5	29/4	32/3	36/3	32/2	39/2	51/2	32/1	39/1	51/1	59/1
	m	—	15	15	13	12.5	16	11.5	9	13	11.5	9	7.9
	d_1	—	111	111	119	105	119	107	84	119	107	84	82.2
	x_2	—	0.467	0.467	0.962	0.2	0.962	0.196	0.944	0.962	0.196	0.944	0.741

（续表）

中心距 $a(\text{mm})$	参　数	公　称　传　动　比											
		5	6.3	8	10	12.5	16	20	258	31.5	40	50	60
315	Z_2/Z_1	24/5	25/4	33/4	31/3	38/3	31/2	41/2	49/2	31/1	41/1	50/1	59/1
	m	19	19	15	16	13	16	12.5	10.5	16	12.5	10.5	9.1
	d_1	141	141	111	124	119	124	105	99	124	105	99	91.8
	x_2	0.868	0.368	0.632	0.3125	0.654	0.3125	0.5	0.786	0.3125	0.5	0.286	0.071
355	Z_2/Z_1	—	29/5	29/4	31/3	35/3	31/2	39/2	51/2	31/1	39/1	51/1	59/1
	m	—	19	19	18	16	18	14.5	11.5	18	14.5	11.5	10.5
	d_1	—	141	141	136	124	136	127	107	136	127	107	99
	x_2	—	0.474	0.474	0.444	0.3125	0.444	0.603	0.717	0.444	0.603	0.717	0.095
400	Z_2/Z_1	31/6	33/5	33/4	31/3	35/3	31/2	41/2	51/2	31/1	41/1	51/1	59/1
	m	20	19	19	20	18	20	16	13	20	16	13	11.5
	d_1	165	141	141	148	136	148	124	119	148	124	119	107
	x_2	0.375	0.842	0.842	0.80	0.944	0.80	0.625	0.692	0.8	0.625	0.692	0.631
450	Z_2/Z_1	—	—	39/5	39/4	37/3	47/3	41/2	52/2	32/1	41/1	52/1	59/1
	m	—	—	19	19	20	16	18	14.5	22	18	14.5	13
	d_1	—	—	141	141	148	124	136	127	160	136	127	119
	x_2	—	—	0.474	0.474	0.3	0.75	0.722	0.655	0.818	0.722	0.655	0.538
500	Z_2/Z_1	—	41/6	—	41/4	37/3	47/3	41/2	51/2	33/1	41/1	51/1	59/1
	m	—	20	—	20	22	18	20	16	24	20	16	14.5
	d_1	—	165	—	165	160	136	148	165	172	148	165	127
	x_2	—	0.375	—	0.375	0.591	0.5	0.8	0.594	0.75	0.8	0.594	0.604

二、圆弧圆柱蜗杆传动的几何尺寸计算

表 11 - 22 列出了圆弧齿圆柱蜗杆传动的几何尺寸计算公式。

表 11 - 22　圆弧圆柱蜗杆传动几何尺寸计算

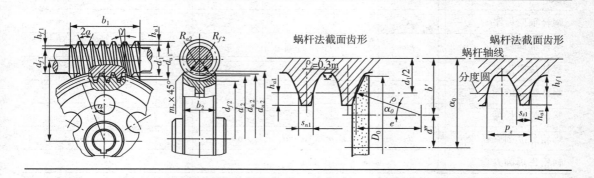

（续表）

名 称	代 号	公 式 及 说 明
中心距	a	$a=(d_1+d_2+2x_2m)/2$，要满足强度要求，可按表 $11-21$ 选取
蜗杆头数	Z_1	$Z_1=1\sim5$，主要与传动比有关
蜗轮齿数	Z_2	$Z_2=iZ_1$，传动比 $i=\dfrac{n_1}{n_2}$　参考表 $11-21$ 选取
蜗杆法向齿形角	a_n	$a_n=23°$，（与砂轮轴截面产形角 a_0 相等）
蜗杆轴截面齿形角	a_x	$a_x=\mathrm{arctg}(\mathrm{tg}a_n/\cos\gamma)$
模数	m	$m=m_x=m_n/\cos\gamma$；按表 $11-21$ 选取
蜗轮变位系数	x_2	$x_2=\dfrac{a}{m}-\dfrac{d_1+d_2}{2m}$
蜗杆分度圆直径	d_1	$d_1=\dfrac{mZ_1}{\mathrm{tg}\gamma}$，按表 $11-21$ 选取，与 m 搭配
蜗杆节圆直径	d_1'	$d_1'=d_1+2x_2m$
蜗杆齿顶高	h_{a1}	$h_{a1}=h_a^*m$，当 $Z_1\leqslant3$ 时，$h_a^*=1$；$Z_1>3$ 时 $h_a^*=(0.85\sim0.95)m$，要使 d_{a1} 为整数
顶隙	c	$c=c^*m，c^*\approx0.16$
蜗杆齿根高	h_{f1}	$h_{f1}=m(h_a^*+c^*)$
蜗杆齿顶圆直径	d_{a1}	$d_{a1}=d_1+2h_{a1}=d_1+2h_a^*m$
蜗杆齿根圆直径	d_{f1}	$d_{f1}=d_1-2h_{f1}=d_1-2m(h_a^*+c^*)$
砂轮轴截面圆弧半径	ρ	当 $m\leqslant10\mathrm{mm}$ 时，$\rho=(5.5\sim6)m$；$m>10\mathrm{mm}$ 时，$\rho=(5\sim5.5)m$
圆弧中心到蜗杆轴心线的垂距	b'	$b'=\dfrac{d_1}{2}+\rho\sin a_0$
砂轮轴心线到蜗杆轴心线的垂距	a_0	$a_0=\dfrac{D_0}{2}-h_{f1}+\dfrac{d_1}{2}$，$D_0$ 为砂轮直径
圆弧中心到砂轮轴心线的垂距	d''	$d''=a_0-b'$
蜗杆轴向齿距	p_x	$p_x=\pi m$
蜗杆轴面齿厚	s_{x1}	$s_{x1}=0.4p_x$
蜗杆法向齿厚	s_{n1}	$s_{n1}=s_{x1}\cos\gamma$
蜗杆齿厚的测量高度	$\overline{h}_{a1}$	$\overline{h}_{a1}=h_{a1}$
蜗杆螺旋长度	L	$L\approx2.5m\sqrt{Z_2+2+2x_2}$
蜗轮分度圆直径	d_2	$d_2=Z_2m=2a-d_1-2x_2m$
蜗轮齿顶圆直径	d_{a2}	$d_{a2}=d_2+2h_{a2}$

（续表）

名　称	代　号	公　式　及　说　明
蜗轮节圆直径	d_2'	$d_2' = d_2$
蜗轮齿根圆直径	d_{f2}	$d_{f2} = d_2 - 2h_{f2}$
蜗轮外圆直径	d_{e2}	$d_{e2} = d_{a2} + m$
蜗轮平均宽度	b_{m2}	$b_{m2} = 0.45(d_1 + 6m)$
蜗轮宽度	b_2	$b_2 \approx b_{m2}$（用于青铜蜗轮）；$b_2 = b_{m2} + 1.8m$（用于铝合金蜗轮）
蜗轮端面齿厚	s_2	$s_2 = 0.6p_x + 2x_2 m tg a_x$
蜗轮齿顶圆弧半径	R_{a2}	$R_{a2} = 0.5d_{f1} + c$
蜗轮齿根圆弧半径	R_{f2}	$R_{f2} = R_{f2} + 0.5d_{a1} + c$

三、圆弧圆柱蜗杆传动承载能力计算

1. 圆弧圆柱蜗杆传动的失效形式及设计准则

圆弧齿圆柱蜗杆传动的受载情况与普通圆柱蜗杆传动相同。因此，其失效形式及设计准则也大体相同。在胶合、磨损、点蚀和折断等失效形式中，由于啮合面间的滑动摩擦损失仍然相当大（对普通蜗杆传动而言），发热量也较大，因此仍以胶合失效为主，其次为磨损。但目前缺乏胶合及磨损方面的计算，还是像普通圆柱蜗杆传动一样作近似地计算。

2. 蜗轮齿面接触疲劳强度计算

由于圆弧齿圆柱蜗杆传动时是凹凸弧齿廓相啮合，采用的齿形角 $\alpha = 23°$，因而改善了受力情况，显著提高了蜗轮轮齿的弯曲强度。如再采用大的正变位系数，齿根厚度将进一步增大，弯曲强度就会更加提高。使用证明，齿根的弯曲疲劳强度远远大于齿面接触疲劳强度。所以在设计计算时只需进行齿面接触疲劳强度计算就能保证轮齿的工作能力。

圆弧齿圆柱蜗杆传动的承载能力约比普通圆柱蜗杆传动大 1.5～2.5 倍。因此，可在普通圆柱蜗轮强度计算的基础上，考虑强度提高的因素，引入承载能力提高系数 H，以进行圆弧齿圆柱蜗轮强度的概略计算。故令

$$T_2' = T_2 H \qquad F_{t2}' = F_{t2} H$$

则

$$T_2 = \frac{T_2'}{H} \qquad F t_2 = \frac{F' t_2}{H} \qquad (11-30)$$

式中　T_2'，F_{t2}'——分别为圆弧齿圆柱蜗轮承受的转矩及圆周力；

　　　T_2，F_{t2}——分别为普通圆柱蜗轮承受的转矩及圆周力；

　　　H——承载能力提高系数，可用下式计算：

$$H = \frac{2616}{(\sqrt[3]{a} - 0.95)(245 + Z_2)}$$

根据圆弧齿圆柱蜗杆蜗轮减速器系列标准（JB2318-79），推荐中心距 $a = 60\text{mm} \sim 500\text{mm}$，蜗杆转速 $n_1 \leqslant 1500\text{r/min}$，蜗轮齿数 $Z_2 = 30 \sim 100$。经过大量计算，在上述数据的范

围内，$H = 3.19 \sim 1.10$；当 a 或 Z_2 值偏小时，H 取偏大值。

　　将式(11-30)分别代入(11-14)和(11-16)，得出圆弧齿圆柱蜗轮的校核及设计公式为：

$$\sigma_H = 480 \sqrt{\frac{KT_2}{d_1 d_2^2 H}} \leqslant [\sigma]_H \quad \text{(MPa)} \qquad (11-31)$$

$$qm^3 \geqslant \frac{KT_2}{H} \left(\frac{480}{Z_2 [\sigma]_H}\right)^2 \quad \text{(mm}^2\text{)} \qquad (11-32)$$

式中载荷系数 H、许用接触应力 $[\sigma]_H$ 与普通圆柱蜗轮相同。

　　如果蜗杆的刚度不足，受力后变形过大，就要降低蜗杆传动的工作能力。因此，还应进行蜗杆轴的刚度校核。

　　3. 参数匹配法设计计算

　　(1)设计计算

　　有关齿上受力分析同普通圆柱蜗杆传动一样。

　　当已知条件为：输入功率 P_1，输入轴转速 n_1，传动比 i（或输出轴转速 n_2）以及载荷变化规律等。

　　根据 P_1，n_1 和 i 按图 11-26 初定减速器的中心距 a，查表 11-21 确定蜗杆副的主要参数，再由表 11-22 计算传动的几何尺寸。

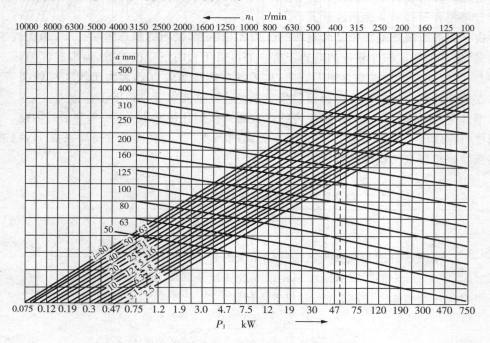

图 11-26　齿面疲劳强度承载能力的线图

(本图是按经磨削的淬火钢蜗杆与锡青铜蜗轮制订的，在其他情况，可传递的功率 P_1 随 σ_{Hlim} 增减而增减，例如 $P_1 = 53\text{kW}$，$n_1 = 1000\text{r/min}$，$i = 10$，查得 $a = 200\text{mm}$)

若传动是连续工作,则减速器的尺寸取决于热平衡的功率 P_{T1},此时,需依图 11-27 初定中心距 a,然后再按上述方法确定蜗杆副的主要参数和计算传动的几何尺寸。

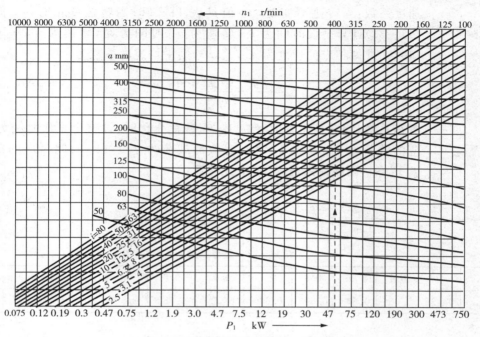

图 11-27　热平衡功率的估计线图

(本图根据蜗杆上装有风扇制订的,例如 $P_1=53\text{kW}$,$n_1=1000\text{r/min}$,$i=10$,沿眶线查得 $a=235\text{mm}$)

(2)校核齿面接触疲劳强度的安全系数

$$n_H=\frac{\sigma'_{H\lim}}{\sigma_H}\geqslant n_{H\min} \tag{11-33}$$

式中　σ_H——齿面接触应力,MPa,见式(11-34);

$\sigma'_{H\lim}$——蜗轮接触疲劳极限,式(11-37);

$S_{H\min}$——最小安全系数,见表 11-27。

齿面接触应力

$$\sigma_H=\frac{F_{t2}}{z_m Z_2 b_{m2}(d_2+2x_2 m)} \tag{11-34}$$

式中　F_{t2}——蜗轮平均圆的切向力,N;

$$F_{t2}=\frac{2000T_2}{d_2+2x_2 m}\quad(\text{N}) \tag{11-35}$$

z_m——系数,$z_m=\sqrt{\dfrac{10m}{d_1}}$; \tag{11-36}

z_z——齿形系数,表 11-23。

蜗轮接触疲劳极限

$$\sigma'_{H\lim}=\sigma_{H\lim}f_h f_n f_\omega\leqslant\sigma_{H\lim} \tag{11-37}$$

式中　σ_{Hlim}——蜗轮接触疲劳极限的基本值,表 11 - 24;

　　　　f_n——寿命系数,表 11 - 25;

　　　　f_n——速度系数:当转速不变时,f_n 值见表 11 - 26;当转速变化时,f_n 值按式 (11-38)计算。设时间为 h',转速为 n';时间为 h'',转速为 n'';……按表 11-26查得相应的速度为 $f'_n,f''_n,\cdots$,则平均速度系数为

$$f_n=\frac{f'_n h'+f''_n h''+\cdots}{h'+h''+\cdots} \tag{11-38}$$

　　　　f_ω——载荷系数,当载荷平稳时 $f_\omega=1$。当载荷变化时,设整个工作时间为 h,相应的载荷为 T_2,其中 h_1 时间对应的载荷为 $f_1 T_2$;h_2 时间对应的载荷为 $f_2 T_2,\cdots$,则载荷系数 f_ω 按下式计算:

$$f_\omega=\sqrt[3]{\frac{h+h_1+h_2+\cdots}{h+f_1^3 h_1+f_2^3 h_2+\cdots}} \tag{11-39}$$

表 11 - 23　齿形系数 z_z

tgλ	0	0.1	0.2	0.3	0.4	0.5	0.6	0.7	0.8	0.9	1.0
Z_2	0.695	0.666	0.638	0.618	0.600	0.590	0.583	0.580	0.576	0.575	0.570

表 11 - 24　蜗轮接触疲劳极限的基本值 σ_{Hlim}

蜗杆材料	蜗轮齿圈材料	σ_{Hlim}(MPa)	蜗杆材料	蜗轮齿圈材料	σ_{Hlim}(MPa)
钢经淬火、磨削	锡青铜	7.84	钢经调质,不磨削	锡青铜	4.61
	铜铝合金	4.17		铜铝合金	2.45
	珠光体铸铁	11.76		铜锌合金	1.67

表 11 - 25　寿命系数 f_h

工作小时数/1000	0.75	1.5	3	6	12	24	48	96	190
f_h	2.5	2	1.6	1.26	1	0.8	0.63	0.5	0.4

表 11 - 26　速度系数 f_h

滑动速度 v_s　(m/s)	0.1	0.4	1	2	4	8	12	16	24	32	46	64
f_n	0.935	0.815	0.666	0.526	0.380	0.268	0.194	0.159	0.108	0.095	0.071	0.065

表 11 - 27　荐用最小的安全系数(用于动力传动)　SHmin

蜗轮的圆周速度(m/s)	>10	≤10	≤7.5	≤5
精度等级 GB10089－88	5	6	7	8
最小安全系数 S_{Hlim}	1.2	1.6	1.8	2

（3）校核蜗轮齿根强度的安全系数

$$S_F = \frac{C_{F\lim}}{C_{F\max}} \geqslant 1 \tag{11-40}$$

蜗轮齿根最大应力系数

$$C_{F\max} = \frac{F_{t2\max}}{m_n \pi \hat{b}_2} \tag{11-41}$$

式中　$C_{F\lim}$——蜗轮齿根应力系数极限，表 3-28；

　　　　$F_{t2\max}$——蜗轮平均圆上最大切向力，N；

　　　　$\hat{b}_2$——蜗轮齿弧长，蜗轮齿圈为锡青铜时 $\hat{b}_2 \approx 1.1b_2$；蜗轮齿圈为铜铝合金时，$\hat{b}_2 \approx 1.7b_2$。

表 11-28　蜗轮齿根应力系数极限

蜗轮齿圈材料	锡 青 铜	铜铝合金
$C_{F\lim}$	39.2	18.62

　　有关圆弧圆柱蜗杆传动的热平衡计算，蜗杆轴的强度和刚度计算与普通圆柱蜗杆传动相同。蜗轮、蜗杆的结构，基本上与普通圆柱蜗杆相同。

　　例题 11-4　设计泵站传动装置的圆弧圆柱蜗杆减速器。已知：输入功率 $P_1 = 53\text{kW}$，转速 $n_1 = 1000\text{r/min}$，传动比 $i = 10$，载荷平稳，每天连续工作 8h，起动时过载系数为 2，要求工作寿命为 5 年，每年工作 300 天。

　　解：

　　（1）初步估算传动的中心距 a

　　蜗杆材料为 40Cr，表面淬火，经磨齿；蜗轮圈材料为 ZCuSn10P1；

　　根据齿面接触强度要求，按图 11-26 查得中心距 $a = 200\text{mm}$；

　　根据热平衡条件，蜗杆上装有风扇，按图 11-27 查得 $a = 235\text{mm}$，为了利用标准的刀具，取 $a = 250\text{mm}$。

　　（2）确定主要的几何尺寸

　　查表 11-21，当 $a = 250\text{mm}$，$i = 10$ 时，得 $Z_1 = 3$，$Z_2 = 31$，$d_1 = 105\text{mm}$，$m = 12.5\text{mm}$，$x = 0.3$。

　　按表 11-22 求其他尺寸：

　　砂轮轴截面圆弧半径　$\rho = (5 \sim 5.5)m = (5 \sim 5.5) \times 12.5 = 62.5 \sim 68.75$，取 $\rho = 65\text{mm}$

$$\lambda = \text{arctg}^{-1}\frac{mZ_1}{d_1} = \text{arctg}^{-1}\frac{12.5 \times 3}{105} = 19.654° = 19°39'14''$$

$$d_{e1} = d_1 + 2m = 105 + 2 \times 12.5 = 130(\text{mm})$$

$$d_{f1} = d_1 - 2m(h_a^* + c^*) = 105 - 2 \times 12.5 \times (1 + 0.16) = 76(\text{mm})$$

$$L = 2.5m\sqrt{Z_1 + 2 + 2x} = 2.5 \times 12.5 \times \sqrt{31 + 2 + 2 \times 0.3} = 181.4(\text{mm})，取 L = 182\text{mm}$$

$$d_2 = Z_2 m = 31 \times 12.5 = 387.5(\text{mm})$$

$$d_{a2} = d_2 + 2h_a^* + 2xm = 387.5 + 2 \times 12.5 + 2 \times 0.3 \times 12.5 = 420(\text{mm})$$

$$d_{e2} = d_{a2} + m = 420 + 12.5 = 432.5(\text{mm})$$

$$b_2 = b_{m2} \approx 0.45(d_1 + 6m) = 0.45(105 + 6 \times 12.5) = 81(\text{mm})$$

$$b' = \frac{d_1}{2} + \rho\sin\alpha_0 = \frac{105}{2} + 65\sin23° = 77.8975(\text{mm})$$

$$a_0 = \frac{D_0}{2} - h_{f1} + \frac{d_1}{2} = \frac{300}{2} - 1.16 \times 12.5 + \frac{105}{2} = 188(\text{mm})$$

D_0 为砂轮直径，取 $D_0 = 300\text{mm}$

$S_{x1} = 0.4\pi m = 0.4\pi \times 12.5 = 15.708(\text{mm})$

$S_{n1} = S_x \cos\lambda = 15.708\cos 19.654° = 14.793(\text{mm})$

(3)齿面接触疲劳强度校核

蜗轮轴上的转矩　$T_1 = 9549 \dfrac{p_1\eta}{n_2} = 9549 \dfrac{53 \times 0.9}{100} = 4555(\text{N} \cdot \text{m})$

蜗轮的切向力　$F_{t2} = \dfrac{2000 T_2}{d_2 + 2x_2 m} = \dfrac{2000 \times 4555}{387.5 + 2 \times 0.3 \times 12.5} = 23063(\text{N})$

按式(11-24)　$\sigma_H = \dfrac{F_{t2}}{z_m Z_2 b_{m2}(d_2 + 2x_2 m)}$

系数　$z_m = \sqrt{\dfrac{10m}{d_1}} = \sqrt{\dfrac{10 \times 12.5}{105}} = 1.09$

齿形系数 z_z 查表 11-23 得 $z_z = 0.609$；

$$\sigma_H = \dfrac{23063}{1.09 \times 0.609 \times 81 \times (387.5 + 2 \times 0.3 \times 12.5)} = 1.086(\text{MPa})$$

由式(11-37)　$\sigma'_{H\lim} = \sigma_{H\lim} f_h f_n f_m \leqslant \sigma_{H\lim}$

查表 11-24 得　$\sigma_{H\lim} = 7.84\text{MPa}$；

速度系数 f_n，按滑动速度 $v_s = \dfrac{d_1 n_1}{1910\cos\lambda} = 5.84\text{m/s}$，查表 11-26 得 $f_n = 0.324$；

寿命系数 f_h，按 $\dfrac{\text{工作小时数}}{1000} = \dfrac{300 \times 5 \times 8}{1000} = 12$，按表 11-25 得 $f_h = 1$；

载荷系数 f_ω，因载荷平稳，取 $f_\omega = 1$

于是

$$\sigma'_{H\lim} = 7.84 \times 0.324 \times 1 \times 1 = 2.54(\text{MPa})$$

按式(11-33)

$$n_H = \dfrac{\sigma'_{H\lim}}{\sigma_H} = \dfrac{2.54}{1.086} = 2.339 > n_{H\lim}$$

按 $v_2 = \dfrac{\pi d_2 n_2}{1000 \times 60} = \dfrac{\pi \times 387.5 \times 100}{1000 \times 60} = 2.02(\text{m/s})$，查表 11-27，如采用 8 级精度，得 $n_{H\lim} = 2$，故通过。

(4)齿根强度校核

考虑机器起动时，过载系数为 2，故

$$F_{t2\max} = 2F_{t2} = 2 \times 23063 = 46126(\text{N})$$

按式(11-41)

$$C_{F\max} = \dfrac{F_{t2\max}}{m_n \pi \hat{b}_2}$$

$$m_n = m\cos\lambda = 12.5 \times \cos 19.654° = 11.77(\text{mm})$$

$$\hat{b}_2 = 1.1 b_2 = 1.1 \times 81 = 89.1(\text{mm})$$

于是

$$C_{F\max} = \dfrac{46126}{11.77 \times \pi \times 89.1} = 39.2(\text{MPa})$$

按式(11-40)

$$S_F = \dfrac{C_{F\lim}}{C_{F\max}} = \dfrac{39.2}{14} = 2.8 > 1，\text{通过。}$$

(5)零件工作图

蜗杆的工作图见图 11-28。

蜗轮的工作图与普通圆柱蜗杆传动的蜗轮工作图相同。

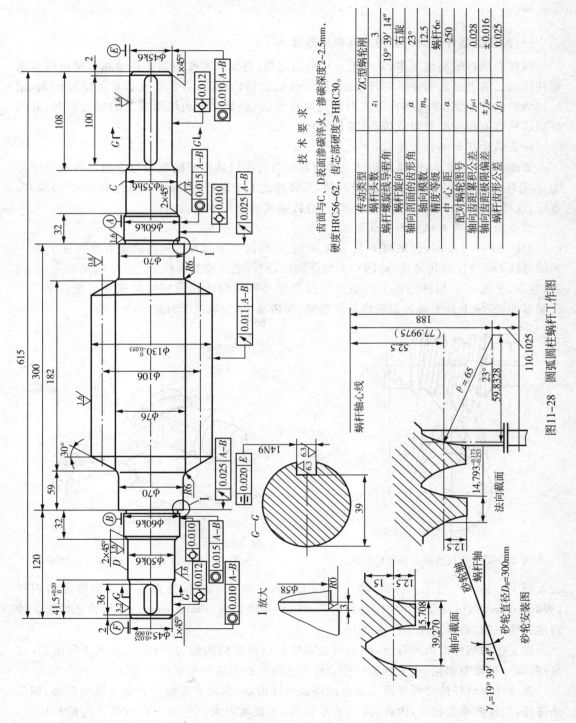

传动类型		ZC型蜗轮副	
蜗杆头数	z_1		3
蜗杆螺旋线导程角			19° 39′ 14″
蜗杆螺旋旋向			右旋
轴向剖面的齿形角	a		23°
轴向模数	m_x		12.5
精度等级			蜗杆6c
中 心 距	a		250
配对蜗轮轮图号			
轴向齿距累积公差	f_{px1}		0.028
轴向齿距极限偏差	$\pm f_{px}$		±0.016
蜗向齿齿形公差	f_1		0.025

技 术 要 求

齿面与C、D表面渗碳淬火，渗碳深度2~2.5mm，硬度HRC56~62，齿芯部硬度≥HRC30。

图11-28 圆弧圆柱蜗杆工作图

§11-8　圆弧面蜗杆传动

一、圆弧面蜗杆传动的类型及其形成原理

圆弧面蜗杆的类型很多,基本上可以分为两类:直线齿圆弧面蜗杆传动和包络齿圆弧面蜗杆传动。前者是先选定了蜗杆齿面,据此包络出蜗轮齿面;后者是先选定了蜗轮齿面,据此包络出蜗杆齿面(单包络),再进而以此蜗杆齿面,经第二次包络形成新的蜗轮齿面,并与新的蜗轮齿面相互配对组成传动(双包络)。

1. 直线齿环面蜗杆的形成

如图 11-29 所示,圆弧面蜗杆毛坯的轴线与刀座回转中心的距离等于蜗杆传动的中心距 a,毛坯与刀座分别绕各自的轴线回转,其转速比等于蜗杆传动的传动比,刀刃(即母线)为直线,这样切制出的螺旋面是"原始型"的直线圆弧面蜗杆螺旋齿面。

2. 平面包络环面蜗杆的形成原理

如图 11-30 所示,设平面 F 与基锥 A 相切(中间平面与基锥截得的圆为基圆 d_b),并一起绕轴线 O_2-O_2 以角速度 ω_2 回转。与此同时,蜗杆毛坯绕其轴线 O_1-O_1 以角速度 ω_1 回转,这样,平面 F 在蜗杆毛坯上包络出的曲面便是平面包络环面蜗杆的螺旋齿面。平面 F 就是母面,实际上是平面齿工艺齿轮的齿面,在传动中,也就是配对蜗轮的齿面。

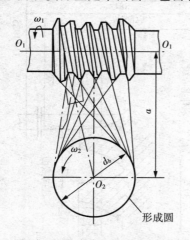

图 11-29　直线齿环面蜗杆的形成

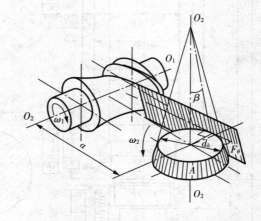

图 11-30　平面包络环面蜗杆的形成

图 11-30 中,当平面 F 与轴线 O_2-O_2 的夹角 $\beta=0$ 时,是直齿平面包络环面蜗杆(Wildhaber worm);当 $\beta>0$ 时,是斜齿平面包络环面蜗杆(Plana worm)。前者适用于大传动比分度机构,后者适用于传递动力。

以上述的蜗杆齿面为母面,即用与上述蜗杆齿面相同的滚刀,对蜗轮毛坯进行滚切(包络)获得一种新型蜗轮,组成的新型传动称为平面二次包络环面蜗杆传动。

直线环面蜗杆传动和平面二次包络环面蜗杆传动,都是多齿啮合和双接触线接触,润滑条件好,当量曲率半径大,因此,传动效率较高,承载能力大。平面一次包络环面蜗杆传动,

虽然是单接触线接触,但仍是多齿啮合,故承载
能力也比普通圆柱蜗杆传动大得多。

平面包络环面蜗杆,容易实现磨削,故可制
作淬火磨削的蜗杆。这样可保证传动的精度和
提高传动的性能。

二、环面蜗杆的修形

1.直线环面蜗杆的修形(图 11-31)

这种蜗杆的螺旋齿面需经长期磨合才能满
载使用。为了缩短磨合时间,应将这种蜗杆进
行"修整",使螺旋齿面由两端向中间逐渐减薄
以接近于蜗杆长期磨合的螺牙形状。研究指
出,螺牙的"修整"形状符合二次抛物线曲线。
目前应用较广的是"变参数修形"。它是在改变
参数为 a_0、i_0、d_{b0} 的情况下,按"原始型"加工蜗
杆及蜗轮滚刀,再用这样的滚刀,在传动的参数
a、i 及 d_b 情况下加工蜗轮。用这样加工出的蜗
杆、蜗轮,组成传动,就能达到接近抛物线修形的
传动特性。变参数修形的参数计算见表 11-29。

这种蜗杆经修形后,齿面接触区明显扩大,
亦利用形成油膜,从而得到较高的承载能力和
效率。在蜗杆啮入口或啮出口的修缘是为了使
蜗杆螺旋面能平稳地进入啮合或退出啮合。

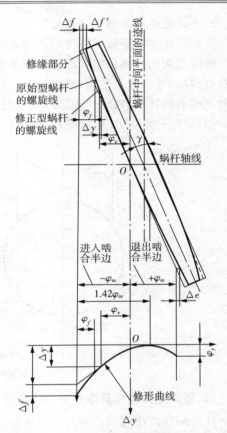

图 11-31 直线环面蜗杆螺牙截面
展开示意图

表 11-29 直线环面蜗杆变参数修形计算

名　　　称	代号	公　式　及　说　明
蜗杆螺旋啮入口修形量	Δf	$\Delta f = (0.0003 + 0.000034i)a$
变参数修形传动比	i_0	$i_0 = \dfrac{id_2}{d_2 - 65\Delta_f} = \dfrac{z_{20}}{Z_1}$，$z_{20}$ 是 Z_1 除不尽的整数,以此来选取 t_0
传动比增量系数	K_i	$K_i = \dfrac{i_0 - i}{i_0}$
变参数修形中心距	a_0	$a_0 = a + \dfrac{K_i d_2}{1.9 - 2K_i}$，圆整到小数一位
变参数修形形成圆直径	d_{b0}	用滚刀加工蜗轮 $d_{b0} = d_b$，飞刀加工蜗轮 $d_{b0} = d_b + 2(a_0 - a)\sin a$
蜗杆螺牙啮入口修缘量	$\Delta f'$	$\Delta f' = 0.6\Delta f$
修缘长度对应角度值	φ_f	$\varphi_f = 0.6\tau$，τ 为齿距角,见表 11-33
啮入口修缘时中心距再增加量	Δa	$\Delta a = \dfrac{\Delta f'}{\text{tg}(\varphi_f + a - \varphi_w) - \text{tg}(a - \varphi_w)}$，$\varphi_w$ 为蜗杆工作包角之半,见表 11-33
啮入口修缘时蜗杆轴向偏移量	Δx	$\Delta x = \Delta 2f'\text{tg}(\varphi_f + a - \varphi_w)$
蜗杆螺旋啮入口修缘量	Δe	$\Delta e = 0.16\Delta f$

2. 平面包络环面蜗杆的修形

平面一次包络环面蜗杆传动不需修形。

平面二次包络环面蜗杆的修形是靠增加平面工艺齿轮的齿数 z_0 来实现的。图 11-32a 为典型传动，平面齿工艺齿轮的齿数 z_0 与传动蜗轮的齿数 Z_2 相等，即 $Z_2 = z_0$，用这样的办法加工出的蜗杆没有修形[而实际应用的还是 $z_0 = Z_1 + (0.1 \sim 1)$ 以使蜗杆有微量的修形]。图 3-32b 为一般传动，其 $z_0 = Z_2 + (1.1 \sim 5)$[①]。这种传动有利于装配，推荐使用。

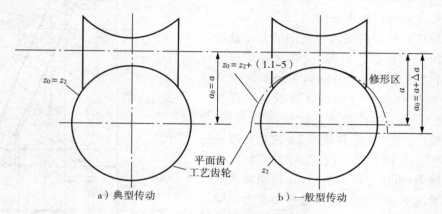

a）典型传动　　　　　　　　　b）一般型传动

图 11-32　平面二次包络蜗杆的修形方法

z_0—平面齿工艺齿轮的齿数　a_0—加工蜗杆的工艺中心距

三、环面蜗杆传动基本参数和几何尺寸计算

环面蜗杆传动的设计分为标准参数设计和非标准参数设计。标准参数的传动，其基本参数是中心距和传动比，其标准系列参数见表 11-30。

为了使蜗轮毛坯、刀具和量具通用化，还规定了下列参数推荐值（符号对照表 3-33 中的图）：蜗轮齿顶圆直径 d_{a2}、蜗轮宽度 b_2、蜗轮齿圈内孔直径 d_{i2}、蜗轮最大外径 d_{e2}、蜗轮顶部圆弧半径。

形成圆或基圆是加工蜗轮副时工具安装和检验的基准，为了使检验仪器、工具通用化，根据中心距规定了形成圆 d_b 的系列值。

对于非标准参数的传动，通常取中心距 a 和蜗杆齿根圆 d_{f1} 作为基本参数。中心距尽量按表 11-31 取标准系列值，但当中心距尺寸有特殊要求时，可取尾数为 0 或 5 的中心距。蜗杆齿根圈直径 d_{f1} 推荐按图 11-33 确定。为保证较高的传动效率，应选用图中 1 线和 2 线之间较小的 d_{f1} 值。对于低速重载、经常过载或 $L'/a > 2.5$ 的传动，可选用较大的 d_{f1} 值（L' 为蜗杆的跨度）。蜗杆的头数 Z_1 可根据传动比 i 和中心距按表 11-31 选择。但是，为了便于跑合，最好选用 Z_1/Z_1 为整数。蜗杆头数 Z_1 和蜗轮齿数 Z_2 见表 11-31。

蜗轮端面模数 m，通常不取标准值，只是在几何计算中应用，其值与蜗杆轴向模数相等。

直线环面蜗杆传动的几何尺寸计算和确定有关参数应注意的事项列于表 11-33。

平面包络环面蜗杆传动的几何尺寸计算见表 11-34。

---

① 取值根据接触线分布情况来决定。

表 11-30　环面蜗杆传动基本参数及蜗轮轮圈尺寸　　　　　　　　（mm）

中心距 a	第一系列 蜗轮顶圆直径 d_{a2}	蜗轮宽度 b_2	蜗轮齿顶圆弧半径 R_{a2}	蜗轮最大外圆直径 d_{e2}	蜗轮齿圈内孔直径 d_{i2}（蜗轮齿数 Z_2 35~45）	46~72	50~63	64~94	第二系列 蜗轮顶圆直径 d_{a2}	蜗轮宽度 b_2	蜗轮齿顶圆弧半径 R_{a2}	蜗轮最大外圆直径 d_{e2}	蜗轮齿圈内孔直径 d_{i2}（蜗轮齿数 Z_2 35~45）	46~72	50~63	64~94	成形圆直径 d_b A组	B组
80	133	21	20	135	105	105	—	—	124	30	25	130	95	95	—	—	50	56
100	170	24	25	172	135	135	—	—	160	34	30	165	125	130	—	—	63	70
125	215	28	30	217	170	170	—	—	205	38	35	210	160	165	—	—	80	90
(140)	242	31	30	245	190	195	—	—	230	42	40	235	180	185	—	—	90	100
160	278	34	35	280	215	220	—	—	265	45	40	270	210	215	—	—	100	112
(180)	312	38	40	315	245	250	—	—	300	50	45	306	235	245	—	—	112	125
200	348	42	45	350	270	280	—	—	335	55	50	342	265	275	—	—	125	140
(225)	392	47	50	395	310	320	—	—	378	60	55	385	295	310	—	—	140	160
250	435	55	55	440	340	355	—	—	420	68	60	430	330	340	—	—	160	180
(280)	490	60	60	495	390	405	—	—	475	75	70	478	370	380	—	—	180	200
320	560	65	70	565	445	460	—	—	540	85	80	550	430	440	—	—	200	225
(360)	630	75	75	635	520	530	—	—	605	95	90	615	490	510	—	—	225	250
400	700	85	85	705	570	590	—	—	670	110	100	685	540	560	—	—	250	280
(450)	790	95	95	798	650	670	—	—	760	120	110	775	620	650	—	—	280	320
500	880	105	105	890	720	740	—	—	840	140	125	855	680	700	—	—	320	360
(560)	980	120	120	990	800	820	—	—	940	150	140	955	760	790	—	—	360	400
630	1100	135	135	1110	900	930	—	—	1060	170	160	1080	860	890	—	—	400	450
(710)	1240	150	150	1255	—	—	1050	1070	1200	190	175	1230	—	—	1000	1030	450	500
800	1400	170	170	1420	—	—	1180	1200	1360	210	190	1390	—	—	1140	1170	500	560
(900)	1580	190	190	1600	—	—	1330	1360	1520	240	220	1560	—	—	1280	1300	560	630
1000	1750	210	215	1770	—	—	1480	1500	1690	260	250	1730	—	—	1420	1450	630	710
(1120)	1970	230	235	2040	—	—	1670	1700	1910	280	260	1950	—	—	1610	1640	710	800
1250	2210	250	255	2240	—	—	1860	1900	2150	300	290	2190	—	—	1800	1840	800	900
(1400)	2480	280	280	2510	—	—	2100	2140	2400	340	325	2450	—	—	2000	2060	900	1000
1600	2850	300	310	2880	—	—	2400	2460	2770	380	360	2830	—	—	2320	2400	1000	1120

注：(1) 一般条件传动的基本参数优先按第一系列选取；

　　(2) 属于下列条件之一的传动按第二系列选取：低速重载；$i < 12.5$；工作中经常过载及 $L/a > 2.5$（L 为蜗杆的跨度）；

　　(3) 直线弧面蜗杆传动的 d_b 值选取 A 组；平面包络环面蜗杆传动的 d_b 值，当基本参数选用第一系列时，选取 B 组；选用第二系列时，选取 A 组。

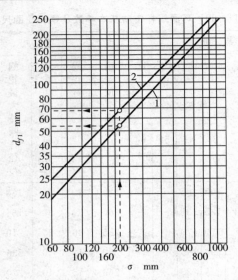

图 11-33　非标准设计环面蜗杆齿根圆直径 d_{f1} 的确定

表 11-31　公称传动比 i、蜗轮齿数 Z_2、蜗杆头数 Z_1

公称传动比 i	中　心　距　a　（mm）							
	80～320		＞320～630		＞630～1000		＞1000～1600	
	Z_2/Z_1							
	A	B	A	B	A	B	A	B
12.5	38/3 或 49/4	36/3 或 48/4	49/4	48/4	63/5	65/5	74/6	72/6
(14)	41/3	42/3	55/4	56/4	71/5	70/5	71/5	70/5
16	49/3	48/3	49/3	48/3	63/4	64/4	79/5	80/5
(18)	37/2 或 56/3	36/2 或 54/3	56/3	54/3	71/4	72/4	71/4	72/4
20	41/2	40/2	41/2 或 61/3	40/2 或 60/2	61/3	60/3	79/4	80/4
(22.5)	45/2	46/2	45/2 或 67/3	46/2 或 66/3	67/3	66/3	91/4	92/4
25	49/2	50/2	49/2	50/2	74/3	75/3	74/3	75/3
(28)	55/2	56/2	55/2	56/2	83/3	84/3	83/3	84/3
31.5	63/2	64/2	63/2	64/2	63/2	64/2	91/3	93/3
(35.5)	36/1	36/1	36/1 或 71/2	36/1 或 72/2	71/2	72/2	71/2	72/2
40	40/1	40/1	40/1	40/1	79/2	80/2	79/2	80/2
(45)	45/1	45/1	45/1	45/1	91/2	90/2	91/2	90/2
50	50/1	50/1	50/1	50/1	(50/1)	(50/1)	(50/1)	(50/1)
(56)	56/1	56/1	56/1	56/1	(56/1)	(56/1)	(56/1)	(56/1)
63	63/1	63/1	63/1	63/1	63/1	63/1	(63/1)	(63/1)
(71)	—	—	71/1	71/1	71/1	71/1	71/1	71/1
80					79/1	80/1	79/1	80/1

注：(1)括号内的传动比 i 和 Z_2/Z_1 值尽可能不用；

(2)表中 B 组 Z_2/Z_1 值以整数倍给出，适用于变参数修形并采用滚刀加工蜗轮时，其跑合特性较好；工艺要求不能采用整数倍时，可以选用 A 组 Z_2/Z_1 值；

(3)传动比 i＜12.5 的传动，暂未作规定，应按优先数系选取公称传动比，蜗轮齿数 Z_2 应在表内相应中心距 a 的数值范围内选取。

表 11-32　蜗杆头数 Z_1 和蜗轮齿数 Z_2

传动比　i	蜗杆头数　Z_1	中心距 a（mm）	蜗轮齿数　Z_2
6～7	4	≤80	30～50
9～13	3～4	＞80～140	30～60
14～27	2～3	＞140～180	30～70
23～40	1～2	＞180～630	30～80
≥40	1	＞630～900	40～80
		＞900～1000	40～90
		＞1000～1600	50～93

表 11-33　直线环面蜗杆传动几何尺寸计算

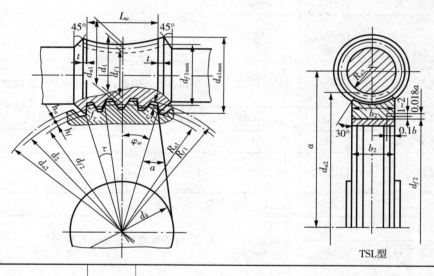

TSL型

名　　称	代　号	公　式　及　说　明
中心距	a	由承载能力决定，见表 11-29 及图 11-31
传动比	i	
蜗杆齿数	Z_2	$i=\dfrac{Z_2}{Z_1}$ 由传动要求决定，参照表 11-31 按系列选取
蜗杆头数	Z_1	
蜗轮齿顶圆直径	d_{a2}	
蜗轮宽度	b_2	按表 11-30 选取，对非标准中心距：d_{c2} 按插入法求得并圆整；b_2 和 d_b 按系列的靠近值选取
形成圆直径	d_b	
蜗轮端面模数	m	$m=\dfrac{d_{a2}}{Z_2+1.5}$
径向间隙和根部圆角半径	$c=r$	$c=r=0.2m$
齿顶高	h_a	$h_a=0.75m$

名　　称	代　号	公　式　及　说　明
齿根高	h_f	$h_f = h_a + c$
蜗轮齿顶圆直径	d_2	$d_2 = d_{a2} - 2h_a$
蜗轮齿根圆直径	d_{f2}	$d_{f2} = d_2 - 2h_f$
蜗杆分度圆直径	d_1	$d_1 = 2a - d_2$
蜗杆喉部齿顶圆直径	d_{a1}	$d_{a1} = d_1 + 2h_a$
蜗杆喉部齿根圆直径	d_{f1}	$d_{f1} = d_1 - 2h_f$，对非标准设计，按图 11-33 校核
蜗杆齿顶圆弧半径	R_{a1}	$R_{a1} = a^① - 0.5d_{a1}$
蜗杆齿根圆弧半径	R_{f1}	$R_{f1} = a^① - 0.5d_{f1}$
周节角	τ	$\tau = \dfrac{360°}{Z_2}$
蜗杆包容蜗轮齿数	z'	$z' = \dfrac{Z_2}{10}$，$Z_2 \leqslant 60$ 按四舍五入圆整；$Z_2 > 60$ 取其中整数部分
蜗杆工作包角之半	φ_ω	$\varphi_\omega = 0.5(z' - 0.45)\tau$
蜗杆工作部分长度	L_ω	$L_\omega = d_2 \sin\varphi_\omega$
蜗杆最大根径	$d_{f1\max}$	$d_{f1\max} = 2\left(a - \sqrt{R_{f_1}^2 - (0.5L_\omega)^2}\right)$
蜗杆最大外径	$d_{a1\max}$	$d_{a1\max} = 2[a - R_{a1}\cos(\varphi_\omega - 1°)]$
蜗轮最大外径	d_{e2}	按表 11-30 确定，对非标准传动按结构确定
蜗轮顶部圆弧半径	R_{a2}	
蜗杆喉部螺旋导角	γ_m	$\gamma_m = \text{arctg}\,\dfrac{d_2}{id_1}$
分度圆压力角	a	$a = \arcsin d_b / d_2$
蜗轮法面弦齿厚	$\bar{s}_{n2}$	$\bar{s}_{n2} = d_2 \sin(0.275\tau) \cdot \cos\gamma_m$
蜗轮弦齿高	$\bar{h}_{a2}$	$\bar{h}_{a2} = h_a + 0.5d_2[1 - \cos(0.275\tau)]$
蜗杆喉部法面弦齿厚	$\bar{s}_{n1}$	$\bar{s}_{n1} = d_2 \sin(0.225\tau) \cdot \cos\gamma_m - 2\Delta_f\left(0.3 - \dfrac{50.4°}{Z_2\varphi_\omega}\right)^2 \cos\gamma_m$
蜗杆螺牙啮入口修形量	Δf	$\Delta f = (0.0003 + 0.000034i)a$
蜗杆螺牙啮出口修形量	Δe	$\Delta e = 0.16\Delta f$
蜗杆啮入口修缘量	$\Delta f'$	$\Delta f' = 0.6\Delta f$
蜗杆弦齿高	$\bar{h}_{a1}$	$\bar{h}_{a1} = h_a - 0.5d_2(1 - \cos 0.225\tau)$
肩带宽度	t	$t = \pi d_2 / 5.5Z_2$

①　如采用"变参数修形"时，式中 a 改为 a_0，a_0 见表 11-29。

表 11-34　平面包络环面蜗杆传动几何尺寸计算

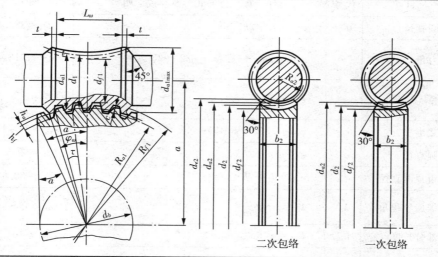

二次包络　　　　　　　一次包络

项　目	代号	计　算　公　式　及　说　明	例　题
中心距	a	由承载能力决定,按式(11-44)及图 11-34,标准参数传动按表 11-30 选取	工作条件同例题 11-5,改用平面二次包络环面蜗杆传动,得 $a=220\text{mm}$
传动比	i	$i=\dfrac{n_1}{n_2}=\dfrac{Z_1}{Z_1}$	$i=40$
蜗杆头数	Z_1	标准参数传动按表 11-31 选取;非标准者参考表 11-32 选取。$Z_2=iZ_1$	$Z_1=1$
蜗轮齿数	Z_2		$Z_2=40$
蜗杆齿根圆直径	d_{f1}	查图 11-33	$d_{f1}=53\text{mm}$
蜗轮端面模数	m	$m=\dfrac{2a-d_{f1}}{Z_2+1.8}$(二次包络); $m=\dfrac{2a-d_{f1}}{Z_2+1.9}$(一次包络)	$m=9.258\text{mm}$
蜗杆包容蜗轮的齿数	z'	$z'=\dfrac{Z_2}{10}$,$Z_2\leqslant60$ 时按四舍五入圆整;$Z_2>60$ 时取其整数部分	$z'=4$
蜗杆基圆直径	d_b	标准参数传动,d_b 按表 11-30,非标准者,按靠近的标准中心距选取	$d_b=140\text{mm}$
齿顶高	h_a	二次包络 $h_a=0.7m$;一次包络 $h_a=0.75m$	$h_a=6.48\text{mm}$
齿根高	h_f	二次包络 $h_f=0.90m$;一次包络 $h_f=0.95m$	$h_f=8.333\text{mm}$
齿顶隙	c	$c=0.2m$	$c=1.85\text{mm}$
蜗轮分度圆直径	d_2	$d_2=Z_2m$	$d_2=370.335\text{mm}$
蜗轮顶圆直径	d_{a2}	$d_{a2}=d_2+2h_a$,标准参数传动查表 11-30	$d_{a2}=383.295\text{mm}$

（续表）

项　　目	代号	计　算　公　式　及　说　明	例　　题
蜗轮齿根圆直径	d_{f2}	$d_{f2}=d_2-2h_f$	$d_{f2}=353.67\text{mm}$
分度圆压力角	a	$a=\arcsin\dfrac{d_b}{d_2}$，推荐 $a=22°\sim25°$	$a=22°12'43''$
蜗轮齿距角	τ	$\tau=\dfrac{360°}{Z_2}$	$\tau=9°$
工作包角之半	φ_ω	$\varphi_\omega=0.5(z'-0.45)\tau$	$\varphi_\omega=15°58'30''$
蜗杆分度圆直径	d_1	$d_1=d_{f1}+2h_f$	$d_1=69.666\text{mm}$
蜗杆喉部齿顶圆直径	d_{a1}	$d_{a1}=d_1+2h_a$	$d_{a1}=82.626\text{mm}$
蜗杆喉部螺旋导程角	λ_m	$\lambda_m=\operatorname{arctg}\dfrac{d_2}{id_1}$	$\lambda_m=7°34'12''$
蜗杆工作部分长度	$L_{\omega1}$	$L_{\omega1}=d_2\sin\varphi_\omega$	$L_{\omega1}=101.92\text{mm}$
工艺齿轮的齿数	z_0	$z_0=Z_2+\Delta z$。一般型传动取 $\Delta z=1.1\sim5$；典型传动取 $\Delta z=0.1\sim1$	$z_0=42$
工艺中心距	a_0	$a_0=a+\Delta a,\Delta a=\dfrac{m}{2}\Delta z$	$a_0=229.258\text{mm}$
蜗杆齿顶圆弧半径	R_{a1}	$R_{a1}=a_0-0.5d_{a1}$	$R_{a1}=187.946\text{mm}$
蜗杆齿根圆弧半径	R_{f1}	$R_{f1}=a_0-0.5d_{f1}$	$R_{f1}=202.758\text{mm}$
蜗杆齿顶圆最大直径	$d_{a1\max}$	$d_{a1\max}=2[a_0-R_{a1}\cos(\varphi_\omega-1°)]$	$d_{a1\max}=95.392\text{mm}$
蜗杆齿根圆最大直径	$d_{f1\max}$	$d_{f1\max}=2[a_0-\sqrt{R_{f1}^2-(0.5L_{\omega L})^2}]$	$d_{f1\max}=66.01\text{mm}$
蜗轮最大外径	d_{e2}	d_{e2} 标准参数传动查表 11-30；非标准者按蜗轮结构绘图确定	$d_{e2}=392\text{mm}$
蜗轮顶部圆弧半径	R_{a2}	R_{a2} 标准参数传动查表 11-30；非标准者 $R_{a2}=0.53d_{f1\max}$	$R_{a2}=34.988\text{mm}$
蜗轮宽度	b_2	b_2 标准参数传动查表 11-30；非标准者 $b_2=(0.6\sim0.8)d_1$	$b_2=55.73$，取 $b_2=55\text{mm}$
蜗轮分度圆齿距	p	$p=\pi m$	$p=29.085\text{mm}$
蜗轮法面弦齿厚	$\bar{s}_{n2}$	$\bar{s}_{n2}=d_2\sin(0.275\tau)\times\cos\gamma_m$	$\bar{s}_{n2}=15.853\text{mm}$
蜗轮弦齿高	$\bar{h}_{a2}$	$\bar{h}_{a2}=h_a+0.5d_2[1-\cos(0.275\tau)]$	$\bar{h}_{a2}=6.653\text{mm}$
齿侧间隙	j_n		选用标准侧隙 $j_n=0.2\text{mm}$
蜗杆喉部法面弦齿厚	$\bar{s}_{n1}$	$\bar{s}_{n1}=d_2\sin(0.225\tau)\cos\gamma_m-j_n$	$\bar{s}_{n1}=12.772\text{mm}$
蜗杆弦齿高	$\bar{h}_{a1}$	$\bar{h}_{a1}=h_a-0.5d_2(1-\cos0.225\tau)$	$\bar{h}_{a1}=6.364\text{mm}$

（续表）

项　　目	代号	计 算 公 式 及 说 明	例　　题
母平面倾斜角	β	二次包络 $$\beta = \text{arctg}\left[\frac{\cos(a+\Delta)\cdot\dfrac{d_2}{2a}\cos a}{\cos(a+\Delta)-\dfrac{d_2}{2a}\cos a}\cdot\frac{1}{i}\right]$$ 式中 Δ 值为 | i	$\leqslant 10$	$10\sim 30$	>30
Δ	$4°$	$6°$	$8°$	 一次包络　$\beta = \text{arctg}(K_1 \text{tg}\gamma_m \cos a)$ 当 $i\leqslant 20$ 时，$K_1=(1.4-0.02i)$ 当 $i>20$ 时，$K_1=1$	取 $\Delta=8°$，得 $\beta=11°12'28''$； 　平面二次包络环面蜗杆工作图见图11-36； 　平面二次包络环面蜗轮工作图见图11-37

四、环面蜗杆传动承载能力计算

这里介绍直线环面蜗杆传动的承载能力的计算方法，而平面包络蜗杆传动，目前尚缺乏这方面的资料，只能近似地用本方法进行计算。

环面蜗杆传动的承载能力，主要受蜗轮齿面接触强度的限制。通常按蜗杆传递的功率 P_1 和额定功率 P'_{1p} 对比来确定传动的尺寸。

图 11-34 为蜗杆的额定功率 P'_{1p} 的图线，该图是在下列条件下做出的：直线环面蜗杆传动，7 级精度；蜗轮材料为青铜；蜗杆齿面经硬化处理（如离子氮化、高频淬火等）或调质处理 $286\sim321\text{HB}$；蜗杆齿面精整加工，$R_a=16\mu\text{m}$；载荷平稳，昼夜连续工作。如果传动与上述条件不一致时，其传递的许用功率为

$$P_{1p}=P'_{1p}K_1 K_2 K_3 K_4 \geqslant P_1 \tag{11-42}$$

式中　K_1,K_2,K_3,K_4——传动类型系数、工作类型系数、制造质量系数及材料系数，见表 11-35；

　　　P_1——蜗杆传递的名义功率（kW），如果已知传动比 i，蜗杆的转速 n_1（r/min）及蜗轮轴上作用的转矩 T_2（N·m），则

$$P_1=\frac{T_2 n_1}{95498 i\eta} \tag{11-43}$$

　　　η——蜗杆传动的效率，可参考图 11-35。

设计时，可按式（11-44）求 P'_{1p}。然后，根据 P'_{1p}、蜗杆的转速 n_1 及传动比 i，查图11-34 确定中心距 a，则

$$P'_{1p}=\frac{P_1}{K_1 K_2 K_3 K_4} \tag{11-44}$$

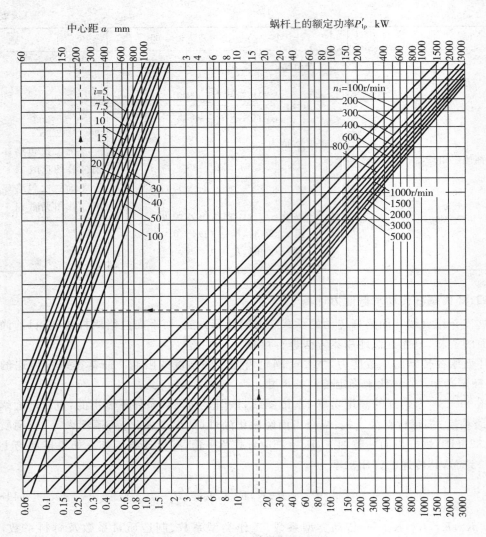

图 11-34　求额定功率的图线

表 11-35　环面蜗杆传动承载能力计算系数

传动类型系数 K_1		工　作　类　型　系　数　K_2	
传动类型	K_1	工作制度	K_2
双包络传动	1.0	昼夜连续平稳工作	1.0
		每天连续工作 8h,有冲击载荷	0.8
单包络传动	0.9	昼夜连续工作有冲击载荷	0.7
		间断工作(如每 2 小时工作 15 分钟)	1.3
		间断工作,有冲击载荷	1.06
制造质量系数 K_3		材料系数 K_4	

（续表）

传动类型系数 K_1		工　作　类　型　系　数　K_2		
7	1.0	ZQSn　10 - 2 - 1.5	到 10	1.0
		ZQAl　10 - 3 - 1.5	到 4	0.8
8	0.8	ZQA19 - 4		
		HT150	到 2	0.5

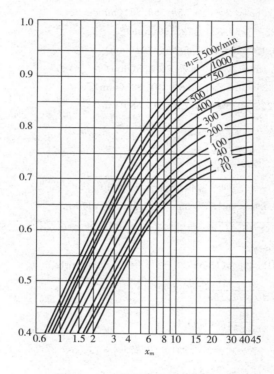

图 11 - 35　环面蜗杆传动效率 η

例题 11 - 5　设计起重机用直线环面蜗杆传动。已知：蜗杆传动名义功率 $P_1 = 15\text{kW}$，转速 $n_1 = 952\text{r/min}$；传动比 $i = 40$，蜗轮齿圈采用 ZCuSn10P1，传动选用 8 级精度，标准侧隙，起重机间断工作。

解：

（1）求传动的中心距 a

按式（11 - 44）及表 3 - 35 得

$$P'_{1p} = \frac{P_1}{K_1 K_2 K_3 K_4} = \frac{15}{1 \times 1.06 \times 0.8 \times 1} = 17.5(\text{kW})$$

式中　K_1, K_2, K_3, K_4 由表 3 - 35 查得 1,1.06,0.8,1。

由图 11 - 34 查得 $a = 220\text{mm}$，取标准值 $a = 225\text{mm}$。

（2）主要几何尺寸计算

按表 11 - 31 采用 B 组，$Z_1 = 1, Z_2 = 40$

按表 11 - 30 采用第一系列，查得

$d_{a2}=392\text{mm},d_{i2}=310\text{mm},d_{e2}=395\text{mm},b_2=47\text{mm},R_{a2}=50\text{mm},d_b=140\text{mm}$。

其余项目按表 11-33 中的公式求得：

$$m=\frac{d_{a2}}{Z_2+1.5}=\frac{392}{40+1.5}=9.446(\text{mm})$$

$$c=r=0.2m=0.2\times9.446=1.889(\text{mm})$$

$$h_a=0.75m=0.75\times9.446=7.0845(\text{mm})$$

$$h_f=h_a+c=7.0845+1.889=8.9735(\text{mm})$$

$$d_2=d_{a2}-2h_a=392-2\times7.0845=377.831(\text{mm})$$

$$d_{f2}=d_2-2h_f=377.884-2\times8.9735=359.884(\text{mm})$$

$$d_1=2a-d_2=2\times225-377.831=72.169(\text{mm})$$

$$d_{f1}=d_1-2h_f=72.169-2\times8.9735=54.222(\text{mm})$$

$$d_{a1}=d_1+2h_a=72.169+2\times7.0845=86.338(\text{mm})$$

$$R_{a1}=a-0.5d_{a1}=225-0.5\times88.338=181.831(\text{mm})$$

$$R_{f1}=a-0.5d_{f1}=225-0.5\times54.222=197.889(\text{mm})$$

$$\tau=\frac{360°}{Z_2}=\frac{360°}{40}=9°$$

$$z'=\frac{Z_2}{10}=\frac{40}{10}=4$$

$$\varphi_w=0.5(z'-0.45)\tau=0.5(4-0.45)\times9°=15°58'30''$$

$$L_w=d_2\sin\varphi_w=377.831\times\sin15°58'30''=103.986,\text{取 }104\text{mm}$$

$$d_{f1\max}=2[a-\sqrt{R_{f1}^2-(0.5L_w)^2}]=2[225-\sqrt{197.889^2-(0.5\times103.986)^2}]=68.127(\text{mm})$$

$$d_{a1\max}=2[a-R_{a1}\cos(\varphi_w-1°)]$$
$$=2[225-181.831\cos(15°58'30''-1°)]=98.688(\text{mm})$$

$$\lambda_m=\text{tg}^{-1}\frac{d_2}{id_1}=\text{tg}^{-1}\frac{377.831}{40\times72.169}=7°27'24''$$

$$\alpha=\sin^{-1}\frac{d_b}{d_2}=\sin^{-1}\frac{146}{377.831}=21°44'45''$$

$$\overline{S}_{a2}=d_2\sin(0.275\tau)\times\cos\lambda_m=377.831\times(0.275\times9°)\times\cos7°27'24''=16.178(\text{mm})$$

$$\overline{h}_{a2}=h_a+0.5d_2[1-\cos(0.275\tau)]$$
$$=7.0845+0.5\times377.831\times[1-\cos(0.275\times9°)]=7.26(\text{mm})$$

$$\overline{S}_{n1}=d_2\sin(0.225\tau)\times\cos\lambda_m-2\Delta f\times(0.3-\frac{50.4}{Z_2\varphi_m})\cos\lambda_m$$

$$=377.831\times\sin2.025°\times\cos7°27'24''-2\times0.375(0.3-\frac{50.4°}{40\times15°58'30''})\cos7°27'24''$$

$$=13.074(\text{mm})$$

$$\overline{h}_{a1}=h_a-0.5d_2(1-\cos0.025\tau)=7.0845-0.5\times377.831(1-\cos2.05°)=6.9665(\text{mm})$$

按表 11-29 确定蜗杆螺旋修形量及修缘量

$$\Delta f=(0.0003+0.000034i)a$$
$$=(0.0003+0.000034\times40)\times225=0.3735(\text{mm})$$

$$\Delta f'=0.6\Delta f=0.6\times0.3735=0.2241(\text{mm})\approx0.224(\text{mm})$$

$$\Delta e=0.16\Delta f=0.16\times0.3735=0.05976(\text{mm})\approx0.06(\text{mm})$$

$$\varphi_f=0.6\tau=0.6\times9°=5°24'$$

(3)工作图　蜗杆工作图(图 11-36)，蜗轮工作图与普通蜗杆传动的蜗轮工作图类同。

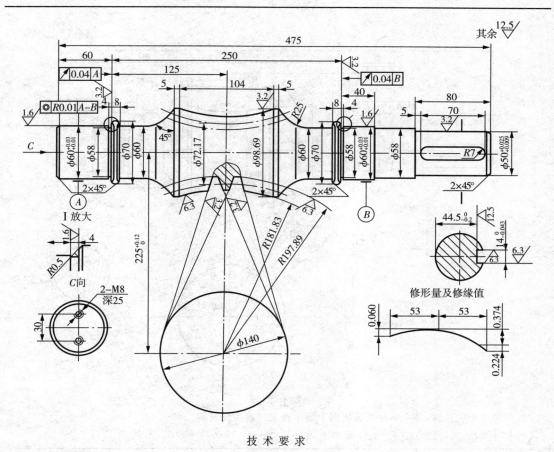

技 术 要 求

1. 调质硬度 $250\sim300\mathrm{HB}$。
2. 未注切削圆角 $R=2.5\mathrm{mm}$。
3. 啮入口修缘角 $\varphi_f=5°24''$。

传 动 类 型		TSL 蜗轮副	传 动 类 型		TSL 蜗轮副
蜗杆头数	Z_1	1	蜗杆轴向齿距限偏差极	$\pm f_{px}$	±0.025
蜗轮齿数	Z_2	40	蜗杆圆周齿距极限累积偏差	$\pm f_{pxL}$	±0.050
蜗杆包围蜗轮齿数	z'	4	蜗杆齿形误差的公数	f_f	±0.045
轴面模数	m_x	9.446			
蜗杆喉部螺旋升角	γ_m	$7°27424''$	$\overline{S}_{n1}$		$13.07^{-0.52}_{-0.68}$
轴向剖面的齿形角	α	$21°44'55''$			
蜗杆工作半角	φ_w	$15°58'30''$			
蜗杆螺旋方向		右旋			
精度等级		8	$\overline{h}_{a1}$		6.967
配对蜗轮图号					

直线环面蜗杆工作图

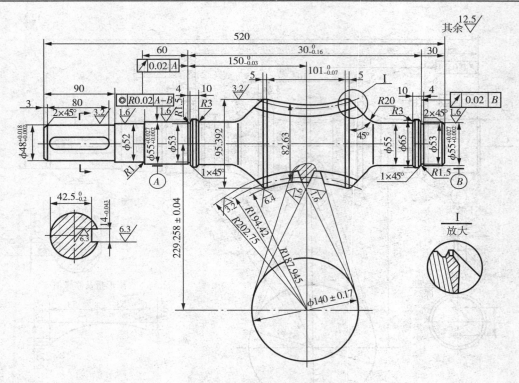

技 术 要 求

1. 保留 4 个完整齿,多余的齿按放大图 I 所示铣去并将尖角赶圆。

2. 整体调质 230～260HB,齿面淬火 HRC40～45。

传动类型		TOP 型蜗轮副	配对蜗轮图号		
蜗杆头数	Z_1	1	工艺齿轮的齿数	z_0	42
蜗轮齿数	Z_2	40	工艺中心距	a_0	229.258
蜗杆包围蜗轮齿数	z'	4	蜗杆轴面齿距极限偏差	$\pm f_{px}$	±0.020
轴面模数	m_x	9.258	蜗杆径向跳动公差	f_{r1}	0.030
蜗杆喉部螺旋升角	γ_m	7°34′12″			
轴向剖面的齿形角	a	22°12′43″	$\bar{s}_{n1}$		$12.77^{0}_{-0.12}$
蜗杆工作半角	φ_ω	15°58′30″			
母平面倾斜角	β	11°1′28″			
蜗杆螺旋方向		右旋			
传动中心距	a	220	$\bar{h}_{a1}$		6.364
精度等级		8			

图 11-36　平面二次包络环面蜗杆工作图

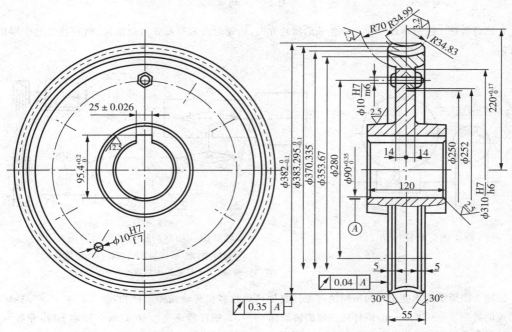

技 术 要 求

1. 轮缘和轮芯装配好后再精车和切制轮齿。

2. $\phi10$ 螺栓孔配铰,表面粗糙度 R_a 为 $3.2\mu m$。

传动类型		TOP 型蜗轮副
蜗杆头数	Z_1	1
蜗轮齿数	Z_2	40
蜗杆包围蜗轮齿数	z'	4
蜗轮端面模数	m	9.258
蜗杆喉部螺旋升角	γ_m	7°34′12″
蜗杆轴剖面的齿形角	c	22°12′43″
蜗杆工作半角	φ_m	15°58′30″
母平面倾斜角	β	11°12′28″
蜗杆螺旋方向		右旋
精度等级		8
配对蜗杆图号		
蜗轮圆周齿距累积误差的公差	F_p	0.2
蜗轮加工中的中间平面极限偏移	f_{a02}	±0.8
	$\bar{s}_{n2}$	15.853
	$\bar{h}_{n2}$	6.653

图 11-37 平面二次包络环面蜗轮工作图

习　题

1.试分析题 1 图所示蜗杆传动中各轴的回转方向,蜗轮轮齿的螺旋方向及蜗杆、蜗轮各力的作用位置及方向。

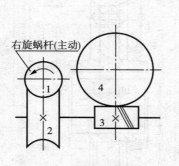

题 1 图　蜗杆传动

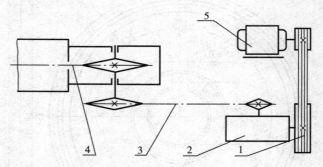

题 2 图　加热炉拉料机传动简图

1—V 带传动;2—蜗杆蜗轮减速器;3—链传动;

4—链条(用于拉取炉内料盘);5—电动机

2.题 2 图所示为热处理车间所用的可控气氛加热炉拉料机传动简图。已知:输入功率 $P=7.3$kW,蜗轮传递的转矩 $T_2=405$N·m,蜗杆减速器的传动比 $i_{12}=22$,蜗杆转速 $n_1=480$r/min,转动平稳,冲击不大。工作时间为每天 8h,要求工作寿命为 5 年(每年按 250 工作日计)。试设计该蜗杆传动。

3.设计一起重设备用的蜗杆传动,载荷有中等冲击。蜗杆轴由电动机驱动,传递的额定功率 $P_1=$ 10.3kW,$n_1=1470$r/min,间歇工作,平均约为每日 2h,要求工作寿命为 10 年(每年按 250 工作日计算)。

4.试设计某钻机用的单级蜗杆减速器。已知蜗轮轴上的转矩 $T_2=10600$N·m,蜗杆转速 $n_1=1000$r/min,蜗轮转速 $n_2=20$r/min,断续工作,有轻微振动。有效工作时数为 3000h。

5.设计用于带式输送机的普通圆柱蜗杆传动,传递功率 $P_1=8.8$kW,$n_1=960$r/min,传动比 $i=18$,由电动机驱动,载荷平稳。蜗杆材料为 20Cr,渗碳淬火,HRC≥58。蜗轮材料为 ZQSn10-1,金属模铸造。蜗杆减速器每日工作 8h,要求工作寿命为 7 年(每年按 250 工作日计)。

6.题 6 图为斜齿圆柱齿轮-蜗杆传动。小斜齿轮由电动机驱动。已知蜗轮齿为右旋,转向如图所示,试在图上标出:(1)蜗杆螺旋线方向及转向;(2)大斜齿轮应有的螺旋线方向,务使大斜齿轮所产生的轴向力,能与蜗杆的轴向力抵消一部分;(3)小齿轮的螺旋线方向及轴的转向;(4)蜗杆轴(包括大斜齿轮)上诸作用力的方向,画出空间受力图。

7.设计某一纺织机械厂传动装置的圆弧齿圆柱蜗杆减速器。已知:输入功率 $P_1=80$kW,转速 $n_1=$ 1450r/min,传动比 $i=20$,载荷平稳,每天连续工作 8h,起动时过载系数为 2,要求工作寿命为 5 年,每年工作 250 天。

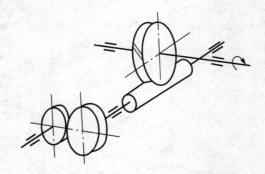

题 6 图　斜齿圆柱齿轮-蜗杆减速器受力分析

8.设计某一矿山机械中用的直线环面蜗杆传动。已知蜗杆传动名义功率 $P_1=20$kW,转速 $n_1=1000$r/min,传动比 $i=40$,蜗轮齿圈采用 ZCuSn10P1,传动选用 8 级精度,标准侧隙,该蜗杆传动为间断工作。

第十二章

螺 旋 传 动

§12-1 概 述

螺旋传动由螺旋(或螺杆)和螺母组成,主要将旋转运动转变为直线运动,同时传递运动和动力。根据螺杆和螺母的相对运动关系,螺旋传动常有两种传动形式:图12-1a 是螺杆转动,螺母移动,多用在机床的进给机构中;图12-1b 是螺母固定,螺杆转动并移动,多用在螺旋起重器(千斤顶)或螺旋压力机中。

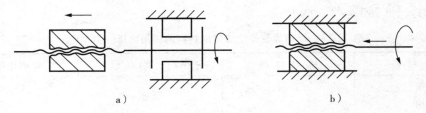

a)   b)

图 12-1 螺旋传动的运动形式

螺旋传动按用途分,可有三种类型:

(1)传力螺旋 以传递动力为主,要求以较小的转矩产生较大的轴向推力,用以克服工件阻力,如各种起重或加压装置的螺旋。这种传力螺旋主要是受很大的轴向力,一般为间歇性工作,每次的工作时间较短,工作速度也不高,而且通常需有自锁能力。

(2)传导螺旋 以传递运动为主,有时也承受较大的轴向载荷,如机床进给机构的螺旋等。传导螺旋主要在较长的时间内连续工作,工作速度较高,因此,要求具有较高的传动精度。

(3)调整螺旋 用以调整、固定零件的相对位置,如机床、仪器及测试位置中的微调机构的螺旋。调整螺旋不经常转动,一般在空载下调整。

螺旋传动按其螺旋副的摩擦性质不同,又可分为滑动螺旋(半干摩擦)、滚动螺旋(滚动摩擦)和静压螺旋(液体摩擦)。滑动螺旋结构简单,便于制造,易于自锁。其主要缺点是:摩擦阻力大,传动效率低(一般为 $30\% \sim 40\%$),磨损快,传动精度低等。相反,滚动螺旋和静压螺旋的摩擦阻力小,传动效率高(一般为 90% 以上),但结构复杂,特别是静压螺旋还需要供油系统。因此,只有在高精度、高效率的重要传动中才宜采用,如数控、精密机床、测试装置或自动控制系统中的螺旋传动等。

根据有关螺纹副的性质分析已知,矩形螺纹、梯形螺纹和锯齿形螺纹三种螺纹的效率高,省力,但矩形螺纹工艺性差,实际上应用较多的是梯形螺纹和锯齿形螺纹。在仪表中也有用到三角螺纹,因为在仪表中,效率和省力不是什么问题。

滚动螺旋,在螺杆与螺母间有滚道,滚道中充满滚珠,摩擦阻力小,传动效率高,轴向刚度大。但其抗冲击性能差,结构复杂,自锁性能差。

本章重点讨论滑动螺旋和滚动螺旋的设计计算。

§12-2　螺旋传动的材料和许用应力

螺旋传动的主要零件是螺杆和螺母。螺杆材料应具有足够的强度和耐磨性以及良好的加工性。一般用途的螺杆可由 A5,45,50 和 Y40Mn 等制造,不需要热处理。重要用途的螺杆应由 T12、65Mn、40WMn、40Cr、20CrMnTi 或 18MoAlA 等制造,但需要热处理。

螺母材料要求在与螺杆配合时摩擦系数最小,耐磨性好。常用材料为 ZQSn10-1、ZQSn6-6-3。重载低速时用高强度铸造青铜 ZQAl9-4 或铸造黄铜 ZHAl66-6-3-2;低速轻载时可用耐磨铸铁。

螺旋副的许用比压$[p]$见表 12-1;螺杆与螺母的许用拉应力$[\sigma]$、许用弯曲应力$[\sigma]_b$和许用剪应力$[\tau]$见表 12-2。

表 12-1　滑动螺旋传动螺旋副材料的许用比压$[p]$（MPa）

螺杆材料	螺母材料	滑动速度（m/s）	许用比压$[p]$
钢	青铜	低速	18～25
钢	钢		7.5～13
钢	铸铁	<0.04	13～18
钢	青铜	<0.05	11～18
钢	铸铁		4～7
钢	耐磨铸铁		6～8
钢	青铜	0.1～0.2	7～10
淬火钢	青铜		10～13
钢	青铜	>0.25	1～2

注：(1)当 ψ<25 或人力驱动时,$[p]$值可提高 20%;

　　(2)当螺母为剖分式时,$[p]$应降低 15%～20%。

表 12-2　螺杆和螺母的许用应力（MPa）

材　　料		许　用　应　力		
		$[\sigma]$	$[\sigma]_b$	$[\tau]$
螺杆	钢	$\dfrac{\sigma_s}{3\sim5}$		
螺牙强度	青铜		40～60	30～40
	耐磨铸铁		50～60	40

（续表）

材　　料		许　用　应　力		
		$[\sigma]$	$[\sigma]_b$	$[\tau]$
螺牙强度	青铜		45～55	40
	钢		$(1～1.2)[\sigma]$	$0.6[\sigma]$
螺母体强度	青铜	35～45	许用压应力$[\sigma]_c$	70～80
	铸铁	20～30		60～80

§12-3　传力螺旋传动的设计计算

螺旋传动工作时,在承受扭矩 T 的同时,又承受轴向载荷 F,如图 12-1b。在载荷作用下,螺旋传动的主要失效形式是:螺纹牙工作表面磨损,螺纹牙的弯曲或剪断,螺杆强度不够以及受压的长螺旋发生失稳等。但主要的是由于螺纹磨损而失效。因此,一般以螺纹耐磨性计算为主。

一、耐磨性计算

采用限制螺旋副接触处的比压 p 进行耐磨性计算。计算式为

$$p=\frac{F}{Z\pi d_2 h}\leqslant[p] \quad (\text{MPa}) \tag{12-1}$$

式中　F——轴向载荷,N;

Z——螺纹旋合圈数,$Z=\dfrac{H}{S}\leqslant10～12$;

H——螺母高度,mm;

S——螺距,mm;

d_2——螺纹中径,mm;

h——螺纹工作高度,mm;

　　对于矩形螺纹、梯形螺纹,$h=0.50S$;对于锯齿形螺纹,$h=0.75S$;

$[p]$——许用比压,MPa,表 12-1。

引入螺母高度系数 $\psi=\dfrac{H}{d_2}$,则

矩形、梯形螺纹,有

$$d_2\geqslant0.8\sqrt{\frac{F}{\psi[p]}} \quad (\text{mm}) \tag{12-2}$$

锯齿形螺纹有

$$d_2\geqslant0.65\sqrt{\frac{F}{\psi[p]}} \quad (\text{mm}) \tag{12-3}$$

式中 ψ 为螺母高度系数,对整体螺母磨损后不易调整,取 $\psi=1.2\sim2.5$;对剖分式螺母或受力较大且兼作支承时,取 $\psi=2.5\sim3.5$,对传动精度要求高,寿命长时,取 $\psi=4$。

计算求得 d_2 后,按国家标准选取相应的公称直径 d 及螺距 S。在国家标准中梯形与锯齿形螺纹,其螺纹直径 d 与螺矩 S 是一一对应的。

二、螺杆强度校核

螺杆在轴向力 F 作用下产生压应力或拉应力,在扭矩 T 作用下产生扭应力。根据第四强度理论可求得危险剖面的计算应力

$$\sigma_{ca}=\sqrt{\sigma^2+3\tau^2}=\sqrt{\left(\frac{4F}{\pi d_1^2}\right)^2+3\left(\frac{T}{0.2d_1^3}\right)^2}\leqslant[\sigma]\quad(\text{MPa})\qquad(12-4)$$

式中　d_1——螺纹内径,mm;

　　　$[\sigma]$——螺杆的许用应力,表 12-2。

三、螺纹牙的强度校核

由于螺杆材料强度一般比螺母的高,故通常只需计算螺母螺纹牙的强度。把一圈螺纹牙展开,并假定轴向载荷通过螺纹高度 h 的中点(图 12-2),则螺纹牙剪切强度的校核公式为

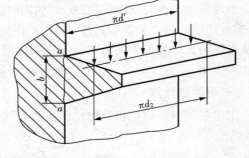

$$\tau=\frac{F}{\pi d'bZ}\leqslant[\tau]\qquad(12-5)$$

螺纹牙弯曲强度的校核公式为

图 12-2　螺母螺纹圈的受力

$$\sigma_b=\frac{\dfrac{F}{Z}\cdot\dfrac{h}{2}}{\dfrac{1}{6}\pi d'b^2}=\frac{3Fh}{\pi d'b^2Z}\leqslant[\sigma]_b\qquad(12-6)$$

式中　d'——螺母螺纹牙外径,mm;

　　　b——螺纹根部的宽度,mm;

　　　　　对矩形螺纹 $b=0.5S$,梯形螺纹 $b=0.65S$,锯齿形螺纹 $b=0.75S$;

　　　$[\tau]$——许用剪应力,MPa,表 12-2;

　　　$[\sigma]_b$——许用弯曲应力,MPa,表 12-2。

螺杆和螺母材料相同,按螺杆计算,这时式(12-5)和式(12-6)中的 d' 改为螺纹内径 d_1。

四、螺纹副的自锁条件校核

螺纹升角 λ 应满足 λ 与 ρ_v 之差不得小于 $1°\sim1.5°$,即

$$\lambda=\text{arctg}\frac{L}{\pi d_2}<\rho_v-(1°\sim1.5°)\qquad(12-7)$$

式中　L——导程,mm;

d_2——螺纹中径,mm;

ρ_v——当量摩擦角,$\rho_v = \text{arctg}(\dfrac{f}{\cos\beta})$,其中 f 为螺纹副的摩擦系数(见表 12-3),β 为螺纹的牙型斜角,对梯形螺纹 $\beta=15°$,锯齿形螺纹 $\beta=3°$。

由于摩擦系数与螺纹副的材料、螺纹的牙型、表面加工、润滑情况、压力和温度等有关,其值并不稳定。为了保证自锁(Self-locking),至少应使 λ 比 ρ_v 小 1°~1.5°。

表 12-3　螺旋传动螺纹副的摩擦系数(定期润滑)

螺杆和螺母材料	摩擦系数 f
钢—青铜	0.08~0.10
钢—耐磨铸铁	0.10~0.12
钢—铸铁	0.12~0.15
钢—钢	0.11~0.17
淬火钢—青铜	0.06~0.08

五、螺杆的稳定性校核

螺杆稳定性校核应满足的条件

$$\frac{F_c}{F} \geqslant 2.5\text{~}4 \qquad\qquad (12-8)$$

式中　F_c——临界压力。

当 $\dfrac{\mu l}{i} \geqslant 90$(未淬火钢)及 $\dfrac{\mu l}{i} \geqslant 85$ 时,

$$F_c = \frac{\pi^2 EI}{(\mu l)^2} \quad (\text{N}) \qquad\qquad (12-9)$$

当 $\dfrac{\mu l}{i} < 90$(未淬火钢)时,F_c 由以下经验公式计算:

$$F_c = \frac{340}{1+0.00013(\frac{\mu l}{i})^2} \times \frac{\pi d_1^2}{4} (\text{经验公式}) \qquad\qquad (12-10)$$

当 $\dfrac{\mu l}{i} < 85$(淬火钢)时,

$$F_c = \frac{400}{1+0.0002(\frac{\mu l}{i})^2} \times \frac{\pi d_1^2}{4} (\text{经验公式}) \qquad\qquad (12-11)$$

当 $\dfrac{\mu l}{i} < 40$ 时,不必进行稳定性校核。

长径比 λ 的计算公式为

$$\lambda = \frac{\mu l}{i} = \frac{4\mu l}{d_1} \qquad\qquad (12-12)$$

以上各式中：

　　E——螺杆材料的弹性模量，对于钢 $E=2.06\times10^5$，MPa；

　　I——螺杆危险剖面的惯性矩，可按螺纹内径 d_1 计算，$I=\dfrac{\pi d_1^4}{64}$，mm^4；

　　l——螺杆的最大工作长度，mm；若螺杆一端以螺母支承时，则为螺母中部到另一支端
　　　　支点的距离；

　　μ——长度系数与螺杆端部结构有关，表 12-4；

　　i——螺杆危险剖面惯性半径，若螺杆危险剖面面积 $A=\dfrac{\pi d_1^2}{4}$（mm^2），则 $i=\sqrt{\dfrac{I}{A}}=$
　　　　$\dfrac{d_1}{4}$，mm。

若上述计算结果不满足稳定性条件时，应增加螺杆的内径 d_1。

表 12-4　螺杆的长度系数 μ

端部支承情况	μ
两端固定	0.50
一端固定，一端不完全固定	0.60
一端铰支，一端不完全固定	0.70
两端不完全固定	0.75
两端铰支	1.00
一端固定，一端自由	2.00

注：判断螺杆端部支承情况的方法：

（1）若采用滑动支承时，则以轴承长度 l_0 与直径 d_0 的比值来确定。$l_0/d_0<1.5$ 时，为铰支；$l_0/d_0=$ 1.5～3.0 时，为不完全固定；$l_0/d_0>3.0$ 时，为固定支承；

（2）若以整体螺母作为支承时，仍按上述方法确定。此时，取 $l_0=H$（H 为螺母高度）；

（3）若以部分螺母作为支承时，可作为不完全固定支承；若采用滚动支承且有径向约束时，可作为铰支，有径向和轴向约束时，可作为固定支承。

六、螺旋副效率的计算

$$\eta = \frac{\text{tg}\lambda}{\text{tg}(\lambda+\rho_v)} \qquad\qquad (12-13)$$

其符号意义同前。

七、螺杆的刚度计算

拉力或压力 F 使螺杆螺距增大或减小，其变形量为

$$\Delta F_s = \pm\frac{FL}{EA} \qquad\qquad (12-14)$$

式中　L——导程，mm，对单线为螺距；

E——螺杆材料的弹性模量,对于钢可取 $E = 2.06 \times 10^5$,MPa;

A——螺杆螺纹剖面面积,$A = \dfrac{\pi d_1}{4}$,mm^2;

d_1——螺纹内径,mm。

转矩 T 使螺杆扭转,螺杆上每个螺矩长度上的扭角

$$\varphi = \frac{TL}{GJ} \tag{12-15}$$

式中　G——螺杆材料的剪切弹性模量,对钢可取 $G = 81000MPa$;

J——螺杆螺纹部分剖面惯性矩 $J = \dfrac{\pi d_1{}^4}{32}$,$mm^4$;

由此产生的螺距变形量

$$\Delta S_T = \pm \frac{\varphi}{2\pi} L = \pm \frac{TL^2}{2\pi GJ} \quad (mm) \tag{12-16}$$

考虑最不利的情况,螺距的变形量为

$$\Delta S = \Delta S_F + \Delta S_T = \frac{FL}{EA} + \frac{TL^2}{2\pi GJ} \quad (mm) \tag{12-17}$$

刚度校核公式为

$$\Delta S \leqslant \pm [\Delta S] \tag{12-18}$$

许用值 $[\Delta S]$ 根据螺旋传动精度要求决定,用于机床用,螺旋传动的参考值见表 12-5。

表 12-5　许用相对螺距变形量($\dfrac{\Delta S}{S} \times 10^3$)

螺旋传动精度等级	5	6	7	8	9
$\dfrac{\Delta S}{S} \times 10^3 (\mu m/m)$	10	15	30	55	110

注:(1)计算时,ΔS 与 S 单位分别为 μm 和 mm;

(2)对 7 级精度,$S = 6mm$ 的螺杆,$\left[\dfrac{\Delta S}{S} \times 10^3\right] = 30\mu m/m$;若按式(12-17)计算得 $\Delta S = 0.15 \times 10^{-3}$,

则可求得 $\dfrac{\Delta S}{S} \times 10^3 = \dfrac{0.15}{6} \times 10^3 = 25\mu m/m$,在允许值以内。

八、其他零件尺寸按结构设计

如图 12-3 所示的螺旋千斤顶。为了转动螺杆,要有手柄;螺杆的一端有托环,另一端有挡环,螺母装在机架上应有台肩。为了固定螺母,要有紧定螺钉。它们的形状和尺寸都需要按结构设计确定。

1. 手柄的计算

(1)手柄的长度

$$QL \geqslant T_1 + T_2$$

式中　　T_1——螺纹间摩擦力矩，$T_1 = F \operatorname{tg}(\lambda + \rho_v)\dfrac{d_2}{2}$；

　　　　T_2——托杯底部和螺杆端面间的摩擦力矩，

$$T_2 = \frac{1}{3}f \cdot F\frac{D_1^3 - D_2^3}{D_1^2 - D_2^2}$$

　　　　D_1，D_2 分别为托杯底端外径和螺钉孔直径（参看图 12-3），单位均为 mm；

　　　　Q——手柄推动力，通常在间歇工作时，一个工人的臂

　　　　　　力约为 150～250N；工作时间较长时，则为

　　　　　　100～150N。

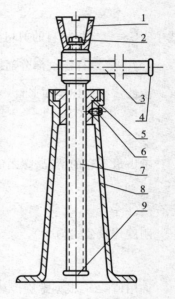

图 12-3　螺旋举重器
1—托杯；2—螺钉；3—手柄；
4—挡环；5—螺母；6—紧定螺钉；
7—螺杆；8—底座；9—挡环

　　手柄不宜过长，如算出手柄长度太长时，可用短手柄外加延长套管。

　　（2）手柄直径 d_p 按弯曲强度计算

　　手柄常用 A3，A4 钢制造，其许用弯曲应力 $[\sigma]_b$ =120MPa。

　　2. 底座、托杯、挡环等零件

　　（1）底座常用铸铁制成，其尺寸由制造及结构要求决定；

　　一般壁厚 8mm～10mm，斜度为 $\dfrac{1}{10}$～$\dfrac{1}{12}$，高度由螺杆长度等因素决定，必要时需验算支承底面的挤压强度。

　　（2）托杯按结构设计；

　　（3）紧定螺钉按标准选用，一般可取 M6～M10 螺钉；

　　（4）螺母凸缘的设计计算参照图 12-13 的有关计算式。

　　例题 12-1　螺旋千斤顶的设计计算。设计一台 5 吨螺旋千斤顶（图 12-3），最大起重高度为 350mm。

　　解：选择梯形螺纹，螺杆材料为 45 号钢，螺母材料为 ZQSn6-6-3。

　　1. 耐磨性计算　　由式（12-2），取 $\psi = 1.6$（由表 12-1），取 $[p]$ = 20MPa，则

$$d_2 \geqslant 0.8\sqrt{\frac{F}{\psi[p]}} = 0.8\sqrt{\frac{50000}{1.6 \times 20}} = 31.623(\text{mm})$$

按手册，选取

$$S = 8, \qquad d_2 = 40$$
$$d = 44, \qquad d_1 = 35（螺杆）$$
$$d' = 45, \qquad d_1' = 36（螺母）$$

　　2. 自锁性计算

$$\lambda = \operatorname{arctg}\frac{L}{\pi d_2} = \operatorname{arctg}\frac{8}{\pi \times 40} = 3°39'$$

$$\rho_v = \operatorname{arctg}\frac{f}{\cos\frac{30°}{2}} = \operatorname{arctg}\frac{0.09}{\cos 15°} = 5°19'$$

由表 12-3 取 $f = 0.09$。

所以 $\lambda<\rho_v$，自锁条件满足。

3. 强度计算

（1）螺杆的强度计算

$$\sigma_{ca}=\sqrt{(\frac{F}{A})^2+3(\frac{T}{W})^2}$$

$$T=Ftg(\lambda+\rho_v)\frac{d_2}{2}=50000tg(3°39'+5°19')\frac{40}{2}=157788(\text{N}\cdot\text{mm})$$

$$W_t=\frac{\pi d_1^3}{16}=\frac{\pi(35)^3}{16}=8418(\text{mm}^3)$$

$$A=\frac{\pi d_1^2}{4}=\frac{\pi\times(35)^2}{4}=962(\text{mm}^2)$$

$$\sigma_{ca}=\sqrt{(\frac{50000}{962})^2+3(\frac{157788}{8418})^2}=61.28(\text{MPa})$$

按表 12-2，取 $\sigma_S=360\text{MPa}$，则 $[\sigma]=\frac{\sigma_S}{3\sim5}=\frac{360}{3\sim5}=120\sim72(\text{MPa})$，所以 $\sigma_{ca}<[\sigma]=72\sim120(\text{MPa})$，安全。

（2）螺母的强度计算

$$Z=\frac{H}{S}，H=\psi d_2，\text{所以} Z=\frac{\psi d_2}{S}=\frac{1.6\times40}{8}=8$$

$$b=0.65\times8=5.2(\text{mm})$$

$$\tau=\frac{F}{\pi d'bZ}=\frac{50000}{\pi\times45\times5.2\times8}=8.50(\text{MPa})$$

$$\sigma_b=\frac{3Fh}{\pi d'b^2Z}=\frac{3\times50000\times0.50\times8}{\pi\times45\times(5.2)^2\times8}=19.62(\text{MPa})$$

根据表 12-2，查得 $[\sigma]_b=40\sim60\text{MPa}，[\tau]=30\sim40(\text{MPa})$，安全。

4. 稳定性计算

按表 12-4，设一端固定，一端自由，则 $\mu=2$，当 $l=350\text{mm}$，则

$$\frac{\mu l}{i}=\frac{2\times350}{d_1/4}=\frac{2\times350}{35/4}=80$$

由式（12-10）

$$F_c=\frac{340}{1+0.00013(\frac{\mu l}{i})^2}\times\frac{\pi}{4}d_1^2=\frac{340}{1+0.00013\times(80)^2}\times\frac{\pi}{4}(35)^2=178558(\text{N})$$

$$\frac{F_c}{F}=\frac{178558}{50000}=3.57>2.5\sim4，合适。$$

例题 12-2　计算简单千斤顶的螺杆和螺母（图 12-4），起重量为 40000N，起重高度为 200mm，材料自选。

解：

1. 耐磨性计算

选螺杆材料为 45 号钢，由表 1-8，其屈服极限 $\sigma_S=360\text{MPa}$。

螺母材料为铸造青铜 $ZQSn10-1$。

用梯形螺纹，螺纹工作高度与螺距之比 $\frac{h}{S}=0.5$，取 $\psi=\frac{H}{d_2}=2$。

因为由人力操纵，由表 12-1 取 $[p]=1.2\times25=30$(MPa)。于是由式(12-2)得：

$$d_2\geqslant0.8\sqrt{\frac{F}{\psi[p]}}=0.8\sqrt{\frac{40000}{2\times30}}=20.65(\text{mm})$$

由 GB784-65，选取螺纹 $T26\times5$。因此求得：

$S=5,\qquad d_2=23.5$

$d=26,\qquad d_1=20$(螺杆)

$d'=27,\qquad d_1'=21$(螺母)

2. 按螺母校核螺纹强度

(1)剪切强度　由 GB784-65 得：

螺纹牙底宽度 $b=0.65\quad S=0.65\times5=3.25$(mm)；

螺纹旋合圈数 $Z=\dfrac{H}{S}=\dfrac{\psi d_2}{S}=\dfrac{2\times23.5}{5}=9.4$；

由表 12-1,取 $[p]=40$MPa。

由式(12-5)求得：

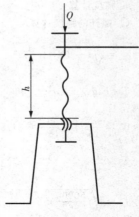

图 12-4　螺旋千斤顶

$$\tau=\frac{F}{\pi d'bZ}=\frac{40000}{\pi\times27\times3.25\times9.4}=15.44(\text{MPa})<[\tau]=40(\text{MPa}),\text{合适}。$$

(2)弯曲强度

螺纹牙的工作高度 $h=0.5,S=0.5\times5=2.5$(mm)。由表 12-2 取螺纹牙的许用弯曲应力 $[\sigma]_b$$=60MPa$。

由式(12-6)得：

$$\sigma_b=\frac{3Fh}{\pi d'b^2Z}=\frac{3\times40000\times2.5}{\pi\times27\times3.25^2\times9.4}=35.6(\text{MPa})<[\sigma]_b=60(\text{MPa}),\text{安全}。$$

3. 自锁条件校核　螺纹线 $a=1$

$$\lambda=\text{arctg}^{-1}\frac{a\cdot S}{\pi d_2}=\text{tg}^{-1}\frac{1\times5}{\pi\times35}=3°52'38''$$

由表 12-3,取 $f=0.1$,则

$$\rho_v=\text{tg}^{-1}\frac{f}{\cos\beta}=\text{tg}^{-1}\frac{0.1}{\cos15°}=\text{tg}^{-1}\frac{0.1}{0.9660}=5°54'30''$$

所以 $\lambda\leqslant\rho_v=-(1°\sim5°)$,自锁条件满足。

4. 螺杆强度校核

$$T_1=F\text{tg}(\lambda+\rho_v)\frac{d_2}{2}=40000\text{tg}(3°52'38''+5°54'30'')\frac{23.5}{2}=79420(\text{N}\cdot\text{mm})$$

由表 12-2,取螺杆的许用应力 $[\sigma]=\dfrac{\sigma_s}{3\sim5}=\dfrac{360}{3}=120$MPa,于是,由式(12-4)

$$\sigma_{ca}=\sqrt{(\frac{4F}{\pi d_1^2})^2+3(\frac{T}{0.2d_1^3})^2}=\sqrt{(\frac{4\times40000}{\pi\times20^2})^2+3(\frac{79420}{0.2\times20^3})^2}$$

$$=153(\text{MPa})>[\sigma]=120(\text{MPa})$$

因此,所选螺纹不可用。

根据以上计算,改选螺纹 $T32\times6$

$S=6,\qquad d_2=29$

$d=32,\qquad d_1=25$(螺杆)

$d'=33$, $d_1'=26$(螺母)

螺纹升角

$$\lambda=\mathrm{tg}^{-1}\frac{a\cdot S}{\pi d_2}\mathrm{tg}^{-1}\frac{1\times 6}{\pi\times 29}=3°46'4''$$

螺纹力矩

$$T=F\mathrm{tg}(\lambda+\rho_v)\frac{d_2}{2}=40000\mathrm{tg}^{-1}(3°46'4''+5°54'30'')\times\frac{29}{2}$$

$$=96830(\mathrm{N}\cdot\mathrm{mm})$$

于是由式(12-4)

$$\sigma_{ca}=\sqrt{(\frac{4F}{\pi d_1^2})^2+3(\frac{T}{0.2d_1^3})^2}=\sqrt{(\frac{4\times40000}{\pi\times25^2})^2+3(\frac{96830}{0.2\times25^3})^2}$$

$$=97.6\mathrm{MPa}<[\sigma]=120(\mathrm{MPa})，合适。$$

这样，螺纹的耐磨性和螺杆、螺母的强度都可通过。

5. 螺杆稳定性

设一端固定，一端自由，由表12-4，取$\mu=2$，

长径比 $\lambda=\dfrac{4\mu l}{d_1}=\dfrac{4\times0.7\times200}{25}=22.4<40$，所以无须校验。

最后决定选用梯形螺纹 T32×6。螺杆和螺母主要尺寸即可由此选取。

例题 12-3 设计一台人力驱动螺旋压力机。已知最大轴向载荷 $F=40\mathrm{kN}$，最大压下距离 $l=300\mathrm{mm}$。

设计分析：

参照图12-5所示螺旋压力机分析可知，螺母固定在机架上，不能移动也不可转动，而螺杆则一边转动一边移动。螺杆上端方头装上手柄可以转动；下端装有对工件施加压力的压头。在螺杆与螺母相旋合并转动时，带动压头上下移动，达到对工件加压的目的。加在压头上的转矩 T 为主动力矩，压头对工件的压力 F 则是工作载荷，螺旋传动就是根据这一载荷进行设计计算。

本设计属于低速、受力较大，但不重要的螺旋传动，所以对材料要求不高，失效形式主要是螺纹牙的磨损和螺杆的折断，对稳定性和自锁条件有一定要求，但刚度可以不考虑。

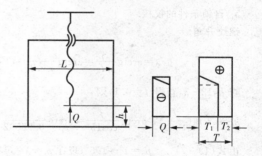

图 12-5 螺旋压力机

解：

1. 受力分析 为了产生 $F=40\mathrm{kN}$ 这样大的轴向压力，需要外加力矩 T，但是 T 是由螺纹参数和支承情况确定的，也就是说只有在初选螺纹以后才能计算 T。在这里，轴向压力 F，转矩 $T=T_1+T_2$(图12-5)。对受力较大的螺旋传动可以根据磨损条件设计螺杆直径，也可以根据强度条件设计螺杆直径。

2. 选择螺纹牙型和螺杆螺母材料 根据工作要求选择牙根强度高并且易加工梯形螺纹。螺杆材料用45 号钢，$\sigma_s=360\mathrm{MPa}$；螺母材料用 ZQSn10-1。

3. 根据磨损条件设计螺杆直径 考虑剖分式螺母结构，取$\psi=2.5$；螺旋副材料为钢对青铜，人力驱动，由表12-1，取$[p]=1.2\times25=30\mathrm{MPa}$，代入式(12-2)求得螺杆螺纹中径

$$d_2\geqslant0.8\sqrt{\frac{F}{\psi[p]}}=0.8\sqrt{\frac{40000}{2.5\times30}}=18.475(\mathrm{mm})$$

4. 根据强度条件计算螺杆直径

由于人力驱动，间歇时间长，取安全系数 $n=3$，则 $[\sigma]=\dfrac{\sigma_s}{mn}=\dfrac{360}{3}=120(\text{MPa})$

采用受拉螺纹联接的拉应力计算公式 $\dfrac{4\times1.3F}{\pi d^2}\geqslant[\sigma]$，估算一下螺杆直径

$$d_1\geqslant\sqrt{\frac{4\times1.25F}{\pi[\sigma]}}=\sqrt{\frac{4\times1.25\times40000}{\pi\times120}}=23(\text{mm})$$

式中系数 1.3 是平均值，对梯形螺纹可取为 1.2～1.25。

比较以上两式计算结果，本题螺杆直径应由强度条件决定。选取螺纹 T32×6，这时，

$S=6$，　　$d_2=29$

$d=32$，　　$d_1=25$（螺杆）

$d'=33$，　　$d_1'=26$（螺母）

取 $Z=10$，螺母高度 $H=ZS=10\times6=60\text{mm}$，螺母高度系数 $\psi=\dfrac{H}{d_2}=\dfrac{60}{29}=2.1<2.5$，这是由于中径 d_2 加大了的缘故。若以 $\psi=2.1$ 代入式（12-2）计算

$$d_2\geqslant0.8\sqrt{\frac{40000}{2.1\times30}}=20.158(\text{mm})$$

可见所选螺纹也满足要求。但是考虑到是剖分式螺母，仍取 $\psi=2.5$，则

$$H=\psi d_2=2.5\times29=72(\text{mm})$$

压头端面的形状和尺寸取如图 12-6 所示，根据经验可取 $D_1=1.5d$，$D_2=0.4d$

5. 自锁条件的校核

螺纹升角

$$\lambda=\text{arctg}\,\frac{S}{\pi d_2}=\text{arctg}\,\frac{6}{\pi\times29}=3°46'$$

查表 12-3，查得 $f=0.1$，则

$$\rho_v=\text{arctg}\Big(\frac{f}{\cos\beta}\Big)=\text{arctg}\,\frac{f}{\cos15°}=\text{arctg}\,\frac{1}{0.96592}=5°54'30'';$$

由式（12-7），$\lambda<\rho_v=1°\sim1.5°$，现在 $\rho_v-\lambda=5°54'30''-3°46'=2°08'30''$满足自锁条件。

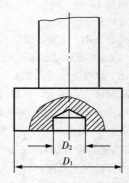

图 12-6　压头简图

6. 螺杆强度校核

选定螺纹后，可以根据受载情况和支承情况，计算螺纹力矩 $T=T_1+T_2$，精确校核螺杆的强度。

（1）计算螺纹力矩

$$T_1=F\text{tg}(\lambda+\rho_v)\frac{d_2}{2}$$

$$=40000\text{tg}(3°'+5°54'30'')\frac{d_2}{2}$$

$$=40000\text{tg}(9°40'30'')\times\frac{29}{2}=40000\times0.17048\times\frac{29}{2}$$

$$=98878.4(\text{N}\cdot\text{mm})$$

（2）计算压头处摩擦力矩

设法使润滑条件比上述情况好些，可取摩擦系数 $f=0.08$，则

$$T_2 = \frac{1}{3} fF \frac{D_1^3 - D_2^3}{D_1^2 - D_2^2} = \frac{1}{3} fF \frac{(1.5d)^3 - (0.4d)^3}{(1.5d)^2 - (0.4d)^2}$$

$$= \frac{1}{3} fF \frac{d^3 (1.5^3 - 0.4^3)}{d^2 (1.5^2 - 0.4^2)}$$

$$= \frac{1}{3} \times 0.08 \times 40000 \times 32 \times \frac{3.375 - 0.064}{2.25 - 0.16}$$

$$= 54074 (\text{N} \cdot \text{mm})$$

总的转矩为

$$T = T_1 + T_2 = 98878.4 + 54074 = 152952.4 (\text{N} \cdot \text{mm})$$

$$\sigma_{ca} = \sqrt{\left(\frac{4F}{\pi d_1^2}\right)^2 + 3\left(\frac{T}{0.2 d_1^3}\right)^2} = \sqrt{\left(\frac{4 \times 40000}{\pi \times 25^2}\right)^2 + 3\left(\frac{1529252.4}{0.2 \times 25^3}\right)^2} = 117.6 (\text{N} \cdot \text{mm}) < [\sigma] = 120 (\text{MPa}),$$

安全。

如果在端部压头处，螺杆直径可能最小，校核时同样是先找出危险剖面处的直径和所受载荷，然后求出当量应力校核。

7. 螺纹牙强度的校核

$S=6$，螺纹牙底宽 $b=0.65$，$S=0.65 \times 6 = 3.9 (\text{mm})$，螺纹工作高度 $h=0.5$，$S=0.5 \times 6 = 3 (\text{mm})$，又 $H=72\text{mm}$，螺纹圈数 $Z=72/6=12$ 圈，计算时仍按 $Z=10$ 圈计算。这样可得螺纹牙的剪切强度和弯曲强度

$$\tau = \frac{F}{\pi d' b Z} = \frac{40000}{\pi \times 33 \times 39 \times 10} = 9.9 (\text{MPa})$$

$$\sigma_b = \frac{3Fh}{\pi d' b^2 Z} = \frac{3 \times 40000 \times 3}{\pi \times 33 \times 3.9^2 \times 10} = 22.3 (\text{MPa})$$

由表 12-1，查得 $[\tau] = 30 \sim 40\text{MPa}$，$[\sigma]_b = 40 \sim 60\text{MPa}$，安全。

8. 校核螺杆端部(压头)比压

$$p = \frac{4F}{\pi (D_1^2 - D_2^2)} = \frac{4 \times 40000}{\pi (1.5^2 - 0.4^2) \times 32^2} = 30.9 (\text{MPa})$$

许用比压 $[p] = 1.2 \times 25 = 30 (\text{MPa})$，尚安全。

9. 稳定性校核

对一般支承，可以假定为两端铰支，由表 12-4 取 $\mu=1$，螺杆长度

$$l = h + \frac{H}{2} + d = 300 + \frac{72}{2} + 32 = 368 (\text{mm})$$

由式(12-12)，计算长径比

$$\lambda = \frac{4\mu l}{d_1} = \frac{4 \times 1 \times 368}{25} = 58.88$$

当 $\lambda < 90$ 时，对淬火钢，可用式(12-10)计算

$$F_c = \frac{340}{1 + 0.00013\lambda^2} \cdot \frac{\pi d_1^2}{4}$$

$$= \frac{340}{1 + 0.00013 \times (58.88)^2} \times \frac{\pi \times 25^2}{4} = 115045.95 (\text{N})$$

计算安全系数

$$S_c = \frac{F_c}{F} = \frac{115045.95}{40000} = 2.876 > [S]_c = 2.5 \sim 4, \text{安全}。$$

10. 计算螺纹效率

$$\eta = \frac{\mathrm{tg}\lambda}{\mathrm{tg}(\lambda + \rho_v)} = \frac{\mathrm{tg}3.7679°}{\mathrm{tg}(3.7679° + 6.35°)} = 0.3718 = 37.18\%$$

由 $\eta = 0.3718$，可见效率是很低的。为了提高效率，可用多线螺纹，这样效率是提高了，但自锁条件就不能满足了。

根据螺杆直径，可以确定螺母结构尺寸，这里从略。

例题 12 – 4　设计计算摇臂钻床升降螺旋和螺母机构(图 12 – 7)。提升摇臂时，螺旋所受的最大作用力 $F = 36400\mathrm{N}$(由摇臂重量和摇臂沿立柱移动时的磨阻力矩引起的)。在搬运钻床时，如把吊绳系住摇臂，则螺旋受压缩载荷 $F = 27600\mathrm{N}$(由主柱和基础的重量产生的)。根据摇臂移动机构的运动计算，确定螺距 $S = 8\mathrm{mm}$，螺线数 $a = 1$。螺旋由支点到螺母的最大高度 $l = 1500\mathrm{mm}$。

解：摇臂螺旋传动的工作特点是起动频繁而运转时间短暂。在这样的条件下，难以保证满意的润滑，因此应选用在润滑不良的条件下，也具有足够的耐磨性的材料：螺杆为 45 号钢调质、螺母为 ZQSn6 – 6 – 3。

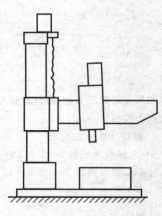

图 12 – 7　摇臂钻床

1. 按耐磨性条件确定螺杆直径和螺母高度

取 $\psi = 1.5$，由表 12 – 1 取许用比压 $[p] = 15\mathrm{MPa}$，采用梯形螺纹，则由式(12 – 2)得

$$d_2 \geqslant 0.8\sqrt{\frac{F}{\psi[p]}} = 0.8\sqrt{\frac{36400}{1.5 \times 15}} = 32.2(\mathrm{mm})$$

根据梯形螺纹国家标准查得与直径 $d_2 = 32.2$，$S = 8$，$a = 1$，最接近的标准梯形螺纹为 T44×8，其基本参数为：$d = 44\mathrm{mm}$，$d_2 = 40\mathrm{mm}$，$d_1 = 38\mathrm{mm}$，$S = 8$，$a = 1$。

螺母的高度，初步取

$$H = \psi d_2 = 1.5 \times 40 = 60(\mathrm{mm})$$

螺纹圈数　$Z = \dfrac{H}{S} = \dfrac{60 \sim 48.3}{8} = 7.5 \sim 6.04$ 圈，因此取 $Z = 6$ 圈。

实际螺母高度　$H = ZS = 6 \times 8 = 48(\mathrm{mm})$。

2. 螺纹牙强度的校核

对于梯形螺纹工作高度 $h = 0.5$，则

$$S = 0.5 \times 8 = 4(\mathrm{mm})$$

螺纹牙根部的宽度 $b = 0.65$，$S = 0.65 \times 8 = 5.2(\mathrm{mm})$

(1)根部的剪应力　由式(12 – 5)求得

$$\tau = \frac{F}{\pi dbZ} = \frac{36400}{\pi \times 44 \times 5.2 \times 6} = 8.4(\mathrm{MPa}) < [\tau] = 30 \sim 40(\mathrm{MPa})$$

(2)根部的弯曲应力　由式(12 – 6)求得

$$\sigma_b = \frac{3Fh}{\pi db^2 Z} = \frac{3 \times 36400 \times 4}{\pi \times 44 \times (5.2)^2 \times 6} = 19.4(\mathrm{MPa}) < [\sigma]_b = 40 \sim 60(\mathrm{MPa})$$

3. 自锁条件

螺纹升角

$$\lambda = \mathrm{tg}^{-1}\frac{L}{\pi d_2} = \mathrm{tg}^{-1}\frac{a \cdot S}{\pi d_2} = \mathrm{tg}^{-1}\frac{1 \times 8}{\pi \times 40} = \mathrm{tg}^{-1}0.064 = 3°40'$$

$$\rho_v = \mathrm{tg}^{-1}\frac{f}{\cos\beta} = \mathrm{tg}^{-1}\frac{0.1}{\cos 15°} = \mathrm{tg}^{-1}\frac{0.1}{0.96592} = 5°55'$$

$\lambda < \rho_v = 1°\sim 15°$,所以自锁条件满足。

4. 螺杆强度校核

螺旋传递的扭矩

$$T = F\mathrm{tg}(\lambda + \rho_v)\frac{d_2}{2} = 36400\,\mathrm{tg}(3°40' + 5°55')\frac{40}{2} = 121958.35(\mathrm{N \cdot mm})$$

螺旋中扭应力

$$\tau = \frac{T}{0.2d_1^3} = \frac{121958.35}{0.2 \times 35^3} = 14.226(\mathrm{MPa})$$

螺旋中拉应力

$$\sigma = \frac{4F}{\pi d_1^2} = \frac{4 \times 36400}{\pi \times 35^2} = 37.83(\mathrm{MPa})$$

螺旋中当量应力

$$\sigma_{ca} = \sqrt{(\sigma)^2 + 3(\tau)^2} = \sqrt{(37.83)^2 + 3(14.226)^2} = 45.15(\mathrm{MPa})$$

当量应力 $\sigma_{ca} = 45.15\mathrm{MPa} < [\sigma] = \dfrac{\sigma_s}{3\sim 5} = \dfrac{360}{3\sim 5} = 120\sim 72(\mathrm{MPa})$,因此,强度是足够的。

5. 螺杆稳定性

按表 12-4,两端铰支取 $\mu = 1$。

当 $\dfrac{\mu l}{i} = \dfrac{1 \times 1500}{d_1/4} = \dfrac{4 \times 1 \times 1500}{35} = 171.43 > 85\sim 90$,则临界压力按式(12-9)求得:

$$F_c = \frac{\pi^2 \times EI}{(\mu l)^2} = \frac{\pi^2 \times 2.1 \times 10^5 \times \pi \times 35^4}{(1 \times 1500)^2 \times 64} = 68000(\mathrm{N})$$

稳定安全系数

$$n_{ca} = \frac{F_c}{F} = \frac{68000}{2730} = 2.48$$

此值略小于 $n_c = 2.5\sim 4$。因而稳定性稍欠安全。如果考虑在搬运钻床时,只为了螺杆稳定性而增大螺杆的尺寸,那是不合理的。因此为了保证螺旋的稳定性,应改变搬运方法,例如将起吊绳索直接系在基础上。

例题 12-5　弓形夹钳夹紧螺栓的强度校验。图 12-8 所示弓形夹钳用 M30 螺杆夹紧工件,压力 $F = 40000\mathrm{N}$,螺杆材料为 45 号钢。设螺栓副和螺杆末端与工件的摩擦系数均为 0.15,试校验此螺杆的强度。

解:1. 校验螺杆的强度

查表知 M30 粗牙螺纹的螺距

$S = 3.5\mathrm{mm}$,内径 $d_c = d_1 = 26.211\mathrm{mm}$,$d_2 = 27.727\mathrm{mm}$,螺纹线数 $a = 1$。

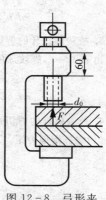

图 12-8　弓形夹
钳夹紧工作

螺纹升角 $\lambda = \mathrm{arctg}^{-1} \dfrac{a \cdot S}{\pi d_2}$

$$= \mathrm{arctg}^{-1} \frac{1 \times 3.5}{\pi \times 27.727} = \mathrm{arctg}^{-1} 0.04018$$

$$= 2°18'3''$$

取螺纹副的当量摩擦系数 $f_v = 0.15$，则当量摩擦角

$$\rho_v = \mathrm{tg}^{-1} 0.15 = 8°31'50''$$

当压力 $F = 40000\mathrm{N}$ 时，则螺纹力矩

$$T_1 = F\mathrm{tg}(\lambda + \rho_v)\frac{d_2}{2} = 40000\mathrm{tg}(2°18'3'' + 8°31'50'') \times \frac{27.727}{2}$$

$$= 106100(\mathrm{N} \cdot \mathrm{mm})$$

螺杆端部的摩擦力矩

$$T_2 = f_v F \frac{d_c}{3} = 0.15 \times 40000 \frac{26.211}{3} = 52422(\mathrm{N} \cdot \mathrm{mm})$$

螺杆在旋合螺纹段横截面受有力矩 T 和压力 F 的复合作用，根据第四强度理论，螺纹部分的强度由表 5-6 取 $\sigma_S = 360\mathrm{MPa}$，表 5-7 取 $[n] = 3$，则螺杆的许用应力 $[\sigma] = \dfrac{\sigma_S}{[n]} = \dfrac{360}{3} = 120\mathrm{MPa}$。于是

$$\sigma = \sqrt{\left(\frac{4F}{\pi d_1^2}\right)^2 + 3\left(\frac{T_1 + T_2}{0.2d_1^3}\right)^2} = \sqrt{\left(\frac{4 \times 40000}{\pi \times 26.211^2}\right)^2 + 3\left(\frac{106100 + 52422}{0.2 \times 26.211^3}\right)^2}$$

$$= 106.6(\mathrm{MPa}) < [\sigma] = 120(\mathrm{MPa})，安全。$$

2. 校验螺杆旋合螺纹牙的强度

取螺杆螺纹牙为计算对象。

螺纹牙的工作高度 $h = 0.5413S = 0.5413 \times 3.5 = 1.895(\mathrm{mm})$

螺纹牙的牙底宽度 $b_1 = 0.87S = 0.87 \times 3.5 = 3.045(\mathrm{mm})$

旋合螺纹圈为 $\dfrac{旋合长度}{螺距} = \dfrac{60}{3.5} = 17.1$，取有效圈数 $Z = 8$。

由表 12-2，得 $[\sigma]_b = (1 \sim 1.2)[\sigma] = 1.2 \times 120 = 144(\mathrm{MPa})$，于是由式（12-6）有

$$\sigma_b = \frac{3Fh}{\pi d_1 b^2 Z} = \frac{3 \times 40000 \times 1.895}{\pi \times 26.211 \times 3.45^2 \times 8} = 37.22(\mathrm{MPa}) < [\sigma]_b = 144(\mathrm{MPa})，安全。$$

3. 校验螺纹牙的剪切强度

由表 12-2，螺纹牙的许用剪切应力 $[\tau] = 0.6[\sigma] = 0.6 \times 120 = 86.4(\mathrm{MPa})$。按式（12-5），有

$$\tau = \frac{F}{\pi d_1 b Z} = \frac{40000}{\pi \times 26.211 \times 3.045 \times 8} = 19.94(\mathrm{MPa}) < [\tau] = 86.4(\mathrm{MPa})，安全。$$

4. 校验螺杆的剪切强度

（1）螺杆端面力矩

$$T_2 = fF \frac{1}{3} d_c = 0.15 \times 40000 \times \frac{1}{3} \times 26.211 = 52400(\mathrm{N} \cdot \mathrm{mm})$$

（2）螺杆承受的扳动力矩

螺杆在弓形架外的一段受的力矩为扳动力矩

$$T_t = T_1 + T_2 = 106100 + 52400 = 158500 (\text{N} \cdot \text{mm})$$

螺杆的许用扭转应力$[\tau] = 86.4\text{MPa}$，于是螺杆承受的剪切应力为

$$\tau = \frac{T_t}{\frac{\pi d_1^3}{16}} = \frac{158500}{\frac{\pi \times 26.211^3}{16}} = 44.8 (\text{MPa}) < [\tau] = 86.4 (\text{MPa})，安全。$$

5. 校验螺杆的抗压能力

螺杆末端受压，其抗压能力必须校验。由表 5-11，许用挤压应力$[\sigma]_p = \frac{\sigma_S}{n_p}$，取 $n_p = 1.25$，$\sigma_S = 360\text{MPa}$，于是$[\sigma]_p = \frac{360}{1.25} = 288 (\text{MPa})$。所以

$$\sigma_p = \frac{F}{\frac{\pi}{4} d_c^2} = \frac{40000}{\frac{\pi}{4} 26.211^2} = 74.13 (\text{MPa}) < [\sigma]_p = 288 (\text{MPa})，安全。$$

螺杆很短，无须校验其稳定性。

§12-4 传导螺旋传动的设计计算

传导螺旋在机床中应用很多，常用来将回转运动变为直线运动。图 12-9 所示为车床的进给机构，刀架的运动是由螺旋机构操纵的。下面以此机床的进给机构为例，来讨论传动螺旋的设计方法。至于进给机构的其他部分的设计问题，可参阅关于金属机床设计书籍。

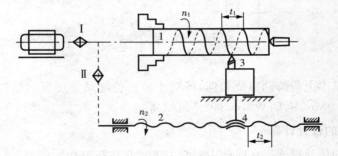

图 12-9 车床进给螺旋
1—工件；2—丝杠；3—车刀；4—螺母

一、传动螺旋的结构和材料

1. 结 构

金属切削机床上的传动螺旋机构，其螺杆通常采用标准的梯形螺纹。螺杆直径一般是 10mm~200mm，最常用的直径范围是 20mm~60mm。螺杆长度与螺纹中径的比值 l/d_2 称为直径比，一般取 $l/d_2 = 20 \sim 60$。当行程过大（>6m~8m）而需较长的螺杆时，则需采用对接的组合螺旋来代替整体的结构。

螺杆通常用右旋螺纹。另有在某些特殊情形下，例如车床横向进给丝杆，为了符合操作习惯，才采用左旋螺纹。

螺母的结构形式有整体螺母(图 12-10)、组合螺母(图 12-11)及对开螺母(图 12-12)等几种。整体螺母不能调整间隙,只在轻载且无精度要求的场合使用。

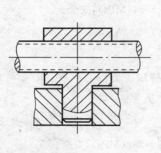

图 12-10　整体螺母

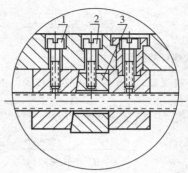

图 12-11　组合螺母

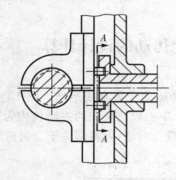

图 12-12　剖分螺母

2. 材料

材料的选用基本上与滑动螺旋相同,但对于精密传导螺旋还要求热处理后有较好的尺寸稳定性,可选用 9Mn2V,CrWMn,38CrMoAl 等钢。

二、传导螺旋的设计计算

机械中常用的传导螺旋工作时的主要受力形式是在扭矩作用的同时,还受拉或受压,这些力会使螺纹变形及工作表面磨损,受压的长螺旋还会失去稳定现象。因此,根据不同的受力形式,需进行耐磨性、强度和稳定性的计算。对于传递功率小的螺杆,主要进行耐磨性计算。

传导螺旋的设计计算方法基本上与传力螺旋相同,现举例说明。

例题 12-6　设计普通车床进给机构用的普通滑动螺旋。已知:螺旋输出功率 $P_2=2.5\text{kW}$,螺母移动速度 $v=0.05\text{m/s}$,螺距 $S=8\text{mm}$,螺旋头数 $a=2$,螺杆工作长度 $l=1\text{m}$,轴承效率 $\eta_1=0.99$,螺纹效率 $\eta_2=0.6$。参阅图 12-9。

解:

1. 螺旋平均工作载荷

螺旋输入功率　$P_1=\dfrac{P_2}{\eta_1\eta_2}=\dfrac{2.5}{0.99\times0.60}=4.21(\text{kW})$

平均工作载荷 $F_m = \dfrac{1000 P_1}{v_m} = \dfrac{1000 \times 4.21}{0.05} = 84200(\text{N})$

2. 耐磨性计算

(1)螺杆中径 d_2　由表 12-1,取 $[p]=15\text{MPa}$,剖分式螺母取 $\psi=3$,由式(12-2)得

$$d_2 \geqslant 0.8\sqrt{\frac{F}{\psi[p]}} = 0.8\sqrt{\frac{84200}{3 \times 15}} = 34.6(\text{mm}),\text{取 } d_2 = 40\text{mm}$$

由 $d_2 = 40\text{mm}$ 选取 $d=44$,$S=12$,双线,右旋,标记为 T44×12/2 精度时

$d=44$　　$d_1=35$(螺杆)

$d'=45$　　$d_1'=36$(螺母)

(2)螺母高度　$H = \psi d_2 = 3 \times 40 = 120(\text{mm})$

(3)旋合圈数　$Z = \dfrac{H}{S} = \dfrac{120}{8} = 15$ 圈,取 $Z=10$ 圈

(4)螺纹的工作高度　$h=0.5,S=0.5 \times 8 = 4(\text{mm})$

(5)校核工作比压　$p = \dfrac{F}{\pi d_2 h Z} = \dfrac{84200}{\pi \times 40 \times 4 \times 10} = 16.751(\text{MPa}) < [p] = 11 \sim 18(\text{MPa})$,合适。

3. 螺杆强度

(1)螺纹升角

$$\lambda = \text{arctg}\frac{L}{\pi d_2} = \text{arctg}\frac{2 \times 8}{\pi \times 40} = \text{arctg}0.127324 = 7°15'20''$$

$$\rho_v = \text{arctg}\frac{f}{\cos\beta} = \text{arctg}\frac{0.1}{\cos 5°} = \text{arctg}\frac{0.1}{0.96592} = \text{arctg}0.10353 = 5°54'17''$$

(2)合成应力

$$T_1 = F\text{tg}(\lambda + \rho_v)\frac{d_2}{2} = 84200\text{tg}(7°15'20'' + 5°54'17'')\frac{40}{2}$$

$$= 84200\text{tg}(13°9'37'')\frac{40}{2} = 84200 \times 0.23381 \times 20 = 393736(\text{N} \cdot \text{mm})$$

$$\sigma_{ca} = \sqrt{\left(\frac{4F}{\pi d_1^2}\right)^2 + 3\left(\frac{T_1}{0.2 d_1^3}\right)^2} = \sqrt{\left(\frac{4 \times 84200}{\pi \times 35^2}\right)^2 + 3\left(\frac{393736}{0.2 \times 35^3}\right)^2} = 118.254(\text{MPa})$$

$< [\sigma] = 120(\text{MPa})$,安全。

4. 螺纹牙强度

a. 螺杆螺牙强度

(1)螺纹根部宽度　$b=0.65,S=0.65 \times 8 = 5.2(\text{mm})$

(2)剪切强度　$\tau = \dfrac{F}{\pi d_1 b Z} = \dfrac{84200}{\pi \times 35 \times 5.2 \times 10} = 14.73(\text{MPa}) < [\tau] = 30 \sim 40(\text{MPa})$,合适。

(3)弯曲强度　$\sigma_b = \dfrac{3F(d-d_2)}{\pi d_1 b^2 Z} = \dfrac{3 \times 84200(44-40)}{\pi \times 35 \times 5.2^2 \times 10} = 34(\text{MPa}) < [\sigma]_b = 40 \sim 60(\text{MPa})$,合适。

b. 螺母螺牙强度

(1)剪切强度　$\tau = \dfrac{F}{\pi d b Z} = \dfrac{84200}{\pi \times 44 \times 5.2 \times 10} = 11.14(\text{MPa}) < [\tau] = 30 \sim 40(\text{MPa})$,合适。

(2)弯曲强度　$\sigma_b = \dfrac{3F(d-d_2)}{\pi d_1' b^2 Z} = \dfrac{3 \times 84200(44-40)}{\pi \times 36 \times 5.2^2 \times 10} = 33.04(\text{MPa}) < [\sigma]_b < 40 \sim 60(\text{MPa})$,合适。

5. 螺母体强度(图 12-13)

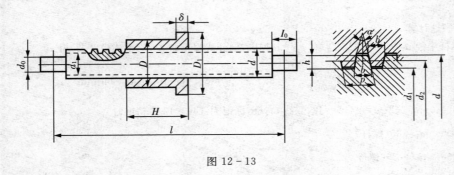

图 12-13

(1)螺母外径

$$D \geqslant \sqrt{\frac{5.2}{\pi[\sigma]} + d^2} = \sqrt{\frac{5.2}{\pi \times 35} + 44^2} = 44.000537(\text{mm}),\text{取 } D = 50\text{mm}$$

(2)凸缘外缘

$$D_1 \geqslant \sqrt{\frac{4F}{\pi[\sigma]_c} + D^2} = \sqrt{\frac{4 \times 84200}{\pi \times 80} + 50^2} = 62(\text{mm}),\text{取 } D_1 = 60\text{mm}$$

(3)凸缘厚度

$$\delta \geqslant \frac{F}{\pi D[\tau]} = \frac{84200}{\pi \times 50 \times 40} = 13.4(\text{mm})$$

6. 螺杆稳定性

参照图 12-13,螺杆端部结构为两端铰支,取 $\mu = 1$,$E = 2.1 \times 10^5$,$d_1 = 35\text{mm}$,$l = 1000\text{mm}$,则 $\frac{\mu l}{i} =$

$\frac{1 \times 1000 \times 4}{35} = 114.37 \geqslant 100$,所以临界压力 F_c 可按欧拉公式计算,即

$$F_c = \frac{\pi^2 EI}{(\mu l)^2} = \frac{\pi^2 \times 2.1 \times 10^5 \times \pi d^4}{(\mu l)^2 64} = \frac{\pi^3 \times 2.1 \times 10^5 \times 44^4}{(1 \times 1000)^2 \times 64} = 381328.8334(\text{N})$$

$$\frac{F_c}{F} = \frac{381328.8334}{84200} = 4.53 > 2.5 \sim 4,\text{稳定}。$$

7. 螺杆的刚度

按最不利的情况,螺纹螺距因受轴向力引起的弹性变形与受扭矩引起弹性变形方向是一致的。由式
(12-16)有:

$$\Delta S = \Delta S_F + \Delta S_T = \frac{FL}{EA} + \frac{TL^2}{2\pi GJ} = \frac{FaS}{E \cdot \frac{\pi d_1^2}{4}} + \frac{T(aS)^2}{2\pi G \cdot \frac{\pi d_1^4}{32}}$$

$$= \frac{4 \times 84200 \times 2 \times 8}{\pi \times 2.1 \times 10^5 \times 35^2} + \frac{32 \times 393736 \times (2 \times 8)^2}{2\pi^2 \times 81 \times 10^3 \times 35^4}$$

$$= 0.008012337(\text{mm})$$

由以上计算结果以 7 级精度而言,对照表 12-5 所列螺距每米长所允许螺距变形量值,都是远远小于

规定值($\frac{\Delta S}{S}$)$\times 10^3$,所以本题刚度是非常可靠的。

8. 效率验算

$$\eta=\frac{tg\lambda}{tg(\lambda+\rho_v)}=\frac{tg7°15'20''}{tg(7°15'20''+5°54'17'')}=\frac{0.127324}{0.127324+0.10353}=0.55$$

比假定螺纹效率 $\eta=60\%$ 稍小,可用。

§12-5　滚动螺旋传动的设计计算

一、滚动螺旋传动的特点与结构

滚动螺旋传动是针对滑动螺旋传动的缺点提出和发展起来的。滚珠在螺旋和螺母之间回路中循环,使螺旋和螺母在传动过程中基本上实现滚动摩擦。因此传动灵敏平稳,传动效率高(可达 90% 以上)。

用改变预紧片的厚度等方法,可以使成对螺母预紧,消除传动间隙。又由于螺旋和螺母之间是滚动摩擦,不易在低速时出现爬行现象,因此可提高传动精度和刚度。

滚动螺旋传动大都具有运动可靠性,它可以把回转运动变成直线运动,也可以把直线运动变成回转运动。这种传动一般没有自锁性,因此在升降机械中若应用滚动螺旋传动,要附加超越离合器或其他形式的锁紧机构。

滚珠螺旋传动的结构类型很多,图 12-14 为一种插管式外循环滚珠螺旋传动的结构示意图。

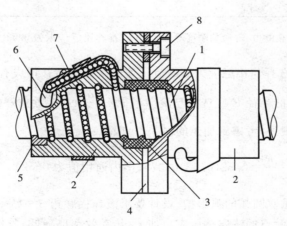

图 12-14　插管式外循环螺旋传动

1—螺杆;2—螺母;3—挡珠器;4—预紧垫片;

5—密封(兼回珠路);6—回珠路;7—导管;8—紧固螺钉

这种插管式对外循环滚珠螺旋是用导管作为返回滚道,导管的端部插入螺母孔中,和工作滚道相通。当滚珠沿工作滚道运行到一定位置时,遇到挡珠器迫使滚珠进入返回滚道(导管)内,循环到工作滚道的另一端。这种结构的工艺性较好,但返回滚道不便在设备内部安装,而是突出于螺母外面。

滚珠螺旋的螺纹剖面是弧形槽，一般有单圆弧弧形槽和双圆弧弧形槽。表 12-6 列出了滚珠螺旋单圆弧及双圆弧螺纹滚道法向剖面的形状、参数关系和特点。

表 12-6　螺纹滚道法向截面的形状、参数关系和特点

螺纹滚道法向截面形状	参 数 关 系	特 点
单 圆 弧 	接触角　$\beta = 45°$ 比 值　$\dfrac{R}{d_q} = 0.51 \sim 0.56$① 径向间隙 $$\Delta d = 4\left(R - \dfrac{d_q}{2}\right)(1 - \cos\beta)$$ 轴向间隙　$\Delta a = 4\left(R - \dfrac{d_q}{2}\right)\sin\beta$ 偏心距　$e = \left(R - \dfrac{d_q}{2}\right)\sin\beta$	加工较简单，为保证接触角 β 为 $45°$，必须严格控制径向间隙； 消除间隙和调整预紧必须采用双螺母结构
双 圆 弧 	接触角　$\beta = 45°$ 比 值　$\dfrac{R}{d_q} = 0.51 \sim 0.56$① 偏心距　$e = \left(R - \dfrac{d_q}{2}\right)\sin\beta$	加工稍复杂；理论上轴向间隙和径向间隙为零接触较稳定；消除间隙和调整预紧通常是采用双螺母结构，也可以采用单螺母和增大钢球直径的方法

①从滚动螺旋副的承载能力、寿命和刚度等因素考虑，推荐比值 $\dfrac{R}{d_q}$ 取为 0.52。

弧形槽半径 R 的选择与接触应力和螺旋工作时滚珠的滑移损失有关。为了最大限度地减小接触应力，弧形槽的半径 R 应选择与滚珠半径 $r_q\left(\dfrac{d_q}{2}\right)$ 愈接近愈好（但 $R \not< r_q$），这样也有利于减小滚珠的滑移损失，考虑到加工的误差，一般取：

$$\frac{R}{d_q} = 0.52 \,(0.55, 0.575;\text{国内通用值为 } 0.52)$$

无论是单圆弧还是双圆弧的弧形槽，设计要求滚珠接触角 $\beta = 45°$。若接触角太小，则在相同的轴向载荷下，接触点的法向挤压应力加大，传动效率也降低；若接触角过大，则不易磨削出表面粗糙度较高的弧形槽，也可能将弧形槽的边缘压翻。

单圆弧弧形加工成形简便，为了消除间隙或产生预紧，必须采用成对螺母；但为了保证滚珠与螺旋的接触角为 $45°$，需控制螺旋和螺母弧形槽之间的径向间隙。

为了消除滚动螺旋副的间隙，提高传动的定位精度，重复定位精度及轴向刚度，常采用双螺母预紧。但为了保证螺旋的传动精度，并具有一定的刚度，预紧力的合理数值

$$F_a \approx \frac{1}{3} F_{\max}$$

即预紧力取为最大轴向载荷的$\frac{1}{3}$时，对寿命和效率没有影响，过大的预紧力将使寿命和效率大为降低。

二、滚动螺旋传动的主要几何尺寸、精度、代号及其标注方法

1. 主要几何尺寸(见表12-7)

表 12-7 滚动螺旋副的主要几何尺寸

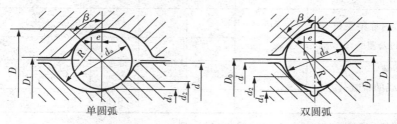

单圆弧　　　　　双圆弧

主 要 尺 寸		等 号	计 算 公 式
螺纹滚道	公称直径	D_0	
	螺距	S	
	接触角	β	$\beta = 45°$
	钢珠直径	$d_q(2r_q)$	$d_q = 0.6S$
	螺纹滚道法向半径	R	$R = 0.52d_q$
	偏心距	e	$e = (R - \frac{d_q}{2})\sin\beta = 0.707(R - \frac{d_q}{2})$
	螺纹升角	λ	$\lambda = \operatorname{arctg} \frac{S}{\pi D_0}$
螺杆	螺杆外径	d	$d = D_0 - (0.2 \sim 0.25)d_q$
	螺杆内径	d_1	$d_1 = D_0 + 2e - 2R$
	螺杆接触点直径	d_Z	$d_Z = D_0 - d_q\cos\beta$
	螺杆牙顶圆角半径	r_3	$r_3 = (0.1 \sim 0.15)d_q$(内循环用)
螺母	螺母螺纹外径	D	$D = D_0 - 2e + 2R$
	螺母内径	D_1	外循环　$D_1 = D_0 + (0.2 \sim 0.25)d_q$ 内循环　$D_1 = D_0 + 0.5(D_0 - d)$

2. 精度等级

滚动螺旋传动的精度包括精度等级、零件的静精度指标和装配后的综合精度。

我国标准规定，滚道螺旋副分为6个精度等级，即C,D,E,F,G,H级。其中C级精度最高，依次逐级降低，H级最低。

表12-8规定了滚动螺旋副螺距精度的检验项目和各级精度的螺距公差。

表 12－8　滚动螺旋副的螺距公差　（μm）

检 验 项 目	符号	精 度 等 级					
		C	D	E	F	G	H
螺距的极限偏差	Δp	±4	±5	±6			
2π 弧度内螺距公差	$\delta p_{2\pi}$	4	5	6			
任意 300mm 螺纹长度的螺距累积误差的公差	δp_{300}	5	10	15	25	50	100
螺纹全长 l 内螺距累积误差的公差[①]	δp_l			δp_{300}	$\left(\dfrac{L-2p}{300}\right)^{\kappa_1}$		
	K_1			0.8			1
螺距误差曲线的带宽公差	δp_b			δp_{300}	$\left(\dfrac{L-28}{300}\right)^{\kappa_2}$		
	K_2			0.6			1

①测量螺纹全长内螺距误差时，应在螺纹两端减去长度 l_0，即

当螺距 $p \leqslant 6mm$ 时，$l_0 = 4p$；$p = 8mm \sim 12mm$ 时，$l_0 = 3p$；$p > 16mm$ 时，$l_0' = 2p$。

一般动力传动可选用 F，G 级，数控机械和精密机械的传动螺旋，则根据其规定精度和重复定位精度要求选用 D，E 级，检验其中 3 个或 4 个项目。

3. 滚动螺旋的公差及表面粗糙度

表 12－9　滚动螺旋的公差及表面粗糙度　（μm）

公 差 项 目		尺寸范围（mm）		精度等级			
				C	J	B	P
螺杆的螺距偏差和螺距累积偏差	螺距偏差			±3	±3	±5	±10
	任意 300mm 长内螺距累积偏差			6	10	15	30
	螺距累积偏差；以任意 300mm 长的螺距累积偏差为基数，每增加 300mm 长度偏差的增加数			2	3	5	10
螺杆公称直径的椭圆度		钢球直径 d_q	≤3.175	3	5	6	8
			3.969～3.953	4	6	8	10
			6.35～9.525	5	7	10	12
			≥12.7	6	10	12	15
螺杆公称直径的锥度	螺杆螺纹全长 L_S ≤1000mm	公称直径 D_0	≤50	4	5	8	12
			60～100	6	7	10	14
	1000mm≤L_S≤2000mm			根据 ≤1000mm 的偏差按比例累计			
	L_S>2000mm			L_S 超过 2000mm 的部分，根据 L_S≤ 1000mm 的偏差乘 1/2，按比例累计			

（续表）

公 差 项 目		尺寸范围 (mm)		精度等级			
				C	J	B	P
螺杆公称直径的径向跳动（可用测量螺杆外径代替）	每300mm螺杆螺纹长度	长径比 L_S/D_0	20～25	6	12	14	20
			＞25～30		14	16	25
			＞30～35		16	18	30
			＞35～40			22	35
			＞40～50				40
螺杆外圆表面粗糙度	内循环			▽0.63	▽0.63	▽1.75	▽1.75
	外循环			按工艺要求定：但不低于▽1.75			
螺杆滚道表面粗糙度	螺杆			▽0.32	▽0.32	▽0.63	▽1.75
	螺母			▽0.63	▽0.63	▽1.75	▽1.75
螺纹滚道齿形偏差		钢球直径 d_q	≤3.175	±6	±8	±10	±12
			3.939～5.953	±10	±15	±20	±25
			6.35～9.525	±15	±20	±25	±30
			≥12.7	±20	±25	±30	±35
螺母螺距偏差和螺距累积偏差	螺距偏差			±4	±6	±8	±12
	有效长度内距累积偏差			6	9	12	18
螺母公称直径的椭圆度		钢球直径 d_q	≤3.175	5	6	8	10
			3.939～5.953	6	8	10	12
			6.35～9.525	7	9	12	14
			≥12.7	8	12	14	16
螺母有效长度内公称直径的锥度		公称直径 D_0	≤50	2	3	4	5
			60～100	3	4	5	7
螺母公称直径对配合外径的不同心度		公称直径 D_0	≤50	5	6	10	15
			60～100	7	10	12	18
钢球的精度和表面粗糙度	精度			I	I	II	III
	表面粗糙度			▽0.04	▽0.04	▽0.08	▽0.08
滚动螺旋公称直径的变动范围		长径比 L_S/D_0	≤30	±40	±60	±100	±150
			＞30～40	±80	±120	±150	±200
			＞40～50			±200	±250
滚动螺旋装配后的径向间隙		公称直径 D_0	20～25	≤20	≤30	≤40	≤50
			30～50	≤20	≤40	≤50	≤80
			60～100	≤30	≤50	≤60	≤100

4. 代号和标记方法

滚动螺旋的公称直径是指滚珠中心圆直径,用 D_0 表示。在螺杆和螺母的零件图中,规定在 D_0 的尺寸线上标注代号 GQ(即"滚球"二字的汉语拼音字母)、公称直径、螺距、精度等级和螺旋滚道的旋向等。精度等级(表 12-8)分为超精度(C)、精密级(J)、标准级(B)、普通级(P)。滚珠螺旋副的产品标记由汉语拼音字母及数字组成。其结构代号(表 12-10)及标记示例如下:

表 12-10 滚动螺旋副结构代号

代 号	意 义
N	内循环单螺母滚动螺旋副
NCh	内循环齿差调隙式双螺母滚动螺旋副
ND	内循环垫片调隙式双螺母滚动螺旋副
NL	内循环螺纹调隙式双螺母滚动螺旋副
W	外循环单螺母滚动螺旋副
WCh	外循环齿差调隙式双螺母滚动螺旋副
WD	外循环垫片调隙式双螺母滚动螺旋副
WL	外循环螺纹调隙式双螺母滚动螺旋副

代号标记

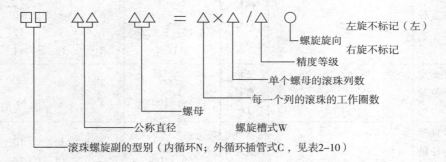

标记示例

WD3005—3.5×1/J 左:表示外循环垫片调隙式双螺母,公称直径为 300mm、螺距 $S=$ 5mm、钢珠每列为 3.5 圈、单列、J 级精度、左旋的滚动螺旋副。

NCh5006—1×3B:表示内循环齿差调隙式双螺母,公称直径 $D_0=50$mm、螺距 $S=$ 6mm,每个螺母有单圈钢球三列、B 级精度、右旋的滚动螺旋副。

5. 零件图及装配图尺寸标注

三、滚动螺旋传动的计算

1. 滚动螺旋传动的寿命计算

选择滚珠丝杠时,要确定一些基本尺寸,如钢球中心圆直径、钢珠直径及螺距等,由于这些尺寸直接影响使用寿命,因此,如已确定使用寿命,就可根据寿命要求确定合适尺寸。

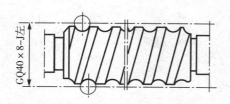

GQ40×8-J左　表示螺杆公称直径为40mm，
螺距为8mm，J级精度，左旋螺纹。

图12-15　滚动螺旋螺杆尺寸标注

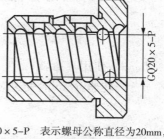

GQ20×5-P　表示螺母公称直径为20mm，
螺距为5mm，P级精度，螺纹为右旋的螺母。

图12-16 滚动螺旋螺母尺寸标注

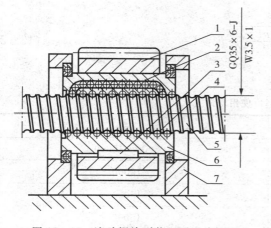

图12-17　滚动螺旋副装配图尺寸标注

$\dfrac{\text{GQ35×6-J}}{\text{W3.5×1}}$　表示滚动螺旋的公称直径为35mm，螺距为6mm，J级精度，右旋螺纹，外循环单螺母结构，钢球有效圈数为3.5圈单列。

在滚珠丝杠寿命计算中常用下列术语：

额定寿命　一批同样的丝杠，在相同的条件下运转，其中90％的丝杠不发生疲劳点蚀的总转数；

额定动载荷　一批同样的丝杠，在其额定寿命为10^6转时的载荷；

工作动载荷　指丝杠传动在载荷不变动时的轴向载荷；

平均载荷　用于计算在变载荷下的滚动丝杠传动。将此载荷作用在滚动丝杠，所得寿命与滚动丝杠传动在实际使用条件下达到的寿命相同。

实验表明：滚动丝杠传动的额定寿命L（以10^6转计）与额定动载荷C_a、工作动载荷F_c之间的关系为：

$$L=(\frac{C_a}{F_c})^3 \qquad\qquad (12-19)$$

式中　　L——额定寿命10^6转；

C_a——额定动载荷，N；

F_c——轴向载荷变载时，应取其平均载荷F_m。

在实际应用时,常用小时数表示额定寿命,则

$$L_h = \frac{10^6 L}{60n} \qquad\qquad (12-20)$$

式中　L_h——使用寿命,h;

　　　　n——转速,r/min,变速时应取其平均转速 n_m;

但

$$L = (\frac{C_a}{F_c})10^6 > L_h \qquad\qquad (12-21)$$

$$L_h = \frac{10^6 L}{60n} = \frac{10^6}{60n}(\frac{C_a}{F_c})^3 = \frac{1.67 \times 10^4}{n}(\frac{C_a}{F_c})^3 \qquad (12-22)$$

根据寿命条件求必需的额定动载荷为

$$C_a' = \sqrt[3]{\frac{nL_h}{1.67 \times 10^4}} F_c \leqslant C_a \qquad\qquad (12-23)$$

此式用于设计,式中 L_h 为使用寿命,h。

表 12－11　　使用寿命

机　械　类　型	寿　　命　　h
普通机械	5000～10000
普通金属切削机床	10000
数控机械、精密机械	15000
测试机械、仪器	15000
航空机械	1000

当载荷和转速变动时,应求出变载荷的平均载荷 F_m 和转速的平均转速 n_m:

$$F_m = \sqrt[3]{F_1^3 n_1 t_1 + F_2^3 n_2 t_2 + \cdots + F_i^3 n_i t_i} \qquad (12-24)$$

$$n_m = n_1 t_1 + n_2 t_2 + \cdots + n_i t_i \qquad\qquad (12-25)$$

式中　F_i——轴向工作载荷,N;

　　　　n_i——为与 F_i 对应的转速,r/min;

　　　　t_i——为在 F_i 和 n_i 下工作的时间,h。

当载荷变动是周期性时,F_m 按下式计算:

$$F_m = \frac{2F_{max} + F_{min}}{3} \qquad\qquad (12-26)$$

式中　F_{max}——最大轴向工作载荷,N;

　　　　F_{min}——最小轴向工作载荷,N。

当考虑运转过程中冲击、振动和滚道面硬度对寿命的影响,则额定动载荷 C_a 可按下式

计算：

$$C_a = \sqrt[3]{L} K_F K_H K_l F_m \qquad (12-27)$$

式中 K_F——载荷系数，表 12-12；

K_H——硬度系数，表 12-13；

K_l——短行程系数，表 12-14，初设计时可暂取 $K_l = 1$。

表 12-12 载荷系数

载 荷 性 质	系数 K_F
平稳和轻微冲击	1.0～1.2
中等冲击	1.2～1.5
较大冲击和振动	1.5～2.5

表 12-13 硬度影响系数 $K_H, K_H{}'$

硬度 HRC		≥58	55	52.5	50	47.5	45	40
系数	K_H	1.0	1.11	1.35	1.56	1.92	2.4	3.85
	$K_H{}'$	1.0	1.11	1.40	1.67	2.1	2.65	4.5

表 12-14 短行程系数 K_l

行程螺母高	1	1.2	1.4	1.6	1.8	2.0	≥2.2
系数 K_l	1.3	1.22	1.16	1.1	1.06	1.03	1

按公式(12-27)算出额定动载荷 C_a 值以后，可由表 12-15、表 12-16 查出与 C_a 相应的值，得出相应的滚珠丝杠传动的主要参数，如钢珠中心圆直径、钢球直径、钢球的有效圈数等。

2. 按静载荷计算

当转速在 10r/min 以下时，只需考虑最大轴向工作载荷 F_{max} 是否超过静载荷 C_{oa}，然后按表 12-15、表 12-16 选用 C_{oa} 充分大于 F_{max} 值即可，一般运转条件下取：

$$C_{oa} \geqslant K_F K_H' F \qquad (12-28)$$

3. 稳定性计算

同普通滑动螺旋副传动一样，丝杠承受轴向压力时，可能失去稳定而产生弯曲破坏。因此必要时应作稳定性验算。其计算方法与普通滑动螺旋一样。

4. 刚度计算

其计算方法与传动螺旋相同。

5. 材料及热处理

螺母材料一般采用 GCr15,CrWMn,9CrSi,热处理后 HRC60～62。整体淬火在热处理和磨削过程中变形较大，工艺性差，应尽可能采用表面硬化处理。对于高精度螺杆尚需进行稳定处理消除残余应力。

表 12－15　内循环螺旋副公称直径、螺距、钢球直径、螺纹升角和承载能力

螺距 S(mm)		5			6			8			10			12			16		
钢球直径 d_p (mm)		3.175			3.969			4.763			5.953			7.411			9.525		
圈数×列数		1×2	1×3	1×4	1×2	1×3	1×4	1×2	1×3	1×4	1×2	1×3	1×4	1×2	1×3	1×4	1×2	1×3	1×4
32	λ	2°51′			3°25′														
	C_a	9120	12050	14900	12450	16500	20300												
	C_{oa}	28900	43500	58000	36400	54800	72800												
40	λ	2°16′			2°44′			3°39′											
	C_a	10000	13200	16300	13710	18120	22380	17650	23400	28800									
	C_{oa}	36600	54900	73100	45300	67900	90500	54600	82000	109900									
50	λ				2°11′			2°55′			3°39′								
	C_a				148800	20000	34500	19600	25900	31900	26300	34800	42900						
	C_{oa}				57000	85400	113800	69600	104500	139200	85400	128500	171000						
63	λ							2°19′			2°53′			3°28′					
	C_a							21200	28000	34700	29200	38600	47800	36800	49000	60300			
	C_{oa}							86200	129500	127500	107000	162000	215500	127500	191500	255000			
80	λ										2°17′			2°44′					
	C_a										323500	42800	52900	41200	54500	62200			
	C_{oa}										137300	206000	274500	166500	249000	331000			
100	λ													2°11′			2°55′		
	C_a													45500	60200	74100	67300	88900	109900
	C_{oa}													208000	312000	416000	269000	407500	538000

公称直径 D_0 (mm)　螺纹升角与承载能力 N

注：(1) 本表适用于表面硬度 HRC58～62，$R/d_q=0.52$ 的情况；

　　(2) 如果 $R/d_q=0.55$，则 C_a 乘以 0.65；C_{oa} 乘以 0.628。

表 12 - 16 外循环滚动螺旋副公称直径、螺距、钢球直径、螺纹升角和承载能力

螺距 S(mm)		4		5		6		8		10		12		16		20	
钢珠直径 d_q (mm)		2.381		3.175		3.969		4.763		5.953		7.144		9.525		12.7	
圈数×列数		2.5×1	3.5×1	2.5×1	3.5×1	2.5×1	3.5×1	2.5×1	3.5×1	2.5×1	3.5×1	2.5×1	3.5×1	2.1×1	3.5×1	2.5×1	3.5×1
20	λ	3°39'		4°33'													
20	C_a	5970	7450	8620	10790												
20	C_{oa}	16700	23200	22080	30900												
25	λ			3°39'		4°22'											
25	C_a			8500	12090	12800	16200										
25	C_{oa}			28100	39300	34800	48700										
32	λ					2°51'		3°25'									
32	C_a					10790	13500	14600	18400								
32	C_{oa}					36100	50800	45500	63800								
40	λ							2°44'		3°39'							
40	C_a							16100	19700	21000	26100						
40	C_{oa}							56500	79000	68300	95700						
50	λ							2°44'		3°39'		3°39'		4°22'			
50	C_a							17800	22100	22900	29100	31100	38700	39800	50500		
50	C_{oa}							71000	100000	87000	112000	107000	149000	129000	181000		
63	λ									2°19'		2°53'		3°28'			
63	C_a									25000	31500	34200	46100	43200	54600		
63	C_{oa}									107900	151000	13400	189000	159900	22200		
80	λ											2°17'		2°44			
80	C_a											38000	47500	48300	61000		
80	C_{oa}											171500	240000	207000	290000		
100	λ											2°11'		2°55'		3°39'	
100	C_a											53200	67300	78500	100000	116000	146000
100	C_{oa}											250000	361000	331500	47000	445000	622000

公称直径 D_0 (mm) ——— 螺纹升角与承载能力 N

注:(1)本表适用于表面硬度 HRC58~62，R/d_q＝0.52 的情况;

(2)如果 R/d_q＝0.55，则 C_a 乘以 0.685，C_{oa} 乘以 0.628;

(3)若列数为 2 时，C_a 乘以 1.62，C_{oa} 乘以 2。

内循环滚动螺旋副的返向器,采用一般热处理可选用 CrWMn,GCr15;若采用离子氮化,可选用 20CrMnTi,40Cr。螺杆材料如表 12 - 17 所示。

表 12 - 17　滚动螺旋的螺杆及其热处理

钢　号	热　处　理	应　用
20CrMoA	渗碳淬火	长度 $l \leqslant 1m$ 的精密螺杆
42CrMoA	高频或中频加热表面淬火	长度 $l = 2.5m$ 的精密螺杆
55	高频或中频加热表面淬火	普通螺杆
50Mn、60Mn	高频或中频加热表面淬火	普通螺杆
38CrMoAlA	氮化	长度 $l > 2.5m$ 的精密螺杆
GCr15	整体淬火	$D_0 \leqslant 40mm$ 的螺杆
GCr15SiMn	整体淬火	$D_0 > 40mm$ 的螺杆
9Mn2V	整体淬火	$D_0 \leqslant 40mm$ 的长度 $l \leqslant 2m$ 的螺杆
CrWMn	整体淬火	$D_0 = 40 \sim 80mm$ 长度 $l \leqslant 2m$ 的螺杆
9Cr18	中频加热表面淬火	有抗腐蚀要求的螺杆

注:(1)硬度 HRC58~60;

　　(2)螺杆长度 $l \geqslant 1m$ 或精度要求高时,硬度可略低,但不得低于 HRC56;

　　(3)磨削后的淬透层深度应保证:中频淬火 $\geqslant 2mm$;高频淬火,渗碳淬火 $\geqslant 1mm$,氮化处理硬化层 $> 0.4mm$。

6. 滚动螺旋传动设计计算的步骤

设计滚动螺旋传动时,已知条件常是:工作载荷 F 或平均工作载荷 F_m;螺旋的使用寿命 L_h;螺杆的工作长度(或螺母的有效行程)l;螺杆的转速(r/min)以及滚道硬度 HRC 和运转情况。

一般设计步骤是:

(1)求出螺旋传动的计算载荷 F_c;

(2)考虑寿命从滚动螺旋的系列中找出相应的额定动载荷,初步确定其规格(或型号);

(3)根据所选规格(或型号)列出主要参数;

(4)验算传动效率、刚度及工作稳定性是否满足要求,如不能满足要求则应另选其他型号并重新验算;

(5)对于低速($n \leqslant 10r/min$)传动,只按额定静载荷计算,具体计算的方法及计算公式列入表 12 - 18 中。

表 12 - 18　滚动螺旋传动的设计计算

计算项目		符号	单位	计算公式及参数选择	说　　明
用角载速荷度计计算算和	平均载荷	F_m	N	$$F_m = \sqrt[3]{\frac{F_1^3 n_1 t_1 + F_2^3 n_2 t_2 + \cdots}{n_1 t_1 + n_2 t_2 + \cdots}}$$ $$F_m = \frac{2F_{max} + F_{min}}{3}$$	$F_1, F_2 \cdots$——轴向变载荷,N $n_1, n_2 \cdots$——相应的转速,r/min $t_1, t_2 \cdots$——相应的工作时间,h 载荷在 F_{max} 和 F_{min} 之间周期性变化时用此式
用角载速荷度计计算算和	平均转速	n_m	r/min	$$n_m = \frac{n_1 t_1 + n_2 t_2 \cdots}{t_1 + t_2 + \cdots}$$	变速时用此式
	计算载荷	F_c	N	$F_c = K_F K_H K_l F$ 或者 $F_c = K_F K_H K_l F_m$	$F(F_m)$——轴向载荷(或平均轴向载荷),N K_F——载荷系数,表 12 - 12 K_H——硬度影响系数,表 12 - 13 K_l——短行程系数,表 12 - 14,初设计时,暂取 $K_l = 1$
寿命计算	运动寿命	L	$\times 10^6$ (转)	$$L = \frac{60 n L_h}{10^6} = \frac{n L_h}{1.67 \times 10^4}$$	$n, (n_m)$——转速(平均转速),r/min L_h——使用寿命 h,h 参照表 12 - 11
寿命计算	疲劳寿命	L	$\times 10^6$ (转)	$$L = \left(\frac{C_a}{F_c}\right)^3 \geqslant L_h$$	此式验算用,L 也叫额定寿命 C_a——额定动载荷,N,表 12 - 15 和表 12 - 16
寿命计算	疲劳寿命	L_h	h	$$L_h = \frac{1.67 \times 10^4}{n} \left(\frac{C_a}{F_c}\right)^3 \leqslant L$$	$n, (n_m)$——螺旋的转速(平均转速),r/min 此式用于验算,L_h 也叫额定寿命
寿命计算	根据寿命条件求必需的额定动载荷	C_a'	N	$C_a' = \sqrt[3]{L} F_c \leqslant C_a$ 或者 $$C_a' = \sqrt[3]{\frac{n L_h}{1.67 \times 10^4}} F_c$$	此式供设计用 L'——运转寿命,$\times 10^6$ 转 L_k'——运转寿命,h
按静载荷计算		C_{oa}	N	$C_{oa} \geqslant K_F K_H' F$	K_H'——硬度影响系数,表 12 - 13
螺杆强度计算		σ_c	MPa	同普通滑动螺旋	传力螺旋进行此项验算
稳定性计算		F_{cr}	N	同普通滑动螺旋	长径比大受压的螺杆应进行此项验算
螺杆系统刚度验算		$\dfrac{\partial s}{s}$	μm/m	同普通滑动螺旋	除轴向载荷和转矩引起变形外,滚道本身的轴向弹性变形也应计及,如此计算太麻烦,故借用滑动螺旋的公式,但 $\left(\dfrac{\Delta S}{S}\right) \times 10^3$ 应比滑动螺旋减小一半
驱动力矩		T		$T_9 = T_1 + T_2 + T_3$ (见图 12 - 12) 其中 $T_1 = F \dfrac{D_0}{2} \text{tg}(\lambda + \rho_v)$	D_0——公称直径,mm λ——螺纹升角 ρ_v——当量摩擦角 精确计算时,尚需要考虑传动件的惯性
效　率				由旋转运动变为直线运动时: $$\eta = \frac{\text{tg}\lambda}{\text{tg}(\lambda + \rho_v)},$$ $\text{tg}\rho_v = 0.0025$ 由直线运动变为旋转运动时: $$\eta = \frac{\text{tg}(\lambda - \rho_v)}{\text{tg}\rho_v},$$ $\text{tg}\rho_v = 0.0035$	有预紧力时,是轴向载荷为预紧力三倍时的效率。低于此值时 η 略有降低,空载时,η 最低

　　例题 12-7　试设计一数控铣床工作进给用滚动螺旋传动。已知平均载荷 $F_m = 3800$N，螺杆工作长度 $l = 1.2$m，平均转速 $n_m = 100$r/min，要求使用寿命 $L_h = 150000$h 左右。螺杆材料为CrWMn钢，滚道硬度为 HRC58～62。

　　解:

　　1. 求计算载荷

$$F_c = K_F K_H K_l F_m$$

由表 12-12，查得 $K_F = 1.2$；表 12-13 查得 $K_H = 1$；进给螺旋行程较长，故取短行程系数 $K_l = 1$（表 12-14)，则

$$F_c = K_F K_H K_l F_m = 1.2 \times 1 \times 1 \times 3800 = 4560(\text{N})$$

　　2. 根据寿命条件计算必需的额定动载荷

$$C_a' = \sqrt[3]{\frac{n_m L_h}{1.67 \times 10^4}} F_c = \sqrt[3]{\frac{100 \times 15000}{1.67 \times 10^4}} \times 4560 = 20404(\text{N})$$

　　3. 根据必需的额定动载荷 C_a' 选择螺旋尺寸

　　现假设用内循环结构，查表 12-15，可有下列几个规格的螺旋，其 C_a 接近 C_a' 或稍大于 C_a'：

　　(1) $D_0 = 50$mm，$\lambda = 2°11'$，$d_q = 3.969$mm，$S = 6$mm，圈数×列数 $= 1 \times 3$，$C_a = 20000$N

　　(2) $D_0 = 40$mm，$\lambda = 2°44'$，$d_q = 3.969$mm，$S = 6$mm，圈数×列数 $= 1 \times 4$，$C_a = 22380$N

　　(3) $D_0 = 63$mm，$\lambda = 2°19'$，$d_q = 4.763$mm，$S = 8$mm，圈数×列数 $= 1 \times 2$，$C_a = 21200$N

考虑各种因素决定采用(1)。查表 12-15 可知：

滚道半径　$R = 0.52 d_q = 0.52 \times 3.969 = 2.06(\text{mm})$

偏心距　$e = 0.707(R - \dfrac{d_q}{2}) = 0.707(2.06 - \dfrac{3.969}{2}) = 5.6 \times 10^{-2}(\text{mm})$

螺杆内径　$d_1 = D_0 + 2e - 2R = 50 + 2 \times 5.6 \times 10^{-2} - 2 \times 2.06 = 45.984 \approx 46(\text{mm})$

　　4. 稳定性计算

　　因螺杆较长，所以稳定性验算应以下式求临界载荷：

$$F_c = \frac{\pi^2 EI}{(\mu l)^2}$$

式中　$E = 2.06 \times 10^5$MPa；

　　　　I——螺杆危险截面的轴惯性矩，$I = \dfrac{\pi d_1^4}{64}$。

两端铰接由表 12-4 取 $\mu = 1$，代入上式得：

$$F_{cr} = \frac{\pi^2 EI}{(\mu l)^2} = \frac{3.1416^2 \times 2.06 \times 10^5 \times \dfrac{\pi d_1^4}{64}}{(1 \times 1200)^2}$$

$$= \frac{3.1416^2 \times 2.06 \times 10^5 \times 10^5 \times 46^4}{12^2 \times 10^4 \times 64} = 3.15 \times 10^5(\text{N})$$

所以 $\dfrac{F_{cr}}{F_m} = \dfrac{3.15 \times 10^5}{3.8 \times 10^3} = 82.8 > 2.5 \sim 4$，安全。

　　5. 刚度验算

　　按不利情况考虑，螺纹螺距因受轴向力引起的弹性变形与受转矩引起的弹性变形方向是一致的。故

$$\Delta S = \frac{FL}{E \dfrac{\pi d_1^2}{4}} + \frac{TL^2}{2\pi \times G \times \dfrac{d_1^4}{32}} = \frac{4FL}{E\pi d_1^2} + \frac{16TL^2}{\pi G \times d_1^4}$$

式中　$T = F_m \dfrac{D_0}{2}(\lambda + \rho_v) = 3800 \times \dfrac{50}{2} \text{tg}(2°11' + 8'40'') = 3800(\text{N} \cdot \text{mm})$

式中摩擦系数 f 按 0.0025 计，$\rho_v = 8'40''$；

J——螺纹截面的极惯性矩，$J = \dfrac{\pi d_1^4}{32}$，$\text{mm}^4$；

G——螺杆材料的剪切弹性模量，对钢可取 $G = 8.3 \times 10^4 (\text{MPa})$。

$$\Delta S = \frac{4FL}{E \cdot \pi d_1^2} + \frac{16TL^2}{\pi G d_1^4} = \frac{4 \times 3800 \times 6}{2.06 \times 10^5 \times \pi \times 46^2} + \frac{16 \times 3800 \times 6^2}{\pi^2 \times 8.3 \times 10^4 \times 46^4} = 0.067242(\mu\text{m})$$

$$\frac{\Delta S}{S} \times 10^3 = \frac{0.067242}{6} \times 10^3 = 11.207(\mu\text{m/m})$$

滚动螺旋 $\left(\dfrac{\Delta S}{S}\right) \times 10^3$ 可按滑动螺旋（同精度等级）的一半定，查表 2-5 得出 $\left(\dfrac{\Delta S}{S}\right) \times 10^3 = 15(\mu\text{m/m})$，根据表 12-8，数控铣床螺旋的精度应选 D 级。

6. 效率验算

$$\eta = \frac{\text{tg}\lambda}{\text{tg}(\lambda + \rho_v)} = \frac{\text{tg}2°11'}{\text{tg}(2°11' + 8'40'')} = 0.933 = 93.3\%$$

7. 绘制零件工作图

图 12-18 是螺杆零件图，其他工作图从略。

例题 12-18　试设计一普通车床工作进给用的滚动螺旋。已知 $F_{\max} = 7500\text{N}$，$F_{\min} = 600\text{N}$，螺杆工作长度 $l = 1.2\text{m}$，平均转速 $n_m = 100\text{r/min}$，要求使用寿命 $L_h = 15000\text{h}$，螺杆材料为 CrWMn 钢，滚道硬度 HRC58～62。

解：

1. 求计算载荷

$$F_c = K_F K_H K_l F_m$$

式中　$F_m = \dfrac{2F_{\max} + F_{\min}}{3} = \dfrac{2 \times 7500 + 600}{3} = 5200(\text{N})$

由表 12-12，查得载荷系数 $K_F = 1.2$；表 12-13，查得 $K_H = 1$；表 12-14，查得 $K_l = 1$，则

$$F_c = 1.2 \times 1 \times 1 \times 5200 = 6240(\text{N})$$

2. 根据寿命条件计算必需的额定动载荷

$$C_a' = \sqrt[3]{\frac{n_m L_h}{1.67 \times 10^4}} F_c = \sqrt[3]{\frac{100 \times 15000}{1.67 \times 10^4}} \times 6240$$

$$= \sqrt[3]{89.8} \times 6240 = 27943.236(\text{N})$$

3. 根据必需的额定动载荷 C_a' 选择螺旋尺寸

现假设采用外循环结构，查表 12-16 得：

(1) $D_0 = 50\text{mm}$，$d_q = 4.763\text{mm}$，$S = 8\text{mm}$，$\text{tg}\lambda = 2°55'$，圈数×列数 $= 3.5 \times 1$，$C_a = 29100\text{N}$

(2) $D_0 = 63\text{mm}$，$d_q = 4.763\text{mm}$，$S = 8\text{mm}$，$\text{tg}\lambda = 2°19'$，圈数×列数 $= 2.5 \times 1$，$C_a = 25000\text{N}$

(3) $D_0 = 40\text{mm}$，$d_q = 4.763\text{mm}$，$S = 8\text{mm}$，$\text{tg}\lambda = 3°29'$，圈数×列数 $= 3.5 \times 1$，$C_a = 26100\text{N}$

考虑各种因素决定采用(3)。查表 12-7 知：

滚道半径　$R = 0.52d_q = 0.52 \times 4.763 = 2.47676(\text{mm})$

偏心距　　$e = 0.707\left(R - \dfrac{d_q}{2}\right) = 0.707\left(2.47676 - \dfrac{4.763}{2}\right) = 0.006735 = 6.735 \times 10^{-2}(\text{mm})$

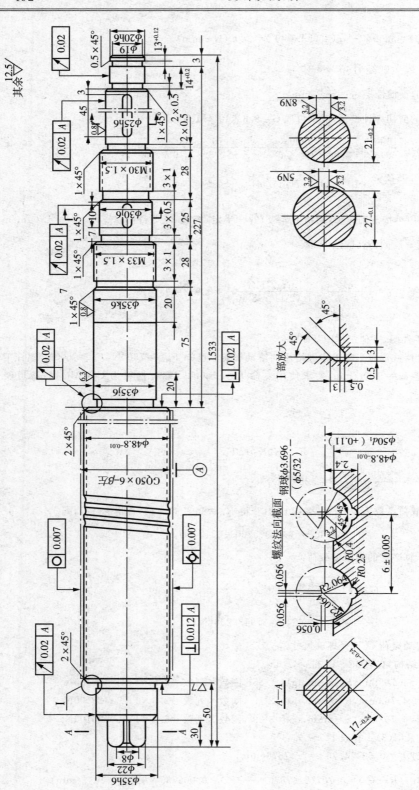

技术条件：　(1) 螺纹精密等级B级，螺距积累误差：0.015/300，0.020/600，0.025/700，全长为0.03mm；
　　　　　　(2) 螺纹滚道齿形误差：0.02mm；
　　　　　　(3) 螺纹起始端修去1/3扣；
　　　　　　(4) 热处理：螺纹部分HRC=60，17×17方头部分HRC=42

图12-18　滚动螺旋螺杆工作图

螺杆内径　$d_1 = D_0 + 2e - 2R = 40 + 2 \times 6.735 \times 10^{-2} - 2 \times 2.47676 = 35.18 (\text{mm})$

4. 稳定性验算

因螺杆较长,所以稳定性验算应以下式求临界载荷:

$$F_{cr} = \frac{\pi^2 EI}{(\mu l)^2}$$

式中对钢 $E = 2.06 \times 10^5 \text{MPa}$;$I = \frac{\pi d_1^4}{64}$。两端铰接可取 $\mu = 1$ 代入上式得:

$$F_{cr} = \frac{\pi^2 \times 2.06 \times 10^4 \times \frac{\pi d_1^4}{64}}{(1 \times 1200)^2} = \frac{\pi^2 \times 2.06 \times 10^5 \times (35.18)^4}{12^2 \times 10^4 \times 64}$$

$$= 106137.73 = 1.06138 \times 10^5 (\text{N})$$

所以 $\dfrac{F_{cr}}{F_m} = \dfrac{1.06138 \times 10^5}{0.52 \times 10^4} = 20.4 > 2.5 \sim 4$,安全。

5. 刚度验算

按最不利情况讨论,螺纹螺距因受轴向力引起的弹性变形与受扭矩引起的弹性变形是一致的。由式(12 – 17)

$$\Delta S = \Delta S_F + \Delta S_T = \frac{FL}{EA} + \frac{TL^2}{2\pi GJ}$$

式中　$T_1 = F_m \dfrac{D_0}{2} \text{tg}(\lambda + \rho_v) = 5200 \dfrac{40}{2} \text{tg}(3°39' + 8'40'') = 6898.32 (\text{N} \cdot \text{mm})$;

　　　式中摩擦系数 f 按 0.0025 计算,则 $\rho_v = 8'40''$

　　　E——螺杆材料的弹性模量,对于钢 $E = 2.06 \times 10^5 (\text{MPa})$;

　　　G——螺杆材料的剪切弹性模量,对于钢 $G = 8.1 \times 10^4 (\text{MPa})$;

　　　I——螺纹截面的惯性矩,$I = \dfrac{\pi d_1^4}{64}$,mm;

　　　J——螺纹截面的极惯性矩,$J = \dfrac{\pi d_1^4}{32}$,mm;

　　　A——螺纹截面螺纹部分承载面积 $A = \dfrac{\pi}{4} d_1^2$,mm^2;$S = 8$。

将上列各因素代入下式,可得:

$$\Delta S = \frac{4FS}{\pi E d_1^2} + \frac{16T_1 S^2}{\pi^2 G d_1^4} = \frac{4 \times 52500 \times 8}{\pi \times 5.05 \times 10^5 \times (35.18)^2} + \frac{16 \times 6898.32 \times 8^2}{\pi^2 \times 8.1 \times 10^4 \times (35.18)^4}$$

$$= 0.00022611 (\text{mm}) = 0.22611 (\mu\text{m})$$

$$\left(\frac{\Delta S}{S}\right) \times 10^3 = \frac{0.22611 \times 10^3}{8} = 28.26 (\mu\text{m/m})$$

滚动螺旋 $\left(\dfrac{\Delta S}{S} \times 10^3\right)$ 可按滑动螺旋(同精度等级)的一半定,查表 12 – 5 得出 $\left(\dfrac{\Delta S}{S}\right) \times 10^3 = 28.26 (\mu\text{m/m})$,根据表 12 – 8,普通车床螺旋的精度应选 E 级。

6. 效率验算

$$\eta = \frac{\text{tg}\lambda}{\text{tg}(\lambda + \rho_v)} = \frac{\text{tg}3°39'}{\text{tg}(3°39' + 8'40'')} = \frac{0.06379}{0.06633} = 0.96$$

习　题

1. 某厂生产一手动螺旋千斤顶,最大起重量为 40kN,螺旋副当量摩擦系数 $f_v = 0.13$,其有关技术数据如题 1 图所示,试设计此螺旋千斤顶。

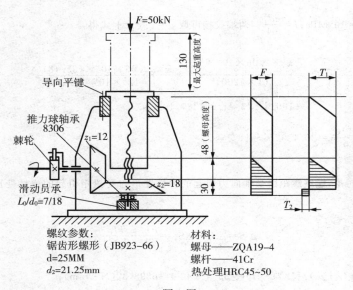

螺纹参数:
锯齿形螺形（JB923-66）
d=25MM
d_2=21.25mm

材料:
螺母——ZQA19-4
螺杆——41Cr
热处理HRC45~50

题 1 图

2. 题 2 图所示一螺旋千斤顶,其起重量 $Q=100kN$,螺旋副采用单线标准梯形螺纹 T60×8(公称直径 $d=60mm$、中径 $d_2=56mm$、螺距 $S=8mm$、牙型角 $\alpha=30°$),螺旋副中的摩擦系数 $f=0.1$,若忽略不计支承载荷的托杯与螺旋上部间的滚动摩擦阻力,试求:

(1)当操作者作用于手柄上的力为 150N 时,举起载荷时力作用点至螺旋轴线的距离 l;

(2)当力臂 l 不变时,下降载荷所需的力。

3. 题 3 图所示为螺旋推土机简图。已知推力 $Q=150kN$,推杆最大行程 $l=1.5m$,推杆速度 $v=0.05m/s$,试设计此螺旋传动。

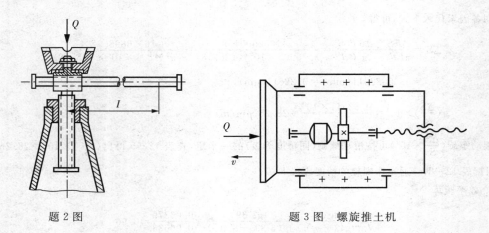

题 2 图　　　　　　　　　　　题 3 图　螺旋推土机

4.设计题 4 图所示千斤顶螺旋起重器。已知起重量 $Q = 30kN$,起重高度为 250mm,螺旋材料为 45 号钢,螺母材料为 ZQSn10 - 1。

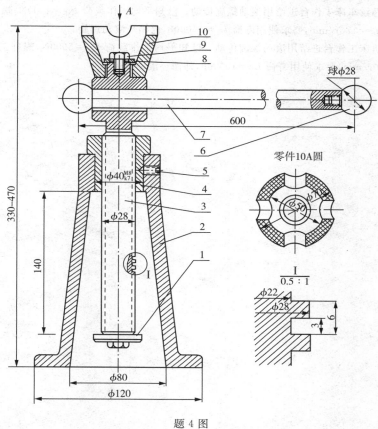

题 4 图

5.设计如题 5 图所示人力驱动压力机。已知最大轴向载荷 $Q = 50kN$,最大压下距离 $h = 300mm$。

6.螺母转动螺杆移动单向传力的螺旋机构如题 6 图所示。已知 $Q = 40kN$,螺杆最大移动距离为 150mm。试设计该传动螺旋。

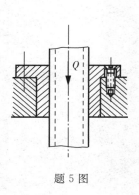

题 5 图

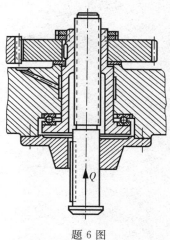

题 6 图

7. 设计一般磨床横向进给用的普通滑动螺旋。已知螺旋输出功率 $P_2 = 1\text{kW}$，螺母移动速度 $v = 0.1\text{m/s}$。螺距 $S = 6\text{mm}$，螺旋头数 $a = 2$，螺杆工作长度 $l = 1\text{m}$，轴承效率 $\eta_1 = 0.99$，螺纹效率 $\eta_2 = 0.60$。

8. 试设计一螺纹车床工作台进给用滚动螺旋传动。已知平均工作载荷 $F_m = 4000\text{N}$，螺杆工作长度 $l = 1.5\text{m}$，平均转速 $n_m = 120\text{r/min}$，要求使用寿命 $L_h = 15000\text{h}$，内循环滚动螺旋。

9. 设计一般机床工作台进给用滚动螺旋传动。已知平均工作载荷 $F_m = 5500\text{N}$，螺杆工作长度 $l = 2\text{m}$，平均转速 $n_m = 100\text{r/min}$，要求使用寿命 $L_h = 10000\text{h}$，外循环滚动螺旋。

第十三章

滑 动 轴 承

§13－1 滑动轴承的种类及其应用

一、滑动轴承的类型

按其润滑状态分三类：

1. **液体摩擦滑动轴承** 当轴颈和轴承的工作表面被一层润滑油膜隔开，即为液体摩擦滑动轴承，其润滑状态如图 13－1a。在这种轴承中，摩擦只发生在润滑油的分子之间，轴颈和轴承表面几乎没有磨损，所以其润滑状态是一种理论状态。根据形成油膜方法的不同，又可分为动压轴承和静压轴承，前者是靠轴颈转动时将润滑油带入轴承间隙，以建立承载油膜；后者则靠油泵将压力油输入到轴颈与轴承的工作表面之间，以支承载荷。近年来出现一种综合静压和动压轴承，其特点是在起动时是静压润滑，运转时为动压润滑，即"静、动压轴承"。

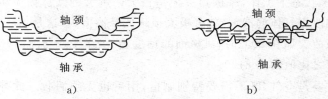

图 13－1 润滑状态

2. **非液体摩擦滑动轴承** 图 13－1b 所示为非液体摩擦滑动轴承的润滑状态。这类轴承的轴颈与轴承工作表面虽然也需加润滑油或润滑脂，但是没有形成完全液体润滑状态的条件，因此不能将工作表面完全隔开，而仍有部分表面直接接触。由于油性的作用，润滑油在工作表面上形成一层厚度不大于 $0.1 \sim 0.2 \mu m$ 的吸附油膜。但吸附油膜并不稳定，当轴承工作时，轴颈与轴承表面微观不平的波峰互相搓削会把油膜局部划破；此外，当轴承温度或载荷过大时，也会使油膜破坏，油膜一旦破裂，则将发生局部干摩擦现象而使磨损急剧上升，甚至发生胶合，使轴承损坏。这种既有液体摩擦又有局部干摩擦的轴承，称为非液体摩擦滑动轴承，显然这种轴承并不能消除磨损，只能降低摩擦和减轻磨损。为保证一定的润滑条件，轴颈和轴承表面应有一定的粗糙度。

3. **气体摩擦滑动轴承** 气体摩擦滑动轴承通常以空气作为润滑介质，又称为空气轴承。它与液体摩擦滑动轴承不同之处是用气膜代替油膜将轴颈与轴承表面完全隔开。根据形成气膜方法的不同，也分为动压和静压轴承两种。

综上所述,可将滑动轴承的分类归纳如下:

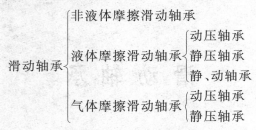

二、滑动轴承的应用

现代机器虽然应用滚动轴承,但在某些机器中却仍然应用滑动轴承,或两者兼而用之。如根据装配要求,必须做成剖分式的轴承和曲轴的轴承就非采用滑动轴承不可。另外,在航空发动机附件、仪表、金属切削机床、内燃机、铁路机车及车辆、轧钢机、雷达、卫星通信地面站及天文望远镜等方面,都在广泛应用滑动轴承。

1. **非液体摩擦滑动轴承**　这种轴承的结构和制造简单,价格低;但摩擦系数大,磨损也大。所以只用于对安装及调整精度要求不高,低速和低精度的机器。这类轴承装拆比较方便,因而在低速和要求精度不高的机器中尚较多采用之,例如锻压机械、轧钢机械及农业机械等。

2. **液体摩擦滑动轴承**　其旋转精度比滚动轴承高,还能吸收振动和冲击,且寿命长。因而在高速、高精度的磨床、内燃机、汽轮机和压缩机上常用。

3. **气体摩擦滑动轴承**　当轴颈转速极高($n > 100000\text{r/min}$)时,使用液体润滑剂的轴承,即使在液体摩擦状态下工作,摩擦损失还是很大。过大的摩擦损失将降低机器的效率,引起轴承过热。如改用气体润滑剂,就可极大地降低摩擦损失,这是由于气体的粘度显著地低于液体粘度的缘故。如在 20℃时,机械油的粘度为 0.072Pa·s,而空气的粘度仅为 $0.89 \times 10^{-5}\text{Pa·s}$,二者之比值约为 8100。

气体润滑剂主要是空气,既不需要特别制造,用后也无须回收。此外,氢的粘度比空气的低 1/2,适用于高速;氮具有惰性,在高温时使用,不致使机件生锈。

气体润滑剂除了粘度低外,其粘度随温度变化也小,而且具有耐辐射性及对机器不会发生污染等优点,因而在高速(例如转速在每分钟十几万转以上,甚至达每分钟百万转以上)、要求摩擦很小、高温(600℃以上)、低温以及有放射线存在的场合,气体润滑轴承显示了它的特殊功能。如在高速磨头、高速离心分离机、原子反应堆、陀螺仪表、电子计算记忆装置等尖端技术上,由于采用了气体润滑轴承,突破了使用滚动轴承或液体润滑轴承所不能解决的困难。例如,陀螺仪采用了气体润滑轴承之后,可以提高陀螺仪的漂移精度(比采用滚动轴承时高 10 倍),延长寿命,减小噪声和转子偏移量。

但在气体润滑轴承中,轴承的间隙很小,因而要求提高轴承及轴颈的加工精度和降低表面粗糙度。另外,由于气体润滑剂的粘度低,因而气体润滑轴承的承载能力和刚度也低,实际平均承载能力约为 10Pa。在载荷较大而必须采用气体润滑剂的情况下,就必须采用气体润滑静压轴承,但这时的附属设备要比液体润滑静压轴承的供油设备要求更高。因此,气体润滑轴承的使用受到一定的限制。

§13-2 滑动轴承的典型结构

一、向心滑动轴承的结构

1. 对开式润滑轴承 图13-2a为一种独立使用的基本结构形式,由轴承座、轴承盖、剖分轴瓦及螺栓等组成。轴承盖、轴承座的剖分面常制成阶梯形,以便安装定位,并防止工作时上、下轴瓦的错动。在轴瓦剖分面间,可装若干薄垫片,当轴瓦磨损后,取出适当的垫片,就可以调整轴承径向间隙。采用对开式滑动轴承使得轴的安装和拆卸都比较方便;并且允许通过与轴肩端面的接触来承受不大的轴向力。若径向载荷的方向与轴承剖分面垂线的夹角大于35°,则应采用图13-2b所示的倾斜剖分的轴承。

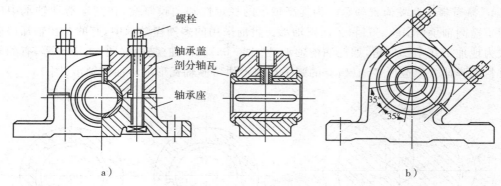

螺栓
轴承盖
剖分轴瓦
轴承座

a) b)

图13-2 剖分式径向轴承

2. 整体式滑动轴承 其结构比对开式的更为简单(图13-3)。这种轴承在安装或拆卸时,轴或轴承需要沿轴向移动,所以不太方便,有时甚至在结构上无法实现。此外,在磨损后,轴承间隙也无法调整。因而这种轴承多用在间歇性工作和低速轻载的简单机器中。

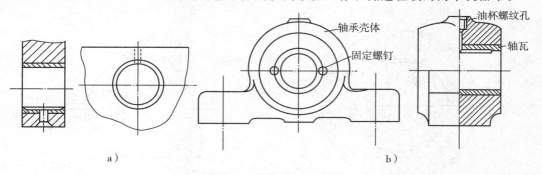

轴承壳体
固定螺钉
油杯螺纹孔
轴瓦

a) b)

图13-3 整体式滑动轴承

3. 带锥形表面轴套的轴承 如图13-4所示其轴套有外锥面(图13-4a)及内锥面(图13-4b、c)两种。图13-4a所示为轴瓦具有外锥形表面的轴承,轴瓦上开有一条缝口,另在圆周上开有三条凹槽,轴瓦两端各装一个调节螺母,松开右螺母旋紧左螺母则轴承间隙变小;反之则间隙增大。图13-4b、c所示均为轴瓦具有内锥面的轴承,图13-4b移动轴颈可调节轴承间隙,图 13-4c 中移动轴瓦可调节轴承间隙。

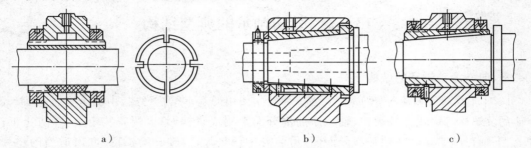

　　　　　　a)　　　　　　　　　　　　　　　　　　b)　　　　　　　　　　　　　c)

图 13-4　调心式径向轴承

　　为了使轴套在装配时易于轴向移动,在作结构设计时,应在保证散热的条件下尽量减少轴套与轴的接触面积。圆锥面的锥度通常为 1：30～1：10。这种轴承常用在一般的机床主轴上。

　　4. 椭圆轴承和多油楔轴承　　为提高轴承的稳定性和油膜厚度,在高速滑动轴承中广泛采用了椭圆轴承(图 13-5)和多油楔轴承。目前采用的多油楔轴承中,有的是在轴瓦内表面上人为地加工几个楔形槽,如三油楔轴承(图 13-6a)和四油楔轴承(图 13-6b)等;有的是利用材料的弹性变形造成多油楔;有的则采用扇形块可倾轴瓦形成多油楔轴承(图 13-7)。

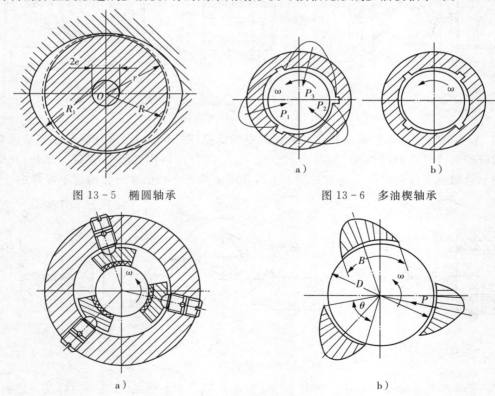

图 13-5　椭圆轴承　　　　　　　　　　　图 13-6　多油楔轴承

　　　　　　　　a)　　　　　　　　　　　　　　　　　　　　　　b)

图 13-7　扇形块可倾轴瓦轴承

　　扇形块可倾轴瓦轴承的全套轴瓦由三块或三块以上(通常为奇数)的扇形块组成。扇形块以其背面上的球窝,支承在调整螺钉的尾端球面上。球窝的中心不在扇形块中部,而是沿圆周偏向轴颈旋转方向的一边。由于扇形块是支承在球面上，所以它的倾斜度可以随轴颈位置不同而自动地调整，以适应不同的载荷、转速和轴的弹性变形偏斜等具体情况，保持轴颈与轴瓦间的适当间隙，因而能够建立起可靠的液体摩擦的润滑油膜，间隙大小可用球端螺钉进行调整。

　　这类轴承的共同特点是：即使在空载运转时，轴与各个轴瓦也相对处于某个偏心位置上，即形成几个有承载能力的油楔，而这些油楔的支承反力有助于轴的稳定运转。

二、推力滑动轴承

　　1. 固定推力轴承　推力轴承用来承受轴向载荷。当与向心轴承联合使用时，可以承受复合载荷。如图 13-8 所示，它由轴承座和推力轴颈组成。轴颈结构形式有：实心式、单环式、空心式和多环式等几种，因而推力轴承的工作表面可以是轴的端面或轴上的环形平面。一般机器上大多采用空心轴颈或多环轴颈。多环轴颈不仅能承受较大的轴向载荷，还可以承受双向的轴向载荷。推力轴承轴颈的基本尺寸按表 13-1 的经验公式确定。

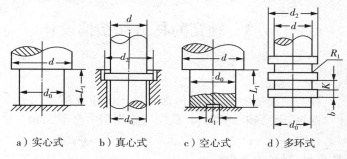

a）实心式　　b）真心式　　c）空心式　　d）多环式

图 13-8　固定的推力轴承

表 13-1　推力轴颈基本尺寸的计算公式

符　号	名　称	经验公式或说明
d	轴　直　径	由计算决定多环推力轴承的承压面积
d_0	推力轴颈直径	由计算决定[多环推力轴承的承压面积参看式(13-5)]
d_1	空心轴颈内径	$d_1 \approx (0.4 \sim 0.6)d_0$
d_2	轴环外径	$d_2 \approx (1.2 \sim 1.6)d$
b	轴环宽度	$b \approx (0.1 \sim 0.15)d$
K	轴环距离	$K \approx (2 \sim 3)b$
z	轴环数	$z \geqslant 1$，由计算及结构而定

　　为了改善轴承的性能，对于尺寸较大的平面推力轴承，可以设计成多油楔形状（图 13-9），此时，较易于形成液体摩擦的润滑状态。

　　2. 可倾扇面推力轴承　图 13-10 为一可倾扇面推力轴承。轴颈端面仍为一平面，轴承是由 3~20 个支承在圆柱面或球面上的扇形块组成。扇形块用钢板制成，其滑动表面敷有轴瓦材料。轴承工作时，扇形块可以自动调位，以适应不同的工作条件。

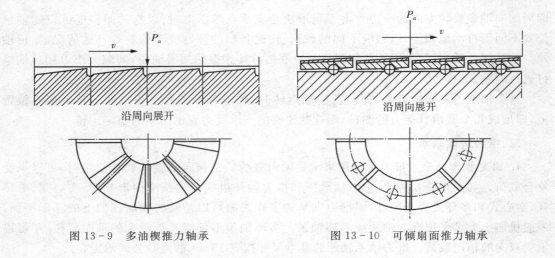

图 13-9　多油楔推力轴承　　　　　　图 13-10　可倾扇面推力轴承

§13-3　轴瓦的材料和结构设计

一、轴瓦材料

轴瓦是轴承上直接与轴颈接触的零件,因而是轴承的重要组成部分。由于轴颈的材料常用各种不同品种的钢材,因而轴瓦的材料,就应当选用那些与轴颈相互摩擦时摩擦系数小和磨损小的减摩耐磨材料。

(一)对轴瓦(轴承衬)材料的要求

1. 足够的强度　包括疲劳强度、耐冲击强度和抗压强度。

2. 良好的适应性　包括顺应性、嵌藏性和跑合性。顺应性是指轴瓦材料补偿对中误差和其他几何误差的能力。一般塑性好、弹性模量低的材料,其顺应性也好。嵌藏性是指轴瓦材料嵌藏污物和外来微粒,以防止刮伤和磨损轴颈的能力。顺应性好的金属材料,一般来说,其嵌藏性也好。跑合性是指材料在运转过程中能逐渐消除表面不平度而使轴瓦表面和轴颈表面相互吻合的性能。

3. 良好减摩性和耐磨性

4. 抗粘着性　前面已阐明金属材料组成的摩擦副相对滑移时可能产生粘着磨损,并在严重时导致胶合的问题。轴瓦和轴颈的工作情况正是这样。当载荷大、转速高、轴承间隙过小、工作表面粗糙和润滑不良时,轴承更易发生粘着现象。

5. 良好的加工工艺性

6. 良好的导热性

7. 良好的耐腐蚀性

8. 价格及来源　轴瓦是一个易损零件,常要在机器检修时进行更换,所以轴瓦材料不但本身要价廉和易于获得,同时还要考虑到由于更换轴瓦而必须停止机器生产带来的经济损失问题。

(二)常用的轴瓦材料

1. 铸铁　有普通的灰铸铁和含有钼、铬、钛、铜等元素的耐磨铸铁。铸铁内有游离石墨,能起自动润滑作用,故有良好的耐磨性能;但质脆、跑合性差,故只用于轻载、低速场合。耐磨铸铁表面经磷化处理后,即可形成一多孔性薄层,有助于提高其耐磨性。

2. 轴承合金(通称巴氏合金或白合金)　轴承合金分两大类:一类是以锡为基本成分,加入适量的锑(4%～14%)和铜(3%～8%)而成的,叫作锡基轴承合金,如 ACHSnSb11—6;另一类是以铝为基本成分,加入适量的锡(最多达20%)和锑(10%～15%),叫作铝基轴承合金,如 ZCHPbSn16—16—2。这两类都是优良的轴瓦材料。相比起来,锡基轴承合金的抗腐蚀能力高,边界摩擦时抗粘着能力强,与钢背结合得比较牢固;而铝基轴承合金的抗腐蚀能力较差,故宜采用不引起腐蚀作用的润滑油,以免导致轴承的腐蚀。轴承合金元素的熔点大都较低,所以只适用于在150℃以下工作。由于轴承合金强度低,且价格较贵,为了提高轴瓦强度和节约材料,一般只用来作为双金属或三金属轴瓦的表层材料。

3. 铜合金

(1)铸造铅青铜　常用浇注或烧结的办法附于低碳钢轴瓦的内表面上,以制成双金属轴瓦。也可以在表面上再覆盖一薄层轴承合金,制成三金属轴承。常用的铸造铅青铜为 ZQPb30。

(2)铸造锡锌铅青铜　常作为整体式轴瓦及轴套材料,如 ZQSn6—6—3。

(3)铸造锡磷青铜　铜合金中性能最好的轴瓦材料,常用来制作整体轴瓦或轴套,如 ZQSn10—1。

(4)铸造铝青铜　铜合金中强度最高的轴瓦材料,其硬度也较高,但容纳异物及顺应性较差,故与其相应的轴颈应有较高的硬度及较低的表面粗糙度。常用的铸造铝青铜为 ZQAl9—4。

(5)铸造黄铜　常用于滑动速度不高的轴承,如 ZHSi 80—3—3 及 ZHAl 66—6—3—2。

4. 铝合金　这是金属轴瓦材料中应用较晚的一个品种。它的强度高、耐腐蚀、导热性良好,但要求轴颈表面有高硬度和低的表面粗糙度。轴承直径间隙也要稍大一些。主要使用的品种有两类:一类是低锡的,含锡约6.5%;另一类是高锡的,含锡达20%。可用轧制的办法把铝合金与低碳钢结合起来制成双金属轴瓦。为了加强铝合金与钢结合强度,可先在钢的表面上轧上一薄层纯铝。

以上几种常用的金属轴瓦材料的使用性能见表13-2。

表13-2　常用金属轴瓦材料的使用性能

轴承材料		最大许用值[①]			最高工作温度(℃)	轴颈硬度(HBS)	性能比较[②]				备　注
		$[p]$ (MPa)	$[V]$ (m/s)	$[pV]$ (MPa·m/s)			抗咬粘性	顺应性	嵌入性	耐蚀性	疲劳强度	
锡锑轴承合金	ZCHSnSb10—6 ZCHSnSb8—4	平稳载荷			150	150	1	1	1	5	用于高速、重载下工作的重要轴承。变载荷下易于疲劳,价贵
		25	80	20							
		冲击载荷									
		20	60	15							

轴承材料	最大许用值① [p] (MPa)	[V] (m/s)	[pV] (MPa·m/s)	最高工作温度 (℃)	轴颈硬度 (HBS)	抗咬粘性	顺应性	嵌入性	耐蚀性	疲劳强度	备　注
铅锑轴承合金　ZCHpbsb 16—16—2	15	12	10	50	150	1	1	1	3	5	用于中速、中等载荷的轴承，不宜受显著冲击。可作为锡锑轴承合金的代用品
铅锑轴承合金　ZCHpbsb 15—5—3	5	8	5	50	150	1	1	1	3	5	用于中速、中等载荷的轴承，不宜受显著冲击。可作为锡锑轴承合金的代用品
锡青铜　ZCuSn10P1（10—1锡青铜）	15	10	15	80	300~400	3	5	5	1	1	用于中速、重载及受变载荷的轴承
锡青铜　ZCuSn5Pb5Zn5（5—5—5锡青铜）	8	3	15	80	300~400	3	5	5	1	1	用于中速、中载的轴承
铝青铜　ZCuPb30（铅青铜）	25	12	30	280	300	3	4	4	4	2	用于高速、重载轴承，能承受变载和冲击
铅青铜　ZCuAl10Fe3（10—3铝青铜）	15	4	12	280	300	5	5	5	5	2	最宜用于润滑充分的低速重载轴承
黄铜　ZCuZn16Si4（16—4硅黄铜）	12	2	10	200	200	5	1	1	1	1	用于低速中载轴承
黄铜　ZCuZn40Mn2（40—2锰黄铜）	10	1	10	200	200	5	5	5	1	1	用于高速、中载轴承，是较新的轴承材料，强度高、耐腐蚀、表面性能好。可用于增压强化柴油机轴承
铝基轴承合金　2%铝锡合金	28~35	14	—	140	300	4	3	3	1	2	镀铅锡青铜作中间层，再镀 10~30μm 三元减摩层，疲劳强度高，嵌入性好
三元电镀合金　铝一硅一镉	14~35	—	—	170	200~300	1	2	2	2	2	镀银，上附薄层铅，再镀铟，常用于飞机发动机、柴油机轴承
银　镀层	28~35	—	—	180	300~400	2	3	3	1	1	镀银，上附薄层铅，再镀铟，常用于飞机发动机、柴油机轴承
耐磨铸铁　HT300	0.1~6	3~0.75	0.3~4.5	150	<150	4	5	5	1	1	宜用于低速、轻载的不重要轴承，价廉
灰铸铁　HT150~HT250	1~4	2~0.5	—	—	—	4	5	5	1	1	宜用于低速、轻载的不重要轴承，价廉

注：①[pV]为不完全液体润滑下的许用值；

　　②性能比较：1~5依次由佳到差。

表 13-3 常用非金属和多孔质金属轴承材料性能

轴承材料		最 大 许 用 值			最高工作温度 $t(℃)$	备 注
		$[p]$ (MPa)	$[V]$ (m/s)	$[pV]$ (MPa·m/s)		
非金属材料	酚醛树脂	41	13	0.18	120	由棉织物、石棉等填料经酚醛树脂黏结而成。抗咬合性好,强度、抗振性也极好,能耐酸碱;导热性差,重载时需用水或油充分润滑,易膨胀,轴承间隙宜取大些
	尼 龙	14	3	0.11(0.05m/s) 0.09(0.5m/s) <0.09(5m/s)	90	摩擦系数低,耐磨性好,无噪声。金属瓦上覆以尼龙薄层,能受中等载荷。加入石墨、二硫化钼等填料可提高其机械性能、刚性和耐磨性。加入耐热成分的尼龙可提高工作温度
	聚碳酸酯	7	5	0.03(0.05m/s) 0.01(0.5m/s) <0.01(5m/s)	105	聚碳酸酯、醛缩醇、聚酰亚胺等都是较新的塑料。物理性能好。易于喷射成形,比较经济。醛缩醇和聚碳酸酯稳定性好,填充石墨的聚酰亚胺温度可达280℃
	醛缩醇	14	3	0.1	100	
	聚酰亚胺	—	—	4(0.05m/s)	260	
	聚四氟乙烯 (PTFE)	3	1.3	0.04(0.05m/s) 0.06(0.5m/s) <0.09(5m/s)	250	摩擦系数很低,自润滑性能好,能耐任何化学药品的侵蚀,适用温度范围宽(>280℃时,有少量有害气体放出),但成本高,承载能力低。用玻璃丝、石墨为填料,则承载能力和$[pV]$值可大为提高
	PTFE 织物	400	0.8	0.9	250	
	填充 PTFE	17	5	0.5	250	
	碳-石墨	4	13	0.5(干) 5.25(润滑)	400	有自润滑性极高的导磁性和导电性,耐蚀能力强,常用于水泵和风动设备中的轴套
	橡 胶	0.34	5	0.53	65	橡胶能隔振,降低噪声,减小动载,补偿误差。导热性差,需加强冷却,温度高易老化。常用于有水、泥浆等的工业设备中
多孔质金属材料	多孔铁 (Fe95%, Cu2%, 石墨和其他 3%)	55(低速,间歇) 21(0.013m/s) 4.8 (0.51~0.76m/s) 2.1(0.76~1m/s)	7.6	1.8	125	具有成本低、含油量多、耐磨性好、强度高等特点,应用很广
	多孔青铜 (Cu90%, Sn10%)	27(低速,间歇) 14(0.013m/s) 3.4 (0.51~0.76m/s) 1.8(0.76~1m/s)	4	1.6	125	孔隙度大的多用于高速轻载轴承,孔隙度小的多用于摆动或往复运动的轴承。长期运转而不补充润滑剂的应降低$[pV]$值。高温或连续工作的应定期补充润滑剂

5. **陶质金属**　这是用不同的金属粉末压制、烧结而成的轴瓦材料。这种材料是多孔结构的,孔隙约占体积的 $10\%\sim35\%$。使用前先把轴瓦在热油中浸渍数小时,使孔隙中充满润滑油,因而常把这种材料制成的轴承叫含油轴承。它具有自润滑性。工作时,由于轴颈转动和抽吸作用及轴承发热时油的膨胀作用,油便进入摩擦表面间起润滑作用;不工作时,因毛细管作用,油便被吸回到轴承内部,故在相当长时间内,即使不加润滑油仍能很好地工作。但由于其韧性较小,故宜用于平稳无冲击载荷及中低速度情况下。常用的有青铜-石墨、多孔铁质和铁-石墨三种。这些材料可用大量生产的加工方法制成尺寸比较准确的整体轴套,以部分地代替滚动轴承和青铜轴套。常用非金属和多孔金属轴承材料。性能见表 13-3。

6. **石墨**　石墨是一种良好的固体润滑剂。用石墨制成的轴瓦及轴套,摩擦系数小,抗粘着性好,磨损速度很低,不氧化,但其性质脆,受冲击载荷时易碎。石墨轴瓦的热膨胀系数小,应采用紧配合压在轴瓦外套中。石墨轴瓦及轴套可以是纯石墨的,它的强度较低;但可以加入塑、树脂、银、铜或巴氏合金等,以提高强度及改善适应性。

7. **其他非金属材料**

(1)**橡胶**　主要用于以水作润滑剂且比较脏污之处。

(2)**酚醛胶布**　它是棉布、石棉布或其他人造纤维布用酚醛树脂粘合起来的层状结构的材料。其抗粘着性好,强度高,对于水、酸和碱,有良好的耐腐蚀性。但其导热性差,故用于大型轴承时应采取特殊的冷却措施。

(3)**尼龙**　用于低载荷的轴承上。磨损速度低,不需外加润滑剂即可工作。尼龙中加石墨或二硫化钼时,可以改善其工作性能。上述几种材料的使用性能见表 13-4。

表 13-4　陶质金属及非金属材料的使用性能

材　　　料	$[p]$(MPa)	$[v]$(m/s)	$[pV]$(MPa·m/s)	容许工作温度(℃)
陶质青铜	31	7.5	1.80	65
陶 质 铁	56	4.0	1.80	65
石　　墨	4.20	12.5	0.55	400
橡　　胶	0.35	7.5	0.55	65
酚醛胶布	42	12.5	0.55	95
尼　　龙	7	5.0	0.10	95

二、轴瓦结构的设计

(一)整体轴瓦(轴套)

1. 光滑的整体轴瓦(图 13-11a)

2. 带纵向油槽的整体轴瓦(图 13-11b)

除轴承合金以外的其他金属材料、陶质金属和石墨,都可制成这种结构。

(二)剖分式轴瓦

铸造剖分轴瓦用于对开式滑动轴承上。双金属(或三金属)轧制轴瓦(图 13-12)是用轧制的办法,使轴瓦材料附在低碳钢板上,然后经冲裁、弯曲成形及精加工等工序制成。轴瓦材料也可采用金属粉末烧结的办法使之附在钢板上而制双金属(或三金属)烧结轴瓦。三金属轴瓦是在钢背和轴瓦材料之间再加一个中间层。中间层的作用是提高表层的强度,使表层易于钢背贴合牢靠,或者在表层材料磨损后还可以起耐磨的作用。中间层的材料随表层材料的不同而不同。

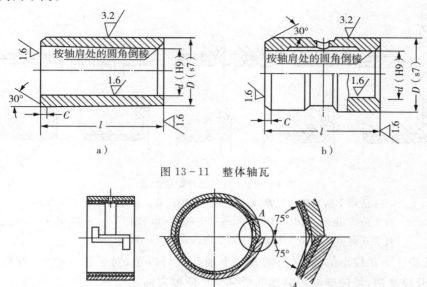

图 13-11 整体轴瓦

图 13-12 双金属轴瓦

采用双金属或三金属轴瓦,是节约的贵重有色金属的一相重要途径,故应大力推广。这种轴瓦在专业工厂中大量生产,广泛用于汽车、拖拉机和其他柴油机中。

(三)轴瓦的固定

轴瓦和轴承座不允许有相对移动。为了防止轴瓦沿轴向和周向移动,可将其两端做出凸缘来作轴向定位和用紧定螺钉(图 13-13a)或销钉(图 13-13b)将其固定在轴承座上。

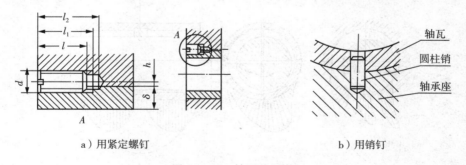

a)用紧定螺钉 b)用销钉

图 13-13 轴瓦的固定

(四)轴瓦内表面由轴承合金浇注的结构

双金属轴承除轧制和烧结两种制法外,对于那些批量小或尺寸大的轴承,常常采用将轴承合金用离心铸造浇注在铸铁、钢或青铜(底瓦)内表面上的方法。为了使轴承合金与底瓦贴附得牢固,应在瓦背上预制燕尾形、螺纹(螺距 1.5mm～3mm)或凹沟(图 13-14)。沟槽的深度以不过分削弱底瓦的强度为原则,也有不开沟槽而直接浇注的。

三、油孔及油槽的设计

为了把润滑油导入整个摩擦面间,轴瓦或轴颈上需开油孔或油槽。

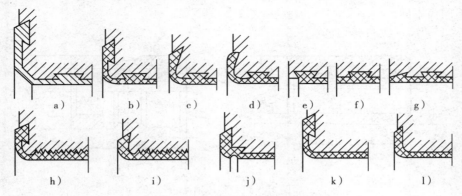

图 13 - 14　轴瓦瓦背沟槽形状

a～j 适用于钢及铸铁瓦背;k,l 适用于青铜瓦背。轴承衬厚度 δ 可取:

对于铸铁:$\delta \approx 0.01d + (1\sim2)$mm;对于钢:$\delta \approx 0.01d + (0.5\sim1)$mm;

对于青铜:$\delta \approx 0.01d$,此处 d 为轴承内孔直径(mm)。

对于长径比 l/d 较小的轴承,只需开一个油孔就可以了;对于长径比大、可靠性要求高的轴承,须开设油槽,使油能够可靠地润滑到整个摩擦表面之间。

(一)压力区油槽对轴承流体动压力的影响

由于油槽直接和供油源相连通,故油槽中的油压接近于供油压力。这个压力一般都很低,所以会对流体动压力带来严重影响。图 13 - 15a 所示是压力区的纵向油槽导致流体动压力降低的示意图,而图 13 - 15b 所示为环形油槽导致流体动压降低的示意图。若在压力区无油槽,则油压分布将如图中虚线所示。可见在压力区开设油槽会急剧降低轴承的承载能力。因此,油槽应开在轴承不受力或压力较小的区域,以利供油,同时免于降低轴承的承载能力。

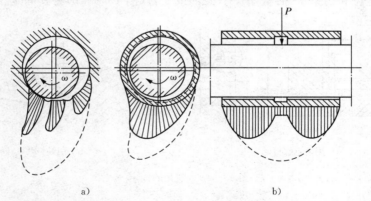

图 13 - 15　压力区的油槽对轴承流体动压力(承载能力)的影响

(二)油槽应开设的位置

根据上述原则,油槽应开设的位置:

(1)对于纵向油槽,当径向载荷相对轴承不转动时,应开在轴承上;当径向载荷相对转动时,应开在轴上(图 13 - 16)。纵向油槽的长度,一般应稍短于轴瓦的长度,以免油过多地从油槽两端流失,从而减少进入润滑部位的油量。

(2)对环形油槽,当轴承的轴线水平时,最好开设半环,不要延伸到承载区。如必须开设全环油槽,则宜开在靠近轴承的两个端部(图 13 – 17)。

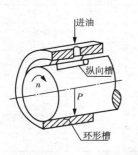

图13-16 径向载荷相对轴承
转动的纵向油槽位置

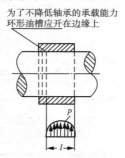

图13-17 水平放置的轴承的
全环油槽位置

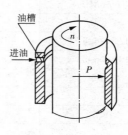

图13-18 竖直放置的轴承的
全环油槽位置

(3)竖直放置的轴承,全环油槽开设在轴承上端(图 13 – 18)。

(4)当要求润滑油单向流动以改善水平轴的端部密封时,或竖直轴要由下向上吸油时,可开设螺旋槽(开在轴上或轴承上)。此时必须注意,螺旋的方向应保证油流方向与所要求的相一致(图 13 – 19)。

(5)油槽的剖面形状,应避免边缘有锐边及棱边,以便油能顺畅地流入被润滑表面之间(图 13 – 20)。

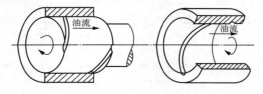

图 13 – 19 螺旋油槽

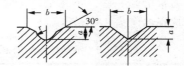

$a \approx \frac{1}{3}\delta, \delta$ 为轴瓦壁厚$;b \approx (2-2.5)a;r \approx \frac{1}{4}b$

图 13 – 20 油槽的剖面形状及尺寸

§13 – 4 滑动轴承润滑剂的选用

滑动轴承种类繁多,使用条件和重要程度往往相差很大,因而对润滑剂的选用也各不相同。下面仅就滑动轴承常用润滑剂的选择方法作一简要介绍。

一、润滑脂及其选择

使用润滑脂也可以形成将润滑表面完全分开的一层薄膜。由于润滑脂属于半固体润滑剂,流动性极差,故无冷却效果。常用在要求不高、难以经常供油,或者低速重载以及做摆动运动之处的轴承中。

选择润滑脂品种一般原则为:

当压力高和滑动速度低时,选择针入度小一些的品种;反之,选择针入度大一些的品种;

润滑脂的滴点,一般应较轴承工作温度高约 20℃～30℃,以免工作时润滑脂过多流失;

在有水淋或潮湿的环境下,应选择防水性强的钙基或铅基润滑脂。在温度较高处应选用钠基或复合钙基润滑脂。

选择润滑脂牌号时可参考表 13 – 5。

表 13－5　滑动轴承润滑脂的选用

压力 p(MPa)	圆周速度 v(m/s)	最高工作温度(℃)	建议选用的牌号
≤1.0	≤1	75	3 号钙基脂
1.0～6.5	0.5～5	55	2 号钙基脂
1.0～6.5	≤0.1	－50～100	锂 基 脂
≤6.5	0.5～5	120	2 号钠基脂
＞6.5	≤0.5	75	3 号钙基脂
＞6.5	≤0.5	110	1 号钙钠基脂
＞6.5	0.5	60	2 号压延机脂

注：① 在潮湿环境,温度在 75℃～120℃的条件下,应考虑用钙-钠基润滑脂;

　　② 在潮湿环境,工作温度在 75℃以下,没有 3 号钙基脂时也可以用铝基脂;

　　③ 工作温度在 110℃～120℃可用锂基脂或钡基脂;

　　④ 集中润滑时,稠度要小些。

二、润滑油及其选择

润滑油是滑动轴承中应用最广的润滑剂,液体动压轴承通常采用润滑油作润滑剂。原则上讲,当转速高、压力小时,应选粘度较低的油;反之,当转速低、压力大时,应选粘度较高的油。

润滑油粘度随温度的升高而降低。故在较高温度下工作的轴承(例如 t＞60℃),所用油的粘度比通常的高一些。不完全液体润滑轴承润滑油的选择参考表 13－6。流动动压轴承润滑油的选择参考表 13－7。

表 13－6　滑动轴承润滑油选择(不完全液体润滑,工作温度＜60℃)

轴颈圆周速度 v(m/s)	平均压力 p＜3MPa	轴颈圆周速度 v(m/s)	平均压力 p＝(3～7.5)MPa
0.1	L-AN68,100,150	0.1	L-AN150
0.1～0.3	L-AN68,100	0.1～0.3	L-AN100,150
0.3～2.5	L-AN46,100	0.3～0.6	L-AN100
2.5～5.0	L-AN32,46	0.6～1.2	L-AN68,100
5.0～9.0	L-AN15,22,32	1.2～2.0	L-AN68
＞9.0	L-AN7,10,15		

表 13－7　全损耗系统用油的新、旧牌号及运动粘度范围对照表

名　　称		牌　　号		运动粘度范围(cst)	
新	旧	新	旧	40℃	50℃
全损耗系统用油	机械油	L-AN5	4 号	4.14～5.06	3.32～3.99
		L-AN7	6 号	6.12～7.48	4.76～5.72
		L-AN10	7 号	9.00～11.00	6.78～8.14
		L-AN15	10 号	13.50～16.50	9.80～11.80
		L-AN22	—	19.80～24.20	13.9～16.6
		L-AN32	20 号	28.8～35.2	19.4～23.3
		L-AN46	30 号	41.4～50.6	27.0～32.5
		L-AN68	40 号	61.2～74.8	38.7～46.6
		L-AN100	60 号	90.0～110	55.3～66.6
		L-AN150	90 号	135～165	80.6～97.1

三、固体润滑剂

固体润滑剂可在摩擦表面上形成固体膜以减小摩擦阻力,通常只用于一些有特殊要求的场合。

二硫化钼用黏结剂调配涂在轴承摩擦表面上可以大大提高摩擦副的磨损寿命。在金属表面上涂镀一层钼,然后放在含硫的气氛中加热,可生成 MoS_2 膜。这种膜黏附最为牢固,承载能力极高。在用塑料或多孔质金属制造的轴承材料中渗入 MoS_2 粉末,会在摩擦过程中连续对摩擦表面提供 MoS_2 薄膜。将全熔金属浸渍在石墨或碳-石墨零件的孔隙中,或经过烧结制成轴瓦可获得较高的黏附能力。聚四氟乙烯片材可冲压轴瓦,也可以用烧结法或黏结法形成聚四氟乙烯膜黏附在轴瓦表面上,非金属薄膜(如铝、金、解等薄膜)主要用于真空及高温的场合。

四、润滑方式

润滑油或润滑脂的供应方法在设计中是很重要的。尤其是润滑油,轴承在工作时的润滑状态与润滑油供应方法有关。其供应方法可根据经验按轴承比压 p(MPa)和轴颈圆周速度 v(m/s)来表达,即

$$K = \sqrt{pv^3} \tag{13-1}$$

式中　　$p = \dfrac{F}{dB}$——平均比压,MPa;

v——轴颈的圆周速度,m/s;

$K \leqslant 2$——用脂润滑,油杯供油;

$K > 2 \sim 16$,用滴油润滑,针阀油杯供油;

$K > 16 \sim 32$,飞溅润滑,油杯润滑;

$K > 32$,压力循环润滑。

K 值越大,表示轴承载荷大或温度高,需充分供油,并应选择粘度较高的润滑剂才能保证好的润滑效果。

§13-5　不完全液体润滑滑动轴承的设计计算

对于工作要求不高,速度较低,重载或间歇工作的轴承或难以维护等条件下工作的轴承,往往设计成不完全液体摩擦轴承。

一、工作能力准则的确定

工作能力准则的确定取决于轴承的失效形式。主要失效形式是轴瓦的过渡磨损和胶合。防止失效的关键在于能否保证轴颈和轴瓦间形成一层边界油膜。

目前,非液体摩擦轴承的设计计算,主要是在轴承的直径 d 和长度 l 决定以后,进行工作能力的计算,即作压力 p 和压力与轴颈圆周速度的乘积 pv 的验算。对于压力小的轴承,还要作速度 v 的验算。实践证明,这种方法基本上能够保证轴承的工作能力。

二、非液体摩擦向心滑动轴承的设计计算

当轴颈直径 d、转速 n 和轴承径向载荷 P 已知时,一般按下列步骤进行设计计算:

1. 轴承长度 l（即轴颈的工作长度 l）的确定　轴承长度 l 可以根据长径比 $\dfrac{l}{d}=0.6\sim1.5$ 来确定。$\dfrac{l}{d}$ 值过小，则润滑油易从轴承两端流失，致使润滑不良，磨损加剧；$\dfrac{l}{d}$ 过大，则润滑油流失的路程长，摩擦热不能很快带走，使轴承温度升高，而且当轴挠曲或偏斜时，轴瓦两端磨损严重。所以，滑动轴承的长径比应在一定范围内选取。若长径比 $\dfrac{l}{d}>1.5\sim1.75$，则应采取调心轴承。当然，在确定轴承长度时，还应考虑机器外形尺寸的限制。

2. 选择轴承（轴瓦）材料　根据工作条件和使用要求，确定轴承的结构形式，并按表 13-2 及表 13-3 选定轴瓦材料。

3. 验算轴承的工作能力

(1)压力 p 的验算

$$p=\frac{P}{dl}\leqslant[p]\qquad\qquad(13-2)$$

式中[p]为轴瓦材料的许用压力（MPa），其值见表 13-2 和表 13-3。

(2)pv 值的验算

$$pv=\frac{p}{dl}\cdot\frac{\pi dn}{60\times1000}=\frac{pn}{19100l}\leqslant[pv]\qquad\qquad(13-3)$$

式中[pv]为 pv 的许用值，见表 13-2 及表 13-3。

(3)当压力 p 较小时，p 和 pv 值的验算均合格的轴承，由于滑动速度过高，也会发生加速磨损而使轴承报废。这是因为压力 p 只是平均压力，而实际上在轴发生弯曲或不同心等引起的一系列误差及振动的影响下，轴承的边缘可能产生相当高的压力，因而局部区域的 pv 值还会超过许用值。故在 p 值较小时，还应保证

$$v\leqslant[v]\qquad\qquad(13-4)$$

式中[v]的许用值，见表 13-2 和表 13-3。

4. 选择轴承的配合　在非液体摩擦轴承中，根据不同的使用要求，为了保证一定的旋转精度，必须合理地选择轴承的配合，以保证一定的间隙。轴颈与轴承孔间的间隙 x，一般根据这样的原则来选择：转速愈高，轴承中的间隙应该愈大；在相同的转速下，载荷愈大，轴承应该有较小的间隙。推荐的间隙值如下：

高转速和中等压力时　　$x=(0.02\sim0.03)d$

高转速和高压力时　　　$x=(0.0015\sim0.0025)d$

低转速和中等压力时　　$x=(0.0007\sim0.0012)d$

低转速和高压力时　　　$x=(0.0003\sim0.0006)d$

按上述间隙范围，可参考表 13-8 作具体选择。

表 13-8　选择轴承配合的参考资料

精度等级	配合符号	应　用　举　例
2	H7/g6	磨床与车床分度头主轴承
2	H7/f7	铣床、钻床及车床的轴承，汽车发动机曲轴的主轴承及连杆轴承，齿轮减速器及蜗杆减速器轴承

精度等级	配合符号	应　用　举　例
4	H9/f9	电机、离心泵、风扇及惰齿轮轴的轴承,蒸汽机与内燃机曲轴的主轴承和连杆轴承
2	H7/e8	汽轮发电机轴、内燃机凸轮轴、高速转轴、刀架丝杠、机车多支点轴等的轴承
6	H11/b11 或 H11/d11	农业机械用的轴承

三、非液体摩擦推力滑动轴承的设计计算

在已知轴向载荷 P_a,轴颈转速 n 等后,可按以下步骤进行:

根据载荷大小、方向及空间尺寸等条件选择轴承的结构形式,参看图 13-8;

参照表 13-1 初定推力轴颈的基本尺寸;

验算推力轴承的工作能力,可用与向心轴承相同的方法按 p 和 pv 值来进行验算:

(1)压力 p 的验算

$$p=\frac{P_a}{A}=\frac{P_a}{Z\frac{\pi}{4}(d_2^2-d_0^2)K}\leqslant[p] \tag{13-5}$$

式中　P_a——轴向载荷,N;

　　　K——考虑油槽使支承面积减小的系数,一般取 $K=0.90\sim0.95$;

　　　$[p]$——许用压力,MPa;当环数 $Z>1$ 时,由于多环推力轴承各环间的载荷分布不均,
　　　　　应把表 13-2 和表 13-3 中的许用值降低 50%。

其他符号意义同表 13-1。

(2)pv_m 值的验算

$$pv_m\leqslant[pv] \tag{13-6}$$

式中　v_m——推力轴颈平均直径处的圆周速度

$$v_m=\frac{\pi d_m n}{60\times1000}=\frac{d_m n}{19100}(\text{m/s})$$

　　　d_m——环形支承面的平均直径

$$d_m=\frac{d_1+d_2}{2}(\text{mm})$$

　　　n——推力轴颈的转速,r/min;

　　　$[pv]$——pv_m 的许用值,表 13-9。

由于推力轴承采用平均速度计算,因而 $[pv]$ 应比表值有更大的降低。用于钢轴颈对金属轴瓦时,大致可取 $[pv]=2\sim4\text{MPa}\cdot\text{m/s}$。

如果验算不能满足要求可采取下列方法以改进之:

1)改变轴承尺寸;

2)改选轴瓦材料。

表 13-9　推力滑动轴承的[p]及[pv]值

轴材料	轴瓦材料	[p],MPa	[pv],MPa·m/s
未淬火钢	铸　铁 青　铜 巴氏合金	2～2.5 4～5 5～6	1～2.5
淬　火　钢	青　铜 巴氏合金 淬火钢	7.5～8 8～9 12～25	

例题 13-1 非液体摩擦向心滑动轴承,承受径向载荷 $P=200000$N,轴的转速 $n=300$ r/min,轴颈直径 $d=200$mm。试选择一标准向心滑动轴承,并确定轴瓦材料。

解:根据工作要求,由机械设计手册选择 ZHC4-200 号向心滑动轴承,其轴瓦长度 $l=300$mm,轴瓦材料为 ZQSn6-6-3 的特性值由表 13-2 查得:

$$[p]=8\text{MPa},[v]=3\text{m/s},[pv]=12\text{MPa·m/s}$$

由公式(13-2),(13-3)和(13-4)求得:

根据长径比 $l/d=0.6～1.5$,取 $l/d=1.5$,则 $l=300$mm,则

$$p=\frac{P}{dl}=\frac{200000}{200\times300}=3.33(\text{MPa})<[p]$$

$$v=\frac{\pi dn}{60\times1000}=\frac{\pi\times200\times300}{60\times1000}=3.14(\text{m/s})<[v]$$

$$pv=3.33\times3.14=10.47(\text{MPa·m/s})<[pv]$$

校验结果,满足要求。

例题 13-2 离心泵向心滑动轴承,轴的直径 $d=60$mm,轴的转速 $n=1500$r/min,轴承径向载荷 $P=2600$N,轴瓦材料 ZQSn6-6-3。根据非液体摩擦轴承计算方法校验该轴承是否可用? 如不可用,应如何改进(按轴的强度计算,轴颈直径不得小于48mm)?

解:由表 13-2 查得 ZQSn6-6-3 的特性值为

$$[p]=8\text{MPa},[v]=3.5\text{m/s},[pv]=12\text{MPa·m/s}$$

按长径比 $l/d=0.6～1.5$,取 $l/d=1$,得:

$$l=d=60\text{mm}$$

$$p=\frac{P}{dl}=\frac{2600}{60\times60}=0.722(\text{MPa})<[p]$$

$$v=\frac{\pi dn}{60\times1000}=\frac{\pi\times60\times1500}{60\times1000}=4.71(\text{m/s})>[v]$$

$$pv=0.722\times4.71=3.4(\text{MPa·m/s})<[pv]$$

计算结果,$[v]$不能满足,因此考虑采取两种改进方法:

(1)减小轴颈直径以降低速度 v,取 d 为允许的最小值 48mm,则

$$v=\frac{\pi dn}{60\times1000}=\frac{\pi\times48\times1500}{60\times1000}=3.77(\text{m/s})$$

仍然不能满足要求,因而采用改进轴瓦材料。

(2)改选材料,在铜合金轴瓦上浇注轴承合金 ZCHPbSb15-5.5-2,查得 $[p]=5$MPa,$[v]=6$m/s,$[pv]=5$MPa·m/s。经验算,取 $d=50$mm,$l=42$mm,则

$$v=\frac{\pi dn}{60\times1000}=\frac{\pi\times50\times1500}{60\times1000}=3.93(\text{m/s})<[v]$$

$$p=\frac{P}{dl}=\frac{2600}{50\times42}=1.24(\text{MPa})<[p]$$

$pv=1.24\times3.93=4.87(\text{MPa}\cdot\text{m/s})<[pv]$

结论:可用铅锑轴承合金 ZCHPbSb15—5.5—3,轴颈直径 $d=50\text{mm}$,轴承长度 $l=42\text{mm}$。

例题 13-3 钢制推力轴承(淬火钢对淬火钢),轴的直径为 120mm。作用轴向载荷 $P_a=35000\text{N}$,转速 $n=120\text{r/min}$,试设计两种不同的端面推力轴颈:①实心端面轴颈;②空心端面轴颈(图 13-8)。

解:

1. 实心端面轴颈计算　由表 13-9,淬火钢对淬火钢 $[p]=12\sim25\text{MPa}$,取 $[p]=12.5\text{MPa}$,因有油沟,取系数 $K=0.9$,以考虑轴颈止推面面积的减小(考虑油沟止推面面积减小的系数 K,通常取 $0.9\sim0.95$)。由表 13-9 淬火钢对淬火钢 $[pv]=1\sim2.5\text{MPa}$。

从良好的润滑条件可得:

$$p=\frac{P_a}{\frac{\pi}{4}d^2K}\leqslant[p],\quad \frac{\pi}{4}d^2\geqslant\frac{P_a}{K[p]},\quad d\geqslant\sqrt{\frac{4P_a}{K\pi[p]}}$$

$$d=\sqrt{\frac{4P_a}{K\pi[p]}}=\sqrt{\frac{4\times35000}{0.9\times\pi\times12.5}}=62.94(\text{mm}),\text{ 取 }d=65\text{mm}$$

验算 pv 值:

$$pv=\frac{P_a}{\frac{\pi}{4}d^2K}\cdot\frac{\pi(\frac{d}{2})n}{60\times1000}=\frac{P_an}{30000dK}=\frac{35000\times120}{30000\times65\times0.9}=2.393(\text{MPa}\cdot\text{m/s})<[pv_m]$$

2. 空心端面轴颈　钢轴直径为 120mm 时,取轴颈外径为

$$d_0=120-20=100(\text{mm})$$

参看图 13-8,内径 d_1 按式(13-5)确定,仍取 $[p]=12.5\text{MPa}$。

$$\frac{\pi}{4}(d_0^2-d_1^2)\geqslant\frac{P_a}{[p]},\quad \frac{\pi}{4}(100^2-d_1^2)\geqslant\frac{35000}{12.5}$$

$$d_1=80.3\text{mm},\text{ 取 }d_1=80\text{mm}$$

校核发热量,验算 pv:

$$pv_m=\frac{P_a}{\frac{\pi}{4}(d_0^2-d_1^2)}\cdot\frac{\pi(\frac{d_0+d_1}{2})n}{60\times1000}=\frac{35000\times120}{30000(100-80)}=0.233(\text{MPa}\cdot\text{m/s})<[pv]$$

验算结果:满足要求。

例题 13-4　一摇臂起重机,如图 13-21 所示。已知最大起重量 $Q=25000\text{N}$,摇臂转速 $n=3\text{r/min}$,起重机自重 $G=15000\text{N}$,摇臂最大幅长 $l=3\text{m}$,起重机自重中心与转轴距离 $l_1=1.8\text{m}$,上、下轴承距离 $H=5\text{m}$,上、下轴颈直径 $d_0=100\text{mm}$;轴的材料为 45 号钢,轴颈淬火处理;上、下均采用非液体摩擦滑动轴承。试选择上、下轴承的形式,选择轴瓦材料及尺寸。

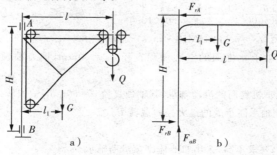

图 13-21

解：由题及图 13-21 可知，上轴承 A 只承受径向载荷，故用向心滑动轴承即可；下轴承 B 既受径向载荷，又受轴向载荷，故应采用向心推力轴承（图 13-22）。上、下轴承载荷可按力学原理求得。

1. 选择滑动轴承结构形式　上轴承 A 为向心滑动轴承，选用整体式滑动轴承（图 13-3）；下轴承 B 为向心推力轴承（图 13-22）。

2. 受力分析　设 P_{rA}—P_{rB} 分别为上、下轴承的径向载荷，设 P_{aB} 为下轴承的轴向载荷，如图 7-23b 所示。

由力学平面力系平衡条件得：

$$P_{rA}H - Ql - Gl_1 = 0$$

$$P_{rA} = \frac{Ql + Gl_1}{H} = \frac{25000 \times 3 + 15000 \times 1.8}{5} = 20400(\text{N})$$

又因　$P_{rA} - P_{rB} = 0$

故　　$P_{rA} = P_{rB} = 20400\text{N}$

又因　$P_{aB} - Q - G = 0$

所以　$P_{aB} = Q + G = 25000 + 15000 = 40000(\text{N})$

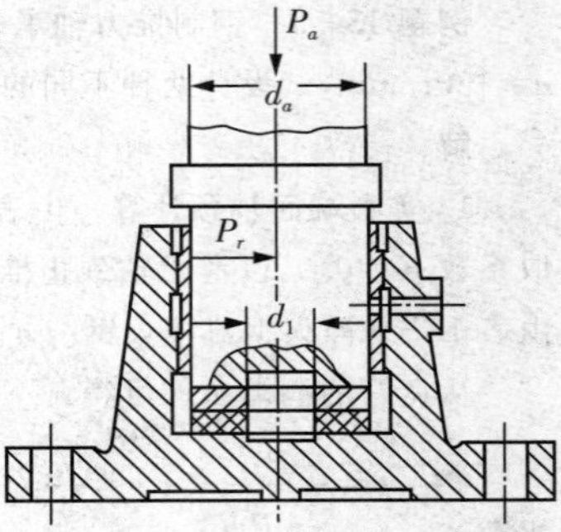

图 13-22　向心推力轴承

3. 选择轴瓦材料　根据工作条件，由表 13-2，选用铝青铜 ZQAl9-4，其特性值如下：

$$[p] = 30\text{MPa}, [v] = 8\text{m/s}, [pv] = 60\text{MPa} \cdot \text{m/s}$$

4. 确定轴瓦尺寸

（1）上、下轴承的向心轴瓦　取轴瓦的长径比 $\frac{l}{d_0} = 0.8$，则

$$l = 0.8d_0 = 0.8 \times 100 = 80(\text{mm})$$

$$p = \frac{P_{rA}}{d_0 l} = \frac{20400}{80 \times 100} = 2.55(\text{MPa}) < [p]$$

$$v = \frac{\pi d_0 n}{60 \times 1000} = \frac{\pi \times 100 \times 3}{60000} = 0.0157(\text{m/s}) < [v]$$

$$pv = 2.55 \times 0.0157 = 0.04(\text{MPa} \cdot \text{m/s})$$

所以，上、下轴承的向心轴瓦尺寸均定为 $l = 80\text{mm}, d_0 = 100\text{mm}$。

（2）下轴瓦的推力面　采用环形端面推力轴承（参看图 13-8，空心式），取

$$d_1 = 0.5d_0 = 0.5 \times 100 = 50(\text{mm})$$

取系数 $K = 0.9$，查表 13-9，淬火钢轴颈与青铜轴瓦的特性如下：

$$[p] = 7.5\text{MPa} \sim 8\text{MPa}, [pv] = 1 \sim 2.5\text{MPa} \cdot \text{m/s}$$

于是

$$p = \frac{P_{aB}}{\frac{\pi}{4}(d_0^2 - d_1^2)K} = \frac{40000}{\frac{\pi}{4}(100^2 - 50^2) \times 0.9} = 7.545(\text{MPa}) < [p]$$

$$v_m = \frac{d_0 + d_1}{2} \cdot \frac{\pi n}{60 \times 1000} = \frac{100 + 50}{2} \cdot \frac{\pi \times 3}{60 \times 1000} = 0.01178(\text{m/s})$$

$$pv_m = 7.545 \times 0.01178 = 0.0889(\text{MPa} \cdot \text{m/s}) < [pv]$$

所以，轴端推力轴承和轴承止推面的空心轴颈直径 $d_1 = 50\text{mm}$，推力轴颈直径 $d = 100\text{mm}$，能满足要求。

例题 13-5　已知一起重机卷筒的滑动轴承，其轴颈直径 $d = 90\text{mm}$，轴的转速 $n = 9\text{r/min}$，轴瓦材料采用铸铝青铜 ZQSl9-4，问此轴承能承受的最大径向载荷 P。

解：

按题意，该轴承转速低，要求不高，采用非液体摩擦滑动轴承。

取　　　　$l/d = 1$，　　$l = d = 90\text{mm}$

根据表 13－2,铝青铜的许用值

$$[p]=30\text{MPa},[v]=8\text{m/s},[pv]=60\text{MPa} \cdot \text{m/s}$$

根据平均压强计算轴承能承受的最大载荷

$$P=[p] \cdot ld=30 \times 90 \times 90=243000(\text{N})$$

根据 $[pv]$ 值计算轴承能承受的最大载荷

$$P=\frac{[pv] \times l \times d \times 60 \times 1000}{\pi dn}=\frac{60 \times 90 \times 90 \times 60 \times 1000}{\pi \times 90 \times 9}=11459156(\text{N})$$

答:该轴承能承受的最大径向载荷 $P=243000\text{N}$。

例题 13－6 验算蜗轮轴的非液体润滑径向滑动轴承,并决定该轴承的润滑方式。已知该蜗轮轴转速 $n=600\text{r/min}$,轴颈直径 $d=100\text{mm}$,轴承载荷 $P=0.4\text{MN}$,轴瓦材料为 ZQSn10－1 锡青铜,轴材料为 45 号钢。

解:

由表 13－2,ZQsn10－1 的许用值:

$$[p]=15\text{MPa}, \qquad [v]=10\text{m/s} \qquad [pv]=15\text{MPa} \cdot \text{m/s}$$

验算:

1. 限制轴承的平均压强

$$p=\frac{P}{d \cdot l}=\frac{40000}{100 \times 100}=4(\text{MPa})<[p]$$

2. 限制轴承的 pv 值

$$[pv]=\frac{P}{dl} \cdot \frac{\pi dn}{60 \times 1000}=\frac{40000}{100 \times 100} \cdot \frac{\pi \times 100 \times 600}{60 \times 1000}=12.57(\text{MPa} \cdot \text{m/s})<[pv]$$

3. 限制滑动速度 v 值

$$v=\frac{\pi dn}{60 \times 1000}=\frac{\pi \times 100 \times 600}{60 \times 1000}=3.14(\text{m/s})<[v]$$

结论:该轴承计算的 p,pv,v 值均小于许用值,适用。

例题 13－7 如图 13－23 所示,蜗杆蜗轮减速器的输出轴装在非液体摩擦轴承上。已知输出轴的功率 $P=15\text{KW}$,输出轴的转速 $n=60\text{r/min}$,蜗轮分度圆直径 $d_2=400\text{mm}$,轴颈直径 $d=80\text{mm}$,轴颈长度 $l=80\text{mm}$,两支承间的跨距 $L=250\text{mm}$,蜗杆分度圆直径 $d_1=80\text{mm}$,传动比 $i_{12}=20$,蜗轮副效率 $\eta=0.8$,蜗轮轴用 A6 钢制造。轴瓦材料为铸铁,其 $[pv]=1.5 \sim 3$ MPa·m/s。试校验此轴承的承载能力,并确定轴瓦凸缘的外径。

解:

1. 确定作用在支承上的载荷

作用在蜗轮上的圆周力

$$F_{t2}=\frac{2T_2}{d_2}=\frac{2 \times 9550 \times 10^3 \times 15}{400 \times 60}=11937.5(\text{N})$$

蜗轮上的轴向力,即等于蜗杆的圆周力,故

$$F_{a2}=\frac{2 \times 9550000 P_2}{d_1 i_{n_2} \eta}=\frac{2 \times 9550000 \times 15}{80 \times 20 \times 60 \times 0.8}=3730(\text{N})$$

作用在蜗轮上的径向力

$$F_{r2}=F_{t2}\text{tg}\alpha=11937.5\text{tg}20°=4345(\text{N})$$

在支承上最大径向载荷

$$P=\sqrt{(\frac{F_{r2}}{2})^2+(\frac{F_{a2}d_2}{2L}+\frac{F_{r2}}{2})^2}$$

$$=\sqrt{(\frac{11937.5}{2})^2+(\frac{3730 \times 400}{2 \times 250}+\frac{4345}{2})^2}=7888(\text{N})$$

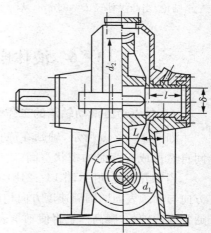

图 13－23 蜗杆减速器

在支承上最大轴向载荷 $P_a = 3730\text{N}$

2. 校核轴瓦圆柱部分的承载能力

轴瓦材料选用 HT200,由表 13 - 2 知

$$[p] = 2\text{MPa}, \qquad [v] = 1\text{m/s}。$$

单位压力校核

$$p = \frac{P}{dl} = \frac{7888}{80 \times 80} = 1.23(\text{MPa}) < [p]$$

pv 值校核

$$pv = \frac{P}{dl} \cdot \frac{\pi dn}{60 \times 1000} = \frac{7888}{80 \times 80} \cdot \frac{\pi \times 80 \times 60}{60 \times 1000} = 0.309(\text{MPa} \cdot \text{m/s}) < [pv]$$

v 值校核

$$v = \frac{\pi dn}{60 \times 1000} = \frac{\pi \times 80 \times 60}{60 \times 1000} = 0.25(\text{m/s}) < [v]$$

3. 确定凸缘外径 D

已知 $[pv] = 1.5 \sim 3\text{MPa} \cdot \text{m/s}, \qquad [p] = 2\text{MPa}$

参考图 13 - 8,按公式(13 - 5)得: $\qquad p = \dfrac{P_a}{Z \dfrac{\pi}{4}(d_2^2 - d_0^2)K} \leqslant [p]$

式中　轴承数 $Z = 1; d$ 相当于凸缘外径 $D; d_0$ 相当于轴颈直径 d;取 $K = 1$,则

$$p = \frac{P_a}{\dfrac{\pi}{4}(D^2 - d^2)} \leqslant [p]$$

$$D \geqslant \sqrt{\frac{4P_a}{\pi[p]} + d^2} = \sqrt{\frac{4 \times 3730}{\pi \times 2} + 80^2} \geqslant 94(\text{mm})$$

取凸缘外径 $D = 95\text{mm}$

校验 pv_m 值

$$pv_m = \frac{P_a}{\dfrac{\pi}{4}(D^2 - d^2)} \cdot \frac{\dfrac{\pi(95 + 80) \times 60}{2}}{60 \times 1000} = 1.81 \times 0.275 = 0.5(\text{MPa} \cdot \text{m/s}) < [pv_m]$$

结论:当凸缘外径 $D = 95\text{mm}$,从 $[p]$,$[pv_m]$ 值验算结果均合适,如轴的尺寸能满足要求,则可用。

§13 - 6　液体摩擦动压向心滑动轴承的设计计算

一、向心动压滑动轴承的工作情况

如图 13 - 24a 所示,轴颈在静止时,轴颈处于轴承孔的最下方的稳定位置。此时两表面间自然形成一弯曲的楔状空间。

当轴开始起动时(图 13 - 24b),轴承和轴颈为金属直接接触,由于轴承对轴颈的摩擦力的方向与轴颈表面的圆周速度方向相反,迫使轴颈沿轴承表面瞬时向右(图 13 - 24b)。这种现象通常称为轴颈"爬高",它将使轴承表面瞬时被摩擦,如轴附有静压起动装置,则可避免这种现象发生。当轴的转速逐渐增大,被轴颈"泵"入楔形空间内的油量也逐渐加多时,润滑油油层内的压力逐渐形成,并将轴颈与轴承隔开。此时,轴承内的摩擦阻力转化为流体分子间的内部阻

力,摩擦系数显著下降,轴颈中心向下左偏移(图 13 - 24c),最终达到与外载荷平衡的位置。

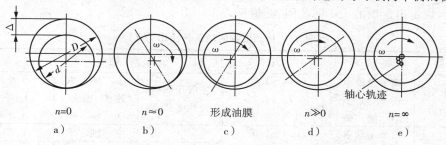

a) $n=0$ b) $n≈0$ 形成油膜 c) d) $n≫0$ e) $n=∞$

轴心轨迹

图 13 - 24 向心滑动轴承的工作状况

当轴颈转速进一步加大时,轴颈表面的速度亦进一步加大,油层内的压力进一步升高,轴颈也被抬高,使轴颈的中心更接近孔的中心,油楔角度跟着也就减小,内压则跟着下降,直到内压的合力再次与外载相平衡。此时,由于轴颈中心更为接近孔的中心,所以油层的最小厚度比原来加大了(图 13 - 24d)。同时由于轴颈表面的速度增大,使油层间的相对速度增大,故液体的内摩擦也就增大,轴承的摩擦系数也随之上升。

从理论上说,只有当轴颈转速 $n=∞$ 时,轴颈中心才会与孔中心重合(图 13 - 24e)。显然当中心重合时,两表面之间的间隙处处相等,已无油楔存在,当然也就失去平衡外载荷的能力。但在有限转速时,永远达不到两中心重合的程度。

由此看出,轴颈中心的位置将随着转速与载荷的不同而不断地改变。

二、轴承的长径比与承载能力

图 13 - 25 所示为轴承沿圆周方向和轴向的压力分布情况。由图得知,随着轴承长径比 (l/d) 的不同,其压力分布情况亦不同,l/d 越小,油压也越小。这主要是因为润滑油在自身压力作用下,要向两端流失,即产生侧漏现象而造成的。反之,如长径比越大,则油的压力也越大,轴承的承载能力也就越高。但从另一方面来看,侧漏虽然会降低油压,但也同时带走轴承中部分摩擦热,从而使轴承的温度不致升得太高,润滑油的粘度也就不会降得过低。如 l/d 太大,则侧漏带走的摩擦热也少,轴承温升也就会加大,油的粘度也要降低,结果反而使轴承的承载能力降低。因此,l/d 的选择要适当,不能过大,也不能过小。

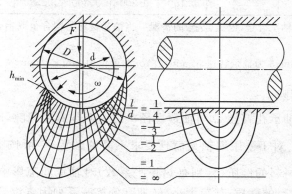

图 13 - 25 长径比 l/d 对轴承压力分布的影响

除了以上的分析外，机器的整体布局对 l/d 也有影响。在不同工业部门的机器中，根据长期经验，规定出常用的 l/d 的范围，其值见表 13-10。

表 13-10　推荐的轴承长径比 l/d

机　器	轴　承	l/d	机　器	轴　承	l/d
汽车及航空活塞发动机	曲轴主轴承	0.75～1.75	空气压缩机及往复式泵	主　轴　承	1.0～2.0
	连杆轴承	0.75～1.75		连　杆　轴　承	1.0～1.25
	活　塞　销	1.5～2.2		活　塞　销	1.2～1.5
柴　油　机	曲轴主轴承	0.6～2.0	电　机	主　轴　承	0.6～1.5
	连杆轴承	0.6～1.5	机　床	主　轴　承	0.8～1.2
	活　塞　销	1.5～2.0	冲　剪　床	主　轴　承	1.0～2.0
铁　路　车　辆	轮轴支承	1.8～2.0	起　重　设　备		1.5～2.0
汽　轮　机	主　轴　承	0.4～1.0	齿轮减速器		1.0～2.0

表 13-11　一般采用的轴承直径间隙

设备形式	摩擦表面		轴承直径间隙[①]（mm）				平均直径间隙的计算公式（mm）
			轴　承　直　径				
	轴	轴承	12	25	50	125	
精密主轴 $dn<50000$[②]	淬硬磨削钢	研磨 $\overset{0.4}{\triangledown}$	0.008 0.025	0.018 0.033	0.030 0.056	0.075 0.120	$\Delta=0.0007d+0.008$
精密主轴 $dn>5000$[②]	同上	同上	0.015 0.025	0.025 0.035	0.038 0.064	0.100 0.130	$\Delta=0.0008d+0.01$
电机类设备	磨削钢	拉或铰 $\overset{0.4}{\triangledown}\sim\overset{0.8}{\triangledown}$	0.013 0.038	0.025 0.050	0.050 0.075	0.090 0.140	$\Delta=0.0008d+0.015$
连续或往复运动的通用机械	车制或冷轧	钻及铰 $\overset{0.8}{\triangledown}\sim\overset{1.6}{\triangledown}$	0.025 0.050	0.038 0.064	0.050 0.100	0.150 0.180	$\Delta=0.001d+0.025$
粗糙工作机械	车制或冷轧	车制 $\overset{3.2}{\triangledown}$	0.120 0.160	0.150 0.200	0.200 0.300	0.430 0.530	$\Delta=0.003d+0.1$

注：① 仅适用于轴瓦为轴承合金（巴氏合金）的情况。当轴瓦材料为铜合金或铝合金时，间隙值应分别乘以 1.5 或 1.8；

② d 为轴颈直径，mm；n 为轴颈转速，r/min，故 dn 的单位为 mm·r/min。

三、轴承的直径间隙

向心滑动轴承的轴承孔直径 D 与轴颈直径 d 之差叫作直径间隙，以 Δ 表示，即 $\Delta=D-d$，半径间隙为 $\delta=\dfrac{\Delta}{2}$。对于采用铜轴瓦而且要求不高的轴承，一般按 H9/f9 的配合来选取直径间隙。由于轴瓦材料的性质（特别是热膨胀系数）对轴承间隙影响很大，对于要求较高的轴承，应根据所用材料的性质、载荷大小、转速高低等一系列因素综合考虑，适当选择轴承的间隙。表 13-11 列出了一般采用的直径间隙范围以及计算直径间隙值的经验公式。

四、向心滑动轴承的支承能力及最小油膜厚度

图 13-26 为轴承在工作时轴颈的位置。如图所示,轴承和轴颈的连心线 OO_1 与外载荷 P(载荷作用在轴颈中心上)的方向形成一偏角 φ_a。

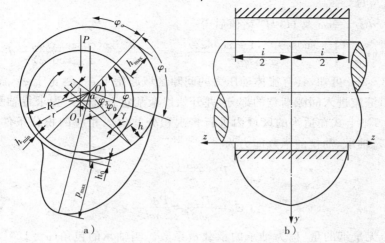

图 13-26 轴承在稳定转动时的轴心轨迹

直径间隙与轴承公称直径之比称为相对间隙,以 ψ 表示,则

$$\psi = \frac{\Delta}{d} = \frac{\delta}{r}$$

轴颈在稳定运转时,其中心 O_1 与轴承中心 O 的距离,称为偏心距,用 e 表示。而偏心距与半径间隙的比值,称为相对偏心距,以 x 表示,则

$$x = \frac{e}{\delta}$$

于是由图可见,最小油膜厚度为

$$H_{min} = \delta - e = \delta(1-x) = r\psi(1-x) \qquad (13-7)$$

相对偏心距的大小在向心轴承的理论中有着重要的意义,它实际上反映了轴承的承载能力。因为如果载荷及轴颈的转速不同,则轴颈在稳定运转时,其中心 O_1 的位置也不同,其变动的轨迹近似于一个半圆,如图 13-27 所示。理论上,x 的值在 $0\sim1$ 之间变化。当载荷很小或轴颈转速很高时,x 值接近于 0,此时轴颈中心与轴承中心接近重合,油膜消失,而 $H_{min} \approx \delta$;当载荷很大或轴颈转速很小时,$x \approx 1$,此时轴颈与轴瓦接触,$H_{min}=0$,油膜破坏。实际上,相对偏心距 x 的值一般总在 $0.5\sim0.95$ 之间。

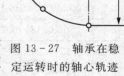

图 13-27 轴承在稳定运转时的轴心轨迹

又由图 13-26a 所示,设由任意极角 φ(由标线 OO_1 算起)所决定的轴剖面处的油膜厚度为 H,则因 r 角很小,故 H 可由下式求得:

$$H = \delta - \overline{Oa} = \delta + e\cos = \delta(1 + x\cos\varphi) \qquad (13-8)$$

同理,设压力最大处的油膜厚度为 H_0,则得

$$H_0 = \delta(1 + x\cos\varphi_0) \qquad (13-9)$$

式中 φ_0 相应于最大压力处的极角。

对于向心滑动轴承,需将计算动压轴承的基本方程,即雷诺方程改写成极坐标表达式,

雷诺方程　　$\dfrac{\partial p}{\partial x}=\dfrac{6\eta v}{H^3}(H-H_0)$

再代入　　$dx=rd\varphi,v=r\omega$ 及 H,H_0 诸值后得

$$dp=6\eta\frac{\omega}{\varphi^2}\frac{(1+x\cos\varphi)-(1+x\cos\varphi_0)}{(1+x\cos\varphi)^3}d\varphi=6\eta\frac{\omega}{\psi^2}\cdot\frac{x(\cos\varphi-\cos\varphi_0)}{(1+x\cos\varphi)^3}d\varphi$$

又由图 13-26a 可知,具有流体动压力的间隙区域起始于 φ_1,终止于 φ_2,而在对应于 φ_2 的轴剖面以后,液流进入间隙渐宽的部分,并开始以紊乱状态流动。为求得轴承中任意剖面处的作用力 P_φ,则上式在适当的区域内进行多次积分并代入相应的积分条件,最后整理简化可得对有限宽轴承,油楔的承载能力为

$$P=\frac{\eta\omega dl}{\psi^2}C_P \tag{13-10}$$

或

$$C_P=\frac{P\varphi^2}{\eta\omega dl}=\frac{P\psi^2}{2\eta vl} \tag{13-11}$$

C_P 是一个无量纲的量,称为轴承的承载量系数。当轴承的包角($\alpha=120°,180°$ 或 $360°$)给定时,经过一系列换算,C_P 可以表示为

$$C_P\propto(x,\frac{l}{d}) \tag{13-12}$$

若轴承是在非承载区内进行无压力供油,且设液体动压力是在轴颈与轴承衬的 $180°$ 的弧内产生的,则不同 x 和 l/d 的 C_P 值见表 13-12。

表 13-12　有限长轴承的承载量系数 C_P

l/d	x													
	0.3	0.4	0.5	0.6	0.65	0.7	0.75	0.80	0.85	0.90	0.925	0.95	0.975	0.99
	承　　载　　量　　系　　数　　C_P													
0.3	0.0522	0.0826	0.128	0.203	0.259	0.347	0.475	0.699	1.122	2.074	3.352	5.73	15.15	50.52
0.4	0.0896	0.141	0.216	0.339	0.431	0.573	0.776	1.079	1.775	3.195	5.055	8.393	21.00	65.26
0.5	0.133	0.209	0.317	0.493	0.622	0.819	1.098	1.572	2.428	4.261	6.615	10.706	25.62	75.86
0.6	0.182	0.283	0.427	0.655	0.819	1.070	1.418	2.001	3.036	5.214	7.956	12.64	29.17	83.21
0.7	0.234	0.361	0.538	0.816	1.014	1.312	1.720	2.399	3.580	6.029	9.072	14.14	31.88	88.90
0.8	0.287	0.439	0.647	0.972	1.199	1.538	1.965	2.754	4.053	6.721	9.992	15.37	33.99	92.89
0.9	0.339	0.515	0.754	1.118	1.371	1.745	2.248	3.067	4.459	7.294	10.753	16.37	35.66	96.35
1.0	0.391	0.589	0.853	1.253	1.528	1.929	2.469	3.372	4.808	7.772	11.38	17.18	37.00	98.95
1.1	0.440	0.658	0.947	1.377	1.669	2.097	2.664	3.580	5.106	8.186	11.91	17.86	38.12	101.15
1.2	0.487	0.723	1.033	1.489	1.796	2.247	2.838	3.787	5.364	8.533	12.35	18.43	39.04	102.90
1.3	0.529	0.784	1.111	1.590	1.912	2.379	2.990	3.968	5.586	8.831	12.73	18.91	39.81	104.42
1.5	0.610	0.891	1.248	1.763	2.099	2.600	3.242	4.266	5.947	9.304	13.34	19.68	41.07	106.84
2.0	0.763	1.091	1.483	2.070	2.446	2.981	3.671	4.778	6.545	10.091	14.34	20.97	43.11	110.79

由式(13-7)的关系可推知,在其他条件不变的情况下,H_{min}越小(即 x 愈大),轴承的承载能力 P 就越大。然而,最小油膜厚度是不能无限缩小的,因为它受轴颈和轴承表面粗糙度、轴的刚性及轴承与轴颈的几何形状误差等的限制。由于后几个因素的影响较小,故可忽略轴的刚性及轴颈与轴承几何形状的影响,则最小油膜厚度的最低值,即临界最小油膜厚度为

$$H_{minc} = R_{Z1} + R_{Z2} \tag{13-13}$$

式中 R_{Z1}、R_{Z2}分别和轴颈及轴承表面的微观不平度十点高度,根据加工情况及制造技术,可按表 13-13 确定。为了提高轴承的承载能力,对于重要的重载轴承,推荐加工的表面粗糙度 $\overset{0.1}{\bigtriangledown}$ ~ $\overset{0.05}{\bigtriangledown}$ (对轴颈)和 $\overset{0.4}{\bigtriangledown}$ ~ $\overset{0.2}{\bigtriangledown}$ (对轴承孔)。

此外,H_{min}还与轴和轴瓦的热变形以及混于润滑油中污物的颗粒大小等有关,因而要精确规定 H_{min} 的值是困难的。

表 13-13　加工方法、表面粗糙度及表面微观不平度十点度高 R_Z

加工方法	精车或精镗,中等磨光,刮(每平方厘米内有1.5~3个点)		铰、精磨、刮(每平方厘米内有 3~5 个点)		钻石刀头镗,镗磨		研磨、抛光、超粗加工等		
表面粗糙度等级	$\overset{0.2}{\bigtriangledown}$	$\overset{1.6}{\bigtriangledown}$	$\overset{0.8}{\bigtriangledown}$	$\overset{0.4}{\bigtriangledown}$	$\overset{0.2}{\bigtriangledown}$	$\overset{0.1}{\bigtriangledown}$	$\overset{0.05}{\bigtriangledown}$	$\overset{0.025}{\bigtriangledown}$	$\overset{0.012}{\bigtriangledown}$
$R_Z(\mu m)$	10	6.3	3.2	1.6	0.8	0.4	0.2	0.1	0.05

为了保证轴承的正常工作,在结构上保证轴和轴瓦有足够的刚性,从制造、安装上应保证符合规定的精度,采用良好的密封和过滤装置,保持润滑油的清洁等;另一方面,考虑到以上的因素,为了工作可靠,还需在 H_{minc} 的基础上加一个裕度,故一般取

$$H_{min} \geqslant (1.5 \sim 2.0) H_{minc} \tag{13-14}$$

若轴承的制造和安装精度高,工作条件好,则取小值,反之应取大值。H_{min}取得过小,固然会影响轴承工作的可靠性;但过大,则使轴承的承载能力得不到充分利用,而且对轴承工作的稳定性也无好处。

五、轴承的摩擦系数

在液体摩擦中,单位面积上的阻力 τ 是随着相对滑动速度的变化而改变的。因此作用在轴颈表面上的切向阻力也将改变。根据粘性定律,沿着轴颈整个周界上作用的粘滞阻力为

$$F = A\tau = A\eta \frac{dv}{dy} \tag{13-15}$$

式中　A——油层面积,在所讨论之情况下,$A = \pi dl$;

$\dfrac{dv}{dy}$——沿着油层厚度的速度梯度,$\dfrac{dv}{dy} = \dfrac{v}{\delta} = \dfrac{r\omega}{r\psi} = \dfrac{\omega}{\psi}$

于是

$$F = \pi dl \frac{\eta\omega}{\psi} \tag{13-16}$$

由摩擦系数的定义可得摩擦系数为

$$f = \frac{F}{P} = \frac{\pi dl \eta\omega}{pdl\psi} = \frac{\pi}{\psi} \cdot \frac{\eta\omega}{p} = \frac{\pi^2}{30\psi} \cdot \frac{\eta n}{p} \tag{13-17}$$

由上式可见,摩擦系数 f 是 $\eta\omega/p$ 的函数,通常把 $\eta\omega/p$ 称为轴承特性系数。

实验证明,滑动轴承中的摩擦状态随轴承特性系数 $\eta n/p$ 的变化而转化。由图 13-28 可见,在边界摩擦时,随着轴承特性系数 $\eta n/p$ 的增大,f 达到最小值。进入混合摩擦后,$\eta n/p$ 的改变将引起 f 的急剧变化。在刚形成液体摩擦时,f 达到最小值。此后,在液体摩擦状态下,阻力产生于液体内部,所以当转

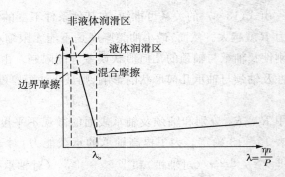

图 13-28　轴承的特性曲线

速 n(或油的流速)增大或压力 p(或载荷)下降时,轴承特性系数 $\eta n/p$ 将因之加大,这时摩擦系数 f 亦相应增大,于是油膜中发热量增多,促使油的粘度下降,因而 $\eta n/p$ 亦随之减小。如此相互抑制,终于会在处于某一 $\eta n/p$ 值时达到平衡。若转速和载荷作用相反,也会得到同样的结果。因此,轴承在液体摩擦条件下工作时是一种稳定状态,当外部工况在一定范围内有所变动时,对轴承工作能力的不利影响都会自动地得到补偿。

实际上,在轴承正常承载的工作条件下,承载区油层的速度梯度要比偏心距为零的未承载轴承油层的速度梯度大得多,其原因是轴承承载后,承载区的间隙要减小,在该区内形成的液体动压力,将迫使油沿着轴颈运动方向由承载区流出,从而使沿油层厚度的速度分布改变。因此在式(13-17)中要引进考虑上述因素而使摩擦增大的第二项,故

$$f=\frac{\pi}{\psi}\cdot\frac{\eta\omega}{p}+0.55\xi \qquad (13-18)$$

式中 ξ 为随轴承长径比而变化的系数,对于 $l/d<1$ 的轴承,$\xi=(\frac{d}{l})^{1.5}$;$l/d\geqslant 1$ 时,$\xi=1$。利用上式计算时,l 和 d 单位为 mm;p 的单位为 Pa;η 单位为 Pa·s。

为实际计算方便起见,式(13-18)又可化为

$$f=3.29\times 10^{2}\frac{d}{\Delta}\frac{\eta n}{p}+5.5\times 10^{-4}\frac{\Delta}{d}\xi \qquad (13-19)$$

式(13-19)中所用的单位:d 为 mm;Δ 为 μm;μ 为 Pa·s。

六、轴承的耗油量

显然,要产生液体摩擦必须充分供油,采用适当方法供油,一方面是为了补充由轴承两端漏出的油量;另一方面,也是为了借助漏出的油量带走一部分摩擦热量,从而使轴承不发生过热现象。

轴承中油的流失是由于轴承中的压力大于外界压力的结果,如在压力下供油,则油流量还会加大。

由于流体力学计算单位时间内的耗油量较为复杂;同时耗油量与油沟尺寸、位置有关,因此在轴承设计中,往往利用大量分析计算所给出的、在不同长径比 l/d 时的 x-$Q/(\psi vld)$ 线图(图 13-29)来确定耗油量。$Q/(\psi vld)$ 称为耗油量系数,其中 Q 的单位为 m^{3}/s;d 和 l 的单位为 m;v 的单位为 m/s。

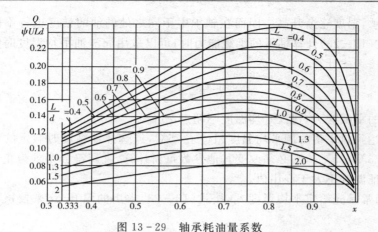

图 13-29 轴承耗油量系数

不必过多供油,否则只会加大阻力,降低轴承的机械效率。

七、轴承的热平衡计算

为了防止轴承的过热,必须进行热平衡计算。轴承中的热量是由摩擦损失的功转变而来的,因此,每秒钟在轴承中产生的热量为

$$H = fPv \qquad (13-20)$$

由流出的油带走的热量为

$$H_1 = Q\rho c(t_0 - t_i) \qquad (13-21)$$

式中　Q——耗油量,按耗油量系数求出,m³/s;

　　　ρ——润滑油的密度,对矿物油为 850~900Kg/m³;

　　　c——润滑油的比热,对矿物油为 1675~2090J/(Kg・℃);

　　　t_0——油的出口温度,℃;

　　　t_i——油的入口温度,通常由于冷却设备的限制,取为 35℃~40℃。

由轴承的金属表面通过传导和辐射散逸的另一部分热量,采用近似计算为:

$$H_2 = \alpha_s \pi dl(t_0 - t_i) \qquad (13-22)$$

式中　α_s——轴承的散热系数,随轴承结构的散热条件而定。对于轻型结构的轴承,或周围的介质温度高和难于散热的环境(如轧钢机轴承),取 $\alpha_s = 50$W/(m²・℃);中型结构或一般通风条件,取 $\alpha_s = 80$W/(m²・℃);在良好冷却条件下(如周围介质温度很低,轴承附近有其他用途的水冷或气冷的冷却设备)工作的重型轴承,可取 $\alpha_s = 140$W/(m²・℃)。

热平衡时,$H = H_1 + H_2$

即　　　　$fPv = Q\rho c(t_0 - t_i) + \alpha_s \pi dl(t_0 - t_i)$

于是得出为了达到热平衡所必需的润滑油温度差

$$\Delta t = t_0 - t_i = \frac{\left(\dfrac{f}{\psi}\right)p}{c\rho\left(\dfrac{1}{\psi v l d}\right) + \dfrac{\pi \alpha_s}{\psi v}} \quad (℃) \qquad (13-23)$$

注意,式中 p 的单位为 Pa;c 为润滑油的比热,单位为 J/(Kg・℃)。

式(13-23)只是求出了平均温度差,实际上轴承上各点的温度是不相同的。润滑油从

入口到流出轴承,温度逐渐升高。因而在轴承中不同之处的油的粘度也将不同。研究结果表明,在利用式(13-23)计算轴承的承载能力时,可以采用润滑油平均温度时的粘度。润滑油的平均温度按下式计算

$$t_m = t_i + \frac{\Delta t}{2} \qquad\qquad (13-24)$$

为了保证轴承的承载能力,建议平均温度不超过 75℃。

如果轴承达到热平衡时的平均温度超过了 75℃,或选择油粘度时假定的温度与计算出的相差较大(>3℃~5℃),则必须改变其他参数重新计算,直到符合要求为止。也可以采取冷却装置以保证温升不大于许用值。

设计时,通常是先给定平均温度 t_m,按式(13-23)求出的温升 Δt 来校核油的入口温度 t_i,即

$$t_i = t_m - \frac{\Delta t}{2}$$

若 $t_i > 35℃ \sim 40℃$,则表示轴承热平衡易于建立,轴承的承载能力尚未用尽。此时应降低给定的平均温度,并适当地加大轴瓦及轴颈的表面粗糙度,再行计算。

若 $t_i < 35℃ \sim 40℃$,则表示轴承不易达到热平衡状态。此时需加大间隙,并适当地降低轴承及轴颈的表面粗糙度,再作计算。

降低轴承温度,最合理的办法是采用加快润滑油的循环来冷却轴承,因此,必须在一定的压力下向轴承供油。为了加强冷却效果,需在轴承非承载区开上附加油沟,以利润滑油的循环(图 13-30)。

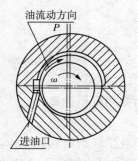

图 13-30　轴承中的附加油槽

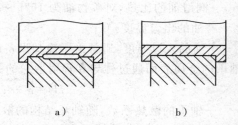

a)　　　　　　b)

图 13-31　轴瓦与轴承座接触面的结构对比

为了加强热量从轴瓦向轴承座传导,不应在两者之间存在不流动的空气包。因此把轴承座和轴瓦的接触表面中间挖空以减少机械加工量的办法,在温升较高的滑动轴承上使用是不正确的。图 13-31 中给出了错误(图 a)和正确(图 b)结构的对比。

例题 13-8　设计一液体向心滑动轴承,载荷方向一定,工作情况稳定,采用对开式轴承,作用在轴颈上的载荷 $P=100000N$,轴颈直径 $d=200mm$,转速 $n=500r/min$.

解:

1. 选择长径比,计算轴承长度 l,取 $l/d=1$,则得

   $l = 200mm = 0.2m$

2. 计算轴承中的压力

   $$p = \frac{P}{dl} = \frac{100000}{0.2 \times 0.2} = 2500000(Pa) = 2.5(MPa)$$

3. 求轴承的圆周速度

$$v=\frac{\pi dn}{60\times1000}=\frac{\pi200\times500}{60\times1000}=5.23(\mathrm{m/s})$$

4. 选择轴瓦的材料　轴瓦选用 ZCHSnSb11－6，由表 13－2 查得，$[p]=25\mathrm{MPa}$，$[v]=80\mathrm{m/s}$，$[pv]=20\mathrm{MPa\cdot m/s}$。由此得：

$$p<[p]，v<[v]且\ pv=2.50\times5.23=13.08(\mathrm{MPa\cdot m/s})<[pv]$$

故所选材料合用。

5. 选择润滑油　初步选用 50 号机械油，并假定 $t_m=50℃$。参阅图 2-9 可得运动粘度 $N=50\mathrm{cst}$，取密度 $\rho_{50}=0.9\mathrm{g/cm^3}$。

$$\eta_{50°}=\rho_{50}N_{50}\times10^{-3}=0.9\times50\times10^{-3}=0.045(\mathrm{Pa\cdot s})$$

6. 计算最小油膜厚度 $H_{\min}$　由表 13－11，根据通用机械的轴承平均直径间隙计算公式

$$\Delta=0.001d+0.025=0.001\times200+0.025=0.225(\mathrm{mm})$$

取直径间隙 $\Delta=0.250\mathrm{mm}$，故相对间隙

$$\psi=\frac{\Delta}{d}=\frac{0.250}{200}=0.00125$$

承载量系数

$$C_p=\frac{P\psi^2}{2\eta vl}=\frac{100000\times(0.00125)^2}{2\times0.045\times5.23\times0.2}=1.6598$$

根据 C_p 和 l/d 之值，由表 13－12 插算，得 $x=0.6666$。又由式（13－7）求得

$$H_{\min}=r\psi(1-x)=100\times0.00125(1-0.6666)=0.04168=41.68(\mu\mathrm{m})$$

7. 求临界的最小油膜厚度 $H_{\min c}$

设轴经淬硬研磨，轴瓦经精镗与刮削，由表 13－13 查得：$R_{Z1}=0.0032\mathrm{mm}$，$R_{Z2}=0.0063\mathrm{mm}$，由式（13－13）可得

$$H_{\min_c}=R_{Z1}+R_{Z2}=0.0032+0.0063=0.0095(\mathrm{mm})$$

$$H_{\min}>2H_{\min_c}=0.019\mathrm{mm}=19(\mu\mathrm{m})$$

满足轴承工作的可靠性要求。

8. 计算轴承温度

（1）求摩擦系数 f

因为 $\omega=\frac{2\pi n}{60}=\frac{2\pi\times500}{60}=52.3(\mathrm{rad/s})$，且 $\xi=1$，故

$$f=\frac{\pi}{\psi}\cdot\frac{\eta\omega}{p}+0.55\xi=\frac{\pi\times0.045\times52.3}{0.00125\times2500000}+0.55\times0.00125\times1=0.003054$$

（2）确定耗油量系数

根据 $x=0.6666$ 和 $l/d=1$，由图 13－28 的线图查得：

$$\frac{Q}{\psi vld}=0.142$$

（3）确定 Δt

取 $c=1800\mathrm{J/Kg\cdot℃}$，$\rho=870\mathrm{Kg/m^3}$，$a_s=80\mathrm{W/(m^2\cdot℃)}$，于是得：

$$\Delta t=\frac{(\frac{f}{\psi})p}{c\rho(\frac{Q}{\psi vld})+\frac{\pi\alpha_3}{\psi v}}=\frac{\frac{0.003054}{0.00125}\times2500000}{1800\times870\times0.142+\frac{\pi\times80}{0.00125\times5.23}}=23.415(℃)$$

润滑油入口温度为

$$t_i=t_m-\frac{\Delta t}{2}=50-\frac{23.415}{2}=38.29(℃)（合适）$$

9. 选择配合

因 $\Delta = 0.250\text{mm}$，选择配合 F6/d7，孔为 $\varphi 200^{+0.079}_{+0.050}$，轴为 $\varphi 200^{-0.170}_{-0.216}$。可见

最大间隙为　$\Delta_{max} = 0.079 - (-0.216) = 0.295(\text{mm})$

最小间隙为　$\Delta_{min} = 0.050 - (-0.170) = 0.220(\text{mm})$

Δ 介于 Δ_{max} 和 Δ_{min} 之间，且接近两者的平均值，故所选的配合合用。

10. 验算 Δ_{max} 和 Δ_{min}

现验算 Δ_{max} 和 Δ_{min} 是否满足轴承工作的可靠性和热平衡的要求。若不满足，就需要重选配合，直至所选配合在极限直径间隙值的情况下，满足工作可靠性和热平衡要求为止。

(1) $\Delta_{max} = 0.295\text{mm}$ 时，相应有

$$\psi_{max} = \frac{\Delta_{max}}{d} = \frac{0.295}{200} = 0.001475$$

承载量系数

$$C_{Pmax} = \frac{P\psi^2}{2\eta vl} = \frac{10000 \times (0.001475)^2}{2 \times 0.045 \times 5.23 \times 0.2} = 2.3111$$

根据 C_{Pmax} 和 l/d 之值由表 13-12 插算，得 $x_1 = 0.7354$，于是：

$$H_{min_1} = r\psi_{max}(1 - x_1) = 100 \times 0.001475 \times (1 - 0.7345) = 0.03902(\text{mm}) = 39.02(\mu\text{m}) > 2H_{min_c}$$
$= 19\mu\text{m}$

工作可靠性要求满足。

摩擦系数

$$f_1 = \frac{\pi}{\psi_{max}} \cdot \frac{\eta\omega}{p} + 0.55\psi_{max}\xi = \frac{\pi \times 0.045 \times 52.3}{0.001475 \times 2500000} + 0.55 \times 0.001475 \times 1 = 0.002816$$

又根据 x_1 和 l/d 之值，由图 7-30 查得 $\frac{Q}{\psi_{max}vld} = 0.144$，而 c 和 ρ 值同前，于是

$$\Delta t_1 = \frac{\left(\frac{f_1}{\psi_{max}}\right)p}{c\rho\left(\frac{Q_1}{\psi_{max}vld}\right) + \frac{\pi\alpha_s}{\psi_{max}v}} = \frac{\frac{0.002816}{0.001475} \times 2500000}{1800 \times 870 \times 0.144 + \frac{\pi \times 80}{0.001475 \times 5.23}} = 18.49(^\circ\text{C})$$

润滑油入口温度为

$$t_i = t_m - \frac{\Delta t_1}{2} = 50 - \frac{18.49}{2} = 40.755(^\circ\text{C})$$

现 t_{i1} 接近 40℃，因而热平衡条件满足。

(2) $\Delta_{min} = 0.220\text{mm}$ 时，相应有

$$\psi_{min} = \frac{\Delta_{min}}{d} = \frac{0.22}{200} = 0.0011$$

承载量系数

$$C_{Pmin} = \frac{P\psi^2_{min}}{2\psi vl} = \frac{100000 \times (0.0011)^2}{2 \times 0.045 \times 5.23 \times 0.2} = 1.285$$

根据 C_{Pmin} 和 l/d 之值，再由表 13-12 插算，得 $x_2 = 0.6059$，于是

$$H_{min_2} = r\psi_{min}(1 - x_2) = 100 \times 0.0011 \times (1 - 0.6059) = 0.04335(\text{mm}) = 43.35(\mu\text{m}) > 2H_{min_c}$$
$= 19\mu\text{m}$

工作可靠性要求满足。

摩擦系数

$$f_2 = \frac{\pi}{\psi_{min}} \cdot \frac{\eta\omega}{p} + 0.55\psi_{max}\xi = \frac{\pi \times 0.045 \times 52.3}{0.0011 \times 2500000} + 0.55 \times 0.0011 \times 1 = 0.003294$$

又根据 x_2 和 l/d 之值，由图 13-28 查得 $\frac{Q}{\psi_{min}vld} = 0.135$，而 c 和 ρ 值同前，则

$$\Delta t_2 = \frac{(\frac{f_2}{\psi_{\min}})p}{c\rho(\frac{Q_2}{\psi_{\min}vld}) + \frac{\pi\alpha_s}{\psi_{\min}v}} = \frac{\frac{0.003294}{0.0011} \times 2500000}{1800 \times 870 \times 0.135 + \frac{\pi \times 80}{0.0011 \times 5.23}} = 29.344(℃)$$

润滑油入口温度为

$$t_{i2} = t_m - \frac{\Delta t_2}{2} = 50 - \frac{29.344}{2} = 35.32(℃)$$

因而热平衡条件亦满足。

由上述验算可知,配合的选择是合适的。

例题 13-9 已知径向轴承包角为 $180°$,轴承载荷 $P=0.018$MN,轴颈转速 $n=1200$ r/min,轴承宽度 $l=100$mm,轴颈直径 $d=100$mm,半径间隙 $\delta=0.05$mm,非压力供油,轴承平均温度 $t_m=60℃$。试求最小油膜厚度,每分钟补充的润滑油流量、温升和供油温度。

解:

1. 计算最小油膜厚度 $H_{\min}$

轴承中的压力

$$p = \frac{P}{dl} = \frac{0.018 \times 10^6}{100 \times 100} = 1.8(MPa) = 1800000(Pa)$$

轴承的相对间隙

$$\psi = \frac{\delta}{r} = \frac{0.05}{50} = 0.001(mm)$$

轴颈圆周速度

$$v = \frac{\pi dn}{60 \times 1000} = \frac{\pi \times 100 \times 1200}{60 \times 1000} = 6.28(m/s)$$

选择润滑油 选用 20 号机械油在 $t_m=60℃$ 时,由图 2-9 查得运动粘度 $\gamma=15$cst,其动力粘度 $\eta=\gamma\rho$,取 $\rho=900$Kg/m³ 得 $\eta=15 \times 10^{-6} \times 900 = 0.0135(Pa·s)$

承载量系数

$$C_P = \frac{P\psi^2}{2\eta vl} = \frac{18000 \times (0.001)^2}{2 \times 0.0135 \times 6.28 \times 0.1} = 1.06$$

根据 C_P 和 l/d,由表 13-12 查得 $x=0.53$

最小油膜厚度

$$H_{\min} = \frac{\psi d}{2}(1-x) = \frac{0.001 \times 100}{2}(1-0.53) = 0.024(mm)$$

可按 $H_{\min_c}$ 计算比较一下。

2. 计算每分钟补充润滑油流量

根据相对偏心距 x 和 l/d 由图 13-29 查得 $\frac{Q}{\psi vld}=0.128$,则得

$$Q = \psi vld \times 0.128 = 0.001 \times 6.28 \times 0.1 \times 0.1 \times 0.128 = 0.000008(m^3/min)$$

3. 计算油温升 Δt

求摩擦系数 f

因为 $\omega = \frac{2\pi n}{60} = \frac{2\pi \times 1200}{60} = 125.66(rad/s)$,且 $\xi=1$,故

$$f = \frac{\pi}{\psi} \cdot \frac{\eta\omega}{p} + 0.55\psi\xi = \frac{\pi \times 0.0135 \times 125.66}{0.001 \times 1800000} + 0.55 \times 0.001 \times 1 = 0.00355$$

取 $c=1700$W/Kg·℃,$\alpha_s=80$W/m²·℃,$\rho=900$Kg/m³

$$\Delta t = \frac{\left(\dfrac{f}{\psi}\right)p}{c\rho\left(\dfrac{Q}{\psi vld}\right)+\dfrac{\pi \alpha_s}{\psi v}} = \frac{\left(\dfrac{0.00355}{0.001}\right)\times 1800000}{1700\times 900\times 0.128+\dfrac{\pi\times 80}{0.001\times 6.28}} = 27.1(℃)$$

4. 求供油温度

$$t_i = t_m - \frac{\Delta t}{2} = 60 - \frac{27.1}{2} = 46.55(℃)$$

例题 13-10　汽轮机的滑动轴承，转速 $n=3000$ r/min，径向载荷 $P=8000$ N，轴承直径 $d=60$ mm，$l/d=1$。试设计轴承的主要参数，并进行流体动压润滑计算。

解:

1. 由 $l/d=1$，得轴承的长度 $l=d=60$ mm

2. 选择轴瓦材料

$$\left.\begin{aligned} p &= \frac{P}{dl} = \frac{8000}{60\times 60} = 2.22(\text{MPa}) = 2.22\times 10^6(\text{MPa}) \\ v &= \frac{\pi dn}{60\times 1000} = \frac{\pi\times 60\times 3000}{60\times 1000} = 9.43(\text{m/s}) \end{aligned}\right\} pv=2.22\times 9.43=20.9(\text{MPa}\cdot\text{m/s})$$

采用 ZCHSnSb11-6 为轴瓦材料，由表 13-2 查得：$[p]=25$ MPa，$[v]=80$ m/s，$[pv]=20$ MPa·m/s 所以选定轴瓦材料能满足要求。

3. 选择润滑油

初步选用 10 号机械油，并假定润滑油平均温度 $t_m=50$℃，由图 2-9 查得其运动粘度 $\gamma=10$ cst $=10\times 10^{-6}$ m²/s。取 $\rho=900$ Kg/m³，则其动力粘度

$$\eta = \gamma\rho = 10\times 10^{-6}\times 900 = 0.009(\text{N}\cdot\text{s/m}^2) = 0.009(\text{Pa}\cdot\text{s})$$

4. 按表 13-11 以外的经验公式选择轴承相对间隙

$$\psi = (0.6\sim 1)\times 10^{-3}\times \sqrt[4]{v} = (0.6\sim 1)\times 10^{-3}\times \sqrt[4]{9.43} = (1.05\sim 1.75)\times 10^{-3}$$

取 $\psi=0.0012$

5. 求承载量系数

$$C_P = \frac{P\psi^2}{2\eta vl} = \frac{8000\times 0.0012^2}{2\times 0.009\times 9.43\times 0.06} = 1.13$$

根据 C_P 和 l/d，由表 13-12 查得 $x=0.58$

6. 计算摩擦系数

因为 $\omega = \dfrac{2\pi n}{60} = \dfrac{2\pi\times 3000}{60} = 314.16(\text{rad/s})$，且 $\xi=1$，则

$$f = \frac{\pi}{\psi}\cdot\frac{\eta\omega}{p} + 0.55\psi\xi = \frac{\pi\times 0.009\times 314.16}{0.0012\times 2.22\times 10^6} + 0.55\times 0.0012\times 1 = 0.004$$

7. 计算耗油量系数

根据 $x=0.58$ 和 l/d，由图 13-29 的线图查得　　$\dfrac{Q}{\psi vld} = 0.133$

8. 求润滑油的温升

$$\Delta t = \frac{\left(\dfrac{f}{\psi}\right)p}{c\rho\left(\dfrac{Q}{\psi vld}\right)+\dfrac{\pi\alpha_s}{\psi v}} = \frac{\left(\dfrac{0.004}{0.0012}\times 2.22\times 10^6\right)}{1700\times 900\times 0.133+\dfrac{\pi\times 80}{0.0012\times 9.43}} = 32.72(℃)$$

9. 求油的入口温度

$$t_i = t_m - \frac{\Delta t}{2} = 50 - \frac{32.7}{2} = 33.7(℃)$$

按规定 $t_i=30℃\sim 45℃$，$\Delta t=30℃$，$t_m=75℃$

所以上面的计算结果都在允许范围内。

10. 求最小油膜厚度 H_{min}

(1)最小油膜厚度

$$H_{min} = r\psi(1-x) = 30 \times 0.0012(1-0.58) = 0.01512mm = 15.12(\mu m)$$

(2)验算最小油膜厚度

取轴与孔表面粗糙度都是 $\overset{0.8}{\bigvee}$,则表面不平度的平均高度,由表 13 - 13 查得:$R_{Z1} = R_{Z2} = 3.2\mu m$

由式(13 - 13)得:

$$H_{min_c} = R_{Z1} + R_{Z2} = 0.0032 + 0.0032 = 0.0064(mm)$$

$$H_{min} > 2H_{min_c} = 2 \times 0.0064 = 0.0128 = 12.8(\mu m) \quad 满足轴承工作的可靠性要求。$$

11. 选择配合

半径间隙　$\delta = r\psi = 0.0012 \times 30 = 0.036(mm)$

直径间隙　$\Delta = 2\delta = 2 \times 0.036 = 0.072(mm)$

可以选用 $\dfrac{H7}{e7}$ 或 $\dfrac{H8}{e8}$,其最小、最大间隙及计算结果如下表:

计算项目	H8/e8		H7/e7	
轴、孔公差	$\varphi 60 \quad H8^{+0.060}$	$\varphi 60 \quad e8^{-0.060}_{-0.106}$	$\varphi 60 \quad H7^{+0.030}$	$\varphi 60 \quad e7^{-0.06}_{-0.09}$
最大、最小直径间隙	$\Delta_{min} = 0.60$	$\Delta_{max} = 0.152$	$\Delta_{min} = 0.060$	$\Delta_{max} = 0.120$
最大、最小相对间隙	$\psi_{min} = 0.001$	$\psi_{max} = 0.00253$	$\psi_{min} = 0.001$	$\psi_{max} = 0.002$

由上表可知,对于所选两种配合的最大、最小相对间隙一共有三种,下面分别进行计算。在计算中,设润滑油平均温度 $t_m = 50℃$,10 号机械油的动力粘度为 $\eta_{50} = 0.009N \cdot s/m^2$ 。

计算项目	计算公式	$\psi = 0.001$	$\psi = 0.002$	$\psi = 0.00253$
承载量系数 C_P	$C_P = \dfrac{P\psi^2}{2\mu vl}$	0.786	3.14	5.03
相对偏心距 x	表 13 - 12	0.48	0.79	0.85
耗油量系数	图 13 - 29	0.12	0.14	0.13
摩擦系数	$f = \dfrac{\pi}{\psi} \cdot \dfrac{\eta\omega}{p} + 0.55\psi\xi$	0.00455	0.0031	0.00297
润滑油温升 Δt	式(13 - 23)	45.93℃	30.25℃	12.44℃
最小油膜厚度 H_{min}	$H_{min} = \dfrac{\psi d}{2}(1-x)$	0.0156mm	0.0128mm	0.011385mm
油膜厚度安全裕度	$H_{min}/H_{min_c} = 1.5 \sim 2.0$	2.4375	2	1.78

由上表计算可知,选用 H7/e7 配合时,最大、最小相对间隙时的油膜厚度都可以满足要求,但选用 H8/e8 配合,当相对间隙为最大时油膜厚度不能满足要求,此时可以采用:①提高轴(或孔)的表面粗糙度;②降低润滑油入口温度 t_i (如采用冷却装置,加大油箱体积等)。

例题 13-11　一减速器向心滑动轴承,工作载荷 $P=35000$N,轴颈直径 $d=100$mm,轴转速 $n=100$r/min。试设计轴承的主要参数,并进行流体动压润滑计算。

解:

计算项目	计算依据	单位	计 算 结 果	
			方案 1	方案 2
轴承载荷 P	已知	N	35000	
轴颈直径 d	已知	m	0.1	
长径比 l/d	根据经验确定		1	
轴承长度 l	$l/d=1$	m	0.1	
转速 n	已知	r/min	1000	
轴颈速度 v	$v=\dfrac{\pi dn}{60}$	m/s	5.24	
轴承压强 p	$p=\dfrac{P}{dl}$	MPa(N/m²)	$3.5(3.5\times10^6)$	
轴瓦材料	自定		ZCHSnSb11-6 由表 13-2 查得: $[p]=25$MPa $[v]=80$m/s $[pv]=20$MPa·m/s	
润滑油牌号	自定		20 号机械油	
设平均油温 t_m	自定	℃	50	
在 t_m 下油的运动粘度	图 2-9	m²s(cst)	$20\times10^{-6}(20)$	
在 t_m 下油的动力粘度	$\eta_{50}=\gamma\rho$(取 $\rho=900$Kg/m³)	Pa·s	0.018	
相对间隙 ψ[①]	$\psi=(0.6\sim1.0)\times10^{-3}\times\sqrt[4]{v}$		0.001	0.0015
承载量系数 C_P	$C_P=\dfrac{P\psi^2}{2\eta vl}$		1.86	4.18
相对偏心距 x	根据 C_P 和 l/d,由表 13-12		0.69	0.83
最小油膜厚度 $H_{\min}$	$H_{\min}=\dfrac{\psi d}{2}(1-x)$		0.0155	0.0128
轴颈表面粗糙度	自选		$\overset{0.4}{\triangledown}$	
轴颈表面不平度平均高度 R_{z1}	由表 13-13 查	μm	1.6	
轴瓦表面粗糙度	自选		$\overset{0.8}{\triangledown}$	
轴瓦表面不平度平均高度 R_{z2}	由表 13-13 查	μm	3.2	
安全度	$H_{\min}/H_{\min_c}=1.5\sim2$		3.23	2.67
耗油量系数 $\dfrac{Q}{\psi vld}$	根据 x 和 l/d,由图 13-29 查		0.144	0.133

（续表）

计算项目	计算依据	单位	计算结果	
			方案 1	方案 2
摩擦系数 f	$\omega = \dfrac{2\pi n}{60}$	rad/s	10.472	
	$f = \dfrac{\pi}{\psi} \cdot \dfrac{\eta\omega}{p} + 0.55\xi\psi$		0.58	0.758
润滑油比热 c		J/Kg・℃	1700	
润滑油密度 ρ		Kg/m²	960	
散热系数 α_s		J/m²・s・℃	80	
润滑油温升 Δt	$\Delta t = \dfrac{\left(\dfrac{f}{\psi}\right)p}{c\rho\left(\dfrac{Q}{\psi v l d}\right) + \dfrac{\pi\alpha_s}{\psi v}}$	℃	21.13	14.86
润滑油进口温度 t_i[②]	$t_i = t_m - \dfrac{\Delta t}{2}$	℃	39.44	42.57
润滑油出口温度 t_0	$t_0 = t_i + \Delta t$	℃	60.57	57.43

结果：方案 1、2 都能满足要求。

① 由于零件制造公差，滑动轴承也有偏差。间隙为上偏差时得最大相对间隙 ψ_{max}，为下偏差时得最小相对间隙 ψ_{min}。实际设计时，应对这两个状态都计算。

② 要求 t_i 严格控制的轴承（如汽轮机轴承），则计算 $t_m = t_i + \dfrac{\Delta t}{2}$，看是否与假设相符。如不符，应重新假设 t_m 再作计算，直至假设与计算相符为止。

例题 13-12　设计某齿轮减速器的动压液体摩擦向心滑动轴承。采用对开剖分式轴瓦，非压力供油；径向载荷 $P = 2 \times 10^5$ N，载荷平稳；轴颈直径 $d = 200$ mm，转速 $n = 510$ r/min。要求进口油温 $t_i = 35 \sim 36$℃，平均油温 $t_m < 75$℃。轴的材料为 45 号钢。

解：轴承的间隙配合是根据选定的相对间隙 ψ 来确定的，但制造出来的轴颈和轴瓦孔的实际直径尺寸可能是允许偏差范围内的任一尺寸，即实际的相对间隙可能是 ψ_{min} 至 ψ_{max} 范围内的任一值。因此，在选择间隙配合后，必须分别按照 ψ_{max} 和 ψ_{min} 这两种极限情况进行各项检验，直至完全符合要求为止。

将主要计算步骤、计算依据及结果数据列表如下：

计算项目	计算依据	单位	计算结果
轴承径向载荷 P	已知	N	2×10^5
轴颈直径 d	已知	m	0.2
轴承长径比 l/d	$l/d = 1 \sim 2$，选择 $l/d = 1$		1
轴承长度 l	$l/d = 1$	m	0.2
供油压力	非压力供油		0
轴颈转速 n	已知	r/min	510
轴颈圆周速度 v	$v = \dfrac{\pi d n}{60}$	m/s	5.34
轴承平均比压 p	$p = \dfrac{P}{d l}$	MPa・$\dfrac{N}{m^2}$	$5(5 \times 10^{-6})$

计 算 项 目	计 算 依 据	单　　位	计 算 结 果	
轴瓦材料	参考有关资料		铝青铜 ZQPb30，其许用特性值如下 $[p]=21\text{MPa}$ $[v]=12\text{m/s}$ $[pv]=30\text{MPa}\cdot\text{m/s}$	
轴瓦材料硬度	参阅有关资料	HBS	300	
润滑油牌号	参阅有关资料		汽油机润滑油 HQ—10	
相对间隙 ψ	$\psi=(0.6\sim1.0)\times10^{-3}\times\sqrt[4]{v}$		0.0015～0.002	
轴颈公称直径 d 及其极限偏差	根据 ψ 值选定	mm	$d=200^{-0.150}_{-0.200}$	
轴瓦孔公称直径 D 及其极限偏差	根据 ψ 值选定	mm	$D=200^{+0.200}_{+0.150}$	
			$\psi_{\max}=0.002$	
			$\psi_{\min}=0.0015$	
平均油温 t_m	自定	℃	55	57
在 t_m 下油的动力粘度 η	查有关润滑油图线	Pa·s	0.05	0.045
承载量系数 C_P	$C_P=\dfrac{P\psi^2}{2\eta vl}$		7.49	4.68
相对偏心距 x	表 13-12		0.89	0.86
耗油量系数 $\dfrac{Q}{\psi vld}$	根据 x 和 l/d，由图 13-29		0.12	0.129
摩擦系数 f	$\omega=\dfrac{2\pi n}{60}$		53.4	
	$f=\dfrac{\pi}{\psi}\cdot\dfrac{\eta\omega}{p}+0.55\xi\psi$		0.001184	0.000943
润滑油比热 c		J/Kg·℃	1900	
润滑油密度 ρ		Kg/m³	875	
轴承散热系数 α_s		J/m²·s·℃	80	
润滑油温升 Δt	$\Delta t=\dfrac{\left(\dfrac{f}{\psi}\right)p}{c\rho\left(\dfrac{Q}{\psi vld}\right)+\dfrac{\pi\alpha_s}{\psi v}}$	℃	38.9	35.65
润滑油进口温度 t_i	$t_i=t_m-\dfrac{\Delta t}{2}$	℃	35.55	35.65
出口油温 t_0	$t_0=t_m+\dfrac{\Delta t}{2}$	℃	74.45	78.35
最小油膜厚度 $H_{\min}$	$H_{\min}=(1-x)\dfrac{\psi d}{2}$（$d$ 单位：μm）	μm	22	21

（续表）

计算项目	计 算 依 据	单 位	计 算 结 果	
轴颈表面粗糙度	自选		$\overset{0.8}{\triangledown}$	
轴颈表面不平度 平均高度 R_{Z1}	表 13 – 13	μm	3.2	
轴瓦孔表面粗糙度	自选		$\overset{1.6}{\triangledown}$	
轴瓦表面不平度 平均高度 R_{Z2}	表 13 – 13	μm	6.3	
安全裕度	$H_{min}=(1.5\sim2)H_{min_c}$		2.3	2.2

注：① 润滑油牌号和轴承间隙 $\psi=0.0015\sim0.002$ 是经过多次反复试算取定的；

② 由于标准配合的间隙范围不适用，故采用非标准配合。

例题 13 – 13 设计一发电机转子的液体摩擦向心滑动轴承。已知：载荷 $P=50000$N，轴颈直径 $d=150$mm，转速 $n=1000$r/min，工作情况稳定。

解：

1. 选择长径比，计算轴承长度 l 取 $l/d=1$，得 $l=d=150$mm

2. 计算轴承单位压力 p $p=\dfrac{P}{dl}=\dfrac{50000}{150\times150}=2.222$(MPa)

3. 求轴颈圆周速度 $v=\dfrac{\pi dn}{60\times1000}=\dfrac{\pi\times150\times1000}{60\times1000}=7.854$(m/s)

4. 选择轴瓦材料 选用 ZCHSnSb11–6，由表 13–2 知：$[p]=25$MPa，$[v]=80$m/s，$[pv]=20$MPa·m/s。

由上述计算结果知：$p<[p]$，$v<[v]$，且

$$pv=2.222\times7.854=17.45\text{(MPa·m/s)}<[pv]$$

所以选用的材料合适。

5. 选择润滑油 因轴颈转速较高，宜用粘度低的润滑油，参考图 2-9 和表 2-2，选用 20 号机械油，其 $°E_{50}=2.6$，利用粘度单位换算公式，当假定平均温度 $t_m=50$℃ 时

$$\eta_{50}=0.0064°E_{50}-\dfrac{0.0055}{°E_{50}}=0.0064\times2.6-\dfrac{0.0055}{2.6}=0.0145\text{(N·s/m}^2)$$

6. 求最小油膜厚度 参考表 13–11，对电机其直径间隙取为：

$$\Delta=0.0008d+0.015=0.0008\times150+0.015=0.135\text{(mm)}$$

故 $\psi=\dfrac{\Delta}{d}=\dfrac{0.135}{150}=0.0009$

载荷系数 C_P

$$C_P=\dfrac{P\psi^2}{2\eta vl}=\dfrac{50000\times(0.0009)^2}{2\times0.0145\,7.854\,20.15}=1.185$$

根据 C_P 和 l/d 之值，在表 13–12 中查得 $x=0.591$。于是

$$H_{min}=r\psi(1-x)=75\times0.0009(1-0.591)=0.0276\text{(mm)}=27.6(\mu\text{m})$$

7. 求临界的最小油膜厚度 因轴系钢制，并淬硬精磨，表面粗糙度为 $\overset{0.4}{\triangledown}$ ，轴瓦用锡基合金，精镗、刮研，表面粗糙度为 $\overset{0.8}{\triangledown}$ ，由表 13–13，$R_{Z1}=0.0016\sim0.003$，$R_{Z2}=0.0032\sim0.0063$，现取 $R_{Z1}=0.003$，

$R_{Z2} = 0.005$。

$$H_{\min_c} = R_{Z1} + R_{Z2} = 0.003 + 0.005 = 0.008 \text{(mm)}$$

故 $H_{\min} > 2H_{\min_c} = 0.016 \text{mm} = 16 \mu m$，满足轴承工作可靠性要求。

8. 求轴承温度

因 $\omega = \dfrac{2\pi n}{60} = \dfrac{2 \times 1000}{60} = 104.7 \text{(rad/s)}$，且 $\xi = 1$，故

$$f = \frac{\pi \eta \omega}{\psi p} + 0.55 \psi \xi = \frac{\pi}{0.0009} \cdot \frac{0.0145 \times 104.7}{2222000} + 0.55 \times 0.0009 \times 1 = 0.00288$$

按 $x = 0.591$ 和 $l/d = 1$，由图 13 - 29 得 $\dfrac{Q}{\psi v l d} \approx 0.134$，并取 $c = 2000 \text{J/(Kg · ℃)}$，$\rho = 900 \text{Kg/m}^3$，$\alpha_s = 80 \text{W/(m}^2 \cdot ℃)$，于是得：

$$\Delta t = \frac{\left(\dfrac{f}{\psi}\right) p}{c \rho \left(\dfrac{Q}{\psi v l d}\right) + \dfrac{\pi \alpha_s}{\psi v}} = \frac{\left(\dfrac{0.00288}{0.0009}\right) \times 2222000}{2000 \times 900 \times 0.134 + \dfrac{\pi \times 80}{0.0009 \times 7.854}} = 25.69 (℃)$$

润滑油入口温度

$$t_i = t_m - \frac{\Delta t}{2} = 50 - \frac{25.69}{2} \approx 37.16 (℃)，合适。$$

9. 选择配合 因 $\Delta = 0.135 \text{mm}$，选择 H9/H9（相当于 D_4/dc_4）孔 $\varphi 150^{+0.080}$，轴 $\varphi 150^{-0.060}_{-0.165}$，可得：

最大间隙 $\Delta_{\max} = 0.080 - (-0.165) = 0.245 \text{(mm)}$

最小间隙 $\Delta_{\min} = 0 - (-0.060) = 0.060 \text{(mm)}$

Δ 介乎 $\Delta_{\min}$ 与 $\Delta_{\max}$ 之间，故所选之配合可用。

§13 - 7　其他形式滑动轴承简介

一、无润滑轴承

(一)轴承材料及几何尺寸

无润滑轴承或干摩擦轴承，是指轴承在无润滑剂的状态下运转。这种轴承不能避免磨损，因而要选用磨损低的材料制造。通常用各种工程塑料和碳-石墨作为无润滑轴承材料。为了减小磨损率，轴颈材料最好用不锈钢或碳钢镀硬铬。轴颈表面硬度应大于轴瓦表面硬度。无润滑轴承材料及其性能见表 13 - 14。各种轴承材料适用环境见表 13 - 15。

(二)主要设计参数

1. 长径比 l/d

长径比在 $0.35 \sim 1.5$ 之间。l/d 小，便于推出磨屑，对轴的变形和两轴孔不同轴心的敏感性亦低，且散热好，成本低。当载荷、转速和材料确定之后，增加轴承长度可以提高轴承的承载能力。

对于止推轴承，通常取 $d/d_2 \leqslant 2$（表 13 - 1），若比值过大，不易散热和排出磨屑，对轴承配合表面平面度的要求也高。

2. 轴承间隙

塑料的线胀系数比金属的大（聚四氟乙烯除外），且会吸收液体（如水）而膨胀。热塑性塑料浸入水中尺寸变化可达 $0.3\% \sim 2\%$，增强热固性塑料浸入水中尺寸变化可达 $0.05\% \sim$

7%。聚四氟乙烯温度在 20℃～25℃时将因相变而体积增大 1%。考虑到尺寸的变化和排屑的需要,塑料轴承的间隙应比金属轴承大些。通常取直径间隙 Δ 为轴承间隙 d 的 5‰(即 $\Delta/d=0.005$),最小不得小于 0.1mm。

碳-石墨材料的线胀系数较小,故轴承间隙可取小些,见表 13-16。为了排屑方便,最好使 $\Delta\geqslant0.075$mm。

表 13-14 无润滑轴承材料及其性能

轴 承 材 料		最大静压力 p_{max} (PMa)	压缩弹性模量 E(GPa)	线胀系数 α (10^{-6}/℃)	导热系数 κ (W/(m·K))
热塑性塑料	无填料热塑性塑料	10	2.8	99	0.24
	金属瓦无填料热塑性塑料衬套	10	2.8	99	0.24
	有填料热塑性塑料	14	2.8	80	0.26
	金属瓦有填料热塑性塑料衬	300	14.0	27	2.9
聚四氟乙烯	无填料聚四氟乙烯	2	—	86～218	0.26
	有填料聚四氟乙烯	7	0.7	<20℃ 60 >20℃ 80	0.33
	金属瓦有填料聚四氟乙烯衬	350	21.0	20	42.0
	金属瓦无填料聚四氟乙烯衬套	7	0.8	<20℃ 140 >20℃ 96	0.33
	织物增强聚四氟乙烯	700	4.8	12	0.24
热固性塑料	增强热固性塑料	35	7.0	<20℃ 11～25 >20℃ 80	0.38
	碳石墨填料热固性塑料	—	4.8	20	—
碳-石墨	碳-石墨(高碳)	2	9.6	1.4	11
	碳-石墨(低碳)	1.4	4.8	4.2	55
	加铜和铅的碳-石墨	4	15.8	4.9	23
	加巴氏合金的碳-石墨	3	7.0	4	15
	浸渍热固性塑料的碳-石墨	2	11.7	2.7	40
石墨	浸渍金属的石墨	70	28.0	12～20	126

表 13-15 无润滑轴承材料的适用环境

轴承材料	高温 >200℃	低温 <-50℃	辐射	真空	水	油	磨粒	耐酸、碱
有填料热塑性材料	少数可用	通常好	通常差	大多数可用,避免用石墨作填充料	通常差,注意配合面粗糙度	通常好	一般尚好	尚好或好
有填料聚四氟乙烯	尚好	很好	很差					极好
有填料热固性塑料	部分可用	好	部分尚好					部分好
碳-石墨	很好	很好	很好,不要加塑料	极差	尚好或好	好	好	好 (除强酸外)

表 13 - 16　碳-石墨的轴承间隙(mm)

轴颈直径 d	半径间隙 δ	壁厚 s	轴颈直径 d	半径间隙 δ	壁厚 s
～10	0.005～0.015	2	>70～100	0.06～0.08	10～12
>10～20	0.01～0.03	3～5	>100～150	0.1～0.2	12～18
>20～35	0.03～0.05				
>35～70	0.04～0.07	6～8	>150～200	0.2～0.3	18～25

3. 轴瓦壁厚

塑料的导热系数比金属低,且随轴承体积的增加,尺寸变化的影响变得明显,故壁厚应尽量小。为此,常用金属作轴瓦,然后压入薄的塑料衬套,若在金属衬背上涂覆一层塑料衬,塑料衬的厚度可以很薄。塑料轴瓦的壁厚按表 13 - 17 选取。

表 13 - 17　塑料轴瓦壁厚推荐值(mm)

轴颈直径 d	10～18	>18～30	>30～40	>40～50	>50～65	>65～80
壁　厚 s	0.8～1	1.0～1.5	1.5～2.0	2.5～3.0	3.0～3.5	3.5～4.0

4. 表面粗糙度

磨合期的磨损量和稳定磨损期的磨损率均与配合表面的粗糙度有关。通常,表面粗糙度值愈低磨损率愈小,为了经济,建议取 $R_a = 0.2 \sim 0.4 \mu m$。R_a 值减小 50%,磨损率可降低 30%～50%。

(三)承载能力计算

磨损率决定无润滑轴承的使用寿命,而磨损率取决于材料的机械性能和摩擦特性,并随载荷和速度的增加而加大,同时,还受工作条件的影响。

磨损量虽随运转时间的增加而增加,但不一定与运转时间成正比,即磨损率不一定是常数。目前还不能准确预测磨损量或磨损率。

无润滑轴承中,温升是对运转速度与载荷的附加限制。工程上校核一般用途的无润滑轴承的承载能力时,$[pv]$ 值可查表 13 - 2。

二、多油楔轴承

上述液体动力润滑径向滑动轴承只能形成一个油楔来产生液体动压油膜,故称为单油楔轴承。这类轴承在轻载、高速条件下运转时,容易出现失稳现象(即如果轴颈受到某个微小的外力干扰时,轴心容易偏离平衡位置作有规律或无规律的运动,难于自动返回原来的平衡位置)。多油楔轴承的轴瓦则制成可以在轴承工作时产生多个油楔的结构形式,这种轴瓦可分成固定的和可倾的两类。

(一)固定瓦多油楔轴承

图 13 - 32a,b 为双油楔椭圆轴承及双油楔错位轴承示意图。显然,前者可以用于双向回转的轴,后者只能用于单向回转的轴。

图 13 - 33a,b 分别为三油楔和四油楔轴承示意图。它们都是固定瓦多油楔轴承。工作时,各油楔中同时产生油膜压力,以助于提高轴的旋转精度及轴承的稳定性。但是与同样条件下的单油楔轴承相比,承载能力有所降低,功耗有所增大。

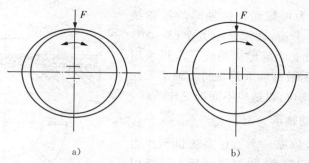

图 13-32　双油楔椭圆轴承和双油楔错位轴承示意图

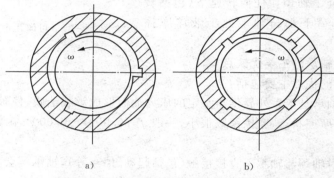

图 13-33　三油楔和四油楔轴承示意图

(二)可倾瓦多油楔轴承

图 13-34 为可倾瓦多油楔径向轴承,轴瓦由三块或三块以上(通常为奇数)的扇形块组成。扇形块以其背面的球窝支承在调整螺钉尾端的球面上。球窝的中心不在扇形块中部,而是沿圆周偏向轴颈旋转方向的一边。由于扇形块是支承在球面上,所以它的倾斜度可以随轴颈位置的不同而自动地调整,以适应不同的载荷、转速和轴的弹性变形偏斜等情况,保持轴颈与轴瓦间的适当间隙,因而能够建立起可靠的液体摩擦的润滑油膜。间隙的大小可用球端螺钉进行调整。

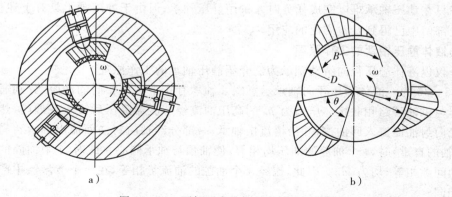

图 13-34　可倾瓦多油楔径向轴承示意图

这类轴承的共同特点是:即使在空载运转时,轴与各个轴瓦也相对处于某个偏心位置上,即形成几个有承载能力的油楔,而这些油楔中产生的油膜压力有助于轴的稳定运转。

图 13 - 35 所示为可倾瓦止推轴承的示意结构。轴颈端面仍为一平面,轴承是由数个(3～20)支承在圆柱面或球面上的扇形块组成。扇形块用钢板制成,其滑动表面敷有轴承衬材料。轴承工作时,扇形块可以自动调位,以适应不同的工作条件。

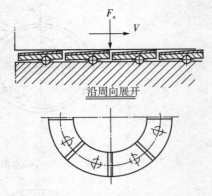

图 13 - 35 可倾瓦止推轴承示意图

三、液体静压滑动轴承

液体静压轴承是依靠一个液压系统供给压力油,压力油进入轴承间隙里,强制形成压力油膜以隔开摩擦表面,保证了轴颈在任何转速下(包括转速为零)和预定载荷下都与轴承处于液体摩擦状态。

(一)液体静压轴承的主要优缺点

液体静压轴承的优点主要包括:

(1)液体静压轴承是依靠外界供给一定的压力油而形成承载油膜,使轴颈和轴承相对转动时处于完全液体摩擦状态,摩擦系数很小,一般 $f = 0.0001～0.0004$,因此起动力矩小,效率高。

(2)由于工作时轴颈与轴承不直接接触(包括起动、停车等),轴承不会磨损,能长期保持精度,故使用寿命长。

(3)静压轴承的油膜不像动压轴承的油膜那样受到速度的限制,因此能在极低或极高的转速下正常工作。

(4)素大的粗糙度值。例如,在对回转精度要求相同的情况下,静压轴承的轴承孔和轴颈的加工精度可降低 1～2 级,表面粗糙度值则可增大 1～2 级。

(5)油膜刚性大,具有良好的吸振性,运转平稳,精度高。

其缺点是:必须有一套复杂的供给压力油的系统,在重要场合还必须加一套备用设备,故设备费用高,维护管理也较麻烦。

一般只在动压轴承难以完成任务时才采用静压轴承;但由于静压轴承具有上述优点,目前在工业部门中已得到日益广泛的应用。

(二)液体静压轴承的工作原理

这里仅以液体静压径向滑动轴承为例介绍静压轴承的工作原理。

图 13 - 36 为一液体静压径向轴承示意图。轴承有 4 个完全相同的油腔,分别通过各自的节流器与供油管路相联接。压力为 p_b 的高压油流经节流器降压后流入各油腔,然后一部分经过径向封油面流入回油槽,并沿槽流出轴承;一部分经轴向封油面流出轴承。当无外载荷(忽略轴的自重)时,4 个油腔的油压均相等,使轴颈与轴承同心。此时,4 个油腔的油面与轴颈间的间隙相等,均为 H_0。因此,流经 4 个油腔的油流量相等,在 4 个节流器中产生的压力降也相同。

当外载荷 F 加在轴颈上时,轴颈由于失去平衡而要下沉,使下部油腔的封油侧隙减小,油的流量亦随之减小,下部油腔节流器中的压力降也随之减小,下部油腔压力即跟着增高;同时,上部油腔封油面侧隙加大,流量加大,节流器中压力降加大,油腔压力减小,上下两油

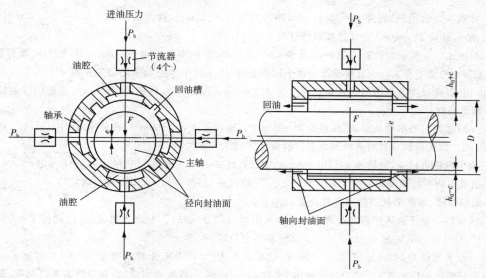

图 13-36 液体静压径向轴承示意图

腔间形成了一个压力差。由这个压力差所产生的向上的力即与所加在轴颈上的外载荷 F 相平衡,使轴颈保持在图示位置上,即轴的轴线下移了 e。因为没有外加的侧向载荷,故左右两个油腔中并不产生压力差,左右间隙就不改变。只要下油腔封油面侧隙(H_0-e)大于两表面最大不平度之和,就能保证液体摩擦。

外载荷 F 减小时,轴承中将发生与上述情况相反的变化,此处不再赘述。

常用的节流器有小孔节流器、毛细管节流器、滑阀节流器和薄膜节流器等。

图 13-37 所示为毛细管节流器的结构图。当油流经过细长的管道时,产生一压力降。压力降的大小与流量成正比,与毛细管的长度 l_c 和油的粘度和乘积成正比,而与毛细管直径 d_e 的四次方成反比。

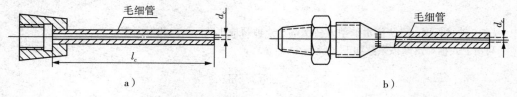

a)   b)

图 13-37 毛细管节流器

关于静压轴承的设计可参阅有关专题资料。

此外,静压的原理现在已不限于在轴承中应用。其他例如精密螺旋和精密机床的导轨,亦可利用静压原理,制成静压螺旋(参看 §12-1)和静压导轨。

思 考 题

1. 空气压缩机主轴向心轴承,转速 $n=300 \text{r/min}$,轴颈直径 $d=160 \text{mm}$,轴承径向载荷 $P=50000 \text{N}$,轴承长度 $l=240 \text{mm}$,试选择该轴承材料,并按非液体摩擦润滑条件进行校核。

2. 已知一起重机卷筒的滑动轴承所承受的载荷 $P=10000 \text{N}$,轴的直径 $d=90 \text{mm}$,轴的转速 $n=9 \text{r/min}$,轴承材料采用 ZQAl9-4 铸铝青铜,试设计此滑动轴承。

3. 轴端推力轴承,轴转速 $n=300$r/min,轴的直径 $d=125$mm,推力轴承内径 $d_1=50$mm,外径 $d_2=120$mm,轴向载荷 $P_a=4000$N,试选择轴承材料并进行校核。

4. 如图 13-2 所示旋转起重机的起重量 $Q=13000$N,支架本身重量 $G=30000$N,最大起重臂长 $l=6$m,支架重心位置 $l_1=1.5$m,旋转支架由两个轴承支持,上下两个向心轴承之间的距离 $H=3.5$m,立柱材料为 A6 钢,根据强度及结构要求轴颈直径应大于 100mm,手推转动,转速 $n=5$r/min,若选用滑动轴承试确定各轴承的材料及尺寸。

5. 一减速器向心滑动轴承,工作载荷 $P=35000$N,轴颈直径 $d=100$mm,轴转速 $n=100$ r/min,相对间隙 $\psi=0.02$。试选择轴承材料并对轴承进行润滑计算。

6. 船用汽轮机轴承,轴转速 $n=1000$r/min,轴颈直径 $d=180$mm,轴承长径比 $l/d=0.6$,$\psi=0.0015$,润滑油在轴承中的平均温度为 50℃,采用 HU—46 汽轮机油(温度 $=t_m$50℃时,其运动粘度 $\nu=44\sim46$cst)。求最小油膜厚度、摩擦消耗的功率和耗油量。

7. 试设计一动压液体摩擦向心滑动轴承。采用对开剖分式轴瓦,非压力供油,径向载荷 $P=50000$N,轴颈直径 $d=150$mm,转速 $n=1000$r/min,载荷和转速稳定。

8. 一轴承直径为 200mm,长度为 100mm,轴承载荷 $P=30000$N,相对间隙 $\psi=0.0015$,转速 $n=900$r/min,要求润滑油平均温度 $t_m=50$℃,求选用 10,20,30,40,50 号机械油润滑时,润滑油的入口温度、最小油膜厚度和摩擦系数。

9. 船用机械的推力轴承,轴转速 $n=500$r/min,轴向推力 $P_a=3500$N,轴直径 $d=60$mm,根据$[pv]$设计该轴承,设$[pv]=1$MPa·m/s,采用单环推力轴承,求此推力轴承的轴环外径 d_2。

10. 液体摩擦向心滑动轴承,直径为 50mm,长径比 $l/d=0.8$,用 30 号机械油润滑,润滑油平均温度为 50℃,轴承受径向载荷 $P=4000$N,轴转速 $n=1200$r/min。轴承与轴颈采用 H8/e7 配合,轴承包角180°。试求最大及最小相对间隙的入口油温、最小油膜厚度、摩擦系数和润滑油的消耗量。

11. 液体摩擦向心滑动轴承,轴承直径 $d=80$mm,轴承长度 $l=80$mm,轴转速 $n=1000$ r/min,轴承载荷 $P=15000$N,试设计此轴承。

12. 设轴与轴承的中心重合,在间隙中充满润滑油,油粘度为 ψ,如果忽略端泄,证明轴颈表面所受的总摩擦力为

$$P=\pi dl\frac{\eta\omega}{\psi}$$

式中 l——轴承长度;η——润滑油动力粘度;ω——轴颈角速度;ψ——相对间隙。

利用上式推导出摩擦系数如下式所示,试推导之;

$$f=\frac{\pi^2}{30\psi}\cdot\frac{\eta n}{p}$$

式中 $p=\dfrac{P}{dl}$;P——径向载荷。

注:上式称为彼得罗夫公式,$\dfrac{\eta n}{p}$ 称为轴承特性系数。

第十四章

滚 动 轴 承

§14-1　滚动轴承的基本知识

一、滚动轴承的构造

滚动轴承一般由外圈1、内圈2、滚动体3和保持架组成(图14-1)。图中内外圈上的凹槽一方面限制滚动体的轴向移动,起滚道作用;另一方面又能降低球与内、外圈之间的接触应力。保持架的作用是将相邻滚动体隔开,并使滚动体沿滚道均匀分布。轴承工作时轴承内圈和轴颈装配在一起,外圈装在机座或零件的座孔内,通常是内圈随轴一起转动,外圈固定不动。

二、滚动轴承的类型

根据滚动体的形状(图14-2),滚动轴承可分为:

(1)球轴承　滚动体为球。

(1)滚子轴承　滚动体为滚子。按滚子的形状又分为短圆柱、长圆柱、球面、圆锥、螺旋滚子和滚针。

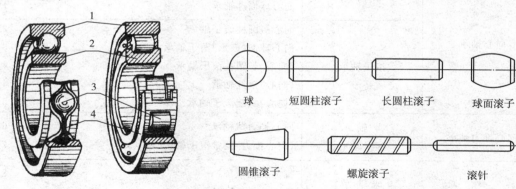

图 14-1　滚动轴承的构造　　　　　　　　　　　图 14-2　滚动体的形状

根据滚动轴承所承受载荷的方向,滚动轴承可分为:

(1)向心轴承　主要承受径向力作用(图14-3a)

(2)推力轴承　能承受轴向力作用(图14-3b)

(3)向心推力轴承　主要承受径向和轴向力的联合作用(图14-3c)

(一)滚动轴承的主要类型

按照轴承内部的结构和能承受的外载荷的不同,滚动轴承主要可分为向心轴承、推力轴承和向心推力轴承三大类,图 14-3 为它们承载情况示意图。主要承受径向载荷 F_r 的轴承叫作向心轴承,其中有几种类型还可以承受不大的轴向载荷;只能承受轴向载荷 F_a 的轴承叫作推力轴承;能同时承受径向载荷和轴向载荷的轴承叫作向心推力轴承。向心推力轴承的滚动体与外圈道接触点处的法线 $N\text{-}N$ 与半径方向的夹角 α 叫作轴承的接触角。这一大类轴承的接触角一般为 $0° < \alpha < 45°$。轴承实际承受的径向载荷 F_r 与轴向载荷 F_a 的合力与半径方向的夹角 β,则叫作载荷角(图 14-3)。

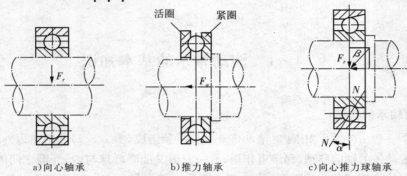

　　a)向心轴承　　　　　b)推力轴承　　　　　c)向心推力球轴承

图 14-3　不同类型的轴承的承载情况

　　另外,还有一种能承受不大径向载荷的推力轴承,叫作推力向心轴承,其接触角为 $45° < \alpha < 90°$,这类轴承应用较少。

表 14-1 为我国标准中的十种类型轴承的名称及类型代号。

表 14-1　滚动轴承的类型名称及其代号

向心轴承	球 轴 承	向心球轴承	0
		向心球面球轴承	1
	滚子轴承	向心短圆柱滚子轴承	2
		向心球面(鼓形)滚子轴承	3
		(向心)长圆柱滚子轴承	4
		(向心)滚针轴承	4
		(向心)螺旋滚子轴承	5
向心推力轴承	球 轴 承	向心推力球轴承	6
	滚子轴承	(向心推力)圆锥滚子轴承	7
推力轴承	球 轴 承	推力球轴承	8
		推力向心球轴承	8
	滚子轴承	推力短圆柱滚子轴承	9
		推力圆锥滚子轴承	9
		推力滚针轴承	9
		推力(向心)球面滚子轴承	9

(二)滚动轴承的代号

为了表示滚动轴承的类型、系列、结构特点、尺寸等,轴承标准规定用汉语拼音字母和一

组数字为轴承代号,并打印在轴承端面上,以便选用和购置。轴承代号分前、中、后三段,它的含义如下:

前 段　　中　　段　　后段

×□　　×　××　××　××　⊠⊠

游精　　　宽结轴直内补
隙度　　　度构承径径充
组等　　　高特类序代代
别级　　　度点型列号号
　　　　　系
　　　　　列

□——汉语拼音字母;×——数字;⊠——汉语拼音字母和数字下标。

轴承内径代号的表示方法及其说明列于表14-2。

表 14-2　轴承内径代号

轴承内径 d(mm)		表 示 方 法					举	例
从	到						轴承型号	说　明
10	17	轴承内径 d(mm)	10	12	15	17	203	轴承内径为 17mm
		内径代号	00	01	02	03		
20	495	以内径尺寸代号乘以 5 即得					316	轴承内径为 80mm

注:内径 $d>495$mm 和内径 $d<10$mm 的轴承内径代号,另有规定。

(1)轴承的直径序列(即结构相同,内径相同的轴承在外径和宽度方面的变化系列)用代号中段右起第三位数字表示。各数字表示的意义,见表14-3。向心球轴承系列对比,见图14-2。

表 14-3　轴承直径序列代号

	直 径 序 列 (向心轴承及向心推力轴承)				直 径 序 列 (推力轴承和推力向心轴承)				
名称	超轻	特轻	轻	中	重	特轻	轻	中	重	特重
代号	8,9	1,7	2,(5)①	3,(6)①	4	9,1	2	3	4	5

① 代号中第三位用"5"或"6",除表示直径序列为轻序列或中序列外,还分别表示轻宽或中宽序列。

(2)轴承类型　轴承类型用代号中段右起第四位数字表示,其数字代表的意义见表14-1。

(3)结构特点　结构特点指轴承带有防尘盖、密封盖、止动槽或内圈为锥孔等特殊结构。用代号中段右起第五、第六位数字表示。其数字代表意义,见轴承标准。

(4)宽度系列(高度系列)　对于同一内、外径的向心轴承和向心推力轴承,为了适应不同的承载能力,可以制成不同宽度的轴承,称为宽度系列,宽度系列对比见图14-4。对于同一内、外径的推力轴承和推力向心轴承,可以制成不同的高度,称为高度系列。宽度系列(高度系列)表示方法,见表14-4。

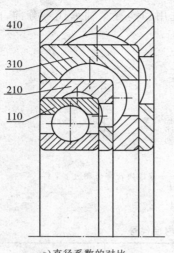

a) 直径系数的对比   b) 宽度系列对比

图 14-4 直径系列的对比

表 14-4 滚动轴承宽度（高度）系列代号

名称代号	宽 度 系 列（向心轴承和向心推力轴承）										高 度 系 列（推力轴承）			
	特窄	窄		正常		宽		宽			特低	低	正常	
	8	0	1	0	1	2	0	3	4	5	6	7	9	0	1
说 明	—	只用于轻、中、重系列	—	只用于特轻系列	—	只用于轻、中二系列	—	—	—	—	—	—	—	—	—

标准中还规定，如果代号中段从左到右开头几位数字均为 0 时，这些 0 可以省去。

轴承代号的前段，由右到左依次表示轴承的精度等级（用字母表示）和径向游隙系列（用数字表示）。

我国制造的轴承，按精度分为 C（超精度级）、D（精度级）、E 级（高级）和 G 级（标准级或普通级）四个等级。其中 C 级精度最高，顺次逐步降低。

轴承代号后段是用字母表示的对轴承各零件的材料、结构和工艺上的一些特殊要求。详细规定可参阅专业标准。

滚动轴承的类型、主要性能及特点列于表 14-5。

三、滚动轴承类型的选择

选用轴承时，首先是选择轴承类型。如前述，我国轴承 10 种类型，下面再归纳出正确选择轴承类型的主要依据。

1. 轴承的载荷

根据载荷的大小选择轴承类型时，由于滚子轴承中主要元件间是线接触，宜用于承受较大的载荷，承载后变形也较少；而球轴承中主要元件间为点接触，宜用于承受较轻的或中等的载荷，故在载荷较小时，应优先选用球轴承。在有一根轴上两个支承的径向载荷相差较大时，可在载荷较大处使用滚子轴承，而在载荷较小处使用球轴承。

表 14-5　常用滚动轴承的类型、主要性能和特点

类型代号	简　图	类型名称	结构代号	基本额定动载荷比[①]	极限转速比[②]	轴向承载能力	轴向限位能力[③]	性　能　和　特　点
1(1)[④]		调心球轴承	10000(1000)[④]	0.6～0.9	中	少量	I	因为外圈滚道表面是以轴承中点为中心的球面，故能自动调心，允许内圈（轴）对外圈（外壳）轴线偏斜量≤2°～3°。一般不宜承受纯轴向载荷
		调心滚子轴承	2000(3000)	1.8～4	低	少量	I	性能、特点与调心球轴承相同，但具有较大的径向承载能力，允许内圈对外圈轴线偏斜量≤1.5°～2.5°
2(3,9)		推力调心滚子轴承	29000(39000)	1.6～2.5	低	很大	II	用于承受以轴向载荷为主的轴向、径向联合载荷，但径向载荷不得超过轴向载荷的 55%。运转中滚动体受离心力矩作用，滚动体与滚道间产生滑动，并导致轴圈与座圈分离。为保证正常工作，需施加一定轴向预载荷。允许轴圈对座圈轴线偏斜量≤1.5°～2.5°
3(7)		圆锥滚子轴承 $\alpha=10°～18°$	3000(7000)	1.5～2.5	中	较大	II	可以同时承受径向载荷及轴向载荷（30000 型以径向载荷为主，30000B 型以轴向载荷为主）。外圈可分离，安装时可调整轴承的游隙。一般成对使用
		大锥角圆锥滚子轴承 $\alpha=27°～30°$	30000B(27000)	1.1～2.1	中	很大		
5(8)		推力球轴承	51000(8000)	1	低	只能承受单向的轴向载荷	II	为了防止钢球与滚道之间的滑动，工作时必须加有一定的轴向载荷。高速时离心力大，钢球与保持架磨损，发热严重，寿命降低，故极限转速很低。轴线必须与轴承座底面垂直，载荷必须与轴线重合，以保证钢球载荷的均匀分配
		双向推力球轴承	52000(38000)	1	低	能承受双向的轴向载荷	I	
6(0)		深沟球轴承	60000[⑤](000)	1	高	少量	I	主要承受径向载荷，也可同时承受小的轴向载荷。当量摩擦系数最小。在高转速时，可用来承受纯轴向载荷。工作中允许内、外圈轴线偏斜量≤8′～16′，大量生产，价格最低

类型代号	简　图	类型名称	结构代号	基本额定动载荷比①	极限转速比②	轴向承载能力	轴向限位能力③	性　能　和　特　点
7 (6)	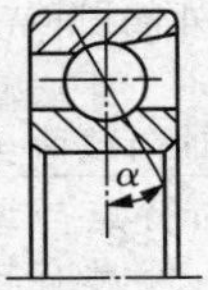	角接触球轴承⑥	70000C (36000) ($\alpha = 15°$)	1.0～1.4	高	一般	II	可以同时承受径向载荷及轴向载荷，也可以单独承受轴向载荷。能在较高转速下正常工作。由于一个轴承只能承受单向的轴向力，因此，一般成对使用。承受轴向载荷的能力由接触角 α 决定。接触角大的，承受轴向载荷的能力也高
			70000AC (46000) ($\alpha = 25°$)	1.0～1.3		较大		
			70000B (66000) ($\alpha = 40°$)	1.0～1.2		更大		
N (2)	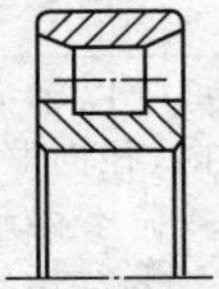	外圈无挡边的圆柱滚子轴承	N0000 (2000)	1.5～3	高	无	III	外圈（或内圈）可以分离，故不能承受轴向载荷，滚子由内圈（或外圈）的挡边轴向定位，工作时允许内、外圈有少量的轴向错动。有较大的径向承载能力，但内外圈轴线的允许偏斜量很小（$2' \sim 4'$）。这一类轴承还可以不带外圈或内圈
	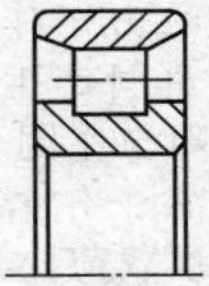	内圈无挡边的圆柱滚子轴承	NU0000 (32000)					
	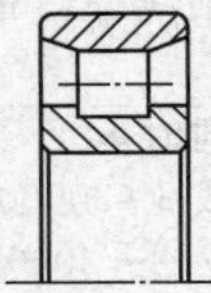	内圈有单挡边的圆柱滚子轴承	NJ0000 (42000)			少量	II	
NA (7)	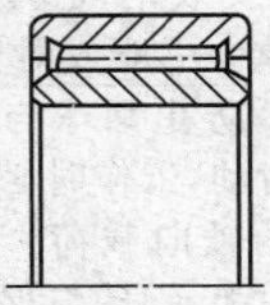	滚针轴承	74000 NA6000	—	低	无	III	在同样内径条件下，与其他类型轴承相比，其外径最小，内圈或外圈可以分离，工作时允许内、外圈有少量的轴向错动。有较大的径向承载能力。一般不带保持架。摩擦系数大

注：① 基本额定动载荷比：指同一尺寸系列（直径及宽度）各种类型和结构形式和基本额动载荷与单列深沟球轴承（推力轴承则与单向推力球轴承）的基本额定动载荷之比。

② 极限转速比：指同一尺寸系列 0 级公差的各类轴承脂润滑时的极限转速与单列深沟球轴承脂润滑时极限转速之比。高、中、低的意义为：

高——为单列深沟球轴极限转速的 90%～100%；

中——为单列深沟球轴极限转速的 60%～90%；

低——为单列深沟球轴极限转速的 60% 以下。

③ 轴向限位能力：

I ——轴的双向轴向位移限制在轴承的轴向游隙范围以内；

II ——限制轴的单向轴向位移；

Ⅲ——不限制轴的轴向位移。

④ 为了便于了解新、旧代号对照,括号中标出对应的旧代号。

⑤ 双列深沟轴承类型代号为4。

⑥ 双列角接触球轴承类型代号为0。

根据载荷的方向选择轴承类型时,对于纯轴向载荷 F_a,且转速不高的,宜用推力轴承;较小的纯轴向载荷,选用推力球轴承;较大的纯轴向载荷则选用推力滚子轴承。对于纯径向载荷 F_r,一般选用向心球轴承、向心短圆柱滚子轴承或滚针轴承。当轴承在承受径向载荷 F_r 的同时,还有不大的轴向载荷 F_a 时,可选用向心球轴承或接触角 α 不大的向心推力轴承;当轴向载荷较大($F_a > 0.25F_r$)时以及需要调整蜗轮的向心位置时,应选择向心推力或推力向心球轴承和滚子轴承;或者选用向心轴承和推力轴承组合在一起的结构,分别承担径向载荷和轴向载荷(参考图 14-5 图 14-6);而常用的是圆锥滚子轴承。常用圆锥滚子轴承是因为其外圈是可拆的,这样装拆时很方便。此外,如果看轴承的价格与其额定动载荷之比值,则圆锥滚子轴承的相对价格是最低的。

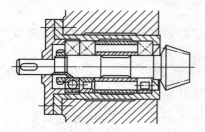 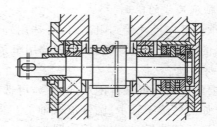

图 14-5 蜗杆支承结构　　　　图 14-6 用向心球轴承承受纯轴向载荷的结构

采用圆锥滚子轴承(向心推力轴承)应成对使用,可以把两个轴承并装在一个支点上,也可以分装在两个支点上,这样可以平衡派生的轴向力 S。

根据载荷的性质选择轴承类型时,对于有强烈的径向冲击载荷,应选用螺旋滚子轴承;有较大振动时,一般应选用单列向心球轴承。

2. 轴承的转速

在一般转速下,转速的高低对轴承类型的选择不产生什么影响,只有在转速较高时才会有比较显著的影响。因此,滚动轴承标准中规定了各种类型、各种尺寸轴承的极限转速 n_{lim} 值。在设计时应力求使轴承在极限转速下工作。

从工作转速对轴承的要求来看,可以参考以下各点:

(1)球轴承与滚子轴承比较,有较高的极限转速,故在高速时应优先选用球轴承。

(2)在高速时,宜选用超轻、特轻及轻系列的轴承。重及特重系列轴承,只用于低速重载的场合。如用一个轻系列轴承而承载能力达不到要求时,可考虑采用宽系列的轴承,或采用两个轻系列的轴承并装在一起使用。

(3)保持架的材料与结构对轴承转速影响极大。实体保持架比冲压保持架允许更高的转速。

(4)若工作转速超过了样本中规定的极限转速,可用提高轴承的精度等级,或适当加大轴承的径向游隙,选用循环润滑或油雾润滑,加强对循环油的冷却等措施来改善轴承的高速性能。

（5）推力轴承的极限转速很低，当工作转速较高时，若轴向载荷不十分大，可以采用向心球轴承承受轴向力。同时用一个向心滚子轴承承受径向力（参考图 14－5 中的右轴承）。

此外，轴承的接触角越小，其座圈承受滚动体的惯性离心力的条件越好。所以，在高速性能方面，向心轴承优于推力轴承和向心推力轴承、单列向心轴承优于双列调心轴承。

3. 调心性能要求

当轴在工作时弯曲变形较大，或轴的跨距较大，或轴承座制造安装精度较低时，则要求轴承的内、外圈（或紧、松圈）能有一定的相对角位移。此时，应采用调心性能好的球面轴承或球面滚子轴承。各类滚子轴承对轴线的偏斜最为敏感，在此情况下，尽量避免使用。

4. 轴承刚度

在要求轴承刚度的场合（如精密机床），应选择滚子轴承。因为滚子轴承的滚子与座圈滚道为线接触，而球轴承的滚动体与滚道为点接触，所以滚子轴承的接触弹性变形小，刚度高些。

5. 对轴承尺寸的限制

当轴承的径向尺寸受到限制时，可选用轻、特轻或超轻系列轴承，必要时可选用滚针轴承；当轴承的轴向尺寸受到限制时，可选用窄系列轴承。

6. 装拆方便

在需要经常装拆或装拆困难的场合，可选用内、外圈可分离的轴承，如圆柱滚子轴承、圆锥滚子轴承。当轴承在长轴上安装时，为了便于装拆，可以采用内圈为锥孔并带有紧定套的轴承，如图 14－7。

7. 轴承的效率

一般地说，球轴承比滚子轴承的效率高。承受纯径向载荷时，向心轴承的效率高；承受纯轴向载荷时，推力轴承的效率高；当径向载荷和轴向载荷联合作用时，经验和理论都证明，只有当载荷角 β 与轴承接触角 α 基本上相等时，轴承的效率才最高。因此，应尽量选择其接触角 α 与载荷角 β 相近的向心推力轴承。

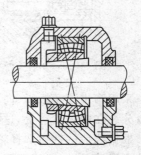

图 14－7　安装在开口圆锥紧定套上的轴承

此外，选择轴承类型时，还应根据需要，决定是否采用止动槽、带密封圈或防尘盖的轴承等，并考虑轴承价格和市场供应情况。

一般机器采用普通级（G 级）轴承。当旋转精度要求高时，可采用 E 级或更高精度级的轴承。例如，机床主轴用 D 级或 E 级精度轴承，精密机床主轴用 C 级精度。无必要时不应选用高精度等级的轴承，因精度愈高，价格将急剧增高。

8. 轴承类型选择的典型方案

最常见的如图 14－8a 所示的"面对面"方案，这时轴向固定是在两个支座上实现的。在这种情况下，两个轴承的内圈端面都靠在轴肩或轴上其他零件端面上。轴承外圈的外端面则靠在端盖或固定于箱体的其他零件端面上。这种方案的主要优点是支座能加以调整、结构简单。但存在着轴被夹住的危险。当传动工作时，轴、箱体和轴承本身发热，因此轴承中的间隙减小。当轴发热时,其长度增加,也会使轴承中的轴向间隙减小。当轴承和轴的温度变形达到一定程度时,间隙将完全消失,而在支座上轴可能被夹住。为了避免夹住,在装配部件时要保证满足条件 $a=\delta_t$,其中 δ_t 为支座上由一对轴承和轴的温度变形引起的轴向间隙变化量。在这种条件下,要确定最小间隙 a,它在部件工作达到了正常发热状态后减小或消失。对于每种传动,初始间隙 a 通常要根据经验来确定。从图 14 - 8a 中可以看出,在制造零件的尺寸 l、L 和 H 时所产生的误差会导致间隙 a 改变。所以要对上述尺寸规定严格的公差,因为间隙 a 大在结构上是不允许的,显而易见只有当轴较短而温度不高时才能按上述方案实现轴向固定。表 14 - 6 列出了在安装接触角 $\alpha=12°$ 的向心推力轴承时关于采用这种方案的推荐数据。接触角 $\alpha \geqslant 26°$ 的向心推力轴承对轴向间隙较为敏感,因而不采用图 14 - 8a 所示的"面对面"方案。

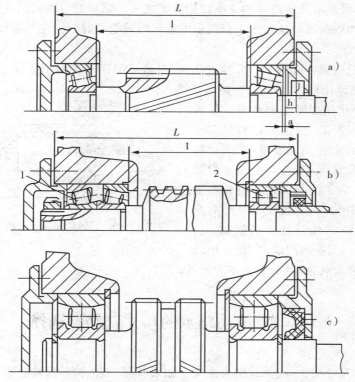

图 14 - 8 齿轮、蜗轮和蜗杆轴上轴承的安装方案

表 14 - 6 图 14 - 8a 所示的方案中轴承工作正常时的值 l/d

轴径(mm)	向心推力球轴承	圆锥滚子轴承
>10~30	8	12
>30~50	6	8
>50~80	4	7

当轴较长时,最常用的方案是在一个支座中用两个单向轴承或一个双向轴承来实现轴的轴向固定(图 14 - 8b)。在这种情况下,两个支座的内圈都要紧固在轴上。安置在固定座

（图上的左支座）上的轴承的外圈则要紧固在箱体中。游动支座的轴承外圈应该是游动的。在轴的这种轴向固定方案中，轴的发热伸长不会造成轴在轴承夹住，因为游动支座能沿箱体孔的轴线移动而处于新的位置，以适应轴长度的变化。因此，对尺寸 L 和 l 无须规定严格的公差。这种方案的缺点是固定支座较为复杂而游动支座的刚性差。在蜗杆传动中，常用上述方案实现轴的轴向固定，这时不能采用图 14-8a 所示的"面对面"方案。

在人字齿轮传动中，由于一个半人字齿轮轮齿与另一个半人字齿轮轮齿的相对角度位置难免有误差，因此可能只有一个半人字齿轮的轮齿进入啮合。当传动工作时，在这个半人字齿轮上产生的轴向力，力图使齿轮与轴一起沿其轴线移动。为了使这种移动能够实现，要把其中一根轴做成游动的。于是，轴向力使它移到能使一对半人字齿轮的轮齿都进入啮合而齿轮上产生的轴向力得到平衡的这种位置。

图 14-8c 表示最常见的游动轴支座结构方案之一。轴承的内圈紧固在轴上，而外圈紧固在箱体中。轴的轴向流动是靠带一套滚子的轴承内圈能相对于固定外圈做轴向移动而得到保证的。

圆锥齿轮的轴向固定除图 14-6 的方法外，最常见的还有在两个支座上实现固定的方案（图 14-9）。在设计轴时，必须力使距离 a 达到最小，以减小作用在轴上的弯矩。然后再规定 $l=(2.5\sim2)a$。圆锥齿轮轴与支座的装配体通常要放套杯内。于是，整个套杯形成了独立的装配单元（参考有关圆锥齿轮减速器结构图）。为了使带圆锥小齿轮和轴承的轴能装入套杯内，必须规定套杯凸肩的孔径与圆锥小齿轮的外径之间的间隙 $c\geqslant 0.5m$（m 为模数）。无这种间歇时，就要把轴承同时装在轴上和套杯内，这是非常不方便的。

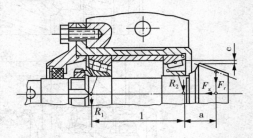

图 14-9　圆锥齿轮轴上的轴承布置方案

§14-2　滚动轴承的尺寸（型号）选择

同类型轴承，尺寸愈大，则承载能力愈大。如果载荷一定，轴承尺寸愈小，则使用寿命愈长。所以，滚动轴承的尺寸（型号）选择就是根据载荷的大小、方向、性质以及对其使用寿命的要求等条件，通过计算，选出尺寸（型号）合适的轴承。

在介绍具体的选择计算方法之前，先分析滚动轴承在外载荷作用下，各个元件的受力情况和失效形式，作为确定轴承寿命和尺寸选择计算的依据。

一、滚动轴承的受力情况、失效形式及计算依据

1. 滚动轴承元件受力情况分析

（1）承受轴向载荷时各类型轴承的受力情况

不论向心轴承（不允许承受轴向载荷的除外）、向心推力轴承、推力轴承或推力向心轴承，在不偏心的轴向载荷作用下，可以认为轴承中各个滚动体所承受的载荷是相等的。

（2）承受径向载荷时向心轴承的受力情况

如图 14-10 所示，向心轴承在径向载荷 F_r 作用下，由于各元件的弹性变形，内圈将沿 F_r 的作用线下移一个微量 δ 至虚线位置。显然上半圈滚动体不受载荷，下半圈滚动体由于变形量的不同，受有大小不同的载荷，其大小与滚动体所处的位置有关。此时，下半圈称为承载区，上半圈称为非承载区。各滚动体的载荷分布如图 14-10 所示。其中受载最大的是处于径向载荷作用线上的那个滚动体，其载荷可按下式计算：

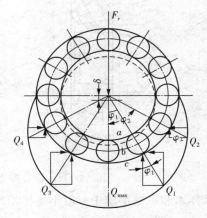

对于球轴承　　$Q_{max}=\dfrac{5F_r}{z}$

对于滚子轴承　$Q_{max}=\dfrac{4.6F_r}{z}$ 　　　　　（14-1）

图 14-10　向心轴承承受径向
载荷时，滚动体的载荷分布

式中 z——滚动体数目。

由图 14-10 可知，各滚动体载荷 Q_i 的垂直分量的和等于轴承的径向载荷 F_r，即

$$Q_{max}=Q_1\cos\varphi_1+Q_2\cos\varphi_2+\cdots+Q_n\cos\varphi_n=\sum Q_i\cos\varphi_i=F_r$$

而各滚动体载荷水平分量 $Q_i\sin\varphi_i$ 互相抵消，即

$$\sum Q_i\sin\varphi_i=0$$

（3）承受径向载荷时向心推力轴承的受力情况

如图 14-11 所示，向心推力轴承在承受径向载荷 F_r 时，由于存在接触角 α，这时外圈对承载区各滚动体的法向反作用力 Q_i 与轴承的径向平面的夹角也为 α。将各滚动体的载荷 Q_i 按轴承的径向和轴向分解为径向分力 $Q_i\cos\alpha$ 和轴向分力 $Q_i\sin\alpha$，各滚动体的径向分力 $Q_i\cos\alpha$ 又可分为垂直分力 $Q_i\cos\alpha\cos\varphi_i$ 和水平分力 $Q_i\cos\alpha\sin\varphi_i$，而各滚动体的轴向分力 $Q_i\sin\alpha$ 之和为 $\sum Q_i\sin\alpha=S$，如果没有外加轴向载荷 F_a 与 S 平衡，则在轴向力 S 作用下，会使滚动体（连同内圈）与外圈分离。这个轴向力是向心推力轴承在承受径向载荷时，由于结构原因而产生的附加力，称为附加内部轴向力。

为了避免向心推力轴承在附加内部轴向力 S 的作用下滚动体与座圈分离，所以向心推力轴承都成对使用，对称安装。

根据理论推导，当向心推力球轴承和圆锥滚子轴承在半圈滚动体受载时，其附加内部轴向力可近似按下式计算：

$$S=eF_r \qquad\qquad (14-2)$$

式中　F_r——径向载荷；

e——判别参数，对于向心推力轴承 $e\approx1.25\mathrm{tg}\alpha$；对于圆锥滚子轴承，$e\approx1.5\mathrm{tg}\gamma$。

为了简化计算，向心推力轴承的附加轴向力 S 可按表 14-7 所列计算式计算。表中 36000 型轴承的附加内部轴向力 S 的计算式不是按照名义接触 α，而是考虑了在轴向载荷 F_a 作用下，实际接触角有所增大而近似给定的。圆锥滚子轴承的接触角虽认为不变，但在

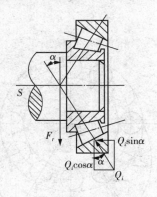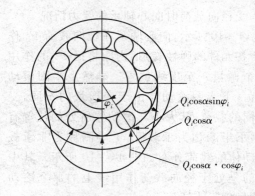

图 14-11　向心推力轴承受径向载荷时滚动体的受力情况

轴承样本和机械手册中一般不具体给出接触角度数,而按表 14-7 所列计算式计算,即 $S=1.5\mathrm{tg}\alpha F_r=\dfrac{F_r}{2Y}$。式中 Y 为 $\dfrac{F_a}{F_r}>e$ 时的轴向系数(其意义后详)。

表 14-7　向心推力轴承的附加内部轴向力 S

轴承类型	向心推力轴承($S=eF_r$)			圆锥滚子轴承 7000 型
	36000 型($\alpha=12°$)	46000 型($\alpha=26°$)	66000 型($\alpha=36°$)	
S	$\approx 0.4F_r$	$0.7F_r$	F_r	$F_r/2Y$

注:①36000 型轴承 $e=0.34\sim0.55$,随 iF_a/F_a 而变,查表 14-11,近似取 $e\approx4$;
　　②圆锥滚子轴承 $e=1/2Y$,Y 是 $F_a/F_r>e$ 时的轴向系数,查表 14-11。

(4)同时承受径向载荷和轴向载荷时向心推力轴承的情况

向心推力轴承经常同时承受径向载荷和轴向载荷,即承受联合载荷。图 14-12 所示为承受联合载荷的向心推力轴承。径向载荷 F_r 与轴向载荷 F_a 的合成载荷 F 与轴承径向平面间的夹角 β 为载荷作用角。显然 $\mathrm{tg}\beta=\dfrac{F_a}{F_r}$。

在联合载荷作用下,轴承中各滚动体的载荷不等,载荷分布情况与比值 $\dfrac{F_a}{F_r}$ 有关,亦即与载荷作用角 β 有关。如前所述,$S=eF_r$ 的计算式是在轴承区为半圈时得出的。那么,对于向心推力轴承,在什么条件下承载区为半圈? 只有当轴承的轴向载荷与附加内部轴向力 S 大小相等、方向相反的条件下,承载区才为半圈。

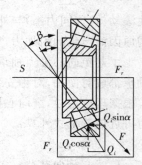

因此,当 $F_a=S=eF_r$,亦即 $F_a/F_r=e$ 时,向心推力轴承的承载区为半圈,即承载的滚动体数目为 $\dfrac{1}{2}z$,如图 14-13b 所示。

图 14-12　向心推力轴承承受联合载荷时的情况

当 $F_a>S=eF_r$,亦即 $F_a/F_r>e$ 时,内圈和滚动体被推向外圈,使轴承的承载区大于半圈,甚至扩大到整圈,承载的滚动体数目大于$\frac{1}{2}z$,甚至等于z,如图 14-12c 所示。

当 $F_a < S = eF_r$,亦即 $F_a/F_r < e$ 时,滚动体(连同内圈)被推离外圈,使轴承的承载区小于半圈,承载的滚动体数目小于$\frac{1}{2}z$,如图 14-13a 所示。

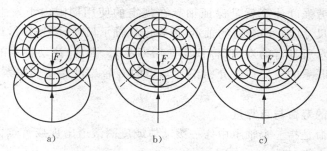

图 14-13 轴承中承载区的变化

所以,在联合载荷 F 相同的条件下,比值 F_a/F_r 愈大,即载荷作用角 β 愈大,则轴承的承载区愈大,承载的滚动体数目愈多,因而轴承的受力情况愈好,轴承的承载能力愈高;相反,比值 F_a/F_r 愈小,承载的滚动体数目愈少,因而受力情况愈坏,轴承的承载能力愈低。

向心推力轴承成对使用、对称安装,可以在 $F_a/F_r < e$ 的情况下避免滚动体与座圈被完全推离,但由于向心推力轴承的轴向间隙存在,仍然不能避免承载区小于半圈的状况。只有采用轴向预紧的办法(见后叙述)才能使承载区等于或大于半圈。

前已指出,式(14-2)只适用于轴承承载区为半圈的情况。理论推导已证明,向心推力轴承的附加内部轴向力 S 与比值 F_a/F_r 有关。例如,当比值 F_a/F_r 大到使轴承承载区为整圈时,则

对于球轴承　$S = 1.6669F_r \mathrm{tg}\alpha$

对于滚子轴承　$S = 2F_r \mathrm{tg}\alpha$

所以,在任何情况下都取向心推力球轴承的 $S = 1.25F_r \mathrm{tg}\alpha$ 和圆锥滚子轴承的 $S = 1.5F_r \mathrm{tg}\alpha$ 是很粗略的。这是现行滚动轴承计算方法的一个缺点。

2. 滚动轴承的失效形式及尺寸(型号)选择计算的依据

(1)滚动轴承的失效形式

1)点蚀　由于滚动轴承在工作时,滚动体与座圈间的接触应力是变化的,回转若干时间后,各元件接触表面都有可能疲劳点蚀。有时因为安装不当,轴承局部受载较大,更促使点蚀早期发生。点蚀失效发生后,通常在轴承运转时出现较为强烈的振动、噪声和发热现象。

2)塑性变形　在一定的静载荷或冲击载荷作用下,滚动体或座圈滚道上将出现不均匀的塑性变形——凹坑。这时,轴承的摩擦力矩、振动、噪声都将增加,运转精度也将大为降低。

3)磨损　由于密封不良,或润滑油不清洁,以致有沙尘或金属屑等侵入轴承内,就会使轴承内部发生磨粒性的磨损。

还有由于操作、维护不当引起轴承烧伤、卡死、破裂、电腐蚀、锈蚀等失效形式。

(2)滚动轴承的计算依据

决定轴承尺寸(型号)时,要针对主要失效形式进行必要的计算。计算依据为:

1）对一般轴承，主要是防止点蚀发生，故应进行寿命计算；

2）对低速（或摆动）轴承，主要限制塑性，故应作静强度计算；

3）对高速轴承主要防止烧伤，除应作寿命计算外，还应校核极限转速。

二、滚动轴承的寿命计算

滚动轴承的疲劳强度计算就是保证轴承在规定的使用期限内不发生点蚀破坏的前提下，通过计算，选择尺寸（型号）合适的轴承；或在已知轴承尺寸（型号）时，计算出在不发生点蚀破坏的前提下轴承所具有的寿命（称预期使用寿命）。因此，滚动轴承的疲劳强度计算是与轴承的寿命直接联系的。现在先介绍滚动轴承的寿命与可靠度的关系，然后再研究寿命计算的方法。

（一）滚动轴承的寿命与可靠度

滚动轴承的寿命是指一个轴承中任一滚动体或座圈滚道出现疲劳点蚀以前的总转数或在一定转速下的工作小时数。

大量试验结果表明，滚动轴承的疲劳寿命是相当离散的。即使是结构、尺寸、材料、热处理、加工方法完全相同的一批轴承，以完全相同的载荷、温度等条件运转，它们的寿命差异也很大，最高寿命与最低寿命可相差几倍，甚至几十倍。

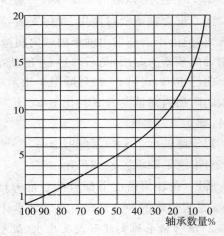

图 14 - 14　滚动轴承的
寿命与可靠度的关系曲线

对一批同类型和同尺寸的轴承，在同样的条件下进行疲劳试验，可得到轴承实际转数 L 与这批轴承中不发生疲劳破坏的百分数（即轴承可靠度 R）之间的关系曲线，如图 14 - 14 所示。由图可知，在一定的运转条件下，对应于某一转数，一批轴承中只有一定百分比的轴承能不发生疲劳破坏而正常地工作。随着转数的增加，轴承的损坏率将增加，而能正常地工作到该转数的轴承所占百分比则相应减少。由图 14 - 14 可看出，这批轴承运转到了 1×10^6 转时，还有 90％ 的轴承能继续正常工作，已有 10％ 发生疲劳破坏；对于一个具体轴承来说，这就意味着，它正常运转到 1×10^6 转的可靠度，亦即不失效概率 $R = 90\%$。当这批轴承运转到 5×10^6 转时，已有 50％ 的轴承发生疲劳破坏，只剩下 50％ 的轴承还能继续正常工作；对一个具体轴承来说，这就意味着，能正常运转到 5×10^6 转的可靠度，亦即不失效率 $R = 50\%$。

由于滚动轴承的寿命离散性很大，因而在计算轴承寿命时必须与一定可靠度相联系。

一批相同的轴承，在一定条件下运转，其中 90％ 的轴承在发生疲劳点蚀前能够达到或超过的转数（或在一定转速下的总工作小时数），称为该批轴承的额定寿命。因此，所谓额定寿命，对于一批轴承来说，是 90％ 的轴承能达到或超过的寿命；对于一个具体轴承来说，则意味着该轴承有 90％ 的可能性达到或超过的寿命。

对于一般机械，通常以可靠度 $R = 90\%$ 时的寿命，即额定寿命，作为轴承寿命的指标。但在各种使用场合，对轴承的可靠度要求不尽相同。同样的轴承，在相同的条件下工作，如

果可靠度要求不同,则轴承的寿命就规定得不同。图 14-14 所示的轴承寿命与可靠度的关系曲线,可近似地用下面关系式表达

$$\lg \frac{1}{R} = 0.0457(\frac{L_g}{L})^\alpha \qquad (14-3)$$

式中　R——轴承的可靠度;

　　　L——轴承的额定寿命(H 或 10^6 转);

　　　L_g——可靠度为 R 时的轴承寿命(H 或 10^6 转);

　　　α——离散指数;由试验得:球轴承的 $\alpha = \frac{10}{9}$,滚子轴承的 $\alpha = \frac{9}{8}$。

试验证明,当 $40\% < R < 93\%$ 时,式(14-3)是正确的。如果要求轴承可靠度 $R = 40\% \sim 93\%$ 时,可用式(14-3)来换算其寿命。

如果要求轴承可靠度 $R > 90\%$ 时,则可按下式换算其寿命:

$$L_R = \alpha_1 L \qquad (14-4)$$

式中　L_R——可靠度为 R 时的轴承寿命(H 或 10^6 转);

　　　L——轴承的额定寿命(h 或 10^6 转);

　　　α_1——换算系数,见表 14-8。

表 14-8　滚动轴承在不同可靠度时的寿命换算系数

可靠度 R	0.9	0.95	0.96	0.97	0.98	0.99
换算系数 α_1	1	0.62	0.53	0.44	0.33	0.21

(二)滚动轴承的寿命计算

1. 滚动轴承的额定动载荷

滚动轴承在额定寿命恰好等于 10^6 转时所能承受的载荷,称为额定动载荷,用 C 表示。换言之,C 值就是一批型号、材料、加工工艺完全相同的滚动轴承,在经受 10^6 转的运转后,仍有 90% 的轴承在不出现疲劳点蚀的条件下,所能承受的载荷值。这个额定载荷值,对向心轴承,指的是纯径向载荷;对推力轴承,指的是纯轴向载荷;对向心推力轴承,指的是座圈产生的纯径向位移的载荷的径向分量。不同型号的轴承有不同的额定动载荷值,它表明了不同型号轴承的承载特性。在轴承样本中对每个型号的轴承都给出了它的额定动载荷值 C,需要时可从样本中查得。轴承的 C 值是在大量的试验研究的基础上,通过理论分析而得出来的。

对于在一个支点成对使用的两个同样的单列向心推力轴承,即使两个轴承中有任何一个发生点蚀破坏,即认为这个支点失效,所以从概率观点来看,成对使用的两个轴承的额定动载荷,不能是其中一个轴承的额定动载荷的两倍。据理论分析,成对使用的两个轴承总的额定动载荷,仅为一个轴承的额定动载荷的 $2^{0.7} = 1.625$ 倍(对球轴承)或 $2^{\frac{7}{9}} = 1.71$ 倍(对滚子轴承)。

2. 滚动轴承寿命的计算公式

对于具有额定动载荷 C 的轴承,当它们所受的载荷 P(计算值)恰好为 C 时,其额定寿命就是 10^6 转。但是当所受的载荷 $P \neq C$ 时,轴承的寿命是多少?这就是轴承寿命所要解决的

一类问题。轴承寿命计算所要解决的另一类问题是,轴承所受的载荷等于 P(计算值),而且要求轴承具有的寿命为 L(以 10^6 转为单位),那么,需选用具有多大的额定动载荷的轴承?下面就来讨论解决上述问题的方法。

　　图 14-15 所示为在大量试验研究基础上得出的代号为 208 的轴承的载荷-寿命曲线。该曲线表示这类轴承的载荷 P 与额定寿命 L 之间的关系。曲线上相应于寿命 $L = 1$ 的载荷(25.6KN = 25600N),即为 208 轴承的额定动载荷 C。其他型号的轴承也有与上述曲线的函数规律完全一样的载荷-寿命曲线,把此曲线用公式表示为

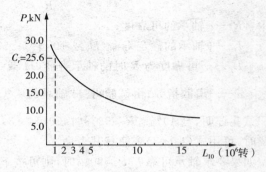

图 14-15　轴承的载荷-寿命曲线

$$L = (\frac{C}{P})^\varepsilon 10^6 \qquad (14-5)$$

式中 ε 为指数,对球轴承,$\varepsilon = 3$;对滚子轴承,$\varepsilon = \frac{10}{3}$。

　　实际计算时,用小时数表示寿命比较方便。这时,可将式(14-5)改造一下,如令 n 代表轴承的转数(r/min),则轴承每小时的转数为 $60n$,故以小时表示的轴承寿命 L_H,即为

$$L_H = \frac{10^6}{60n}(\frac{C}{P})^\varepsilon = \frac{16667}{n}(\frac{C}{P})^\varepsilon \qquad (14-6)$$

　　如果载荷 P 和转数 n 为已知,预期计算寿命 L'_H 又已取定,则所需轴承应具有的额定动载荷 C 可根据式(14-6)计算得出

$$C = P \sqrt[\varepsilon]{\frac{60nL'_H}{10^6}} \qquad (14-7)$$

　　在较高温度下工作的轴承(例如高于 125℃)应该采用经过较高温度回火处理的高温轴承。由于在轴承样本中列出的额定动载荷值是对一般轴承而言的,因此,如果要将这数值用于高温轴承,应乘以温度系数 f_t,即

$$C_t = f_t C$$

式中　C_t——高温轴承的额定动载荷;

　　　C——轴承样本中所列的同一型号轴承的额定动载荷。

为了调整机器的惯性、零件尺寸不精确性等影响,得引入一载荷系数 f_p(表 14-12)。这时式(14-5),式(14-6)及(14-7)将变为

$$L = (\frac{f_t C}{f_p P})^\varepsilon 10^6 \qquad (14-5a)$$

$$L_H = \frac{16667}{n}(\frac{f_t C}{f_p P})^\varepsilon \qquad (14-6a)$$

$$C = \frac{f_p P}{f_t} \sqrt[\varepsilon]{\frac{60nL'_n}{10^6}} \qquad (14-7a)$$

　　温度系数 f_t 之值,见表 14-9。

表 14-9　温度系数

轴承工作温度(℃)	125	150	175	200	225	250	300	350
温度系数 f_t	0.95	0.90	0.85	0.80	0.75	0.7	0.6	0.5

各种机器中的轴承,其使用寿命要求是不同的。一般可取轴承的使用寿命等于机器的大修期限,以便更换轴承。规定轴承使用寿命(预期寿命)过长,往往会使轴承尺寸过大,造成结构上的不合理。轴承使用寿命过短又会造成更换轴承过于频繁,影响机器正常工作。设计时,轴承的使用寿命通常可以参照同类机器的使用经验拟定。表 14-10 中列出某些机器的轴承预期寿命 L'_H 荐用值。

表 14-10　轴承预期寿命荐用值

机　器　类　型	预期寿命 L'_H(h)
不经常使用的仪器或设备,如闸门、开关装置等	500
飞机发动机	500～2000
短期或间断使用的机械,中断使用不致引起严重后果,如手动工具等	4000～8000
间断使用的机械,中断使用后果严重,如发动机辅助设备、流水作业自动传动装置、升降机、车间吊车、不常使用的机床等	8000～12000
每日 8h 工作的机械(利用率不高),如一般齿轮传动、某些固定电动机等	12000～20000
每日 8h 工作的机械(利用率高),如机床、连续使用的起重机、木材加工机械等	20000～30000
24h 连续工作的机械,如矿山升降机、输送滚道用的滚子等	40000～60000
24h 连续工作的机械,中断使用后果严重,如纤维生产或造纸设备、发电站主动站、矿井水泵、船舶螺旋桨轴等	100000～2000000
载重汽车和公共汽车	10～25(×10⁴Km)

3. 滚动轴承的当量载荷

在轴承的寿命计算公式中所用的载荷 P:对于只承受径向载荷 F_r 的向心轴承,例如向心短圆柱滚子轴承、滚针轴承和螺旋滚子轴承,其载荷

$$P=F_r \qquad\qquad (14-8)$$

对于承受纯轴向载荷 F_a 的推力轴承来说,其载荷

$$P=F_a \qquad\qquad (14-9)$$

但是,对于那些同时承受径向载荷 F_r 和轴向载荷 F_a 的轴承类型,如向心球轴承、球面轴承、向心推力轴承和推力向心轴承来说,寿命计算公式中的这个载荷 P 就是一个与实际作用的复合外载荷有同样效果的当量载荷,它的计算公式为

$$P=XF_r+YF_a \qquad\qquad (14-10)$$

式中 X——径向载荷系数,表 14-11;

Y——轴向载荷系数,表 14-11。

由上述可知,利用公式(14-8)至(14-10)求得的载荷可以统称为轴承当量载荷;另由前面的分析可知,滚动轴承工作时,各元件上的载荷及应力都是变化的,对于作寿命计算,显

然这个当量载荷也都是变动的载荷,所以称为当量动载荷;但是,上面求得的当量动载荷只是一个理论值。实际上,轴承上的载荷,由于机器的惯性,零件的不精确性及其他一些因素的影响,F_r 和 F_a 与实际值往往有差别,而这种差别很难从理论上精确求出。为了计及这些影响,须对当量动载荷乘上一个根据经验定的载荷系数 f_p,其值见表 14-11。所以在实际计算时,轴承的当量动载荷应为:

$$P = f_p F_r \qquad\qquad (14-8a)$$

$$P = f_p F_a \qquad\qquad (14-9a)$$

$$P = f_p(XF_r + YF_a) \qquad\qquad (14-10a)$$

4. 向心推力轴承的径向载荷 F_r 与轴向载荷 F_a 的计算

向心推力轴承承受径向载荷时,要产生派生的轴向力,为了保证轴承正常工作,通常是成对使用的,如图 14-10 所示,图中表示了两种不同的安装方式。

在按式(14-10a)计算各轴承的当量动载荷 P 时,其中的径向载荷 F_r 即为外界作用到轴上的径向力在各轴承上产生的径向载荷;但其中的轴向载荷 F_a 并不完全由外界的轴向作用力产生,而是应该根据整个轴上的轴向载荷(包括因径向载荷 F_r 产生的派生轴向力)之间的平衡条件得出。下面来分析这个问题。

表 14-11　滚动轴承的径向系数 X 及轴向系数 Y

轴　承　型　式		$\dfrac{iF_a}{C_0}$ [①]	e	单　列　轴　承				双　列　轴　承			
				$F_a/F_r \leqslant e$		$F_a/F_r > e$		$F_a/F_r \leqslant e$		$F_a/F_r > e$	
名　　称	代　号			X	Y	X	Y	X	Y	X	Y
单列向心球轴承	0000	≤0.025	0.22	1	0	0.56	2.0				
		0.01	0.24				1.8				
		0.07	0.27				1.6				
		0.13	0.31				1.4				
		0.25	0.37				1.2				
		≥0.50	0.44				1.0				
向心推力球轴承	36000	≤0.025	0.34	1	0	0.45	1.61	1	1.85	0.74	2.62
		0.04	0.36				1.53		1.75		2.49
		0.07	0.39				1.40		1.60		2.28
		0.13	0.43				1.26		1.44		2.05
		0.25	0.49				1.12		1.28		1.82
		≥0.50	0.55				1.00		1.15		1.63
	46000		0.70	1	0	0.41	0.85	1	0.89	0.66	1.38
	66000		1.00	1	0	0.36	0.64	1	0.65	0.59	1.05
	6000		0.2	1	0	0.5	2.5				
向心圆柱滚子轴承	2000			1	0	1	0				
滚针轴承	4000			1	0	1	0				
推力球轴承	8000			0	1	0	1				
单列推力滚子轴承	9000					0	1				
	($\alpha=90°$)										

（续表）

轴 承 型 式		$\dfrac{iF_a}{C_0}$ [1]	e	单 列 轴 承				双 列 轴 承			
				$F_a/F_r \leq e$		$F_a/F_r > e$		$F_a/F_r \leq e$		$F_a/F_r > e$	
名 称	代号			X	Y	X	Y	X	Y	X	Y
推力向心球面 滚子轴承	9000		$1.5\text{tg}\alpha$			$\text{tg}\alpha$	1				
圆锥滚子轴承	7000		$1.5\text{tg}\alpha$ [2]	1	0	0.40	$0.4\text{ctg}\alpha^*$	1	$0.45\text{ctg}\alpha^*$	0.67	$0.67\text{ctg}\alpha^*$
双列向心球 面球轴承	1000		$1.5\text{tg}\alpha$ [2]					1	$0.42\text{ctg}\alpha^*$	0.65	$0.65\text{ctg}\alpha^*$
双列向心球面 滚子轴承	3000		$1.5\\ \text{tg}\alpha$ [2]					1	$0.45\text{ctg}\alpha^*$	0.67	$0.67\text{ctg}\alpha^*$

①i 为滚动体列数；

②具体数值按不同型号的轴承在轴承手册中给出。

表 14 - 12 载荷系数 f_p

载荷性质	f_p	举 例
无冲击或轻微冲击	1.0～1.2	电机、汽轮机、通风机等
中等冲击或 中等惯性力	1.2～1.8	车辆、动力机械、起重机、造纸机、冶金机械、选矿机、水力机械、卷扬机、木材加工机械、传动装置、机床、内燃机、减速器等
强大冲击	1.8～3.0	破碎机、轧钢机、石油钻机、振动筛

图 14 - 16a,b 所示为成对使用的向心推力轴承的两种安装方式。F_a 是作用在轴上的外加轴向载荷，$F_{rⅠ}$、$F_{rⅡ}$ 分别是轴承Ⅰ和轴承Ⅱ的径向载荷，$S_Ⅰ$、$S_Ⅱ$ 分别为轴承Ⅰ和轴承Ⅱ的内部附加轴向力。

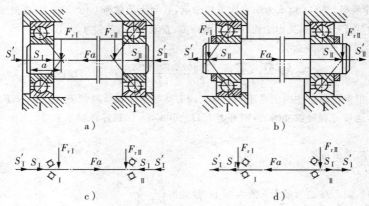

图 14 - 16 向心推力轴承轴和载荷的分析

当 $S_Ⅱ + F_a > S_Ⅰ$ 时，轴有沿 $S_Ⅱ$ 方向移动的趋势。由轴承的轴向力平衡条件可知，在轴承Ⅰ处应产生一轴向力 $S'_Ⅰ$（$S'_Ⅰ = S_Ⅱ + F_a - S_Ⅰ$），才能使轴系平衡。而在轴承Ⅱ处，轴向力为 $S_Ⅱ$。故此时两轴承的轴向载荷为

$$\left.\begin{array}{l} F_{aⅠ} = S_Ⅰ + S'_Ⅰ = S_Ⅰ + S'_Ⅱ + F_a - S_Ⅰ = S_Ⅱ + F_a \\ F_{aⅡ} = S_Ⅱ \end{array}\right\} \qquad (14-11)$$

当 $S_Ⅱ + F_a < S_Ⅰ$，则轴有沿 $S_Ⅰ$ 方向移动的趋势。这时在轴承Ⅱ处应产生一轴向力 $S'_Ⅱ$（$S'_Ⅱ = S_Ⅰ - S_Ⅱ - F_a$）才能平衡。又在轴承Ⅰ处所受到的轴向力为 $S_Ⅰ$。因此，两轴承的轴向载荷为

$$\left.\begin{array}{l} F_{aⅠ} = S_Ⅰ \\ F_{aⅡ} = S_Ⅱ + S'_Ⅱ = S_Ⅱ + S_Ⅰ - S_Ⅱ - F_a = S_Ⅰ - Fa \end{array}\right\} \qquad (14-12)$$

上述分析对图 14-16a 和 b 两种情况均适用。相反（即 F_a 与 $S_Ⅰ$ 同向）时，同样可依照上述分析方法来确定两轴承的轴向载荷。

如图 14-16c,d 所示，当 $S_Ⅰ + F_a > S_Ⅱ$ 时，轴承Ⅱ处产生一轴向力 $S'_Ⅱ$（$S'_Ⅱ = S_Ⅰ + F_a - S_Ⅱ$），故

$$\left.\begin{array}{l} F_{aⅠ} = S_Ⅰ \\ F_{aⅡ} = S_Ⅱ + S'_Ⅱ = S_Ⅱ + S_Ⅰ + F_a - S_Ⅱ = S_Ⅰ + F \end{array}\right\} \qquad (14-13)$$

当 $S_Ⅰ + F_a < S_Ⅱ$ 时，在轴承Ⅰ处产生轴向力 $S'_Ⅰ$（$S'_Ⅰ = S_Ⅱ - S_Ⅰ - F_a$），故

$$\left.\begin{array}{l} F_{aⅠ} = S_Ⅰ + S'_Ⅰ = S_Ⅰ + S_Ⅱ - S_Ⅰ - F_a = S_Ⅱ - F_a \\ F_{aⅡ} = S_Ⅱ \end{array}\right\} \qquad (14-14)$$

综上所述，计算向心推力轴承和圆锥滚子轴承所受轴向力方法可以归结如下：①根据结构先判明轴上全部轴向力（包括外载荷和轴承内部轴向力）合力指向，分析哪一端轴承被"压紧"，哪一端被"放松"；②"放松"端轴承的轴向力等于它本身的内部轴向力；③"压紧"端轴承的轴承等于除它本身内部轴向力以外的其他轴向力的代数和。

例题 14-1 有一滚动轴承，其型号为 36214，转速 $n = 500 \text{r/min}$，当量动载荷 $P = 7750 \text{N}$，工作时有轻微冲击，工作温度在 100℃ 以下，求它的寿命是多少小时。

解：

根据机械设计手册，36214 轴承为向心推力球轴承，其额定动载荷 $C = 62900 \text{N}$；根据轴承工作温度小于 100℃，从表 14-9，查得 $f_t = 1$，又因工作时有轻微冲击，查表 14-12，得 $f_p = 1.2$。

由式（14-6a）得轴承的寿命为

$$L_H = \frac{16667}{n}\left(\frac{f_t C}{f_p P}\right)^\varepsilon = \frac{16667}{500}\left(\frac{1 \times 62900}{1.2 \times 7750}\right)^3 = 10313(\text{h})$$

例题 14-2 根据工作条件决定选用 300 系列向心球轴承。轴承载荷 $F_r = 5500 \text{N}$，$F_a = 2700 \text{N}$，轴承转速 $n = 1250 \text{r/min}$，运转时有轻微冲击，预期寿命 $L'H = 5000 \text{h}$。试选择该轴承型号。

解：

（1）求比值　$\dfrac{F_a}{F_r} = \dfrac{2700}{5500} = 0.49$

根据表 14-11，向心球轴承最大 e 值为 0.44，故此时 $\dfrac{F_a}{F_r} > e$

（2）初步计算动载荷 P，根据式（14-10a），$p = f_p(XF_r + YF_a)$

按表 14-12，$f_p = 1.0 \sim 1.2$，取 $f_p = 1.2$

按照表 14-11，$X = 0.56$，Y 值须在已知轴承型号和额定静载荷 C_0 后才能求出。现暂选一平均值，暂

取 $Y=1.5$,则 $P=1.2(0.56\times5500+1.5\times2700)=8556(N)$

(3)由式(14-7),求轴承应有的额定动载荷值为

$$C=P\sqrt[\varepsilon]{\frac{60nL'_H}{10^6}}=8556\sqrt[3]{\frac{60\times1250\times5000}{10^6}}=61699.44(N)$$

(4)按照样本,选择 $C=64100N$ 的 312 轴承。此轴承的额定静载荷 $C_0=49400$。验算如下：

①$\dfrac{iF_0}{C_0}=\dfrac{1\times2700}{49400}=0.055$。按表 14-11,此时 e 在 $0.24\sim0.27$ 之间,而轴向载荷系数在 $1.8\sim1.6$ 之间。

②用插入法求 Y 值

$$Y=1.8-\frac{(1.8-1.6)(0.055-0.04)}{0.07-0.04}=1.7$$

故 $X=0.56$ $Y=1.7$

③求当量动载荷为

$$P=1.2(0.56\times5500+1.7\times2700)=9200(N)$$

④验算 312 轴承的轴承,根据式(14-6)

$$L_H=\frac{16667}{n}(\frac{C}{P})^\varepsilon=\frac{16667}{1250}(\frac{64100}{9200})^3=4509<5000(h)$$

低于预期寿命。因题中并未对轴颈尺寸加以限制,故可改用 313 轴承,验算从略。

例题 14-3 齿轮减速器的高速轴,用一向心球轴承支承,转速 $n=3000r/min$,轴承径向载荷 $F_r=4800N$,轴向载荷 $F_a=2500N$,有轻微冲击。轴颈直径 $d\geqslant70mm$,要求轴承寿命 $L_H\geqslant5000h$,可靠度 $R=90\%$。试选轴承型号。

解：由于轴承型号未定,C_0、e、X、Y 值都无法确定,必须进行试算。试算时可先预选某一型号轴承或预定 X、Y 值,再进行验算。以下采用预选轴承的方法。

试选 314,414 向心球轴承两种方案进行计算,由手册查得轴承数据如下：

方案	轴承型号	$C(N)$	$C_0(N)$	$D(mm)$	$B(mm)$	$n_{lom}(r/min)$
1	314	81600	64500	150	35	4300
2	414	113000	107000	180	42	3800

计算步骤如下：

计算项目	计算依据	单位	计 算 结 果	
			方 案 Ⅰ	方 案 Ⅱ
① F_a/C_0 值			0.039	0.023
② e 值	表 14-11		0.24	0.22
③ F_a/F_r			$0.52>e$	$0.52>e$
④ X、Y 值	表 14-11		$X=0.56$ $Y=1.8$	$X=0.56$ $Y=2$
⑤ 载荷系数 f_p	表 14-12		1.2	1.2
⑥ 当量动载荷,P	$P=f_p(XF_r+YF_a)$	N	8626	9226
⑦ 额定动载荷,$C_计$	$C=P\sqrt[\varepsilon]{\dfrac{60nL'_H}{10^6}}$	N	83280	89070

结论：314 轴承 $C_{计算}>C_额$,能适用；414 轴承 $C_{计算}<C_额$,不适用。因此,应选用 314 轴承,而且结构尺寸紧凑。

例题 14-4　工厂始给出某一向心球轴承,在径向载荷 $F_r = 7150N$ 作用下,能以 $n = 1800r/min$ 的转速工作 3000h,试求此轴承的额定动载荷 C 值。

解:根据式(14-6)计算 C 值,即

$$C = P\sqrt[\varepsilon]{\frac{L_H n}{16667}}$$

式中　$P = f_p(X F_r + Y F_a)$

设　$f_p = 1$ 而 $F_a = 0$,所以 $\frac{F_a}{F_r} = 0 < e$,查表 14-11 得:　　$X = 1, Y = 0$,则 $P = F_r = 7150N, \varepsilon = 3$

$$C = 7150\sqrt[\varepsilon]{\frac{3000 \times 1800}{16667}} = 49110(N)$$

例题 14-5　在图 14-16a 中,若两轴承均为 7028,所受径向载荷分别为 $F_{rI} = 1080N, F_{rII} = 2800N$,轴向载荷 $F_a = 230N$。试确定两轴承的轴向载荷。

解:由机械零件设计手册知 7028 轴承的 $Y = 1.6$。各自的内部轴向力按表 14-7 计算分别

$$S_I = \frac{F_{rI}}{2Y} = \frac{1080}{2 \times 1.6} = 337.5(N) \qquad S_{II} = \frac{F_{rII}}{2Y} = \frac{2800}{2 \times 1.6} = 875(N)$$

因 $S_{II} + F_a > S_I$,轴有向轴承 I 移动的趋势,轴承 I 的轴向载荷为

$$F_{aI} = S_{II} + F_a = 875 + 230 = 1105(N)$$

而轴承 II 的轴向载荷即为 S_{II},故有　　　　$F_{aII} = S_{II} = 875N$

例题 14-6　根据工作条件决定在轴上"背靠背"地安装两个单列向心推力轴承(图 14-17),设轴向推力 $F_a = 900N$,径向载荷 $F_{rI} = 1000N, F_{rII} = 2100N$,轴承转速 $n = 5000r/min$。试选择其轴承类型。

解:由于外力轴向推力 F_a 已接近于 F_{rI},故暂选接触角较大的 46000 轴承。

(1)对 46000 型轴承,按照表 14-6

$$S_I = 0.7 F_{rI} = 0.7 \times 1000 = 700(N)$$

$$S_{II} = 0.7 F_{rII} = 0.7 \times 2100 = 1470(N)$$

(2)计算轴向力:由于

$$F_a + S_{II} = 900 + 1470 = 2370 > S_I$$

所以按式(14-11)得

$$F_{aI} = F_a + S_{II} = 900 + 1470 = 2370(N)$$

$$F_{aII} = S_{II} = 1470(N)$$

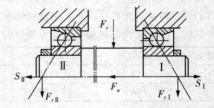

图 14-17　单列向心推力轴承

(3)按照表 14-10,对 46000 型轴承,$e = 0.7$,故

$$\frac{F_{aI}}{F_{rI}} = \frac{2370}{1000} = 2.37 > e \qquad \frac{F_{aII}}{F_{rII}} = \frac{1470}{2100} = 0.7 = e$$

故当量动载荷 P 的径向载荷系数及轴向载荷系数为:

对轴承 I:　$X_I = 0.41$,　$Y_I = 0.85$

对轴承 II:　$X_{II} = 1$,　　$Y_{II} = 0$

(4)计算当量动载荷

根据表 14-12 得 $f_p = 1.2 \sim 1.6$,取 $f_p = 1.5$,则

$$P_1 = f_p(X_I F_{rI} + Y_I F_{aI}) = 1.5(0.41 \times 1000 + 0.85 \times 2370) = 3637(N)$$

$$P_2 = f_p(X_{II} F_{rII} + Y_{II} F_{aII}) = 1.5(1 \times 1200 + 0 \times 1470) = 1800(N)$$

(5)根据轴承 I 的受力大小选择轴承型号(因 $P_1 > P_2$),轴承应具有的额定动载荷值

$$C = P\sqrt[\varepsilon]{\frac{60 n L'_H}{10^6}} = 3637\sqrt[3]{\frac{60 \times 5000 \times 2000}{10^6}} = 30674(N)$$

(6)按照样本,选 46307 轴承,其 $C = 33400N$(验算略)

例题 14-7 有一传动装置选用圆锥滚子轴承如图 14-18。已知滚动轴承型号为 7212,两轴承所受径向载荷 $F_{rI}=3400\mathrm{N}$, $F_{rII}=8500\mathrm{N}$,载荷平稳,常温下工作,若取当量动载荷 $P=\dfrac{1}{5}C$(额定动载荷),轴承寿命 $L_H=4000\mathrm{h}$。试求滚动轴承能承受的轴向载荷 F_a。

解:

查样本得圆锥滚子轴承数据如下:

轴承型号	$C(\mathrm{N})$	$C_0(\mathrm{N})$	e	Y	$n_{\lim}$脂/油
7212	59192	57330	0.35	1.7	3600/4500

$$S_I=\frac{F_{rI}}{2Y}=\frac{3400}{2\times1.7}=1000(\mathrm{N}) \qquad S_{II}=\frac{F_{rII}}{2Y}=\frac{8500}{2\times1.7}=2500(\mathrm{N})$$

$$S_{II}>S_I$$

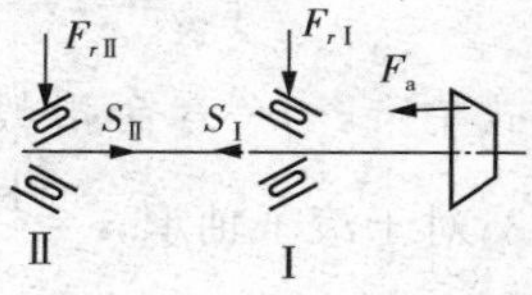

假设 $F_a+S_I<S_{II}$,则轴承 I 被"压紧",轴承 II 被"放松"。

所以 $F_{aI}=F_a+S_{II}$

于是 $P_I=X_I F_{rI}+Y_I F_{aI}$

设 $\dfrac{F_{aI}}{F_{rII}}>e$,查表 14-11 得 $X_I=0.4,Y_I=1.7$

由题意得知 $P_I=\dfrac{1}{5}C=\dfrac{59192}{5}=11838(\mathrm{N})$

$11838=0.4\times3400+1.7F_{aI}$

$$F_{aI}=\frac{11838-0.4\times3400}{1.7}=6163.5(\mathrm{N})$$

$$F_{aI}=F_a+S_{II}$$

图 14-18 圆锥滚子轴承

所以 $F_a=F_{aI}-S_{II}=6163.5-2500=3663.5(\mathrm{N})$

又设 $\dfrac{F_{aI}}{F_{rI}}\leqslant e$,查表 14-10 得 $X_I=1,Y_I=0$,

则 $P_I=X_I F_{rI}+Y_I F_{aI}=1\times3400=3400\neq\dfrac{C}{5}$,假设不能成立。

结论:轴承承受的轴向载荷为 $F_a=3663.5\mathrm{N}$。

(三)不稳定载荷下滚动轴承当量动载荷计算

1. 载荷和转速都变动时的当量动载荷的计算

设在整个使用期限内,轴承在不同的载荷 $F_1,F_2,F_3,\cdots,F_n$ 下工作,换算成当量动载荷,相应的是 $P_1,P_2,P_3,\cdots,P_n$,相应的转速为 $n_1,n_2,n_3,\cdots,n_n$,相应的工作时间为 $H_1,H_2,H_3,\cdots,H_n$,总的工作时间为 L_H,如图 14-19 所示。

各个载荷下的运转时间与总工作时间的比值相应地为

$$q_1=\frac{H_1}{L_H},q_2=\frac{H_2}{L_H},q_3=\frac{H_3}{L_H},\cdots,q_n=\frac{H_n}{L_H}$$

轴承的平均转速为

$$n_m=n_1q_1+n_2q_2+\cdots+n_nq_n=\sum n_iq_i \tag{14-15}$$

式(14-15)表达的是考虑了轴承在各种转速下工作时间所占比例的转速平均值,转速 n_m 叫作"加权"平均转速。

根据疲劳损伤累积理论,可以确定一个对应于加权平均转速 n_m 的平均当量动载荷 P_m,

在它的作用下,以加权平均转速 n_m 运转 L_H 小时后,轴承的损伤程度与其在不稳定载荷下的损伤程度是相等的。即

$$P_m^\varepsilon n_m L_H = P_1^\varepsilon n_1 H_1 + P_2^\varepsilon n_2 H_\varepsilon + \cdots +$$

$$P_n^\varepsilon n_n H_n = \sum P_i^\varepsilon n_i H_i$$

$$P_m^\varepsilon n_m = \sum P_i^\varepsilon n_i q_i$$

$$P_m = \sqrt[\varepsilon]{\frac{\sum P_i^\varepsilon n_i q_i}{n_m}} \qquad (14-16)$$

式中　ε——寿命指数,对于球轴承,$\varepsilon = 3$;对于滚子轴承,$\varepsilon = \dfrac{10}{3}$。

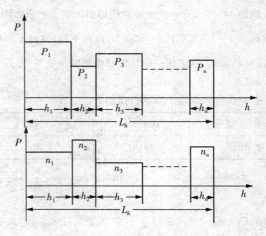

图 14-19　载荷谱和转速谱

因此,在计算不稳定载荷下工作的滚动轴承时,式(14-6)中的 P 和 n 相应地用 P_m 和 n_m 取代,即

$$L_H = \frac{10^6}{60 n_m} \left(\frac{f_t C}{f_p P_m} \right)^\varepsilon \qquad (14-17)$$

同理,对于不稳定载荷下工作的滚动轴承式(14-7)应改为

$$C = \frac{f_p P_m}{f_t} \sqrt[\varepsilon]{\frac{60 n_m L_H}{10^6}} \qquad (14-18)$$

式(14-17)和式(14-18)中的 P_m 值,如果是按实际载荷谱计算得来的,则应取载荷系数 $f_p = 1$。

2. 载荷周期性变动、转速保持不变情况下的当量动载荷计算

若轴承的载荷按图 14-20 所示的几种规律变化,其最小和最大当量动载荷为 P_{min} 和 P_{max};在转速保持不变的情况下,其平均当量动载荷的近似计算式依次为

$$P_m = \frac{2 P_{max} + P_{min}}{3} \qquad (14-19a)$$

$$P_m = \frac{P_{max} + 2 P_{min}}{3} \qquad (14-19b)$$

$$P_m = \frac{P_{max} + P_{min}}{2} \qquad (14-19c)$$

例题 14-8　有一个 206 轴承,其工作情况如下表所列,试求该轴承的寿命。

当量动载荷 P（N）	工作转速 n（r/min）	工作时间比 q（%）
2000	152	30
970	210	50
300	760	20

解：

由轴承样本查得 206 轴承为向心球轴承,其额定动载荷 $C = 152000$N。

由式(14-15),平均转速为

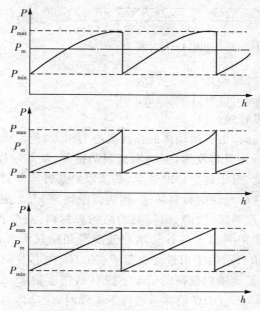

图 14-20 几种典型的载荷变化规律

$$n_m = \sum n_i q_i = 152 \times 30\% + 210 \times 50\% + 760 \times 20\% = 302.6(\text{r/min})$$

由式(14-16),平均当量动载荷为

$$P_m = \sqrt[\varepsilon]{\frac{\sum P_i^{\varepsilon} n_i q_i}{n_m}} = \sqrt[3]{\frac{2000^3 \times 152 \times 0.3 + 970^3 \times 210 \times 0.5 + 300^3 \times 760 \times 0.2}{302.6}} = 1153.75(\text{N})$$

由式(14-6),轴承寿命为

$$L_H = \frac{10^6}{60 n_m} \left(\frac{C}{P_m}\right)^{\varepsilon} = \frac{10^6}{60 \times 302.6} \left(\frac{15200}{1153.75}\right)^3 = 125943.4(\text{h})$$

例题 14-9 根据工作条件,某减速器需选用单向推力球轴承。已知轴承在变工况下运转,轴向载荷分别为 $F_{a1} = 3480\text{N}$、$F_{a2} = 3240\text{N}$、$F_{a3} = 840(\text{N})$;相应的转速为 $n_1 = 512\text{r/min}$、$n_2 = 860\text{r/min}$、$n_3 = 1600\text{r/min}$;各载荷作用时间与总运转时间的比值为 $q_1 = 0.2$、$q_2 = 0.3$、$q_3 = 0.5$。要求轴承寿命为 8000h,轴承在常温下工作,有轻微冲击,轴颈直径为 50mm。试选择轴承型号。

解:

该轴变载荷、变转速工作,应先确定其平均转速 n_m 和平均当量动载荷 P_m。为此,需先求各工况时的当量动载荷 P。

推力球轴承的当量动载荷为

$$P = F_a$$

故各工况时的当量动载荷分别为

$$P_1 = 3480\text{N}, P_2 = 3240\text{N}, P_3 = 840\text{N}$$

按式(14-15),平均转速

$$n_m = n_1 q_1 + n_2 q_2 + n_3 q_3 = 512 \times 0.2 + 860 \times 0.3 + 1600 \times 0.3 = 1160(\text{r/min})$$

按式(14-16),球轴承 $\varepsilon = 3$,平均当量动载荷

$$P_m = \sqrt[3]{\frac{P_1^3 q_1 n_1 + P_2^3 q_2 n_2 + P_3^3 q_3 n_3}{n_m}}$$

$$=\sqrt[3]{\frac{3480^3 \times 0.2 \times 512 + 3240^3 \times 0.3 \times 860 + 840^3 \times 0.5 \times 1600}{1160}} = 2278(\text{N})$$

该轴承应具有额定动载荷 C 值按式(14-7)计算为

$$C = P_m\sqrt[\varepsilon]{\frac{60 n_m L'_H}{10^6}} = 2278\sqrt[3]{\frac{60 \times 1160 \times 8000}{10^6}} = 18741(\text{N})$$

查轴承样本可选 8110 轴承 C 值为 21300,合适。

(四)滚动轴承的极限转速

滚动轴承的转速过高时,由于滚动体的惯性离心力很大,使滚动体与保持架及滚道表面间的压力增大,磨损加剧,并引起发热,影响润滑剂的性能,破坏油膜,从而导致滚动轴承元件的退火甚至胶合。因此,对于各型号轴承,都须限制其转速不得超过允许值。滚动轴承在一定的载荷和润滑条件所允许的最高转速,称为极限转速 n_{lin}。滚动轴承的极限转速与轴承的类型、尺寸、载荷、精度等级、游隙、保持架的结构和材料、润滑和冷却条件等因素有关。轴承样本和机械设计手册中列出了各种轴承在油润滑和脂润滑条件下的极限转速 n_{lim} 值。不过,表列极限转速 n_{lim} 值只适用于当量动载荷 $P \leq 0.1C$、向心及向心推力轴承受纯径向载荷、推力和推力向心轴承受纯轴向载荷的情况下的 G 级精度轴承。

当轴承在当量动载荷 $P > 0.1C$ 的载荷条件下工作时,滚动体与座圈滚道表面接触应力增大,使轴承发热量增多,润滑状况恶化,轴承的极限转速应予降低。因此,用载荷系数 f_1 对轴承的表列极限转速加以修正。f_1 值从图 14-21 查取。

在向心轴承和向心推力轴承受较大的轴向载荷时,受载滚动体数目增加,承载区扩大;但同时滚动体与座圈滚道摩擦面也增大了,使摩擦状况和润滑条件相对恶化,轴承的极限转速也应有所降低。因此,根据轴向载荷与径向载荷的比值 F_a/F_r,用载荷分布系数 f_2 对表列极限转速进行修正。f_2 从图 14-22 查取。所以,滚动轴承允许的最大工作转速为:$n_{max} = f_1 f_2 n_{lim}$

当轴承的实际工作转速超过允许的最高工作转速,可提高轴承精度等级,适当加大轴承游隙、改善润滑方法,设置冷却系统和改变保持架的结构和材料等。综合上述措施,能使滚动轴承的极限转速提高 1 倍以上。

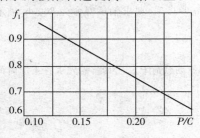

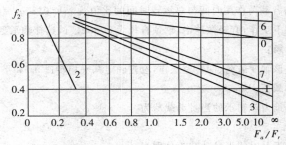

图 14-21　载荷系数 f_1　　　　　图 14-22　修正极限转速的载荷分布系数 f_2

四、滚动轴承的静强度计算

为了限制滚动轴承在静载荷和冲击载荷作用下产生过大的塑性变形,应进行静载荷计算。轴承标准规定,使受载最大的滚动体与较弱的座圈滚道上产生失效的永久变形量之和,等于滚动体直径的万分之一时的载荷,作为轴承静强度的界限,称为额定静载荷,用 C_0 表示,轴承样本中列有各种型号轴承的额定静载荷值 C_0。

轴承上作用径向载荷 F_r 和轴向载荷 F_a 应折合成一个当量静载荷

$$P_0 = X_0 F_r + Y_0 F_a \qquad (14-20)$$

式中 X_0 和 Y_0 分别为当量静载荷的径向载荷系数和轴向载荷系数,其值见表 14-13。

按式(14-15)求出的值如果小于 F_r,则取 $P_0 = F_r$。

对推力向心轴承,应折合轴的当量静载荷

$$P_{0a} = F_a + 2.3 F_r \text{tg}\alpha \qquad (14-21)$$

按静载荷选择轴承的公式为

$$C_0 \geqslant S_0 P_0 \qquad (14-22)$$

式中 S_0 为静强度安全系数,其值见表 14-14。

表 14-13 向心及向心推力轴承的 X_0 及 Y_0 值

轴 承 类 型	单 列 轴 承		双 列 轴 承	
	X_0	Y_0	X_0	Y_0
0000	0.6	0.5		
1000			1	0.44ctgα
3000			1	0.44ctgα
6000	0.6	0.5		
36000	0.5	0.48	1	0.95
46000	0.5	0.37	1	0.74
66000	0.5	0.28	1	0.56
7000	0.5	0.22tgα	1	0.44ctgα
9000 推力向心球面滚子轴承	2.3tgα	1		

注:① 双列轴承均为成对的;

② 两个完全相同的向心推力作用于一个支点上,当"面对面"或"背靠背"安装时,用双列轴承的数据;当"一前一后"安装时,用单列轴承数据。

表 14-14 滚动轴承静强度安全系数 S_0

轴承使用情况	使用要求、载荷性质及使用场合	S_0
旋转轴承	对旋转精度和平稳性要求较高或承受强大的冲击载荷	1.2～2.5
	正常使用	0.8～1.2
	对旋转精度和平稳性要求较低,没有冲击振动	0.5～0.8
不旋转或摆动轴承	水坝闸门装置	$\geqslant 1$
	吊桥	$\geqslant 1.5$
	附加动载荷较小的大型起重机吊钩	$\geqslant 1$
	附加动载荷很大的小型起重机吊钩	$\geqslant 1.6$
各种使用场合下的推力向心球面滚子轴承		$\geqslant 2$

例题 14-10 减速器主动轴用两个圆锥滚子轴承 7028 支承(图 14-22a)。传递功率 $P = 4$KW,转速 $n = 960$r/min,如锥齿轮 $F_t = 1270$N,径向力 $F_r = 400$N,轴向力 $F_a = 230$N,力的作用方向如图示。求得两轴

承的径向派生力分别为 $F_{rⅠ}=2800\text{N}$，$F_{rⅡ}=1280\text{N}$，要求轴承寿命大于 $15000\sim20000\text{h}$。试验算轴承是否合用。

解：

查手册，7028 型轴承性能参数为：$C=34000$，$C_0=31000$，脂润滑 $n_{\lim}=500\text{r/min}$，$e=0.38$，$Y=1.6$，$Y_0=0.9$。

1. 轴承寿命计算

（1）内部轴向力

$$S_Ⅰ=\frac{F_{rⅠ}}{2Y}=\frac{2800}{2\times1.6}=875(\text{N})\qquad S_Ⅱ=\frac{F_{rⅡ}}{2Y}=\frac{1080}{2\times1.6}=337.5(\text{N})$$

（2）轴承轴向力

$$F_{aⅠ}=S_Ⅰ=875\text{N}，F_{aⅡ}=S_Ⅰ+F_a=875+230=1105(\text{N})$$

（3）求 $\dfrac{F_a}{F_r}$

$$\frac{F_{aⅠ}}{F_{rⅠ}}=\frac{875}{2800}=0.3125<e=0.38\qquad\frac{F_{aⅡ}}{F_{rⅡ}}=\frac{1105}{1080}=1.023>e$$

（4）当量动载荷 P，$P_Ⅰ=f_p(X_ⅠF_{rⅠ}+Y_ⅠF_{aⅠ})$

由表 14-12，取 $f_p=1.5$。查表 14-11 得 $X_Ⅰ=1$，$Y_Ⅰ=0$。于是得

$$P_Ⅰ=1.5(1\times2800+0\times875)=4200\text{N}$$

由表 14-11，当 $e=1.02>e=0.31$ 时，$X_Ⅱ=0.4$，$Y_Ⅱ=1.6$（根据 7208 型号轴承在样本中查得）。于是得

$$P_Ⅱ=f_p(X_ⅡF_{rⅡ}+Y_ⅡF_{aⅡ})=1.5(0.4\times1080+1.6\times1105)=3300(\text{N})$$

（5）轴承寿命

$$L_{HⅠ}=\frac{16667}{n}\left(\frac{C}{P}\right)^{\frac{10}{3}}=\frac{16667}{960}\left(\frac{34000}{4200}\right)^{\frac{10}{3}}=18500>15000(\text{h})$$

因 $P_2<P_1$，故只验算轴承Ⅰ满足要求就合适了。

2. 静载荷计算

（1）$\dfrac{C_0}{S_0}=\dfrac{31000}{1.2}=25800$（由表 14-14，取 $S_0=1.2$）

（2）验算当量静载荷 P_0

条件：$P_0=X_0F_r+Y_0F_a\leqslant\dfrac{C_0}{S_0}$（见式 14-22），$P_{0Ⅰ}=X_0F_{rⅠ}+Y_0F_{aⅠ}$

由表 14-13，查得 $X_0=0.5$，$Y_0=0.9$，于是

$$P_{0Ⅰ}=0.5\times2800+0.9\times875=2187.5(\text{N})<F_{rⅠ}=2800(\text{N})$$

因为　　$P_{0Ⅰ}<F_{rⅠ}$，故取 $P_{0Ⅰ}=F_{rⅠ}=2800<25800$

$$P_{0Ⅱ}=X_0F_{rⅡ}+Y_0F_{aⅡ}=0.5\times1080+0.9\times1105=1534.5(\text{N})<25800(\text{N})$$

故 $P_{0Ⅰ}$，$P_{0Ⅱ}$ 均满足要求。

例题 14-11　悬臂起重机用的圆锥齿轮减速器主动轴采用一对 7907 型圆锥滚子轴承（图 14-23a）。已知圆锥齿轮平均模数 $m_m=3.6\text{mm}$，齿数 $z=20$，转速 $n=1450\text{r/min}$，轮齿上的三个分力 $F_t=1300\text{N}$，$F_r=400\text{N}$，$F_a=250\text{N}$。轴承工作时受有中等冲击载荷（可取载荷系数 $f_p=1.5$），静载荷安全系数 $S_0=0.8$，工作温度不超过 $80℃$，要求使用寿命不低于 12000h。试验算轴承是否合用。

解：

1. 求圆锥齿轮的平均半径

$$r_m=\frac{m_m z}{2}=\frac{3.6\times20}{2}=36(\text{mm})$$

2. 求轴承上的径向载荷(图 14 - 23b)

轴承 I 上的水平分力

$$F_{Ix} = \frac{F_t \times 40}{80} = \frac{1300 \times 40}{80} = 650(N)$$

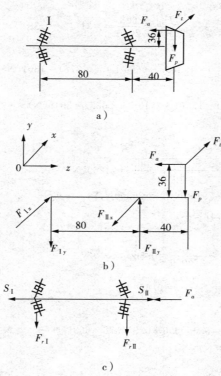

a)

b)

c)

图 14 - 23　圆滚子轴承力的分析

轴承 I 上的垂直分力

$$F_{Iy} = \frac{-F_a \times 36 + F_r \times 40}{80} = \frac{-250 \times 36 + 400 \times 40}{80} = 87.5(N)$$

轴承 I 的径向载荷

$$F_{rI} = \sqrt{F_{Ix}^2 + F_{Iy}^2} = \sqrt{650^2 + 87.5^2} = 656(N)$$

轴承 II 上的水平分力

$$F_{IIx} = \frac{F_t(40+80)}{80} = \frac{1300(40+80)}{80} = 1950(N)$$

轴承 II 上的垂直分力

$$F_{IIy} = \frac{-F_a \times 36 + F_r(40+80)}{80} = \frac{-250 \times 36 + 400(40+80)}{80} = 487.5(N)$$

轴承 II 的径向载荷

$$F_{rII} = \sqrt{F_{Ix}^2 + F_{IIy}^2} = \sqrt{1950^2 + 487.5^2} = 2010(N)$$

3. 求径向载荷引起的内部轴向力(图 14 - 23c)

由轴承样本查得 7207 轴承 $e = 0.38, Y = 1.6, Y_0 = 0.9$,内部轴向力为:

$$S_I = \frac{F_{rI}}{2Y} = \frac{656}{2 \times 1.6} = 205(N) \qquad S_{II} = \frac{F_{rII}}{2Y} = \frac{2010}{2 \times 1.6} = 628(N)$$

4. 求轴承上的轴向载荷

$$F_{aI} = S_{II} - F_a = 628 - 250 = 378(N)$$

$$F_{aII} = S_{II} = 628N$$

5. 求当量动载荷

$$\frac{F_{aI}}{F_{rI}} = \frac{378}{656} = 0.58 > e = 0.38 \qquad \frac{F_{aII}}{F_{rII}} = \frac{628}{2010} = 0.31 < e = 0.38$$

轴承 I 的当量动载荷

$$P_I = f_p(0.4F_{rI} + YF_{aI}) = 1.5(0.4 \times 656 + 1.6 \times 378) = 1301(N)$$

轴承 II 的当量动载量

$$P_{II} = f_p(XF_{rII} + YF_{aII}) = 1.5(1 \times 2010 + 0 \times 628) = 3015(N)$$

6. 求额定动载荷

因 $P_{II} > P_I$，故取 $P = P_2 = 3015N$

则

$$C = P\sqrt[\varepsilon]{\frac{60nL_H}{10^6}} = 3015\sqrt[\frac{10}{3}]{\frac{60 \times 1450 \times 12000}{10^6}} = 24260(N)$$

由轴承样本查得 7207 型轴承 $C = 29400N$，$C_0 = 26300N$，$Y_0 = 0.9$，

$C_{计} = 24260 < C = 29400N$，符合要求。

7. 求当量静载荷

$$\frac{F_{aI}}{F_{rI}} = \frac{378}{656} = 0.58 > \frac{1}{2Y_0} = \frac{1}{2 \times 0.9} = 0.56$$

$$\frac{F_{aII}}{F_{rII}} \frac{628}{2010} = 0.31 < \frac{1}{2Y_0} = \frac{1}{2 \times 0.9} = 0.56$$

轴承 I 的当量静载荷

$$P_{0I} = 0.5F_{rI} + Y_0F_{aI} = 0.5 \times 656 + 0.9 \times 378 = 668(N)$$

因为

$$P_{0II} = 2010 > P_{0I} = 668(N)$$

取 $P_0 = P_{0II} = 2010N$

8. 求额定静载荷

$$C_{0计} = S_0P_0 = 0.8 \times 2010 = 1608 < C_0 = 26300N，合用。$$

§14-3　滚动轴承的组合设计

为了保证轴承和轴系零件在规定的期限内正常工作，除了正确地选择轴承的类型、精度和尺寸外，还必须合理地解决轴承的安装、配合、固紧、调整、润滑、密封等问题，即应合理地设计轴承组合。下面就上述问题分别作简要介绍。

一、减速器中轴的支承结构

为了保证轴在工作时保持正确位置，防止轴向窜动，应将滚动轴承的轴向位置固定。但为了避免轴在受热伸长或受冷缩短时使轴受到过大的额外载荷，甚至卡死，又必须允许轴承在一定范围内作轴向游动。

用滚动轴承支承轴的结构有三种基本形式：

1. 两端固定支承

如图 14-24 和图 14-25 所示，将轴的两端滚动轴承各限制一个方向的轴向移动，合在一起就可以限制轴的双向移动；为了补偿轴的受热伸长，在一端轴承外圈端面与端盖间留有

间隙 c。在支承跨距较小、温度变化不大的情况下,常采用这种支承型式。一般取 $c=$ 0.5mm~1mm。

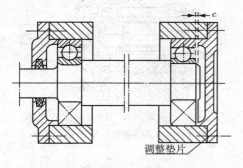

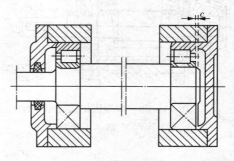

图 14-24 两端固定式支承(两个 0000 轴承)   图 14-25 两端固定式支承(两个 12000 轴承)

对于轴向游隙可调的向心推力轴承和圆锥滚子轴承,轴的热变形量可以由轴承内部的游隙补偿,但应有适当的调整装置以调整轴承的轴向游隙,如图 14-26 和图 14-27 所示。两轴承外圈窄端面相对的安装形式,称为正排列或"面对面"排列。用调整垫片调整外圈位置以达到调整游隙的目的。这种排列形式装拆容易,实际跨距 l 较轴承间距离短,因而提高了两轴承间这段轴的刚度。

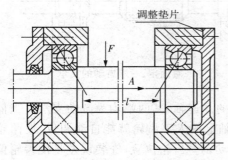

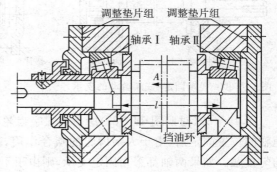

图 14-26 两端固定式支承(两个向心   图 14-27 两端固定式支承(两个圆锥
推力球轴承正排列)   滚子轴承正排列)

图 14-28 和图 14-29 所示圆锥齿轮传动中的小齿轮轴的支承,常采用圆锥滚子轴承,且成对使用。图 14-28 中的结构,可用端盖下的垫片来调整轴承的游隙,这样比较方便;图 14-29(参考图 14-9)中的结构,轴承的游隙是靠轴上圆螺母来调整的,操作不甚方便,更为不利的是必须在轴上制出应力集中很严重的螺纹,削弱了轴的强度。在两种结构中,为了调整圆锥齿轮的轴向位置,都把两个轴承放在一个套杯中,套杯则装在外壳上的座孔中,于是通过增减套杯端面与外壳之间的垫片厚度,即可使圆锥齿轮的轴向位置发生改变。从图中还可以看出,图 14-29 所示齿轮悬臂长度 a_2 小于图 14-28 中齿轮悬臂长度 a_1,故图 14-29 所示的结构提高了轴的悬臂段刚度,从而有利于减轻齿轮传动的偏载;但也使齿轮的轴承既承受较大的径向载荷,又承受轴向载荷,降低了轴承寿命。

2. 一端固定、一端游动支承

当轴较长或工作温升较大时,为了补偿轴的伸缩量,应采用一端固定、一端游动的支承型

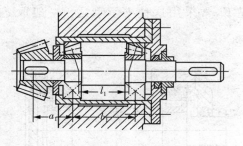

图 14 - 28 　两端固定式支承

（两个 7000 轴承正排列）

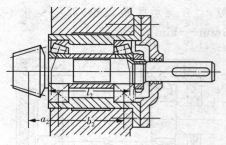

图 14 - 29 　两端固定式支承

（两个 7000 轴承反排列）

式。如图 14 - 30 所示，固定端的轴承可限制轴的两个方向的移动；而游动端的轴承外圈可以在机座内沿轴向游动（外圈与机座采用间隙配合）。如果游动端采用分离型轴承（例如座圈与滚动体可分离的无挡边的圆柱滚子轴承、滚针轴承等），则其外圈应固定，如图 14 - 31 所示。

　　3. 两端游动支承

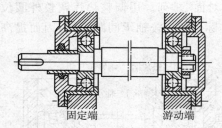

图 14 - 30 　一端固定、一端游动的支承

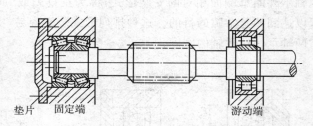

图 14 - 31 　一端固定、一端游动的支承

　　图 14 - 32（对照图 14 - 8c）所示为人字齿轮传动的高速轴，其两端均为游动支承。当低速轴的位置固定后，由于人字齿轮的啮合作用，高速轴上的人字齿轮就能自动调位，使两轮均匀接触。如果两轴都采用固定支承，则由于不能自动调整齿轮位置，安装误差将使齿轮偏载，失去人字齿轮优点，反使强度下降。在人字齿轮传动中，一般将较笨重的低速轴作轴向固定，让高速轴可以左右游动。

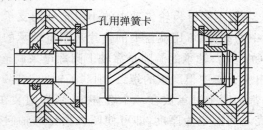

图 14 - 32 　两端游动式支承

二、减速器滚动轴承的轴向固定

　　滚动轴承内、外圈的轴向固定的方法取决于轴承载荷的性质、大小和方向，以及轴承类型和轴承在轴上的位置。当冲击、振动愈严重、转速愈高时，所用的固定方法应愈可靠。

1. 用轴肩固定

图 14-33a 所示为轴肩固定轴承内圈。这种方法主要用于两端固定支承结构和承受单向载荷的场合。

2. 用弹性挡圈和轴肩固定

图 14-33b 所示为用弹性挡圈和轴肩对轴承内圈作双向固定。这种方法结构简单,轴向尺寸小,主要用于游动支承处承受载荷不大、转速不高的轴承。

3. 用轴肩和轴端压板固定

图 14-33c 所示为用轴肩和轴端压板对轴承内圈作双向固定。这种固定方法用于直径较大,且在轴端切制螺纹有困难的情况下,可以在较高转速下承受较大轴向载荷。

图 14-33d 所示为用轴肩和锁紧螺母对轴承内圈作双向固定,用于轴向载荷小、转速高处;装拆方便。

4. 用开口圆锥紧定套和锁紧螺母在光轴上固定锥孔轴承内圈

图 14-33e 所示为开口圆锥紧定套和锁紧螺母在光轴上固定锥孔轴承内圈的结构,用于轴向载荷不大、转速不高的场合,但装拆方便。

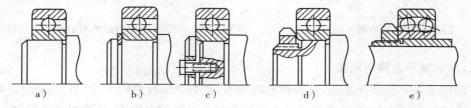

a)　　　　b)　　　　c)　　　　d)　　　　e)

图 14-33 滚动轴承的内圈固定

三、滚动轴承外圈轴向固定方法

1. 用轴承端盖压紧轴承外圈

图 14-34a 所示为用轴承端盖外圈的固定方法。主要用于两端固定支承结构中。

2. 用弹性挡圈和机座凸台固定

图 14-34b 所示即为这种方法。轴向尺寸小,适用轴向载荷不大的轴承。

3. 用止动环嵌入轴承外圈的止动槽内以固定外圈

如图 14-34c 所示,适用于机座不便制作凸台的情况。

4. 用轴承盖和机凸台固定

如图 14-34d 所示,适用于高速并承受很大轴向载荷的情况。

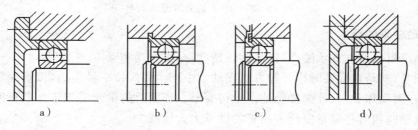

a)　　　　b)　　　　c)　　　　d)

图 14-34 滚动轴承的外圈固定

四、推力轴承的固定

推力轴承的紧圈和松圈的轴向方法如图 14-35 所示。利用套筒和轴承盖固定松圈,利用套筒和锁紧螺母固定紧圈。图 14-35 也是一端固定、一端游动的支承结构。固定端用一个向心球轴承承受径向载荷,一个双向推力轴承承受轴向载荷。

滚动轴承内圈用轴肩定位和外圈用机座凸台定位时,必须使轴肩圆角小于内圈圆角,凸台圆角小于外圈圆角,否则轴承就不能安装到位,如图 14-36 所示。

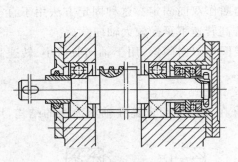

图 14-35　推力轴承的固定

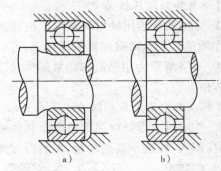

图 14-36　轴肩和凸台的圆角对轴承定位的影响

五、滚动轴承游隙的调整

有的轴承在制造装配之后,其游隙就确定了,称为固定游隙轴承,例如 0000 型,1000 型,2000 型和 3000 型轴承;有的轴承可以在安装进机器时调整其游隙,称为可调游隙轴承,例如 6000 型,7000 型,8000 型及 9000 型轴承。

调整轴承游隙的方法有:①用增加或减少轴承盖与轴承座间的垫片来调整轴承游隙,如图 14-37a 所示。②用碟形零件和螺钉来调整轴承游隙,如图 14-37b 所示。

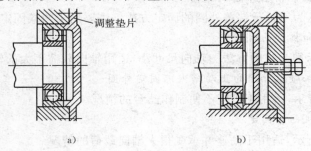

图 14-37　轴承轴向游隙的调整

六、滚动轴承的预紧

预紧轴承可以增加支承刚度,提高旋转精度,减小振动和噪声。

所谓预紧,就是在安装时用某种方法在轴承中产生并保持一轴向力,以消除轴承中的侧向游隙,并在滚动体和内、外圈接触处产生初变形。预紧后的轴承受到工作载荷时,其内、外圈的径向及轴向相对移动量要比未预算的轴承大大地减少。

常用的预紧装置有:①用螺丝和凸台夹紧一对圆锥滚子轴承的外圈而预紧(图 14-38a);②在一对轴承中间装入长度不等的套筒而预紧(图 14-38b),预紧力可由两套筒的长度差来控制,这种装置刚度较大;③夹紧一对磨窄了外圈的轴承来预紧(图14-38c);④采用弹簧预紧(图14-38d),这种装置可以避免上述三种装置因温升引起各零件尺寸关系的变化而导致预紧力的不稳定。

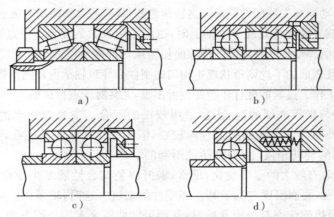

图 14-38　滚动轴承的预紧装置

七、滚动轴承的配合与选择

轴承的配合是指内圈与轴颈及外圈与外壳孔的配合。选择配合时,应避免不必要的增大过盈量和间隙量,当过盈太大时,装配后因内圈的弹性膨胀和外圈的弹性收缩,使轴承间隙减小,甚至完全消除,以致造成润滑不良,影响正常运转。如配合过松,不仅影响轴的旋转精度,而且内、外圈可能在配合表面上滑动,将配合表面擦伤。

滚动轴承是标准件,为使轴承便于互换和大量生产,轴承内孔与轴的配合采用基孔制,即以轴承同孔的尺寸为基准;轴承外径与外壳孔的配合采用基轴制,即以轴承的外径尺寸为基准。与内圈相配合的轴的公差带以及与外圈相配合的外壳孔的公差带,均按圆柱公差与配合的国家标准选取。由于 d_m 的公差带在零线之下,而圆柱公差标准中基准孔的公差带在零线之上,所以轴承内圈与轴的配合比圆柱公差标准中规定的基孔制同类配合要紧得多。图14-39中表示了滚动轴承配合和它的基准面(内圈内孔,外圈外径)偏差与轴颈或座孔尺寸偏差的相对关系。由图中可以看出,对轴承内孔与轴的配合而言,圆柱公差标准中的许多过渡配合在这里实际成为过盈配合,而有的间隙配合,在这里实际变为过松配合。

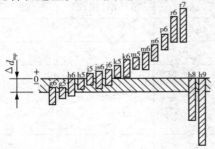

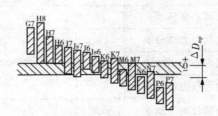

a)轴承内圈与轴的配合　　　　　　　　b)轴承外圈与外壳孔的配合

Δd_{mp} —轴承内圈单一平面平均内孔直径的偏差;ΔD_{mp} —轴承外圈单一平面平均外径的偏差

图 14-39　滚动轴承与轴和外壳的配合

　　轴承配合种类的选择,应根据轴承的类型和尺寸、载荷的大小和方向以及载荷的性质来决定。正确选择的轴承配合应保持轴承正常运转,防止内圈与轴、外圈与外壳孔在工作时发生相对转动。一般地说,当工作载荷的方向不变时,转动圈应比不动圈有更紧一些的配合,因为转动圈承受旋转的载荷,而不动圈承受局部的载荷。当转速愈高、载荷愈大和振动愈强烈时,则应选用愈紧的配合。当轴承安装于薄壁外壳或空心轴上时,也应采用较紧的配合。但过紧的配合又是不利的,这时可能因内圈的弹性膨胀和外圈的收缩而使轴承内部的游隙减小甚至完全消失,也可能由于相配合的轴和座孔表面的不规则形状或不均匀的刚性而导致轴承内外圈不规则的变形,这些都将破坏轴承的正常工作。过紧的配合还会使装拆困难,尤其对于重型机械。

　　对开式的外壳与轴承外圈的配合,宜采用较松的配合。当要求轴承的外圈在运转中能沿轴向游动时,该外圈与外壳孔的配合也应较松,但不应让外圈在外壳孔内可以转动。过松的配合对提高轴承的旋转精度、减少振动是不利的。

　　如果机器工作时有较大的温度变化,那么,温升将使配合性质发生变化。轴承运转时,对于一般工作机械来说,套圈温度常高于其相邻零件的温度。这时,轴承内圈可能因热膨胀而与轴松动,外圈可能因热膨胀而与外壳孔胀紧,从而可能使原来需要外圈有轴向游动性能的支承丧失游动性。所以,在选择配合时必须仔细考虑轴承装置各部分的温差和其热传导的方向。

　　以上介绍了选择轴承配合的一般原则,具体选择时可结合机器的类型和工作情况,参照同类机器的使用经验进行。各类机器所使用的轴承配合以及各类配合的配合公差、配合表面粗糙度和几何形状允许偏差等资料可查阅有关手册。

八、轴承的润滑

　　润滑对于滚动轴承具有重要意义,轴承中的润滑剂不仅可以降低摩擦阻力,还可以起着散热、减小接触应力、吸收振动、防止锈蚀等作用。

　　轴承常用的润滑方式有油润滑及脂润滑两类。此外,也有使用固体润滑剂润滑的。选用哪一类润滑方式,这与轴承速度有关。一般用滚动轴承的 dn(d 为滚动轴承内径,mm;n 为轴承转速,r/min)表示轴承的速度大小,适用于脂润滑和油润滑的 dn 值界限列于表 14 - 15 中,可作为选择润滑方式的参考。

表 14 - 15　适用于脂润滑和油润滑的 dn 值界限(表值×1000mm・r/min)

轴 承 类 型	脂润滑	油　润　滑			
		油 浴	滴 油	循环油(喷油)	油 雾
向心球轴承	16	25	40	60	＞60
调心球轴承	16	25	40		
单列向心球轴承					
双列向心球面球轴承	16	25	40	＞60	
向心推力球轴承					
短圆柱滚子轴承	12	25	40	60	＞60
圆锥滚子轴承	10	16	25	30	

（续表）

轴承类型	脂润滑	油润滑			
		油浴	滴油	循环油（喷油）	油雾
调心滚子轴承	8	12		25	
推力球轴承	4	6	12	15	
附注		适用于低、中速。浸油不超过轴承最低滚动体中心	适用于中速小轴承，控制油量使轴承温度不超过 70℃ ~90℃	高速轴承周围空气乱流，只有高压喷油才能进入轴承	可用于 $n \geqslant 5000r/min$ 高速轴承

1. 脂润滑

由于润滑脂是一种黏稠的凝胶状材料，故油膜强度高，能承受较大的载荷，不易流失，容易密封，一次加油可以维持相当长的一段时间。对于那些不便经常添加润滑剂的地方，或那些不允许润滑油流失而致污染产品的工业机械来说，这种润滑方式十分适宜。它的缺点是只适用于较低的 dn 值。

润滑脂的主要指标为针入度和滴点。轴承的 dn 值大、载荷小时，应选针入度较大的润滑脂；反之，应选针入度较小的润滑脂。此外，轴承的工作温度应比润滑脂的滴点低，对于矿物油润滑脂，应低 10℃ ~20℃；对于合成润滑脂，应低 20℃ ~30℃。

根据载荷大小及供脂方式选择润滑脂牌号。滚针轴承及滚子轴承因摩擦阻力大，润滑脂针入度应高些，可用 0 号或 1 号润滑脂；中载球轴承可用 2 号润滑脂；重载轴承可选 3 号以上润滑脂，并加极压添加剂。

若用管道集中供油，需要流动性好，可选用 0~2 号润滑脂。

2. 润滑油

在高速高温的条件下，脂润滑不能满足要求时可采用油润滑。润滑油的主要特性是粘度，转速越高，应选用粘度越低的润滑油；载荷越大，应选用粘度越高的润滑油。根据工作温度及 dn 值，参考图 14-40，可选出润滑油应具有的粘度值，然后根据粘度从润滑油产品目录中选出相应的润滑油牌号。

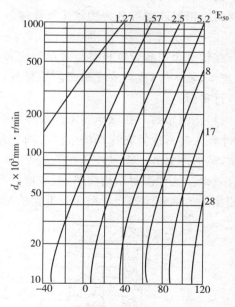

图 14-40 润滑油选择用线图

油润滑时，常用的润滑方法有下列几种：

（1）油浴润滑（图 14-41） 这种方法不适于高速，因为搅动油液剧烈时要造成很大的能量损失，以致引起油液和轴承的严重过热。

（2）滴油润滑 适用于需要定量供应润滑油的轴承部件，滴油量应适当控制，过多的油量将引起轴承温度的增高,为使滴油通畅,常使用粘度较小的 10 号机械油。

(3)飞溅润滑　这是一般齿轮传动装置中的轴承常用的润滑方法,即利用齿轮的转动把润滑齿轮的油甩到四周壁面上,然后通过适当的沟槽把油引入轴承中去。这种润滑结构形式较多,可参考现有机器的使用经验来进行设计。

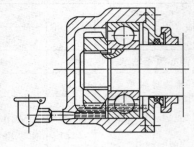

图 14－41　油浴润滑

(4)喷油润滑　适用于转速高、载荷大、要求润滑可靠的轴承。用油泵将润滑油增压,通过油管或机体上特制的油孔,经喷嘴将油喷射到轴承中去;流过轴承后的润滑油,经过过滤冷却后再循环使用。为了保证油能进入高速转动的轴承,喷嘴应对准内圈和保持架之间的间隙。油泵压力一般约为 0.3～0.5MPa。

(5)油雾润滑　当轴承滚动体的线速度很大,例如 $dn > 6 \times 10^6$ mm·r/min 时,常采用油雾润滑,以避免其他润滑方法由于供油过多,油的内摩擦增大而增高轴承的工作温度。润滑油在油雾发生器中变成油雾,其温度较液体润滑油的温度低,这对冷却轴承来说也是有利的。但润滑了轴承后的油雾,可能部分地随空气散逸,要污染环境。故在必要时,宜用油气分离器来收集油雾,或者采用通风装置来排除废气。

九、轴承的密封装置

轴承的密封装置是为了阻止灰尘、水、酸气和其他杂物进入轴承,并阻止润滑剂流失而设置的。密封装置可分为接触式及非接触式两大类。

1. 接触式密封

在轴承盖内放置软材料与转动轴直接接触而起密封作用。常用的软材料有细毛毡、橡胶、皮革、软木等;或者放置耐磨硬质材料(如加强石墨、青铜、耐磨铸铁等)与转动轴直接接触进行密封。

(1)毡圈密封　在轴承盖上开出梯形槽,将细毛毡按标准制成环形(尺寸不大时)或带形(尺寸较大时),放置在梯形槽中以与轴密合接触(图 14－42a);或者在轴承盖上开缺口放置毛毡,然后用另外一个零件压在毛毡上,以调整毛毡与轴的密合程度(图 14－42b),从而提高密合效果。这种密封结构简单,但摩擦较严重,只用于滑动速度小于 4～5m/s 的地方。与毛毡相接触的轴表面如经过抛光且毛毡质量高时,可用到滑动速度达 7～8m/s 之处。

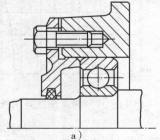
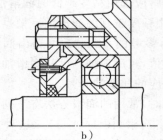

a)　　　　　　　　　　　　　　　　b)

图 14－42　毡圈密封

（2）**皮圈密封**　由合成橡胶制成的碗式有骨架密封。这种密封可用在剩余压力低于 50MPa 的矿物油、润滑脂和水中工作。容许温度为 45℃～120℃，而短时（不超过 2h）可达 130℃。

皮圈（图 14－43 和表 14－16）是由耐油橡胶制成壳体 2、厂形截面的钢环骨架 3 和弹簧圈 1 所组成。骨架使皮圈的壳体具有刚性，它可以位于壳体内，也可以位于表面上。弹簧圈收缩皮圈的密封部分。因此形成了宽 $b＝0.4～0.8$mm 的皮圈工作边，从而紧密地包住轴的表面。只有当摩擦面得到润滑时，皮圈才能正常工作。

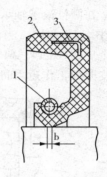

图 14－43　橡皮碗

表 14－16　**轴用有骨架橡皮碗**（根据 *ГОСТ* 8752-70）

直径 d	D	h_1	h_2 不大于	直径 d	D	h_1	h_2 不大于
20				42	62	10	14
21	40			45	65		
22				48	70		
24				50			
25	42			52	75		
26	45			55			
30	52			56	80		
32				58		12	16
35		10	14	60	85		
36	58			63	90		
38				65			
40	60			70	95		
				71	95		
				75	100		

轴径 $d＝50$mm、外径 $D＝70$mm 的 Ⅰ 型皮碗的标记举例：皮碗 I-50×70ГОСТ 8752-70。

皮圈应按图 14－44 沿着介质压力 p 的方向装在轴承盖或减速器箱体内。轴承盖上放皮圈的孔应按 h8 的公差和粗糙度 $R_a 3.2\mu$m 制造。盖的定心凸肩应按 h8 的公差制造。这个凸肩相对于放皮圈的孔的不同心度，当轴径为 18～50mm 时，不得大于 0.015mm；当轴径为 0～120mm 时，不得大于 0.02mm。为了推出磨损的皮圈，在轴承盖上要两二三个直径 3～4mm 的孔。轴上与密封接触的表面应按 h11 的公差和粗糙度 $R_a≤0.32\mu$m 制造，并淬硬到 HRC≥50。当表面粗糙度较大时，皮圈的工作边将很快发生磨损，而当轴的硬度较低时，将形成凹槽而使轴削弱。

为了防止轴发生磨损，建议安装套筒（图 14－44b），套筒能避免做出附加台阶以形成轴肩，同时还能起间隔作用。套筒应按配合 H7/R6 安装在轴上，以保证能实现可靠的轴向固定。为了防止在压力差很大时（例如，通过压力注油器把润滑脂压入轴承腔时）皮圈 2 翻转，建议采用锥形挡板 4（图 14－44b）。为了防止皮圈工作边在安装时损伤，要在轴 1 或套筒 3 上做出约 15°的安装倒角（图 14－44a 和 b）。

　　在圆锥滚子轴承旁边安装皮圈时,要在装轴承中开排油槽,以便排出被轴承压出的润滑油(图 14-44b)。当油面较高(例如,在圆弧蜗杆减速器)或者外部介质含尘时,要并排安装两个皮圈(图 14-44c)或安装一个带防尘套的皮圈。在这种情况下,装配时要在皮圈之间或者皮圈的工作边之间的自由空间内填满润滑脂。

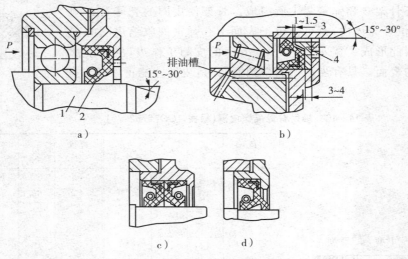

图 14-44　皮碗的安装方法

　　皮圈式接触密封与附加的结构——工艺措施相结合,能产生较好的效果。例如,如果在装皮圈的轴颈上做出深约 $0.02mm$ 的螺纹,而螺纹头数为 $3\sim6$ 的螺旋槽(图 14-45a),则落入槽内的油会被螺旋槽甩回箱体内。在轴的精磨和抛光表面上刻蚀一些浅的刻线时,能获得同样的效果。工作时,皮圈的工作边会把轴的表面磨光或刻线完全消失,而只在两旁留有刻线(图 14-45b)。

　　当轴的旋转方向不变时,可使用带槽和刻线密封。

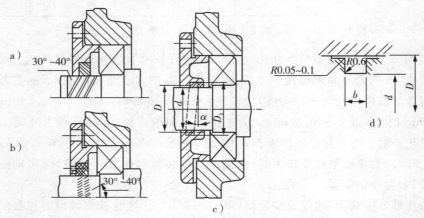

图 14-45　高效碗式密封

　　圆橡皮圈斜置式皮碗(图 14-45c)能获得良好的密封效果和较高的寿命。皮碗的倾斜

角应按关系式 $tg\alpha \geqslant d_2/d_1$ 选择,式中 $d_2=4.6mm$ 为橡皮圈厚度,$d_1=D-c=8mm$ 为橡皮圈内径。d 与 c 值对应关系为:

d(mm)	28~30	32~63	64~99
c(mm)	0.5	1.0	1.5

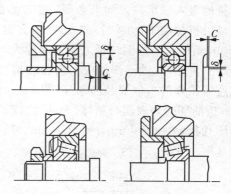

槽的形状和宽度 b 见图 11-45d 的标记。盖上的凹槽直径 $D_1=d+7.4mm$(参考图 14-45c)。皮碗的斜置能为甩油和润滑轴与皮碗的接触面创造条件。

当轴承用液体润滑时,常用沿轴承套筒端面的密封。在这种形式的许多结构方案中,现介绍最简单而十分有效的用弹性钢垫圈的密封(图 14-46)。垫圈厚度 $\delta=0.3\sim0.6mm$。而垫圈固定后,这会产生一定的力,使垫圈的端面压向轴承套筒的端面。

图 14-46　用钢垫圈的密封

接触式密封对旋转有阻力,所以这种密封用于速度($v<15m/s$)的场合。

2. 非接触式密封

非接触式密封对旋转没有阻力。

缝隙式(图 14-47a 和 b)和迷宫式(图 14-47c)密封是通过窄槽和形状复杂的径向槽与轴向槽(曲路)来阻止液体渗漏的。用任何润滑材料润滑轴承时,这些密封都能可靠地阻挡泥渣和尘埃进入轴承,它们没有摩擦零件,在任何圆周速度下几乎都可采用。槽的形状如图 14-47a 和 b 所示;尺寸(mm)可按下列推荐数据取定:

d(轴)	20~50	50~80	80~120
b	2.0	3.0	4.0
e	0.2	0.3	0.4
r	1.5	2.0	2.5

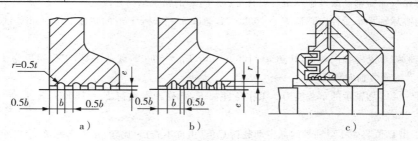

图 14-47　缝隙式密封和迷宫式密封

缝隙式和迷宫式密封的间隙应填满润滑脂,以便形成附加的油障来防止外来的尘埃和水分进入轴承。

　　为了提高密封效果,应组合使用各种密封。图 14 - 47 表示迷宫式密封和缝隙式密封的组合。

　　当滚动轴承用油雾润滑时,为了使油能自由渗入,轴承腔应在箱体内敞开,而为了改善油的循环,最好在轴承座上开排油槽(图 14 - 48a)。

　　当小齿轮布置在轴承旁边而其外径小于轴承的外径时,在高速下从啮合中挤出的油将被大量地甩入轴承内。如果必须防止过多的油进入轴承,则应采用挡油圈式的内密封,挡油圈是经过机械加工(方案 1)或者冲压(方案 2)而制成的(图 14 - 48b)。挡油圈厚度为 1.2～2.0mm,箱体和挡油圈外径之间的间隙为 0.2～0.5mm。

　　用润滑脂时,轴承部件应与内腔隔离,以免润滑脂被润滑啮合用的油液冲掉。为此,要在减速器箱体的内侧安装挡油环(图 14 - 48c),以使外径上为梳形的板伸出轴承座端面 1～2mm;挡油环的外表面与箱体(套杯)之间的间隙为 0.2mm,即 $D_0 = D - 0.2\text{mm}$,其中 D 为轴承座孔径,$a = 6～9\text{mm}$,$t = 2～3\text{mm}$。尺寸 b 等于轴肩高度。尺寸 l 和 c(图 14 - 48c)根据结构选取。

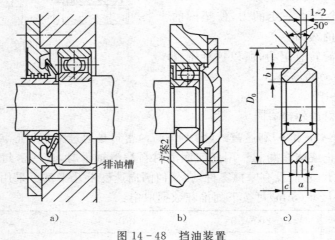

图 14 - 48　挡油装置

思 考 题

　　1. 分析齿轮减速器轴系滚动轴承组合设计上(题 1 图)的错误结构并改之。

　　2. 某一向心球轴承承受径向载荷 $F_r = 100000\text{N}$,能以 $n = 1450\text{r/min}$ 的转速工作 500h。试求此轴承的额定动载荷 C。

　　3. 307 型轴承,承受纯轴向载荷,转速 $n = 1000\text{r/min}$,$L_H = 5000\text{h}$,载荷平稳,工作温度为 150℃。试求该轴承所能承受的最大轴向载荷 F_a。

　　4. 验算某一 406 型轴承的承载能力。工作条件如下:承受冲击载荷 $F_r = 1600\text{N}$,转速 $n = 20\text{r/min}$,要求寿命 $L_H = 1000\text{h}$。

　　提示:①求出 C 值与 406 型轴承的额定动载荷 C 值(由样本查出)比较,是否满足;②求出 406 型在所给出的条件下的寿命是否能满足要求;③验算承受静载荷。

　　5. G 级精度 1220 型轴承,溅油润滑,承受径向地荷 $F_r = 10000\text{N}$,轴向载荷 $F_a = 300\text{N}$,工作转速 $n = 300\text{r/min}$,试验算其极限转速。

　　6. 根据工作条件,决定选用 $\alpha = 25°$ 的两个单列向心推力轴承,"面对面"安装,如题 6 图所示。已知两

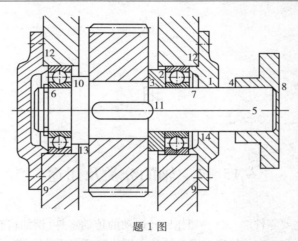

题 1 图

轴承的径向载荷分别为 $F_{rI}=3390N$，$F_{rII}=1040N$；轴向载荷 $F_a=870N$，作用方向指向轴承 I。试计算其工作寿命。

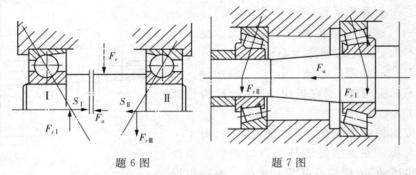

题 6 图	题 7 图

7. 某减速器由两个单列圆锥滚子轴承支承，如题 7 图所示。右轴承选用 7607 轴承，左轴承选用 7606 轴承，已知轴承为 1380r/min。右轴承承受径向载荷 $F_{rI}=4000N$，左轴承承受径向载荷 $F_r=4250N$，外加轴向载荷 $F_a=350N$，方向自右至左。试计算两轴承的寿命。

8. 滚动轴承的寿命计算公式 $L=10^6(\frac{C}{P})^\varepsilon$ 中各符号的意义和单位是什么？若转速为 $n(r/min)$，寿命 (r) 与 $L_H(h)$ 之间有什么关系？试分析：①转速一定的 207 轴承的当量动载荷由 P 增为 $2P$，寿命是否由 L 下降为 $\frac{1}{2}P$？②P 一定的 207 载荷，当工作转速由 n 增为 $2n(2n$ 小于轴承极限转速)，寿命 $L(r)$ 及 $L_H(h)$ 是否有变化？

第十五章

轴

§15-1 轴的分类及用途

轴是组成机器的主要零件之一。一切作回转运动的传动零件(例如齿轮、蜗轮等),都必须安装在轴上才能进行运动及动力的传递。因此轴的主要功用是支承回转零件并传递运动和动力。

按照承受载荷的不同,轴可分为转轴、心轴和传动轴三类。工作中既承受弯矩又承受扭矩的轴称为转轴(图 15-1),这类轴在各种机器中最为常见。只承受弯矩而不承受扭矩的轴称为心轴,心轴又分为转动心轴(图 15-2a)和固定心轴(图 15-2b)两种。只承受扭矩而不承受弯矩(或弯矩很小)的轴称为传动轴(图 15-3)。

轴还可按照轴线形状的不同,分为曲轴(图 15-4)和直轴两大类。曲轴通过连杆可以将旋转运动改变为往复直线运动,或作相反的运动变换。直轴根据

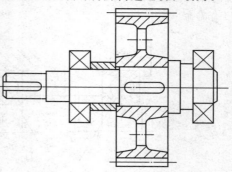

图 15-1 支承齿轮的转轴

外形的不同,可分为光轴(图 15-2)和阶梯轴(图 15-1)两种。光轴形状简单,加工容易,应力集中源少,但轴上的零件不易装配及定位;阶梯轴则正好与光轴相反。因此光轴主要用于心轴和传动轴,阶梯轴则常用于转轴。

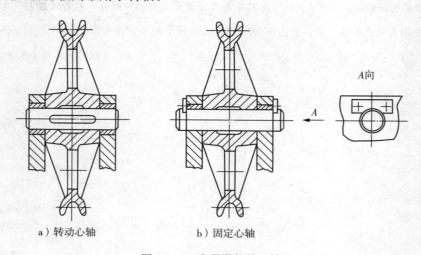

a)转动心轴   b)固定心轴

图 15-2 支承滑轮的心轴

图 15 - 3　传动轴

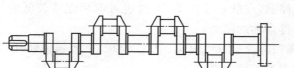

图 15 - 4　曲　轴

直轴一般都制成实心的。在那些由于机器结构的要求而需在轴中装设其他零件或者减小轴的质量具有特别重大作用的场合,则将轴制成空心的(图 15 - 5)。空心轴内径与外径的比值通常为 0.5～0.6,以保证轴的刚度及扭转稳定性。

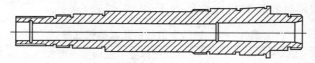

图 15 - 5　空心轴

此外,还有一种钢丝软轴,又称钢丝挠性轴。它是由多组钢丝分层卷绕而成的(图 15 - 6),具有良好的挠性,可以把回转运动灵活地传到不开敞的空间位置(图 15 - 7)。

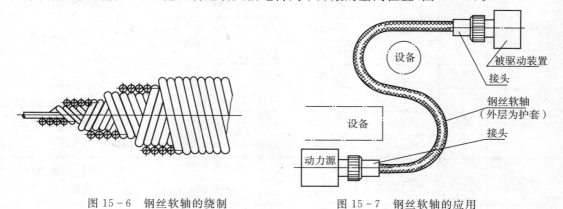

图 15 - 6　钢丝软轴的绕制　　　　　　图 15 - 7　钢丝软轴的应用

§15 - 2　轴 的 材 料

轴的材料主要是碳钢和合金钢。钢轴的毛坯多数用轧制圆钢和锻件,有的则直接用圆钢。

由于碳钢比合金钢价廉,对应力集中的敏感性较低,同时也可以用热处理或化学热处理的办法来提高其耐磨性和抗疲劳强度,故采用碳钢制造轴尤为广泛,其中最常用的是 45

号钢。

　　合金钢比碳钢具有更高的机械性能和更好的淬火性能。因此,在传递大动力,并要求减小尺寸与重量,提高轴颈的耐磨性,以及处于高温或低温条件下工作的轴,常采用使合金钢。

　　必须指出:在一般工作温度下(低于200℃),各种碳钢和合金钢的弹性模量均相差不多,因此在选择钢的种类和决定钢的热处理方法时,所根据的是强度和耐磨性,而不是轴的弯曲或扭转刚度。但也应注意,在既定条件下,有时也可选择强度较低的钢材,而用适当增大轴的剖面面积的办法来提高轴的刚度。

　　各种热处理(如高频淬火、渗碳、氮化、氰化等)以及表面强化处理(如喷丸、滚压等),对提高轴的抗疲劳强度都有显著的效果。

　　球墨铸铁及高强度铸铁容易铸成复杂的形状,而且具有价格低廉、吸振性能好、应力集中和敏感性低等优点,可用于制造外形复杂的轴。但轴的质量在铸造时不易控制,使用时必须进行严格检查。

　　轴的材料品种很多,设计时主要根据对轴的强度、刚度、耐磨性以及加工方法、热处理等要求来选择。轴的常用材料及其机械性能列于表15-1。

表 15-1　轴的常用材料及其机械性能

材料牌号	热处理	毛坯直径 mm	硬度 (HBS)	拉伸强度极限 σ_B	拉伸屈服极限 σ_S	弯曲疲劳极限 σ_{-1}	剪切疲劳极限 τ_{-1}	备　　注
				（MPa）				
45	正火	25	≤241	610	360	260	150	应用最为广泛
	正火 回火	≤100	170～217	600	300	275	140	
		＞100～300	162～217	580	290	270	135	
	调质	≤200	217～255	650	360	300	155	
40Cr	调质	25		1000	800	500	280	用于载荷较大而无很大冲击的重要轴
		≤100	241～286	750	550	350	200	
		＞100～300	241～286	700	500	340	185	
40CrNi	调质	25	300～320	1000	800	485	280	用于很重要的轴
		≤100	270～300	900	750	470	280	
20Cr2Ni4A	调质	≤150	≥360	1250	1070	630	320	
38SiMnMo	调质	≤100	229～286	750	600	360	210	
		＞100～300	217～269	700	550	335	195	
8CrMoAlA	氮化	30	229	1000	850	495	285	用于要求高的耐腐蚀性、高强度且热处理变形很小的轴

（续表）

材料牌号	热处理	毛坯直径 mm	硬度 （HBS）	拉伸强度极限 σ_B	拉伸屈服极限 σ_S	弯曲疲劳极限 σ_{-1}	剪切疲劳极限 τ_{-1}	备　注
				（MPa）				
20Cr	渗碳淬火回火	15	表面 HRC 56～62	850	550	375	215	用于要求强度、韧性均较高的轴（如齿轮、蜗轮轴）
		30		650	400	280	160	
		≤60		650	400	280	160	
1Cr18Ni9Ti	淬火	≤60	≤192	550	220	205	120	用于高、低温及强腐蚀条件下工作的轴
		>60～100		540	200	205	115	
		>100～200		500	200	195	105	
QT400—17			156～197	400	300	145	125	
QT450—5			170～207	450	330	160	140	
QT600—2			197～269	600	420	215	185	

注：①σ_{-1}，τ_{-1}，τ_S 可按以下各式近似求得：钢 $\sigma_{-1} \approx 0.27(\sigma_B + \sigma_S)$；$\tau_{-1} \approx 0.156(\sigma_B + \sigma_S)$。球墨铸铁 $\sigma_{-1} = 0.36\sigma_B$；$\tau_{-1} = 0.31\sigma_B$；

②$\tau_S = (0.55 \sim 0.62)\sigma_S$。

§15-3　轴的结构设计

减速器中的轴可分为主动轴、从动轴和中间轴。主动轴和从动轴的悬臂部分用以安装半联轴器，以与原动机或作机的半联器相联。为了提高可靠性和减小外形尺寸，有时半联轴器可与轴制成一体。根据结构要求，主动轴和中间轴也可与齿轮制成一体的。转轴既传递扭矩，又承受弯矩。行星传动中，为安装行星轮常采用仅承受弯矩的心轴（图 15-2、图 15-8）。

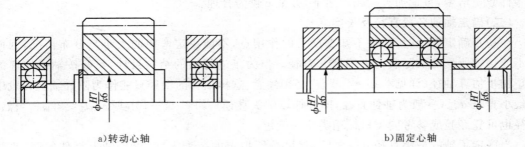

　　a)转动心轴　　　　　　　　　　　　　　b)固定心轴

图 15-8　心　轴

轴的结构设计应该是定出轴的合理外形和全部结构尺寸。

轴的结构主要取决于以下因素：轴在机器中的安装位置及形式；轴上安装的零件类型、尺寸、数量以及和轴联接的方法；载荷的性质、大小、主向及分布情况；轴的制造工艺等。由于影响因素很多,而且有时互相矛盾,因此,轴的结构设计具有较大的灵活性和多样性,以使矛盾诸因素得到合理的解决,所以轴没有标准的结构形式。设计时,必须针对不同情况进行具体分析。一般而言,轴的结构设计都应满足:轴和装在轴上的零件要有准确的工作位置;轴上的零件应便于装拆和调整;轴应具有良好的制造工艺性等。

为便于说明问题,下面以二级圆锥-圆柱齿轮减速器(图 15 - 9)的输出轴为例来说明轴的结构设计方法。

设计轴的结构时,一般应已知:装配简图(图 15 - 9)、轴的转速、传递的功率、传动零件(齿轮)的主要参数和尺寸等。

根据减速器的安装要求,图 15 - 9 中给出了减速器中主要零件的相互位置关系:取齿轮距箱体内壁距离 a 及齿轮间距 c,以及滚动轴承内侧与箱体内壁间的距离 S(用以考虑箱体可能有的铸造误差);尺寸 l 可根据轴承端盖的联接螺栓和联轴器的装拆要求确定。

减速器输出轴的结构设计方法如下。

(一)拟定零件的装配方案

轴上零件采用不同的装配方案,必然得出不同的结构形式。设计时,可拟定几种不同的装配方案,经过分析对比,选取最佳方案。

图 15 - 10c,d 所示,为输出轴结构的两种装配方案。当按结构方案 c 装配时,圆柱齿轮 7、轴套 5、左轴承 4、轴承端盖及联轴器 2,均依次从轴的左端装入;只有右轴承从轴的右端装入。当按方案 d 装配时,短轴套、左轴承、轴承盖及联轴器均从轴的左端装入;而圆柱齿轮、长轴套及右轴承则从轴的

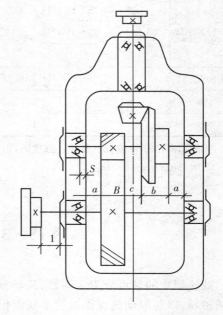

图 15 - 9　二级圆锥-圆柱齿轮减速器简图

右端装入。从这两个方案分析比较,显而易见,方案 d 增加了一个作为轴向定位的长轴套,使零件数量增多,重量加大。相比之下,方案 c 较为合理。

(二)确定轴的各段直径及长度

在初步确定轴径时,往往不知支反力的作用点,不能决定弯矩的大小与分布情况,因而还不能接轴所受的实际载荷来确定其直径。但为了进行轴的结构设计,只好按轴所传递的扭矩初步估算轴径(详见§ 15 - 4 节)。必须注意,这样估算的轴径只能作为阶梯轴上各段中的最小直径 d_{min}(一般为轴伸直径,即外伸段轴头直径),如图 15 - 10b 所示 $d_1 = d_{min}$。当然,轴径也可凭经验或参考同类机械用类比法确定。

当确定了轴的最小直径 d_{min} 之后,就可按所拟定的装配方案,根据轴上零件的固定、装拆要求,从 d_{min} 段起根据工艺及使用要求将各段阶梯轴的直径逐次加大 $d_1 = d_{min}, d_2, d_3, d_4$(图 15 - 10b)。注意轴颈和轴头的直径应按规范取标准直径,特别是装滚动轴承的轴颈(图 15 - 10b 的 d_2)必须按轴承的内径选取。

轴的各段长度,主要根据轴上各零件与轴配合部分的轴向尺寸来确定。如图 15 - 10b

所示，$l_2 = B + S + a$（此处 B 为轴承宽度，见图 15 - 10a），$l_3 = b$（此处 b 为齿轮宽度，见图 15 - 10a），而 l_1 则应根据联轴器轮毂长度，并考虑到轴承部件的设计要求，以及轴承端盖与联轴器的装拆要求来确定。

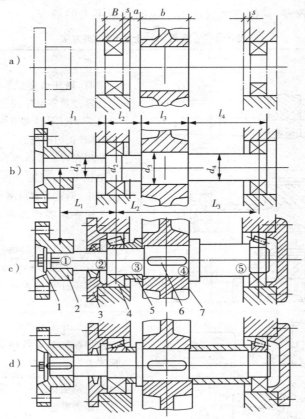

1—轴端挡圈；2—联轴器；3—轴承端盖；4—圆锥滚子轴承；5—套筒；6—平键；7—圆柱齿轮

图 15 - 10　轴的结构设计分析

（三）轴上零件的定位与固定

为了防止轴上零件受力时沿轴向串动或周向滑动，以保证其准确的工作位置，所以，安装在轴上的所有零件，必须有准确的定位和牢靠的固定。

1. 轴上零件的定位

阶梯轴上截面变化处叫轴肩（单向变化）或轴环（双向变化），它们都是定位作用。如图 15 - 10c 中的轴肩①使联轴器 2 定位，轴环的轴肩④使齿轮 7 定位，轴肩⑤使右轴承定位。有的轴上零件是间接依靠轴肩定位的，如图 15 - 10c 中左端的圆锥滚子轴承 4，它在轴上的准确定位是由轴肩④的位置，以及齿轮 7 和轴套 5 的宽度来确定的，即间接依靠轴肩④定位。

2. 轴上零件的轴向定位

轴上零件的轴向定位，既要保证轴上零件的轴向位置，又要便于轴上零件的装拆。在图 15 - 10c 中，齿轮 7 是由轴环的轴肩④和套筒 5 作轴向固定的；左轴承 4 的内圈套筒由 5、外圈由轴承端盖 3 作轴向固定；右轴承内圈由轴肩⑤，外圈由轴承端盖作轴向固定；联轴器 2 由轴肩① 和轴端挡圈 1 作轴向固定。

轴上零件常用的固定方法及应用特点见表 15-2。在这些轴向固定方式中，以轴肩、套筒、挡圈和螺母用得较多，其他方法只适用于轴向载荷不大的场合。

表 15-2　常用的轴上零件固定方法

固定方式	简　图	应用特点
轴肩、轴环		轴肩、轴环由定位面和过渡圆角组成。为保证零件紧靠定位面，应使轴肩、轴环的圆角半径 $r < R$（零件毂孔的圆角半径），或 $r < C$（零件毂孔的倒角）； 　常用在齿轮轴承等的轴向固定
套　筒		定位可靠，不需开槽、钻孔，不影响轴的疲劳强度，但重量有所增加； 　常用在两零件间距离较小的部位作轴向固定
螺　母		为避免过分削弱轴的疲劳强度，一般用细牙螺纹。常用双螺母或带翅垫圈防松； 　用在零件与轴承距离较大，轴上允许车螺纹的轴段
轴端挡圈		挡圈尺寸见 GB892-66； 　常用在轴端零件的固定，可承受较大的轴向力
圆锥面		常与轴端挡圈一起使用，根据同心度要求，考虑是否带键； 　常用在高速轴、受冲击载荷、同心度要求较高的轴端零件固定
弹性挡圈		轴结构简单，但应力集中严重，削弱轴的疲劳强度； 　用在轴向力较小，或仅为防止轴向移动时，常用来固定滚动轴承
紧定螺钉		可兼作轴向固定； 　常用于光轴及轴向力小的零件固定

必须注意，轴上零件一般均应作双向固定（见图 15-10c），这时可选择表 15-2 中各种轴向固定方法联合使用。当轴上零件采用 $r6$ 以上的静配合联接时，也可以不再采用其他的

轴向固定。

必须指出,为保证轴向牢靠,与齿轮、联轴器等零件相配的轴段长度一般应比毂长略短(约短 2~3mm,见图 15-10c)。

3. 轴上零件的周向固定

为了传递运动和转矩,轴上的传动零件除了轴向固定外,还必须有可靠的周向固定,如图 15-10c 中的齿轮 7 与轴做周向固定;联轴器 2 也用键做周向固定。

(四)轴上零件的装拆

轴的结构设计,必须考虑轴上零件便于装拆。通常,轴都采用阶梯形结构(图 15-10c),这样符合接近等强度梁的要求,也使轴上零件装拆方便,固定可靠。在图 15-10c 中,轴的中间装有用轴环和套筒固定的齿轮。为了便于装拆齿轮,必须使轴径 $d_2 < d_3$(对照图 15-10b)。这样既能加快装拆齿轮,又能保护装滚动轴承处轴的配合表面不致被齿轮孔擦伤。在左端装滚动轴承和轴承盖处,轴的表面粗糙度要求较高,为减少轴承内圈的装配长度,以利装拆,应使 $d_1 < d_2$(对照图 15-10b)。

有时,为了装配方便和对中,在轴上压入紧配零件端,应做出锥度(图 15-11);或在同一直径上的两段采用不同的尺寸公差(图 15-12)。

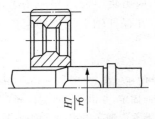

图 15-11　轴的装配锥度

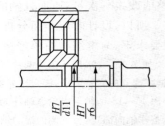

图 15-12　采用不同的尺寸公差

(五)轴的结构工艺性

为了改善轴的抗疲劳强度,减小轴在剖面突变处的应力集中,应适当增大其过渡圆角半径 r(图 15-13),不过同时还要使零件能得到可靠的定位,所以过渡圆角半径又必须小于与之相配的零件的圆角半径 R 或倒角尺寸 C_1(图 a)。当与轴相配的零件必须采用很小的圆角半径,而又要减小轴肩处的应力集中时,可采用内凹圆角(图 b)或加装隔离环(图 c)的结构形式。此外,轴上各处的圆角半径还应尽可能统一。

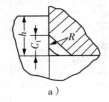

a)

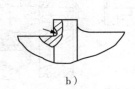

b)

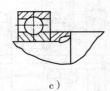

c)

图 15-13　轴肩过渡结构

为了便于装配零件,并去掉毛刺,轴端应制出 45°的倒角。当轴的某段须磨削加工或有螺纹时,须留出砂轮越程槽(图 15-14a)或退刀槽(图 15-14b)。它们的尺寸可参看标准或手册。

　　当轴上有两个以上的键槽时,应置于同一直线上,槽宽应尽可能统一,以利加工。

　　此外,在结构设计时,还可以采用改善受力情况、改变轴上零件位置等措施来提高轴的强度。例如在图 15-15 所示的起重卷筒的两种不同方案中,图 a 的方案是大齿轮和卷筒联在一起,转矩经大齿轮直接传给卷筒,这样卷筒轴只受弯矩而不受扭矩,在同样载荷 Q 作用下,轴的直径可小于图 b 的结构。

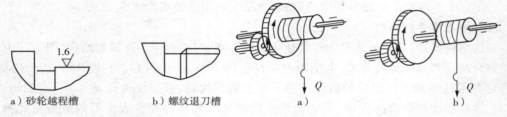

　　a) 砂轮越程槽　　　b) 螺纹退刀槽　　　　　　a)　　　　　　　b)

　　图 15-14　轴肩过渡结构　　　　　　图 15-15　起重卷筒

　　必须注意,所有圆角半径、倒角、退刀槽等,应各自取同样的尺寸,这样就可以减少刀量具数量和更换刀量具的时间。另外,轴段的阶梯轴数量,除了要考虑强度、轴向固定和装拆方便等要求外,从降低成本而言,绝不能盲目地增加阶梯数目,因为加工一个阶梯,就要多一次对刀,多调整或改换一次量具,而且轴的阶梯增多,应力集中源也相应增多,对轴的疲劳强度也甚为有害。所以,设计时应全面分析,找出矛盾,在保证轴上零件的定位和固定要求,以及加工和装配要求下,力求结构简单经济合理。

　　例题 15-1　如图 15-16a 所示的一圆柱齿轮减速器,试对其输入进行结构设计。

　　解:首先根据减速器的安装要求,确定减速器中主要零件的相互位置(图 15-15a),其中输入轴上各零件的相互位置如图 15-16 b;轴上齿轮靠轴环⑤和套筒做轴向固定,并由平键做周向固定。轴段③的滚动轴承靠套筒与端盖作轴向固定,另一侧的滚动轴承则轴肩与端盖作轴向固定,两轴承内圈与轴均采用过盈或过渡配合,轴段②的轴肩与轴段③的轴肩都不起定位作用,称为非定位轴肩。轴段③与轴承内圈配合处较紧,精度和粗糙度较高,需经磨削加工;与套筒配合处为间隙配合,粗糙度较低,轴段③较长,为减少磨削加工时将其用细线分成两个不同精度段;为了便于轴颈表面进行磨削加工,轴段⑦上有砂轮直程槽。以上各轴段的安排呈阶梯形,中间粗两端细,符合等强度外形的原则,这样也便于安装和拆卸。

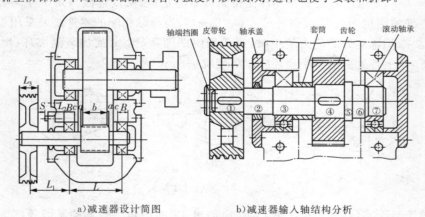

　　a) 减速器设计简图　　　　　　b) 减速器输入轴结构分析

　　图 15-16　一级圆柱齿轮减速器

轴上各段直径由强度计算、刚度计算以及轴上安装零件的情况来确定。

§15－4　轴的强度计算

　　轴的计算通常都在初步完成轴的结构设计后进行校核计算,计算准则是满足轴的强度或刚度要求,必要时还应校核轴的振动稳定性。在进行轴的强度校核计算时,首先要分析轴上载荷的大小、方向、性质及作用点。把实际受载情况简化成简图,即力学模型(图 15－17),然后应用力学方法进行计算。

一、轴的计算简图

(一)轴的载荷简化

　　作用在轴上的载荷,是由安装在轴上的传动件(如齿轮、联轴器等)传给的,并沿零件的装配宽度分布。为了计算方便起见,通常将此分布载荷简化成集中力作用在轴上零件的轮缘宽度的中点上,如图 15－17a,b 所示。这样简化方式,对多数情况是偏于安全的。当轮毂联接要用过盈配合而轮毂宽度 $B > 2d$ 时,载荷分布向轮毂两端集中,这时载荷可按图 15－17c 进行简化。当轮毂刚性愈大,或过盈配合愈紧时,载荷分布愈向两端集中,所取 e 值应愈小($e = 0 \sim 0.3B$)。

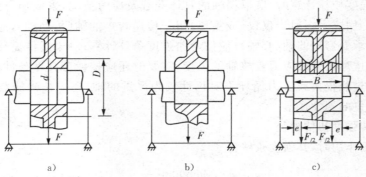

图 15－17　轴的载荷简化

　　作用在轴上的转矩,通常是假定由传动件轮毂的中点算起的(图 15－12e)。

　　联轴器作用在轴上的载荷,除转矩 T 之外,还有因两轴安装时不能严格对中而引起的附加载荷 F_Q(图 15－17b,c),其中取为联轴器传递圆周力的 0.1~0.4 倍。此附加载荷使轴产生附加弯矩。F_Q 的方向取决安装误差,通常是将 F_Q 产生的附加弯矩叠加在合成弯矩上,F_Q 产生的支反力叠加在合成支反力上。

(二)轴的支承简化

　　滚动轴承的支承简化如图 15－18a,b,c 所示。

　　对滑动轴承(图 15－18d),当轴承长径比 $l/d < 1$ 时,取 $e = 0.5l$;当 $l/d > $ 时,取 $e = 0.5d$,但不小于$(0.25 \sim 0.35)l$;对调心轴承,取 $e = 0.5l$。

(三)轴的计算简图

　　以图 15－19a 所示的转轴为例,轴上传动件为斜齿轮,作用在齿轮分度圆上的力有圆周力 F_t、径向力 F_r、轴向力 F_a,假设这些力都作用在齿宽中点处。作用在半联轴器上的载荷有

转矩 T、附加载荷 F_a。因轴向力 F_a 指向右方,故右轴承取作固定铰链支座,而左轴承取作移动铰链支座。经过这些的简化以后,就可以按照上述方法,把轴当作受集中载荷的铰链支座梁来进行计算。求出支反力,绘制弯矩图和转矩图(图 15 – 19d,e)。

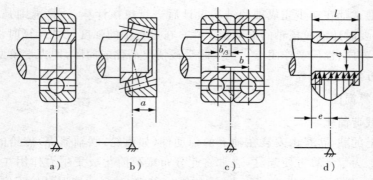

图 15 – 18　轴的支点简化

二、轴的强度校核计算

进行轴的强度校核计算时,应根据轴的具体受载及应力情况,采取相应的计算方法,并恰当地选取其许用应力。对于仅仅(或主要)用于传递转矩的轴(传动轴),应按扭转强度条件计算;对于只承受弯矩的轴(心轴),应按弯曲强度条件计算;对于既传递转矩又承受弯矩的轴(转轴),应按弯扭合成应力校核轴的强度,需要时还应按疲劳强度条件进行精确校核。此外,对于瞬时过载很大或应力循环不对称性较为严重的轴,还应按尖峰载荷校核其静强度,以免产生过量的塑性变形。

(一)按扭转强度初估轴径

轴受到转矩作用时,其强度条件为

$$\tau_T = \frac{T}{W_T} = \frac{9550000 \dfrac{P}{n}}{\dfrac{\pi}{16} d^3} \leqslant [\tau]_T$$

$$(15 – 1)$$

式中　τ_T——扭转剪应力,MPa;

T——轴传递的转矩,N·mm;

W_T——轴的抗扭剖面模量,mm³;

n——轴的转速,r/min;

P——轴传递的功率,KW;

d——计算剖面处轴的直径;

$[\tau]_T$——许用扭转剪应力,表 15 – 3。

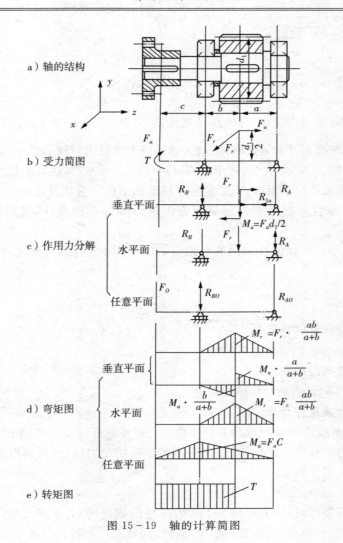

图 15-19　轴的计算简图

表 15-3　轴常用的几种材料的 $[\tau]_T$ 及 C 值

轴的材料	A3、20	45	40Cr,35SiMo 38SiMnMo,2Cr13	1Cr18NioTi
$[\tau]_T$	12～20	34～40	40～52	15～25
C	160～135	118～107	107～98	148～125

注：① 表中所列的 $[\tau]_T$ 及 C 的值,当弯矩的作用较扭矩小或是受扭矩时, $[\tau]_T$ 取较大值, C 取较小值;

② 当用 A3 及 35SiMn 时, $[\tau]_T$ 取较小值, C 取较大值。

由上式可得轴的直径

$$d \geqslant \sqrt[3]{\frac{9550000P}{0.2[\tau]_T n}} = \sqrt[3]{\frac{9550000}{0.2[\tau]_\tau}} \cdot \sqrt[3]{\frac{P}{n}} = C\sqrt[3]{\frac{P}{n}}\,(\text{mm}) \qquad (15-2)$$

式中　　　$C=\sqrt[3]{9550000/0.2[\tau]_T}$，表 15-3。

对于空心轴

$$d \geqslant C\sqrt[3]{\frac{P}{n(1-\beta^4)}}\,(\text{mm}) \tag{15-3}$$

式中　　$\beta=\dfrac{d_1}{d}$ 即空心轴的内径 d_1 与外径 d 之比，通常取 $\beta=0.5\sim0.6$。

应当指出，当剖面上开有键槽时，应增大轴径以考虑键槽对轴的强度的削弱。一般在有一个键槽时，轴径增大 3% 左右；有两个键槽时，应增大 7% 左右，然后圆整至标准直径。

这种计算方法虽然比较粗略，但还是广泛用于轴结构中对轴段最小直径 $d_{\min}$（通常为轴伸直径）的估算。然后根据所拟定的装配方案进行轴的结构设计，确定轴的结构形状和尺寸。

此外，轴的直径亦可凭设计者的经验取定，或参考同类机器用类比的方法定长。此方法为

$$\frac{d_1}{d_2}=\sqrt[3]{\frac{T_1}{T_2}} \tag{15-4}$$

式中　　d_1——所要计算的轴径；

　　　　T_1——所要计算的轴传递的转矩；

　　　　d_2——同类机器的轴径；

　　　　T_2——同类机器的轴所传递的转矩。

(二)按弯扭合成条件计算

通常，这种计算要在初步完成轴的结构设计之后才能进行。这时轴上零件的位置已知，即外载荷及支反力的作用位置已知，因而有条件作轴的受力分析，绘制弯矩图及扭矩图，进行轴的强度校核。其步骤是：

1. 做出轴的计算简图（即力学模型）

在作轴的计算简图时，应先求出轴上受力零件的载荷（若为空间力系，应把空间力分解为圆周力、径向力和轴向力，然后把它们全部转化到轴上），并将其分解为垂直分力和水平分力（如图 15-19c 所示）。支反力的位置，对于滚动轴承见图 15-18a，b，c 所示；对于滑动轴承见图 15-18d 所示。然后求出各支承处的水平反力 R_H 和垂直分力 R_V（轴向反力 $R_{\perp}a$ 可表示在适当的面上，见图 15-19c）。

2. 做出弯矩图

根据上述简图，分别按垂直面和水平面计算各力产生的弯矩，并按计算结果分别做出垂直面上的弯矩 $M_{\perp}$ 和水平面上的弯矩 $M_{\parallel}$（图 15-19d）。

3. 作扭矩图（图 15-19e）

4. 计算弯、扭合成应力（计算应力）

按弯、扭作用在复合应力计算，通常用第三强度理论求危险截面的合成应力，其强度条件为

$$\sigma_{ca}=\sqrt{\sigma_b^2+4\tau^2}\leqslant[\sigma_b] \tag{15-5}$$

对于直径为 d 的实心转轴

$$\sigma_b = \frac{M}{W} = \frac{M}{0.1d^3} = Z_T = \frac{T}{W_T} = \frac{T}{0.2d^3} = \frac{T}{2W}$$

将 σ_b, τ_T 代入上式,得

$$\sigma_{ca} = \sqrt{\left(\frac{M}{W}\right)^2 + 4\left(\frac{T}{2W}\right)^2} = \frac{\sqrt{M^2 + \dfrac{T_2}{W}}}{W} \leqslant [\sigma]_b$$

由于一般转轴的弯曲应力 σ_b 都是对称循环应力,而扭转应力 τ_T 的性质则随转矩 T 的性质而定,往往与 σ_b 不同。因此,当采用上述公式将转矩 T 折成计算弯矩 M_{ca} 时,为考虑扭矩与弯矩的作用性质不同,得引入系数 α,将扭矩转化为当量的弯矩。于是

$$\sigma_{ca} = \frac{M_{ca}}{W} = \frac{\sqrt{M^2 + (\alpha T)^2}}{0.1d^3} \leqslant [\sigma_{-1}] \tag{15-6}$$

式中　$M = \sqrt{M^2 + (\alpha T)^2}$ ——计算弯矩(或当量弯矩),N·mm;

α——折算系数。对不变的转矩,$\alpha = \dfrac{[\sigma_{-1}]_b}{[\sigma_{+1}]_b} = 0.3$;对脉动变化的转矩,$\alpha = \dfrac{[\sigma_{-1}]_b}{[\sigma_0]} =$

0.59;对于对称循环变化的转矩,则取 $\alpha = \dfrac{[\sigma_{-1}]_b}{[\sigma_{-1}]_b} = 1$。当转矩变化规律不能确切判定时,考虑实际机械运转的不均匀性,这时 α 的取值,一般也按脉动循环处理;

d——轴的直径,mm;

W——轴的抗弯曲模量,mm³。

表 15-4　轴的许用弯曲应力　　　　　　　　　　(N·mm²)

材　料	σ_B	$[\sigma_{+1}]_b$	$[\sigma_0]_b$	$[\sigma_{-1}]_b$
碳　钢	400	130	70	40
	500	170	75	45
	600	200	95	55
	700	230	110	65
合　金　钢	800	270	130	75
	900	300	140	80
	1000	330	150	90
	1200	400	180	110
铸　铁	400	100	60	30
	500	120	70	40

注:静应力时用 $[\sigma_{+1}]_b$,脉动循环应力时用 $[\sigma_0]_b$,译称循环应力时用 $[\sigma_{-1}]_b$。

5. 校核轴的强度

已知轴的计算弯矩时,即可针对某些危险剖面(即计算弯矩 M_{ca} 大而直径小的剖面)作强度校核,即由公式(15-6)得

$$d \geqslant \sqrt[3]{\frac{M_{ca}}{0.1[\sigma_{-1}]_b}} \qquad (15-7)$$

计算出的轴颈与结构设计时初步确定的轴径相比如果小些,则说明轴的强度够了;如果算出的轴颈较大,则说明轴的强度不够,就应对结构设计修改。

计算心轴和传动轴时,也可应用公式(15-5)。当计算心轴时,取 $T=0$;当计算传动轴时,取 $M=0$。

上列各式中所叙的轴的抗弯剖面模量 W(mm³)及抗扭剖面模量 T_T(mm³)的计算公式列于表 15-5。

表 15-5　抗弯、抗扭剖面模量公式

剖　　面	W	W_T	剖　　面	W	W_T
	$\dfrac{\pi d^3}{32} \approx 0.1d^3$	$\dfrac{\pi d^3}{16} \approx 0.2d^3$		$\dfrac{\pi d^3}{32} - \dfrac{bt(d-t)^2}{d}$	$\dfrac{\pi d^3}{16} - \dfrac{bt(d-t)^2}{d}$
	$\dfrac{\pi d^3}{32}(1-\beta^4)$ $\approx 0.1d^3(1-\beta^4)$ $\beta = \dfrac{d_1}{d}$	$\dfrac{\pi d^3}{16}(1-\beta^4)$ $\approx 0.2d^3(1-\beta^4)$ $\beta = \dfrac{d_1}{d}$		$\dfrac{\pi d^3}{32}\left(1-1.54\dfrac{d_1}{d}\right)$	$\dfrac{\pi d^3}{16}\left(1-\dfrac{d_1}{d}\right)$
	$\dfrac{\pi d^3}{32} - \dfrac{bt(d-t)^2}{2d}$	$\dfrac{\pi d^3}{32} - \dfrac{bt(d-t)^2}{2d}$		$[\pi d^4 + (D-d)$ $(D+d)^2 Zb]/32D$ Z——花键齿数	$[\pi d^4 + (D-d)$ $(D+d)^2 Zb]/16D$ Z——花键齿数

注:近似计算时,单、双键槽一般可忽略,花键轴剖面可视为直径等于平均直径的圆剖面。

(三)按疲劳强度条件进行精确校核

这种校核计算的实质在于确定变应力情况下轴的安全程度。在已知轴的外形、尺寸及载荷的基础上,即可通过分析确定一个或几个危险剖面(这时不仅要考虑弯矩和直径的大小,而且要考虑应力集中和绝对尺寸等因素影响的程度),按下式求出计算安全系数 S_{ca} 并应使其稍大于或至少等于设计安全系数 S,即

$$n_{ca} = \frac{S_\sigma \cdot S_\tau}{\sqrt{S_\sigma^2 + S_\tau^2}} \geqslant n \qquad (15-8)$$

仅有法向应力时,应满足

$$n_\sigma = \frac{\sigma_{-1}}{K_\sigma \sigma_a + \psi_\sigma \sigma_m} \geqslant n \qquad (15-9)$$

仅有扭转剪应力时,应满足

$$n_c = \frac{\tau_{-1}}{K_\tau \tau_a + \psi_\tau \tau_m} \geqslant n \tag{15-10}$$

式中 σ_{-1}, τ_{-1}——对称循环时,试件材料的弯曲、扭转疲劳极限;

K_σ, K_τ——综合系数。其值为 $K_\sigma = \dfrac{K_\sigma}{\varepsilon_\sigma} + \dfrac{1}{\beta_\sigma} - 1$; $K_\tau = \dfrac{K_\tau}{\varepsilon_\tau} + \dfrac{1}{\beta_\tau} - 1$。

式中 β 是表面质量系数, $\beta = \beta_g \beta_f$, β_q 是强化处理系数(附表 4-10), β_f 是加工表面系数(附图 4-4); $\varepsilon_\sigma, \varepsilon_\tau$ 是弯曲、扭转时的绝对尺寸系数,分别见附图 4-2 及图 4-3; K_σ, K_τ 是有效应力集中系数, $K_\sigma = 1 + q_\sigma(\alpha_\sigma - 1)$; $K_\tau = 1 + q_\tau(\alpha_\tau - 1)$; 这里 $\alpha_\sigma, \alpha_\tau$——弯曲、扭转应力集中系数,见本书附表 4-2;

q_σ, q_τ——轴的材料敏感系数,附图 4-1;

ψ_σ, ψ_τ——弯曲、扭转时材料特性系数,由试验对碳钢 $\psi_\sigma = 0.1 \sim 0.2$; 对合金钢, $\psi_\sigma = 0.2 \sim 0.3$; 对扭转取 $\psi_\tau = 0.5\psi_\sigma$;

σ_a, σ_m——弯曲正应力的应力幅、平均应力;

τ_a, τ_m——扭转剪应力的应力幅、平均应力。

设计安全系数,其值根据实践经验确定。对于高塑性材料 $(\sigma_S/\sigma_B \leqslant 0.6)$,取 $n = 1.2 \sim 1.6$; 对中、低塑性材料 $(\sigma_S/\sigma_B > 0.6)$,取 $n = 1.5 \sim 2.2$; 对于脆性材料和铸造轴,取 $n = 1.6 \sim 2.5$。当载荷或应力不能精确计算和对材料性能没有把握时,应将 n 增大 20%~50%。

应用上述公式时,应注意:

(1)对于一般转轴,弯曲应力按对称循环规律变化,故 $\sigma_a = \dfrac{M}{W}$, $\sigma_m = 0$;

(2)当轴不能转动或载荷随轴一起转动时,考虑到载荷波动的实际情况,弯曲正应力可当作脉动循环变化来考虑,即 $\sigma_a = \sigma_m = \dfrac{M}{2T}$;

(3)多数情况下,转矩的变化规律往往不易确定,故对一般转轴,通常当作脉动循环来考虑,即 $\tau_a = \tau_m = \dfrac{T}{2W}$;

(4)对于经常正反转且转矩值相等的轴,则当作对称循环变化,即 $\tau_a = \dfrac{T}{W}$, $\tau_m = 0$。

当检核结果 $n_{ca} < n$ 时,则应修改轴的结构和尺寸,或采取提高轴疲劳强度的强化措施:

(1)从结构设计上降低应力集中的影响。例如:加大轴肩过渡处的圆角半径 r(当装配零件的倒角很小时,可采用图 15-13 中介绍的内凹圆角或隔离环);尽可能不在轴的受载区段切制螺纹;适当地放松零件与轴配合,以及在轮毂上或与轮毂配合区段的轴上采取各种结构措施(图 15-20),以降低过渡配合处的应力集中等。

(2)采用能强化材料机械性能的工艺方法来提高材料的疲劳强度。例如减小配合表面及圆角处的加工粗糙度;对零件进行表面淬火、氮化、氰化及渗碳等处理;对零件表面进行喷丸硬化或滚压加工等。

(3)采用高强度材料或加大轴的剖面尺寸。但应注意:高强度材料对应力集中的敏感性较高,故在采用高强度材料时,应特别注意结构设计及表面粗糙度要求,不要形成过大的应力集中。

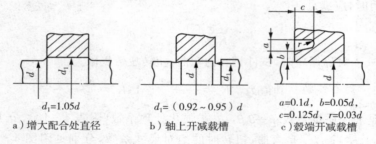

a) 增大配合处直径　　　b) 轴上开减载槽　　　c) 毂端开减载槽

$d_1=1.05d$　　　$d_1=(0.92\sim0.95)d$　　　$a=0.1d,\ b=0.05d,$
$c=0.125d,\ r=0.03d$

图 15-20　轴与轮毂采用过盈配合的几种结构

(四)按静强度条件进行校核

静强度校核的目的在于评定轴对塑性变形的抵抗能力。这对那些瞬时过载很大,或应力循环的不对称性较为严重的轴是很必要的。轴的静强度是根据轴上作用的最大瞬时载荷来校核的。静强度校核时的强度条件是

$$n_{sca}=\frac{S_{S\sigma}S_{s\tau}}{\sqrt{S_{s\sigma}^2+S_{s\tau}^2}}\geqslant n_s \qquad (15-11)$$

式中　S_{sca}——危险剖面静强度的计算安全系数;

　　　$n_{s\sigma}$——只考虑弯曲时的安全系数,见式(15-12);

　　　$n_{s\tau}$——只考虑扭转时的安全系数,见式(15-13);

$$n_{s\sigma}=\frac{\sigma_S}{\left(\dfrac{M_{max}}{W}+\dfrac{F_{amax}}{A}\right)} \qquad (15-12)$$

$$n_{s\tau}=\frac{\tau_s}{\dfrac{T_{max}}{W_T}} \qquad (15-13)$$

式中　σ_s,τ_s——材料的抗弯和抗扭曲极限,MPa;

　　　M_{max},T_{max}——轴的危险剖面上所受的最大弯矩和最大扭矩,N·mm;

　　　F_{amax}——轴的危险剖面上所受的最大轴向力,N;

　　　A——轴的危险剖面的面积,mm^2;

　　　W,W_T——分别为危险剖面的抗弯和抗扭剖面模量,mm^3,见表15-4;

　　　n_s——按屈服强度的设计安全系数:

　　　$n_s=1.2\sim1.4$,用于高塑性材料($\sigma_s/\sigma_B\leqslant0.6$)制成的钢轴;

　　　$n_s=1.4\sim1.8$,用于中等塑性材料($\sigma_s/\sigma_B=0.6\sim0.8$)的钢轴;

　　　$n_s=1.8\sim2$,用于低塑性材料的钢轴;

　　　$n_s=2\sim3$,用于铸造轴。

三、轴的刚度校核计算

轴的刚度不足,在工作中将会产生过大的变形而影响轴上零件的工作能力,甚至影响机器的性能。所以对于有刚度要求的轴,必须进行刚度的校核计算。

轴的刚度分为弯曲刚度与扭转刚度两种。前者以挠度或偏转角来度量;后者以扭转角来度量。轴的刚度校核计算通常是计算出轴在受载时的变形量,并控制其不大于允许值。

轴的弯曲刚度校核计算时,先须算出轴的弯曲变形。由于轴承间隙、箱体刚度,配合在轴上的零件的刚度,以及轴的局部削弱等都要影响到轴的变形,所以精确计算轴的弯曲变形是很复杂的。因此,通常均按材料力学中的公式和方法算出轴的挠度 y 和偏转角 θ,并控制其满足 $y \leqslant [y]$,$\theta \leqslant [\theta]$,此处轴的允许挠度 $[y]$ 和允许偏转角 $[\theta]$ 在一般机械中的规定值见表 15-6。

表 15-6 轴的允许挠度及允许偏转角

名　称	允许挠度 $[y_{max}]$,(mm)	名　称	允许偏转角 $[\theta_{max}]$,(rad)
一般用途的轴	$(0.0003 \sim 0.0005)l$	滑动轴承	0.001
刚度要求较严的轴	$0.0002l$	向心球轴承	0.005
感应电动机轴	0.1Δ	调向心球轴承	0.05
安装齿轮的轴	$(0.01 \sim 0.05)m_n$	圆柱滚子轴承	0.0025
安装蜗轮的轴	$(0.02 \sim 0.05)m_{t2}$	圆锥滚子轴承	0.0016
		安装齿轮处轴的剖面	$0.001 \sim 0.002$

注:l—轴的跨距,mm;Δ—电动机定子与转子间的气隙,mm;m_n—齿轮的法面模数;m_{t2}—蜗轮的端面模数。

校核轴的扭转刚度时,同样先用材料力学的公式和方法算出轴每米长的扭转角 φ_0,并控制其满足 $\varphi_0 \leqslant [\varphi_0]$,此处 $[\varphi_0]$ 为轴每米长允许的扭转角,对于一般传动,可取 $[\varphi_0] = 0.5 \sim 1$ (°)/m;对于精确传动,可取 $[\varphi_0] = 0.25 \sim 0.5$ (°)/m;对于要求不严的轴,$[\varphi_0] > 1$ (°)/m。

四、轴的振动及临界转速

轴是一个弹性体,当旋转时,由于轴和轴上零件的材料组织不均匀,制造有误差,或对中不良等,就要产生以离心力为表征的周期性的干扰力,从而引起轴的弯曲振动(或称横向振动)。如果这种强迫振动的频率与轴的弯曲自振频率相重合时,就出现了弯曲共振现象。当轴由于传递的功率有周期性的变化而产生周期性的扭转变形时,将会引起扭转振动。如其强迫振动频率与轴的扭转自振频率重合时,也要产生对轴有破坏作用的扭转共振。若轴受有周期性的轴向扰力时,自然也会产生纵向振动及在相应条件下的纵向共振。不过,在一般通用机械中,涉及共振的问题不多,而且轴的弯曲振动现象较扭转振动更为常见,纵向振动则由于轴的纵向自振频率很高,而常予忽略,所以下面只对轴的弯曲振动问题略加说明。

轴在引起共振时的转速称为临界转速。如果轴的转速停滞在临界转速附近,轴的变形将迅速增大,以至达到使轴甚至整个机器破坏的程度。因此,对于高转速的轴,必须计算其临界转速,使其工作转速 n 避开其临界转速 n_c。临界转速可以有许多个,最低的一个称为一阶临界转速,其余为二阶、三阶……在一阶临界转速下,振动激烈,最为危险,所以通常主要计算一阶临界转速。但是,在某些情况下还需要计算高阶的临界转速。

弯曲振动临界转速的计算方法很多,现仅以装有单圆盘的双铰支轴(图 15-21)为例,介绍一种计算一阶临界转速的粗略方法。设圆盘的质量 m 很大,相对而言,轴的质量可略去不计,并假定圆盘材料不均匀或制造有误差而未经"平衡",其质心 c 与轴线间的偏心距为 e。当该圆盘以角速度 ω 转动时,由于离心力而产生挠度 y,则旋转时的离心力为

$$F_T = m\omega^2(y + e) \tag{15-14}$$

与离心力 F_r 相抗衡的弹性反作用力为

$$F'_r = Ky \tag{15-15}$$

式中　K——轴的弯曲刚度(使轴产生单位挠度所需的力),其值为

$$K = \frac{48EI}{l^3}$$

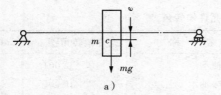 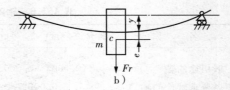

a)　　　　　　　　　　　　　　b)

图 15-21　装有单圆盘的双铰支轴

E——轴材料的弹性模量,N/mm^2;

I——轴的剖面惯性矩;

l——轴的长度。

根据平衡条件得

$$m\omega^2(y+e)Ky = \frac{48EI}{l^3}y \tag{15-16}$$

由式(16-16)可求得轴的挠度

$$y = \frac{e}{\dfrac{K}{m\omega^2} - 1} \tag{15-17}$$

当轴的角速度 ω 由零逐渐增大时,式(15-17)的分母随之减小,故 y 值随 ω 的增大而增大。在没有阻尼的情况下,当 $\dfrac{K}{m\omega^2}$ 趋近于1,则挠度 y 趋近无穷大。这就意味着轴会产生极大的变形而导致破坏。此时所对应的角速度称为临界角速度,以 ω_c 表示,即

$$\omega_c = \sqrt{\frac{K}{m}} \quad \text{rad/sec} \tag{15-18a}$$

引入 $\omega_c = \dfrac{\pi n_c}{30}$,得到轴的临界转速(即 I 阶临界转速,用 n_{CI} 表示)n_{CI} 为

$$n_{CI} = \frac{30}{\pi}\sqrt{\frac{K}{m}} \text{,r/min}$$

引入重力公式 $G = mg$,并设轴的重力引起的偏心为 $y_0 = \dfrac{G}{R}$

将上式略加调整,得

$$n_{CI} = \frac{30}{\pi}\sqrt{\frac{g}{y_0}} \tag{15-18b}$$

现取 $n_{CI} = 8910mm/s^2$;y 的单位为 mm,则由式(15-18b)可求得装有单圆盘(转子)的双铰支轴在不计轴的质量时的一阶临界转速的另一表达式为

$$n_{CI} = \frac{30}{\pi}\sqrt{\frac{g}{y_0}} \approx 946\sqrt{\frac{1}{y_0}} \text{(r/min)}$$

工作转速低于一阶转速的称为刚性轴;超过一阶临界转速的轴称为挠性轴。

(一)刚性轴和挠性轴

设计者的任务是计算临界转速,并防止轴的工作转速与其临界转速接近,以减轻振动或避免共振。因此,有时设计直径大而跨距短的所谓刚性轴,以提高轴的临界转速,使其远在轴的工作转速之上,通常应使轴的工作速度 $n < 0.85 n_{CI}$ 。

但也可以设计轴径相对较小的、跨距较长的所谓挠性轴,以降低轴的临界转速,使轴在较短的时间内平稳地渡过 $n = (0.8 \sim 1.4) n_{CI}$ 的阶段(包括瞬时共振),当轴的工作转速继续提高时,轴即趋于平稳运转。

因此,所谓刚性轴或挠性轴是相对的,设计哪一种轴,主要根据工作转速来考虑确定。举例而言,像离心分离机、涡轮机等,轴的工作转速达 $20000 \sim 40000 \text{r/min}$,甚至更高,显然以采用挠性轴为宜。因此,在这种情况下应使轴的工作速度 $n \geqslant (1.5 \sim 2) n_{CI}$ 。

关于刚性轴和挠性轴与挠度 y 和 $\dfrac{\omega^2}{\omega_C^2}$ 的关系可如图 15-22 所示。

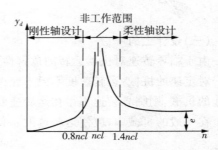

图 15-22　刚性轴和挠性轴

(二)多盘时轴的临界速度

轴上装有多个圆盘时(图 15-23),不计轴的质量,在相当于简支梁的轴上,同时回转其临界转速可用邓克雷法(Dunkley's method)近似求得。图 15-16a 表示一个装有三个圆盘质量分别为 m_1,m_2,m_3 的轴;设 ω_0 是这个轴的临界角速度(基本频率),ω_{c1} 表示轴上只有 m_1 但没有 m_2 和 m_3 时的临界速度;同样,m_{c2} 或 m_{c3} 表示轴仅装有 m_2 或 m_3 时的临界速度,于是可以得到轴临界角速度的基本频率近似式

$$\frac{1}{\omega_0^2} = \frac{1}{\omega_{c1}^2} + \frac{1}{\omega_{c2}^2} + \frac{1}{\omega_{c3}^2} \tag{15-19}$$

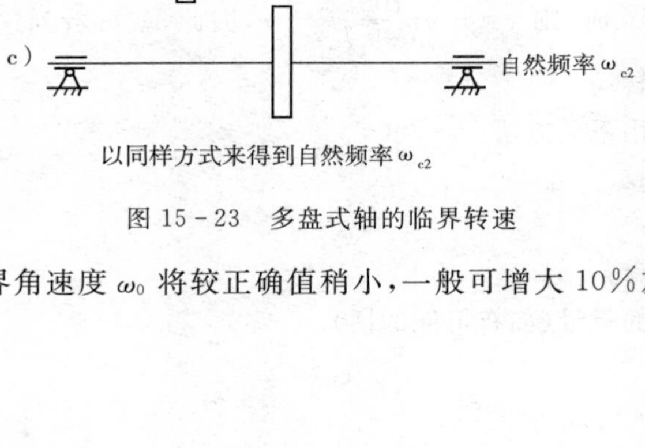

a) 基本频率 ω_0

b) 自然频率 ω_{c1}

c) 自然频率 ω_{c2}

以同样方式来得到自然频率 ω_{c2}

图 15-23　多盘式轴的临界转速

用上式求出的轴的临界角速度 ω_0 将较正确值稍小,一般可增大 10% 左右(原因是略去了高

阶频率)。

利用式(15-19),可以将轴质量的计入,计算如下:

一根直径为 d、长度为 l、单位长度质量为 q 的轴,其临界角速度为

$$\omega_c^2 = \frac{EI}{q} \cdot \frac{\pi^4}{l^4}$$

当轴上装有一个质量为 m 的圆盘时,不计轴的质量,其临界速度(自然频率)为 $\omega^2 = \frac{K}{m}$,因此,轴的临界速度为

$$\frac{1}{\omega_0^2} = \frac{1}{EI\pi^4/(ql^4)} + \frac{1}{K/m} \tag{15-20}$$

(三)设计上的考虑

由于临界转速对机器运转的危害性,因此,在机械设计中必须避免或避开临界转速。

对定速的机械,运转速度不但不允许与临界转速重合,并且一定要保持适当的距离。对变速的机械,则临界转速不得在运转速变的范围内,也不允许在运转速度范围的邻近。

在一般的机械中,应使运转速度 ω 低于临界速度 ω_c,适当的距离(即设计条件)为

$$(\omega_c/\omega) \geqslant 1.5$$

满足上述条件的,就能有满意的运转情况。

有时设计的运转的条件,使我们不得不采用高于临界角速度 ω_c 的运转角速度 ω,一般采用的设计条件为

$$(\omega/\omega_c) \geqslant 1.5 \sim 2$$

如果运转速度在临界速度以上时,设计者必须注意机器开动时,转速渡过临界转速的具体情况。一般应采取适当的装置,使最大振幅不超过一定限度,例如采用限制圈等设备。

在某些高速机器设计中,曾经用过 $(\omega/\omega_c) = 7 \sim 8$,或甚至达到 10。

这样挠性(软)轴,如果仅有一个临界转速,并能精确平衡,使偏心距 e 极小,则在满足上述条件时,便能保证非常平稳的运转。根据式(5-17)可得

$$y = \frac{e}{K/m\omega^2 - 1} = \frac{m\omega^2 e}{K - m\omega^2} = \frac{e\left(\frac{\omega}{\omega_c}\right)^2}{1 - \left(\frac{\omega}{\omega_c}\right)^2} \tag{a}$$

或

$$y = \frac{m\omega^2 e}{K - m\omega^2} = \frac{m\omega^2 e}{m\omega_c^2 - m\omega^2} = \frac{e}{\left(\frac{\omega_e}{\omega}\right)^2 - 1} \tag{b}$$

从(a)或(b)式,如 $\frac{\omega}{\omega_c} = 10$ 时,则 $y = -e\left(\frac{100}{99}\right) \approx -e$,因此,就可看到这时,转轴(实际上是高速转子)绕自身的重心转动。

避免临界转速,可用下列方法:

(1)改变运转速度;

(2)变更轴的直径;

(3)改变轴承的距离;

(4)改变轴上零件的重量(如有可能的话)。

例题 15-1 一台装配工艺用的带式运输机以圆-圆柱齿轮减速器作为减速装置。试设计该减速器的输出轴。减速器的装置参考图 15-9,输入轴与电动机相联,输出轴通过联轴器与工作机相联,输出轴为单向旋转(从右端看为顺时针方向)。已知电动机功率 $P=10\text{KW}$,转速 $n_1=1450\text{r/min}$,齿轮机构参数如下表:

级 别	Z_1	Z_2	m_n (mm)	$m_σ$ (mm)	$β$	$α_n$	H_a^*	齿 宽(mm)	
高速级	20	75		3.5		20°	1	$B=45$ (大圆锥齿轮轮毂长 $L=50$)	
低速级	23	95	4	4.0404	8°06′34″			$B_1=85$	$B_2=80$

解:

1. 求输出轴上的功率 P_3、转速 n_1 和转矩 T

若取每级齿轮传动的效率(包括轴承效率在内)$η=0.97$,则

$$P_3=Pη^2=10\times0.97^2=9.4(\text{KW})$$

$$n_3=n_1\cdot\frac{1}{i}=1450\times\frac{20}{75}\times\frac{23}{95}=93.6(\text{r/min})$$

于是 $T=9550000\dfrac{P_3}{n_3}=9550000\times\dfrac{9.4}{93.6}\approx959080(\text{N}\cdot\text{mm})$

2. 求作用在齿轮上的力

因已知低速级大齿轮的分度圆直径为

$$d_2=m_tZ_2=4.0404\times95=383.84(\text{mm})$$

$$F_t=\frac{2T}{d_2}=\frac{2\times959080}{383.84}=4995(\text{N})\approx5000(\text{N})$$

$$F_r=F_t\frac{\text{tg}α_n}{\cosβ}=5000\times\frac{\text{tg}20°}{\cos8°06′34″}\approx1840(\text{N})$$

$$F_a=F_t\text{tg}β=5000\times\text{tg}8°06′34″\approx715(\text{N})$$

圆周力 F_t,径向力 F_r 及轴向力 F_a 的方向如图 15-24a 所示。

3. 初步确定轴的最小直径

先按式(15-2)初步估算轴的最小直径。根据表 5-1 选取轴材料为 45 号钢,取 $C=110$,于是得

$$d_{\min}=110\times\sqrt[3]{\frac{P_3}{n_3}}=110\times\sqrt[3]{\frac{9.4}{93.6}}=110\times0.465=51.2(\text{mm})$$

输出轴最小直径显然是安装联轴器处的直径 d_{I-II}(图 15-25)。为了使所选的轴直径 d_{I-II} 与联轴器的孔径相适应,故需同时选取联轴器。

按转矩 $T=959080\text{N}\cdot\text{mm}$,由 GB4323—84 从手册中查用 TL9 型弹性套柱销联轴器,其半联轴器 I 的孔径 $d_I=55\text{mm}$,故取 $d_{I-II}=55\text{mm}$;半联轴器长 $L\leqslant112\text{mm}$。经校核,该联轴器可用。

4. 轴的结构设计

(1)拟定轴上零件的装配方案 本题的装配方案已在前面分析比较,现选用第一方案(图 15-10c)。

(2)根据轴向定位的要求确定轴的各段直径和长度

① 为了满足半联轴器的轴向定位要求,I-II 轴段右端需制出一轴肩,故取 II-III 段的直径 $d_{II-III}=62\text{mm}$;左端用轴端挡圈定位,按轴端直径取挡圈直径 $D=65\text{mm}$。因半联轴器长 $L=112\text{mm}$,而半联轴器与轴配合部分的长度 $L_1=84\text{mm}$,但为了保证轴端挡圈只压在半联轴器上而不压在轴的端面上,故 I-II 段的长度应比 L_1 略短一些,现取 $l_{I-II}=76\text{mm}$。

② 初步选择滚动轴承。因轴承同时受有径向力和轴向力的作用,故选用单列圆锥滚子轴承。参照工作要求并根据 $d_{II-III}=62\text{mm}$,由产品目录中初步选取 O 基本游隙组,标准精度级的单列圆锥滚子轴承

7313,其尺寸为 $d \times D \times T = 65 \times 140 \times 36$,故 $d_{\mathbb{III}-\mathbb{IV}} = d_{\mathbb{VI}-\mathbb{VII}} = 65\text{mm}$;而 $l_{\mathbb{VI}-\mathbb{VII}} = 36$。

为了右端滚动轴承的轴向定位,需将 $\mathbb{V} - \mathbb{VI}$ 段直径放大以构成轴肩。由手册上查得,对于 7313 轴承,它的定位轴肩高度最小为 6mm,现取 $d_{\mathbb{V}-\mathbb{VI}} = 78\text{mm}$(即定位轴肩高为 6.5mm)。

考虑到箱体的铸造误差,装配时留有余地,滚动轴承应距箱内边一段距离 S,取 $S = 5\text{mm}$(参考图15-9)。

③ 取安装齿轮处的轴段 $\mathbb{IV} - \mathbb{V}$ 的直径 $d_{\mathbb{IV}-\mathbb{V}} = 70\text{mm}$。齿轮左端用套筒顶住轴承来定位,已知齿轮轮毂长为 80mm,为了使套筒端面和齿轮轮毂端面贴紧以保证定位可靠,故取 $l_{\mathbb{IV}-\mathbb{V}} = 76\text{mm}$,略短于轮毂长;齿轮的另一端是借轴肩定位的。

④ 轴承端盖的总宽度为 20mm(由减速器及轴承端盖的结构设计而定)。根据端盖的装拆及便于对轴承添加润滑油的要求,取端盖的外端面与半联轴器右端面间的距离 $l = 30\text{mm}$(参考图 15-9),故取 $l_{\mathbb{II}-\mathbb{III}} = 50\text{mm}$。

⑤ 取齿轮距箱体内壁的距离 $a = 16\text{mm}$,圆锥齿轮与圆柱齿轮之间的距离 $c = 20\text{mm}$(参考图 15-9),则

$$l_{\mathbb{III}-\mathbb{IV}} = T + S + a + (80 - 76) = 36 + 5 + 16 + 4 = 61\text{mm}$$

$$l_{\mathbb{V}-\mathbb{VI}} = L + C + a + S = 50 + 20 + 16 + 5 = 91\text{mm}$$

式中 L——圆锥齿轮的轮毂长,$L = 50\text{mm}$(见原题)。

至此,已初步确定了轴的各段直径和长度。

(3)轴上零件的周向定位

齿轮,半联轴器与轴的周向定位均采用平键联接。按 $d_{\mathbb{IV}-\mathbb{V}}$ 由手册查得平键剖面 $b \times H = 20 \times 12$(GB1095-79),键槽用键槽铣刀加工,长为 63mm(标准键长见 GB1096-79),同时为了保证齿轮与轴配合有良好的对中性,故选择齿轮轮毂与轴的配合为 H7/r6;同样,半联轴器与轴联接,选用平键为 $16 \times 10 \times 63$,半联轴器与轴的配合为 H7/K6。滚动轴承与轴的周向定位是借过渡配合来保证的,此处选 H7/m6。

(4)按前面所述的原则,定出轴肩处的圆角半径 r,详见图 15-13a。轴的倒角,在轴的左端及右端均为 $2 \times 45°$(详见 GB64034-86)。

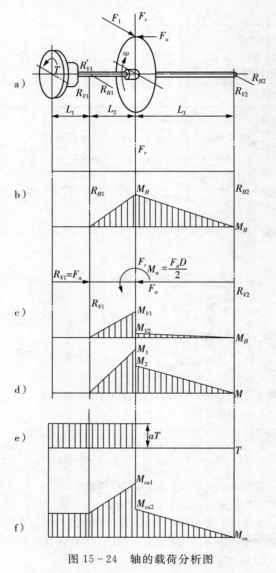

图 15-24 轴的载荷分析图

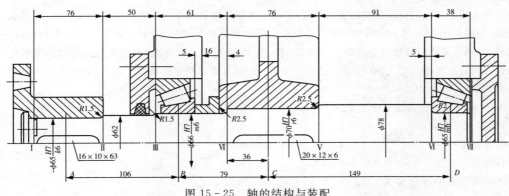

图 15 - 25　轴的结构与装配

5. 选择轴的材料

由该轴无特殊要求,因而选用调质处理的 45 号碳钢。由于轴的尺寸较大,性能数据按毛坯直径≤200mm 选用,由表 15 - 1 查得 $\sigma_B = 650$MPa,$\sigma_{-1} = 300$MPa,$\tau_{-1} = 155$MPa。

6. 求轴上的载荷

由所确定的轴的结构图(图 15 - 25)可确定出简支梁的支承跨距为 $L_2 + L_3 = 79 + 149 = 228$(mm)。据此求出齿轮在剖面 C 的 M_H,M_V 及 M_{ca} 的值列于下表(参考图 15 - 24)。

载　荷	水平面 H	垂直面 V
支反力 R	$R_{H1} = 3264$N,　　$R_{H2} = 1731$N	$R_{V1} = 1805$N,　　$R_{V2} = 35$N
弯矩 M	$M_H \approx 257920$N · mm	$M_{V1} \approx 142595$N · mm,$M_{V2} = 5215$N · mm
总弯矩	$$M_1 = \sqrt{257920^2 + 142595^2} \approx 294715\text{(N · mm)}$$ $$M_2 = \sqrt{257920^2 + 5215^2} \approx 257975\text{(N · mm)}$$	
扭矩 T	$$T = \frac{9550000 \times 9.4}{93.6} = 959080\text{(N · mm)}$$	
计算弯矩 M_{ca}	$$M_{ca1} = \sqrt{294715^2 + (0.59 \times 959080)^2} = 638005\text{(N · mm)}\quad(\text{取 } a = 0.59)$$ $$M_{ca2} = M_2 = 257975\text{N · mm}$$	

7. 按弯扭合成应力校核轴的强度

进行校核时,通常只校核轴上承受最大计算弯矩的剖面(即危险断面 C)的强度。则由式(15 - 7)及上式的数值可得

$$\sigma_{ca} = \frac{M_{ca1}}{W} = \frac{638005}{0.1 \times 70^3} = 18.6\text{(MPa)}$$

按表 5 - 4,对于 $\sigma_B = 600$MPa 的碳钢,承受对称循环应力的许用应力

$$[\sigma_{-1}]_b = 55\text{MPa} > \sigma_{ca} = 18.5\text{MPa}$$

故安全。

8. 判断危险剖面

剖面 A,Ⅱ,Ⅲ,B 只受扭矩作用,虽有键、轴肩及过渡配合所引起的应力集中都将削弱轴的疲劳强度,但由于轴的最小直径是按扭矩强度较为富裕地确定的,所以这些剖面均无须校核。

从应力集中对轴的疲劳强度的影响来看,剖面Ⅳ和Ⅴ处过盈配合引起的应力集中最严重;从受载的情况来看,剖面C上 M_{ca1} 最大。剖面Ⅴ的应力集中的影响和剖面Ⅳ的相近,但剖面Ⅴ不受扭矩作用,同时轴径也较大,故不必作强度校核。剖面C上虽然 M_{ca1} 最大,但应力集中不大(过盈配合及键槽引起的应力均在两侧),而且这里轴径最大,故剖面C也不必校核。剖面Ⅵ显然更不必校核。因此,该轴只需校核剖面Ⅳ左右两侧即可。

9. 精确标准化核轴的疲劳强度

(1)剖面Ⅳ左侧

抗弯剖面模量 $\quad W=0.1d^3=0.1\times65^3=27462.5(\text{mm}^3)$

抗扭剖面模量 $\quad W_T=0.2d^3=0.2\times65^3=54925(\text{mm}^3)$

剖面Ⅳ左侧的弯矩 M 为

$$M=294715\times\frac{79-36}{79}=160415(\text{N}\cdot\text{mm})$$

剖面Ⅳ上的扭矩 $\quad T=959080\text{N}\cdot\text{mm}$

剖面上的弯曲应力 $\quad \sigma_b=\frac{M}{W}=\frac{160415}{27465}=5.84(\text{MPa})$

剖面上的扭转应力 $\quad \tau_T=\frac{T}{W_T}=\frac{959080}{54925}=17.46(\text{MPa})$

剖面上由于轴肩而形成的理论应力集中系数 α_σ 及 α_τ 在本书第四章附表4-2查取,因 $\frac{r}{d}=\frac{2.5}{65}=0.038$; $\frac{D}{d}=1.08$,于是由第四章附表4-2按 $\frac{r}{d}=0.04$ 及 $\frac{D}{d}=1.08$,经内插后可查得

$$\alpha_\sigma=1.95, \alpha_\tau=1.29$$

又由第四章附图4-1可得轴的材料敏性系数为

$$q_\sigma=0.82, q_\tau=0.85$$

故有效应力集中系数按附4-4式算得

$$K_\sigma=1+q_\sigma(\alpha_\sigma-1)=1+0.82(1.95-1)=1.78$$

$$K_\tau=1+q_\tau(\alpha_\tau-1)=1+0.85(1.29-1)=1.25$$

由第四章附图15-2得尺寸系数 $\varepsilon_\sigma=0.67$;由第四章附图4-3得扭转尺寸系数 $\varepsilon_\tau=0.82$。

轴按磨削加工,由附图4-4得表面质量系数为

$$\beta_\sigma=\beta_\tau=0.92$$

轴未经表面强化处理,即 $\beta_q=1$,按前述算式得综合系数值为

$$K_\sigma=\frac{K_\sigma}{\varepsilon_\sigma}+\frac{1}{\beta_\sigma}-1=\frac{1.78}{0.67}+\frac{1}{0.92}-1=2.74$$

$$K_\tau=\frac{K_\tau}{\varepsilon_\tau}+\frac{1}{\beta_\tau}-1=\frac{1.25}{0.82}+\frac{1}{0.92}-1=1.61$$

又由前述得材料特性系数

$$\psi_\sigma=0.1\sim0.2 \quad 取 \psi_\sigma=0.1$$

$$\psi_\tau=0.05\sim0.1 \quad 取 \psi_\tau=0.05$$

于是,计算安全系数值,按式(15-8)至(15-10)则得

$$n_\sigma=\frac{\sigma_{-1}}{K_\sigma\sigma_a+\psi_\sigma\sigma_m}=\frac{300}{2.74\times5.84+0.1\times0}=18.56 ①$$

---

① 由轴向力 F_a 引起的压缩应力在此处应作为 σ_m 计入,仅因其值甚小,故予忽略,下同。

$$n_\tau = \frac{\tau_{-1}}{K_\tau \tau_a + \psi_\tau \tau_m} = \frac{155}{1.61 \times \frac{17.46}{2} + 0.05 \times \frac{17.46}{2}} = 10.67$$

$$n_{ca} = \frac{S_\sigma \times S_\tau}{\sqrt{S_\sigma^2 + S_\tau^2}} = \frac{15.56 \times 10.67}{\sqrt{18.56^2 + 10.67^2}} = 9.25 \gg 1.5$$

安全可靠。

(2)剖面Ⅳ右侧

抗弯剖面模量按表15-5中的公式计算

$$W = \frac{\pi d^3}{32} = \frac{3.14 \times 70^3}{32} = 33657(\text{mm}^3)$$

抗扭剖面模量为

$$W_T = \frac{\pi d^3}{16} = \frac{3.14 \times 70^3}{16} = 67314(\text{mm}^3)$$

弯矩M及弯曲应力为:

$$M = 294715 \times \frac{79-36}{79} = 160415(\text{mm}^3)$$

$$\sigma_b = \frac{M}{W} = \frac{160415}{33657} = 4.8(\text{MPa})$$

转矩及扭转应力为

$$T = 959080\text{N·mm}$$

$$\tau_T = \frac{T}{W_T} = \frac{959080}{67314} = 14.25(\text{MPa})$$

过盈配合产生的应力集中系数由附表5-8用插入法求得为

$$\frac{K_\sigma}{\varepsilon_\sigma} = \frac{K_\tau}{\varepsilon_\tau} = 3.61$$

又由第四章附图4-2及附图4-3查得绝对尺寸系数为

$$\varepsilon_\sigma = 0.66, \varepsilon_\tau = 0.81$$

故得综合系数为

$$K_\sigma = \frac{K_\sigma}{\varepsilon_\sigma} + \frac{1}{\beta_\sigma} - 1 = 3.61 + \frac{1}{0.92} - 1 = 3.7$$

$$K_\tau = \frac{K_\tau}{\varepsilon_\tau} + \frac{1}{\beta_\tau} - 1 = 3.61 + \frac{1}{0.92} - 1 = 3.7$$

所以轴在剖面Ⅳ右侧的安全系数

$$n_\sigma = \frac{\sigma_{-1}}{K_\sigma \sigma_a + \psi_\sigma \sigma_m} = \frac{300}{3.7 \times 4.77 + 0.1 \times 0} = 17$$

$$n_\tau = \frac{\tau_{-1}}{K_\tau \tau_a + \psi_\tau \tau_m} = \frac{155}{3.7 \times \frac{14.25}{2} + 0.05 \times \frac{14.25}{2}} = 5.8$$

$$n_{ca} = \frac{S_\sigma S_\tau}{\sqrt{S_\sigma^2 + S_\tau^2}} = \frac{17 \times 5.8}{\sqrt{17^2 + 5.8^2}} = \frac{98.6}{17.96} = 5.49 > S = 1.5$$

故该轴在剖面Ⅳ右侧的强度也是足够的。至此,轴的设计计算即告结束。

10.绘制轴的工作图,见图15-26。

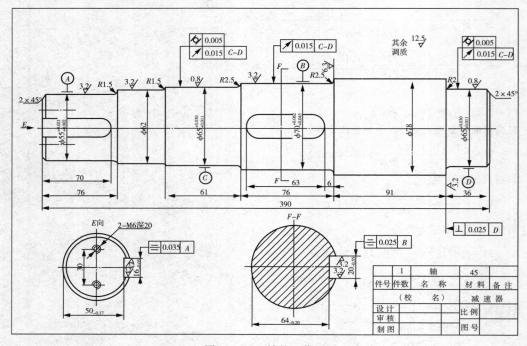

图 15-26　轴的工作图

思　考　题

1. 找出题 1 图所示的轴系结构的主要错误,并提出改正意见。

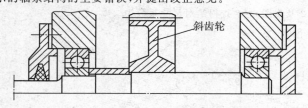

题 1 图　轴系结构

2. 有一台离心式水泵,电动机带动,传递的功率 $P=3KW$,转的转速 $n=960r/min$,轴的材料为 45 号钢。试按强度要求计算轴所需的最小直径。

3. 设计某搅拌机用的单级斜齿圆柱齿轮减速器中的低速轴(包括选择两端的轴承及外伸端的联轴器),见题 3 图。

已知:电动机额定功率 $P=4KW$,转速 $n_1=1450r/min$;低速轴转速 $n_2=250r/min$;大齿轮节圆直径 $d'_2=300mm$,宽度 $B_2=90mm$,轮齿螺旋角 $\beta=12°$,法面压力角 $\alpha_n=20°$。

要求:①完成轴的全部结构设计;②根据弯扭合成理论验算轴的强度;③精确校核轴的危险剖面是否安全。

4. 设计如题 4 图所示二级展开式斜齿圆柱齿轮减速器中的中间轴 Ⅰ。已知:与高速轴 Ⅰ 相联接的电动机额定功率 $P=40KW$,转速 $n_1=600r/min$;由装有半联轴器的一端(与电动机联接端,即沿 A 向)观察时,高速轴工为逆时针方向旋转;中间轴 Ⅱ 上两齿轮的宽度及齿轮端与减速器内壁的距离如图示,各轮齿的斜向也如图示,各齿轮的参数如下表(尺寸单位均为 mm)。

级 别	齿数		m_n	β	α_n	H_a^*	分度圆直径	
高速级	$Z_1=22$	$Z_2=134$	5	12°50′	20°	1	$d_1=112$	$d_2=688$
低速级	$Z_3=21$	$Z_4=126$	8	10°29′	20°	1	$d_3=170$	$d_4=1030$

要求：① 完成轴的全部结构设计；
　　　② 根据弯扭合成理论校核轴的强度；
　　　③ 精确校核轴的危险剖面是否安全；
　　　④ 绘制轴的工作图。

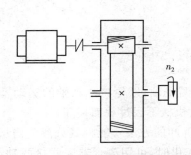

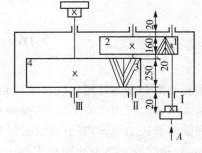

题 3 图　单级斜龄轮减速器简图　　　　　　　　　　题 4 图

5. 一斜齿圆柱齿轮减速器中主动轴的布置如图所示，已知轴传递的功率为 10KW，转速为 955r/min。轴的材料为 45 号钢，经调质处理。齿轮分度圆直径 $d=110$mm，螺旋角 $\beta=10°$。轴端受到联轴器的附加径向力为其圆周力的 0.3 倍。试设计此轴的结构尺寸。

6. 指出题 6 图中轴的结构有哪些不合理，不完善之处，并画出修改后的合理结构。

7. 一渐开线直齿圆柱齿轮减速器中间轴的尺寸和布置如题 8 图所示。已知其传递的转矩 $T=400\text{N}\cdot\text{m}$，大小齿轮均为 $\alpha=20°$ 的标准齿轮。轴的

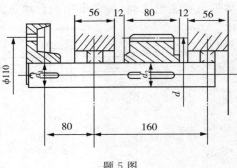

题 5 图

材料为 45 号钢，调质处理。采用圆头普通平键 14×70 和 14×5。轴上圆角半径 $R=1.5$mm。大小齿轮与轴均采用静配合。试按弯扭合成和精确校核此轴的强度。

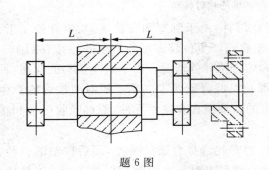

题 6 图

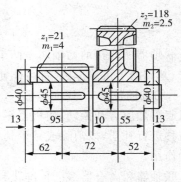

题 7 图

第十六章

联轴器和离合器

§16-1　概　　述

　　联轴器和离合器通常用来联接不同机件中的两个轴,以便将主动轴的运动及动力直接传递给从动轴。也可用作安全装置,保护被联接的机械不因过载而损坏。

　　用联轴器联接的两轴,只有在机器停车后,用拆卸的方法才能将其分离。当从动轴要求能随时起动、随时停止而主动轴难于做出相应的变化时,可用离合器来联接两轴,以达到能随时将两轴分离或结合的要求。例如机床中电动机与变速箱轴之间可用联轴器联接;而汽车发动机与变速箱之间,普通车床的自动走刀运动,则要用离合器来控制。

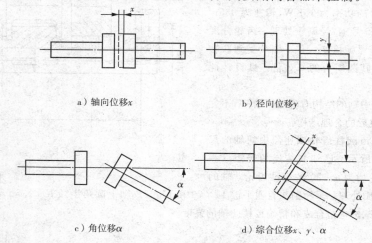

a) 轴向位移 x 　　　　　　　　　　b) 径向位移 y

c) 角位移 α 　　　　　　　　　　d) 综合位移 x、y、α

图 16-1　联轴器所联两轴的相对位移

　　联轴器所联接的两轴属于两个不同的机器或部件,由于制造和安装误差、零件的变形、磨损、基础的下沉等原因,都可能使两轴轴线不重合而产生位移。可能产生的位移有图 16-1 所示的轴向位移 x、径向位移 y,角度位移 α 和综合位移等情况。由于这些位移的存在,轴将引起附加应力和振动,使机器零件工作情况恶化。此时就要求联轴器能对两轴可能产生的位移进行补偿,以消除或减少其危害。此外有的联轴器含有弹性元件,能起吸收振动和缓冲的作用。

　　联轴器和离合器多已标准化和系列化,设计时首先选择合适的类型,而后按轴的直径、传递的扭矩和转速确定联轴器的型号和结构尺寸;然后再对其中薄弱的零件进行强度校核。

必要时亦可根据工作要求,参照相近的标准联轴器和离合器自行设计。

联轴器和离合器的扭矩应取机械在动载荷或过载时的最大扭矩。对于最大扭矩不能精确求得或没有给出计算方法的联轴器和离合器,按下式进行强度校核计算:

$$T_{ca} = K_A T \leqslant [T_{ca}] \tag{16-1}$$

式中　T_{ca}——最大扭矩即为计算扭矩,N・m;

　　　K_A——工作情况系数,查表16-1;

　　　T——传递扭矩,N・m;

　　$[T_{ca}]$——许用扭矩,N・m。设计手册内查阅。

表 16-1　工作状况系数 K_A

原动机	工作机	K_A
电 动 机	胶带运输机、鼓风机、连续运动的金属切削机床	1.25~1.5
	链式运输机、刮板运输机、螺旋运输机、离心式泵、木工机床	1.5~2.0
	往复运动的金属切削机床	1.5~2.5
	往复式泵、往复式压缩机、球磨机、破碎机、冲剪机、空气锤	2.0~3.0
	起重机、升降机、轧钢机、压延机	3.0~4.0
往复式 发动机	发电机	1.5~2.0
	离心机	3.0~4.0
	往复式工作机,如压缩机、泵	4.0~5.0

注:固定式刚性可移式联轴器选用较大 K_A 值;弹性联轴器选用较小 K_A 值,牙嵌式离合器 $K_A = 2~3$;摩擦式离合器 $K_A = 1.2~1.5$;安全联轴器 $K_A = 1.25$。

§16-2　联　轴　器

一、常用联轴器的形式构造和适用场合

联轴器可分为固定式和可移式两大类。典型的固定式联轴器有刚性凸缘联轴器、套筒联轴器两种。常见的可移式联轴器有弹性圈柱销联轴器、十字滑块联轴器、齿轮联轴器、万向联轴器等数种,现分别介绍如下:

1. 刚性凸缘联轴器

图 16-2 为刚性凸缘联轴器,由半联轴器 1 和 2 以及联接它们的螺栓所组成。采用普通螺栓(图 16-2a),螺栓与孔间有间隙,扭矩靠拧紧螺栓后两圆盘接触面间的摩擦力来传递。采用铰制孔用螺栓(图 16-2b)时,螺栓与孔的配合紧密并略带过盈,扭矩直接通过螺栓来传递。

这种联轴器构造简单,成本低廉,但不能补偿轴的偏移,没有吸振、缓冲的作用,安装的精度要求高,适用于联接速度低、扭矩大、刚性好的轴,是应用最广的一种固定式联轴器。刚性凸缘联轴器(采用铰制孔用螺栓)的尺寸型号见标准 Q/ZB121-73。

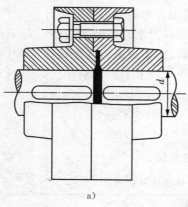

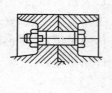

a)　　　　　　　　　　　　　　　　b)

图 16-2　刚性凸缘联轴器

2. 套筒联轴器

套筒联轴器由套筒和联接件（销钉或键）所组成（图 16-3），当用键作联接零件时，还要用紧定螺钉作轴向固定，以防止套筒轴向窜动。当用销钉作联接件时，若按过载时销钉被剪断的条件来设计，这种联轴器可用作安全联轴器。

套筒联轴器结构简单，径向尺寸小，但装拆不便。多用于机床、仪器中。

3. 弹性圈柱销联轴器

弹性圈柱销联轴器与凸缘联轴器在结构上相似，不同的地方在于不用螺栓直接联接，而是通过

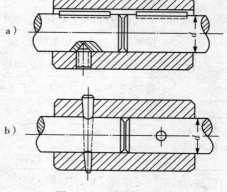

图 16-3　套筒联轴器

装有弹性圈的柱销来联接（图 16-4）。弹性圈用橡胶制成，利用其弹性，不仅可以缓和冲击、吸收振动，而且还可以补偿两轴线间的小量偏移。因为具有这些良好的性能，广泛地应用于传递中小扭矩、转速较高、起动频繁、转向常改变的各种机械中。弹性圈柱销联轴器的尺寸

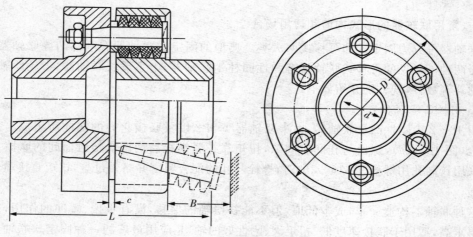

图 16-4　弹性圈柱销联轴器

型号见标准 GB4323—84。

4. 十字滑块联轴器

十字滑块联轴器的结构如图 16-5 所示。由两个端面开有凹槽的套筒 1 和 3 及一个两侧面具有互相垂直的凸肩的中间盘 2 所组成。中间盘两面的凸肩分别嵌入左右套筒的凹槽中,将两轴联接成一体。如果两轴线不同心或偏斜,运转时中间盘的凸肩将沿凹槽滑动。

当轴的转速很高时,因两轴线偏移而使中间盘产生很大的离心力,从而加剧磨损,并使轴和轴承受到附加动载荷。为了减轻滑动面间的摩擦和磨损,中间盘上制有油孔,以便加油润滑。

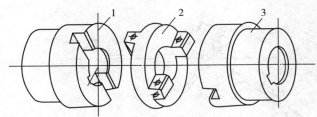

图 16-5　十字滑块联轴器

这种联轴器适用于低速、刚性较大、冲击小及两轴轴线可能有偏移的情况,例如带式运输的低速轴就采用这种联轴器。

5. 万向联轴器

图 16-6a 为万向联轴器的结构示意图。由两个具有叉状端部的万向接头 1 和 2 及十字销 3 组成。

万向联轴器主要用于两轴交叉的传动,两轴的角度偏移 α 在 $35°\sim45°$。在两轴相交的情况下,当主动轴回转一周时,从动轴也回转一周,但两轴的瞬时角速度并不是时时相等。也就是说,当主动轴以等角速回转时,从动轴作变角速转动。具体分析如下:

在图 16-6b 中设两轴的角速度偏移为 α,先假设主动轴 1 的叉面在图纸平面上,而从动轴 2 的叉面垂直于图纸平面,并设主动轴角速度为 ω_1,从动轴在此位置时的角速度为 ω'_2。

分析十字销上 A 点的速度,若将十字销看作随轴 1 一起转动时,A 点的速度为

$$v_{A1} = \omega_1 r$$

而把十字销看作随轴 2 一起转动时,A 点的速度为

$$v_{A2} = \omega'_2 r \cos\alpha$$

同一点 A 的速度应相等,即 $v_{A1} = v_{A2}$

所以

$$\omega_1 r = \omega'_2 r \cos\alpha$$

即

$$\omega'_2 = \frac{\omega_1}{\cos\alpha} \tag{a}$$

当两轴转过 90°(图 12-7c)时,主动轴 1 的叉面在图纸平面上时,若从动轴此时的角速度为 ω''_2,分析 B 点的速度则有:

$$v_{B1} = \omega_1 r \cos\alpha$$

$$v_{B2} = \omega''_2 r$$

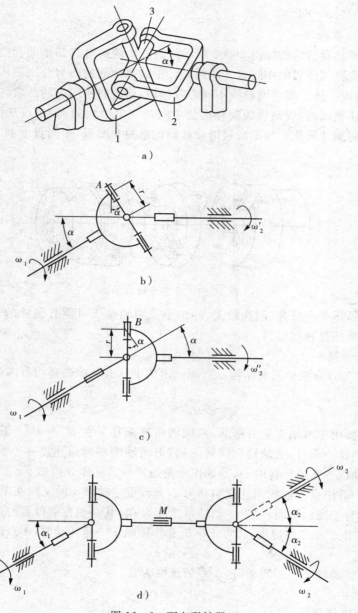

图 16-6　万向联轴器

因为 $v_{B1} = v_{B2}$

所以
$$\omega''_2 = \omega_1 \cos\alpha \tag{b}$$

当两轴继续回转 90°完成半周时,两轴角速度的关系又完成(a)式;再继续转第三个 90°时,两轴角速度的关系又回到(b)式,当回转第四个 90°完成一整周时,两轴角速度的关系重复(a)式。由此可看出,当主动轴以 ω_1 等速回转半周时,从动轴的角速度 ω_2 将在下列范围内变化:

$$\omega_1 \cos\alpha \leqslant \omega_2 \leqslant \frac{\omega_1}{\cos\alpha}$$

当主动轴连续等速回转时,从动轴的角速度 ω_2 就按上式作连续周期性变化。将上式各项同除以 ω_1,可得

$$\cos\alpha \leqslant \frac{\omega_2}{\omega_1} \leqslant \frac{1}{\cos\alpha}$$

式中 $\dfrac{\omega_2}{\omega_1}$ 即为传动比 i_{21},故传动比 i_{12} 的变化范围为

$$\frac{1}{\cos\alpha} \leqslant i_{12} \leqslant \cos\alpha \tag{c}$$

由(c)式可以看出,两轴夹角 α 越大时,传动比 i_{21} 的变化范围也愈大。例如 $\alpha = 30°$ 时,传动比的变化范围为

$$0.866 \leqslant i_{21} \leqslant 1.16$$

当 $\alpha = 0°$ 时,$i_{21} = 1$,此时两轴角速度时时相等。一般为避免构件互相碰撞,$\alpha_{max} = 35° \sim 45°$。图16-7列出 $\alpha = 10°,20°,30°$ 时传动比的变化图形。

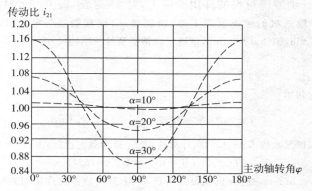

图 16-7　万向联轴器传动比的变化

从动轴角速度的变化,在传动中将引起附加的动载荷。为了消除这种现象,常将万向联轴器成对使用。采用成对使用的双万向联轴器时(图 16-8),为使主动轴与从动轴角速度相等,应满足以下条件(主动轴、从动轴和中间联接轴在同一平面内时):

1)主动、从动轴和中间联接轴的夹角 α 必须相等;

2)中间联接轴在左右两端的叉面,必须位于同一平面内。

万向联轴器的尺寸型号,可以从有关手册中选取。这种联轴器在机床、汽车等机械中,应用较广泛。

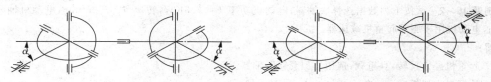

图 16-8　双万向联轴器

二、强度校核计算

（一）套筒联轴器

套筒联轴器一般采用 45 号钢制造，设计时主要验算销或键的剪应力。

当采用圆锥销时，销的剪应力为

$$\tau = \frac{4T_j}{\pi d_1^2 d} \leqslant [\tau] \tag{16-2}$$

当采用键时，套筒的扭转剪应力为

$$\tau = \frac{T_j}{0.2D^3\left[1-(\frac{d}{D})^4\right]} = \frac{5T_j}{D^3\left[1-(\frac{d}{D})^4\right]} \leqslant [\tau] \tag{16-3}$$

上列两式中　　T_j——最大扭矩，N·m；

　　　　　　　　d_1——销的直径，mm；

　　　　　　　　d——轴的直径，mm；

　　　　　　　　D——套筒外径，mm；

　　　　　　　　$[\tau]$——销或键材料的许用剪应力，对 45 号钢，$[\tau]=35$MPa。

例题 16-1　皮带输送机的减速器用 Ⅰ 型（销联接）套筒联轴器与电动机联接，电动机功率 $P=4.5$KW，转速 $n=960$r/min，轴径 $d=35$mm，试确定联轴器型号及结构尺寸。

解：

1. 计算最大扭矩 T_j

联轴器传递的公称扭矩

$$T = 9550\frac{p}{n} = 9550 \times \frac{4.5}{960} = 44.8(\text{N·m})$$

由表 16-1 取工作情况系数 $K_A=1.5$，则计算扭矩 T_{ca} 即为最大扭矩，由（16-1）式得

$$T_{ca} = T_j = K_A \cdot T = 1.5 \times 44.8 = 67.2(\text{N·m})$$

根据电动机轴径 $d=35$mm，查阅《机械设计手册》得 Ⅰ 型联轴器的许用扭矩 $[T_j]=250$N·m。$T_j<[T_j]$，该联轴器承担的扭矩可靠。

2. 结构尺寸

查设计手册得：Ⅰ 型联轴器的结构尺寸　　$D=50$mm，$L=105$mm，$l=25$mm

　　　　　　　　圆锥销 $d_1 \times l_1 = 10 \times 50$(mm)

3. 强度校核计算

主要校核圆锥销的剪切强度

$$\tau = \frac{4T_j}{\pi d_1^2 d} = \frac{4 \times 67.2 \times 1000}{\pi \times 10^2 \times 35} = 24.5(\text{MPa})$$

圆锥销的材料为 45 号钢，许用剪切应力 $[\tau]=35$MPa，$\tau<[\tau]$，所选联轴器强度足够。

例题 16-2　试按下列数据选择联轴器，电动机功率 $P=7.5$KW，转速 $n=750$r/min，电动机轴径 $d=45$mm，电动机用于驱动起重机减速器。

解：

1. 起重机经常反转，且重载，选用 Ⅱ 型套筒联轴器。

2. 计算最大扭矩 T_j

联轴器传递的公称扭矩

$$T = 9550\frac{p}{n} = 9550 \times \frac{7.5}{750} = 95.5(\text{N·m})$$

由表 16-1 取工作情况系数 $K_A=3.5$,则最大扭矩 T_j 即等于计算扭矩 T_{ca},即

$$T_j=T_{ca}=3.5\times95.5=334\text{N}\cdot\text{m}$$

根据轴径 $d=45\text{mm}$,查《机械设计手册》得 II 型联轴器的许用扭矩 $[T_j]=710\text{N}\cdot\text{m}$,$T_j<[T_j]$,满足式 (16-1),联轴器扭矩满足要求。

3. 确定结构尺寸

由设计手册查得 $D=70\text{mm}$,$L=140\text{mm}$,$l=3.5\text{mm}$,$c=1.5\text{mm}$,$r=0.3\text{mm}$,螺钉 M10×18,键 14×60mm。

4. 套筒强度验算

套筒的扭转剪应力按式(16-2)得

$$\tau=\frac{5T_j}{D^3\left[1-(\frac{d}{D})^4\right]}=\frac{5\times34\times1000}{70^3\times\left[1-(\frac{45}{70})^4\right]}=5.9(\text{MPa})$$

套筒材料为 45 号钢,许用剪应力 $[\tau]=35\text{MPa}$,$\tau<[\tau]$,所选联轴器合用。

(二)凸缘联轴器

凸缘联轴器型号有国家标准 GB5843-86,型号有 YL 和 YLD 两种,设计时按标准选用。凸缘联轴器的两半联轴器多采用普通螺栓联接,必要时可以校核螺栓强度。

单个螺栓所需的预紧力可由下式确定:

$$fQ_pZi\geqslant K_sF,\text{即 } Q_p\geqslant\frac{K_s2T}{ZfiD_1} \tag{16-4}$$

式中　　T——公称扭矩,N・m;

　　　　Z——螺栓个数;

　　　　D_1——螺栓孔分布圆周直径,mm;

　　　　f——凸缘端面摩擦系数,一般取 $f=0.1\sim0.2$;

　　　　i——摩擦面对数;

　　　　K_s——防滑系数一般取 $K_s=1.2$。

螺栓的强度按前述进行计算。

例题 16-3 带式输送机减速器输出轴直径 $d=40\text{mm}$,转速 $n=80\text{r/min}$,传递功率 $P=4.5\text{KW}$,试选择凸缘联轴器。

解:

1. 公称扭矩

$$T=9550\frac{p}{n}=9550\times\frac{4.5}{80}=537(\text{N}\cdot\text{m})$$

2. 最大扭矩

由表 16-1 取工作情况系数 $K_A=1.5$,则

$$T_j=K_A\cdot T=1.5\times537=805.4(\text{N}\cdot\text{m})$$

3. 选择联轴器

根据最大扭矩 T_j 查《机械设计手册》选用 GL3 型联轴器,其许用扭矩 $[T_j]=1000\text{N}\cdot\text{m}$,并查得 $d=35\sim42\text{mm}$,$D_1=130\text{mm}$,$H=18\text{mm}$,螺栓数 $Z=6$,螺栓内径 $d_3=12\text{mm}$。

4. 强度校核

取联轴器接触面摩擦系数 $f=0.2$,则由式(16-4)得单个螺栓的预紧力

$$Q_p=\frac{1.2\times2T}{ZfiD_1}=\frac{1.2\times2\times537\times1000}{6\times0.2\times1\times130}=8260(\text{N})$$

螺栓的计算应力

$$\sigma = \frac{4 \times 1.3 \times Q^p}{\pi d_3^2} = \frac{4 \times 1.3 \times 8260}{\pi \times 12^2} = 95(\text{MPa})$$

由《机械设计手册》查得 M6～M16 螺栓(35 号钢)的许用应力$[\sigma]$＝80～107MPa。故螺栓强度足够,所选联轴器合适。

(三)十字滑块联轴器

这种联轴器的效率一般约为 0.95～0.97。强度验算时,主要验算槽与凸榫侧面的比压

$$p = \frac{6T_j D}{H(D^3 - d_1^3)} \leqslant [p] \tag{16-5}$$

式中　T_j——最大扭矩,N·m;

　　H——滑块凸榫的厚度,mm;

　　D——滑块外径,mm;

　　d_1——滑块内径,mm;

　　$[p]$——滑块材料许用比压,未淬钢对铸铁,$[p]$＝10～15MPa;淬火钢对淬火钢,润滑良好,$[p]$＝15～30MPa。

例题 16-4　起重机减速器低速轴转速 n＝120r/min,传递功率 P＝5KW,试选择输出端联轴器。

解:

1. 形式及材料选择

选用十字滑块联轴器,材料选用 ZG45,$[p]$＝100～120MPa,$[\tau]$＝90MPa。

2. 计算最大扭矩 T_j,并决定联轴器主要数据

联轴器传递的扭矩

$$T = 9550 \frac{p}{n} = 9550 \times \frac{5}{120} = 398(\text{N} \cdot \text{m})$$

由表 16-1 取工作情况系数 K_A＝3,则最大扭矩

$$T_j = T_A \cdot T = 3 \times 398 = 1194(\text{N} \cdot \text{m})$$

查《机械设计手册》,十字滑块联轴器的主要数据:

$$d_1 = 55\text{mm}; D_0 = 95\text{mm}; D = 150\text{mm};$$

$$L = 240\text{mm}; c = 0.5\text{mm} + 0.3\text{mm}; H = 25\text{mm};$$

$$d_2 = 60\text{mm}; [T_j] = 1250\text{N} \cdot \text{m}。$$

3. 强度校核计算

由式(16-5)

$$p = \frac{6T_j D}{H(D^3 - d_1^3)} = \frac{6 \times 1194 \times 1000 \times 150}{25 \times (150^3 - 55^3)} = 13.4(\text{MPa})$$

由此可知,$p < [p]$,合适。

(四)弹性套柱销联轴器

弹性套柱销联轴器已有国家标准 GB4323－84,型号有 TL 型和 TLL 型两种,设计时按国家标准选用,必要时须验算主要零件:

柱销的弯曲应力

$$\sigma_b = \frac{10T_j L}{Z D_0 d^3} \leqslant [\sigma]_b \tag{16-6}$$

橡胶套的比压

$$p=\frac{2T_j}{ZD_0dl}\leqslant[p]\qquad\qquad(16-7)$$

式中　T_i——最大扭矩，N·m；

　　　Z——柱销数目；

　　　$[\sigma]_b$——柱销材料的许用弯曲应力，$[\sigma]_b=0.25\sigma_s$，σ_s 为柱销材料的屈服极限，一般可取 $[\sigma]_b=80\sim90$MPa；

　　　$[p]$——橡胶圈材料的许用比压，$[p]=1.8\sim2$MPa。

D_0,d,L,l 尺寸见图 16-9 所示。

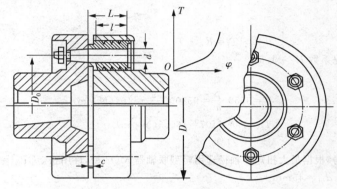

图 16-9　弹性圈柱销联轴器

例题 16-5　液压拉床的主运动系统由电动机直接带动轴向柱塞泵进行工作。电动机功率 $P=15$KW，转速 $n=960$r/min，电动机轴径 $d_1=45$mm，外伸长度 $l_1=110$mm；柱塞泵轴径 $d_{\text{II}}=45$mm，外伸长度 $L_2=60$mm。试选择电动机和柱塞泵之间的联轴器。

解：

1. 类型选择

由于液压拉床的工作时断时续，泵上的载荷有变化，转速高。同时，为了安装方便，选用弹性套柱销联轴器。

2. 最大扭矩计算

公称扭矩

$$T=9550\frac{p}{n}=9550\times\frac{15}{960}=150(\text{N·m})$$

由表 16-1 查取工作情况系数 $K_A=2$，得最大扭矩

$$T_j=K_AT=2\times150=300(\text{N·m})$$

3. 型号选择

根据最大扭矩、转速及两轴的轴径，由《机械设计手册》查得选用 MH3 型铸铁联轴器，有关数据为：$[T_j]=466$N·m；$[n]=3300$r/min；孔径 $d_1=45$mm；柱销数目 $Z=6$；柱销直径 $d=18$mm；柱销圆柱部分长度 $L=45$mm；橡胶套总长度 $l=4\times9=36(\text{mm})$；柱销分布圆周直径 $D_0=120$mm。

4. 验算柱销的弯曲应力

由式(16-6)

$$\sigma_b=\frac{10T_jL}{ZD_0d^3}=\frac{10\times300\times1000\times42}{6\times120\times18^3}=30(\text{MPa})$$

$\sigma_b<[\sigma]_b=85$MPa，柱销弯曲强度足够。

5. 验算橡胶套的比压

由式(16-7)

$$p = \frac{2T_j}{ZdD_0 l} = \frac{2 \times 300 \times 1000}{6 \times 18 \times 120 \times 36} = 1.2(\text{MPa}) < [p] = 2(\text{MPa})$$

所以 MH_3 型联轴器满足要求。

例题 16-6　驱动皮带运输机的电动机功率 $P = 9KW$,转速 $n = 800\text{r/min}$,轴径 $d = 40\text{mm}$,试选择所需联轴器。

解:

1. 类型选择

为了隔离震动与冲击,选用弹性套柱销联轴器。

2. 计算最大扭矩

由式(16-1)

$$T_j = K_A \cdot T$$

查表 11-1 得工况系数 $K_A = 1.5$

公称扭矩 T

$$T = 9550 \frac{p}{n} = 9550 \times \frac{9}{800} = 107(\text{N} \cdot \text{m})$$

所以

$$T_j = 1.5 \times 107 = 160.5(\text{N} \cdot \text{m})$$

3. 型号选择

由《机械设计手册》根据最大扭矩和轴径选用轻型联轴器 MO3 型,许用扭矩 $[T_j] = 172\text{N} \cdot \text{mm}$,许用转速为 3900r/min,轴径 $d_{BI} = 45\text{mm}$。

4. 强度校核计算

由于 $T_j < [T_j]$,转速、轴径等均满足要求,故强度校核计算从略。

§16-3　离　合　器

一、牙嵌离合器

牙嵌离合器主要由两个带牙的套筒 1,3 所组成(图 16-10)。套筒 1 用键和螺钉固定在一根轴上,而套筒 3 用导向键与另一轴相连接,并可在轴上滑动。通过操纵杆移动滑块 4 可使两套筒接合和分离。对中环 2 与主动轴相连,从动轴可以在对中环中自由转动,以保证两轴的对中。

离合器的齿形沿圆周方向展开,有梯形(16-11a)、锯齿形(图 16-11b)、矩形(图 16-11c)等数种。锯齿形牙的特点是只能传递单向的载荷;矩形牙只能用于手动接合;梯形牙嵌合容易,并可消除牙侧间隙,以减少冲击,齿根强度好,能传递较大的转矩,所以应用很广。

牙嵌式离合器结构简单,外廓尺寸小,主、从动轴间不会发生相对转动,适用于机床等要求精确传动比的场合。但这种离合器必须在低速或停车时进行结合,以免打牙。

牙嵌式离合器的尺寸,可根据轴径和传递的转矩,从设计手册中选取。

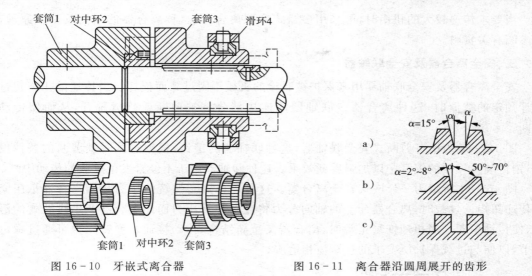

套筒1　对中环2　　套筒3　滑环4

套筒1　对中环2　套筒3

图 16-10　牙嵌式离合器

图 16-11　离合器沿圆周展开的齿形

a)　$\alpha=15°$

b)　$\alpha=2°\sim8°$　$50°\sim70°$

c)

二、摩擦式离合器

摩擦式离合器种类很多,其中盘式摩擦离合器应用较广。盘式摩擦离合器又分单盘式和多盘两种。下面简单介绍单盘式摩擦离合器的组成、工作原理及其优缺点。

单盘式摩擦离合器由摩擦盘 2,3 及滑环 4 等组成(图 16-12a)。摩擦盘 2 紧固在主动轴 1 上,摩擦盘 3 则用导键与从动轴 5 相连,通过操纵装置拨动滑环 4,可使两摩擦盘结合和分离。

轴向压力 Q 是为了保证两摩擦盘的接合面在工作时产生足够的摩擦力,从而传递扭矩(图 16-12b)。

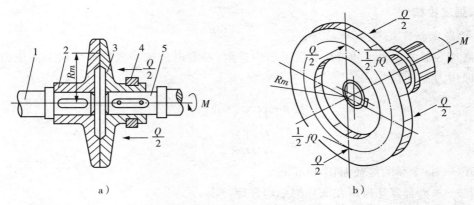

a)

b)

图 16-12　单盘式摩擦离合器

设摩擦力的合力作用在平均半径 R_m 的圆周上,摩擦系数为 f,则可传递的最大扭矩

$$T_{\max}=fQR_m \qquad (16-8)$$

摩擦离合器能平稳地离合,没有冲击。过载时离合器发生打滑,可防止其他零件损坏。但这种离合器的径向尺寸较大,同时在结合过程中要产生相对滑动,引起发热和磨损。

当要求传递较大的扭矩时,可采用多盘式摩擦离合器,这种离合器的结构及工作原理,可参阅有关资料。

三、安全离合器及安全联轴器

安全离合器及安全联轴器用来保护被联接的机械不因过载而损坏。当传递的扭矩超过设计预定的数值时,这种离合器或联轴器的连接部分将被剪断或打滑脱开,从而使传动中断。

图 16-13 为销钉剪断式安全联轴器,这种联轴器的销钉,根据过载时被剪断的条件设计,销钉装入淬硬的钢套中以加强剪断效果。这种联轴器用于不经常发生过载的传动中。

图 16-14 所示为一牙嵌式安全离合器。这种离合器靠弹簧的压力将两离合器爪压紧而传递扭矩。过载时,离合器牙上的轴向分力将克服弹簧压力而使离合器产生跳跃式的滑动,使传动中断。当扭矩恢复正常时,离合器又重新结合,传动接通。弹簧压力可通过螺母调节,以便与过载保护所要求的扭矩值相适应。

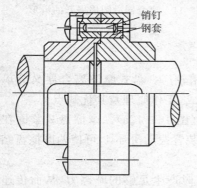

图 16-13　销钉剪断式安全联轴器

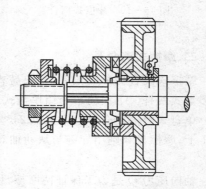

图 16-14　牙嵌式安全离合器

四、强度校核

1. 牙嵌离合器

牙嵌离合器的主要尺寸可从有关手册中选取,必要时应按下式验算牙面上的压力 p 及牙根弯曲应力 σ_b,即

$$p = \frac{2K_A T}{D_0 Z A} \leqslant [p] \qquad (16-9\text{a})$$

$$\sigma_b = \frac{K_A T H}{W D_0 Z} \leqslant [\sigma]_b \qquad (16-9\text{b})$$

式中　A——每个牙的接触面积,mm^2;

$\qquad D_0$——离合器牙齿所在圆环的平均直径,mm;

$\qquad H$——牙的高度,mm;

$\qquad Z$——半离合器上的牙数;

$\qquad W$——牙根的抗弯剖面模量,$W = \dfrac{a^2 b}{6}$,其中 a,b 所代表的尺寸如图 16-15 所示;

$\qquad [p]$——许用比压,当静止状态下接合时,$[p] \leqslant 90 \sim 120 MPa$;低速状态下接合时,

$[p] \leqslant 50 \sim 70 \mathrm{MPa}$；较高速状态下接合时，$[p] = 35 \sim 45 \mathrm{MPa}$；

$[\sigma]_b$——许用弯曲应力，静止状态下接合时，$[\sigma]_b = \dfrac{\sigma_s}{5 \sim 6} \mathrm{MPa}$。

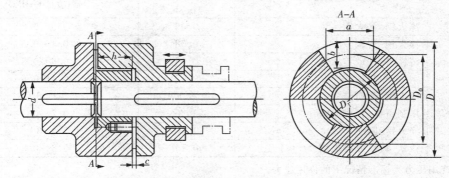

图 16-15 牙嵌式离合器

2. 圆盘摩擦离合器

单圆盘可传递的最大扭矩 T_{max} 见式(16-8)。

多圆盘摩擦离合器所能传递的最大扭矩 T_{max} 和作用在摩擦盘接合面上的压力计算如下：

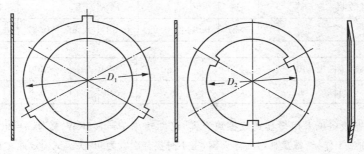

图 16-16 摩擦盘离合器接合面的内径和外径

$$T_{max} = ZfQ\frac{D_2 + D_1}{4} \geqslant K_A T \tag{16-10}$$

$$p = \frac{4Q}{\pi(D_2^2 - D_1^2)} \leqslant [p] \tag{16-11}$$

式中 D_1, D_2——摩擦盘接合面的内径和外径见图 16-16，mm；

   Z——接合面的数目；

   Q——操作轴向力，N；

   f——摩擦系数；

   $[p]$——许用压力，它等于基本许用压力 $[p]_0$ 与系数 K_a, K_b, K_c 的乘积，即

$$[p] = [p]_0 K_a K_b K_c \tag{16-12}$$

式中 $[p]_0$ 见表 16-2；

   K_a, K_b, K_c——分别为根据离合器平均圆周速度、主动摩擦盘的数目、每小时的接合次数等不同而引入的修正系数，见表 16-3。

表 16 - 2　摩擦离合器的材料及其性能

摩擦副的材料及工作条件		摩擦系数	圆盘摩擦离合器$[p]_0^{①}$(MPa)
在油中工作	淬火钢-淬火钢	0.06	0.6～0.8
	淬火钢-青铜	0.08	0.4～0.5
	铸铁-铸铁或淬火钢	0.08	0.6～0.8
	钢-夹布胶木	0.12	0.4～0.6
	淬火钢-陶质金属	0.1	0.8
不在油中工作	压制石棉-钢或铸铁	0.3	0.2～0.3
	淬火钢-陶质金属	0.4	0.3
	铸铁-铸铁或淬火钢	0.15	0.2～0.3

①基本许用压力为标准情况下的许用压力。

表 16 - 3　系数 K_a,K_b,K_c 值

平均圆周速度(m/s)	1	2	2.5	3	4	6	8	10	15
K_a	1.35	1.08	1	0.94	0.86	0.75	0.68	0.63	0.55

主动摩擦盘数目	3	4	5	6	7	8	9	10	11
K_b	1	0.97	0.94	0.91	0.88	0.85	0.82	0.79	0.76

每小时接合次数	90	120	180	240	300	≥360
K_c	1	0.95	0.8	0.7	0.6	0.5

例题 16 - 7　某设备拟采用多盘式摩擦离合器,已知功率 $P=7.5$KW,转速 $n=960$r/min,轴径 $d=32$mm,离合器在油中工作,摩擦盘材料为淬火钢,每小时接合次数为 90 次。试确定此多盘式摩擦离合器的主要参数。

解:

1. 确定摩擦盘的内、外径(图 16 - 16)

由手册查出摩擦盘内径

$$D_1=(1.5\sim2)d=(1.5\sim2)\times32=48\sim64(mm)$$

按标准 GB2822—81,取 $D_1=56$mm

$$D_2=(1.5\sim2)D_1=(1.5\sim2)\times56=84\sim112(mm)$$

取 $D_2=100$mm

2. 确定许用压强

许用压强$[p]=[p]_0K_aK_bK_c$

式中　$[p]_0$——基本许用压强,查表 16 - 2 得$[p]_0=0.7$MPa;

　　　K_a,K_b,K_c——分别为离合器平均速度、主动摩擦盘数目、每小时接合次数系数,由表 16 - 3 查出 K_a $=0.85$[按平均速度 $v_m=\dfrac{\pi(D_1+D_2)n}{2\times60\times1000}=\dfrac{\pi(56+100)\times960}{2\times60\times1000}=3.92$(m/s),查出 K_a];$K_b=0.82$　(设主动盘数目 $m=9$);$K_c=1.0$　(每小时接合 90 次)。

因此　$[p]=0.7\times0.85\times0.82\times1.0=0.49$(MPa)

3. 计算接合面数目

(1)计算扭矩

公称扭矩　$T = 9550 \times \dfrac{p}{n} = 9550 \times \dfrac{7.5}{960} = 74600 \text{(N · mm)}$

由表 16-1 查出工作情况系数 $K_A = 1.3$,则

$$T_j = KT = 1.3 \times 74600 = 9.7 \times 10^4 \text{(N · mm)}$$

(2)压轴力

$$Q = \frac{\pi(D_2^2 - D_1^2)}{4} \times [p] = \frac{\pi(100^2 - 56^2)}{4} \times 0.49 = 2.64 \times 10^3 \text{(N)}$$

(3)接合面数

$$Z = \frac{4T_j}{Qf(D_1 + D_2)} = \frac{4 \times 9.7 \times 10^4}{2.64 \times 10^3 \times 0.06(56 + 100)} = 15.7$$

取 $Z = 16$

从动盘数 $m' = Z - m + 1 = 16 - 9 + 1 = 8$

例题 16-8　试设计图示摇臂钻床主轴箱中 Ⅱ 轴上的多盘式摩擦离合器。已知电动机功率 $P = 5.5 \text{KW}$,转速 $n = 1440 \text{r/min}$。安装离合器处的轴径 $d = 32 \text{mm}$,离合器在油中工作。正转时用 M_1 离合器,反转时用 M_2 离合器。齿轮齿数如图所示。

解:

1. 计算 Ⅱ 轴的功率、转速和扭矩

功率　$P_\text{Ⅱ} = p\eta_1\eta_2 = 5.5 \times 0.98 \times 0.99 = 5.34 \text{(KW)}$

式中　齿轮传动效率 $\eta_1 = 0.98$;轴承效率 $\eta_2 = 0.99$

转速　$n_\text{Ⅱ} = \dfrac{Z_1}{Z_2} \times n = 1440 \times \dfrac{43}{51} = 1220 \text{(r/min)}$

转矩　$T_\text{Ⅱ} = 9550 \dfrac{P_\text{Ⅱ}}{n_\text{Ⅱ}} = 9550 \times \dfrac{5.34}{1220} = 41.8 \text{(N · m)}$

2. 选择摩擦盘参数

外盘内径　$D_1 = (1.5 \sim 2)d = (1.5 \sim 2) \times 32 = 43 \sim 64 \text{(mm)}$

取 $D_1 = 60 \text{mm}$

内盘外径　$D_2 = (1.5 \sim 2)D_1 = (1.5 \sim 2) \times 60 = 90 \sim 120 \text{(mm)}$

取 $D_2 = 110 \text{mm}$

摩擦盘厚度　$S = 1.5 \text{mm}$

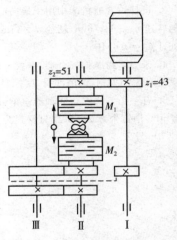

图 16-17　多盘式摩擦离合器

3. 计算摩擦盘数目

平均圆周速度　$v_m = \dfrac{\pi n(D_1 + D_2)}{2 \times 60 \times 1000} = \dfrac{\pi \times 1220 \times (60 + 110)}{2 \times 60 \times 1000} = 5.42 \text{(m/s)}$

按 v_m 查表 16-3,得 $K_a = 0.79$

设主动摩擦盘数目 $m = 5$,查表 16-3 得 $K_b = 0.94$

按接合次数每小时为 90 次,查表 16-3 得 $K_c = 1$

摩擦盘材料:主从盘均采用 15 钢渗碳淬火,HRC52～62。摩擦系数 $f = 0.06$,基本许用压强 $[p]_0 = 0.7 \text{MPa}$

许用压强　$[p] = [p]_0 K_a K_b K_c = 0.7 \times 0.79 \times 0.94 \times 1 = 0.52 \text{(MPa)}$

对于金属切削机床,取工作情况系数 $K_A = 2.2$

摩擦盘数目

$$Z=\frac{16K_AT}{\pi f(D_2+D_1)^2(D_2-D_1)\times[p]}=\frac{16\times2.2\times41.8\times10^3}{\pi\times0.06(110+60)^2(116-60)\times0.52}=10.4$$

取 $Z=11$，内盘数（从动盘数）$m'=\dfrac{Z}{2}=\dfrac{11}{2}=5$；外盘数（主动盘数）$m=Z/2+1=6$

4. 所需施加的轴向压力

$$Q=\frac{4KT}{Zf(D_2+D_1)}=\frac{4\times2.2\times41.8\times10^3}{11\times0.06\times(110+60)}=3.28(KN)$$

思 考 题

1. 由交流电动机通过联轴器直接带动一台直流发电机。若已知该直流发电机所需要的最大功率为 $P=20KW$，转速 $n=3000r/min$，外伸轴的直径 $d_2=50mm$，交流电动机伸出轴颈 $d_1=48mm$，试选择一刚性凸缘联轴器的型号。

2. 用于离心式水泵和电动机之间的弹性圈柱销联轴器，传递扭矩 $T=500N\cdot m$，该联轴器的型号为 TL5，试校核弹性圈的比压和柱销的弯曲应力。

3. 设计一普通机床中用于换向的多圆盘摩擦离合器中摩擦圆盘的有关尺寸及参数。已知离合器所在轴的转速 $n=960r/min$，轴径 $d=35mm$，功率 $P=6KW$，摩擦盘材料为淬火钢。离合器在油中工作。（$f=0.06$，$[p]=0.6MPa$）

4. 某一多盘摩擦离合器，今要传递的功率为 $1.7KW$，转速为 $500r/min$，若 $D_1=120mm$，$D_2=80mm$，摩擦盘材料为淬火钢，油浴润滑，摩擦盘间的压紧力 $Q=2000N$，问需多少摩擦盘才能实现上述要求。

5. 有一销钉式安全联轴器。销钉中心所在圆直径 $D=170mm$，传递的最大功率 $P=32KW$，转速 $n=56r/min$，销钉个数 $Z=2$，销钉材料为 35 号钢。试计算销钉的直径。

第十七章

弹　簧

§17－1　概　述

一、弹簧的功用

弹簧是机器中应用很广泛的一种零件。它的主要用途有：

1. 控制运动　使零件保持接触，以控制机器运动，如凸轮机构、阀门、离合器中的弹簧。

2. 缓冲和吸振　吸收振动及缓和冲击能量，如车轮中的缓冲弹簧。

3. 储存能量　如钟表中的发条。

4. 测量载荷　如弹簧秤，测力器中的弹簧。

二、弹簧的种类

弹簧的基本形式如表 17－1 所示。按照载荷形式，可分为拉伸弹簧、压缩弹簧、扭转弹簧和弯曲弹簧 4 种。按照弹簧形状，又可分为螺旋弹簧、环形弹簧、碟形弹簧、盘簧和板弹簧等。

表 17－1　弹簧的基本形式

按载荷分 / 按形状分	拉　伸	压　缩		扭　转	弯　曲
螺旋形	圆柱螺旋拉伸弹簧 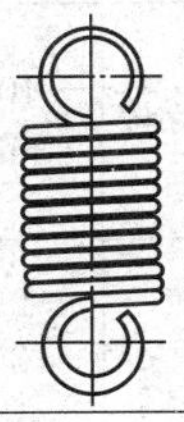	圆柱螺旋压缩弹簧 	圆锥螺旋压缩弹簧 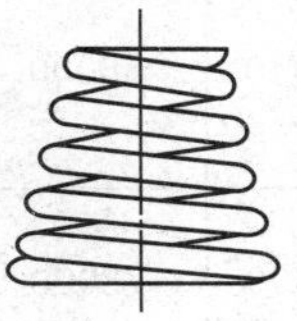	圆柱螺旋扭转弹簧 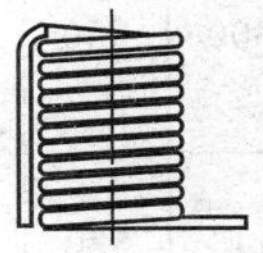	—
其他形	—	环形弹簧 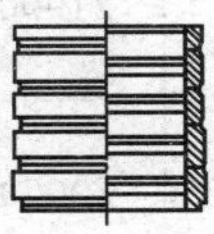	碟形弹簧 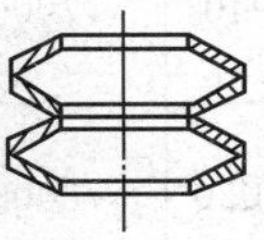	蜗卷形弹簧 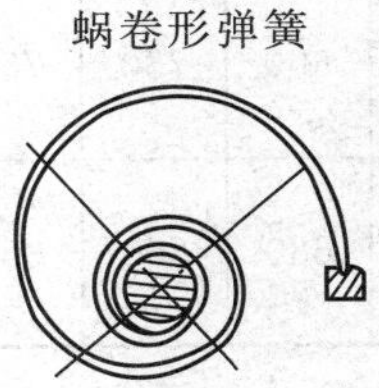	板弹簧 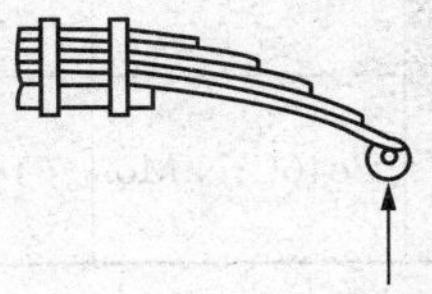

§17–2　圆柱压缩和拉伸螺旋弹簧

一、圆柱压缩螺旋弹簧的设计计算

这类弹簧的设计计算内容包括：根据工作要求确定弹簧的特性线，选择弹簧的结构、基本参数、材料和许用应力（表 17-2、表 17-3）；由强度条件确定弹簧材料的截面尺寸，由刚度条件确定弹簧的工作圈数；最后确定弹簧其他尺寸、公差和技术条件。

表 17-2　弹簧常用材料及其许用应力

类别	代号	许用扭转应力 $[\tau]$(MPa)			许用弯曲应力 $[\sigma_b]$(MPa)		剪切弹性模量 G (MPa)	拉、压弹性模量 E (MPa)	推荐硬度范围 HRC	推荐使用温度 (℃)	特性及用途
		1类弹簧	2类弹簧	3类弹簧	2类弹簧	3类弹簧					
碳素弹簧钢丝 合金弹簧钢丝	Ⅰ，Ⅱ，Ⅱa，Ⅲ	$0.3\sigma_B$	$0.4\sigma_B$	$0.5\sigma_B$	$0.5\sigma_B$	$0.625\sigma_B$	$0.5{\leqslant}d{\leqslant}4$ 83000～80000 $d>4$ 80000	$d=0.5{\sim}4$ 207500～205000 $d>4$ 200000	—	−40～120	强度高，性能好，适用于做小弹簧
	65Mn	420	560	700	700	880	80000	200000	45～50	−40～200	弹性好，回火稳定性好，易脱碳，用于承受较大载荷弹簧
	60Si2Mn 60Si2MnA	480	640	800	800	1000	80000	200000	45～50	−40～200	
	50CrVA	450	600	750	750	940	80000	200000	45～50	−40～200	疲劳性能高，淬透性和回火稳定性好，适用于柱塞弹簧等
	30W₄Cr2VA	450	600	750	750	940	80000	200000	43～47	−40～350	高温时，强度高，淬透性好
不锈钢丝	1Cr18Ni9Ti	330	440	550	550	690	73000	197000	—	−250～300	耐腐蚀，耐高温，适用于小弹簧
	4Cr13	450	600	750	750	940	77000	219000	48～53	−40～300	耐腐蚀，而高温，适用于较大弹簧
	Co40CrNiMo	510	680	850	850	1020	78000	200000	—	−40～400	耐腐蚀，强度高，无磁，低后效，弹性好

（续表）

类别	代号	许用扭转应力 [τ](MPa)			许用弯曲应力 [σb](MPa)		剪切弹性模量 G (MPa)	拉、压弹性模量 E (MPa)	推荐硬度范围 HRC	推荐使用温度 (℃)	特性及用途
		1类弹簧	2类弹簧	3类弹簧	2类弹簧	3类弹簧					
青铜丝	QSi3-1	270	360	450	450	560	41000	95000	HB 90~100	-40~120	耐腐蚀，防磁性好
	QSn4-3 QSn6.5-0.1						40000				
	QBe₂	360	450	560	560	750	43000	132000	37~40	-40~120	耐腐蚀，防磁性好，导电性和弹性好

注：1. 接受力循环次数 N 不同，弹簧分为三类：Ⅰ类 $N>10^6$；Ⅱ类 $N=10^3\sim10^5$ 以及受冲击载荷的；Ⅲ类 $N<10^3$。

2. 碳素弹簧钢丝按机械性能不同分为Ⅰ、Ⅱ、Ⅱa、Ⅲ四组，Ⅰ组强度最高，依次为Ⅱ、Ⅱa、Ⅲ组。

3. 轧制钢材的机械性能与钢丝相同。

表 17-3　碳素弹簧钢丝抗拉强度极限 σ_B

碳　素　弹　簧　钢　丝

钢丝直径 d (mm)	组　　别			钢丝直径 d (mm)	组　　别		
	Ⅰ	Ⅱ，Ⅱa	Ⅲ		Ⅰ	Ⅱ，Ⅱa	Ⅲ
0.14~0.3	2700	2250	1750	2.2	1900	1700	1400
0.32~0.6	2650	2200		2.5	1800		
0.63~0.8	2600	2150	1700	2.8	1750	1650	1300
0.85~0.9	2550	2100		3	1700		
1	2500	2050	1650	3.2		1550	1200
1.1~1.2	2400	1950	1550	3.4~3.6	1650		
1.3~1.4	2300	1900	1500	4.0	1600	1500	1150
1.5~1.6	2200	1850	1450	4.5~5.0	1500	1400	1100
1.7~1.8	2100	1800	1400	5.6~6.0	1450	1350	1050
2	2000			6.3~8.0	—	1250	1000

重要弹簧钢丝(65Mn)

钢丝直径 d(mm)	1~1.2	1.4~1.6	1.8~2	2.2~2.5	2.8~3.4
σ_B (MPa)	1800	1750	1700	1650	1600

特殊用途碳素弹簧钢丝拉伸强度极限 σ_B (MPa)

组　别	钢　丝　直　径　d(mm)				
	0.6~0.8	0.9~1	1.1	1.2~1.3	1.4~1.5
甲　组	2850	2800	—	—	—
乙　组	2700	2650	2650	2550	2450
丙　组	2550	2550	2550	2400	2300

注：Ⅰ组为高级；Ⅱ及Ⅱa组为中级（Ⅱa组较Ⅱ组有更好的塑性）；Ⅲ为正常级。

1. **特性线和结构**　圆柱压缩螺旋弹簧的结构及其特性线如图 17-1 所示。这样弹簧特性线为一条直线，即载荷 F_1，F_2，… 与变形量 λ_1，λ_2，…成正比，或 $\dfrac{F_1}{\lambda_1}=\dfrac{F_2}{\lambda_2}=\cdots=$ 常数。所以，这种弹簧为定刚度弹簧。

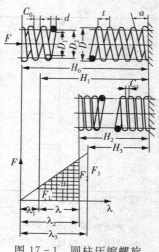

弹簧不受外力时的自由高度为 H_0，节距为 t，各圈之间的间隙为 C_0。通常在安装弹簧时，预加一压缩力 F_1，使它可靠地稳定在安装位置上。F_1 称为弹簧的最小载荷。在最小载荷作用下，弹簧的长度为 H_1，弹簧的压缩量为 λ_1。F_2 为弹簧所承受的最大载荷，弹簧高度减小到 H_2，相应的压缩量为 λ_2。此时，各圈之间仍留有适当的间隙，这个间隙为余隙 C_1。

λ_2 与 λ_1 之差即为弹簧的工作行程 λ，

$$\lambda=\lambda_2-\lambda_1=H_1-H_2。$$

F_j 为弹簧的极限载荷，在它的作用下，相应的弹簧高度为 H_j，压缩量为 λ_j。

图 17-1　圆柱压缩螺旋弹簧及其特性线

确定 F_j 的大小时，应保证弹簧钢丝中所产生的极限扭转应力 τ_j 具有下列数值：

对于 1 类弹簧　　　　　　$\tau_j\leqslant1.67[\tau]$

对于 2 类弹簧　　　　　　$\tau_j\leqslant1.25[\tau]$　　　　　　　　(17-1)

对于 3 类弹簧　　　　　　$\tau_j\leqslant1.12[\tau]$

式中，$[\tau]$ 值见表 17-2。

弹簧的最大载荷 F_2 由工作条件决定，但一般不超过极限载荷 F_j 的 80%，即 $F_2\leqslant0.8F_j$。对于交变载荷和重要的弹簧，F_2 应取小些。

弹簧最小工作载荷 F_1 的选择，决定于弹簧的功用，通常可取

$$F_1\geqslant0.2F_j$$

由于定刚度弹簧的载荷与变形量成正比，故变形量之间亦应保证上述相应的关系，即

$$\lambda_2\leqslant0.8\lambda_j \qquad\qquad \lambda_1\geqslant0.2\lambda_j$$

压缩螺旋弹簧的两端常有几圈并紧，不参与弹簧的变形而只起支承作用，故称为支承圈，俗称死圈。常用并紧死圈的端部形式见图 17-2。在交变载荷下或对垂直要求较高的重要弹簧，应采用并紧磨平端。

Y_I 型——两端圈并紧，磨平　　　Y_{II} 型——两端圈并紧，不磨平

图 17-2　圆柱压缩螺旋弹簧的常用端部结构

2. 基本参数及其选择（图 17-1）　钢丝直径 d，由强度计算确定，并应选用表 17-3 所列的推荐尺寸系列。

表 17-4 圆截面螺旋弹簧直径 d 的尺寸系列(mm)

第一系列	0.1	0.15	0.2	0.25	0.3	0.35	0.4	0.45	0.5
	0.6	0.8	1	1.2	1.6	2	2.5	3	3.5
	4	4.5	5	6	8	10	12	16	20
	25	30	35	40	45	50	60	76	80
第二系列	0.7	0.9	1.4	(1.5)	1.8	2.2	2.8	3.2	3.8
	4.2	5.5	7	9	14	18	22	(2.7)	28
	32	(36)	38	42	55	65			

注:优先选用第一系列,有括号尺寸只限目前不能更换的产品使用。

弹簧中径 D_2 是外径 D 及内径 D_1 的平均值,D_2 应符合表 17-5。

表 17-5 弹簧中径 D_2 系列(mm)

第一系列	0.4	0.5	0.6	0.7	0.8	0.9	1	1.2	1.6	2	2.5	3	3.5
	4	4.5	5	6	7	8	9	10	12	16	20	25	30
	35	40	45	50	55	60	70	80	90	100	110	120	130
	140	150	160	180	200	220	240	260	280	300	320	360	400
第二系列	1.4	1.8	2.2	2.8	3.2	3.8	4.2	4.8	5.5	6.5	7.5	8.5	9.5
	14	18	22	28	32	38	42	48	52	58	65	75	85
	95	105	115	125	135	380	450						

表 17-6 旋绕比 C 的荐用值

d(mm)	0.2~0.4	0.5~1	1.1~2.2	2.5~6	7~16	18~50
$C=\dfrac{D_2}{d}$	7~14	5~12	5~10	4~9	4~8	4~6

弹簧的螺旋升角 α 与节距 t 及中径 D_2 的关系为:

$$\alpha = \text{arctg}\,\frac{t}{\pi D_2} \tag{17-2}$$

α 值一般在 $5°\sim9°$ 范围内,如无特殊要求,螺旋方向一般采用右旋。

旋绕比 C 亦称弹簧指数,定义为 $\dfrac{D_2}{d}$,是弹簧的一个重要参数,设计时应合理选取。当弹簧直径 d 一定时,C 值越小,中径 D_2 也越小,则弹簧越硬,会使弹簧的卷绕成型发生困难,还会使簧丝工作时内侧产生过大的应力;相反地,C 值越大,则弹簧越软,绕卷虽较容易,但工作时容易产生颤动现象。C 值一般可参考表 17-6。

弹簧的工作圈数 n,由刚度计算确定。一般应使工作圈数 $n\geqslant2$,但实用上不少于 3 圈。

3.强度计算 弹簧强度计算的目的,是要确定弹簧直径 d。

(1)弹簧的受力 由图 17-3a 可知,由于弹簧丝具有升角 α,故在通过弹簧轴线的剖面

$A—A$ 上作用着力 F 及扭矩 $T=F\dfrac{D_2}{2}$。在弹簧丝的法向剖面 $B\text{-}B$ 上则作用有横向力 $F\cos\alpha$、轴向 $F\sin\alpha$、弯矩 $M=T\sin\alpha$ 及扭矩 $T'=T\cos\alpha$。

如近似地用剖面 $B—B$ 代替剖面 $A—A$（图 17 - 3b），在 $B—B$ 剖面上受有如下的力和力矩：

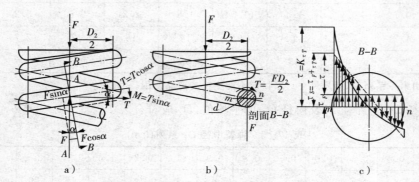

图 17 - 3　圆柱形压缩弹簧的受力及应力分析

切向力　$F_t=\cos\alpha$，　扭矩　$T'=T\cos\alpha=\dfrac{1}{2}FD_2\cos\alpha$

法向力　$F_n=F\sin\alpha$，　弯矩　$M=\dfrac{1}{2}FD_2\sin\alpha$

式中　D_2——弹簧中径；α——弹簧的螺旋升角，也就是截面 $A—A$ 与 $B—B$ 的夹角。

由于弹簧的螺旋升角一般取 $\alpha=5°\sim9°$，故 $\sin\alpha\approx0$；$\cos\alpha\approx1$。所以弯矩 M 与法向力 F_n 可以忽略不计，因此弹簧丝中起主要作用的外载荷是扭矩 T 和切向力 F_t。因此弹簧受力可简化为

$$\left.\begin{aligned}T&=F\frac{D_2}{2}\\F_t&=F\end{aligned}\right\}\tag{17-3}$$

这种简化对计算准确度的影响不大。

（2）弹簧的应力及强度条件

由于 α 角较小，可近似地用剖面 $B—B$ 代替剖面 $A—A$（图 17 - 3b），则剖面 $B—B$ 上的应力（图 17 - 3c）可近似地取为

$$\tau_s=\tau_F+\tau_T=\frac{F}{\dfrac{\pi d^2}{4}}+\frac{FD_2/2}{\pi d^3/16}=\frac{4F}{\pi d^3}\left(1+\frac{2D_2}{d}\right)=\frac{4F}{\pi d^2}(1+2C)\tag{17-4}$$

式中　$C=\dfrac{D_2}{d}$ 为弹簧指数，见表 17 - 6。

为了简化计算，通常在式（17 - 4）中取 $1+2C\approx2C$（因为当 $C=4\sim16$ 时，$2C\geqslant1$，实质上即略去了 τ_F），由于弹簧丝升角和曲率的影响，弹簧丝剖面的应力分布将如图 17 - 3c 中的粗实线所示。由图可知，最大应力产生在弹簧丝剖面内侧的 m 点。实践证明，弹簧的破坏也大多由这点开始。为了考虑弹簧丝的升角和曲率对弹簧丝中应力的影响，以及忽略了 τ_F 的影

响,现引进一个补偿系数 K(或称曲度系数),则弹簧丝内侧的最大应力及强度条件为:

$$\tau = K\tau_T = K\frac{8CF}{\pi d^2} \leqslant [\tau] \tag{17-5}$$

补偿系数 K,对于圆截面弹簧丝可按下式计算:

$$K \approx \frac{4C-1}{4C-4} + \frac{0.615}{C} \tag{17-6}$$

根据式(17-5)以最大工作载荷 F_2 代替式中 F,计算弹簧丝直径 d 的公式为

$$d \geqslant 1.6\sqrt{\frac{KF_2C}{[\tau]}} \text{(mm)} \tag{17-7}$$

式中 $[\tau]$——许用扭转应力,表 17-2。

应用式(17-7)时,由于旋绕比 C 的选取和许用扭转应力的确定都与弹簧丝直径 d 有关,因此需要预先选定直径 d 进行试算,才能得出合适的弹簧丝直径 d。

(3)弹簧刚度计算及工作圈数

① 弹簧刚度 定刚度弹簧的刚度为

$$K = \frac{F}{\lambda} = \frac{F_1}{\lambda_1} = \frac{F_2}{\lambda_2} = \frac{F_j}{\lambda_j} = 常数 \tag{17-8}$$

式中 $\lambda, \lambda_1, \lambda_2, \lambda_j$ 是对应于载荷 F, F_1, F_2, F_j 的变形量。它们的大小,可由材料力学公式求得

$$\lambda = \frac{8FD_2^3 n}{Gd^4} = \frac{8FC^3 n}{Gd} \text{(mm)} \tag{17-9}$$

式中 G——弹簧材料的剪切弹性模量(MPa),表 17-2;

n——弹簧的工作圈数。

欲求 $\lambda_1, \lambda_2, \lambda_j$ 只要将上式中的 F 相应地换成 F_1, F_2, F_j 即可。

将式(17-9)代入式(17-8),则得弹簧刚度的计算公式

$$K = \frac{F}{\lambda} = \frac{Gd}{8C^3 n} = \frac{Gd^4}{8D_2^3 n} \tag{17-10}$$

弹簧刚度是表征弹簧性能的主要参数之一,表示弹簧产生单位变形时所需的力。刚度愈大,需要的力愈大,则弹簧的弹力就愈大。但影响弹簧的因素很多,从式(17-10)可知 K 与 C^3 成反比,即 C 值对 K 的影响很大。所以,合理地选择 C 值就能控制弹簧的弹力。另外,K 还和 G、d、n 有关。设计时在调整弹簧刚度 K 时,应综合考虑各种因素的影响。

② 弹簧的工作圈数 n 根据刚度条件确定弹簧工作圈数 n 的计算公式为

$$n = \frac{G\lambda d}{8FC^3} = \frac{Gd}{8KC^3} \left(K = \frac{F}{\lambda}\right) \tag{17-11}$$

求出 n 后,应按以下系列圆整:2,2.5,2.75,3,3.25,3.5,3.75,4,4.25,4.5,4.75,5,5.5,6,6.5,7,7.5,8,8.5,9,9.5,10,10.5,11,11.5,12.5,13.5,14.5,15,16,18,20,22,25,28,30。

为使弹簧能正常工作,弹簧间隙 C_0 应略大于或等于每圈的极限变形量,即 $C_0 \geqslant \frac{\lambda_j}{n}$。

利用式(17-9),(17-10)及式(17-5),上式可写成:

$$C_0 \geqslant \frac{\pi d^2 \tau_j}{8KCnK} \text{(mm)} \tag{17-12}$$

式中　τ_j 为在极限载荷 F_j 作用下,弹簧钢丝所产生的极限扭转应力(MPa),由式(17-1)求得。

(4)几何尺寸　圆柱压缩弹簧几何尺寸的计算公式,列于表17-7中。

表 17-7　圆柱压缩螺旋弹簧的几何尺寸

名　称	单位	计　算　公　式	备　注
弹簧中径 D_2	mm	$D_2 = Cd$	C 值应符合表14-5,d 值由式(17-7)计算并按表17-4选取尺寸系列,D_2 应符合表17-5系列
弹簧外径 D	mm	$D = D_2 + d$	
弹簧内径 D_1	mm	$D_1 = D_2 - d$	
工作圈数 n	圈	$n > 2$	按式(17-11)求得
并紧高度 H_b[①]	mm	$H_b \approx (n_1 - 0.5)d$	两端磨平
		$H_b \approx (n_1 - 0.5)d$	两端不磨
支承圈数	圈	$n_2 = 2 \sim 2.5$ $n_2 = 1.5 \sim 2$	冷卷弹簧 热卷弹簧
总圈数 n_1	圈	$n_1 = n + n_2$	尾数推荐为 $\frac{1}{2}$ 圈
弹簧间隙 C_0	mm	$C_0 \geqslant \dfrac{\lambda_j}{n}$	按式(17-12)求得
节距 t	mm	$t = d + C_0 \approx (0.28 \sim 0.5)D_2$	
自由高度 H_0[①]	mm	$n_2 = 1.5$ 时,$H_0 = nt + d$ $n_2 = 2$ 时,$H_0 = nt + 1.5d$ $n_2 = 3$ 时,$H_0 = nt + d$	两端磨平
		$n_2 = 2$ 时,$H_0 = nt + 3d$ $n_2 = 2.5$ 时,$H_0 = nt + 3.5d$	
螺旋升角 α	度	$\alpha \approx 5° \sim 9°$	按式(17-2)计算
钢丝展开长度 L	mm	$L = \pi D_2 n_1 / \cos\alpha$	用于备料

①自由高度 H_0 的尺寸系列见《机械设计手册》。

(5)稳定性校核　压缩弹簧的自由高度 H_0 与中径 D_2 之比称为高径比 b。

当高径比 b 值过大时,轴向载荷 F 如果超过一定的限度,就会使弹簧产生较大的侧向弯曲而失去稳定性(图17-4),因而破坏了弹簧的特性线,这种情况在工作中是不允许的,故设计时应验算高径比 b。

要使压缩弹簧不产生失稳现象,其高径比 b 必须不超过临界高径比 bc,即

$$b = \frac{H_0}{D_2} \leqslant b_c \qquad (17-13)$$

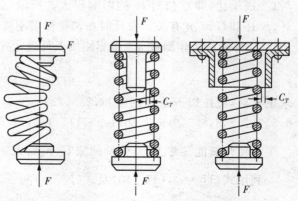

图 17-4　压缩弹簧的失稳现象及防止失稳措施

临界高径比 b_c 之值,根据弹簧的支承方式不同而异:

当两端固定时,$b_c = 5.3$;当一端固定,另一端可转动时,$b_c = 3.7$;当两端都可以转动时,$b_c = 2.6$。

如果所设计的弹簧,其高径比 b 不能满足式(17-13)时,则需加装导杆或导套(图 17-4b)。弹簧与导杆或导套之间的直径间隙 $2C_T$ 可按表 17-8 选取。

表 17-8　弹簧与导杆或导套之间的直径间隙(mm)

中径 D_2	≤5	>5~10	>10~18	>18~30	>30~50	>50~80	>80~120	>120~150
$2C_T$	0.6	1	2	3	4	5	6	7

如果高径比 $b \le b_c$,而结构上又不允许加装导杆或导套时,则必须进行稳定性校核,即计算失稳时的临界载荷 F_c,以便控制弹簧的最大工作载荷 F_2 不超过规定的安全范围。

失稳时的临界载荷 F_c 可按下式求得

$$F_c = C_B K H_0 (\text{N}) \tag{17-14}$$

式中　K——弹簧刚度(N·mm);

H_0——弹簧的自由高度(mm);

C_B——不失稳系数,$C_B = \dfrac{\lambda_c}{H_0}$,即失稳时的临界变形量 λ_c 与弹簧自由高度 H_0 之比,可由图 17-5 根据不同的支承及高径比查出。

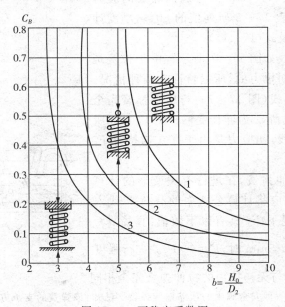

图 17-5　不稳定系数图

1—两端固定;2——端固定,另一端自由转动;3—两端自由转动

为了保证弹簧的稳定性,临界载荷 F_c 与最大工作载荷 F_2 之间,应满足下列关系:

$$F_c \geqslant (2 \sim 2.5) F_2 \tag{17-15}$$

二、圆柱拉伸螺旋弹簧的设计计算特点

圆柱拉伸螺旋弹簧如图 17-6 所示,空载时各圈彼此并紧,其端部有钩环,以便安装和加载。钩环结构已有国家标准。

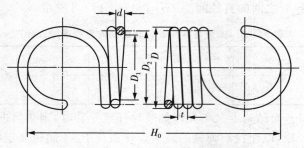

图 17-6　圆柱拉伸螺旋弹簧

圆钩环拉伸弹簧总圈数 n_1、自由高度 H_0、节距 t 及钢丝展开长度 L 的关系式如下:

$$n_1 = n \qquad H_0 = (n+1)d + 2D_1$$

$$t = d \qquad L = \pi D_2 n + 钩环部分的长度$$

其余尺寸与压缩弹簧相似。

对于无初拉力(预紧力)的拉伸弹簧,强度计算公式仍用式(17-5)及式(17-7),但考虑钩环处的应力集中,材料的 $[\tau]$ 应为表 17-2 所列值的 80%,刚度计算公式仍用(17-10)及式(17-11)。

拉伸弹簧的特性线如图 17-7 所示。由于弹簧是可以具有初拉力或无初拉力的,所以特性有两种情况。对于无初拉力的,特性线(图 17-7a)与压缩弹簧完全相同,其中 F 为拉伸载荷,λ 为伸长变形。图 17-7b 所示为有初拉力的特性线,初应力是由于存在初拉力 F_0 而产生的。

对有初应力的拉伸弹簧,在进行有关变形的计算时,如计算 λ, n, K 等,应将计算公式中的载荷 F 代入 $(F-F_0)$。在一般情况下 F_0 具有以下数值:直径 $d =$ 5mm 时,$F_0 \approx \frac{1}{3}F_j$;$d > 5$mm 时,$F_0 = \frac{1}{4}F_j$。进行强度

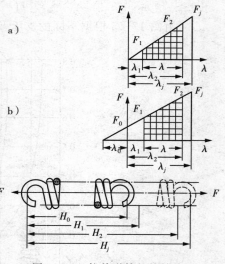

图 17-7　拉伸弹簧的特性线

计算的方法和公式,则与无初拉力的拉伸弹簧完全相同。

例题 17-1　试设计一种安全阀中的压缩螺旋弹簧。已知:该弹簧的支承方式为一端固定,另一端可转动。弹簧中径 $D_2 = 20$mm,安全阀预调压力 $F_1 = 480$N,预调压缩量 $\lambda_1 = 14$mm,阀的最大开口量(即弹簧工作行程)为 $\lambda = 1.9$。

解:

(1)由工作要求确定弹簧的结构、材料和许用应力

安全阀动作次数虽然不多,但要求滑阀动作灵敏、可靠,所以这种弹簧应列为第 2 类弹簧,选用 Y I 型结构,用 I 组碳素弹簧钢丝。

初设弹簧钢丝直径为 4mm，由表 17－2 知，2 类弹簧的许用扭转应力：

$$[\tau]=0.4\sigma_B=0.4\times1600=640(\text{MPa})$$

（2）根据强度条件确定弹簧钢丝直径

由式（17－7）

$$d\geqslant1.6\sqrt{\frac{KF_2C}{[\tau]}}$$

因为 $C=\dfrac{D_2}{d}=\dfrac{20}{4}=5$

由式（17－6）得

$$K=\frac{4C-1}{4C-4}+\frac{0.615}{C}=\frac{4\times5-1}{4\times5-4}+\frac{0.615}{5}\approx1.31$$

由式（17－8）可求得

$$F_2=\frac{\lambda_2}{\lambda_1}F_2=\frac{\lambda_1+\lambda}{\lambda_1}=\frac{14+1.9}{14}\times480=545(\text{N})$$

故　　$d\geqslant1.6\sqrt{\dfrac{1.31\times545\times5}{640}}=3.8(\text{mm})$

按表 17－4，取 $d=4$mm，与前假设一致，故可用。若假设弹簧丝直径与根据强度所确定的不符，则需重新假设钢丝直径，然后计算。

（3）根据刚度条件确定弹簧工作圈数　由式（17－8）初步计算弹簧刚度

$$K=\frac{F_1}{\lambda_1}=\frac{480}{14}=34.3(\text{N/mm})$$

由式（17－11）计算工作圈数

$$n=\frac{Gd}{8KC^3}$$

由表 17－2 查得 $G=80\,000$MPa　故　$n=\dfrac{80\,000\times4}{8\times34.3\times5^3}=9.33$

取 $n=9$ 圈

由式（17－10）计算弹簧的实际刚度为　　$K=\dfrac{Gd}{8C_3n}=\dfrac{80000\times4}{8\times5^3\times9}=35.6(\text{N/mm})$

实际的最大工作载荷　　$F_2=K(\lambda_1+\lambda)=35.6(14+1.9)=566(\text{N})$

（4）计算弹簧其他尺寸

按表 17－7 中的公式可求得：

弹簧外径　$D=D_2+d=20+4=24(\text{mm})$　　　　弹簧内径　$D_1=D_2-d=20-4=16(\text{mm})$

支承圈数　$n_2=2\sim2.5$，取 $n_2=2$　　　　总圈数　$n_1=n+n_2=9+2=11$

由式（17－12）计算弹簧间隙　　$C_0\geqslant\dfrac{\pi d_2\tau_j}{8KCnK}$

由式（17－1），对 2 类弹簧

$$\tau_j=1.25[\tau]=1.25\times640=800(\text{MPa})$$

故　$C_0\geqslant\dfrac{3.14\times4^2\times800}{8\times1.31\times5\times9\times35.6}=2.4$（mm），取 $C_0=2.5$ mm

节距　$t=d+C_0=4+2.5=6.5$ mm

自由高度　$H_0=nt+1.5d=9\times6.5+1.5\times4=64.5(\text{mm})$

并紧高度　$H_b\approx(n_1-0.5)d=(11-0.5)\times4=42(\text{mm})$

弹簧螺旋升角　$\alpha=\text{arctg}\dfrac{T}{\pi D_2}=\text{arctg}\dfrac{6.5}{3.14\times20}=5°24'$　　　α 在 $5°\sim9°$ 之间，故合适。

钢丝展开长度　$L=\dfrac{\pi D_2n}{\cos\lambda}=\dfrac{3.14\times20\times11}{\cos5°24'}=695(\text{mm})$

(5)验算变形量

弹簧并紧时的全变形量　$\lambda_b = H_0 - H_b = 64.5 - 42 = 22.5\,(\text{mm})$

极限载荷作用下的变形量　$\lambda_j = nC_0 = 9 \times 2.4 = 21.6\,(\text{mm})$　　　$\lambda_j < \lambda_b$，故合适。

又　　$\dfrac{\lambda_1}{\lambda_j} = \dfrac{14}{21.6} = 64.8\%\,(>20\%)$；　　　$\dfrac{\lambda_2}{\lambda_j} = \dfrac{14+1.9}{21.6} = 73.6\%\,(<80\%)$

(6)校核稳定性

按式(17-13)，实际高径比　$b = \dfrac{H_0}{D_2} = \dfrac{64.5}{20} = 3.22$

临界高径比 $b_c = 3.7$，而 $b < b_c$，故不需进行稳定性校核。

例题 17-2　试设计一圆柱压缩螺旋弹簧，其最大工作载荷为 $F_2 = 2790\text{N}$，在此载荷作用下的变形量要求为 $\lambda_2 = 100$。根据工作条件，此弹簧为受静载荷的重要弹簧，弹簧两端为回转支承，空间尺寸没有严格限制。

解：　(1)选择弹簧材料，确定许用应力

根据目的要求，弹簧虽然是受静载荷，但较重要，载荷也较大，因此从表 17-2 选用合金弹簧钢 50CrVA。由工作条件可知，此弹簧应属于 2 类，所以由表中查得许用扭转应力 $[\tau] = 600\text{MPa}$。

(2)计算弹簧丝直径 d　由式(17-7)：$d \geqslant 1.6\sqrt{\dfrac{KF_2C}{[\tau]}}$

式中，弹簧指数(旋绕比)一般为 $5\sim 8$，现在初选 $C = 7$，则由式(17-6)计算得补偿系数

$$K = \frac{4C-1}{4C-4} + \frac{0.615}{C} = \frac{4\times 7-1}{4\times 7-4} + \frac{0.615}{7} = 1.25$$

于是　　$d \geqslant 1.6\sqrt{\dfrac{KF_2C}{[\tau]}} = 1.6\sqrt{\dfrac{1.25\times 2\,790\times 7}{600}} = 10.2\,(\text{mm})$

由表 17-4，选择弹簧丝直径 $d = 10\text{mm}$；查表 17-6，弹簧指数(旋绕比)C 荐用值为 $4\sim 8$，初选 $C = 7$ 符合这一范围，可以使用。

(3)计算弹簧工作圈数 n

① 弹簧工作圈数 n　由刚度条件，按式(17-11)

$$n = \frac{G\lambda d}{8F_2 C^3} = \frac{G\lambda d^4}{8F_2 D^3}$$

将 $G = 80000\text{MPa}$(表 17-2)，$F_2 = 2790\text{N}$(题目给定)和 $\lambda = 100\text{mm}$ 各值代入上式，得

$$n = \frac{G\lambda_2 d^4}{8F_2 D_2^3} = \frac{80000\times 100\times (10)^4}{8\times 2790\times (70)^3} = 10.45\,(\text{圈})$$

由系列规定，选取 $n = 10.5$(圈)。

② 支承圈圈数 n_2　因为弹簧比较重要，因此取其端部结构为两端圈并紧并磨平，所以按要求取每端的支承圈为 1 圈，则支承圈数 $n = 2$。

③ 总圈数　$n_1 = n + n_2 = 10.5 + 2 = 12.5$(圈)

推荐的弹簧总圈数的尾数为 $\frac{1}{2}$ 圈，所得结果符合要求(总圈 n_1 的尾数宜取 $\frac{1}{4}$，$\frac{1}{2}$ 或整圈，推荐采用 $\frac{1}{2}$ 圈)。

④ 弹簧的刚度　$K = \dfrac{Gd}{8C^3 m} = \dfrac{80\,000\times 10}{8\times 7^3\times 10.5} = 27.76\,(\text{N/mm})$

应该注意的是：按设计要求的工作圈数为 10.45 圈，选为系列值后是 10.5 圈，因此设计的弹簧变形量和刚度，都与设计要求稍许有一些出入。工作圈数 10.5 圈时，$\lambda_2 = 100.5\text{mm}$，与题给的 100mm 稍有不同，由于相差很小，可以应用；如果差别大，则应重新选定参数。

(4)计算弹簧的其他几何尺寸和参数

① 节距 t 和螺旋角 α　计算弹簧间歇 C_0：按式(17-1)，对 2 类弹簧有

$$\tau_j = 1.25[\tau] = 1.25\times 600 = 750\,(\text{MPa})$$

$$C_0 \geqslant \frac{\pi d^2 \tau_j}{8KCnK} = \frac{\pi \times 10^2 \times 750}{8 \times 1.25 \times 7 \times 10.5 \times 27.76} = 11.548 \, (\text{mm})$$

节距 $t = d + C_0 = 10 + 11.548 = 21.548 \, (\text{mm})$

螺旋角 $\alpha = \text{arctg} \frac{t}{\pi D_2} = \arctan \frac{21.548}{\pi \times 70} = 5°41'20''$，符合 $\alpha = 5° \sim 9°$ 的要求。

② 弹簧的自由高度 H_0 和并紧高度 H_b

自由高度 H_0 $H_0 = nt + 1.5d = 10.5 \times 21.548 + 1.5 \times 10 \approx 245 \, (\text{mm})$

查有关机械零件设计手册，取自由高度尺寸系列为 $H_0 = 260 \text{mm}$，因此节距改为

$$t = \frac{H_0 - 1.5d}{n} = \frac{260 - 1.5 \times 10}{10.5} = 23.33 \, (\text{mm})$$

螺旋角为 $\alpha = \text{arctg} \frac{t}{\pi D_2} = \text{arctg} \frac{23.33}{\pi \times 70} = 6°3'24''$

并紧变形量 $\lambda_b = n(t-d) = 10.5(23.33 - 10) = 140 \, (\text{mm})$

并紧高度 $H_b = (n_1 - 0.5)d = (12.5 - 0.5) \times 10 = 120 \, (\text{mm})$

③ 验算稳定性

高径比为 $b = \frac{H_0}{D_2} = \frac{250}{70} = 3.71$

两端为回转支承，因 $b > 2.6$，应进行稳定性校核。

按式(17-14)，临界载荷为 $F_C = C_B K H$

由图 17-8 可得 $C_B = 0.23$，已求得 $K = 27.76 \text{N/mm}$，$H_0 = 260$。所以

$$F_C = C_B K H_0 = 0.23 \times 27.76 \times 260 = 1660 \, (\text{N})$$

可见临界载荷 F_C 小于最大工作载荷 F_2，不能保持弹簧的稳定性。为保持正常工作，必须加装导杆或导套。

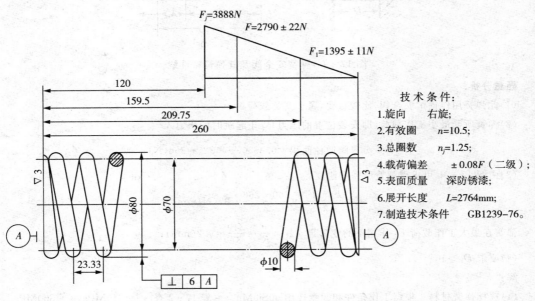

图 17-8 弹簧的零件工作图

④ 其他几何尺寸

弹簧外径 $D = D_2 + d = 70 + 10 = 80 \, (\text{mm})$

弹簧外径 $D_1 = D_2 - d = 70 - 10 = 60 \, (\text{mm})$

弹簧丝开展长度　　$L = \dfrac{\pi D_1 n}{\cos\alpha} = \dfrac{\pi \times 70 \times 12.5}{\cos 6°3'24''} = 2764.3\,(\text{mm})$

(5)安装载荷 F_1 和并紧载荷 F_b

安装弹簧时预加的最小载荷,一般取为 $F_1 = (0.1 \sim 0.5)F_2$;对于重要弹簧,系数取大值

$F_1 = 0.5 F_2 = 0.5 \times 2\,790 = 1\,395\text{N}$

相应的最小变形量　　$\lambda_1 = 0.5\lambda_2 = 0.5 \times 100.5 = 50.25\,(\text{mm})$

相应的弹簧高度　　$H_1 = H_0 - \lambda_1 = 260 - 50.25 = 209.75\,(\text{mm})$

并紧载荷　　　　$F_b = \dfrac{G d^4 \lambda_b}{8 D_2^3} = \dfrac{80\,000 \times 10^4 \times 140}{8 \times 70^2 \times 10.5} = 3\,888\,(\text{N})$

(6)验算变形量

极限载荷作用下的变形量　　$\lambda_j = n C_0 = 10.5 \times 11.548 = 121.254\,(\text{mm})$

所以 $\lambda_j > \lambda_b$,故合适

(7)绘制弹簧零件工作图并拟定技术要求

例题 17-3　一个蒸煮用的立式小锅炉,炉顶上采用微启式(微炉式安全阀行程 λ_0 较小,$\lambda_0 \approx \dfrac{D_0}{10} \sim \dfrac{D_0}{25}$)弹簧安全阀(图 17-9)。阀座通径 $D_0 = 32\text{mm}$,要求阀门起跳气压 $p_1 = 0.33\text{MPa}$,阀门行程 $\lambda_0 = 2\text{mm}$,全开时弹簧受力 $F_2 = 340\text{N}$。结构要求弹簧内径 $D_1 > 16$。试设计此安全阀上的压缩弹簧,若现有 $d = 4\text{mm}$ 的 60Si2Mn 钢丝,问能否使用?

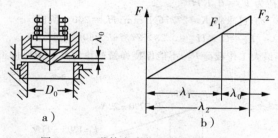

图 17-9　弹簧安全阀及其弹簧特性线

题意分析:

(1)此弹簧用作锅炉安全阀,比较重要,属于 2 类载荷;

(2)弹簧所受最小工作载荷(即安装位置的压力)等于起跳时的压力

$$F = p_1 \times 阀通径面积 = 0.33 \times \dfrac{\pi}{4} \times 32^2 = 266\,(\text{N});$$

(3)由图 17-9b 可求得弹簧所需的刚度

$$K = \dfrac{F_2 - F_1}{\lambda_0} = \dfrac{340 - 266}{2} = 37\,(\text{N/mm})$$

弹簧在最大工作载荷 F_2 作用下的变形量　　$\lambda_2 = \dfrac{F}{K} = \dfrac{340}{37} = 9.2\,(\text{mm})$;

(4)要求 $D_1 > 16$。

解:

(1)选择弹簧材料　根据工作条件和题意选用 60Si2Mn。由表 17-2 查 $[\tau] = 640\text{MPa}$,$\tau_j = 800\text{MPa}$。

(2)确定弹簧钢丝直径由式(17-7)可得　$d \geqslant 1.6\sqrt{\dfrac{K F_2 C}{[\tau]}}$

现要求 $D_1 > 16\text{mm}$,可暂取 $D_2 = D_1 + d = 22\text{mm}$,设 d 的大小等于题中现有的钢丝直径值($d = 4\text{mm}$),则 $C = \dfrac{D_2}{d} = \dfrac{22}{4} = 5.5$,由式(17-6)计算

$$K=\frac{4C-1}{4C-4}+\frac{0.615}{C}=\frac{4\times5.5-1}{4\times5.5-4}+\frac{0.615}{5.5}=1.28$$

故　　$d\geqslant\sqrt{\dfrac{1.28\times340\times5.5}{640}}=3.09$

说明采用 $d=4$mm 的钢丝其强度足够。若不受现成材料限制时,可用 $d=3.6$。

(3)决定弹簧圈数,由式(17-11)　　$n=\dfrac{Gd}{8KC^3}=\dfrac{80\ 000\times4}{8\times37\times5.5^3}=6.5$(圈)

(4)弹簧其他尺寸

① 内径　　$D_1=D_2-d=22-4=18$(mm)

② 外径　　$D=D_2+d=22+4=26$(mm)

③ 间隙　$C_0\geqslant\dfrac{\pi d^2\tau_j}{8KCnK}$

对 2 类弹簧按式(17-1)　　$\tau_j=1.25[\tau]=1.25\times640=800$(MPa)

故　　$C_0=\dfrac{\pi\times4^2\times800}{8\times1.28\times5.5\times6.5\times37}=2.97$(mm),取 $C_0=3$mm

④ 节距 $t=C_0+d=3+4=7$(mm)

⑤ 螺旋升角　$\lambda=\text{arctg}\dfrac{t}{\pi D_2}=\text{arctg}\dfrac{7}{\pi\times22}=5.8°$

$\alpha=5.8°$ 在 $5°\sim9°$间,合适。

⑥ 簧丝展开长度 L

两端各并紧一圈并磨平,则总圈数

$$n_1=n+n_2=6.5+2=8.5$$

故　　$L=\dfrac{\pi D_2 n_1}{\cos\alpha}=\dfrac{\pi\times22\times8.5}{\cos5.8°}=590$(mm)

⑦ 自由高度　$H_0=nt+1.5d=6.5\times7+1.5\times4=51.5$(mm)

(5)验算稳定性

由式(17-13)得:

$$b=\frac{H_0}{D_2}=\frac{51.5}{22}=2.31(<3.7),\text{符合要求。}$$

(6)验算变形量

并紧高度　$H_b=(n_1-0.5)d=(8.5-0.5)\times4=32$(mm)

弹簧并紧时的全变形量　　$\lambda_b=H_0-H_b=51.5-32=19.5$(mm)

极限载荷作用下的变形量　　　$\lambda_j=nC_0=6.5\times3=19.5$(mm)

$\lambda_j=\lambda_b$,适用。

安装变形　$\lambda_1=\dfrac{F_1}{K}=\dfrac{266}{37}=7.2$(mm)

安装高度　$H_1=H_0-\lambda=51.5-7.2=44.3$(mm)

在特性线上一般应标注 F_1,F_2,F_j 及其对应的变形(或弹簧高度)。

$$F_j\leqslant\frac{\pi d^2}{8Kc}\tau_j=\frac{\pi\times4^2}{8\times1.28\times5.5}\times800=713(\text{N})$$

$$\lambda_j=\frac{F_j}{K}=\frac{713}{37}=19.3$$

(7)绘制零件工作图(图17-10)

例题 17-4　试设计一圆弹簧丝的压缩螺簧。数据如下:$F_2=700$N;$\lambda_2=50$mm;该弹簧套在一直径为 22mm 的轴上工作,并限制其最大外径 $D_{\max}\leqslant42$mm,自由长度 $H_0=110\sim130$。设弹簧并不经常工作,但较重要。弹簧端部选不磨平端，每端有一圈死圈。

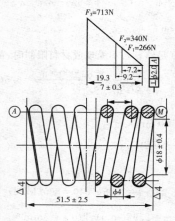

图 17-10　弹簧工作图

解：

按题意属于第 2 类弹簧。选用弹簧材料为Ⅱ$_a$组碳素弹簧钢丝。

以下假设弹簧丝直径 d＝4，5，6mm 三种尺寸进行试算。

计算项目	计算依据	单位	计算方案比较		
			1	2	3
1. 计算弹簧丝直径					
(1)假设弹簧丝直径 d		mm	4	5	6
(2)假设弹簧丝平均直径 D_2		mm	30	30	30
(3)计算弹簧指数 C	$C=\dfrac{D_2}{d}$		7.5	6	5
(4)曲度系数 K	$K=\dfrac{4C-1}{4C-4}+\dfrac{0.615}{C}$		1.21	1.25	5
(5)弹簧材料强度极限 σ_B	表 17-3	MPa	1450	1300	1200
(6)许用扭转应力$[\tau]$	表 17-2 的 2 类弹簧 $[\tau]=0.4\sigma_B$	MPa	580	520	480
(7)弹簧丝直径 d	$d\geqslant 1.6\sqrt{\dfrac{KF_2C}{[\tau]}}$	mm	5.27	4.98	4.926
2. 计算弹簧圈数					
(1)弹簧工作圈数 n	$n=\dfrac{G\lambda_2 d^4}{8F_2 D^3}$	圈	与假设 不符	17 (16.53)	35 (34.28) (括号内为计算值)
(2)弹簧死圈圈数 n_2	题意	圈		2	2
(3)弹簧总圈数 n_1	$n_1=n+n_2$	圈		19	37
3. 核算外廓尺寸					

（续表）

计算项目	计算依据	单位	计算方案比较		
			1	2	3
（1）弹簧外径 D	$D=D_2+d$			35＜42	36＜42
（2）弹簧最小节距 （在自由状态下）t	$t=d+C_0$	mm		8.575	8.50
间　隙	$C_0=\dfrac{\pi d^2\tau}{8KCnK},\tau_j=1.25[\tau]$ $K=F_2/\lambda_2$	mm		3.575	2.5
（3）弹簧在自由状态下的 最小高度 H_{min}	$H_{min}=nt+(n_1-n+1)d$	mm		158＞ 130	299＞ 130

第 2 和第 3 两方案超过了规定的弹簧自由高度，方案 3 超过太多，不再考虑。以下对方案 2 作一些修正，使之符合设计要求。拟采用的办法是适当增大弹簧外径 D，从而可以降低每圈弹簧的刚度，以达到减少弹簧圈数和弹簧高度的目的。但同时会使弹簧内的应力增大，不过从方案 2 看来，应力尚未达到允许值，因而这办法也是可取的。

重设 $D_2=35$mm，$C=7$，$d=5$mm，改用碳素弹簧钢丝 I 组则得：$d=5.01$，$n=10.4$。取 $d=5$mm，$n=10.5$，则得 $H_{min}=122.75$mm，$D=40$mm，均符合规定要求。

例题 17-5 设计一圆柱形拉伸螺旋弹簧。已知该弹簧在一般载荷条件下工作，并要求中径 $D_2\approx11$mm；外径 $D\leqslant16$。当拉伸变形量 $\lambda_1=7.5$mm 时，拉力 $F_1=180$N；拉伸变形量 $\lambda_2=17$mm 时，拉力 $F_2=340$N。

解：

由题意分析，无预应力的拉伸螺旋弹簧，其设计计算方法与压缩螺旋弹簧一样，但在进行结构设计时，应选定两端钩环类型，确定自由高度 H_0（$H_0=nd+$钩环轴向长度）和展开长度 L（$L=\pi D_2 n+$钩环展开长度尺寸）的尺寸。

（1）根据工作条件选择材料并确定其许用应力　因弹簧在一般载荷条件下工作，可以按 3 类弹簧来考虑。现选用第 II 组碳素弹簧钢丝，并根据 $D-D_2\leqslant16-11=5$（mm），估取弹簧丝直径 $d=3$。由表 17-3 暂取 $\sigma_B=1650$MPa，则根据表 17-2 可知 $[\tau]=0.5\sigma_B=0.5\times1650=825$（MPa）。

（2）根据强度条件计算弹簧丝直径　现取弹簧指数 $C=4$，则由式（17-6）得

$$K=\frac{4C-1}{4C-4}+\frac{0.615}{C}=\frac{4\times4-1}{4\times4-4}+\frac{0.615}{4}=1.4$$

根据式（17-7）得

$$d\geqslant1.6\sqrt{\frac{KF_2C}{[\tau]}}=1.6\sqrt{\frac{1.4\times340\times4}{825}}=2.43（mm）$$

与原估值相近（或其 σ_B 值与表 17-3 所列的原选 $d=3$mm 时的 σ_B 相近），故原值 $[\tau]$ 可用。现圆整取弹簧丝标准直径 $d=2.5$mm（见表 17-4）。

此时，$D_2=Cd=4\times2.5=10$（mm）；$D=D_2+d=10+2.5=12.5$（mm）；检查所得尺寸与题中的限制条件相符。

（3）根据刚度条件计算弹簧圈数 n

由式（17-8）得弹簧刚度

$$K=\frac{F}{\lambda}=\frac{F_2-F_1}{\lambda_2-\lambda_1}=\frac{340-180}{17-7.5}=16.8（\text{N/mm}）$$

现由表 17-2 取 $G=82000$MPa，则弹簧圈数

$$n = \frac{Gd^4}{8D_2^3 K} = \frac{82\,000 \times 2.5^4}{8 \times 10^3 \times 16.8} = 23.8$$

取 $n = 24$ 圈,此时弹簧的刚度为 $K = 23.8 \times 16.8/24 = 16.7$(N/mm)

(4)验算

① 弹簧初拉力　$F_0 = F_1 - K\lambda_1 = 180 - 16.7 \times 7.5 = 54.75 \approx 55$(N)

初应力 τ_0 按式(17-5)得　　　$\tau_0 = K \frac{8F_0 D_2}{\pi d^3} = 1.4 \frac{8 \times 55 \times 10}{\pi \times 2.5^3} = 125$(MPa)

② 极限工作应力,对 3 类弹簧由式(17-1)得　　$\tau_j \leqslant 1.12[\tau] = 1.12 \times 825 = 924$(MPa)

③ 极限工作载荷　　$F_j = \frac{\pi d^3 \tau_j}{8 D_2 K} = \frac{3.14 \times 2.5^3 \times 924}{8 \times 10 \times 1.4} = 405$(N)

(5)进行结构设计

① 自由高度 H_0,对半圆钩环　$H_0 = (n+1)d + 2D_1 = (24+1) \times 2.5 + 2(10-2.5) = 77.5$(mm)

② 工作高度　$H_2 = H_0 + \lambda_2 = 77.5 + 17 = 94.5$(mm)

③ 螺旋升角　$\alpha = \text{arctg} \frac{t}{\pi D_2} = \text{arctg} \frac{2.5}{\pi \times 10} = 4°33'$

④ 钢丝展开长度　$L = \frac{\pi D_2 n}{\cos\alpha} = \frac{\pi \times 10 \times 24}{\cos 4°33'} = 754$(mm)

(6)绘制零件工作图(略)

§17-3　圆柱扭转弹簧的计算

圆柱扭转螺旋弹簧承受扭转载荷,其特性曲线为线性的,即扭转 T 与转角 φ 成正比(图 17-11a)图中的 T_j,T_2,T_1 分别为极限扭矩、最大工作扭矩和最小工作扭矩;φ_j,φ_2,φ_1 为相应扭转角。

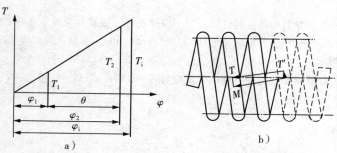

图 17-11　扭转矩螺旋弹簧

扭转弹簧受载时,每一截面都受到力矩 T,它等于把弹簧卷紧的外扭矩。力矩矢量的方向沿着弹簧轴线(图 17-11b)。这力矩分解为使弹簧圈弯曲的力矩 $M = T\cos\alpha$ 和扭矩 $T' = T\sin\alpha$。通常弹簧圈的螺旋角 $\alpha = 12° \sim 15°$,所以习惯上按弯矩 M 计算而略去扭矩,即 $M \approx T$。弹簧丝剖面上的应力及强度条件为

$$\sigma_b = \frac{K_2 M}{W} \approx \frac{K_1 T}{0.1 d^3} \leqslant [\sigma_b] \tag{17-16}$$

这里,W 为弹簧材料的抗弯截面模量,对于圆形截面钢丝 $W = \frac{\pi d^2}{32}$,mm^3。

弹簧钢丝直径

$$d \geqslant \sqrt{\frac{32K_1T}{\pi[\sigma_b]}}(\text{mm}) \qquad (17-17)$$

式中 T——弹簧的最大工作扭矩，N·mm；

$[\sigma_b]$——弹簧的许用弯曲应力，MPa，表 17-2；

K_1——扭转弹簧的曲率系数，$K_1 = \dfrac{4C-1}{4C-4}$。

弹簧承受扭矩 T 后，所产生的扭转变形（扭转角），按材料力学公式计算

$$\varphi = \frac{\pi T D_2 n}{EI}(°); \text{ 或 } \varphi \approx \frac{180 T D_2 n}{EI}(°) \qquad (17-18)$$

弹簧的扭转刚度为

$$K_T = \frac{T}{\varphi} = \frac{EI}{180 D_2 n}[\text{N·mm/(°)}] \qquad (17-19)$$

由式(17-18)和式(17-19)可求得：

$$n = \frac{EI\varphi}{\pi T D_2} = \frac{EI}{\pi K_T T} = \frac{EI\varphi}{180 T D_2} \qquad (17-20)$$

式中 I——弹簧钢丝的截面轴惯性矩，对于圆形截面 $I = \dfrac{\pi d^4}{64}$，mm^4；

E——压料的拉伸弹性模量，MPa，表 17-2。

例题 17-6 设计一Ⅷ型圆柱形扭转螺旋弹簧。最大工作扭矩 $T_2 = 7$N·m，最小工作扭矩 $T_1 = 2$N·m，工作扭转角 $\varphi = \varphi_2 - \varphi_1 = 50°$。

解： 根据设计要求，弹簧应满足承受载荷 T_2 时不会破坏，并且在此载荷作用下的扭转角应为 φ_2，因此设计时应进行下列计算：

(1)由工作要求选定弹簧材料的许用应力 根据弹簧的工作情况，选用Ⅲ组碳素弹簧钢丝制造，由表 17-2,3 类弹簧查得$[\sigma_b] = 0.625\sigma_B$，现估取弹簧丝直径为 5mm，由表 17-3 查得 $\sigma_B = 1400$MPa，则$[\sigma_b] = 0.625 \times 1400 = 875$(MPa)。

(2)选择弹簧指数 C 并计算曲度系数 K_1

选取 $C = 6$，则 $K_1 = \dfrac{4C-1}{4C-4} = \dfrac{4 \times 6 - 1}{4 \times 6 - 4} = \dfrac{23}{20} = 1.15$

(3)根据强度条件试算弹簧丝直径

$$d' \geqslant \sqrt[3]{\frac{K_1 T_1}{0.1[\sigma_b]}} = \sqrt[3]{\frac{1.15 \times 70000}{0.1 \times 875}} = 4.5(\text{mm})$$

计算所得 d' 值与原估值相近，故由表 17-3 所取 σ_B 值可用。

取 $d = d' = 4.5$。

(4)计算弹簧的基本几何参数

$D_2 = Cd = 6 \times 4.5 = 27$(mm)

$D = D_2 + d = 27 + 4.5 = 31.5$(mm)

$D_1 = D_2 - d = 27 - 4.5 = 22.5$(mm)

为了在加载时不发生摩擦，在卷绕弹簧各簧圈时应留有小的间隙，一般取轴向间隙 $C_0 = 0.1 \sim 0.5$。现取 $C_0 = 0.5$mm

$$t = d + C_0 = 4.5 + 0.5 = 5(\text{mm})$$

$$\alpha = \text{arctg}\, \frac{t}{\pi D_2} = \text{arctg}\, \frac{5}{\pi \times 27} = 3°22'$$

(5) 按刚度条件计算弹簧的工作圈数

由式 (17 - 20) 可得

$$n = \frac{EI\varphi°}{180TD_2} = \frac{200000 \times 21.1289 \times 50}{180(7000 - 2000) \times 27} = 8.25$$

取 $n = 9$ 圈

式中　$E = 200000 \text{MPa}$ (见表 17 - 2)；

$$I = \frac{\pi d^4}{64} = \frac{\pi \times 4.5^4}{64} = 20.1289 (\text{mm}^4)$$

(6) 计算弹簧的扭转刚度

$$K_T = \frac{EI}{180 D_2 n} = \frac{200000 \times 20.1289}{180 \times 27 \times 9} = 92 [\text{N} \cdot \text{mm}/(°)]$$

(7) 计算 φ_2 及 φ_1

因为　$T_2 = K_T \varphi_2$,　　所以　$\varphi_2 = \frac{T_2}{K_T} = \frac{7000}{92} \approx 76°$　　$\varphi_1 = \varphi_2 - \varphi = 76° - 50° = 26°$

(8) 求自由高度 H_0

取挂钩或杆臂沿弹簧轴向的长度 $H_H = 40 \text{mm}$, 则

$$H_0 = n(d + C_0) + H_H = 9(4.5 + 0.5) + 40 = 85 (\text{mm})$$

(9) 求展开长度 L

取 $L_n = H_H = 40 \text{mm}$, 则扭转弹簧的弹簧丝长度可仿照拉伸弹簧展开长度公式进行计算, 即

$$L \approx \pi D_2 n + 挂钩部的长度 = \pi D_2 n + L_n = \pi \times 27 \times 9 + 40 = 803.4 (\text{mm})$$

(10) 绘制弹簧工作图 (略)

思 考 题

1. 试设计一在静载荷、常温下工作的阀门压缩螺旋弹簧。已知条件为: 最大工作载荷 $F_2 = 220 \text{N}$, 最小工作载荷 $F_1 = 150 \text{N}$, 工作变形量 $\lambda = 5 \text{mm}$, 弹簧外径不大于 16mm, 两端固定支承。

2. 试设计一具有预应力的圆柱形拉伸螺旋弹簧。已知: 弹簧中径 $D_2 \approx 10 \text{mm}$, 外径 $D < 15$。要求: 当弹簧变形量为 6mm 时, 拉力为 160N, 变形量为 15mm 时, 拉力为 320N。

3. 试设计一般用途的圆柱螺旋压缩弹簧, 要求它在最大工作载荷 F_2 为 800N 时, 相应的压缩变形量 $\lambda_2 \approx 20 \text{mm}$。弹簧承受静载荷, 两端固定支承。

4. 已知一气门弹簧, $D = 32 \text{mm}$, $H_0 = 63 \text{mm}$, $d = 4.5 \text{mm}$, $n = 6$ 圈, $n_2 = 2$ 圈, 材料为 50CrVA, $H_1 = 54 \text{mm}$, 气门放到最大时, 弹簧被压缩的工作行程为 $\lambda = 10$。试求此弹簧所受的最小工作载荷 F_1 和最大工作载荷 F_2, 并验算其疲劳强度和静强度 (弹簧为 1 类弹簧)。

5. 设计一阀门螺旋弹簧。材料用 50CrVA 钢。最大载荷 $F_2 = 120 \text{N}$, 最小载荷 $F_1 = 80 \text{N}$, 相当于 F_1 时的弹簧变形为 $\lambda_1 = 25 \text{mm}$, 弹簧在工作过程中的最大行程 $\lambda = 15 \text{mm}$, 载荷作用次数为 10^7。

6. 设计一扭转螺旋弹簧。已知该弹簧用于受力平稳的一般机构中, 安装时的预加扭矩 $T_1 = 2 \text{N} \cdot \text{m}$; 工作扭矩 $T_2 = 6 \text{N} \cdot \text{m}$, 工作时的扭转角 $\varphi = \varphi_2 - \varphi_1 = 40°$。

第十八章

减 速 器

　　减速器系指原动机与工作机之间独立的闭式传动装置,用来降低转速和相应地增大转矩。减速器的种类很多,现只讨论齿轮及蜗杆减速器,按其传动和结构特点,大致可分为三类:

　　1. 齿轮减速器　有圆柱齿轮、圆锥齿轮和圆锥-圆柱齿轮减速器三种。按传动所采用的齿形来说,常用的有渐开线齿形和圆弧齿形两种;

　　2. 蜗杆减速器　有圆柱蜗杆、圆弧旋转面蜗杆、锥蜗杆和蜗杆-齿轮减速器四种。其中圆柱蜗杆减速器最为常用,有普通圆柱蜗杆和圆弧齿圆柱蜗杆两种;

　　3. 行星减速器　有渐开线行星齿轮、摆线针轮和谐波齿轮减速器等。

　　由于减速器结构紧凑、工作可靠、效率高、寿命长、维护简单、便于成批生产,所以应用广泛。为了提高质量,简化构造形式及尺寸,节约生产费用等,在我国的某些机器制造部门(如起重运输机械、冶金设备及矿山机械等)中,已将减速器系列化了。目前,常用的标准减速器有齿轮、蜗杆、行星齿轮、摆线针轮和谐波齿轮五种标准系列产品,使用时只需结合所需传动功率、转速、传动比、工作条件和机器的总体布置等具体要求,从产品目录或有关手册选择即可。只有在选不到合适的产品时,才自行设计制造。

　　此外,我国目前正在制造和推广的还有滚子凸轮、超环面蜗杆减速器等新型减速器。

　　本章将扼要介绍前述齿轮减速器和蜗杆减速器的主要类型、特点及应用。

§18-1　常用减速器的主要类型、特点和应用

一、齿轮减速器

　　齿轮减速器的特点是效率高、工作耐久、维护简便,因而应用范围很广。

　　齿轮减速器按其减速齿轮的级数可分为单级、两级、三级和多级;按其轴在空间的相互配置可分立式和卧式;按其运动简图的特点可分为展开式、同轴式(又称回归式)和分流式等。

　　单级圆柱齿轮减速器(参看图 18-4)为了避免外廓尺寸过大,其传动比一般为 $i_{max}=8\sim10$;当 $i>10$ 时,就应采用两级的圆柱齿轮减速器。

　　两级圆柱齿轮减速器应用最广,常用于 $i=8\sim50$ 及高、低速级的中心距总和 $a_{\sum}=250\sim4000mm$ 的情况下。其运动简图可以是展开式、分流式或同轴式的。

　　展开式两级圆柱齿轮减速器(图 18-1a)的结构简单,减速器输入轴端和输出轴端的位置可根据传动的配置来选择。但由于齿轮相对于支承为不对称布置,受载时轴的挠曲将加

剧齿轮沿齿宽上的载荷集中现象,因而这种减速器对轴的刚性要求高。一般用在中心距总和 $a_{\sum} \leqslant 1700\text{mm}$ 的情况下。

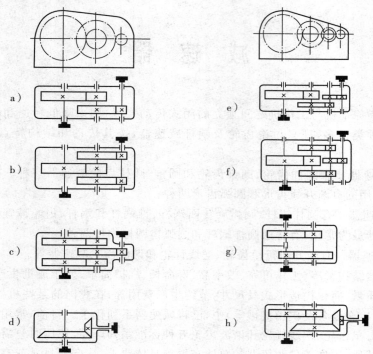

图 18-1 各式齿轮减速器

分流式两级圆柱齿轮减速器有高速级分流(图 18-1b)及低速级分流(图 18-1c)两种。根据使用经验,两者中以高速级分流时性能较好,所以,在实际中它比低速级分流时应用更广。三级减速器应做成中间级分流(图 18-1f),以期同时改善轴的刚性较差的高速级及受力最大的低速级传动中轮齿上的载荷集中现象。分流式减速器的外伸轴位置可由任意一边伸出,故易于获得便于传动装置总体配置的运动简图。分流级的齿轮均做成斜齿,一边右旋,另一边左旋,以抵消轴向力。这时,应允许轴能有稍许轴向游动,以免卡死齿轮。

同轴式两级圆柱齿轮减速器(图 18-1g)的径向尺寸紧凑,但轴向尺寸较大。由于中间轴较长,轴在受载时的挠曲亦较大,因而沿齿宽上的载荷集中现象亦较严重。同时由于两级齿轮的中心距必须一致,所以高速级齿轮的承载能力难以充分利用。而且位于减速器中间部分的轴承润滑也比较困难。此外,减速器的输入轴端和输出轴端位于同一轴线的两端,给传动装置的总体配置带来一些限制。但当要求输入轴端和输出轴端必须放在同一轴线上时,采用这种减速器却极为方便。这种减速器常用于中心距总和 $a_{\sum} = 100 \sim 1000\text{mm}$ 的情况下。

三级圆柱齿轮减速器通常用于 $i = 50 \sim 500$ 及中心距总和 $a_{\sum} = 5000\text{mm}$ 的情况下,可以做成展开式的(图 18-1e)或分流式的(图 18-1f)。

对于上述各类的齿轮减速器,究竟采用卧式或立式,则视传动组合的方便与否而定。

单级圆锥齿轮减速器(图 18-1d)及两级圆锥-圆柱齿轮减速器(图 18-1H)用于需要输

入轴与输出轴成 90°配置的传动中。当传动比不大（$i=1\sim6$）时，采用单级圆锥齿轮减速器；当传动比较大时，则采用两级（$i=6\sim35$）或三级（$i=35\sim208$）的圆锥-圆柱齿轮减速器。由于大尺寸的圆锥齿轮较难精确制造，因而总是把圆锥齿轮传动作为圆锥-圆柱齿轮减速器的高速级（载荷较小），以减小其尺寸，便于提高制造精度。

二、蜗杆减速器

蜗杆减速器的特点是：在外廓尺寸不大的情况下可以获得大的传动比，工作平稳，噪声较小，但效率较低。其中应用最广的是单级蜗杆减速器，而两级蜗杆减速器则应用较少。

单级蜗杆减速器根据蜗杆的位置可分为上蜗杆（图 18-2a）、下蜗杆（图 18-2c）及侧蜗杆（图 18-2b 及 e）三种。单级蜗杆减速器的传动比的变化范围一般为 $i=10\sim70$。

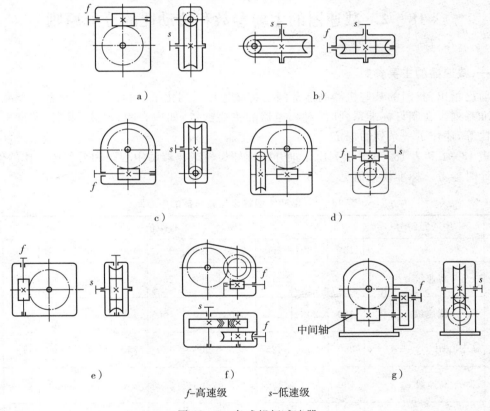

a)　　　　　　　　　　　　　　b)

c)　　　　　　　　　　　　　　d)

e)　　　　　　f)　　　　　　　g)

中间轴

f-高速级　　　　　s-低速级

图 18-2　各式蜗杆减速器

上述蜗杆配置方案的选取，亦视传动装置组合的方便与否而定。选择时，应尽可能地选用下蜗杆的结构。因为此时的润滑和冷却问题均较易解决，同时蜗杆轴承的润滑也很方便。当蜗杆的圆周速度大于 $4\sim5$m/s 时，为了减少搅油和飞溅时损耗的功率，可采用上蜗杆结构。

两级蜗杆减速器（图 18-2d）的特点是结构尺寸紧凑常用于传动比很大的地方（一般为 $i=150\sim400$），但其效率较低。当低速级的中心距为高速级的 2 倍时，可得到各级蜗杆传动为等强度的结构。

三、蜗杆-齿轮减速器

这类减速器在绝大多数情况下,都是把蜗杆传动作为高速级的,称为蜗杆-齿轮减速器(图 18 - 2f)。因为在高速时,蜗杆传动的效率较高,它所适用的传动比一般在 50～130 的范围内,最大可达 250。至于把圆柱齿轮传动作为高速级的,即齿轮-蜗杆减速器(图 18 - 2g)则应用较少,它的传动比可达 150 左右。

最后还应指出:在选择减速器的类型时,首先必须根据传动装置总体配置的要求,结合减速器的效率、外廓尺寸或质量、制造及运转费用等指标进行综合的分析比较,以期获得最合理的结果。

§18 - 2　减速器的主要参数和传动比的分配原则

一、减速器的主要参数

前已指出,我国的某些机器制造部门已将减速器系列化了,而且制订了某些类型减速器的标准系列。在制订标准系列时,对减速器的主要参数,如中心距、模数、齿数、齿宽系数及传动比等,还作了一系列的规定。

表 18 - 1 和表 18 - 2 分别列出了渐开线圆柱齿轮减速器的中心距和公称传动比的值,以供设计时参考。标准模数值见表 18 - 3。

表 18 - 1　渐开线圆柱齿轮减速器的中心距　　　　　　　　　　　　(mm)

类型	中心距符号	中心距值										
单级	a	100	150	200	250	300	350	400	450	500	600	700
两级	高速级 a_f	100	150	175	200	250	250	300	350	400	450	500
	低速级 a_s	150	200	250	300	350	400	450	500	600	700	800
	总中心距 $a_\sum = a_f + a_s$	250	350	425	500	600	650	750	850	1000	1150	1300
三级	高速级 a_f	100	150	150	175	200	250	250	300	350		
	中速级 a_m	150	200	250	250	300	350	400	450	500		
	低速级 a_s	250	300	350	400	450	500	600	700	800		
	总中心距 $a_\sum = a_f + a_m + a_s$	500	650	750	825	950	1100	1250	1450	1650		

表 18-2　渐开线圆柱齿轮减速器的公称传动比

类型	代号 / 传动比	1	2	3	4	5	6	7	8	9	10	11	12	13	14	15	16	17
单级	i	2	2.24	2.5	2.8	3.15	3.55	4	4.5	5	5.6	6.3						
两级	高速级 i_f	2		2.24	2.5	2.8		3.15		3.55	4		4.5		5	5.6		6.3		7.1
	低速级 i_s	3.55			4					4.5					5			5.6		6.3
	总传动比 $i=i_f i_s$	7.1	8	9	10	11.2	12.5	14	16	18	20	22.4	25	28	31.5	33.5	40	45
三级	高速级 i_f	2.5	2.8	3.15	3.55	4	4.5		5		5.6		6.3			7.1		
	中速级 i_m			4					4.5			5			5.6		6.3	
	低速级 i_s					5								5.6			6.3	
	总传动比 $i=i_f i_m i_s$	50	56	63	71	80	90	100	112	125	140	160	180	200	224	250	280	

表 18-3　标准模数系列（GB1357-78）

第一系列	0.1	0.12	0.15	0.2	0.25	0.3	0.4	0.5	0.6	0.8	1
	1.25	1.5	2	2.5	3	4	5	6	8	10	12
	16	20	25	32	40	50					
第二系列	0.35	0.7	0.9	1.75	2.25	2.75	(3.25)	3.5	(3.75)	4.5	5.5
	(6.5)	7	9	(11)	14	18	22	28	36	45	

注:选用模数时,应优先采用第一系列,其次是第二系列,括号内的模数尽可能不用。

这里仅需指出的是,在设计标准减速器的齿轮传动时,中心距应取为标准值,此时齿宽 b 应按 $\varphi_a=\dfrac{b}{a}$ 确定,φ_a 的值为 0.2,0.25,0.3,0.4,0.5,0.6,0.8,1.0,1.2,其中以 $\varphi_a=0.4$ 最为常用。对于渐开线斜齿圆柱齿轮传动,推荐采用齿数和 $z_1+z_2=99$ 或 198,这样就可以在齿轮螺旋角 $\beta=8°06'34''$ 的情况下,使中心距计算简便,亦易获得标准值。由于标准渐开线圆柱齿轮减速器中斜齿圆柱齿轮传动的齿数和 (z_1+z_2) 有 132,138,141,148 四种,而其螺旋角 $\beta=9°22'$,为了获得标准中心距,因此其齿轮大多采用变位齿轮。

二、传动比的合理分配原则

§18-1节中已指出,单级齿轮减速器传动比的最大值不能超过8~10;当齿轮减速器的总传动比超过此值时,应考虑采用两级或多级传动的减速器,这就必须考虑其传动比的合理分配问题。因为在设计两级或多级减速器时,传动比分配得是否合理,将直接影响到减速器外廓尺寸的大小,承载能力能否充分发挥,以及各级齿轮润滑是否方便等。图18-3所示的两种传动比分配方案中,显然是实线表示的方案比较优越。因为它所占的体积不仅小,而且高速级齿轮也得到了良好的润滑。

根据减速器的使用要求不同,可按下列原则进行传动比的合理分配:

1)使各级传动的承载能力接近相等,以充分发挥减速器的承载能力;

2)使减速器获得最小的外廓尺寸和质量,这对飞行器和某些地面运输工具具有特别重要的意义；

3）从润滑方便考虑，应使各级传动中的大齿轮浸油深度大致相等。

为设计方便，下面推荐一些通用减速器的传动比分配方法，以供参考。当然，按下述分配传动比的方法得出的各级传动比值，并不是绝对的，也不一定是最优值，具体使用时，常需在设计计算过程中进一步加以修正。

为了考虑润滑方便，对于卧式两级圆柱齿轮减速器，最好使高、低速级的大齿轮浸入油中的深度相同，或低速级齿轮略深一点。这就要求两个大齿轮的直径大致相等。为此推荐

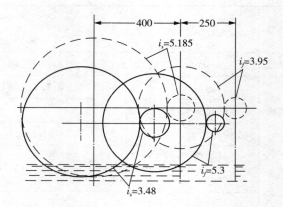

图 18-3　两级传动中传动比分配方案的比较

$$i_f \approx (1.2 \sim 1.3)i_s \qquad (18-1)$$

式中　i_f 和 i_s 分别为高、低速级的传动比。

对于同轴式减速器，为了考虑充分发挥高速级的承载能力，并照顾到两级齿轮的润滑条件，荐用

$$i_f = \sqrt{i} - (0.01 \sim 0.05)i \qquad (18-2)$$

其中 i 为减速器的总传动比。

为了获得最小的体积，对于两级圆柱齿轮减速器，可取

$$i_s \approx i_f \qquad (18-3)$$

对于某些机器，为使传动具有最小的转动惯量，则对任意级数 n 的减速器，各级传动比的分配可按下式计算

$$i_K = \sqrt{2}\left(\frac{i}{2^{n/2}}\right)^{2K-1} \qquad (18-4)$$

式中　i_K——所求的任一级的传动比，如求第二级传动比时，$K=2$；求第三级传动比时，$K=3$ 等；

n——减速器齿轮传动的级数，如为两级齿轮减速器，则取 $n=2$，余类推。

在圆锥-圆柱齿轮减速器中，圆锥齿轮的传动比应小于 3（大致可取为 $0.25i$），这是因为圆锥齿轮的运转条件较圆柱齿轮为差。但在少数情形下，为保证两级大齿轮均可浸入油池中，也允许将圆锥齿轮的传动比增加到 $3.5 \sim 3.8$ 左右。

在圆柱齿轮-蜗杆减速器中，为使箱体结构简单，应取圆柱齿轮的传动比不大于 $2 \sim 2.5$；而在蜗杆-圆柱齿轮减速器中，则取圆柱齿轮传动的传动比为 $(0.03 \sim 0.06)i$。

如要获得结构较为紧凑的两级蜗杆减速器，一般要保证 $a_s = 2a_f$（式中 a_f 和 a_s 分别为高、低速级的中心距）。此时，两级的传动比是近乎相等的。

最后还应指出，虽然合理分配传动比是设计减速器所需考虑的重要准则，但为了获得更为合理的结构，有时单从传动比分配这一点考虑还不能获得比较完满的结果。此时就应采

取调整减速器的其他参数(如齿宽系数、齿数等)或适当改变齿轮材料等办法,以满足预定的设计要求。

§18-3　减速器的结构和润滑

一、减速器的结构

减速器除齿轮(或蜗轮)、轴与轴承外,最主要的零件是箱体。为了保证齿轮轴线正确的相互位置,安装轴承的孔必须镗制得很精确,而箱体本身必须有足够的刚度,以免在内力及外力作用下发生较大的变形。为了保证箱体的刚度及散热面,常在箱体外装有加强肋。箱体内用加强肋是不合适的,因为它会阻碍润滑油的流动,并增加搅油时的能量损耗。

剖分面与齿轮轴线所在平面相重合的箱体(图 18-4)应用最广。按剖分面所在的空间位置来说,卧式减速器的剖分面一般是做成水平的,在个别情况下,亦有做成倾斜的;立式减速器的剖分面则可做成水平的或垂直的。

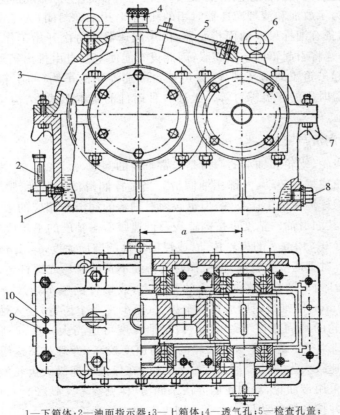

1—下箱体;2—油面指示器;3—上箱体;4—透气孔;5—检查孔盖;
6—吊环螺栓;7—吊钩;8—油塞;9—定位销钉;10—起盖螺钉孔(带螺纹)。

图 18-4　减速器结构

减速器的箱体通常是用灰铸铁 HT150(或 HT200)铸成,受冲击载荷的重型减速器的箱体则可采用高强度铸铁或铸钢,如(ZG200—400)。在单件生产或小批生产中,也有应用钢板焊成的箱体(图18-5)。

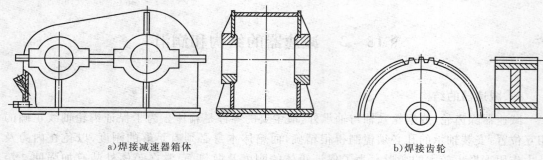

a)焊接减速器箱体　　　　　　　　　　　　　b)焊接齿轮

图18-5　焊接应用实例

关于减速器箱体的结构要素见参考文献[21]和[24]。

由于减速器在制造、装配及运用过程中的特点,故在减速器上还设置一系列的附件(图18-4)。例如,为了保证上、下箱体相互位置的正确性,采用了2～3个定位销;为了便于检视齿轮的啮合情况及向箱内倾注润滑油,在靠近齿轮啮合处上方的箱盖上设有检查孔;在箱体下部设有一个为了放油和清理减速器时用的孔,平时用油塞封闭;为了便于随时查看减速器内油面的高低,备有油标尺或油面指示器;由于减速器在每次开始工作后的一段时间内,温度会逐渐升高,这将引起箱内空气膨胀,因此设有能使空气自由排出箱外的透气孔;此外,减速器上还装有起吊箱盖的吊环螺栓、搬运整台减速器用的吊钩(与下箱体铸成一体或焊接),以及拆卸箱盖时用的起盖螺钉等。上述各种附件的基本形式、结构尺寸等见参考文献[20]、[21]和[24]。

二、减速器的润滑与密封

减速器中的齿轮、蜗轮和轴承的润滑是非常重要的问题。

减速器的齿轮或蜗杆传动,大都用油润滑。当选择润滑油的粘度、牌号和润滑方法时,主要根据齿轮或蜗杆传动的工作条件,但也必须对轴承的润滑作相应的考虑。对于两级、三级传动的减速器,其润滑油的粘度可按高速级及低速级所需粘度的平均值来选取。

对于圆周速度 $v<12\mathrm{m/s}$ 的齿轮传动(或浸油零件的圆周速度 $v<10\mathrm{m/s}$ 的蜗杆传动),可采用浸油润滑。对于速度虽较高,但工作时间持续不长的齿轮或螺杆传动,也可采用浸油润滑。用浸油润滑时,以圆柱齿轮或蜗轮的整齿高,或蜗杆的整个螺纹牙高浸入油中为适度,但不应少于10mm;圆锥齿轮则应将整个齿宽(至少是半个齿宽)浸入油中。对于多级传动,若低速级大齿轮的圆周速度 $v<0.8\mathrm{m/s}$,浸油深度可适当大一些。例如浸油深度可达1/6～1/3的分度圆半径。若低速级大齿轮的圆周速度较高,为避免高速级的大齿轮浸油深度为一齿高时,低速级大齿轮的浸油深度过大,这时在保证低速级大齿轮浸油深度为一齿高时,高速级齿轮可采用带油轮、溅油轮的办法来润滑(详见参考文献[24]);也可把油池按高、低速级传动隔开,并按各级传动尺寸大小分别决定相应的油面高度。

对于下蜗杆的蜗轮减速器,在确定油面位置时,应注意油面不要高于支承蜗杆的滚动轴承的最低滚动体的中心。

当传动零件的圆周速度超过上述限制值时,对于蜗杆传动,可改为上蜗杆传动,或下蜗杆上装有溅油轮。对于齿轮传动可采用喷油润滑。喷油润滑也常用于速度不高但工作繁重的重型减速器，或需要借润滑油进行冷却的重要减速器。

减速器的轴承常用减速器内用于润滑齿轮（或蜗轮）的油来润滑。为此，必须保证油池中的油能飞溅到箱盖内壁上，并沿壁面流入箱体分箱面凸缘上的油沟内，然后沿油沟流入轴承。对于不用箱内的油来润滑的轴承，例如用润滑脂或其他润滑剂润滑的轴承，除了要加装有关的润滑装置以外，还必须保证良好的密封。

为保证减速器各接缝面不渗漏润滑油，必须保证各接缝面的密封性。例如，应在装配减速器时，在分箱面上涂以密封胶，或沿箱体的分箱面凸缘制出回油沟；在轴承端盖、检查孔盖板以及油标、油塞等与箱体、箱盖的接缝面间均需加装纸封油垫（或皮封油圈）；主、从动外伸轴段与轴承端盖间的动联接处，必须有可靠的密封。

第十九章

摩擦轮传动和摩擦无级变速器

§19-1　概　述

摩擦轮传动(Friction wheel drive)是利用两轮间的摩擦力来工作的。图 19-1 为一最简单的摩擦轮传动,它由两个圆柱形或圆锥形的摩擦轮所组成。a 图轮 1 的轴承是可移动的,如果在此轴承上的力 Q,则摩擦轮 1 与 2 将相互压紧。当主动轮 1 回转时,由于两轮轮间存在摩擦力,因而带动从动轮也回转。在图示的回转方向时,作用于从动轮的圆周力 F 自左向右,反作用于主动轮的圆周力自右向左,两者大小相等,方向相反,作用于同一直线(为便于说明,图中画得略有上下)。

与啮合传动相比,摩擦轮传动的主要优点有:①结构简单;②过载时,轮与轮之间发生滑动,可以防止机器损坏;③运转平稳,工作时无噪声,可用于较高转速的传动中;④传动比可平稳地改变,所以机械无级变速器是以摩擦传动为基础的。

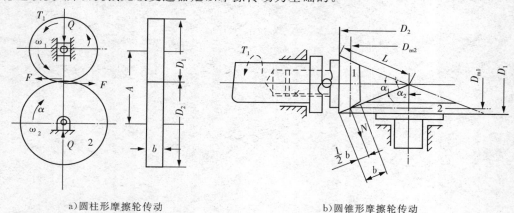

a)圆柱形摩擦轮传动　　　　　　　　　　b)圆锥形摩擦轮传动

图 19-1　摩擦轮传动简图

摩擦轮传动缺点是:①体积较大,轴和轴承上所受的载荷也较大,不能传递很大的功率,承载能力要比同体积的齿轮传动小许多倍;②不能保证精确的传动比;③效率较低。

摩擦轮传动比是固定的,属定传动比(Constant velocity ratio)的传动;另有变传动比(Variable velocity ratio)的摩擦传动,称为摩擦无级变速器(Stepless variable speed friction drive)。它可以在一定的调速范围内获得任意的传动比。

摩擦轮传动可用于两平行轴或相交轴之间。两平行轴间采用圆柱形摩擦轮

（Spurfriction wheel）——平摩擦轮（Plain cylindrical wheel）（图 19 - 2），或槽摩擦轮（Grooved spur wheel）（图 19 - 3）；两相交轴间采用圆锥形摩擦轮（Bevel friction wheel）（图 19 - 1b），通常相交角为 90°。

　　摩擦轮传动通常用于中小功率，一般不超过 20KW。传动比一般不超过 7，有卸载装置时，不超过 15。

　　摩擦轮传动广泛应用在锻压设备、起重设备、金属切削机床和各种仪器中。

　　制造摩擦轮的材料应该耐磨性好，以提高使用寿命；摩擦系数大，以减小所需的压紧力；弹性模量高，以减少滑动和摩擦损失。常用的金属材料有钢、铸铁等。在速度高和要求紧凑的摩擦轮传动中，通常用经过硬化的钢，如把滚动轴承钢 Cr15 淬火到 HRC≥60。为提高铸铁轮的承载能力，铸铁的表面也应硬化，如用冷激方法铸造。非金属材料有塑料、皮革、橡皮、木材等，非金属材料摩擦系数大，只用于小功率的传动。若需使摩擦轮传动具有最大的承载能力，一对摩擦轮都应采用淬火的高硬度钢，它的承载能力比钢与塑料配对的摩擦轮传动要高出 5 倍左右。当两轮材料不同时，主动轮宜用强度较小的材料制造，以免打滑时主动轮空转而造成从动轮擦伤。

§19 - 2　摩擦轮传动

一、构造

　　摩擦轮一般有：圆柱形平摩擦轮、圆柱形槽摩擦轮和圆锥形摩擦轮三种形式。图 19 - 2 是圆柱形平摩擦轮传动，主动轮 1 是组合的，木质轮缘固定在铸铁轮芯上，从动轮 2 由铸铁制成。图 19 - 3 是圆柱形槽摩擦轮传动，两轮全由铸铁铸造。根据楔面摩擦原理，当径向压紧力 Q 和直径、宽度等参数相同时，槽摩擦轮的传动能力比平摩擦轮大。图 19 - 4 是螺旋压力机上的圆锥形摩擦轮传动，两轮均由铸铁制成。主动轴上的两个主动轮 1 和 1′可用操纵机构控制，分别与从动轮 2 接触，使从动轮正向或反向回转。

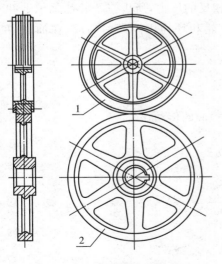

图 19 - 2　圆柱形平摩擦轮传动

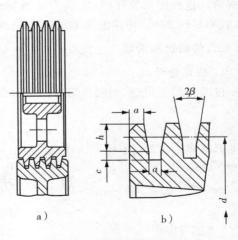

图 19 - 3　圆柱形槽摩擦轮传动

　　压紧摩擦轮的力可以是不变的,也可以是变化的。不变的压紧力可利用弹性元件、重锤或零件本身的重量来产生。经常不满载工作的传动,由于压紧力不变,正压力超过产生摩擦力所必需的数值,使许多零件经常处于很大的载荷下,因而增大了摩擦损耗、缩短了传动装置的寿命。为了改善这状况,采用可变压紧力装置。在这种装置中,压紧力能随着传递载荷的大小作正比例变化(见图 19-1b,及图 19-14、19-15)。

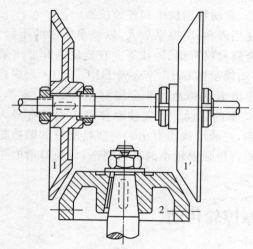

图 19-4　圆锥形摩擦轮传动

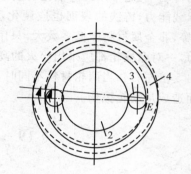

图 19-5　有卸载装置的摩擦轮传动

　　图 19-5 是能卸除轴上载荷、能自动压紧的全钢摩擦轮传动,它由主动轮 1、从动轮 2、惰轮 3 和包围各轮的钢环 4 所组成。钢环 4 的内径略小于轮 1、轮 2、轮 3 的直径之和,因此用温差法安装以后,环 4 把轮 1,2,3 相互压紧。在静止时,轮 1,2,3 和环 4 的中心都在环 4 的直径上;当起动时,主动轮 1 有摩擦力作用于环 4,使环 4 绕 E 点转至虚线位置,于是轮 1,2,3 的中心位于环 4 的弦上,环使轮间的压紧力逐渐增大,直至能传递所需传递的载荷为止。因轮 1,2,3 和环 4 的两侧都受到大小相等而方向相反的压力,所以三个轮的轴承上并不承担载荷。这种传动装置中,压紧力是自动产生的。轮和环均用淬火钢制成,在油池中工作时,效率可达 98%,传递的功率可达 150KW。

二、传动比和滑动

　　1. 理论传动比

　　设两轮间无滑动,则圆柱形摩擦轮传动(图 10-1a)的传动比

$$i_{12} = \frac{\omega_1}{\omega_2} = \frac{D_2}{D_1} \tag{19-1}$$

圆锥形摩擦轮传动(图 19-1b)的传动比

$$i_{12} = \frac{\omega_1}{\omega_2} = \frac{D_2}{D_1} = \frac{2L\sin\alpha_2}{2L\sin\alpha_1} = \frac{\sin\alpha_2}{\sin\alpha_1} \tag{19-2}$$

$$\varphi = a_1 + a_2 \tag{19-3}$$

式中　　φ——两轴线交角;

　　　　α_1、α_2——两圆锥轮顶角之半;

L——圆锥母线的长度。

通常　$\varphi = 90°$

故 $$i_{12} = \frac{\omega_1}{\omega_2} = \text{tg}a_2 = \text{ctg}a_1 \tag{19-4}$$

2. 摩擦轮传动的滑动

摩擦传动的滑动可分为三种不同的情况：

（1）几何滑动

两轮两点相接触，如果线速度不等，则产生几何滑动。这是因几何形状而引起的接触面之间的滑动，所以称为几何滑动（Geometric slip）。

一对几何形状正确的圆柱形平摩擦轮传动，接触线上的各点都是纯滚动接触，没有几何滑动。

圆柱槽摩擦轮传动，只有在两轮节圆柱的母线（图 19-6 的 OO 线）上的各接触点之间无几何滑动，而其他各接触点之间均有几何滑动。在图 19-6 中，设 OO 线在与主动轮和从动轮中心线间的距离分别为 r_1 和 r_2，主动轮和从动轮的角速度分别为 ω_1 和 ω_2，由于 OO 线上的接触点 C 之间无滑动，故必有如下关系：

$$r_1\omega_1 = r_2\omega_2$$

如在 OO 线以外任选一点 A，该点离 OO 线距离为 x，则该点离主动轮和从动轮中心线的距离分别为 $(r_1 - x)$ 和 $(r_2 + x)$，显然，此时两轮在该点的线速度将不相等，即

$$(r_1 - x)\omega_1 \neq (r_2 + x)\omega_2$$

于是在 A 点产生了几何滑动。

滑动会引起摩擦轮磨损和发热，降低传动效率，这是槽摩擦轮传动的主要缺点。

为了避免圆锥形摩擦轮传动的几何滑动，其接触线的延长线必须通过两轮轴线的交点。

（2）弹性滑动

由于两轮在接触处产生的弹性变形而引起滑动，称为弹性滑动（Elastic creep）。

一对摩擦轮在压紧力的作用下，两轮的凸面在接触处将被压出一小块平面，所以实际上不是线接触，而是面接触（图 19-7）。当摩擦轮传递扭矩时，由于接触区内摩擦力的作用，使摩擦轮产生切向变形，在图 19-1 所示的转动方向时，作用于从动轮 2 的摩擦力自左向右，由图 19-7 可见，此力将轮 2 的左部拉伸，右部压缩；主动轮 1 适相反，左部压缩，右部拉伸。主动轮由压缩变为拉伸，即在回转的同时，还沿着圆周伸长，从动轮由拉伸变为压缩，沿圆周缩短，因此两者之间就产生了相对滑动。这种因摩擦力作用而使两轮表层发生切向弹性变形，由此而引起的相对滑动，就称为弹性滑动。滑动量取决于材料的弹性模量和法向压力。由于弹性滑动的影响，使从动轮的圆周速度 v_2 低于主动轮的圆周速度 v_1，两轮圆周速度之差 $\Delta v = (v_1 - v_2)$ 与 v_1 的比值称为滑动率 e（速度损失率 Rate of creep），

$$e = \frac{\Delta v}{v_1} = \frac{v_1 - v_2}{v_1} \times 100\%$$

滑动率随着材料弹性模量的减小而增大。钢轮对钢轮 $e = 0.2\%$，钢轮对塑料轮 $e = 1\%$，钢轮对橡胶轮 $e = 3\%$。

（3）打滑

当传递的圆周力超过接触区所能产生的最大摩擦力 $f_{\max}$ 值时,两摩擦轮将在接触区发生显著的相对滑动,这种现象就称为打滑。造成打滑趋势时的载荷,即为传动的极限载荷。打滑会引起严重的发热和磨损,正常运转时,打滑现象是不允许的。

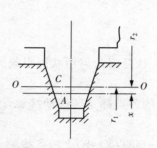

图 19-6   槽摩擦轮传动的几何滑动

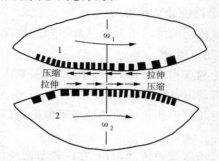

图 19-7   摩擦轮传动中的弹性滑动

防止打滑可适当增大压紧力（以不超过摩擦轮材料所允许的值为限）,或采用摩擦系数较大的材料。

3. 实际传动比

弹性滑动是摩擦轮传动不可避免的物理现象。计入弹性滑动后,圆柱形摩擦轮传动的实际传动比

$$i_{12}=\frac{\omega_1}{\omega_2}=\frac{\dfrac{2v_1}{D_1}}{\dfrac{2(v_1-\Delta v)}{D_2}}=\frac{D_2}{D_1(\dfrac{v_1-\Delta v}{v_1})}=\frac{D_2}{D_1(1-\varepsilon)}=\frac{D_2}{D_1\varepsilon} \qquad (19-5)$$

式中 $\varepsilon=1-e=0.97\sim0.99$,摩擦轮在润滑油中工作时,取大值。

同理,圆锥形摩擦轮传动的实际传动比

$$i_{12}=\frac{\sin\alpha_2}{(1-e)\sin\alpha_1}=\frac{\sin\alpha_2}{\varepsilon\sin\alpha_1} \qquad (19-6)$$

三、压紧力及强度计算

设计摩擦轮传动时,通常已知:传递的最大功率 P_1,主动轴转速 n_1,从动轴转速 n_2 和工作条件。

设计时根据工作要求选择摩擦轮的形式和材料,再按强度条件确定摩擦轮传动的尺寸。

1. 传动所需的压紧力计算

圆柱形平摩擦轮传动中,传递的圆周力 F 应小于两轮接触处所能产生的最大摩擦力 $f_{\max}$,即

$$F\leqslant f_{\max}=fQ$$

式中 Q——压紧力;

f——摩擦系数,与摩擦轮轮面材料、表面状态及工作情况有关,见表 19-1。

为使工作可靠,常取

$$K_\omega F=fQ$$

式中 K_ω——工况系数,一般动力传动中取 $K_\omega=1.25\sim1.5$;变载荷或承受振动、冲击时,选较大值。

表 19-1 摩擦轮传动的摩擦系数 f、许用接触应力 $[\sigma_H]$、许用线压 $[q]$

材料组合	工作状态	f	$[\sigma_H]$, $\dfrac{N}{mm^2}$①	$[q]$, $\dfrac{N}{mm}$
淬火钢对淬火钢	有油	0.03～0.05		
钢对钢	干	0.1～0.2	25～30(HRC)	
铸铁对钢(或铸铁)	干	0.1～0.15	1.2～1.5(HB)	
钢(铸铁)对夹布胶木	干	0.2～0.25	$1.5\sigma_{Bb}$②	40～80
铸铁对纤维制品	干	0.15～0.20	50～100	25～45
铸铁对皮革	干	0.25～0.35		30～35
钢(铸铁)对木材	干	0.4～0.5	12～15	5～15
铸铁对特殊橡胶	干	0.5～0.7		2.5～5
钢(铸铁)对石棉基材料	干	0.3～0.4	10	
橡皮、槽纹黄铜对纸	干	0.4		

① 适用于线接触,对于点接触可提高 1.5 倍;

② σ_{Bb} 为铸铁的抗弯强度限,N/mm²。

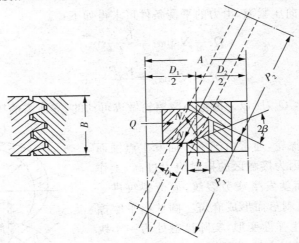

图 19-8 槽摩擦轮中力的关系

由此可得所需的压紧力

$$Q=\frac{K_\omega F}{f} \tag{19-7}$$

平摩擦轮传动的主要缺点是需要很大的压紧力,因此只适用于传递小的功率。为了减小压紧力,可选用摩擦系数较大的材料或采用槽摩擦轮。

槽摩擦轮传动的结构见图 19-3。由力的平衡条件,可求出压紧力 Q 和圆周力 F($F=2Nf$,方向垂直于纸面)间的关系:

$$Q=2N\sin\beta=\frac{K_\omega F}{f}\sin\beta \tag{19-8}$$

轮槽每边的倾斜角 $\beta=12°\sim18°$，一般取 $15°$。当传动条件相同时，槽摩擦轮的压紧力约为平摩擦轮的 $1/4$。

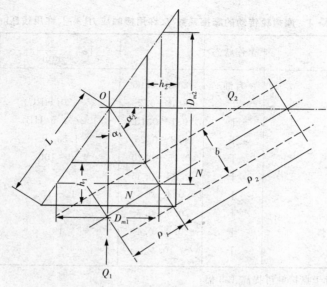

图 19-9　圆锥 V 摩擦轮中力的关系

圆锥摩擦轮的轴向压紧力，由力的平衡条件可求得如下：

$$Q_1 = N\sin\alpha_1 = \frac{K_\omega F}{f}\sin\alpha_1 \qquad (19-9)$$

$$Q_1 = N\sin\alpha_2 = \frac{K_\omega F}{f}\sin\alpha_2 \qquad (19-10)$$

因 $\alpha_1 < \alpha_2$，故 $Q_1 < Q_2$，所以一般把小摩擦轮做成可动的，它所需的压紧力较小。

2. 接触强度计算

全金属制造的摩擦轮，通常由于工作面发生点蚀而损坏。点蚀的发生是因为接触区的接触应力过高，工作一段时间以后，接触面就发生疲劳裂纹，疲劳裂纹进一步扩展，就使表层金属剥落而形成麻斑。圆柱形平摩擦轮在压紧力作用下发生弹性变形，实际接触处为一小块矩形平面，此时接触正应力按椭圆规则分布，最大接触应力发生在中央通过两轴线的平面内。

根据弹性理论，可推导最大接触应力的赫尔滋公式如下：

$$\sigma_H = 0.418\sqrt{q\frac{E}{\rho}} \leqslant [\sigma_H] \qquad (19-11)$$

式中　　q——线压（接触线单位长度上的正压力），N/mm；

　　　　E——综合弹性模量，N/mm²，决定于两轮材料

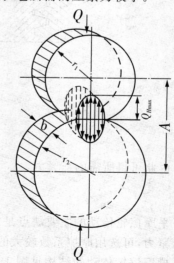

图 19-10　两圆柱体接触应力的分布

的弹性模量 E_1 和 E_2，

$$E = \frac{2E_1E_2}{E_1 + E_2}$$

ρ——接触处的综合曲率半径，mm，决定于两轮在接触处曲率半径 ρ_1 和 ρ_2，

$$\rho = \frac{\rho_1\rho_2}{\rho_1 + \rho_2}$$

(1)圆柱形平摩擦轮传动

$$\rho_1 = \frac{D_1}{2}, \rho_2 = \frac{D_2}{2}$$

$$D_1 + D_2 = 2A, D_2 = iD_1$$

$$\rho = \frac{\rho_1\rho_2}{\rho_2 + \rho_1} = \frac{D_1D_2}{2(D_2 + D_1)} = \frac{A_i}{(i+1)^2}$$

$$q = Q/b$$

$$b = \varphi_A A$$

$$Q = \frac{K_\omega F}{f} = \frac{K_\omega}{f} \cdot \frac{2T_1}{D_1} = \frac{2}{f} \cdot \frac{K_\omega}{D_1} \times 95.5 \times 10^5 \times \frac{P_1}{in_2}$$

以上各式中　A——传动中心距，mm；

$\varphi_A = \dfrac{b}{A}$——轮宽系数，通常取 0.2～0.4；

P_1——传递的功率，KW；

T_1——主动轮上的扭矩，N·mm；

n_2——从动轮的转速，r/min。

将以上关系代入式(19-11)，可得计算圆柱形平摩擦轮传动中心距

$$A \geqslant (i+1) \sqrt[3]{\frac{EK_\omega}{\varphi_A f} \cdot \frac{P_1}{n_2} \left(\frac{1300}{i[\sigma_H]}\right)^2} \quad (\text{mm}) \tag{19-12}$$

许用接触应力 $[\sigma_H]$ 及摩擦系数 f 见表 19-1。

由求得的 A 可确定 D_1，D_2 和 b。

(2)圆柱槽摩擦轮传动轴(图 19-8)

$$\rho = \frac{\rho_1\rho_2}{\rho_1 + \rho_2} = \frac{D_1D_2}{2(D_1 + D_2)\sin\beta} = \frac{Ai}{(i+1)^2\sin\beta}$$

$$a = \frac{N}{b_1}$$

$$N = \frac{K_\omega F}{2zf} = \frac{K_\omega}{2zf} \quad \frac{2}{D_1} \times 95.5 \times 10^5 \times \frac{P_1}{in_2}$$

$$b_1 = \frac{H}{\cos\beta}$$

式中　β——轮槽每边的倾斜角，通常 $\beta = 12°\sim18°$，最常用值 $\beta = 15°$；

H——轮槽的工作高度，为了减小几何滑动，通常取 $H = 0.04D_1 = \dfrac{0.08A}{i+1}$；

z——槽数，通常 $z \not> 5$，最多到 8。

将以上关系代入式(19-11)，可计算圆柱形槽摩擦轮传动中心距：

$$A \geqslant (i+1) \sqrt[3]{\frac{EK_\omega}{zf} \frac{OP_1}{n_2} \left(\frac{1620}{i[\sigma_H]}\right)^2 (i+1)} \text{（mm）} \qquad (19-13)$$

轮的宽度　　$b = 2z(H\mathrm{tg}\beta + \delta)$

式中　δ——槽底宽度（图 19-8）。铸铁轮取 $\delta = 5\mathrm{mm}$，钢轮取 $\delta = 3\mathrm{mm}$。

　　为了使槽摩擦轮的工作侧面在有一些磨损之后仍能接触，不致使槽底与另一轮的凸出部分相碰，槽上应留有径向间隙。

　　（3）圆锥形摩擦轮传动

$$q = \frac{N}{b}$$

$$N = \frac{K_\omega F}{f} = \frac{K_\omega}{f} \frac{2T}{D_m} = \frac{2K_\omega}{fD_m} \times 95.5 \times 10^5 \times \frac{P_1}{in_2}$$

$$b = \varphi_L L$$

式中　L——圆锥体母线之长，又称锥距，mm；

　　　　φ_L——轮宽系数，$\varphi_L = \dfrac{b}{L}$，通常取 $0.2 \sim 0.3$。

　　绝大多数情况下，两轮轴互相垂直，$\alpha = \alpha_1 + \alpha_2 = 90°$，$\mathrm{tg}\alpha_1 = \dfrac{1}{i}$。此时

$$\rho_1 = \left(L - \frac{b}{2}\right)\mathrm{tg}\alpha_1 = \left(L - \frac{b}{2}\right)\frac{1}{i}$$

$$\rho_2 = \left(L - \frac{b}{2}\right)\mathrm{tg}\alpha_2 = \left(L - \frac{b}{2}\right)i$$

$$\rho = \frac{\rho_1 \rho_1}{\rho_1 + \rho_2} = \frac{\left(L - \dfrac{b}{2}\right)i^2}{i^2 + 1}$$

将以上关系代入式（19-11），可得计算圆锥形摩擦轮传动锥距：

$$L \geqslant \sqrt{i^2 + 1} \sqrt[3]{\frac{EK_\omega}{\varphi_L f} \cdot \frac{P_1}{n_2} \cdot \left[\frac{1300}{i[\sigma_H] \cdot (1 - 0.5\varphi_L)}\right]^2} \text{（mm）} \qquad (19-14)$$

由求得的 L 可确定 D_1、D_2 和 b：

$$D_1 = 2L\sin\alpha_1，D_a = 2L\sin\alpha_2$$

$$b = \varphi_L L$$

锥形　　$\alpha_1 = \mathrm{arctg}\,\dfrac{1}{i}$

$$\alpha_2 = 90° - \alpha_1$$

　　3. 磨损计算

　　如果两摩擦轮工作表面之一是由非金属材料制成，传动的主要失效方式是轮面磨损。通常根据

　　　　　　线压（接触线单位长度上的压力）$q \leqslant$ 许用值 $[q]$

来进行计算。由此可推导得：

　　（1）圆柱形平摩擦轮传动

$$D_1 = 2\sqrt{\frac{K_\omega T_1}{f[q]\varphi_A(i+1)}} = 6180\sqrt{\frac{K_\omega P_1}{f[q]\varphi_A(i+1)in_1}} \text{（mm）} \qquad (19-15)$$

式中　$[q]$查表 10-1。

$$D_2 = iD_1(1-e)$$

$$b = \varphi_A \cdot \frac{D_1+D_2}{2}$$

（2）圆锥形摩擦轮传动

$$L \geqslant \sqrt{\frac{K_\omega T_1 \sqrt{i^2+1}}{f\varphi_L(1-0.5\varphi_L)[q]}} = 3090\sqrt{\frac{K_\omega P_1 \sqrt{1+i^2}}{f\varphi_L(1-0.5\varphi_L)[q]in_2}}\ (\text{mm}) \qquad (19-16)$$

其他尺寸求法同 2。

4. 轴上压力

作用于轴上的径向压力 R 是圆周力 F 与压紧力 Q 的矢量和：

$$R = \sqrt{F^2+Q^2}$$

（1）圆柱形平摩擦轮传动

$$Q = \frac{K_\omega F}{f}$$

$$R_1 = R_2 = F\sqrt{1+\left(\frac{K_\omega}{f}\right)^2} \qquad (19-17)$$

（2）圆柱形槽摩擦轮传动　　　$Q = \dfrac{K_\omega F}{f}\sin\beta$

$$R_1 = R_2 = F\sqrt{1+\left(\frac{K_\omega}{f}\sin\beta\right)^2} \qquad (19-18)$$

（3）圆锥形摩擦轮传动

$$R_1 = \sqrt{F^2+(N\cos\alpha_1)^2} = F\sqrt{1+\left(\frac{K_\omega}{f}\cos\alpha_1\right)^2} \qquad (19-19)$$

$$R_2 = \sqrt{F^2+(N\cos\alpha_2)^2} = F\sqrt{1+\left(\frac{K_\omega}{f}\cos\alpha_2\right)^2} \qquad (19-20)$$

§19-3　摩擦无级变速器

无级变速传动是变传动比的传动,可以在一定的调速范围内获得任意的传动比,即从动轴的速度变化有无限个等级。进行平稳连续的无级变速,可获得最经济和最合适的工作转速,变速时机器无须停车,可提高机器的生产率和改善产品的质量。这对于金属切削机床、有特殊要求的工艺设备和试验装置,具有重要的意义。无级变速器有机械式、液压式和电气式。在小功率的传动中,广泛使用着机械式无级变速器,它具有构造简单、维修方便等优点。机械式无级变速器是根据摩擦原理来工作的,当传递的功率很大时,变速器的外廓尺寸就很庞大。

一、基本类型

工业中使用着各种形式的无级摩擦变速器,按输入轴和输出轴相互的布置可分为下面三种基本类型:

1. **两垂直轴间的无级变速传动**

应用最广泛的是滚轮平圆盘无级变速器(图19-11)。主动轴上装有水平的圆形平盘，从动轴上套有滚轮，滚轮可用拨叉操纵沿着轴线移动。圆盘和滚轮间靠弹簧或弹性垫圈压紧，圆盘可带动滚轮转动。从动滚轮的转速取决于它离主动轴线的距离，当滚轮沿从动轴滑动时，从动轴的转速随之而发生连续的变化。

2. **两平行轴间的无级变速传动**

属这类型的有双圆锥轮无级变速器、可动圆锥无级变速器等多种。

双圆锥轮无级变速器(图19-12)具有一对轴线相平行、相对母线(AB和CD)也平行的长圆锥轮所构成，两圆锥轮间装有滚轮，滚轮可沿平行于母线AB和CD的轴线移动。要移动滚轮可旋转螺旋1，螺母2相当于滚轮绕着回转的心轴，当螺母移动时，滚轮随着一起移动，从而改变从动圆锥轮的转速。弹簧3使圆锥轮和滚轮间产生压紧力。

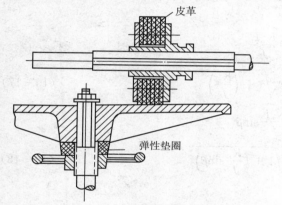

图19-11　滚轮平圆盘无级变速器

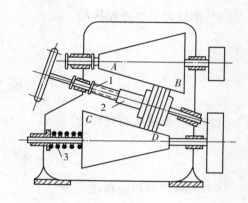

图19-12　双圆锥轮无级变速器

可动圆锥无级变速器(图19-13)有两对锥形盘，在两平行轴上各装一对。锥形盘可沿轴滑动以调节左右两盘之间的距离，两平行轴上的锥盘间用宽三角形胶带、块带或钢环来联接，传动时调节左右锥盘间的距离，就可改变传动比。图19-13的中间零件是块带，它是把用油浸过的木块或轻合金块固定在橡胶带上而成，块上包有皮革以提高摩擦系数。调节左右两锥盘间的距离，是利用手轮、圆锥齿轮副、螺旋副和杠杆来达到的。这套调节机构使两对圆锥盘沿相反方向移动(一对锥盘靠拢的同时，另一对锥盘分开)。弹簧使块带中的拉力保持不变。速度较高($n>800$rpm)时，可用钢环来代替块带中间零件。

3. **两同心轴间的无级变速传动**

属这类型的有钢球外锥轮无级变速器、钢球内锥轮无级变速器、弧锥轮无级变速器和行星无级变速器等多种。

钢球外锥轮无级变速器(图19-14)主要由两个外锥轮6及一组钢球8(图中为6个)组成。主动轴带动右锥轮6，在碟形弹簧13和加压盘5的作用下，钢球8压紧在主、从锥轮之间，保持环9防止钢球在径向脱出，左锥轮与从动轴14相连。心轴7是钢球的回转轴，心轴7的右端是方头，插在右端盖的径向槽中，可在槽内摆动；心轴7的左端套有滑套17和滚柱18，滑套17插在左端盖16的径向槽中，心轴连同滑套可在槽内摆动。滚柱18装在调速蜗轮12的螺旋槽中(见图19-15)，当蜗杆10带动蜗轮12转动时，蜗轮上的螺旋槽就推动心轴7绕钢球8的中心摆动,使一组钢球8的轴线同时倾斜,从而改变了钢球与主、从锥轮接触处的回转半径,使从动轴的转速变化。锥轮、钢球和保持环均用轴承钢制造,淬火后磨光。

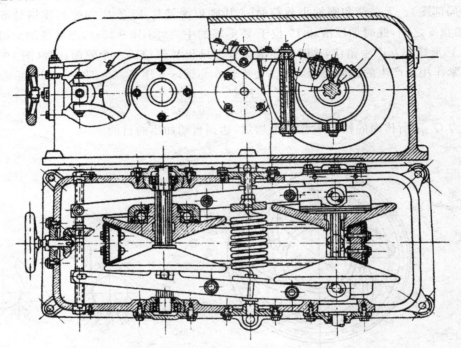

图 19-13 可动圆锥无级变速器

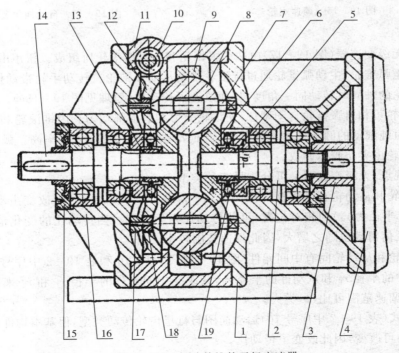

图 19-14 钢球外锥轮无级变速器

　　加压装置由碟形弹簧片 13 及端面具有 V 形槽的一对加压盘(图中 5 为专门的加压盘,6 为利用锥轮的端面兼作加压盘)与加压滚珠 19 组成(参见图 19-15,它是图 19-13 中 AA 剖面的局部图)。无载荷和刚加小载荷时,4 片碟形弹簧片 13 产生的弹力使钢球 8 压紧在主、从锥盘 6 之间,此时加压滚珠 19 位于 V 形槽的中央(图 19-15a);当载荷增大时,5 和 6 之间的 V 形槽相互产生错位,这时加压滚珠分别只和 V 形槽的一个侧面接触(图 19-16b),由于楔紧作用而产生的轴向压紧力 Q_a,使锥轮 6 与钢球 8 压紧。由图 19-16b 可见:

$$Q_a = \frac{K_\omega P_1}{\text{tg}\lambda} = \frac{2K_\omega T}{d_1 \text{tg}\lambda}$$

即压紧力 Q_a 随所传递的扭矩 T 增加而增加,达到自动加压的目的。

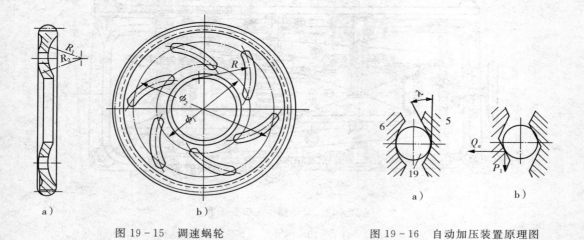

图 19-15　调速蜗轮　　　　　　　　　图 19-16　自动加压装置原理图

　　弧锥轮无级变速器(图 19-17)由两个弧锥轮和一对锥滚轮所组成。扭矩由主动轴经钢球加压盘传至弧锥轮,主动弧锥轮通过锥滚轮带动从动弧锥轮。转动手轮带动杠杆机构,可使一对锥滚轮的轴同时转动同一角度,从而改变了传动比(原理见图 19-18e)。转动机构是浮动的,锥滚轮可相对弧锥轮自动调位,使滚轮受力和磨损都均匀。因锥滚轮和弧锥轮的接触情况与一对纯滚动的圆锥形摩擦轮相近,几何滑动较小,磨损小,效率高。弧锥轮由淬火钢制成,锥滚轮由夹布胶木制成。

　　从另一观点,无级变速器又可分为另三种类型:

　　(1)主动轮和从动轮直接接触式(图 19-10 和表 19-2 序号 1～3)改变主动轮(半径为 r_1)和从动轮(半径为 r_2)的相对位置,可使传动比发生变化。当传动比的变化范围增大时,传动尺寸和几何滑动也随之增大,因此调速范围较小。

　　(2)主动轮和从动轮间有中间元件(图 19-11,12,13,16 和表 19-2 中序号 4～9)可同时改变主动件的半径 r_1 和从动件的半径 r_2,或改变中间元件的半径 r_1 和 r_2 来使传动比发生变化,因此调速范围可比(1)类大。

　　(3)行星式(表 19-2 中序号 10)运动简图与行星齿轮传动类型,但基本构件的半径和行星轮的半径均可改变,因此改变了传动比。

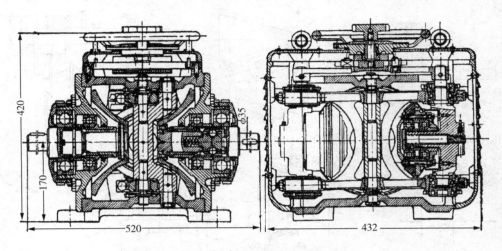

图 19-17　弧轮无级变速器

二、无级变速器的运动特性和机械特性

1. 运动特性

无级变速器输入轴的转速 n_1 一般是不变的,而输出轴的转速可在 $n_{2min} \sim n_{2max}$ 范围内变化,则变速器传动比的变化范围在 $i_{max} \sim i_{min}$ 之间,其中

$$i_{max} = \frac{n_1}{n_{2min}}, \qquad i_{min} = \frac{n_1}{n_{2max}}$$

变速器最大传动比与最小传动比之比,即变速器输出轴的最大转速与最小转速之比,称为变速范围调速幅度 R_v。此比值表示变速器变速能力的大小。

$$R_v = \frac{i_{max}}{i_{min}} = \frac{n_{2max}}{n_{2min}}$$

调节输出轴的转速是通过改变摩擦轮的接触半径而达到。一对摩擦轮中接触半径有两个,可以只改变其中的一个半径,另一个半径保持不变[如类型(1),图 19-18a],多数是两个半径都改变[类型(2),图 19-18b~e]。

$$i_{max} = \frac{n_1}{n_{2min}} = \frac{r_{2max}}{r_{1min}}$$

$$i_{min} = \frac{n_1}{n_{2max}} = \frac{r_{2min}}{r_{1max}}$$

变速范围或调速幅度

$$R_v = \frac{i_{max}}{i_{min}} = \frac{r_{2max}}{r_{1min}} \cdot \frac{r_{1max}}{r_{2min}} \qquad (19-21)$$

若 $r_{1max} = r_{2max} = r_{max}$ 和 $r_{1min} = r_{2min} = r_{min}$,则称这种变速器为:调速幅度是对称分布的变速器。它具有下列特性:

$$i_{min} = \frac{1}{i_{max}}$$

$$R_v = i_{max}{}^2 = \left(\frac{r_{max}}{r_{min}}\right)^2$$

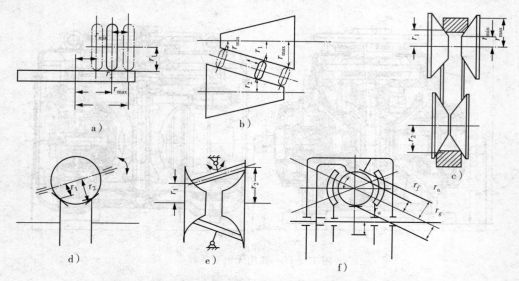

a. 滚轮平盘无级变速器；b. 双圆锥轮无级变速器；c. 可动圆锥无级变速器；
d. 钢球外锥轮无级变速器；e. 弧锥轮无级变速器；f. 行星式无级变速器。

图 19-18　无级变速器的运动简图

$$n_1 = \sqrt{n_{2\max} n_{2\min}} \tag{19-22}$$

图 19-28b～e 均是调速幅度为对称分布的无级变速器。

2. 机械特性

(1)恒功率(r_1＝常数，P_2＝常数)

如果主动轮与从动轮间压紧力 Q 不变，当主动轮的接触半径保持不变(r_1＝常数)，由于主动轴的转速 n_1 是不变的，因此在接触的节点处的圆周速度 v 也是常数，于是输出的功率也为常数(忽略滑动的影响)：

$$P_2 = fQv = 常数$$

这种机械特性称为恒功率的机械特性。这种变速器传动比的变化是依靠改变 r_2，所以

$$T_2 = fQr_2 \neq 常数$$

转矩 T_2 随着输出轴转速 n_2 的升高而降低，这种机械特性的经济性好，特别适用于起重运输机械和金属切削机床等。

(2)恒转矩(r_2＝常数，T_2＝常数)

如果主动轮与从动轮间压紧力 Q 不变，当从动轮的接触半径保持不变(r_2＝常数)，则输出扭矩保持恒定：

$$T_2 = fQr_2 = 常数$$

这种机械特性称为恒转矩的机械特性。它适合机床的进给机械工艺过程中的传送带、卷绕装置等。其输出功率随着输出轴转速 n_2 的升高而升高。

(3)变功率和变转矩($r_1 \neq 常数$，$r_2 \neq 常数$)

主动轮和从动轮的接触半径均可改变时，即使压紧力 Q 不变，在传动比不同时，变速器传递的功率及转矩均会改变。适合于搅拌器和某些机床。输出功率 P_2 和输出转矩 T_2 均随转速 n_2 的升高而增大。

上述情况是使压紧力 Q 不变,如果压紧力可调节,即使主动轮和从动轮的接触半径均为变数,在一定的转速范围内,也可获得近似的恒功率或恒转矩的机械特性,以满足工作上的需要。

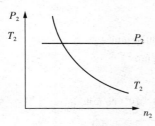

图 19-19　恒功率的机械特性

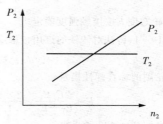

图 19-20　恒转矩的机械特性

3. 常用摩擦无级变速器的性能特点

常用型式摩擦无级变速器的性能特点列于表 19-1。

无级变速器中摩擦元件的强度计算原则同定传动比摩擦轮传动,但在无级变速器中,随着传动比的不同,各接触零件的相对位置也有不同,在计算接触强度时,传动的法向正压力与综合曲率半径的比值 $\dfrac{Q}{\rho}$ 也不相同,设计时应取最大的比值(这时接触应力最大)作为计算值。

例题 19-1　干燥器的圆筒置于 4 个滚轮上(图 19-21),电动机通过减速器以 $n_1 = 102$rpm 驱动滚轮中的两个,滚轮材料为球墨铸铁 QT50-1.5。圆筒重量 $G = 100000$N,转速 $n_2 = 9$r/min,圆筒摩擦环直径 $D_2 = 2800$mm,材料为灰铸铁 HT15-33。试确定摩擦滚轮的宽度。

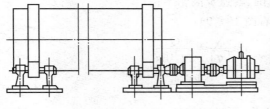

图 19-21

解： 滚轮和圆筒的摩擦环组成摩擦轮传动。摩擦轮的压紧力由圆筒重量所产生。

1. 摩擦轮压紧力 Q

由图 19-22 的平衡关系可见：

$$G = 4Q\cos 60°$$

$$Q = \frac{G}{4\cos 60°} = \frac{100000}{4 \times 0.5} = 50000 \text{(N)}$$

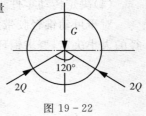

图 19-22

2. 滚轮直径 D_1

摩擦轮传动的传动比

$$i_{12} = \frac{n_1}{n_2} = \frac{102}{9} = 11.3$$

取摩擦轮副滑动率 $\varepsilon = 1\%$,则

$$\xi = 1 - \varepsilon = 1 - 0.01 = 0.99$$

滚轮直径

$$D_1 = \frac{D_2}{i_{12}\xi} = \frac{2800}{11.3 \times 0.99} = 250(\text{mm})$$

3. 滚轮宽度 b 按接触强度确定

由表 19 - 1，铸铁对铸铁的许用接触应力（HT15－33 的 $\sigma_{Bb} = 330\text{N/mm}^2$）

$$[\sigma_H] = 1.5\sigma_{Bb} = 1.5 \times 330 = 495(\text{N/mm}^2)$$

摩擦轮副的综合弹性模量

$$E = \frac{2E_1 E_2}{E_1 + E_2} = \frac{2 \times 1.3 \times 10^5 \times 1.3 \times 10^5}{1.3 \times 10^5 + 1.3 \times 10^5} = 1.3 \times 10^5(\text{N/mm}^2)$$

摩擦轮副的综合曲率半径

$$\rho = \frac{\rho_1 \rho_2}{\rho_1 + \rho_2} = \frac{D_1 D_2}{2(D_1 + D_2)} = \frac{250 \times 2800}{2(250 + 2800)} = 115(\text{mm})$$

由式(19 - 11)

$$\sigma_H = 0.418\sqrt{\frac{Q}{b} \cdot \frac{E}{\rho}} \leqslant [\sigma_H]$$

两边平方并移项

$$b = 0.418^2 \frac{QE}{\rho[\sigma_H]^2} = 0.175 \frac{50000 \times 1.3 \times 10^5}{115(495)^2} = 40.3(\text{mm})$$

为安全计，取摩擦滚轮宽度为 50mm。

4. 无级变速器的设计计算

在设计无级变速器时，应密切配合结构设计进行（即制绘），因为有些尺寸就是在图纸上边画边决定出来的。其设计方法和步骤：

(1)根据已知条件选择变速器的型式；

(2)运动学的计算，决定调速范围、转速及滚轮半径；

(3)决定工作面接触宽度 b（参看图 19 - 9）：

$$b \geqslant \frac{N}{[q]} = \frac{Q}{[q]\text{tg}\alpha}$$

$$Q = \frac{K\omega F_{\max}}{f}$$

或 $F_{\max}$ 不知道，则先假设一个 b 值，再进行校核。

(4)决定传动零件其他尺寸

对于可动锥轻胶带式、齿链式、钢环式、块状带式等无级变速器，锥轮直径 $d_{\min}$ 可根据轴径的大小决定，要求钢环不碰到轴为准，即

$$r_{\min} = \frac{d_{\min}}{2} + \frac{b}{2}\sin\alpha + x\text{tg}\alpha$$

$$d_{\max} = 2r_{\min}\sqrt{R_v} + b\sin\alpha$$

式中　x——裕量，一般可取 $2 \sim 4\text{mm}$；

　　　α——锥轮的倾角。

钢环宽度　　$B = 2(r_{\max} - r_{\min})\text{ctg}\alpha + 2b\cos\alpha$

两圆锥滚轮最大距离为　　　$a_{\max} = B - 2b\cos\alpha - 2x$

（5）校核表面疲劳强度

对于表面是线接触的摩擦滚轮

$$\sigma_{H\max}=0.418\sqrt{\frac{KQE}{b\rho}}\leqslant[\sigma_H](\text{MPa})$$

对于表面是点接触的摩擦滚轮

$$\sigma_{H\max}=m\sqrt[3]{\frac{KQE}{\rho^2}}\leqslant[\sigma_H](\text{MPa})$$

式中　m——系数，对于钢制球体，可取 $m=0.388$；

　　　K——工作寿命系数。按最大单位压力计算，可近似取 $K\approx1$；精确计算时，可由下式

得出

$$K=\sqrt[3]{\frac{60Hn_{\min}}{10^7}\leqslant\frac{H_i}{H}\cdot\frac{n_i}{n_{\min}}\Big(\frac{Q_i}{Q_{\max}}\Big)^3}$$

式中　H——传动的工作寿命；

　　　$Q_{\max}$——最大载荷，N；

　　　H_i,Q_i,n_i——所计算滚轮第 i 次工作时的时间、载荷和转速。

例题 19-2　有一磨床，工件旋转主轴所需的最大转速是 $n_{\max}=1000\text{r/min}$，最小转速 $r_{\min}=66.5\text{r/min}$，主动轴上功率为 0.5KW。试设计一无级变速器，工作时间为 1000h。

解：

1. 选择无级变速器形式

传动功率小而调速范围大，为了提高传动效率并使机构紧凑起见，选用可动的钢环式圆锥滚轮变速器，如图 19-12 所示。

2. 调速幅度和转速的计算

调速幅度　$R_v=\dfrac{n_{\max}}{n_{\min}}=\dfrac{1000}{66.5}=15$

大小圆锥滚轮直径之比，由 $R_v=(\dfrac{r_{\max}}{r_{\min}})^2$ 式求得

$$\frac{r_{\max}}{r_{\min}}=\sqrt{R_v}=\sqrt{15}=3.88$$

要求主动轴的转速由式（19-22）求得

$$n_1=\sqrt{n_{2\max}n_{2\min}}=\sqrt{1000\times66.5}=266(\text{r/min})$$

3. 决定接触宽度 b 及其他尺寸

先假设 $b=4\text{mm}$，已知轴径 $d_s=25\text{mm}$，圆锥角为 $130°$，$\alpha=25°$。

滚轮最小直径

$d_{\min}=D_s+5=25+5=30(\text{mm})$

取裕量 $x=2\text{mm}$，传动时的最小工作半径可按下式求得：

$$r_{\min}=\frac{d_{\min}}{2}+\frac{b}{2}\sin\alpha+x\text{tg}\alpha=\frac{30}{2}+\frac{4}{2}\sin65°+2\text{tg}65°\approx21(\text{mm})$$

工作时的最大半径为

$$r_{\max}=r_{\min}\sqrt{R_v}=21\times3.88=81(\text{mm})$$

滚轮最大直径

$$d_{\max}=2r_{\min}\sqrt{R_v}+b\sin\alpha\quad 2r_{\max}+b\sin\alpha=2\times81+4\sin65°=166(\text{mm})$$

钢环宽度 B

$$B=2(r_{max}-r_{min})ctg\alpha+2b\sin\alpha=2(81-21)ctg65°+2\times4\sin65°=60(mm)$$

滚轮的接触工作表面曲率半径

$$r_1=\frac{r_{min}}{\cos\alpha}=\frac{21}{\cos65°}=50(mm)$$

对钢环

$$r_2=\frac{1}{2}(\frac{r_{min}+r_{max}}{\cos\alpha})$$

设 $a=180mm$（这由结构的位置而定，只需比滚轮最大直径大些即行）

$$r_2=\frac{1}{2}\frac{(80+21+180)}{\cos65°}=336(mm)$$

4. 接触强度的校核

由于是线接触，故

$$\sigma_H=0.418\sqrt{\frac{KQE}{bp}}\leqslant[\sigma_H]$$

$$Q=\frac{K_wF_{max}}{2f}$$

$$F_{max}=\frac{1000p}{v}=\frac{1000\times0.5}{\frac{2\pi r_{min}\times n_1}{60\times1000}}=86(N)$$

由表 19-1 取 $f=0.05$，取 $K_w=1.3$，故

$$Q=\frac{86\times1.3}{2\times0.05}=1118(N)$$

又　　　　$$\frac{1}{p}=\frac{1}{r_1}-\frac{1}{r_2}=\frac{1}{50}-\frac{1}{336}=0.017$$

钢环材料用 GCr15，表面硬度 HRC=60，则由表 19-1，$[\sigma_H]=28$HRC$=28\times60=1680$MPa

滚轮材料采用钢，要求硬度高于钢环，才能保证不磨成痕迹，故其许用接触应力要大一些，故无须计算。

取系数 $K=1$ 及 $E=2.1\times10^5$MPa，故

$$\sigma_{Hmax}=0.418\sqrt{\frac{1\times11180\times2.1\times10^5\times0.017}{4}}=429(MPa)$$

因为 $\sigma_{Hmax}=429$MPa$<<[\sigma_H]=1680$MPa

所以强度足够。

思 考 题

1. 设计一圆柱形滚轮摩擦传动。工作必需传递的功率 $P_2=3$KW，从动轮转数 $n_2=120$r/min，主动轮转数 $n_1=360$r/min。采用铸铁为滚轮材料。

2. 设计一圆柱形滚轮摩擦传动。已知条件为：主动轴上的功率 $P_1=8$KW；主动轴转数 $n_1=1450$r/min，传动比 $i=2$，摩擦轮的材料为 GCr15 号钢。

3. 试求具有上题中所求得的尺寸的圆柱形摩擦轮（$d_1=55$mm，$d_2=110$mm，$b=60$mm）可以传递多少功率。一轮由夹布胶布制成，而另一轮由没有淬火的 45 号钢制成。转速 $n_1=1450$r/min。

表 19 - 2　常用摩擦无级变速器的性能特点

序号	型式	简图	传动比	主要性能				特点	适用场合
				最大变速范围	最大功率 $P(kW)$	最大圆周速度 $v(m/s)$	效率 η		
				[A、主动轮和从动轮直接接触式]					
1	滚轮平圆盘		$i_{12}=\dfrac{r_2}{r_1\xi}$（轮 1 主动）	4	4	10	0.8~0.85	结构简单、制造方便、几何滑动大、磨损大、效率较低	功率不大的相交轴传动，如仪表机构、计算机构、测速机械等
2	锥轮环盘		$i_{21}=\dfrac{r_1}{r_2\xi}$（轮 2 主动）	轮 1 主动恒功率 10　轮 2 主动恒转矩	7.5	15	0.5~0.92	机械简单、几何滑动较大	用于平行轴或相交轴传动，如食品机械等
3	多盘		$i_{12}=\dfrac{r_2}{r_1\xi}$	单级 3~6　双级 10~12	单级 150		0.85	传递功率大、磨损小、寿命长、制造困难	平行轴或同轴线（再安装一对齿轮传动），如纺织机械、造纸机械、搅拌器等

（续表）

序号	型式	简图	传动比	主要性能				特点	适用场合
				最大变速范围	最大功率 P(kW)	最大圆周速度 v(m/s)	效率 η		
[B,有中间元件]									
4	三角胶带（宽三角带、普通三角带、块带）		$i_{12}=\dfrac{r_2}{r_1\xi}$	宽带 3~6 普通带 1.6~2.5 块带 2~10	55 40 42	25	0.8~0.9	结构简单,加工精度要求较低,尺寸大,皮带寿命短,对称调速 机械特性决定于加压弹簧的位置,弹簧在主动轮上时,为近似的恒功率传动;在从动轮上时,为近似的恒转矩传动	平行轴传动,如机床、印刷机械、橡胶机械、纺织机械、轻工机械等
5	弧锥轮		$i_{13}=\dfrac{r_3}{r_1\xi}$	6~10	40		0.9~0.92	传动平稳,相对滑动小,效率高,对称调速	同轴线传动,如机床、拉丝机械等
6	钢球外锥轮		$i_{12}=\dfrac{r_2}{r_1\xi}$	9	11		0.8~0.9	结构较简单,传动平稳,相对滑动小,体积小,钢球加工精度要求高,对称调速	同轴线传动,如纺织机械、电影机械、机床等

（续表）

序号	型式	简图	传动比	主要性能				特点	适用场合
				最大变速范围	最大功率 P(kW)	最大圆周速度 v(m/s)	效率 η		
7	钢球内锥轮		$r_{13} = \dfrac{r_3}{r_1\xi}$	12	5		0.85~0.9	传动平稳、相对滑动小、结构复杂、制造困难、对称调速	同轴线传动，如机床、电工机械、钟表机械、转速表等
8			$i_{12} = \dfrac{r_1 R_2}{R_1 r_2 \xi}$	17	88		0.8~0.93	结构较简单、变速范围大、调速轻便、传动平稳、加工精度要求高	同轴线传动，如化工机械、印染机械、工程机械、机床主传动、试验台等
9	滚锥平盘		$i_{12} = \dfrac{r_{2x}}{i_{1x}\xi}$	85	104		0.8~0.9	结构紧凑、体积小、可传递较大功率、寿命长、维修方便	同轴线传动，如化工机械、印染机械、机床主传动等
[C.行星式]									
10	行星锥环		$i_{12} = \dfrac{i_{3x} + \dfrac{r_3}{R_1} R_5}{\dfrac{r_3}{r_{3x}} \dfrac{R_5}{R_2}}$	38.5	3		0.8~0.9	体积小、调速范围广、传动平稳	同轴线传动，如机床、变速电机等

第二十章

机座及箱体

§20-1　概　　述

　　机座及箱体等零件,在一台机器的总质量中占有很大的比例(例如在机床中约占总质量的 70%～90%),同时在很大的程度上影响着机器的工作精度及抗振性能;若兼作运动部件的滑道(导轨)时,还影响着机器的耐磨性等。所以正确选择机座及箱体等零件的材料和正确设计其结构形式及尺寸,是减小机器质量、节约金属材料、提高工作精度、增强机器刚度及耐磨性等的重要途径。

　　各类机器的机座及箱体,就其结构形式和尺寸来说,有着很大差别。现仅就其一般类型、制法、结构特点及基本设计准则作简要介绍。

一、机座及箱体的一般类型

　　机座(包括机架、基板等)和箱体(包括机壳、机匣等)的形式繁多,分类方法不一。就其一般构造形式而言,可划分为四大类(图 20-1):即机座类(图 a,b,c,d)、机架类(图 e,f,g)、基板类(图 h)和箱壳类(图 i,j)。若按结构分类,则可分为整体式和装配式;按制法分类又可分为铸造的、焊接的、拼焊的等。

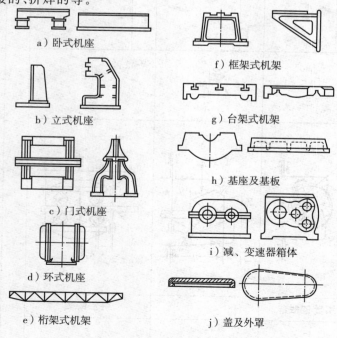

a) 卧式机座

b) 立式机座

c) 门式机座

d) 环式机座

e) 桁架式机架

f) 框架式机架

g) 台架式机架

h) 基座及基板

i) 减、变速器箱体

j) 盖及外罩

图 20-1　机座及箱体的形式

二、机座和箱体的材料及制法

固定式机器,尤其是固定式重型机器(如机床等),其机座及箱体的结构较为复杂,刚度要求也较高,因而通常都为铸造。铸造材料常用既便于施工而又价廉的铸铁(包括普通灰铸铁、球墨铸铁与变性灰铸铁等);只有需要强度高、刚度大时才用铸钢;当减小质量具有很大的意义时(如运行式机器的机座及箱体)才用铝合金等轻合金。

对于运行式机器,如飞机、汽车、拖拉机及运行式起重机等,减小机体的质量非常重要,故常用钢或轻合金型材焊制。大型机座的制造,则常采取分零铸造,然后焊成一体的办法。

铸造及焊接零件的基本工艺、应用特性及一般选择原则已在金属工艺学中阐述,设计时应全面进行分析比较,以期设计合理,且能符合生产实际。例如,虽然一般地说,成批生产且结构复杂的零件以铸造为宜;单件或少量生产,且生产期限较短的零件则以焊接为宜,但对具体的机座或箱体仍应分析其主要决定因素。譬如成批生产的中小型机床及内燃机等的机座,结构复杂是其主要问题,固然应以铸造为宜;但成批生产的汽车底盘及运行式起重机的机体等却以质量小和运行灵便为主,则又应以焊接为宜。又如质量及尺寸都不大的单件机座或箱体以制造简便和经济为主,应采用焊接;而单件大型机座或箱体若单采用铸或焊皆不经济或不可能时,则应采用拼焊结构等。

§20-2 机座及箱体的剖面形状及肋板布置

一、剖面形状

绝大多数的机座及箱体受力情况都很复杂,因而要产生拉伸(或压缩)、弯曲、扭转等变形。当受到弯曲或扭转时,剖面形状对于它们的强度和刚度有着很大的影响。如能正确设计机座及箱体的剖面形状,从而在既不增大剖面面积,又不增大(甚至减小)零件质量(材料消耗量)的条件下,来增大剖面模数及剖面的惯性矩,就能提高它们的强度和刚度。表20-1中列出了常用的几种剖面形状(面积接近相等),通过它们的相对强度和相对刚度的比较可知:虽然空心矩形剖面的弯曲强度不及工字形剖面的,扭转强度不及圆形剖面的,但它的扭转刚度却大得很多;而且采用空心矩形剖面的机座及箱体的内外壁上较易装设其他机件。因而对于机座及箱体来说,它是结构性能较好的剖面形状。实用中绝大多数的机座及箱体都采用这种剖面形状,就是这个缘故。

二、肋板布置

一般地说,增加壁厚固然可以增大机座及箱体的强度和刚度,但不如加设肋板来得有利。因为加设肋板时,既可增大强度和刚度,又可较增大壁厚时,减小质量;对于铸件,由于不需增加壁厚,就可减少铸造的缺陷;对于焊件,则壁薄时更易保证焊接的品质。特别是当受到铸造、焊接工艺及结构要求的限制时,例如为了便于砂芯的安装或消除,以及须在机座内部装置其他机件等,往往须把机座制成一面或两面敞开的,或者至少须在某些部位开出较大的孔洞,这样必然大大削弱了机座的刚度,此时则加设肋板更属必要。因此加设肋板不仅是较为有利的,而且常常是必要的。

表 20-1　常用的几种剖面形状的对比

剖　面		弯　曲			扭　转			
形　状	面积 (cm^2)	许用弯矩 $(N \cdot m)$	相对强度	相对刚度	许用扭矩 $(N \cdot m)$	相对强度	单位长度许用扭矩 $(N \cdot m)$	相对刚度
	29.0	$4.83[\sigma]_b$	1.0	1.0	$0.27[\tau]_T$	1.0	$6.6G[\varphi_0]$	1.0
	28.3	$5.82[\sigma]_b$	1.2	1.15	$11.6[\tau]_T$	43	$58G[\varphi_0]$	8.8
	29.5	$6.63[\sigma]_b$	1.4	1.6	$10.4[\tau]_T$	38.5	$207G[\varphi_0]$	31.4
	29.5	$9.0[\sigma]_b$	1.8	2.0	$1.2[\tau]_T$	4.5	$12.6G[\varphi_0]$	1.9

注：$[\sigma_b]$为许用弯曲应力；$[\tau]_T$为许用扭剪应力；G为切变模量；$[\varphi_0]$为单位长度许用扭转角。

　　肋板布置的正确与否对于加设肋板的效果有着很大的影响。如果布置不当，不仅不能增大机座及箱体的强度和刚度，而且会造成工料的浪费，增加制造困难。由表 20-2 所列的几种肋板布置情况即可看出：除了第 5,6 号的斜肋布置情况外，其他几种肋板布置形式对于弯曲刚度增加得很少；尤其是第 3,4 号的布置情况，相对弯曲刚度 C_b 的增加值还小于相对质量 R 的增加值（$\frac{C_b}{R} < 1$）。由此可知肋板的布置以第 5,6 号所示的斜肋板形式较佳。但若采用斜肋板会造成工艺上的困难，亦可妥善安排若干直肋板。例如为了便于焊制，桥式起重机箱形主梁的肋板即为直肋板。此外，肋板的结构形状也是需要考虑的重要影响因素，并应随具体的应用场合及不同的工艺要求（如铸、铆、焊、胶等）而设计成不同的结构形状。

表 20-2　几种肋板布置情况的对比

号　码	形　状	相对弯曲刚度 C_b	相对扭转刚度 C_T	相对质量 R	$\frac{C_b}{R}$	$\frac{C_T}{R}$
1 (基型)		1.00	1.00	1.00	1.00	1.00
2a		1.10	1.63	1.10	1.00	1.48

（续表）

号 码	形 状	相对弯曲刚度 C_b	相对扭转刚度 C_T	相对质量 R	$\dfrac{C_b}{R}$	$\dfrac{C_T}{R}$
2b		1.09	1.39	1.05	1.04	1.32
3		1.08	2.04	1.14	0.95	1.79
4		1.17	2.16	1.38	0.85	1.56
5		1.78	3.69	1.49	1.20	2.47
6		1.55	2.94	1.26	1.23	2.34

§20-3　机座及箱体设计概要

机座及箱体等零件工作能力的主要指标是刚度,其次是强度和抗振性能;当同时用作滑道时,滑道部分还应具有足够的耐磨性。此外,对具体的机械,还应满足特殊的要求,并力求具有良好的工艺性。

机座及箱体的结构形状和尺寸大小,决定于安装在它内部或外部的零件和部件的形状、尺寸及其相互配置、受力与运动情况等。设计时,应使所装的零件和部件便于装拆与操作。

机座及箱体的一些结构尺寸,如壁厚、凸缘宽度、肋板厚度等,对机座及箱体的工作能力、材料消耗、质量和成本,均有重大的影响。但是由于这些部位形状的不规则和应力分布的复杂性,以前大多是按照经验公式、经验数据或比照现用的类似机件进行设计,而略去强度和刚度等的分析与校核。这对那些不太重要的场合虽是可行的,但却带有一定的盲目性(例如对减速器箱体的设计就是如此)。因而对重要的机座和箱体,考虑到上述设计方法不够可靠,或者资料不够成熟,还需用模型或实物进行实测试验,以便按照测定的数据进一步修改结构及尺寸,从而弥补经验设计的不足。但是,随着科学技术和计算工作的发展,现在已有条件采用精确的计算方法(有限元素法)来决定前述一些结构尺寸。

下面简略介绍有限元素法,以便对精确计算有一初步的概念。

有限元素法是在 20 世纪 50 年代中期为了解决复杂的飞机强度计算问题而首先提出的。这个方法可以说是利用电子计算机进行的一种系统模拟分析。用这种方法进行形状复杂的零件或大型结构的强度或刚度分析时,首先是把本身连续的物体,看作是由仅在有限个节点处联接起来的有限个小块(称为元素)所组成。然后对每个元素,通过取定的插值函数,将其内部任一点的位移(或应力)用元素节点的位移(或应力)来表示。这样,对整体零件或结构而言,整个求解域的未知量(位移或应力)便由原来的无限多个减少为有限多个,即节点上的未知量。这个过程一般称为离散过程。离散过程中采用的元素形状种类很多,对平面问题，以三节点为三角形元素使用起来较为简便。
图 20 - 2 示出了一个箱体的有限元素离散情况，图
中采用了 20 节点的六面体元素。完成离散过程后，
接着便是利用一定的数学方法（例如变分法、加权剩
余法等）把描述原来问题的控制方程（对于强度、刚
度问题，即为弹性力学中的基本偏微分方程），从每
个元素的积分的平均意义上化为一组线性或非线性
的代数方程组，它的未知量便是全部节点上的位移
（或应力）值。通过求解这个线性或非线性方程组，
便可求得零件或结构在各节点上的位移（或应力）。
整个计算过程是通过编成程序后借助于电子计算机
来完成的。当划分的元素足够小时，可以得到足够
精确的解答。

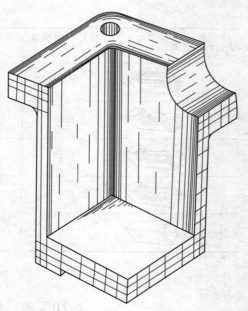

　　从以上的概略介绍可以看出，有限元素法的适
用面很广，可以对各种外形复杂的零件或结构进行
强度或刚度分析。而这类问题，从前只能依靠试验
来解决。另外，有限元素法不仅可以用来计算一般

图 20 - 2　箱体的有限元素离散情况

零件（二维或三维）以及杆系结构、板、壳等问题的静态应力或热应力，还可计算它们的弹塑
性、蠕变、大挠度变形等非线性问题，以及振动稳定性等动态问题。而且在把某一类问题编
成通用程序后，对不同的零件或结构，只需输入相应的原始数据，就能求得相应的解答。这
就简化了设计过程，提高了设计质量，并为结构分析和设计自动化提供了有力的工具。

　　应用有限元素法进行机械零件设计计算的详细理论及应用可参看参考文献[22]、
[23]等。

　　关于增强机座及箱体刚度的办法，除了前述选用完全封闭或仅一面敞开的空心矩形剖
面及采用斜肋板等较好的结构外，还可采取尽量减少与其他机件的联接面数；使联接面垂直
于作用力；使相联接的各机件间相互联接牢固并靠紧；尽量减小机座及箱体的内应力以及选
用弹性模数较大的材料等一系列的措施。

　　设计机座及基体时，为了机器装配、调整、操纵、检修及维护等的方便，应在适当的位置
设有大小适宜的孔洞。金属切削机床的机座还应具有便于迅速清除切屑或边角料的可能。

　　箱体零件上必须镗磨的孔数及各孔位置的相关影响应尽量减少。位于同一轴线上的各
孔直径最好相同或顺序递减。在不太重要的场合，按照经验设计决定减速器箱体具体尺寸
的方法可参看文献[24]。

　　当机座及箱体的质量很大时，应设有便于起吊的装置，如吊装孔、吊钩或吊环等。如需
用绳索捆绑时，必须保证捆吊时具有足够的刚度，并考虑在放置平稳后绳索易于解下或
抽出。

附表 常用量的名称、单位、符号及换算关系

量的名称（常用符号）	单位名称	单位符号	其他表示	换算关系
力,重力 (F,P,Q,R,S,W,G)	牛［顿］	N	Kg. m/s^2	$1N \approx 0.1 Kgf$[①]
力矩,扭矩（转矩） (M,T)	牛［顿］·米	N·m		$1N \cdot m \approx 0.1 Kgf \cdot m$[①]
压力[②],应力 (p,P,σ,τ)	帕［斯卡］	Pa	N/m^2	$1Pa = 10^{-3}KPa = 10^{-6}Mpa$ $\approx (1/101325)atm$[①]
能量,功,热 (E,W,H)	焦［耳］	J	N·m	$1J \approx (1/4.187)cal$[①]
功率(P)	瓦［特］	W	J/s	$1W = 10^{-3}KW \approx 1.36 \times 10^{-3}P_a \cdot m^3/S$[①]
温度(t,T)	摄氏度	℃		
热力学温度(t_a)	开［尔文］	K		
体积(V)	升	L,(1)		$1L = 10^{-3}m^3$
密度[③](γ,ρ)	千克每立方米	Kg/m^3		$1Kg/m^3 = 10^{-3}g/cm^3$
平面角 $(\alpha,\beta,\gamma,\delta,\varphi,\Psi,\theta)$	弧度 度	rad (°)		$1rad = 180°/\pi$ $1° = 60'3600'' = (\pi/180)rad$
(线)速度;圆周速度 $(v,V;u,U)$	米每秒	m/s		
加速度,重力加速度 (a,g)	米每二次方秒	m/s^2		
旋转速度(n)	转每分	r/min		$1r/min = (\pi/30)rad/s$
角速度(ω)	弧度每秒	rad/s		$1rad/s = (30/\pi)r/min$
粘度[④](η,ν)	帕［斯卡］秒	Pa·s	N·s/m^2	$1Pa \cdot s \approx 10P($泊$) = 10^3 cP($厘泊$)$[①]
频率(f)	赫［兹］	Hz		
导热系数 (K_t)	瓦［特］每米 开［尔文］	W/(m·K)		$1W/(m \cdot K) \approx 0.86 Kcal/(m \cdot H \cdot ℃)$[①]
传热系数 (K_T)	瓦［特］每平方 米开［尔文］	W/(m^2·K)		$1W/(m^2 \cdot K) \approx 0.86 Kcal/(m^2 \cdot H \cdot ℃)$[①]
比热 (S_T)	焦［耳］每千克 开［尔文］	J/(Kg·K)		$1J/(Kg \cdot K) \approx 4200 Kcal/(Kg \cdot ℃)$[①]

注:① 暂时用于对废除单位的换算;

② 压力的单位即为单位面积上的力,称为"压强","比压"已废弃使用;

③ "相对密度"定义为"在所规定的条件下,某物质的密度（单位为 Kg/m^3）与参考物质的密度之比"。它是一个无量纲的量。在未指明参考物质时,均指 4℃ 的蒸馏水（4℃蒸馏水密度 $\rho = 1.0 \times 10^3$ Kg/m^3）;

④ 单独说粘度时,均指动力粘度（或绝对粘度）。运动粘度均应以 m^2/s 为单位,即 $1St($泊$) = 10^{-4}$ m^2/s $= 100$cst（厘泊）。我国习用的相对粘度（或条件粘度）为恩氏粘度,单位为°E$_t$。

参 考 文 献

[1] 汪琪. 机构零件设计问题解析. 第二版. 北京:中国致公出版社,1997.

[2] 汪琪,李钧. 机械设计计算. 第一版. 北京:中国致公出版社,1998.

[3] 濮良贵主编. 机械设计. 第五版. 北京:高等教育出版社,1991.

[4] Sors L. Fatige Design of Machine Componencts. Oxfore:Pergamon Press,1971.

[5] Shigley JE.. Mechanical Engineering Design. New York:Mcgraw-Hill,1977.

[6] Dowson,et al. Elasto-Hydrdynamic Lubrication. Oxfore:Pergamon Press,1977.

[7] Mechanical Drive(Reference Iussue):Machine Design. Vol52,1980.

[8] 吴宗泽主编. 机械零件习题集. 北京:人民教育出版社,1982.

[9] 机械设计手册. 机械工业出版社,1993.

[10] 余俊等主编. 机械设计. 第二版. 北京:高等教育出版社,1986.

[11] 邱宣怀. 机械设计. 第三版. 北京:高等教育出版社,1997.

[12] 机械工程手册. 北京:机械工业出版社,1982.

[13] 天津大学机械零件教研室. 机械零件. 北京:人民教育出版社,1983.

[14] 曹仁政主编. 机械零件. 北京:冶金工业出版社,1985.

[15] 吴宗泽主编. 机械零件. 北京:中央广播电视大学出版,1996.

[16] 王步瀛编. 机械零件强度计算的理论和方法. 北京:高等教育出版社,1986.

[17] Burr . A. H.. Mechanical Analysis and Design. New York:Elsevier,1981.

[18] 吴鸿业等编. 蜗杆传动设计. 北京:机械工业出版社,1956.

[19] 西北工业大学机械原理及机械零件教研组. 机械零件手册. 北京:人民教育出版社,1981.

[20] 天津大学机械零件教研室. 机械零件手册. 北京:人民教育出版社,1981.

[21] 通用圆柱齿轮减速器图册. 北京:机械工业出版社,1960.

[22] O. C. Zienkiwicz. The Finite Element Method in Engineering Science. New York:McGraw-Hiee,1971.

[23] K. H. Huebner. The Finite Element Method for Engineers. New York:John Wiley and Sons,1975.

[24] 西北工业大学机械原理及机械零件教研组. 机械零件课程设计. 西安:西北工业大学出版社,1986.

[25] 机械工程手册编辑委员会. 机械工程手册. 北京:机械工业出版社,1996.

图书在版编目(CIP)数据

机械设计/ 汪琪编著. — 合肥 ：合肥工业大学出版社，2010.12
ISBN 978 - 7 - 5650 - 0340 - 0

Ⅰ. ①机… Ⅱ. ①汪… Ⅲ. ①机械设计－高等学校－教材 Ⅳ. ①TH122

中国版本图书馆 CIP 数据核字(2010)第 258486 号

机 械 设 计

汪 琪 编著 责任编辑 朱移山

出 版	合肥工业大学出版社	版 次	2010 年 12 月第 1 版
地 址	合肥市屯溪路 193 号	印 次	2016 年 1 月第 1 次印刷
邮 编	230009	开 本	787 毫米×1092 毫米 1/16
电 话	总 编 室：0551 - 62903038	印 张	43.5
	市场营销部：0551 - 62903198	字 数	1030 千字
网 址	www. hfutpress. com. cn	印 刷	安徽联众印刷有限公司
E-mail	hfutpress@163. com	发 行	全国新华书店

ISBN 978 - 7 - 5650 - 0340 - 0 定价：68.00 元